# Handbuch der chemischen Untersuchung der Textilfaserstoffe

Von

Prof. Dr. phil. **Herbert M. Ulrich**

Dozent für Textilchemie und chemische Textiltechnologie
an der Technischen Hochschule in Wien
Zivilingenieur für technische Chemie

Vierter Band / Erster Teil

**Untersuchung der Faserfremdkörper, der chemisch veränderten Faserstoffe und der damit verbundenen Veredlungseffekte II**

Allgemeiner Teil

Mit 27 Textabbildungen

1967

**Springer-Verlag**

Wien · New York

ISBN-13: 978-3-7091-7959-8 e-ISBN-13: 978-3-7091-7958-1
DOI: 10.1007/978-3-7091-7958-1



Softcover reprint of the hardcover 1st edition 1967

Library of Congress Catalog Card Number A 54-5778



Titel-Nr. 9010

Herrn Hans Colsman

Seniorchef der Firma Gebrüder Colsman, Essen-Kupferdreh
(Rheinland, Bundesrepublik Deutschland)

in dankbarer Erinnerung

an meine in seiner Firma verbrachten Berufsjahre

# Vorwort

Mit dem vierten Band des „Handbuchs der chemischen Untersuchung der Textilfaserstoffe“ liegt wohl das derzeit umfassendste Werk auf dem Gebiet der Hochveredlung der Zellulosefasertextilien vor. Ich habe mich auch hier wiederum bemüht, unter Einbeziehung der gesamten Weltliteratur möglichst alle wesentlichen Arbeiten und Forschungsergebnisse zu behandeln. Dabei kam mir zustatten, daß ich bei der Bearbeitung des für diesen Band gesammelten Materials auch auf eigene einschlägige praktische Erfahrungen zurückgreifen konnte.

Ein erstes Manuskript zu dem Band lag schon vor mehreren Jahren vor, nahm aber im Laufe der Zeit durch das Einarbeiten der nachher publizierten neuen Erkenntnisse derart an Umfang zu, daß sich der Verlag im Einvernehmen mit mir dazu entschlossen hat, den vierten Band in zwei Teilbänden erscheinen zu lassen.

Der erste Teilband bringt die allgemeinen und chemischen Grundlagen der Zellulose-Hochveredlung mit „in sich“ vernetzenden und „zellulosevernetzenden“ Mitteln. Die reaktiven Ausrüstungsmittel einschließlich der Additive sowie ihre Wirkung auf die Ausrüstungseffekte liegen in übersichtlicher Form beschrieben vor. Die auf dem Gebiet der Hochveredlung durchgeführten wesentlichen Arbeiten mit ihren Ergebnissen und Schlußfolgerungen werden zusammenfassend, möglichst in chronologischer Reihenfolge, behandelt. Eingehend angeführt sind die sogenannten „Katalysatoren“ (Säurespender und Alkalien) und ihre Wirkung. Weiters werden die Probleme der Anschmutzbarkeit und das Verhalten der ausgerüsteten Textilien gegen hydrolytische Einflüsse berücksichtigt. Größerer Raum ist schließlich den Fehlern und Schäden, die bei der Hochveredlung der Zellulosefasertextilien auftreten können, gewidmet. Den Abschluß des ersten Teilbandes bilden die möglichen Auswirkungen der Hochveredlung auf die Färbung der Zellulosefasertextilien.

Der zweite Teilband behandelt die Verfahrenstechnik der Knitterfest-, Wash-and-Wear-, Krumpffest- (Quellfest-) und der weiteren Veredlungseffekte für Regenerat- und Nativzellulosefasertextilien und bringt in eingehender Weise die einschlägige Prüfmethodik. Den Abschluß bilden ein Namen- und ein Sachverzeichnis für den gesamten Band.

Die namentlich in den letzten Jahren sehr rasche Entwicklung der behandelten Materie hat zu der Notwendigkeit geführt, in dem bereits gesetzten Text eine sehr große Zahl von Korrekturen, Ergänzungen und Umstellungen vorzunehmen. Ich bin dem Verlag für das verständnisvolle Entgegenkommen, das es mir ermöglicht hat, den Band auf den neuesten Stand zu bringen, und für seine große Geduld sehr zu Dank verpflichtet. Die Leser bitte ich um Verständnis dafür, daß die Zügigkeit der Darstellung durch das Einfügen der zahlreichen Nachträge wohl oder übel an manchen Stellen etwas leiden mußte.

Allen Firmen und einzelnen Herren, die mir Literatur und Bildmaterial zur Verfügung gestellt sowie wesentliche Auskünfte erteilt und dadurch mitgeholfen haben, den Band fertigzustellen, möchte ich an dieser Stelle nochmals meinen besten Dank aussprechen.

Herzlichst danke ich wiederum Herrn Oberstudienrat Professor Dr.-Ing. Wilhelm Reif, Wien, für das Lesen der Korrekturen und für viele wertvolle Hinweise, weiters Herrn und Frau Dr. Kurt May in Fa. Chemische Fabrik Rudolf & Co., Geretsried, Bayern, für die liebenswürdige Durchsicht der Prüfmethodik im zweiten Teilband. Herr Dr.-Ing. Karl Cada, Vereinigte Färbereien GmbH, Wien, fertigte in freundlicher Weise das Sachverzeichnis an.

Insbesondere danke ich abschließend noch Herrn Präsident Dr. phil. Robert Thyll-Dürr, der mir im Zentrallaboratorium der Fa. Vereinigte Färbereien GmbH, Wien, die Möglichkeit gab, praktische Entwicklungsarbeiten im Rahmen der in diesem Werk behandelten Materie durchzuführen.

Wien, im Oktober 1966

**Herbert M. Ulrich**

# Inhaltsverzeichnis des ersten Teils

# Inhaltsübersicht des zweiten Teils

## Spezieller Teil

Siebenter Abschnitt

# Echtveredlungsausrüstungen von Zellulosefasertextilien, beruhend auf Kunstharzeinlagerung und Zellulose-Molekülvernetzung. Knitterfest- (Quellfest-) und Krumpffestausrüstung von Zellulosefasertextilien

In früheren Jahren bezeichnete man die Verbesserung stuhlroher Ware für ihren späteren Verwendungszweck allgemein als „*Ausrüstung*" oder „*Appretur*". Heute kommt hiefür immer mehr der Ausdruck „*Veredlung*" zur Anwendung.

Die ältere „*Appretur*" hatte nun nicht immer als Ziel, das Rohgewebe zu „*schönen*" und einem bestimmten Verwendungszweck anzupassen, sondern es wurde vielmals das Warengewicht durch Einarbeitung von Begleitsubstanzen, wie z. B. Bittersalz, China clay, Stärke u. a. vermehrt, was keine „Veredlung" der Ware darstellt. Heute ist der Endverbraucher anspruchsvoller geworden! Man kann daher nicht mehr ausschließlich die Ware „*füllen*" und „*beschweren*". Man strebt eine wirkliche Veredlung derselben an, d. h. eine bestmögliche Anpassung an ihren späteren Verwendungszweck. Unter *Echt- (Hoch-) Veredlung* wird daher eine möglichst weitgehende und auch im Gebrauch lang anhaltende Verbesserung der Gebrauchseigenschaften verstanden.

Zellulosefasertextilien verlieren durch eine Naßbehandlung ihre Form, sie *knittern* und *laufen ein*. Eine Verbesserung der Formstabilität (also Flächenbeständigkeit und Verminderung der Knitterneigung) ist daher als tatsächliche Echt- (Hoch-) Veredlung zu bezeichnen. Um dieses Ziel zu erreichen, wurde in den letzten Jahrzehnten viel Mühe und Aufwand angewandt.

Beachtliche Fortschritte hinsichtlich der wissenschaftlichen Grundlagen, der chemischen Textilhilfsmittelindustrie und des Maschinenbaues wie auch der Anwendungstechnik haben dazu geführt, daß die Behandlung der Regeneratzellulosefaser- und neuerdings auch der nativen Zellulosefasertextilien mit kunstharzbildenden und zellulosevernetzenden Mitteln eines der wichtigsten und meist angewandten Veredlungsverfahren in der Textilindustrie geworden ist[1].

## Allgemeine und chemische Grundlagen zur Ausrüstung von Zellulosefasertextilien mit Kunstharzen und vernetzend wirkenden Substanzen

### A. Einleitung

Zellulosefasertextilien zeigen neben ihren vielen Vorzügen mehrere sehr wesentliche gebrauchswertmindernde Eigenschaften, die man durch chemische Eingriffe zu mindern sucht.

[1] Wood, F. C.: Die geschichtliche Entwicklung der Probleme und Methoden der Knitterfreiausrüstung in den letzten 40 Jahren. Textil-Rundschau (St. Gallen) **16**, 726 (1961).

Besonders hervorzuheben sind

bei *normalen Regeneratzellulosefasern:*
Die *Faserquellung* als Ursache der verminderten Naßreißfestigkeit, der Fähigkeit zum Schrumpfen und zum Knittern.

bei *nativen Zellulosefasern* (Baumwolle, Leinen):
Die *kristalline Faserstruktur* als Ursache der großen Knitterneigung.

## 1. Die Faserquellung

Regeneratzellulosefasern normaler Herstellung haben im Wasser und in wässerigen Medien eine starke Tendenz zum Quellen, was sich für den praktischen Gebrauch sehr nachteilig auswirkt, und zwar:

a) Durch die *verminderte Naßfestigkeit.*

Die Wassermoleküle dringen zwischen die Kristallite und lockern ihren Zusammenhalt. Daher sind Regeneratzellulosefasertextilien im nassen Zustand gegen mechanische Einwirkungen (Zug, Druck, Reibung) sehr empfindlich.

b) Durch die Quellung vergrößert sich der Querschnitt der Faser, was eine Schrumpfung des Gewebes zur Folge hat.

Textilien, die bei der *Verarbeitung* oder im *Gebrauch* keine Paßform halten, also ihre Flächenmaße ändern, so unter dem Einfluß von feuchter Luft, Bügeln und Waschen, sind wenig brauchbar.

c) Durch die Faserquellung wird ferner die *Neigung zum Knittern* sehr begünstigt.

Bei Gegenwart von Wassermolekülen gleiten die Kristallite aneinander vorbei, wodurch die Faser im feuchten Zustand ein plastisches Verhalten zeigt.

Knitternde Gewebe erhalten beim Gebrauch ein unansehnliches Aussehen. Daher werden solche Textilien abgelehnt und kommen nur noch für billige Artikel in Frage, im letzteren Falle selbst für Bekleidungstextilien kaum mehr.

Daher haben die chemischen Ausrüstungsverfahren, welche die Quellfähigkeit der Zellulosefasern vermindern, in der Praxis große Bedeutung erlangt. Je nach dem angewandten Verfahren und den verwendeten chemischen Mitteln resultiert hierbei mehr ein *Knitterfest-* oder mehr ein *Krumpffest-Effekt.*

Für die Krumpffestausrüstung von Zellulosefasertextilien kommen aber auch noch *physikalische Verfahren* in Betracht, wie die Trocknung ohne Spannung oder die Erzwingung des künstlichen Einlaufens von Geweben und auch Gewirken durch kompressive Maßnahmen (im letzteren Falle besonders bei Baumwolltextilien).

Doch werden auch Gewebe aus Regeneratzellulosefasern, die „hochkrumpffest" sein sollen, physikalisch (mechanisch) entkrumpft und dann der erhaltene Effekt noch durch eine chemische Quellfestausrüstung fixiert (oder auch umgekehrt).

Um die Quellfähigkeit einer Zellulosefaser herabzusetzen, wird in der Praxis derzeit nach folgenden zwei chemischen *Verfahrensmethoden* gearbeitet:

a) *Einlagerung von thermohärtbaren Kunstharzen* in die zwischenmizellaren Faserräume. Die amorphen Faserbereiche werden mit unlöslichen dreidimensionalen Kunstharzen gefüllt.

Die drei Begriffe knitterfrei, quellfest und krumpffest sind mit den Verfahren der Kunstharzausrüstung eng verknüpft. Das Kunstharzeinlagerungsverfahren ist aber besonders für die Knitterfestausrüstung geeignet (Einlagerung von größeren Mengen an Kunstharz).

Hier soll noch erwähnt werden, daß es auch möglich ist, einen Knitterfreieffekt bei Regeneratzellulosefasertextilien durch *Einlagerung von* amorphen Körpern unterschiedlichen chemischen Charakters zu erhalten, wobei aber *keinerlei* Quell- und Krumpffestigkeit resultiert. Diese Ausrüstungsart vermehrt nur den amorphen Faseranteil und ist *nicht* wasser- bzw. waschbeständig (Preska- und Queraxverfahren).

b) *Vernetzung der Zellulosekristallite* durch geeignete Brückenbindungen. Methoden der Quervernetzung der Zellulosemoleküle mit Aldehyden, langkettigen und auch ringförmigen bifunktionellen Verbindungen (sogenannte Reactantharze und Reactants).

Es wird hierdurch besonders die Quellfestigkeit der Faser verbessert. Weiters tritt auch eine Erhöhung der Knitterfestigkeit ein.

Hinzuweisen ist hier darauf, daß man die Effekte einer „*knitterfreien*" und einer „*wasserabweisenden*" Ausrüstung differenzieren muß.

Einen besonders großen Einfluß auf die Intensität des Knitterns hat der Feuchtigkeitsgehalt der Faser. So werden sogenannte „Sitzfalten" in nassen Kleidungsstücken besonders *scharf* und *dauerhaft* fixiert, während ein vollkommen trockenes Gewebe wenig knittert. Man könnte nun annehmen, daß mit Hilfe einer *wasserabweisenden Ausrüstung* auch die Knitterfestigkeit wesentlich verbessert würde! Die Ursache des Einflusses der Feuchtigkeit auf eine vermehrte Knitterneigung ist aber, wie ausgeführt, daß die Fasern vermehrt quellen. Fasern, welche in diesem gequollenem Zustand deformiert und auch so getrocknet werden, verharren in der neuen Lage. Daher kann die Knitterfestigkeit nur erhöht werden, wenn man das Quellvermögen der Fasern herabsetzt. Dies kann aber *nicht* durch Anwendung einer „wasserabweisenden Imprägnierung" geschehen, denn letztere haftet nur an der Faseroberfläche und die Fasern bleiben hierbei trotzdem weiterhin hygroskopisch.

Hinsichtlich des Chemismus können die beiden vorstehend angeführten Verfahrensmethoden, die zu den „Hochveredlungsausrüstungen" der Zellulosefasertextilien gehören, nicht in allen Fällen exakt voneinander abgetrennt werden, denn bei einer Kunstharzeinlagerung ist auch gleichzeitig (durch frei werdenden Formaldehyd) eine Vernetzung der Faser möglich. Auch werden vernetzende und einlagernde Substanzen oftmals gleichzeitig angewandt.

Die erhaltenen Effekte überschneiden sich bei beiden Verfahrensmethoden mehr oder weniger stark: Quellfest- (Krumpffrei-) Ausrüstung mit gleichzeitiger verbesserter Knitterfestigkeit; Knitterfestausrüstung mit gleichzeitiger verminderter Krumpfung.

## 2. Die kristalline Faserstruktur

Die Knittereigenschaften der Fasern hängen aber nicht nur von ihrem Quellungszustand ab, sondern auch von ihrer mehr oder weniger ausgeprägten kristallinen Struktur, wobei die Knitterneigung mit *steigendem Orientierungsgrad* zunimmt.

Die nativen Faserstoffe wie Baumwolle und besonders Leinen knittern trotz ihrer geringeren Quellung unter Umständen *mehr* als Zellwolle. Faserstoffe, deren Oberflächenschichten hochorientiert sind, knittern stark.

Faserstoffe, welche einen hochorientierten Faserkern und vorwiegend amorphe Außenschichten aufweisen (wie z. B. Naturseide), knittern wenig. Stark verstreckte Viskosereyon knittert viel stärker als die an sich stärker quellende normale Viskosefaser mit geringer Naßfestigkeit.

Da die *Faserstruktur*, wie erwähnt, hinsichtlich der Knitterneigung eine wichtige Rolle spielt, sucht man neuerdings bei nativen Zellulosefasern diese *genetisch* im günstigen Sinne umzuwandeln. Nach einer Notiz[1] soll die *British Rayon Research Association (BRRA)* Forschungsarbeiten durchführen und hofft durch Modifizierung der Struktur der Zellulose während des Wachstums der Pflanze *knitterarme* Baumwolle züchten zu können. Es wird die Meinung vertreten, daß, wenn es gelingen würde, die Ernährung der Pflanze in einer anderen Weise als bisher durchzuführen, es unter Umständen möglich wäre, eine Zellulosefaser mit anderen Eigenschaften zu erhalten.

Dieser kurze Hinweis soll nur andeuten, daß man nun auch versucht, das Problem des Knitterns auf anderem Wege als durch ausrüstungstechnische Maßnahmen zu lösen.

---

[1] Chem. Age **81**, 824 (1959).

## 3. Die Wash-and-Wear-Ausrüstung

Durch das Aufkommen der synthetischen Faserstoffe, mit welchen Gebrauchstextilien resultierten, die leicht waschbar, auf dem Bügel schnell trocknend und ohne zu bügeln wieder tragbar waren, entwickelte sich in Konkurrenz hierzu eine weitere Art der Hochveredlung von Baumwolltextilien, nämlich die *Wash-and-Wear-Ausrüstung für bügelarme Hemden- und Blusenstoffe*. Als neues Moment kommt bei einer Knitterarmut im trockenen Zustand noch eine gute *Naßknittererholung* hinzu, also ein schnelles Trocknen bei gleichzeitigem Verschwinden der Naßknitterfalten. Diese Art der Ausrüstung von Baumwolltextilien hat in den letzten Jahren große praktische Bedeutung erlangt.

Neuerdings wird auch versucht, in Parallele zu entsprechenden texturierten synthetischen Garnen *elastische Baumwollgarne* (stretch yarns) und *Baumwollbauschgarne* (bulk yarns) mit Hilfe der Hochveredlung zu erhalten[1].

Hier ist zu bemerken, daß schon in der Zeit während des zweiten Weltkrieges bei *Helanca-Kräuselgarn aus Viskosereyon* durch eine Nachbehandlung mit Formaldehyd (also durch Hochveredlung!) die Stabilität des Zellulosekräuselgarns wesentlich verbessert werden konnte. Die Produktion erreichte nach Angaben von R. Pfeiffer[2] in der Schweiz und bei einigen wenigen ausländischen Lizenznehmern der Fa. *Heberlein & Co. A. G., Wattwil/Schweiz*, für die damaligen Verhältnisse die hohe Zahl von etwa 200 Jato.

Tabelle 1. *Veredlungseffekte, die mit Hilfe „in sich vernetzender" Kunstharzbildner oder mit Hilfe Zellulose-vernetzender Agenzien bei Zellulosefasertextilien resultieren können*

| | |
|---|---|
| 1. *Trockenknitterfestigkeit* | Regeneratzellulose- und Nativzellulosefasertextilien, welche keine hohe Waschfestigkeit beanspruchen (Oberbekleidungsstoffe) |
| 2. *Krumpffestigkeit*. Chemische Krumpffestverfahren; Quellfestausrüstung | Regeneratzellulosefasertextilien; Baumwollweißware, welche hohe Waschfestigkeit beansprucht |
| 3. *Wash-and-Wear-Ausrüstung von Baumwolle*. Insbesondere gute Naßknittererholung bei guter Trockenknitterfestigkeit | Hemden- und Blusenstoffe. Daraus hergestellte Textilien sollen leicht pflegbar sein, also leicht waschbar, schnell trocknen (= geringe Faserquellung), ohne oder nur ein mäßiges Bügeln zu erfordern, und im trockenen Zustand wenig knittern. Die Effekte sollen eine Reihe von Wäschen überstehen |
| 4. *Permanente Kalandereffekte* | a) *Glanzausrüstung*, wie Baumwoll-chintz und apprêt chimique<br>b) *Prägeeffekte*, wie Seidenfinish, Everglaze usw. auf Baumwolle<br>c) *Plissee-Effekte* auf Baumwolle, aber auch auf Synthesefasertextilien |
| 5. *Permanente Versteifungsapprets* | Weiters noch verbunden mit einem permanenten Füll- und Beschwerungseffekt |
| 6. *Hochelastische und bauschige Baumwollgarne und Gewebe sowie „Geformte" Textilien* | Elastische Baumwollgarne (stretch yarns); Baumwollbauschgarne (bulk yarns); (noch im Entwicklungsstadium) und *elastische Gewebe* sowie *„Geformte"* Textilien werden durch eine Kunstharzausrüstung waschbeständig gemacht |

[1] Tisher, Ch.: Rein baumwollene hochelastische Kräusel- und Bauschgarne und -gewebe. Text. Res. J. **32,** 313 (1962).

[2] Pfeiffer, R.: Die Entwicklung von Kräuselgarnen und deren heutige Bedeutung auf dem Textilsektor. Textil-Rundschau (St. Gallen) **18,** 182 (1963).

Die *Knitterfest-* und *Krumpffestausrüstung* wie auch die Herstellung *permanenter Kalandereffekte* kann mit Hilfe „in sich" vernetzender Kunstharzbildner oder mit Hilfe „Zellulose-vernetzender" Agenzien erfolgen.

Für die *Wash-and-Wear-Ausrüstung* von Baumwolle kommen insbesondere „Zellulose-vernetzende" Mittel in Betracht.

Für die *Krumpffreiausrüstung* liegen auch Verfahren vor, bei welchen Kunstharz *auf* die Faseroberfläche (mit einer gewissen topochemischen Bindung an die Zellulose) mit Hilfe vorpolymerisierter kolloider Methylolverbindungen von Kunstharzbildnern appliziert wird. Es resultiert eine gewisse Krumpffestigkeit *ohne* gleichzeitige Faserversprödung; doch wird *keine* gleichzeitige größere Verbesserung der Knitterfestigkeit bewirkt.

*Steifausrüstungen* werden mit Hilfe von Kunstharzbildnern oder vernetzend wirkenden Agenzien *in Verbindung* mit Füll- und Beschwerungsmitteln erhalten; weiters auch durch eine ausschließliche Kunstharzauflagerung (mit unterschiedlichem Versteifungseffekt) mit Hilfe vorpolymerisierter Kunstharzbildner.

Nachfolgend werden — anschließend an den *Allgemeinen Teil* — die Themen *Knitterfest* (einschließlich der Wash-and-Wear-Ausrüstung von Baumwolltextilien), *Quellfest* und *Krumpffest* für Zellulosefasertextilien für sich abgeschlossen behandelt, da die Prüfmethodik für den jeweiligen hervortretenden Ausrüstungseffekt in physikalischer und eventuell auch chemischer Hinsicht voneinander abweichen kann. Anschließend folgt noch die Beschreibung der Kalander- und Stretch-Effekte.

Die permanenten Versteifungsapprets werden, da hierfür außer Kondensationsharzen auch polymerisierte Kunststoffe in Betracht kommen, in später folgenden Abschnitten behandelt.

## B. Allgemeines zum Mechanismus der Zellulosevernetzung mittels N-haltiger und N-freier Substanzen

In der einschlägigen textilen Literatur sucht man, wenn auch wissenschaftlich nicht richtig, die Ausrüstungsverfahren für die Hochveredlung von Zellulosefasertextilien auf Grund der *möglichen Umsetzung* der hierzu verwendeten Ausrüstungsmittel *„mit sich selbst"* oder *„mit den OH-Gruppen der Zellulose"* in Gruppen aufzuteilen. Neuerdings bemühte sich Fr. Nestelberger[1], hier klarere Definitionen zu schaffen.

Es wurden die Begriffe *Kunstharz-*, *Reactantharz-* und *Reactant-Ausrüstung* (speziell für Baumwolle) geschaffen.

*1. Kunstharz-Ausrüstung.* Diese beruht auf der Verwendung von Kunstharzvorprodukten (wie z. B. Methylol-Harnstoff oder Methylol-Melamin), welche überwiegend *„mit sich selbst"* vernetzen.

Der Ausdruck „in sich vernetzend" besagt, daß das Endharz (nach der Hitzekondensation unter dem katalytischen Einfluß von $H^+$-Ionen) zum größten Teil *mit sich selbst* reagiert hat und somit als kompakte Partikelchen in oder auf die Faser abgelagert würde. Die Reaktion mit Zellulose wäre hierbei nur eine sekundäre Begleiterscheinung des Aldehydanteils im Ausrüstungsmittel (frei werdender Formaldehyd).

*2. Reactantharz-Ausrüstung.* Es werden Ausrüstungsmittel verwendet, welche sowohl *mit sich selbst* als auch *mit der Zellulose* vernetzen können. Im letzteren Falle bewirken sie eine Reaktion mit den Zellulosemolekülketten unter *„Brückenbildung"*.

Der *mit sich selbst* vernetzende Anteil bildet ein harzähnliches Kondensationsprodukt, welches durch *endständige Gruppen* auch mit der Zellulose reagieren kann.

---

[1] Nestelberger, Fr.: Harzfrei oder nicht harzfrei? Textil-Praxis **18**, 49 (1963).

Hierher sind Kunstharz-Vorprodukte einzureihen, wie z. B. Dimethylol-Äthylenharnstoff oder Triazinon-Formaldehyd.

*3. Reactant-Ausrüstung.* Fr. Nestelberger (loc. cit.) versteht hierunter Ausrüstungsmittel, welche in löslicher *monomerer* Form unter Brückenbildung nur mit Zellulose reagieren würden und beim Ausrüstungsvorgang dabei *nicht* mit sich selbst vernetzen. Die fertig ausgerüstete Faser würde dann weder ein- noch aufgelagerte Kunstharzteilchen enthalten.

Nur eine solche Ausrüstung, welche tatsächlich dieser vorstehenden Definition entsprechen würde, könnte man exakt als „*harzfrei*" bezeichnen, so wie dieser Ausdruck in der neueren Literatur wie auch in der Propaganda für „*bügelfreie*" Baumwolltextilien aufscheint.

Nach W. P. Munro[1] sagt die Definition hinsichtlich des Ausdrucks „Reactant" nichts aus 1. über den Chemismus der Vernetzung; 2. über die Anzahl, Verteilung oder Länge der zellulosevernetzenden Brücken und 3. über deren Beständigkeit.

Nach W. P. Munro (loc. cit.) sollte ein gutes „Reactant" folgende *Anforderungen für die Praxis der Hochveredlung* erfüllen: 1. zu einem annehmbaren Preis herstellbar sein; 2. leicht Vernetzung bewirken; 3. eine Ausrüstung ergeben, die beständig gegen Wäschen, Chlorbleichlaugen und gegen Absäuern ist, und 4. welche Wash-and-Wear-Verhalten zeigt.

Bei den Reactants werden wiederum die *N-freien Produkte* mit polyfunktionellen Gruppen als Sonderklasse abgezweigt. Sie stehen neuerdings unter besonderem Interesse, da sie keinerlei Chlorretention aufweisen.

Hierzu werden z. B. gezählt: Aldehyde, Formale, Azetale, Epoxide, Epichlorhydrine und Sulfone. Einige Substanzen aus dieser Gruppe, wie z. B. Aldehyde und Epoxide, *können* auch „in sich" vernetzen und als Polymeres in die Zellulosefaser abgelagert werden.

Schon letzterer Hinweis deutet darauf hin, daß obige Einteilung in der Praxis recht problematisch ist. Aber vom resultierenden Effekt aus gesehen (s. nachfolgend), ist die Zuteilung der erwähnten Substanzen zu der betreffenden Gruppe verständlich.

H. Enders und G. Pusch[2] weisen darauf hin, daß alle „zellulosevernetzenden" Reaktionen mit polyfunktionellen Verbindungen, also Substanzen, welche unter die Reactants eingereiht werden, niemals grundsätzlich die Möglichkeit der Bildung eines gewissen Anteiles an „eigen-vernetzenden" Verbindungen, sei es durch eine Polymerisations- oder Kondensationsreaktion, ausschließen.

Umgekehrt ist nach den Autoren selbst bei den klassischen, *nicht* zum Reactantharz-Typus gehörenden Carbamid- und Melaminformaldehydharzen eine *geringe simultane* Vernetzungsreaktion mit Zellulose anzunehmen. Dies dürfte zum Teil auch zu „Reactantharz-ähnlichen" monomeren Kunstharzbrücken zwischen den Zellulose-OH-Gruppen führen.

Die *Reactantharze* (wie z. B. Dimethylol-Äthylenharnstoff) dürften eine Mittelstellung einnehmen. Diese zyklischen Harnstoffverbindungen führen *weniger* zu einer dreidimensionalen Polykondensation im Sinne der Harnstoff- und Melamin-Formaldehyd-Typen; sie bevorzugen den kovalenten Vernetzungsvorgang mit Zellulose. Doch ist wiederum als sicher anzunehmen, daß auch bei den zyklischen Harnstoff-Formaldehydverbindungen eine lineare, ätherartige oder auf Grund von Formaldehydabspaltung eine über Methylengruppen verlaufende Eigenvernetzung eintritt, wobei sich *mehrgliedrigere Zellulosebrücken* ausbilden.

---

[1] Munro, W. P.: Moderne Zellulosereactants. Amer. Dyestuff Rep. **52** (3), 95—98 (1963).

[2] Enders, H. u. G. Pusch: Bügelfrei-Effekte durch sogenannte harzfreie Ausrüstungsverfahren. Die wissenschaftliche Arche, H. 13 (Chemische Fabrik Pfersee, Augsburg) und Melliand Textilber. **43**, 746, 857, 979 u. 1083 (1962).

Beachtlich ist, daß sich die jeweils bevorzugte Reaktionsweise der erwähnten drei Gruppen (Eigenvernetzer, Reactantharze und Reactants) am *später resultierenden Warengriff* des ausgerüsteten Baumwollgewebes zeigt:

| | Warengriff: |
|---|---|
| 1. Carbamid- und Melamin-Formaldehyd..... | sandig, am kräftigsten |
| 2. Reactants (besonders die polyfunktionellen N-freien Mittel) ......................... | glatt, am weichsten |
| 3. Reactantharze .......................... | Mittelstellung zwischen 1 und 2 |

Diese differenzierenden Ergebnisse hinsichtlich der Ausrüstungseffekte könnten als weitere Grundlage für die Einteilung der Ausrüstungsverfahren in die erwähnten drei Gruppen dienen.

Der vorstehend kurz erwähnte Ausdruck „*harzfrei*", welcher in der Literatur vielfach als „*harzfreie Ausrüstungsverfahren für Baumwollgewebe*" aufscheint, hängt mit der neuerlichen Weiterentwicklung der „Bügelfrei-Effekte" von Baumwollgeweben zusammen. H. Enders und G. Pusch (loc. cit.) erwähnen, daß im Verlauf dieser Entwicklung in den USA der Terminus „*harzfrei*" im wesentlichen aus dem Bedürfnis heraus entstand, eine Abgrenzung gegenüber der vorher üblichen „*No-iron*"-*Ausrüstung auf Reactantharz-Basis* zu schaffen.

Markante Einzelheiten hierzu sind:

1. Der wesentlich geringere Prozentsatz an auf- bzw. eingelagerten Kunstharzen, verbunden mit einer N-Armut;

2. der gegenüber der bisherigen No-Iron-Ausrüstung wesentlich verbesserte Bügelfrei-Effekt, besonders hinsichtlich der Naßentknitterung, und

3. der glatte, hautverträgliche Griffcharakter der ausgerüsteten Ware.

Hier ist anzuführen, daß die neuerlichen Verfahren für die Ausrüstung von Wash-and-Wear-Baumwollgeweben in seltenen Fällen allein mit Hilfe von Reactants erfolgt, sondern daß meistens eine *Kombination* von Reactantausrüstung mit einer Reactant*harz*ausrüstung oder Kunstharzausrüstung zur Anwendung kommt. Eine solche Kombination nach irgend einer Arbeitsweise läßt zusätzlich die Ablagerung von Kunstharzteilchen in oder auf der Faser resultieren und kann daher sicher *nicht* als „harzfrei" angesehen werden.

Die „*in sich*" *vernetzenden* „Kunstharze" (wie Harnstoff- und Melamin-Formaldehyd und deren Abkömmlinge) werden derzeit immer noch viel in der Praxis der textilen Hoch-(Echt-)Veredlung eingesetzt. Doch eignen sich für die Knitterfest- bzw. Krumpffestausrüstung der Zellulosefasertextilien nur die monomeren bzw. sehr niederpolymeren Produkte, denn nur diese können als wässerige Lösungen bzw. Pseudolösungen in die intermizellaren Faserräume eindringen. Beim späteren Erhitzen (Kondensieren) des imbibierten Gewebes werden alsdann die hydrophoben Endharze auf und in die Faser abgelagert.

Die resultierenden „in sich" vernetzten Endharze haben je nach Reaktionsbedingungen unterschiedliche Konstitution; sie sind farb-, geruch- und geschmacklos und auch wasser*un*löslich. Von textiler Bedeutung ist hierbei, daß sie sowohl von duktiler als auch sehr harter Beschaffenheit sein können.

Zur *Krumpffestausrüstung von Regeneratzellulosefasertextilien* kamen auch noch die *kolloid-wasserlöslichen*, etwas höher polymerisierten Produkte zur Anwendung. Letztere dienen aber meistens für *Oberflächenappreta* (Steifgewebe).

Während die *thermoplastischen Kunststoffe* (z. B. Polyvinylchlorid) in der Textilveredlung im fertig polymerisierten Zustand zur Anwendung gelangen (z. B. für Gewebebeschichtung), werden die härtbaren Kunstharze (wie Harnstoff- und Melamin-Formaldehyd) in monomerer oder niedrigpolymerer Form zur Ausrüstung verwendet und erst dann fertig zum Endharz kondensiert.

Nur die wasserlöslichen hochdispersen Monomeren der Kunstharze vermögen in die engen Kapillarhohlräume des Faserinnern einzudringen. Nach der Kondensation zum Endharz (möglichst „in" der Faser) werden hierdurch die Knitter-, Quell- und Krumpffesteigenschaften des Textilgutes verbessert, wobei der Charakter der Ware bei richtiger Durchführung der Ausrüstung noch im Rahmen guter Gebrauchseigenschaften erhalten werden kann.

Werden jedoch an Stelle der monomeren Methylolverbindungen weiter polymerisierte Produkte verwendet, welche in der Imprägnierflotte noch kolloid-dispers verteilt sind, so erfolgt nur eine oberflächliche Ablagerung des Kunstharzes, was zu einer Faserversteifung führen kann.

Durch das Aufkommen der *Wash-and-Wear-Ausrüstung von Baumwolltextilien*, bei denen möglichst kochwaschfeste Ausrüstungseffekte angestrebt werden, erhielten die „*zellulose-vernetzenden*" Verbindungen (*Reactantharze* und *Reactants*) immer größere Bedeutung. Das gleiche gilt auch für die *moderne krumpffeste Ausrüstung von Waschartikeln aus Zellulose*, bei denen der Effekt eine Reihe von Wäschen überstehen muß.

Über den zahlenmäßigen Einsatz der verschiedenen für die Hochveredlung von Zellulosefasertextilien in Frage kommenden Kunstharztypen in den USA brachten Reid und Reinhardt[1] vor 8 Jahren eine sehr instruktive Übersicht (s. nachfolgend). Als sicher ist anzunehmen, daß sich die Zahlen weiterhin zu Gunsten der *Reactantharze* (zyklischer Dimethylol-Äthylenharnstoff) verschoben hat. Über *Reactants* lagen seinerzeit noch keine Unterlagen vor.

*Tabelle 2*

Gesamtverbrauch an Kunstharzen (100%ig) .......... 30.000 Jato.
Diese in der Textilindustrie in den USA verbrauchten Mengen verteilen sich folgendermaßen:

| | |
|---|---|
| Harnstoff-Formaldehyd | 30 % |
| Zykl. Äthylenharnstoff-Formaldehyd | 25 % |
| Melamin-Formaldehyd (normal und modifiziert) | 20 % |
| Verätherter Methylolharnstoff | 12 % |
| Modifizierter Methylolharnstoff | 8 % |
| Gemischte Produkte | 5 % |

Die nachfolgende Einteilung der Ausrüstungsverfahren für die Hochveredlung von Zellulosefasertextilien wurde *nicht* nach vorstehend erwähnter Gruppierung vorgenommen, so wie diese Fr. Nestelberger angibt, denn es ist, wie schon aus den gebrachten Ausführungen festzustellen ist, sehr schwer, *Kunstharzbildner* wie auch *Zellulose-vernetzende Substanzen* immer eindeutig einer Gruppe zuzureihen.

Während man früher annahm, daß der Knitterfesteffekt bei Zellulosefasern allein durch eine Einlagerung von Kunstharzen, herrührend von Kondensationsvorgängen (wie z. B. von Dimethylol-Harnstoff oder von Methylolverbindungen des Melamins) erzielt wird, und man nach Schaffung di- oder polyfunktioneller Produkte (wie z. B. Dimethylol-Äthylenharnstoff bzw. Dimethylol-Propylenharnstoff) zu der Ansicht neigte, daß diese mit der Zellulose reagieren, ist man heute[2]

[1] Reid u. Reinhardt: Mod. Text. Mag. **1958**, März, 61.

[2] Siehe z. B. die Ausführungen von Reeves, W. A.: Der Einfluß von Vernetzungen auf die Eigenschaften von Baumwollwaren. Tagung des Textile Institute, Scheveningen/Holland, 7. bis 12. September 1961.

der Ansicht, daß *in allen Fällen* eine Bindung zwischen den Zelluloseketten, wenigstens für die *Trocken*knitterfestigkeit, wichtig sei.

Dabei kann es sich um *echte kovalente Reaktionen* handeln oder auch um *Wasserstoffbrücken zwischen den Zelluloseketten.* Letztere sind weniger stabil als erstere; aber auch unter diesen bestehen große Unterschiede.

Man kann sich das Kunstharz, gebildet z. B. aus Dimethylol-Harnstoff, als ein dreidimensionales Gebilde, eingelagert hauptsächlich in den amorphen Räumen der Zellulose, vorstellen, welches geringfügig hauptvalenzmäßig, zum größten Teil aber nebenvalenzmäßig durch immer noch vorhandene aktive Gruppen mit den alkoholischen Gruppen der Zellulose verbunden ist.

Auf jeden Fall *ist kein einziger eindeutiger Beweis bis jetzt vorhanden*, daß tatsächlich nur eine Kunstharzeinlagerung in der Faser vorliegt. Weiters ist zu bedenken, daß der bei Eigenvernetzern immer gleichzeitig auftretende freie Formaldehyd bei der Kondensation eine kovalente Hauptreaktion zwischen Zelluloseketten bewirken kann. Im anderen Falle kann z. B. Dimethylol-Äthylenharnstoff Di- und Trimere und eventuell höhere Polymere bilden, welche gleichfalls in Zellulose eingelagert neben- oder hauptvalenzmäßige Bindungen ergeben können. Weiters können auch „Reactants", wie z. B. Divinylsulfon, zum Teil mit sich selbst reagieren und höher polymere Einlagerungen oder Brücken in der Zellulose bewirken.

Da es *nur in wenigen Fällen eindeutig klar ist*, daß tatsächlich eine Zellulosevernetzung unter Ausschluß von Polymerbildung vorliegt, wurden die *Verfahren der Hochveredlung von Zellulosefasern* nachfolgend unterteilt in:

I. Reaktive Ausrüstungsmittel, welche zur *Eigenvernetzung* (Kunstharzbildung) neigen.

II. Reaktionen, welche überwiegend zu einer Vernetzung der Zellulose führen. Die *Reactantvernetzung* wird zweckmäßig weiter unterteilt in:
   1. Vernetzung mit N-Methylolverbindungen;
   2. Vernetzung mit Aldehyden;
   3. Vernetzung mit Verbindungen, welche anderweitige funktionelle Gruppen tragen.

Die *N-freien Reactants*, denen man heute in Hinblick des Fehlens von Chlorretention eine große Bedeutung in der Rezeptur der Wash-and-Wear-Ausrüstung von Baumwolle zuspricht, wurden nicht gesondert behandelt, da es auch N-haltige Reactantvernetzer gibt, welche bei sachgemäßer Anwendung keine Chlorschädigung verursachen (s. bei Dimethylol-Propylenharnstoff). Die *„sogenannte harzfreie" Ausrüstung mit N-freien Reactants* von Baumwollgeweben soll aber, vom Standpunkt des Ausrüsters betrachtet, abschließend noch behandelt werden.

## C. Reaktive Ausrüstungsmittel, die zur Eigenvernetzung (Kunstharzbildung) neigen

Hierunter fallen die Methylolverbindungen folgender stickstoffhaltiger Körper[1]:

1. Harnstoff und Thioharnstoff.
   a) Nicht verätherte Methylolharnstoffe (diese kristallisieren).
   b) Verätherte Methylolharnstoffe (keine Kristallisationsneigung).

[1] Freundliche Mitteilung des Herrn G. Pusch, Chemische Fabrik Pfersee, Augsburg, vom 3. April 1963.

2. Substituierte Harnstoffe (vornehmlich Alkylsubstituierung).

3. Alkylenharnstoffe. Diese (wie Propylenharnstoff) sind nach Feststellungen von H. Pusch (loc. cit.) *nicht* als Reactantharze anzusprechen. Sie bilden aber nach der Kondensation zum Endharz ein gegen Hydrolyse sehr beständiges Produkt, so daß sie deswegen und auch wegen ihres Verhaltens gegen Chlorretention unrichtigerweise zu den Reactantharzen gerechnet werden.

4. Biuret.

5. Dicyandiamid.

6. Melamin (nicht verätherte und verätherte Methylolmelamin-Produkte).

7. Substituierte Melamine. Diese werden manchmal unrichtigerweise — namentlich in der amerikanischen Literatur — als ,,Triazinharze" zu den Reactantharzen gezählt.

Die erstmalige Anwendung von Formaldehydharzen auf Zellulosefasertextilien erfolgte durch Foulds, Marsh und Wood (Fa. Tootal Broadhurst Lee Comp., Ltd., Manchester/England)[1].

## I. Kunstharzbildende Alkylolverbindungen des Harnstoffs und Melamins[2]

Da es sich bei der Einwirkung von Formaldehyd auf Harnstoff bzw. Melamin in wässeriger Lösung um eine Anlagerung des Formaldehyds unter Ausbildung sehr reaktionsfähiger Methylolgruppen handelt und *nicht* um eine Reaktion, bei der Wasser usw. austritt (= Kondensation), so ist der durchwegs in der Literatur gebräuchliche Ausdruck ,,*Vorkondensat*" für diese *sehr reaktionsfähigen wasserlöslichen, ersten Methylolgruppen enthaltenden Verbindungen* der thermohärtbaren Formaldehydkunstharze *nicht* richtig.

Die reaktionsfähigen N-Methylol-Gruppen entstehen durch Addition von Formaldehyd an NH-azide Verbindungen (wie z. B. Harnstoff oder Melamin). Diese Addition ist eine *exotherme reversible* Reaktion, welche durch Temperaturerhöhung im rückläufigen Sinne beeinflußt wird.

Nach R. Reichherzer[3] wird vielfach angenommen, daß Formaldehyd in seiner Hydratform ($H_2C\,[OH_2]$) mit z. B. Harnstoff reagieren würde, so daß hiermit eine tatsächliche Kondensation (= Vorkondensation) vorliegen würde.

Die *Methylolverbindungen des Harnstoffs* sind vorzugsweise ,,Harzbildner", also ,,Eigenvernetzer". Sie werden wegen ihres billigen Preises trotz mancher Nachteile derzeit vielfach für die Zellwollausrüstung eingesetzt; ferner auch für nicht kochwaschbeständige Knitterfestausrüstungen von Baumwollgeweben.

Die üblichen Handelsprodukte stellen ein Gemisch von Mono- und Dimethylolharnstoff dar.

Der teilweise *verätherte Dimethylolharnstoff* bleibt (im Gegensatz zum unverätherten Produkt) bei einer pH-Wert-Änderung der Imprägnierflotte weitgehend im Bad monomolekular gelöst; auch ist der Effekt auf der Faser waschbeständiger.

---

[1] *Tootal Broadhurst Lee Comp., Ltd., Manchester/England* (R. P. Foulds, J. T. Marsh, F. C. Wood, H. Boffey u. J. Takhard): Brit. Pat. 291.473. Ebenso (R. P. Foulds, J. T. Marsh u. F. C. Wood): Brit. Pat. 291.474. Ebenso (R. P. Foulds, J. T. Marsh u. F. C. Wood): U.S.-Pat. 1,734.516.

[2] Bener, C.: Aus der Frühzeit der Kunstharzveredlung 1901 bis 1936. (Überblick über den Werdegang der Kunstharzveredlung von 1901 bis 1936 anhand prinzipiell wichtiger Patente, geordnet in chronologischer Reihenfolge nach dem Anmelde- bzw. Prioritätsdatum.) Melliand Textilber. **44,** 622—626 (1963).

[3] Freundliches Schreiben des Herrn Dr. R. Reichherzer, Wien, vom 28. Februar 1965.

Die *Methylolmelamine*, welche gleichfalls als Kunstharzbildner betrachtet werden (neuerdings aber auch manchmal unrichtigerweise zu den Reactantharzen gezählt werden), werden in der Zellulose-Hochveredlung manchmal den Carbamidharzen vorgezogen, da sie eine Reihe günstiger Effekte bewirken, wie bessere Waschbeständigkeit, keine Verminderung der Lichtechtheit der Färbungen bei Verwendung geeigneter Reaktionsbeschleuniger bei der Kondensation, und da weiters das resultierende Endharz in der Faser im Vergleich zum Carbamidharz weniger spröde ist. Dies hat besondere Bedeutung für Prägeausrüstungen.

Durch *Verätherung der Methylolverbindungen des Melamins* kann die Waschfestigkeit der Ausrüstungen verbessert werden.

Wirtschaftliche Erwägungen sprechen für die Anwendung der Carbamidharze. Durch gleichzeitige Anwendung beider Kunstharztypen schließt man vielfach einen Kompromiß.

Weiters wurde festgestellt, daß die Anwendung eines Gemisches von veräthertem Methylolharnstoff und veräthertem Methylolmelamin bei den ausgerüsteten Geweben eine bessere Reibechtheit und eine verringerte Festigkeitsabnahme resultieren ließ[1].

Harnstoff-Formaldehyd- und Melamin-Formaldehyd-Verbindungen werden für die *Veredlung von Baumwollwaren* im allgemeinen *mehr in Kombination mit* den Reactanttypen (s. später) und weniger für sich allein angewandt.

Tabelle 3. *Vor- und Nachteile von Methylolharnstoff und von Methylolmelamin (im Vergleich) für Anwendung und hinsichtlich der resultierenden Effekte (ohne Berücksichtigung von Begleitkörpern der Ausrüstung)*

| | Methylolharnstoff | Methylolmelamin |
|---|---|---|
| Verbrauch an Methylolverbindung | höher | niederer, um gleiche Effekte (knitterfest, krumpffest) zu erzielen (etwa 40 bis 50% weniger an Kunstharz) |
| Gestehungskosten | niederer (im Vergleich zu Methylolmelamin) | |
| Lagerbeständigkeit der Methylolverbindungen | in wässeriger Lösung nicht längere Zeit lagerbeständig; Methoxyverbindungen sind lagerbeständiger | ebenso<br>ebenso |
| Resultierender Knitterwinkel | hohe Sprungelastizität | nicht so gut (wie die spröderen Carbamidharze) |
| Kondensationstemperatur | niedriger | es müssen höhere Temperaturen (im Vergleich zu Carbamidharz) angewendet werden |
| Waschbeständigkeit der Effekte | wenig befriedigend | nicht befriedigend, wenn auch besser als bei Carbamidharz; mäßig (im Vergleich zu Reactantharzen); doch hängt die Waschbeständigkeit weitgehend vom Kondensationsgrad ab |

[1] *J. Bancroft & Sons. Co.:* J. Soc. Dyers Col. 1952.

*Fortsetzung der Tabelle 3*

| | Methylolharnstoff | Methylolmelamin |
|---|---|---|
| Warengriff | härter (sandig), daher anwendbar für gerauhte Kleiderstoffe (Vorrauhen, dann Foulardieren, Trocknen, nochmals leicht Nachrauhen und dann Kondensieren) | weicher; die flexibleren Melaminharze eignen sich besonders für Kalander- und Prägeeffekte (Gaufrage, Seidenfinish und Chintz) |
| Scheuerfestigkeit | nicht befriedigend (spröde Harzteilchen!) | besser (im Vergleich zu Carbamidharz) |
| Abnahme der Gewebereißfestigkeit | | besser, da Melaminharze gegen die freiwerdenden $H^+$-Ionen der Katalysatorsubstanzen bei der Kondensation „puffernd“ wirken |
| Einfluß des Bügelns (bei fertigausgerüsteter Ware | Abfall des Knittererholungswinkels | keine ungünstige Beeinflussung des Knittererholungswinkels |
| Verhalten gegen Färbungen | Bei Direktfärbungen wird die *Wasch*echtheit allgemein verbessert, doch oftmals die *Licht*echtheit verschlechtert (namentlich, wenn im letzteren Falle keine geeigneten Katalysatorsubstanzen verwendet werden) | |
| Neigung zur Entwicklung von Fischgeruch der fertig ausgerüsteten Ware | neigt zur Fischgeruchsbildung | etwas weniger (im Vergleich zu Carbamidharzen); auch partiell verätherte Methylolmelamine können bei Mitverwendung von Ammonsalzkatalysatoren Fischgeruch ergeben |
| Chlorrückhaltevermögen der ausgerüsteten Ware) | starke Chlorretention, so daß beim Bügeln Faserschädigungen auftreten können<br><br>Methoxyverbindungen zeigen etwas geringere Chlorretention, die aber durch Hydrolyse (Wäsche, Absäuren) sich wieder erhöhen kann | starke Chlorretention (wenn auch geringer im Vergleich zu Carbamidharzen); nachteilig ist, daß hierbei Gelbfärbung der Ware eintreten kann;<br>ebenso |
| | *Mischung beider Kunstharze:* Mit Methylolmelaminen allein kann z. B. kein gut knitterarmes Baumwollgewebe erhalten werden, da sie nicht die gleich gute Sprungelastizität liefern wie die Carbamidharze.<br>Daher werden oftmals beide Kunstharze in entsprechender Kombination verwendet, wobei Methylolmelamin eine bessere Waschbeständigkeit und Methylolharnstoff gleichzeitig eine gute Knitterfertigkeit (Trockenknitterwinkel) ergeben. Weiters muß eine geeignete Katalysatorsubstanz mit verwendet werden, welche bei verhältnismäßig niederer Kondensationstemperatur (120 bis 130° C) thermische Faserschädigungen vermeidet bei weitgehendem Erhalt einer befriedigenden Waschfestigkeit der Effekte[1]. | |

[1] Jedrusiak, Z. u. J. Majzer: Über den Einsatz von Harnstoff- und Melamin-Formaldehydharz-Vorkondensaten bei der Knitterarmausrüstung von Baumwollgeweben. Dtsch. Textiltechn. **10**, 313 (1960).

## 1. Die Methylolverbindungen (sogenannte „Vorkondensate") des Harnstoffs

### Literaturverzeichnis

Atherton, E. u. R. H. Peters: Bestimmung der Teilchengröße von Harzdispersionen nach zwei optischen Methoden. J. Text. Inst. Trans. **43**, T 179 (1952); Ref. Textil-Rundschau (St. Gallen) **7**, 547 (1952).

De Jong, J. J.: Eine Methode zur Bestimmung von Methylolgruppen in den Kondensationsprodukten von Harnstoff und Formaldehyd. Rec. Trav. chim. Pays-Bas **72**, 653 (1953); Ref. Chem. Zbl. **125**, 10353 (1954).

— Urea: Reaction with Formaldehyde. Dimethylolurea: Formation and Decomposition. Rec. Trav. chim. Pays-Bas **71**, 643 (1952); Abstr. J. Text. Inst. **43**, A 860.

Gantz, G. M. u. K. G. Vale: Das Verhalten der Harnstoff-Formaldehyd-Monomeren, eine Funktion des Alters. Rayon Synth. Text. **33**, 42, 44 (1952); Ref. Chem. Zbl. **123**, 6954 (1952).

Petersen, H. (Ammoniaklabor der BASF): Neue Erkenntnisse in der Aminoplastchemie. Angew. Chem. **76** (22), 909—919 (1964).

Shapiro, L.: Kontrolle und Lagerungsdauer von Harnstoff-Formaldehydharzen und Lösungen. Rayon synth. Text. **33**, 65 (1952); Ref. Chem. Zbl. **123**, 6459 (1952).

Weiss, F.: Spezial- und Hochveredlungsverfahren der Textilien aus Zellulose. Wien: Springer-Verlag. 1951.

— Altersuntersuchungen an mit Harnstoff-Formaldehyd-Harzen ausgerüsteten Textilien. Chemiker-Ztg. **78**, 300 (1954).

Als Ausrüstungsmittel für den Erhalt eines Knitterfest-, Quellfest- und Krumpffesteffektes bei Zellulosefasertextilien sind die *ersten Reaktionsstufen* wesentlich, welche bei Einwirkung von Formaldehyd auf Harnstoff in wässeriger Lösung innerhalb eines pH-Bereiches von 6 bis 9,5 bei Zimmertemperatur erhalten werden.

Maßgebend für die Umsetzungsgeschwindigkeit der beiden Komponenten zu den sogenannten „Vorkondensaten" (kristallisierte Methylolharnstoffe) sind nach R. Reichherzer und A. Chwala[1] neben dem *pH-Wert*, die *Konzentration*, *Temperatur* und auch der *Methanolgehalt* der Reaktionsmischung. S. Abb. 1.

Methylalkohol entsteht durch Reaktion nach Cannizzaro (Dismutation) unter dem Einfluß von Alkalien auf Formaldehyd:

$$2\,HCHO + H_2O \rightarrow CH_3 \cdot OH + HCOOH$$

Bei der Primärreaktion von Harnstoff mit Formaldehyd in neutraler oder schwach alkalischer Lösung entstehen keine einheitlichen Produkte:

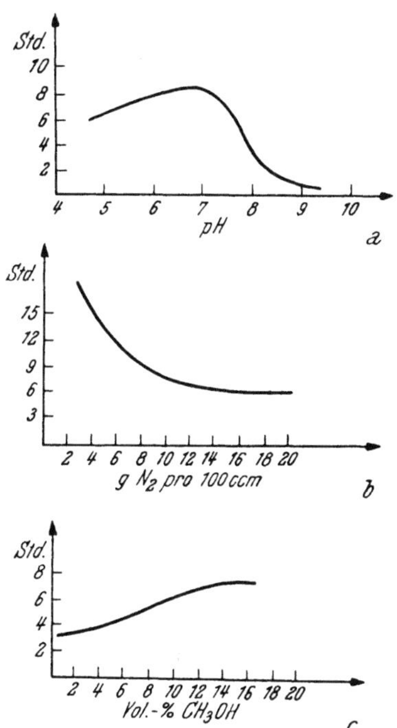


Abb. 1a bis c. Reaktionshalbzeiten der Umsetzung von Harnstoff und Formaldehyd bei Raumtemperatur a) in Abhängigkeit vom pH-Wert, b) in Abhängigkeit von der Konzentration, c) als Funktion des Methanolgehaltes. (Nach R. Reichherzer, und A. Chwala loc. cit.)

[1] Reichherzer, R. u. A. Chwala: Über Kondensationsprodukte von Harnstoff und Formaldehyd. Österr. Chemiker-Ztg. **51** (8), 162 (1950).

$$\begin{array}{ccccccccc} NH_2 & & H & & NH\text{-}\boxed{CH_2\cdot OH} & & NH\text{-}\boxed{CH_2\cdot OH} & & \\ | & & | & & | & & | & & \text{Tri- und} \\ CO & + & n\,C=O & \rightarrow & CO & \rightarrow & CO & \rightarrow & \text{Tetramethylol-} \\ | & & | & & | & & | & & \text{Harnstoff} \\ NH_2 & & H & & NH_2 & & NH\text{-}\boxed{CH_2\cdot OH} & & \end{array}$$

$n = 1, 2, 3, 4.$ Monomethylol-Harnstoff Schmelzpunkt 110° C; Dimethylol-Harnstoff Schmelzpunkt 133° C

Bei der Umsetzung der $NH_2$-Gruppen des Harnstoffs mit Formaldehyd werden nach Staudinger und Mitarbeitern[1] primär Methylol-(Hydroxymethyl-) Verbindungen gebildet. Die Gruppe $-NH \cdot CH_2 \cdot OH$ wurde nachgewiesen.

Diese Methylolverbindungen können (analog wie Methylendihydrat) mit weiteren Molekülen Formaldehyd reagieren:

$$-NH-CH_2-(O \cdot CH_2)_n-OH$$

Doch sind diese Verbindungen sehr unbeständig. In Gegenwart von viel Wasser wird Formaldehyd abgespalten, und zwar als Methylenhydrat. Eine *Verätherung* der Methylolverbindung (s. später) wirkt stabilisierend.

Die Bildung der Methylolverbindungen des Harnstoffs ist eine Gleichgewichtsreaktion, wobei sich ein von der *Reaktionstemperatur* abhängiger Endwert an *freiem* Formaldehyd einstellt.

Die Bildung von Tri- und Tetramethylolverbindung neben den Mono- und Dimethylolverbindungen des Harnstoffs wurde oftmals diskutiert.

H. P. Wohnsiedler[2] gibt an, daß beim Erhitzen von Harnstoff in wässeriger Lösung beim pH-Wert 7 bis 8 mit *steigenden* Mengen Formaldehyd bis zu vier Moleküle Formaldehyd an den Harnstoff angelagert werden. Da die Tri- und die Tetramethylolverbindung sehr leicht wieder Formaldehyd abspalten, bilden sie sich nur bei sehr großem Formaldehydüberschuß.

Bringt man Harnstoff mit Formaldehyd bei Raumtemperatur zur Reaktion, so findet man nach R. Reichherzer[3], selbst bei einem Mol-Verhältnis von 1 : 3,5, nie mehr als 1,87 Mol abgebunden, wenn man die Berechnung auf Grund des verbleibenden *freien* Formaldehyds (ermittelt nach der Sulfitmethode) vornimmt. Man muß daraus schließen, daß entweder Methylolverbindungen über den Dimethylol-Harnstoff hinaus nicht existieren oder daß sie so labil sind, daß die Tri- und Tetramethylolverbindung schon bei Raumtemperatur durch Natriumsulfit zum Dimethylol-Harnstoff abgebaut wird[4].

Daß alle vier reaktionsfähigen Wasserstoff-Atome des Harnstoffs Formaldehyd addieren können, führt H. P. Wohnsiedler auf die Tatsache zurück, daß im schwach alkalischen Medium bei ausreichendem Formaldehydüberschuß ein Reaktionsprodukt entstehen würde, welches mit Methylalkohol und Salzsäure die Verbindung N,N′-Bis-(methoxymethyl-)uron bildet[2]

---

[1] Staudinger, Wagner, Krässig u. Welzel: Über die Konstitution der Harnstoff- bzw. Thioharnstoff-Formaldehydkondensate. Z. makromol. Chem. **11**, 79 (1953); **12**, 168 (1954); **17**, 75, 91, 95 (1955) u. **20**, 1 (1958).

[2] Wohnsiedler, H. P.: Ind. Engng. Chem. **44**, 2679 (1952).

[3] Freundliche Mitteilung des Herrn Dr. R. Reichherzer, Leiter des Österreichischen Kunststoff-Forschungslaboratoriums Wien, vom 28. Februar 1965.

[4] Kadowaki, H.: Bull. Chem. Soc. Japan **11**, 248 (1936).

$$\begin{array}{c}NH_2\\|\\CO\\|\\NH_2\end{array} + 4\begin{array}{c}H\\|\\C=O\\|\\H\end{array} \rightarrow \begin{array}{c}\boxed{CH_2 \cdot OH}\\|\\N-\boxed{CH_2 \cdot OH}\\|\\CO\\|\\N-\boxed{CH_2 \cdot OH}\\|\\\boxed{CH_2 \cdot OH}\end{array} \xrightarrow[HCl]{CH_3 \cdot OH} \begin{array}{c}CH_2 \cdot O \cdot CH_3\\|\\N - CH_2\\/ \qquad \backslash\\CO \qquad O\\\backslash \qquad /\\N - CH_2\\|\\CH_2 \cdot O \cdot CH_3\end{array}$$

N, N′-Bis-(methoxy-methyl)-uron [3,5-Dimeth-oxy-dimethyl-uron]

J. T. Marsh[1] bezweifelt die Existenz von tetra-substituierten Derivaten des Harnstoffs mit Formaldehyd. Harnstoff hat wohl vier Wasserstoff-Atome, doch könnten nur zwei derselben durch Formaldehyd-Einwirkung substituiert werden, während im Gegensatz hierzu bei Melamin (s. nachfolgend) alle sechs Wasserstoff-Atome mit Formaldehyd in Reaktion treten können.

Neuerdings ist es aber Y. Ito[2] gelungen, die Tri(hydroxymethyl)- und Tetra-(hydroxymethyl)-Verbindung papierchromatographisch nachzuweisen.

Bei Einwirkung von Formaldehyd auf Harnstoff bei 30° C in Gegenwart von 0,5 $n$-Alkali wurden die resultierenden Mono-, Di- und Trimethylol-Verbindungen durch zweidimensionale Papierchromatographie getrennt.

Tetrahydroxymethylharnstoff war nur nach *langer* Reaktionszeit und bei großem Überschuß von Formaldehyd nachzuweisen. Letzterer bildet sich in *merklicher* Menge bei *höherer* Temperatur und *größerer* Alkalimenge.

Y. Ito erklärt die *Ursache für die verschiedene Reaktionsfolge* mit der möglichen Bildung eines Chelat-Ringes, welcher das reaktive H-Atom des Trihydroxymethylharnstoffs stabilisiert:

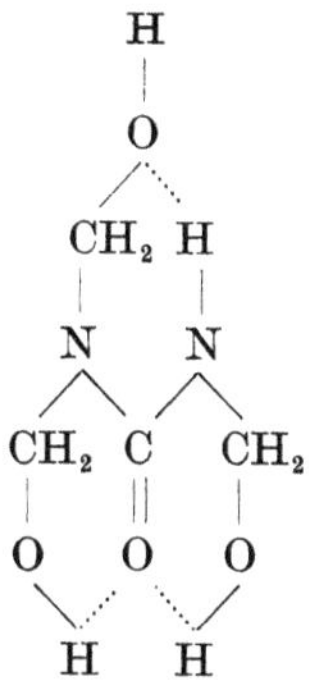


*Tri(hydroxymethyl)-Harnstoff* wurde aus der Reaktionsmischung bei 0° C in Form von Ätherderivaten isoliert:

Trimethyläther ................. Kochpunkt 106 bis 107° C,
Triäthylthioäther-Kristalle ...... Festpunkt 49 bis 49,5° C.

*Praktische Bedeutung* für die Herstellung von Carbamidharzen haben aber nur die Mono- und Dimethylol-Verbindungen und deren Gemische (sowie auch

[1] Marsh, J. T.: Theoretical and Practical Aspects of the Use of Resins for Crease-Resistance. Textil-Rundschau (St. Gallen) **12,** 485 (1957).

[2] Ito, Y.: J. Chem. Soc. Japan, Ind. Chem. Sect. **64,** 382 (1961).

deren chemische Abwandlungen; s. später) erlangt. Bei *neutraler* Reaktion und besonders bei *Abwesenheit* von Wasser sind diese Produkte stabil.

Reichherzer und Chwala[1] stellten — entgegen anderen Literaturangaben — fest, daß reiner wasserfreier Dimethylol-Harnstoff im verschlossenem Gefäß monatelang unzersetzt haltbar war. Wässerige Lösungen spalten dagegen schon bei Raumtemperatur beträchtliche Mengen Formaldehyd ab, wobei Temperaturerhöhung, Verringerung der Konzentration oder Anwesenheit von Formaldehyd-Akzeptoren diese Abspaltung begünstigen.

Die N-Methylol-Gruppen, welche äußerst reaktionsfähig sind, geben den gebundenen Formaldehyd in wässeriger Lösung leicht wieder ab:

$$R-NH_2 + CH_2O \rightleftarrows R-NH-CH_2OH$$

In wässerigen Lösungen wird sich unter dem Einfluß von Temperatur, Konzentration und das Gleichgewicht verschiebenden Faktoren mehr oder weniger N-Methylol-Gruppen oder freier Formaldehyd vorfinden.

Durch Formaldehyd-bindende Substanzen verschiebt sich das Gleichgewicht nach links. Dies zeigen Untersuchungen von R. Allscher[2].

R. Allscher fand bei der Bestimmung des *freien Formaldehyds* in Handelsprodukten der europäischen Produktion nach der Titrationsmethode von Lemme[3] Werte zwischen 1 und 5%, und zwar bei einer Verdünnung von 1 : 10:

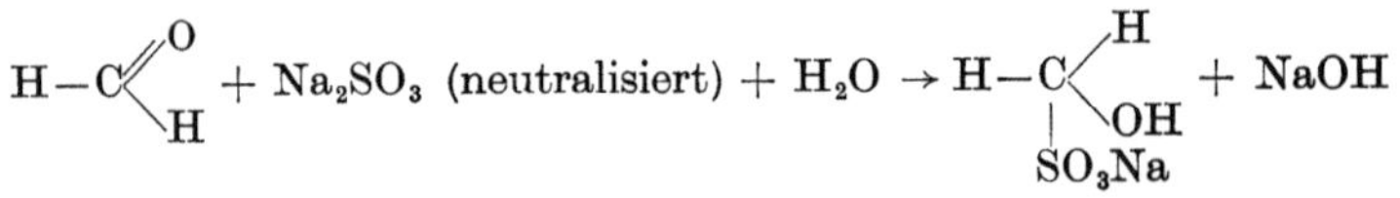

$$H-C\begin{matrix}{}^{\nearrow O}\\{}_{\searrow H}\end{matrix} + Na_2SO_3 \text{ (neutralisiert)} + H_2O \rightarrow H-\underset{\displaystyle SO_3Na}{\underset{|}{C}}\begin{matrix}{}^{\nearrow H}\\{}_{\searrow OH}\end{matrix} + NaOH$$

Bei Rücktitration mit n/10 Schwefelsäure entspricht 1 ml = 3 mg Formaldehyd.

Wurde dagegen die gravimetrische Bestimmung mit Dimedon [1,1-Dimethylcyclohexandion-(3,5)] nach Vorländer[4] durchgeführt, so stellte R. Allscher Unterschiede im Umfang und Geschwindigkeit der Formaldehydreaktion mit Dimedon fest.

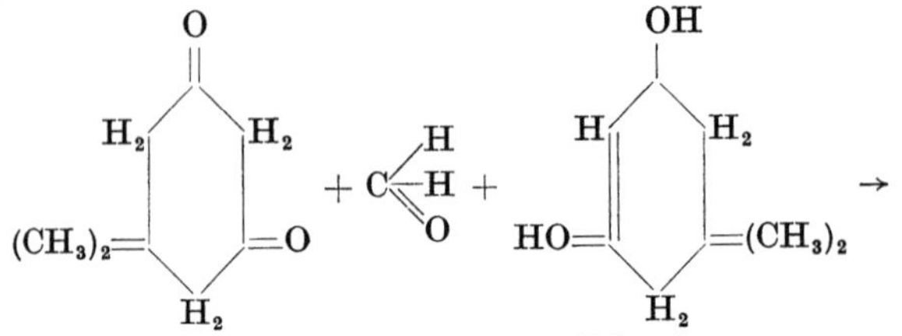

Dimedon (Keto-Form) + $HCHO$ + Dimedon (Enol-Form) → Methylendimedon + $H_2O$

Dimedon
(Keto-Form)

Dimedon
(Enol-Form)

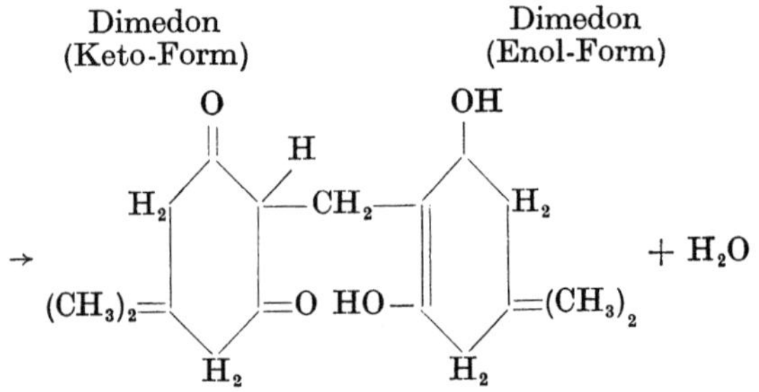

Methylendimedon
(schwer löslich, Nadeln;
Schmelzpunkt 187 bis 188° C)

---

[1] Reichherzer, R. u. A. Chwala: Österr. Chemiker-Ztg. **51** (8), 162 (1950).

[2] Allscher, R.: Aktuelle Wege der Baumwollveredlung. Melliand Textilber. **43** (3), 274 (1962).

[3] Lemme: Chemiker-Ztg. **27**, 896.

[4] Vorländer: Chem. Ber. **58**, 2657 (1925).

In *allen* Fällen resultierte ein Endprodukt, welches den *Gesamtformaldehydgehalt* der betreffenden N-Methylol-Verbindung darstellte.

Aus chemisch reinem Harnstoff sowie zykl. Äthylenharnstoff mit chemisch reinem Formaldehyd hergestellter Monomethylol-Harnstoff sowie Dimethylol-Äthylenharnstoff ergaben nach vierwöchentlicher Lagerung bei der Dimedonfällung Ergebnisse, welche mit den Resultaten, erhalten mit technischen Produkten, übereinstimmten. D. h., praktisch wurde immer die Gesamtmenge des *in der Methylol-Verbindung* enthaltenen Formaldehyds mit Dimedon gefällt, wobei die Fällungsprodukte einen konstanten Schmelzpunkt von 188° C aufwiesen. Wurde nun die errechnete Menge an Dimedon zur Fällung verwendet, welche der Formaldehydmenge von chemisch reinen N-Methylol-Verbindungen entspricht, so war für eine Totalfällung ein längerer Zeitraum nötig. Zur Vermeidung von Formaldehydverlusten arbeitete R. Allscher bei 20° C.

Die Ergebnisse zeigen, daß wiederum der gesamte Formaldehyd aus der betreffenden N-Methylol-Verbindung abgegeben wurde, wenn auch in unterschiedlichen Zeitabständen.

*Tabelle 4*

| Nach Stunden | % Formaldehyd (Gesamtmenge = 100%) | | |
|---|---|---|---|
| | Dimethylol-Harnstoff | Dimethylol-mono-methyl-Harnstoff | Dimethylol-zykl. Äthylen-Harnstoff |
| 3 | 11,00 | 45,80 | 19,70 |
| 29 | + 20,50 | + 29,50 | + 18,66 |
| 53 | + 11,66 | + 9,76 | + 13,13 |
| 146 | + 20,60 | + 14,80 | + 21,46 |
| 220 | + 15,15 | + 0,33 | + 10,53 |
| 460 | + 21,16 | — | + 16,92 |
| | 100,7% | 100,19% | 100,40% |

Die Ausführungen von R. Allscher zeigen, daß jede Reaktion, welche Formaldehyd stärker abbindet, als dies in der N-Methylol-Verbindung der Fall ist, das Gleichgewicht in Richtung „freien Formaldehyd" verschiebt.

Die Stabilität der Methylol-Verbindungen des Harnstoffs in wasserfreier Form erklärt K. Hultsch[1] durch Annahme einer intramolekularen Wasserstoffbrücke, wodurch ein stabiler Sechsring gebildet würde:

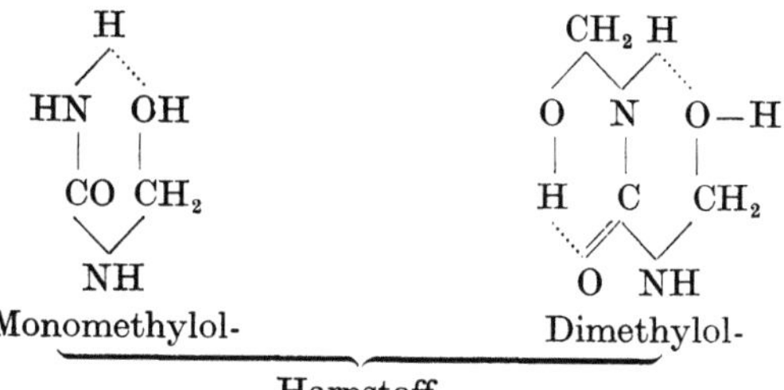


[1] Hultsch, K.: Zur Theorie der Härtbarkeit von Polykondensationsharzen. Angew. Chem. **61**, 94 (1949); s. auch Kunststoffe **37**, 205 (1947) u. **38**, 65 (1948).

Bei höherer Wasserstoffionenkonzentration wird die Protonbrücke gespalten, so daß dann die Kondensation leichter verläuft. Die Methylolverbindungen des Harnstoffs neigen daher besonders im *sauren* Bereich stark zur Polykondensation.

Dimethylol-Harnstoff besteht aus stets alternierenden Hetero-Atomen:

```
 H               H
|O|      |O|    |O|
 |        ||     |
H2C—NH—C—NH—CH2
```

Daher ist diese Verbindung hervorragend reaktionsfähig (durch Katalysierung).

Man kann die Dimethylolverbindung des Harnstoffs auch in seiner *Isoform* wiedergeben:

```
                                         (+)
 NH——CH2                                 NH——CH2
 /  (−)  \                               //  (−)  \
C—O|     |O|           oder             C—O|     |O|
\\        H                              \         H
 \\ (+)                                   \
  NH——CH2                                  NH——CH2
        \                                        \
         OH                                      |O|
                                                  H
```

J. v. Becher[1] stellte mit Hilfe der Infrarotspektren von kristallisiertem Monomethylol-Harnstoff eine intramolekulare Wasserstoffbrücke fest:

```
        H
     ..: \
      O   O
      ||  |
 H2N—C   CH2
      \  /
       NH
```

Die Infrarotspektren von Dimethylol-Harnstoff zeigten, daß die Wasserstoff-Brücken zwischen OH- und der CO-Gruppe sich hier von denen im Monomethylol-Harnstoff unterscheiden, so daß nach seinen Angaben noch keine genauere Aussage gemacht werden kann.

Marvell und Mitarbeiter[2] suchen das asymmetrische Verhalten der Methylol-Harnstoffe durch die Auffassung zu erklären, daß Harnstoff als *Carbaminsäureamid* aufzufassen ist, in welchem eine $NH_2$-Gruppe eine primäre Aminogruppe und die andere $NH_2$-Gruppe eine Säureamidgruppe darstellt.

Die Autoren halten — im Vergleich zur Bildung von Ringkondensation des Triazintyps (aus Ammoniak, Aldehyd und Harnstoff) — eine Ringbildung durch Reaktion der endständigen $NH_2$-Gruppen des Carbaminsäureamids mit Formaldehyd (unter Bildung einer Schiffschen Base und Trimerisierung) für möglich:

---

[1] Becher, J. v.: Infrarotspektroskopische Untersuchungen. Chem. Ber. **89**, 1593 u. 1951 (1956).

[2] Marvell, Elliot, Boethues u. Yusker: J. Amer. Chem. Soc. **68**, 1681 (1946).

```
              CH2
             /   \
H2N—C—N     N—C—NH2
    ||  |     |  ||
    O   |     |  O
        |     |
       H2C   CH2
         \   /
           N
           |
          C=O
           |
          NH2
```

Sicher ist bei der Reaktion von Harnstoff mit Formaldehyd auch die Möglichkeit der Tautomerie in Betracht zu ziehen:

```
            +
 ┌ NH2       NH2             NH2  ┐         NH
 │ |         ||              |    │         ||
 │ C=O  <——> C—O⁻   <——>     C—O⁻ │   ⇌     C—OH
 │ |         |               |    │         |
 └ NH2       NH2          +  NH2  ┘         NH2
```

Den einwandfreien Beweis für die *Tautomerie des Harnstoffs* erbrachten Z. Piasek und T. Urbanski[1] durch Umsetzung von in Alkohol gelöstem Harnstoff mit Diazomethan und Diazoäthan zum O-Methyl- und O-Äthylisoharnstoff (Ausbeute 11 bis 12%).

Der Strukturbeweis der O-Alkyl-isoharnstoffe wurde durch Vergleich mit den aus Cyanamid synthetisierten O-Alkylisoharnstoffen[2] und durch Infrarotspektrographische Untersuchungen erbracht.

Fahrenhorst[3] führte an Methylol-Harnstoffen mittels Hydroxylaminchlorhydrat Formaldehydbestimmungen durch. Er fand in *alkalischen* Lösungen (vorgelegte *n*-Natronlauge!) bei Dimethylol- und auch bei Monomethylol-Harnstoff nur rund 50% des angelagerten Formaldehyds. Erst nach dem *Ansäuern* reagierte der Rest von Formaldehyd mit Hydroxylaminchlorhydrat. Daraus wäre der Schluß zu ziehen, daß eine der Aminogruppen Formaldehyd fester zu binden vermag.

R. Allscher[4] ist daher der Ansicht, daß die übliche symmetrische Strukturformel der klassischen Valenztheorie

$$CO\left\langle\begin{matrix}NH-CH_2\cdot OH\\ NH-CH_2\cdot OH\end{matrix}\right.$$

dieses Verhalten von Methylol-Harnstoffen gegenüber Hydroxylaminchlorhydrat nicht zu deuten vermag. R. Allscher bezweifelt weiter, daß die klassische Formulierung $-NH-CH_2\cdot OH$ so eine wesentliche Rolle im Chemismus der Harnstoffharze spielt. Der Autor hält eine Erklärung der Bildung von Harnstoffharze auf *elektronentheoretischer Grundlage* für möglich (s. diesbezüglich später, S. 51).

[1] Piasek, Z. u. T. Urbanski: Tetrahedron Letters (London) **1962**, 723.

[2] Stieglitz, J. u. R. A. McKee: Ber. dtsch. chem. Ges. **33**, 1517 (1900).

[3] Fahrenhorst: Chemie und Technologie der Harnstoffharze. Zur Assoziationstheorie der Harnstoffharzbildung. Kunststoffe **45**, 43 (1955).

[4] Allscher, R.: Die Bedeutung der Chloralkylamine für die Chemie der Aminoplasten und anderer stickstoffhaltiger Formaldehydkondensationsprodukte. Textil-Praxis **13**, 505 (1958).

Werden Methylolharnstoffe im Vakuum eingedickt, so entstehen nach Staudinger und Mitarbeitern[1] *hochviskose* Lösungen, welche aber *keine* Kolloide enthalten, sondern *kleine Moleküle.* Verdünnt man die eingedickte Lösung, so lassen sich diese kleinen Moleküle durch semipermeable Membranen dialysieren. Die hohe Viskosität der eingedickten Lösung führen die Autoren auf eine *Assoziation durch Hydroxylgruppen* zurück.

Da weiterhin die Harnstoffharzbildung nur in Lösungsmitteln mit ausgesprochenem Assoziationsvermögen, wie Wasser und Alkoholen, durchführbar ist, so kann man nach R. Allscher (loc. cit.) der Ansicht sein, daß die Elektronentheorie die Assoziationsfähigkeit verständlich machen kann.

Der Begriff der molekularen Assoziationsfähigkeit erklärt die assoziativen Kräfte der Alkoholmoleküle und auch die sogenannten Anomalien des Wassers mit der Ausbildung von Protonbrücken. Der als Proton abdissoziierbare Wasserstoff ergibt mit einem einsamen Elektronenpaar eines anderen Atoms eine Brücke zwischen zwei Molekülen.

Im *sauren Medium* erhält man bei Einwirkung von Formaldehyd auf Harnstoff *unlösliche Methylenharnstoffe.* Das hierbei entstehende Endprodukt ist *nicht* für die Knitterfest- oder Krumpffestausrüstung geeignet. Es dient aber als waschbeständiges Mattierungsmittel zur Nachmattierung von Textilien.

F. Weiss[2] macht Angaben über die Konstitution von Methylenharnstoffen, welche wohl auf die alte Arbeit von B. Tollens[3] zurückgehen[4].

Neuere Veröffentlichungen von Zigeuner und Mitarbeiter[5] geben andere lineare Strukturen an. Gleiche Ergebnisse wie Zigeuner beschreiben Staudinger und Wagner[6].

Die Herstellung von Methylolverbindungen des Harnstoffs durch Umsetzung des letzteren mit Formaldehyd in Gegenwart von $OH^-$-Ionen [$Ba(OH)_2$] beschreiben Einhorn und Hamburger[7] sowie später Bois de Chesne[8].

Die Bildung der Methylol-Verbindungen des Harnstoffs läßt sich nach R. Loss[9] mit Hilfe von Viskositätsmessungen oder durch kalorimetrische Messungen verfolgen.

In Gegenwart von OH-Ionen verflacht die Viskositätskurve nach kurzer Zeit, wobei die Ausfällung von festem „Vorkondensat" von der vorherrschenden Konzentration, dem $OH^-$-Ionenspender und der Reaktionstemperatur abhängt. Möglicherweise bilden sich auch Di- und Trimere, welche sich viskosimetrisch bemerkbar machen. Für ein bestimmtes „Vorkondensat" sollte der Verlauf der Kurve konstant bleiben.

Die kalorimetrische Messung zeigt nach R. Loss einen gleichen Endpunkt wie bei der viskosimetrischen Messung. Die „Vorkondensat"-Bildung verläuft exotherm, daher wird das Gleichgewicht

$$NH_2{-}CO{-}NH_2 + 2\,CH_2O \rightleftarrows HOCH_2{-}NH{-}CO{-}NH{-}CH_2OH$$

[1] Staudinger, Wagner, Krässig u. Welzel: Über die Konstitution der Harnstoff- resp. Thioharnstoff-Formaldehydkondensate. Z. makromol. Chem. **11,** 79 (1953); **12,** 168 (1954); **17,** 75, 91, 95 (1955) u. **20,** 1 (1958).

[2] Weiss, F.: Spezial- und Hochveredlungsverfahren der Textilien aus Zellulose, S. 123. Wien: Springer-Verlag. 1951.

[3] Tollens, B.: Chem. Ber. **29,** 2781.

[4] Freundliches persönliches Schreiben des Herrn Dr. A. Wannow, Cassella Farbwerke AG, Frankfurt/Main.

[5] Zigeuner u. Mitarbeiter: Mh. Chem. **12,** 168 (1954).

[6] Staudinger u. Wagner: Z. makromol. Chem. **12,** 168 (1954).

[7] Einhorn u. Hamburger: Chem. Ber. **41,** 24 (1908).

[8] Bois de Chesne: Koll. Beih. **36,** 387 (1932).

[9] Loss, R.: Textil-Rundschau (St. Gallen) **36,** 387 (1932).

bei Temperaturerhöhungen nach links verschoben. Aus diesem Grunde sollen auch Methylol-Harnstoffprodukte zur Erhaltung der Stabilität möglichst kalt gelagert werden. Doch wird durch Wärmezufuhr meist *nicht* das Monomere zurückgebildet, sondern das „Vorkondensat" polymerisiert weiter.

In der *Praxis* werden die ersten Reaktionsstufen aus Harnstoff und Formaldehyd als *Gemisch* von Mono- und Dimethylolharnstoff im *alkalischen* Bereich (pH-Wert 8 bis 10) gewonnen. Dieses „Vorkondensat" wird dann aus neutraler oder schwach saurer Lösung im Vakuum ausgefällt. Solche „Vorkondensate" stellen allein oder kombiniert mit Weichmachern, Stabilisatoren, Netzmitteln usw. die *käuflichen, standardisierten* Handelsprodukte der Textilhilfsmittelfirmen dar.

Mischungen von Mono- und Dimethylol-Harnstoff kommen *kristallin* oder als *Pasten* in den Handel, wobei der Gehalt an Dimethylol-Harnstoff überwiegt. In geringen Mengen können wohl auch etwas weiter kondensierte Produkte enthalten sein[1].

*Tabelle 5*

| Reaktion | Harnstoff | Formaldehyd (30,40 Vol.-%); mit $NH_3$ neutralisiert | Temperatur | Zeit | Produkt |
|---|---|---|---|---|---|
| Neutrale Lösung | 1 Mol | 1 Mol | Zimmertemperatur | 4 bis 6 Stunden | bevorzugt: Monomethylol-Harnstoff |
| | 1 Mol | 2 Mol | | | bevorzugt: Dimethylol-Harnstoff |
| | | | max. 80° C und rasches Abkühlen | etwa 3 Minuten | beschleunigte Herstellung |
| Schwach alkalisch | 1 Mol | 1,5 bis 2 Mol; nach Marsh: 1,6 Mol | Zimmertemperatur | ab 2 Stunden | Gemisch von Mono- und Dimethylol-Harnstoff (meist im Verhältnis 1:5 in der Praxis verwendet) |

Nach J. T. Marsh[2] hat sich aus der Erfahrung heraus ergeben, daß die besten Ausrüstungsergebnisse bei Verwendung eines „Vorkondensates" mit einem Mol-Verhältnis von 1,6 (Formaldehyd) zu 1 (Harnstoff) erzielt werden.

Nach J. T. Marsh (loc. cit.) ist hierbei unter *„beste Ausrüstungsergebnisse"* nicht unbedingt das *„beste Knitterverhalten"* zu verstehen! Ein sehr hochgetriebener Knitterwinkel beeinträchtigt Griff, Fall, Weichheit und andere textile Vorzüge im *negativen* Sinne. Daher muß man sagen, daß das Verhältnis 1,6 bis 1,8 (Formaldehyd) zu 1 (Harnstoff) den *„optimalen"* Effekt ergebe (also *nicht* den „maximalen" Effekt!).

Ein *höherer Formaldehydgehalt* gibt nach J. T. Marsh dem Gewebe *größere Sprungkraft*, während eine *Steigerung des Harnstoffgehaltes* einen *weicheren Griff* (neben einer etwas *geringeren* Waschbeständigkeit) verleiht.

[1] Marsh, J. T.: Textil-Rundschau (St. Gallen) **12**, 485 (1957).

[2] Marsh, J. T.: An Introduction to Textile Finishing, S. 390 ff. London: Chapman & Hall Ltd. 1953.

Bei den in Europa wie in den USA im Handel unter einem registrierten Namen befindlichen kommerziellen Methylol-Harnstoff-Präparaten umfaßt nach J. T. Marsh[1] das Molekularverhältnis von Formaldehyd zu Harnstoff die Reihe von 1,3 bis zu 1,9. (Nach anderen Angaben ab 1,5.)

Die Harnstoff-Formaldehyd-„Vorkondensate" (Verhältnis 1 : 1,5 oder 1 : 2) des Handels, sind erst *in der Hitze* in Wasser löslich. Es sind neuerdings auch solche „Vorkondensate" im Handel (wie Kaurit S/BASF), die bei *niedrigerer* Temperatur wasserlöslich sind.

P. C. Mehta und R. D. Mehta[2] untersuchten die *Reaktion von Dimethylolharnstoff* mit Baumwolle.

Gebleichte, merzerisierte Baumwollpopeline wurde mit einer 10%igen Dimethylol-Harnstofflösung im pH-Bereich von 3,5 bis 9 geklotzt, auf 75 bis 85% abgequetscht, bei 110° C vorgetrocknet und während 5 Minuten bei 150° C kondensiert.

Die verschiedenen pH-Werte wurden mittels verschiedener Katalysatorsubstanzen eingestellt (Salzsäure, Weinsäure, Ammonsulfat, Magnesiumchlorid und Natriumhydrogenkarbonat).

Bei Verwendung *saurer* Katalysatorsubstanzen (Weinsäure, Ammonsulfat) war das gebildete Harnstoffharz *stark vernetzt* und zeigte *gute Waschbeständigkeit*.

Der während des Trocknens und Kondensierens gebildete *Formaldehyd* reagierte mit der Faser unter Bildung von Methylen-Brücken und ist dafür verantwortlich, daß die Baumwollfaser nach dem Abziehen (Entfernen) des Kunstharzes in Kuoxam *unlöslich* war.

*Abgewandelte Methylolverbindungen des Harnstoffs*

Statt Methylolharnstoff werden in der Praxis auch zum Teil *Formaldehyd-Umsetzungsprodukte von substituierten Harnstoffen* wie auch *verätherte Methylolharnstoffe* verwendet. Man erhält hierdurch nach der Kondensation Endharze (in der Faser) von *größerer Waschfestigkeit*, wobei aber *etwas härtere Kondensationsbedingungen* benötigt werden.

*Stabilere Handelsprodukte* auf Basis Methylolharnstoff erhält man durch Anlagerung von Hexamin oder auch durch Blockierung (Verätherung) der reaktionsfähigen Hydroxylgruppen. Eine übliche Methode ist die Methylierung des Dimethylol-Harnstoffs, um den stabilen Dimethyläther

$$CO\begin{cases} NH \cdot CH_2 \cdot O \cdot CH_3 \\ NH \cdot CH_2 \cdot O \cdot CH_3 \end{cases}$$

zu erhalten, welcher die Basis von vielen Handelsprodukten darstellt. Die eingeführten Methylgruppen sind erst bei höheren Temperaturen (Kondensation) abspaltbar und stellen somit ein nützliches, reaktionsverzögerndes Mittel dar, wodurch die wässerige „Vorkondensat"-Lösung eine größere Stabilität erlangt.

J. I. De Jong und J. De Jonge[3] nehmen für Dimethylol-Harnstoff-dimethyläther eine symmetrische Konstitution an.

---

[1] Marsh, J. T.: Self-Smoothing Fabrics, S. 55. London: Chapman & Hall Ltd. 1962.

[2] Mehta, P. C. u. R. D. Mehta: Reaktion von Dimethylolharnstoff mit Baumwolle. Text. Res. J. **30**, 524 (1960).

[3] Siehe Becher, J. v.: Infrarotspektroskopische Untersuchungen. Chem. Ber. **89**, 1593 u. 1951 (1956).

Nach H. Enders[1] können verätherte Typen bei der Kondensation leichter in *unverzweigte Makromoleküle* übergehen:

```
                     ┌ - - - - - ┐          ┌ - - - - - ┐          ┌ - - - - -
          HN—CH₂ ·   ¦ OCH₃  HN  ¦ —CH₂ ·   ¦ OCH₃  HN  ¦ —CH₂ ·   ¦ OCH₃        ——→
            \        └ - - - - - ┘   \      └ - - - - - ┘   \      └ - - - - -
             CO                      CO                      CO
             |                       |                       |
CH₃ · O · CH₂—NH                     R                       R

——→       HN—CH₂——N—CH₂——N—CH₂——
            \        \       \
             CO       CO      CO
             |        |       |
CH₃ · O · CH₂—NH      R       R
```

Diese Angabe widerspricht der Tatsache, daß *unverzweigte* Makromoleküle eher löslich und daher weniger waschfest sind als *vernetzte* Moleküle.

Weiters wird Harnstoff auch mit einem *Gemisch von Formaldehyd und einem anderen Aldehyd* umgesetzt. So erhöht ein Zusatz von Acrolein die Vernetzungsmöglichkeiten, da letzterer ungesättigten Charakter hat und daher polymerisierbar ist[2].

Monomere Reaktionsprodukte, hergestellt aus Harnstoff, Formaldehyd und Acrolein, sind z. B. das Handelsprodukt *Acrisin* (Röhm und Haas).

Annahme des Reaktionsverlaufes:

```
NH₂     H          CH₂                  NH—┌─────────┐
|       |          ||                      │ CH₂ · OH │
|       |  /H      ||                   |  └─────────┘
CO  +  C<      +   CH      ————→        CO
|          \\O     |                    |
|                  |  /H                |
NH₂                C<                   NH—CH—CH=CH₂
                      \\O                   |
                                            OH
                                     Methylol-Allylolharnstoff
```

Methylol-Allylolharnstoff enthält außer der reaktiven Methylol-Gruppe noch eine Äthylenbindung. Daher können überlegungsgemäß neben der Kondensation auch Polymerisationsvorgänge stattfinden.

### 2. Die Methylolverbindungen (sogenannte „Vorkondensate") des Melamins

Neben den Methylolharnstoffen und ihren Substitutionsprodukten werden die Methylolmelamine gleichfalls zur Knitterfest-, Quellfest- und Krumpffestausrüstung von Zellulosefasertextilien verwendet. Die hauptsächlichste Bedeutung haben die Methylolmelamine aber für den Pigmentdruck und für die waschfeste Fixierung von Kalandereffekten (Chintzappret, Seidenfinish und andere Prägeeffekte) erlangt.

---

[1] Enders, H.: Neue Entwicklungen auf dem Gebiet der Hochveredlung, insbesondere über die „Wash-and-Wear"-Ausrüstung. Melliand Textilber. **40**, 1315 (1959).

[2] Frotscher, H.: Chemie und physikalische Chemie der Textilhilfsmittel, II. Band, S. 95. Berlin: Verlag Technik. 1955.

J. T. Marsh[1] führt hierzu aus, daß Melamin-Formaldehyd-Harze trotz vieler Vorschläge weniger für die Knitterfest- und Krumpffest-Ausrüstung von Zellulosefasertextilien verwendet werden, sondern ihren größten Einsatz zur Herstellung von glatten Chintzartikeln und permanenten Prägeeffekten[2] gefunden haben. Sie traten niemals auf dem Sektor der Knitterfestausrüstung in eine ernste Konkurrenz zu Harnstoff-Formaldehyd-Harzen. Für die Hochveredlung von Regeneratzellulosefasertextilien werden Melamin-Formaldehyd-Harze *selten* verwendet.

Die Methylolmelamine versteifen die Textilien weniger und lassen eine höhere Kochwaschfestigkeit der Ausrüstungseffekte resultieren, doch resultieren im Vergleich zu den Methylolharnstoffen niedrigere Knitterwinkel.

### *Darstellung von Melamin*

Melamin wurde erstmalig von Liebig[3] durch Erhitzen von Ammoniumrhodanid hergestellt. A. W. Hofmann[4] erhielt es aus Cyanurchlorid und Ammoniak. Aber erst durch die Drechselsche Synthese[5] wurde es zum Handelsprodukt:

$$6\ \begin{array}{c}NH_2\\|\\CN\end{array} \longrightarrow 3\ \begin{array}{c}NH_2\\|\\C=NH\\|\\NH-CN\end{array} \xrightarrow[\text{(Polymerisation) in Gegenwart von Ammoniak}]{\text{Umlagerung}} \begin{array}{c}NH_2\\|\\C\\ /\!\!/ \quad \backslash\\ N \quad\ N\\ | \quad\ \|\\ H_2N-C \quad C-NH_2\\ \backslash\!\!\backslash \quad /\\ N\end{array}$$

Cyanamid — Dicyandiamid — Melamin

Dicyandiamid wird aus Kalkstickstoff gewonnen (Reinheitsgrad möglichst 98 bis 99%). Neben Melamin werden noch verschiedene Sekundärprodukte von nicht einwandfrei bekannter Konstitution gebildet (wie Melam, Melem und Melon)[5].

Daneben sind in neuerer Zeit Verfahren bekannt geworden, welche Guanidin sowie Harnstoff als Ausgangsmaterial verwenden[5].

Derzeit fehlt aber immer noch ein technisches Verfahren, welches gestatten würde, Melamin billiger herzustellen.

### *Konstitution von Melamin*

Melamin ist ein Triazinderivat (2, 4, 6-Triamino-, 1, 3, 5-triazin). Man kann es vom Cyanamid abgeleitet denken.

---

[1] Marsh, J. T.: Self-Smoothing Fabrics, S. 60. London: Chapman & Hall Ltd. 1962.

[2] *Bancroft, J. & Sons:* Brit. Pat. 503.414, 596.569, 610.103, 615.314, 616.171, 634.634 u. 635.923 (Everglazeprodukte ab 1946). — *Calico Printers' Association:* Brit. Pat. 425.032, 437.642, 445.261 u. 452.435. — *Raduner/Schweiz:* Brit. Pat. 445.774, 470.948 u. U.S.-Pat. 2,121.005 (1934).

[3] Liebig: Annalen **10**, 48 (1834).

[4] Hofmann, A. W.: Chem. Ber. **18**, 2758 (1885).

[5] Drechsel: J. prakt. Chem. **13**, 331 (1876). Weiters beschäftigen sich mit der Melaminsynthese Stolle u. Krauch: Chem. Ber. **46**, 2337 (1913). — Davis: J. Amer. Chem. Soc. **43**, 2233 (1921). — Ostrogovich, A.: Gazz. chim. ital. **60**, 648 (1930). — S. auch Bann, B. u. S. A. Miller: Melamin und Melaminderivate. Chem. Rev. **58**, 131—172 (1958); Übersicht über Herstellung und Reaktionen, wie Salzbildung, Acylierung, Sulfonierung, Nitrierung, Halogenierung, Hydrolyse und Kondensationsreaktionen von Melamin und seinen Alkyl- bzw. Arylderivaten (182 Literaturzitate).

Man kennt mehrere tautomere Formen[1]. Als normale Form wird die symmetrische Triamino-triazin-struktur (Amino-formel) angenommen.

Neben der Auffassung E. W. Hughes, daß Melamin im kristallisierten Zustand als Resonanz-Hybrid anzusehen sei, nimmt A. Ostrogovich noch weitere Strukturformeln an.

*Resonanzhybrid des Melamins:*

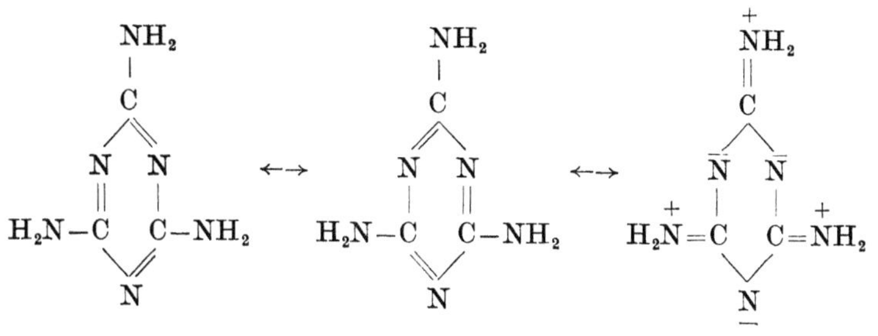

```
        NH2                      NH2                       +
         |                        |                       NH2
         C                        C                        ||
        / \\                     // \                      C
       N   N       <-->         N   N        <-->        /   \
       ||  |                    |   ||                  N̄     N̄
                                                      + |     | +
  H2N-C    C-NH2          H2N-C     C-NH2          H2N=C     C=NH2
       \  //                    \\  /                    \   /
        N                         N                        N̲
```

*Tautomere Formeln des Melamins nach Ostrogovich:*

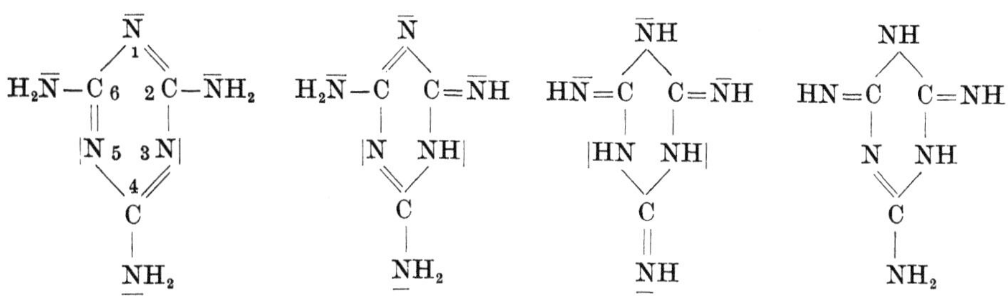

```
       N̄                     N̄                     N̄H                  NH
      /1\\                  // \                   / \                 / \
H2N̄-C6   2C-N̄H2      H2N̄-C    C=N̄H        HN̄=C     C=N̄H       HN=C     C=NH
    ||     |                |    |              |     |            |     |
   |N5   3N|               |N    NH|           |HN   NH|           N    NH
     \4//                    \\ /                 \ /                \\ /
      C                        C                   C                   C
      |                        |                   ||                  |
     NH2                      NH2                  NH                 NH2

   Amino-              Diamino-Imino-          Iso-Form          Amino-diimino-
   Form                   Form                                      Form
```

Die tautomeren Formen selbst sind noch nicht hergestellt worden, doch sind einige Derivate davon bekannt. So stellte B. Rathke[2] die vier Isomeren von Triphenylmelamin her.

Bei diesen monomeren Grenzformen des Melamins werden die einsamen Elektronenpaare des Stickstoffs *nicht* in die energetischen Grenzformen eingeschoben; daher behalten die $NH_2$-Gruppen ihren basischen Charakter bei.

Im Gegensatz hierzu werden bei den Harnstoffverbindungen die $NH_2$-Gruppen elektromer beansprucht.

Daher reagiert die Melamingruppe grundsätzlich basischer, was für die Chlorbeständigkeit (s. später) sehr wesentlich ist und sich in einem hohen Pufferungsvermögen (besser gesagt Neutralisiervermögen!) gegenüber Säuren (herrührend von der Katalysatorsubstanz) äußert.

## *Chemische und physikalische Daten von Melamin*[3]

Wenig wasserlösliches, farbloses, Pulver (monokline Prismen): Schmelzpunkt 350° C; Molekulargewicht 126,13; Dissoziationskonstante (25° C) : 1,1 ×

[1] Hughes, E. W.: J. Amer. Chem. Soc. **63**, 1737 (1941). — Hirt, R. C.: Paper on Molecular Structure and Spectroscopy. Ohio State University, June 1950. — Ostrogovich, A.: Gazz. chim. ital. **65**, 566 (1935).

[2] Rathke, B.: Chem. Ber. **20**, 1058 (1887) u. **21**, 870 (1888).

[3] Reichherzer, R.: Mitt. Chem. Forschungsinst. Ind. Österr. (Kunststoffinstitut) **7**, 14 (1953).

$\times 10^{-9}$; Löslichkeit in Äthylalkohol (95%ig): 0,43 g pro Liter; Löslichkeit in Wasser:

| Temperatur .......... | 4° C | 10° C | 20° C | 40° C | 60° C | 80° C |
|---|---|---|---|---|---|---|
| Löslichkeit g/l ........ | 2,1 | 2,3 | 3,2 | 6,9 | 14,7 | 27,8 |

*Die primären Reaktionsprodukte des Melamins mit Aldehyden*

Diese wurden um das Jahr 1935 herum von verschiedenen Stellen unabhängig voneinander gefunden. Melamin reagiert mit aliphatischen und auch aromatischen Aldehyden unter Bildung einer Reihe von Produkten[1].

Melamin reagiert in neutraler oder schwach alkalischer wässeriger Formaldehydlösung unter Bildung verschiedener Methylolmelamine[2]. Es können alle sechs Wasserstoffatome des Melamins durch Methylolreste ersetzt werden. Die Umsetzung mit Formaldehyd muß *in der Wärme* erfolgen, da die Löslichkeit des Melamins in Wasser bei Raumtemperatur so gering ist, daß kaum eine Umsetzung erfolgt (Unterschied zu den Methylolharnstoffen!).

Man kann annehmen (nicht bewiesen!), daß der Reihe nach die Wasserstoffatome der Aminogruppen durch Methylolgruppen ersetzt werden:

```
      NH— [CH2 · OH]                                   NH— [CH2 · OH]
      |                                                |
      C            usw. zu                             C                  usw. zu
     // \         ———————→                            // \               ———————→
    N    N                                           N    N
    |    ||                                          |    ||
H2N—C    C—NH2                  [HO · CH2] —HN—C    C—NH— [CH2 · OH]
     \\  /                                           \\  /
      N                                                N
Monomethylol-Melamin                            Trimethylol-Melamin
```

```
                      N [(CH2 · OH)2]
                      |
                      C
———————→             // \
                    N    N
                    |    ||
[(HO · H2C)2] N—C    C—N [(CH2 · OH)2]
                     \\  /
                      N
             Hexamethylol-Melamin
```

*Mono*methylol-Melamin — *Tri*methylol-Melamin — *Hexa*methylol-Melamin

---

[1] Dudley, I. R. u. J. E. Lynn: Soc. Dyers Col.; Symposium on Fibrous Proteins **1946,** 215—220. — Talbout, W.: U.S.-Pat. 2,260.239; Monsanto Chem. Comp. (1942). — Thurston, J. T.: Paper at Gibson Island Conference (July 1941). — Reichherzer, R.: Mitt. Chem. Forschungsinst. Ind. Österr. **7,** 14 (1953).

[2] Wohnsiedler, H. P.: Kondensationsmechanismen von Harnstoff-Formaldehyd und Melamin-Formaldehyd (ausführliche Darstellung). Ind. Engng. Chem. **44,** 2679 (1952). — *Amer. Cyanamid Co.* (Stanford Res. Labor.): Centralblatt **1953,** 7821.

Für die Methylolmelamine kann man auch noch andere Konstitutionsformeln annehmen (s. vorstehend S. 25), wie z. B.:

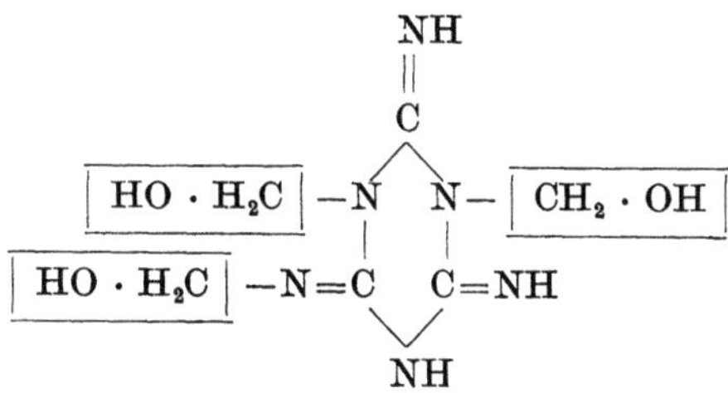


Hierauf wies Smith[1] hin.

Nur unter *bestimmten Bedingungen* (wie Molverhältnis der Ausgangsstoffe, Konzentration der Lösungen, Temperatur, pH-Bereich) wird eine *definierte Methylolzahl pro Triazinring* erhalten. Bekannt sind alle Methylolmelamine bis zu Hexamethylolverbindungen, welche in heißem Wasser löslich sind. Nach R. Reichherzer[2] nimmt hierbei die Löslichkeit mit der Zunahme der Methylolgruppen eigenartigerweise *ab*.

Die Reaktion von Melamin mit Formaldehyd ist, je nach dem Verwendungszweck, in jeder gewünschten Stufe abbrechbar. Die entsprechenden Produkte können durch Abfiltrieren, Eindampfen usw. isoliert werden.

Einwirkung von Formaldehyd auf Melamin in *neutraler* Lösung: Die Reaktion schreitet *rasch* über die Monomethylolstufe hinaus.

Kristallines Trimethylol-Melamin wird erhalten, wenn ein Gemisch von Melamin mit drei Mol Formaldehyd für einige Minuten auf 70 bis 80° C erhitzt und *rasch* abgekühlt wird.

Nach Schmidt[3] kann Hexamethylol-Melamin *neutral* (also bei Abwesenheit von $H^+$-Ionen!) zum Endharz kondensiert werden.

### *Abgewandelte Methylolverbindungen des Melamins*

Bei *Verätherung der Methylolgruppen des Melamins* mit niedermolekularen Alkoholen (wie Methyl- oder Äthylalkohol) resultieren wasserlösliche Verbindungen. Bei Verätherung mit Butanol, Benzylalkohol usw. werden wasser*un*lösliche Verbindungen erhalten, welche aber in aromatischen Kohlenwasserstoffen leicht löslich sind.

Die Verätherung wird im betreffenden Alkohol, und zwar im schwach saurem Medium durchgeführt, wobei nach 1. der Menge des zugesetzten Formaldehyds; 2. der Katalysatorsubstanz; 3. dem Grad der Verätherung; 4. der Zeitdauer und 5. der Temperatur verschiedene Produkte resultieren[4].

In der Praxis der Hochveredlung von Zellulosefasertextilien werden teilmethylierte Methylolmelamine angewandt. Diese kristallisieren schwer und bilden sirupartige, in kaltem Wasser leicht lösliche Flüssigkeiten.

Die Ausrüstungseffekte, erhalten mit Methylolmelaminen, sind im Vergleich zu denen vom Methylolharnstoff waschfester (Kochwäsche). Durch Verätherung der Methylolgruppen des Melamins wird die Waschfestigkeit noch weiter verbessert.

---

[1] Smith: J. Soc. Dyers Col. **70,** 381 (1954).

[2] Reichherzer, R.: Über das Melamin und seine Umsetzungsprodukte mit Formaldehyd. Mitt. Chem. Forschungsinst. Ind. Österr. **7,** 14 (1953).

[3] Schmidt: Melliand Textilber. **27,** 126 (1946).

[4] Payne, H. F.: Organic Coating Technology, Vol. 1. New York: J. Wiley & Sons. 1954.

Partiell verätherte Methylolmelamine können aber bei Anwendung von Ammonsalzen als Katalysatorsubstanz während der Hitzekondensation *Trimethylamin* (Fischgeruch) bilden.

Teilweise verätherte Methylolmelamine dienen auch zur Herstellung von *wasserabweisenden und weichmachenden Mitteln,* die mit Zellulose in Reaktion treten können.

Z. B. das Reaktionsprodukt aus Methylol-stearamid mit dem Dimethyläther von Trimethylol-Melamin.

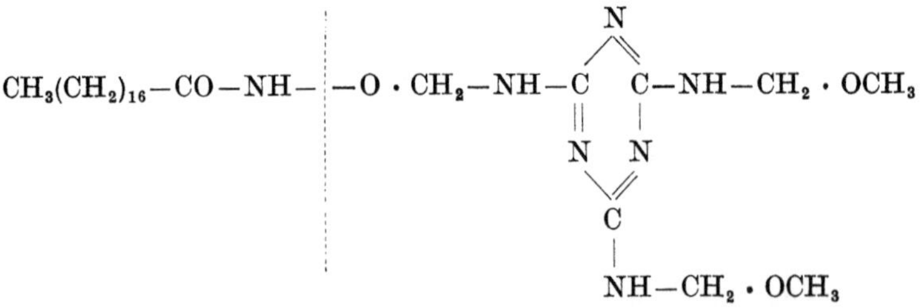

N

$CH_3(CH_2)_{16}-CO-NH-$ ⋮ $-O \cdot CH_2-NH-C$ $C-NH-CH_2 \cdot OCH_3$

N N

C

$NH-CH_2 \cdot OCH_3$

Eine Reihe solcher Verfahren und Produkte wurden unter Patentschutz gestellt[1].

*Schwefel-substituierte Thiomethylolmelamine* werden durch Umsetzung von Methylolmelaminen oder Lösungen vom Melamin in Formaldehyd mit Merkaptanen (z. B. Merkaptobenzothiazol) erhalten[2].

*Aminomethylderivate* können durch Umsetzung von Melamin, Formaldehyd und Aminen resultieren[3]:

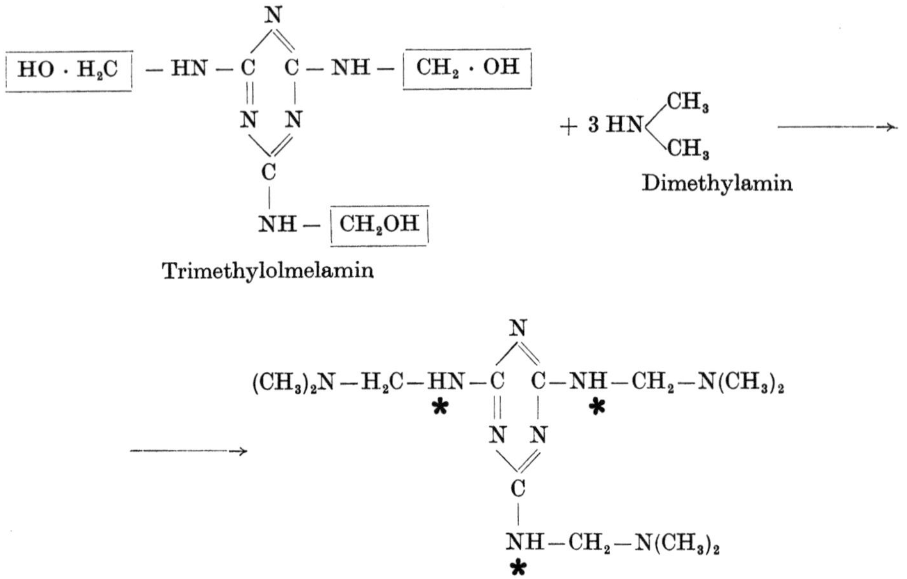

N

$\boxed{HO \cdot H_2C} - HN - C$ $C - NH - \boxed{CH_2 \cdot OH}$ $+ 3\,HN\langle{}^{CH_3}_{CH_3}$ ⟶

N N

C

$NH - \boxed{CH_2OH}$

Trimethylolmelamin

Dimethylamin

N

⟶ $(CH_3)_2N-H_2C-\overset{*}{HN}-C$ $C-\overset{*}{NH}-CH_2-N(CH_3)_2$

N N

C

$\overset{*}{NH}-CH_2-N(CH_3)_2$

---

[1] *Amer. Cyanamid:* U.S.-Pat. 2,426.770. — *Ciba A.G./Basel:* Brit. Pat. 611.012 u. 611.013. — *Ehem. I. G. Farbenind. A.G.:* DRP 704.540.

[2] Seymour, R. B.: U.S.-Pat. (Monsanto Chem. Comp.) 2,455.528 (1948).

[3] McGrew, F. C. (Du Pont): U.S.-Pat. 2,454.078 (1948).

Solche Verbindungen sind für die Hochveredlung von Zellulosefasertextilien nicht verwendbar, da sie keine reaktionsfähigen Methylolgruppen enthalten. Doch ist es möglich, durch weitere Formaldehydeinwirkung noch drei Wasserstoffatome (✱) in Methylolgruppen überzuführen.

### 3. N-Methylol-Derivate anderer Verbindungen

Neben der Anwendung von Methylolharnstoff bzw. Methylolmelaminen und deren Verätherungsprodukten hat man sich auch Verbindungen mit mehr oder weniger Erfolg zugewandt, welche resultieren durch Umsetzung von Formaldehyd mit z. B. Hydrazinen, Hydroxylamin, Polyaminokarbonsäuren, Karbonsäureamiden, Sulfamiden, weiters Aminen, welche mit langen Kohlenwasserstoffketten substituiert sind, und noch viele andere[1].

Die *Methylolverbindung von Dicyandiamid*, erhalten durch Umsetzung mit Formaldehyd, wird *in Mischung* mit Methylolharnstoff oder Methylolmelamin zur Knitterfestausrüstung vorgeschlagen. Bei alleiniger Anwendung ist die Waschbeständigkeit der resultierenden Effekte ungenügend.

## II. Höher polymerisierte (ankondensierte), noch „kolloidlösliche" Methylolverbindungen der „in sich vernetzenden Kunstharze"

Läßt man die Kondensation von Harnstoff-Formaldehyd oder Melamin-Formaldehyd bis zur *kolloiden Stufe* fortschreiten, so resultiert eine *viskose, wässerige Lösung*, die *nicht mehr* in das Faserinnere einzudringen vermag.

Höher polymerisierte kolloide Kunstharzlösungen[2] wurden zur *Krumpffestausrüstung von Regeneratzellulosefasertextilien* vorgeschlagen, wobei der Krumpffesteffekt in einem gewissen Umfang erzielt wird.

Wegen der Größe der Moleküle diffundieren solche Kunstharzlösungen nicht mehr in die Faser hinein. Sie können aber noch an der *Oberfläche der Fasern* eine Bindung mit der Zellulose eingehen. Es resultiert eine gewisse Schrumpfbeständigkeit, *ohne* daß die Faser versprödet wird. Da aber *weder* Querbindungen zwischen den Zellulosemolekülen *in* den Fasern resultieren noch eine Kunstharzeinlagerung in den mizellaren Räumen eintritt, ist in diesem Falle *kein* besonders großer Knitterfesteffekt zu erwarten[3].

Bei der Weiterkondensation von Methylol-Melamin bis zur kolloiden Stufe ist es durch Addition bestimmter Mengen an Säure aber möglich, ein „*Säurekolloid*" herzustellen[4].

Das Brit. Pat. 623.355 beschreibt hierzu die physikalisch-chemischen Vorgänge.

Die auf diese Weise resultierenden Produkte erstrecken sich nach J. T. Marsh[5] von typisch blauen Dispersionen zu Gelen einerseits und zu ausgesprochenen Dispersionen andererseits.

---

[1] Weber, F. u. A. Martina: Die neuzeitlichen Textilveredlungsverfahren der Kunstfasern. Wien: Springer-Verlag. 1951. — Diserens, L.: Neueste Fortschritte und Erfahrungen in der chemischen Technologie der Textilfasern, 2. Teil. 1. Band 1948, 2. Band 1953. Basel-Stuttgart.

[2] *Rhode-Island Section:* Amer. Dyestuff Rep. **38,** 843—852 (1949).

[3] Trutmann, K.: Über das Schrumpffrei- und Waschbeständigmachen von Reyongeweben nach dem Avcosetverfahren. Reyon-Rev. (Arnheim) **8,** 125 (1954).

[4] Brit. Pat. 623.361, 679.386 u. 711.476. — S. auch Amer. Dyestuff Rep. **38,** 342 (1949).

[5] Marsh, J. T.: Self-Smoothing Fabrics, S. 60 u. 61. London: Chapman & Hall Ltd. 1962.

Im Zustand der blauen kolloiden Lösung sind die Partikel *positiv geladen* und können bei Anwendung auf Baumwoll- oder Regeneratzellulosetextilien einen *ziemlich waschbeständigen Steifeffekt* hervorrufen.

Ist aber das „Säurekolloid“ ab seiner Herstellung nur wenige Stunden alt, so vermag es noch *in das Faserinnere* einzudringen, wobei eine gute Knittererholung resultiert. Weiters s. nachfolgend.

### *Saure, kolloide Melamin-Formaldehyd-Lösungen für die Ausrüstung von Baumwollgeweben*[1]

Baumwollgewebe wurden von den Autoren versuchsweise mit einer *frisch* hergestellten kolloiden Lösung von Methylolmelamin unter Zusatz von Ameisensäure mit dem Ziel einer Knitterfesterhöhung ausgerüstet.

Frühere Untersuchungen zeigten, daß derartige *saure Kolloidlösungen*, welche 12 bis 24 Stunden gelagert waren, keine Knitterfesterhöhung ergaben.

Der Unterschied gegenüber dem gebräuchlichen Verfahren besteht hauptsächlich darin, daß Ameisensäure gleichzeitig später die Kondensation katalytisch beeinflußt.

Das sicherste Ergebnis wurde nach den Autoren erhalten, wenn die kolloide Lösung auf 1 Mol Methylolmelamin mindestens 5 Mol Ameisensäure enthält.

Festgestellt wurde, daß andere Säuren nur eine geringe Erhöhung des Knitterwinkels bewirken.

Nach der Kondensation bei 140° C während 4 Minuten hatte das ausgerüstete Baumwollgewebe einen Kunstharzgehalt von 7% bei sehr guter Knitterfestigkeit.

Die übrigen Anforderungen nach dieser Ausrüstungsmethode von Baumwollgeweben werden nach den Autoren so gut wie bei den gebräuchlichen Verfahren erfüllt; auch die Beständigkeit nach 5, 10 und 20 Wäschen ist befriedigend. Die Tendenz zur Faservergilbung ist zwar schwächer im Vergleich zur normalen Melaminharzausrüstung, doch empfehlen die Autoren das Verfahren *nicht* für Weißwaren, welche einer Chlorwäsche ausgesetzt werden (USA).

Die *mikroskopischen Faserquerschnitte* zeigen, daß das Kunstharz in die äußeren Lagen der Baumwollfaser eintritt und sich dort ablagert.

Beim Continueverfahren (120 Yard/Min. Geschwindigkeit) bei Anwendung von 16,3% Methylolmelamin und 11,9% Ameisensäure (bzw. 20%) beträgt der Kunstharzgehalt der Faser 7%. Hiebei ist der Naßfestigkeitsverlust des Gewebes 35% und der Verlust der Einreißfestigkeit 50%.

Amerikanische Autoren berichten noch über die Kosten der geschilderten Ausrüstung von Baumwollgeweben mit ameisensauren Kolloidlösungen von Methylolmelaminen[2].

Nach Berard et al.[3] wie auch Ruperti[4] ist dieses „Säurekolloid“ auch für die *Verrottungsfeste Ausrüstung* von Zellulosefasertextilien verwendbar.

---

[1] Berard, W. N., E. K. Leonard u. W. A. Reeves: Knitterechtausrüstung von Baumwolle durch Anwendung saurer Kolloide von Methylolmelamin. Amer. Dyestuff Rep. **50**, 627, 634 (1961).

[2] McMillan, O. J. jr., K. M. Decossas, W. N. Berard u. W. A. Reeves: Formic Acid Colloid of Methylolmelamine Resin Treatment of Cotton; Preliminary Cost Study. Amer. Dyestuff Rep. **49**, 31 (1960). — Decossas et al.: Selbstkostenstudie für die Knitterfestausrüstung von Baumwollgeweben mit ameisensauren Kolloidlösungen mit Methylolmelamin. Amer. Dyestuff Rep. **50**, 631 (1961).

[3] Berard, Gautreaux u. Reeves: Text. Res. J. **29**, 126 (1959).

[4] Ruperti: Text. Res. J. **30**, 68 (1960).

J. T. Marsh[1] führt an, daß zur Herstellung von Baumwolltextilien mit guter *Naß*knittererholung (*ohne* Verbesserung der *Trocken*knittererholung) sich Behandlungen mit kolloider Harzlösungen, welche *nicht* in die Faser einzudringen vermögen, eignen würden. Hierbei bildet sich *eine Art synthetischer Cuticula* aus (oder die bestehende Cuticula wird verstärkt). Allerdings handelt es sich hierbei nur um einen Faktor, der die Knittererholung beeinflußt.

Abschließend soll noch darauf hingewiesen werden, daß saure kolloide Melamin-Formaldehyd-Lösungen, wobei insbesondere *alkylierte Melamin-Formaldehyd-Vorkondensate* zur Anwendung kommen (Säurekolloid-Verfahren der Ciba A.G., Basel), praktische Bedeutung für die *Erhöhung* der *mikrobiologischen Widerstandsfähigkeit von Woll-Papierfilzen* haben[2].

## III. Kationaktive Methylolharnstoff-, Methylolmelamin- und andere Verbindungen

Bringt man die Methylolverbindung des Harnstoffs oder Melamins in Reaktion mit Aminen (wie insbesondere Alkanolamine), so reagiert das Amin mit den Methylolgruppen unter Ausbildung entsprechend *N-substituierter Alkanolamine*:

$$\begin{array}{l} NH-\boxed{CH_2\cdot OH} \\ | \\ CO \\ | \\ NH-\boxed{CH_2\cdot OH} \end{array} + \underset{\text{Monoäthanolamin}}{\begin{array}{l} CH_2\cdot CH_2\cdot OH \\ | \\ NH_2 \end{array}} \xrightarrow{+\,HCl} \begin{array}{l} \overset{\oplus}{H-N}\begin{array}{l} /CH_2-\boxed{CH_2\cdot OH} \\ \backslash CH_2\cdot NH\cdot CO\cdot NH-\boxed{CH_2\cdot OH} \end{array} \\ \;\;\;\;\; H \\ \;\;\;\;\;\;\; Cl^{\ominus} \end{array} + H_2O$$

Solche N-substituierten Produkte sind *stärker basisch* im Vergleich zu reinem Dimethylol-Harnstoff. Bei letzterem wird nämlich durch die $>$CO-Gruppe die Basizität der benachbarten Aminogruppen herabgesetzt.

A. Foulon[3] gibt an, daß für solche kationaktive Harnstoff-Formaldehyd-„Vorkondensate" hinsichtlich des Erhalts eines entsprechenden Knitterfesteffektes schon *geringere Mengen* wie auch *niedrigere Kondensationstemperaturen* ausreichen würden. Doch hat die praktische Anwendung solcher kationaktiver Harnstoff-Formaldehydprodukte (was natürlich auf für entsprechende Melaminderivate gilt) *keine große Bedeutung* erlangt, und zwar wohl hauptsächlich wegen ihrer ungenügenden Verträglichkeit in der Flotte mit anderen bei der Hochveredlung üblichen Komponenten[4].

### 1. Kationaktive Methylolharnstoff-Verbindung

#### *a) Herstellung bei pH-Wert 6 bis 8*[5]

Harnstoff und Formaldehyd wird in wässeriger Lösung unter Zugabe von Alkylaminen oder Alkylolaminen bei pH-Wert 6 bis 8 bis zum Erreichen der kationaktiven Stufe kondensiert (s. nachfolgend).

---

[1] Marsh, J. T.: Naßerholung und Oberflächenbehandlung. Text. Res. J. **33**, 249 (1963).

[2] Hochreiter, P.: Die Gebrauchstüchtigkeit von wollenen Papiermaschinenfilzen. SVF (Fachorgan f. Textilveredlung) **20** (8), 505 ff. (1956.)

[3] Foulon, A.: Reyon, Zellwolle **1954**, 361.

[4] Freundliche persönliche Mitteilung des Herrn Dr. W. Rüttiger, BASF, Ludwigshafen am Rhein.

[5] Foulon, A.: Fortschritte in der Textilveredlung. Reyon, Zellwolle **1954**, 361.

Die erhaltenen Produkte wurden zur Ausrüstung von Regeneratzellulosefasertextilien vorgeschlagen.

Als Vorteile wurden angegeben:

1. Die *Naß*reißfestigkeit soll erhalten bleiben.

2. Eine wasserabweisende Ausrüstung wie auch Apprets, welche unter *Mitverwendung* solcher kationaktiven Kondensationsprodukte resultieren, sollen hervorragend waschbeständig sein.

3. Ein Ausrüstungseffekt soll bereits bei Anwendung geringerer Mengen des kationaktiven Produkts resultieren.

4. Bereits bei *Temperaturen unterhalb 100° C* soll in Gegenwart von $H^+$-Ionen (Katalysatoren) der Endeffekt erhalten werden, so z. B. schon durch normales Trocknen des imprägnierten Gewebes (Einsparung der Kondensationseinrichtung und Vermeidung einer Faserschädigung).

### *b) Herstellung bei pH-Wert unterhalb 4*[1]

Das Reaktionsprodukt von 2 bis 3 Mol Formaldehyd und 1 Mol Harnstoff wird bei pH-Wert unterhalb 4 mit 2 bis 80 Gew.-% eines polyfunktionellen Amins behandelt.

Die resultierende Verbindung ist wasserlöslich und läßt sich nach dem Applizieren auf das Gewebe und Trocknen durch nachfolgende Hitzeeinwirkung kondensieren. Sie hat *substantive Eigenschaften für Zellulose*, kann die Naßfestigkeit von Papier erhöhen und wurde für die Krumpffestausrüstung von Zellulosetextilien vorgeschlagen.

## 2. Kationaktive Methylolmelamin-Verbindung[2]

Die Vorkondensate der Methylolmelamine bilden mit den Salzen tertiärer Amine *wasserlösliche quaternäre Ammoniumsalze*, welche bei 80° C wiederum zerfallen.

4 Mol Formaldehyd und 1 Mol Melamin läßt man bis zur Lösung in der Wärme miteinander reagieren. Das in der Kälte auskristallisierte Methylolmelamin wird in Äthylalkohol gelöst und die alkoholische Lösung mit Pyridiniumchlorhydrat bei 40 bis 35° C erwärmt. In azetonischer Lösung scheidet sich das Pyridiniumsalz des Methylolmelamins als weißes, leicht wasserlöslicher Pulver ab.

## 3. Kationaktive Methylolverbindungen von Dicyanamid und Dicyandiamidinsalz[3]

Es wird z. B. Dicyandiamid in Gegenwart von Salzsäure oder einer organischen Säure mit Formaldehyd umgesetzt, wobei ein Teil des Dicyandiamids zu Dicyandiamidinsalz verseift wird:

$$HN=C\begin{matrix} \diagup NH_2 \\ \diagdown NH-CN \end{matrix} + H_2O + HCl + CH_2O \rightarrow \underset{H\quad Cl^{\ominus}}{H-\overset{\oplus}{N}}=C\begin{matrix} \diagup NH\cdot \boxed{CH_2\cdot OH} \\ \diagdown NH\cdot CO\cdot NH_2 \end{matrix}$$

Dicyandiamid — Methylolverbindung von Dicyandiamidinhydrochlorid

[1] *British Industrial Plastics:* J. Soc. Dyers Col. **68,** 95 (1952).

[2] Amer. Cyanamid Corp.: Brit. Pat. 587.572. — J. Soc. Dyers Col. **63,** 265 (1948) und **1952,** 436. — Melliand Textilber. **29,** 111 (1948). — Amer. Dyestuff Rep. **36,** 578 (1947).

[3] Frotscher, H.: Chemie und physikalische Chemie der Textilhilfsmittel, II. Band, S. 97. Berlin: VEB Verlag Technik. 1955.

Das erhaltene Produkt ist wasserlöslich und weist — im Gegensatz zu den monomeren „Vorkondensaten" des Harnstoffs oder Melamins mit Formaldehyd — bereits einen *hohen Vernetzungsgrad* auf. Solche Produkte sind gut lagerfähig und dienen nach H. Frotscher (loc. cit.) zur Quellfest- und Krumpffestausrüstung von Regeneratzellulose- und Baumwolltextilien, wobei auch die Knitterfestigkeit beträchtlich verbessert wird.

Abschließend muß bemerkt werden, daß trotz verschiedener Angaben kationaktive Harze *keine* Bedeutung für die Hochveredlung von Zellulosefasertextilien erlangt haben. Wertvoll sind sie aber für die *nachträgliche Verbesserung der Echtheiten von Direktfärbungen*[1].

Eine Reihe von Harnstoffabkömmlingen können mit Oxoverbindungen, vor allem Formaldehyd, salzartige Harze bilden, welche trotz verhältnismäßig hohem Polymerisations- bzw. Kondensationsgrad wasserlöslich sind, da sie noch über genügend basische Gruppen verfügen, die mit Säuren Salze bilden.

Alle diese harzartigen Körper spalten sich in wässeriger Lösung zum Teil in Ionen, wobei die harzbildende Komponente als Kation vorliegt. Die Wirkung der Kationharze beruht auf der *Bildung unlöslicher Salze aus Harz-Kation und Farbstoff-Anion* (ebenso wie bei kation-kappillaraktiven Substanzen).

## IV. Die Kondensation (Hitzehärtung) der N-Alkylol-Verbindungen von Eigenvernetzern (Methylolverbindungen des Harnstoffs und Melamins und ihrer Abwandlungen) unter Ausbildung des unlöslichen Endharzes

### Allgemeines

Der Kunststoffchemiker vermischt das gelöste Anfangsharz (z. B. von Melamin) mit Füllmitteln (wie z. B. Asbest- oder Holzmehlpulver) und verpreßt diese Masse in der heißen Presse zur gewünschten Form (= Härtung). Der Textilchemiker muß die Methylolverbindung von Harnstoff oder Melamin in Lösung gleichzeitig mit einer Reihe von Begleitsubstanzen *in* die einzelne Faser des Gewebes und dabei auch über die Gewebefläche gleichmäßig verteilt einbringen und dort, nämlich *in* der Faser, die Kondensation mit Hilfe von Wärme und Reaktionsbeschleunigern zu Ende führen. Er hat also nicht nur allein auf die einwandfreie Bildung des unlöslichen „*Endharzes*" zu achten, sondern muß auch alle Punkte, die eine chemische oder auch physikalische Faserveränderung bewirken können, berücksichtigen. Daher ist die Applikation des Kunstharzes in die Zellulosefaser keine leichte Aufgabe und erfordert viele praktische Erfahrungen und laufende Betriebskontrollen.

Die Methylolverbindungen (und ihre chemischen Abwandlungen) von Harnstoff, Melamin und in geringerem Ausmaße auch von anderen Substanzen, kommen als *wohldefinierte Handelspräparate* in Pasten- oder auch in Pulverform zur Anwendung.

Sie werden für die Knitterfest- oder Krumpfechtausrüstung von Zellulosefasertextilien in Wasser nach Vorschrift der Herstellerfirmen zur Gebrauchskonzentration gelöst. Diesem *Imprägnierbad* werden noch Weichmachersubstanzen, Stabilisatoren, Netzmittel und eventuell Hydrophobierungsmittel usw. beigegeben oder waren schon im Handelspräparat enthalten. Kurz vor dem Gebrauch wird weiters noch die $H^+$-Ionen liefernde Substanz (= sogenannter Katalysator) zugegeben.

Das ausrüstende Gewebe wird auf dem *Foulard* mit diesem „Vorkondensat"-Bad imprägniert und unter Druck abgequetscht zur bestmöglichen „Dosierung" der „Vorkondensat"-Lösung auf der Faser.

Hierauf wird das imprägnierte Gewebe bei niederer Temperatur in bewegter Luft oder auch „schockartig" bei höherer Temperatur *vorgetrocknet* und erst dann in den allermeisten Fällen bei entsprechend höheren Temperaturen das in der Faser Befindliche zum unlöslichen *Endharz* fertig *kondensiert* (= Härtung).

---

[1] Frotscher, H.: Chemie und physikalische Chemie der Textilhilfsmittel. Berlin: VEB Verlag Technik. 1954.

Bei zu lang andauernder Kondensation oder bei Anwendung zu hoher Temperaturen kann das in der Faser gebildete Endharz unter dem Einfluß der Katalysatorsäure wieder in *Teilkomponenten* gespalten werden, was eine verminderte Waschfestigkeit des Endharzes und des mit ihm verbundenen Effektes bedingt. Weiters kann hiermit gleichzeitig auch ein hydrolytischer Zelluloseabbau, also eine Faserschädigung, auftreten.

Die *Bildung des Endharzes* erfolgt in einer sich dauernd wiederholenden Vereinigung kondensationsfähiger Moleküle, wobei sich jeweils 1 Mol Wasser abspaltet (= Polykondensation). Nebenbei kann auch Formaldehyd frei werden.

Die Kondensation kann schon beim Trocknen *einsetzen*. Zu Ende wird sie bei höheren Temperaturen (120 bis 150° C; manchmal sogar bis zu 180° C) geführt.

Es gibt aber auch entsprechend zusammengesetzte Handelsprodukte („Vorkondensate"), bei denen bereits schon bei niedrigeren Temperaturen (ungefähr 80 bis 100° C) das Endharz gebildet wird. Meist wird dies durch scharf wirkende Katalysatoren erreicht.

Die Polykondensation kann — im Gegensatz zu einer Polymerisation — in jedem beliebigen Zeitpunkt unterbrochen und auch wieder weitergeführt werden. Daher kann der Ausrüster das imprägnierte Gewebe nach dem Trocknen *sofort* oder auch *später* „härten" bzw. durch eine *wiederholte Härtung* eventuell einen noch stärkeren Effekt am auszurüstenden Gewebe hervorrufen[1]. Doch ist ein zu langes Kondensieren, wie früher bemerkt, wiederum nachteilig.

Nachfolgend werden die wesentlichsten in der Literatur beschriebenen Ansichten hinsichtlich der Kunstharzbildung aus den Methylolverbindungen des Harnstoffs bzw. Melamins, welche in Gegenwart von $H^+$-Ionen (aus der Katalysatorsubstanz) und durch Hitzeeinwirkung erfolgt, wiedergegeben.

Anschließend werden die instruktiven Betrachtungen über den Reaktionsmechanismus der Aminoplast-Reaktionen auf elektronentheoretischer Basis von H. Petersen angeführt. Letzterer deutet diesen als *Ureidomethylierungen* (in Parallele zur Aminomethylierung nach Mannich) *von H-aziden (nukleophilen) Körpern*, wobei diese Anschauung noch durch Modellversuche gestützt wird. Dadurch ist es nach H. Petersen möglich, die verschiedenen allgemein bekannten Reaktionen unter einen einheitlichen Gesichtspunkt zu betrachten.

## 1. Kondensation der Methylolverbindungen des Harnstoffs

### Literaturverzeichnis

Bernegger, R.: Textil-Rundschau (St. Gallen) **3**, 131 (1948) u. Diss. ETH Zürich (1948).

De Jong, J. J.: Eine Methode zur Bestimmung von Methylolgruppen in den Kondensationsprodukten von Harnstoff und Formaldehyd. Rec. Trav. chim. Pays-Bas **72**, 653 (1953); Ref. Chem. Zbl. **125**, 10353 (1954).

Dixon, J. K. u. Mitarbeiter: J. Amer. Chem. Soc. **69**, 599 (1947).

Frotscher, H.: Chemie und physikalische Chemie der Textilhilfsmittel, II. Band, S. 67—75. Berlin: VEB Verlag Technik. 1955.

Petersen, H.: Neuere Ergebnisse und Betrachtungen über den Reaktionsmechanismus der Aminoplast-Kondensationen. Textil-Rundschau (St. Gallen) **16**, 645 (1961).

Reichherzer, R. u. A. Chwala: Über Kondensationsprodukte von Harnstoff und Formaldehyd. Österr. Chemiker-Ztg. **51**, 161 (1950) u. Diss. TH Wien (1950).

Scheiber, H., F. Trostler u. E. Scholz: Angew. Chem. **41**, 1305 (1928).

Smets, G. u. A. Borzee: Reaktionen bei der Kondensation von Formaldehyd mit Harnstoff. J. Polymer Sci. **8**, 371 (1952).

Walther, G.: Trans. Faraday Soc. **32**, 377 (1936) u. Kolloid-Z. **57**, 229 (1931).

Wohnsiedler, H. P.: Kondensationsmechanismus von Harnstoff-Formaldehyd (und Melamin-Formaldehyd). Ausführliche Darstellung. Ind. Engng. Chem. **44**, 2679 (1952), Ref. Chem. Zbl. **1953**, 7821.

[1] Sulzer, G.: Textil-Rundschau (St. Gallen) **5**, 144 (1950).

Zigeuner, G. u. W. Hoselmann: Zur Kenntnis der Harnstoff-Formaldehyd-Kondensation. XVI. Mitt. Über die Reaktion von Urethan mit Formaldehyd. Mh. Chem. **88**, 5 (1957). — XVII. kurze Mitt. Über die Reaktion von Harnstoff und Formaldehyd in Butanol. Mh. Chem. **88**, 159 (1957).

Die Ansichten über den Chemismus der Kunstharzbildung sind in der Literatur sehr unterschiedlich vorzufinden.

Das Methylolderivat hat zwei reaktionsfähige Stellen, nämlich den Imino-Wasserstoff (a) und die Hydroxymethylgruppe (b):

$R{-}NH_2 + HCHO \rightarrow \underset{(a)}{R{-}NH}{-}\underset{(b)}{CH_2 \cdot OH}$, so daß Kondensation unter Wasseraustritt stattfinden kann. Die Methylolharnstoffmoleküle werden sich wahrscheinlich zunächst zu einer Kette aneinander reihen. Schließlich entstehen dreidimensionale vernetzte Gebilde (= Endharz).

Unter geeigneten Bedingungen von Temperatur und Azidität kondensieren diese einfachen Methylol-Verbindungen weiter zu höhermolekularen Produkten, die anfangs linear und dann vernetzt sind. Alle Reaktionen, die zur Harzbildung führen, sind *Gleichgewichtsreaktionen*[1], die nur durch die gegebenen Temperaturen beim Trocknen und Kondensieren und durch die Entfernung des bei der Kondensation abgespaltenen Formaldehyds einseitig nach der Harzseite verschoben sind.

Beim Erhitzen von Methylolharnstoffen kann man wasserunlösliche Endharze bei annehmbarer Zeit nur im sauren Bereich erhalten. Die Geschwindigkeit des Reaktionsverlaufes und auch der Charakter des Endharzes sind sehr an die vorherrschenden pH-Bedingungen gebunden. Je nach dem pH-Wert bilden sich verschiedene Zwischenprodukte, welche dann unterschiedlich kondensieren bzw. polymerisieren.

Untersuchungen von K. Hultsch[2] zeigen die durch Wasserstoff-Ionen bedingten elektromeren Polykondensationsvorgänge bei der Kunstharzbildung auf (s. auch S. 17).

Außer dem vorherrschenden pH-Wert ist die Konstitution des fertig kondensierten Harnstoff-Formaldehyd-Endharzes noch von einer Reihe weiterer Faktoren abhängig[3], wie

a) *Zahl der Methylolgruppen* ($-CH_2 \cdot OH$) an einem Harnstoffrest ($=N \cdot CO \cdot N=$).

Die Zahl der Methylolgruppen am Harnstoffrest ist in den verschiedenen Handelsprodukten („Vorkondensaten“) unterschiedlich. Bei einem bestimmten Produkt ist nur der *Mittelwert* konstant!

b) *Zahl der Wasserstoffatome*, die einem N-Atom zugehören.

Diese ist null bis zwei (je nach den Methylolgruppen, die an dem N-Atom gebunden sind).

c) *Zahl der Ätherbrücken* (und also auch der Sauerstoffatome).

Diese hängt von den Kondensationsbedingungen (Temperatur und Behandlungsdauer) ab. Je *energischere* Reaktions-(Härtungs-)Bedingungen gewählt werden, desto *niederer* wird die Zahl der Ätherbrücken.

Bekannt ist, daß beim Kondensieren von Methylolharnstoffen *Wasser* und weiter auch *Formaldehyd* abgespalten wird.

---

[1] Elöd, E. u. D. Herion: Die Verbesserung der Knittereigenschaften von Textilien aus Cellulosehydratfasern, insbesondere bei der Kondensation der Aminoplaste im geschlossenen System. Melliand Textilber. **40**, 1058 (1959).

[2] Hultsch, K.: Zur Theorie der Härtbarkeit von Polykondensationsharzen. Angew. Chem. **1949**, 93 u. Kunststoffe **37**, 205 (1947) u. **38**, 65 (1948).

[3] Kündig, S.: Textil-Rundschau (St. Gallen) **7**, 451 (1952) u. Diss. ETH Zürich.

Im Beispiel Dimethylol-Harnstoff könnte dies z. B. folgendermaßen erfolgen:

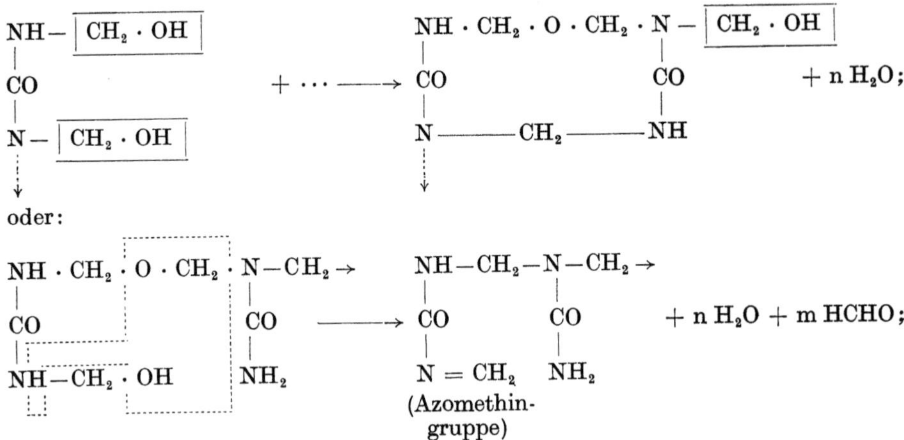

Nach Staudinger und Mitarbeitern[1] werden bei der Kondensation in Gegenwart von Protonen Harnstoffreste mit Methylengruppen verbunden, wie

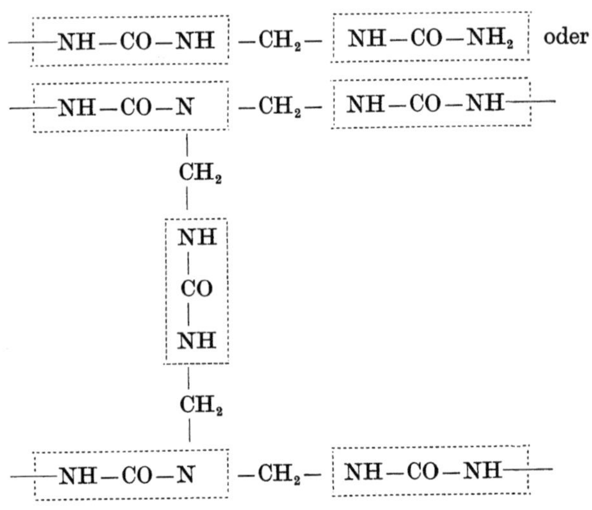

G. Zigeuner und Mitarbeiter[2] nahmen das Auftreten von Methylenäther-Brücken ($-CH_2-O-CH_2$) bei der Umsetzung von Harnstoff mit Formaldehyd m wässerigen Medium an, und zwar entgegen der Anschauung von A. Einhorn[3], welcher hierbei das Auftreten von Methylolmethylen-Brücken [$-N-(CH_2OH)-$ $-CH_2-NH-$] postulierte. In später folgenden Arbeiten wurde hierfür auch der eindeutige Beweis erbracht.

*Umsetzung mit 2,4-Dimethylolphenol:* Äquimolare Mengen von Phenyl-(p-Tolyl-)harnstoff und Formaldehyd bilden nach G. Zigeuner und Mitarbeiter

[1] Staudinger, Wagner, Krässig u. Welzel: Z. makromol. Chem. **11,** 79 (1953); **12,** 168 (1954); **17,** 75, 91, 95 (1955).

[2] Zigeuner, G., W. Knierzinger u. K. Voglar: Mh. Chem. (Wien) **82,** 847 (1951).

[3] Einhorn, A.: Ann. Chem. **343,** 207 (1905).

in wässeriger Kaliumkarbonatlösung auf dem Wasserbad ein aus zwei Phenyl-(p-Tolyl-)harnstoff und zwei Molen Formaldehyd aufgebautes Kondensat[1]:

$$\begin{matrix} R-NH-CO-NH-CH_2 \\ \qquad\qquad\qquad\qquad \rangle O \\ R-NH-CO-NH-CH_2 \end{matrix}$$ Bisphenyl-(p-Tolyl-)harnstoff-methylenäther (I)

Die Umsetzung von Phenyl-(p-Tolyl-)harnstoff mit Formaldehyd und Natronlauge in methylalkoholischer Lösung führt ausschließlich zur N-Methylol-Verbindung:

$R-NH-CO-NH-CH_2-OH$ N-Phenyl-(p-Tolyl)-,N'-Methylolharnstoff (II)

Sowohl die Verbindung (I) als auch (II) werden mit 2,4-Dimethylphenol im sauren Medium vollständig in N-(2-hydroxy-3,5-dimethylbenzyl-N'-phenyl-(p-Tolyl)-carbamid (III) übergeführt:

$$R-NH-CO-NH-CH_2-OH \longrightarrow R-NH-CO-NH-CH_2-C_6H_2(OH)(CH_3)_2 \quad \text{(III)}$$

$$\begin{matrix} R-NH-CO-NH-CH_2 \\ \qquad\qquad\qquad\qquad \rangle O \\ R-NH-CO-NH-CH_2 \end{matrix} \longrightarrow 2\ \text{(III)}$$

Dieses Ergebnis läßt auf die Dimethylenäther-Struktur $[-CH_2-O-CH_2-]$ des bei der Kondensation von Phenyl-(p-Tolyl-)harnstoff und Formaldehyd im wässerigen Alkali entstehenden Kondensates schließen.

Weiters untersuchte G. Zigeuner noch das Verhalten von *Methylenbiscarbamiden* gegenüber der Einwirkung von p-2,4-Dimethylphenol.

*Darstellung der Modellverbindung Methylenbisphenylharnstoff*

$$\begin{matrix} R-NH-CO-NH \\ \qquad\qquad\qquad \rangle CH_2 \\ R-NH-CO-NH \end{matrix}$$

10 g Phenylharnstoff werden in 12 ml 40%igem Formalin am Wasserbad gelöst und hierauf mit 1 Tropfen konzentriertem HCl versetzt. Der Reaktionsansatz erstarrt sofort kristallin. Aus Pyridin-Wasser werden Nadeln mit einem Schmelzpunkt von 210 bis 211° C erhalten.

*Darstellung der Modellsubstanz Bisphenylharnstoffmethylenäther*

$$\begin{matrix} R-NH-CO-NH-CH_2 \\ \qquad\qquad\qquad\qquad \rangle O \\ R-NH-CO-NH-CH_2 \end{matrix}$$

10 g Phenylharnstoff werden mit 0,7 g Kaliumkarbonat in 12 ml Formaldehyd am Wasserbad bis zur Lösung erwärmt, worauf sich alsbald noch in der Hitze die Ätherverbindung in feinen Kristallen abscheidet. Nach dem Filtrieren und mehrfachem Waschen mit Wasser wird wiederholt aus Pyridin-Wasser umkristallisiert. Farblose Nadeln, Schmelzpunkt 182 bis 183° C (unter Schäumen).

Festgestellt wurde, daß im reaktiven Verhalten der Substanzen mit $[CH_2-O-]$ —Bindung und den Methylenbiscarbamiden mit $[CH_2-N]$-Bindung *keinerlei*

[1] Zigeuner, G.: Mh. Chem. (Wien) **83**, 1099 (1952). — Zigeuner, G., K. Voglar u. R. Pitter: Mh. Chem. (Wien) **85**, 1196 (1954).

Divergenz besteht. Letztere unterliegen gleichfalls der Xylenol-Spaltung im sauren Medium unter Bildung der gleichen Substanz, nämlich ein Molekül Hydroxybenzylcarbamid

$$R-NH-CO-NH-CH_2-C_6H_2(OH)(CH_3)_2$$

Daher mußten noch weitere Beweise herangezogen werden.

*Versuche zur Verätherung von Methylenäther- und Methylen-(NH—CH₂—NH—)-Verbindungen von substituierten Harnstoffen:* G. Zigeuner[1] wies schon früher darauf hin, daß die *Unterscheidung zwischen Methylolmethylen- und Dimethylenäther-Strukturen* ein Grundproblem der Harnstoff-Formaldehyd-Kondensation darstellt.

H. Kadowaki[2] zeigte früher, daß sowohl Mono- und Dimethylol- als auch Dimethylolmethylen-diharnstoff mit Alkoholen und wenig HCl leicht die entsprechenden *Alkyläther* bildet.

G. Zigeuner und Mitarbeiter[3] stellten in analoger Weise die verschiedenen Äther von N-Methylol-N'-phenylharnstoff ($R-NH-CO-NH-CH_2-OH$) durch Einwirkung der verschiedenen Alkohole und wenig HCl in der Kälte her:

$$C_6H_5-NH-CO-NH-CH_2-O-R \qquad \boxed{R = CH_3-,\ C_2H_5-,\ C_3H_7- \text{ und } C_4H_9-}$$

Auch bei Umsetzung des Bisphenylharnstoff-methylenäthers als Modellsubstanz mit Alkohol-HCl tritt Lösung des Kondensates unter Bildung des N-Methylol-N'-phenylharnstoff-methyläthers ein:

$$(R-NH-CO-NH-CH_2)_2O + 2\,CH_3OH \xrightarrow{H^+} 2\,R-NH-CO-NH-CH_2-O-CH_3$$

N-Methylol-N'-phenylharnstoffmethyläther;

Die $[-N-CH_2-N-]$-Bindung des Methylenbisphenyl-(p-Tolyl)-carbamids

$$(R-NH-CO-NH)_2CH_2 \qquad \boxed{R = C_6H_5- \text{ oder } CH_3-C_6H_4-}$$

ergaben unter gleichen Bedingungen mit Alkohol-HCl-Gemischen *nicht* die gleiche Reaktion. Im Gegensatz zu den $[-CH_2-O-CH_2-]$-Brücken des Bisharnstoffmethylenäthers werden die $[-NH-CH_2-NH-]$-Bindungen der Methylenbiscarbamide unter den gleichen Bedingungen durch Alkohol-HCl auch unter Verdopplung der Reaktionsdauer *nicht* angegriffen.

Weiters beschrieben G. Zigeuner und Mitarbeiter[4] an anderer Stelle die Bildung von Dimethylenäther-Brücken in Kondensaten aus *Säureamiden* und Formaldehyd.

---

[1] Zigeuner, G.: Kunststoffe **41,** 221 (1951).

[2] Kadowaki, H.: Bull. Chem. Soc. Japan **11,** 248 (1936).

[3] Zigeuner, G.: Mh. Chem. (Wien) **83,** 1099 (1952). — Zigeuner, G., K. Voglar u. R. Pitter: Mh. Chem. (Wien) **85,** 1196 (1954).

[4] Zigeuner, G., W. Knierzinger u. K. Voglar: Mh. Chem. (Wien) **82,** 847 (1951). — Zigeuner, G.: Kunststoffe **41,** 221 (1951).

Die angeführten Ergebnisse der Autoren bestätigen die schon früher von ihnen aus den Resultaten der Xylenol-Spaltung abgeleiteten Aussagen über die Dimethylenäther-Struktur der im alkalischen Medium aus 2 Molen substituiertem Carbamid und 2 Molen Formaldehyd entstehenden Kondensate:

$$\begin{array}{l} R-NH-CO-NH-CH_2 \\ \qquad\qquad\qquad\qquad\qquad \rangle O \\ R-NH-CO-NH-CH_2 \end{array}$$

Den entscheidenden Beweis gegen die Methylolmethylen-Struktur [$-N-$ $-(CH_2OH)-CO-NH-$] und für die Dimethylenäther-Struktur [$-CH_2-O-$ $-CH_2-$] der in der ersten Kondensationsstufe aus Mono- und Dimethylol-Harnstoff entstehenden Produkte gelang G. Zigeuner und R. Pitter[1] durch Abbau der Ätherkondensate im alkalischen Medium bei Anwesenheit von Formaldehyd. Hier werden die Kondensate durch Spaltung der Ätherbrücken über den Tetramethylolharnstoff durch anschließende Behandlung mit Methanol und Säuren in den Dimethylol-Uron-dimethyläther übergeführt. Die letztgenannte Verbindung war schon von H. Kadowaki[2] aus Harnstoff auf gleichem Wege erhalten worden. Die Zusammensetzung der oben beschriebenen Ätherkondensate wurde von G. Zigeuner und H. Fitz[3] mit Hilfe der Papierchromatographie ermittelt.

Die Äther (von I, II, III) werden durch Alkali (wässerige Bariumhydroxidlösung) in die Methylolharnstoffe (I, II) gespalten:

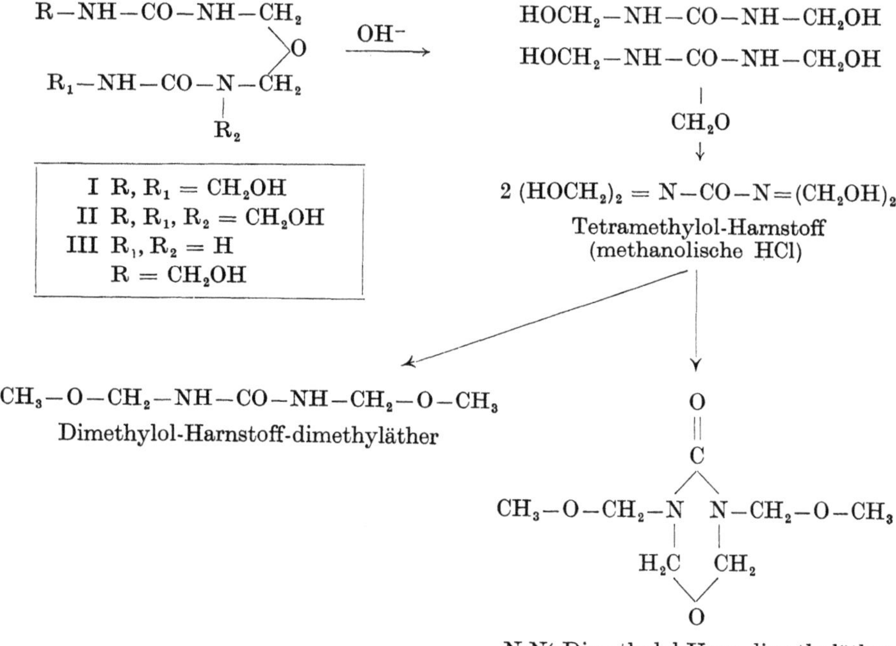


---

[1] Zigeuner, G. u. R. Pitter: Mh. Chem. (Wien) **86,** 57 (1955).
[2] Kadowaki, H.: Bull. Chem. Soc. Japan **11,** 248 (1936).
[3] Zigeuner, G. u. H. Fitz: Mh. Chem. (Wien) **90,** 211 (1959).

G. Zigeuner und R. Pitter (loc. cit.) konnten die Spaltbarkeit von Dimethylen-äther-Brücken durch Alkali auch an Modellverbindungen nachweisen:

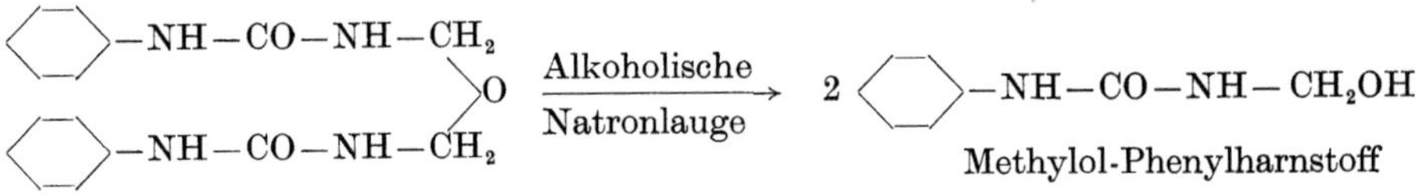

$$\begin{array}{l} C_6H_5-NH-CO-NH-CH_2 \\ \qquad\qquad\qquad\qquad\quad \rangle O \\ C_6H_5-NH-CO-NH-CH_2 \end{array} \xrightarrow[\text{Natronlauge}]{\text{Alkoholische}} 2\ C_6H_5-NH-CO-NH-CH_2OH$$

Methylol-Phenylharnstoff

Hinsichtlich des Verhaltens von Methylenharnstoff bzw. seiner Dimethylol-Verbindungen ist festzustellen, daß diese sich mit Bariumhydroxid und Formaldehyd zu einer Polymethylol-Verbindung umsetzt:

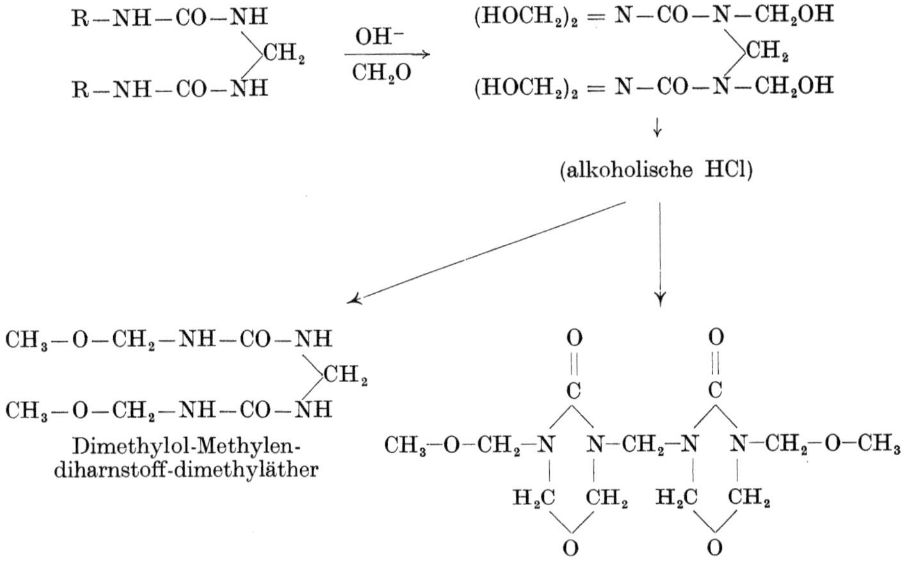

$$\begin{array}{l} R-NH-CO-NH \\ \qquad\qquad\qquad\quad \rangle CH_2 \\ R-NH-CO-NH \end{array} \xrightarrow[CH_2O]{OH^-} \begin{array}{l} (HOCH_2)_2 = N-CO-N-CH_2OH \\ \qquad\qquad\qquad\qquad\qquad \rangle CH_2 \\ (HOCH_2)_2 = N-CO-N-CH_2OH \end{array}$$

↓

(alkoholische HCl)

$$\begin{array}{l} CH_3-O-CH_2-NH-CO-NH \\ \qquad\qquad\qquad\qquad\qquad\quad \rangle CH_2 \\ CH_3-O-CH_2-NH-CO-NH \end{array}$$

Dimethylol-Methylen-diharnstoff-dimethyläther

$$\begin{array}{ccccccc} & & O & & O & & \\ & & \| & & \| & & \\ & & C & & C & & \\ CH_3-O-CH_2-N & & N-CH_2-N & & N-CH_2-O-CH_3 \\ & H_2C & CH_2 & H_2C & CH_2 & & \\ & & O & & O & & \end{array}$$

Dimethylol-Methylen-diuron-dimethyläther

Ebenso bleibt die Methylenbrücke [$-NH-CH_2-NH-$] des Methylenbisphenylharnstoffs bei Umsetzung mit alkoholischer Natronlauge unverändert.

J. Becher[1] bestätigte die Resultate von G. Zigeuner und Mitarbeiter durch infrarotspektroskopische Untersuchungen.

Nach H. Kadowaki[2] können, wie schon vorstehend erwähnt, die Methylenätherbrücken auch als *Uron-Ringe* vorliegen (bei Überschuß von Formaldehyd in alkalischer Lösung):

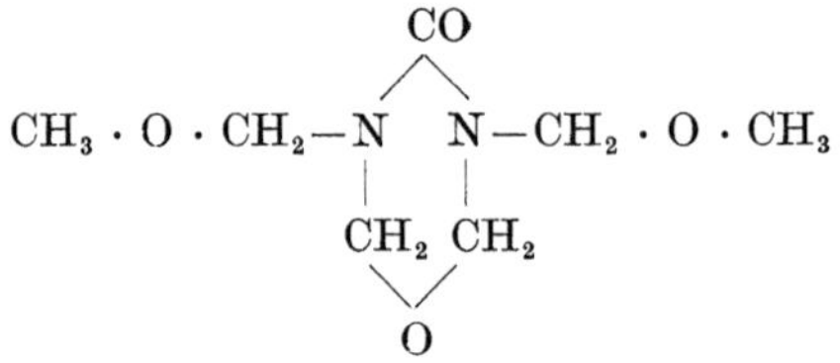

$$\begin{array}{ccc} & CO & \\ CH_3\cdot O\cdot CH_2-N & & N-CH_2\cdot O\cdot CH_3 \\ & CH_2\ \ CH_2 & \\ & O & \end{array}$$

[1] Becher, J.: Dtsch. Chem. Ber. **89,** 1593 u. 1951 (1956).

[2] Kadowaki, H.: Bull. Chem. Soc. Japan **11,** 248 (1936).

Nach H. Staudinger und Mitarbeitern[1] können kettenförmige Methylenharnstoffderivate, welche endständig eine Methylol- wie auch Aminogruppe tragen, unter Ringbildung (am Kettenende) reagieren:

$$\begin{array}{l} NH-CO-NH_2 \\ | \\ (CH_2-NH-CO-NH)_n-CH_2 \cdot OH \end{array} \longrightarrow \begin{array}{l} -CO-N-CH_2-NH \\ \quad\;\; | \qquad\quad | \\ \quad\;\; | \qquad\quad CO \\ \quad\;\; | \qquad\quad | \\ \quad\;\; CH_2 \text{———} NH \end{array}$$

Bei der technischen Kunstharzkondensation liegen vielerlei Reaktionsmöglichkeiten vor, und zwar auf Grund der Äther-, Methylen-, Azomethin [$-N=CH_2$]-Bindungen. Diese unterschiedlichen Bindungen können alle im Endharz zugegen sein.

Man nimmt allgemein an, daß *vorhandene Ätherbindungen* bei der Härtung (Kondensation) durch Wärme im sauren Milieu unter Abspaltung von Formaldehyd in *Methylenbrücken* übergehen und *nur ausnahmsweise* auch im gehärteten (kondensierten) Endharz bestehen bleiben (z. B. bei sterischer Hinderung[2]).

Weiters besteht auch die *Möglichkeit*, daß gleichzeitig eine *partielle Hydrolyse* der Methylolgruppen unter Formaldehydabspaltung eintritt, wobei sich die *freien Aminogruppen* [$-CO-NH_2$] wieder rückbilden. Letztere sind durch Umsetzung mit Chloral unter Bildung des Additionsproduktes [$-CO-NH-\underset{\displaystyle OH}{\underset{|}{CH}}-CCl_3$] nachweisbar[3].

Weiters muß noch beachtet werden, daß beim Vortrocknen und Kondensieren des ausgerüsteten Gewebes sich dabei auch mitanwesende *Katalysatorsubstanzen* und *Weichmacher* verändern. So kann sich z. B. die Katalysatorsubstanz Ammoniumchlorid mit abgespaltenem Formaldehyd in Hexamethylentetramin und Salzsäure umsetzen. Derartige Nebenprodukte sind durch eine schwach alkalische Nachwäsche des Gewebes wieder zu entfernen.

Die Interpretation der Kunstharzbildung über die vielen möglichen Zwischenstufen hat derzeit nur theoretisches Interesse, denn 1. sind bisher nur wenige einwandfrei definierte Zwischenkörper isoliert worden und 2. sind die Anschauungen über die Kunstharz-Bildung überhaupt sehr widersprechend. Von großem Interesse dürften hier die neuerdings gebrachten Anschauungen von H. Petersen sein (s. S. 51).

Erwähnt soll werden, daß die von G. Walther[4] isolierte *Methylenharnstoff*-Verbindung ($H_2C=N \cdot CO \cdot NH_2$) nach R. Reichherzer und A. Chwala[5] unter keinerlei Bedingungen, wie basisches, saures oder neutrales Milieu, Wärme oder Raumtemperatur, normaler oder erhöhter Druck, ohne oder bei überschüssigem Formaldehyd, in Kunstharz überführbar ist (entgegen den verschiedenen Literaturangaben!).

---

[1] Staudinger u. Mitarbeiter: Z. makromol. Chem. **11,** 79 (1953); **12,** 168 (1954): **17,** 75, 91 u. 95 (1955).

[2] Freundliche Mitteilung des Herrn Dr. R. Reichherzer vom 28. Februar 1965.

[3] Chattaway, F. D. u. E. Y. F. Yames: Chem. Zbl. **1932,** I, 666.

[4] Walther, G.: Trans. Faraday Soc. **32,** 377 (1936) u. Kolloid-Z. **57,** 229 (1931).

[5] Reichherzer, R. u. A. Chwala: Über Kondensationsprodukte von Harnstoff und Formaldehyd. Österr. Chemiker-Ztg. **51,** 161 (1950).

Daher könnten die Interpretierungen der Kunstharzbildung, die auf der Polymerisation des angegebenen Methylenharnstoffs beruhen, nicht richtig sein. H. Staudinger und Mitarbeiter (s. vorstehend) bestätigten dies gleichfalls.

J. Thurston[1] sowie C. S. Marvel[2] stellten neue Theorien über die Harzbildung aus Methylolharnstoff und Methylolmelamin auf, wobei die Autoren Harnstoff als *Aminosäureamid* auffassen, bei dem sich die beiden $NH_2$-Gruppen gegen Formaldehyd verschieden verhalten würden. Die Autoren kommen hier zu Sechsringbildungen (Triazin-Derivate).

Marvel (loc. cit.) nimmt auf Grund von analogen Reaktionen an, daß die *Amino-Gruppe* eine Schiffsche Base bildet und zu einem Ring (wie erwähnt) trimerisiert, während die *Säureamid-Gruppe* Methylenbrücken ausbildet:

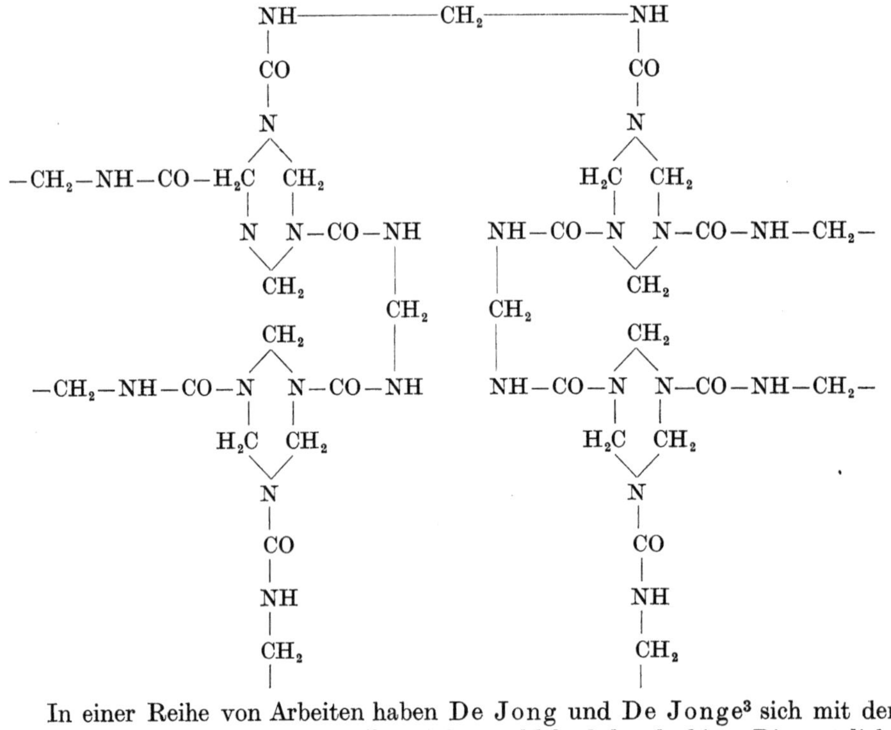

```
                     NH—————————CH2—————————NH
                     |                       |
                     CO                      CO
                     |                       |
                     N                       N
                    / \                     / \
 —CH2—NH—CO—H2C     CH2                 H2C   CH2
              |     |                    |     |
              N     N—CO—NH      NH—CO—N       N—CO—NH—CH2—
               \   /      |       |        \   /
                CH2       |       |         CH2
                         CH2     CH2
                CH2       |       |         CH2
               /   \      |       |        /   \
 —CH2—NH—CO—N       N—CO—NH      NH—CO—N       N—CO—NH—CH2—
              |     |                    |     |
             H2C    CH2                 H2C    CH2
               \   /                      \   /
                 N                          N
                 |                          |
                 CO                         CO
                 |                          |
                 NH                         NH
                 |                          |
                 CH2                        CH2
                 |                          |
```

In einer Reihe von Arbeiten haben De Jong und De Jonge[3] sich mit den Primärreaktionen von Harnstoff und Formaldehyd beschäftigt. Die mögliche Bildung von Trimethylol-Harnstoff wird in konzentrierten Lösungen vermutet, die einen 6- bis 8-molaren Formaldehydbetrag enthalten. Die Autoren folgern im allgemeinen, daß *nur lineare oder verzweigte* Kettenpolymere gebildet werden, und zwar durch schrittweise Kondensation unter Ausbildung von Methylenbrücken zwischen den Harnstoffresten, und daß *Ringstrukturen*, so wie diese Marvel (loc. cit.) angibt, tatsächlich *abwesend* sind. Desgleichen wurden Methylenharnstoff und seine Polymerisationsprodukte wie auch durch Methylenäther-Brücken verknüpfte Harnstoffe *nicht* gefunden.

---

[1] Thurston, J. T., s. unter H. P. Wohnsiedler: Ind. Engng. Chem. **44**, 2679 (1952).

[2] Marvel, Elliott, Roettner u. Yusker: J. Amer. Chem. Soc. **68**, 1681 (1946).

[3] De Jong, J. I. u. J. De Jonge: Rec. Trav. Chim. **69**, 1566 (1950); **71**, 643—660, 661—667 u. 890—898 (1952); **72**, 88—90, 139—156, 202—206, 207—212 u. 1027 bis 1036 (1953).

Die Reaktion zwischen Harnstoff und Formaldehyd führt *stets zu einem Gleichgewicht*, welches nur durch die *Löslichkeit der Reaktionsprodukte* beeinflußt wird. Der *pH-Wert* und anwesende *Neutralsalze* beeinflussen das Gleichgewicht *nicht*.

Die Autoren unterscheiden *zwei Arten der Reaktion*, nämlich die Bildung von *methylolierten Harnstoffen* und die Bildung von *Methylendiharnstoff*.

Die *Bildung von methylolierten Harnstoffen* verläuft nach einer *Säure-Base-Katalyse*. Die Reaktionsgeschwindigkeit ist proportional der Konzentration an $H^+$- und $OH^-$-Ionen. Die Endprodukte sind Monomethylol- und Dimethylol-Harnstoff. Tri- und Tetramethylol-Harnstoff sind nur in konzentrierter Lösung beständig.

Die *Bildung von Methylendiharnstoff* ist *rein säurekatalysiert* (ähnlich der Reaktion der Ketone mit Phenylhydrazin und Semicarbazid). Die Reaktionsgeschwindigkeit ist proportional der Konzentration an $H^+$-Ionen. Die *Endprodukte* sind Moleküle mit 5 bis 8 Harnstoffresten, welche durch Methylenbrücken verknüpft und teilweise methyloliert sind. Die Molekülgröße wird durch die Löslichkeit begrenzt.

H. Fahrenhorst[1] stellt die Bedeutung der Methylolgruppe und der Methylen-Verknüpfung bei der Kunstharzbildung überhaupt in Frage. H. Fahrenhorst kommt, fußend

1. auf den Feststellungen von H. Staudinger und Mitarbeitern[2], daß Harnstoffharze *keine* hochmolekularen, sondern verhältnismäßig niedrigmolekulare Verbindungen darstellen, welche durch starke Molekülassoziation einen hochmolekularen Bau vortäuschen,

2. auf theoretischen Erwägungen, welche die Diskrepanz zwischen den bisherigen Auffassungen über die Bildung der Harnstoffharze und den praktischen Eigenschaften derselben zum Gegenstand haben, und weiters

3. auf eigenen Modellversuchen

zum Schluß, daß zur Aufklärung des Chemismus der Harnstoffharzbildung die klassische Valenztheorie *nicht* ausreicht. Es muß hier die moderne Assoziationstheorie unter Einbeziehung der Bildung von Lösungsmittelassoziaten herangezogen werden.

Die zweifellos als definierbare, kristallisierte Verbindungen existierenden Methylolharnstoffe hält H. Fahrenhorst *nicht* für die einzig möglichen Primärprodukte der Harnstoff-Formaldehyd-Kondensation, sondern für „relativ stabile und daher faßbare Grenzformen".

Die Schlußfolgerungen von H. Fahrenhorst werden zum Teil auf Grund von Modellversuchsergebnissen gezogen, welche in *butylalkoholischer Lösung* erhalten wurden.

Die Betrachtungen von H. Fahrenhorst (loc. cit.) über den Reaktionsmechanismus der Bildung butylierter Harnstoffe sind, wie die Arbeiten von G. Zigeuner und Mitarbeiter (s. nachfolgend) zeigen, spekulativer Natur und enthalten keinen einzigen experimentell haltbaren Beweis.

---

[1] Fahrenhorst, H.: Chemie und Technologie der Harnstoffharze. Kunststoffe **45**, 43 (1955).

[2] Staudinger, H. u. Mitarbeiter: Z. makromol. Chem. **11**, 79 (1953) u. Angew. Chem. **65**, 149 (1953). — Staudinger, H. u. K. Wagner: Z. makromol. Chem. **12**, 168 (1954).

G. Zigeuner und H. Fitz[1] haben mit Hilfe der Papierchromatographie eingehend die Vorgänge bei der Verätherung von Methylolharnstoffen, weiters die Vorgänge bei der Härtung (Kondensation) von Methylolharnstoffen wie auch den Reaktionsverlauf bei der Härtung butylierter Harnstoffe aufgeklärt.

Der nach verschiedenen Methoden hergestellte *Monomethylol*-Harnstoff ist immer von geringen, nicht abtrennbaren Mengen *Dimethylol*-Harnstoff begleitet. Im Gegensatz hierzu ist *Dimethylol*-Harnstoff leicht rein darstellbar.

*1. Verätherung von Monomethylol-Harnstoff* (mit Alkohol und wenig HCl): Nachgewiesen wurde:

*a)* Viel an *Monomethylol*-Harnstoff-alkyläther

$$NH_2-CO-NH-\boxed{CH_2-O-Alk}$$

*b)* Wenig an Dialkyläther

$$\boxed{Alk-O-CH_2}-NH-CO-NH-\boxed{CH_2-O-Alk}$$

$$\boxed{Alk = CH_3-,\ C_4H_9-}$$

*c)* Ferner ist die N-Alkyläther-Bildung immer von einem Auftreten von Methylen-Brücken begleitet, wobei Abkömmlinge des Methylendiharnstoffes nachweisbar sind:

$$H_2N-CO-NH-\boxed{CH_2}-NH-CO-NH_2$$

$$H_2N- \quad \dots\dots\dots\dots \quad \boxed{-NH-CH_2-O-Alk}$$

$$Alk-O-H_2C-HN- \quad \dots\dots\dots\dots \quad \boxed{-NH-CH_2-O-Alk}$$

und Dimethylentriharnstoffe [n = 2]:

$$H-(-NH-CO-NH-CH_2-)_2-NH-CO-NH_2$$

$$\left(H_2N-CO-NH-\boxed{CH_2}-NH-CO-NH-\boxed{CH_2}-NH-CO-NH_2\right)$$

*2. Verätherung von Dimethylol-Harnstoff* (mit Alkohol und wenig HCl): Es konnte nur *Dimethylol-Harnstoff-dialkyläther* $\left[\boxed{Alk-O-CH_2}-NH-CO-NH-\boxed{-CH_2-O-Alk}\right]$ nachgewiesen werden.

*3. Länger andauernde Kondensation von Harnstoff und Formaldehyd im alkalischen Medium* bzw. *längeres Einwirken von wässerigem Alkali auf Mono- und Dimethylol-Harnstoff:* Es resultieren Gemische von nicht-methyloliertem und methyloliertem Dimethylenäther:

$$H_2N-CO-NH-CH_2-O-CH_2-NH-CO-NH_2$$

$$\boxed{HOCH_2}-HN- \quad \dots\dots\dots\dots \quad -NH_2$$

$$\boxed{HOCH_2}-HN- \quad \dots\dots\dots\dots \quad -NH-\boxed{CH_2OH}$$

$$\boxed{(HOCH_2)_2}-N- \quad \dots\dots\dots\dots \quad -NH-\boxed{CH_2OH}$$

sowie *Dimethylenäther-Kondensate,* in welchen 3 bis 8 Carbamid-Reste durch Dimethylenäther-Brücken verbunden sind [n = 2 bis 7]:

$$HO-(-CH_2-NH-CO-NH-CH_2-O-)_n-CH_2-NH-CO-NH-CH_2OH$$

[1] Zigeuner, G. u. H. Fitz: Studien auf dem Gebiet der Harnstoff-Formaldehyd-Kondensation. 18. Mitt.: Über butylierte Harnstoff-Formaldehyd-Kondensate. Mh. Chem. (Wien) **90**, 211 (1959).

$$(\boxed{HOCH_2}-NH-CO-NH-\boxed{CH_2-O-CH_2}-NH-CO-NH-\boxed{CH_2-O-CH_2}-$$
$$-NH-CO-NH-\boxed{CH_2OH})$$

4. *Verhalten des Methylolharnstoffs beim Erhitzen* (2 Stunden bei 125° C): Die „Härtung" von Methylolharnstoffen verläuft analog der „Härtung" von Phenolalkoholen über die *Dimethylenäther-Stufe:*

*Beispiele:*

1. $NH-CH_2OH$ / $CO-O-C_2H_5$ (Methylol-Urethan) $\xrightarrow[\text{(erhitzt)}]{(-H_2O)}$ $C_2H_5-O-CO-NH-CH_2-O-CH_2-NH-CO-O-C_2H_5$ $\xrightarrow[\text{(Spaltung der Dimethylenäther-Brücke durch } NH_2\text{-Gruppen)}]{\text{höhere Temperatur}}$

$\longrightarrow$ $C_2H_5-O-CO-NH-CH_2-NH-CO-O-C_2H_5$ Methylen-diurethan;

2. $NH-CH_2OH$ / $CO$ / $NH-CH_2-O-C_4H_9$ (Methylol-Harnstoff-monobutyläther) $\xrightarrow[\text{(erhitzt)}]{(-H_2O)}$ $\boxed{H_9C_4-O-CH_2}-NH-CO-NH-CH_2-O-CH_2-NH-CO-NH-\boxed{CH_2-O-C_4H_9}$ (Bis-butoxy-methylharnstoff-methylenäther) $\rightarrow$

$$\xrightarrow[(-\text{Butanol})]{(-H_2O)} R-O-(-CH_2-NH-CO-NH-CH_2-O-)_n-CH_2-NH-CO-NH-$$
$$-\boxed{CH_2-O-R}$$

Bis-harnstoff-methylenäther

$R = \text{Butyl}-(C_4H_9-)$
$n = 2$

5. *Stehenlassen des Dimethylenharnstoff-monobutyläthers in wässerigem Alkali:* Hier werden ebenso wie beim Erhitzen der genannten Verbindung Dimethylen-äther-Brücken aus freien Methylol- und Butoxymethyl-Gruppen gebildet, wobei ein Gemisch von Dimethylenäther-Verbindungen entsteht (vergleiche vorletztes Formelschema).

Dies stellt einen Analogiefall zur Umätherung dar, wie sie bei der Einwirkung von Alkoholen und Säuren auf Methylolharnstoff-alkyläther unter Austausch von Alkylgruppen eintritt.

$$\boxed{HOCH_2}-NH-CO-NH-CH_2-O-CH_2-NH-CO-NH-\boxed{CH_2OH} \text{ und}$$
$$HO-(-CH_2-NH-CO-NH-CH_2-O-)_n-CH_2-NH-CO-NH-\boxed{CH_2OH}$$

Der Nachweis der Dimethylenäther-Gruppierung wurde nach den Methoden von G. Zigeuner und R. Pitter durch Abbau mit Methanol-Salzsäure bzw. durch Überführung in den Dimethylol-uron-dimethyläther erbracht.

6. *Methylenharnstoff:* H. Kadowaki stellte den Methylenharnstoff auf folgende Weise her:

1540 g Harnstoff wurden im gleichen Gewicht Wasser gelöst. Nach dem Hinzufügen von 22,5 ml konzentrierter HCl und 250 ml 38,37%igem Formalin trat eine weiße Trübung schon nach wenigen Minuten auf. Die Mischung wurde 2 Tage stehengelassen, mit KOH genau neutralisiert und der Niederschlag abgesaugt. Der Niederschlag wurde mit Alkohol behandelt und — nachdem der darin enthaltene Harnstoff entfernt worden war — aus Wasser umkristallisiert[1]. Ausbeute: 279,6 g.

Die Methylolverbindungen von Kadowaki: $HOCH_2{-}NH$ ..............
$HOCH_2{-}NH$ ..............
sind nicht einheitlich; sie stellen Gemische von Methylendiharnstoff und Dimethylen-triharnstoff mit ihren Mono- bzw. Dimethylol-Verbindungen dar:

$$H_2N{-}CO{-}NH{-}(CH_2{-}NH{-}CO{-}NH)_n{-}H \qquad [n = 1; 2]$$

$$H_2N{-}CO{-}NH{-}(CH_2{-}NH{-}CO{-}NH)_n{-}\boxed{CH_2OH}$$

$$\boxed{HOCH_2}{-}HN{-}CO{-}NH{-}(CH_2{-}NH{-}CO{-}NH)_n{-}\boxed{CH_2OH}$$

*Darstellung von reinem Methylendiharnstoff*

$$H_2N{-}CO{-}NH{-}\boxed{CH_2}{-}NH{-}CO{-}NH_2$$

1. aus Diacetylmethylendiharnstoff[2] oder 2. aus Harnstoff + Paraformaldehyd in Essigester[3].

7. *Butylierte Harnstoff-Formaldehyd-Kondensate:* Wird Harnstoff mit Formaldehyd (1 : 1) in Butanol beim pH-Wert 8 bis 9 und 80° C umgesetzt, so soll sich nach H. Fahrenhorst (loc. cit.) kein Methylolharnstoff bilden, sondern lediglich ein Addukt $[H_2N{-}CO{-}NH_2 \cdot CH_2O]$, das im sauren Medium über ein Methylenharnstoffhydrat $[H_2N{-}CO{-}N{=}CH_2 \cdot H_2O]$ zum Hydrat eines Trimeren reagieren soll. Bei weiterer Säureeinwirkung sollte unlöslicher Methylenharnstoff entstehen:

$$\left[\begin{array}{cc} {-}N{-}CH_2{-} & N{-}CH_2{-} \\ | & | \\ CO & CO \\ | & | \\ NH_2 & NH_2 \end{array}\right]$$

G. Zigeuner und H. Fitz (loc. cit.) stellten mit Hilfe der Papierchromatographie fest, daß diese Annahme *keinesfalls* zutrifft und daß sich nach der angegebenen Arbeitsweise bildet: Viel Mono- neben Dimethylol-Harnstoff und Bisharnstoff-methylenäther $[H_2N{-}CO{-}NH{-}\boxed{CH_2{-}O{-}CH_2}{-}NH{-}CO{-}NH_2]$ sowie seine Methylol-Verbindung $[H_2N{-}CO{-}NH{-}\boxed{CH_2{-}O{-}CH_2}{-}NH{-}CO{-}{-}NH{-}\boxed{CH_2OH}]$. Weiters ließ sich noch Harnstoff und freier Formaldehyd nachweisen.

Wird das Gemisch angesäuert, so werden *weitere Methylol-Gruppen* durch den freien Formaldehyd gebildet; ferner tritt *Verätherung* von Methylol-Gruppen durch Butanol sowie Bildung von *Methylendiharnstoff* und den Butyläthern des Mono- und Dimethylolmethylen-diharnstoffes ein.

---

[1] Kadowaki, H.: Bull. Chem. Soc. Japan **11,** 248 (1936).

[2] Diels, O. u. R. Lichte: Chem. Ber. **59,** 2778 (1926).

[3] DRP 528.582.

Die Bildung von trimerem Methylolmethylenharnstoff, wie dies H. Fahrenhorst annimmt, kann *nicht* erfolgen, da die hier entstehenden Methylenharnstoffe, wie die Xylenol-Spaltung zeigt, lineare Struktur [H—(—NH—CO—NH—$CH_2$)$_n$— —NH—CO—$NH_2$] aufweisen.

Zusammenfassend geben G. Zigeuner und H. Fitz an, daß die Bildung der butylierten Harnstoff-Formaldehyd-Harze über *Mono- und Dimethylol-Harnstoff* und *Bisharnstoffmethylenäther* [$H_2N$—CO—NH—|$CH_2$—O—$CH_2$|—NH—CO—$NH_2$ und sein Mono- und Dimethylol- wie auch Trimethylol-Derivat

$$|HOCH_2|-NH-CO-\underset{\displaystyle |CH_2OH|}{\underset{|}{N}}-|CH_2-O-CH_2|-NH-CO-NH-|CH_2OH|$$

verläuft, die im sauren Medium über Mono- und Dibutyläther in einer komplizierten Reaktion in *Uron-Kondensate* übergehen:

$$C_4H_9-O-(-CH_2-NH-CO-NH-)_n-CH_2-N\underset{\underset{O}{H_2C\diagdown\ \diagup CH_2}}{\overset{\overset{O}{\|}}{\overset{C}{\diagup\ \diagdown}}}N-CH_2-NH-CO-NH-$$

$$|-CH_2-O-C_4H_9|$$

$$|N = 0 \text{ und } 1|$$

Die „Härtung" Kondensation des *Dimethylol-Harnstoff-dibutyläthers*

$$|H_9C_4-O-CH_2|-NH-CO-NH-|CH_2-O-C_4H_9|$$

verläuft nach G. Zigeuner und H. Fitz nach einem anderen Reaktionsmechanismus als die Bildung der butylierten Harze (s. vorstehend). Das Kondensationsprodukt (nach oben angegebener Arbeitsweise) besteht aus einem *Gemisch der Glieder einer polymerhomologen Reihe:*

$$R-O-(-CH_2-NH-CO-\underset{\displaystyle |CH_2OH|}{\underset{|}{N}}-)-CH_2-NH-CO-NH-|CH_2-O-R|$$

$$|R = C_4H_9-|$$

Die Angaben der Autoren über die *Arbeitsweise* für die *papierchromatographischen Untersuchungen der Einzelprodukte bei der Harnstoff-Formaldehyd-Kondensation* sowie die *angeführten $R_f$-Werte* haben auch *analytische Bedeutung.*

## 2. Kondensation der Methylolverbindungen des Melamins

### Literaturverzeichnis


Allscher, R.: Die Bedeutung der Chloralkylamine für die Aminoplasten der Chemie und anderer stickstoffhaltiger Formaldehydkondensationsprodukte. Textil-Praxis 505 u. 944 (1959).

Frotscher, H.: Chemie und physikalische Chemie der Textilhilfsmittel, II. Band, S. 72—74. Berlin: VEB Verlag Technik. 1955.

Gams, A., G. Widmer u. W. Fisch: Chemismus der Methylolmelamin-Kondensationsprodukte. Helv. Chim. Acta **24**, 302 (1941).

Kaess, F. u. E. Vogel: Herstellung und Verwendung von Melamin. Chemie-Ing.-Techn. **26**, 380 (1954).
Klema, Fr.: Melaminharze, ein Überblick über ihre Eigenschaften und Anwendungen. Solothurn/Schweiz: Chem. Rdsch. **8**, Nr. 2, 18 (1955).
Petersen, H.: Neuere Ergebnisse und Betrachtungen über den Reaktionsmechanismus der Aminoplast-Kondensationen. Textil-Rundschau (St. Gallen) **16**, 645 (1961).
Wohnsiedler, H. P.: Kondensationsmechanismen von Harnstoff-Formaldehyd und Melamin-Formaldehyd. Ausführliche Darstellung. Ind. Engng. Chem. **44**, 2679 (1952); Ref. Zbl. **1953**, 7821.

Wie bei den Harnstoff-Formaldehyd-Harzen wird bei Methylolmelaminen bei der Kondensation in der Wärme und unter dem Einfluß von H-Ionen gleichfalls Wasser und Formaldehyd abgespalten.

Die Methylole des Melamins werden ebenso — wie bei Methylolharnstoff erwähnt — durch Ausbildung von intramolekularen Wasserstoffbindungen (Protonbrücken) mehr oder weniger stabilisiert, wobei sich nach K. Hultsch[1] bevorzugt *Sechsringsysteme* bilden:

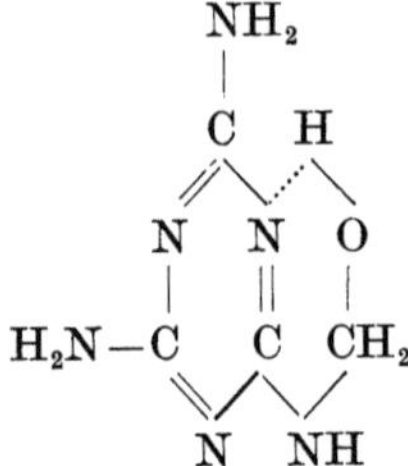

Monomethylol-Melamin mit intramolekularer Wasserstoffbindung

Durch Erwärmen und Säurezugabe tritt Lösung der Protonbrücken und infolge Weiterkondensation dann Brückenbildung mit weiteren Molekülen ein, wodurch dreidimensionale, vernetzte Gebilde im Fasergefüge entstehen.

Nach Gams, Widmer und Fisch sowie H. P. Wohnsiedler[2] sollen bei der Kondensation der Methylolmelamine folgende Reaktionen möglich sein, wobei die entstehenden Verbindungen im Endharz enthalten sein können:

*1. Ätherbrückenbildung*

$$2\ \boxed{R}-NH-CH_2\cdot OH \longrightarrow \boxed{R}-NH\cdot CH_2\cdot O\cdot CH_2-NH-\boxed{R} + H_2O;$$

$\boxed{R}$, $\boxed{R_1}$ und $\boxed{R_2}$ sind substituierte Triazinreste. [s. auch nachfolgend]

Bei der Polykondensation von Methylolmelaminen hat nach den Autoren die *Ätherbindung* eine besondere Bedeutung, während die Methylenbindung hier — im Gegensatz zu den Harnstoff-Formaldehydharzen — zurücktritt.

*2. Methylen-bisamid-Gruppenbildung*

a) Methylen-bisamid-Bildung:

$$\boxed{R_1}-NH-CH_2\cdot OH + NH_2-\boxed{R_2} \longrightarrow \boxed{R_1}-NH-CH_2-NH-\boxed{R_2} + H_2O$$

oder

$$\boxed{R}-NH-CH_2\cdot O\cdot CH_2-NH-\boxed{R_2} \rightarrow \boxed{R}-NH-CH_2-NH-\boxed{R_2} + HCHO;$$

[1] Hultsch, K.: Angew. Chem. **61**, 93 (1949).

[2] Gams, A., G. Widmer u. W. Fisch: Helv. Chim. Acta **24**, 302 (1941) u. Brit. Plastics **14**, 508 (1943). — Wohnsiedler, H. P.: Ind. Engng. Chem. **44**, 2679 (1952).

b) Methylol-Methylen-bisamid-Bildung:

$$2\ \boxed{R} - NH - CH_2 \cdot OH \longrightarrow \boxed{R} - NH - CH_2 - \underset{\displaystyle CH_2 \cdot OH}{\underset{|}{N}} - \boxed{R}$$

Die *Methylol-Methylen-bisamid-Bildung* bei der Kondensation von Methylolmelaminen ist eine wichtige Teilreaktion, denn sie führt zu einer einfachen wie auch mehrfachen Ringbildung und fördert damit die *Eigenvernetzung.*

Nach R. Köhler[1] werden Methylenbrücken erst bei *sehr hohen* Kondensationstemperaturen (180° C) unter Abspaltung von Formaldehyd gebildet. *Formaldehyd* kann sich aber auch durch partielle Abspaltung aus den Methylolgruppen bilden (s. oben).

### *3. Azomethin-Gruppenbildung*

Die Methylolverbindungen von primären Aminen können ein Molekül Wasser abspalten und in die Schiffschen Basen (Azomethine) übergehen.

$$\boxed{R} - NH - CH_2 \cdot OH \longrightarrow \boxed{R} - N = CH_2 + H_2O$$

Azomethine, die sich vom Formaldehyd ableiten, sind wenig stabil; sie polymerisieren zu Dimeren oder Trimeren[2]:

$$3\,\boxed{R} - N = CH_2 \longrightarrow \text{Ring: } \boxed{R}-N<\!(CH_2)\!>N-\boxed{R};\ N-CH_2,\ N-CH_2 \text{ (H}_2\text{C, CH}_2\text{)} \to N - \boxed{R}$$

Da hier eine „Vernetzung" (= Endharzbildung) unmöglich ist, dürfte die Bildung von Azomethingruppen weniger in Betracht kommen.

Bis zum Penta-Methylol-Melamin kommen die Reaktionen (1) bis (3) in Betracht, während Hexa-Methylol-Melamin nur der Verätherungsreaktion (1) und der Methylen-Bisamid-Bildung (2a) folgen kann[3].

### *4. Möglichkeit der Hydrolysierung der Aminogruppen zu OH-Gruppen*

Da bei der textilen Kunstharz-Ausrüstung im allgemeinen nur *schwache* Hydrolysebedingungen vorliegen, ist die Möglichkeit zu dieser Reaktion nur minimal gegeben.

### *Konstitution des Melamin-Formaldehyd-Endharzes*

Hier liegen, wie beim Carbamidharz, viele theoretische Überlegungen in der Literatur vor. Nach S. Kündig[4] ist als sicher anzunehmen:

*1.* Das resultierende Melamin-Endharz hat für jedes vorliegende „Vorkondensat" und für jede Reaktionsbedingung eine *andere* Konstitution.

---

[1] Köhler, R.: Kunststoff-Technik u. Kunststoff-Anwendung **11,** 1 (1941).

[2] Ingold u. Piggott: J. Chem. Soc. **123,** 2745 (1923).

[3] Allscher, R.: Bedeutung der Chloralkylamine für die Chemie der Aminoplasten und anderer stickstoffhaltiger Formaldehyd-Kondensationsprodukte. Textil-Praxis **14, 944** (1959).

[4] Kündig, S.: Textil-Rundschau (St. Gallen) **7,** 451 (1952) u. Diss. ETH Zürich

*2.* Die *Zahl der Methylengruppen pro Triazinring* ist von der Zahl der im „Vorkondensat“ für jeden Triazinring anwesenden Methylolgruppen abhängig. Diese Zahl wird durch die Formaldehyd-Abspaltung verringert.

*3.* Die *Zahl der einem Triazinring zugehörenden H-Atome* hängt von der Zahl der Methylen-, der Methylol- und der Azomethin-Gruppen, die dem Triazinring angehören, ab.

*4.* Die *Zahl der End-Methylol-Gruppen und Azomethin-Gruppen* hängt von den Reaktionsbedingungen ab. Sie nimmt *ab*, je *energischer* diese Reaktionsbedingungen gewählt werden.

R. Allscher[1] gibt an, daß bei den methylolierten Melaminen die vorstehend erwähnten Reaktionsmöglichkeiten (1. bis 3.) bis zum Pentamethylol-Melamin in Betracht kommen würden, während Hexamethylol-Melamin nur der Ätherbildungsreaktion und der Methylen-bisamidbildung folgen könne.

Nach König[2] tritt bei Methylol-Melaminen bei Kondensationstemperaturen bis 150° C vorwiegend die *Verätherungsreaktion* ein; bei längerem Erhitzen und bei höheren Kondensationstemperaturen wurde unter Freisetzung von Formaldehyd Methylenbrücken-Bildung festgestellt.

Auf Grund von Messungen zieht Ehlers[3] den Schluß, daß die Polykondensation vom Melamin und Formaldehyd über Methylol-Melamine erfolgt, welche ch im pH-Bereich 4 bis 8 ableiten vom:

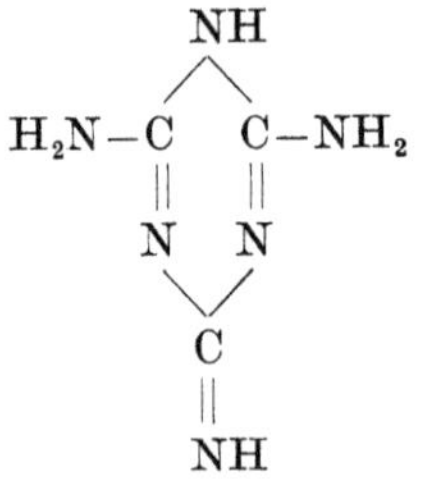

```
          NH
         /  \
H2N—C      C—NH2
     ||      ||
     N      N
      \    /
        C
        ||
        NH
```

Diamino-imino-dihydro-triazin;

während bei *Hexamethylol-Melamin* und in *stark alkalischer sowie stark saurer Lösung* eine Triamino-triazin-Konfiguration in Frage kommen würde:

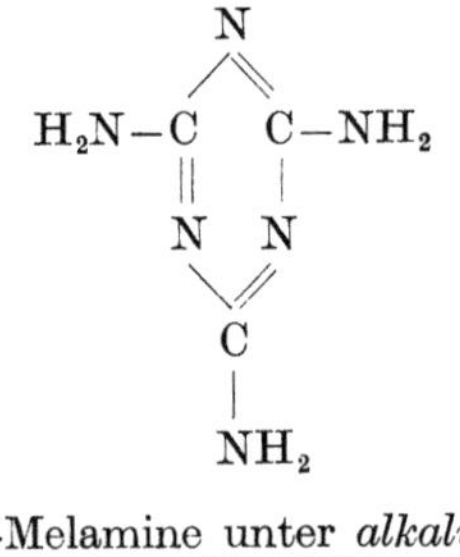

```
          N
         / \\
H2N—C      C—NH2
     ||      |
     N      N
      \   //
        C
        |
        NH2
```

Die Erhitzung der Methylol-Melamine unter *alkalischen* Bedingungen führt unter Kondensation zu dicken sirupartigen Produkten, welche höhermolekulare Verbindungen darstellen, die Methylenätherbrücken enthalten. Eine weitere Kondensation führt schließlich zu unlöslichen Produkten.

Im *sauren* Medium (pH-Wert 4 bis 6) erfolgt die Kondensation sehr rasch zu unlöslichen Produkten.

---

[1] Allscher, R.: Textil-Praxis **14,** 945ff. (1959).

[2] König: Kunststoffe **1958** (11), 513.

[3] Ehlers: Kolloid-Z. **1959,** 106.

Röntgenuntersuchungen zeigten, daß die *alkalisch* gewonnenen Kondensationsprodukte, welche *wasserlöslich* sind, eine kristalline Natur besitzen, während die im *saurem* Medium hergestellten Kondensationsprodukte, welche in n/10-Salzsäure löslich sind, *amorphen* Charakter haben[1].

N. Yoshimi und Sh. Tanaka[2] erhitzten methylolierte Melamine für sich (also in *Ab*wesenheit eines Katalysators und von Zellulose) auf 130 bis 170° C, wobei die *entstehenden Gase* gaschromatographisch analysiert und weiters von den *gebildeten Kondensationsprodukten* die IR-Spektren aufgenommen wurden. Das Reaktionsvermögen der methylolierten Melamine ist (bei *Ab*wesenheit eines Säurespenders) noch gering, jedoch bei 170° C sehr groß.

Methylolierte Melamine, bei denen 1,0 bis 1,8 $\boxed{CH_2 \cdot OH}$-Reste an *einen* Melamin-Rest gebunden sind, kondensieren zum größten Teil nach dem Schema:

$$-NH_2 + -NH-CH_2 \cdot OH \rightarrow -NH-CH_2-NH- + H_2O \qquad (1)$$

Bei der Kondensation eines methylolierten Melamins, bei welchem 3,8 $\boxed{CH_2 \cdot OH}$-Reste auf *einen* Melamin-Rest kommen, treten neben der vorstehenden Reaktion (1) auch die nachfolgenden Reaktionen ein:

$$>N-CH_2 \cdot OH + >N-CH_2 \cdot OH \rightarrow >N-CH_2-N< + CH_2O + H_2O \qquad (2)$$

und

$$>N-CH_2 \cdot OH + -N(CH_2 \cdot OH)_2 \rightarrow >N-CH_2-NH- + 2\,CH_2O + H_2O \qquad (3)$$

Die Kondensation von *Hexamethylol-Melamin* verläuft nach Reaktion (2) und Reaktion (3).

### 3. Neuere Ansichten über den Reaktionsmechanismus der Aminoplastkondensationen auf elektronentheoretischer Grundlage

H. Petersen[3] gibt für die Kondensationsreaktionen der Methylolverbindungen von Harnstoffen, Thioharnstoffen und Melaminen neuerdings einen Reaktionsmechanismus an, welcher *experimentell gestützt* wurde und der es ermöglicht, die verschiedenen allgemein bekannten Reaktionen unter einem *einheitlichen Gesichtspunkt* zu betrachten.

Die Reaktionen der Methylolverbindungen offenkettiger und zyklischer Harnstoffderivate sowie des Melamins mit H-aziden Verbindungen führen zu dem Ergebnis, daß diese Kondensationen nach einem Mechanismus ablaufen, der mit dem der Mannich-*Kondensationen* weitgehende Parallelen aufweist.

Das Kennzeichen einer Mannich-*Reaktion* ist die Kondensation von CH-aziden Verbindungen mit Formaldehyd und Aminen, welche als *Aminomethylierung* aufgefaßt werden kann[4]:

$$\underset{\text{Azidokomponente}}{-\overset{|}{\underset{|}{C}}-H} + CH_2O + \underset{\text{Aminokomponente}}{H-NR_2} \xrightarrow{-H_2O} \underset{\text{Mannich-Base}}{-\overset{|}{\underset{|}{C}}-CH_2-NR_2}$$

---

[1] Wohnsiedler, H. P.: Ind. Engng. Chem. **44**, 2679 (1952).

[2] Yoshimi, N. u. Sh. Tanaka: Gaschromatographische und Infrarotspektroskopische Untersuchung der Härtung von Methylol-Melaminen. J. Chem. Soc. Japan, Ind. Chem. **66**, 279—283 (1963).

[3] Petersen, H.: Textil-Rundschau (St. Gallen) **16**, 646 (1961) u. Festschrift Carl Wurster **1960**, 339—349.

[4] Überblick s. bei Blicke, F. F.: The Mannich-Reaction. Organic Reactions **1**, 303 (1942). S. auch Hellmann, H. u. G. Opitz: α-Aminoalkylierung (1960).

Nach H. Petersen (loc. cit.) können die *Harnstoff-Formaldehyd-Kondensationen* in Analogie zur Aminomethylierung als *Ureidomethylierungen* gedeutet werden. Die bisher gesammelten experimentellen Daten über die Reaktion von Harnstoff, Thioharnstoff und den Derivaten dieser Verbindungen mit Formaldehyd und H-aziden Substanzen rechtfertigen nach dem Autor diese Annahme. Danach weisen alle Aminoplastkondensationen, welche unter dem Einfluß einer Säurekatalyse verlaufen, nachfolgendes Prinzip (Beispiel methylierter Methylolharnstoff) gemeinsam auf:

*Kondensation von asymmetrischen Dialkylharnstoff mit Formaldehyd*

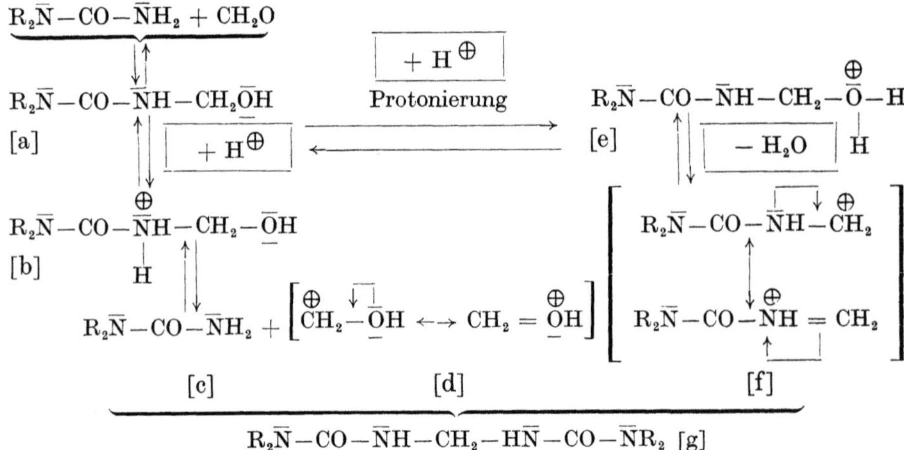


R = $CH_3$ u. a. Alkylgruppen

Das Proton kann nach elektronentheoretischer Formulierung entweder am Sauerstoff der Methylolgruppe (e) oder am Stickstoff der Amidgruppe (b) des Methylolharnstoffs angreifen.

Auf Grund experimenteller Unterlagen treten beide Anlagerungsmöglichkeiten nebeneinander ein.

Papyrographisch läßt sich nachweisen, daß nach schwachem Ansäuern einer Lösung von N,N-Dimethyl-N′-monomethylol-Harnstoff (a) nach kurzer Zeit neben der Methylolverbindung und Tetramethyl-methylen-Harnstoff (g) auch geringe Mengen des freien N,N-Dimethylharnstoffs (c) auftreten können.

Die H-Ionen greifen überwiegend am Sauerstoff der Methylolgruppe (e) an und führen somit zum Tetramethyl-methylendiharnstoff (g). Dies hat energetische Gründe und wird aus der Betrachtung über die Mesomeriestabilisierung der hiebei auftretenden Ionen erklärt.

Die Anlagerung des Protons an den Sauerstoff der Methylolgruppe (e) erscheint ungewöhnlich. Es wäre anzunehmen, daß der Stickstoff das Proton anlagert, da er das am stärksten basische Zentrum des Moleküls darstellt. Betrachtet man aber die Stabilität der in der Folgereaktion auftretenden *Übergangszustände*, so ist verständlich, daß nicht nur die N–C-Bindung, sondern auch die C–O-Bindung der Methylolgruppe gespalten wird.

Nach Anlagerung des Protons an den Stickstoff (b) und Spaltung der N-C-Bindung entsteht ein *Carbenium-Ion* (d). Letzteres steht in Mesomerie mit einer *Oxoniumform* (d).

Bei der Anlagerung des Protons an den Sauerstoff der Methylolgruppe (e) wird nach intramolekularer Abspaltung von Wasser ein *Carbenium-Ion* (f) gebildet. Letzteres steht in Mesomerie mit einem *Imonium-Ion* (f). Da der Stickstoff aber stärker als Sauerstoff zur Ausbildung von Oniumstrukturen neigt, ist die Resonanzenergie im letzteren Falle größer.

Die Kondensationen verlaufen daher über die *Ureidomethyl-(carbonium-imonium-)Ionen.*

Im gegebenen Beispiel (s. oben) reagiert dieses Carbenium-Ion (f) mit dem durch Hydrolyse gebildeten N,N-Dimethylharnstoff (c) zu Tetramethylmethylenharnstoff (g).

Das aus den Methylolverbindungen intermediär gebildete *Ureido-methyl-(carbenium-imonium-)Ion* ist nur in *saurer* Lösung metastabil existenzfähig, wobei die Konzentration dieser Ionen von der H-Ionenkonzentration abhängig ist.

Die Untersuchungen der Reaktionen von Methylolverbindungen des Harnstoffs, Thioharnstoffs und Melamins bei Umsetzungen im wässerigen Medium waren wegen der lockeren Bindung des Formaldehyds schwierig durchzuführen.

Bei Produkten, welche *verätherte Methylolverbindungen* enthalten, ist Formaldehyd nicht mehr abspaltbar. Daher sind die Äther dieser Methylolverbindungen wesentlich hydrolysebeständiger als die Methylolverbindungen selbst. Um Kondensationsprodukte aus solchen Äthern mit H-aziden Substanzen zu erhalten, müssen höhere Säurekonzentrationen bzw. höhere Reaktionstemperaturen angewandt werden.

Bei den Methylolverbindungen oder deren Äthern entstehen *mesomerie-stabilisierte Ureidomethyl-(carbenium-imonium-)Ionen.* Bei Zugabe von Säuren tritt als *Nebenreaktion* auch eine *Hydrolyse* unter *Bildung der Ausgangssubstanzen* ein. Daher liegen komplizierte und unübersichtliche Reaktionsverhältnisse vor.

Aus diesem Grunde benützte H. Petersen[1] die *Halogenverbindungen der Harnstoffe sowie des Melamins*, welche aus den entsprechenden Methylolverbindungen durch Umsetzung mit Thionylchlorid erhalten wurden.

| | | | |
|---|---|---|---|
| $NH-CH_2Cl$<br>\|<br>$CO$<br>\|<br>$NH-CH_2Cl$ | $N(CH_3)_2$<br>\|<br>$CO$<br>\|<br>$NH-CH_2Cl(Br)$ | $CH_2-N-CH_2Cl$<br>\|   \|<br>\|   $CO$<br>\|   \|<br>$CH_2-N-CH_2Cl$ | $CH_2-N-CH_2Cl$<br>\|   \|<br>$CH_2$   $CO$<br>\|   \|<br>$CH_2-N-CH_2Cl$ |
| N,N'-Di(chlormethyl)-Harnstoff | N-Dimethyl-N'-Chlormethyl-Harnstoff | N,N'-Di(chlormethyl)-Äthylenharnstoff | N,N'-Di(chlormethyl)-Propylenharnstoff |

*Halogenmethyl-derivate des Harnstoffs und Melamins*

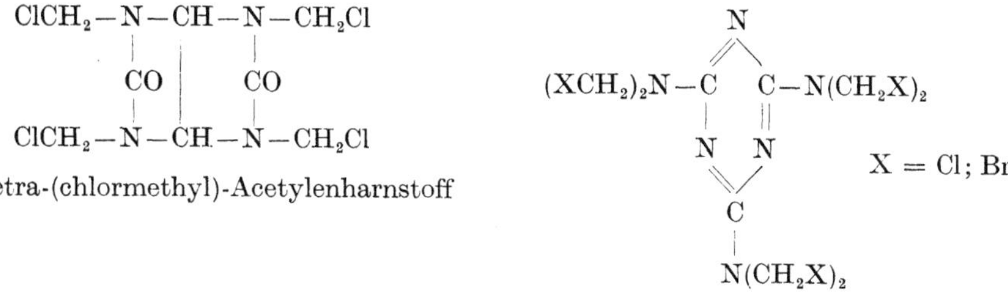


Tetra-(chlormethyl)-Acetylenharnstoff

Hexa-(Halogenmethyl-)Melamin

[1] Petersen, H.: Festschrift Carl Wurster **1960**, 339—349.

Hinsichtlich ihrer Reaktionsfähigkeit stehen die *Halogenmethylverbindungen des Harnstoffs oder des Melamins* zwischen den Halogenmethylverbindungen der Amine und der Säureamide. Daher müssen erstere in *stark polarisierter Form* oder in *ionogen gebundener Form* vorliegen:

$$R_2\overline{N}-CO-\overline{N}H-CH_2 \blacktriangleleft X|$$

bzw.

$$\left[\begin{array}{c} R_2\overline{N}-CO-\overline{N}H-\overset{\oplus}{C}H_2 \\ \updownarrow \\ R_2\overline{N}-CO-\overset{\oplus}{N}H{=}CH_2 \end{array}\right] X^- \qquad X = Cl; Br.$$

Die Halogenverbindungen der Harnstoffe bzw. des Melamins reagieren *ohne* Säurekatalyse rasch mit H-aziden (= nukleophilen) Reaktionspartnern.

Als weitere Modellsubstanzen verwendete H. Petersen (loc. cit.) die *Ureidomethylammoniumsalze*. Die quaternären Salze von Ureidomethylammonium-Verbindungen werden durch Umsetzung der Halogenverbindungen mit tertiären Basen (wie Pyridin) hergestellt. Sie können nach Abspaltung von Pyridin gleichfalls eine *mesomerie-stabilisierte Ureidomethyl-(carbenium-imonium-)Struktur* ausbilden:

$$R_2\overline{N}-CO-\overline{N}H-CH_2Cl + N\langle C_5H_5 \rangle \longrightarrow$$

$$R_2\overline{N}-CO-\overline{N}H-CH_2-\overset{\oplus}{N}C_5H_5\ Cl^{\ominus} \rightleftharpoons \left[\begin{array}{c} R_2\overline{N}-CO-\overline{N}H-\overset{\oplus}{C}H_2 \\ \updownarrow \\ R_2\overline{N}-CO-\overset{\oplus}{N}H{=}CH_2 \end{array}\right] \overset{\ominus}{Cl} + NC_5H_5$$

## D. Reaktionen, die überwiegend zu einer Vernetzung der Zellulose führen

### Allgemeines

Die *Waschbeständigkeit* der Kunstharzausrüstung älteren Typs (Harnstoff- bzw. Melamin-Formaldehyd und deren Abwandlungen) war für Baumwolltextilien unbefriedigend. Sie entsprach jedenfalls nicht den erhöhten Ansprüchen, die an einen Wash-and-Wear-Artikel (wie bügelarme Baumwollhemden) gestellt werden. Es lag daher nahe, nach Produkten zu suchen, welche nicht nur *mit sich selbst* vernetzen, sondern auch *mit den OH-Gruppen der Zellulose in Reaktion treten*. Im Laufe der Jahre wurde eine Vielzahl solcher Verbindungen für die Ausrüstung von Baumwolltextilien vorgeschlagen. Sie fungieren gleichzeitig als *Eigenvernetzer* und als *Zellulosevernetzer*. Die *bessere Waschfestigkeit* kam durch eine chemisch stabilere Verbindung „Harz-Zellulose“ oder „Harz-Harz“ zustande. In den USA wurden solche Verbindungen als *„Reactant-resins“ (Reactantharze)* bezeichnet. Das wichtigste „Reactantharz“ ist die Dimethylol-Verbindung des zyklischen Äthylenharnstoffs. Technische Veredlungsmittel dieser Art sind vielfach Mischungen von Dimethylol-Äthylenharnstoff (oder einem anderen „Reactantharz“) mit den bisher herkömmlichen Melamin- bzw. Harnstoff-Formaldehyd-Verbindungen. Durch Substituenten aller Art lassen sich die „Reactantharze" verändern und mit wünschenswerten Eigenschaften versehen. Heute steht eine große Anzahl von Handelsprodukten dem Ausrüster zur Verfügung, welche ihrem chemischen Verhalten nach dieser Gruppe von Ausrüstungsmitteln zuzurechnen sind. Sie reagieren:

1. ohne Eigenvernetzung ausschließlich mit den OH-Gruppen der Zellulose;
2. nur ausschließlich unter Eigenvernetzung und
3. sowohl als Eigen- als auch Zellulosevernetzer.

Die vorerwähnten Verbindungstypen (unter 2), welche ausschließlich nur unter Eigenvernetzung reagieren, bieten nun gegenüber der älteren Kunstharzausrüstung scheinbar keine Vorteile. Sie werden aber trotzdem zur Gruppe der Reactantharzausrüstung gerechnet, da hier *Verbindungen höherer Stabilität* (nach der Kondensation zum Endharz!) vorliegen, welche hinsichtlich Chlor-, Alkali- und Hitzebeständigkeit sich günstiger verhalten und auch besser waschbeständig sind. Der Wäscher wird z. B. mit in dieser Art ausgerüsteten Hemden keine besonderen Schwierigkeiten haben, wenn er die üblichen Waschbedingungen in bezug auf pH-Wert und Temperatur einhält[1].

Hierher ist auch die *Reactant-Ausrüstung* zu rechnen also die sogenannte „*harzfreie*" Ausrüstung mit *N-freien, polyfunktionellen Verbindungen*. Eine Vorläuferin der „harzfreien" Ausrüstung war die *Formalisierung der Zellulose*. Sie ergab eine gute Waschbeständigkeit der Effekte, speicherte kein Chlor, befriedigte jedoch nicht hinsichtlich des *Trocken*knitterverhaltens. Die Weiterentwicklung führte hier zu Verbindungen, welche vornehmlich Zellulosevernetzung bewirken. Neben den günstigen Ausrüstungseffekten lassen diese Verbindungen nur eine *ungenügende Trocken*knitterfestigkeit resultieren. Durch Zugabe kleinerer oder größerer Mengen an Kunstharzbildnern läßt sich der *Trocken*knitterwinkel erheblich verbessern. Somit stimmt aber die Bezeichnung „*harzfrei*" keineswegs mehr! Doch wird in der Propaganda weiter damit argumentiert, wobei die Berechtigung hiezu davon abgeleitet wird, daß tatsächlich *ein neuer Typ von Ausrüstungsmitteln* geschaffen wurde und der Kunstharzzusatz mengenmäßig unter Umständen klein bleiben kann. Für den Wäscher hat diese *Reactant-Ausrüstung* durchaus Vorteile gebracht[1]. So ist die Anfälligkeit gegen Chlorschäden und Bügelverbräunung gering. Weiters behalten die „*harzfrei*" ausgerüsteten Textilien einen guten baumwollähnlichen Warengriff. Die zunächst bedenkliche Minderung der mechanischen Festigkeiten konnte durch Kombination mit entsprechenden Mitteln verbessert werden.

Wenn auch in der Praxis der Hochveredlung von Zellulosefasertextilien und in der Propaganda hierzu zwischen sogenannten *Reactantharzen* (vornehmlich zyklische N-haltige reaktive Methylolverbindungen) und sogenannten „*Reactants*" (N-freie Verbindungen mit polyfunktionellen Gruppen) auf Grund der resultierenden Veredlungseffekte unterschieden wird, so ist dies vom chemischen Standpunkt nicht vertretbar. Bis heute wurde doch keinesfalls der *Anteil* nachgewiesen, mit welchen bei *Reactantharzen* 1. eine Formalisierung der Zellulose (durch freiwerdenden Formaldehyd bei der Kondensation), 2. eine Vernetzung „in sich" und 3. eine Vernetzung der Zellulosemoleküle erfolgt. Ferner können einige Verbindungen, welches als sogenannte *Reactants* angesehen werden, zum Teil „ mit sich selbst" reagieren. Weiters ist der Reaktionsverlauf (Eigenvernetzung, Zellulosevernetzung) auch von äußeren Bedingungen beeinflußbar (wie

---

[1] Anonym: Die Entwicklung der Wash-and-Wear-Ausrüstung. Wäschereitechnik u. Chemie (Baden-Baden) **16**, 158 (1963).

z. B. durch die Kondensationstemperatur). Es sind also bei den Reactantharzen und Reactanttypen sicher Übergänge zwischen Eigenvernetzung und Zellulosevernetzung anzunehmen. Daher ist eine klare Trennung zwischen *Reactantharzen* und *Reactants* im Hinblick des chemischen Ablaufes in vielen Fällen kaum möglich.

Deshalb werden alle hier einschlägigen Verbindungen zu einer Gruppe zusammengefaßt und die weitere Unterteilung nach dem chemischen Charakter der betreffenden Substanz vorgenommen.

Doch sollen abschließend (s. S. 184) die *Reactants* (also die N-freien Zellulosevernetzer) nochmals einer besonderen Betrachtung unterworfen werden, und zwar *vom Standpunkt des Ausrüsters* gesehen.

J. T. Marsh[1] macht zu dem Thema „*zellulosevernetzende reaktive Mittel*" folgende Ausführungen:

Die Methylol-Verbindungen der zykl. Harnstoffe (und ihrer Abkömmlinge) wurden im Jahre 1949 erstmalig in den USA propagiert, doch fanden sie anfänglich nur wenig Anwendung.

Mit dem Aufkommen der sogenannten „*Non-Iron-Cottons*" erhielten sie einen besonderen Auftrieb für ihren kommerziellen Einsatz und fanden bald auch in Europa entsprechend breitere Anwendung.

Kommerzielle Bedeutung erlangten insbesondere Dimethylol-zykl.-Äthylenharnstoff und die Dimethylol-Triazinone. Doch haben auch einige Derivate des ersteren und Kombinationen verschiedener Produkte praktisches Interesse erlangt.

Zu den sogenannten zykl. Harnstoffen, die kommerzielle Handelsprodukte wurden, kann man die Methylol-Verbindungen einreihen von:

Zykl. Äthylenharnstoff,
Azetylenharnstoff,
Dimethyl-hydantoin,
Dihydroxy-zykl.-Äthylenharnstoff,
zykl. Propylenharnstoff,
Triazinone.

Weiters haben auch eine Anzahl *linearer, reaktiver Verbindungen* kommerzielle Bedeutung erlangt, wie;

Formale und Azetale,
Diamide,
Urethane,
Äthylenimin-Verbindungen,
Epoxy-Verbindungen,
Divinylsulfone und andere Divinyl-Verbindungen,
Chloralkyl-Verbindungen (bzw. deren Pyridinium-Verbindungen).

Einige dieser Verbindungen sind Standard-Handelsprodukte geworden, wie eine Diurethan-Verbindung, einige wurden nur zeitweise im Handel verwendet und einige werden anderen Produkten beigemischt.

---

[1] Marsh, J. T.: Self-Smoothing Fabrics. London: Chapman & Hall Ltd. 1962.

Tabelle 6. *Vergleich der Eigenschaften und der auf Zellulose resultierenden Effekte von Kunstharzbildnern und von Reactantharzen*

| Kunstharzbildner (Methylolverbindungen des Harnstoffs und Melamins) | Reactantharze (Zellulose-vernetzend) (Dimethylol-Verbindung des zykl. Äthylenharnstoffs) |
|---|---|
| Zum Auskondensieren (Härten) sind Säurespender (Protonen liefernde Substanzen) und Wärme nötig. | |
| *Verhalten der Imprägnierflotte* (in Gegenwart des Säurespenders): | |
| Temperaturempfindlich; schnelle Alterung der Flotte. | Keine Alterung; praktisch unbegrenzt lagerbeständig. Imprägnierflotten (gleich welcher Temperatur) bleiben auch in Gegenwart des Katalysators im monomolekularen Zustand haltbar. Geringe Kristallisationsneigung; in 50%iger Lösung sind diese Produkte meist flüssig |
| Sehr reaktionsfreudig, beginnen bereits bei Zimmertemperatur zu kondensieren | Können als reaktionsträge bezeichnet werden. Sie benötigen höhere Temperaturen (von zum Teil über 100° C), um in Reaktion zu treten |
| Der Methylolgruppe ist ein *frei bewegliches* H-Atom benachbart. Die Methylolgruppen sind labil gebunden: $-C-N(H)-\boxed{CH_2 \cdot OH}$ sie sind besonders reaktionsfähig | Das N-Atom kann nur *eine* Methylolgruppe aufnehmen. Die Methylolgruppen sind nicht so labil gebunden: $-C-N(-C)-\boxed{CH_2 \cdot OH}$ |
| *Verhalten gegenüber der Faser:* | |
| Vorwiegend mit „sich selbst" vernetzend und weniger mit den OH-Gruppen der Zellulose reagierend | Vorwiegend mit den OH-Gruppen der Zellulose unter Brückenbildung (Vernetzung) reagierend |
| *Resultierende Effekte:* | |
| Es werden die höchsten Knitterwinkel erzielt | Knitterfestigkeit ist weniger hoch |
| Mäßige Beständigkeit gegenüber mehrfachen Wäschen. Am ungünstigsten verhält sich Harnstoff-Formaldehyd. Melamin-Formaldehyd ist waschbeständiger. Noch günstiger sind verätherte Harnstoff- bzw. Melamin-Formaldehydharze | Erhöhte Waschbeständigkeit der resultierenden Effekte |
| Kein glatter und fließender Griff | Besserer Griff |
| Starkes Chlorrückhaltevermögen | Günstiger hinsichtlich der Chlorretention |

### *Interpretation einer hauptvalenz- oder nebenvalenzmäßigen Bindung des Kunstharzes an die Zellulosemoleküle*

Unter der Annahme, daß die monomeren Methylolverbindungen (also nicht die weiterkondensierten Produkte) mit Zellulose reagieren würden, kann man sich im Falle von *Methylolharnstoff* vorstellen:

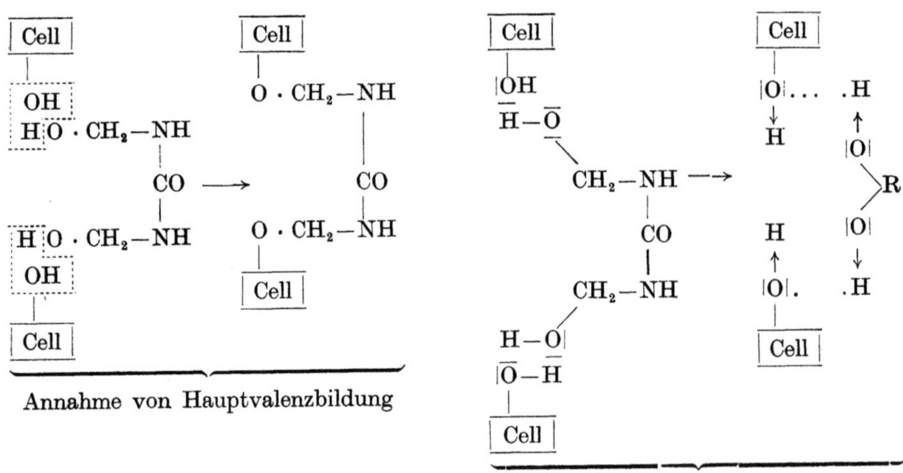

Annahme von Hauptvalenzbildung

Annahme von Nebenvalenzbildung

Bei *Harnstoff-Formaldehyd* sind kaum Hauptvalenzen anzunehmen. Man stellt sich die Bindung „*Kunstharz-Zellulose*“ hier als Wasserstoffbrückenbindung vor.

Bei den Methylolverbindungen des Harnstoffs oder Melamins (s. oben) wäre eine Formulierung von Brückenbindungen zwischen zwei Zellulosemolekülen *theoretisch* möglich, wie z. B.

$$\boxed{\text{Cell}}-O-CH_2-NH-CO-NH-CH_2-O-\boxed{\text{Cell}}$$

Es bildet sich aber in den mizellaren Räumen der Faser ein „*in sich*“ *dreidimensional vernetzendes Kunstharz.* Diese Einlagerung von Kunstharzpartikeln *in* die Faser bedingt die Erhöhung des Knitterwinkels.

Es ist aber anzunehmen, daß im Falle der „*in sich*“ vernetzenden Kunstharze nur zum Teil eine primäre Bindung besteht (wie vorstehend im Formelbild wiedergegeben) und daß bevorzugt nur eine *starke Wasserstoffbrücke* zwischen den OH-Gruppen der Zellulose und den NH-Gruppen des polymerisierten Kunstharzes vorhanden ist[1].

Im Falle der *zyklischen Reactantharze* wird wohl die Reaktion auch über Wasserstoffbrücken laufen, doch bildet sich eine wesentlich höhere Anzahl von Hauptvalenzen aus.

In beiden Fällen („in sich“ vernetzendes Kunstharz und „mehr mit der Zellulose reagierendes“ Kunstharz muß man nebenher noch eine „*harzfreie*“ *Formalisierungsreaktion* annehmen (s. S. 62).

Mögliche Reaktionen der Reactantharze mit Zellulose:

Cell |—O̅ H — Ring-beanspruchtes Heteroatom

Mg++ 2 Cl⁻ (Katalysator) H — $\underline{O}-CH_2-\overline{N}$ —— $CH_2$

$C=\overline{O}$

R—N —— $CH_2$

→ Aufrichtbare Doppelbindung

[1] Cameron, W. G. u. T. H. Morton: J. Soc. Dyers Col. **64**, 329 (1948). — Siehe auch Happe, W.: Reyon, Synthetica, Zellwolle **1952**, 286.

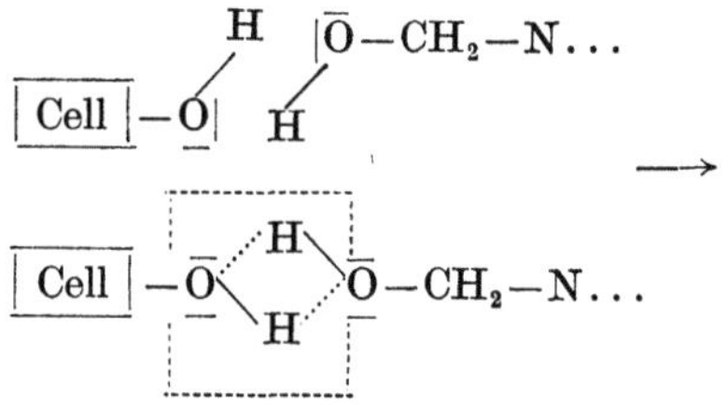

$$\boxed{\text{Cell}}-\overline{\underline{O}}\!\!\!\!\overset{H}{/}\quad \overset{|\overline{O}-CH_2-N\ldots}{\underset{H}{/}} \longrightarrow$$

$$\boxed{\text{Cell}}-\overline{O}\langle\!\!\begin{smallmatrix}H\\H\end{smallmatrix}\!\!\rangle\overline{O}-CH_2-N\ldots$$

$\boxed{\text{Cell}}-O \cdot CH_2-N\ldots\ldots\ldots\ldots + H_2O$; bei hoher Kondensationstemperatur.

Das Problem der *Haftfestigkeit des vernetzenden Mittels an Zellulose*, also die *Waschfestigkeit* der knitterfest- bzw. krumpffest-wirkenden Zellulosevernetzung ist für die *Permanenz der Effekte im Gebrauch* ausschlaggebend.

Wasserstoff-Brücken und andere zwischenmolekulare Kräfte als „vernetzende Mittel" sind viel schwächer als eine kovalente chemische Bindung. Z. B. ist zur Trennung einer Wasserstoff-Brückenbindung zwischen alkoholischen OH-Gruppen $[-O-H \ldots \underset{\underset{H}{|}}{O}-]$ nur eine Energie von 6 bis 8 kcal pro Mol aufzuwenden. Die Spaltung einer C—C-Bindung benötigt ungefähr das 10-fache (82,8 kcal pro Mol) und eine C—O-Bindung noch etwas mehr (85,6 kcal pro Mol). Daher ist es begreiflich, daß man das Vernetzungsmittel zwischen den Zellulosemolekülen durch kovalente Bindungen zu fixieren sucht.

Eine große Rolle spielt hierbei das *Reaktionsvermögen der Faser* und wiederum das der Zellulose.

Die Umsetzung von vernetzenden Mitteln und auch von Farbstoffen (Reaktivfarbstoffe) mit der Zellulosefaser ist vorwiegend ein chemisches Problem, und zwar heute eines der intensivst bearbeiteten der Textilveredlung, wobei nach U. Einsele[1] unter *möglichst faserschonendsten* Bedingungen die Reaktion mit Zellulose herbeigeführt werden soll.

Es kommen bi-funktionelle Veresterungs-, Azetalisierungs- bzw. Alkylierungsreaktionen in Betracht, wobei die Alkylierungsreaktionen, also Reaktionen, die zu Zelluloseäthern führen, eine besondere Rolle spielen, da Ätherbindungen im allgemeinen sehr stabil sind.

Für die Reaktionsweise der Zellulose mit vernetzenden Verbindungen hat ihr *molekularer und übermolekularer Aufbau* eine erhebliche Bedeutung.

Bekannt ist auf Grund des hydrolytischen Zelluloseabbaues, daß das Zellulosemakromolekül aus $\beta$-Glukosebausteinen aufgebaut ist. Die $\beta$-Glukosemoleküle sind in Form einer Azetal-Bindung in 1,4-Stellung miteinander zum langgestreckten Zellulosemolekül miteinander verbunden. Auf diesen azetalischen Bindungen beruht die Empfindlichkeit der Zellulosefaser gegen Säuren (hydrolytischer Zelluloseabbau).

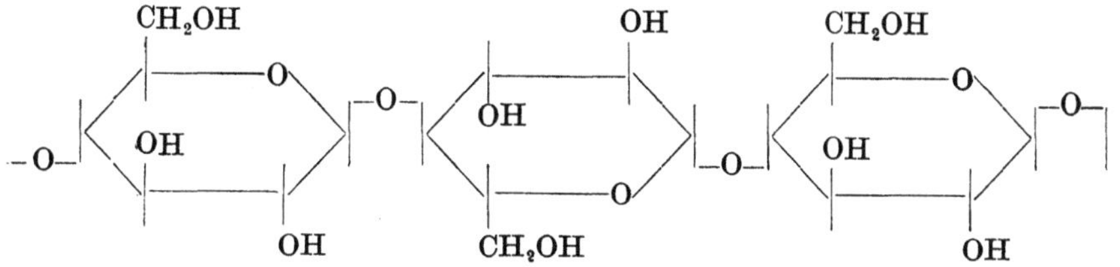

CH₂OH — OH — CH₂OH
-O- … OH … -O- … OH … -O- … OH … -O-
OH — CH₂OH — OH

*Strukturformel der Zellulose*

[1] Einsele, U.: Die Alkylierung der Cellulose und ihre Bedeutung für die Textilveredlung. Melliand Textilber. **41** (6), 721—729 (1960). — S. auch Rath, H. und

Außer den endständigen Gliedern am fadenförmigen Zellulosemolekül enthält die Zellulose in der Glukoseeinheit *3 freie alkoholische Hydroxylgruppen*, welche zu chemischen Umsetzungen befähigt sind. Am $C_6$-Kohlenstoff befindet sich eine primäre alkoholische Gruppe, am $C_2$- und $C_3$-Kohlenstoff je zwei sekundäre Alkoholgruppen. Es besteht die Möglichkeit, alle diese drei Gruppen zu einer tri-substituierten Zellulose (Verätherung oder Veresterung) in Reaktion zu bringen.

Doch unterscheiden sich diese drei alkoholischen Gruppen der Zellulose hinsichtlich ihrer Reaktionsfähigkeit. Lange Zeit wurde die primäre OH-Gruppe der Zellulose in Analogie zu den niedermolekularen Alkoholen als die reaktionsfähigste Gruppe der Zellulose angesehen. Neuere Untersuchungen[1] zeigen aber, daß die *sekundären OH-Gruppen* der Zellulose *reaktionsfähiger* sind als die primären. Erklärt wird dies durch eine *erhöhte Blockierung der primären OH-Gruppen* durch Ausbildung von Wasserstoff-Brücken. Hinsichtlich der *sekundären* alkoholischen Gruppen der Zellulose, weist die Hydroxyl-Gruppe in $C_3$-Stellung eine gegenüber derjenigen in $C_2$-Stellung geringere Reaktionsfähigkeit auf. Die Ursache dafür ist, daß in der $C_3$-Stellung die OH-Gruppe in das Innere des Pyranoserings zugerichtet ist. Daher wird aus *sterischen Gründen* der Zutritt des vernetzenden Mittels erschwert.

Für Reaktionen mit textilen Fasern spielt auch deren *übermolekularer Aufbau* eine Rolle. Eine große Bedeutung hat hier das Verhältnis der amorphen zu den kristallinen Faserbereichen. Bei Zellulosefasern befinden sich in der nativen Faser (Baumwolle) etwa 70% und in der normalen Regenerat-Zellulosefaser nur etwa 30 bis 40% kristalline Bereiche. Für die Reaktionsweise der Zellulose ist die *unterschiedliche Reaktionsfähigkeit der kristallinen und der amorphen Bereiche* sehr wesentlich. Nur die OH-Gruppen der Zellulose in den amorphen Faserbereichen sind reaktionsfähig, da in den Zelluloseketten, die in den Kristalliten dicht aneinander liegen, die Zellulose-OH-Gruppen durch Ausbildung von Wasserstoff-Brücken blockiert sind. Daher werden in der Praxis der Hochveredlung vermehrt amorphe Räume und somit vermehrt freie reaktionsfähige OH-Gruppen in der Zellulosefaser geschaffen (durch Dekristallisation).

Im *Vergleich zu niedermolekularen Alkoholen* sind die alkoholischen Zellulose-OH-Gruppen meistens schwieriger in Reaktion zu bringen. In neuerer Zeit wurde aber erkannt, daß die Reaktivität der Zellulose höher ist, als allgemein angenommen wurde.

U. Einsele (loc. cit.) weist hier auf die Umsetzung mit Diisocyanaten hin. Isocyanate reagieren mit niedermolekularen Alkoholen sofort unter Bildung der entsprechenden Urethane, während die Umsetzung mit Zellulose nur unter relativ extremen Bedingungen erzielbar ist. Nach H. Krässig[2] konnte eine Vernetzung der Zellulose mit Hexamethylendiisocyanat erst nach mehrstündigem Erhitzen auf 130° C eintreten.

*Maßnahmen zur Erhöhung der Reaktionsfähigkeit der Faserzellulose:* Hierzu sind mehrere Möglichkeiten gegeben:

*1. Spaltung der Wasserstoff-Brücken* (Inklusionszellulose nach H. Staudinger): In Wasser eingebracht quillt die Zellulosefaser, wobei die Wassermoleküle in die Faser eindringen und die negativ geladenen OH-Gruppen der Zellulose (durch den Dipol „Wasser") hydratisiert werden[3].

---

Mitarbeiter: Der Chemismus der Oniumverbindungen und ihre Bedeutung für die Textilchemie und Textilveredlung. Mitt. Dtsch. Forschungsinst. f. Textilchemie, Reutlingen/Stuttgart (1957).

[1] Rogowin, S. u. W. Derwitzkaja: Faserforsch. u. Textiltechn. **8**, 61—64 (1957). — Schrott, F.: Diss. Univ. Freiburg (1956).

[2] Krässig, H.: Makromol. Chem. **10**, 1—12.

[3] Siehe dieses Handbuch, Bd. II, S. 10.

Hierdurch werden die Zellulose-OH-Gruppen wiederum in gewisser Weise *blockiert.* Verdrängt man das Quellwasser durch Flüssigkeiten, die *nicht* oder *nur im geringen Maße* imstande sind, Wasserstoff-Brücken zu den Zellulose-OH-Gruppen auszubilden, so bleibt der „aufgeweitete" Zustand der Faser erhalten und es stehen nun vermehrt reaktive Zellulose-OH-Gruppen für Umsetzungsreaktionen zur Verfügung.

Durch Einlegen der in Wasser gequollenen Zellulosefaser in Pyridin werden die Wassermoleküle durch Pyridin verdrängt und resultiert eine *Pyridinzellulose.*

Zwecks Einlagerung einer mit Wasser nicht mischbaren Flüssigkeit, wie Benzol, verdrängt man das Quellwasser zunächst mit einer wasser-mischbaren Flüssigkeit, wie Azeton, und letzteres dann durch Benzol.

Solche Einschlußverbindungen werden nach H. Staudinger als *Inklusionszellulosen* bezeichnet. Sie haben nur akademisches Interesse.

2. *Erhöhung der Reaktionsfähigkeit der Zellulose durch Vermehrung des amorphen Faseranteil (Dekristallisation) oder durch Hervorbringen eines Strukturausgleiches im Faserquerschnitt.* Eine *Dekristallisation* wird vielfach bei Baumwollzellulose durch Vorbehandlung mit starker Natronlaugelösung praktisch durchgeführt (s. S. 244). Ein *Strukturausgleich* von Regenerat-Zellulosefasern bei gleichzeitigem Erhalt einer erhöhten Naßknittererholung wird durch Behandlung mit hochkonzentrierter wässeriger Äthylendiaminlösung bewirkt (s. S. 245).

3. *Überführung der Zellulose-OH-Gruppen in eine ionogene Form:* Durch Behandlung der Zellulose mit Natronlauge wird diese in sogenannte *Alkalizellulose* übergeführt, welche reaktionsfähiger als die ursprüngliche Zellulose ist. Nach neueren Anschauungen wird auch die Existenz von Cell-$O^-$-Ionen angenommen.

4. *Die Umsetzung der Zellulose im heterogenen System:* Vernetzungsreaktionen bei Zellulosefasertextilien werden weiters noch dadurch erschwert, daß die Umsetzung mit der Zellulosefaser in einem *heterogenen System* erfolgt, d. h. der eine Reaktionspartner, nämlich Zellulose, liegt im festen Aggregatzustand vor. Daher hat die Saugfähigkeit und Quellfähigkeit der zu vernetzenden Zellulosefaser für die Praxis große Bedeutung. Das zu vernetzende Mittel muß in Form einer Lösung an die Zellulose herangebracht werden. Letztere muß in die Faser eindringen und die Faser mehr oder weniger zur Quellung bringen.

Schwer oder nicht wasserlösliche Verbindungen werden oftmals in Form von *Onium-Verbindungen*[1] zur Wasserlöslichkeit gebracht.

Z. B. ist infolge der vielen paraffinischen Gruppen Hexamethylen-dichlormethyläther wasser*un*löslich. Ihre Pyridiniumverbindung ist wasserlöslich:

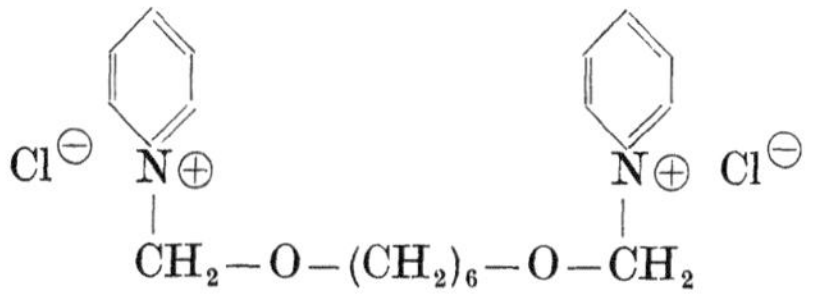

$$Cl^{\ominus}\ \overset{\text{(Pyridin)}}{N^{\oplus}}-CH_2-O-(CH_2)_6-O-CH_2-\overset{\text{(Pyridin)}}{N^{\oplus}}\ Cl^{\ominus}$$

Die Faser wird mit der wässerigen Lösung der Dipyridinium-Verbindung geklotzt, getrocknet und für den Eintritt der Alkylierung der Zellulose auf höhere Temperatur (130 bis 140° C) erhitzt. Durch eine vermutliche Vernetzung wird die Quellfestigkeit der Zellulose verbessert.

Für die Praxis der Zellulosevernetzung kommen aus preislichen Gründen fast ausschließlich wässerige Lösungen in Betracht. Organische Lösungsmittel für zellulose-vernetzende Mittel werden in einigen Fällen beim sogenannten Kalt-Verweilverfahren angewandt.

[1] Rath, H. u. Mitarbeiter: s. vorstehend.

## I. Vernetzungsreaktionen mit Aldehyden

### Allgemeines

Hierunter fallen das Formalisierungsverfahren älteren Datums (insbesondere für Regeneratzellulose) unter Anwendung von energischen Katalysatoren (Protonenspender) bei Hitzekondensation, weiters die Versuche, Baumwolle mit sauren Formaldehydlösungen nach dem Naßverweilverfahren zu veredeln, sowie die neuzeitlichen Verfahren zur Naßknitterfestausrüstung der Baumwolle unter Anwendung von Formaldehyd in polymerisierter Form oder als Formaldehydazetale.

Die Formaldehydausrüstungen der Baumwollgewebe sind gegen Hydrolyse sehr beständig. Bei späteren Chlorbehandlungen (s. S. 392) tritt keine Faserschädigung auf. Resultierende Schädigungen beruhen weniger auf den kurzen Querverbindungen (Methylenbrücken), welche die Vernetzung der Zellulosemoleküle bewirken, sondern vielmehr auf dem unter ungünstigen Verfahrensbedingungen möglichen säurehydrolytischen Faserabbau.

Außer Formaldehyd in verschiedenster Form wurden auch *andere Aldehyde* (wie insbesondere Glyoxal) für die Zellulosevernetzung vorgeschlagen, erhielten jedoch für die Knitterfestausrüstung keine große Bedeutung.

Die Reaktionen von Aldehyden mit Zellulose sind zu den *Reactants* zu rechnen. Man kann sie weiters als sogenannte „*harzfreie Ausrüstungen*" ansprechen.

### 1. Die Formalisierung der Zellulose

#### Literaturverzeichnis

Bell, J. W., M. M. Ramsey u. C. S. Whewell: Treatment of Viscose Reyon with Formaldehyde and Formaldehyde-Containing Resins. J. Soc. Dyers Col. **71,** 660 (1955).

Bener, C.: Aldehyd-Veredlung von Textilgut (gesamte Patentzusammenstellung). Melliand Textilber. **43,** 397 (1962).

Furukawa, J. u. T. Saegusa: Polymerization of Aldehydes and Oxides. New York, London: Interscience. 1963.

Goldthwait: Reaktion vom Formaldehyd und Zellulose. Text. Res. J. **21,** 55 (1951).

Gruntfest u. Gagliardi: Text. Res. J. **18,** 643 (1948).

Kress, B. H.: Reaktion von Formaldehyd und Polymethylen mit Zellulose. Amer. Dyestuff Rep. **48,** 33 (1959).

Marsh, J. T.: Textile Finishing, S. 140—151. London: Chapman & Hall. 1948.

— Cellulose and Formaldehyde. J. Soc. Dyers Col. **75,** 244 (1959).

— Moderner Einsatz von Formaldehyd in der Knitterfestausrüstung von Baumwolle. Text. Recorder **82** (977), 57—59 (1964).

Nickerson, R. F.: Die Reaktion von Zellulose mit Formaldehyd. Text. Res. J. **20,** 554 (1950).

O'Brien, S. J. u. W. J. Van Loo, jr.: The Improvement of the Wrinkle Recovery of Cotton by Reaction with Formaldehyde. Text. Res. J. **31,** 276 (1961).

Reeves, W. A., R. M. Perkins u. L. M. Change: Cotton Fabrics with Wet Wrinkle Recovery Produced with Formaldehyde without Excessive Strength Loss. Amer. Dyestuff Rep. **49,** 27 (1960).

Roff, W. J.: Untersuchungen über die Aufnahme von Formaldehyd aus wässeriger Lösung durch Zellulose. J. Text. Inst., Trans. **50,** T 353 (1959).

— Literaturübersicht über die Wechselwirkung zwischen Zellulose und Formaldehyd (1904 bis 1956). J. Text. Inst., Trans. **49,** 646 (1958).

Schaeffer, A.: Formalisieren. Melliand Textilber. **25,** 400 (1944) u. **26,** 18, 37 u. 60 (1945).

Schenk: Formalisierung der Zellulose im wasserfreien Medium (wissenschaftlich heute noch grundlegende Arbeit). Helv. Chim. Acta **14,** 520 (1931) u. **15,** 1088 (1932).

Tobel u. Vogel: Zellwolle, Kunstseide, Seide **47,** 800 (1940).

Vigneul, E.: Formaldehyd, ein wichtiges Behandlungsmittel in der Textilindustrie (Überblick über Eigenschaften und Reaktionen der wässerigen Lösung des Formaldehyds mit Molekülgruppen und Textilfasern, ihre Verwendung in der Textilindustrie; Bestimmung des Formaldehydgehaltes). Ind. Text. **1957**, 383–389.
Weiss, Fr.: Spezial- und Hochveredlungsverfahren der Textilien aus Zellulose. Wien: Springer-Verlag. 1951.
Weltzien, W.: Zellwolle, Kunstseide, Seide **45**, 320 (1940).
Wood: J. Soc. Chem. Ind. **50**, 411 (1931) u. **51**, 33 (1932).

### *Allgemeines über den Chemismus der Formalisierung*

Nach A. Schaeffer[1] und nach Gruntfest und Gagliardi[2] sind bei der Einwirkung von Formaldehyd auf Zellulose folgende Reaktionen möglich, die entweder im alkalischen oder neutralen Medium oder auch im sauren Milieu stattfinden (ermittelt durch Bestimmung der Gewichtsaufnahme; s. Tab. 7)[3]:

*Tabelle 7*

| Im alkalischen oder im neutralen Medium | Im sauren Medium |
|---|---|
| 1. Cell—OH + HCHO → → Cell · O—$CH_2OH$ | 4. 2 Cell—OH + HCHO → → Cell · O—$CH_2$—O · Cell + $H_2O$ |
| 2. Cell—OH + n($CH_2O$) → → Cell · O—($CH_2$ · O)n—H | 5. 2 Cell—OH + n($CH_2O$) → → Cell · O—($CH_2$ · O)n—Cell + $H_2O$ |
| 3. Einlagerung von *polymeren Formaldehyd in* die Faser | 6. Ringschluß mit zwei OH-Gruppen am *gleichen* Anhydroglukoserest: <br> ╲CH · OH <br> \| + HCHO → <br> ╱CH · OH <br> ╲CH · O╲ <br> \| ╲$CH_2$ + $H_2O$; <br> ╱CH · O╱ <br> Letztere Reaktion hat *keine* große Bedeutung |

Die im *schwach sauren oder neutralen* Milieu gebildeten Formaldehydzelluloseverbindungen sind *nicht* hydrolysebeständig. Bei wiederholtem Waschen mit einer schwach sauren oder alkalischen Lösung tritt Aufspaltung unter Rückbildung von Zellulose ein. Die *im stark sauren* Milieu gebildeten Methylenätherzelluloseverbindungen (nach Reaktion 4 und 5; s. oben) sind *hydrolysebeständig*.

Durch *Steigerung der Formaldehydkonzentration* und durch *Erhöhung der Reaktionstemperatur* (150° C und höher) werden statt der einfachsten Methylenätherverbindung [Cell—O—$CH_2$—O—Cell] mehr Verbindungen des Typs [Cell—O—($CH_2$—O)$_n$-Cell] gebildet, wobei $n = 2$ oder $> 2$ ist[4].

Die Reaktionsweise der Formalisierung der Zellulose (durch Hitzekondensation im stark sauren Milieu) wurde bereits vor über 30 Jahren eifrig diskutiert.

---

[1] Schaeffer, A.: Zellwolle, Kunstseide, Seide **48**, 1—8 (1943).

[2] Gruntfest, I. J. u. D. D. Gagliardi: Text. Res. J. **18**, 643 (1948).

[3] S. auch Trutmann, K.: Über das Schrumpffrei- und Waschbeständigmachen von Reyongeweben nach dem Avcosetverfahren. Reyon-Rev. (Arnheim) **8**, 125 (1954).

[4] Trutmann, K.: Reyon-Rev. (Arnheim) **8**, 125 (1954).

Nach Meunier und Guyot[1] sowie Götze und Reiff[2] soll Formaldehyd mit den OH-Gruppen von zwei verschiedenen Zellulosekristalliten unter Ausbildung einer Oxymethylenbrücke reagieren:

$$\begin{array}{l}\text{Kristallitoberfläche}\\ CH_2\cdot OH\\ CH_2\cdot OH\\ \text{Kristallitoberfläche}\end{array} + O = \overset{\displaystyle H}{\underset{\displaystyle H}{C}} \longrightarrow \begin{array}{l}CH_2\cdot O\\ CH_2\cdot O\end{array}\!\!\!>CH_2 + H_2O$$

Methylenzellulose (ein Azetal)

Weiters wurde darauf hingewiesen, daß es ungewiß sei, ob tatsächlich die primären Alkoholgruppen der Zellulose allein oder gleichfalls auch die sekundären Gruppen mit Formaldehyd reagieren.

A. Schaeffer[3] vertrat die Anschauung, daß die Bildung einer Oxymethylengruppe bei Formaldehydeinwirkung auf Zellulose unwahrscheinlich wäre. Da nach Delépine primäre Alkohole bedeutend leichter mit Formaldehyd reagieren als sekundäre Alkohole, nimmt A. Schaeffer an, daß die primären Alkoholgruppen der Zellulosemoleküle die Brückenbildung bewirken.

Zunächst soll sich die primäre Alkoholgruppe der Zellulose mit Formaldehyd zu einem *Halbazetal* umsetzen:

$$\boxed{\text{Cell}}-CH_2\cdot OH + H-C\!\!\begin{array}{l}\nearrow H\\ \searrow O\end{array} \longrightarrow \boxed{\text{Cell}}-CH_2\cdot O\cdot CH_2\cdot OH$$

Methyloläther der Zellulose (ein Halbazetal)

Hierauf sollen dann nach A. Schaeffer die beiden Halbazetalgruppen (von zwei verschiedenen Kristallitoberflächen) unter Wasseraustritt zum *Dimethylenäther* reagieren:

$$\begin{array}{l}CH_2\cdot O\cdot CH_2\cdot O\boxed{H}\\ CH_2\cdot O\cdot CH_2\cdot \boxed{OH}\end{array} \longrightarrow \begin{array}{l}CH_2\cdot O\cdot CH_2\\ \qquad\qquad\quad >O\\ CH_2\cdot O\cdot CH_2\end{array} + H_2O;$$

Dimethylenäther der Zellulose

Da höhere Aldehyde (wie z. B. Azetaldehyd) mit dem Zellulosemolekül nicht reagieren und weiters auch mit OH-Gruppen keine Methylolverbindungen bilden, nahm A. Schaeffer an, daß vornehmlich der Dimethylenäther bei Einwirkung von Formaldehyd auf Zellulose entsteht.

Bei der Formalisierung kann auch „*polymerer Formaldehyd*" entstehen, welcher mit dem Zellulosemolekül unter Ausbildung einer Polyoxymethylenätherbrücke reagieren könnte. Nach A. Schaeffer wäre diese Reaktion auf Grund des ganzen Verhaltens der formalisierten Faser weniger anzunehmen. Doch kann sich Polyoxymethylen (in Substanz) zum Teil zwischen den Molekülketten ablagern.

---

[1] Meunier u. Guyot: Rev. Gén. Colloides **7**, 53 (1929). — Diese Autoren schlugen auch erstmalig die Formalisierung zur „Stabilisierung" und „Reservierung" der Zellulose gegen Direktfarbstoffe vor.

[2] Götze, K. u. A. Reiff: Zellwolle, Kunstseide, Seide **46**, 129 u. 331 (1941).

[3] Schaeffer, A.: Zellwolle, Kunstseide, Seide **48**, 1 (1943).

Die Reaktion der Zellulose mit Formaldehyd wurde auch in späteren Jahren wiederum mehrmals untersucht. Diese spielt auch bei der *Knitterfestausrüstung* mit Kunstharzen (wie z. B. Methylolverbindungen von Harnstoff) eine Rolle, denn beim Trocknen des imprägnierten Gewebes und bei der folgenden Hitzekondensation in Gegenwart von Säure wird Formaldehyd in Freiheit gesetzt. Diesen Vorgang studierten R. E. Wagner und E. Pascu[1], wobei sie Borsäure als Katalysatorsubstanz verwendeten. Die Struktur der gebildeten Methylenzellulose bestimmten die Autoren nach einem Verfahren, welches auch für den Nachweis von Polysacchariden und substituierten bzw. methylierten Polysacchariden zur Anwendung kommt (s. Originalarbeit).

Nach Wagner und Pascu (loc. cit.) bildet *ein* Formaldehydmolekül mit *zwei* OH-Gruppen der Glukosereste der Zellulose die Methylenbrücke. Ferner soll, entgegen der Anschauung von A. Schaeffer, Formaldehyd mit den *sekundären* Alkoholgruppen der Zellulose reagieren. Die Methylenbrücken bilden sich zwischen den OH-Gruppen verschiedener Glukosereste, von denen angenommen wird, daß sie zu verschiedenen Zellulosemolekülen gehören.

E. M. Kärrholm[2] untersuchte das *mechanische Verhalten der Zellulosefaser* bei der Formalisierung. Mit *steigendem* Formalisierungsgrad der Zellulose (Viskosereyon) steigt zunächst der Biegungs- und Dehnungselastizitätsmodul sowie der Torsionsmodul an und nimmt bei Einbau von 5% Formaldehyd einen Maximalwert an. Werden aber mehr als 5% Formaldehyd in die Faser eingebracht, so fallen die Werte für die einzelnen Modulis wieder ab. Diese Erscheinung wird auf eine Lockerung der Wasserstoffbrücken zwischen den Zelluloseketten zurückgeführt.

*Versuchsdurchführung* (nach E. M. Kärrholm): Viskosereyon wurde mit 4 bis 16,2%igen Formaldehydlösungen imprägniert und 15 Minuten einer Hitzekondensation bei 110° C unterworfen (Katalysatorsubstanz Ammonchlorid). Der Formaldehydgehalt wurde jeweils *vor* und *nach* einer Natriumsulfit-Behandlung (zwecks Entfernung gebildeter Formaldehydpolymerisate) ermittelt.

Der maximale Formaldehydgehalt der Faser nach der Sulfitbehandlung betrug 9,2%.

E. M. Kärrholm folgert aus den Versuchen, daß bis zu einem Gehalt von 5% Formaldehyd die *Zahl der Querbrücken* zunimmt, während bei höherem Formaldehydgehalt die *Länge der Querbrücken* vergrößert wird. Hingewiesen wird noch, daß die in Natriumsulfit löslichen Formaldehydpolymeren sich auf die mechanischen Eigenschaften der Faser beträchtlich auswirken können.

R. Steele[3] zog auf Grund von Untersuchungen im Infrarotspektrum an desacetyliertem Zelluloseacetatfilm, welcher mit Formaldehyd behandelt wurde (Katalysatorsubstanz Borsäure) folgende Schlüsse: 1. Die Anzahl der *freien* OH-Gruppen ist im behandelten Präparat *geringer* als im ursprünglichen Muster, so daß Querverbindungen entstanden sein müssen; 2. die am häufigsten auftretenden Querverbindungen sind Methylengruppen und weniger Polyoxymethylenketten; 3. da nach der Reaktion der noch vorhandene nicht-gebundene Formaldehyd mit heißem Wasser entfernt werden kann, ist entweder *molekular absorbierter Formaldehyd* oder ein unbekanntes Polymer des Formaldehyds, das freie Aldehydgruppen enthält, noch vorhanden.

---

[1] Pascu, E. u. R. E. Wagner: Zellulosestudien. XVI. Die Reaktion der Zellulose mit Formaldehyd. Text. Res. J. **22**, 12 (1952).

[2] Kärrholm, E. M.: Die Reaktion zwischen Zellulose und Formaldehyd. Text. Res. J. **25**, 756 (1955).

[3] Steele, R.: The Reaction of Formaldehyde with Cellulose. Text. Res. J. **25**, 545 (1955).

E. Elöd hat mit Hilfe der Abschälmethode[1] formalisierte Regeneratzellulosefaser topochemisch azetyliert und je nach Zeitdauer verschieden dicke Schichten von außen nach innen in Triazetat umgewandelt und letzteres wiederum mit einem Gemisch Chloroform/Methanol (9 : 1) abgelöst. Hiebei wurde festgestellt[2], daß Viskosereyon von bestimmten Formalisierungsgrad in der Mantelzone z. B. 0,82% weniger an Formaldehyd enthält als in der lockerer gepackten Kernzone (mit 1,34% Formaldehyd). Bei Kupferreyon liegen die Verhältnisse sinngemäß umgekehrt, indem bei einem bestimmten Formalisierungsgrad in der Mantelzone z. B. 1,13% Formaldehyd und im hier dichter gepackten Faserkern 0,93% Formaldehyd gefunden wurde.

H. K. Woo, J. H. Dillon und J. H. Dusenbury[3] untersuchten die Reaktion der Formaldehyds (bei Säurekatalyse) mit verschiedenen Zellulosefasern.

*Baumwolle, Fortisan* (eine verstreckte und dann verseifte Zelluloseazetatfaser) und *Viskosereyon* wurden unter betrieblichen Bedingungen 1. mit verschiedenen Konzentrationen an Formaldehyd; 2. bei wechselnden pH-Werten (2,0, 2,2 und 2,4); 3. bei unterschiedlichen Temperaturen (110° C, 120° C und 130° C) und 4. bei unterschiedlichen Zeiten behandelt.

Der Reaktionsverlauf wurde 1. durch Bestimmung des freien und gebundenen Formaldehyds und 2. durch Röntgenaufnahmen kontrolliert.

Die Autoren zogen aus den Ergebnissen folgende Schlüsse:

Bei *höheren pH-Werten* (2,2, 2,4) scheint die Methylenäther-Brückenbindung — vor allem im amorphen Faserbereich — einzutreten. Bei *niedrigerem pH-Wert* (2,0) verläuft die Reaktion im amorphen Faserbereich sehr schnell und ist von einem Eindringen des Formaldehyds in kristalline Faserbereiche begleitet.

Die Art und der Umfang der Formaldehyd-Reaktion hängt stark von der verwendeten Zellulosefaser ab. Bei *Baumwolle* (als die höher kristalline Faser) ist der Grad der Formalisierung am geringsten, während bei *Fortisan* und *Viskosereyon* (beide mit ungefähr gleicher Kristallinität) der Formalisierungsgrad ungefähr gleich ist. Doch verläuft die Reaktion bei Fortisan rascher.

Die Autoren vermuten, daß der höhere Orientierungsgrad von *Fortisan* die Brückenbildung erleichtert oder daß als Folge der sauren Hydrolyse von Fortisan eine Rekristallisation der Faser eintrat.

Weiters untersuchten die Autoren auch den Einfluß der säure-katalysierten Formaldehydbehandlung auf die mechanischen Eigenschaften der Zellulosefaser (vorliegend als Faser, Garn oder Gewebe). Mit der Zunahme des pH-Wertes erfolgte bei *Baumwolle* eine Abnahme der Festigkeit, während bei *Fortisan* und *Viskosereyon* die Festigkeit erhöht wurde.

Ferner wurde die säure-katalysierte Formaldehydbehandlung noch mit einer Salzsäurebehandlung allein verglichen. Festgestellt wurde 1. Elastizitätsmodul und Reißfestigkeit von Baumwolle wurden im Vergleich zum „säurebehandelten" Kontrollversuch erniedrigt; 2. die mechanischen Eigenschaften von *Fortisan* wurden durch Salzsäure merklich herabgesetzt. Bei der Überprüfung der *Knitterfestigkeit* wurde festgestellt, daß diese bei *Baumwolle*, vornehmlich bei *Fortisan* weniger und *Viskosereyon* am wenigsten verbessert wurde. Die Autoren folgerten hieraus, daß ein Zusammenhang mit den Kristallisationsverhältnissen in der Faser bestehen müsse. Weiters wurde eine merkliche Ver-

[1] Elöd, E.: Dtsch. Färberkalender **1942,** 19 u. Textil-Rundschau (St. Gallen) **4,** 117 (1949).

[2] Elöd, E. u. W. Graeser: Reyon, Zellwolle **1952,** 515.

[3] Woo, H. K., J. H. Dillon u. J. H. Dusenbury: Die Reaktion von Formaldehyd mit Zellulosefasern. II. Behandlung der mechanischen Eigenschaften. Text. Res. J. **26,** 761 (1956).

besserung der Knitterfestigkeit nur beim pH-Wert 2 erreicht, d. h. zum Erhalt eines genügenden Effektes ist eine starke Methylenäther-Brückenbildung in den amorphen Faserbereichen nötig.

J. T. Marsh[1] hält die *Annahme*, daß bei der Formalisierung durch Vernetzung der Zellulosemoleküle die *Wasseraufnahmefähigkeit* der Faser vermindert wird, für eine zu große und mit den Tatsachen *nicht* zu vereinbarende Vereinfachung. Der Autor hält auch heute noch seine *Hypothese der molekularen Verknäuelung* für zweckmäßig, denn *die Vernetzung der Zellulose durch Formaldehyd sei noch keinesfalls exakt bewiesen!*

J. T. Marsh (loc. cit.) weist hier noch auf Arbeiten hin, welche zeigen, daß die *Wasseraufnahmefähigkeit der Zellulosefaser* durch zahlreiche Faktoren vermindert werden kann. Weiters kann Formaldehyd auch (ebenso Dichlorpropanol oder Epichlorhydrin) mit *gequollener Zellulose Fasern mit hohem Quellvermögen* liefern.

Nach Ansicht von A. B. Pakschwer[2] verläuft die Vernetzung der Regeneratzellulose durch Umsetzung mit Formaldehyd beim Klotz-Trocken-Hitze-Verfahren in drei Stadien:

1. Unterhalb 65° C erfolgt Gleichgewichtssorption und Bindung von Formaldehyd durch OH-Gruppen der Zellulose über Wasserstoff-Brücken;

2. Zwischen 65 und 105° C tritt eine monofunktionelle Bindung von Formaldehyd ein, unter Ausbildung von Methylol-Gruppen;

3. Oberhalb 105° C kann die Sorption je nach der Einwirkungsdauer entweder durch monofunktionelle Bindung von Formaldehyd oder durch Ausbildung von Querbindungen zwischen den Zellulosemakromolekülen beendet werden.

Die *Quellfestausrüstung mit Formaldehyd* (also die Brückenbindung zwischen den Zelluloseketten) ist gegen *Wäsche* beständig („Waschtreuverfahren"!), wie auch gegen *Einwirkung von Alkali* (im Gegensatz zur Kunstharzausrüstung mit Amidformaldehydharzen!).

Da bei der Formalisierung eine „*Azetal-*" bzw. „*Äther-*"*Struktur* vorliegt, ist „*formalisierte*" *Zellulose* gegen *Säuren* empfindlich und wird hierbei die Vernetzung aufgespalten (ebenso wie die Amid-Formaldehydharze hydrolysiert werden!).

Die Formalisierung kann außer der Verringerung des Quellvermögens von Regeneratzellulosefasertextilien noch *andere Effekte* bei Zellulosefasern bewirken. Da die OH-Gruppen der Glukosereste bei Formaldehydeinwirkung durch Methylenbrücken blockiert werden, sinkt mit steigendem Formalisierungsgrad der Zellulose die Affinität zu substantiven Farbstoffen. Daher kann nach C. F. Goldthwait[3] das Formalisieren zur *Herstellung von Immungarn* (Baumwolle) dienen.

Goldthwait, McLaren und Voorhis[4] stellten fest, daß formalisierte *Baumwolle*, mit einem Gehalt von 1,3% chemisch gebundenem Formaldehyd, im Eingrabungsversuch (soil burial test) *weitgehend pilz- und bakterienfest* war. Die eigentliche Ursache dieses „Antiverrottungseffektes" der formalisierten Baumwolle soll eine gewisse „Austrocknung" der Baumwolle durch Herabsetzung des Quellvermögens sein.

---

[1] Marsh, J. T.: Knitterfestigkeit, Wasseraufnahme und kovalente Vernetzung. Text. Manufacturer **85**, 294 (1959).

[2] Gerosimowa, L. Ss. u. A. B. Pakschwer: Der Mechanismus der Bildung von Querbindungen in Hydratcellulosefasern. Chemiefasern (UdSSR) 1962, H. 6, 22.

[3] Goldthwait, C. F.: Text. Res. J. **21**, 55 (1951).

[4] Goldthwait, C. F., J. McLaren u. S. T. Voorhis: J. Text. World **96**, 115, 212 u. 216 (1946) u. Text. Res. J. **21**, 55 (1951).

R. G. H. Siu[1] bestätigte die Angaben von Goldthwait und Mitarbeiter, indem er angibt, daß für die Wirksamkeit (Antiverrottung wie auch andere Effekte) der chemischen Modifizierung der Baumwolle (z. B. durch Azetylierung, Verätherung, *Formalisierung*) es gleichgültig wäre, *welcher Art* die Substituenten sind, die in das Zellulosemolekül eingeführt werden.

### *Interpretation der Reaktionsweise von Formaldehyd auf elektronentheoretischer Grundlage*

Da Formaldehyd heute bei verschiedenen Spezialverfahren der Hochveredlung von Baumwollgeweben wiederum an Bedeutung[2] gewinnt, werden seine *speziellen Einzelreaktionen* nachfolgend zusammenfassend beschrieben[3].

In der wässerigen Lösung des Formaldehyds, also in seiner Handelsform, liegt Formaldehyd *teilweise polymer* vor und ist praktisch *vollständig hydratisiert.* Die *monomere Form* des Formaldehyds ist *nicht* handelsüblich, tritt aber immer auf, wenn sich gasförmiger Formaldehyd bildet, so als unangenehme Begleiterscheinung beim Trocknen und Kondensieren von mit Aminoplast-Harzen imprägnierten Geweben.

Für das Verständnis der Reaktionen des Formaldehyds ist die *Elektronenverteilung des Moleküls im Grundzustand und im angeregten Zustand* wichtig. Es ist aber *nicht* möglich, beide Zustände durch *eine* Formel wiederzugeben, denn es handelt sich um *mesomere Zwischenformen* der angegebenen Grenzstrukturen.

Die Verteilung der Anteile mesomerer Grenzstrukturen kennzeichnet den Zustand des Formaldehyds:

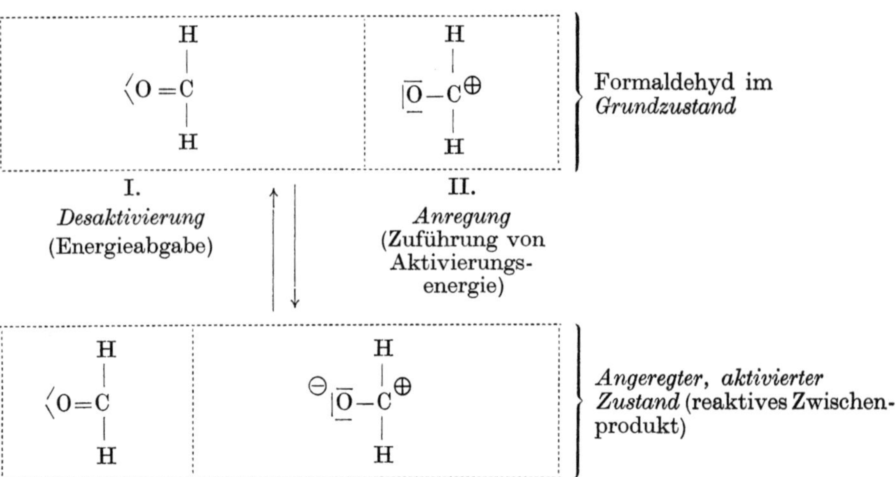


Die Größe der beiden Felder symbolisiert den *Anteil der jeweiligen mesomeren Grenzform* am Zustand des Moleküls.

Durch Anregung (Energiezufuhr) verändert sich die Ladungsverteilung im Molekül; es entsteht eine Form, welche die der Formel II *stärker ähnlich* wird.

[1] Siu, R. G. H.: Text. Res. J. **20**, 281 (1950).

[2] Marsh, J. T.: Text. Manufacturer **1961**, 327 u. Text. Recorder **82** (977), 57–59 (1964).

[3] Götz, N. (u. W. Rüttiger, W. Rümens u. R. Zeidler): Über die Wirkung von Katalysatoren bei der Hochveredlung. Textil-Rundschau (St. Gallen) **16**, 761 bis 781 (1961).

Bei Zunahme der Temperatur nimmt die Anzahl an angeregten Molekülen in diesem Gleichgewicht zu.

Die polare Form II wird bei den Umsetzungen des Formaldehyds als das reaktionsfähige Zwischenprodukt gedeutet. Wesentlich ist nun, daß diese Form als Zwitter-Ion vorliegt, welches auf der einen Seite über *eine Elektronenpaarlücke am C* und auf der anderen Seite über drei *freie Elektronenpaare am O* verfügt. Daher kann es in zwei Richtungen reagieren, und zwar (im Sinne von Brönstedt) sowohl als *Base* wie als *Antibase* (= sogenannte elektrophile Verbindung, die über eine Elektronenpaarlücke verfügt).

N. Götz (loc. cit.) bemerkt, daß die möglicherweise beim Formaldehyd stattfindende *radikalische Reaktion* unter den in der Textilindustrie üblichen Reaktionsbedingungen (wie Wasser als Lösungsmittel, Gegenwart von Luftsauerstoff, keine radikalbildende Katalysatoren) vernachlässigt werden kann.

## *Die Primärreaktionen des Formaldehyds*

Die für die Hochveredlung interessierenden primären Reaktionen des Formaldehyds stellen Additionsreaktionen dar. Man kann unterscheiden:

a) Addition von *Antibasen* (= elektrophile Verbindungen, Elektronenpaar-*akzeptoren*) und

b) Addition von *Basen* (= nukleophile Verbindungen; Elektronenpaar-*donatoren*).

*Basen* im Sinne von Brönstedt stellen Verbindungen dar, welche Protonen addieren können. In diesem eng gefaßten Begriff gelten Verbindungen, die $OH^-$-Ionen abdissoziieren, *nicht* als Basen. Dagegen ist das $OH^-$-Ion *selbst* eine Base.

### 1. Addition von Antibasen

Als Base bindet $CH_2O$ sowohl Protonen als auch Antibasen. Die Anlagerung erfolgt dabei an dem negativ geladenen Sauerstoff, welcher als Elektronenpaar-*donator* wirkt. Hierdurch entsteht an der Bindungsstelle eine neue kovalente Bindung (Atombindung).

Besonders interessiert die Addition des Protons an Formaldehyd:

$$CH_2O + H^{\oplus} \rightleftharpoons H-\overline{\underline{O}}-\overset{\displaystyle H}{\underset{\displaystyle H}{\overset{|}{\underset{|}{C}}}}{}^{\oplus} \longleftrightarrow H-\overset{\oplus}{\underline{O}}=\overset{\displaystyle H}{\underset{\displaystyle H}{\overset{|}{\underset{|}{C}}}}$$

*Formaldehyd* als Base wirkend — *Carbenium-Ion* Elektronenlücke am C (Reaktive Antibase) — *Oxonium-Ion* Elektronen-Oktett am O und C

*Mesomere Grenzformen* (Hydroformaldehyd-Kation)

Nach N. Götz (loc. cit.) ist auf Grund von Versuchen damit zu rechnen, daß nur in *sehr stark sauren* Lösungen höhere Konzentrationen der *Oniumform des Formaldehyds* (protonisierter Formaldehyd) auftreten.

In gleicher Weise, wie die Addition eines Protons an den Sauerstoff des Formaldehyds erfolgt, können sich ein oder mehrere *polare Formaldehydmoleküle* mit ihrer Elektronenpaarlücke am C-Atom an den Sauerstoff anlagern. Dabei bildet sich *polymerer Formaldehyd*, welcher überwiegend in wässerigen Lösungen vorliegt.

## 2. Addition von Basen

Hinsichtlich des Begriffs „Basen“ s. vorstehend.

Die Addition der „Base“ erfolgt an der Elektronenpaarlücke des C-Atoms beim „angeregten“ Formaldehyd:

$$^{\ominus}|\overline{\underline{O}}-\overset{H}{\underset{H}{C}}{}^{\oplus} \quad + |B \quad \rightleftharpoons \quad ^{\ominus}|\overline{\underline{O}}-\overset{H}{\underset{H}{C}}-B^{\oplus}$$

*Formaldehyd* (reaktive Form) — *Base* (Neutralbase) — *Carbinolbase* (Zwitter-Ion)

Voraussetzung ist, daß sich die *aktivierte Form* (hoher Anteil an II, s. S. 68) mit dem *Carbenium-Ion* ausbilden kann.

Prinzipiell ist es gleich, ob diese *Carbenium*-Struktur sich am monomeren oder protonisierten Formaldehyd oder auch am Ende einer polymeren Kette ausbildet.

### Addition von Sauerstoffbasen an Formaldehyd

Nachfolgend wird eine Reihe hier einschlägiger Reaktionen angeführt.

*α) Anlagerung von Hydroxyl-Ionen an Formaldehyd:* Diese verläuft mit ausreichender Geschwindigkeit nur bei einer genügend hohen Konzentration dieser Ionenart, wobei das Anion des Methylenglykols entsteht:

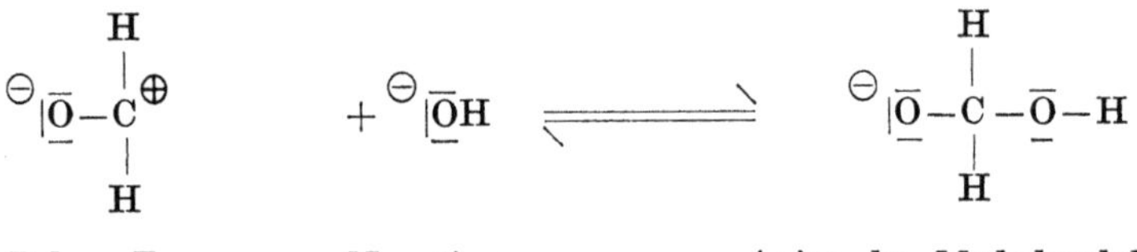

*Polare Form* des Formaldehyds (Zwitterion) — Negatives *Hydroxylion* — *Anion des Methylenglykols* (Anion des Formaldehyd-hydrats)

Das *Anion des Methylenglykols* ist eine *starke Base* (N. Götz), welche mit einem $P_k$-Wert von etwa 13 *wesentlich stärker* als Ammoniak ist:

$$H-\overline{\underline{O}}-\overset{H}{\underset{H}{C}}-\overline{\underline{O}}|^{\ominus} \quad + H^{\oplus} \quad \xrightleftharpoons{K_{23°} = 1,6 \cdot 10^{-13}} \quad H-\overline{\underline{O}}-\overset{H}{\underset{H}{C}}-\overline{\underline{O}}-H$$

Anion der Hydratform als *starke Base* wirkend — Methylenglykol, *neutrale* Hydratform, als *schwache Säure* wirkend

*β) Anlagerung von Wasser an Formaldehyd:* Die Hydratform des Formaldehyds als *tautomere Verbindung* bildet sich bei der direkten Addition von Wasser an Formaldehyd über eine zweimalige Umlagerung (s. vorstehende *(α)* und nachfolgende *(δ)* ähnliche Formulierungen!).

*γ) Anlagerung von Formaldehyd an Formaldehyd:* Formaldehyd *selbst*, und zwar in der Form, in welcher das O-Atom die größte Basizität hat, kommt gleichfalls als O-Verbindung, welche als *Base* angelagert wird, in Betracht. Es bildet sich Polyformaldehyd (Polyoxymethylen) mit niedrigerem Molekulargewicht. Letzteres ist bei *nicht allzu hoher* Formaldehydkonzentration im Wasser noch löslich.

Diesen Reaktionsmechanismus hat N. Landqvist[1] bei Angabe vieler Literaturhinweise eingehend diskutiert.

*δ) Anlagerung von Alkoholen an Formaldehyd:* Hierbei bilden sich die Halbazetale (Hemiformale) des betreffenden Alkohols. Diese Reaktionsmöglichkeit wird für die Herstellung einiger handelsüblicher Produkte für die Hochveredlung ausgenützt.

Durch Zugabe von Alkohol läßt sich *in relativ weiten Grenzen* die Reaktionsgeschwindigkeit und die Lage des Gleichgewichts der bei der Hochveredlung eintretenden Reaktion beeinflussen. Siehe diesbezüglich die Arbeiten von N. Landqvist[2].

Hier ist auch von besonderer Bedeutung die *Reaktion von Formaldehyd mit den alkoholischen Gruppen der Zellulose.* Hinsichtlich der Reaktionsgeschwindigkeit und Gleichgewichtseinstellung muß aber berücksichtigt werden, daß Zellulose in heterogener Phase vorliegt.

$$\begin{array}{ccccccc}
\begin{array}{c} H \\ | \\ \ominus|\overline{O}-C^{\oplus} \\ | \\ H \end{array} & + & \begin{array}{l} \;\;/H \\ |O| \\ \;\;\backslash R \end{array} & \rightleftharpoons & \begin{array}{c} H \qquad /H \\ | \\ \ominus|\overline{O}-C-{}^{\oplus}O| \\ | \qquad \backslash R \\ H \end{array} & \rightleftharpoons & \begin{array}{c} H \\ | \\ HO-C-\overline{O}-R \\ | \\ H \end{array}
\end{array}$$

Formaldehyd polare Form — Alkohol — Betain-Struktur — Grundform

Methylenglykol-monoäther (tautomere Form)

*Addition von Alkoholen an Formaldehyd*

## Addition von Stickstoffbasen an Formaldehyd

Die Addition von N-haltigen Basen an Formaldehyd ist die *wesentlichste Reaktion,* und zwar sowohl *für die Ausrüstungsmittel* als auch *für die katalytische Wirkung der Ammonsalze* (N. Götz).

*Anlagerung von Ammoniak an Formaldehyd:* Bei Addition von 1 Mol $NH_3$ an 1 Mol $CH_2O$ entsteht wahrscheinlich (nach N. Götz) *Monomethylamin* als primäres Zwischenprodukt (nicht sicher nachgewiesen!):

$$\begin{array}{ccccccc}
\begin{array}{c} H \\ | \\ \ominus|\overline{O}-C^{\oplus} \\ | \\ H \end{array} & + & \begin{array}{c} H \\ | \\ |N-H \\ | \\ H \end{array} & \rightleftharpoons & \begin{array}{c} H\;\;H \\ |\;\;\;| \\ \ominus|\overline{O}-C-N^{\oplus}-H \\ |\;\;\;| \\ H\;\;H \end{array} & \rightleftharpoons & \begin{array}{c} H\;\;H \\ |\;\;\;| \\ H-\overline{O}-C-N| \\ |\;\;\;| \\ H\;\;H \end{array}
\end{array}$$

Formaldehyd polare Form — freier Ammoniak — Betain-Struktur — Hydroxy-Aminomethan

Monomethylolamin (tautomere Formen)

Weitere Reaktion:

$$\begin{array}{ccccccc}
\begin{array}{c} H \\ | \\ \ominus|\overline{O}-C^{\oplus} \\ | \\ H \end{array} & + & \begin{array}{c} H\;\;H \\ |\;\;\;| \\ |N-C-\overline{O}H \\ |\;\;\;| \\ H\;\;H \end{array} & \rightarrow & \begin{array}{c} H\;\;H\;\;\;\;H \\ |\;\;\;|\;\;\;\;\;| \\ \ominus|\overline{O}-C-N^{\oplus}-C-\overline{O}H \\ |\;\;\;|\;\;\;\;\;| \\ H\;\;H\;\;\;\;H \end{array} & \rightleftharpoons & \begin{array}{c} H\;\;\;\;\;H \\ |\;\;\;\;\;\;| \\ H\overline{O}-C-\overline{N}-C-\overline{O}H \\ |\;\;\;|\;\;\;| \\ H\;\;H\;\;H \end{array}
\end{array}$$

Addition von Monomethylolamin an Formaldehyd — Dimethylolamin (tautomere Formen)

In analoger Weise verläuft die *Reaktion von Formaldehyd mit Harnstoff.* Weiteres s. bei „*Methylolverbindungen des Harnstoffs*" (s. S. 13).

[1] Landqvist, N.: Acta Chem. Scand. **11,** 792–803 (1957).

[2] Landqvist, N.: Acta Chem. Scand. **11,** 786–791 (1957).

### a) Die ältere Formalisierung von Regenerat-Zellulosefasergeweben durch Hitzeeinwirkung und Mithilfe von $H^+$-Ionen (sogenannte „Trockene Formalisierung")

Die Formalisierung von Zellulose (bzw. Regeneratzellulose) war schon frühzeitig ab dem Jahre 1906 (Patente von Eschalier) bekannt.

Formaldehyd löst sich als Gas unter Bildung von Solvaten oder Hydraten in Wasser und enthält auch diese zum Teil als Polymere (Polyoxymethylene). In dieser Form wird es zusammen mit Aluminium- oder Ammoniumchlorid auf das Zellwollgewebe aufgeklotzt und dann einer Hitzekondensation unterworfen.

J. Wood[1] zeigte, daß beim Eschalier-Prozeß *zwei deutlich voneinander verschiedene Reaktionsstufen* auftreten. In der *ersten Stufe* wird Regeneratzellulose (Viskosereyon) in Kuoxam *un*löslich, absorbiert aber große Mengen an Kupfer und färbt sich tiefblau an. In der *zweiten Stufe* bleibt die Faser *un*löslich, doch quillt sie *nicht* und absorbiert *nicht mehr* Kuoxam (färbt sich nicht mehr so tief an wie nichtbehandeltes Reyon). Götze und Reiff fanden, daß durch Anwesenheit von Formaldehyd in der Faser der Abbau durch Säuren vermindert wird und daß die Menge des gebundenen Formaldehyds mit zunehmender Konzentration des Säurekatalysators während der Reaktion zunimmt. J. T. Marsh fand, daß hinsichtlich der Knittererholung *Viskosereyon* die doppelt gebundene Formaldehydmenge erfordert im Vergleich zu Baumwolle, um *gleiche* Knittererholung zu erreichen. J. T. Marsh führt dies auf die *große Menge amorpher Zellulose* in Regeneratzellulose zurück. Die *Naßreißfestigkeit von Viskosereyon* steigt erst rasch an und bleibt dann ziemlich konstant, um schließlich wieder zurückgehen. Baumwolle verliert im Vergleich hierzu schon durch 1% gebundenem Formaldehyd 50% an Reißfestigkeit. Die *Bruchdehnung* fällt sowohl bei Baumwolle als auch bei Reyon ab. Die *Scheuerfestigkeit* erniedrigt sich gleichfalls bei beiden Zellulosefasern mit zunehmendem Formaldehydgehalt. Die Wasseraufnahme von Viskosereyon geht von 28% auf 18% (bei 5% gebundenem Formaldehyd) zurück.

Die ältere Formalisierung mit *wässerigen Lösungen von Formaldehyd oder Formaldehydspendern* (s. nachfolgend) diente zur Veredlung von Regeneratzellulosefasertextilien mit dem Ziel, 1. eine Verringerung der Faserquellung, 2. Erhöhung der Naßreißfestigkeit und 3. eine verbesserte Krumpffestigkeit des Gewebes zu erhalten.

Die Formalisierung von Reyongeweben mit wässeriger Formaldehydlösung unter Mithilfe eines Säurespenders ($AlCl_3$) nach dem Klotz-Trocken-Hitze-Verfahren bewirkte eine erhebliche Verringerung des Quellvermögens. Bei richtiger Arbeitsweise wurde eine *befriedigende Krumpffestigkeit* erzielt. Schon damals wurde in einer Broschüre der Fa. Stockhausen/Krefeld (Waschtreuverfahren) auf die *schnelle Trocknung* der formalisierten Textilien nach einer Wäsche hingewiesen und weiters auch schon die Tendenz der ausgerüsteten Zellwollgewebe, sich *während des Trocknens* bis zu einem gewissen Betrag *von selbst zu entknittern*, erkannt.

In verschiedenen Veröffentlichungen wird die ältere Formalisierung mit katalysierter wässeriger Formaldehydlösung nach dem Klotz-Trocken-Hitze-Verfahren auch als „Knitterfest-Ausrüstung" bezeichnet.

Spätere Untersuchungen zeigten, daß durch die „trockene Formalisierung" von Regenerat-Zellulosefasergeweben *weniger als 1%* Formaldehyd an die Zellulose gebunden wird, was für eine brauchbare Knittererholung *nicht* ausreicht. Hierfür werden mindestens 3% gebundener Formaldehyd für Baumwolle und mehr noch für Regenerat-Zellulose benötigt, was zu großer Faserversprödung führt. Daher wurden die älteren Formalisierungsverfahren, worauf auch J. T. Marsh[2] hinweist, *niemals* für die kommerzielle Herstellung knitterfester Reyontextilien verwendet, sondern kamen *ausschließlich für die Krumpffest-Ausrüstung* in Betracht. Das Gleiche war auch für die anderen Aldehyd-Verfahren (wie z. B. unter Anwendung von Glyoxal) der Fall.

---

[1] Marsh, J. T.: Zellulose und Formaldehyd. J. Soc. Dyers Col. **1959**, H. 5, 244.

[2] Marsh, J. T.: Self-Smoothing Fabrics. London: Chapman & Hall Ltd. 1962.

Mit dieser älteren „Trockenen Formalisierung" (Waschtreu- und Schubert-Verfahren) war es kaum möglich, im technischen Umfang immer gleichbleibende Effekte zu erhalten. Die Gründe waren 1. die Flüchtigkeit des Formaldehyds in der Wärme (mit der Begleiterscheinung einer Geruchsbelästigung) und 2. seine Neigung, Polymere während der Konzentrierung in der Faser (während des Trockenprozesses) zu bilden.

Beim Trocknen des imprägnierten Gewebes können drei Vorgänge eintreten:

1. Formaldehyd verdampft zum Teil mit dem Wasser aus der Faser.
2. Formaldehyd reagiert mit der Faser unter Vernetzung der Zellulosemoleküle, und
3. Formaldehyd polymerisiert zum Teil und lagert sich an und in der Faser in polymerer Form ab.

Das Verhältnis, in welchem sich diese drei Prozesse nebeneinander abspielen, hängt sehr von den äußeren Bedingungen ab (wie Luftzirkulation und Temperatur in der Trockenapparatur). Daher war das ältere Verfahren der Formalisierung hinsichtlich des Erhaltes gleichbleibender Ausrüstungseffekte nur schwer reproduzierbar.

Weiters ergab die Vernetzung der Zellulose mit Formaldehyd bei der „trokkenen" Durchführung eine zu starke Abnahme der Gewebereißfestigkeit, so daß das Verfahren *für Baumwolle* nicht zur Anwendung kam.

Alle bisherigen Patentansprüche hatten nach C. Bener[1] das Ziel, diese physikalische Qualitätsverminderung zu beheben (s. auch nachfolgend).

Neuere Arbeiten beschäftigten sich wiederum mit dem älteren Formalisierungsverfahren, angewandt auf Baumwollgewebe, ohne daß neue Erkenntnisse erbracht wurden[2].

Eine Weiterentwicklung der Formalisierung war die Anwendung von „*Formaldehydspendern*".

Unter *Formaldehydspendern* versteht man Verbindungen mit Formaldehyd, welche diesen dann später während des Erhitzens (in der Faser) wieder in Freiheit setzen.

Mit Hilfe solcher Formaldehydspender versuchte man eine bessere Reproduzierbarkeit der Effekte der „Trockenformalisierung" zu erreichen.

Es wurden viele derartige Formaldehydspender zur Anwendung gebracht, wie z. B.

*Formamid*[3]:

$$\begin{array}{l} \text{H} \\ | \\ \text{CO} \\ | \\ \text{NH}_2 \end{array} + 2\,H_2CO \rightleftharpoons \begin{array}{l} \text{H} \\ | \\ \text{CO} \\ | \\ \text{N(CH}_2\cdot\text{OH)}_2 \end{array}$$

Dimethylol-Formamid
Kaurit WF 110 (I G Farben)

Methylolierte Säureamide (wie Formamid-, Azetamid-Formaldehyd usw.) wurden auf ihre Eignung für die *Ausrüstung von Baumwollgeweben* geprüft[4].

Das Baumwollgewebe wurde mit der wässerigen „Vorkondensat"-Lösung in üblicher Weise unter Zugabe von 4% Magnesiumchlorid (als Säurespender) geklotzt (80% Abquetschung), bei 60 bis 75° C getrocknet und während 8 Minuten

[1] Bener, C.: Aldehyd-Veredlung von Textilgut. Melliand Textilber. **43**, 397 (1962).

[2] Van Loo, W. J. u. S. J. O'Brien: Die Verbesserung der Knitterfreiheit von Baumwolle durch Reaktion mit Formaldehyd. Text. Res. J. **31**, 276–281 (1961). — Fujmoto, R. A., R. M. Reinhardt u. J. D. Reid: Die Ausrüstung von Baumwolle mit Formaldehyd. Reproduzierbare Foulard-Trocknungs-Kondensations-Behandlungen. Amer. Dyestuff Rep. **52**, P 329 (1963).

[3] Cameron, W. G. u. Th. Morton: J. Soc. Dyers Col. **64**, 329 (1948).

[4] Vall, S. L., J. G. Frick, P. J. Murphy u. J. D. Reid: Formamid-Formaldehyd-Produkte als Knitterfrei-Ausrüstung von Baumwolle. Amer. Dyestuff Rep. **50**, 437 (1961).

bei 160° C kondensiert. Dann wurde schwach alkalisch unter Zugabe eines nichtionogenen Mittels nachgewaschen und im Tumbler getrocknet.

Der resultierende Wash-and-Wear-Effekt war gegen *hydrolytische Einflüsse* gut beständig; nach Angabe der Autoren sogar gegen Lösungen mit einem pH-Wert bis 1. Als Nachteil wird die *hohe Chlorretention* bei Chlorbehandlungen angegeben.

*Dimethylhydantoin*[1]:

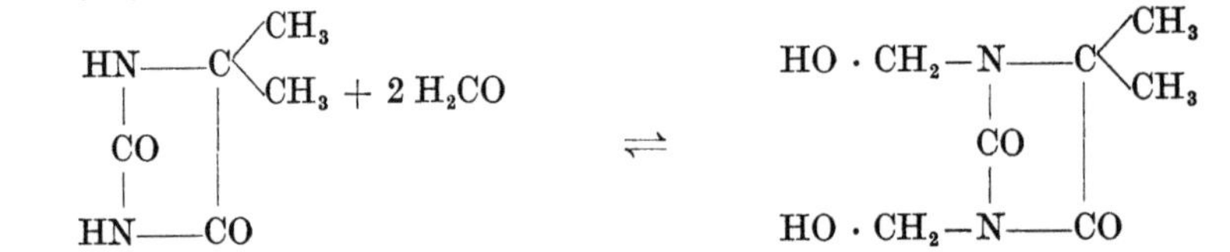

HN—C($CH_3$)($CH_3$) | CO | HN—CO $+ 2\,H_2CO \rightleftharpoons$ HO · $CH_2$—N—C($CH_3$)($CH_3$) | CO | HO · $CH_2$—N—CO

Dimethylhydantoin (Hydantoin ist das Ureid der Glykolsäure)

Dimethylol-Verbindung des Dimethylhydantoins

*Hexamethylentetramin* (Urotropin): Auch dieses wurde als Formaldehydspender vorgeschlagen:

$$(CH_2)_6N_4 + 6\,H_2O \rightleftharpoons 4\,NH_3 + 6\,CH_2O\,;$$

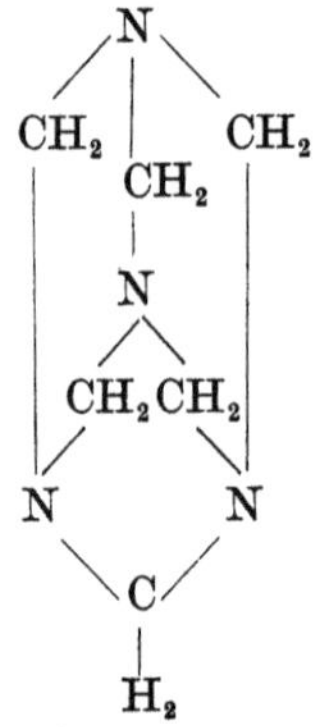

N, $CH_2$, $CH_2$, $CH_2$, N, $CH_2CH_2$, N, N, C, $H_2$

*Urotropin*

Bemerkt soll werden, daß bei den *neueren Formaldehydausrüstungsverfahren von Baumwolle* (s. später) gewisse formaldehyd-abspaltende Verbindungen wiederum Bedeutung erlangten.

### *b) Abgewandelte Formalisierungsverfahren für die Krumpffestausrüstung von Regenerat-Zellulosefasertextilien*

Die Reaktion zwischen Polyhydroxyverbindungen (wie Stärke) und Formaldehyd wurde schon frühzeitig ausgenützt, um Steifapprets auf Basis Stärke, appliziert auf Zellulosefasertextilien, waschbeständiger zu machen.

Solche Verfahren haben neuerdings unter Anwendung Zellulose-vernetzender Kunstharze (Reactantharze) und Stärkelösungen für waschbeständige Apprets auf Baumwollweißware bei gleichzeitigem Krumpffesteffekt wiederum Bedeutung erlangt.

Für die Krumpffestausrüstung von Regeneratzellulosefasertextilien wurden in den USA verschiedene „*gesteuerte*“ *Formalisierungsverfahren bei gleichzeitiger Anwendung von Polyoxyverbindungen und Formaldehyd* vorgeschlagen, wobei nur das Avcoset-Verfahren kommerzielle Bedeutung erhielt.

Avcosetverfahren (Fa. Amer. Viscose Corp.)[2]

Das Avcosetverfahren beruht auf der Kondensation von Hydroxyäthyl-

---

[1] Engl. Pat. 291.473.

[2] Welch, J. H.: Die Stabilisierung von Reyongeweben nach dem Avcosetverfahren. SVF (Fachorgan f. Textilveredlung) **10,** 461 (1955).

zellulose ($Cell-O\cdot CH_2\cdot CH_2\cdot OH$) mit Regeneratzellulose unter Mithilfe von Formaldehyd.

Das Zellwollgewebe wird mit einem Bad imprägniert, bestehend aus Zelluloseäther, Formaldehyd, Natriumhydrogensulfat (Katalysator), Natriumsulfat (Puffersubstanz) und Weichmacher, getrocknet und bei hoher Temperatur kondensiert und zum Schluß nachgewaschen.

Es resultiert eine *hohe Flächenbeständigkeit* des ausgerüsteten Zellwollgewebes bei gleichzeitiger hoher Waschbeständigkeit des Effektes. Die Knitterfestigkeit wird aber *nicht* verbessert.

K. Trutmann[1] interpretiert die hierbei eintretenden Reaktionsmöglichkeiten folgendermaßen:

Formaldehyd wirkt direkt auf Zellulosefaser unter Bildung von Methylenätherzelluloseverbindungen ein:

1. $Cell\cdot O\cdot CH_2\cdot O\cdot Cell$ und $Cell\cdot O\cdot (CH_2)_n\cdot O\cdot Cell$

Weiters können für die einfachsten Reaktionsprodukte noch nachstehende Formeln aufgestellt werden:

2. $\boxed{R}-O-CH_2-O-\boxed{CH_2-CH_2-O\cdot Z}$

3. $\boxed{R}-O-CH_2-O-\boxed{Z\cdot O-CH_2-CH_2-OH}$

4. $\boxed{R}-O-CH_2-O-\boxed{Z\cdot O-CH_2-CH_2}-O-CH_2-O-\boxed{R}$

5. $\boxed{R}-O-CH_2-O-CH_2-O-\boxed{Z\cdot O-CH_2-CH_2}-O-CH_2-O-\boxed{R}$

6. $\boxed{R}-O-CH_2-O-CH_2-O-\boxed{Z\cdot O-CH_2-CH_2}-O-CH_2-O-CH_2-O-\boxed{R}$

7. $\boxed{HO-CH_2-CH_2-O\cdot Z}-O-CH_2-O-\boxed{Z\cdot O-CH_2-CH_2-OH}$

8. $\boxed{Z\cdot O-CH_2-CH_2}-O-CH_2-O-\boxed{CH_2-CH_2-O\cdot Z}$

9. $\boxed{R}-O-CH_2-O-\boxed{CH_2-CH_2-O\cdot Z}-O-CH_2-O-$
$-\boxed{Z\cdot O-CH_2-CH_2-OH}$

10. $\boxed{R}-O-CH_2-O-\boxed{CH_2-CH_2-O\cdot Z}-O-CH_2-O-\boxed{Z\cdot O-CH_2-CH_2}-$
$-O-CH_2-O-\boxed{R}$

11. $\boxed{R}-O-CH_2-O-\boxed{Z\cdot O-CH_2-CH_2}-O-CH_2-O-\boxed{CH_2-CH_2-O\cdot Z}$

12. $\boxed{R}-O-CH_2-O-\boxed{Z\cdot O-CH_2-CH_2}-O-CH_2-O-\boxed{CH_2-CH_2-O\cdot Z}-$
$-O-CH_2-O-\boxed{R}$

$\boxed{R}$: Regeneratzellulose(faser);

$\boxed{O-CH_2-O}$: Methylenätherbrücke (gebildet durch Einwirkung von Formaldehyd);

$\boxed{Z\cdot O-CH_2-CH_2-OH}$: Hydroxyäthylzelluloseäther.

Die Reaktion 1. findet hauptsächlich *in* der Faser statt. Die Reaktionen 2. bis 12. sind durch die Größe der Hydroxyäthylzellulosemoleküle [$Cell-O-CH_2-CH_2-OH$] mit großer Wahrscheinlichkeit topochemisch *auf* die Faseroberfläche beschränkt.

Weiteres s. bei „Krumpffest-Ausrüstung", Bd. IV/2.

[1] Trutmann, K.: Über das Schrumpffrei- und Waschbeständigmachen von Reyongeweben nach dem Avcosetverfahren. Reyon-Revue (Arnheim) **8**, 125 (1954).

### c) *Formalisierung der Zellulose (Baumwolle) in stark saurer Lösung nach dem Naßverweilverfahren bei Zimmertemperatur*

Die Formalisierung von Baumwollgeweben wurde in neuerer Zeit wiederum aufgegriffen. Gearbeitet wurde nach einem Klotzverfahren bei normaler Temperatur (bis 30° C) mit stark mineralsauer eingestellten wässerigen Formaldehydlösungen.

Baumwollgewebe, die mit wässerigen Formaldehydlösungen und Salzsäure nach dem sogenannten Naßverweilverfahren behandelt werden, zeigen eine *ausgezeichnete Naßknittererholung*, wobei aber nur eine geringe Verbesserung der *Trocken*knittererholung eintritt.

Werden aber Baumwollgewebe, welche nur einen *mäßigen Quellungsgrad* aufweisen, in gleicher Weise formalisiert, so erhält man *gleichzeitig* eine *gute Naß- und Trockenknittererholung*, wobei die Faser ungefähr 0,7 bis 0,9% Formaldehyd chemisch gebunden enthält.

Festgestellt wurde, *daß je nach dem vorliegenden Faserquellgrad*, Baumwollgewebe mit stark sauren wässerigen Formaldehydlösungen bei Zimmertemperatur *unterschiedlichen Quervernetzungsgrad* aufweisen.

Es stehen also *zwei Naßverweilverfahren* für die Formalisierung der Baumwolle mit stark sauren kalten Formaldehydlösungen zur Verfügung, nämlich:

1. Ein Verfahren zum ausschließlichen Erhalt einer *guten Naßknitterfestigkeit* und

2. ein Verfahren (bei Anwendung mäßig gequollener Baumwolle) bei gleichzeitigem Erhalt einer *guten Naß- und Trockenknitterfestigkeit.*

Beide Methoden arbeiten nach dem Klotz- bzw. Batschverfahren, doch nimmt J. T. Marsh[1] an, daß auch die Möglichkeit besteht, ein Continueverfahren mit entsprechendem „Verweilen“ (z. B. in der I-Box) anzuwenden.

Die *Aufnahme von Formaldehyd aus wässeriger Lösung durch Zellulose* bei längerer Einwirkungszeit untersuchte W. J. Roff[2].

*Versuchsanordnung:*

| Garne aus: | Behandlungs-temperaturen: | Behandlungs-dauer: | Formaldehyd-konzentration: | pH-Wert der Flotten: |
|---|---|---|---|---|
| Baumwolle, Ramie, Viskose, Kupferseide, Azetat, Triazetat | 5 bis 45° C | bis 64 Stunden | 2 bis 35 g pro 100 ml Flotte | 1,6 bis 8,7 |

Gefunden wurde:

Die Aufnahmegeschwindigkeit des Formaldehyds ist bei *Zimmertemperatur* gering und wird vom *pH-Wert der Flotte* ebenfalls *nur wenig* beeinflußt.

Eine *Temperaturerhöhung* von 25° C auf 35° C dagegen *verdoppelt* bereits die Aufnahmegeschwindigkeit.

Im *Gleichgewichtszustand* nehmen die *nativen* Zellulosefasern *weniger* Formaldehyd auf als Regeneratzellulosefasern. Eine Oxidation oder Reduktion der Zellulose beeinflußt die Gleichgewichtsaufnahme praktisch nicht.

---

[1] Marsh, J. T.: Selbstglättende Gewebe: Die Verwendung von Formaldehyd. Text. Manufacturer **87,** 327 (1961).

[2] Roff, W. J.: Untersuchungen über die Aufnahme von Formaldehyd aus wässeriger Lösung durch Zellulose. J. Text. Inst. Trans. **50,** T 353 (1959). — Roff, W. J.: Untersuchung der Sorption von Formaldehyd aus wässeriger Lösung durch Zellulose. Shirley Inst. Mem. **31,** 269 (1958). — Roff, W. J.: Die Reaktionen zwischen der Zellulose und wässerigem Formaldehyd. J. Text. Inst. **54,** 281 (1963).

Mit *steigender Formaldehyd-Konzentration im Bad* steigt dagegen die Gleichgewichtsaufnahme an.

Es wurde die bevorzugte Sorption von Formaldehyd aus wässeriger Lösung durch Zellulose untersucht.

Die Formaldehyd-Sorption erfolgt bis zu einem *Gleichgewicht*; durch Wasserbehandlung wird letzteres wieder rückgängig gemacht.

Die *Sorptionsgeschwindigkeit* ist bei 25° C gering (Gleichgewicht erst nach 24 Stunden); sie wird durch pH-Änderung der Flotte nur wenig beeinflußt. Zwischen den Temperaturen von 5° C und 45° C verdoppelt sich jeweils die Sorptionsgeschwindigkeit bei einer Temperaturerhöhung um je 10° C. Die Aktivierungsenergie beträgt dabei ungefähr 13 kcal/Mol.

Das *Sorptionsgleichgewicht* (25° C; 3,97 g $CH_2O$ pro 100 g Zellulose erreicht bei *Regeneratzellulose* (Viskosereyon) etwa den doppelten Wert im Vergleich mit *Nativzellulose* (Baumwolle) und steht im direkten Zusammenhang zur Wasseraufnahme von Zellulose (bei 65% relativer Feuchtigkeit).

Das Sorptionsgleichgewicht wird durch pH- und Temperaturänderung der Flotte, weiters durch Zusatz von Chemikalien (wie z. B. Methanol, Kochsalz, Harnstoff, Borsäure, Netzmittel), wie auch durch Hydrolyse oder Oxydation der Zellulose *nur wenig* verändert.

Die *Gleichgewichtssorption* folgt der Langmuirschen Isotherme. Sie nimmt mit steigender Formaldehyd-Konzentration in der Flotte zu und ist bis zu einer Konzentration von ungefähr 30 g Formaldehyd pro 100 ml Wasser proportional $\sqrt{c_{CH_2O}}$.

Die Werte der *Naßfestigkeit* und *Doppelbrechung* nehmen infolge der Formaldehyd-Sorption bei Regeneratzellulose ab. Durch eine Wasserbehandlung werden die Ausgangswerte wiederum erreicht.

W. J Roff (loc. cit.) vergleicht das System mit der *Aufnahme von Direktfarbstoffen durch Zellulose.* Er nimmt an, daß die Formaldehyd-Sorption ein *Diffusionsprozeß* ist, welcher zur Substitution von zugänglichen OH-Gruppen der Zellulose führt (= Bildung von Hydroxymethylzellulose).

Weiters untersuchte W. J. Roff[1] den Einfluß der verschiedenen Faktoren auf die Reaktion von Zellulose mit Formaldehyd in gepufferten wässerigen Formaldehydlösungen.

Nach dem *Naßverweilverfahren* resultiert eine hohe Naß-, jedoch nur geringe *Trocken*knittererholung (s. nachfolgend).

Die Reaktion der Zellulose in wässeriger Formaldehydlösung hängt von einer Reihe Faktoren ab:

1. *pH-Wert der Formaldehydlösung: Über* dem pH-Wert 3 tritt nur eine geringe Reaktion mit Regenerat- als auch Nativzellulose ein.

*Unterhalb* dem pH-Wert 3 nimmt die Menge an reagiertem Formaldehyd mit zunehmender Azidität der Lösung zu und werden die Fasern gegenüber der Einwirkung einer Kuoxamlösung (Kuproammoniumhydroxyd) inerter. Regeneratzellulose (Viskose) nimmt hierbei mehr an Formaldehyd auf als Nativzellulose (Baumwolle).

2. *Konzentration der Formaldehydlösung:* Die Reaktion Zellulose-Formaldehyd nimmt annähernd proportional mit der Konzentration der Lösung zu.

3. *Temperatur der Formaldehydlösung:* Bei 25° C tritt nur eine geringe Reaktion ein. Mit steigender Temperatur der Lösung nimmt die Reaktion Zellulose-Formaldehyd mehr und mehr zu.

4. *Zusätze zur Formaldehydlösung:* Pufferkomponenten haben bei gleichem pH-Wert nur geringen Einfluß.

*Neutrale Salze* in mäßiger und hoher Konzentration erhöhen die Reaktion von Zellulose-Formaldehyd.

[1] Roff, W. J.: Die Reaktion zwischen der Cellulose und wässerigem Formaldehyd. J. Text. Inst. **54**, T 281—296 (1963).

*Alkohole* erhöhen gleichfalls diese, doch ist im allgemeinen ihr Einfluß im Vergleich zu Salzen geringer.

Zusätze von *Amino-Verbindungen* in geringen Mengen erhöhen ebenfalls die Reaktion zwischen Zellulose und Formaldehyd, wobei Melamine besonders wirksam sind.

Durch die Behandlung von Zellulosefasern mit wässeriger Formaldehydlösung während einer längeren Zeit, wird der Feuchtigkeitsgehalt der vernetzten Faser nur gering verändert (= geringe Herabsetzung der Faserquellung), während der Widerstand gegen Abbau der Zellulose durch Wärmeeinwirkung erhöht wird. Vermindert wird die Reißfestigkeit und Dehnung (doch nicht in dem Ausmaße wie beim Klotz-Trocken-Hitze-Verfahren).

K. V. Datye[1] untersuchte sowohl die Reaktionskinetik als auch die Gleichgewichtsreaktion von Formaldehyd mit Baumwollzellulose.

Zum Studium der *Reaktionskinetik* wurden saure Formaldehydlösungen, welche viel an Chlorkalzium enthielten, verwendet, um in dieser Art die Reaktion bis zum Gleichgewichtszustand verfolgen zu können.

Die Baumwollfasern wurden 8 Stunden in die Formaldehydlösungen eingelegt, und zwar bei Variierung der Temperaturen von 16 bis 60° C. Anschließend wurde mit kochendem Wasser behandelt und die Fasern im Raumklima konditioniert.

Die *Menge an gebundenem Formaldehyd* wurde spektrophotometrisch bestimmt. Die *absorbierte Formaldehydmenge* wurde durch die Abnahme der Formaldehydkonzentration während der Reaktionszeit ermittelt.

K. V. Datye (loc. cit.) stellte fest, daß die Reaktion in *zwei Stufen* abläuft, nämlich in einer *anfänglich raschen* und einer *später langsameren* Reaktion. Die Geschwindigkeit der *raschen* Reaktion nahm mit der Konzentration der Reaktionsmischung und der Temperatur zu. Das *Gleichgewicht der raschen Reaktion* wurde schon kurz nach Beginn derselben erreicht. Das *Gleichgewicht an gebundenem Formaldehyd* nahm bis zu einer Temperatur von 42,5° C zu. Die *Geschwindigkeit der langsamen Reaktion* ging mit steigender Temperatur zurück. Die *gesamte Reaktionsgeschwindigkeit* wurde durch die Geschwindigkeit der Säurehydrolyse der Zellulose und der Diffusion der Lösung in die Faser bestimmt. Die *gebundene Formaldehydmenge* war bei allen Versuchen der Formaldehyd-Konzentration direkt proportional; bei 16° C war sie auch der Salzsäure-Konzentration proportional. Mit *zunehmender Chlorkalzium-Konzentration* stieg der *gebundene* Formaldehydgehalt bis zu einem *Maximum* an und fiel dann wieder ab oder blieb unverändert.

K. V. Datye (loc. cit.) schließt aus den Versuchen, daß die *anfänglich rasche* Reaktion auf die Hydroxylgruppen der Faseroberfläche beschränkt bleibt, während die *langsame Reaktion* mit den freien Hydroxylgruppen im Faserinnern erfolgt.

Das vorstehend beschriebene Verfahren verwendete K. V. Datye[2] zur erstmaligen *Ermittlung der Gleichgewichtsbedingungen der Reaktion zwischen Formaldehyd und Baumwollzellulose.*

Die Reaktion wurde bei der Temperatur 30 ($\pm$ 1)° C durchgeführt, wobei sich das Gleichgewicht nach 96 Stunden einstellte.

Die Gleichgewichtsreaktion war abhängig von der Konzentration des Formaldehyds und des Kalziumchlorids, doch aber unabhängig von der Salzsäure-Konzentration.

---

[1] Datye, K. V.: Studien über die Reaktion des Formaldehyds mit unmodifizierter, modifizierter und gefärbter Zellulose. 1. Teil: Reaktionskinetik des Formaldehyds mit Baumwollzellulose. Text. Res. J. **32**, 825 (1962).

[2] Datye, K. V.: Studien über die Reaktion von Formaldehyd mit unmodifizierter, modifizierter und gefärbter Zellulose. 2. Teil: Gleichgewichtsreaktion von Formaldehyd mit Baumwollzellulose bei 30° C. Text. Res. J. **32**, 825 (1962).

K. V. Datye schließt hieraus, daß die Reaktion zwischen Formaldehyd und Zellulose durch den zugänglichen Teil der Baumwollfaser begrenzt ist und an den *reaktionsfähigen sekundären Hydroxylgruppen* erfolgt. Nach dem Autor bildet sich hierbei der *Methylolester der Zellulose*, welche sich alsdann mit den *weniger reaktionsfähigen sekundären Hydroxylgruppen* unter Austritt von Wasser-Molekülen kondensiert, wobei der *Methylenester* der Zellulose entsteht.

K. V. Datye und G. M. Nabar[1] führten ferner Baumwollzellulose mit vier verschiedenen Oxydationsmitteln in Oxyzellulose über. Die Reaktion mit Formaldehyd wurde *vor* und *nach* der Behandlung untersucht. Es zeigte sich, daß die Reaktion mit Formaldehyd, abgesehen von Änderungen der Feinstruktur, von der Anzahl der sekundären OH-Gruppen der Zellulose abhängt. Eine Verminderung der sekundären OH-Gruppen oder eine Zunahme an Carboxyl-Gruppen bei Zellulose setzt deren Reaktivität mit Formaldehyd herab, während Aldehyd- und primäre Hydroxyl-Gruppen bei Zellulose die Reaktivität kaum ändern.

K. V. Datye[2] studierte weiterhin, die Reaktion von Formaldehyd mit Zellulose, und zwar an *Baumwollzellulose, mit und ohne Spannung mercerisierter Baumwolle, Viskosereyon und Kupferreyon.*

Diese Fasern unterscheiden sich hinsichtlich 1. ihrer inneren Ordnung und 2. des Polymerisationsgrades der Zellulosekettenmoleküle.

Die Anzahl der *freien, zugänglichen Hydroxylgruppen* ist bei diesen Fasertypen nicht gleich. Da die Zahl dieser Gruppen nicht meßbar ist, wandte der Autor indirekte Methoden an, um die Eigenschaften zu ermitteln, die mit den freien Zellulose-OH-Gruppen in einem Zusammenhang stehen, wie z. B. Kristallinität, Feuchtigkeitsgehalt (bei bestimmter relativer Luftfeuchtigkeit), Farbstoffaufnahme, oxydative Empfindlichkeit usw.

K. V. Datye schloß aus seinen Versuchen, daß während einer *festgelegten Zeitdauer* der Umsetzungsgrad von Formaldehyd mit Zellulose bei den erwähnten Fasertypen in der *Reihenfolge* zunimmt:

Native Baumwolle > mercerisierte Baumwolle > Regeneratzellulosen.

*Unter Spannung* mercerisierte Baumwolle zeigte im Vergleich zu der *ohne Spannung* mercerisierten Baumwolle eine *geringere* Reaktion.

Weiters ist *Viskosereyon weniger reaktiv* mit Formaldehyd als *Kupferreyon.*

Diese Unterschiede der Reaktivität mit Formaldehyd erklären sich durch die vorliegende unterschiedliche physikalische Struktur der einzelnen Fasern.

*Native* Zellulose ist hochkristallin mit maximaler Ordnung. Durch die *Mercerisation* wird die Kristallinität *erniedrigt*, und zwar vermehrt durch die Mercerisation *ohne* Spannung.

K. V. Datye führte noch an, daß in ähnlicher Weise auch die Beziehungen zwischen der Reaktivität mit Formaldehyd und der *Zugänglichkeit der Faser* liegen würden. Dies ist durch die Ermittlung des Feuchtigkeitgehaltes bei festgelegten Bedingungen, sowie durch die Empfindlichkeit gegen oxydative Einflüsse erkennbar.

J. D. Guthrie[3] untersuchte den *Einfluß der Konzentration von Formaldehydlösungen auf die eingeführten Querbindungen in Baumwollzellulose.*

[1] Datye, K. V. u. G. M. Nabar: Studien über die Reaktion von Formaldehyd mit unmodifizierter, modifizierter und gefärbter Zellulose. 3. Teil: Die Reaktion von Formaldehyd mit Oxycellulose. Text. Res. J. **33**, 500 (1963).

[2] Datye, K. V.: Studien über die Reaktion vom Formaldehyd mit nichtmodifizierter, modifizierter und gefärbter Zellulose. 4. Teil: Die Reaktion von Formaldehyd mit verschiedenen Zellulosefasersubstanzen. Text. Res. J. **34** (6), 546—552 (1964).

[3] Guthrie, J. D.: Der Einfluß der Formaldehydkonzentration auf die eingeführten Querbindungen in die Baumwollcellulose. Text. Res. J. **33** (11), 955 (1963).

Formaldehyd enthält in wässerigen Lösungen Hydrate $HO(CH_2O)_nH$, wobei n = 1 bis 3 sein kann. Verdünnte Lösungen enthalten insbesondere das monomere Hydrat $CH_2(OH)_2$, während bei zunehmender Konzentration di- und trimere Hydrate anteilig zunehmen.

Nach J. D. Guthrie werden die mono-, di- und trimeren Querbindungen zwischen den Zellulosemolekülen im gleichen Verhältnis gebildet, wie die mono-, di- und trimeren Hydrate des Formaldehyds in wässeriger Lösung vorliegen. Daher ist zu erwarten, daß eine 30%ige Formaldehydlösung einen geringeren Effekt hinsichtlich der Anzahl an Vernetzungsbrücken bewirkt, im Vergleich zu 3,5 bis 7,5%igen Lösungen.

Die Versuche des Autors bestätigen diese Annahme. Die Ausbildung der Zahl an Querbrücken wirkt sich auf die *Naß*knittererholung und auf die Reißfestigkeit entsprechend aus.

Der Festigkeitsverlust wird hauptsächlich auf die entstandenen Querbindungen zurückgeführt.

Formaldehyd, welches bei höherer Temperatur mit Zellulose reagiert, beeinflußt die physikalischen Fasereigenschaften stärker, als wenn die Reaktion bei niedrigeren Temperaturen erfolgt. Weiters spielt auch der Feuchtigkeitsgehalt der Faser hierbei eine Rolle. Der *Naß*knittererholungswinkel fiel bei einer größeren Menge gebundenen Formaldehyds bei geringerem Feuchtigkeitsgehalt der Faser besser aus als bei hoher Faserfeuchtigkeit.

Durch die Behandlung der Baumwolle mit Formaldehyd in Gasform wird sowohl Trocken- als auch Naßknittererholung gleichzeitig erhöht. J. D. Guthrie erklärt dies dadurch, daß durch die Trocknungswirkung des konzentrierten Formaldehydgases bei hohen Temperaturen der Feuchtigkeitsgehalt des Baumwollgewebes dem zu erwartenden Temperatureffekt entgegenwirkt.

Aus den Versuchen zieht der Autor den Schluß, daß die kurzen Querbindungen zwischen den Zelluloseketten monomer sind; durch konzentrierte Formaldehydlösungen werden längere Querbrücken eingeführt, die für die Ausrüstungseffekte weniger günstig sind.

### Formaldehydbehandlung unterschiedlich gequollener Baumwolle nach dem Naßverweilverfahren (nach W. A. Reeves et al.[1])

Die Autoren stellten fest, daß bei Baumwolle, ausgerüstet mit entsprechenden Kunstharzen, der *Naß*- und *Trocken*knitterwinkel entsprechend der *Höhe der Faserquellung*, welche *im Moment der Reaktion der Kunstharze mit der Faser vorlag*, variierte.

Die Faserquellung ist abhängig 1. vom Feuchtigkeitsgehalt der Faser und 2. von der wässerigen Lösung des Behandlungsbades.

Zum Studium des Einflusses des Feuchtigkeitsgehaltes der Baumwolle auf die resultierenden Effekte beim Vernetzungsvorgang wurde als Vernetzungsmittel Formaldehyd, katalysiert mit Salzsäure, verwendet. Hierzu wurden Baumwollgewebemuster bei unterschiedlichem Flottenverhältnis in Formaldehydbädern behandelt, denen unterschiedliche Mengen an Essigsäure zugesetzt wurden.

Bekannt ist, daß durch Essigsäure die Faserquellung herabgesetzt wird. Bei Bädern mit *hohem Essigsäuregehalt* konnte somit eine Faserquellung weitgehend vermieden werden.

Die Versuche von Reeves, Perkins und Chance (loc. cit.) zeigten, daß

[1] Reeves, W. A., R. M. Perkins u. L. H. Chance: Der Einfluß der Faserquellung auf den Grad der Querverbindungen bei der Knitterfest-Ausrüstung von Baumwolle. Text. World **109**, 87, 89 (1959) u. Amer. Dyestuff Rep. **49**, 27 und 639 (1960).

der *Zustand der Faserquellung zur Zeit der Reaktion des vernetzenden Mittels* großen Einfluß auf Faserstruktur und physikalische Eigenschaften der vernetzten Faser hat.

*Hohe Faserquellung* (ohne Essigsäurezugabe): Erzielung einer guten *Naß*festigkeit, bei gleichzeitig schlechtem *Trocken*knitterwinkel.

*Verhältnismäßig geringe Faserquellung* (Zugabe von viel Essigsäure): Gute *Naß*- und auch *Trocken*knitterfreiheit.

Die Autoren[1] bezeichnen die *zwei Verfahren* zur Veredlung von Baumwolle mit Hilfe wässeriger Formaldehydlösung (ohne Hitze-Kondensation!) als:

*1. Form-W-Verfahren* (Formaldehyd-Wet-Prozess): Das Baumwollgewebe wird bei *Zimmertemperatur* in einer wässerigen, mineralsauren Lösung (7,4% Formaldehyd und 19,5% HCl) während 40 Minuten behandelt, dann auf 80% abgequetscht;

oder

die gleiche Lösung wird auf die Ware geklotzt und dann in der J-Box ungefähr 30 Minuten bei 28° C abgelegt.

In beiden Fällen wird mit Wasser bei 28° C gespült und anschließend noch 30 Minuten mit warmem Wasser (40 bis 60° C) nachbehandelt. Es kann auch mit Sodalösung die Salzsäure zuerst neutralisiert werden und dann gespült werden. Zum Schluß wird hängend getrocknet.

Die sonst übliche Trocknung in der Trockenapparatur und auch die Hitze-Nachbehandlung (Kondensation) entfällt.

Die so ausgerüsteten Gewebe zeigen gute *Naß*knittererholung bei geringem Festigkeitsabfall. Der *Trocken*knitterwinkel wird aber hierbei *kaum* verbessert.

Bei der Naßknitterfestausrüstung im gequollenen Zustand der Faser sind die Zellulosemoleküle in den amorphen Bereichen soweit von einander entfernt, daß die Vernetzung in diesem Falle nur *nahe den Mizellen* stattfinden kann.

Diese Ergebnisse wurden durch *Praxisversuche* bestätigt, wobei festgestellt wurde, daß ein *vor*mercerisiertes Baumwollgewebe sich günstiger verhält, indem der gewünschte *Naß*knitterwinkel schneller erreicht und die Gewebereißfestigkeit weniger stark erniedrigt wird. Das Verfahren bringt aber *keinen* praktischen Vorteil zur Erzielung eines Wash-and-Wear-Charakters. Zwar zeigt ein konfektioniertes Baumwollstück *nach dem Waschen und Trocknen auf der Leine* ein sehr gutes knitterarmes Aussehen, doch entspricht das *Verhalten während des Tragens* (*Trocken*knitterwinkel) völlig dem des *nicht ausgerüsteten* ursprünglichen Baumwollgewebes.

Reeves und Mitarbeiter (loc. cit.) schlagen daher vor, Formaldehyd nur 3 Minuten in der salzsauren Lösung bei Zimmertemperatur auf das Baumwollgewebe einwirken zu lassen und dann *anschließend* eine Ausrüstung mit einem Triazinon-Reaktantharz durchzuführen (zwecks Erhalt des nötigen Trockenknitterwinkels). Ein Vorteil dieses Zweistufenverfahrens wäre, daß nur die Hälfte an Triazinon (2,5%) benötigt würde.

*2. Form-D-Verfahren:* Das Gewebe (vorteilhaft vorher mercerisiert) wird im nassen, *nur teilweise gequollenem Zustand* (s. nachfolgend) behandelt. Dies erfolgt durch eine Behandlung während einer Stunde bei Zimmertemperatur mit einer Lösung, bestehend aus einem Gemisch von 3,7% HCl, 3,6% Formaldehyd, 10 bis 18% Wasser und 82 bis 74,7% *Essigsäure*. Dann wird auf dem Jigger mit verdünnter Sodalösung neutralisiert und gut gespült. Getrocknet wird im Tumbler oder im Hängetrockner.

[1] Chance, L. H., R. M. Perkins u. W. A. Reeves: Formaldehydbehandlung teilweise gequollener Baumwolle. Text. J. Australia **36,** 356 (1961) u. Text. Res. J. **31,** 71 und 366 (1961).

Nach diesem Verfahren soll die Formalisierung der Zellulose gleichmäßig erfolgen. Es resultiert gleichzeitig eine erhöhte *Naß*- und auch *Trocken*knittererholung. Der *Abfall der Reißfestigkeit* ist ungefähr von gleicher Größenordnung wie beim üblichen Klotz-Trocken-Hitze-Verfahren. Letzterer kann nach den Autoren durch Mitverwendung von Silikonweichmachern wesentlich verbessert werden.

Nach den Autoren wird die *Trocken*knitterfestigkeit dadurch erhalten, daß durch den Zusatz von Essigsäure die Faserquellung herabgesetzt wird.

Die Autoren[1] setzten später die Untersuchungen über die Behandlung der Baumwolle *im teilweise gequollenen Zustand* fort. An Stelle der Salzsäure wurde $AlCl_3$ und Zinkborfluorid verwendet. Bei Anwendung von $AlCl_3$ als Protonenspender wurden 14 bis 48 Stunden Verweilzeit zum Erhalt der *maximalen Naß- und Trockenknittererholung* benötigt, während bei Anwendung von Salzsäure 1 Stunde genügte. Mit $Zn(BF_4)_2$ wurde nur eine *geringe oder keine* Knittererholung erzielt.

Wurden an Stelle von Essigsäure *organische Medien* (Dioxan oder Azeton) zur Erniedrigung der Faserquellung verwendet, so resultierten bei Anwendung von Salzsäure als kräftiger Protonenspender ebenfalls *gute Naß- und auch Trockenknittererholung*, nur war die Geschwindigkeit, mit der sich Formaldehyd mit Zellulose umsetzte, beträchtlich geringer. Weiters wurde auch die Reaktion der Baumwollzellulose mit Formaldehyd in *wässeriger Kalziumchloridlösung*[2] nach dem Naßverweilverfahren studiert. Es resultierte gleichfalls eine *gute Naß- und Trockenknittererholung.* Die Anfangsgeschwindigkeit der Formalisierung der Zellulose und die Knitterwinkelerholung waren größer als bei dem Azeton- und Dioxan-Verfahren und gleichlaufend der Essigsäuremethode.

Wurde das Baumwollgewebe *vor* der Formalisierung mit einer *Polyäthylenemulsion* (1%) imprägniert, so resultierte eine höhere Knittererholung im Vergleich mit dem *nicht-vorimprägnierten* Gewebe. Doch wurde durch diese Vorbehandlung die Faserfestigkeit und der Scheuerwiderstand des Gewebes *nicht* verbessert.

Die beste *Gewebefestigkeits-„Erhaltung“* resultierte mit der Essigsäure-Salzsäure-Methode.

J. G. Frick jr. et al.[3] zeigten noch, daß durch eine Formalisierung von Baumwolle mit einer nur wenig Wasser enthaltenden Formaldehydlösung (7,5% HCHO, 47% Schwefelsäure, 27,8% Essigsäure und 17,7% Wasser) nur die Faseroberfläche vernetzt wird, wie dies durch die mikroskopische Untersuchung und Löslichkeit in Kupferäthylendiamin nachgewiesen wurde. Bei 5 Minuten Einwirkungszeit werden 0,99% und bei 30 Minuten 1,87% Formaldehyd gebunden.

*Effekte:* Weicher Gewebegriff. Gute *Trocken-* und auch *Naß*knittererholung. Diese Verfahren sind aber kostspielig und haben daher *keine* praktische Bedeutung erlangt.

Abschließend kann gesagt werden, daß die Behandlung von Baumwollgeweben nach dem *Naßverweilverfahren mit „stark sauren“ wässerigen Formaldehydlösungen* Effekte ergibt, welche beständig sind gegen wiederholtes Waschen, Chlorbehandlung und Behandlung mit sauren Bädern. Die Verfahren konnten sich trotz vieler Bemühungen in die Praxis *nicht* einführen. Die Gründe hiefür sind 1. die schwierige apparative Durchführung (Geruchsbelästigung); 2. die

---

[1] Chance, L. H., E. K. Leonhard u. W. A. Reeves: Die Behandlung der Baumwolle mit Formaldehyd in Calciumchloridlösungen. Text. Res. J. **32**, 487 (1962). — Die Behandlung der Baumwolle mit Formaldehyd in Essigsäure-, Aceton- und Dioxanlösungen. Amer. Dyestuff Rep. **1962**, H. 16, 583—587.

[2] Brit. Pat. 472.005.

[3] Frick, J. G. jr., A. G. Pierce jr. u. V. W. Tripp: Quervernetzte Baumwolle in der randständigen Faserzone. Text. Res. J. **32**, 425 (1962).

hohe Säurekonzentration des Imprägnierbades und 3. ist wegen der mangelnden *Trocken*knitterfestigkeit noch eine *anschließende Ausrüstung mit Kunstharzen* erforderlich (Zweistufen-Verfahren)[1].

### *d) Vernetzung der Zellulose (Baumwolle) mit Formaldehyd aus der Gasphase sowie mit Hilfe von polymerisiertem Formaldehyd oder auch anderen Formaldehyddonatoren nach dem Klotz-Trocken-Hitze-Verfahren*

Praktische Bedeutung für die neuzeitliche „gelenkte" Formalisierung der Baumwolle haben folgende Substanzen erlangt:

1. Polyoxymethylene (Formaldehyd in polymerer Form);
2. Formaldehydazetale (nur zum Teil als Formaldehydspender wirkend).

Wie schon früher erwähnt, war die ältere „*Trockenformalisierung*" von Zellulosefasergeweben mit *wässerigen Formaldehydlösungen* bei Gegenwart von Säurespendern (wie Aluminiumchlorid) wegen der großen Flüchtigkeit des Formaldehyds bei Temperaturen, welche noch nicht zu einer Vernetzung der Zellulose führen, schwer reproduzierbar. Wegen der Geruchsbelästigung mußte auch in einer geschlossenen Apparatur bei guter Absaugung gearbeitet werden. Weiters können nun *alle* Trockenkondensationsverfahren mit sauer katalysierten *N-freien* Substanzen (wie z. B. Formaldehyd) eine übermäßige hydrolytische Schädigung des Baumwollgewebes bewirken, welche in keinem Verhältnis zum erzielbaren Effekt steht.

Ganz anders liegen die Verhältnisse bei der *Kunstharzausrüstung* von Zellulose. Aus der Praxis der Veredlung mit *hitzehärtbaren N-haltigen* Kunstharzen ist seit langem bekannt, daß eine solche gravierende Faserschädigung bei Baumwolle unter der Voraussetzung einer sachgemäßen Durchführung nicht auftritt.

Auf Grund ihres N-Gehaltes (Amino-, Iminogruppen) vermögen nämlich Aminoplastkunstharze die in der Hitze freiwerdende Säure (herrührend von der Katalysatorsubstanz) ausreichend abzupuffern (d. h. abzubinden). Bei ihrer Anwendung in Verbindung mit Säurespendern und den üblichen Kondensationsbedingungen tritt auch in extremen Fällen nur eine geringe hydrolytische Faserschädigung auf.

Die *Wirkung von gasförmigem Formaldehyd auf Baumwolle* wurde in neuerer Zeit von amerikanischen Autoren studiert.

J. D. Guthrie[2] behandelte Baumwolle (Meterware und Kleidungsstücke) mit Dämpfen von HCl + HCHO (hergestellt durch Einwirkung von gasförmiger Salzsäure auf Paraformaldehyd in Pulverform) im geschlossenen Gefäß.

Wenn Baumwolle ihren natürlichen Feuchtigkeitsgehalt aufwies, wurden eine gute Naß- und Trockenfestigkeit erzielt. Vorgetrocknete Baumwolle ergab keine Reaktion.

Die Naß- oder Trockenknitterwinkel lagen bei 250° (Summe von Kette und Schuß), wobei Baumwolle 0,08 bis 0,14% Formaldehyd aufnahm. Dies entspricht ungefähr einem Siebentel der Formaldehydmenge, welche sonst zum Erhalt der gleichen Knitterwinkel nötig ist.

Der Festigkeitsverlust betrug 40 bis 50% des Ausgangswertes. Die Prüfung an äußerst dünnen, gequollenen Faserquerschnitten mit dem Elektronenmikroskop zeigte, daß nicht nur an den Faseraußenzonen, sondern die Quervernetzung über den gesamten Faserquerschnitt erfolgte.

Die Wash-and-Wear-Ausrüstung ging nach 20 Wäschen um einen Gütegrad (4 auf 3) zurück, wobei sich der Formaldehydgehalt nur wenig änderte.

[1] Evans, J. G.: Einige Entwicklungen über neue Ausrüstungen. Textil-Rundschau (St. Gallen) **16**, 634 (1961).

[2] Guthrie, J. D.: Knitterechtheit durch Behandlung von Baumwollwaren mit Salzsäure-Paraformaldehyd-Dampf. Amer. Dyestuff Rep. **51**, 31, 507 (1962).

Hemden, aus der ausgerüsteten Baumwolle hergestellt, waren viel glatter, selbst nach 20 Heimwäschen. Nach 12 Wäschen war ein leichtes Bügeln erforderlich. Bei mit Formaldehyddämpfen ausgerüsteten Baumwollwaren war der Glanz, erhalten auf dem Friktionskalander, besser.

Die ausgerüstete Baumwolle war mit Baumwoll-Direktfarbstoffen merklich schwieriger anfärbbar.

Der Weißgehalt der ausgerüsteten Baumwolle war nach Trage- und Wasch-Versuch im Vergleich zu nichtbehandelter Baumwolle merklich geringer.

R. L. Arceneaux und Mitarbeiter[1] untersuchten gleichfalls die Formalisierung der Baumwolle mit *gasförmigem Formaldehyd in Anwesenheit von gemessenen Mengen Salzsäure* als Katalysator. Es resultierte gute Naß- und Trockenknitterfestigkeit.

Die Menge des gasförmigen Formaldehyds im Raum wurde auf 0,25 bis 3% (bezogen auf das Warengewicht) variiert. Die Behandlungszeiten wurden von 15 Minuten bis 3 Stunden und die Temperaturen von 20 bis 80° C verändert.

Bei Einhaltung der günstigsten Bedingungen betrug der Festigkeitsverlust 31 bis 41%.

Bei 20° C war die Reaktionsgeschwindigkeit sehr gering. Bei Erhöhung der Temperatur über 40° C wurde der Knitterwiderstand verbessert, wobei der Reißfestigkeitsverlust beträchtlich erhöht wurde.

Der Feuchtigkeitsgehalt der quervernetzten Baumwolle war im Vergleich zur nichtbehandelten Baumwolle *nur unbedeutend geringer.*

Weiters untersuchten E. J. Gonzales und J. Guthrie[2] noch die Wirkung von gasförmigem Formaldehyd auf Baumwolle in Gegenwart verschiedener vernetzbarer Verbindungen (Additive).

Das gebleichte Baumwollgewebe wurde mit verschiedenen (mit Formaldehyd umsetzbaren) Produkten durch Klotzen mit solchen 10%igen wässerigen Lösungen vorbehandelt und dann während 24 Stunden den Dämpfen von Salzsäure und Formaldehyd ausgesetzt.

Es trat Vernetzung der Zellulose ein. Im Vergleich zu einer reinen Formaldehydbehandlung resultierten höhere *Naß-* und niedrigere *Trocken*knittererholungswinkel. Weiters lagen auch die Werte für die Reiß- und Einreißfestigkeit sowie die Dehnungseigenschaften höher als bei alleiniger Formaldehydbehandlung. Durch die Aldehydbehandlung ließen sich auch Farbstoffe an die Faser fixieren und bei Vorbehandlung mit geeigneten organischen Phosphorverbindungen flammfeste Effekte erzielen.

Die früher aufgezählten Formaldehyd-abspaltenden Verbindungen halten Formaldehyd in labiler Form mehr oder weniger fest gebunden und geben ihn allmählich während des Veredlungsprozesses ab. Diese Art der Zellulosevernetzung verläuft *viel gleichmäßiger* als die Formalisierung mit wässeriger Formaldehydlösung und wurde für Reyongewebe angewandt.

Die Formaldehydausrüstungen der Baumwollgewebe sind gegen hydrolytische Einwirkungen recht beständig. Bei Chlorbehandlungen der ausgerüsteten Gewebe tritt keine Schädigung auf. *Eventuelle resultierende Faserschädigungen* beruhen weniger auf den kurzen Querverbindungen (Methylenbrücken), welche die Zellulosevernetzung bewirken, sondern vielmehr auf dem unter *ungünstigen Verfahrensbedingungen* möglichen säurehydrolytischen Faserabbau.

---

[1] Arceneaux, R. L., R. A. Fugimoto, J. D. Reid u. R. M. Reinhardt: Die Quervernetzung der Baumwolle mit gasförmigem Formaldehyd. Amer. Dyestuff Rep. **51**, P. 559 (1962).

[2] Gonzales, E. J. u. J. Guthrie: Vernetzung von Zellulose mit gasförmigem Formaldehyd in Gegenwart verschiedener vernetzbarer Verbindungen. Amer. Dyestuff Rep. **54**, 735 u. 765—768 (1965).

Die Veredlung der Zellulose mit den neuzeitlichen Formaldehydverbindungen bewirkt eine Verbesserung der *Naßknittererholung* der Baumwolltextilien und erlangte für bügelarme Hemdenstoffe usw. (Wash-and-Wear-Ausrüstung) Bedeutung.

Die im Laufe der Zeit gesammelten Erfahrungen hinsichtlich der Anwendung von Formaldehyd wurden nun für die *neuerlichen Aldehydreaktionen* ausgewertet, nämlich, eine hydrolytische Faserschädigung der Baumwolle kann weitgehend durch nachfolgende Maßnahmen unterbunden werden[1]:

1. Anwendung spezieller Produkte, in denen Formaldehyd in labiler Form gebunden ist, bei 2. gleichzeitiger Wahl eines geeigneten, in der Hitze wirkenden Säurespenders und 3. durch Mitverwendung von puffernd wirkenden Substanzen. Hier haben sich insbesondere $H^+$-Ionen bindende Kunstharze (wie z.B. Melamin-Formaldehyd- oder auch zyklisches Äthylenharnstoff-Formaldehyd-Harz) bewährt. Letztere bewirken dabei noch zusätzlich eine Erhöhung des *Trockenknitterwinkels*.

Formaldehyd wird zu den *Reactants* und Formaldehydausrüstungen von Baumwolle zu den sogenannten „*harzfreien*" Ausrüstungen gerechnet.

*N-haltige Formaldehyddonatoren*, also Produkte, die von Anfang an N enthalten, haben sich für die Ausrüstung von Baumwollgeweben nicht bewährt. So untersuchten S. L. Vail u. a.[2] die Einwirkung von *Methylolformamid*, sowie auch *methylierter Formamide* auf Baumwolle. Es resultierte eine gute, gegen Alkali und Säuren relativ beständige Bügelfreiheit der Gewebe, welche auf Vernetzung der Zellulose mit Formaldehyd als auch der Methylolverbindungen des Formamids zurückgeführt wird. Dimethylformamid kann weiters auch die OH-Gruppen der Zellulose in nichtvernetzender Weise blockieren. Ein Nachteil all dieser Produkte ist die Anfälligkeit gegen Chlorretention und somit eintretende Schädigung bei Chlorbehandlungen.

Die Autoren diskutieren, unter der Annahme, daß nach dem Waschen *keine* nicht-hauptvalenzmäßig-gebundene Polymere zurückbleiben, folgende Reaktionsmöglichkeiten:

$$\text{a)}\quad 2\,\boxed{\text{Cell}-\text{OH}} + \text{H}-\text{C}(=\text{O})-\text{H} \longrightarrow \boxed{\text{Cell}}-\text{O}-\text{CH}_2-\text{O}-\boxed{\text{Cell}} + \text{H}_2\text{O}$$

$$\text{b)}\quad \boxed{\text{Cell}-\text{OH}} + \text{H}-\text{C}(=\text{O})-\text{NH}-\boxed{\text{CH}_2\cdot\text{OH}} \longrightarrow \boxed{\text{Cell}}-\text{O}-\text{CH}_2-\text{NH}-\text{C}(=\text{O})-\text{H} + \text{H}_2\text{O}$$

$$\text{c)}\quad 2\,\boxed{\text{Cell}-\text{OH}} + (\boxed{\text{HO}\cdot\text{CH}_2})_2\text{N}-\text{C}(=\text{O})-\text{H} \longrightarrow$$

$$\longrightarrow (\boxed{\text{Cell}}-\text{O}-\text{CH}_2)_2\text{N}-\text{C}(=\text{O})-\text{H} + 2\,\text{H}_2\text{O}$$

[1] Enders, H. u. G. Pusch: Bügelfrei-Effekte durch sogenannte harzfreie Ausrüstungsverfahren. Melliand Textilber. **43**, 746, 857, 979 u. 1083 (1962).

[2] Vail, S. L., J. G. Frick jun., P. J. Murphy jun. u. J. D. Reid: Verwendung der Reaktionsprodukte aus Formamid und Formaldehyd zur Knitterfestausrüstung von Baumwollgeweben. Amer. Dyestuff Rep. **50**, 29 u. 66 (1961).

### α) Polyoxymethylene (POM); (Polymerer Formaldehyd) (Polyoxymethylenglykole und ihre Derivate)

Polyoxymethylene können in verschiedener Weise durch Polymerisation von Formaldehyd hergestellt werden, nämlich

1. Polymerisation des gasförmigen Formaldehyds in Gegenwart eines Reaktionsbeschleunigers, wie z. B. Wasser (besonders in Gegenwart von $H^+$- oder $OH^-$-Ionen). Es resultiert *POM-Dihydrat* in Form von Pulver oder Krusten, unlöslich in Wasser, löslich in Lauge.

2. Polymerisation einer konzentrierten wässerigen Formaldehydlösung durch starke Säuren, wie Schwefel-, Salz- oder Phosphorsäure.

3. Durch Ausfrieren einer konzentrierten Formaldehydlösung resultiert ein POM mit dem Polymerisationsgrad 3 bis 8.

Die *Polymerisation des Formaldehyds zu Polyoxymethylen* kann man sich folgenderweise vorstellen:

Formaldehyd muß in den angeregten Zustand kommen:

$$\mathrm{O{=}CH_2} \xrightarrow{\text{Aktivierung}} {}^{\ominus}|\overline{\underline{O}}-\mathrm{CH_2}^{\oplus}$$

Grundzustand

Angeregter Zustand (polare Form) (Zwitterion mit Elektronenpaarlücke am C und drei freien Elektronenpaaren am O)

Die Polarisation der Carbonylgruppe ermöglicht nun die Addition vieler Formaldehydmoleküle zum Polyoxymethylenmolekül. Als Startmolekül kann z. B. ein *Aldehydhydrat* angenommen werden:

$$\mathrm{HO{-}CH_2{-}O{-}H} + {}^{\oplus}\mathrm{CH_2{-}}\overline{\underline{O}}|^{\ominus} \longrightarrow$$

$$\longrightarrow \mathrm{HO{-}CH_2{-}O{-}CH_2{-}OH} \xrightarrow{\ _n\mathrm{CH_2O}\ } \mathrm{HO \cdot CH_2(OCH_2)_n{-}OH};$$

Polyoxymethylen, dimer bis makromolekular (Mol-Gewicht über 1000).

*Paraformaldehyd* wird heute als ein *Gemisch von Polyoxymethylenglykolen* vom Polymerisationsgrad 6 bis 100 angesehen[1].

*Paraformaldehyd des Handels* wird durch Verdampfung einer wässerigen Formaldehydlösung bis zum Moment des Festwerdens oder der Fällung hergestellt. Alkalisch abgebauter Paraformaldehyd (Polyoxamethylen) verursacht bei der Ausrüstung von Zellulosefasergeweben eine *starke Streuung* der Ausrüstungseffekte.

Die Endgruppen der Polyoxymethylenglykole (POM) können verestert oder veräthert werden. Diese Derivate sind beständiger als die ursprünglichen Poly-

[1] Furukawa, J. u. T. Saegusa: Polymerization of Aldehydes and Oxydes. Polymer Reviews, Vol. 3, II. Aldehydes, S. 50. New York und London: Interscience. 1963.

oxymethylenglykole, die bereits in wässeriger Lösung depolymerisiert werden. Die *Diäther* sind im Vergleich zu den *Diazetaten* noch stabiler, doch weniger löslich.

*Diazetate der Polyoxymethylenglykole* werden durch Erhitzen von Paraformaldehyd mit Essigsäureanhydrid entweder in Gegenwart von $ZnCl_2$[1] oder unter Druck bei 160 bis 170° C[2] hergestellt.

Diazetate vom Polymerisationsgrad:

1 bis 7 ... viskose Lösungen;
8 ... wachsartige Konsistenz;
9 bis 35 ... weiße kristalline Pulver.

*Dimethyläther von Di-, Tri- und Tetraoxymethylenglykol* werden nach W. F. Gresham und R. E. Brooks[3] durch Erhitzen von Paraformaldehyd mit Dimethylformal in Gegenwart von Schwefelsäure erhalten. Die Produkte können als Telomere von Dimethylformal und Formaldehyd betrachtet werden[4].

*Verhalten von POM (Polyoxymethylenglykole bzw. seiner Derivate):* Die *physikalischen Eigenschaften des POM* (wie Löslichkeit, Schmelzpunkt und Siedepunkt) hängen vom vorliegenden Polymerisationsgrad ab, während die *chemischen Eigenschaften des POM* mehr von der endständigen Gruppe bestimmt (s. nachfolgend) werden.

Tabelle 8. *Derivate des Polyoxymethylens (POM)*

| | |
|---|---|
| 1. *POM-dihydrat: bzw. -glykol:* $\boxed{HO}-CH_2\cdot O\cdot(CH_2O)_x\cdot CH_2-\boxed{OH}$ | *Paraformaldehyd*; Polymerisationsgrad 6 bis 100; Schmelzpunkt etwa 150° C *Sehr unbeständig*; Zersetzung tritt in heißer wässeriger Lösung ein |
| 2. *POM-dimethyläther:* $\boxed{CH_3O}-CH_2\cdot O\cdot(CH_2O)_x-$ $-CH_2-\boxed{OCH_3}$ | *Sehr beständig*; daher wesentlich reaktionsträger als Dihydrat; spaltbar nur durch Säuren |
| 3. *POM-diazetat:* $\boxed{CH_3-\underset{\underset{O}{\parallel}}{C}-O}-CH_2\cdot O\cdot(CH_2O)_x-$ $-CH_2-\boxed{O-\underset{\underset{O}{\parallel}}{C}-CH_3}$ | *Ziemlich beständig*; depolymerisieren abe etwas leichter als die POM-dimethyläth e |

Solche Produkte kommen in flüssiger wasserfreier Form in den Handel (z. B. POM-I/Chemische Fabrik, Pfersee, Augsburg; Tetraoxymethylenglykoläther).

Durch die labile Abbindung des Formaldehyds sind diese Verbindungen sehr reaktionsfähig. Doch wird bei der Hitzekondensation gleichzeitig aber eine unwirksame Verflüchtigung eines *größeren Anteils an Formaldehyd* vermieden.

[1] Descudé, M.: Ann. chim. (Paris) **29**, 502 (1903).
[2] Staudinger, H. u. M. Lüthy: Helv. Chim. Acta **8**, 41 (1925).
[3] Gresham, W. F. u. R. E. Brooks: Amer. Pat. 2,449.469 (1948).
[4] Furukawa, J. u. T. Saegusa: loc. cit.

POM-Derivate (bzw. der hieraus freigesetzte Formaldehyd) können neben *kurzkettigen* Methylen- und Dimethylenätherbrücken auch *etwas längere* Quervernetzungen zwischen den Zellulosemolekülen ausbilden.

In der Praxis der Wash-and-Wear-Ausrüstung von Baumwollgeweben werden sie in wässeriger Lösung unter Zugabe eines Säurespenders (wie z. B. Magnesiumchlorid), weiters eines Reactantharzes (wie z. B. methylolierter zyklischer Äthylenharnstoff) und einer weichmachenden Substanz (wie z. B. eine geeignete Polyäthylen-Type) in gleicher Weise wie die Reactantharze auf das Baumwollgewebe appliziert (nämlich Foulardieren, Trocknen, Kondensieren und Auswaschen).

Die Reaktionsweise der POM-Derivate kann *nicht* mit der des früheren *Waschtreu-Verfahrens* (Fa. Stockhausen/Krefeld) verglichen werden, da der Formaldehyd einheitlich gebunden vorliegt und lediglich in der Reaktionsphase selbst, neben einer direkten Zelluloseverätherung, eine simultane Formaldehydreaktion auftreten dürfte[1]. Diese Reaktionsweise ermöglicht einen, gegenüber früheren reinen Formalisierungsverfahren, *kontrollierten Vernetzungsvorgang*. Die in dieser Art ausgerüstete Baumwolle ist chemisch durch Einbau von *relativ beständigen* Alkylenäther-Brücken *weitgehend* pH-beständig. Die *Naß-* und *Trocken*entknitterungsfähigkeit bleibt bei jeder Art von Kochwäschen erhalten. Die im Ausland anzutreffende Behandlung von Baumwollhemden mit Chlorlaugen und anschließender Absäuerung hat keinen Einfluß auf die Effekte der Ausrüstung.

Die Chemische Fabrik Pfersee, Augsburg, verwendet bei ihrem ®-*POM 99-Verfahren* zwei reaktive Produkte, nämlich POM I und POM II. Letzteres ist eine Verbindung mit zwei endständigen Oxiran-Ringen (s. S. 163). Daher liegt beim ®-POM-99-Verfahren eine tatsächliche, N-freie, sogenannte „harzfreie" Ausrüstung mit zwei zellulosevernetzenden Reactants vor.

### β) Formaldehyd-azetale bzw. Formale

Diese stehen in ihrer Eigenart zwischen den Reactantharzen und den reinen Eigenvernetzern. Eine Klasse dieser Verbindungen vernetzen Zellulose, eine andere (abgeleitet vom Pentaerythrit) bilden dreidimensionale Kunstharze.

#### Literaturverzeichnis

Irvine, J. B., T. J. Cronin u. J. H. Davids: Recent Development in Cotton Finishing with Acetal-Reactants. Text. Res. J. **29**, 74 (1959).

— u. B. H. Kress: Neue Azetal-Verbindungen für die Reaktion mit Zellulose. Text. Res. J. **28**, 148 (1958).

— Acetal-Reactants Produce Wrinkle-Resistant Finishes. Textile World **107**, 122 (1957).

Kress, B. H.: Reaktion vom Formal- und Polyformal-Verbindungen mit Zellulose. Amer. Dyestuff Rep. **48**, 33 (1959).

Marsh, J. T.: Chemische Verbindungen für die Knitterfestigkeit. Formale und Azetale in Knitterfestausrüstungen. Text. Recorder **77**, 136 (1959).

Unter der katalytischen Wirkung von trockenem Chlorwasserstoff addieren Aldehyde normalerweise ein Molekül eines Alkohols zu den *mäßig stabilen Halbazetalen*, welche sich mit einem weiteren Molekül Alkohol zu den *stabilen Azetalen* vereinigen.

---

[1] Bernheim, E., H. Enders, W. Dantanello, H. Ruile u. Fürnwohl: Pressereferat am 2. März 1962: Bügelfreie Baumwollgewebe durch ®-Knittex POM 99-Ausrüstung. Melliand Textilber. **43** (4), 419 (1962).

$$\underset{\text{Aldehyd}}{R-C\begin{matrix}\diagup O\\ \diagdown H\end{matrix}} + \underset{\text{Alkohol}}{OH-R_1} \xrightarrow{HCl} \underset{\text{Halbazetal}}{R-CH\begin{matrix}\diagup OH\\ \diagdown OR_1\end{matrix}} \underset{H_2O}{\overset{HO-R_2}{\rightleftarrows}} \underset{\text{Azetal}}{R-CH\begin{matrix}\diagup OR_2\\ \diagdown OR_1\end{matrix}}$$

Gegen Säure sind Azetale *nicht* beständig, jedoch ziemlich beständig gegen alkalische und neutrale Hydrolyse.

Der Reaktionsmechanismus der Halbazetal- und Azetalbildung verläuft über ein Carbenium-Ion[1]:

$$R-\overset{H}{\overset{|}{C}}=\overline{\underline{O}} \xrightarrow{H^{\oplus}} \left[R-\overset{H}{\overset{|}{C}}\blacktriangleleft\overset{H^{\oplus}}{\overset{|}{\underline{O}}}\right]^{\oplus} \quad \text{und}$$

$$\left[R-\overset{H}{\overset{|}{C}}\blacktriangleleft\overset{H^{(+)}}{\overset{|}{\underline{O}}}\right]^{\oplus} \quad \underset{\text{Alkohol}}{\overset{R_1}{\overset{\blacktriangle}{|\underline{O}H}}} \longrightarrow \left[R-\underset{\underset{H}{|}}{\underset{|O|}{\underset{\blacktriangle}{\overset{H}{\overset{|}{C}}}}}\blacktriangleleft\underset{R_1}{\underset{\blacktriangledown}{\overset{H^{\oplus}}{\overset{\blacktriangle}{O|}}}}\right] \xrightarrow{H^{\oplus}} \underset{\text{Halbazetal}}{R-\underset{\underset{H}{|}}{\underset{|O|}{\overset{H}{\overset{|}{C}}}}}-\underset{R_1}{\overset{|}{\overline{O}|}}$$

$$R-CH\begin{matrix}\diagup \overline{\underline{O}}-R_1\\ \diagdown \overline{\underline{O}}-H\end{matrix} \xrightarrow{H^{\oplus}} \left[R-CH\begin{matrix}\diagup OR_1\\ \diagdown O\blacktriangleright H\\ \blacktriangledown\end{matrix}\right] \quad \overset{R_1}{\overset{|}{|\underline{O}H}} \longrightarrow$$

$$\left[R-CH\begin{matrix}\diagup OR_1\\ \diagdown \overline{O}-R_1\\ \blacktriangledown\\ H^{(+)}\end{matrix}\right]^{\oplus} \xrightarrow[H_2O]{H^{\oplus}} \underset{\textit{Azetal}}{R-CH\begin{matrix}\diagup OR_1\\ \diagdown OR_1\end{matrix}}$$

*Bemerkung:* Das Zeichen ◀ in vorstehenden Formeln drückt die *Polarität* aus. Es wird z. B. beim Fluorwasserstoff $[H:\ddot{\underset{..}{F}}:]$ das *Bindungselektronenpaar* stärker vom Fluor als vom Wasserstoff angezogen, wodurch F eine *partielle negative Ladung*, dagegen H eine *partielle positive Ladung* besitzt. Dies wird durch die Symbole $\overset{\delta+}{H}-\overset{\delta-}{F}$ oder H ◀ F ausgedrückt.

## 1. Klasse: Lineare polymere Azetale (bzw. Formale) von Polyolen der Fa. Quaker Chemical Products Corp.[2]

Eine große Zahl wasserlöslicher Formale und ihre Anwendung wurden von der Fa. *Quaker Chemical Products Corp.*[3] beschrieben.

Eine Verbindung einfacherer Zusammensetzung ist Diäthylenglykolformal.

$$\underset{\text{Glykol (4 Moleküle)}}{\begin{matrix}HO\cdot(CH_2)_2\cdot OH \\ + \\ HO\cdot(CH_2)_2\cdot OH\end{matrix} \quad \begin{matrix}HO\cdot(CH_2)_2\cdot OH \\ + \\ HO\cdot(CH_2)_2\cdot OH\end{matrix}} + O=C\begin{matrix}\diagup H\\ \diagdown H\end{matrix} \rightarrow \underset{\text{Diäthylenglykol-azetal (bzw. = formal) } + H_2O}{\begin{matrix}HO-(CH_2)_2\cdot O\cdot(CH_2)_2-O\diagdown \\ HO-(CH_2)_2\cdot O\cdot(CH_2)_2-O\diagup\end{matrix}CH_2}$$

[1] Enders, H. u. G. Pusch: Melliand Textilber. **43**, 746, 857, 979 u. 1083 (1962).

[2] *Fa. Quaker Chemical Products Corp.:* U.S.-Pat. 2,786.081.

[3] Kress, B. H.: Amer. Dyestuff Rep. **48**, 33 (1959). — Irvine, J. B. et al.: Text. Res. J. **29**, 74 (1959). — Irvine, J. B. u. B. H. Kress: Text. Res. J. **28**, 148 (1958).

Ein länger-kettiges Poly-(oxy-diäthylen-formal) stellt das kommerzielle Produkt *Quaker Reactant SC* dar, welches aus Diäthylenglykol und Paraformaldehyd hergestellt wird:

$$\begin{array}{l} HO-(CH_2)_2-O-(CH_2)_2-O \\ \quad\quad\quad\quad\quad\quad\quad\quad\quad\quad\quad\quad \rangle CH_2 \\ \quad O-(CH_2)_2-O-(CH_2)_2-O \\ H_2C\langle \\ \quad O-(CH_2)_2-O-(CH_2)_2-O \\ \quad\quad\quad\quad\quad\quad\quad\quad\quad\quad\quad\quad \rangle CH_2 \\ HO-(CH_2)_2-O-(CH_2)_2-O \end{array}$$

Diese Verbindung, an den endständigen Hydroxylgruppen veräthert, ist wahrscheinlich das Handelsprodukt *Quaker Reactant 16.*

Formale an sich sind sehr beständig; Formaldehyd wird erst bei höherer Temperatur in Gegenwart von $H^+$-Ionen (Katalysator: Magnesiumchlorid-Hexahydrat) abgespalten. In Gegenwart eines anderen Alkohols (wie Zellulose) tritt hierbei eine entsprechende *Umazetalisierung* ein. Es bildet sich das *Azetal der Zellulose,* wobei der *mehrwertige aliphatische Alkohol* (Diäthylenglykol) freigesetzt wird:

$$\begin{array}{c} + H-O-\boxed{Cell} \\ HO\cdot(CH_2)_2\cdot O\cdot(CH_2)_2-O \\ \rangle CH_2 \\ HO\cdot(CH_2)_2\cdot O\cdot(CH_2)_2-O \\ + H-O-\boxed{Cell} \end{array} \rightarrow 2\,HO\cdot(CH_2)_2\cdot O\cdot(CH_2)_2\cdot OH + \begin{array}{c} \boxed{Cell}-O \\ \rangle CH_2; \\ \boxed{Cell}-O \end{array}$$

Acetal — Zellulose — frei gesetzter mehrwertiger Alkohol — Azetalisierte Zellulose (Brückenbildung)

Diese Art der Zellulosevernetzung verläuft viel *gleichmäßiger* als die in früheren Zeiten durchgeführte Formalisierung der Zellulose mit Formaldehyd.

Hinsichtlich der Reaktion beim Kondensieren auf der Faser wird angenommen, daß

1. die Azetale mit zwei Zellulosemolekülen unter *Brückenbildung* reagieren, worauf der weiche Griff und die relativ hohe Scheuerfestigkeit des mit Polyformal ausgerüsteten Gewebes hindeutet;

2. eine „*Umazetalysierung*" eintritt und es wahrscheinlich ist, daß diese Reaktion vorherrscht. Daher wirken Formale hauptsächlich als „Formaldehydspender";

Es muß hier ausdrücklich darauf hingewiesen werden, daß Polyformale der vorstehenden Konstitution sich nicht ausschließlich wie Formaldehydspender verhalten. Es konnte am Gewebe, ausgerüstet mit Poly(diäthylenglykol-formal) vom theoretisch eingesetzten Diäthylenglykol ein bestimmter Anteil desselben isoliert und nachgewiesen werden.

Auf der Vernetzung der Zellulose mit Polyäthylenglykol-Gliedern und nicht auf der Ausbildung von Methylen-Brücken beruht der weichere Warengriff und der bessere Widerstand gegen Scheuerung im Vergleich zu einer reinen Formalisierung. Auf diese Tatsache macht J. T. Marsh[1] ausdrücklich aufmerksam.

Die Annahme einer Umazetalisierung mit Zellulose führt man auf den Umstand zurück, daß während des Trocknens und Kondensierens des mit Poly(diäthylenglykol-formal) ausgerüsteten Gewebes kein Formaldehyd-Geruch auftritt.

[1] Marsh, J. T.: Self-Smoothing Fabrics. London: Chapman & Hall Ltd. 1962.

Die einfachen Formale sind weniger wirksam als die linearen polymeren Verbindungen von Poly-olen, wofür das Ausmaß der Krumpffestigkeit von Reyongeweben als Wertmesser verwendet wurde. So wurden bei Ausrüstungen mit Poly(oxydiäthylen-formal) 34% an gebundenem Formaldehyd und bei der Ausrüstung mit Glyzerinformal nur 14% desselben festgestellt.

Mit den beschriebenen Polyformalen resultieren Ausrüstungen mit nur mäßiger Erhöhung der Knittererholung, jedoch eine gute Krumpffestigkeit. Mit dem verätherten Produkt werden etwas bessere *Trocken*knitterwinkel erhalten, die aber im Vergleich zu Aminaldehyd-Harz-Ausrüstungen als mäßig zu bezeichnen sind. Doch verringert sich der Reißfestigkeitsverlust. Die Effekte sind waschfest; auch tritt keine Verfärbung des Gewebes ein. Der Warengriff wird als bauschig (bulky) bezeichnet. Da kein Stickstoff anwesend ist, erfolgt keinerlei Chlorretention.

Vorgeschlagen wurden Mischungen mit thermohärtbaren Kunstharzen zur Verbesserung des Warengriffs.

### 2. Klasse: Penta-erythrit-Azetale

Die Fa. Quaker Chem. Products Corp.[1] gibt weiters noch Acetale von Penta-erythrit an:

*1. Darstellung von Penta-erythrit (nach Tollens)*[2]*:*

Diese erfolgt durch Umsetzung von Formaldehyd mit Acetaldehyd.

Die Aldolbildung ist mit der Cannizzaro-Reaktion (Dismutation) gekoppelt. Intermediär entsteht Tri(oxymethyl)-azetaldehyd. Dieser wird von Formaldehyd in Gegenwart von Kalziumhydroxid unter gleichzeitiger Kalziumformiatbildung zum Penta-erythrit reduziert.

$$3\,HCHO + CH_3 - CHO \xrightarrow{Ca(OH)_2} (HO \cdot CH_2)_3{\equiv}C-C{\lessgtr}^{H}_{O} \xrightarrow{HCHO}$$

$$\rightarrow C \equiv (CH_2 \cdot OH)_4 + (HCOO)_2Ca$$

*2. Darstellung des Azetals:*

Mit 2 Mol Formaldehyd bildet sich Penta-erythrit-bis-azetal[3]:

$$CH_2\left\langle\begin{matrix}O-CH_2\\O-CH_2\end{matrix}\right\rangle C \left\langle\begin{matrix}CH_2-O\\CH_2-O\end{matrix}\right\rangle CH_2$$

$$\begin{matrix}Cell-OH\\Cell-OH\end{matrix} \quad \downarrow \quad \begin{matrix}HO-Cell\\HO-Cell\end{matrix}$$

$$\begin{matrix}Cell-O\\Cell-O\end{matrix}\Big\rangle CH_2 + C\,(CH_2-OH)_4 + H_2C\Big\langle\begin{matrix}O-Cell\\O-Cell\end{matrix}$$

Hier könnte die Möglichkeit einer Umazetalisierung der Zellulose bestehen.

Für die kommerzielle Herstellung der Penta-erythrit-azetale setzte die Fa. *Quaker Chemical Products Corp.* Penta-erythrit mit Dialdehyden [CHO—$-(CH_2)_n-$CHO] um. Nicht geeignet war Glyoxal; auch war die Waschfestigkeit

[1] Kress, B. H.: Reactions of Formals and Poly (Formals) with Cellulose. Amer. Dyestuff Rep. **1959**, 33—36.

[2] Berlow, Barth u. Snow: Pentaerythritol (Monographie). London: Chapman & Hall.

[3] *Quaker Chem. Products Corp., Conshohocken:* U.S.-Pat. 2,785.948 u. 2,785.949 u. U.S.-Pat. 2,903.328.

des Endproduktes ungenügend. Dialdehyde mit über 4 Methylengruppen ergaben Produkte, die schwer löslich waren. Praktisch brauchbare Produkte konnten mit Succin-, Glutar- oder Hydroxyadipinaldehyd erhalten werden.

*Quaker Reactant X 1582* soll folgendermaßen aufgebaut sein:

$$\rangle CH-(CH_2)_n-CH\langle\begin{matrix}O-CH_2\\O-CH_2\end{matrix}\rangle C\langle\begin{matrix}CH_2-O\\CH_2-O\end{matrix}\rangle CH-(CH_2)_n-CH\langle\begin{matrix}O-CH_2\\O-CH_2\end{matrix}\rangle C\langle\begin{matrix}CH_2-\\CH_2-\end{matrix}$$

Bei Mitverwendung von Magnesiumchlorid oder Zinknitrat als Säurespender resultiert wohl eine permanente hohe Knittererholung, doch tritt gleichzeitig hoher Reißfestigkeitsverlust ein (50% bei Baumwolle und 20% bei Reyon). Während der Kondensation ist starker Geruch nach Aldehyd feststellbar. Weißwaren werden etwas vergilbt. Nach J. T. Marsh lagen im Jahre 1962 noch wenig Informationen hinsichtlich der kommerziellen Anwendung solcher Produkte vor. Die Penta-erythrit-azetale wirken nicht nur zellulosevernetzend, sondern bilden auch Polyazetal-Polymere aus. Hinsichtlich ihrer Anwendung und des Mechanismus der wahrscheinlichen Reaktion verweist J. T. Marsh auf einige Patente[1].

*Vorteile der Azetale (Formale):*

1. Gute Naßknittererholung.
2. N-frei, daher keine Chlorretention.
3. Weicher, glatter Warengriff.
4. Gute Wasch- bzw. Kochbeständigkeit der Effekte.

*Nachteile der Azetale (Formale):*

1. Keine genügende *Trocken*knittererholung.
2. Entwicklung von Formaldehydgeruch (Schutzvorkehrungen). bei Klasse 2.
3. Im Vergleich zu den Reactantharzen ist das Verhältnis (Knitterwinkel : Reißfestigkeit) schlechter.

Nach G. Pusch[2] ergeben Azetal- (und auch Epoxy-)Verbindungen *guten*, aber *keinen optimalen* Wash-and-Wear-Effekt; sie sind aber sehr kochwaschfest und absäuerungsbeständig.

Azetale *allein* werden vornehmlich zur *Quellfest- und Krumpffestausrüstung* von Zellulosefasertextilien eingesetzt.

Da die Formal-Lösungen allein keine genügend hohe *Trocken*knittererholung geben, wird ein Kunstharzbildner, meist die Methylol-Verbindung eines Triazinons (wegen der geringen Chlorretention!) mitverwendet. Die Methylolverbindung des Triazinons wird entweder der wässerigen Formallösung direkt zugesetzt und diese Mischung als fertiges Handelsprodukt angeboten oder die Zugabe des Methyloltriazinons wird später vom Ausrüster vorgenommen. *Kombinationen von Azetalen* (als „Formaldehydspender“) und *N-haltigen Kunstharzen* sind in den USA wichtige Handelsprodukte geworden, wie z. B. NCR-Finish (Fa. Bancroft & Sons, Co.), Aerotex-Reactant No. 2 (Fa. Ames-Cyanamid, Co.).

Man kann feststellen, daß die Wirkungsweise solcher Mischungen *nicht* eine additive ist, sondern sie ist meist vorteilhafter, als sie dem Mengenverhältnis der beiden Komponenten entspricht. Vermutlich ist die Ursache die, daß die beiden Komponenten zusätzlich mit sich unter Bildung sehr stabiler Produkte reagieren.

Auch G. Pusch[3] bemerkt, daß *Azetal-modifizierte Reactantharze* eine bessere Kochwaschbeständigkeit im Vergleich mit den üblichen N-haltigen Reactantharzen aufweisen.

---

[1] U.S.-Pat. 2,785.948 u. 2,785.949.

[2] Pusch, G.: Harzhaltige und harzfreie Hochveredlung unter besonderer Berücksichtigung der Wash-and-Wear-Ausrüstung, 1. Mitt. Melliand Textilber. **42,** 328 (1961).

[3] Pusch, G.: Melliand Textilber. **42,** 328 (1961).

R. Allscher erwähnt gleichfalls, daß die erzielbare Knittererholung mit Formalen nicht immer befriedigt, weshalb z. B. bei Anwendung von Diäthylenglykolformal oder Penta-erythrit-formal die Mitverwendung von Dimethylol-Äthylenharnstoff empfohlen wird[1].

R. Allscher (Chemische Fabrik Theodor Rotta, Mannheim)[2] stellte fest, daß die *verschiedenen Herstellungsweisen* einzelner Formal-Typen zu verschiedenen Produkten führen, die sich hinsichtlich des resultierenden Effektes bei der Baumwollausrüstung *erheblich* unterscheiden. Gemeinsam haben sie aber die Eigenschaft, einen schönen, *weichen* Warengriff zu bewirken.

1. *Formale, die nach azeotropischer Destillation gewonnen werden* lassen nur eine *mäßige* Verbesserung des Knittererholungswinkels resultieren.

Diese *alkalibeständigen* Produkte sind von Interesse für die Anwendung in alkalischen Spinnlösungen der Viskosefaserherstellung sowie in Mercerisierlaugen.

Glyzerinformale, in dieser Weise hergestellt, setzen, in Spinnlösungen angewandt, den Quellwert (Wasserrückhaltevermögen) der Viskosefaser um 15% herab. Werden sie Mercerisierlaugen zugesetzt, so resultiert eine auffallend weiche Baumwollware, welche nach R. Allscher bei nachträglicher zusätzlicher Hochveredlung gute Knittererholungswinkel bei Anwendung verminderter Mengen von zellulose-vernetzenden Mitteln ergeben.

2. *Formale, hergestellt aus entsprechenden, alkoholische Gruppen enthaltende Verbindungstypen durch Säurekatalyse* (*ohne* azeotrope Destillation) zeigen bei der Ausrüstung nach R. Allscher die Merkmale N-haltiger Formaldehydkondensate und eignen sich für die direkte Ausrüstung von Baumwollgeweben *allein* oder *in Kombination* mit den bekannten Reactantharz- und Reactant-Typen.

Theoretisches Interesse hat eine Arbeit von R. F. Schwenker und Eug. Pascu[3], welche Baumwollgewebe mit *Diäthylformal* in Gegenwart verschiedener saurer Katalysatoren unter *Wasserausschluß* behandelten. Der gebundene Formaldehyd wurde hierbei quantitativ ermittelt.

Die besten *Trocken*- und *Naß*knitterwinkel resultierten mit 100%igem Diäthylformal mit einer Spur HCl-Gas als Katalysator.

Die Autoren diskutierten noch den chemischen Vorgang bei der Vernetzung von Zellulose.

Handelsprodukte auf Basis Formal-Reactants sind in Deutschland POM I (Chemische Fabrik Pfersee) und F-Donator 62 (Chemische Fabrik Th. Rotta[4]).

Die Anwendung dieser Reactant-Produkte erfolgt durch Klotzen des Baumwollgewebes mit einer Flotte, welche noch den Säurespender (Magnesiumchlorid, vielfach auch Zinkfluorborat) enthält. Es wird wie üblich getrocknet und bei 140 bis 150° C während festgelegter Zeit kondensiert.

*Nachweis einer Azetalausrüstung.* Da die Reaktion eines linearen Glykolformals mit Zellulose hauptsächlich unter Umazetalisierung verläuft, wird die Alkoholkomponente des Azetals bei Kondensation zum großen Teil in Freiheit gesetzt. Durch Nachwaschen des ausgerüsteten Gewebes kann der Alkohol des Azetals herausgespült sein und gelangt dann *nicht* mehr in das Hydrolysat (für die Papierchromatographie)[5].

---

[1] Pusch, G.: s. vorstehend.

[2] Allscher, R.: Aktuelle Wege der Baumwollveredlung. Melliand Textilber. **43**, (3), 274 (1962).

[3] Schwenker, R. F. u. Eug. Pascu: Reaktion von Diäthylformal mit Cellulose in Abwesenheit von Wasser. Text. Res. J. **32**, 618 (1962).

[4] Allscher, R.: Aktuelle Wege der Baumwollveredlung. Melliand Textilber. **43**, 274 (1962).

[5] Meckel, L. u. H. Milster: Textil-Rundschau (St. Gallen) **16**, 601ff. (1961).

Daher versagt meistens die Untersuchung, da nur Formaldehydabspaltung nachweisbar ist.

## 2. Vernetzung der Zellulose mit Oxo-Formaldehyd-Verbindungen sowie mit anderen Aldehyden

### *a) Anwendung von Methylol-Keton- bzw. Methylol-Aldehyd-Verbindungen*

*Ketonharze*, die durch Kondensation von *Methylol-Ketonen*, wie z. B. Methylol-Azeton, erhalten werden, sind N-frei und daher nehmen die mit ihnen behandelten Zellulosefasertextilien kein Chlor bei Behandlung in Chlorbleichbädern auf. Doch zeigen sie Nachteile, die ihrer textilen Anwendung entgegenstehen.

Das Reaktionsprodukt von Azeton selbst mit Formaldehyd, also die entsprechende Methylolverbindung, kann nur im alkalischen Bereich kondensiert werden. Durch diese Ketonharzeinlagerung ergibt sich 1. eine starke Vergilbung des Gewebes; 2. *keine* Knitterfestigkeit und 3. auch kein Wash-and-Wear-Charakter.

Nach J. T. Marsh[1] fanden Azeton-Formaldehydharze während des Zweiten Weltkrieges in England einiges Interesse zur Versteifung von Baumwolltextilien und wurden nur wenig anderweitig textil angewandt. In den USA könnte der Keetide-Prozeß, welcher 1957 vorübergehend propagiert wurde, auf Azeton-Formaldehyd-Basis beruht haben.

Nach den Untersuchungen von W. G. Cameron und T. H. Morton[2] wird die Reaktion bei der Kondensation von Azeton-Formaldehyd — als einzige alkalisch katalysierte Methylol-Verbindung — durch Wasserabspaltung über die entsprechende Vinylverbindung geführt.

$$CH_3-CO-CH_3 + HCHO \rightarrow \begin{matrix} CH_2-\boxed{CH_2\cdot OH} \\ | \\ CO \\ | \\ CH_2-\boxed{CH_2\cdot OH} \end{matrix} \rightarrow \begin{matrix} CH=CH_2 \\ | \\ CO \\ | \\ CH_2-\boxed{CH_2\cdot OH} \end{matrix} + H_2O$$

Dieses ungesättigte Keton kondensiert unter milden alkalischen Bedingungen[3] dann weiter.

Nach Angaben der *Calico Printers' Association*[4] würde sich bei 50° C bei einem entsprechenden Verhältnis von Azeton zu Formaldehyd in Gegenwart von nur 0,025 bis 0,1 Mol Alkali pro Mol Azeton *Tetramethylol-Azeton* $(HO \cdot H_2C)_2>$ $>CH-CO-CH<(CH_2 \cdot OH)_2$ bilden. Für die krumpffeste Ausrüstung des Gewebes soll das spezifische Gewicht der Präparationslösung nicht über 1,07 bis 1,12 liegen, andernfalls erfolgt eine Versteifung des Gewebes.

Nach anderen Angaben ist der Reaktionsmechanismus der Kondensation von Ketonen mit Aldehyden (insbesondere Formaldehyd) nicht eindeutig geklärt[5].

Die Reaktion kann über folgende Stufen ablaufen:

$$\begin{array}{llll} R-CO-CH_3 + HCHO \rightarrow & R-CO-CH_2-\boxed{CH_2\cdot OH} & \rightarrow & R-CO-CH=CH_2 \\ & \downarrow & & \downarrow \\ & R-CO-CH=(CH_2\cdot OH)_2 & \searrow & \\ & \downarrow & & \text{Harz} \\ & R-CO-C\equiv(CH_2\cdot OH)_3 & \nearrow & \end{array}$$

[1] Marsh, J. T.: Self-Smoothing Fabrics, S. 61 und 62. London: Chapman & Hall Ltd. 1962.

[2] Cameron, W. G. u. T. H. Morton: Amer. Dyestuff Rep. **38**, 575 (1949).

[3] U.S.-Pat. 1,502.945.

[4] *Calico Printers' Association:* U.S.-Pat. 2,711.971.

[5] Ullmanns Enzyklopädie der technischen Chemie, 3. Aufl., 8. Bd., S. 441.

Die Kunstharzbildung kann sowohl durch eine Kondensation der Methylolverbindungen als auch durch Polymerisation der Vinylverbindung erfolgen.

Gleichfalls ohne Interesse für die Hochveredlung von Baumwollgeweben dürften die von A. Geiger[1] untersuchten Methylolverbindungen des *Vinylketons* und des *Vinylmethylketons* sein.

Diese Verbindungen polymerisieren in üblicher Weise, wie z. B. Methylol-Vinyl-Keton, bei Zimmertemperatur innerhalb 12 bis 15 Stunden unter Zunahme der Viskosität:

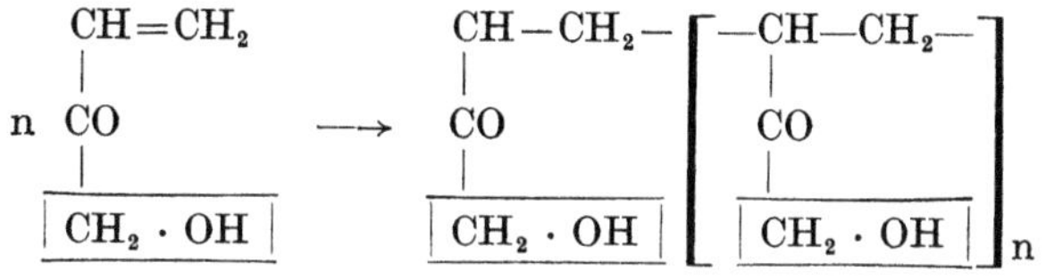

$$n\ \begin{array}{c} CH{=}CH_2 \\ | \\ CO \\ | \\ CH_2 \cdot OH \end{array} \longrightarrow \begin{array}{c} CH{-}CH_2{-} \\ | \\ CO \\ | \\ CH_2 \cdot OH \end{array} \left[ \begin{array}{c} {-}CH{-}CH_2{-} \\ | \\ CO \\ | \\ CH_2 \cdot OH \end{array} \right]_n$$

Keton-Aldehyd-Ausrüstungen erleiden unter der *Einwirkung von UV-Licht auf die Carbonylgruppe* eine Verfärbung des Harzes. Nach einem Vorschlag der Fa. *Bancroft & Sons Co.*[2] wird dies vermieden, wenn die Ketogruppe zur sekundären Alkoholgruppe reduziert wird.

Ein unter alkalischer Hitzefixierung mit 15% Keton-Aldehyd-Verbindung beladenes Baumwollgewebe wird bei 20° C mit einer wässerigen Lösung von K-Borhydrid behandelt. Nach 70% Flottenaufnahme wird das Gewebe 10 Minuten gedämpft, heiß gespült und getrocknet.

H. Braun und W. Möck[3] haben nach den Angaben von S. Olsen et al.[4] Azeton in Eisessig/Schwefelsäure erschöpfend oxymethyliert, wobei die zykl. Verbindung (I) resultiert. Durch Spaltung mit Eisessig/Schwefelsäure unter Abdestillation des Formaldehyds wird das Tetraazetat erhalten, aus welchem mit methanolischer Salzsäure die Verbindung (III) entsteht:

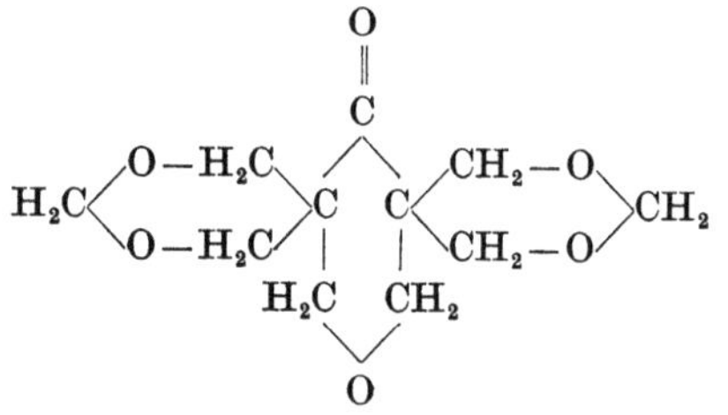

```
                 O                                       O
                 ‖                                       ‖
                 C                                       C
     O—H2C    /     \    CH2—O          R—O—H2C    /     \    CH2—O—R
H2C<       >C        C<       >CH2                >C        C<
     O—H2C    |      |   CH2—O          R—O—H2C    |      |   CH2—O—R
             H2C    CH2                           H2C    CH2
                \  /                                 \  /
                 O                                    O
```

(I) *Bismethylenäther* der Anhydro-enneaheptose (strukturmäßig mit den Kohlehydraten verwandt)

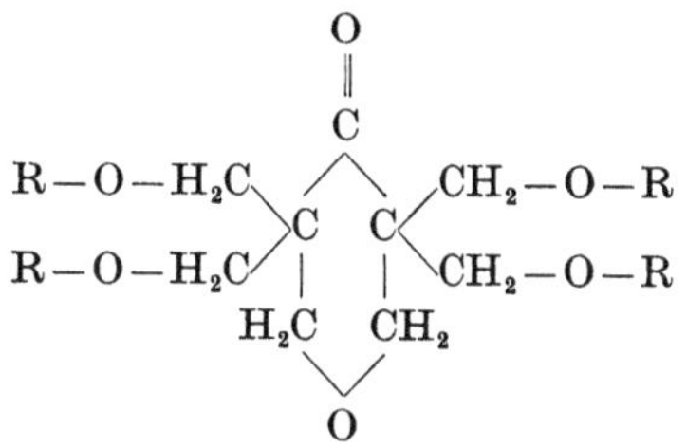

(II) *Tetraazetat:* R = $-CO-CH_3$
(III) *Anhydro-enneaheptose* [AEH]: R = H (Tetrafunktionelle Methylol-Verbindung), Schmelzpunkt 125° C, gut wasserlöslich.

Weiters wurde aus *Zyklohexanon* und 4 Mol Formaldehyd durch erschöpfende Methylierung in ähnlicher Weise wie vorstehend über den Bismethylenäther, Tetraazetat die Verbindung *Tetramethylol-zyklohexanon* (TON) erhalten:

---

[1] Geiger, A.: Textil-Rundschau (St. Gallen) **12,** 494 (1957)

[2] *Bancroft & Sons Co.:* U. S.-Pat. 2,967.787 (1961).

[3] Braun, H. u. W. Möck: Die chemische Modifizierung von Cellulose. 1. Mitt.: Versuche zur Knitterfestausrüstung von Baumwolle mit polyfunktionellen Methylolen. Melliand Textilchemie 1 (2), 61 (1965).

[4] Olsen, S.: Ber. dtsch. chem. Ges. **88,** 205 (1955). — Olsen, S. et al.: ibid. **92,** 1072 (1959).

```
                O
                ‖
                C
HOH₂C\        /   \        /CH₂OH
       >C   C<
HOH₂C/    |     |   \CH₂OH
       H₂C   CH₂
             \ /
             CH₂
```

1, 1,3, 3-Tetraoxymethyl-zyklohexanol-2 (TON)

Wurde die vorstehend angegebene Oxymethylierung von Zyklohexanon mit 5,5 Mol Formaldehyd im alkalischen Medium nach den Angaben von C. Mannich und W. Brose[1] durchgeführt, so erfolgte eine Reduktion der Ketogruppe durch das 5. Mol Formaldehyd und es resultierte Tetramethylol-zyklohexanol (TOL):

```
             H   OH
              \ /
               C
HOH₂C\        /   \        /CH₂OH
       >C   C<
HOH₂C/    |     |   \CH₂OH
       H₂C   CH₂
             \ /
             CH₂
```

1, 1,3, 3-Tetraoxymethyl-zyklohexanol-2 (TOL).

Diese drei tetrafunktionellen Methylole (AEH, TON und TOL) wurden als 10%ige Lösung mit $MgCl_2$ als Katalysator nach dem Klotz-Trocken-Hitze-Verfahren auf Baumwollgewebe appliziert.

Festgestellt wurde, daß keine nennenswerte Vernetzung der Zellulose erfolgte. Es konnten hierfür keine eindeutigen Gründe angegeben werden. Hingewiesen wird auf sterische Hinderung sowie auf das Vorliegen von rein aliphatischen Methylolen, die nicht durch aromatische Ringe (wie bei Phenoplasten) oder durch Säureamidgruppen (wie bei Aminoplasten) aktiviert waren.

H. Braun und W. Möck (loc. cit.) weisen im Anschluß darauf hin, daß die aus der Literatur und früheren Praxis bekannte Tatsache, daß Azeton-Formaldehyd-Verbindungen Hochveredlungseffekte auf Zellulosefasergeweben ergeben, eventuell dadurch erklärbar sei, daß *nicht* die reinen Methylole zur Anwendung gelangten, sondern die schwach alkalischen Reaktionsansätze, die weiters noch überschüssigen Formaldehyd enthielten. Vermutlich wirkten nicht die Methylole selbst, sondern deren Formale sowie Formaldehyd selbst.

Eine *Methylol-Aldehyd-Verbindung*, nämlich *Acrolein-Formaldehyd*, wurde von der Fa. *Dan-River Mills*, USA, 1952 als *Produkt X-2* propagiert[2] und seine Anwendung[3] angegeben.

Friedrich und Brun[4] stellten vor Jahren fest, daß Acrolein und Formaldehyd zusammen unter Bildung von Pentaerythrit $C(CH_2 \cdot OH)_4$ reagieren. Diese Verbindung ist für die Vernetzung von Zellulose nicht sehr wirksam.

[1] Mannich, C. u. W. Brose: Ber. dtsch. chem. Ges. **56**, 833 (1923).

[2] U.S.-Pat. 2,696.477.

[3] U.S.-Pat. 2,771.337.

[4] Friedrich u. Brun: Dtsch. Chem. Ber. **63 B**, 2681 (1930).

Das *X-2-Produkt* der *Dan-River Mills* wird durch *alkalische Kondensation* von Formaldehyd und Acrolein in Molekularverhältnissen von ungefähr 4 : 1 oder auch 6 : 1 gebildet.[1]

J. T. Marsh[2] weist ausdrücklich darauf hin, daß in der Literatur des öfteren das *Produkt X-2* fälschlicherweise als Azeton-Formaldehyd-Verbindung zitiert wird.

Die Konstitution der *X-2-Verbindung* ist unsicher. Nach Stam[3] könnte Sie folgendermaßen zusammengesetzt sein:

```
CH2                          | HO · H2C |    [ | CH2 · OH |        ]
||                                  |        [     |              ]
CH   +  HCHO  →             HO — C ——        [ — C ——— CH2 —      ] — | CH2 · OH |
|                                   |        [     |              ]
CHO                                CHO       [    CHO             ]n

                          | n = weniger als 5 |
```

Für die Anwendung zur Krumpffest-Ausrüstung von Reyongeweben war das *Produkt X-2* einigermaßen geeignet, jedoch *nicht* für Baumwolltextilien. Zum Erhalt eines Knitterfesteffektes bei Reyon oder Baumwolle müssen größere Mengen angewandt werden, wobei die mechanischen Festigkeitswerte *zu stark* absinken, so daß das Verfahren für den kommerziellen Einsatz *nicht* in Betracht kam.

S. Haworth und J. R. Holker[4] zeigten, daß, wenn Acrolein *in der Faser* polymerisiert wurde, gleichfalls eine Zellulosevernetzung eintrat.

Reyon- oder Baumwollgewebe wurden zunächst mit $^1/_{10}$ molarer Natriumthiosulfatlösung geklotzt (Abquetscheffekt 100%) und getrocknet. Dann wurden die Gewebe mit einer 10 bis 20%igen Acroleinlösung, welche Kaliumpersulfat (0,002 molar) enthielt, behandelt.

Die so ausgerüsteten Gewebe zeigten gute Knittererholung, doch nur mäßige Einreißfestigkeit und Widerstand gegen Scheuern. Die Zellulosevernetzung war *nicht* alkalibeständig und der Effekt wurde bereits durch eine Seifen-Sodawäsche aufgehoben.

### *b) Vernetzung der Zellulose mit anderen Aldehyden (außer Formaldehyd)*

In der Literatur wird eine Reihe von Aldehyden für die Hochveredlung von Zellulosefasern angeführt, wie Propionaldehyd, Glutaraldehyd, $\alpha$-Hydroxyadipinaldehyd und der Dialdehyd Glyoxal.

Doch war bis jetzt nur *Glyoxal* eine Zeitlang von größerem Interesse, und wurde für die Krumpffest-(Quellfest-)Ausrüstung von Regeneratzellulosefasern vorgeschlagen (*Sanforset-Verfahren*[5], Fa. Cluett & Peabody).

Die Anwendung von Glyoxal[6] läßt sich leichter (im Vergleich mit Formaldehyd) kontrollieren, doch ist Glyoxal weniger reaktionsfähig und benötigt wirksamere Katalysatoren bei der Hitzekondensation.

---

[1] U.S.-Pat. 2,696.477.

[2] Marsh, J. T.: Self-Smoothing Fabrics, S. 63. London: Chapman & Hall Ltd. 1962

[3] Stam: Amer. Dyestuff Rep. **44,** 251 (1955).

[4] Haworth, S. u. J. R. Holker: Die Veredlung von Zellulose mit polymerisiertem Acrolein. J. Soc. Dyers Col. **81,** 212 (1965).

[5] Mechequet: Teintex **18,** 787 (1953).

[6] I. G. Farbenindustrie A.G.: Brit. Pat. 439.294.

Glyoxal wird wegen seiner N-Freiheit zu den „Reactants" gerechnet. Die erzielten Effekte sind ziemlich waschfest. Wegen der negativen Begleiterscheinungen, wie Faservergilbung und -versprödung, Beeinträchtigung der Lichtechtheit der Färbungen, wird Glyoxal heute wohl kaum mehr in der Zelluloseveredlung verwendet. Doch ist es von Interesse für die Herstellung einiger ringförmiger Reactantharze (s. nachfolgend).

Glyoxal kann als eine Art Di-Formaldehyd aufgefaßt werden. Bei hoher Temperatur liegt es in monomerer Form als grünliches, stechend riechendes Gas vor. Beim Abkühlen entstehen gelbe, nadelförmige Kristalle, welche sich sofort zu einem festen, fast geruchlosen, wasserlöslichen Körper polymerisieren.

$$n \left( \begin{matrix} \text{H}-\text{C}=\text{O} \\ | \\ \text{H}-\text{C}=\text{O} \end{matrix} \right) \xrightarrow[\text{[+ HOH]}]{\text{Polymerisation}} n \left[ \begin{matrix} \text{H}-\text{C}(\text{OH})(\text{OH}) \\ | \\ \text{H}-\text{C}(\text{OH})(\text{OH}) \end{matrix} \right] \rightarrow \text{HO}-\left[ \begin{matrix} \text{OH} & \text{OH} \\ | & | \\ \text{C}- & -\text{C} \\ | & | \\ \text{OH} & \text{OH} \end{matrix} \right]_n -\text{OH};$$

[smaragdgrünes Gas] Polymeres Glyoxal

$n$ ist von der Glyoxalkonzentration abhängig. Eine 1%ige Lösung enthält die *monomere* Form; bei einer 3%igen Lösung beträgt $n = 3$ bis 4.

In Wasser bildet sich zunächst Tetrahydroxyäthan, dann polymeres Glyoxal.

$$2 \begin{matrix} \text{H}-\text{C}(\text{OH})(\text{OH}) \\ | \\ \text{H}-\text{C}(\text{OH})(\text{OH}) \end{matrix} \xrightarrow[\text{weiter}]{\text{und}} \text{O} \begin{matrix} \diagup \text{CH(OH)}-\text{CH(OH)} \diagdown \\ \diagdown \text{CH(OH)}-\text{CH(OH)} \diagup \end{matrix} \text{O} + 2\,H_2O \text{ usw.};$$

Tetrahydroxyäthan — Tetrahydroxydioxan [hydratisiertes Glyoxal]

*Hydratisiertes Glyoxal* verhält sich wie ein Polyalkohol und ist nicht flüchtig. In wässeriger Lösung reagiert es aber wie eine monomere Verbindung. Wegen seiner Nichtflüchtigkeit kann seine Anwendung gut unter Kontrolle gehalten werden. Es ist ferner geruchlos und für den menschlichen Organismus unschädlich.

Als bifunktionelle Verbindung kann Glyoxal mit *Amino- und alkoholischen OH-Gruppen* reagieren:

$$\begin{matrix} \text{NH}_2 \\ | \\ \text{CO} \\ | \\ \text{NH}_2 \end{matrix} + \begin{matrix} \text{CHO} \\ | \\ | \\ | \\ \text{CHO} \end{matrix} \xrightarrow[\text{pH-Wert 5 bis 7}]{\text{Zimmertemperatur}} \begin{matrix} \text{NH}-\!\!-\text{CH}-\text{OH} \\ | \qquad\quad | \\ \text{CO} \qquad\ | \\ | \qquad\quad | \\ \text{NH}-\!\!-\text{CH}-\text{OH} \end{matrix}$$

*Glyoxal-mono-urein* (4,5-Dihydroxy-imidazolidinon-[2])

und bei entsprechend *größerer Menge, erhöhter Temperatur* und beim *pH-Wert 1 bis 3* resultiert:

$$\begin{matrix} \text{NH}-\!\!-\text{CH}-\!\!-\text{NH} \\ | \qquad\quad | \qquad\quad | \\ \text{CO} \qquad\ | \qquad\ \text{CO} \\ | \qquad\quad | \qquad\quad | \\ \text{NH}-\!\!-\text{CH}-\!\!-\text{NH} \end{matrix}$$

*Glyoxal-di-urein* [Azetylendiharnstoff; BASF: DBP. 889.152 (1951)]

Es wird angenommen, daß Glyoxal mit den *alkoholischen Gruppen der Zellulose* (unter Mithilfe von $H^+$-Ionen und Hitze) Azetale unter Zellulosevernetzung (Herabsetzung der Faserquellung) bildet[1].

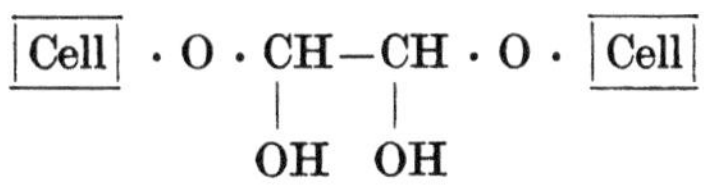

```
|Cell| · O · CH—CH · O · |Cell|
              |   |
             OH  OH
```

Diäther des Glyoxals mit Zellulose (Halbazetalform) (mit Säure spaltbar)

oder

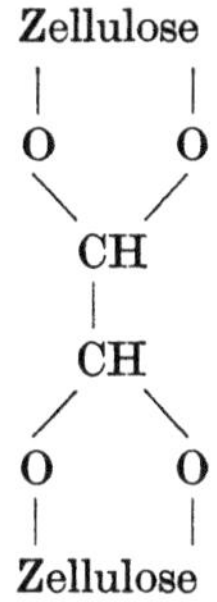

```
 Zellulose
  |     |
  O     O
   \   /
    CH
    |
    CH
   /   \
  O     O
  |     |
 Zellulose
```

Di-Zellulose-diazetal (mit Säure spaltbar). Nachgewiesen durch F. S. H. Head.

Bei der Ausrüstung der Zellulose (Zellwolle) mit Glyoxal ist im Vergleich zur Veredlung mit Aminoplastkondensaten die Gefahr eines größeren Faserfestigkeits*abfalles* gegeben. Die N-haltigen Kunstharze selbst wirken als gegen Säure puffernde Basen. Bei Glyoxal kann *keinerlei Abpufferung* der Katalysatorsäure erfolgen. Doch kann — im Gegensatz zu den N-haltigen Kunstharzen — *keine* Faserschädigung durch *Chlorretention* (s. S. 392) eintreten. Im Vergleich mit Formaldehyd resultieren geringere Ausrüstungseffekte und es tritt, wie schon vorstehend erwähnt, starke Faservergilbung ein.

J. Schurz und Mitarbeiter[2] verwendeten Glyoxal als Modell für die „Vergilbung" der Zellulose.

J. Schurz und Mitarbeiter sehen die Konfiguration

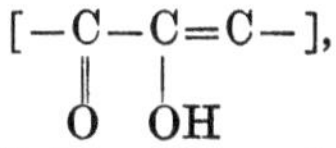

```
[—C—C=C—]
  ‖  |
  O  OH
```

kenntlich am UV-Maximum bei 3700 bis 3800 $mm^{-1}$, als Vorstufe für die Vergilbung der Zellulose (durch Hitze, Licht, Oxydationsmittel) an.

Ein sehr brauchbares Modell für das Studium dieser Vergilbung ist Glyoxal. Gewöhnlich verbinden sich 3 Moleküle in Hydratform zum sogenannten „polymeren Glyoxal":

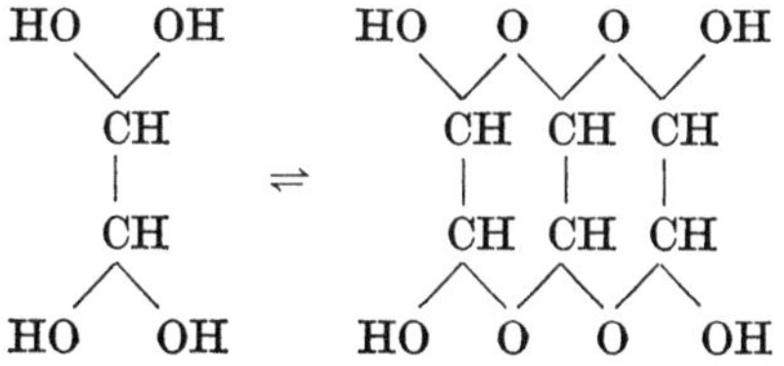

```
HO   OH          HO   O   O   OH
  \ /              \ / \ / \ /
  CH               CH  CH  CH
  |        ⇌       |   |   |
  CH               CH  CH  CH
  / \              / \ / \ / \
HO   OH          HO   O   O   OH
```

In Wasser gelöst, weist es beim UV-Spektrum etwa 3800 $mm^{-1}$ eine „Krümmung" auf, die dem Azetal-Chromophor (3700 bis 3800 $mm^{-1}$) entspricht. Auffällig ist, daß schon in schwacher NaOH zunächst ein Maximum bei 3380 $mm^{-1}$ gebildet wird, das bei längerem Stehen durch eines bei 3730 $mm^{-1}$ ersetzt wird. Zugleich färbt sich die Lösung gelb (reversibel bei Säurezugabe). In starker NaOH tritt „Verharzung" unter

[1] Hurwitz, M. D. u. L. E. Coulon: How Dialdehyds Affect Cotton Strength Crease Resistance. Textile World **107**, 124 (1957).

[2] Schurz, J., D. Kaempgen, M. Schlor u. K. Windisch: Beiträge zum Problem der Cellulose-Vergilbung. Das Papier **17**, 555 (1963).

Dunkelfärbung (braun bis schwarz) ein; es bildet sich ein „Teer", dessen UV-Spektrum ein Maximum bei etwa 3500 $mm^{-1}$ zeigt. *Schwache* Lauge erzeugt also nach einiger Zeit das 3750-Maximum, *starke Lauge* nur ein Maximum bei 3500 bis 3600 $mm^{-1}$. Die Autoren vermuten auch hier (wie bei vergilbter Zellulose) die Chromophore:

```
 |            |           |              |              |
 C=O          C—OH        C—OH           C—O⊖           C=O
 |            ‖           ‖              ‖              |
 C—OH         C—OH        C—O⊖           C—O⊖           C=O
 |            |           |              |              |
 C—
 |

 I            II          III            IV             V
 Keto-enol    4100        3700           3400           3400
              Di-enol     Enol-enolat-   Di-enolat-     Di-keto-
                          Ion            Ion            struktur
```

Es könnte hierbei das polymere Glyoxal etwa in folgender Form vorliegen:

```
      O    O    O                OH   O    O
      ‖    ‖    ‖                |    ‖    ‖
      CH   CH   CH               CH   CH   CH
      |    |    |        ⇌       ‖    |    |
      CH   CH   C                C    CH   CH
     /  \ /  \ /  \             / \  /  \ /  \
   HO    O    O    OH         HO    O    O    OH
```

wobei natürlich auch die weiteren Aldehydgruppen als Endiole vorliegen können und durch Ionisierung dann das Maximum des Enolats bei 3700 $mm^{-1}$ sowie (zusammen mit dem endständigen OH) das des Endiolats bei 3400 $mm^{-1}$ ergeben können.

Das Maximum bei 3300 bis 3400 $mm^{-1}$, das der Diketo-struktur (V) bzw. dem Di-enolat-Ion (IV) zukommt, scheint mit der visuellen Gelbfärbung in gewissem Zusammenhang zu stehen; es tritt häufig dann auf, wenn man es mit gelben Lösungen zu tun hat (Ascorbinsäure, Dihydroxy-azeton). Damit stimmt gut überein, daß die Diketo-Struktur an sich Gelbfärbung ergibt (z. B. ist Diazetyl intensiv gelb gefärbt).

Bei der Zellulosevergilbung — und dies kann man auch bei der Ausrüstung von Zellulose mit Glyoxal vermuten — tritt immer ein UV-Chromophor bei etwa 3750 $mm^{-1}$ auf (im sauren Milieu etwa 4050 $mm^{-1}$).

Weiters wurden auch die *Reaktionsprodukte von Äthylenimin mit Dialdehyden* (Glyoxal, Glutaraldehyd) *und mit Monoaldehyden* (Acrolein, Crotonaldehyd) auf ihre Eignung für die Herstellung von Wash-and-Wear-Baumwollgeweben geprüft[1].

Mit *Dialdehyd-Äthylenimin-Reaktionsprodukten* resultierte nur eine geringe Knitterwinkelerhöhung, da wegen der rasch eintretenden Polymerisation dieser Körper keine Möglichkeit besteht, Querbrücken mit Zellulose auszubilden. Im Falle der *Reaktionsprodukte von Mono-aldehyden mit Äthylenimin* resultierten im Falle von *Crotonaldehyd-Äthylenimin* gleichfalls unbefriedigende Knitterwinkel. *Acrolein-Äthylenimin* würde genügend hohe Knitterwinkel ergeben, doch tritt Gelbfärbung der Faser auf, die nicht durch Bleichmittel entfernbar ist. Daher kommt das Verfahren keinesfalls für Weißwaren in Betracht.

---

[1] Chance, J. H., R. M. Perkins u. W. A. Reeves: Aldehydäthylenimin-Reaktionsprodukte als Ausrüstungsmittel für Baumwollgewebe. Text. Res. J. **30**, 305 (1960).

## II. Vernetzung der Zellulose (Baumwolle) mit N-Methylolverbindungen (Reactantvernetzer)

Die Methylolverbindungen des Harnstoffs wie auch des Melamins zeigen, wie schon erwähnt, eine unbefriedigende Waschfestigkeit und Wärmestabilität der Effekte und ein gegen chlorhaltige Waschflotten zu hohes Chlorrückhaltevermögen, was zu Gewebeschädigungen führt. Die Methylolverbindungen dieser Verbindungen weisen noch den Nachteil auf, daß sie die *Neigung* haben, später am ausgerüsteten Gewebe unangenehmen Geruch (Fischgeruch: Trimethylamin) zu entwickeln.

Die vorstehend behandelten *Aldehydausrüstungen der Zellulose* zeigen diese Nachteile nicht, doch ergeben sie bei guter *Naß*knitterfestigkeit nur eine ungenügende *Trocken*knitterfestigkeit. Daher muß hier noch eine zusätzliche gleichzeitige oder nachfolgende Ausrüstung mit härtbaren Kunstharzvorprodukten mit erfolgen, um dem Gewebe die für Wash-and-Wear-Ausrüstungen geforderte *Trocken*knittererholung zu verleihen.

Im Laufe der Zeit wurde eine Reihe weiterer Methylolverbindungen von ringförmiger und auch geradkettiger Struktur aufgefunden, welche den älteren Aminoplastausrüstungen insbesondere hinsichtlich der Waschfestigkeit überlegen sind und zum Teil auch befriedigende Wash-and-Wear-Effekte auf Baumwolle resultieren lassen.

### 1. Verbindungen, die sich von einer allgemeinen ringförmigen Struktur ableiten

(Stabile Fünf- und Sechsringsysteme; zyklische Harnstoffe)

Die Beobachtung, daß die Chlorretention von Baumwollgeweben nach einer Behandlung mit Chlorbleichmitteln um so geringer ist, je weniger die Grundsubstanz der Kunstharztype *H-Atome am Stickstoff gebunden* enthält, führte zu einem eingehenden Studium zahlreicher Verbindungen, welche unter dem Begriff *Reactantharze* (s. S. 5) zusammengefaßt werden.

Doch haben nur wenige Vertreter derselben kommerzielle Bedeutung erlangt, wie z. B. Dimethylol-Äthylen- und -Propylenharnstoff, Triazinonverbindungen und Methoxymethyluron.

Diese zyklischen Verbindungen leiten sich von Harnstoff, Thioharnstoff, Guanidin, Sulfamiden und Phosphonamiden ab. Sie besitzen die *allgemeine* Struktur:

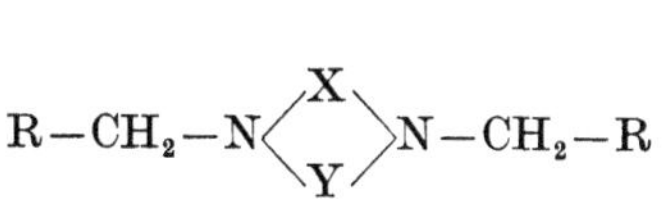

$$R-CH_2-N\langle{}^{X}_{Y}\rangle N-CH_2-R$$

wobei bedeutet:

| R: $-OH$, $-OR'$, $-NR_3'$ |
|---|

| X: $>C=O$; | $>C=S$; | $>C=SH$; |
|---|---|---|
| $>SO_2$ | $>PO_2$ | |

Y: $-CH_2-CH_2-$; $-CH_2-CH_2-CH_2-$;

$-CH_2-O-CH_2-$; $-CH_2-CH(OH)-CH_2-$;

$-CH(OH)-CH(OH)-$; $-CH(OH)-CH_2-CH(OH)-$;

$-C(=O)-C(=O)-$; $-C(=O)-CH_2-C(=O)-$

und andere mehr.

Keinerlei kommerzielle Bedeutung für die Hochveredlung von Baumwollgeweben haben die entsprechenden analogen Verbindungen des Thioharnstoffs, des Guanidins, wie auch der entsprechenden Sulfonamide und Phosphonamide erlangt. So liefern z. B. analoge Derivate des Thioharnstoffs auf Zellulosefasern wohl gute Effekte, doch steht der praktischen Anwendung die relativ hohe Chlorretention entgegen.

Werden Dimethylol-Äthylenharnstoff, Triazinonderivate und Urone in *reiner Form* angewandt, so sind sie ausgezeichnete Reactantharze. Doch sind die *entsprechenden Handelsprodukte* in ihrer Zusammensetzung und somit in ihrer Wirksamkeit *sehr schwankend*. Schon der relativ einfach konstituierte Dimethylol-Äthylenharnstoff ist nicht in reiner Form im Handel. Insbesondere trifft dies auch für Triazinone und Uronderivate zu. Bei ihrer Herstellung betragen die Ausbeuten an Reinsubstanz nur 50 bis 60%. Ihre Reindarstellung durch Umkristallisieren ist preislich meist nicht tragbar.

In den letzten Jahren werden die einzelnen Reactantharztypen nicht allein für sich angewandt. Zwecks Verminderung der späteren Geruchsentwicklung, Verfärbungsneigung, Chlorrückhaltevermögen und Verbesserung der Wirksamkeit, wie auch um gleichzeitig preiswertere Handelsprodukte auf den Markt zu bringen, werden *Mischungen derselben* angewandt, wie z. B. Dimethylol-Äthylenharnstoff mit Dimethylol-Harnstoff, Methylolmelamine, Epoxyverbindungen, weiters auch mit zusätzlichem Formaldehyd (s. Aldehydreaktionen S. 62) und Methylolamiden.

Die Einführung insbesondere der stabilen Fünf- und insbesondere Sechsringsysteme (zyklische Harnstoffe) war ein wesentlicher Fortschritt in der Wash-and-Wear-Ausrüstung von Baumwolle. Der wichtigste Vertreter wurde hier die Dimethylolverbindung des zyklischen Äthylenharnstoffes.

Diese zyklischen Produkte sind nach der Kondensation *frei* von NH-Gruppen und weisen daher nur niedere Chlorretention auf. Bei wiederholten Wäschen kann allerdings unter Abgabe von Formaldehyd an den nicht umgesetzten methylolischen Gruppen eine Aufspaltung erfolgen, welche Chlorretention mit nach sich ziehender Faservergilbung und -schädigung auslösen kann. Auch bei Säurebehandlungen und sogar beim Lagern der ausgerüsteten Baumwollgewebe können solche Spaltungen und somit Chlorretention auftreten. Sie sind aber *verhältnismäßig gering*, so daß typische Faserschädigungen im Vergleich zur älteren Aminoplastausrüstung *viel weniger* auftreten. Grundsätzlich drängt eine *intensivere Auskondensation des applizierten Baumwollgewebes* die Chlorrention zurück. Festgestellt wurde, daß die Verwendung von Metallsalzkatalysatoren (wie z. B. Zinknitrat bei Dimethylol-Äthylenharnstoff) die Neigung zur Chlorretention *vermindert*.

Die *höhere Resistenz* der „Reaktivharze" beruht nach R. Loss[1] auf ihrer höheren Bildungsenergie, d. h. zur Aufspaltung der Kondensationsprodukte sind somit auch intensivere Bedingungen nötig.

Durch kochende Behandlung von reaktivharz-ausgerüsteten Baumwollgeweben mit etwa $n/10$ - Salzsäure wird das „Kunstharz" praktisch quantitativ hydrolysiert und kann somit wieder von der Baumwolle völlig „abgezogen" werden.

Die *Knitterfreiheit* von reaktivharz-ausgerüsteten Baumwollgeweben liegt gegenüber unbehandelter Ware um etwa 40 bis 60% höher und entspricht ungefähr etwa der der älteren Aminoplastausrüstung; doch ist die Resistenz gegen Wäsche bedeutend besser! Wird vom Ausrüster eine erste milde Wäsche (Wäsche nach der Kondensation) durchgeführt, so kann nach R. Loss (loc. cit.) die Resistenz gegen Wäsche praktisch konstant gehalten werden.

Auch bei der Ausrüstung mit „Reaktivharzen" erleiden kristalline Fasern (wie Baumwolle oder Leinen) eine *Verminderung der Gewebereißfestigkeit bis zu 30%*. Durch geeignete Auswahl der Rohbaumwollware (Faser, Bindung) kann dieser Reißfestigkeitsverlust in der Praxis in Kauf genommen werden. In Grenzfällen muß zwischen Erhöhung des Knitterwinkels und Verlust der Gewebereißfestigkeit ein Kompromiß geschlossen werden (s. auch nachfolgend bei „No-Iron-Charakter").

Die *Dimensionsstabilität der ausgerüsteten Baumwollgewebe* (% Gewebeeinsprung in Kett- oder Schußrichtung) läuft parallel mit der Knitterfreiheit, d. h. „Reaktivharze" bewirken eine gute Dimensionsstabilität. Die Schrumpfwerte reaktivharz-ausgerüsteter Baumwollgewebe liegen in der Regel unter 3% (bei 20 Minuten langem Kochen mit einer Seifenlösung von 5 g/l).

Durch teilweise Ätherbrückenbildung oder auch Wasserstoffbrückenbildung wird eine Anzahl der hydrophilen OH-Gruppen der Zellulose blockiert. Dadurch zeigen Reaktivharz-ausgerüstete Baumwollgewebe im Vergleich mit dem ursprünglichen Gewebe eine *geringere Wassersaugfähigkeit.* Diese *teilweise* Hydrophobie bewirkt, daß die *Trockenzeiten* des genäßten Gewebes im Vergleich zur Rohware *bedeutend kürzer* liegen. In dieser Hinsicht liegt ein analoges Verhalten mit synthetischen Fasertextilien (z. B. Polyamiden) vor.

*Faltenfreies Waschen und Trocknen ohne zu Bügeln (No-Iron-Charakter):* Es wird bei reaktiv-ausgerüsteten Baumwollgeweben nicht nur die *Trockenstabilität* gegen Falten (Knitterwinkelmessung), sondern auch die *Naß*stabilität erfaßt (Knitterbild). Es ist noch nicht einwandfrei gelungen, ohne gleichzeitig einen zu großen Reißfestigkeits- und Scheuerfestigkeitsverlust zu erhalten, Reaktivharz-ausgerüstetem Baumwollgewebe einen tatsächlich einwandfreien No-Iron-Charakter zu geben, d. h. das konfektionierte Textilstück faltenfrei, ohne daß ein Bügeln nötig ist, zu trocknen. Meistens ist ein *mäßiges Nachbügeln* erforderlich (Minimum Care Cotton, Rapid Iron), oder eine etwas unruhige, boldrige Gewebeoberfläche muß in Kauf genommen werden.

*Chlorretention:* In gewissen Staaten wird in kommerziellen Wäschereien neben der üblichen Seifenwäsche oder Wäsche mit Waschpulverflotten auch mit verdünnten Javelle-Wasser (Hypochlorit) gewaschen bzw. gebleicht. Das zurückgehaltene, nicht durch Waschen entfernbare Chlor ergab bei der älteren Aminoplast-Ausrüstung bei Hitzeeinwirkung (Bügeln, Kalandern) Faserschä-

---

[1] Loss, R.: Die Kondensation von Harnstoff-Formaldehyd-Kunstharzen auf Zellulosegeweben. Textil-Rundschau (St. Gallen) **12**, 502 (1957). — Loss, R.: Reaktivharze zur Knitterfreiausrüstung von Baumwolle. Chem. Rdsch. (Solothurn/Schweiz) **1958**, Nr. 23, 608.

digungen und Faservergilbungen. Reaktivharz-Ausrüstungen auf Baumwolle verhalten sich hier günstiger. R. Loss (loc. cit.) führt auf Grund von Versuchen aus, daß bei Verwendung von „Reaktivharzen" (besonders Dimethylol-Äthylenharnstoff), unter der Voraussetzung, daß die Kondensation richtig durchgeführt wurde, kaum Praxisschäden durch Chlorbehandlungen auftreten würden (wobei als Bügelzeit und -temperatur weniger als 5 Sekunden und etwa 200° C angegeben werden).

Hierzu bemerkt aber später G. Pusch[1], daß mit N-haltigen Reactantharzen auf Baumwolle wohl gute Wash-and-Wear-Effekte erzielt werden, doch bestehen wegen der mangelnden Chlorbeständigkeit und der Minderung der Gewebereißfestigkeit weiterhin Wünsche in Hinblick auf Neuentwicklungen (N-freie reaktive Zellulosevernetzer; Reactants).

Zu nachfolgender Anführung der *hier einschlägigen Produkte* wird bemerkt, daß es einige Schwierigkeiten bereitete, die *Aufteilung nach dem chemischen Charakter* derselben, welche auf Fünf- und Sechsring-Körpern basieren und der heterozyklischen Chemie zuzuzählen sind, vorzunehmen. Es wird hier auch auf die Werke von A. Adrien und von Katritzky und Mitarbeiter, wie auf R. C. Elderfields[2] verwiesen.

### a) *Imidazolidinon-Derivate*[3]

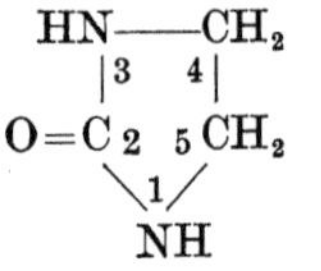

```
HN——CH₂
 |3   4|
O=C2  5CH₂
  \1/
  NH
```

*Zykl. Äthylenharnstoff:* 2-Imidazolidon (oder exakter 2-Imidazolidinon) oder 1,3-Diaza-zyklopentanon-(2)

abgeleitet vom Grundkörper *Imidazol* (oder Glyoxalin):

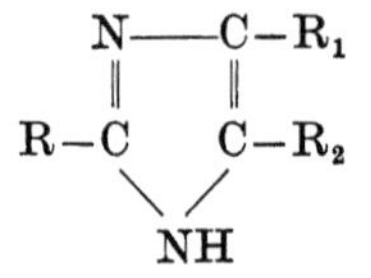

```
    N——C–R₁
    ‖   ‖
R–C     C–R₂
    \  /
     NH
```

*Azole* sind fünfgliedrige Heterozyklen mit 2 Heteroatomen. Das zweite Heteroatom (N) gibt den Namen: Imid-azol.

Variationsfähige *Synthese für Imidazolderivate:* Kondensation von 1,2-Dicarbonylverbindungen mit $NH_3$ und Aldehyd:

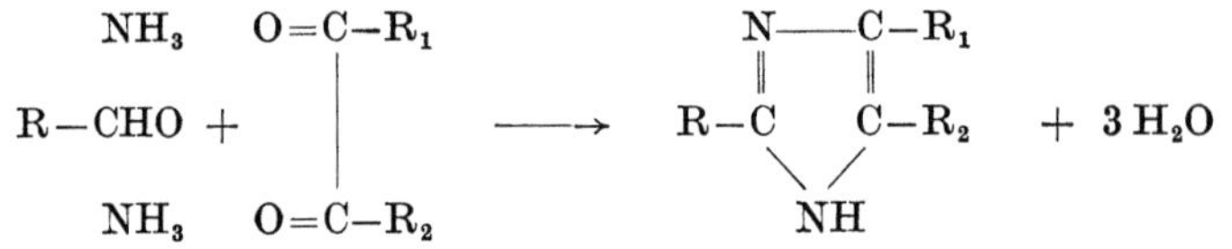

```
     NH₃   O=C–R₁              N——C–R₁
                |              ‖   ‖
R–CHO +         |   ——→   R–C     C–R₂   + 3 H₂O
                |              \  /
     NH₃   O=C–R₂               NH
```

*Imidazol* selbst bildet sich aus Glyoxal + Formaldehyd + $NH_3$; daher auch der 2. Trivialname der Verbindung: *Glyoxalin.*

Die Imidazole sind einsäurige Basen und bilden mit Mineralsäuren wasserbeständige Salze.

---

[1] Pusch, G.: Harzhaltige und harzfreie Hochveredlung unter besonderer Berücksichtigung der Wash-and-Wear-Ausrüstung. 1. Mitt. Melliand Textilber. **42**, 328 (1961).

[2] Adrien, A.: Chemie der Heterocyclen (mit neuartigem Einteilungsprinzip). Deutsche Übersetzung von Fr. Arndt. Weinheim/Bergstr.: Verlag Chemie. 1962. — Katritzky, A. R. u. Jeanne M. Lagowski: Heterocyclic Chemistry. London: Methuen & Co. Ltd. und New York: J. Wiley & Sons, Inc. 1960. — Elderfields, R. C.: Heterocyclic Compounds, Bd. VI. New York: J. Wiley & Sons. 1957.

[3] Hofmann: Imidazole and Its Derivatives. New York: Interscience. 1953.

Wenn für Imidazolidinon der Trivialname *Äthylenharnstoff* verwendet wird, so handelt es sich um den *zyklischen* Äthylenharnstoff, denn es gibt auch *lineare Äthylenharnstoffe*. Diese sind in den Jahren 1939 bis 1945 unter dem Sammelnamen *Persistole* bekannt geworden. Sie werden durch Reaktion von verschiedenen Isozyanaten und Äthylenimin hergestellt. Es gibt mono- und bifunktionelle Persistole:

$$R-NH-CO-N\begin{matrix} CH_2 \\ | \\ CH_2 \end{matrix} \qquad \text{monofunktionell}$$

$$\begin{matrix} R-NH-CO-N\begin{matrix} CH_2 \\ | \\ CH_2 \end{matrix} \\ | \\ CH_2 \\ | \\ R-NH-CO-N\begin{matrix} CH_2 \\ | \\ CH_2 \end{matrix} \end{matrix} \qquad \text{bifunktionell}$$

R = langkettiger aliphatischer Rest

Zu den *Imidazolidon-Derivaten*, welche textiles Interesse haben, zählen:

1. *Zyklischer Äthylenharnstoff*,
2. *Dihydroxy-äthylenharnstoff*.

*a)* Dimethylol-Äthylenharnstoff (-Imidazolidinon-[2])

## Literaturverzeichnis


Borghetti, H. C.: Die Anwendung von knitterechten Appreturen auf Baumwolle. Amer. Dyestuff Rep. **44,** 557 (1955).

Frick, J. G. jr., B. A. Kottes u. J. D. Reid: Chemical and Physical Effects of Finishing Cotton with Methylol Derivatives of Ethylene Urea. Text. Res. J. **29,** 314 (1959).

Jones, F. B., H. G. Hammon, R. J. Leininger u. R. G. Heiligmann: The In Situ Polymerization of Methylene Urea and Ethylene Amides within the Fibres of Cotton. Text. Res. J. **31,** 57 (1961).

Kullmann, R. M. N., J. G. Frick, jr., R. M. Reinhardt u. J. D. Reid: Cross-Linking Etherified Cottons with Dimethylol-Ethylene Urea. Text. Res. J. **31,** 877 (1961).

Lawrence, E. W. u. R. H. Phillips: Wasch- und Tragwaren. Amer. Dyestuff Rep. **45,** 548 (1956).

Marsh, J. T.: Zyklischer Äthylenharnstoff oder Imidazolidon. Text. Manufacturer **84,** 527 (1958).

Mazzeno, L. W. jr., M. H. Russel, R. M. H. Kullmann, R. M. Reinhardt u. J. D. Reid: Der Einfluß des gewerblichen Waschens auf mit zyklischem Dimethylol-Äthylenharnstoff behandelte Baumwollgewebe. Amer. Dyestuff Rep. **47,** 609 (1958).

Smith, A. R.: Einige Beobachtungen über die Chloraufnahme von mit Dimethylol-Äthylenharnstoff behandelten Geweben. Amer. Dyestuff Rep. **48,** 49 (1959).

Walter, H. C., J. K. Buxbaum u. L. Qu. Grenn: The Mechanism of Crease Resistance Development on Cellulosic Fabrics Treated with Dimethylol Ethylene Urea. Text. Res. J. **27,** 146 (1957).

Williams, Ch. R.: Untersuchung von Baumwollgeweben mit der Kennzeichnung „Waschen ohne zu Bügeln". Amer. Dyestuff Rep. **45,** 472 (1956).

Zyklischer Äthylenharnstoff ist leicht herstellbar und kann nach verschiedenen Verfahren hergestellt werden.

*1. Verfahren:* Äthylendiamin wird mit Kohlensäure in fester Form vermischt oder in dasselbe gasförmige $CO_2$ eingepreßt, worauf die Mischungen im Autoklaven mehrere Stunden bei 200 bis 220° C erhitzt werden[1].

Nach amerikanischen Angaben wird bei 500 pound per inch² (= 28 kg/cm²) Druck und bei einer Temperatur von 230° C erhitzt[2].

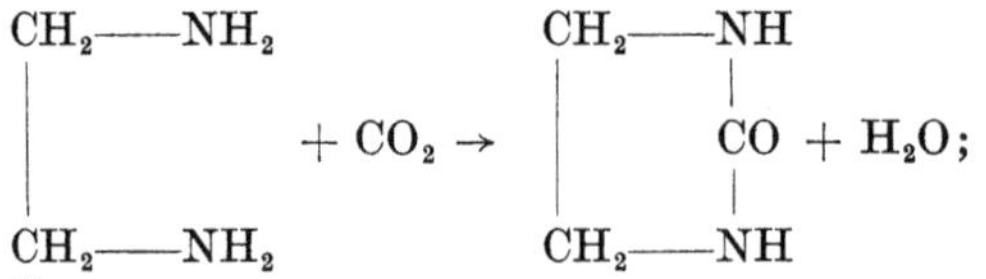

$$\begin{array}{l} CH_2{-}{-}NH_2 \\ | \\ CH_2{-}{-}NH_2 \end{array} + CO_2 \rightarrow \begin{array}{l} CH_2{-}{-}NH \\ |\qquad\quad | \\ |\qquad\quad CO \\ |\qquad\quad | \\ CH_2{-}{-}NH \end{array} + H_2O;$$

Äthylendiamin

Mit Formaldehyd wird dann die Dimethylol-Verbindung erhalten:

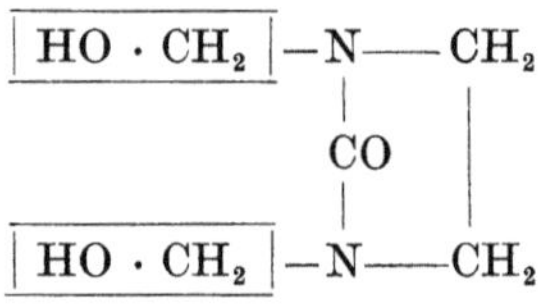

$$\begin{array}{l} \boxed{HO \cdot CH_2}{-}N{-}{-}CH_2 \\ \qquad\qquad\;\; | \qquad | \\ \qquad\qquad\; CO \quad\; | \\ \qquad\qquad\;\; | \qquad | \\ \boxed{HO \cdot CH_2}{-}N{-}{-}CH_2 \end{array}$$

*2. Verfahren* (in der Praxis am meisten durchgeführt): Die Umsetzung von Äthylendiamin mit Harnstoff liefert Äthylenharnstoff in hoher Ausbeute unter der Voraussetzung, daß Wasser als „reaktionsmilderndes" Mittel zugegen ist[3].

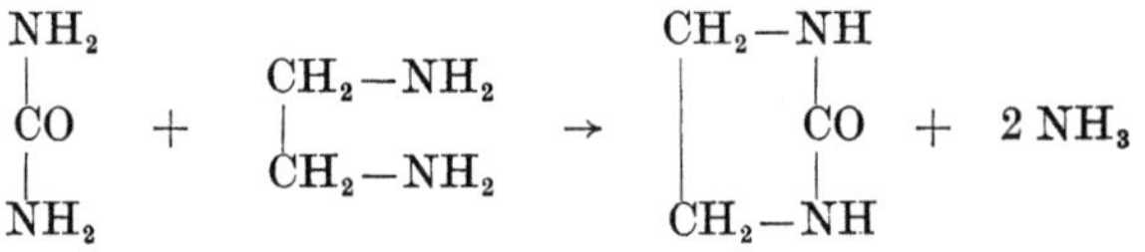

$$\begin{array}{l} NH_2 \\ | \\ CO \\ | \\ NH_2 \end{array} + \begin{array}{l} CH_2-NH_2 \\ | \\ CH_2-NH_2 \end{array} \rightarrow \begin{array}{l} CH_2-NH \\ |\qquad\; | \\ |\qquad\; CO \\ |\qquad\; | \\ CH_2-NH \end{array} + 2\,NH_3$$

Ein äquimolekulares Gemisch von Harnstoff und wässeriger Äthylendiamin-Lösung (68 Gew.-% Diamin und 32 Gew.-% Wasser) wird unter Rückflußkühlung erhitzt, wobei Wasser langsam entfernt wird und der bei der Reaktion freigesetzte Ammoniak entweichen kann. Das Reaktionsgemisch geht vom flüssigen Zustand zu einer dicken Paste über und zum Schluß in eine klare Schmelze, bestehend aus reinem Äthylenharnstoff in *beinahe quantitativer Ausbeute.*

*3. Verfahren:* Die Synthese von Äthylenharnstoff aus Äthylenglykol und Harnstoff erfolgt nach einem Zweistufen-Verfahren[4].

*1. Stufe:* Äthylenglykol und ein mehrfacher molarer Überschuß an Harnstoff werden mehrere Stunden nach und nach von 150 auf 240° C erhitzt, wobei Ammoniak und Kohlensäure entweichen. Es resultiert eine Flüssigkeit, die beim Abkühlen zu einem spröden Harzfestkörper wird.

*2. Stufe:* Das Harzzwischenprodukt wird bei ungefähr 250° C hydrolysiert, wobei eine Ausbeute von 55% an Äthylenharnstoff resultiert.

---

[1] DRP (BASF) 918.984.

[2] Mulvaney u. Evans: Ind. Engng. Chem. **40,** 393 (1948).

[3] Schweitzer, C. E.: Äthylenharnstoff. I. Synthese aus Harnstoff und Äthylendiamin. J. Org. Chem. **15,** 471 (1950).

[4] Schweitzer, C. E.: Äthylenharnstoff. II. Synthese aus Äthylenglykol oder Äthylendiamin und Harnstoff (oder $CO_2$ und $NH_3$). J. Org. Chem. **15,** 475 (1950).

$$\begin{array}{c} CH_2-OH \\ | \\ CH_2-OH \end{array} + 2\ \begin{array}{c} NH_2 \\ | \\ CO \\ | \\ NH_2 \end{array} \longrightarrow \begin{array}{c} NH_2 \\ | \\ CO \\ \diagdown \end{array} O - CH_2 - CH_2 - O \begin{array}{c} NH_2 \\ | \\ CO \\ \diagup \end{array} + 2\,NH_3$$

Carbamidacid-ester von Äthylenglykol

$$\downarrow \quad \downarrow$$

$$NH_2-CH_2-CH_2-NH_2 + 2\,CO_2$$

Das gebildete Äthylendiamin kann sich weiter mit Harnstoff zu Äthylenharnstoff umsetzen.

Dimethylol-Äthylenharnstoff (DMÄH) ist eine stabile Verbindung; farb- und geruchlos; fest; in Wasser, Methanol, Äthylalkohol leicht und klar löslich. *DMÄH* kommt in hinreichender Reinheit bei mäßigem Preis in den Handel. Er verleiht den Zellulosefasertextilien gute Knitter- und Formbeständigkeit und ist gegenwärtig die am meisten verwendete „reaktive" Harnstoffverbindung.

Wenn der Wasserstoff der NH-Gruppen in Dimethylol-Harnstoff substituiert wird, so entstehen nachfolgende Verbindungen:

$$\boxed{HO \cdot CH_2} - \underset{R}{\underset{|}{N}} - CO - \underset{R}{\underset{|}{N}} - \boxed{CH_2 \cdot OH}$$

Verbindungen dieses Typus haben, wie z. B. zyklischer Dimethylol-Äthylenharnstoff, nur zwei reaktionsfähige Gruppen im Molekül, welche *nicht mehr* zu einem drei-dimensionalen Kunstharz kondensieren. Bei weiterer Kondensation resultiert nur ein *Kettenmolekül.* Letzteres ist thermoplastisch und in Wasser löslich. Gegen Säurelösungen ist es stabil und gibt hierbei keine Ausfällungen, wie letzteres bei Methylolharnstoff der Fall ist[1].

Nach J. T. Marsh (loc. cit.) soll bei $H^+$-Ionen-katalysierter Kondensation von DMÄH mit Zellulose mit letzterer eine direkte chemische Verbindung über eine Ätherbrücke vorliegen. Dies wird durch die Tatsache erhärtet, daß sowohl Polyvinylalkohol als auch der *DMÄH für sich allein* löslich sind, sich aber zusammen zu einem *unlöslichen Methylenäther* verbinden, welcher gegen Alkali beständig, durch Säure aber hydrolysierbar ist.

Nach den Untersuchungen von Walter, Buxbaum und Green[2] soll zyklischer Dimethylol-Äthylenharnstoff *(DMÄH)* in Gegenwart von $H^+$-Ionen bei höherer Temperatur mit Baumwolle reagieren, wobei neben der Verbesserung von Knitterfestigkeit und Flächenstabilität die Quellung in Wasser vermindert und die Faser in Kuoxam unlöslich wird. Weiters zeigten die Autoren mit Hilfe des Tollensschen Reagens, daß die Reaktion mit Zellulose sich gleichmäßig über den ganzen Faserquerschnitt erstreckt und daß keine Ablagerung von Kunstharz auf der Faseroberfläche erfolgt.

Nach T. F. Cooke et al.[3] bildet DMÄH *für sich allein erhitzt* (4 Stunden) ein *lineares Polymer mit 17 Einheiten.* In Gegenwart von Zellulose liefert DMÄH mit dieser ein unlösliches Produkt, wahrscheinlich fast sicher mit einem Quervernetzungseffekt:

---

[1] Marsh, J. T.: Theoretical and Practical Aspects of the Use of Resins for Crease-Resistance. Textil-Rundschau (St. Gallen) **12**, 485 (1957).

[2] Walter, H. C., J. K. Buxbaum u. L. Q. Green: The Mechanis of Crease Resistance Development on Cellulosic Fabrics Treated with Dimethylolethylene Urea. Text. Res. J. **27**, 146 (1957).

[3] Cooke, T. F., P. B. Roth, J. M. Salsbury, G. Switlyk u. W. J. Van Loo: Text. Res. J. **27**, 150 (1957).

$$\text{Cell}-\text{O}-\text{CH}_2-\underset{\diagdown\ \text{CO}\ \diagup}{\overset{\text{CH}_2-\text{CH}_2}{\text{N}\qquad\text{N}}}-\text{CH}_2-\left[-\text{O}-\text{CH}_2-\underset{\diagdown\ \text{CO}\ \diagup}{\overset{\text{CH}_2-\text{CH}_2}{\text{N}\qquad\text{N}}}-\text{CH}_2-\right]-\text{O}-\text{Cell}$$

Nicht bekannt ist die tatsächliche Form der Bindung, denn die vorstehende Struktur kann Formaldehyd abspalten unter Ausbildung von

$$\text{Cell}-\text{O}-\text{CH}_2-\underset{\diagdown\ \text{CO}\ \diagup}{\overset{\text{CH}_2-\text{CH}_2}{\text{N}\qquad\text{N}}}-\text{CH}_2-\left[-\underset{\diagdown\ \text{CO}\ \diagup}{\overset{\text{CH}_2-\text{CH}_2}{\text{N}\qquad\text{N}}}-\text{CH}_2-\right]-\text{O}-\text{Cell},$$

wobei die Methylenbindungen gegen hydrolytische Einflüsse stabiler sind als die Methylenätherbindeglieder.

H. Staudinger[1] untersuchte die Kondensation der Methylol-Verbindung von zykl. Äthylenthioharnstoff (als Modellsubstanz). Das resultierende Kondensat wurde mit *p*-Chlorbenzoylchlorid umgesetzt. Die Untersuchung des resultierenden Umsetzungsproduktes durch Elementaranalyse und durch Molekulargewichtsbestimmung (kryoskopische wie auch Endgruppenbestimmung) ergab eine *dreifach molekulare* Verbindung mit einer *Methylen-bisamid-Struktur*:

$$\text{Cl}-\text{C}_6\text{H}_4-\text{CO}-\underset{\diagdown\ \text{C=S}\ \diagup}{\overset{\text{CH}_2-\text{CH}_2}{\text{N}\qquad\text{N}}}-\text{CH}_2-\underset{\diagdown\ \text{C=S}\ \diagup}{\overset{\text{CH}_2-\text{CH}_2}{\text{N}\qquad\text{N}}}-\text{CH}_2-\underset{\diagdown\ \text{C=S}\ \diagup}{\overset{\text{CH}_2-\text{CH}_2}{\text{N}\qquad\text{N}}}-\text{CO}-\text{C}_6\text{H}_4-\text{Cl}$$

Die Kondensate von zykl. Äthylenthioharnstoff sind *nieder*molekulare, *lineare* Verbindungen mit endständigen Methylolgruppen, welche mit den OH-Gruppen der Zellulose reagieren können.

Eine mit großem Energiegefälle verlaufende eigentliche Kunstharzbildung (dreidimensional) tritt nicht ein, so daß die Reaktion mit Zellulose bevorzugt ablaufen kann. Doch erfordert diese Reaktion nach R. Allscher[2] geeignete Katalysatorsubstanzen sowie optimale Bedingungen, d. h. ausreichende Zeit und Wärmezuführung bei der thermischen Endbehandlung des applizierten Baumwollgewebes. Andernfalls resultieren Ausrüstungseffekte, welche Chlorretention zeigen. In dieser Hinsicht ist auch die für alle N-Methylol-Verbindungen geltende Gleichgewichtsreaktion zu berücksichtigen:

$$-\text{NH}_2 + \text{HCHO} \rightleftharpoons -\text{NH}-\text{CH}_2\cdot\text{OH}$$

Nach R. Allscher (loc. cit.) und Reinhardt[3] verhalten sich daher Formaldehyd-reichere Methylol-Verbindungen des zyklischen Äthylenharnstoffs (über das Molverhältnis 1 : 2 hinausgehend) in der Ausrüstung hinsichtlich der Chlorretention günstiger.

---

[1] Staudinger, H.: Z. makromol. Chem. **12,** 81 (1955).

[2] Allscher, R.: Textil-Praxis **14,** 944 (1959).

[3] Reinhardt: Amer. Dyestuff Rep. **47,** 505 (1958).

Ch. R. Williams[1] wie auch E. W. Lawrence und R. H. Phillips[2] stellten bei vergleichenden Untersuchungen fest, daß DMÄH hinsichtlich der Ausrüstung von Baumwolle den älteren Kunstharzen (Dimethylol-Harnstoff, Methylolverbindungen des Melamins) überlegen ist.

Da der Maximaleffekt der Knittererholung bei der Ausrüstung von Baumwollgeweben mit DMÄH bei ungefähr 11% Gewichtszunahme („Harzeinlagerung") eintritt und da nur etwa 40% der Baumwollfaser „zugänglich" sind, würde nach Überlegungen von Foster[3] dies einem Verhältnis von einer Methylolgruppe zu einer Zelluloseeinheit entsprechen.

Der große Vorteil von DMÄH im Vergleich zu den älteren N-Aldehyd-Harzen liegt in ihrer Wirksamkeit, nämlich daß die Verbindung mehr zellulose-vernetzend wirkt und weniger dazu neigt, mit sich selbst zu vernetzen. In der Praxis verwendet man daher allgemein eine Imprägnierbadkonzentration, welche das Warengewicht nach der Ausrüstung um ungefähr 4% erhöht. Im Vergleich hierzu benötigen Melamin-Formaldehyd-Ausrüstungen höhere und Harnstoff-Formaldehyd-Ausrüstungen noch höhere Kunstharzauflagerungen für eine gute Knittererholung.

Hinsichtlich der Anwendungsmengen von DMÄH ergeben sich nach F. Fortess[4] auf Baumwolle folgende Effekte:

1% DMÄH ... genügt für Krumpffest-Effekt und für das Unlöslichmachen der Baumwollfaser in Kuoxam;

3 bis 4% DMÄH ... ergibt Trocken- und Naßknitterechtheit;

5 bis 6% DMÄH ... nötig zum Erhalt von Wash-and-Wear-Ausrüstung der Baumwollgewebe.

Da bei DMÄH freie H-Atome am Stickstoff fehlen, kann z. B. in wässeriger saurer Lösung auch durch längeres Kochen *keine* Kondensation zu einem *dreidimensionalen* Kunstharz eintreten.

Bei der Reaktion mit Baumwolle könnte man nun theoretisch eine Ätherbildung in der Art:

$$\begin{array}{c} \quad\quad\quad CH_2 \!-\!\!-\!\!-\! CH_2 \\ \quad\quad\quad | \quad\quad\quad | \\ Cell-O \cdot CH_2-N-CO-N-CH_2 \cdot O-Cell \end{array} \quad \text{annehmen.}$$

Nach Versuchen von R. Loss[5] sind aber *maximal nur 10%* Ätherbrücken nachweisbar, somit kann dies *nicht* die Hauptreaktion sein. R. Loss nimmt nachfolgenden Reaktionsmechanismus als am wahrscheinlichsten an:

---

[1] Williams, Ch. R.: Untersuchung von Baumwollgeweben mit der Kennzeichnung „waschen ohne zu bügeln". Amer. Dyestuff Rep. **45**, 472 (1956).

[2] Lawrence, E. W. u. R. H. Phillips: Wasch- und Tragwaren. Amer. Dyestuff Rep. **45**, 548 (1956).

[3] Foster: Text. Res. J. **27**, 129 (1957).

[4] Fortess, F.: Recent Developments in the Chemical Finishing of Textiles. Amer. Dyestuff Rep. **47**, 513 (1958).

[5] Loss, R.: Reaktivharze zur Knitterfestausrüstung von Baumwolle. Chem. Rdsch. (Solothurn/Schweiz) **1958**, Nr. 23, 608.

```
CH2—N—[CH2 · OH]                 CH2—N—H   HCHO      ┌─────────────────────┐
|     |                          |    |              │ 1. Teilreaktion:    │
|     CO          ————————→      |    CO  +          ├─────────────────────┤
|     |                          |    |              │ unter Freisetzung   │
CH2—N—[CH2 · OH]                 CH2—N—H   HCHO      │ von Formaldehyd     │
                                                     └─────────────────────┘
```

und weiter:

```
CH2—N[H    HO] · CH2—N—CH2
|    |               |   |                        CH2—N———N—CH2
|    CO              CO  |                        |   |     |   |
|    |               |   |                        |   CO    CO  |
CH2—N[H       +    [H]—N—CH2                      |   |     |   |
     [OH]          [OH]                           CH2—N     N—CH2
     |              |                                 |     |
[H]  CH2           CH2     CH2 · [OH   H]O—[Cell]  [H]  CH2   CH2    CH2—O—[Cell]
|    |              |       |                      |    |     |      ~~~~
N—CO—N             N—CO—N             +  ———→      N-CO-N     N-CO-N + n H2O
|    |              |       |                      |    |     |      |
CH2——CH2           CH2——CH2                        CH2——CH2   CH2——CH2
```

~~~~~ = Ätherbrücke; [H] = Reaktionsfähiger Wasserstoff am N-Atom

Die formulierte Kondensationskette kann beliebig verlängert gedacht werden, zum Teil fixiert durch Ätherbrücken, zum Teil mit reaktionsfähigen H-Atomen oder Methylolgruppen an einem N-Atom.

Dieser Mechanismus wird nach R. Loss (loc. cit.) bestätigt durch die Tatsache, daß geringste Abweichungen bei den Kondensationsbedingungen die *Chlorbeständigkeit* (s. bei Chlorretention, S. 392) der ausgerüsteten Baumwollgewebe wesentlich beeinflussen. Der Reaktionsverlauf wird bestimmt durch Menge an DMÄH, Katalysatortype und Katalysatormenge, Kondensationstemperatur und -zeit. Daher ist es verständlich, daß peinliches Einhalten der Arbeitsbedingungen unerläßlich ist.

Die Wichtigkeit einer vollständigen Kondensation von DMÄH in Abhängigkeit von der Katalysatortype und den Kondensationsbedingungen bestätigen auch H. H. Mosher[1] und A. R. Smith[2]. Beide Autoren weisen auf die Möglichkeit einer etwaigen Hydrolyse hin, verursacht durch die Katalysatorsäure, wenn das ausgerüstete Baumwollgewebe nicht alkalisch nachgewaschen wurde.

H. H. Mosher diskutiert die *Möglichkeit einer Ringspaltung* unter Ausbildung von freien Amino- bzw. Iminogruppen, welche bei späteren Chlorbehandlungen Chlor aufnehmen können. Hinsichtlich der Schädigungen durch Chlorretention s. S. 392 und Bd. IV/2.

A. R. Smith führt die Verschlechterung des Gewebes beim Lagern auf die Anwesenheit einiger langer Querbrücken mit Ätherbindungen [$>N-CH_2-O-CH_2-N<$] zurück, welche hydrolysieren unter Ausbildung von $>N-CH_2 \cdot OH$-Gruppen. Diese zersetzen sich beim Waschen und liefern Iminogruppen, die Chlor aufnehmen können.

Frick, Kottes und Reid[3] stellten fest, daß durch aufeinanderfolgende Wäschen *keine* bedeutende Gewichtsänderung des mit DMÄH ausgerüsteten Baumwollgewebes erfolgt. Doch verändern sich die physikalischen Eigenschaften des Gewebes. Die zunehmende Chlorretention nach den Wäschen führen die

[1] Mosher, H. H.: Text. Res. J. **29**, 88 (1959).
[2] Smith, A. R.: Amer. Dyestuff Rep. **48**, 49 (1959).
[3] Frick, J. G., B. A. Kottes u. J. D. Reid: Text. Res. J. **29**, 314 (1959).
~~~~~

Autoren gleichfalls auf Ringspaltung zurück. Die Zahl der Querbrücken bleibt unverändert, doch werden einige derselben verändert, indem Äthylenharnstoffgruppen in Äthylendiamingruppen umgewandelt würden, z. B.:

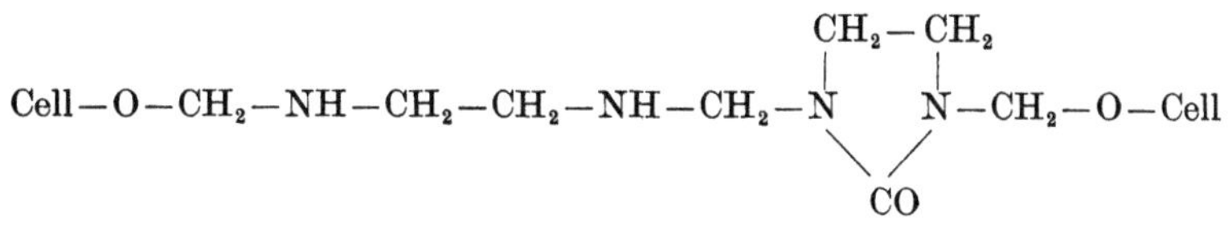

$$\text{Cell}-\text{O}-\text{CH}_2-\text{NH}-\text{CH}_2-\text{CH}_2-\text{NH}-\text{CH}_2-\underset{\diagdown\;\text{CO}\;\diagup}{\overset{\text{CH}_2-\text{CH}_2}{\text{N}\qquad\text{N}}}-\text{CH}_2-\text{O}-\text{Cell}$$

Nach L. W. Mazzeno et al.[1] hat eine alkalische Behandlung von mit DMÄH ausgerüsteten Baumwollgeweben keinen nachteiligen Einfluß, während durch Wäsche *unterhalb dem pH-Wert 5* ein merklicher Abfall an Stickstoff (also eine stärkere Hydrolyse des Reactantharzes) sowie Knitterfestigkeit eintreten.

R. M. H. Kullmann et al.[2] stellten fest, daß *modifizierte Baumwolle* (carboxymethyliert, hydroxyäthyliert, methyliert und cyanoäthyliert) im Vergleich zu *normaler Baumwolle* nach einer Ausrüstung mit DMÄH eine stärkere Vernetzung und gleichzeitig auch einen höheren Festigkeitsverlust aufwies. Die Autoren schlossen hieraus, daß die Reaktionsfreudigkeit der Zellulose-OH-Gruppen von der Art des Substituenten der modifizierten Baumwolle und weiters auch von der Quellbarkeit abhängen würde.

P. C. Mehta und J. R. Mody[3] untersuchten eingehend die Reaktion von Dimethylol-Äthylenharnstoff mit Baumwolle.

Gebleichter, mercerisierter Baumwollpopelinstoff wurde mit DMÄH in Gegenwart saurer, neutraler und alkalischer Katalysatoren geklotzt, auf 75 bis 78% abgequetscht, bei 110° C vorgetrocknet und während 5 Minuten bei 150° C hitze-kondensiert; alsdann wurde kurz gewaschen.

Das gebildete „Kunstharz" hatte einen Durchschnittspolymerisationsgrad von 2 bis 5 (je saurer je höher!).

*Alkalische Katalysatoren* (wie $NaHCO_3$) ergaben nur eine völlig unzureichende Fixierung des Kunstharzes auf und mit der Faser und auch eine schlechte Knitterfestigkeit; daher schieden sie bei der weiteren Untersuchung aus.

Der während der sauren Kondensation *freiwerdende Formaldehyd* reagierte unter $CH_2$-Brückenbildung mit der Zellulose, so daß die Baumwollfaser nach dem Abziehen (Entfernen) des Kunstharzes in Kuoxam unlöslich war.

Die Autoren wiesen auf die Alkalibeständigkeit, auf das geringe Chlorrückhaltevermögen wie auch auf die Bindung zwischen Kunstharz und Faser hin, wenn in Gegenwart von $H^+$-Ionen unter maximalen Bedingungen hitze-fixiert wurde.

Auf Grund neuerer Untersuchungen ziehen P. C. Mehta und R. D. Mehta[4] den Schluß, daß DMÄH, entgegen der üblichen Anschauung, bei Anwendung *stark wirkender Katalysatoren* (wie Weinsäure oder Ammoniumsulfat) ein *stark vernetztes dreidimensionales Polykondensat* bilden würde.

Mit schwach sauren Katalysatoren (z. B. Magnesiumchlorid) entsteht hauptsächlich ein lineares, niedermolekulares Polykondensat, welches Zellulose vernetzt.

---

[1] Mazzeno, L. W. jr., R. M. H. Russel, M. H. Kullmann, R. M. Reinhardt u. J. D. Reid: Amer. Dyestuff Rep. **47**, 609 (1958).

[2] Kullmann, R. M. H., J. G. Frick, jr., R. B. Reinhardt u. J. D. Reid: Text. Res. J. **31**, 877 (1961).

[3] Mehta, P. C. u. J. R. Mody: Reaktion von Dimethylol-Äthylenharnstoff mit Baumwolle. Text. Res. J. **30**, 532 (1960).

[4] Mehta, P. C. u. R. D. Mehta: Weitere Angaben über DMU-(Dimethyleneurea-)behandelte Baumwollgewebe. Text. Res. J. **33** (10), 870 (1963).

*Tabelle 9*

| Katalysator | Effekte bei Baumwollzellulose |
|---|---|
| Magnesiumchlorid | Erhebliche Strukturveränderung der Zellulose, welche bewirkt: Verminderte Quellung in Kuoxam; Verminderte Wasser- und Feuchtigkeitsaufnahme. |
| Weinsäure | Nur eine herabgesetzte Faserquellung in Kuoxam; Deutlich verminderte Wasseraufnahme. |

Die Autoren folgern hieraus, daß bei Anwendung von Weinsäure als Katalysator bei der Hitzekondensation in den amorphen Faserbereichen sich ein stark vernetztes dreidimensionales Polykondensat ablagern würde. Diese Schlußfolgerung stützen die Autoren durch ihre Ergebnisse bei der Untersuchung der Perjodatoxydation der ausgerüsteten Baumwollgewebe.

*Methylderivate des zyklischen Äthylenharnstoffs:* Es sind auch Alkylderivate des DMÄH bekannt geworden.

*Tetramethyl-zykl.-Äthylenharnstoff*[1]: Als Basis der Herstellung dient Tetramethyläthylendiamin.

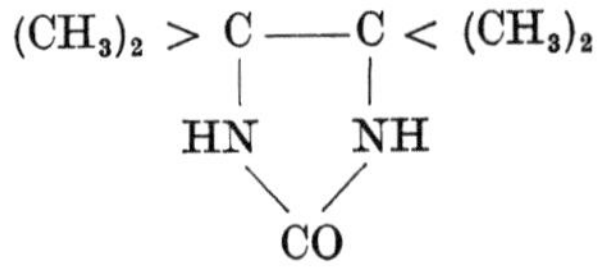

```
(CH3)2 > C ——— C < (CH3)2
         |      |
        HN      NH
          \    /
            CO
```

*Methyl-zykl. Äthylenharnstoff* [4-Methyl-imidazolidinon-(2)]: Hergestellt aus Propylendiamin-(2,3).

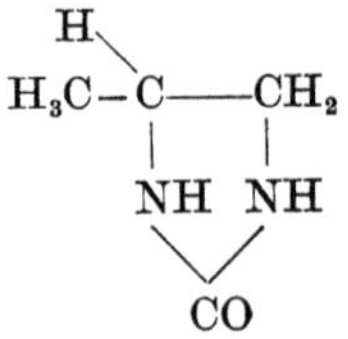

```
      H
       \
   H3C—C ——— CH2
       |      |
       NH     NH
         \   /
          CO
```

*N-Methyl-mono-methylol-Äthylenharnstoff*; N-Methyl-, N-methylol-imidazolidinon-(2).

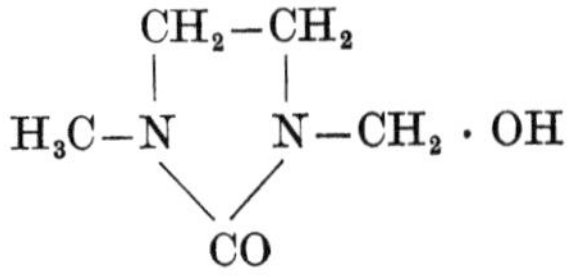

```
       CH2—CH2
       |     |
  H3C—N      N—CH2 · OH
        \   /
         CO
```

Frick, Kottes und Reid[2] zeigten, daß ein mit Baumwollgeweben, ausgerüstet nach dem Klotz-Trocken-Hitze-Verfahren mit diesem monofunktionellen N-Methyl-derivat, *keine* Verbesserung der Knittererholung im Gegensatz zur Ausrüstung mit Dimethylol-Äthylenharnstoff aufweist. Daher ziehen die Autoren den Schluß, daß der bi-funktionelle Dimethylol-Äthylenharnstoff mit der Zellulose unter Vernetzung reagiert.

[1] Brit. Pat. 603.160.

[2] Frick, J. G., B. A. Kottes u. J. D. Reid: Text. Res. J. **29, 314** (1959).

Es wurde auch die *verätherte Type*, nämlich *Di-methoxymethyl-Äthylenharnstoff*[1] vorgeschlagen:

$$\begin{array}{l} H_2C-N-\boxed{CH_2 \cdot O \cdot CH_3} \\ \quad | \qquad | \\ \quad | \quad CO \\ \quad | \qquad | \\ H_2C-N-\boxed{CH_2 \cdot O \cdot CH_3} \end{array}$$

N, N'-bis-(methoxymethyl)-Äthylenharnstoff

Vorteilhaft würde diese Verbindung in der Art sein, daß noch freie Methylolgruppen, welche bei der Kondensation nicht mit Zellulose reagiert haben, nicht so leicht Formaldehyd abgeben (wie DMÄH). Das Produkt hat aber ein höheres Molekulargewicht und ist bei Anwendung gleicher Mengen weniger wirksam. Daher ist es im Vergleich mit DMÄH wirtschaftlich *nicht* vorteilhaft einzusetzen.

J. T. Marsh[2] führt an, daß die Methyläther von Dimethylol-Harnstoff oder von Methylol-Melaminen hauptsächlich zur Erhöhung der Stabilität dienen. Die Verätherung des methylolierten Äthylenharnstoffs in dieser Hinsicht hat wenig Sinn, da ja DMÄH an sich schon recht beständig ist. Doch ist bei Verätherung der Methylolgruppen die Möglichkeit gegeben, lange paraffinische Kettenglieder einzubauen, um hydrophobierende Eigenschaften zu erzielen.

Tabelle 10. *Vor- und Nachteile von zyklischem Dimethylol-Äthylenharnstoff (Dimethylol-Imidazolidinon-(2))*

| *Vorteile:* | *Nachteile:* |
|---|---|
| 1. Handelsprodukte stehen mit hinreichender Reinheit bei mäßigem Preis zur Verfügung. | 1. Die *anfänglich geringe* Chlorretention kann nach *wiederholten Wäschen* wiederum zunehmen. |
| 2. Stabile Verbindung, lagerbeständig. | 2. Bei *sauren* Behandlungen (pH-Wert unterhalb 5) kann hydrolytische Spaltung eintreten. |
| 3. Produkt hat basisches Verhalten, daher gutes Pufferungsvermögen gegenüber Katalysatorsäure. | 3. Auf Grund der Eigenvernetzung beim Heißvernetzungsverfahren (Klotz-Trocken-Hitze-Kondensation) besteht keine völlige Hydrolysenbeständigkeit der Ausrüstung. |
| 4. Es resultiert eine gute Knitterfestigkeit und Formbeständigkeit bei gleichzeitig relativ nicht zu niedrigem Festigkeitsverlust sowie auch ein weicher Warengriff. | |
| 5. Die Ausrüstungseffekte sind bei *richtig durchgeführter* Kondensation gegenüber Waschbehandlungen *über* dem pH-Wert 5 recht beständig (gute Kochwaschbeständigkeit). | |

*Kombinationsausrüstungen mit zyklischen Dimethylol-Äthylenharnstoff:* Praxiserfahrungen bei Ausrüstungen von Baumwollgeweben mit der Methylolverbindung des zyklischen Äthylenharnstoffs zeigten, daß nach *alkalischen Mehrfachwäschen* Chlorretention (Bildung von Chloraminen) auftreten kann. Deshalb sind Zusätze, welche die bei der Kondensation freiwerdende Katalysatorsäure abzubinden vermögen erforderlich.

Durch kombinierte Anwendung von DMÄH mit einem anderen zellulosevernetzenden Agens sucht man weiters noch die Wash-and-Wear-Ausrüstungen der Baumwollgewebe zu verbessern.

[1] U.S.-Pat. 2,273.136.

[2] Marsh, J. T.: Self-Smoothing Fabrics. London: Chapman & Hall Ltd. 1962.

Frick jr. et al.[1] geben Mischungen mit *Formalen von Äthylenglykol oder Pentaerythrit* für die Baumwollausrüstung an, wobei als günstigste Katalysatorsubstanz Zinknitrat gefunden wurde. Die Kondensationstemperatur war 150 bis 160° C. Wird gleichzeitig noch 1,5% Polyäthylen mitverwendet, so zeigt das ausgerüstete Baumwollgewebe gute Wash-and-Wear-Eigenschaften. Die Chlorbeständigkeit war (auch nach mehrmaliger Behandlung) hervorragend, doch war die Beständigkeit gegenüber sauren Flotten (pH-Wert 4 und weniger) gering und ist der von DMÄH vergleichbar.

W. Rümens, N. Götz und R. Zeidler[2] weisen darauf hin, daß die Mitverwendung von *Puffersubstanzen* (wie Dimethylol-methyltriazinon) einen günstigen Einfluß auf Chlor- und Kochechtheit hat. Bei Anwendung von Metallsalzkatalysatoren (wie Zinkchlorid und -nitrat, wie auch Magnesiumchlorid) wird kein Vergilben weißer Ware beobachtet. Doch sinkt die Gewebereißfestigkeit im Vergleich mit DMÄH allein aber stärker ab.

Die Verwendung der Triazinone als Säurepuffer (besser gesagt Säurebinder) hatte Nuessle[3] schon früher vorgeschlagen.

Nach D. D. Gagliardi und F. B. Shippee[4] soll sich eine Mischung von DMÄH und *Epoxyharz* für die Non-Iron-Ausrüstung von weißen Baumwollwaren bestens bewährt haben. Es sollen permanente Ausrüstungseffekte mit völliger Chlorbeständigkeit und guter Knitterfestigkeit resultieren.

Das *Produkt Knittex everfit CR* (Chemische Fabrik Pfersee, Augsburg)[5] ist eine Kombination von DMÄH mit einem *methylolierten Triazinon* unter Mitverwendung eines Metallsalzkatalysators (Zink- oder Magnesiumchlorid).

In das Äthylenharnstoff-Triazinon-Harz sind potentielle basische Gruppen eingebaut. Diese Gruppen bringen unter normalen Bedingungen keine Erhöhung der Chlorretention, doch werden sie bei den Bedingungen der Bügelhydrolyse (s. S. 392) wirksam. Ferner können die bisher zur Erzielung chlorbeständiger Ausrüstungen beschriebenen hohen Kondensationstemperaturen (168 bis 180° C während 2 bis 3 Minuten) nun auf 140 bis 150° C während 4 Minuten Dauer vermindert werden (höhere Betriebssicherheit).

Produkt Knittex everfit CR (Chemische Fabrik Pfersee, Augsburg) zeigt als Ausrüstung auf Baumwollgeweben wenig Chlorretention und gute Kochwaschbeständigkeit.

Das Handelsprodukt Preska-Universal (Chemische Fabrik Th. Rotta, Mannheim)[6] enthält einen ähnlichen Säurepuffer, der auch nach Mehrfachwäschen wirksam bleibt und besteht das Produkt im wesentlichen aus einem Äthylenharnstoff-Kondensat.

---

[1] Frick, J. G. jr., P. J. Murphy, jr., R. T. M. Reinhardt, R. L. Arceneaux u. J. D. Reid: Knitterfreie Baumwolle mit dauerhafter Chlorbeständigkeit. Amer. Dyestuff Rep. **48,** 37 (1959).

[2] Rümens, W., N. Götz u. R. Zeidler: Zum Problem der Chlorretention bei der „Minimum-Iron"-Ausrüstung von Baumwollgeweben. Melliand Textilber. **41,** 230 (1960).

[3] Nuessle: Amer. Dyestuff Rep. **1958,** 405ff.

[4] Gagliardi, D. D. u. F. B. Shippee: Mischharze unter Verwendung von Epoxyden zur Ausrüstung weißer Baumwollwaren. Text. Res. J. **29,** 54 (1959).

[5] Enders, H. u. G. Pusch: Kunstharze zur chlorbeständigen „Wash-and-Wear"-Ausrüstung. Melliand Textilber. **40,** 314 u. 429 (1959) u. „Die wissenschaftliche Arche", H. 6 (Chemische Fabrik Pfersee, Augsburg).

[6] Allscher, R.: Die Bedeutung der Chloralkylamine für die Chemie der Aminoplasten und anderer stickstoffhaltiger Formaldehydkondensationsprodukte. Textil-Praxis **14,** 944 (1959).

H. C. Borghetty und D. Fornelli[1] geben Äthylenharnstoff-Kondensate mit *Hexamethylendiamin* als „Reactant-Vernetzer" an.

### β) Dihydroxyäthylenharnstoff (Glyoxal-urein) und dessen N,N'-Dimethyl-Verbindung

S. auch bei *Ureine*, S. 117.

*4,5-Dihydroxy-imidazolidinon-(2)* [I] *N,N'-Dimethyl-, 4,5-Dihydroxy-imidazolidinon-(2)*[2] [II]

Beide Verbindungen enthalten *Hydroxylgruppen am Ring*, welche sich ähnlich wie „Zellulose-vernetzende" Methylolgruppen verhalten. S. L. Vail et al.[3] untersuchten die Hydroxyäthylenharnstoffe hinsichtlich ihrer Effekte auf Baumwolle, wobei als Katalysatorsubstanzen Zinknitrat und -fluoborat wie auch Magnesiumchlorid eingesetzt wurden.

Die *methylierte Verbindung* (II) verhält sich hinsichtlich Chlorbeständigkeit und Resistenz gegen Säure günstiger als die *Verbindung* (I). Letztere bewirkt aber eine bessere Knitterfestigkeit, doch vergilben die damit ausgerüsteten Baumwollgewebe bei der Kondensation; auch weisen sie hohe Faserschädigungen nach Chlorbehandlungen auf.

*Verbindung* (I) bildet mit Formaldehyd die entsprechende Methylolverbindung:

$$\begin{array}{l} \boxed{HO \cdot CH_2} - N \text{——} CH \cdot OH \\ \qquad\quad\;\; |\,1 \quad 5\,| \\ \qquad\quad\;\; CO\,2 \quad\; | \\ \qquad\quad\;\; |\,3 \quad 4\,| \\ \boxed{HO \cdot CH_2} - N \text{——} CH \cdot OH \end{array}$$

1,3-*Dimethylol-*, 4,5-*Dihydroxy-imidazolidinon-(2)* (Dimethylol-glyoxal-mono-urein od. Dimethylol-Dihydroxyäthylenharnstoff)[1]
Fixapret CP (BASF)[4]

E. J. Gonzales und R. R. Benerito[5] untersuchten später gleichfalls das Verhalten von Dihydroxyäthylenharnstoff (Dihydroxy-ÄH) und seiner Derivate wie Dihydroxy-ÄH selbst (Formel 1, s. oben),

Dimethoxy-ÄH
$$\begin{array}{l} CH_3-O-CH-NH \\ \qquad\qquad\;\; | \qquad | \\ \qquad\qquad\;\; | \quad\; CO \\ \qquad\qquad\;\; | \qquad | \\ CH_3-O-CH-NH \end{array}$$
wie auch

N,N'-dimethyl-dihydroxy-ÄH (Formel 2, s. oben) und die methylolierte Verbindung N,N'-Dimethylol-Dihydroxy-ÄH.

---

[1] Borghetty, H. C. u. D. Fornelli: Knitterfreimachen von Baumwolle. Theorie, Chemie, Anwendung. Textile World **105**, 102 (1955).

[2] U.S.-Pat. 3,112.156 (1960).

[3] Vail, S. L., P. J. Murphy, J. G. Frick, jr., u. J. D. Reid: Dihydroxyäthylenharnstoff zur knitterfreien Ausrüstung von Baumwolle. Amer. Dyestuff Rep. **50**, 27, 550 (1961).

[4] BASF: Brit. Pat. 720.387 und Rümens, W.: Über die Anwendung neuer chemischer Verbindungen für die Hochveredlung von Geweben aus Zellulose. SVF (Fachorgan f. Textilveredlung) **13**, **10** (1958).

[5] Gonzales, E. J. u. R. R. Benerito: Einfluß der Katalysatoren auf die physikalischen und chemischen Eigenschaften von mit Äthylenharnstoffderivaten behandelten Baumwollgeweben. Text. Res. J. **35**, 168—178 (1965).

Als Katalysatoren (Säurespender) wurden Magnesiumchlorid und -nitrat, Zinkchlorid und -nitrat sowie wässerige Salzsäure verwendet.

Baumwollgewebeabschnitte wurden jeweils mit dem betreffenden Ausrüstungsmittel geklotzt (Abquetscheffekt ungefähr 89%), 7 Minuten bei 60° C getrocknet und dann 3 Minuten bei 160° C kondensiert. Abschließend wurde in üblicher Weise unter Zusatz eines Netzmittels nachgewaschen und fertig getrocknet.

Die Autoren stellten fest, daß *nicht*-methylolierter Dihydroxyäthylenharnstoff bereits mit Zellulose *ohne Anwendung eines Katalysators* in Reaktion trat. In Gegenwart eines Säurespenders war der *Ausrüstungseffekt* von dessen Art und Menge abhängig.

Infrarotspektrographische Messungen an behandelter Baumwolle deuteten darauf hin, daß jedoch methylolierter Dihydroxyäthylenharnstoff im größeren Ausmaße mit den primären OH-Gruppen der Zellulose in Reaktion trat als die *nicht*-methylolierten Produkte.

Dimethylol-Dihydroxyäthylenharnstoff ist nach Untersuchungen von W. Rümens, N. Götz und R. Zeidler[1] dem Dimethylol-Äthylenharnstoff überlegen, und zwar 1. hinsichtlich des Einflusses auf die Lichtechtheit von Färbungen mit Direkt- und Reaktivfarbstoffen sowie 2. hinsichtlich des Einflusses auf die Chlorechtheit.

Es werden mit kleinen Mengen Dimethylol-Dihydroxyäthylenharnstoff bei Anwendung von Zinkchlorid als Katalysatorsubstanz gute Ergebnisse erhalten. Der Grad der Chlorechtheit der Ausrüstung hängt nach den Autoren vom Katalysator und von den Kondensationsbedingungen ab. (S. aber die Ausführungen von H. Enders, S. 118.)

Hinsichtlich der *Beständigkeit gegen saure Hydrolyse* verhalten sich nach H. A. Wannow[2] Ausrüstungen auf Baumwolle mit den Dimethylolverbindungen des Dihydroxyäthylenharnstoffs im Vergleich zu denjenigen des Äthylen- und Propylenharnstoffs günstiger.

*Analytisches:* Bei der Hydrolyse dieser Verbindungen, wie auch der Methylolverbindung des zyklischen Äthylenharnstoffs, kann neben der Formaldehydabspaltung eine weitere Veränderung des Imidazolidinon-Derivates eintreten[3]:

$$\begin{array}{ll} \mathrm{HN{-}\!\!-\!\!-CH\cdot OH} & \\ \;| \qquad\quad | & \\ \mathrm{CO} \qquad\; | & \\ \;| \qquad\quad | & \\ \mathrm{HN{-}\!\!-\!\!-CH\cdot OH} & \end{array} \xrightarrow{\mathrm{H}^+} \begin{array}{l} \mathrm{HN{-}\!\!-\!\!-CO} \\ \;| \qquad\quad | \\ \mathrm{CO} \qquad\; | \\ \;| \qquad\quad | \\ \mathrm{HN{-}\!\!-\!\!-OH_2} \end{array} + \mathrm{H_2O} \quad \textit{Hydantoin}$$

Bei der Hydrolyse des *Äthylenharnstoffharzes* (N,N′-Dimethylol-Äthylenharnstoff) tritt neben der Abspaltung von Formaldehyd nach L. Meckel (loc. cit.) zum Teil eine Aufspaltung des Imidazolidinon-Ringes ein:

---

[1] Rümens, W., N. Götz u. R. Zeidler: Zum Problem der Chlorretention bei der „Minimum-Iron"-Ausrüstung von Baumwollgeweben. Melliand Textilber. **41**, 330 (1960).

[2] Wannow, H. A.: Über die Ausrüstungsbeständigkeit von Ausrüstungen mit stickstoffhaltigen Harzen und Reactants. Melliand Textilber. **45** (6), 681 (1964).

[3] Pauly, H. u. H. Sauter: Dtsch. chem. Ber. **63**, 2063 (1930). — Meckel, L. u. H. Milster: Textil-Rundschau (St. Gallen) **16**, 593 (1961).

$$\begin{array}{l} HN-CH_2 \\ \;|\quad\;\; | \\ CO \quad\; | \\ \;|\quad\;\; | \\ HN-CH_2 \end{array} \xrightarrow[H^+]{H_2O} \begin{array}{l} H_2N-CH_2 \\ \qquad\quad\; | \\ \qquad\quad\; | \\ H_2N-CH_2 \end{array} + CO_2;$$

Äthylendiamin

*Nachweis von zyklischem Äthylenharnstoff mit Ehrlichs Reagenz*[1]*:* Eine rasche und eindeutige Farbstoffbildung (leuchtend gelb)[2] resultiert mit Ehrlichs Reagenz [Lösung von *p*-Dimethylaminobenzaldehyd in 2*n*-Salzsäure]:

$$(CH_3)_2N-C_6H_4-CHO + \begin{array}{c} HN-CO-NH \\ |\qquad\qquad | \\ CH_2-CH_2 \end{array} \longrightarrow$$

$$\longrightarrow (CH_3)_2\overset{+}{N}(Cl^-)=C_6H_4=CH-\begin{array}{c} N-CO-NH \\ |\qquad\qquad | \\ CH_2-CH_2 \end{array} + H_2O$$

Anwendbar nach L. Meckel für quantitative, spektroskopische oder kolorimetrische Messungen.

### *b) Ureine*

Hierzu zählen *Dihydroxy-äthylenharnstoff* (s. auch bei a), S. 115) und *Azetylendiharnstoff*.

Unter Ureinen versteht man Verbindungen, welche aus Harnstoff (bzw. substituiertem Harnstoff) und Dialdehyden entstehen.

*1.* Harnstoff + Glyoxal im Verhältnis 1:1 bei Zimmertemperatur und pH-Wert 4 bis 7 liefert[3]:

$$\begin{array}{l} HN-CH-OH \\ \;|\qquad | \\ CO \quad\; | \\ \;|\qquad | \\ HN-CH-OH \end{array}$$

*Glyoxal-mono-urein* (4,5-Dihydroxy-imidazolidinon-(2); Dihydroxy-äthylenharnstoff[4]).
Mit Formaldehyd entsteht die Dimethylol-Verbindung.

*2.* Bei Anwendung entsprechend größerer Mengen Harnstoff, bei erhöhter Temperatur und pH-Wert 1 bis 3 resultiert[5]:

$$\begin{array}{l} HN-CH-NH \\ \;|\qquad |\qquad | \\ CO \quad\; | \quad\; CO \\ \;|\qquad |\qquad | \\ HN-CH-NH \end{array}$$

*Glyoxal-di-urein, Glykoluril* (Glyoxalyl-di-harnstoff; Azetylen-di-harnstoff).

---

[1] Meckel, L. u. H. Milster: loc. cit.

[2] Auch Mono-methyl-imidazolidinon-(2) bildet einen solchen gelben Farbstoff.

[3] Pauly, H. u. H. Sauter: Dtsch. chem. Ber. **63**, 2063 (1930).

[4] DBP 939.568.

[5] Schiff: Liebigs Ann. **189**, 157 (1877).

Mit Formaldehyd wird die *Tetramethylol-Verbindung* gebildet:

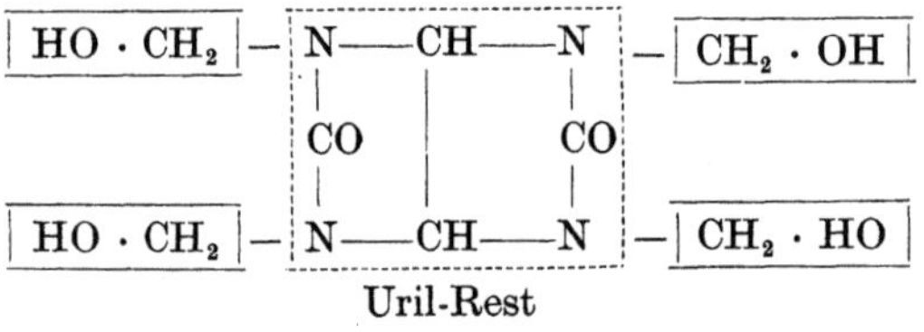

```
| HO · CH2 |–| N——CH——N |–| CH2 · OH |
             | |    |   | |
             | CO   |  CO |
             | |    |   | |
| HO · CH2 |–| N——CH——N |–| CH2 · HO |
               Uril-Rest
```

*Tetramethylol-Azetylen-diharnstoff; Tetramethylol-Glykol-uril*[1]; Kaurit 140 bzw. Fixapret 140 (BASF).

Weiters wurde auch eine *verätherte Type* des Glyoxal-mono-ureins als Reactantharz vorgeschlagen (in methylolierter Form):

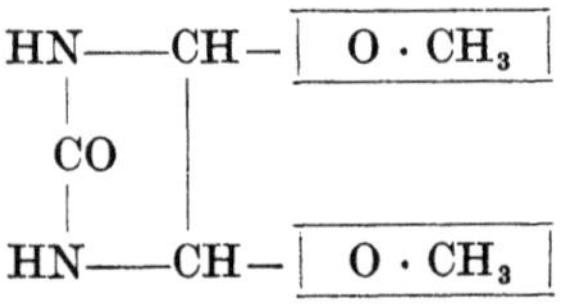

```
HN——CH–| O · CH3 |
|    |
CO   |
|    |
HN——CH–| O · CH3 |
```

*Dimethyl-dihydroxy-äthylenharnstoff* (s. auch S. 115).

Nach einem Patentanspruch der *Phrix A. G.*[2] bildet sich bei der Reaktion von Harnstoff, Formaldehyd und Glyoxal in entsprechenden Verhältnissen folgendes Produkt:

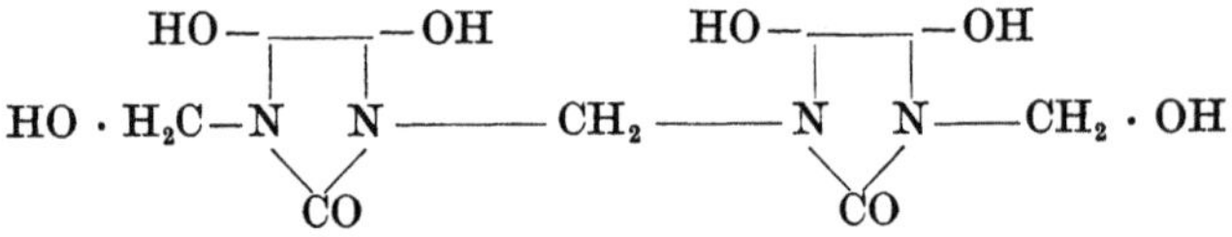

```
           HO–——–OH             HO–——–OH
              |    |               |    |
HO · H2C–N    N———CH2———N    N——CH2 · OH
          \  /               \  /
           CO                 CO
```

Die Ureine (Methylolverbindungen von Dihydroxy-äthylenharnstoff und Azetylen-diharnstoff) ergeben nach H. Enders[3] auf *Baumwolle* Effekte mit guter Waschbeständigkeit; jedoch benötigen sie *hohe* Kondensationstemperaturen und sollen hinsichtlich der Chlorrückhaltung *nicht* allzu günstig sein.

Die Verbindungen sind recht waschfest mit Zellulose verbunden, doch müssen sie „in sich" irgendwie durch alkalische oder saure Hydrolyse gespalten werden, wobei freie Imino-Amino-Gruppen sich ausbilden, wodurch nach mehreren Wäschen, trotz der guten Waschfestigkeit (= Bindung mit Zellulose) ein erhöhtes Chlorrückhaltevermögen eintritt. Doch muß bemerkt werden, daß hinsichtlich der Chlorbeständigkeit bei Dihydroxy-äthylenharnstoff (Glyoxal-mono-urein) die Meinungen *nicht* konform gehen. S. auch vorstehend S. 116.

Die Formaldehydabbindung ist bei diesen Produkten gut.

*Tetramethylol-Glykoluril* hat in Europa als Handelsprodukt eine gewisse Bedeutung erlangt (Fixapret 140, früher Kaurit AF 140 der BASF)[4], da im Vergleich mit Dimethylol-Äthylenharnstoff eine größere Lichtbeständigkeit der Färbungen resultiert. In den USA erhielt das Produkt keine Bedeutung, und zwar wegen des ungenügenden Knitterfesteffektes auf Baumwolle, des beträchtlichen Festigkeitsabfalles sowohl auf Baumwolle wie auf Reyon und wegen der höheren Chlorretention (im Vergleich mit Dimethylol-Äthylenharnstoff).

---

[1] *BASF:* DBP 889.152 (1951).

[2] *Phrix A. G.:* Brit. Pat. 762.344.

[3] Enders, H.: Melliand Textilber. **40**, 1315 (1959).

[4] Hartmann, A.: Melliand Textilber. **30**, 70 (1949). *Technical Intelligence Reports O. Qu. M. G.:* Textile-finishing to Ratments 1945.

Tetramethylol-Glykoluril ist gegenüber Zellulose ein *Formaldehydspender* (in Gegenwart von Säure; s. S. 73), doch tritt auch der *gesamte* Glykoluril-Rest als Brücke zwischen den Zellulosekristalliten. Als Beweis hierfür gibt H. Hartmann (loc. cit.) an, daß *Stickstoff* waschbeständig in der Zellulosefaser nachweisbar sei und der Faserquellwert dabei nur wenig zunehmen würde.

W. Rümens[1] bestätigte die Angaben von A. Hartmann (loc. cit.) hinsichtlich des N-Gehaltes und stellte ferner fest, daß durch saure Hydrolyse die prozentuale Abnahme des N-Gehaltes viel weniger im Vergleich mit anderen damals bekannten knitterfestmachenden-N-haltigen Mitteln betrug.

Tetramethylol-Glykoluril vermindert als „*Zellulose-vernetzendes*" *Mittel* das Quellvermögen der Zellulose und ergibt bei *Regeneratzellulose*fasertextilien einen sehr waschfesten und krumpfechten Effekt bei nur mäßiger Knitterfestigkeit.

In geringer Menge angewandt und gleichzeitig in Verbindung mit einem Stärkeappret soll aber ein genügender Knitterfesteffekt (ohne Faserschädigung) resultieren.

Da Tetramethylol-Glykoluril neben der Brückenbildung aber auch zum Teil „*in sich*" *vernetzen* soll unter Ausbildung hochmolekularer Harze, wird diese Verbindung *nicht* als ein ausgesprochenes Reactantharz angesehen.

So führen H. C. Borghetty und D. Fornelli[2] Tetramethylol-Glykoluril unter den Produkten auf, welche dreidimensionale Polymere bilden.

*Prüfmethodik:* Glykoluril (Azetylen-diharnstoff) bildet bei Einwirkung von *konzentrierter Salzsäure Hydantoin* und *Harnstoff*[3].

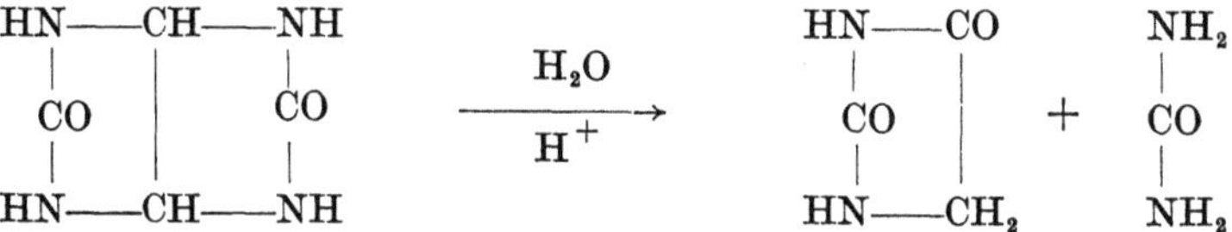


Diese Spaltung tritt unter den Bedingungen, welche zur Hydrolyse des Reactantharzes angewendet wird (auf der Faser; Papierchromatographie) *nicht* ein, doch aber bei Anwendung energischerer Versuchsanordnung (5%ige HCl und zweistündiges Kochen).

Der resultierende Fleck (Papierchromatogramm) ist *schwächer* ausgebildet als beim Hydrolysat des Dihydroxy-äthylenharnstoffs.

### c) *Hydantoin-Derivate*

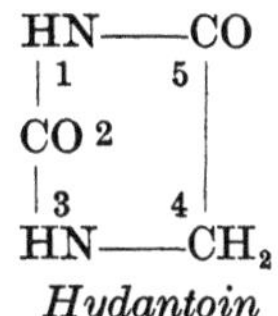


*Hydantoin*

Strukturell kann man Hydantoin von Harnstoff + Glykolsäure abgeleitet denken. Daher kann man Hydantoin auch als ein *Acylderivat des Harnstoffs* (Mono-ureid) auffassen. Da aber die Hydantoin-Derivate auf andere Weise hergestellt werden, sollen sie hier gesondert behandelt werden.

Hydantoin[4] als auch sein Mono-methyl-Derivat[5] wurde schon frühzeitig in der deutschen Literatur beschrieben.

---

[1] Rümens, W.: Melliand Textilber. **39,** 300 (1958).

[2] Borghetty, H. C. u. D. Fornelli: Textile World **1955,** 108.

[3] Meckel, L. u. H. Milster: Textil-Rundschau (St. Gallen) **16,** 600ff. (1961).

[4] Dtsch. Chem. Ber. **29,** 2652 (1896).

[5] Liebigs Ann. **365,** 38 (1909).

Bei der Reaktion von Harnstoff mit Glyoxal entsteht Glykoluril (s. S. 117), welches zu Hydantoin hydrolysiert werden kann.

Ferner entsteht Hydantoin beim Erhitzen von Dihydroxyäthylenharnstoff (s. S. 116) mit ungefähr 7%iger Salzsäure[1].

Bei der Einwirkung von konzentrierter HCl auf Azetylendiharnstoff (s. S. 119) resultiert ein Gemisch von Hydantoin und Harnstoff[2].

Für die Ausrüstung von Baumwollgeweben wurde die Dimethylol-Verbindung des Dimethyl-Derivates des Hydantoins vorgeschlagen[3].

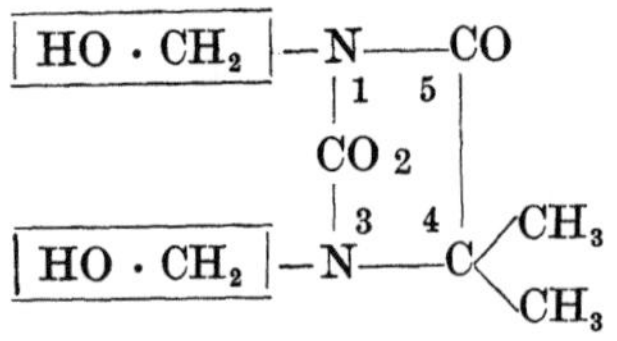

```
| HO · CH2 |—N——CO
             |1  5 |
             CO 2  |
             |3  4 | /CH3
| HO · CH2 |—N——C<
                    \CH3
```

1,3-*Dimethylol*-, 4,4′-*Dimethyl-hydantoin*

*Dimethyl-hydantoin* wird aus Harnstoff und Azeton-zyanhydrin hergestellt:

```
                                    HN——CO
NH2        CH3                      |    |
|          |  /OH                   CO   |
CO    +    C<        ——————→        |    |  /CH3
|          |  \CN                   HN——C<
NH2        CH3                             \CH3
```

Mit Formaldehyd werden hieraus Mono- und Dimethylol-Dimethyl-hydantoin erhalten.

Die Dimethylol-Verbindung des Dimethyl-hydantoins weist eine starke Tendenz zur Polymerisation auf. Deshalb muß die Imprägnierlösung einen Inhibitor enthalten. Dieser wird kurz vor Aufbringung der Lösung auf das Gewebe wieder entfernt. Im pH-Bereich 2 bis 2,5 wirkt die Hydantoin-Verbindung zellulosevernetzend.

Weiters wurde für die Ausrüstung von Zellulosefasergeweben auch eine Methylen-Dihydantoin-Verbindung vorgeschlagen[4]:

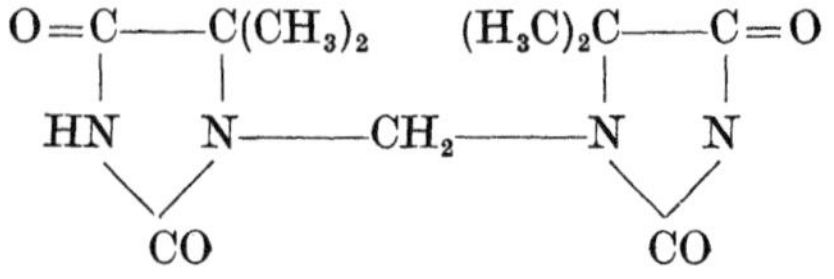

```
O=C——C(CH3)2     (H3C)2C——C=O
|     |                |     |
HN    N————CH2————N     N
 \   /                 \   /
  CO                    CO
```

Da das Ausgangsprodukt für die Hydantoin-Derivate Azeton ist, werden die Endprodukte hieraus fälschlicherweise *Ketonharze* genannt.

Hinsichtlich Azeton-Formaldehyd s. S. 94.

*Vorteile* (Dimethylol-dimethyl-hydantoin):

Wesentlich geringere Festigkeitseinbußen durch zurückgehaltenes Chlor (im Vergleich mit Harnstoff- und zyklisches Äthylenharnstoff-Formaldehydharz[5]).

*Nachteile:*

1. Mäßige Trockenknitterwinkelerholung.
2. Da man das Produkt alkalisch kondensieren muß, kann Faservergilbung (Verbräunung) resultieren.

[1] Pauly, H. u. H. Sauter: Dtsch. chem. Ber. **63**, 2063 (1930).

[2] Siemonson, L.: Ann. **333**, 111 (1904).

[3] U.S.-Pat. 2,602.018; Brit.-Pat. 687.856 u. 689.102.

[4] U.S.-Pat. 2,417.999.

[5] Marsh, J. T.: Textil-Rundschau (St. Gallen) **1957**, Nr. 19.

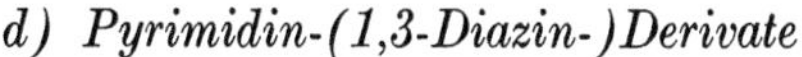

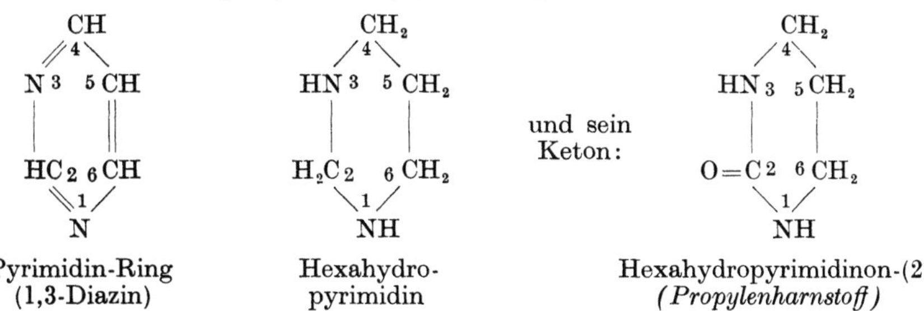


Zu den Pyrimidin-Derivaten sind zu zählen:

1. *Propylenharnstoff* (Hexahydropyrimidinon-(2))
2. 5-Hydroxy-Hexahydropyrimidinon-(2);
3. Dihydro-uracil (Dihydro-2,4-Diohydroxypyrimidin).

*α)* Dimethylol-Verbindung des Propylenharnstoffs (zyklischer Trimethylenharnstoff; Hexahydropyrimidinon-[2][1])

```
| HO · CH2 |—N——CH2
            |     |
            CO   CH2
            |     |
| HO · CH2 |—N——CH2
```

Zyklischer Prophylenharnstoff wird aus Propylen-1,3-diamin und $CO_2$ hergestellt. Die Dimethylol-Verbindung wird mit Formaldehyd erhalten.

Die Effekte auf Baumwolle weisen im Vergleich mit Dimethylol-Äthylenharnstoff eine größere Beständigkeit auf.

W. Rümens und Mitarbeiter[2] zeigten, daß Ausrüstungen mit Dimethylol-Propylenharnstoff (Produkt Fixapret PH/BASF) auch nach 20mal wiederholten Prüfungen völlig chlorbeständig sind, selbst wenn zwischen den Chlorungen noch saure Nachbehandlungen eingeschaltet werden. Diese hohe Beständigkeit führen die Autoren auf den sterischen Aufbau und die Elektronenverteilung dieser Ring-Verbindung zurück.

Weiters führen die Autoren an, daß Chlorretention bei N-haltigen Produkten immer stattfindet, doch bildet DMPH eine *thermostabile* Chlorverbindung, welche bis zu 180° C auf Zellulose *nicht* schädigend wirkt.

Propylenharnstoff soll nach Ansicht mancher Experten *keine* Zellulosevernetzung bewirken, sondern ein „in sich" fest vernetzendes Kunstharz bilden. Man führt die höhere Chlorresistenz, selbst bei zwischengeschalteten wiederholten alkalischen Wäschen, auch auf die größere Resistenz des Sechsringes gegen hydrolytische Spaltung im Vergleich zum weniger beständigen Fünfring des Äthylenharnstoffs zurück.

---

[1] Frick, J. G. jr., B. A. Kottes u. J. D. Reid: Tetra (Hexa-)-hydropyrimidinon-Derivate zur Beseitigung des Chlorrückhaltevermögens knitterfest ausgerüsteter Baumwolle. Amer. Dyestuff Rep. **48,** 13, 23 (1959). — Marsh, J. T.: Propylene Ureas in Crease-Resist Processing. Text. Recorder **77,** No. 923, 63 (1960).

[2] Rümens, W., W. Rüttiger, N. Götz u. R. Zeidler: Die Beeinflussung der Chlorbeständigkeit von Wash-and-Wear-Ausrüstungen durch die Konstitution von N-Methylolverbindungen. Melliand Textilber. **42,** 1292 (1961).

Nach J. T. Marsh[1] ist Dimethylol-Propylenharnstoff (Handelsprodukt Fixapret PH der BASF) in verschiedener Hinsicht allen anderen Amino-Aldehyd-Verbindungen überlegen, doch ist sein Preis ungefähr 30% höher als der anderen Mittel.

*β)* 1,3-Bis-(methylol)-5-Hydroxypropylenharnstoff

```
| HO · CH2 |—N——CH2
            |    |
            CO   CH—OH
            |    |
| HO · CH2 |—N——CH2
```

Hydroxypropylenharnstoff ist leichter als Propylenharnstoff herstellbar, und zwar in ähnlicher Weise wie zyklischer Äthylenharnstoff unter Verwendung von 1,3-Diamino-2-propanol[2].

Mit Zinknitrat als Säurespender nach dem Klotz-Trocken-Hitze-Verfahren auf Baumwollgewebe appliziert, resultieren gute Knittererholungswinkel. Die weiteren physikalischen Eigenschaften entsprechen denen, die mit Dimethylol-Äthylenharnstoff erhalten werden.

Die Methylol-Verbindungen von Hexahydropyrimidinon-Derivaten ergeben nach J. T. Marsh (loc. cit.) und J. G. Frick et al. (loc. cit.) sehr waschbeständige Knitterfestausrüstungen, welche auch nach mehreren Wäschen noch Chlorbeständigkeit aufweisen, beim Erhitzen nicht vergilben und keinen unangenehmen Geruch entwickeln. Durch *stärkere* Säuren (pH-Wert = 4) soll jedoch der Effekt zerstört werden.

Dimethylol-Propylen- (bzw. -hydroxypropylen-)Harnstoff liefern chlorbeständigere Effekte im Vergleich mit Dimethylol-Äthylenharnstoff. Wegen ihres höheren Molekulargewichts müssen aber bei gleichen Effekten entsprechend größere Mengen angewandt werden.

*γ)* Dihydro-uracil

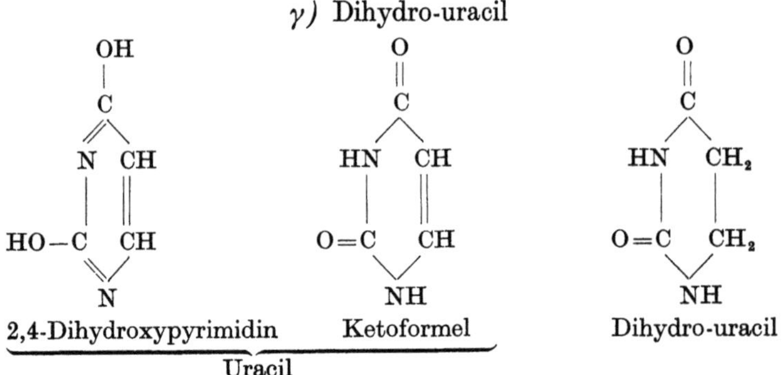


Die Dimethylol-Verbindung des Dihydro-uracils wurde gleichfalls als Reactantharz vorgeschlagen. Man kann diese Verbindung als Dihydro-, dioxo-pyrimidin auffassen.

```
| HO · CH2 |—N——CO
            |    |
            CO   CH2
            |    |
| HO · CH2 |—N——CH2
```

[1] Marsh, J. T.: Self-Smoothing Fabrics, S. 76. London: Chapman & Hall Ltd. 1962.

[2] McKay, Coleman u. Grant: J. Amer. Chem. Soc. **72**, 3205 (1950).

*Darstellung*[1]:

$$\begin{array}{c} NH_2 \\ | \\ CO \\ | \\ NH_2 \end{array} + \begin{array}{c} COOH \\ | \\ CH \\ \| \\ CH_2 \\ \text{Acrylsäure} \end{array} \xrightarrow{230^\circ\,C} \begin{array}{ccc} HN & — & CO \\ | & & | \\ CO & & CH_2 \\ | & & | \\ HN & — & CH_2 \end{array} + H_2O;$$

*δ)* Ureido-substituiertes Hexahydropyrimidinon-(2)

Ein solches wird von A. M. Paquin[2] erwähnt:

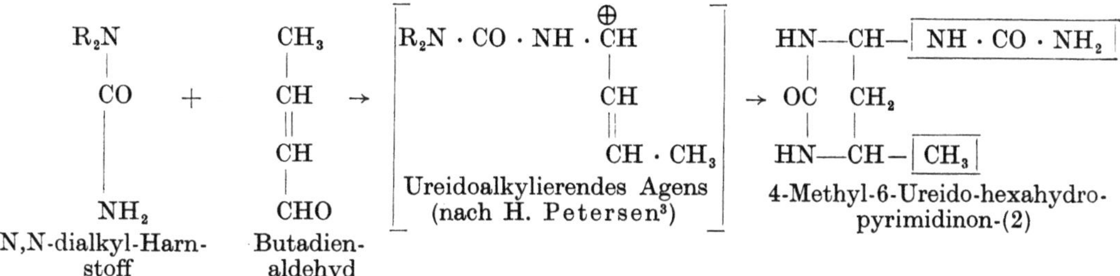


*e) Zyklische Ureide (Azylharnstoffe)*

*Herstellung:* Durch Kondensation von Harnstoff mit Dicarbonsäuren:

$$\begin{array}{ccc} HN & — & CO \\ | & & | \\ CO & & CH-\boxed{R} \\ | & & | \\ HN & — & CO \end{array} \qquad \boxed{R} = \text{Alkyl}$$

Mit Formaldehyd entsteht die entsprechende Dimethylol-Verbindung:

$$\begin{array}{cccc} \boxed{HO \cdot CH_2} & -N & — & CO \\ & | & & | \\ & CO & & CH-R \\ & | & & | \\ \boxed{HO \cdot CH_2} & -N & — & CO \end{array}$$

Das USA-Secretary of Agriculture[4] beschreibt die Ausrüstung von Baumwollgeweben mit einem länger stehenden Gemisch von 1 Mol Alloxan (Ureid der Mesoxalsäure und Formaldehyd).

$$\begin{array}{c} NH_2 \\ | \\ CO \\ | \\ NH_2 \end{array} + \begin{array}{c} HOOC \\ | \\ CO \\ | \\ HHOC \end{array} \rightarrow \begin{array}{ccc} NH & - & CO \\ | & & | \\ CO & & CO \\ | & & | \\ NH & - & CO \end{array} \text{ [mit 1 Mol } CH_2O \text{ (bei pH-Wert 3)]}$$

[1] Fischer, E. u. G. Roeder: Ber. dtsch. chem. Ges. **34**, 3751 (1901).

[2] Paquin, A. M.: Kunststoffe **37**, 165 (1947).

[3] Petersen, H.: Neuere Ergebnisse und Betrachtungen über den Reaktionsmechanismus der Aminoplast-Kondensationen. Textil-Rundschau (St. Gallen) **16**, 646–656 (1961).

[4] *USA-Secretary of Agriculture:* U.S.-Pat. 3,072.456 (Juli 1960).

Zur verdünnten wässerigen Lösung (7%ig) wird 0,2% $MgCl_2 \cdot 6\ H_2O$ als Säurespender zugegeben und das Gewebe hiermit geklotzt (70 bis 80% Flottenaufnahme). Nach dem Trocknen (60° C) wird 3 Minuten bei 160° C kondensiert.

### *f) Urone (Uronäther)*[1]

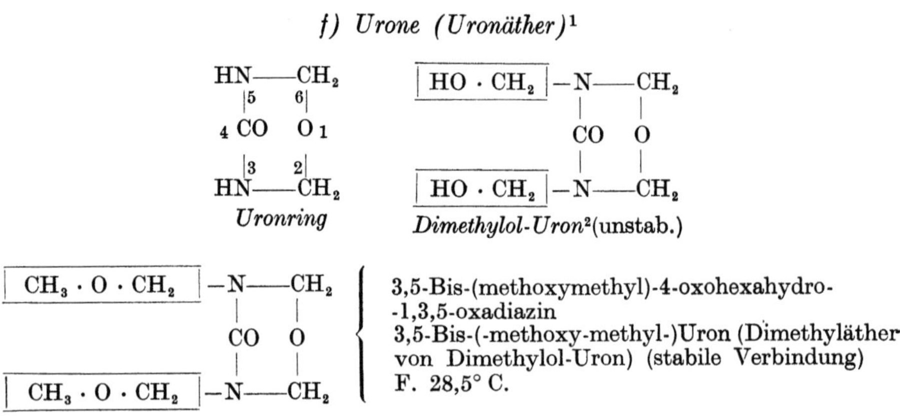


*Freie Methylolverbindungen* von Derivaten des Urons sind wegen ihrer geringen Stabilität *nicht* bekannt. In wässeriger Lösung liegt das Gleichgewicht nämlich seitens der Ausgangskomponenten Harnstoff, Formaldehyd, Monomethylol- und Dimethylolharnstoff. Zur Bildung von Uron sind pro Mol Harnstoff 4 Mol Formaldehyd erforderlich[3]. Mit Methanol kann unter Verätherung der N-Methylolgruppen der Dimethyläther des Dimethylolurons aus dem ursprünglichen Gleichgewicht entfernt werden, wobei diese Verbindung nach H. Kadowaki (loc. cit.) in guter Ausbeute entsteht.

Die von J. T. Marsh[4] geäußerten Zweifel hinsichtlich der Existenz dieser Verbindungen sind nicht berechtigt. A. R. Smith[5] bringt eine gute Zusammenfassung betreffs der Urone (und ähnlicher Verbindungen).

Die Urone kommen gleichfalls wie die anderen Reactantharzvernetzer aus kommerziellen Gründen nicht rein in den Handel. Präparativ einigermaßen rein läßt sich der recht stabile Dimethyloläther des Dimethylurons (Handelsprodukt Fixapret NC/BASF) darstellen. Weiters bilden sich Verbindungen vom Typ des Urons als Nebenreaktion bei der Synthese des Dimethylol-Harnstoffs (s. auch nachfolgend).

Der *Dimethylol-uron-dimethyläther* wird technisch für die Knitterfestausrüstung von Zellulosegeweben angewandt (BASF). Er wird, wie erwähnt, aus Harnstoff, Formaldehyd und Methanol im sauren Reaktionsmedium dargestellt.

Die *Synthese der Urone* muß nach H. Petersen[6] als *Ureido-methylierungen an Halbazetalen* aufgefaßt werden.

[1] Smith, A. R.: J. Soc. Dyers Col. **77,** 416 (1961). — Marsh, J. T.: Compounds for Crease Resistance. The Urons. Text. Recorder **70,** No. 940, 55 (1961).

[2] Kadowaki, H.: Bull. chem. Soc. Japan **11,** 248 (1936). — Gagliardi u. Nuessle: Modification of Fiber and Fabric: Properties by Wrinkling-Proofing and Stabilizing Agent. Amer. Dyestuff Rep. **39,** 13 (1950).

[3] Kadowaki, H.: loc. cit. — Fa. *Du Pont:* U.S.-Pat. 2,375.135, 2,485.203 u. 2.452.200.

[4] Marsh, J. T.: Self-Smoothing Fabrics, S. 50. London: Chapman & Hall, Ltd. 1962.

[5] Smith, A. R.: J. Soc. Dyers Col. **77,** 416 (1961).

[6] Petersen, H.: Neuere Ergebnisse und Betrachtungen über den Reaktionsmechanismus der Aminoplast-Kondensationen. Textil-Rundschau (St. Gallen) **16,** 646—656 (1961).

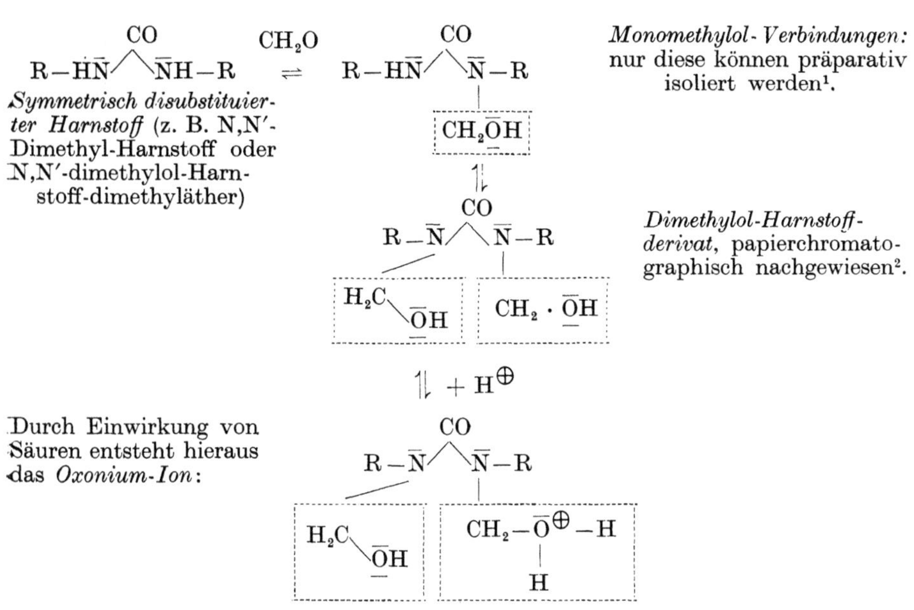


$\rightleftharpoons - H_2O$

Durch intramolekulare Abspaltung von Wasser geht das Oxonium-Ion in das entsprechende *Ureidomethyl-(carbenium-imonium)-Ion* über:

*Mesomerie-stabilisiertes Ureidomethyl-(carbenium-imonium)-Ion* nach H. Petersen.

Wenn diesem Ion kein anderer nucleophiler Partner angeboten wird, addiert es sich nach H. Petersen (loc. cit.) an ein ungebundenes Elektronenpaar des Sauerstoffes der benachbarten Methylolgruppe unter Bildung der *polarisierten Form des Urons:*

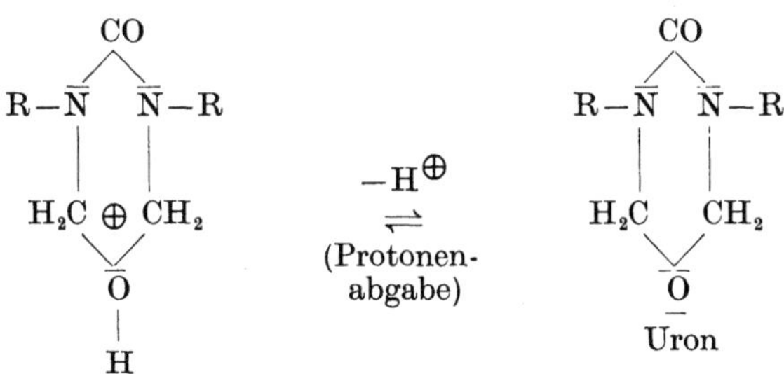


In *Umkehrung* der vorstehend formulierten Bildung kann auch ein *Ureido-methyl-(-carbenium-imonium-)Ion* entstehen.

*Synthese und Spaltung des Urons* erfolgt also sehr leicht.

---

[1] Scheibler, H., Trostler u. E. Scholz: Angew. Chem. **41**, 1305 (1928).

[2] Petersen, H.: Textil-Rundschau (St. Gallen) **16**, 646–656 (1961).

*Bewertung der Ausrüstungseffekte auf Baumwolle mit Uron-Verbindungen.* Diese können nach W. Rüttiger[1] einigermaßen chlor-beständig sein, und zwar unter der Voraussetzung, daß 1. die betreffende Uron-Verbindung *sehr rein* vorliegt (im allgemeinen enthält sie von der Herstellung her geringe Anteile an Dimethylol-Harnstoff) und 2. nach dem Kondensationsprozeß genügend sorgfältig nachgewaschen wird.

Dies ist erforderlich, da bei zu starker Kondensation der Uronring aufgespalten wird und chlorempfindliche Harnstoffderivate (*nicht*-zyklische) entstehen.

## 2. Produkte, die sich vom Triazin[2] ableiten

### a) *Methylolverbindungen von Triazin und seinen Abkömmlingen*

Neuerdings werden manchmal, besonders in der amerikanischen Literatur Methylolmelamine als Reactantharze bezeichnet, was unrichtig ist.

Der *Triazinring* kann in mehreren tautomeren Formen vorliegen:

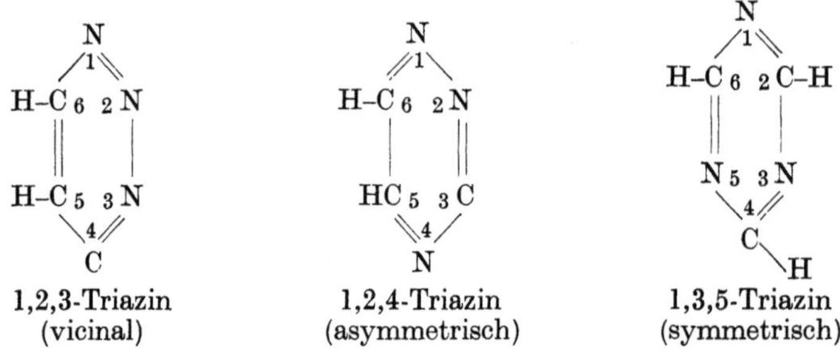

1,2,3-Triazin (vicinal) 1,2,4-Triazin (asymmetrisch) 1,3,5-Triazin (symmetrisch)

Bedeutung für die Knitterfestausrüstung haben die Formaldehyd-Triazine erlangt, welche sich vom *symmetrischen Triazin* ableiten.

Die *Methylolverbindungen des Melamins* wurden als „in sich" vernetzendes Kunstharz bereits früher beschrieben.

Das Triazinharz, das in den USA[3] als „Reactantharz" bezeichnet wird, soll ein vollständig methoxymethyliertes Produkt auf Melaminbasis in Verbindung mit einer nicht näher angegebenen Substanz sein.

Nach J. T. Marsh[4] soll es sich bei den sogenannten „Triazinharzen" wahrscheinlich um eine Kombination der Methylol-Verbindungen von Melamin und zyklischem Äthylenharnstoff handeln.

T. F. Cooke und P. B. Roth[5] führen gleichfalls ein *polyfunktionelles Triazin-Formaldehyd-Harz* (Aerotex Resin 23 spezial) an, welches drei reaktive Gruppen enthält, wodurch längere Seitenketten zwischen benachbarten Zellulosemole-

[1] Rüttiger, W.: Freundliche persönliche Mitteilung vom 5. Februar 1963.

[2] Fortschritte der chemischen Forschung. Herausgegeben von E. Heilbronner, U. Hofmann, Kl. Schäfer u. G. Wittig. Band IV, 1. Heft: Kap.: A. Kreutzberger: Die Chemie des s. Triazins. Strukturaufklärung. Darstellung. Physikalische Eigenschaften. Chemische Eigenschaften (Literatur). Berlin-Heidelberg-New York: Springer. 1964.

[3] Nuessle, A. C.: Knitterfestmittel für Wash-and-Wear-Ausrüstung. Text. Ind. **123**, 116 (1959).

[4] Marsh, J. T.: Self. Smoothing Fabrics, S. 126—127. London: Chapman & Hall Ltd. 1962.

[5] Cooke, T. F. u. P. B. Roth: Performance Characteristics of a New Triazin-Formaldehyde Based Cross-Linking Agent for Cellulose Fabrics. Text. Res. J. **29**, 180 (1959).

külen gebildet werden sollen. Auch weist dieses Triazinprodukt blockierte N-Atome auf, so daß die Chlorretention und die Vergilbungsgefahr vermindert werden, sowie auch die Fischgeruchsbildung entfällt. Optimale Ergebnisse werden bei ungefähr 8% Kunstharzaufnahme erhalten. Die Kondensation erfolgt unter Verwendung von $MgCl_2$ als Katalysatorsubstanz während 2 Minuten bei 165° C.

```
                        N
                       //\
| HO · CH₂ |\          /  \          /| CH₂ · OH |
             >N — C     C — N<
| HO · CH₂ |/     |     ||     \| CH₂ · OH |
                  |     ||
                  N     N
                   \\  /
                     C
                     |
     | HO · CH₂ |—N—| CH₂ · OH |
```

Hexamethylol-Melamin

*Hexamethylol-Melamin* wird gleichfalls des öfteren als „Reactantharz-Type" bezeichnet, da bei dieser Verbindung die freien Aminogruppen abgesättigt wären und keine freien Amino- bzw. Iminogruppen vorhanden seien.

J. T. Marsh[1] weist aber darauf hin, daß die Triazine (z. B. Trimethylol-Melamin und dessen Äther oder auch Hexamethylol-Melamin-hexamethyläther) normalerweise *nicht allein* für die Ausrüstung von Baumwollgeweben eingesetzt werden, sondern *in Verbindung mit Reactantharzen* (wie z. B. Dimethylol-Äthylenharnstoff), um das Verhalten gegen Chlorbehandlungen zu verbessern. Die Methylolverbindungen der Triazine bzw. die hierzu resultierenden Endharze haben eine sehr gute puffernde Wirkung gegenüber freiwerdender Salzsäure (nach Chlorbehandlungen und Wärmeeinwirkung, wie Bügeln) und verhindern eine Verbräunung des Gewebes. Diese *heute vielfach kombinierte Anwendung von Melamin-Formaldehydverbindungen mit tatsächlichen Reactantharzen* dürfte wohl die irrtümliche Annahme resultieren lassen, daß Melamin und ihre Abkömmlinge den Reactantharztypen zuzurechnen seien.

Charakteristische *Abkömmlinge vom symmetrischen Triazin* (bzw. Melamin) sind:

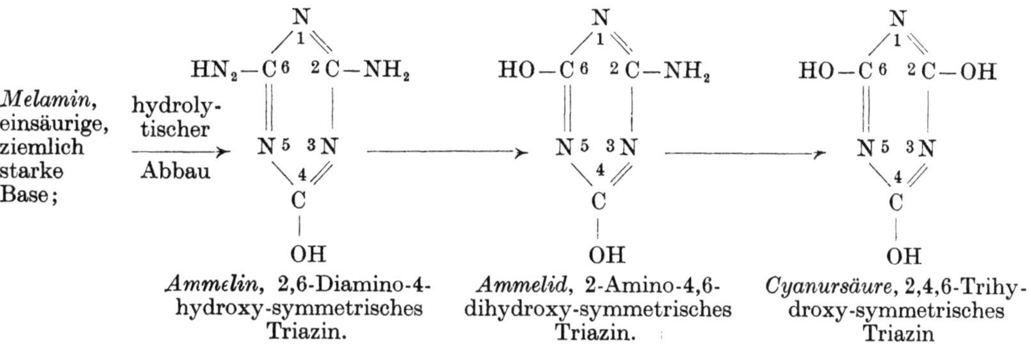


*Ammelin*, 2,6-Diamino-4-hydroxy-symmetrisches Triazin. *Ammelid*, 2-Amino-4,6-dihydroxy-symmetrisches Triazin. *Cyanursäure*, 2,4,6-Trihydroxy-symmetrisches Triazin

*Melam* (2 Melamin — 1 $NH_3$) zeigt im Vergleich zu Melamin annähernd die gleichen harzbildenden Eigenschaften mit Formaldehyd.

---

[1] Marsh, J. T.: Selbstglättende Gewebe. Text. Manufacturer 87, 25 (1961).

Die Neigung zur Harzbildung ist *vermindert bzw. praktisch aufgehoben* bei
*Ammelin* (Cyanursäurediamid) und
*Ammelid* (Cyanursäure-monoamid).

Weiters werden in der textilen Literatur beschrieben:

```
                     N
                   /1\\
HO · (CH2)x–N–C6   2C–N–(CH2)x · OH
            |  ||    |  |
            R  N5   3N  R
                 \4//
                   C
                   |
          R–N–(CH2)x · OH
```

2,4,6-(Alkyl-alkylol-triamino)-1,3,5-triazin

```
                 N
H2C            /1\\          CH2
 |  >N–C6           2C–N<   |
H2C       ||          |      CH2
          N5        3N
             \4/
              C
              |
              N
             / \
          H2C—CH2
```

2,4,6-Äthylenimin-
-1,3,5-triazin (s. S. 153)

*Zyklisches Trimethylen-triamin:* Dieses leitet sich vom Monomethylol-Harnstoff (über Methylenharnstoff) ab:

```
                                                    CO · NH2
                                                       |
 NH2                [ NH2   ]                          N
 |                  [ |     ]                        /   \
3 CO   ——————→      [ 3 CO  ]     ——————→         H2C    CH2
 |                  [ |     ]                       |      |
 NH–CH2 · OH        [ N=CH2 ]         H2N · CO —N      N— CO · NH2
                                                  \   /
                                                   CH2
```

*Zyklisches Trimethylen-triamin* (gibt der Ware wenig Sprungelastizität)!

Es dürfte hier – je nach dem Verhältnis Harnstoff: Formaldehyd – ein kontinuierlicher Übergangszustand vorliegen. Die vorstehend wiedergegebene Formel dürfte mehr eine Grenzformulierung darstellen, wobei unklar ist, ob diese Formulierung in der angegebenen Form existent ist.

### *b) Triazinone (in den USA Triazone genannt)*

#### Literaturverzeichnis

Borghetti, H. C.: Wash-Wear-Harze für weiße Baumwollgewebe. Amer. Dyestuff Rep. **1958,** H. 15, P 509 u. P 523.

Burke, J. W.: J. Amer. Chem. Soc. **69,** 7136 (1947).

Cooke, T. F. u. P. B. Roth: Performance Characteristics of a New Triazone-Formaldehyde Based Cross-Linking Agent for Cellulosic Fabrics. Text. Res. J. **29,** 180 (1959).

Frick, J. G. jr., R. L. Arceneaux, R. M. Reinhardt u. J. D. Reid: Chlorbeständige Mischungen aus Triazon und Harnstoff-derivaten für knitterfeste Baumwollgewebe. Amer. Dyestuff Rep. **48,** 29 (1959).

Marsh, J. T.: Die Triazonverbindungen. Text. Manufacturer **85,** 187 (1959).

Paquin, M.: Angew. Chem. **60,** 267 (1948).

Reid, J. D., J. G. Frick, jr., R. M. Reinhardt u. R. L. Arceneaux: Knitterfestausrüstung von Baumwollgeweben mit Triazonderivaten. Amer. Dyestuff Rep. **48,** P 81 (1959).

Wayland, R. L. jr.: Triazone-Knitterechtausrüstungsmittel für Baumwolle. Text. Res. J. **29** 170 (1959).

Triazinone haben in der Wash-and-Wear-Ausrüstung von Baumwollgeweben, namentlich in Mischung mit anderen N-haltigen Kunstharzen, wegen ihres basischen Charakters und Säureabpufferungsvermögens große Bedeutung erlangt.

Die Triazinone leiten sich vom *symmetrischen Triazin* ab.

Allgemeine Formel:

```
            R4
            |
            N
           / \
   R3—HC       CH—R3
       |       |
   R1—N         N—R2
           \ /
            CO
```

$R_1$, $R_2$ und $R_3$ ... H oder organischer Rest;
$R_4$ ... organischer Rest.

*Ableitung der Nomenklatur für Triazinone:* J. T. Marsh weist schon in seinem Werk „Self-Smoothing Fabrics“ (1962) darauf hin, daß die Nomenklatur für die Triazinone in der einschlägigen Literatur verwirrend und zuweilen unrichtig ist. So werden die Triazinone als amin-modifizierte zyklische Äthylenharnstoffe oder auch als Aminharze bezeichnet. M. Paquin[1] benennt sie als Trimethylenamin-Verbindungen. Auch die in der amerikanischen Literatur zu findende Angabe als Alkyl-tetrahydrotriazinone ist nicht richtig.

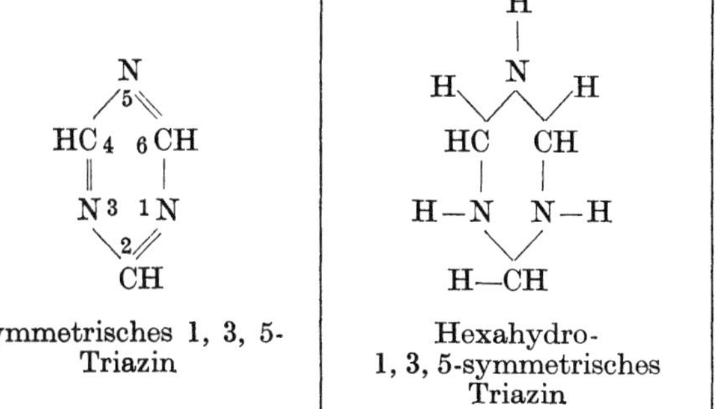

Symmetrisches 1, 3, 5-Triazin | Hexahydro-1, 3, 5-symmetrisches Triazin | Hexahydro-1, 3, 5-Triazin-on-(2) (Keton des hydrierten Triazins)

[1] Paquin, M.: Angew. Chem. **60,** 267 (1948).

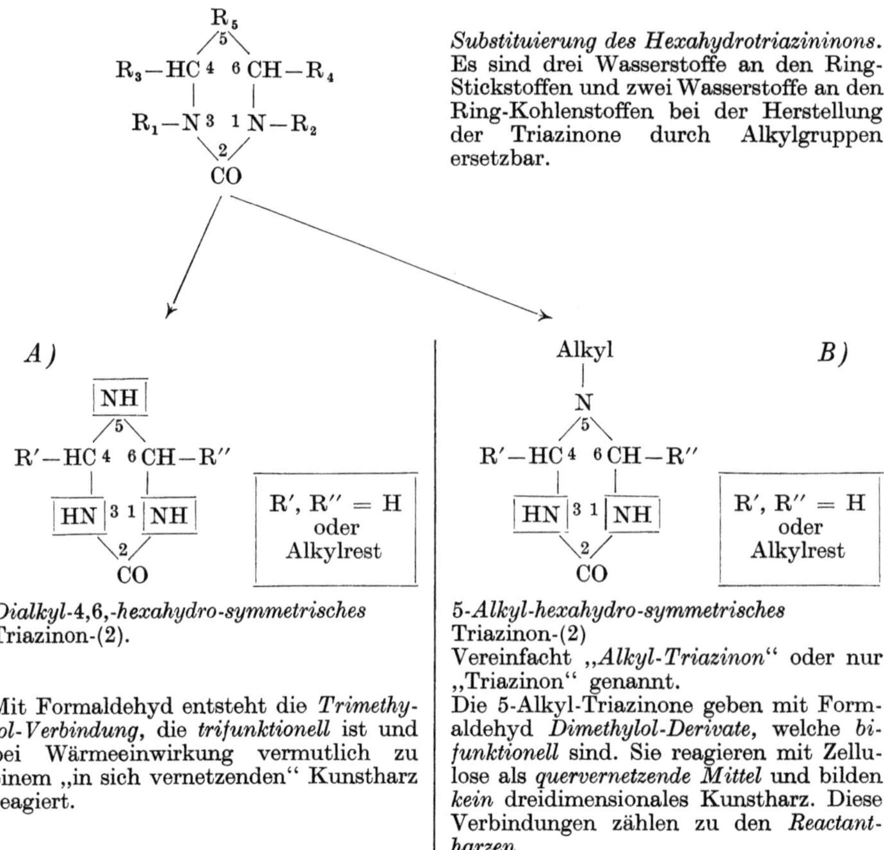


*Substituierung des Hexahydrotriazininons.* Es sind drei Wasserstoffe an den Ring-Stickstoffen und zwei Wasserstoffe an den Ring-Kohlenstoffen bei der Herstellung der Triazinone durch Alkylgruppen ersetzbar.

*Dialkyl*-4,6,-*hexahydro-symmetrisches* Triazinon-(2).

Mit Formaldehyd entsteht die *Trimethylol-Verbindung,* die *trifunktionell* ist und bei Wärmeeinwirkung vermutlich zu einem „in sich vernetzenden" Kunstharz reagiert.

5-*Alkyl-hexahydro-symmetrisches* Triazinon-(2)
Vereinfacht „*Alkyl-Triazinon*" oder nur „Triazinon" genannt.
Die 5-Alkyl-Triazinone geben mit Formaldehyd *Dimethylol-Derivate,* welche *bifunktionell* sind. Sie reagieren mit Zellulose als *quervernetzende Mittel* und bilden *kein* dreidimensionales Kunstharz. Diese Verbindungen zählen zu den *Reactantharzen.*

Der Ring-Stickstoff in 5-Stellung (s. bei *B*) hat basische Eigenschaften, die durch die Art des Alkylsubstituenten beeinflußbar sind. Mit Säuren werden sehr beständige Azenium-Verbindungen gebildet. Daher wirken 5-Alkyl-hexahydrotriazinone (kurz „Triazinone" genannt) säureabbindend (in der Literatur nicht exakt richtig „säurepuffernd" bezeichnet). Durch alkalische Einwirkungen (alkalische Waschbäder) wird die ternäre Aminogruppe wieder frei und kann nun erneut säurebindend wirken. Hierauf beruht die bevorzugte Verwendung der Triazinone in der Praxis der Hochveredlung von Zellulosefasertextilien.

Man kann, wie bemerkt, die Triazinone vom *Hexahydrotriazinon-Ring* ableiten:

```
HN———CH₂
|1     6|
CO 2  5 N———[R]
|3     4|
HN———CH₂
```

*Alkylhexahydrotriazinon*

[R] = hauptsächlich $-CH_3$, $-C_2H_5$ und $-CH_2 \cdot CH_2 \cdot OH$ (Hydroxyäthyl);

Weiters können anstatt dieser Radikale auch Aryle in 5-Stellung stehen. Ferner können auch die H-Atome der beiden Methylengruppen in $C_4$- und $C_6$-Stellung substituiert sein, so daß zahlreiche Varianten möglich sind.

*Herstellung der Triazinone:* Die Triazinone sind leicht herzustellen.

Aus 1 Mol Harnstoff + 2 Mol Formaldehyd + 1 Mol Mono-methylamin entsteht z. B. das ringförmige Keton:

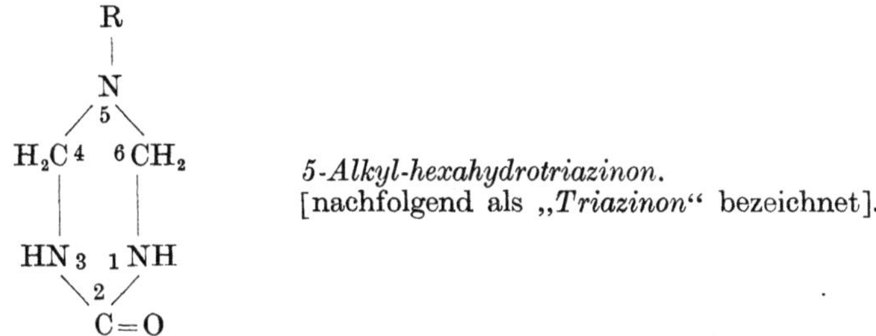

*5-Alkyl-hexahydrotriazinon.*
[nachfolgend als „*Triazinon*" bezeichnet].

Mit weiteren 2 Mol Formaldehyd bildet sich dann die entsprechende Dimethylol-Verbindung (am 1,3-Stickstoff).

Man löst z. B. Harnstoff unter Erwärmen und Umrühren in der Lösung von Methylamin und läßt dann erkalten. Dann wird die berechnete Menge an Formaldehydlösung hinzugegeben und das Ganze auf 55 bis 60° C während einer Stunde belassen. Durch Vakuumtrocknung erhält man das 5-Methyl-hexahydrotriazinon.

Man kann auch zur Dimethylol-Harnstofflösung das aliphatische Amin zugeben und läßt dann die Reagenzien während 1 Stunde bei 100° C oder 24 Stunden bei Zimmertemperatur reagieren. Wenn nötig, wird der Wasserüberschuß bei vermindertem Druck wegdestilliert und das gebildete 5-Alkyl-hexahydrotriazinon durch Umkristallisieren gereinigt.

Das bei der Uronsynthese (s. S. 124) intermediär auftretende *Ureidomethyl-(carbenium-imonium-)Ion* kann nach H. Petersen[1] auch andere elektrophile Substitutionsreaktionen eingehen, wie z. B. die *Ureidomethylierung an Aminen.*

Setzt man z. B. das Dimethyluron mit primären Aminohydrochloriden um, so tritt eine Kondensation zu 1,3-Dimethyl-5-Alkyl-1,3,5-hexahydrotriazinonen ein:

```
          CO                                      CO
         /  \          H3N—R' · HCl              /  \
  H3C—N      N—CH3 + ──────────────→ H3C—N      N—CH3
       |      |                           |      |
      H2C    CH2                         H2C    CH2
         \  /                               \  /
          O                                  N
                                             |
                                             R'
```

1,3-Dimethyl-5-Alkyl-1,3,5-hexahydrotriazinon

Die Synthese der Triazinone[1] aus Harnstoff, Formaldehyd und primären Aminen verläuft ebenfalls über das in den Grenzzuständen formulierte *Ureidomethyl-(carbenium-imonium-)Ion* (nach H. Petersen).

Nach einer anderen einfachen Methode wird Harnstoff mit einer Aldehyd-Ammoniak-Verbindung behandelt, wie z. B.:

```
  NH2              H                      NH
 /                /                      /  \
CO     + 2 CH3—C—OH   ───→  H3C—HC      CH—CH3
 \                \                 |      |
  NH2              NH2              HN     NH
                                      \  /
                                       CO
```

*4,6-Dimethyl-hexahydro-1,3,5-Triazinon-(2).* Diese Verbindung hat methyloliert, als „in sich vernetzendes" Trimethylol-Derivat im vorliegenden Falle wenig Interesse.

[1] Petersen, H.: Neuere Ergebnisse und Betrachtungen über den Reaktionsmechanismus der Aminoplast-Kondensationen. Text.-Rundschau (St. Gallen) **16**, 646—656 (1961).

Die erste Verbindung, die den Hexahydrotriazinonen konstitutionell ähnlich war, wurde von Nencki[1] als Thiokomponente synthetisiert [5-Alkylhexahydro-s-triazin-thion-(2)].

1933 beschrieben Steindorf und Paquin[2] die Darstellung eines 4-6-di-substituierten Hexahydro-s-triazinons.

J. W. Burke[3] stellte Triazinone her, die in 5-Stellung substituiert waren. Hierbei bezog er sich insbesondere auf die Verbindung 5-Hydroxyäthyl-hexahydro-s-triazinon-2.

Später wurde von J. W. Burke[4] noch eine Reihe von verätherten Di-alkoxy-5-Alkyl-hexahydrotriazinonen beschrieben, wie das 5-Methyl-, 5-Äthyl- und 5-Isobutylderivat.

Da die methylolierten 5-Alkyl-hexahydrotriazinone gegen Wärmeeinwirkung nicht stabil waren, wurden sie zu Bis-(alkoxymethyl)-5-Alkyl-hexahydrotriazinone mit Alkoholen verestert. Die freien Methylol-Verbindungen selbst von diesen Triazinonen waren für den Autor ohne Interesse.

J. W. Burke (loc. cit.) beschrieb etwa zwanzig solcher Verbindungen.

M. Paquin[5] arbeitete in den Jahren 1942 bis 1944 in ähnlicher Richtung.

Die Herstellung von Hexahydrotriazinon-Derivaten aus Harnstoff und einer Aldehydammoniak-Verbindung wurde von M. Paquin und J. W. Burke beschrieben. Die meisten hierbei von M. Paquin erhaltenen Produkte wurden unabhängig von J. W. Burke gleichfalls hergestellt. Letzterer erwähnte noch die Anwendung von Guanidinnitrat an Stelle von Harnstoff bei der Reaktion mit Azetaldehydammoniak. Es resultierte hierbei eine Verbindung, bei welcher der Sauerstoff der Ketogruppe durch eine Iminogruppe ersetzt war.

Die Triazinone und ihre verätherten Alkoxy-Verbindungen waren also, bevor ihre freien Methylol-Derivate textil von Interesse wurden, schon hinreichend bekannt.

Die allgemeine Methode zur Herstellung von 5-Alkyl-hexahydro-s-triazinonen (nachfolgend kurz ,,Triazinone“ genannt), indem Harnstoff, Aldehyde und Amine miteinander reagieren, läßt viele Variationen zu. Schon die erwähnten Autoren beschrieben etwa 24 Verbindungen. Das Wesentliche der Triazinone ist, daß man durch die erwähnte Synthese in einfacher Weise *Triazinone mit unterschiedlicher Basizität* herzustellen vermag. Je nach der Art des *Alkylsubstituenten in 5-Stellung*, wie Methyl-, Äthyl-, Hydroxyäthyl-, Propyl-, Butyl- usw., wird auch die Basizität des Triazinons verändert.

Nach J. T. Marsh[6] besteht hiermit eine ganz neue Möglichkeit in der Chemie der Kunstharz-Ausrüstung von Zellulosefasertextilien.

Triazinone verhindern wegen ihres basischen Charakters, daß durch Chlorretention, verursacht durch Hypochloritbehandlungen beim Waschprozeß, später infolge Hitzeeinwirkung (Bügeln, Kalandern), HCl frei wird und Zelluloseabbau und Verbräunung des Baumwollgewebes bewirkt.

Einige der zur Herstellung von Triazinonen verwendeten organischen Aminobasen sind sogar stärker basisch als Natronlauge; sie können im freien Zustand Zellulose quellen und in Pseudolösungen überführen. Daher ist es verständlich,

[1] Nencki: Dtsch. Chem. Ber. **7**, 158 (1874).

[2] DRP 582.203 (1933) u. U.S.-Pat. 2,016.521 (1935).

[3] U.S.-Pat. 2,304.624.

[4] U.S.-Pat. 2,321.989. — J. W. Burke: J. Amer. Chem. Soc. **69**, 2136 (1947).

[5] Paquin, M. (I. G. Farbenindustrie A.G.): Angew. Chem. **60**, 267 (1948) u. DBP. 859.018 (1952).

[6] Marsh, J. T.: Self-Smoothing Fabrics. London: Chapman & Hall Ltd. 1962.

daß die aus Alkyltriazinonen und Säuren gebildeten Aminsalze ebenso beständig sind wie normale Ammoniumsalze. Hierauf beruht ihre Verwendung als Säurepuffer (bzw. säurebindende Mittel) in der Knitterfest-Ausrüstung von Baumwolltextilien.

*Typen von Triazinonen (bzw. deren Methylol-Derivate):* Viele Handelsprodukte enthalten in 5-Stellung die Äthylgruppe, weiters auch die Hydroxyäthyl-Gruppe (hergestellt unter Verwendung von Äthanolamin). Wird Äthylendiamin als Basis für die Herstellung verwendet, so resultiert eine Bis-(Triazinon)-Struktur

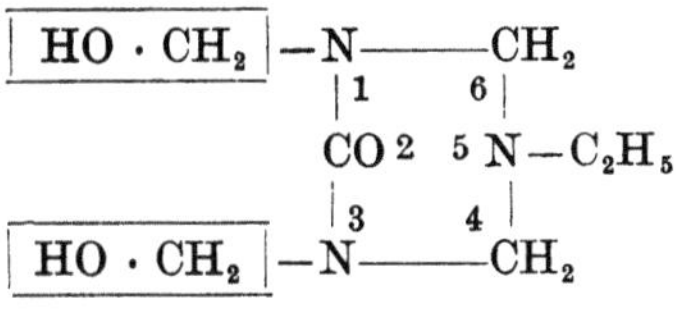

```
| HO · CH2 |—N————CH2
            |1      6|
            CO 2  5 N—C2H5
            |3      4|
| HO · CH2 |—N————CH2
```

(a) Dimethylol-Äthyl-triazinon

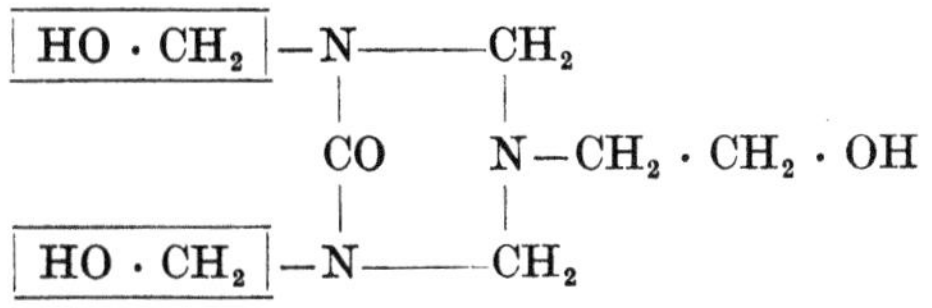

```
| HO · CH2 |—N————CH2
            |       |
            CO      N—CH2 · CH2 · OH
            |       |
| HO · CH2 |—N————CH2
```

(b) Dimethylol-Hydroxyäthyl-triazinon

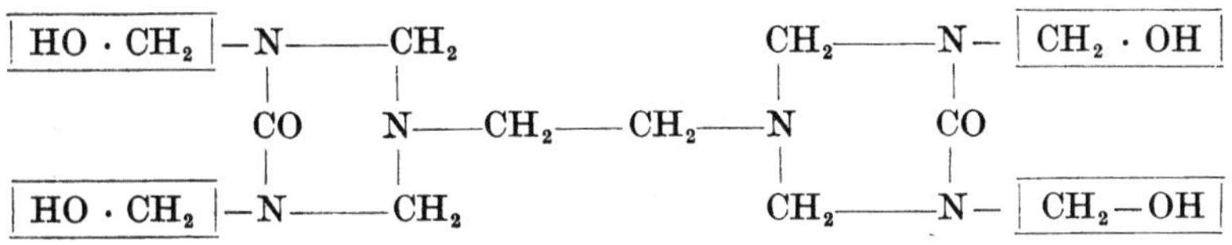

```
| HO · CH2 |—N————CH2                    CH2————N—| CH2 · OH |
            |      |                      |       |
            CO     N————CH2————CH2————N        CO
            |      |                      |       |
| HO · CH2 |—N————CH2                    CH2————N—| CH2—OH |
```

(c) Tetramethylol-Äthylen-bis-(triazinon)

Im allgemeinen hat von den drei vorstehenden Triazinontypen die günstigste Wirkung (a); (b) läßt ziemlich gute Effekte resultieren und (c) ist wenig wirksam.

Die Ausbeute bei der industriellen Herstellung der Triazinon-Verbindungen beträgt ungefähr 50 bis 60%. Die Reindarstellung durch Umkristallisieren ist im allgemeinen kommerziell weniger tragbar.

Die im Handel befindlichen Triazinon-Reactant-Harze enthalten daher je nach Herkunft neben reinem Dimethylol-Triazinon wechselnde Mengen von Dimethylol-Harnstoff, Amino-methylharnstoff, Amin-Formaldehyd-Addukte, Methylentriazine und weiters nicht umgesetztes Amin und freien Formaldehyd. Daher ist es verständlich, daß mit den verschiedenen Handelsprodukten auf Basis Triazinon oftmals sehr differenzierende Effekte auf Baumwollgeweben resultieren. So gibt z. B. H. B. Goldstein[1] an, daß bei den einzelnen Handelsprodukten erhebliche Unterschiede im Effekt (Chlorretention, Fischgeruch) bestehen.

Zu beachten ist, daß etwa im Handelsprodukt noch vorhandenes *freies Alkylamin* bei der Kondensation des imprägnierten und getrockneten Baumwollgewebes *einen Teil der freiwerdenden Katalysatorsäure neutralisiert.* Da Triazinone an sich basischer sind als Harnstoff-Formaldehyd- oder Äthylenharnstoff-Form-

[1] Goldstein, H. B.: An Adventure in Research. The Development of a Wash-and-Wear-Finish. Amer. Dyestuff Rep. **48**, 44 (1959).

aldehyd-Verbindungen, führt dies insgesamt dazu, daß der Einsatz an Säurespender (Katalysator) erhöht werden muß. Daher wird der Betrag an Säurespender auf ungefähr 12% (bezogen auf das Gewicht des eingesetzten Triazinons) festgelegt.

Reid et al.[1] untersuchten die Effekte der Ausrüstungen von Baumwollgeweben mit den Dimethylol-Verbindungen von Äthyl- und Hydroxyäthyltriazinon sowie vom Tetramethylol-Derivat des Äthylen-bis-(triazinons). Es wurde mit 8%igen Lösungen gearbeitet, die eine ungefähre Gewichtszunahme des Gewebes um 3,6 bis 4% ergaben. Als Säurespender wurde 0,5% Zinknitrat verwendet.

Triazinone ergeben *niedrigere Knittererholungswinkel* im Vergleich zu anderen Reactantharz-Behandlungen. Die *Waschbeständigkeit* ist *geringer* im Vergleich zu derjenigen von Melamin-Formaldehyd- oder Äthylenharnstoff-Formaldehyd-Ausrüstungen.

Mit Triazinon-Verbindungen imprägnierte Baumwollgewebe müssen bei höheren Temperaturen, wie 2 bis 3 Minuten bei 150° C oder 1 bis 2 Minuten bei 165° C, kondensiert werden. Triazinone neigen aber bei *höheren Temperaturen* zu *Verfärbungen*. Daher sollen durch *Vorversuche* die Optimalbedingungen für maximale Dauerhaftigkeit bei minimaler Verfärbung eruiert werden.

Ein weiterer Nachteil der Triazinone ist ihre Neigung, *Fischgeruch* am ausgerüsteten Baumwollgewebe auftreten zu lassen. R. Allscher[2] macht darauf aufmerksam, daß die früher angeführte Darstellung der Triazinone (z. B. aus Harnstoff + Formaldehyd + Mono-methylamin) sicher nicht quantitativ verläuft und daher in einem vorliegenden Handelsprodukt (Methylolverbindung) noch Monomethylamin zugegen ist.

Durch die nachträgliche Reaktion des Monomethylamin-Anteils mit Formaldehyd bei der thermischen Behandlung (Kondensation) des applizierten Gewebes ist die Möglichkeit der *Bildung von Di- und Trimethylamin* gegeben:

$$2\,CH_3\text{-}NH_2 + 3\,HCHO \rightarrow CO_2 + H_2O + 2\,NH(CH_3)_2 \text{ und}$$
$$2\,NH(CH_3)_2 + 3\,HCHO \rightarrow CO_2 + H_2O + 2\,N(CH_3)_3$$

R. Allscher (loc. cit.) bestätigt dies dadurch, daß Triazinone, welche *vor* der Methylolierung durch *Umkristallisieren* gereinigt wurden, nur noch bei langer Kondensationsdauer und hohen Temperaturen des ausgerüsteten Baumwollgewebes Fischgeruch feststellen ließen.

Eingangs zu den Ausführungen über Reactantharze wurde darauf hingewiesen, daß die größere oder geringere Reinheit der Handelsprodukte für die erzielbaren Effekte wesentlich ist. Auch R. Allscher (loc. cit.) führt die für den Praktiker wichtige Tatsache an, daß technische Produkte, mit denen in der Hochveredlung der Zellulosefasergewebe gearbeitet wird, *keinesfalls* wohl definierte chemische Verbindungen darstellen. Die technischen Produkte enthalten diese Verbindungen jeweils *anteilmäßig*. Daher sind negative wie empfehlende Aussagen nur als *spezifisch produktionsbedingt* anzusehen und nicht ohne weiteres zu verallgemeinern.

Die weiteren physikalischen Eigenschaften von Baumwollgeweben, ausgerüstet mit Dimethylol-Triazinonen, entsprechen denjenigen der übrigen Reactantharzausrüstungen, wie Reißfestigkeitsverlust und Verminderung des Scheuerwiderstandes.

---

[1] Reid, J. D., J. G. Frick, R. M. Reinhardt u. R. L. Arceneaux: Der Erhalt von Knitterwiderstand von Baumwollgeweben mit Triazinon-Derivaten. Amer. Dyestuff Rep. **48**, 81 (1959).

[2] Allscher, R.: Textil-Praxis **14**, 948ff. (1959).

Die wichtigste Eigenschaft der Triazinone ist ihr *Säurebindungsvermögen*. Das gebildete Aminsalz am $N_5$-Stickstoff kann sehr beständig sein. Bei einer späteren alkalischen Wäsche wird, wie erwähnt, das gebildete Salz wiederum zerlegt, so daß die regenerierte ternäre Aminogruppe zu einer neuen Säureaufnahme, wenn nötig, fähig ist.

Triazinone haben im Vergleich mit Dimethylol-Äthylenharnstoff einen *stärker basischen Charakter*. Daher zeigen Triazinone nach der Behandlung mit chlorhaltigen Flotten ein günstigeres Verhalten. Mit Triazinonprodukten ausgerüstete und nachher gechlorte Gewebe ergeben auch nach wiederholten Wäschen beim Bügeln nur geringe oder keine Faserschädigung. Die aus den Chloramin-Verbindungen abgespaltene HCl wird hierbei abgepuffert und somit unschädlich gemacht.

Daher haben Triazinone in Mischung mit N-haltigen Reactantharzen Interesse erlangt.

Nach J. D. Reid u. a.[1] üben Triazinonprodukte in Mischung mit Harnstoff-Formaldehydharzen eine puffernde Wirkung aus, wodurch Faserschädigungen beim Erhitzen der gechlorten Gewebe vermieden werden. Dies hat Bedeutung in der Art, als die Triazinon-Handelsprodukte selbst (bedingt durch ihre Herstellung; s. vorstehend) bereits schon Harnstoff-Formaldehyd enthalten und wie schon bemerkt aus wirtschaftlichen Gründen *nicht* gereinigt werden.

R. Wayland jr.[2] gibt an, daß besonders gute Ergebnisse durch Produkte, aufgebaut durch Mischung von Triazinonen mit Dimethylol-Äthylenharnstoff resultieren.

In den USA haben die Triazinonprodukte bei der Ausrüstung von Baumwollweißwaren (Oberhemdenstoffe) erhebliche Bedeutung erlangt.

Nach H. A. Wannow[3] ist dies nicht etwa auf das günstige Verhalten der mit Triazinonen ausgerüsteten Baumwollgewebe zurückzuführen. Man muß hier auch die *besonderen amerikanischen Verhältnisse* mit in Betracht ziehen. Bei der *gewerblichen* Wäsche ist es nämlich in den USA üblich, dem letzten Spülbad Zinksilikofluorid zuzusetzen, also „*abzusäuern*“. Der pH-Wert soll hierbei 5,0 sein, doch wird dieser Wert häufig noch weit unterschritten. Die schwach saure Lösung konzentriert sich nun beim folgenden Trocknen, wodurch säureempfindliche Appreets in Hinblick auf den Effekt und die Chlorretention beeinträchtigt werden können.

Die Triazinone haben in den USA in der Praxis ihre Erprobung bestanden, wobei in den letzten Jahren (bis 1959) einige 100 Millionen Yards Gewebe mit ihnen ausgerüstet wurden.

R. L. Wayland[4] gibt ihren vorteilhaften Einsatz an (in Verbindung mit anderen N-haltigen Kunstharzen), wenn neben guter Knitterfestigkeit bei minimaler Festigkeitseinbuße, eine minimale Chlorretention ohne Vergilbungstendenz verlangt wird. *Nicht* empfohlen wird ihr Einsatz, wenn das ausgerüstete Gewebe hohen Temperaturen ausgesetzt wird (z. B. bei Krageneinlagen).

Triazinone können auch als *Faserweichmacher* wirken, welche mit der Zellulose kovalente Bindung eingehen. Werden Baumwollgewebe nach S. L. Vail und Mitarbeiter[5] mit Dimethylol-Triazinonen ausgerüstet, welche langkettige Alkylreste ent-

---

[1] Reid, J. D., J. G. Frick, R. M. Reinhardt u. R. L. Arceneaux: Imparting Wrinkle Resistance to Cotton Fabrics with Triazone Derivatives. Amer. Dyestuff Rep. **48**, 81 (1959).

[2] Wayland, R. L. jr.: Triazinone: Produkte für die knitterarme Ausrüstung von Baumwolle. Text. Res. J. **29**, 170 (1959).

[3] Wannow, H. A.: Über den Stand der Hochveredlung von Baumwollgeweben. Melliand Textilber. **41**, 75 (1960).

[4] Wayland, R. L. jr.: Text. Res. J. **29**, 170 (1959).

[5] Vail, S. L., J. G. Frick, jr., P. J. Murphy u. J. D. Reid: Dimethyloltriazone Finishing Agents with Long-Chain Alkyl Substituents for Cotton Textiles. Amer. Dyestuff Rep. **50**, 200 (1961).

halten (Octyl-, Dodecyl- und Octadeyl-derivate), so tritt (ab einer Alkylkette, die länger als Octyl- ist) *keine* Erhöhung des Knitterwinkels ein, sondern unter dem Einfluß der langkettigen Alkylkette (z. B. in Mischung mit Dimethylol-Äthylenharnstoff) eine weichmachende Wirkung ein, welche reaktiven Charakter hat. Im Vergleich hierzu wirkt *Polyäthylen* nur als „weichmachende Beschichtung“, welche aber in der Wäsche eine *geringere* Schmutzaufnahme als die erwähnten langkettigen alkylierten Produkte zeigt.

Nach S. L. Vail et al.[1] sollen zwei neue Triazinon-Ausrüstungen bei Baumwolle *nicht* die Nachteile der Methylol-Triazinone aufweisen (wie geringere Knitterfesteffekte, Verfärbung bei hohen Temperaturen und Neigung zur Fischgeruchsbildung).

*[5-(2-Methoxyäthyl)]-hexahydro-symmetrisches Triazinon-(2)*

```
NH—CH₂
|    |
CO   N—CH₂ · CH₂ · O · CH₃
|    |
NH—CH₂
```

$(C_6H_{13}N_3O_2)$ F. 145 bis 147,5° C

wird hergestellt durch Zugabe äquimolarer Mengen 2-Methoxyäthylamin zu einer wässerigen N,N′-Dimethylol-Harnstofflösung unter Kühlung. Dann wird ½ Stunde auf 100° C erhitzt und das Wasser zum Teil im Vakuum entfernt.

Das ähnlich aufgebaute *[5-(2-Äthoxyäthyl)]-Derivat* $(C_7H_{15}N_3O_2)$, F. 144 bis 145° C, wird in gleicher Weise mit 2-Äthoxyäthylamin hergestellt.

Verwendet werden die entsprechenden Dimethylol-Verbindungen.

Der Befund der Autoren kann dahin gedeutet werden, daß sich der Methyl- oder Äthyläther des Äthanoltriazinons *technisch reiner* herstellen läßt.

Tabelle 11. *Vor- und Nachteile der Ausrüstung von Baumwollgeweben mit Triazinonen*

| *Vorteile:* | *Nachteile:* |
|---|---|
| 1. Günstigeres Verhalten gegen Chlor und Hydrolyseeinwirkung.<br>Die Basizität der tertiären Aminogruppe der Triazinone bewirkt deutlichen Schutz gegen die *zelluloseabbauende Wirkung der Katalysatorsäure* (Hitzekondensation!), wie auch gegenüber Behandlungen des ausgerüsteten Gewebes gegenüber *sauren Behandlungen.*<br>Durch diese puffernde Wirkung wird auch der *Schutz gegen Chlorschädigung* erhöht. Bei einer Chlorbehandlung des ausgerüsteten Gewebes tritt wohl eine Chlorretention ein, doch bleiben die *Folgeerscheinungen,* wie Bügelvergilbung und Chlorschädigung, aus[2]. | 1. Hoher Preis.<br>2. *Geringere Knitterfest-Effekte* (z. B. im Vergleich mit Dimethylol-Äthylenharnstoff.<br>Die Ursache ist die aufhebende Wirkung gegenüber der freiwerdenden Katalysatorsäure durch die starke Abpufferung (besser gesagt: Neutralisierung) durch die Triazinone.<br>3. Verfärbung (Vergilbung) bei *hohen* Kondensations- und auch Bügeltemperaturen.<br>Diese starke Vergilbung beim Bügeln (*ohne* vorausgehende Chlorbehandlung und *nicht* mit einem Festigkeitsverlust verbunden) beruht auf einer *Verfärbung des Triazinonharzes* |

[1] Vail, S. L., Cl. M. Moran u. J. D. Reid: Neue Triazon-Ausrüstungen für Wash-and-Wear-Baumwollgewebe. Amer. Dyestuff Rep. **52,** 712 (1963).

[2] Foster, S. H. u. J. Tashlik: Text. Res. J. **32,** 574 (1962).

In den Triazinonen sind die N-Atome vollständig blockiert. Die Pufferungsfähigkeit der Triazinonharze übertrifft die des Äthylenharnstoffharzes, und zwar nimmt sie eine Mittelstellung zwischen Äthylenharnstoffharz und Melaminharz ein.

Trotz der etwas höheren Chloraufnahme wird die beim Bügeln auftretende Salzsäure neutralisiert und die Base für einen weiteren Wäschegang regeneriert.

Diese Schutzwirkung fehlt bei den normalen Harnstoffharzen. Doch ist es möglich, durch eine Mischung äquimolekularer Mengen der Dimethylolverbindungen von Harnstoff und Triazinon den gleichen Effekt zu erreichen.

Die Beständigkeit gegen Chlor wiegt nach J. T. Marsh[1] ihre sonstigen Nachteile auf.

2. Bei Zusatz von Triazinonen zu Dimethylol-Äthylenharnstoff werden die Kondensationsbedingungen gemildert, ohne daß die Chlorretention ansteigt.

*selbst*; wahrscheinlich beruhend auf einer thermischen Spaltung des Triazinonringes unter Freisetzung von Alkylaminen.

4. Ausgeprägte Tendenz der meisten Triazinone zur *Bildung von Fischgeruch*[2]. Dies kann durch eine alkalische Nachwäsche verhindert werden.
5. Geringere Kochwaschbeständigkeit der Effekte (im Vergleich zum zyklischen Dimethylol-Äthylenharnstoff[3]).
6. Bei wiederholten Chlorbehandlungen kann Vergilbung und Reißfestigkeitsverlust [Scorch-Test] eintreten.

## Analytisches

*Nachweis von Triazinonen auf der Faser* (mittels Papierchromatographie): Bei der Säurehydrolyse des auf der Faser kondensierten Triazinons kann eine weitergehende Spaltung eintreten

$$\begin{array}{l} H-N-CH_2 \\ \quad | \qquad | \\ CO \;\; N-R \\ \quad | \qquad | \\ H-N-CH_2 \end{array} \xrightarrow[H^{\oplus}]{+\,2\,H_2O} \begin{array}{c} NH_2 \\ | \\ CO \\ | \\ NH_2 \end{array} + 2\,CH_2O + R-NH_2;$$

Harnstoff Formaldehyd Amin.

Die Spaltprodukte sind einzeln nachweisbar.

### 3. Andere ringförmige oder auch langkettige N-haltige Verbindungen mit funktionellen Methylol-Gruppen (Reactantvernetzer)

Bei den einschlägigen langkettigen Verbindungen liegen zwischen den aktiven Endgruppen längere paraffinische Ketten. W. Rümens[4] weist z. B. im Falle von methyloliertem Adipinsäurediamid darauf hin, daß trotz der endständigen Gruppierungen $-NH-\boxed{CH_2 \cdot OH}$ *kein Eigenvernetzer vorliegt.*

---

[1] Marsh, J. T.: Die Triazinonverbindungen. Text. Manufacturer **85**, 187 (1959).

[2] Nuessle, A. C.: Amer. Dyestuff Rep. **1958**, No. 14, 465. — Cronin, T. J.: Amer. Dyestuff Rep. **1960**, No. 11.

[3] Nuessle, A. C.: loc. cit.

[4] Rümens, W.: SVF (Fachorgan f. Textilveredlung) **13**, 10 (1958).

Da die *eigenvernetzenden* Eigenschaften des Dimethylol-Harnstoffs $\overline{|HO \cdot CH_2|}$–NH · CO · NH–$\overline{|CH_2 \cdot OH|}$ auf solche Molekülgruppen zurückgeführt wird, ist das unterschiedliche Verhalten der Dimethylolverbindung des Adipinsäurediamids durch eine Unterbrechung des elektromeren Ausgleiches im Molekül durch die zwischenliegende langkettige paraffinische Gruppierung $[-(CH_2)_n-]$ zurückzuführen.

Nach H. Enders[1] liegen solche Verbindungen auch *nicht günstig* in der Formaldehyd-Abbindung.

### a) Diketopiperazin

Dieses leitet sich als Dioxo-Derivat vom

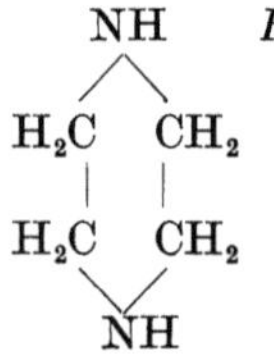

```
     NH
    /  \
 H2C    CH2
  |      |
 H2C    CH2
    \  /
     NH
```

*Piperazin (Hexahydropyrazin)* ab.

Aus der Pyrazinformel lassen sich drei stellungsisomere Dioxopiperazine ableiten:

```
      NH              NH              NH
     /  \            /  \            /  \
    CO  CH2         CO  CH2         CO   CO
I   |    |     II   |    |     III  |    |
    CO  CH2         CH2  CO         CH2  CH2
     \  /            \  /            \  /
      NH              NH              NH
     2,3–            2,5–            2,6–
```

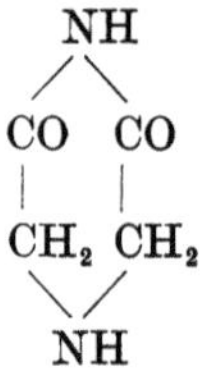

*2,5-Diketopiperazin* entsteht aus 2 Mol Aminoessigsäure durch Austritt von zwei Wassermolekülen[2].

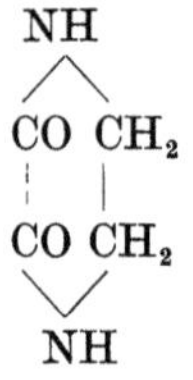

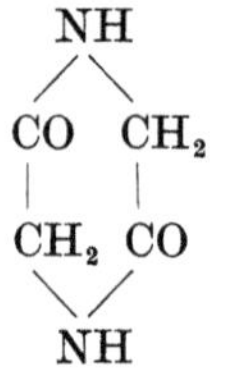

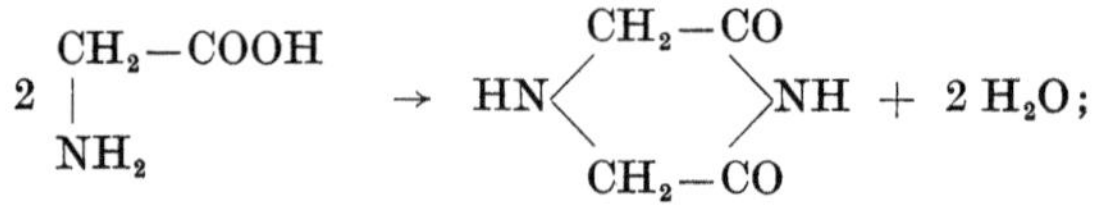

```
   CH2–COOH              CH2–CO
2  |              →   HN<      >NH + 2 H2O;
   NH2                   CH2–CO

   Glycin             2,5-Diketopiperazin
                      (cycl.-Glycil-glycin)
```

Nach E. Fischer[3] entstehen Diketopiperazine beim Schmelzen von Dipeptiden oder auch durch Einwirken von alkalischem Ammoniak bei niederer Temperatur auf deren Ester:

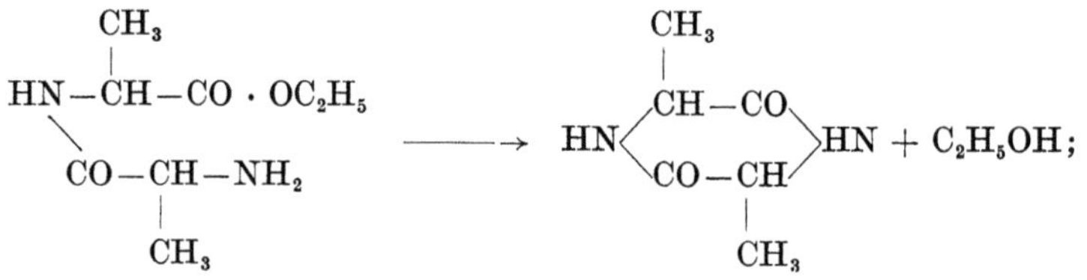

```
      CH3                              CH3
      |                                |
HN–CH–CO · OC2H5                      CH–CO
  \                    ———→      HN<         >HN + C2H5OH;
   CO–CH–NH2                          CO–CH
      |                                  |
      CH3                                CH3
```

Die niederen Glieder der Diketopiperazine können schon in der Kälte durch verdünntes Alkali wiederum zu Dipeptiden aufgespalten werden[4].

---

[1] Enders, H.: Melliand Textilber. **40,** 1319ff. (1959).
[2] Maillard: Compt. rend. **153,** 1078 (1911).
[3] Fischer, E.: Ber. **39,** 557 (1906).
[4] Fischer, E.: Ber. **38,** 607, 609 (1903) u. **39,** 558 (1906).

Diketopiperazine lassen sich (wie deren Stammsubstanz Piperazin) *oxalkylieren.* Mit *Aldehyden* bilden sich Polymere, bei denen eine Aldehydgruppe mit zwei Aminogruppen reagiert.

*b) Methylolierte langkettige Diharnstoff-Derivate*

$$\begin{array}{l} \boxed{HO \cdot CH_2}-NH \cdot CO \cdot NH \\ \qquad\qquad\qquad\qquad\quad | \\ \qquad\qquad\qquad\qquad\; [CH_2]_n \\ \qquad\qquad\qquad\qquad\quad | \\ \boxed{HO \cdot CH_2}-NH \cdot CO \cdot NH \end{array}$$

*c) Langkettige Dikarbonsäure-Derivate*

*α)* Dihydrazide selbst[1] oder von Dikarbonsäuren

Dihydrazid + Formaldehyd →

$$\rightarrow \boxed{HO-CH_2}-NH-NH-R-NH-NH-\boxed{CH_2OH}$$

Dihydrazid einer Dikarbonsäure:

$$\begin{array}{l} H_2N-NH-CO \\ \qquad\qquad\quad | \\ \qquad\qquad [CH_2]_n \\ \qquad\qquad\quad | \\ H_2N-NH-CO \end{array}$$

Dieses wird noch methyloliert.

Der 1959 in den USA propagierte *Omset-Prozeß*[2] hängt von den Reaktionspartnern Formaldehyd und Hydrazintype ab. Besonders erwähnt wurden die bifunktionellen Dihydrazide $R{=}(CO-NH \cdot NH_2)_2$ von Adipin- und Bernsteinsäure.

*Analytisches:* Nach A. P. Grekow und M. Ss. Marachowa[3] können *aliphatische Hydrazide* in einfacher Weise bei einem Maximalfehler von 1% in 0,03 bis 0,05 mol. Salzsäure durch potentiometrische Titration mit Natriumnitrit bestimmt werden.

*β)* Bifunktionelle Methylol-Karbonsäureamide

$$\begin{array}{l} \boxed{HO-CH_2}-NH \cdot CO \\ \qquad\qquad\qquad\quad | \\ \qquad\qquad\quad\; [CH_2]_n \\ \qquad\qquad\qquad\quad | \\ \boxed{HO \cdot CH_2}-NH \cdot CO \end{array}$$

Van Bochove und Schuringa[4] führen *Dimethylol-Adipinsäure-diamid*[5]

$$\boxed{HO \cdot CH_2}-\underset{\diagup \atop H}{N}-CO-[CH_2]_4-CO-\underset{\diagdown \atop H}{N}-\boxed{CH_2 \cdot OH}$$

als Agens an, welches vorwiegend mit Zellulose reagiert und daher zwischen den Zelluloseketten sozusagen „*federnd wirkende*" längere Querbrücken ausbildet.

[1] Fa. *Olin Mathieson Chem. Corp.*/USA. Franz. Pat. 1,261.796 (1960) und Engl. Pat. 882.998 (1961).

[2] U.S.-Pat. 2,904.387 u. 2,904.390.

[3] Grekow, A. P. u. M. Ss. Marachowa: Bestimmung der Hydrazide aliphatischer Säuren durch potentiometrische Titration mit Natriumnitrit. J. analyt. Chem. (UdSSR) **16,** 643 (1961).

[4] Van Bochove, D. u. G. J. Schuringa: Textil-Rundschau (St. Gallen) **9,** 451 (1954).

[5] DBP. 864.847.

Die Autoren führen als Beweis für die Zellulosevernetzung an, daß auch nach zehn Kochwäschen am ausgerüsteten Zellulosegewebe immer noch Stickstoff, und zwar in fast ursprünglichem Ausmaße, nachweisbar sei.

W. Rümens[1] weist darauf hin, daß diese langkettigen Verbindungen, ähnlich wie z. B. Dimethylol-Harnstoff, $\boxed{HO \cdot CH_2}$—NH · CO · NH—$\boxed{CH_2 \cdot OH}$, *frei bewegliche H-Atome* enthalten. Letztere Verbindung bildet aber mit Zellulose keine homöopolaren Bindungen. Daher nimmt W. Rümens an, daß außer den aktivierten Methylolgruppen (durch die frei beweglichen H-Atome) hier noch andere Faktoren, wie z. B. die *sterische Anordnung* der Methylolamidgruppen, deren *Abstand voneinander* und das *Dipolmoment* von wesentlicher Bedeutung sind, ob eine Kunstharzbildung oder eine Zellulosevernetzung eintritt.

Weiters wurden von der *Fa. Imperial Chemical Industries*[2] methylolierte Säureamide vorgeschlagen, bei denen das noch vorhandene freie H-Atom am methylolierten N durch Alkyl-, Zykloalkyl- oder Hydroxyalkyl-Gruppen ersetzt ist, was sich günstig auf die Chlorretention der hiermit ausgerüsteten Gewebe auswirken soll.

Angeführt werden die mit Formaldehyd methylolierten Derivate von:

$$(CH_2)_4\begin{cases} CO-N(CH_3)-\boxed{H} \\ CO-N(CH_3)-\boxed{H} \end{cases}$$

N, N′-dimethyl-adipinsäureamid

$$(CH_2)_8\begin{cases} CO-N(CH_3)-\boxed{H} \\ CO-N(CH_3)-\boxed{H} \end{cases}$$

N, N′-dimethyl-sebazinsäureamid

$$(CH_2)_4\begin{cases} CO-N(CH_2-CH_2-OH)-\boxed{H} \\ CO-N(CH_2-CH_2-OH)-\boxed{H} \end{cases}$$

N, N′-di (β-hydroxyäthyl)-adipinsäureamid

$$HO-C(CO-N(CH_3)-\boxed{H})(CH_2-CO-N(CH_3)-\boxed{H})(CH_2-CO-N(CH_3)-\boxed{H})$$

N, N′, N″-trimethyl-zitronensäureamid

[1] Rümens, W.: Über die Anwendung neuer chemischer Verbindungen für die Hochveredlung aus Zellulose. SVF (Fachorgan f. Textilveredlung) **13**, 10 (1958).

[2] ICI: Brit. Pat. 790.796.

*N, N', N''-Tris-(β-carbamoyl-äthyl)-Amin*[1], *besser bezeichnet als N-tris [Propionylamid]-Amin):* Die Ausrüstung von Baumwollgeweben mit dem Methylol-Derivat des tris-(2-Carbamoyl-äthyl-)amins hat gegenüber den Methylol-Verbindungen der zyklischen Reactantharze eine Reihe von Vorteilen, nämlich große Beständigkeit gegen alkalische und saure Hydrolyse und geringere Neigung zur Chlorretention, vermutlich durch die puffernde Wirkung des basischen Stickstoffs. Der Reißfestigkeitsverlust des ausgerüsteten Baumwollgewebes bewegt sich in der Größenordnung der mit den anderen N-haltigen Reactantharzen ausgerüsteten Gewebe.

*Herstellung:* Zu einer Lösung von 43 g Acrylamid in 20 ml Wasser werden bei Zimmertemperatur 26 g einer 30%igen wässerigen Ammoniaklösung gegeben. Dann läßt man 24 Stunden bei Zimmertemperatur stehen. Der Niederschlag wird hierauf abfiltriert und unter Vakuum getrocknet. Eine weitere Reinigung entfällt. (Schmelzpunkt 182 bis 183° C):

$$3\ \begin{matrix} CH_2 \\ \| \\ CH-CO-NH_2 \end{matrix} + NH_3 \rightarrow N \equiv \left[ CH_2-CH_2-CO-NH_2 \right]_3$$

*Erhalt des Methylol-Derivats* (als $33^1/_3$%ige Lösung): Zum Amin wird die berechnete Menge Wasser und 35%ige Formaldehydlösung (vorher neutralisiert) zugegeben und 24 Stunden beim pH-Wert 8,5 bis 9 stehengelassen. Die anfallende Lösung ist direkt gebrauchsfertig.

$$N \left[ CH_2-CH_2-CO-NH_2 \right]_3 \xrightarrow{+\ 2\,CH_2O} N \left[ CH_2-CH_2-CO-N\ (CH_2-OH)_2 \right]_3$$

*Arbeitsweise:* Das Baumwollgewebe wird mit der *angesäuerten* $33^1/_3$%igen Lösung der Methylol-Verbindung unter Zusatz von Magnesiumchlorid-hexahydrat (als Säurespender) imprägniert, auf 70 bis 80% abgequetscht, 7 Minuten bei 60° C am Spannrahmen getrocknet und 5 Minuten bei 160° C kondensiert.

Mittels einer alkalischen Nachwäsche werden die ionischen Gruppen, die sich durch das tertiäre Amin gebildet haben, entfernt.

H. Braun und W. Möck[2] übertrugen das Prinzip der Addition von Aminen an Acrylamid auf Äthylamin und Hydrazin. Zu Vergleichszwecken wurde auch das Addukt mit Ammoniak hergestellt.

*Carbamoylierungsprodukte von Ammoniak, Äthylamin und Hydrazin:*

I $N\ (CH_2-CH_2-CO-NH_2)_3$
Tris-(2-carbamoyläthyl)amin

II $H_5C_2-N\ (CH_2-CH_2-CO-NH_2)_2$
Bis-(2-carbamoyläthyl)-äthylamin

III
$$\begin{matrix} N\ (CH_2-CH_2-CO-NH_2)_2 \\ | \\ N\ (CH_2-CH_2-CO-NH_2)_2 \end{matrix}$$
Tetra-(2-carbamoyläthyl)-hydrazin.

Die Autoren beschreiben noch die Herstellung dieser Verbindungen.

[1] Frick, J. G., R. A. Kottes-Andrews u. J. D. Reid: Dauerhafte Wash-and-Wear-Ausrüstung für Baumwollwaren. Amer. Dyestuff Rep. **51** (23), P 897—900 (1962).

[2] Braun, H. u. W. Möck: Die chemische Modifizierung von Cellulose. 1. Mitt.: Versuche zur Knitterfestausrüstung von Baumwolle mit polyfunktionellen Methylolen. Melliand Textilchemie **1** (2), 61 (1965).

Durch Zugabe der berechneten Mengen an Formaldehyd (2,3 bzw. 4 Mole $CH_2O$ auf 1 Mol Säureamid), leichtes Erwärmen bis zur Lösung und Belassen über Nacht wurden die *entsprechenden Methylole* hergestellt:

Ia: $N(CH_2-CH_2-CO-NH-CH_2 \cdot OH)_3$

IIa: $H_5C_2-N(CH_2-CH_2-CO-NH-CH_2 \cdot OH)_2$

IIIa:
$$\begin{array}{l} N(CH_2-CH_2-CO-NH-CH_2 \cdot OH)_2 \\ | \\ N(CH_2-CH_2-CO-NH-CH_2 \cdot OH)_2 \end{array}$$

Diese Methylolverbindungen wurden mit HCl auf den pH-Wert 4 eingestellt und auf 10% wirksame Substanz verdünnt, $MgCl_2$ als Katalysator zugegeben (1,5% des Lösungsgewichts) und nach dem Klotz-Trocken-Hitze-Verfahren auf das Baumwollgewebe appliziert.

Es resultierte eine gewisse Erhöhung des *Trocken*knitterwinkels bei gleichzeitigem Reißfestigkeitsabfall (15 bis 30%). Der *Naß*knitterwinkel wurde dabei *nicht* wesentlich verändert. Die *Zahl der Methylolgruppen* hat *keinen* Einfluß auf den Vernetzungsgrad. Nach den Autoren ist dieser Verbindungstyp *nicht* zu einer wesentlichen Vernetzung der Zellulose in der Lage.

Weiters stellten H. Braun und W. Möck (loc. cit.) durch Addition von Hydrazin an Cyansäure das *Hydrazo-dicarbonamid* (Doppelharnstoff) her. Mit Formaldehyd unter alkalischer Katalyse entstand die Tetramethylol-Verbindung. Weiters wurde auch das methyl-verätherte Produkt hergestellt.

$$\begin{array}{ccccc} & HN-CO-N-N-CO-NH & & & \\ RO-H_2C & RO-H_2C & CH_2-OR & CH_2-OR \end{array}$$

R = H Hydrazo-dicarbonamid-tetramethylol;
R = $CH_3$ entsprechender Tetramethylol-Methyläther.

Es wurde nach Applizierung auf das Baumwollgewebe (wie vorstehend beschrieben) *Trocken-* und *Naß*knittererholung verbessert bei einem Reißfestigkeitsverlust von 30%.

S. L. Vail und C. L. Moran[1] führen aus, daß die Dimethylol-Derivate von einigen am N substituierten linearen Diamiden im allgemeinen *unbeständig* sind, doch haben sie bifunktionelle Wirkungen für die Zellulosevernetzung. Dies wurde für Dimethylol-Derivate von *Diformamiden* und in geringerem Maße auch von *Dicarbamaten* nachgewiesen.

Durch Reaktion mit äquimolekularen Mengen von *Glyoxal* mit Säureamiden resultieren beständige *zyklische Dihydroxyäthylen-Verbindungen*, welche aber nur unter *stark sauren* Bedingungen bifunktionell reagieren.

Glyoxal-monoamid-Verbindungen $\left[\begin{array}{c} R-\underset{\underset{O}{\|}}{C}-NH-\underset{\underset{OH}{|}}{CH}-\underset{\underset{OH}{|}}{CH}-NH-\underset{\underset{O}{\|}}{C}-R \end{array}\right]$ ergeben allein oder auch nach Einführung von Methylolgruppen mit Formaldehyd Knitterfest-Effekte. Die Autoren weisen darauf hin, daß hierbei die Möglichkeit besteht, sowohl vernetzende N-Methylol-Verbindungen als auch *Formaldehyd-freie N-substituierte Amide* herzustellen. Von etwa 30 derartigen Verbindungen wurden einige auf ihre zellulosevernetzende Wirkung untersucht.

---

[1] Vail, S. L. u. C. L. Moran: N-Methylol-, N-substituierte Amide als Vernetzungsmittel für Baumwolle. Amer. Dyestuff Rep. **53**, 282—286 (1964).

L. H. Chance et al.[1] beschreiben die Herstellung und Anwendung von zwei phosphorhaltigen Carboxamiden, nämlich

$P \equiv (CH_2-CH_2-CO-NH_2)_3$ Tris (2-carbamoyläthyl)-phosphin

und

$O = P \equiv (CH_2-CH_2-CO-NH_2)_3$ Tris (2-carbamoyläthyl)-phosphinoxid.

Baumwollgewebe, die mit den Trimethylol-Verbindungen dieser Produkte bei Mitverwendung von Zinknitrat und Magnesiumchlorid als Säurespender ausgerüstet wurden, zeigten hohe Knittererholungswinkel bei mäßiger Flammfestigkeit; doch wiesen sie Chlorretention auf. Die Beständigkeit gegen Hydrolyse war in sauren Lösungen im Vergleich zu alkalischen Lösungen größer.

*γ)* Di-urethane (und Urethan selbst)

Urethane sind Alkylester der Carbamidsäure

$$\begin{array}{l} NH_2 \\ | \\ C=O \\ | \\ O-\boxed{R} \end{array} \qquad \boxed{R} = \text{Alkyl};$$

Interessant ist der Hinweis von A. C. Nuessle[2], daß Zellulose selbst (als Alkohol) in Gegenwart von Kupferchlorid mit Harnstoff *Zellulosecarbamat* bildet. Die in dieser Weise einseitig substituierte Zellulose kann nun mit Hilfe weiterer Reaktionen unter Querbrücken-Bildung reagieren.

$$NH_2-CO-NH_2 \xrightarrow{\text{Hitze}} NH_3 + HNCO \text{ und}$$

$$\text{Cell-OH} + HNCO \xrightarrow{\text{Hitze}} \text{Cell}-O-\underset{\underset{O}{\|}}{C}-NH_2$$

Leopold und Paquin[3] stellten aus Harnstoff und Polyalkylendialkoholen eine Reihe von Dicarbamaten her, welche methyloliert, je nach Länge der zwischen den reaktiven Methylolgruppen liegenden aliphatischen Kette mehr oder weniger zur Ausbildung eines dreidimensionalen Kunstharzes befähigt waren.

So reagiert z. B. Harnstoff mit Diäthylenglykol zu

$$\begin{array}{l} CH_2-O-CO-NH_2 \\ | \\ CH_2-O-CO-NH_2 \end{array} \qquad \textit{Äthylendicarbamat}$$

Mit 1,3-Butandiol entsteht *1,3-Butylendicarbamat:*

$$\begin{array}{l} NH_2 \\ | \\ CO \\ | \\ NH_2 \\ \\ \end{array} + \begin{array}{l} CH_3 \\ | \\ CH-OH \\ | \\ CH_2 \\ | \\ CH_2-OH \end{array} \rightarrow \begin{array}{l} CH_3 \\ | \\ CH-O-CO-NH_2 \\ | \\ CH_2 \\ | \\ CH_2-O-CO-NH_2 \end{array}$$

Methyloliert, bildet diese Verbindung, da die reaktiven Gruppen nur durch eine Methylengruppe getrennt sind, ein dreidimensionales Netzwerk.

[1] Chance, L. H., W. A. Reeves u. G. L. Drake, jr.: Carboxamide und ihre Bestimmung in Baumwollgeweben. Text. Res. J. **35**, 291—298 (1965).

[2] Nuessle, A. C.: Eine Bemerkung über die Reaktion von Harnstoff und Cellulose. Amer. Dyestuff Rep. **53** (2), 43 (1964).

[3] Leopold u. Paquin: U.S.-Pat. 1,817.992.

*Dimethylolverbindung des Butandiol-di-urethans*[1]

Nach W. Rümens[2] haben Methylolverbindungen von Diurethanen der diprimären Alkohole, wie 1,4-Butandiol oder 1,6-Hexandiol auch „zellulosevernetzende" Eigenschaften. Insbesondere erhielt das methylolierte 1,4-Butylendiurethan praktisches Interesse.

$$\boxed{HO \cdot CH_2} - \overset{H}{N} - \underset{\underset{O}{\|}}{C} - O - (CH_2)_4 - O - \underset{\underset{O}{\|}}{C} - \overset{H}{N} - \boxed{CH_2 \cdot OH}$$

Dikarbonsäureamid

Diese Substanz ist als *Fixapret BU* (BASF) im Handel und wird besonders für die Ausrüstung von Zellwollgeweben empfohlen.

Nach W. Rümens soll diese Verbindung sowohl ein Kunstharz als auch eine Quervernetzung der Zellulosemoleküle bewirken (Mittelstellung zwischen „in sich vernetzendem" und auch „Zellulose-vernetzendem" Agens!). W. Rümens[3] führt weiters an, daß bei *Regeneratzellulosefasertextilien* bessere Knittererholungswinkel im Vergleich zu Baumwollgeweben resultieren. Der Widerstand gegen Scheuerung ist geringer als bei den anderen N-Methylolverbindungen. Weiters sind die Ausrüstungseffekte sehr waschbeständig und es ist die Resistenz gegen Säurehydrolyse höher im Vergleich zu Ausrüstungen mit Harnstoff-Formaldehyd, aber geringer als die mit Dimethylol-adipinsäurediamid erhaltene. Die höhere Beständigkeit sowohl gegen Wäsche als auch gegen Säureeinwirkung wurde durch N-Bestimmungen an den ausgerüsteten Geweben ermittelt.

Das Gewebe wird in üblicher Weise nach dem Klotz-Trocken-Hitze-Verfahren veredelt, wobei die Kondensationsbedingungen 4 bis 5 Minuten bei 140° C betragen sollen.

Nach J. T. Marsh[4] würde das Handelsprodukt *Fixapret BU* der *BASF* (50%ige wässerige Paste) die *wesentlichste lineare N-Methylol-Verbindung* des Handels sein. Wegen der langen Kettenstruktur eignet es sich für die Ausrüstung von Regeneratzellulosefasertextilien besser, wobei der Abriebwiderstand größtenteils erhalten bleibt. Es stellt das derzeit bestkommerzielle Ausrüstungsmittel für die *Krumpffest-Ausrüstung von Reyontextilien* dar. Weiters wird das Produkt auch in Verbindung mit anderen Amino-Aldehyd-Harzen für die Herstellung von Chintz- und Prägeeffekte verwendet.

J. T. Marsh (loc. cit.) weist noch auf Patente[5] hin, die auf der Behandlung des Gewebes mit einem *Gemisch* von Harnstoff, Formaldehyd und Polyalkoholen beruhen. Die Bildung von Urethanen wird hierbei nicht erwähnt. Mit solchen Mischungen resultierte immer eine Kunstharzeinlagerung.

Arceneaux et al.[6] haben die Methylolverbindungen ähnlicher linearer Dicarbamate für die Veredlung von Baumwolle untersucht.

---

[1] DBP 919.947.

[2] Rümens, W.: SVF (Fachorgan f. Textilveredlung) **13,** 10 (1958).

[3] Rümens, W.: Melliand Textilber. **39,** 300 (1958).

[4] Marsh, J. T.: Self-Smoothing Fabrics. London: Chapman & Hall Ltd. 1962.

[5] U.S.-Pat. 2,428.752 u. Brit. Pat. 442.585 u. 501.206.

[6] Arceneaux, R. L., J. G. Frick, jr., I. D. Reid u. G. A. Gautreaux: Carbamate für die Knitterfest- und Wash-and-Wear-Ausrüstung von Baumwolle. Amer. Dyestuff Rep. **50,** 849 (1961).

$$\boxed{A}\quad \boxed{HO \cdot CH_2} - \underset{\diagup \atop H}{N} - \underset{\| \atop O}{C} - O - (CH_2)_2 - O - \underset{\| \atop O}{C} - \underset{\diagdown \atop H}{N} - \boxed{CH_2 \cdot OH}$$

*Äthylen-bis-(—N-methylol-carbamat)*

$$\boxed{B}\quad \boxed{HO \cdot CH_2} - \underset{\diagup \atop CH_3}{N} - \underset{\| \atop O}{C} - O - (CH_2)_2 - O - \underset{\| \atop O}{C} - \underset{\diagdown \atop CH_3}{N} - \boxed{CH_2 \cdot OH}$$

*Äthylen-bis-(-N-methylol-N-methyl-carbamat). Weiters wurde noch Diäthylenglykol-bis: [N-methylkarbamat und Diäthylenglykol-bis-[N-β-hydroxyäthylkarbamat] beschrieben*[1].

*Arbeitsweise:* Das Baumwollgewebe wird mit der 10%igen Lösung von Äthylen-bis(N-methylol-methyl-carbamat) + 3% Magnesiumchlorid-hexahydrat geklotzt und getrocknet. Dann wird 3 Minuten bei Temperaturen zwischen 150 und 160° C kondensiert.

Es resultiert im Vergleich zu einer Ausrüstung mit Dimethylol-Äthylenharnstoff ein etwas geringerer Reißfestigkeitsverlust des Gewebes.

*Resultierende Effekte* (Baumwollgewebe):

| Verbindung A: | Verbindung B: |
|---|---|
| 1. Guter Knittereffekt.<br>2. Gute Wash-and-Wear-Eigenschaften.<br>3. Relativ hohe Beständigkeit gegen Hydrolyse durch Säuren und Seifenwäsche.<br>*Nachteil:* Ungünstiges Verhalten nach Chlorbehandlung. | Verhält sich erwartungsgemäß günstiger, liefert aber niedrigere Knitterwinkel. |

Weiters prüften R. L. Arceneaux etal. auch die *Dimethylolverbindung des Äthylcarbamats*

$$\begin{array}{l} N = \boxed{(CH_2 \cdot OH)_2} \\ | \\ C = O \\ | \\ O - C_2H_5 \end{array}$$

welches durch Einwirkung von Formaldehyd auf Urethan entsteht.

Hinsichtlich der günstigsten Herstellung von Dimethylol-Alkylcarbamaten (DMAC) wird angegeben[2]:

25 Mol Formaldehyd (25% Überschuß) werden mit 1 Mol Äthyl- (oder Methyl-) carbamat vermischt, diese Lösung wird mittels Natronlauge auf den pH-Wert 9,5 bis 10 eingestellt. Nach mehrstündigem Stehen bei Raumtemperatur wird mit Salzsäure neutralisiert.

Hierbei bilden sich Gleichgewichtsmischungen mit großen Anteilen an DMAC.

Da die Dimethylol-Verbindungen von Monoalkylcarbamaten bisher noch nicht isoliert werden konnten, wird vielfach angenommen, daß diese selbst mit der Zellulose nicht in Reaktion treten würden, sondern nur als Formaldehydspender wirken würden.

---

[1] Brit. Pat. 790.796 (ICI).

[2] Arceneaux, R. L. u. J. D. Reid: Verbesserungen bei der Dimethylol-Monocarbamat-Wash-and-Wear-Ausrüstung. Amer. Dyestuff Rep. **51**, 800 (1962).

Analytische Untersuchungen von J. David et al.[1] deuten jedoch darauf hin, daß bei der Reaktion von Monoalkylcarbamaten mit Formaldehyd die entsprechenden Dimethylol-Verbindungen gebildet werden.

Chemische Analysen und IR-Untersuchungen von ausgerüsteten Baumwollgeweben lassen weiter darauf schließen, daß die Dimethylol-Alkylcarbamat-Verbindung mit Zellulose unter Vernetzung reagiert. Es wird hierbei angenommen, daß nur wenige Methylenbrücken [Cell—O—$CH_2$—O—Cell] durch anwesenden freien Formaldehyd oder durch Formaldehydabspaltung gebildet werden. Der überwiegende Anteil der Vernetzungsbrücken dürfte auf den Einbau von Carbamat-Resten beruhen:

$$\text{Cell}-\text{O}-\text{CH}_2-\left[\begin{array}{l}\text{N}\text{———}\text{CH}_2\\ |\\ \text{C}{=}\text{O}\\ |\\ \text{O}-\text{Alkyl}\end{array}\right]_n-\text{O}-\text{Cell}$$

Die Ausrüstung des Baumwollgewebes mit der Methylolverbindung des Monocarbamats erfolgte in üblicher Weise (Foulardieren, Trocknen und Kondensieren). Geeignete Katalysatoren waren z. B. Magnesiumchlorid, Zinknitrat und Aminhydrochlorid.

Als *resultierende Ausrüstungseffekte* geben die Autoren an:

1. Gutes Knittererholungsvermögen, aber nicht so hoch wie das der N-haltigen Reactantharze.

2. Keine Schädigung durch gebundenes Chlor.

3. Die Säurebeständigkeit kann als relativ gut bewertet werden.

Die *Äthyl- und Methylcarbamate (Southern Regional Research Laboratory USA)* reagieren durch Heißvernetzung mit Zellulose (nach dem Klotz-Trocken-Hitzekondensations-Verfahren). Nach H. J. Hartmann[2] sollen diese Ausrüstungen auf Baumwollpopeline-Geweben vollständig hydrolysenbeständig sein und keinerlei Chlorrückhaltevermögen haben, so daß im Scorch-Test, selbst nach mehrfachen Kochwäschen und mehrfachen Chlorbehandlungen keinerlei Vergilbung festzustellen ist. Das Anwendungsverfahren ist dem der N-Methylol-Verbindungen (Reactantharze) ähnlich, doch variieren die Kondensationsbedingungen (160 bis 165° C während 70 bis 90 Sekunden.

Die Karbamate ergeben nach H. J. Hartmann (loc. cit.) auf Baumwollpopeline-Geweben gut kochwaschechte, chlor- und säurebeständige Ausrüstungen, die bei guter *Trocken-* und *Naß*knittererholung *ausgezeichnete Monsanto-Wash-and-Wear-Ratings* haben. Die Verluste an Reißfestigkeit und Widerstand gegen Scheuerung entsprechen den üblichen N-haltigen Reactantharzausrüstungen.

Die resultierenden *Naß-* und *Trocken*knittererholungswinkel würden denen einer Kombinationsausrüstung (nach dem Zweistufenverfahren: Reactantharzausrüstung und anschließender Naßvernetzung) entsprechen.

---

[1] David, J., R. M. Reinhardt u. J. S. Bruno: Über die Herstellung von Dimethylol-Monoalkylcarbamaten und ihre Reaktion mit Zellulose. Amer. Dyestuff Rep. **54**, 485—491 (1965).

[2] Hartmann, H. J. (Henkel International GmbH, Düsseldorf): Ausrüstungsverfahren auf Baumwollpopeline. SVF (Fachorgan f. Textilveredlung) **20** (6), 368—374 (1965).

Da keine selbstvernetzenden Harz-„Vorkondensate" eingelagert werden, tritt bei der Carbamatausrüstung auch *keine* negative Beeinflussung des Griffs ein. Mit Karbamaten ausgerüstete Gewebe können einer sogenannten Hygienebehandlung unterzogen werden und entsprechen im positiven Sinne den in den USA üblichen Testmethoden (®-Sanfor-Plus).

R. M. H. Kullmann et al.[1] beschreiben eine Ausrüstung mit Dimethylol-Äthylcarbamat mit „*verzögerter*" Kondensation. Das Baumwollgewebe wird mit der Flotte, welche das Produkt und den nötigen Katalysator enthält, foulardiert und weit *unterhalb* der Kondensationstemperatur getrocknet. Die Kondensation selbst wird erst *nach* Fertigstellung des Kleidungsstückes vorgenommen. In dieser Art ist es möglich, waschbeständige Falten (z. B. Plissees) einzubringen.

Bei der Lagerung des applizierten, trockenen, nicht fertig kondensierten Gewebes werden *größere Mengen an Formaldehyd* abgespalten, was eine Lüftung des Raumes notwendig macht.

### δ) β-substituierte Karbonsäureamid-methylole[2]

U. Möck und W. Möck (loc. cit.) versuchten eine stufenweise Kondensation mit der Zellulose unter Anwendung von aktivierten Säureamid-methylolen durchzuführen. Hierzu verwendeten sie Propionamid-methylole, welche in β-Stellung den Rest einer starken bzw. schwachen Säure enthielten:

$$Cl-CH_2-CH_2-CO-N=(CH_2 \cdot OH)_2 \quad \beta\text{-Chlor-propionsäureamid-dimethylol;}$$

$$CH_3-\underset{\underset{O}{\|}}{C}-O-CH_2-CH_2-\underset{\underset{O}{\|}}{C}-N=(CH_2 \cdot OH)_2 \quad \beta\text{-Aceto-oxypropionamid-dimethylol.}$$

Bei den β-substituierten Propionamid-methylolen wurde erwartet, daß die beiden Reaktivgruppen, nämlich die Methylolgruppen und auch der β-ständige Säurerest, sich gegenseitig aktivieren würden.

Substituierte β-Chlor-propionamide wurden auch als Reaktivfarbstoffe beschrieben[3].

Die Autoren stellten aber überraschenderweise fest, daß diese Verbindungen bei *Säurekatalyse* sowohl beim Naßverweilverfahren als auch beim Klotz-Trocken-Kondensations-Verfahren auf Baumwolle hervorragende Knitterfest-Effekte bewirkten. Unter diesen Bedingungen ist aber eine Reaktion der β-ständigen Substituenten mit den OH-Gruppen der Zellulose unmöglich. Weiters ergab eine *alkalische Nachbehandlung* des vorausgehend sauer kondensierten Baumwollgewebes kaum eine Verbesserung der Effekte. Eine Reaktion des β-ständigen Substituenten (wie Chlor) mit Zellulose trat daher *nicht* ein. Deshalb liegt hier kein wirklicher synergistischer Effekt vor.

Unter synergistischen Effekt versteht man eine Steigerung der *beiden* Substituenten in ihrer Wirkung, so daß der *Gesamteffekt* die Summe der zu erwartenden Einzeleffekte übertrifft.

---

[1] Kullmann, R. M. H., R. M. Reinhardt, T. W. Fenner u. J. D. Reid: Wash-and-Wear-Ausrüstung von Baumwollgeweben mit verzögerter Kondensation. Amer. Dyestuff Rep. **51,** 365 (1962).

[2] Möck, U. u. W. Möck: Die chemische Modifizierung von Cellulose. 2. Mitt. Die Knitterfestausrüstung von Baumwolle mit β-substituierten Säureamid-methylolen. Melliand Textilchemie **1** (3), 82—88 (1965).

[3] Zollinger, H.: Angew. Chem. **73,** 125 (1964). — Wegmann, J.: SVF (Fachorgan f. Textilveredlung) **14,** 185 (1959).

Weiters zeigte sich, daß die erzielten Knitterfrei-Effekte, erhalten mit den $\beta$-substituierten Produkten, beträchtlich höher anfielen im Vergleich zu $\alpha$-substituierten und *nicht*-substituierten Säureamidmethylolen. Wichtig ist, daß das Verhältnis von Formaldehyd zu Stickstoff in den verwendeten Methylol-Lösungen den Wert 1 : 1 übersteigen muß, wobei *optimale* Ergebnisse bei einem Verhältnis von 1,3 (bis 1,8) zu 1 resultieren.

*Mono*-methylolierte Säureamid-Lösungen ergaben keinen Knittereffekt, so daß anzunehmen ist, worauf auch R. L. Arceneaux et al. (s. vorstehend) bei methyloliertem Äthylkarbamat hinwiesen, daß das eigentliche vernetzend wirkende Agens die betreffende *Di*-methylol-Verbindung ist:

$$R-CO-N\begin{cases}CH_2\cdot OH\\CH_2\cdot OH\end{cases} + 2\,Cell-OH \rightarrow R-CO-N\begin{cases}CH_2-O-Cell\\CH_2-O-Cell\end{cases} + 2\,H_2O$$

Die Methylol-Verbindungen der $\beta$-substituierten Säureamide lassen sich *nicht* in fester Form als definierte Verbindungen isolieren. Das intermediäre Auftreten des Chlorpropionamid-methylols wurde durch Bildung des isolierbaren

$$\underset{\displaystyle Cl}{\underset{|}{CH_2}}-CH_2-CO-NH-CH_2-NH-CO-CH_2-\underset{\displaystyle Cl}{\underset{|}{CH_2}} \qquad \text{Methylen-bis-}\beta\text{-chlorpropionamid}$$

und durch die Ergebnisse der analytischen Untersuchung des ausgerüsteten Gewebes sichergestellt. U. Möck und W. Möck (loc. cit.) deuten diesbezüglich noch eine Begründung für diese Instabilität der Methylol-Verbindungen an.

*Herstellung der Methylol-Lösungen von $\beta$-Chlor-propionamid oder $\beta$-Aceto-propionamid:* 10 g des betreffenden Säureamids werden mit 15 g Formalin (35%ig) und 2 ml konzentrierter Salzsäure auf dem Wasserbad auf 80° C bis zur eintretenden Lösung erwärmt und filtriert. Dann wird mit Wasser auf 100 ml verdünnt, 1,5 g Magnesiumchlorid als Säurespender zugegeben und mit Säure oder Lauge auf den gewünschten pH-Wert eingestellt.

*Durchführung der Ausrüstung:* Nach dem *Klotz-Trocken-Kondensations-Verfahren* wurde das Baumwollgewebe mit den ungefähr 10 bis 15%igen Lösungen der Säureamid-methylole [Verhältnis Formaldehyd: N ungefähr 1,3 (bis 1,8) zu 1] foulardiert (80%ige Abquetschung), 10 Minuten bei 60° C getrocknet und 5 Minuten bei 140 bis 160° C kondensiert. Nachgewaschen wurde mit einer Lösung von 1 g/l Hostapon T bei 60° C während 10 Minuten.

Beim *Kaltverweilverfahren* wurde das foulardierte Gewebe im aufgerollten Zustand, abgedeckt mit einer Polyäthylenfolie, 12 bis 36 Stunden bei Zimmertemperatur aufgedockt.

### ε) Vernetzung von „pfropfpolymerisierten" Baumwollgeweben

Auf Zellulose können mit monomeren Vinylverbindungen unter Zuhilfenahme energiereicher Strahlung oder chemischer Initiatoren *mehr oder weniger lange Seitenketten* „aufgepfropft" werden.

Das „Aufpfropfen" von polymeren Ketten auf verschiedenartige Fasertypen, die „besetzbare" Stellen aufweisen, ist in der Literatur und in Patentansprüchen oftmals beschrieben worden.

Enthalten die nun seitlich von der Grundfaser abstehenden Polymerketten methylolierbare Endgruppen oder Endgruppen, die mit N-Methylol-Verbindungen sich umsetzen können, so tritt Zellulosevernetzung ein.

Wenn es möglich würde, solche „pfropfpolymerisierte" Baumwollgewebe preislich tragbar herzustellen, so könnten sie für die „verzögerte" Kondensation von Interesse sein, d. h. die Baumwollgewebe können konfektioniert und erst später dann zum Erhalt der Knitterfestigkeit oder einer waschbeständigen Bügelfalte kondensiert werden.

Nach G. N. Richards und E. F. T. White[1] tritt durch Pfropfpolymerisation mit Vinylmonomeren (wie Methacrylsäure oder Styrol) sowohl bei Baumwolle als auch bei Viskosereyon *keinerlei* Erhöhung der *Trocken*knittererhöhung ein; die *Naß*knittererholung wird nur gering verbessert. Doch erhöht sich die Bruchdehnung und der Widerstand gegen Scheuern.

H. Kamogawa und T. Sekiya[2] pfropften Baumwollgewebe mit monomeren Acryl-amid unter Mithilfe von Cerisalzen. Weiters brachten sie diese „gepfropften" Baumwollgewebe nach verschiedenen Verfahren zur Vernetzung.

*Durchführung der Pfropfung:* 10 g eines Baumwollgewebes, frei von allen Faserauflagerungen, wurde mit einer 100 ml Lösung vom ungefähren pH-Wert 1,5, welche 0,5% des monomeren Acrylamids und 0,1% Ce(IV)-salz enthielt, behandelt. Anschließend wurden im Soxhlet 8 Stunden mit warmem Wasser die nicht auf der Faser fixierten Bestandteile extrahiert.

Der „scheinbare Gehalt" an Pfropfpolymerisat im Gewebe wurde durch N-Bestimmungen ermittelt.

*Methylolierung des Pfropfpolymerisats auf der Zellulose:* Ein Gewebeabschnitt von etwa 100 g wurde bei 25° C während 1 Stunde mit einer 10%igen Formaldehydlösung behandelt, wobei der pH-Wert auf etwa 11 mit Natronlauge gestellt wurde. Das methylolierte Gewebe wurde alsdann mit Essigsäure neutralisiert, mit Wasser gewaschen und an der Luft getrocknet.

*Vernetzung:* Das methylolierte Pfropfpolymerisat auf dem Baumwollgewebe wurde mit einer wässerigen Ammoniumchloridlösung (als Katalysator) imprägniert, getrocknet, kondensiert, gewaschen und fertiggetrocknet.

Weiters wurde das *nicht-methylolierte* Pfropfpolymerisat auf dem Baumwollgewebe mit wässerigen Lösungen von Formaldehyd sowie auch mit N-Methylol-Verbindungen (wie Dimethylol-Äthylenharnstoff oder Trimethylol-Melamin) bei Zugabe von Ammoniumchlorid imprägniert, getrocknet, kondensiert, gewaschen und fertig getrocknet.

Die Versuche der Autoren ergaben, daß sowohl die Baumwollgewebe, gepfropft und methyloliert nach der Kondensation, als auch die Baumwollgewebe, gepfropft und dann mit N-Methylol-Verbindungen umgesetzt, nach der Kondensation (in beiden Fällen „säure-katalysiert") ausgezeichnete Knittererholungswinkel aufweisen.

Im letzteren Falle resultierten bei Vernetzung mit Produkten, die *längere Ketten* bilden (wie Adipinamid, Hexamethylendiamin), weiters noch verhältnismäßig geringere Reißfestigkeitsverluste.

Die in dieser Art erzielten Knitterfesteffekte auf Baumwollgewebe waren gegen alkalische Wäschen und zum Teil gegen saure Flotten sehr gut beständig.

Gegen Säure nahm die Beständigkeit in nachfolgender Reihenfolge ab:

1. Methylenbrücke zwischen zwei Amidgruppen;
2. Methylenbrücke zwischen einem Amid und Alkohol;
3. Methylenbrücke zwischen zwei alkoholischen Gruppen.

Daher waren Baumwollgewebe, deren methylolierte Propfpolymerisate mit Adipinamid versetzt wurden, am beständigsten gegen saure Hydrolyse.

---

[1] Richards, G. N. u. E. F. T. White: Der Einfluß der Propfpolymerisation auf den Knitterwiderstand von Geweben aus Zellulosefasern. Text. Res. J. **1964**, H. 9, 810—812.

[2] Kamogawa, H. u. T. Sekiya: Pfropfpolymerisation von Acrylamid auf Baumwollgewebe für weitere Behandlungen. Text. Res. J. **31** (7), 585—591 (1961).

## III. Vernetzung der Zellulose mit Verbindungen, die anderweitige funktionelle Gruppen tragen (Methylolgruppenfreie, bi- und auch polyfunktionelle reaktive Substanzen)

### Allgemeines

Veranlaßt durch das Aufkommen von *Farbstoffen mit reaktiven Gruppen*, welche mit Baumwolle eine hauptvalenzmäßige Bindung eingehen, wird seit einigen Jahren die Reaktion der Zellulose mit Verbindungen, welche ähnliche reaktive Gruppen tragen, eifrig studiert. Um Zellulosevernetzung zu erreichen, müssen diese Substanzen bi- oder polyfunktionellen reaktiven Charakter haben.

Verbindungen, welche Stickstoff in den reaktiven Gruppen enthalten, wie die bifunktionellen Äthylenimin- und Acrylamid-derivate haben für die Knitterfestausrüstung von Baumwolle keine Bedeutung erlangt. Großes Interesse besteht für die *N-freien bi- oder polyfunktionellen Zellulose-vernetzenden Verbindungen*, welche als „*Reactants*" bezeichnet werden, und zwar unter der Annahme, daß sie ausschließlich nur eine Brückenbildung zwischen den Zelluloseketten bewirken.

Hier sei eingefügt, daß zu den „Reactants" auch die *Aldehydreaktionen* (Formaldehyd-donatoren), welche schon früher behandelt wurden (s. S. 83), zählen.

Unter Einschuß der Aldehydreaktionen kann man die Methylolgruppen-*freien*, bifunktionellen reaktiven Verbindungen in drei Gruppen unterteilen:

1. Aldehyde und deren N-freie Umsetzungsprodukte (s. S. 62);
2. Chlorhydrine und Epoxide und
3. Vinylgruppen (frei oder maskiert) enthaltende Verbindungen.

Alle diese aufgezählten Verbindungen reagieren mit den alkoholischen Gruppen der Zellulose unter Ausbildung sehr beständiger *Diäther*:

$$\boxed{\text{Cell}}-O-R-O-\boxed{\text{Cell}}$$

Bisher kam für die Ausrüstung von Baumwolle mit den älteren Aminoplastharzen oder mit den zyklischen Harnstoffharzen und N-Methylolgruppen enthaltenden Verbindungen nur das *Trockenkondensationsverfahren* zur Anwendung.

Für die bifunktionellen Methylolgruppen-*freien*, reaktiven Gruppen tragenden Zellulosevernetzer (Reactants) ist noch eine weitere Verfahrenstechnik aufgekommen. Daher bestehen nun *zwei Möglichkeiten* für die Umsetzung mit den Zellulosemolekülen, nämlich:

1. Das *Trockenkondensationsverfahren* (Thermofixierverfahren, wie bisher üblich). Die Vernetzung erfolgt im *trockenen, nicht gequollenem* Zustand der Baumwolle (unter Verwendung des Spannrahmentrockners und der Kondensationsmaschine).

2. Das *Naßkondensationsverfahren* (Naßverweilverfahren, auch Thermoverweilverfahren genannt):

Die Vernetzung erfolgt im *wassergequollenen* Zustand der Baumwolle bei Zimmertemperatur und bei längerer Zeitdauer.

Bei den beiden Kondensationsverfahren (Zellulosevernetzung) werden unterschiedliche Katalysatorsubstanzen, also $H^+$- oder $OH^-$-Ionen liefernde Begleitsubstanzen benötigt.

*Trockenkondensation:* $H^+$- oder $OH^-$-Ionen sollen erst *in der Hitze frei werden.*

*Naßkondensationsverfahren:* $H^+$- oder $OH^-$-Ionen müssen die Reaktion schon *von Anfang an* in Gang bringen.

Tabelle 12.

*Applikationsmöglichkeiten bifunktioneller, N-freier Verbindungen auf Baumwolle*[1]

Verbindungen, welche in den reaktiven Gruppen N enthalten, verhalten sich gleichfalls ähnlich, doch haben sie wegen der Gefahr der Chlorretention keine Bedeutung erlangt und scheiden hier aus.

| Kondensation (Reaktion mit der Zellulose) | Katalysatoren | Effekte mit Baumwolle |
|---|---|---|
| *Trocken* bei kürzerer Zeit und höherer Temperatur | Potentielle *saure* oder *alkalische* Katalysatoren: Zn- oder Mg-Salze von starken Säuren oder Alkalisalze sehr schwacher Säuren (wie $NaHCO_3$) | *Gleichzeitige* Erhöhung von *Trocken- und Naß*knitterwinkel. *Herabgesetzte* Faserquellung; Verminderte Gewebereißfestigkeit |
| *Naß* während längerer Zeit und bei Zimmertemperatur (Naßverweilverfahren) | Bei *gleichem* Vernetzungsmittel: Die Umsetzung mit der Zellulose erfolgt nur bei Anwendung *freier starker* Säuren bzw. Laugen | Hoher *Naß*knitterwinkel; *wenig* verbesserter *Trocken*knitterwinkel. Der ursprüngliche *Faserquellwert* und auch Anfärbbarkeit bleibt *fast unverändert.* Verminderte Gewebereißfestigkeit |

Polyfunktionelle, reaktive Verbindungen ergeben sowohl im *wasserfreien* als auch im *wassergequollenen* Zustand der Baumwolle chemisch identische Brücken, doch bestehen Unterschiede hinsichtlich der resultierenden Effekte.

H. Sommer und F. Linke[2] schließen aus ihren Untersuchungen, daß es nicht klar ist, welcher Betrag an reaktiver Substanz *direkt mit der Zellulosefaser* reagiert oder ob auch eine *Nebenreaktion* der polyfunktionellen Moleküle *mit sich selbst* (Polymerisation) bzw. *mit Wasser* stattfindet.

Die Reaktion der Zellulose mit polyfunktionellen reaktiven Verbindungen im *wassergequollenen* Zustand der Baumwolle steigert den *Naß*knitterwinkel, doch wird der *Trocken*knitterwinkel nur wenig erhöht. Ein in dieser Art ausgerüstetes Baumwollgewebe knittert im Trockenzustand weiterhin beachtlich stark. Wesentlich ist hier, daß das *ursprüngliche Faserquellvermögen* und somit auch ihre Anfärbbarkeit *fast unverändert* bleibt. Für die Trageeigenschaften (Schweißaufnahme) ist dies ein großer Vorteil! Wird die Vernetzung der Zellulose aber im *wasserfreien* (entquollenen) Zustand mit den polyfunktionellen reaktiven Verbindungen durchgeführt, so werden *gleichzeitig der Naß- und auch der Trockenknitterwinkel* erhöht. Weiters zeigt die Faser eine *verminderte Faserquellung.* Dies wirkt sich ungünstig für das Tragegefühl (z. B. eines Hemdes) aus.

Das unterschiedliche Verhalten beim Vernetzen der Zellulose im *wassergequollenen* und *entquollenen* (trockenen) Zustand ist auch bei *Formaldehyd* als vernetzende Substanz festzustellen (s. S. 80).

[1] Enders, H. u. G. Pusch: Bügelfrei-Effekte durch sogenannte harzfreie Ausrüstungsverfahren. Melliand Textilber. **43,** 746, 857, 979 u. 1083 (1962).

[2] Sommer, H. u. F. Linke: Neue Möglichkeiten in der Hochveredlung. Textil-Rundschau (St. Gallen) **16,** 622 (1961).

H. Enders und G. Pusch (loc. cit.) erwähnen, daß auf Grund von Praxisergebnissen für die Beurteilung des Wash-and-Wear-Effektes eine Differenzierung zwischen *Trocken-* und *Naß*vernetzung nicht so wesentlich sein dürfte. Eine „*Trocken*"-*Vernetzung* ist ja eigentlich nicht ausschließlich eine solche allein, da eine vorausgehende Foulardierung der wässerigen Flotte auf das *trocken* einlaufende Baumwollgewebe immer mit einem nachfolgenden kurzen Trockenprozeß verbunden ist. Die Faser unterliegt hier nur innerhalb einer *sehr kurzen Zeit* einer *Wasserquellung*, so daß letztere für die *mit einher verlaufender Naßvernetzung* ohne Bedeutung wäre.

Heute weiß man, daß ein *hoher Naß*knittererholungswinkel bei nur *mäßig erhöhtem Trocken*knittererholungswinkel eine günstige Kombination für den Wash-and-Wear-Charakter („selbstgeglättendes" Verhalten) darstellt.

Wie schon früher erwähnt (s. S. 7), ergibt die Vernetzung der Baumwollzellulose mit bi- oder polyfunktionellen reaktiven N-freien Verbindungen im Vergleich zu den älteren Kunstharz- oder Reactantharz-Ausrüstungen einen *glatten, weicheren Warengriff*, was als weiterer Vorteil zu bewerten ist.

Ein Nachteil vieler polyfunktioneller, hochreaktiven Verbindungen ist, daß sie *toxischen Charakter* aufweisen. Daher ist ihre Applizierung auf das Baumwollgewebe nicht immer einfach. Auch sind die einschlägigen Verbindungen hinsichtlich der *Gestehungskosten* nicht billig.

Abschließend wird noch erwähnt, daß das ganze hochaktuelle Gebiet dieser Baumwollausrüstung derzeit in eifrigster Bearbeitung steht und sicher noch manche wertvollen Neuheiten zu erwarten sind.

Im nachfolgenden werden drei Verbindungsgruppen mit polyfunktionellen reaktiven Gruppen, welche für die Baumwollausrüstung in Betracht gezogen wurden oder derzeit auch weiter in Bearbeitung stehen, angeführt, nämlich:

1. Polyfunktionelle Äthylenimin-Derivate.

Für die ausschließliche Wash-and-Wear-Ausrüstung von Baumwollgeweben ohne Bedeutung.

2. Chlorhydrine und Epoxidverbindungen.

*Chlorhydrine* wurden in den USA praktisch für die Wash-and-Wear-Ausrüstung von Baumwolle eingesetzt.

*Epoxidverbindungen* haben trotz mancher Nachteile für Kombinationsausrüstungen mit Kunstharzbildnern und Reactantharzen eine gewisse Bedeutung erlangt.

3. Verbindungen, welche Vinylgruppen (frei oder maskiert) enthalten.

Nach Überwindung anfänglich großer Schwierigkeiten infolge des toxischen Verhaltens der Produkte scheinen nun mit Verbindungen, welche die Vinylgruppen maskiert enthalten, gangbare Verfahren für die Praxis vorzuliegen.

### 1. Polyfunktionelle (N-haltige) Verbindungen mit reaktiven Äthylenimingruppen

Die ehemalige I. G.-Farbenindustrie A. G. (Werk Hoechst) entwickelte in den Jahren 1939 bis 1945 eine Anzahl mono-, bi- und trifunktioneller Äthylenimin-Verbindungen[1]. Diese wurden damals insbesondere zur Verminderung des Quellvermögens der Zellwolle wie auch bereits zur Knitterfest-Ausrüstung eingesetzt.

[1] Bestion, H.: Ann. **566**, 210 (1950).

*Aziridine (Beispiele):*

A.

$$\text{2,4,6-Tris-aziridinyl-(1)-, 1,3,5-Triazin: } \left(\begin{array}{c}CH_2\\|\\CH_2\end{array}\!\!>N-\right)_3 C_3N_3$$

2,4,6-*Tris-aziridinyl*-(1)-,
1,3,5-*Triazin*

B.

$$\begin{array}{c}H_2C\\|\\H_2C\end{array}\!\!>N-CO-NH-C_6H_4-CH_2-C_6H_4-NH-CO-N<\!\!\begin{array}{c}CH_2\\|\\CH_2\end{array}$$

*p,p'-Di-(äthylen-ureido-)-diphenylmethan*

A und B wurden im Jahre 1945 im Werk Hoechst für die Veredlung von Zellwolle eingesetzt.

Später wurden derartige Verbindungen in den USA auf die Baumwollveredlung übertragen[1].

Von den *mono*funktionellen Äthylenimin-Verbindungen hat bis jetzt die größte Bedeutung der *Octadecyläthylenharnstoff*[2] als waschbeständiger hydrophober Weichmacher für native und Regeneratzellulose erlangt:

$$C_{18}H_{37}-NH-CO-N<\!\!\begin{array}{c}CH_2\\|\\CH_2\end{array}$$

H. Sommer und F. Linke[3] führen eine Reihe polyfunktioneller Äthylenimin-Verbindungen an, welche auf Wash-and-Wear-Eigenschaften für Baumwolle geprüft wurden.

Hinsichtlich des *Reaktionsmechanismus* geben H. Sommer und F. Linke an, daß unter Aufspaltung des Äthylenimin-Ringes eine Verätherung der Zellulose stattfindet. Im *wässerigen Medium* polymerisieren aber Äthylenimin-Verbindungen in jedem pH-Bereich schon bei mäßigen Temperaturen mehr oder weniger rasch, so daß *in jedem Falle* neben der Zelluloseverätherung eine *Polymerisation* der Produkte selbst erfolgt.

*Diäthylenharnstoff* $\left[\begin{array}{c}H_2C\\|\\H_2C\end{array}\!\!>N-CO-N<\!\!\begin{array}{c}CH_2\\|\\CH_2\end{array}\right]$, muß kühl gelagert werden, da er bereits bei Zimmertemperatur polymerisiert.

*Phosphorsäureäthylenimine* reagieren mit Zellulose durchwegs nur bei Anwendung *saurer* Katalysatoren. Nach G. L. Drake und J. D. Guthrie[4] hat

[1] Reeves, W. A., G. L. Drake, L. H. Chance u. J. D. Guthrie: Text. Res. J. **27**, 260 (1957).

[2] *I. G. Farbenindustrie A. G.*: Franz. Pat. 865.869 (1941).

[3] Sommer, H. u. F. Linke: Neue Möglichkeiten für die Hochveredlung. Textil-Rundschau (St. Gallen) **16**, 622 (1961).

[4] Drake, G. L. u. J. D. Guthrie: Verbesserung der Knitterfreiheit von Baumwolle durch Behandlung mit APO. Text. Res. J. **29**, 155 (1959). — S. auch die zusammenfassende Darstellung von E. P. Frieser: SVF (Fachorgan f. Textilveredlung) **14**, 143, 267 (1959). — Le Blanc, R. B. L.: Anwendung von Tris-(1-Aziridinyl)-Phosphoroxid-Ausrüstung auf Baumwolle im Klein- und Großversuch. Amer. Dyestuff Rep. **53**, 291 (1964).

sich als günstigster Katalysator (z. B. für *APO* $\left[O=P\equiv\left(N\left\langle\begin{matrix}CH_2\\|\\CH_2\end{matrix}\right.\right)_3\right]$) Zinkfluoborat $[Zn(BF_4)_2]$ und auch $BF_3$ erwiesen.

Phosphorsäureäthylenimide dienen zur *Flammfestausrüstung*[1]. Nach H. Sommer und F. Linke (loc. cit.) ergeben bei den untersuchten Produkten die besten *Trocken-* und *Naß*knitterwinkel das sehr kurzkettige und trifunktionelle APO Tris-(1-aziridinyl-)Phosphinoxid. Dann folgt der äußerst reaktionsfähige Diäthylenharnstoff. Produkte mit *längeren* Zwischengliedern zeigen gute *Naß*knitterfestigkeit auf Baumwolle, jedoch fast keinen *Trocken*knitterwinkel.

Zusammenfassend führen H. Sommer und F. Linke hinsichtlich der geprüften äthylenimin-haltigen Verbindungen aus, daß *alle* kurzkettigen Produkte aufweisen:

| *Positive Eigenschaften:* | *Negative Eigenschaften:* |
|---|---|
| 1. Gute *Naß*- und *Trocken*knitterwinkel.<br>2. Ausgezeichnete Waschbeständigkeit der Effekte.<br>3. Aziridinylphosphinoxide, insbesondere *APO*, eignen sich sehr gut für die Flammfestausrüstung[1]. | 1. Große Vergilbungsneigung bei höheren Temperaturen.<br>2. Großes Chlorrückhaltevermögen.<br>3. Bei zunehmendem Knittererholungswinkel tritt gleichzeitig die bekannte Verringerung der Festigkeitswerte des Baumwollgewebes ein.<br>4. Hoher Preis. |

Nach den Autoren würden die äthylenimin-gruppen-haltigen Verbindungen für die Hochveredlung von Zellulosetextilien keine offensichtliche Vorteile gegenüber den herkömmlichen Verfahren aufweisen, umsomehr, als die Produkte teuer sind.

## 2. Polychloralkyläther bzw. deren Pyridiniumverbindungen

### *Monofunktioneller Alkyläther der Zellulose*

W. Suida (Technische Hochschule Wien)[2] stellte im Jahre 1905 erstmalig Zellulosealkyläther mit Hilfe von Methylchlorid oder Dimethylsulfat in Gegenwart von Alkali, welches die freigesetzte Säure neutralisierte, her.

Erst später beschäftigte sich die Technik[3] mit der Herstellung der Zellulosealkyläther als neue Zelluloseabkömmlinge.

Die ersten wissenschaftlichen Untersuchungen der Methylierung von Zellulose führten Denham und Woodhouse[4] durch.

L. H. Bock[5] verwendete erstmalig zur Methylierung von Zellulose an Stelle von Natronlauge quaternäre organische Basen vom Typus des Tetraalkylammoniumhydroxids.

[1] Bestian, H.: Ann. **566**, 210 (1950). — Drake, G. L. u. J. D. Guthrie: Text. Res. J. **29**, 155 (1959). — S. auch H. M. Ulrich: Handbuch der chemischen Untersuchung der Textilfaserstoffe, 3. Band. Wien: Springer-Verlag. 1962.

[2] Suida, W.: Monatshefte **26**, 413 (1905) u. J. Soc. Chem. Ind. **24**, 543 (1905).

[3] Alkylierung mit Halogenalkylen; Bayer & Co.: DRP 322.586 (1912). — Alkylierung mit Alkylsulfate; L. Lilienfeld, Wien: DRP 477.154.

[4] Denham u. Woodhouse: J. Soc. Chem. Inst. **103**, 1733 (1913), **105**, 2357 (1914) u. **119**, 81 (1921).

[5] Bock, L. H.: Ind. Engng. Chem., Industr. Ed. **29**, 987 (1937).

Die wasserlöslichen Methylzellulosen (mit niedrigem Verätherungsgrad), wie auch die höher verätherten, alkalilöslichen Typen stellen die technisch wichtigen Zelluloseäther dar. Sie werden als Kleister, Emulsionen, Verdickungsmittel und Textilhilfsmittel verwendet.

Auch *aromatische Halogenalkyle* wurden mit Zellulose zur Umsetzung gebracht, wie insbesondere *Benzylzellulose und seine Substitutionsprodukte*[1].

Die technisch hergestellte Dibenzylzellulose ist indifferent gegen Wasser und gegen starke Laugen und Säuren sehr widerstandsfähig. Sie wurde vorzugsweise zu Lacken und plastischen Massen verwendet.

*Oxyalkyläther* (als Glykol-halbäther) resultiert durch Einwirkung von Äthylenoxid[2] oder Äthylenchlorhydrin ($Cl-CH_2-CH_2-OH$) auf Alkalizellulose:

$$\text{Cell}-OH + \underset{\diagdown O \diagup}{CH_2-CH_2} \rightarrow \text{Cell}-O-CH_2-CH_2-OH$$

Die Alkyli- wie auch wasserlösliche Oxyalkylzellulosen werden in der Praxis in ähnlicher Weise wie die entsprechenden Methylzellulosen verwendet.

Wasserlösliche *Zelluloseäthersäuren*, wie z. B. Zelluloseglykolsäure, werden durch Reaktion von Monochloressigsäure mit alkalisierter Zellulose erhalten[3]:

$$\text{Cell}-ONa + Cl-CH_2-COONa \rightarrow \text{Cell}-O-CH_2-OONa + NaCl;$$

In neuerer Zeit erhielten die *Dichloralkyl-Verbindungen* als Ausrüstungsmittel für Baumwollgewebe Interesse. S. nachfolgend bei Dichlorpropanol. Über die Reaktionsfähigkeit der bifunktionellen aliphatischen Chlorverbindungen berichtet D. Fiebig[4].

### *Polychlormethyläther*

F. C. Wood[5] führte mehrere solcher Verbindungen, wie Dichlordimethyläther [$(Cl-CH_2)_2O$], Methylendisulfat [$CH_2\ (OSO_3H)_2$], Dichlordimethylsulfat [$(Cl-CH_2)_2SO_4$] und Chlormethoxy-sulfurylchlorid [$Cl-CH_2-O-SO_2Cl$] als Alkylierungsmittel in Gegenwart von Alkali an.

F. C. Wood stellte seinerzeit schon fest, daß Monochlor-dimethylsulfat, hergestellt nach Houben und Arnold[6], welches sich wie ein Gemisch von Methylsulfat und Dichlordimethylsulfat verhält, ein behandeltes Baumwollgewebe ergab, welches 2,2% Oxymethylen- und 16,5% Methoxy-Gruppen enthielt. Das Gewebe ließ sich mit Direktfarbstoffen *tief* anfärben und war im nassen Zustand *hoch gequollen.*

Bei der Methylierung von Baumwollgeweben beobachtete seinerzeit schon F. C. Wood (loc. cit.), daß diese nur einen hohen Grad der Knittererholung im

[1] Mienes, K.: Celluloseester und Celluloseäther, unter besonderer Berücksichtigung der Benzylcellulose. Berlin 1934.

[2] DRP 363.192.

[3] Jansen: DRP 332.203. — Brit. Pat. 343.52.

[4] Fiebig, D.: Melliand Textilber. **45** (11), 1249—1253 (1964). — S. auch Houben-Weyl: Methoden der organischen Chemie, Band 5/4: Reaktivität von Chlor-, Brom- und Jodverbindungen, S. 679—717. Stuttgart 1960.

[5] Wood, F. C.: J. Soc. Chem. Ind. **50**, 411 (1931). — Wood, F. C.: Die geschichtliche Entwicklung der Probleme und Methoden der Knitterfreiausrüstung in den letzten vierzig Jahren. Textil-Rundschau (St. Gallen) **16**, 726 (1961).

[6] Houben u. Arnold: Dtsch. Chem. Ber. **40**, 4306 (1907).

*nassen* Zustand aufwiesen. Einen ähnlichen Effekt beobachtete J. T. Marsh[1] während der Durchführung einiger Versuche mit Chloressigsäure und Alkalizellulose.

Gegen Ende des Zweiten Weltkrieges führten J. T. Marsh und Lawton (loc. cit.) einige Versuche mit gewissen Dichloralkylverbindungen, wie Senfgas $[(Cl-CH_2-CH_2)_2{=}S]$ und Bis-(dichloräthyl)-methyl-N durch. Wegen der Gefährlichkeiten dieser Substanzen (Kampfgase!) wurden die Versuche im Jahre 1944 abgebrochen.

Lichtenberger und Martin[2] untersuchten die Chlormethylierung von Diolen, indem sie ein Gemisch von Glykol und Trioxymethylen, gelöst in einem Lösungsmittel, HCl einleiteten. Auf diese Weise stellten sie Chloralkylverbindungen von Glykol, 2,3-Butandiol, 1,6-Hexandiol und 2,2-Dimethyl-1,3-propandiol her, mit der allgemeinen Formel $Cl-CH_2-O-(CH_2)_n-O-CH_2-Cl$.

In einer weiteren Arbeit berichteten die Autoren[3] über ähnliche Reaktionen mit verschiedenen Polyhydroxyalkoholen, wobei einige derselben ungenügende Ausbeute infolge der Bildung von zyklischen Azetalen lieferten. Sie beschrieben die nachfolgenden Verbindungen:

$(Cl-CH_2-O-CH_2)_2$ $\qquad$ $(Cl-CH_2-O-CH_2)_2 = CH-CH_3$

$\begin{pmatrix} Cl-CH_2-O-CH \\ \qquad\qquad\quad | \\ \qquad\qquad CH_3 \end{pmatrix}_2$ $\qquad$ $(Cl-CH_2-O-CH_2-CH_2) = O$

$(Cl-CH_2-O-CH_2-CH_2-CH_2)_2$ $\qquad$ $Cl-CH_2-O-CH = (CH_2-O-CH_2-Cl)_2$

Für den Nachweis der chemischen Struktur wurden einige dieser Verbindungen in ihre Dipyridiniumsalze übergeführt.

Chloralkylverbindungen selbst wurden für die Textilveredlung *nicht* verwendet. Die Mehrzahl von ihnen ist wasser*un*löslich; sie neigen dazu „mit sich selbst" zu reagieren und müssen in einem Zweistufenprozeß angewandt werden. Auch zerfallen sie leicht in die Ausgangsprodukte.

Polychlormethyläther werden durch Kondensation vom mehrwertigen Alkoholen mit Formaldehyd und Chlorwasserstoff hergestellt:

$$\underset{\text{Glykol}}{\begin{matrix} CH_2-OH \\ | \\ CH_2-OH \end{matrix}} + \begin{matrix} HCHO \\ \\ HCHO \end{matrix} + \begin{matrix} HCl \\ \\ HCl \end{matrix} \rightleftharpoons \underset{\text{Äthylen-bis-(chlormethyläther)}}{\begin{matrix} CH_2 \cdot O \cdot CH_2 \cdot Cl \\ | \\ CH_2 \cdot O \cdot CH_2 \cdot Cl \end{matrix}} + 2\,H_2O$$

*Die Pyridiniumverbindungen der Polychlormethyläther*

Solche Produkte waren vor einiger Zeit als sogenannte „harzfreie" Ausrüstung im Handel.

Chloralkyle sind leicht in das entsprechende *quaternäre Ammoniumsalz* überführbar. Erstmalig beschrieben diese Methode für praktische Zwecke die *Deutschen Hydrierwerke*[4], wobei Stear-oxymethylchlorid in ein quaternäres Ammoniumsalz umgewandelt wurde.

[1] Marsh, J. T.: Self-Smoothing Fabrics, S. 105. London: Chapman & Hall Ltd. 1962.

[2] Lichtenberger u. Martin: Bull. Soc. Chim. **12,** 114 (1945).

[3] Lichtenberger u. Martin: Bull. Soc. Chim. **14,** 468 (1947).

[4] Deutsche Hydrierwerke: Brit. Pat. 394.196 (1931).

Ein vielverwendetes Textilhilfsmittel ist Stearamido-methyl-pyridiniumchlorid (Velan PF/ICI). Auf Zellulose appliziert, getrocknet und erhitzt, zersetzt sich das Pyridiniumsalz und reagiert die freigesetzte Chloralkyl-Verbindung mit den OH-Gruppen der Zellulose.

Weiters stellte die ICI *Dipyridiniumsalze* her, wie Produkte, auf Stearinsäureamid-Verbindungen beruhend[1].

$$CH_3-(CH_2)_{16}-C(=O)-N(-CH_2-)-CH_2-NC_5H_5Cl$$
$$CH_3-(CH_2)_{16}-C(=O)-N(-CH_2-)-CH_2-NC_5H_5Cl$$

Eine andere Verbindung fußt auf p-Phenylendiamin[2]:

$$C_5H_5N(Cl)-CH_2-N(-C_6H_4-)-C(=O)-O-(CH_2)_{17}-CH_3$$
$$C_5H_5N(Cl)-CH_2-N(-C_6H_4-)-C(=O)-O-(CH_2)_{17}-CH_3$$

Die erwähnten Pyridinium-Verbindungen dienen vornehmlich zur *wasserabweisenden Ausrüstung* von Textilien.

Ab dem Jahre 1941 wurden *andere Typen von Dipyridinium-Verbindungen mit anderen Zielen* für die Textilveredlung geschaffen.

J. Harms[3] verwendete solche Verbindungen für die Vernetzung von Regeneratzellulosefasern.

Lichtenberger und Martin[4] beschrieben ähnliche Ergebnisse durch die Behandlung von Reyon mit Pyridiniumverbindungen der Chlormethyläther von Polyhydroxyalkoholen bei 120 bis 130° C während 15 Minuten. Der azetolytische Zelluloseabbau wurde durch Abpufferung der Imprägnierlösung mit Natriumazetat verringert.

H. Wenderoth[5] stellte fest, daß die Behandlung von Viskosereyon mit Hexamethylen-bis-(oxymethyl-pyridiniumchlorid) eine Zunahme der Naßfestigkeit um 30 bis 40% ergab, ohne merkliche Änderung der Dehnung. Die Wasseraufnahme wurde um 50% vermindert und die Alkalilöslichkeit fiel von 30% auf 1 bis 5% ab. Auf eine etwaige Erhöhung der Knittererholung wurde *nicht* Bezug genommen.

$$C_5H_5N(Cl)-CH_2-O-(CH_2)_6-O-CH_2-N(Cl)C_5H_5$$

Hexamethylen-bis-(oxymethyl-pyridiniumchlorid)

[1] ICI: Brit. Pat. 517.714.

[2] ICI: Brit. Pat. 517.631.

[3] Harms, J.: Zellwolle, Kunstseide, Seide **47**, 730 (1942) u. Beih. z. Ver. dtsch. Chemiker, B. Chem. Techn. **47**, 70–73 (1943).

[4] Lichtenberger u. Martin: Textiles **3**, 127 (1947).

[5] Wenderoth, H.: Melliand Textilber. **30**, 205 (1940).

H. Geiger[1] untersuchte gleichfalls die Reaktion der Pyridiniumsalze verschiedener mono- und polyfunktionellen Verbindungen, wie z. B. die Bis-Chlormethyl-Verbindung von m- und p-Xylol. Die quellenden Eigenschaften von Viskosereyon wurden vermindert und es erfolgte eine gewisse, nicht große, Verbesserung der Knittererholung.

Während nach Schaefer[2] die Pyridinium-Verbindungen von Polychlormethyläther in Gegenwart von Natriumazetat auf Schafwolle nach dem Klotz-Trocken-Hitze-Verfahren (120° C und 6 Minuten) eine Quervernetzung der Keratinmoleküle bewirken und so Wolle stabilisieren (Filzfrei-Ausrüstung), zeigten H. Rath und U. Einsele[3], daß Alkylierungsreaktionen mit bifunktionellen Onium-Verbindungen bei Zellulose im Vergleich zu anderen Hydroxyl- oder Aminogruppen-haltigen Verbindungen *nicht leicht* erfolgen.

Die Ursache hierzu sehen die Autoren in der Molekülstruktur der Zellulose oder in ihrer geringen Tendenz zur Bildung von Zellulosealkoholat-Anionen.

Solche Verbindungen, welche *kein* Heteroatom in $\beta$-Stellung zum komplexbildenden Zentralatom haben, zeigen im Falle der Onium-Verbindungen von Hexamethylentetramin oder Pyridin, wie z. B.

$$\overset{\ominus}{Cl}\left[C_5H_5\overset{\oplus}{N}-CH_2-\underset{\underset{O}{\|}}{C}-CH_2-\overset{\oplus}{N}C_5H_5\right]\overset{\ominus}{Cl}$$

Onium-Verbindung aus Pyridin und 1,3-Dichlorazeton

bei Zellulose *keinen* Effekt.

Verbindungen mit einem Heteroatom in $\beta$-Stellung zum komplex-bildenden Zentralatom, wie z. B. die Onium-Verbindung von Pyridin und Äthylen-bis-chlormethyläther.

$$\overset{\ominus}{Cl}\left[C_5H_5\overset{\oplus}{N}-CH_2-O-CH_2-CH_2-O-CH_2-\overset{\oplus}{N}C_5H_5\right]\overset{\ominus}{Cl}$$

zeigen deutlich ab 120° C die *Effekte einer Zellulosevernetzung.*

G. C. Tesoro[4] untersuchte die Reaktion der Zellulose mit einer Anzahl von Dipyridiniumsalzen der Bis-Chlormethyl-äther von aliphatischen Glykolen.

Polychlormethyläther zerfallen leicht in die Ausgangsprodukte. Um die hydrolytische Wirkung der H-Ionen zu mildern, werden die entsprechenden Pyridiniumsalze, gelöst in Wasser (ungefähr 50 bis 100 g/l) und *ohne* Zugabe eines Säurespenders auf das Baumwollgewebe appliziert.

*Reaktion der Zellulose mit der Pyridiniumverbindung:*

$$\text{Cell-OH} + \overset{\ominus}{Cl}-\left[-\overset{\oplus}{N}C_5H_5-CH_2\cdot O\cdot R\cdot O\cdot CH_2-\overset{\oplus}{N}C_5H_5-\right]-\overset{\ominus}{Cl} + \text{HO-Cell} \longrightarrow$$

$$\rightarrow \text{Cell}\cdot O\cdot CH_2\cdot O\cdot R\cdot O\cdot CH_2\cdot O\cdot \text{Cell} + 2\,C_5H_5N-HCl$$

---

[1] Geiger, H.: Textil-Rundschau (St. Gallen) **12**, 565 (1957).

[2] Schaefer: Brit. Pat. 783.382.

[3] Rath, H. u. U. Einsele: Über die chemische Modifizierung der Zellulose durch Alkylierung. Melliand Textilber. **40** (5), 526–531 (1959). — S. auch H. Rath u. Mitarbeiter: Der Chemismus der Oniumverbindungen und ihre Bedeutung für die Textilchemie und Textilveredlung. Mitt. d. Dtsch. Forschungsinst. für Textilindustrie, Reutlingen-Stuttgart 1957.

[4] Tesoro, G. C.: Text. Res. J. **30**, 192 (1960).

Nebenbei tritt noch eine Reaktion mit Wasser ein:

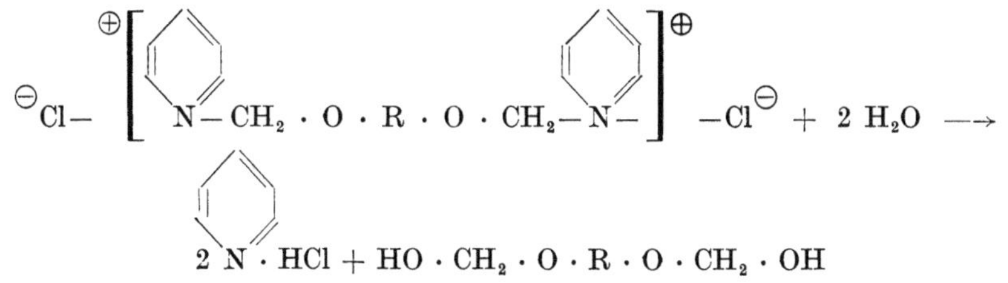

$$^{\ominus}Cl-\left[C_5H_5\overset{\oplus}{N}-CH_2\cdot O\cdot R\cdot O\cdot CH_2-\overset{\oplus}{N}C_5H_5\right]-Cl^{\ominus}+2\,H_2O\longrightarrow$$

$$2\,C_5H_5N\cdot HCl+HO\cdot CH_2\cdot O\cdot R\cdot O\cdot CH_2\cdot OH$$

Nach G. C. Tesoro (loc. cit.) ist es bei der Ausrüstung nach dem Klotz-Trocken-Hitze-Verfahren wesentlich, den auf das Reagenz selbst abgestimmten Betrag an *Natriumazetat als Puffersubstanz* mitzuverwenden.

Mit vier derartigen Verbindungen unterschiedlicher Kettenlänge führte G. C. Tesoro eingehendere Untersuchungen an Baumwollgeweben, ausgerüstet nach dem Klotz-Trocken-Hitze-Verfahren (Kondensation bei 150° C während 3 Minuten) durch. Die behandelten Baumwollgewebe zeigten sehr gute Knittererholungswinkel und bei Anwendung äquivalenter Mengen der Produkte wurde der gleiche Betrag der Knittererholung erzielt, woraus G. C. Tesoro den Schluß zog, daß die Knittererholung selbst eine Funktion der Anzahl an Querbindungen darstellt.

Die resultierenden Ausrüstungseffekte mit Polychlormethyläther-pyridiniumsalzen entsprechen weitgehend derjenigen einer *Formalisierung.* Man kann daher annehmen, daß es sich um eine Vernetzung der Zellulose mit einem Halbazetal unter der katalytischen Wirkung von HCl/Pyridin handelt.

*Positive Effekte:*

1. Gute Bügelfreiheit.
2. Gute Knittereffekte.
3. Weicher Warengriff.

*Negative Effekte:*

1. Vergilbung der Faser.
2. Starke Verminderung der Reißfestigkeit.
3. Geruchsbelästigung durch Pyridin.
4. Hohe Betriebskosten.

## 3. Chlorhydrine und Epoxide

Hierher gehören Verbindungen, welche Chlorhydrin- und Epoxid-Gruppen enthalten, wie *Dichlorhydrin, Epichlorhydrin* und *Di-epoxide.* Alle diese Substanzen, namentlich die ersteren, sind toxisch sehr bedenklich.

### *a) 1,3-Dichlor-propanol-2 (Di-chlorhydrin)*

Nachfolgend werden insbesondere die Effekte bei Baumwolle, behandelt mit 1,3-Dichlorproponal-2, welches einige Zeit technische Anwendung fand, beschrieben. Es wurde auch das Verhalten der längerkettigen, bifunktionellen Dichlorhydrine (s. bei Epoxiden) studiert. Solche Dichlorhydrine lassen *nur dann* gute Ausrüstungseffekte resultieren, *wenn sie 1,2-Epoxid-Ringe bilden können.* Z. B. liefert nach D. Fiebig[1] außer 1,3-Dichlorpropanol-2 auch 1,4-Dichlorbutandiol (2,3) [Cl—CH—CH—CH—$CH_2$—Cl] gute Naßknitterwinkel.

$$\begin{array}{c}Cl-CH-CH-CH-CH_2-Cl\\ \quad\ \ |\quad\ \ |\\ \quad\ OH\ \ OH\end{array}$$

$$\begin{array}{l}\ \ 1\qquad\ \ 2\qquad\ \ 3\\ Cl-CH_2-CH-CH_2-Cl\\ \qquad\qquad\ |\\ \qquad\qquad OH\end{array}$$

alkalisch-faseraffine Verbindung; toxisch!
1,3-Dichlor-propanol-2

[1] Fiebig, D.: Untersuchungen über die Reaktionsfähigkeit in bifunktionellen aliphatischen Verbindungen. Melliand Textilber. **45** (11), 1249—1253 (1964).

Zellulose wird im *nassen, gequollenen* Zustand in Gegenwart von starken Alkalien bei Normaltemperatur vernetzt *(Naßverweilverfahren)*:

Hinsichtlich des Reaktionsmechanismus nimmt man an[1], daß 1,3-Dichlor-2-propanol mit Zellulose in Gegenwart von Alkali durch Ausbildung eines Oxiranringes reagiert:

$$\underset{\displaystyle\quad\;\;|\atop\displaystyle\quad\;\; OH}{Cl-CH_2-CH-CH_2-Cl} \xrightarrow{+\,NaOH} \underset{\displaystyle\;\;\diagdown\;\diagup\atop\displaystyle\;\; O}{CH_2-CH}-CH_2-Cl + NaCl + H_2O.$$

Zunächst wird die Zellulose monosubstituiert:

$$Cell-ONa + \underset{\displaystyle\diagdown\;\diagup\atop\displaystyle O}{CH_2-CH}-CH_2-Cl \xrightarrow{+\,H_2O} Cell-O-CH_2-\underset{\displaystyle |\atop\displaystyle OH}{CH}-CH_2-Cl + NaCl$$

An der substituierten Gruppe bildet sich wiederum ein Oxiranring aus:

$$Cell-O-CH_2-\underset{\displaystyle |\atop\displaystyle OH}{CH}-CH_2-Cl \xrightarrow{+\,NaOH} Cell-O-CH_2-\underset{\displaystyle\diagdown\;\diagup\atop\displaystyle O}{CH-CH_2} + NaCl + H_2O.$$

Als zweite Reaktion tritt die Brückenbildung zwischen zwei Zellulosemolekülen ein:

$$Cell-O-CH_2-\underset{\displaystyle\diagdown\;\diagup\atop\displaystyle O}{CH-CH_2} + Na-O-Cell + H_2O \longrightarrow$$

$$\longrightarrow Cell-O-CH_2-\underset{\displaystyle |\atop\displaystyle OH}{CH}-CH_2-O-Cell + NaOH.$$

Der Vorgang ist *exotherm*, wobei die freiwerdende Wärme die Reaktion aktiviert, wodurch allerdings eine mehr oder weniger starke Faserschädigung parallel vor sich gehen kann.

Die Möglichkeit, daß unter den gleichen Reaktionsbedingungen Dichlorpropanol (DCP) mit den *endständigen Chloratomen* (ohne Ausbildung eines Oxiranringes) direkt mit Zellulose reagiert, haben V. B. Chipalkatti et al.[2] durch Blockierung der OH-Gruppe (durch Veresterung) studiert (s. S. 219). Es bildet sich über die monosubstituierte Zellulose

$$Cell-O-CH_2-\underset{\displaystyle |\atop\displaystyle O\atop\displaystyle |\atop\displaystyle CO-R}{CH}-CH_2-Cl$$

die entsprechende Brücke (mit dem DCP-Ester) aus:

$$Cell-O-CH_2-\underset{\displaystyle |\atop\displaystyle O\atop\displaystyle |\atop\displaystyle CO-\boxed{R}}{CH}-CH_2-O-Cell$$

$$\boxed{R} = \text{Methyl-, Äthyl- und Propyl-Rest.}$$

DCP ist durch die Ausbildung des Oxiranringes im Vergleich zu den DCP-Estern viel reaktionsfähiger.

[1] Brown, B. J. u. C. Stegger (Fathergill and Harvey, Ltd.): Brit. Pat. **696.282** (1953). — Gagarine, D. M. (Deering Milliken Research Corp.): Belg. Pat. **556.279** (1957).

[2] Chipalkatti, V. B., R. M. Desai, N. B. Sattur, J. Varghese u. J. C. Patel: Text. Res. J. **33** (4), 282 (1963). — Fiebig, D.: Melliand Textilber. **45** (11), 1249—1253 (1964). und ibid. **46**, 983 (1965).

Verfahrenstechnisch liegen große Anwendungsschwierigkeiten vor:

1. Wegen der physiologischen Wirkung des Dichlorpropanols;
2. reagiert Dichlorpropanol mit Alkali auch in der Flotte selbst und
3. ist das Produkt nur bis zu 10% in Wasser löslich.

*Praktische Durchführung:* Baumwollgewebe wird mit 5 bis 10%-iger Natronlauge alkalisiert (Quellung) und abgequetscht. Dann wird mit reinem Dichlorpropanol geklotzt und aufgerollt. Die Rolle wird zwecks Vermeidung der Austrocknung mit einer Polyäthylenfolie überzogen und rotiert in diesem Zustand 12 bis 18 Stunden. Anschließend wird gewaschen und sorgfältig neutralisiert, da Alkalireste beim Trocknen starke Faservergilbung bewirken. Zum Schluß wird getrocknet.

Eine andere Möglichkeit ist, das Gewebe direkt zu trocknen und erst dann auszuwaschen. Hierdurch erreicht man wohl einen besseren *Trocken*knitterwinkel, doch gleichzeitig tritt starke Vergilbung ein, was eine *Nachbleiche* erforderlich machen würde.

| *Vorteile* (Reines Produkt): | *Nachteile:* |
|---|---|
| 1. Mäßige oder auch sehr gute *Naß*knittererholung. Diese ist von der Verfahrensdurchführung abhängig (wie Laugenkonzentration, Temperatur usw.) | 1. Umständliches diskontinuierliches Verfahren. |
| 2. Absolute Chlorsicherheit (Chlortest nach AATCC einwandfrei). | 2. Physiologische Bedenklichkeit des Produktes. |
| 3. Gewebereißfestigkeit wird bei richtiger Durchführung relativ weniger stark vermindert. | 3. Ungenügende Trockenknittererholung. |
| 4. Ausrüstungen mit *gutem* Wash-and-Wear-Effekt werden durch *Kombination mit einem Reactantharz* erzielt. | 4. Schlechtes Knitterbild (= keine „Bügelfreiheit"), also schlechtes Wash-and-Wear-Verhalten (trotz der Naßknittererholung!). |

Um die ungenügende *Trocken*knitterfreiheit und den Wash-and-Wear-Effekt zu verbessern, ist eine *Vor- oder Nachbehandlung mit einem Reactantharz* (genannt werden z. B. Triazinonverbindungen) unerläßlich.

Auf der Anwendung von Dichlorpropanol beruht das *Bel-O-Fast-Verfahren* (Fa. *Deering Milliken Research Corp.*, Pendleton, South Carolina).

Dieses wird in den USA auch als *(DCP + T)-Ausrüstung* bezeichnet, wobei T auf die Nachbehandlung mit einem Triazinonharz hindeutet.

Ein ähnliches Verfahren wurde von der Fa. *J. Bancroft & Sons*, USA, als *Bancare-Wash-and-Wear-Finish* entwickelt.

Hierher gehört wahrscheinlich auch das *Handelsprodukt POM II* der *Chemischen Fabrik Pfersee*, Augsburg (Anwendung wie vorstehend beschrieben).

*Analytisches:* Mit Dichlorpropanol vernetzte Baumwolle kann nach H. R. Cooper und J. G. Roberts[1] mittels einer modifizierten Zeisel-Methode, welche zur Bestimmung des Alkoxyl-Gehaltes dient, identifiziert und der Betrag der Vernetzung auch quantitativ ermittelt werden.

Die mit Dichlorpropanol vernetzte Baumwolle wird mit kochender Jodwasserstoffsäure behandelt und das in Freiheit gesetzte Isopropyljodid *gaschromatographisch* bestimmt.

---

[1] Cooper, H. R. u. J. G. Roberts: Identifizierung und Bestimmung von Ausrüstungen mit Dichlorpropanol. J. Soc. Dyers Col. **1964,** 428.

### *b) Epichlorhydrin*

$$\overset{\quad O}{\overbrace{CH_2 - CH} - CH_2 - Cl}$$

$$\underset{1}{CH_2}-\underset{2}{CH}-\underset{3}{CH_2}-Cl$$

1,2-*Epoxy*-3-*Chlor-propan*; Kochpunkt 116° C

*Darstellung:*

$$\underset{\text{Propylen}}{CH_3-CH=CH_2} + \tfrac{1}{2}\,Cl_2 \rightarrow \underset{\text{Allylchlorid}}{CH_2=CH-CH_2-Cl} + HCl;$$

$$CH_2=CH-CH_2-Cl + HOCl \rightarrow \underset{\displaystyle Cl\quad}{CH_2}-\underset{\displaystyle OH}{CH}-CH_2-Cl \xrightarrow{NaOH}$$

$$\overbrace{CH_2-CH}^{O}-CH_2-Cl + NaCl + H_2O;$$

Epichlorhydrin ist wegen seiner größeren Flüchtigkeit physiologisch noch bedenklicher als Dichlorpropanol.

Ungefähr 50% der Menge an Epichlorhydrin dienen zur Herstellung von Epoxy-Verbindungen (s. nachfolgend).

Epichlorhydrin kann unter den gleichen alkalischen Bedingungen (wie bei Dichlorhydrin angegeben) Zellulose vernetzen:

$$\begin{matrix} \boxed{Cell-OH} \\ \\ \boxed{Cell-OH} \end{matrix} + \begin{matrix} CH_2 \diagdown \\ | \quad\;\; \rangle O \\ CH \diagup \\ | \\ CH_2-Cl \end{matrix} \xrightarrow{NaOH} \begin{matrix} CH_2-O-\boxed{Cell} \\ | \\ CH-OH \\ | \\ CH_2-O-\boxed{Cell} \end{matrix} + NaCl + H_2O$$

Epichlorhydrin wurde betriebsmäßig in den USA eine Zeitlang angewandt und in mehreren Patenten beschrieben[1].

*Alkalische Katalysierung:* Das mit wässeriger Natronlauge vorgeklotzte Gewebe wurde im gequollenen Zustand mit einer methanolischen Lösung von Epichlorhydrin übergeklotzt und anschließend im aufgerollten Zustand die Reaktion vor sich gehen lassen. Dann wurde gewaschen, neutralisiert und getrocknet. Es wird die *Naß*knittererholung erhöht.

*Technische Nachteile:* Hoher Preis und Toxizität des Epichlorhydrins.

*Saure Katalysierung:* Weiters wurde diese auch mit Zinkfluorborat und nachfolgender Wärmebehandlung versucht. Ein Vorteil war die Vermeidung einer Vergilbung, während die geringe Reaktionsfähigkeit im sauren Medium nachteilig war.

Untersuchungen von G. R. Ferrante[2] hinsichtlich des Reaktionsvermögens unter Verwendung von radioaktiv markierten Epichlorhydrin ($^{14}C$) mit Zellulose in Gegenwart von Zinkfluorborat deuten darauf hin, daß 1,2- und 1,3-Epoxid-Gruppen gebildet weıden, welche durch Ätherbildung unter Vernetzung mit der Zellulose reagieren und so die verbesserte Knittererholung bewirken.

---

[1] *Shell:* U.S.-Pat. 2,752.269 (1956) und 2,774.691 (1956). — *Amer. Cyanamid Corp.*: U.S.-Pat. 2,730.427 (1956). — *Bates Manufacturer Co.:* U.S.-Pat. 2,829.072 (1958).

[2] Ferrante, G. R.: Ein Verfahren zur Erzielung von *Naß*- und *Trocken*knittererholung unter Verwendung von gasförmigem Epichlorhydrin. Text. Res. J. **35**, 446–452 (1965).

Baumwollgewebe wurden mit dem Katalysator (0,5 bis 3% Zinkfluorborat) vorimprägniert und anschließend dampfförmigem Epichlorhydrin während 1 bis 10 Minuten ausgesetzt, wobei eine deutliche Erhöhung der *Trocken-* und *Naß*knittererholung erzielt wurde. Optimale Werte wurden bei Anwendung von 2% Zinkfluoborat und nachfolgender Epichlorhydrin-Behandlung während 5 Minuten erhalten. Durch eine Nachbehandlung der gewaschenen Gewebe mit 10%iger Natronlauge bei 100% Abquetschung entweder bei Zimmertemperatur über Nacht (Verweilverfahren) oder während 15 Minuten bei 90° C wurde der Naßknittererholungswinkel weiter um 50° erhöht.

Nach J. B. McKelvey et al.[1] wird in Gegenwart von konzentrierten Neutralsalzlösungen (wie Kochsalz) der Oxiranring aufgespalten und so Epichlorhydrin in reaktiver Form gebracht. Mit dem Gemisch Epichlorhydrin-Neutralsalz können Baumwollgewebe auch *trocken*knitterfest ausgerüstet werden. Gleichfalls eine Erhöhung der *Trocken*knittererholung resultiert durch Behandlung des Baumwollgewebes mit Natronlauge und Epichlorhydrin, wenn die Natronlauge mit Neutralsalzen gesättigt war.

Die Reaktionsprodukte von Epichlorhydrin mit Verbindungen, welche aktiven Wasserstoff enthalten (wie Alkohol-, Methylol-, Aldehyd- und Amino-Amido-Gruppen), so z. B. Harnstoff[2]

$$\begin{array}{l} NH_2 \\ | \\ CO \\ | \\ NH_2 \end{array} + \begin{array}{l} CH_2 \diagdown \\ |\quad\;\; O \\ CH \diagup \\ | \\ CH_2-Cl \end{array} \longrightarrow \begin{array}{l} NH_2 \\ | \\ CO \\ | \\ NH-CH_2-CH-CH_2-Cl \\ \qquad\qquad\;\; | \\ \qquad\qquad\; OH \end{array} + \begin{array}{l} \;\; H \\ \;/ \\ C{=}O \\ \;\diagdown \\ \;\; H \end{array} \longrightarrow$$

$$\longrightarrow \begin{array}{l} NH-CH_2-OH \\ | \\ CO \\ | \\ NH-CH_2-CH-CH_2-Cl \\ \qquad\qquad\;\; | \\ \qquad\qquad\; OH \end{array}$$

(Verbindung mit zwei verschiedenen reaktiven Gruppen.)

wie auch von Dimethylol-Äthylenharnstoff oder Dimethylol-Triazinon, brachten nach R. Allscher[3] *keine* wesentlichen Verbesserungen.

Die Anwendung *kombinierter Ausrüstungsflotten* war wegen der *Nicht-Verträglichkeit* mit thermoplastischen Kunststoffen und Imprägnieremulsionen *nicht* möglich.

Die Behandlung von Baumwollgeweben mit Epichlorhydrinen hat heute *nur wenig technisches Interesse*, da nun neuere, günstigere Vernetzungsmittel zur Verfügung stehen.

### *c) Di-epoxide (Di-epoxy- oder Di-äthoxylin-Verbindungen)*

Diese stehen in ihrer Eigenart zwischen den Reactantharzen und den reinen Eigenvernetzern.

Diepoxide können unter dem Einfluß verschiedener Katalysatoren auch polymerisieren. So erhält man nach J. K. Stille[4] durch Zyklopolymerisation *hochmolekulare Polyäther der Struktur* (II) die in organischen Lösungsmitteln löslich sind:

[1] McKelvey, J. B., R. R. Benerito, R. J. Berni u. C. A. Hattox: Die Cellulose-Epichlorhydrin-Reaktion in Gegenwart von Neutralsalzen und Salz-Alkali-Lösungen. Text. Res. J. **1964**, 759–764.

[2] *Courtaulds* (New York): DAS 1,094.225.

[3] Allscher, R.: Melliand Textilber. **45**, 274–277 (1962).

[4] Stille, J. K.: Copolymerisation von Diepoxiden. Vortrag am 139. ACS-Meeting, St. Louis, Miss. (1961).

Hexadien-di-epoxid (I) ⟶ (II)

Nomenklatur

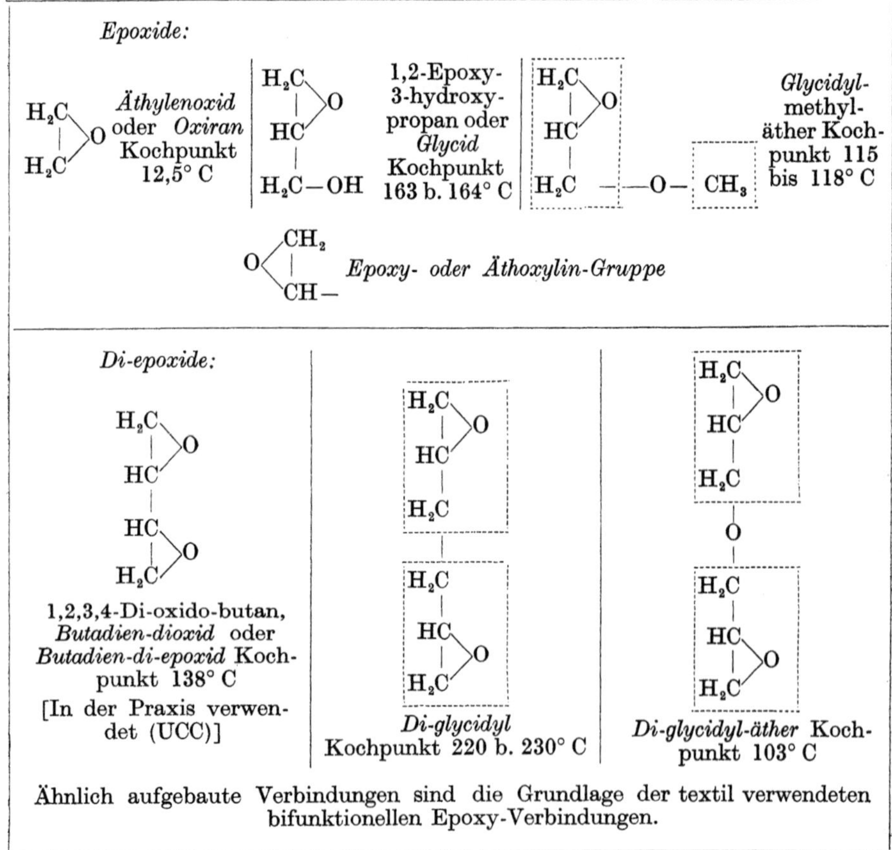


Eine Übersicht über die Entwicklung und Stereochemie der Epoxyverbindungen sowie über die Reaktion der Epoxide bei der Knitterfestausrüstung der Zellulose und hinsichtlich weiterer Reaktionen der Epoxide, die für die Textilchemie wichtig sind, bringen D. M. Hall und B. S. Reuben sowie R. J. Berni et al.[1].

Die *Reaktion zwischen Äthylenoxid und Zellulose*, welche nur theoretisches Interesse hat, untersuchten J. B. McKelvey et al. als Modellsubstanz für die Öffnung des Epoxidringes bei normaler Temperatur (25° C) und unter verschiedenen pH-Bedingungen. Essigsäure wie auch Salzsäure ergaben bei Baum-

[1] Hall, D. M. u. B. S. Reuben: Epoxide und ihre Anwendung in der Textilindustrie. Text. Recorder **80**, No. 957, 57—49 (1962) und No. 958, 53—55 (1963). — Berni, R. J., R. R. Benerito, J. B. McKelvey u. L. D. Calamari: Neue Baumwollveredlungs-Verfahren durch Zellulose-Epoxidreaktionen. Amer. Dyestuff Rep. **54**, 426—432 (1965).

wolle keine Gewichtszunahme. Dies deutet nach den Autoren[1] nicht darauf hin, daß diese Säuren für eine Öffnung des Epoxidringes nicht geeignet wären, doch fördern sie keineswegs die Reaktion mit der Zellulose. Durch Schwefelsäure, Perchlorsäure, Trifluoressigsäure usw. konnte eine mehr oder weniger große Gewichtszunahme bei Baumwolle festgestellt werden. Im Gegensatz hierzu fördern Hydroxylionen die Reaktion zwischen Epoxid und Zellulose etwa zehnmal so stark als die hierfür als günstigste gefundene Säure. Wird z. B. 15%ige Natronlauge als Katalysator eingesetzt, so resultiert bei der Reaktion von Äthylenoxid und Zellulose ein *wasserlösliches* Produkt.

## Die ältere Ausrüstung von Baumwollgeweben mit Epoxidverbindungen mit höherem Molekulargewicht und sauer katalysierter Hitzekondensation. Sogenannte „Epoxidharze“

### Literaturverzeichnis

Borghetty, H. C.: The New Resins für Treating White Cotton Goods. Textile World **1958,** April, 89.

Dorset, B. C. M.: Epoxy Resins Find a Place in Finishing Textile Materials. Text. Manufacturer **84,** 36 (1958).

Gagliardi, D. D. u. F. B. Shippee: Epoxy Resin Blended Finishes for White Cottons. Text. Res. J. **29,** 54 (1959).

Lindner, K.: Hochveredlung mit Epoxyharzen (zusammenfassende Übersicht). Melliand Textilber. **41,** 82 (1960).

Schroeder, C. W.: Epoxyharz-behandelte Baumwolle: Wash-and-Wear-Finish. Dyer and Text. Printer **118,** 333 (1957).

Schroeder, C. W.: Epoxy Resins Produce Crease-Resistant Finishes. Textile World **1956,** 86.

Schroeder, C. W. u. F. E. Condo: Epoxy Resins in the Crease Proofing of Cotton. Text. Res. J. **27,** 135 (1957).

*Shell Development Co.* (Condo u. Schroeder): US-Pat. 2,752.269 (1956).

Wengraf, P.: Knitterechtausrüstung von Zellulosetextilien durch Anwendung von Poly-expoxyverbindungen. Amer. Dyestuff Rep. **46,** 221 (1957).

Die „Epoxidharze“ wurden anfänglich wegen ihrer geringen Flüchtigkeit (Hitzekondensation!) angewandt. *Eponite 100* (*Shell Development Co.*, New York) wurde aus „*Dian*“ und Epichlorhydrin hergestellt:

$$HO-C_6H_4-C(CH_3)_2-C_6H_4-OH + \underset{H_2C-Cl}{\overset{H_2C}{HC}}\!>\!O \rightarrow HO-C_6H_4-C(CH_3)_2-C_6H_4-O-CH_2-\underbrace{CH-CH_2}_{O}$$

4,4′-Dihydroxy-diphenyl-2,2-Propan („*Dian*“) — Epichlorhydrin — „*Dian*“-glycidäther (mit einem Oxiran-Ring)

Bei weiterer Einwirkung von Epichlorhydrin:

$$\underbrace{CH_2-CH}_{O}-CH_2-O-C_6H_4-C(CH_3)_2-C_6H_4-O-CH_2-\underbrace{CH-CH_2}_{O}$$

„*Dian*“*-diglycidäther* (bifunktionell), *(Eponite 100)*.

Bei der *sauren Hydrolyse eines* „*Mischharzes*“ (papierchromatischer Nachweis!) wird beim „Dian“-diglycidäther (Eponite 100) nach L. Meckel und H. Milster der Epoxyring aufgespalten, während die Ätherbindung unter

[1] McKelvey, J. B., B. G. Webre u. R. R. Benesiter: Die Reaktion zwischen Äthylenoxid und Zellulose. Amer. Dyestuff Rep. **49,** 19 (1960).

der angewandten Hydrolysebedingung (2 Stunden mit 10%iger Salzsäure im siedenden Wasserbad erhitzen) erhalten bleibt[1]. Bei dem im Hydrolysat auftretenden Phenoläther kann es sich nach den Autoren möglicherweise um die folgende Verbindung handeln:

$$\begin{matrix} CH_3 \\ CH_3 \end{matrix} > C - \left[ - C_6H_4 - O - CH_2 - \underset{OH}{\underset{|}{CH}} - \underset{OH}{\underset{|}{CH_2}} \right]_2$$

*Eponite 100* ist nicht vollständig in Wasser löslich. Doch ist es möglich, den verbleibenden, nicht löslichen Anteil in eine wässerige Emulsion überzuführen. Die Applikation hiermit auf Baumwolle erfolgt in ähnlicher Weise, wie dies bei den thermohärtbaren Kunstharzen üblich ist, nämlich Imprägnieren, Trocknen und Kondensieren.

Die Epoxygruppen reagieren mit Aminen und Carbonsäuren schnell, jedoch mit Alkoholen nur langsam. Daher mußten bei der Ausrüstung von Baumwolle *energischere Kondensationsbedingungen* angewandt werden. Hierzu waren *stärker wirkende Katalysatoren* (wie Fluoborate, Perchlorate oder Sulfate) nötig. Bewährt hatten sich hier Zink-, Magnesium- und Aluminium-Fluoborate, während Kalium- oder Na-Fluoborate praktisch wirkungslos sind. In der Literatur wird am häufigsten Zinkfluoborat [$Zn(BF_4)_2$] angegeben.

Für diese Ausrüstung geben Schroeder und Condo (loc. cit.) folgende *Effekte* an:

| *Positive Effekte:* | *Nachteile:* |
|---|---|
| 1. Keine Geruchsbildung (N-frei!). | 1. Mäßige *Trocken*-knitterwinkelerholung. |
| 2. Keine Chlorretention (N-frei!). | 2. Starke Faservergilbung. |
| 3. Hervorragende Flächenbeständigkeit. | 3. Starke Faserschwächung bei *höherem* Knitterwinkel. |
| 4. Hervorragende Waschbeständigkeit der erzielten Effekte. | 4. Die hier nötige eingehende Kontrolle während des Ausrüstungsverlaufes. |
| 5. Gute *Naß*knitterwinkelerholung. | 5. Die *hohen* Kondensationstemperaturen. |
| | 6. Toxisches Verhalten der Produkte. |
| | 7. Der hohe Preis des Epoxyproduktes. |

Die hohen Materialkosten der Epoxy-Ausrüstung (älterer Art) beruht nach Gagliardi und Shippee[2] auf den Einsatz von Epoxyverbindungen mit höherem Gewicht. Es müssen daher stärkere Badkonzentrationen angesetzt werden. So beträgt z. B. das Molekulargewicht einer (damals) gebräuchlichen Epoxydverbindung 300 bis 400 (im Vergleich hierzu hat Dimethylol-Harnstoff ein Molekulargewicht von 146).

## Die neuere Ausrüstung von Baumwollgeweben mit kurzkettigen aliphatischen Diepoxidverbindungen

### Literaturverzeichnis

Anonym: Eine neue Ausrüstung für Baumwolle. Mod. Text. Mag. **1961,** No. 5, 26.

Benerito, R., B. G. Webre u. J. B. McKelvey: A Study of Reactions Between Cotton Cellulose and Difunctional Epoxide. Text. Res. J. **31,** 757 (1961).

Galligan, J., A. M. Sookne, J. T. Adams, jr., H. Guest u. G. M. Lourigan: New Developments in Epoxide Wash-Wear-Finishes for Cotton. Text. Res. J. **30,** 208 (1960).

[1] Meckel, L. u. H. Milster: Textil-Rundschau (St. Gallen) **16,** 602ff. (1961).

[2] Gagliardi, D. D. u. F. B. Shippee: Text. Res. J. **29, 54** (1959).

Hornuff, G. v. u. G. Schröder: Beiträge zur Modifizierung von Cellulosefasergeweben durch Einwirkung von 1,4-Butylendiglycidäther. (Dissertation von G. Schröder, Techn. Univ. Dresden, 1961.) Faserforsch. u. Textiltechn. **14,** 2 (1963).

McKelvey, J. B., B. G. Webre u. E. Klein: Die Reaktion von Epoxiden mit Baumwollzellulose in Gegenwart von Natriumhydroxyd. Text. Res. J. **29,** 918 (1959).

McKelvey, J. B., B. G. Webre u. R. R. Benerito: Reaction of Cotton Cellulose with Epoxide in Presence of Acid Catalysts. Amer. Dyestuff Rep. **49,** 19 (1960).

Steele, R.: Die Reaktionsfähigkeit einiger Epoxide gegenüber Zellulose. Text. Res. J. **31,** 257 (1961).

Mit der Weiterentwicklung der sogenannten „harzfreien" Ausrüstung wurden in neuerer Zeit *Diglycidäther* und auch andere oxiran-haltige *niedermolekulare* Verbindungen für Zellulose-Vernetzungsreaktionen von Interesse. Viele dieser Substanzen sind, im Gegensatz zu den vorerwähnten sogenannten „Epoxidharzen", gut wasserlöslich.

Diese Diepoxidverbindungen können sowohl im alkalischen als auch im sauren Bad angewandt werden.

Die *aliphatischen Diglycidäther* werden durch Umsetzung von *Alkandiolen* mit *Epichlorhydrin* in Gegenwart eines sauren Katalysators (insbesondere Bortrifluorid) und *nachfolgender Dehalogenierung des Zwischenproduktes* mittels basischer Verbindungen in einem geeigneten Lösungsmittel erhalten.

*1. Reaktionsstufe* (saure Katalyse):

$$\mathrm{Cl{-}CH_2{-}\underbrace{CH{-}CH_2}_{O} + HO{-}CH_2{-}\boxed{R}{-}CH_2{-}OH + \underbrace{CH_2{-}CH}_{O}{-}CH_2{-}Cl} \rightarrow$$

$$\rightarrow \mathrm{Cl{-}CH_2{-}\underset{\displaystyle OH}{\underset{|}{CH}}{-}CH_2{-}O{-}CH_2{-}\boxed{R}{-}CH_2{-}O{-}CH_2{-}\underset{\displaystyle OH}{\underset{|}{CH}}{-}CH_2{-}Cl}$$

*2. Reaktionsstufe* (Dehalogenierung):

$$\xrightarrow{-2\mathrm{HCl}} \mathrm{\underbrace{CH_2{-}CH}_{O}{-}CH_2{-}O{-}CH_2{-}\boxed{R}{-}CH_2{-}O{-}CH_2{-}\underbrace{CH{-}CH_2}_{O}};$$

$$\boxed{\mathrm{R}} = (-\mathrm{CH_2}-\mathrm{O}-)_x$$

J. B. McKelvey et al.[1] untersuchten die Wirkung der Katalyse durch $H^+$-Ionen und stellten Vergleiche mit der Wirkung basischer und neutraler Katalysatoren an, und zwar bei der Reaktion zwischen Zellulose und 28 handelsüblichen Mono- und Diepoxiden. Hierzu diente die Ermittlung der Gewichtszunahme von Baumwollgarnen und -geweben nach Einwirkung der Epoxide in Gegenwart der Katalysatorsubstanzen.

Nur wenige der untersuchten Epoxide reagierten in Gegenwart von $H^+$-Ionen — im Gegensatz zur basischen Katalyse — mit Zellulose.
Durch Lewis-Säuren [wie $Zn(BF_4)_2$] wurde (mit Ausnahme von *Alkylglycidäthern*) nur bei *Diepoxyden* und *mehrwertigen Epoxiden* eine Reaktion mit Zellulose bewirkt.

[1] McKelvey, J. B., B. G. Webre u. R. R. Benerito: Amer. Dyestuff Rep. **49,** 19 (1960).

Eine *zyklische Di-epoxid-Verbindung* ist

```
           CH2
          /   \
      ,CH     CH—CH—CH2
    O<  |      |    \ /
      `CH     CH     O
          \   /
           CH2
```

Vinylzyklohexandiepoxid

J. Galligan et al.[1] fanden *Vinylzyklohexandiepoxid* bei Verwendung von Zinkfluoborat und Kondensation bei 140° C während 3 Minuten als günstigstes Epoxid für die Ausrüstung von Baumwollgeweben. Die Knitterfesteffekte waren nach den Autoren ebenso gut wie bei Anwendung N-haltiger Reactantharze; bei gleich hohem Knitterwinkel war die Festigkeitseinbuße etwas geringer als bei den bisher bekannten Epoxiden. Weiters war die Ausrüstung beständig gegen Chlorretention; beim Bügeln trat kein Vergilben ein. Die Effekte waren beständig gegen saure Hydrolyse, doch entsprach die Ausrüstung nicht den Wash-and-Wear-Anforderungen, mehr einem „selbstglättenden" (self smoothing) Baumwollgewebe.

Mit den Diglycidyläthern werden mindestens zwei *Hydroxylgruppen* mit der Vernetzungsbrücke eingeführt. Letztere haben für die physiologischen Trageeigenschaften Bedeutung, wie Saugfähigkeit und guter Schweißtransport des ausgerüsteten Gewebes.

```
               O
              / \
             CH2—CH                 Cell—O—CH2—CH—OH
                 |                              |
Cell—OH      +   R    ——————→                   R
Cell—OH          |                              |
             CH2—CH                 Cell—O—CH2—CH—OH
              \ /
               O
```

Ein typisches Poly-epoxid ist der Diglycidäther des Äthylenglykols:

```
                     O
                    / \
CH2—O—CH2—CH—CH2
|
CH2—O—CH2—CH—CH2
                    \ /
                     O
```

Solche Verbindungen können unter dem Einfluß einer schwachen Säure, wie Zitronensäure, „mit sich selbst" reagieren. Zur Vernetzung der Zellulose sind *starke* Katalysatoren, wie Zinkfluoborat, nötig. Praktische Bedeutung hat das Molekulargewicht der vorliegenden Epoxyverbindung. Ist dieses niedrig, so ist die Epoxyverbindung flüchtig und hinsichtlich ihrer Anwendung toxisch bedenklich. Bei hohem Molekulargewicht der Epoxyverbindung bereitet ihre Löslichkeit Schwierigkeiten, so daß man auch wässerige Emulsionen verwendet.

Sind die Epoxygruppen mit Glykolgruppen verbunden, so liegen Verbindungen vor, die in wässeriger Lösung sehr reaktionsfähig sind, so daß man in diesem Falle die Imprägnierlösung kurz vor ihrer Applikation auf das Baumwollgewebe herstellt.

---

[1] Galligan, J., A. M. Sookne, J. T. Adams, jr., H. Guest u. G. H. Lourigan: Text. Res. J. **30**, 208 (1960).

Im Hinblick auf die Verwandtschaft zwischen Halogenhydrinen und Epoxyverbindungen ist es verständlich, daß beide mit Baumwolle im gequollenen Faserzustand in Gegenwart eines basischen Katalysators reagieren können. In diesem Falle resultiert eine *gute Naß*knittererholung bei nur *geringer Trocken*knittererholung und bei gleichzeitig erhöhter Feuchtigkeitsaufnahmefähigkeit des Baumwollgewebes.

Epoxidverbindungen, welche nach dem *Klotz-Trocken-Kondensations-Verfahren* in Gegenwart eines *sauren* Katalysators auf Baumwolle appliziert werden, ergeben eine *Erhöhung* sowohl der *Trocken-* als auch der *Naß*knittererholung. Doch resultiert hierbei auch ein großer Festigkeitsverlust.

Die große Reaktionsfähigkeit der Epoxyverbindungen zu alkalisierten Baumwollgeweben bei Zimmertemperatur (Naßverweil-Verfahren) untersuchten McKelvey et al.[1].

Eine nur *geringe* Umsetzung des Epoxids aus Tetrachlorkohlenstofflösung ergab ein Baumwollgewebe mit *guter Trocken-* und *Naß*knittererholung. Bei *schneller* Umsetzung unter Anwendung höherer Alkalimengen resultierte ein Gewebe mit *guter Naß-*, jedoch *geringer Trocken*knittererholung.

Baumwollgewebe, ausgerüstet mit N-freien Epoxyverbindungen, zeigen nach Behandlungen mit Chlorbleichlaugen *keinerlei Chlorretention.*

Als sehr wesentlich für die Ausrüstung von Wash-and-Wear-Baumwolle ist die *Reaktionsweise* des Oxiranringes mit einer NH-bzw. $NH_2$-Gruppe anzusehen. Wurde das Baumwollgewebe zuerst mit einem *N-haltigen Reactantharz* ausgerüstet, so werden durch Epoxyverbindungen die *letzten sich bei der sauren oder neutralen Hydrolyse bildenden NH-Gruppen* des betreffenden Reactantharzes abgebunden, wodurch eine hohe Chlorbeständigkeit der Ausrüstung erzielt werden kann. Nach H. Enders[2] erfolgt hierbei die Reaktion über mesomer stabilisiertes Carbenium-Ion, wobei $NH_2$ und NH-Gruppen in *tertiäre* Gruppen übergeführt werden:

```
        δ+                  δ−
 −CH−CH₂                   |NH−R
   ▲  O̲  ▲δ−                 ▼
                            Hδ+
       ⇅
 −CH−CH₂+                   δ−
   ▲                       |NH−R
  |O̲|−                       ▼
                            Hδ+
```

Da die Reaktion über *mesomer stabilisiertes Carbenium-Ion* verläuft, erfolgt die Addition des $N^+$ in *β-Stellung*:

```
−CH−CH₂−N̄H−R
 |
|O|
 |
 H
```

Über Versuche zur Ausrüstung von Baumwollgeweben mit Reaktionsprodukten, hergestellt durch Einwirkung von Epichlorhydrin auf Ammoniak,

---

[1] McKelvey, Webre u. Klein: Text. Res. J. **29**, 218 (1959). — McKelvey, Benerito, Webre u. Berni: J. Polymer Sci. **51**, 209 (1961).

[2] Enders, H.: Neue Entwicklungen auf dem Gebiet der Hochveredlung, insbesondere über die Wash-and-Wear-Ausrüstung. Melliand Textilber. **40**, 1315 (1959).

berichten J. B. McKelvey et al.[1] Die resultierenden *Tri-epoxide*

$N \equiv (O-CH_2-CH-CH_2)$ (Epoxidring über O zwischen CH und $CH_2$) N, N, N-tris (2,3-epoxypropyl)-amin und

$N = (CH_2-CH-CH_2)$ (mit OH an CH und Cl an $CH_2$) N, N, N-tris (3-chlor, 2-hydroxy-propyl)-amin

lassen sich nur sehr schwierig herstellen.

Th. Francis und M. L. Staples[2] untersuchten die Reaktion von *gasförmigem* Epichlorhydrin und Butadien-di-epoxid mit Baumwoll- und Viskosefasergeweben.

Die Gewebe wurden mit Hilfe eines Foulards mit Natronlauge geklotzt und im geschlossenen Behälter den Dämpfen der erwähnten Epoxyverbindungen ausgesetzt.

Hinsichtlich des Einflusses der drei Variablen, nämlich Alkalikonzentration, Zeit und Temperatur legen die Autoren ein umfangreiches experimentelles Material vor.

Die Vernetzung der Zellulosegewebe mit *gasförmigem Epichlorhydrin* ergab hohe *Naß*- und nur geringe *Trocken*knitterwinkelerhöhungen. Dagegen lieferte die Vernetzung mit *gasförmigem, racemischem Butadien-di-epoxid* sowohl hohe *Naß*- als auch *Trocken*knitterwinkelerhöhungen.

Die Vernetzung der alkalisierten Zellulose mit *gasförmigen Epoxiden* verlief im Vergleich zur üblichen Behandlung mit Epoxidverbindungen in wässeriger Lösung *sehr schnell.*

### Reaktionsablauf aliphatischer Diglyzidäther unter Mitberücksichtigung der angewandten Metallsalzkatalysatoren

Während hochpolymere Epoxidderivate insbesondere in der Klebetechnik Verwendung finden, werden niedrigpolymere oder monomere Epoxide in Form von Emulsionen oder auch als wässerige Lösungen auf Baumwollgewebe zu deren Veredlung appliziert. Da aber die Reaktion mit den alkoholischen OH-Gruppen der Zellulose selbst bei höheren Temperaturen nur langsam erfolgt, müssen Katalysatoren, und zwar vornehmlich säureabspaltende Salze, mitverwendet werden.

Im sauren Medium verläuft die Reaktion zuerst unter Öffnung des Epoxidringes. Dann treten die gebildeten Carbenium-Ionen mit den alkoholischen Gruppen der Zellulose in Reaktion[3].

*1. Reaktionsstufe:*

$$\underset{\text{1,4-Butylendiglycidäther}}{\overset{\diagdown |O| \diagup}{CH_2-CH}-CH_2-O-(CH_2)_4-O-CH_2-\overset{\diagdown |O| \diagup}{CH-CH_2}} + \underset{\text{Katalysator}}{2\,H^{\oplus}X_k^{\ominus}} \longrightarrow$$

$$\longrightarrow \left[\begin{matrix} CH_2 — CH- \;\ldots\ldots\; -CH — CH_2 \\ \diagdown \oplus O \diagup \qquad\qquad \diagdown O\oplus \diagup \\ | \qquad\qquad\qquad | \\ H \qquad\qquad\qquad H \end{matrix}\right]^{2\oplus} 2\,X_k^{\ominus} \longleftrightarrow$$

[1] McKelvey, J. B., R. R. Benerito, R. J. Berni u. B. G. Burgis: Die Behandlung von Baumwolle mit Ammoniak-Epichlorhydrin-Reaktionsprodukten. Text. Res. J. **1963,** H. 4, S. 273–281.

[2] Francis, Th. u. M. L. Staples: Die basenkatalysierte Kondensation von Zelluloseware mit dampfförmigen Epoxiden. Text. Res. J. **1963,** H. 8, 583–599.

[3] Hornuff, G. v. u. G. Schröder: Beitrag zur Modifizierung von Zellulosefasergeweben durch Einwirkung von 1,4-Butylendiglyceridäthern. Faserforsch. u. Textiltechn. **14** (1), 2 (1963).

$$\longleftrightarrow \left[\begin{array}{c} \overset{+}{C}H_2\!-\!\!\underset{\displaystyle OH}{\underset{|}{C}H}\!- \ldots\ldots -\!\underset{\displaystyle OH}{\underset{|}{C}H}\!-\!\overset{+}{C}H_2 \end{array}\right]^{2\oplus} 2\,X_k^{\ominus}$$

Es besteht die Möglichkeit, daß hierbei auch noch Nebenreaktionen eintreten können. So können die entstehenden alkoholischen Hydroxylgruppen des Äthers der Anlaß zur Bildung von hochmolekularen, stark vernetzten Verbindungen sein, die sich auf und in der Faser ablagern.

*2. Reaktionsstufe:*

$$\underset{\displaystyle H}{\underset{|}{\text{Cell}-\bar{O}|}} + \overset{+}{C}H_2-\underset{\displaystyle OH}{\underset{|}{C}H}-CH_2-O-(CH_2)_4-O-CH_2-\underset{\displaystyle OH}{\underset{|}{C}H}-\overset{+}{C}H_2 + \underset{\displaystyle H}{\underset{|}{|\bar{O}-\text{Cell}}} \longrightarrow$$

$$\longrightarrow \text{Cell}-\underset{\displaystyle H}{\underset{|}{\overset{\oplus}{|O}}}-CH_2-\underset{\displaystyle OH}{\underset{|}{C}H}-\ldots\ldots\ldots\ldots\ldots\ldots -\underset{\displaystyle OH}{\underset{|}{C}H}-CH_2-\underset{\displaystyle H}{\underset{|}{\overset{\oplus}{|O}}}-\text{Cell} \longrightarrow$$

$$\longrightarrow \text{Cell}-\underline{\bar{O}}-CH_2-\underset{\displaystyle OH}{\underset{|}{C}H}-\ldots\ldots\ldots\ldots\ldots\ldots -\underset{\displaystyle OH}{\underset{|}{C}H}-CH_2-\underline{\bar{O}}-\text{Cell} + 2\,H^+$$

Wird eine wässerige Lösung des 1,4-Butylendiglycidäthers mit dem Metallsalzkatalysator versetzt, so können unter Umständen pH-Verschiebungen in der Flotte eintreten.

Nach G. v. Hornuff und G. Schröder (loc. cit.) zeigen Metallsalzkatalysatoren gegen 1,4-Butylendiglycidäther in wässeriger Flotte hierbei einen unterschiedlichen Einfluß.

Tabelle 13. *Einfluß der Metallsalzkatalysatoren auf die wässerige Flotte von 1,4-Diepoxidverbindungen*

| | | |
|---|---|---|
| Mg-perchlorat<br>Zn-fluoroborat | Keine Änderung des pH-Wertes der Flotte (auch nicht nach 24 Stunden) | Die Ursache der guten Flottenbeständigkeit ist, daß *keine* Reaktivität mit den Diglycidäthern vorliegt.<br>Zinkfluoroborat hat *stark sauren* Charakter, daher sind Maßnahmen zur Verhütung von Faserschädigungen zu treffen! |
| *Chloride* des Zinks und Magnesiums: | Schnelles Ansteigen des pH-Wertes in Richtung Neutralpunkt bzw. des alkalischen Bereichs. | Dies ist auf die große Umsatzungsgeschwindigkeit des Chlorid-Anions mit dem Carbenium-Ion zurückzurühren. |
| *Nitrate* des Zinks und Magnesiums und *Sulfate* des Zinks und Magnesiums: | Weniger schnelle Verschiebung des pH-Wertes in der Flotte. | Möglichkeit des Einsatzes als *wirksame* Katalysatoren bei einer *kurzen* Ausrüstungs*dauer*. |

Der mitverwendete Metallsalzkatalysator hat nach G. v. Hornuff und G. Schröder (loc. cit.) auch Bedeutung hinsichtlich der mit 0,5%iger Salzsäure (kochend; eine Stunde) *abspaltbaren Harzmenge*, denn bei Anwendung solcher Katalysatoren, deren Anion mit dem Diglycidäther reagieren kann, läßt sich hierbei eine beachtliche Menge an *Polyadditionsprodukten* bzw. *Umsetzungsprodukten* entfernen. In Vergleich hierzu ist der abspaltbare Betrag an Polyadditionsprodukte bei Anwendung von Metallsalzkatalysatoren, welche *nicht* oder *wenig* mit dem Diglycidäther reagieren, sehr niedrig.

Nach G. v. Hornuff und G. Schröder (loc. cit.) zeigen die mitverwendeten Metallsalzkatalysatoren (bei konstanten Reaktionsbedingungen) auch einen Einfluß auf des *Wasserrückhaltevermögens* (Faserquellwert). $Zn(BF_4)_2$ ergibt im Vergleich zu den anderen Katalysatoren das geringste Wasserrückhaltevermögen. Zink-sulfat, -nitrat und -chlorid, wie auch Magnesiumchlorid ergeben höhere Faserquellwerte. Nach den Autoren beruht dies darauf, daß letztere Metallsalzkatalysatoren mit den Epoxydverbindungen in Reaktion treten und diese Umsetzungsprodukte in die intermizellaren Faserbereiche eingelagert werden und diese blockieren. Werden diese Umsetzungs- bzw. Additionsprodukte entfernt, so werden OH-Gruppen der Zellulose wiederum der Hydratation zugänglich, wodurch ein plötzlicher Anstieg des Wasserrückhaltevermögens resultiert.

Es wurden auch *Kombinationsausrüstungen* mit entsprechenden Epoxyverbindungen vorgeschlagen.

So resultieren Baumwollgewebe, die *schwer entflammbar* und *knitterfest* sind, bei Anwendung von phosphorhaltigen Produkten, wie Tri-(2,3-epoxypropyl)-phosphat[1]:

$$O{=}P{\equiv}\left(O-CH_2-\underset{\diagdown\;O\;\diagup}{CH-CH_2}\right)_3$$

Es gibt viele Produkte dieses Typs, die nach zwei hauptsächlichen Verfahren hergestellt werden können, nämlich 1. durch Epoxidierung der entsprechenden ungesättigten Ester der Phosphorsäure oder 2. durch Reaktion des Epoxyalkohols (übereinstimmend zum Ester) mit einem Phosphorhalogenid. Das Baumwollgewebe wird nach dem Klotz-Trocken-Hitze-Verfahren bei Anwendung einer 10%igen Lösung und 1,5% Zinkfluoborat als Katalysator ausgerüstet.

J. T. Marsh[2] weist auf eine gewisse Ähnlichkeit der Strukturen von *Epoxyalkylphosphaten* und *Tris-aziridinylphosphinoxid* (APO) hin, welches gleichfalls Knitter- und Flammfestigkeit auf Baumwollgeweben bewirkt.

$$O{=}P{\equiv}\left(N\begin{matrix}\diagup CH_2\\ \quad|\\ \diagdown CH_2\end{matrix}\right)_3$$

Auch epoxidgruppenhaltige Silikonverbindungen[3] wurden als Zwei-Effektgebende (knitterfest und hydrophobierend) Hilfsmittel vorgeschlagen.

$$[A]\quad (R-O-)_n-R_{(3-n)}-Si-(CH_2)_m-O-CH_2-\underset{\diagdown\;O\;\diagup}{CH-CH_2};$$

$$[B]\quad \left[\underset{\diagdown\;O\;\diagup}{CH_2-CH}-CH_2-O-(CH_2)_m-Si-(R_x)-(-O-R')_{(2-x)}\right]_2 O;$$

$$[C]\quad (CH_3-O)_3-Si-(CH_2)_3-O-CH_2-\underset{\diagdown\;O\;\diagup}{CH-CH_2};$$

---

[1] U.S.-Pat. 2,826.592.

[2] Marsh, J. T.: Self-Smoothing Fabrics, S. 99. London: Chapman & Hall Ltd. 1962.

[3] Gilkey, J. W. u. E. P. Plueddemann (Dow Corning Corp.): U.S.-Pat. 3,055.774 (1962).

R und R′ = aliphatische Kohlenwasserstoffreste mit 4 C-Atomen (vorzugsweise $CH_3-$);
n und m = 2 oder 3;
x = 0, 1 oder 2;
a und b = 1; a > 0 und > 0,5 sowie b ≧ 0,5 und > 1.

Geeignete Verbindungen für die Mehrzweckausrüstung stellen z. B. [A] und [B] dar.

*Ausführung:* Das Baumwollgewebe, entsprechend vorbereitet, wird mit einer wässerigen Lösung mit entsprechendem Gehalt [B] und Zinkfluoroborat als Säurespender imprägniert, getrocknet und 5 bis 10 Minuten bei 149° C kondensiert.

*Effekte der Epoxyverbindungen auf Baumwolle:*

| *Vorteile:* | *Nachteile:* |
|---|---|
| 1. Gute *Naß*knittererholung. | 1. Schwierige Verfahrensdurchführung. |
| 2. Hervorragende Flächenbeständigkeit. | 2. Mäßige *Trocken*knittererholung. |
| 3. Beachtenswerte Beständigkeit gegenüber alkalischer Wäsche und sauren Flotten. | 3. Beträchtlicher Verlust an Gewebereißfestigkeit (5 bis 10% Substanzeinlagerung!). |
| 4. Keinerlei Chlorretention. | 4. Nicht anwendbar für eine Kombinationsausrüstung mit Hydrophobierungsmitteln. |
| 5. Keine Geruchsbildung. | 5. Physiologisch nicht unbedenklich. |
| 6. Erhalt einer glatten, festen Warenoberfläche (ohne zu füllen!), was einen *weichen und glatten Warengriff* bedingt. | |
| 7. Wichtig ist bei der *Kombinationsausrüstung mit N-haltigen Harzen* die Möglichkeit einer Reaktion der Epoxyverbindung mit noch vorhandenen NH-Gruppen (der N-haltigen Harze). | |

### 4. Verbindungen, die Vinylgruppen (frei oder maskiert) enthalten

Die hier einschlägigen Baumwollausrüstungen beruhen auf alkalisch-faserreaktive Verbindungen, welche die reaktive Gruppen *frei* tragen (wie z. B. bei Divinylsulfon oder *maskiert* enthalten, d. h. erst durch Anwesenheit von Alkali freigesetzt werden (wie z. B. bei Bis-$\beta$-Hydroxyäthylsulfon).

Nicht die Vinylgruppe an sich ist für den zeitlichen Ablauf der Reaktion mit Zellulose maßgebend, sondern die *Höhe der Aktivierung der Vinylgruppe* bestimmt denselben (s. auch S. 175). So hat die *Vinylsulfongruppe* im Vergleich zur *Acryloylamidgruppe* eine viel höhere Reaktivität zur Zellulose.

Es ist auch möglich, bifunktionelle Verbindungen herzustellen, welche *unterschiedlich stark „reaktive“ Gruppen* tragen, so daß die Umsetzung einer in dieser Art aufgebauten Verbindung mit Zellulose in zwei Stufen erfolgen kann (z. B. beim Ausrüster und später beim Verarbeiter).

Nach Angaben der Praxis werden hier einschlägige Verbindungen sowohl mit *wassergequollener* Baumwolle (Thermoverweilverfahren) als auch mit *wasserfreier* Baumwolle (Thermofixierverfahren) in Reaktion gebracht. Es liegt hier der seltene Fall vor, daß eine N-freie Verbindung (Divinylsulfon-Abkömmling) allein (also ohne Mitverwendung von Trockenwinkel-verbessernden Kunststoffen!) neben einer *sehr guten Naß-* auch eine *ausreichende Trocken*knitterfestigkeit ergibt und das *Wash-and-Wear-Bild* ausreichend ist.

Die *hohe Toxizität* der Vinylsulfongruppen enthaltenden Verbindungen behinderte anfänglich sehr die Weiterentwicklung auf diesem Gebiet. Jetzt werden Produkte und Verfahren propagiert, die gefahrloser anzuwenden sind. Eine offene Frage bleibt allerdings vorerst noch ein annehmbarer Preis der einschlägigen Produkte für die Veredlung der billigen Baumwolle.

*a) Polyfunktionelle (N-haltige) Verbindungen mit reaktiven Acryloylamidgruppen*[1]

Verbindungen mit reaktiven Acryloylamidgruppen kommen als *Textilhilfsmittel* in den Handel[2], welche sich hauptvalenzmäßig mit Faserstoffen, wie Zellulose, verbinden können.

Den Beweis, daß Acryloylamidgruppen-haltige Verbindungen mit alkoholischen OH-Gruppen (wie bei Zellulose) eine kovalente Bindung eingehen, erbrachte Ulr. Baumgarte[3] mit Hilfe von reaktiven Acrylamidfarbstoffen.

J. W. Frick et al. (loc. cit.) schlugen derartige bifunktionelle Verbindungen für die Hochveredlung von Baumwollgeweben vor. Verbindungen, welche mehrmals die reaktive Acryloylaminogruppe [$-NH \cdot CO \cdot CH = CH_2$ wie auch deren HCl-Anlagerung] enthalten, treten, ähnlich wie die N-freien Vinylsulfongruppen-haltigen Reactants *im alkalischen Medium* mit den alkoholischen Gruppen der Zellulose in Reaktion. Man kann das Thermofixierverfahren [wasserfreie Baumwolle und schwächeres Alkali bei Temperaturen über 100° C] oder das Thermoverweilverfahren [wassergequollene Baumwolle] anwenden.

H. Sommer und F. Linke (S. 151) untersuchten einige derartige Verbindungen, wie

$$\boxed{CH_2 = CH \cdot CO \cdot NH} - CH_2 - \boxed{NH \cdot CO \cdot CH = CH_2}$$ *Bis-(acryloylamino)-methan*

oder

$$Cl-CH_2-CH_2 \cdot CO \cdot NH-C_6H_3(SO_3Na)-NH \cdot CO \cdot CH_2-CH_2-Cl$$

2,5-*Di-(β-chlorpropionylamino)-benzolsulfosaures Na*

auf ihr Verhalten gegen Baumwollzellulose.

Ähnlich wie bei Vinylsulfongruppen-haltige Verbindungen (s. nachfolgend) bewirkt nur das *kleinste* Molekül eine *deutliche* Verbesserung der Knittererholung.

Mit dem Thermofixierverfahren konnte nur eine *sehr geringe* Verbesserung der *Trocken*knittererholung erzielt werden. Nach den Autoren reagiert die Acryloylaminogruppe im Vergleich zur Vinylsulfongruppierung *wesentlich träger*. Beim Thermoverweilverfahren (mit gequollener Baumwolle) waren höhere Temperaturen (60 bis 80° C, anstatt Zimmertemperatur) und längere Reaktionszeiten nötig, um eine Verbesserung des *Naß*knitterwinkels zu erzielen. Das Thermofixierverfahren brachte in dieser Hinsicht *keine* erwünschten Ergebnisse.

Die Acryloylamidgruppen-haltigen Verbindungen sind für die Hochveredlung von Baumwollgeweben *ohne jegliches Interesse*, und zwar wegen der geringen Reaktionsfreudigkeit und wegen der Iminogruppierung im reaktiven Molekülteil, welche Chlorretention und deren Folgen bewirken kann.

---

[1] Frick, J. W., W. A. Reeves, u. J. D. Guthrie: Text. Res. J. **27**, 92 (1957). — Sommer, H. u. F. Linke: Neue Möglichkeiten für die Hochveredlung. Textil-Rundschau (St. Gallen) **16**, 622 (1961).

[2] Nuessle, A. C. u. B. B. Mine: Reaktive Acryle — eine neue Art von Textilausrüstungsmaterial. Amer. Dyestuff Rep. **50**, 13 (1961).

[3] Baumgarte, Ulr.: Papierchromatographische Untersuchungen über Umsetzung von Reaktivfarbstoffen mit Zellulose-Modellen. Melliand Textilber. **43**, 182 (1962).

### *b) Polyfunktionelle Verbindungen, die reaktive Vinylsulfongruppen (frei oder maskiert) enthalten. Die Sulfonäthylierung der Baumwollzellulose*

Der Chemismus der Reaktion von Vinylsulfongruppen-haltigen Verbindungen mit Zellulose wurde durch deutsche Arbeiten, und zwar an Hand der entsprechenden Reaktivfarbstoffe aufgeklärt.

Im Jahre 1949 fand J. Heyna, daß Verbindungen, welche Vinylsulfongruppen frei oder auch maskiert enthalten, mit Zellulose unter alkalischen Bedingungen in Reaktion treten.

Die Bedeutung der Vinylsulfonverbindungen für die Herstellung von Reaktivfarbstoffen wurde von J. Heyna und W. Schumacher (Farbwerke Hoechst A. G.)[1] erkannt.

Das *Remalan*- und *Remazol*farbstoffsortiment der Farbwerke Hoechst A. G. enthalten als reaktive Gruppe die Vinylsulfon- bzw. den Schwefelsäureester des Hydroxyäthylsulfons[2].

Bei Gegenwart von Alkali geht letzterer schnell in die Vinylsulfonverbindung über:

$$\boxed{F}-\underset{O\;\;O}{S}-CH_2-CH_2-O\cdot SO_3Na \xrightarrow{OH^-} \boxed{F}-\underset{O\;\;O}{S}-CH=CH_2 + Na_2SO_4;$$

Schwefelsäureester der $\beta$-Hydroxy-äthylsulfongruppe — Vinylsulfongruppe

F = Farbstoffmolekül

Die Doppelbindung wird nun durch die benachbarte Sulfonylgruppe $\left[-\underset{O\;\;O}{S}-\right]$ *aktiviert*, da letztere stark elektronensaugend wirkt:

$$\boxed{F}-\underset{O\;\;O}{S}-\underset{(1)}{\overset{\delta-}{C}H}=\underset{(2)}{\overset{\delta+}{C}H_2} + \boxed{HO-Cell} \longrightarrow \boxed{F}-\underset{O\;\;O}{S}-CH_2-CH_2-O-\boxed{Cell}$$

Die $\pi$-Elektronen der Doppelbindung werden durch die elektronensaugende Wirkung der Sulfonylgruppe mehr zum $C_1$-Kohlenstoff hingezogen (symbolisiert durch $\delta^-$). Eine in dieser Art *aktivierte Doppelbindung* kann nun leicht mit einem Protonendonator (wie z. B. mit den alkoholischen OH-Gruppen der Zellulose) unter Ausbildung einer *stabilen Ätherbindung* reagieren.

Als Nebenprodukt tritt durch teilweise Umsetzung mit dem Wasser der wässerigen Flotte eine nichtreaktive Farbstoff-Verbindung auf:

$$\boxed{F}-\underset{O\;\;O}{S}-CH=CH_2 + HOH \xrightarrow{OH^-} \boxed{F}-\underset{O\;\;O}{S}-CH_2-CH_2-OH$$

$\beta$-Hydroxyäthylsulfon-Verbindung des Farbstoffs (ohne Reaktivität!).

Die bevorzugte Substitution der OH-Gruppen von Zellulose *vor* denjenigen mit Wasser kann man dadurch erklären, daß Zellulose Alkali adsorbiert, so daß die Konzentration des Alkalis *in* der Faser gegenüber derjenigen in der Farbstofflösung zunimmt. Th. Vickerstaff wies nach, daß der pH-Wert *in* der Zellulosefaser im vorliegenden Falle um eine Einheit höher liegt im Vergleich mit dem in der Farbstofflösung, was eine starke Steigerung der Reaktionsfähigkeit der Zellulose bedingt. Des

[1] Heyna, J. u. W. Schumacher: DBP 965.902 u. Franz. Pat. 1,039.287. — Heyna, J.: Reaktivfarbstoffe mit Vinylsulfongruppen. Angew. Chem. **74,** 966 (1962).

[2] Von der Eltz, H. U. u. F. Osterloh: Melliand Textilber. **40,** 69 u. 1443 (1959). — Bohnert, E. u. R. Weingarten: Melliand Textilber. **40,** 1036 (1959).

weiteren kann man sich vorstellen, daß die zunächst an den Zelluloseoberflächen erfolgte *Ad*sorption des reaktiven Farbstoffs eine starke Annäherung des letzteren an die OH-Gruppen der Zellulosemoleküle bedingt, so daß auch dadurch die Reaktion zwischen den reaktiven Gruppen des Farbstoffs und den Zellulose-OH-Gruppen erleichtert wird.

Nach C. Preston und A. S. Fern[1] sowie nach H. H. Sumner[2] sollen *Zellulose-Anionen* als Reaktionspartner der Reaktivfarbstoffe auftreten. Das Gleichgewicht, welches sich durch Zugabe von Alkali zum Reaktionsmedium einstellt, ist stark nach rechts verschoben:

$$\text{Cell}-\text{OH} + \text{OH}^{\ominus} \longrightarrow \text{Cell}-\text{O}^{\ominus} + \text{HOH}$$

*Zellulose-Anionen* sind also im wesentlich stärkeren Ausmaße als Hydroxyl-Ionen vorhanden. Dies ist die Ursache, daß eine Färbung mit Reaktivfarbstoffen auf Zellulosefasern mit *guter Farbstoffausbeute* möglich ist. Die Reaktion kann aber, wie schon bemerkt, nicht quantitativ ablaufen.

J. Heyna bezeichnete die *Additionsreaktion der Vinylsulfonverbindung an Zellulose* als „*Sulfonäthylierung*".

Später haben H. Rath sowie E. Bohnert[3] den einwandfreien Beweis erbracht, daß die Vinylsulfon-Verbindung mit dem Zellulosemolekül eine *hauptvalenzmäßige Verbindung* eingehen kann. Weiters untersuchte letzterer noch die Vinylsulfon-Bildung aus den entsprechenden Farbstoffen[4].

Die Möglichkeiten der Vernetzung der Zellulose mit polyfunktionellen Divinylsulfon-Verbindungen wurde schon seit längerer Zeit in den USA und in England bearbeitet.

Anfänglich wurde die Verwendung der Sulfone als *Kondensationsprodukt mit Harnstoff* vorgeschlagen[5].

Die *US Rubber Comp.*[6] führte erstmalig Zellulosevernetzungen mit dem kurzkettigen, bifunktionellen, aber sehr toxischen *Divinylsulfon*

$$CH_2 = CH - \underset{\substack{\diagup\diagdown \\ O\quad O}}{S} - CH = CH_2 \qquad \text{durch.}$$

Die Fa. *Tootal Broadhurst Lee Comp. Ltd.*[7] setzte Zellulose mit *Divinylsulfonderivaten* in Gegenwart von $OH^-$-Ionen um.

In den USA werden ausgesuchte *Derivate des Vinylsulfons* für die chemische Modifizierung von Baumwollgeweben angewandt, wie z. B. die Vorstufe der Herstellung des Divinylsulfons[8]

$$CH_3 \cdot CO \cdot O \cdot CH_2 \cdot CH_2 \cdot CH_2 - \underset{\substack{\diagup\diagdown \\ C\quad O}}{S} - CH_2 \cdot CH_2 \cdot O \cdot CO \cdot CH_3$$

*Bis-(β-Azetohydroxyoxyäthyl)-sulfon.*

---

[1] Preston, C. u. A. S. Fern: Chimia **15**, 177 (1961).

[2] Sumner, H. H.: J. Soc. Dyers Col. **76**, 672 (1960).

[3] Rath. H. u. M. Päßler: Über die Bindung der Reaktivfarbstoffe an Zellulose. Melliand Textilber. **42** (7), 787 (1961). — Bohnert, E.: Ein experimenteller Nachweis der Bindung von Vinylsulfon-Farbstoffen an die Zellulosefaser. Melliand Textilber. **42**, 1156 (1961).

[4] Bohnert, E.: Melliand Textilchemie **1** (2), 51—54 (1965).

[5] *U.S. Rubber Comp.:* U.S.-Pat. 2,524.399 (1948). — *Amer. Viscose Corp.:* U.S.-Pat. 2.623.807 (1952).

[6] *U.S. Rubber Comp.:* U.S.-Pat. 2,542.399 (1950).

[7] Fa. *Tootal Broadhurst Lee Comp. Ltd.:* Belg. Pat. 58.605 (1960). — Welch u. Guthrie: Text. Res. J. **1961**, 84—86.

[8] U.S.-Textilbriefe 42, Ziff. 460 (1961). — Tesoro, G., P. Linden u. St. B. Sello: Die chemische Modifizierung von Baumwolle mit Derivaten von Divinylsulfon. Text. Res. J. **31**, 283 (1961).

H. Sommer und F. Linke[1] haben eine Reihe von Vinylsulfon-Verbindungen nach dem *alkalischen* Thermofixier-, Thermoverweil- und Dämpfverfahren[2] mit Zellulose in Reaktion gebracht.

Nur die *kleinstmolekularen* Verbindungen bewirken eine für die Praxis brauchbare Verbesserung der *Naß*- und *Trocken*knittereigenschaften. Nur beim Thermofixierverfahren wird neben dem Erhalt des *Naß*knitterwinkels der *Trocken*knitterwinkel günstig beeinflußt. Das Thermoverweil- und das Dämpfverfahren, welche die Baumwollzellulose im *gequollenen* Zustand umsetzen, bewirken nur eine Verbesserung des Naßknittererholungsvermögens.

G. C. Tesoro[3] stellte *eine Reihe von Bis-(β-hydroxyäthyl-)sulfonen* her. Die durch $OH^-$-Ionen katalysierte Reaktion von Bis-(β-hydroxyäthyl-)sulfonen mit Zellulose verläuft unter *wasserfreien* Bedingungen (Hitzefixierung) nach dem Schema

$$2\,\boxed{\text{Cell}-\text{OH}} + \text{HO}\cdot\text{CH}_2\cdot\text{CH}_2-\underset{\text{O}\;\;\text{O}}{\text{S}}-\left[\text{X}-\underset{\text{O}\;\;\text{O}}{\text{S}}-\right]-\text{CH}_2\cdot\text{CH}_2\cdot\text{OH} \xrightarrow{\text{OH}^-}$$

$$\longrightarrow \boxed{\text{Cell}}-\text{O}-(\text{CH}_2)_2-\underset{\text{O}\;\;\text{O}}{\text{S}}-\left[\text{X}-\underset{\text{O}\;\;\text{O}}{\text{S}}-\right]-(\text{CH}_2)_2-\text{O}-\boxed{\text{Cell}} + 2\,\text{H}_2\text{O}$$

Fehlt die Gruppe $-\left[-\text{X}-\underset{\text{O}\;\;\text{O}}{\text{S}}-\right]-$, so liegt das einfachste Glied vor, nämlich das bifunktionelle *Bis-(β-hydroxyäthyl-)sulfon.*

Bei Gegenwart der Gruppe $-\left[-\text{X}-\underset{\text{O}\;\;\text{O}}{\text{S}}-\right]-$ ist die *bifunktionelle Gruppe* ein *Disulfon.*

Folgende Sulfone wurden hergestellt:

$\text{HO}-(\text{CH}_2)_2-\underset{\text{O}\;\;\text{O}}{\text{S}}-(\text{CH}_2)_2-\text{OH}$ *Bis-(β-hydroxyäthyl)-sulfon* und eine Reihe *Disulfone*:

$\text{HO}-(\text{CH}_2)_2-\underset{\text{O}\;\;\text{O}}{\text{S}}-\left[-\text{X}-\underset{\text{O}\;\;\text{O}}{\text{S}}-\right]-(\text{CH}_2)_2-\text{OH}$, wobei die Gruppierung

$-\left[-\text{X}-\underset{\text{O}\;\;\text{O}}{\text{S}}-\right]-$ sein kann: $-\left[(\text{CH}_2\cdot\text{CH}_2\cdot\text{O}-)_y-\text{CH}_2\cdot\text{CH}_2-\underset{\text{O}\;\;\text{O}}{\text{S}}-\right]-$ und

$y = 1,\ 2,\ 3,\ 5,\ 7$ und $12$

weiters noch:

$-\left[(\text{CH}_2)_4-\underset{\text{O}\;\;\text{O}}{\text{S}}-\right]-$ und auch $-\left[\text{CH}_2\cdot\text{CH}=\text{CH}\cdot\text{CH}_2-\underset{\text{O}\;\;\text{O}}{\text{S}}-\right]-$

[1] Sommer, H. u. F. Linke: Neue Möglichkeiten für die Hochveredlung. Textil-Rundschau (St. Gallen) **16,** 622 (1961).

[2] Applikationsverfahren mit Remazolfarbstoffen: Technischer Rat aus Hoechst; Textil-No. 1, 6, 7, 17, 37 u. a.

[3] Tesoro, G. C.: Die Vernetzung der Zellulose mit polyfunktionellen Sulfonen unter wasserfreien Bedingungen. Text. Res. J. **32,** 189 (1962).

G. C. Tesoro (loc. cit.) stellte mit diesen Sulfonen bei der Veredlung von Baumwollgeweben Nachfolgendes fest:

1. *Im wassergequollenen* Zustand in Gegenwart von Alkali wird der *Naß*-knitterwinkel stark gesteigert; doch wird der *Trocken*knitterwinkel nur wenig erhöht.

2. Wird die Vernetzung der Zellulose im *wasserfreien* (entquollenen) Zustand *in Gegenwart von* $OH^-$*-Ionen* nach dem Thermofixierverfahren durchgeführt, so werden gleichzeitig der *Naß*- und auch der *Trocken*knitterwinkel erhöht.

Die Reaktion von Bis(β-hydroxyäthyl)-sulfon mit Zellulose tritt bei erhöhter Temperatur in Gegenwart von Alkali ein. So werden z. B. gute Effekte mit 9% des Sulfons (bezogen auf Warengewicht) und mit 0,5 äquivalenten $KHCO_3$ (bezogen auf eingesetztes Sulfon) erhalten, wobei während 3 Minuten bei 149° C hitze-kondensiert wird.

Das *Verhältnis Naß- zu Trockenknitterwinkel* ist alsdann fast eins, d. h. es resultieren *etwa gleich große Naß-* und *Trocken*knitterwinkel.

Das Verhältnis Knitterwinkel zu Reißfestigkeits*abnahme* liegt im Rahmen der sonst für die Wash-and-Wear-Ausrüstung gebräuchlichen Produkte. Doch sind die Scheuerfestigkeits*verluste* geringer (bei gleichen Wash-and-Wear-Effekten).

Die Beständigkeit gegen Chlor, Waschmittellösungen und Säuren ist bemerkenswert gut.

3. Werden Baumwollgewebe mit *Disulfonen unterschiedlicher Kettenlänge* ausgerüstet, so steigt der Knittererholungswinkel bis zum Molekulargewicht 350 *nicht* proportional der *Anzahl der von der Faser gebundenen Mole* an, sondern *proportional dem Gewicht der Disulfone.*

Dies läßt darauf schließen, daß die Tendenz, *polymere Brücken* und (bzw. oder) *Seitenketten* zu bilden, mit steigendem Molekulargewicht abnimmt.

Die *Konstitution des Disulfons* hat großen Einfluß *a)* auf die Reaktionsfähigkeit und Wirksamkeit und daher *b)* auf die physikalischen Eigenschaften des ausgerüsteten Baumwollgewebes.

Interessant ist ein Bericht von G. C. Tesoro und A. Oroszlan[1] über ein *Zweistufenverfahren* mit Hilfe eines *Sulfons mit funktionellen Gruppen unterschiedlicher Reaktivität.*

Durch Anwendung von Reactants, die *funktionelle Gruppen von abweichender Reaktivität* enthalten, ist es möglich, die Reaktion mit Zellulose in zwei getrennten Stufen durchzuführen:

*Stufe 1* (Substitution, Seitenkettenbildung):

$$\boxed{\text{Cell}-\text{OH}} + \text{X}-\text{R}-\text{Y} \xrightarrow{\text{OH}^-} \boxed{\text{Cell}}-\text{O}-\text{R}-\text{Y}$$

*Stufe 2* (Vernetzung der Zellulosemoleküle):

$$\boxed{\text{Cell}}-\text{O}-\text{R}-\text{Y} + \boxed{\text{Cell}-\text{OH}} \xrightarrow{\text{OH}^-} \boxed{\text{Cell}}-\text{O}-\text{R}-\text{O}-\boxed{\text{Cell}}$$

X und Y sind funktionelle Gruppen mit unterschiedlicher Reaktivität.

Geeignet für dieses zweistufige Verfahren erwiesen sich *unsymmetrische Sulfone* der allgemeinen Formel:

$$\boxed{\text{CH}=\text{CH}}-\underset{\text{O}\;\;\text{O}}{\text{S}}-\boxed{\text{CH}_2\cdot\text{CH}_2\cdot\text{O}\cdot\text{R}} \qquad \boxed{\text{R}=\text{H oder Alkyl}}$$

[1] Tesoro, G. C. u. A. Oroszlan: Reaktion der Zellulose mit unsymmetrischen Sulfonen. Text. Res. J. **33**, 93 (1963).

Die Vinylgruppe $\boxed{CH = CH}$— reagiert mit Zellulose in Gegenwart von $OH^-$-Ionen bereits bei *Zimmertemperatur*, während die Alkoxyäthylgruppe — $\boxed{CH_2 \cdot CH_2 \cdot O \cdot R}$ in Gegenwart von $OH^-$-Ionen *höhere Temperaturen* erfordert.

Hinsichtlich der praktischen Durchführung der Reaktion der Zellulose in zwei unabhängigen Stufen mit β-Methoxyäthylvinylsulfon geben die Autoren an:

Das Gewebe wird mit der wässerigen Lösung des Reactants geklotzt und *ohne* Zwischentrocknung mit 1 bis 2%iger Natronlauge, welche mit Kochsalz oder Glaubersalz gesättigt war, foulardiert. Dann wird das nasse Gewebe einige Zeit gelagert (Naßverweilverfahren), wobei die 1. *Reaktionsstufe* eintritt. Zum Schluß wird ausgewaschen und getrocknet:

$$\boxed{\text{Cell}-OH} + CH_2{=}CH-\underset{\substack{\nearrow\nwarrow\\ O\ \ O}}{S}-CH_2 \cdot CH_2 \cdot O \cdot CH_3 \xrightarrow{OH^-}$$

$$\longrightarrow \boxed{\text{Cell}}-O \cdot CH_2 \cdot CH_2-\underset{\substack{\nearrow\nwarrow\\ O\ \ O}}{S}-CH_2 \cdot CH_2 \cdot O \cdot CH_3$$

Durch *Einführung von Seitenketten* werden die Eigenschaften der Baumwolle kaum verändert. Die Lagerzeit des ausgewaschenen Gewebes ist *un*beschränkt.

2. *Stufe* (Vernetzung): Das trockene (wie vorstehend beschrieben behandelte) Gewebe wird nun mit einer 3%igen $KHCO_3$-Lösung imprägniert und bei 149° C hitze-kondensiert.

Erst durch die hierbei stattfindende Zellulosevernetzung wird das ausgerüstete Baumwollgewebe knitterfest und formbeständig.

Nach G. C. Tesoro und A. Oroszlan (loc. cit.) kann man die 1. Stufe im Ausrüstungsbetrieb am Baumwollgewebe durchführen, während die 2. Stufe nach einer Konfektionierung des Gewebes vorgenommen wird. In dieser Art ist es z. B. möglich, Kleidungsstücke aus Baumwolle mit *dauerhaften Falten* zu versehen.

Die *Einführung von Seitenketten* (1. Reaktionsstufe) kann nach den Autoren auch an Garnen, Fasern und gelöster Zellulose durchgeführt werden.

*Divinylsulfon-Ausrüstungen von Baumwollgeweben* wurden von der Fa. *Monsanto Chemical Comp.* (BHES-Verfahren) und von der *General Aniline & Film Corp.*, New York (Ganalock A-14) in den USA entwickelt[1]:

Ein Bis-(β-Hydroxyäthyl)-sulfon, welches geringe Toxizität aufweisen soll (Retane 100 der Fa. *Monsanto Chemical Comp.*) wird mit 5 bis 10% Auflage auf das Baumwollgewebe geklotzt, und zwar unter Mitverwendung von schwachem Alkali (wie Soda oder Borax). Dann wird getrocknet und bei höheren Temperaturen (2 Minuten bei 157 bis 165° C) hitzekondensiert.

Bei etwas niederer Gewichtszunahme ist der Festigkeitsverlust des Gewebes im Vergleich mit einer Reactantharz-Ausrüstung (Dimethylol-Äthylenharnstoff) größer, aber bei einer 6%igen Gewichtszunahme ist dieser Unterschied fast ausgeglichen. Ähnlich verhält es sich hinsichtlich der Gewebeweiterreißfestigkeit.

Die geringe Alkalität bewirkt bei der Hitzfixierung auch eine resultierende geringere Faservergilbung. Letztere kann durch eine Nachbleiche (Chlor oder Wasserstoffperoxid) beseitigt werden. Es ist nach Angaben der Autoren auch möglich, nach der Schlußwäsche durch eine abschließende Behandlung mit einem optischen Aufheller eine den Ansprüchen genügende Baumwollweißware zu erhalten.

---

[1] Williams, Ch. R. u. E. H. Rossin: Amer. Dyestuff Rep. **1962,** 31. — Foster, S. H. u. J. Tashlick: Herstellung und Eigenschaften einer dauerhaften Wash-and-Wear-Ausrüstung von Baumwollwaren. Text. Res. J. **1962,** 574.

Bis-(Hydroxyäthyl)-sulfon kann auch (als Nebenreaktion) Verbindungen mit beweglichem Wasserstoff an Zellulose waschfest fixieren[1].

Solche Verbindungen sind: Polyvinylalkohol, Stärke, Silikone (die Gruppe $\equiv$SiH enthaltend); weiterhin eine Anzahl Weichmacher, Hydrophogierungsmittel, optische Aufheller sowie Farbstoffe mit Amino- oder Phenylgruppen.

C. M. Welch (loc. cit.) erklärt diese Bindung an Zellulose folgendermaßen:

$$XH + HO(CH_2)_2-\underset{O\;\;O}{\overset{}{S}}-(CH_2)_2OH + Cell-OH \xrightarrow{OH^{\ominus}}$$

$$X-\left[CH_2CH_2-\underset{O\;\;O}{S}-CH_2-CH_2-C-\right]_y Cell$$

XH = Verbindung mit beweglichen Wasserstoff (wie OH-, $NH_2$-, Phenyl-Gruppen)
Y = 1 oder ein Vielfaches davon.

C. M. Welch et al.[2] zeigten noch, daß das *Vergilben der Baumwolle* durch die Ausrüstung mit Bis-(2-hydroxyäthyl)-sulfon (BHES) verhindert werden kann, wenn man dem Imprägnierbad Borverbindungen (wie Mischungen aus Borsäure, Borax und Natriumborhydrid) zusetzt. Nach dem Autoren reagieren die zugesetzten Borverbindungen mit Zellulose unter Esterbildung und wirken auf diese Weise einem stärkeren Zelluloseabbau bei der Kondensation entgegen.

Auf Grund eingehender Untersuchungen stellten C. M. Welch et al. fest, daß nämlich *Zelluloseabbauprodukte* die Vergilbung der Baumwolle bewirken würden und daß *keinerlei* Beeinflussung der Knittererholung durch die Anwesenheit der Borverbindungen beobachtet wurde.

Nach H. C. Borghetty und D. D. Fornelli[3] ist die Ausrüstung von Baumwolle mit Sulfondiäthanol in Gegenwart eines alkalischen Katalysators beständig gegen gebräuchliche alkalische und saure Flotten und zeigt keine Chlorretention. Daher ist diese Ausrüstung besonders für Weißwaren geeignet. Bis-(Hydroxyäthyl)-sulfon kann mit den üblichen Betriebseinrichtungen für die Baumwollausrüstung angewandt werden. Der zur Zeit hohe Preis des Produktes bedingt, daß es nur für Hemdenstoffe bester Qualität preislich tragbar einsetzbar ist.

Sulfondiäthanol wird ab 150° C in das hochreaktive Divinylsulfon übergeführt, welches rasch mit Zellulose reagiert. Es entsteht dann, wenn die Zellulose beim Klotz-Trocken-Hitze-Verfahren im nicht-gequollenen Zustand vorliegt und die Zelluloseketten am dichtesten aneinander liegen. Hierdurch resultiert die beste *Trocken*knittererholung.

---

[1] Welch, C. M.: Die Anwendung von Bis-(Hydroxyäthyl)-sulfon für vielfältige Baumwollausrüstungen. Text. Res. J. **33** (3), 165—167 (1963).

[2] Welch, C. M., J. B. Bullock u. J. D. Guthrie: Die Verhinderung des Vergilbens von Baumwolle bei der Wash-and-Wear-Ausrüstung mit Bis-(2-hydroxyäthyl)-sulfon. Amer. Dyestuff Rep. **54,** 780—785 (1965).

[3] Borghetty, H. C. u. D. D. Fornelli: Sulfonreaktants für die Wash-and-Wear-Ausrüstung von Baumwollwaren. Amer. Dyestuff Rep. **52,** (3), 91 (1963).

*Effekte, erzielt mit BHES* (Thermofixierverfahren):

| *Positive:* | *Negative:* |
|---|---|
| 1. Sehr gute *Naß*knitterwinkelerholung.<br>2. Ausreichende *Trocken*knitterwinkelerholung.<br>3. Wash-and-Wear-Bild (Monsanto-Skala etwa 3,5) ist ausreichend für die Bezeichnung „bügelarm".<br>Auf eine nachträgliche zusätzliche Kunstharz-Ausrüstung kann wegen der resultierenden ausreichenden *Trocken*knitterwinkelerholung verzichtet werden. Daher könnte das Verfahren nach F. Nestelberger als „harzfreie" Ausrüstung im wirklichen Sinne des Wortes bezeichnet werden.<br>4. Angenehmer, glatter Warengriff.<br>5. N-frei, daher keinerlei Chlorretention.<br>6. Sehr waschfeste Ausrüstungseffekte. | 1. Mehr oder weniger toxisch wirkende Verbindungen.<br>2. Schwierige Verfahrenstechnik (abgekapselte Apparatur).<br>3. Ziemlich hohe Verluste an Scheuerfestigkeit.<br>4. Vergilbung bei Hitzekondensation.<br>5. Derzeit noch hoher Gestehungspreis der Produkte. |

Hierzu kann auch das folgende Verfahren gerechnet werden:

*Verfahren mit einer Sulfonium-Verbindung, die maskierte Vinylgruppen enthält.* Es handelt sich um das innere Salz der Di-Natrium-Verbindung von Tris-(β-Sulfato-äthyl)-sulfonium (Fa. *Tootal Broadhurst Lee Comp. Ltd.*, Manchester):

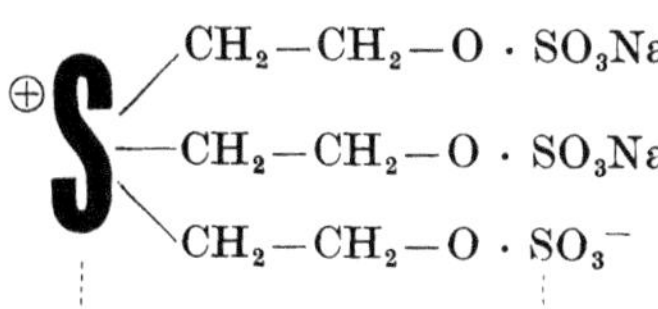


Di-Natrium-Verbindung von Tris-(β-Sulfatoäthyl)-sulfonium[1].

Diese Sulfonium-Verbindung wird als wässerige Lösung unter dem Namen „*Sulfix A*" von der Fa. *Imperial Chemical Industries*, Manchester, in den Handel gebracht. Sie ist im sauren Bereich sehr beständig.

In Gegenwart von Alkali bilden sich (ähnlich wie bei den Remazolfarbstoffen der Fa. *Farbwerke Hoechst A. G.*) unter Abspaltung von $Na_2SO_4$ reaktive Vinylgruppen an der Sulfonium-Verbindung aus.

Nach Angaben der Fa. *Tootal Broadhurst Lee Comp.* reagiert die Sulfonium-Verbindung unter alkalischen Bedingungen *bei Zimmertemperatur schnell* mit Zellulose.

Die Ware wird mit einer 0,25 mol. Sulfix-Lösung behandelt, auf 90% abgequetscht und auf dem Spannrahmen getrocknet. Dann wird in 2. Stufe mit einer Natriumlauge-Lösung geeigneter Konzentration behandelt, neutralisiert, mit Wasser gespült und getrocknet.

Das so ausgerüstete Baumwollgewebe hat zu anionischen Farbstoffen Affinität.

[1] In der Fachliteratur auch als *Trisulfatoäthyl-sulfonium-betain* angegeben. Manchmal werden nämlich nach der Verbindung Betain (inneres Salz der Trimethylaminoessigsäure) innere (intramolekulare) Salze von quaternären Ammonium-, Oxonium- oder Sulfonium-Basen als „Betaine" bezeichnet.

Sulfix A geht in die entsprechende *Divinyl*sulfonium-Verbindung über, welche die Neigung zeigt, im alkalischen Medium unter Bildung von *Divinylsulfid* überzugehen, das selbst in geringsten Mengen einen unangenehmen Geruch aufweist. Die Ursache hierfür ist die Sulfonium-Gruppe, welche nur bei *sehr langer Zeitdauer* durch Hitze- oder Alkalieinwirkung zersetzt werden kann. Nach F. H. Burkitt[1] tritt eine wesentliche Beschleunigung der Zersetzung der Sulfoniumgruppe durch Zugabe von Sulfiten oder Hydrosulfiten oder ringförmigen Mercaptoverbindungen zur alkalischen Lösung ein.

Die angegebenen Vorteile der Baumwollausrüstung mit Sulfix A entsprechen im allgemeinen einer Sulfonäthylierung von Zellulose, nämlich:

| *Vorteile:* | *Nachteile:* |
|---|---|
| 1. Hoher *Naß*knitterwinkel. Hervorragendes Glatttrocknungsvermögen, unabhängig vom angewandten Waschverfahren.<br>2. Krumpffestigkeit.<br>3. Hohe Beständigkeit der Effekte gegen Wäsche.<br>4. Keine Chlorretention.<br>5. Reiß- und Scheuerfestigkeitsverluste liegen im Rahmen guter Ausrüstungen.<br>6. Angenehmer Warengriff. | *Allein* angewandt: *Kein* „hoher“ *Trocken*knitterwinkel.<br>Ausgeprägte Knittererholung im *trokkenen* Zustand des Baumwollgewebes wird durch *Mitverwendung* „kleiner“ Mengen von Kunstharzbildnern oder Reactantharzen erzielt. |

Die Fa. *Tootal Broadhurst Lee Comp.* hat für Baumwollgewebe, ausgerüstet nach obigem Verfahren, *Normen* aufgestellt [TEB—X—CEL—„glatttrocknende“ Gewebe].

Entsprechende Polysulfonium-Verbindungen desselben Typs wurden gleichfalls für die Baumwollausrüstung vorgeschlagen.

### c) *Divinyläther. Verfahren des Shirley-Instituts*[2]

$$\begin{matrix} CH_2{=}CH{-}O \\ CH_2{=}CH{-}O \end{matrix}\!\!>\!R \qquad R = -(CH_2)_n- \text{ oder } -(CH_2)_2{-}O{-}(CH_2)_2-;$$

Divinyläther

Als Zellulose-vernetzende Mittel werden angegeben: Bis-(2-vinyl-oxyäthyl)-äther:

$$\begin{matrix} CH_2{=}CH{-}O{-}CH_2{-}CH_2 \\ CH_2{=}CH{-}O{-}CH_2{-}CH_2 \end{matrix}\!\!>\!O \quad \text{und}$$

und 1,4 Bis-(vinyloxy)-butan und -pentan.

[1] Burkitt, F. H.: Die Quervernetzung der Zellulose durch Vinylsulfoniumverbindungen. Text. Res. J. **1964,** H. 4, S. 336—340.

[2] Jones, D. M. u. N. F. Wood: Die Reaktion von Divinyläthern mit Baumwolle. Chem. a. Ind. **1963,** 2009. — Anonym: Neue im Shirley-Institut entwickelte Textilausrüstungen. Minimum Care Finishes. Int. Dyer, Text. Printer **130** (10), 759 (1963). Jones, D. M., R. N. Robinson u. N. F. Wood: Die Quervernetzung der Baumwolle mit Divinyläthern. J. Soc. Dyers Col. **81** (3), 108—114 (1965).

*Darstellung:*

$$\begin{array}{l} \langle H \rangle C{-}CH_2{-}CH_2{-}O{-}CH_2{-}CH_2 \\ \quad | \qquad\qquad\qquad\qquad\qquad\quad | \\ \quad H \qquad\qquad\qquad\qquad\qquad | \\ \langle H \rangle C{-}CH_2{-}CH_2{-}O{-}CH_2{-}CH_2 \\ \quad | \\ \quad H \end{array} \xrightarrow{HCl} \begin{array}{l} CH_2{=}CH{-}O{-}CH_2{-}CH_2 \\ \qquad\qquad\qquad\qquad\quad | \\ CH_2{=}CH{-}O{-}CH_2{-}CH_2 \end{array} + \langle H \rangle C \begin{array}{l} H \\ OH \end{array}$$

I. 1,4-Bis-(1-cyklohexyl-oxy-äthoxy-) butan $C_{20}H_{38}O_4$; Kp 150° C — II. 1,4-Bis-(vinyloxy)-butan — Zyklohexanol

Zu (I) wird während 1 Stunde Zyklohexanol, welches 0,1 ml konzentrierte HCl enthält, zugetropft. Dann wird mit KOH neutralisiert und das Reaktionsgemisch einer fraktionierten Destillation unterworfen. Ausbeute 50%.

Divinyläther der Formel

$$CH{=}CH{-}O{-}R{-}O{-}CH{=}CH_2$$

reagieren mit Zellulose unter Vernetzung:

$$\begin{array}{c} Cell{-}O{-}\underset{\displaystyle CH_3}{\underset{|}{CH}}{-}O{-}R{-}O{-}\underset{\displaystyle CH_3}{\underset{|}{CH}}{-}O{-}Cell; \end{array}$$

Der Divinyläther, gelöst in Dimethylformamid, wird zusammen mit dem sauren Katalysator auf das Gewebe geklotzt. Das Lösungsmittel Dimethylformamid wirkt hierbei auch faserquellend. Dann wird entweder bei 165° C *nacherhitzt* oder nach dem *Verweilverfahren* bei Raumtemperatur einige Stunden, aufgerollt zur Kaule, gelagert.

Die Nachbehandlung (Wäsche) erfolgt in üblicher Weise.

Als O,O-azetal-artige Bindung mit der Zellulose ist diese Vernetzung gegen Alkali beständig, *nicht* aber gegen Säure.

Es resultieren hohe *Naß-* und *Trocken*knittererholungswinkel sowie entsprechend hohe Wash-and-Wear-Effekte. Die Reißfestigkeit nimmt, wie bei allen Zellulosevernetzungen (im Verhältnis zur Zunahme des *Trocken*knittererholungswinkels), ab.

### d) *Dialkylensulfoxide*

Diese werden von der *Fa. Deering Milliken Research Corp.*[1] zur Ausrüstung von Baumwollgeweben vorgeschlagen.

$$\overset{\oplus}{}\begin{array}{c} R \\ \cdot\cdot \\ :S:O^{\ominus} \\ \cdot\cdot \\ R \end{array} \quad \text{oder} \quad O \leftarrow S \begin{array}{l} R \\ R \end{array} \qquad R = \text{Vinyl-, Di(iso)propenyl- oder Di(iso)butenyl-Gruppe}$$

Sulfoxide sind keine besonders beständigen Verbindungen.

Nach Angaben der Fa. *Deering Milliken Research Corp.* wird das Baumwollgewebe mit einer wässerigen 2%igen Natronlauge geklotzt (85% Flottenaufnahme), durch Walzenauftrag werden 8% des Sulfoxids (z. B. Divinylsulfoxid $(CH_2{=}CH)_2SO$) aufgebracht, hierauf wird das Gewebe im Kalander geglättet und 8 Stunden aufgerollt abgelegt. Dann wird mit Essigsäure neutralisiert, gewaschen und getrocknet.

Als Ausrüstungseffekte werden angegeben: Formbeständigkeit und flachtrocknende Eigenschaften des Gewebes; Verminderung der Chlorretention.

---

[1] *Deering Milliken Research Corp.:* DAS 1,139.465 (1961).

## IV. Die sogenannte „harzfreie" Ausrüstung von Baumwollgeweben mit N-freien Reactants

In der vorstehenden Einteilung der chemischen Produkte für die Hochveredlung von Zellulosefasertextilien wurde zwischen Reactantharzen und Reactant oftmals keine scharfe Abgrenzung vorgenommen, da die Einteilung und Beschreibung der einschlägigen Verbindungen mehr nach ihrem chemischen Charakter erfolgte.

Vom *ausrüstungstechnischen Standpunkt* und vom Standpunkt der erzielbaren Effekte wäre sicher die Aufteilung in folgende Gruppen günstiger gewesen[1]:

1. N-haltige Alkylolverbindungen, welche zur Eigenvernetzung neigen.
2. N-haltige Alkylolverbindungen mit überwiegend Zellulose-vernetzenden Eigenschaften und
3. Polyfunktionelle, N-freie, Zellulose-vernetzende Substanzen.

Die hier angeführte dritte Gruppe soll nun noch einer näheren Betrachtung unterzogen werden.

G. Pusch (loc. cit.) vertritt den Standpunkt, daß die Herausstellung der polyfunktionellen, N-freien Verbindungen für die Hochveredlung von Baumwollgeweben gerechtfertigt sei, da die N-Freiheit keineswegs eine Äußerlichkeit sei, sondern sich durch andere Eigenschaften der damit behandelten Zellulose-Textilien hervorhebt, wie Säurebeständigkeit der Vernetzung, der Chlorbeständigkeit und der im Vergleich zu N-haltigen Vernetzungsmitteln weiche, glatte Warencharakter.

H. Enders und G. Pusch[2] teilen die bisher betriebstechnisch ausgewerteten sogenannten „harzfreien" Ausrüstungsverfahren in drei große Gruppen ein, nämlich:

1. Aldehyde und deren N-freien Umsetzungsprodukte (wie z. B. Formaldehyd und Formale).
2. Verbindungen, welche mehr als einmal die Gruppierung enthalten:

$$-\underset{\displaystyle OH}{\underset{|}{CH}}-CH-Cl \quad \text{oder} \quad -\underbrace{CH-CH_2}_{\displaystyle O}$$

Diese gehen leicht durch HCl-Abgabe oder -aufnahme in einander über (hierher gehören z. B. Epichlorhydrin, Dichlorhydrin, Diepoxyde).

3. Verbindungen, welche die Vinylgruppen in freier oder maskierter Form aufweisen (z. B. Divinylsulfon und dessen Derivate).

Alle diese Verbindungen reagieren mit den alkoholischen Gruppen der Zellulose unter Bildung sehr beständiger *Diäther* Cell—O—R—O—Cell.

Über die historische Entwicklung von der älteren nicht waschfesten Knitterfestausrüstung zu besser waschbeständigen Baumwollwaren und bis zu den neueren Wash-and-Wear-Ausrüstungen von Baumwolle mit den N-freien Reactants, also der „harzfreien" Ausrüstung, wurde bereits früher berichtet (s. S. 101).

---

[1] Freundliches Schreiben des Herrn G. Pusch der Fa. Chemische Fabrik Pfersee, Augsburg, vom 3. April 1963.

[2] Enders, H. u. G. Pusch: Bügelfrei-Effekte durch sogenannte harzfreie Ausrüstungs-Verfahren. Melliand Textilber. **43,** 746, 857, 979 u. 1083 (1962).

Durch das Aufkommen der Wash-and-Wear-Artikel aus synthetischen Faserstoffen mußten die Baumwollverarbeiter vermehrte Anstrengungen machen, um die teilweise verlorene Position auf dem Sektor Baumwollwaschartikel (Hemden, Blusen) wieder zu erlangen.

Der Vorteil der Baumwolle gegenüber den synthetischen Fasertextilien liegt nun im Preis und auch im physiologisch günstigen Trageverhalten der Faser. Letztere Eigenschaften sollen nun bei einer Wash-and-Wear-Ausrüstung möglichst erhalten bleiben.

Enders und Pusch (loc. cit.) sind der Ansicht, daß zur tatsächlichen Konkurrenzierung mit den *Wash-and-Wear-Artikeln aus synthetischen Faserstoffen* der *Bügeleffekt*, erhalten durch sogenannte *„harzfreie“ Ausrüstungsverfahren*, nicht zu umgehen sei.

Es ist nun üblich, die Reactants, also die reinen Zellulose-Vernetzungschemikalien, welche vornehmlich die Naßknittererholung der ausgerüsteten Baumwollgewebe bewirken, mit geringen Mengen N-haltiger Reactantharze zur Verbesserung der *Trocken*knittererholung ein- oder zweibadig zu kombinieren. Somit ist eigentlich die Bezeichnung „harzfrei“ nicht exakt richtig und widersinnig. Doch bringt die neue Ausrüstung (Reactants + geringere Mengen N-haltige Reactantharze) eine Reihe beachtlicher vorteilhafter Effekte, die sie von der reinen „Reactantharz-Ausrüstung“ unterscheidet, so daß der Ausdruck „harzfrei“ weniger die chemische Zusammensetzung der eingesetzten Ausrüstungsmittel kennzeichnet, sondern mehr die *erzielbaren Effekte* und die *neue Verfahrenstechnik.*

### *Definition von Reactantharzen und Reactants*

Bei der Ausrüstung von Baumwollgeweben mit *Reactantharzen* erfolgt die Vernetzung der Zellulose durch reaktante Gruppen, welche sich *am Kunstharz selbst* befinden, wobei das Kunstharz am Zellulosemolekül gebunden bleibt.

Die *Formaldehyd-Reactantharze* reagieren nun mit Zellulose unter Ausbildung einer *relativ labilen Azetalbildung.* Besonders bei den Harnstoffabkömmlingen ist diese azetalische Bindung an Zellulose gegenüber saurer und alkalischer Hydrolyse *nicht allzu groß.* Aus diesem Grunde können bei *wiederholten* alkalischen Heißwäschen und bei *stärker sauren* Behandlungen der ausgerüsteten Gewebes große Kunstharz-Verluste eintreten, wodurch die erzielten Veredlungseffekte entsprechend herabgemindert werden.

Daher beschäftigt sich seit einiger Zeit die Forschung mit anderen polyfunktionellen Verbindungen, welche unter dem Begriff *„Reactants“* zusammengefaßt werden. Letztere bewirken eindeutig *„hydrolysenbeständigere“ Zellulosevernetzungen.*

Die sogenannte „harzfreie“ Ausrüstung verwendet solche reaktante Agentien (= Reactants), welche eine Vernetzung (Brückenbildung) *innerhalb* eines Zellulosemakromoleküls oder *zwischen mehreren solchen* bewirken. Die Vernetzung erfolgt hierbei über Methylen- oder Oxymethylengruppen.

Dadurch, daß die *Reactantharze* mittels reaktanter Gruppen selbst am Zellulosemolekül gebunden bleiben, während die kleiner molekularen Reactants die Brücke bilden, ist es klar, daß dies auch einen Unterschied in der Gewichtszunahme des ausgerüsteten Baumwollgewebes bedingt. Letztere ist bei der Ausrüstung mit einem Reactant *wesentlich geringer* als bei einer Ausrüstung mit einem *Reactantharz.*

*Charakteristika einer Reactant-Ausrüstung von Baumwollgeweben nach H. Enders*[1]

1. Es sollen keine Kondensations- oder Polymerisationsprodukte in die amorphen oder mizellaren Faserbereiche eingelagert werden.

2. Das Reactant muß mittels homöopolarer Bindungen mit den OH-Gruppen der Zellulose reagieren, denn nur so ist eine hohe Waschbeständigkeit der applizierten Effekte auf die Faser möglich.

Wasserstoff-Bindungen würden bei stärkerer Waschbeanspruchung viel leichter wieder gespalten werden.

3. Die Reaktionen müssen meist bei *sehr niederem oder hohem* pH-*Wert* der Flotte durchgeführt werden. Dabei müssen überschüssige $OH^-$- oder $H^+$-Ionen zur Erzielung eines guten Reaktionsgleichgewichts wieder unschädlich gemacht werden.

4. *Veränderungen der Faser* (wie Griff und Farbton) müssen vermieden werden.

5. Die Reaktion muß meist bei *stark eingeengten* Temperatur- und Zeitbedingungen durchgeführt werden.

6. *Amorphe Substanzen* sollen nicht abgeschwemmt werden, sondern an Kristallite angehängt werden.

7. Die *mizellaren Bereiche* sollen modifiziert und dauerhaft verändert werden.

8. Da *keinerlei Einbau eines Kunstharz-Gerüstes* erfolgt, kann man von vornherein ein anderes Elastizitätsverhalten erwarten.

Die sogenannte „harzfreie“ Ausrüstung mit N-freien Reactants (unter der eventuellen Mitverwendung geringerer Mengen an N-haltigen Reactantharzen) muß unbedingt als beachtlicher Fortschritt hinsichtlich der Wash-and-Wear-Ausrüstung von nativen Zellulosefasertextilien bewertet werden.

Hierzu kamen außer neuen chemischen Mitteln auch neuartige Applikationsverfahren zur Anwendung (s. S. 263).

Erst diese sogenannte „harzfreie“ Ausrüstung gab der Baumwolle wiederum die Möglichkeit, den Konkurrenzkampf mit den synthetischen Wash-and-Wear-Artikeln (Hemden aus Polyamidfasern oder aus dem Mischgespinst Polyester/Baumwolle) einigermaßen aussichtsreich aufzunehmen.

Doch stehen hier noch viele Fragen offen, welche weiterer intensiver Forschung auf diesem Gebiet bedürfen.

Hierzu wird auf die sehr instruktive Kritik eines Praktikers betreff der neuen Ausrüstungsverfahren für Wash-and-Wear-Baumwolle nachfolgend verwiesen.

*Gebrauchseigenschaften von Baumwollgeweben, die auf „Reactant-Verfahren“ beruhen*

F. Nestelberger[2] berichtet über diese, und zwar auf Grund von Literaturangaben, eigenen Versuchen, sowie an Hand von Prüfungsergebnissen bereits im Handel befindlicher Baumwollgewebe (ausgerüstet mit entsprechenden Gemischen von *Reactants* mit geeigneten *Reactantharzen*):

---

[1] Enders, H.: Melliand Textilber. **40**, 1315 (1959).

[2] Nestelberger, F.: Melliand Textilber. **43**, 504 (1962).

*Positive Eigenschaften:*

1. *Dauerhafte Ausrüstung.* Die Effekte bleiben bei vielfacher Wäsche weitgehend erhalten. Wesentlich waschbeständiger als die übliche Kunstharzausrüstung.
2. *Angenehmer Griff*, weniger „gefüllt“ als bei Kunstharzausrüstung.
3. *Gute bis ausgezeichnete Wash-and-Wear-Eigenschaften.* (Note 3,5 bis 5 nach Monsanto-Skala).
   Geringe Abnahme bei wiederholter Maschinen-Kochwäsche.
4. Hoher *Naß*knitterwinkel, meistens verbunden mit hohem *Trocken*knitterwinkel.
5. *Angenehm beim Tragen* auf der Haut. Weniger Neigung zu allergischen Erscheinungen im Vergleich zur Kunstharzausrüstung.
6. Gute bis sehr gute *Formstabilität*, auch nach oftmaliger Wäsche.
7. *Keine Chlorrückhaltung*, auch nach wiederholter Wäsche.
8. Kein Formaldehyd- oder Fischgeruch auch nach längerem Lagern.

*Negative Eigenschaften:*

1. Kompliziertere Arbeitsweise bei den *Naßverfahren*, besonders wenn nachträgliche Kunstharzausrüstung erforderlich ist.
   Schwierigere Kontrolle des Prozesses.
2. Höhere Materialkosten.
3. Lästige Dämpfe, gesundheitsschädliche Chemikalien.
4. Bei den Verfahren im *alkalischen Medium* eine mehr oder weniger starke Vergilbung der Faser.
5. Farbtonänderungen bei manchen Färbungen.
6. Wenn *gute Wash-and-Wear-Eigenschaften* erreicht werden sollen, so ist damit eine *starke Abnahme der Gewebereißfestigkeit* verbunden.
7. *Abnahme der Scheuerfestigkeit*; diese kann durch Weichmacher oder Avivage *nicht* vermindert werden.

F. Nestelberger gibt zu den erwähnten „negativen Ausrüstungseffekten“ noch an:

Zu 1 und 2: Diese Schwierigkeiten werden sich vermutlich bei zunehmender Erfahrung verringern. Weiters werden sich auch die Materialkosten senken.

Zu 3: Die Vorkehrungen zur Verhinderung von gesundheitlichen Schäden während der Ausrüstung werden eine dauernde Kostenbelastung darstellen, da es sich bei Reactantprodukten immer um sehr reaktionsfähige Verbindungen handelt.

Zu 4: Eine Vergilbung der Ware tritt bei den Verfahren im sauren Medium kaum auf, jedoch beim Arbeiten im alkalischen Medium.

Zu 5: Bei der Reactantausrüstung tritt ein starker Farbtonumschlag nicht nur bei Direktfärbungen, sondern auch bei vielen Küpen- und Reaktivfärbungen auf, was die *Ausrüstung gefärbter Gewebe* erschwert. Andererseits ist es unmöglich, Reactant-ausgerüstete Baumwollgewebe *nachträglich* zu färben, weil die vorausgegangene Zellulosevernetzung das färberische Verhalten des Gewebes weitgehend beeinflußt.

Versuche, Reactantverbindungen und Reaktivfarbstoffe gleichzeitig im alkalischen Medium auf das Gewebe zu klotzen und reagieren zu lassen, wurden mit wenig Erfolg durchgeführt, und zwar weil

1. die Farbausbeute viel geringer ausfiel;
2. solche Färbungen trotz gleicher Arbeitsweise unterschiedlich ausfielen und
3. weiters hinsichtlich der Beeinflussung der Lichtechtheit der Färbungen noch viele Fragen offen stehen.

Zu 6: Die Abnahme der Gewebereißfestigkeit hängt davon ab, wie weit die Wash-and-Wear-Eigenschaften positiv zunehmen. Bei einer Reactant-Ausrüstung mit sehr guten Wash-and-Wear-Eigenschaften (etwa Note 4,5 bis 5 der

Monsanto-Skala) ist nach F. Nestelberger mit einem Reißfestigkeitsverlust von mindestens 50% in Schußrichtung zu rechnen. Durch Wahl eines entsprechend starken Rohgewebes sucht man diesem Festigkeitsabfall vorzubeugen. Dadurch wird aber die Kollektion der Baumwollgewebe sehr eingeengt.

Man kann einen anderen Weg einschlagen und eine „*bügelarme*“ Popeline statt einer „bügelfreien“ propagieren, also die Reactantausrüstung weniger intensiver durchführen.

Parallel mit der Abnahme der Reißfestigkeit sinkt auch die *Einreißfestigkeit* ab. Doch kann letztere durch *Nachwäsche* und eine nachfolgende *Avivierung* des Gewebes mit einem geeigneten Weichmacher oder auch einer Polyäthylen-Emulsion oftmals erheblich verbessern werden. Nach F. Nestelberger dürfte eine solche Verbesserung der Einreißfestigkeit auf einer Verminderung der Reibung zwischen den Baumwollfasern beruhen (= Geschmeidigerwerden von Garn und Gewebe!).

Zu 7: Die *Scheuerfestigkeit* nimmt bei einer Reactant-Ausrüstung *stärker ab* im Vergleich zur Ausrüstung mit einem Reactantharz bei gleichem Wash-and-Wear-Standard.

F. Nestelberger weist darauf hin, daß die verschiedenen Scheuermethoden mit scharf schmirgelnden Mitteln ganz falsche Schlüsse ergeben, auch muß eine Scheuerprüfung *nach* einer ersten Wäsche erfolgen, da Scheuerung-beeinflussende, nicht waschbeständige Aviviermittel falsche Resultate ergeben.

F. Nestelberger bemerkt, daß die *Kantenscheuerung* bei hochveredelten Baumwolltextilien weniger streuende und besser reproduzierbare Resultate liefert als Flach- oder Kalottenscheuerung. Weiters kommt die Kantenscheuerung der tatsächlichen Scheuerbeanspruchung eines Popelinhemdes an Manschetten und Kragen praxisnäher.

Eine Verstärkung des Rohgewebes bringt hier keine Verbesserung; weiters bringen Weichmacher und Avivagen mit Polyäthylen- oder Silikon-Emulsionen nur einen beschränkten Erfolg.

Nach Versuchen von F. Nestelberger und Prüfung von Geweben, die am Markt erhältlich waren, kann die Abnahme der Scheuerfestigkeit bis zu 70% betragen, wenn bis zum *sehr guten* „Bügelfrei“-Effekt ausgerüstet wurde.

Nach F. Nestelberger dürfte derzeit die *beste Maßnahme* sein, eine *Zellulose-Vernetzung* nicht über das vertretbare Maß hinaus zu treiben. Somit muß auch die *Propaganda* für derartige Artikel entsprechend abgemildert werden.

Hierzu ist abschließend auszuführen, daß die großen Anstrengungen der *Hilfsmittelhersteller* und der *Ausrüster* beachtliche Erfolge erbrachten. Aber der *Konfektionär* ist für die richtige Ausfertigung solcher strapazierbarer Artikel gleichfalls mit verantwortlich, denn das Ausmaß einer Kragen- und Manschettenscheuerung hängt auch sehr von einer sachgemäßen Konfektionierung ab. Weiters müssen auch Einlagestoffe und Nähfäden dem chemisch veränderten Baumwollgewebe angepaßt sein.

Und schließlich hat auch der *Handel* zum Gebrauchswert solcher Artikel sich entsprechend einzustellen und die Propaganda, worauf schon F. Nestelberger hinwies, sinngemäß durchzuführen.

Weniger ist bisher im letzteren Punkt die *Hygiene* berücksichtigt worden. Gute Wash-and-Wear-Artikel aus Baumwolle sollen *wiederholte milde Kochwäschen* durchaus überstehen, während Artikel aus synthetischen Faserstoffen, wie bekannt, solche Anforderungen nicht vertragen, denn synthetische Artikel werden immer nur einer lauwarmen Wäsche unterworfen. Auch muß auf die Lipophilie (Fettfreudigkeit) synthetischer Fasern hingewiesen werden, denn die Aufnahme von Fett ist unbedingt als ein hygienischer Nachteil der synthetischen

Fasertextilien zu bewerten. Weiters vergrauen Synthesefasertextilien im Laufe des Gebrauchs.

Seit der Zeit, in der F. Nestelberger vorstehende Feststellungen hinsichtlich der Hochveredlung von Baumwollgeweben machte, sind weiterhin wesentliche Fortschritte und Erkenntnisse in dieser Richtung erzielt worden, die zu *bügelfreien Popelinehemdenstoffen* führen.

Dies ist nicht ausschließlich auf die Entwicklung neuer reaktiver Mittel oder Kombination von solchen zurückzuführen, sondern, insbesondere auf den inzwischen erworbenen theoretischen Erkenntnissen fußend, durch *Einführung neuartiger Ausrüstungsverfahren*, wie z.B. die verschiedenen Naßverweilverfahren bei kontrollierter Faserfeuchtigkeit, zurückzuführen.

Heute werden an ausgerüstete Baumwollpopelinestoffe *weitaus höhere Anforderungen* als früher gestellt. Gefordert werden außer leichter Pflegbarkeit, Bügelfreiheit und schnellem Trocknen zusätzlich noch *Kochwaschbeständigkeit der Ausrüstung* sowie Abwesenheit von Chlorretention bei Chlorbehandlungen.

Es wurde eine Reihe von Markenbezeichnungen geschaffen, da hinsichtlich der Ausrüstung von Hemdenpopeline verschiedene Veredlungsverfahren unter verschiedenen Namen durchgeführt werden.

In erster Linie werden von diesen Artikeln, welche die höchsten Anforderungen an den Veredler stellen, glättende Eigenschaften vorausgesetzt, so daß durch die *Naß*entknitterung der *feucht aufgehängten* Hemden eine *Bügelfreiheit* weitgehend garantiert wird. Zusätzlich werden, da nun meist in *Haushaltwaschmaschinen* gewaschen wird, *sehr hohe Naß*knittererholungswinkel auch *bei höheren Temperaturen* und *gute Trocken*knittererholungswinkel *während des Trocknens* verlangt.

In verschiedenen Ländern wünscht der Verbraucher heute eine *Hydrolysenbeständigkeit* der Ausrüstung („®-Sanfor-Plus“-Marke).

Die Forderungen des Verbrauchers steigerten sich weiterhin in den letzten Jahren. Derzeit werden nach H. J. Hartmann[1] schon ausgerüstete Hemdenpopelinestoffe verlangt, welche einen *„Spin-dry“-Effekt* aufweisen, d. h. es soll eine *gute Naßentknitterung bereits im halbfeuchten Zustand* (nach dem Zentrifugieren in einer vollautomatischen Waschmaschine) eintreten.

Man kann diese beachtlichen Fortschritte nicht, wie bemerkt, auf eine „Reactant“-Ausrüstung allein zurückführen, sondern sehr wesentlich haben verfahrenstechnische Fortschritte hierzu geführt.

Weiters wurde auch in der *Konfektionierung von bügelfreien Hemdenstoffen* beachtliche Fortschritte aus Erfahrungen heraus erzielt, so daß derzeit den hochveredelten Popelinehemden von Verbraucherseite aus der Vorzug gegenüber synthetischen Textilien gegeben wird.

Zusammenfassend kann nach H. J. Hartmann (loc. cit.) gesagt werden, daß der *jetzige Stand der Baumwollpopeline-Ausrüstung*, insbesondere für Weißwaren, hinsichtlich der *Naß*entknitterung praktisch schon *optimal* geworden ist.

Noch nicht erreicht scheint das endgültig gestellte Ziel einer *wirklich „spin-dry“-ausgerüsteten Popeline* (für Zentrifugengeschwindigkeiten von 850 bis 900 Touren).

Zu wünschen übrig lassen *bei allen Veredlungsverfahren* für Baumwollpopeline die *Scheuerfestigkeiten*, insbesondere die Kanten-(Falten-) Scheuerfestigkeit.

Daher verwenden einige Konfektionäre von Herrenpopelinehemden für Kragen und Manschetten *Fasermischmaterialien* aus Baumwolle/Polyesterfasern.

---

[1] Hartmann, H. J.: Ausrüstungsverfahren auf Baumwoll-Popeline. SVF (Fachorgan f. Textilveredlung) **20** (6), 368 (1965).

# E. Theoretische Überlegungen und Untersuchungsergebnisse über die Ursachen der Erhöhung der Knittererholung von mit Kunstharzen oder mit vernetzenden Mitteln ausgerüsteten Zellulosefasertextilien

## Erklärung der Knitterfaltenbildung bei „nicht ausgerüsteten" Textilien

*Regeneratzellulosefasern* bestehen aus langen Kettenmolekülen, die zu Micellen zusammengelagert sind. Innerhalb solcher Micellen befinden sich geordnete Bereiche (Kristallite) und amorphe (ungeordnete) Bereiche.

Wird eine Faser gebogen, so tritt in deren äußeren Schichten eine Zugbeanspruchung auf, während auf der Innenseite des Buges ein Druck vorherrscht.

Auf Grund der Struktur des Zellulosemoleküls ist eine *Moleküldehnung*, welche eine Zugbeanspruchung kompensieren würde, *nicht* möglich. Daher ist jede Biegung mit einem *Übereinandergleiten der Molekülketten* verbunden; es verschieben sich die Micellen gegeneinander. Läßt die deformierende Kraft nach, so werden die Molekülketten durch *Restvalenzen* verhindert, in die Ausgangsposition zurückzukehren, wodurch die Knitterfalte bestehenbleibt[1].

*Polyamidfasertextilien* zeigen im Vergleich zu solchen aus Regeneratzellulosefasern günstigere Knittereigenschaften. Bei den Polyamidfasern liegt zwischen den benachbarten Kettenmolekülen, welche etwa parallel zur Faserachse liegen, durch zahlreiche Wasserstoff-Brücken eine gewisse Verfestigung vor, welche das Abgleiten der Molekülketten gegeneinander beim Knicken auf der Dehnungsseite weitgehend verhindern können (E. Elöd).

Bei Regeneratzellulosefasern spielen sich die Dehnungs- und Kompressionsvorgänge beim Knittern in den amorphen Bereichen der Fasersubstanz ab, in denen derartig massierte Wasserstoff-Brücken (wie bei den Polyamidfasern) kaum vorhanden sein dürften.

## Die Stabilisierung des Gewebes gegen Knitterfaltenbildung

Die Knitterfestigkeit eines Zellulosefasergewebes kann erhöht werden z. B. 1. durch Formalisierung, und 2. durch Einlagerung von hitze-härtbaren Kunstharzen.

Die Feststellung, daß durch eine Kunstharz-Ausrüstung von Zellulosefasergeweben die Knitterfestigkeit verbessert wird, reicht mehrere Jahrzehnte zurück.

Die Kunstharz-Vorprodukte durchdringen die Faser in wässerig-gelöster Form. Hier werden sie dann durch Hitzeeinwirkung in Gegenwart von $H^+$-Ionen als Katalysator in fester Form in die Faser abgelagert.

Durch die Kunstharz-Einlagerung erhält die Textilfläche, in welcher die einzelnen Fasern im Garnverband als Kette und Schuß verkreuzt vorliegen, Eigenschaften, welche von denen des ursprünglichen Gewebes abweichen, wie Erhöhung des Knitterwinkels bzw. Erholung vom Knittern, vermehrte Krumpffestigkeit und eine erhöhte Quellfestigkeit.

[1] Gutmann, W.: Praktische Erfahrungen in der Knitterfestausrüstung. Melliand Textilber. **31,** 9 u. 639 (1950).

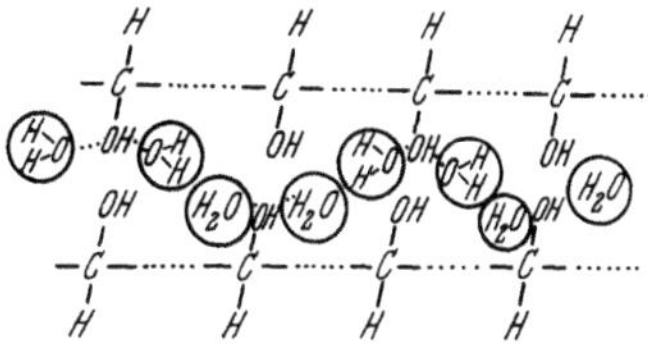

*a) Schematische Darstellung der Faserquellung.* Die H-Brücken sind durch das eindiffundierende Wasser geschwächt oder vollkommen beseitigt worden. Durch die Solvatisierung der OH-Gruppen der Zellulose wird eine Art Schmierwirkung bewirkt, so daß bei einem mechanischen Zug (z. B. beim Waschvorgang) die Moleküle aneinander vorbeigleiten und sich trennen können.

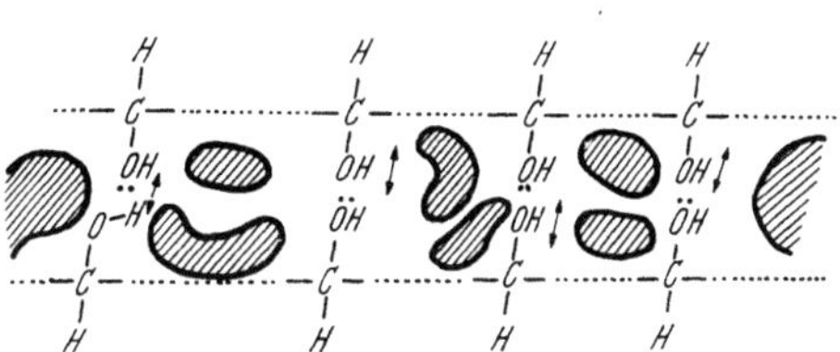

*b) Schematische Darstellung der Knitterbildung nach Verzug und Trocknung.* Nach Verzug und Trocknung wird das Wasser wieder entfernt. Infolge des Verzugs ist die ursprüngliche Orientierung der Molekülketten nicht mehr vorhanden und ist eine räumliche Verschiebung eingetreten. Makroskopisch zeigt sich dies als *Knitter-* und *Faltenbildung.*

*c) Blockierung der OH-Gruppen der Zellulose durch Kunstharzeinlagerung.* Durch die eingelagerten Kunstharzteilchen tritt eine erhöhte mechanische Fixierung der H-Brücken ein. Die H-Brücken sind, bildlich gesprochen, von Bremsklötzen umgeben, wodurch dem „Gleitmittel Wasser" der Zutritt erschwert wird. Hiedurch ist die „Solvatation" und somit die Auflockerung der H-Brücken nur noch *in geringem Maße* möglich.

Es wird die nicht-kristalline Substanz in den intermicellaren Zwischenräumen vermehrt. Je größer der zur Einlagerung zur Verfügung stehende zwischenmicellare Raum ist, desto leichter wird die Knitterfestigkeit gesteigert. Daher verhalten sich Zellulosefasern bei der Knitterfestausrüstung verschieden.

Abb. 2. Schematische Darstellung der Faserquellung, der Knitter- und Faltenbildung sowie der Blockierung der OH-Gruppen durch Kunstharz*einlagerung* nach W. Happe. (Happe, W.: Was kann die Wasserstoffbrücke dem Koloristen bedeuten. Reyon, Zellwolle *1952*, 286.)

Die spezifischen Wirkungen der eingelagerten Kunstharzpartikeln können nun überlegungsgemäß auf zwei Grundprinzipien beruhen, nämlich:

1. *Herstellung von Querbindungen* (Brücken) zwischen den Zellulosemicellen (und -molekülen) bei gleichzeitiger Blockierung von OH-Gruppen der Zellulose. Diese *neu errichteten Querbindungen* zwischen den Zelluloseketten können nun beruhen
   a) auf der Ausbildung von van der Waalsschen Kräften zwischen Kunstharz und Zellulose;
   b) auf der Ausbildung von Nebenvalenzen (Wasserstoff-Brücken) zwischen den NH-Gruppen des Kunstharzes und den OH-Gruppen der Zellulose;

c) auf der Ausbildung von primären Brückenbindungen zwischen Kunstharz und Zellulose.

2. Auf der *Vermehrung der amorphen Substanz der Faser* (= künstliche Erhöhung der amorphen Faseranteile).

Die amorphe Substanz soll als *Kittsubstanz* die Fixierung der Micellen bewirken. Das Kunstharz soll durch *sein eigenes starres System* zur Stabilisierung der Faser beitragen.

Auch die *unterschiedliche Einlagerung* des Kunstharzes in die verschiedenen Bereiche der Faser (bedingt durch deren besonderen strukturellen Aufbau) hat hier einen Einfluß.

Wie wir nachfolgend sehen werden, lagen hier lange Zeit sehr unterschiedliche Deutungen vor. In neuerer Zeit wurden aber wesentliche Erkenntnisse gewonnen, so daß heute das Bild über die Ursachen der Wirkung der eingelagerten Kunstharz-Partikeln etwas klarer vorliegt, wenn auch noch manche Fragen einer wissenschaftlichen Klärung bedürfen.

Schon im Jahre 1938 stellten E. Elöd und P. Etzkorn[1] die Theorie auf, daß die aktiven Stellen der Kunstharze in *nebenvalenz-mäßiger Wechselwirkung* mit den OH-Gruppen von parallel-ausgerichteten Zelluloseketten (unter Ausbildung von Wasserstoff-Brücken) treten und die solvatationsfähigen Stellen der Fasern *blockieren*, wobei durch Verminderung der Quellung und Erschwerung des Abgleitens der benachbarten Kettenmoleküle aneinander die Knittereigenschaften des ausgerüsteten Gewebes verbessert werden.

Das Abgleiten der Molekülketten beim Knicken an der Dehnungsseite der Faser erfolgt nach Elöd und Etzkorn (loc. cit.) dadurch, daß die stark solvatisierenden OH-Gruppen der Zellulose durch Anwesenheit der Wasserhüllen diesen Vorgang begünstigen (als eine Art Schmierwirkung!). Die in die Fasern eingelagerten Aminoplastharze blockieren durch Ausbildung von Wasserstoff-Brücken diese solvatisierbaren OH-Gruppen und erschweren somit das Abgleiten der Moleküle. In Zusammenhang hiermit dürfte die Verminderung der Quellung von mit Kunstharzen beladenen Regeneratzellulosefasern stehen, die etwa der Verbesserung der Knittereigenschaften entspricht. W. Happe hat dies später noch graphisch verdeutlicht. S. Abb. 2; S. 190.

K. Quehl[2] führte die Erhöhung des Knitterwinkels auf die Einlagerung von amorphen Kittsubstanzen in die intermicellaren Räume der Faser zurück, wodurch eine Fixierung der Micellen bewirkt werden soll.

F. C. Wood[3] nahm gleichfalls an, daß der Knitterfreieffekt *gänzlich* auf dem in den Zwischenräumen der Faser abgelagerten Kunstharz beruht.

Nach G. Landells[4] kann man die Knittererholung von *Glasfaser*geweben mit Hilfe von Harnstoff-Formaldehyd-Harzen verbessern, woraus der Autor schloß, da ja Glasfasern einen kompakten undurchdringlichen Bau aufweisen, daß es sich hier ausschließlich um *physikalische Veränderungen* handeln würde.

---

[1] Elöd, E. u. P. Etzkorn: Angew. Chem. **51,** 45 (1938). — S. auch Elöd, E. u. H. Haas: Untersuchungen über die Knitterfestigkeit von Kunstseiden. Melliand Textilber. **21,** 461 (1940).

[2] Quehl, K.: Zur Theorie des Knitterns und Knitterfestmachens. Melliand Textilber. **20,** 1 (1939).

[3] Wood, F. C.: J. Text. Inst. **37,** 335 (1946).

[4] Landells, G.: Moderne Harzausrüstung von Textilien; Praxis und Theorie. J. Soc. Dyers Col. **1956,** H. 4, 137—146.

W. G. Cameron und T. H. Morton[1] wiesen darauf hin, daß alle geeigneten Mittel für die Knitterfest-Ausrüstung di- oder polyfunktionell wären. Sie nahmen an, daß die Moleküle der Kunstharze zu *Vernetzungen* in der Mikrostruktur der Faser führen. Durch Brückenbildungen werden benachbarte Regeneratzellulosemoleküle miteinander verknüpft, und zwar ähnlich, wie dies bei der Einwirkung von Formaldehyd in Gegenwart von $H^+$-Ionen der Fall ist.

Cameron und Morton (loc. cit.) zogen den Schluß, daß *sowohl Querbindungen als auch zwischenräumliche Kunstharz-Ablagerungen in den amorphen Bereichen*, die bei Viskosefasern 50 bis 70% ausmachen, zusammenwirken. Sie nahmen an, daß in einer Viskosefaser, die durch eine Knitterfestbehandlung umgewandelt wurde und z. B. 15% Kunstharz enthielt, nur etwa 1% tatsächlich zur Bildung von Querbindungen beitragen, während die restlichen 14% sich zwischen den amorphen Faserbereichen einlagern. Die Autoren kamen durch Messung der Quellwerte (s. nachfolgend) und der Wirkung der Lösungs- und Quellmittel (besonders Kuoxam) wie auch 63%iger Schwefelsäure in Azeton (nach Nitrierung der Faser[2]) usw. zu diesen Schlüssen.

Tabelle 14.
*Quellwerte (nach Cameron und Morton) für behandelte Viskosereyon 150/27 den.*

| | |
|---|---|
| Nicht behandelt | 90 bis 100% |
| Formaldehyd im sauren Medium | 30 bis 50% |
| Azeton-Formaldehyd | 40 bis 45% |
| Urethan-Formaldehyd | 35 bis 40% |
| Melamin-Formaldehyd | 35 bis 40% |
| Glyoxal | 40 bis 45% |

Unter Quellwert (besser gesagt Wasserrückhaltevermögen) versteht man den Betrag an zurückgehaltener Wassermenge, wenn die nasse Faser abgeschleudert wird, und zwar ausgedrückt in Prozent der trockenen Faser.

Diese Quellwertangaben bezeichnen die Verminderung der wirklichen Ausmaße der Zwischenräume, vermindert um den Wasseranteil, der im Molekularzustand durch Formalisierung, Knitterfest- und Krumpffestausrüstung zurückgehalten wird.

Die Quellwerte geben einen annähernden Hinweis für die Anzahl (Häufigkeit) der Querbindungen. Cameron und Morton (loc. cit.) nahmen an, daß im Falle der knitter- und krumpffest-ausgerüsteten Fasern *eine* Querbindung (Methylenbrücke) auf 40 bis 100 Glukosereste kommt.

Eine so behandelte Viskosereyon ist in Kuoxam unlöslich und auch gegen Pergamentierung durch 63%ige Schwefelsäure beständig.

Nach Angaben der Autoren werden die Querbindungen, die sich bei Urethan-Formaldehyd-Harz oder Formaldehyd im sauren Medium bilden, durch Nitrierung zerstört (Salpetersäure und Phosphorpentoxid), erkennbar dadurch, daß die erhaltenen Nitrate in Azeton löslich sind. Wenn es sich dagegen um Querbindungen, hervorgerufen durch Azeton-Formaldehyd, wie auch Melamin-Formaldehyd-Harz und auch Glyoxal handelt, erhielt man in Azeton unlösliche Nitrate. Dies deutet dahin, daß im letzteren Falle diese Querbindungen der Nitrierung gegenüber beständig sind.

Als *Beispiele* für solche Querbindungen gaben Cameron und Morton an:

[1] Cameron, W. G. u. T. H. Morton: J. Soc. Dyers Col. **64**, 329 (1948).
[2] Davidson: J. Text. Inst. **29**, 197 (1938).

$\boxed{\text{Cell}}-O-CH_2-NH-CO-NH-CH_2-O-\boxed{\text{Cell}}$

Brücke gebildet mit *Dimethylol-Harnstoff*

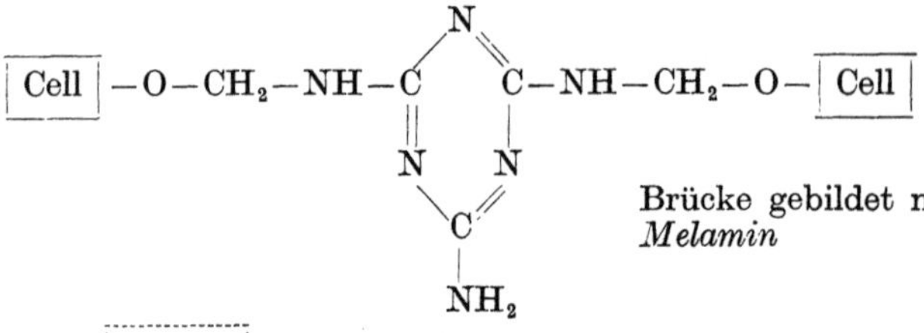

```
                                      N
                                    /   \\
[Cell]-O-CH2-NH-C     C-NH-CH2-O-[Cell]
                                  ||      |
                                  N     N
                                    \   //
                                      C
                                      |
                                     NH2
```

Brücke gebildet mit *Dimetyhlol-Melamin*

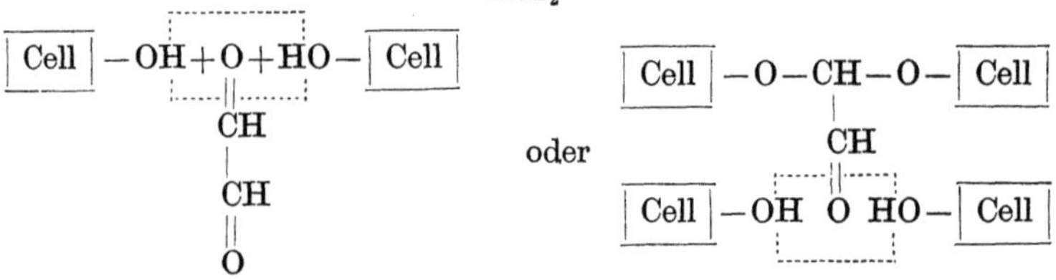

```
[Cell]-OH+O+HO-[Cell]                        [Cell]-O-CH-O-[Cell]
              ||                                        |
             CH                        oder             CH
              |                                         ||
             CH                              [Cell]-OH  O  HO-[Cell]
              ||
              O
```

Brücke gebildet mit *Glyoxal*

Auch A. C. Nuessle[1] weist später darauf hin, daß für die eigentliche Wirkungsweise der „innerlich kondensierenden" Kunstharze auf die Knittereigenschaften der Zellulose anzunehmen wäre, daß wahrscheinlich *Querbrücken* hier eine erhebliche Rolle spielen dürften. Jedenfalls ist die Faser trotz ausbleibender Versteifung in ihrem Charakter wesentlich verändert, so vor allem ihre verminderte Wasseraufnahmefähigkeit, welche von 100% auf weniger als 50% abgesunken ist.

Cameron und Morton (s. vorstehend) führten ferner auch *Waschversuche an kunstharz-ausgerüsteten Geweben im neutralen Medium* durch. Nach Annahme der Autoren beruht der hierbei auftretende Waschverlust bei *mehrfacher* Wäsche auf der Entfernung des *nicht-gebundenen* Kunstharzes, während das *gebundene* Kunstharz „hauptvalenzmäßig" als Querbindungen zwischen benachbarten Zellulosemolekülen vorliegt. Diese Auffassung vertraten auch Gagliardi und Gruntfest[2] sowie Nickerson[3].

E. Elöd führte gleichfalls *Waschversuche in neutraler Flotte* und bei verhältnismäßig niederer Temperatur (40° C) durch. Er stellte fest, daß hierbei der Kunstharz-Gehalt von ungefähr 10% auf 4,5% und der Knitterwinkel von 161° auf 136° absank. Bei solchen *milden* Bedingungen lassen sich nach E. Elöd — in gegensätzlicher Anschauung von Cameron und Morton — aber kaum hauptvalenzmäßige Bindungen aufspalten. Weiters ist auch kaum anzunehmen, daß bei *wiederholter neutraler Wäsche* die Menge von *primär gebundenem* Kunstharz *stetig* abnehmen könne.

Bei Behandlung von kunstharz-ausgerüsteten Geweben mit n/10-Salzsäure bei 90° C blieb nur ein geringer Kunstharz-Rest in der Faser zurück (0,2 bis ungefähr 0,5%). Bei wiederholter Salzsäure-Einwirkung blieben diese kleinen Rest-Kunstharz-Mengen praktisch *unverändert.*

Die Kunstharz-Einlagerungen kann man also durch relativ milde Agentien (z. B. verdünnte Säuren) leicht zum größten Teil wieder aus der Faser entfernen, während die durch Formalisierung von Regeneratzellulosefasern gebildeten

[1] Nuessle, A. C.: Aspekte der Permanentausrüstung. Textile World **104,** 104 (1954).

[2] Gagliardi, D. D. u. J. J. Gruntfest: Melliand Textilber. **31,** 704 (1950).

[3] Nickerson, R. F.: Amer. Dyestuff Rep. **39,** 46 (1950).

kovalenten Brückenbindungen sich wiederum *schwer* durch Einwirkung von chemischen Agentien aufspalten lassen.

Die *Rest-Kunstharzmenge*, die durch *milde Säurehydrolyse* in der Faser verblieb (weniger als 1% der Fasersubstanz), könnte nach Meinung von E. Elöd wohl zur Brückenbildung befähigt sein, doch kann dieser *kleine Bruchteil* an Kunstharz die Knittereigenschaften der Faser aber nicht im geringsten verbessern.

E. Elöd weist noch darauf hin, daß die Menge an Formaldehyd in der Faser nach Entfernung des Kunstharzes mit Hilfe von Salzsäure immer stets größer war als die Menge, die aus den Stickstoff-Bestimmungen des Rest-Kunstharz-Gehaltes errechnet wurde. Daher muß nach E. Elöd *mit der Kunstharz-Einlagerung* auch eine *Formalisierung* einhergehen (durch den bei der Kondensation aus dem Kunstharz freigesetzten Aldehyd).

A. C. Nuessle und Mitarbeiter[1] suchten die Beurteilung der schwierigen Frage, nämlich, ob der Vorgang der Knitterfestausrüstung auf einer mechanischen Einlagerung von Kunstharz oder auf einer nebenvalenzartigen Querbindung mit den Zellulosemolekülen beruht, auf Grund einiger experimenteller Befunde zu klären.

Nach den Autoren läßt die Behandlung mit *Mono*-methylol-Harnstoff keine eindeutigen Schlüsse ziehen. Trotzdem das Monomere eine reaktionsfähige Gruppe enthält, konnte mit sauren Katalysatoren *kein*, wohl aber mit alkalischen Katalysatoren ein Knitterfesteffekt erzielt werden.

Harnstoff-Formaldehyd ließ auch *in der Kälte nach einigen Tagen* einen befriedigenden Knitterfesteffekt resultieren, während dies bei alleiniger Anwendung von Formaldehyd im sauren Medium *nicht* der Fall wäre und hierbei nur ein guter Schrumpffesteffekt resultieren würde.

Hieraus zogen A. C. Nuessle und Mitarbeiter den Schluß, daß für die Erhöhung des Knitterwinkels eine *größere Anzahl von Querbindungen* als für die Stabilisierung (Krumpffesteffekt) notwendig wäre.

*Di*-methylol-Harnstoff kann überlegungsgemäß neun verschiedene Reaktionen vollziehen. Daher ist es nach A. C. Nuessle und Mitarbeitern schwierig, hier eine eindeutige Aussage zu machen. Es sollen nach ihrer Anschauung *mehrere Reaktionen nebeneinander* ablaufen, und zwar soll das zuerst gebildete, *locker eingelagerte* Kunstharz die Knitterfestigkeit bewirken. Aber erst *nach* einer Fixierung des Polymeren an die Faser mittels Querbrücken resultiert ein *stabiles* Gewebe (= Krumpffesteffekt).

Eine *Nachmercerisierung ohne Spannung des ausgerüsteten Gewebes* ergab eine *starke* Verminderung des Knitterwinkels, *ohne* daß der Kunstharz-Gehalt der behandelten Gewebeprobe zurückging. Daher vermuteten die Autoren, daß hierbei *Wasserstoff-Brücken* zwischen dem Polymeren und der Zellulose aufgespalten würden, was durch die leichtere Löslichkeit des nachmercerisierten, kunstharz-ausgerüsteten Gewebes in Kuoxamlösung bestätigt wurde.

Unklar ist gleichfalls die Ursache der Erhöhung des Knitterwinkels durch *Einlagerung von Borax*. Dieses ist eines der wenigen anorganischen Salze, welche *nur bei Regeneratzellulosefasern* einen genügenden Knitterfesteffekt (jedoch nicht waschfest)! ergeben. A. C. Nuessle und Mitarbeiter nahmen hier an, daß im vorerwähnten Falle bei Baumwolle ein Knitterfesteffekt deshalb *nicht* eintrat, weil neben der Einlagerung einer glasartigen Masse (aus Borax) noch zusätzliche Reaktionen erforderlich wären.

---

[1] Nuessle, A. C., M. N. Fineman u. E. O. J. Heiges: Widersprechende Anschauungen über Knitterechtheit von Zellulosefasergeweben. Text. Res. J. **25**, 24 (1955).

Lineken und Mitarbeiter[1] erläuterten die physikalischen Vorgänge bei der Knitterbildung sowie deren Behebung für Zellulosefasertextilien. Durch die Einlagerung von Harnstoff- bzw. Melamin-Formaldehydharzen tritt eine Verbesserung der Gewebeelastizität ein, indem die Faser- und Garnelastizität wesentlich zunimmt. Die Eigenschaft des ausgerüsteten Gewebes, *sich von den Knitterungen zu erholen*, ist wichtiger als der Knitter*widerstand*. Es wirken nach den Autoren *chemische Reaktionen* zwischen Kunstharz und Zellulose, ferner bilden sich durch *Polymerisation* weitere Kunstharzmengen, außerdem treten *Wasserstoff-Bindungen* und *van der Waalssche Kräfte* zwischen Kunstharz und Zellulose auf. Innerhalb der Zellulosekettenmoleküle entstehen Querbindungen, welche ein Abgleiten benachbarter Zelluloseketten verhüten, wodurch die Formbeständigkeit bewahrt bleiben würde.

C. van Bochove und G. J. Schuringa[2] erklärten den Knitterfest-Effekt, erhalten durch *Formalisierung* und durch *Kunstharzeinlagerung*, folgendermaßen: Durch *Formalisierung* werden Querbrücken gebildet und die Zellulosemoleküle an bestimmten Stellen verknüpft. *Thermohärtbare Kunstharze* werden als *dreidimensionales Netzwerk* zwischen den Zellulosemolekülen eingelagert und wahrscheinlich an bestimmten Stellen mit der Zellulose chemisch gebunden. Wird die Faser gedehnt, so behindern die *Querbindungen* das Gleiten der Zellulosemoleküle. Ähnlich wäre dies bei Gegenwart eines *mit den Zellulosemolekülen eng „verwebten" dreidimensionalen Netzwerkes*, das an unzähligen Stellen mit den Zellulosemolekülen verbunden ist, und zwar entweder mittels einer *primären chemischen Bindung* oder mittels *Nebenvalenzen* (Wasserstoff-Brücken). Durch die *verringerte Kettenbeweglichkeit* (Querbindungen durch Formalisierung, Kunstharz) wird die Bildung neuer Berührungsstellen der Zellulosemoleküle (bedingt die bleibende Deformation!) mehr oder weniger *gehemmt*. Weiters wirkt die Anwesenheit von „Fremdsubstanz" (= Kunstharz) *sterisch hemmend*.

Sowohl die *Querbindungen* (Formalisierung) als das *Kunstharz* üben bei Aufhebung der auf die Faser ausgeübten Kraft eine *zurücktreibende* Wirkung aus. Für den *Widerstand gegen Deformation* sind besonders die *Anzahl der Querbindungen* wesentlich (= Menge der eingeführten Substanz pro Mol). Für die *Erholung von der Deformation* spielt mehr die *Gewichtsmenge* der eingeführten Substanz eine Rolle. Daher sind die Ergebnisse in der Praxis mit *Formaldehyd* oder *Glyoxal* beträchtlich geringer als die mit Hilfe von *thermohärtbaren Kunstharzen* erhaltenen.

Es ist beim Formalisieren nicht möglich, mehr als einige Prozent Formaldehyd in die Faser einzuführen, da sonst die *Faserversteifung* über die zulässige Grenze zu liegen kommt (= große Sprödigkeit des Gewebes und daher erhebliche Herabsetzung des Gebrauchswertes). Erklärt wird dies aus der *großen Anzahl von Querbindungen*, die ein starres dreidimensionales Netzwerk mit Zellulose bilden.

Dies ist auch der Grund, warum beim Formalisieren und bei der Kunstharzeinlagerung die *Bruchdehnung* zwangsläufig herabgesetzt wird.

Hida Masao[3] führte im Falle von methyloliertem Harnstoff an, daß die Bildung *chemischer Querbindungen* zwischen den Zellulosemolekülen eine der Ursachen

---

[1] Cooke, T. F., I. H. Dusenbury, R. W. Kienle u. E. E. Lineken: Die Knittererholung bzw. der Knitterwiderstand bei Zellulosegeweben. Text. Res. J. **24**, 1015 (1954). — Lineken, E. E., S. M. Davis u. C. M. Jorgensen: Cellulose Interaction with Certain Textile Resins. Text. Res. J. **26**, 940 (1956).

[2] Van Bochove u. G. J. Schuringa: Einige grundlegende Betrachtungen über die Knitterfestausrüstung von Zellulosegeweben. Textil-Rundschau (St. Gallen) **9**, 451 (1954).

[3] Hida Masao: Studien über die Knitterechtausrüstung mit Harnstoff-Formaldehyd-Harz. X: Der Mechanismus der Knitterechtausrüstung mit unkondensiertem Harnstoff-Formaldehydlösungen. J. Soc. Text. Cell. Ind. (Japan) **1956**, H. 8, 584.

für den Knitterwiderstand des ausgerüsteten Gewebes sei, daß aber die Hauptursache die *Kunstharz-Einlagerung* in die amorphen Faserbereiche wäre. Nach Ansicht des Autors soll das Kunstharz zu einer festen Ablagerung kommen und einen guten Wasser-Widerstand haben, weiters würde es *nicht* physikalisch zwischen den Micellen der Zellulosemoleküle abgelagert werden, sondern es würde zur Bildung von *physikalisch-chemischen Querbindungen* zwischen dem Kunstharz und den OH-Gruppen der Zellulosemoleküle kommen.

Arbeiten von R. Steele und L. E. Giddings[1] bringen weitere Erkenntnisse hinsichtlich der Frage des Vorliegens einer *Vernetzung* oder *Kunstharz-Einlagerung* bei der Knitterfestausrüstung. Mono-methylol- und Di-methylol-Harnstoff haben zur Zellulose einen unterschiedlichen Reaktionsmechanismus:

*Mono-methylolharnstoff* verhält sich zur Zellulose *monofunktionell.* Mit Mono-methylol-Harnstoff in Gegenwart von $H^+$-Ionen ausgerüstete Zellulosefasern (Baumwolle oder Reyon) sind in zellulose-lösenden Mitteln (wie Kuoxam) *noch löslich.* Es bilden sich *keine* Querbindungen zwischen den Zelluloseketten, sondern es entstehen kurze Kunstharzketten, die ungefähr 3 bis 5 Harnstoffreste lang sind und sich an die Zellulosemoleküle an ihrem einem Ende anhängen. Bei Baumwolle als auch bei Regeneratzellulose wird dabei durch einseitige Substitution der Knitterwinkel *nur wenig* verbessert.

*Di-methylolharnstoff* (und auch andere, mehrere Methylolgruppen tragende Kunstharz-Vorkondensate) mit einem Formaldehyd/Harnstoff-Verhältnis von rund 2, sind gegenüber Zellulose *bifunktionell.* Werden solche Kunstharz-Methylol-Vorprodukte in Gegenwart eines Säurespenders auf Zellulose angewandt, so bilden sich *kurze Querbindungen* zwischen den Zelluloseketten aus. Daher werden Reißfestigkeit, Dehnung, Spannungserholung und Knittererholung stärker verändert als mit Mono-methylol-Harnstoff, da letzterer ja keinerlei Querbindungen zwischen den Zelluloseketten auszubilden vermag.

Auf *Baumwolle* wirkt sich diese Querreaktion im Vergleich zu *Regeneratzellulose* viel intensiver auf die Knittererholung aus; selbst bei niedrigeren Konzentrationen. Der Unterschied dieser Wirksamkeit bei negativer und Regeneratzellulose ist auf die unterschiedliche Molekularstruktur beider Fasertypen zurückzuführen (unterschiedliche chemische Zugänglichkeit).

Die *Reaktion von Harnstoff-Formaldehyd* mit Zellulose soll in *zwei Stufen* erfolgen, nämlich in einer geringen Verharzung, welche beim Trocknen erfolgt, und in einer Reaktion mit Zellulose selbst, die bei der Kondensation bei höherer Temperatur erfolgen würde.

Cooke und Mitarbeiter[2] haben in einer umfangreichen Arbeit die *verschiedenen Kunstharztypen* hinsichtlich ihres *Verhaltens gegenüber Baumwolle* untersucht. Nach den Autoren dürften Dimethylol-Harnstoff, und methyloliertes Melamin (auch modifiziert) und zyklischer Dimethylol-äthylenharnstoff (Reactantkunstharztype!) mit den OH-Gruppen der Zellulose in Form einer Ätherverbindung reagieren. Das *Infrarotspektrum von Zellophan, behandelt mit Methylolmelamin,* soll das Eintreten einer *chemischen Reaktion* bestätigen und somit die Annahme, daß die Kunstharz-Moleküle sich mit den in den amorphen Bereichen benachbarten

[1] Steele, R. u. L. E. Giddings: Reaction of Cellulose with Dimethylol- and Monomethylol-Ureas. Ind. Engng. Chem. **48**, 110 (1956). — Steele, R. u. L. E. Giddings: Die mechanischen Eigenschaften zellulosehaltiger Gewebe, welche mit Mono- und Di-methylol-Harnstoff behandelt wurden. Text. Res. J. **26**, 116 (1956).

[2] Cooke, T. F., P. B. Roth, J. M. Salsbury, G. Swytlik u. W. J. van Loo: Vergleich der Knitterfestausrüstung von Baumwollwaren. Text. Res. J. **27**, 150 (1957).

Zelluloseketten verbinden. Dadurch wären die Kunstharzkondensate in der Lage, das Gleiten der Zelluloseketten unter dem Einfluß einer Zugbeanspruchung zu verhindern, was zu einer Erhöhung des Elastizitätsmoduls und des Knitterwiderstandes führt.

J. T. Marsh[1] lehnte aber seinerzeit die Theorie der *chemischen Bindung zwischen den Zelluloseketten und dem synthetischen Kunstharz*, die zu dieser Zeit heftig diskutiert wurde, ab. J. T. Marsh nahm die *Entstehung eines dreidimensionalen Gebildes innerhalb der Faser* an, wobei *nur mechanische Kräfte* beteiligt wären. Nach ihm sei es nicht einzusehen, wie z. B. das Kondensat aus Phenol und Formaldehyd oder sogar anorganische Salze, die gleichfalls einen Knitterfesteffekt hervorrufen, Anlaß zu Brückenbildungen zwischen den Zelluloseketten geben könnten.

## Die unterschiedliche Feinstruktur von Regeneratzellulosefasern und die hierauf beruhende örtliche unterschiedliche Kunstharzeinlagerung

E. Elöd[2] suchte seine schon früher gebrachte Ansicht, nämlich, daß die in die Faser eingelagerten Kunstharze durch *Ausbildung von Wasserstoff-Brücken* die solvatisierbaren OH-Gruppen der Zellulose blockieren, weiters noch zu erhärten.

Die *Mikrostruktur der einzelnen Regeneratzellulosefasertypen* weist charakteristische Unterschiede auf.

Preston und Ohara, insbesondere auch Schramek[3] konnten auf Grund von mikroskopischen Untersuchungen an mit Direktfarbstoffen gefärbten Faserquerschnitten nachweisen, daß Regeneratzellulosefasern *konzentrische Zonen* aufweisen.

E. Elöd und Rauch[4] stellten später mittels der *topochemischen Azetylierung und schichtenweisen Abschälung* der entstandenen Triazetatschicht mit Lösungsmitteln diesen konzentrischen Aufbau der Fasern wiederum fest. Weiterhin beobachteten sie, daß dieser Faseraufbau nicht nur mit der Farbstoffaufnahme, sondern auch mit der Größe der Quellung, der Faserdichte und der Neigung zum Knittern im Zusammenhang steht.

Mittels der Abschälmethode nach E. Elöd ließ sich feststellen, daß bei *normalem Viskosereyon* die Mantelzone ein dichteres Gefüge aufweist, daß die Dichte nach innen zunächst absinkt, nachher jedoch periodisch wieder zu- und abnimmt.

Bei *Kupferreyon* ist die Außenschicht lockerer gepackt, während bei Lanusazellwolle[5] ein Unterschied zwischen Außen- und Innenschicht der Faser nicht ermittelt werden konnte.

Daß bei *Viskosereyon* die Mantelzone ein dichteres Gefüge aufweist als der Faserkern, konnte auch dadurch nachgewiesen werden, daß mit steigendem Abschälgrad die Farbstoffaufnahme des Kerns sich *schneller* vollzieht.

Bei *mantellosen* Fäden (wie Lanusa- und Cupramafasern) sind die Farbstoffaufziehgeschwindigkeit und das Farbstoffgleichgewicht *höher* als bei Fasern mit ausgeprägter Mantelstruktur.

---

[1] Marsh, J. T.: Theoretical and Practical Aspects of the Use of Resins for Crease-resistance. Textil-Rundschau (St. Gallen) **12**, 485 (1957).

[2] Elöd, E., H. M. Holz u. W. Graeser: Einfluß der Mikrostruktur auf die Knittereigenschaften von Regeneratzellulosefasern. Reyon, Zellwolle **1955**, H. 1, 11.

[3] Schramek, W. u. Helm: Kolloid-Z. **85**, 291 (1938).

[4] Elöd, E. u. Rauch: Melliand Textilber. **34**, 1 (1953). — Elöd, E.: Textil-Rundschau (St. Gallen) **4**, 117 (1949) u. **9**, 13 (1954).

[5] Zellwolltype (Thüringische Zellwolle, Schwarza/Saale), erhalten durch Verspinnen von überreifer Viskose nach dem Thieleschen Trichter-Streckspinnverfahren.

Nach E. Elöd und Kramer[1] finden sich ähnliche Erscheinungen auch bei der Knitterfestausrüstung von Viskosereyon. So vermindert sich bei zunehmender Dichte der Mantelschicht die *Menge des eingelagerten Kunstharzes.* Bei mantellosen Fasern (Cuprama) dringt das Kunstharz stärker in das Faserinnere ein. Dies stellten auch früher bereits Landells und Mitarbeiter[2] fest.

Der Verlauf der topochemischen Azetylierung zeigte ferner, daß *nicht-behandelte Viskosefasern* rascher topochemisch azetyliert werden, während vorher *kunstharz-behandelte* Viskosefasern hierzu lange Zeit benötigen. Diese starke Verminderung der Azetylierungsgeschwindigkeit dürfte nach E. Elöd als Ursache die *Blockierung der reaktionsfähigen Stellen der Zellulose* durch das eingelagerte Kunstharz haben.

*Nicht-behandeltes Kupferreyon* ließ sich schneller azetylieren als *nicht-behandeltes* Viskosereyon. Nach der Behandlung mit Kunstharz trat das umgekehrte Verhältnis ein, da das Kunstharz bei Kupferreyon in höherem Ausmaß als bei Viskosereyon die locker gepackten Außenzonen besetzt. Daher wird der Diffusionsvorgang beim Azetylieren durch die stärker beladenen Außenzonen der Kupferfasern in höherem Ausmaße blockiert als bei Viskosefasern.

E. Elöd (loc. cit.) zeigte ferner, daß durch *geeignete Wahl der Spinnbedingungen, und zwar durch Verminderung der Spinngeschwindigkeit* (nicht durch Vergrößerung der Schlepplänge beim Spinnen!), eine Viskosefasertype resultieren kann, die eine ausgeprägte Mantelzone aufweist. Durch diese Maßnahme hat die Regeneratzellulose im Fällbad entsprechende Zeit, mittels Nebenvalenzkräfte eine Parallellagerung und bessere Orientierung der noch beweglichen, abgebauten Zelluloseketten zu erreichen. Solche Fasern zeigen im nicht-behandelten (nicht mit Kunstharz ausgerüsteten) Zustand bessere Knitterfestigkeitswerte als mantellose, mit Kunstharz ausgerüstete Fasern. Das hier aufgezeigte Spinnverfahren hatte nur akademisches Interesse und ist für die Praxis nicht anwendbar!

Die in den letzten Jahren stark aufkommenden *neuen Reyon- und Zellwolltypen* zeigen aber hinsichtlich der Naßfestigkeit und des Quellwertes beachtliche Verbesserungen.

In späteren Jahren ermittelte G. S. Park[3] mit Hilfe der autoradiographischen Bestimmung die Verteilung von *mit Tritium behandelten Harnstoff-Formaldehydharzen* in verschiedenen Viskosefasertypen.

Die Autoradiographien der Querschnitte der ausgerüsteten Fasern zeigten, daß

*Hochfeste Reyon* (®[4] Tenasco, Courtaulds Ltd.) im Faser*mantel* weniger Harz enthielt als im Faserkern;

eine „*Ganzmantel*“*-Stapelfaser* (® Durafil, Courtaulds Ltd.) weniger Harz enthielt im Vergleich zu

einer *Viskosestapelfaser* mit *dünnem* Mantel (® Fibro, Courtaulds Ltd.).

In einer *gekräuselten Zellwolle* wurde die Harzverteilung differenzierend gefunden, nämlich die von einem *dünnen Mantel* eingeschlossenen „Lappen“ enthielten *mehr* an Harz als die „Hauptteile“, welche einen *dicken* Fasermantel aufwiesen.

---

[1] Elöd, E. u. Kramer: Textil-Praxis **6,** 52 (1951) u. **7,** 623 (1952).

[2] Landells, Mhatre u. Narasinham: J. Text. Inst. **29,** T 148 (1948).

[3] Park, G. S.: Autoradiographische Bestimmung der Verteilung von Harnstoffharz in regenerierten Zellulosefasern. J. Soc. Dyers Col. **78,** 451 (1962).

[4] ® = registrierter Handelsname.

### Weitere Untersuchungen und theoretische Überlegungen über die Bindungen von Kunstharzen an Zellulose unter Miteinbeziehung der Reactantharztypen für Baumwollgewebe

Die Methylolverbindungen der Ausgangskörper von ringförmigen Reactantharztypen

$$\begin{array}{l} HO \cdot CH_2-N- \\ \quad\quad\quad\quad | \\ \quad\quad\quad\; CO \quad \boxed{R} \\ \quad\quad\quad\quad | \\ HO \cdot CH_2-N- \end{array} \qquad \boxed{R} \text{ ist z. B. } \begin{array}{c} -CH_2 \\ | \\ -CH_2 \end{array} \quad \text{oder} \quad \begin{array}{c} -CH_2 \\ | \\ X \\ | \\ -CH_2 \end{array}$$

$$X = {>}CH_2, \; {>}N-CH_3 \text{ oder } -O-$$

bei denen die Wasserstoffe der NH-Gruppen besetzt sind, können unter normalen Bedingungen nicht mehr zu dreidimensionalen, unlöslichen Endharzen kondensiert werden. Es wird angenommen, daß diese methylolierten, ringförmigen Verbindungen mit den OH-Gruppen der Zellulose unter Ausbildung von Brücken mit kovalenten Bindungen an die Zellulosemoleküle reagieren.

Walter und Mitarbeiter[1] suchten bei dem typischen Vertreter dieser Reactantharze, nämlich *Dimethylol-Äthylenharnstoff*, nachzuweisen, daß dieser *nicht* befähigt ist, zu einem dreidimensionalen Endharz zu kondensieren, also *nicht* vorzugsweise in sich vernetzen würde. Die Autoren stützen die neueren Anschauungen über die Entstehung chemischer Bindungen solcher Reactantharze mit den Zelluloseketten durch folgende Experimente:

Wird die „Substanz" *Dimethylol-Äthylenharnstoff allein* in Gegenwart von $H^+$-Ionen oder $H^+$-Ionen bildenden Substanzen (wie Weinsäure, Diammonphosphat oder Magnesiumchlorid) 10 bis 30 Minuten auf 160° C erhitzt, so resultiert ein *glasartiges Polymer*, welches *wasserlöslich* ist. Wird aber *Dimethylol-Äthylenharnstoff in Gegenwart von Zellulose* bei gleichen Reaktionsbedingungen kondensiert, so entsteht eine *wasserunlösliche Verbindung*. Daher kann im letzteren Falle ein wasserunlösliches Polymerisat nur durch eine chemische Bindung an den OH-Gruppen der Zellulose, wahrscheinlich in Form einer Ätherbindung, entstanden sein und daher muß bei dieser Ausrüstung eine Zellulosevernetzung eingetreten sein.

Längere Zeit war aber nicht klar, in welcher Weise das Kunstharz an die Zellulosefaser gebunden wird. Man diskutierte auf der einen Seite Protonenbrückenbildung (I) und auf der anderen Seite eine kovalente Bindung der linear kondensierten Produkte an die Faser (II):

$$\boxed{\text{Cell}}-O\overset{H}{\underset{H}{\rightleftharpoons}}O-CH_2-\underset{CH_2-}{N}-CO-\underset{-CH_2}{N}-CH_2-O\overset{H}{\underset{H}{\rightleftharpoons}}O-\boxed{\text{Cell}} \qquad \text{(I)}$$

$$\boxed{\text{Cell}}-O-CH_2-N\overset{CO}{\underset{CH_2-CH_2}{\diagup\diagdown}}N-CH_2-\Big[\cdots\cdots\Big]_X-CH_2-N\overset{CO}{\underset{CH_2-CH_2}{\diagup\diagdown}}N-CH_2-O-\boxed{\text{Cell}} \qquad \text{(II)}$$

[1] Walter, H. C., J. K. Buxbaum u. L. Qu. Quen: Über den Mechanismus des Knitterwiderstandes, der auf Geweben aus Zellulosefasern durch Behandlung mit Dimethylol-Äthylenharnstoff entsteht. Tex. Res. J. **27**, 146 (1957).

Eine typische Bildung von *unlöslichem („in sich vernetzenden") Kunstharz* soll dabei aber nicht eintreten; es sollen nur *lineare Polykondensate* entstehen. Darauf wird auch der weiche Griff des ausgerüsteten Baumwollgewebes zurückgeführt.

Die *in der Literatur oftmals unterschiedlichen Angaben* dürften darauf beruhen, daß Dimethylol-Äthylenharnstoff *in reiner Form* ein ausgezeichnetes Reactantharz ist, doch die *im Handel befindlichen Präparate* mehr oder weniger unrein sind und daher in ihrer Zusammensetzung und Wirksamkeit stark schwanken können.

Metha und Mody[1] bestätigten einige Jahre später die Angaben von Walter und Mitarbeiter, nämlich, daß Dimethylol-Äthylenharnstoff in Gegenwart eines sauren Katalysators *„mit sich selbst"* reagiert, wobei eine *glasartige, wasserlösliche Masse* resultiert. Erfolgt aber die *Reaktion mit Zellulose*, so ist das Polymer *nicht mehr wasserlöslich* und ist die *behandelte Baumwollfaser in Kuoxam unlöslich.* Dimethylol-Äthylenharnstoff soll nach den Autoren ein *lineares* Polymer bilden, welches sich durch Kondensation mit der Zellulose vernetzt.

Bei *milden Kondensationsbedingungen* wurde ein Molekül Wasser unter Bildung von Methylenäther-Brücken zwischen zwei Dimethylol-Äthylenharnstoff-Molekülen abgespalten; unter *schärferen Bedingungen* wird gleichfalls ein Molekül Wasser abgespalten und gleichzeitig ein Molekül Formaldehyd unter Bildung von Methylen-Brücken.

Bei der *Reaktion von Dimethyol-Äthylenharnstoff mit Zellulose* entsteht nach den Autoren ein Polymer mit einem Durchschnittspolymerisationsgrad 2 bis 5, wobei der höhere Durchschnittspolymerisationsgrad den angewandten stärker sauren Katalysatoren entspricht. Auffallend ist die Tatsache, daß ohne Mitverwendung eines Katalysators etwa 3% Kunstharz von der Zellulose aufgenommen wird, wobei aber *keine* Verbesserung der Knitterfestigkeit eintritt.

S. H. Foster[2] berichtete über eine einfache Beziehung zwischen den Eigenschaften ausgerüsteter Baumwollgewebe und der angewandten Festsubstanz (Kunstharz). Der Autor suchte die Ursache dafür zu finden, daß ein *Maximal*gehalt von 11 bis 12% an zyklischen Äthylenharnstoffharz für den Effekt am günstigsten wäre.

Wird nach H. Mark[3] angenommen, daß die Zugänglichkeit (= Gehalt an amorpher Substanz in Baumwolle!) 44% beträgt, so läßt sich nach S. H. Foster berechnen, daß auf 1 Mol Kunstharz 3,8 akzessible Glukosereste kommen. Setzt man eine *Brückenbildung zwischen den Zelluloseketten* voraus, so kommt diese Zahl überraschend nahe an eine *kovalente Bindung pro 1 Paar Zelluloseeinheiten* in dem „zugänglichen" amorphen Bereich. Das heißt mit anderen Worten: Eine Methylol-Gruppe ist mit jeder Zellubiose-Gruppe im amorphen Bereich in Reaktion getreten, somit also 1,12 Methylol-Gruppen je Zelluloseeinheit.

Bei veräthertem (methyliertem) Trimethylol-Melamin liegen nach S. H. Foster (loc. cit.) andere Verhältnisse vor. Bei einer für den günstigsten Effekt *maximalen* Kunstharzaufnahme von 14% beträgt hier das Verhältnis von Methylol-Gruppen zu Zelluloseeinheiten 1,22. Daher kann nach dem Autor angenommen werden, daß hier alle drei Methylol-Gruppen an der Seitenkettenreaktion teilnehmen, also sich in diesem Falle wie „Reactants" verhalten sollen.

[1] Metha u. Mody: Reaction of Dimethylene Urea with Cotton. Text. Res. J. **30**, 532 (1960).

[2] Foster, S. H.: Eine einfache Beziehung zwischen den Eigenschaften von „harz-ausgerüsteten" Baumwollwaren und den angewandten Harzmengen. Text. Res. J. **27**, 129 (1957).

[3] Mark, H. u. Mitarbeiter: Rate of Exchange of Cellulose with Heavy Water. J. Amer. Chem. Soc. **70**, 1107 (1948).

J. G. Frick u. a.[1] untersuchten später gleichfalls den *Einfluß der Zahl der Brückenbildungen.* Hierzu wurden Baumwollgewebe mit Dimethylol-Äthylenharnstoff, Dimethylol-Harnstoff und Formaldehyd in Gegenwart eines Säurespenders (Zinknitrat) ausgerüstet. Zum Vergleich wurde ein Gewebemuster mit dem Katalysator in gleicher Weise behandelt. Aus den analytischen Daten wurde der *Vernetzungsgrad* (= Zellulosesubstitution) berechnet und als *Zahl der Querbindungen pro Glukoseeinheit* ausgedrückt. Alle drei Verbindungen ergaben bei maximalem Knittererholungswinkel eine Substitution von ungefähr 0,04 bis 0,05 Querbindungen pro Glukoseeinheit.

Dimethylol-Harnstoff und zykl. Dimethylol-Äthylenharnstoff ergaben ein fast identisches Verhältnis von Knitterwinkel zu Vernetzungsgrad.

Parallel mit der Erhöhung des Knittererholungswinkels nahm der Elastizitätsmodul zu und die Dehnung ab. Der Abfall der Reiß- und Weiterreißfestigkeit wurde auf die Vernetzungsreaktionen sowie auf einen Zelluloseabbau (hervorgerufen durch den sauren Katalysator) zurückgeführt.

An Hand der wesentlichsten Literatur über die Theorien betreffend des Vernetzens von Polymeren einschließlich von Kautschuk wiesen J. L. Gardon und R. Steele[2] darauf hin, daß sich die hierbei gewonnenen Erkenntnisse recht gut auf die bei der Knitterfreiausrüstung von Zellulose sich abspielenden Vernetzungsreaktionen übertragen ließen. Die Unterschiede zwischen Zellulose und den anderen Polymeren ergeben sich aus der polaren Struktur der Zellulose. Vernetzungen erhöhen die elastischen Eigenschaften der Zellulose. *Optimale Knitterfreiheit ist nur dann zu erwarten, wenn die Zellulose vernetzt wird.* Die Autoren schätzten die *Zahl der intermolekularen Bindungen in kunstharzausgerüsteter Baumwolle und Reyon* ab und zeigten, daß hierfür *eine intermolekulare Bindung pro 25 Glukosemoleküle* völlig ausreichen würde. Diese Angaben decken sich mit denen von Frick u. a. (loc. cit.).

W. Rümens[3] stellte die Strukturformeln der Reactantharz-Typen (I, II und III) den eigentlichen Kunstharzbildnern (IV und V) gegenüber:

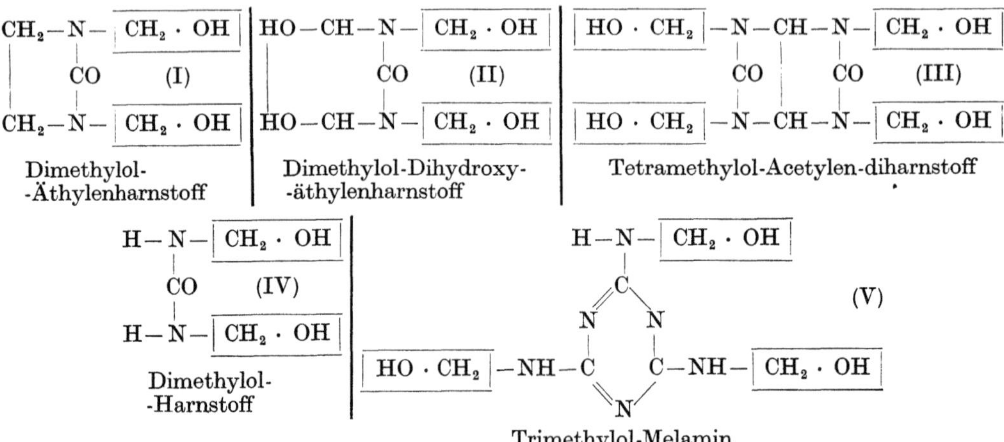


[1] Frick, J. G. jun., B. A. K. Andrews u. J. D. Reid: Effects of Cross-linkage in Wrinkle-resistant Cotton Fabrics. Text. Res. J. **30**, 495 (1960).

[2] Gardon, J. L. u. R. Steele: Einige theoretische Betrachtungen zur Zellulosevernetzung. Text. Res. J. **31**, 160 (1961).

[3] Rümens, W.: Über die Anwendung neuer chemischer Verbindungen für die Hochveredlung von Geweben aus Zellulose. SVF (Fachorgan f. Textilveredlung) **13** (1), 10 (1958) u. Melliand Textilber. **39** (3), 300 (1958).

Die N-Atome der Reactantharztypen (I, II und III) können nur *eine* Methylol-Gruppe aufnehmen, auch ist der Methylol-Gruppe in diesen Verbindungen kein frei bewegliches (also substituierbares) H-Atom benachbart. Im Gegensatz hierzu sind die Verbindungen (IV) und (V) ausgesprochene Kunstharzbildner, vernetzen also vorzugsweise „in sich" zu drei-dimensionalen, unlöslichen Kunstharzen und bewirken *keine* kovalente Zellulosevernetzung.

Nun hat die *lineare Methylol-Verbindung des Diamids der Adipinsäure*

$$\boxed{HO \cdot CH_2} - NH - CO - (CH_2)_4 - CO - NH - \boxed{CH_2 \cdot OH}$$

ebenfalls an den Amidstickstoffen neben der Methylol-Gruppe ein frei bewegliches H-Atom. Van Bochove und Schuringa[1] haben nun festgestellt, daß diese Verbindung vorwiegend mit den OH-Gruppen der Zellulose reagiert, also vernetzend wirkt.

Daher ist es nach W. Rümens (loc. cit.) nicht möglich, bei Aminoplasten (wie z. B. Dimethylol-Harnstoff) mit der Methylol-amidgruppierung

$$\underset{\substack{\| \\ O}}{-C}-\underset{\substack{| \\ H}}{N}-\boxed{CH_2 \cdot OH}$$

an Hand des konstitutionellen Aufbaues eine Aussage zu machen, ob solche Verbindungen in der Zellulosefaser dreidimensionale Kunstharze ausbilden oder mit den OH-Gruppen der Zellulose kovalente Bindungen unter Brückenbildung eingehen. Es kann aber mit Sicherheit angenommen werden, daß außer der aktivierten Methylol-Gruppe (durch das frei bewegliche H-Atom!) noch *andere Faktoren*, wie z. B. die *sterische Anordnung der Methylol-Gruppe, der Abstand voneinander und das Dipolmoment* von wesentlicher Bedeutung sind, ob eine Kunstharzbildung oder Zellulosevernetzung eintritt. W. Rümens weist in diesem Zusammenhang auf die Arbeiten verschiedener Autoren hin[2].

*Sterische Faktoren* können bei der Bildung chemischer Verbindungen eine große Rolle spielen. So geht z. B. Borsäure mit phenolischen OH-Gruppen nur dann eine Komplexverbindung ein, wenn die OH-Gruppen mit den C-Atomen, an denen sie hängen, in einer Ebene liegen. Liegt aber eine Transstellung um die $-C=C-$Bindung in der Molekülhälfte vor, so ist das Verhalten der Borsäure zu diesen OH-Gruppen negativ.

Im gewissen Sinne könnte nach W. Rümens diese Anschauung auch als *Erklärung für das unterschiedliche Verhalten von Aminoplasten und von langkettigen N-haltigen Verbindungen*, wo in beiden Fällen die Methylol-Gruppen durch ein noch frei bewegliches H-Atom aktiviert sind, einerseits für die Neigung zur Kunstharz-Bildung und andererseits für die Neigung zur Bildung von Querbindungen zwischen den Zelluloseketten herangezogen werden.

W. Rümens weist noch darauf hin, daß es auch Verbindungen gibt, welche eine *Mittelstellung* einnehmen, also gleichzeitig Kunstharz-Bildung und Zellulosevernetzung bewirken, wie z. B.:

$$\boxed{HO \cdot CH_2} - NH - \underset{\substack{\| \\ O}}{C} - O - (CH_2)_4 - O - \underset{\substack{\| \\ O}}{C} - NH - \boxed{CH_2 \cdot OH}$$

*Dimethylol-Butandiol-urethan*

[1] Van Bochove u. Schuringa: Textil-Rundschau (St. Gallen) **9**, 451 (1954).

[2] Vant'Hoff: Lagerung der Atome im Raum, 3. Aufl., 1908, S. 90. — Boeseken: Z. phys. Chem. **113**, 338 (1924), Chem. Ber. **58**, 268 (1925) und Z. anorg. Chem. **142**, 399 (1925). — Rosenheim u. Vermehren: Chem. Ber. **57**, 1341 (1924). — Hermans: Z. anorg. Chem. **142**, 107 (1925).

W. Bandel[1] stellte *Infrarotspektrogramme* her von Zellulosehydratfolien (mit etwa 5 bis 8 $\mu$ Dicke, gewonnen aus Viskose), sowohl in reiner Form als auch ausgerüstet mit Harnstoff-Formaldehyd- und Melamin-Formaldehydharzen wie auch mit Polyacrylsäure- und Polyvinylkunststoff und weiters auch mit Formaldehyd allein und einem Reactant (Epoxydverbindung Eponite 100/Shell) unter Mitverwendung entsprechender Säurespender. Weiters wurden auch Absorptionskurven der reinen kondensierten Kunstharze, als Preßlinge feinverteilt in KBr, angefertigt.

Die ausgerüsteten Folien wurden ferner noch einer zehnmaligen Seifenwäsche unterzogen und wiederum mit dem registrierenden Leitz-Doppelstrahlspektrographen gemessen.

Im Gegensatz zu anderen Autoren[2] gelang es W. Bandel *nicht*, bei einer normalen Ausrüstung mit Harnstoff- und Melamin-Formaldehydharzen wie auch mit Polyacrylsäure- und Polyvinylkunststoffen mit Hilfe des IR-Spektrums eine chemische Bindung des Harzes an Zellulose nachzuweisen.

*Eindeutig* konnte aber W. Bandel eine chemische Verkettung des Formaldehyds und der Epoxyverbindung mit Zellulose, insbesondere über eine O-Brücke der freien OH-Gruppen, zeigen.

E. E. Lineken und Mitarbeiter[3] beschrieben bei formalisierter Zellulose gleichfalls schon früher einen deutlichen Abfall der OH-Schwingungsbande bei 3 $\mu$.

Folien, ausgerüstet mit Harnstoff-Formaldehyd und mit Melamin-Formaldehyd, zeigten nach dem Waschen mit Seifenlösung, daß die Knittererholungswinkel stark abfielen, jedoch die IR-Spektren fast gleich blieben. Bei der Ausrüstung mit der Epoxyverbindung sind die Knitterwinkel gut waschbeständig. Der Verlauf der Spektralkurven der gewaschenen Folie ergab, daß durch das Waschen nur ein Teil der gebundenen OH-Gruppen wieder frei gemacht werden. Bei der formalisierten Folie weicht das Spektrum der gewaschenen Folie kaum vom ursprünglichen ab, d. h. die einmal gebildeten chemischen Bindungen können durch Waschen nicht gesprengt werden. Daher erscheint in bezug auf die *Beständigkeit der Knitterfesteffekte gegenüber Seifenwäsche* eine *chemische Bindung an Zellulose* eine wichtige Voraussetzung zu sein.

Durch das Waschen „hochveredelter" Gewebe wird der Harnstoff- bzw. Melamin-Formaldehydharzgehalt *nur unwesentlich* verringert und nur wasserlösliche Produkte, die nicht voll auskondensiert waren, werden herausgewaschen. Dagegen geht der Knitterfesteffekt *schnell* verloren! Zur Erhöhung der Waschfestigkeit der genannten Kunstharze ist es zur Zeit noch notwendig, den *Gehalt an Formaldehyd* zu erhöhen und somit gewisse andere Nachteile mit in Kauf zu nehmen[4].

Diese Beobachtungen von E. Pieper und W. Rümens konnte W. Bandel durch die IR-Untersuchungen bestätigen. Nach W. Bandel erscheint der mittels Harnstoff- und Melamin-Formaldehyd-Ausrüstung *primär* erzielte Hochveredlungsprozeß *mehr physikalischer* als chemischer Natur zu sein! Der gleichzeitig festzustellende *Rückgang des Quellwertes* muß somit aus denselben Ursachen heraus erklärt werden, d. h. durch die Ausrüstung werden sowohl die *intermicellaren Hohlräume* des Filmes oder der Faser ausgefüllt. Eine Behandlung

---

[1] Bandel, W.: IR-Untersuchungen an hochveredelten Zellulosehydratfolien. Melliand Textilber. **39** (2), 204 (1958).

[2] Becker, H. J.: Chem. Ber. **89** (7), 1593 u. 1951 (1956). — Cooke, T. F., J. H. Dusenbury, R. H. Kienle u. E. E. Lineken: Text. Res. J. **24** (12), 1015 (1954).

[3] Lineken, E. E., S. M. Davis u. C. M. Jorgensen: Text. Res. J. **26**, 940 (1956).

[4] Pieper, E.: Reyon, Zellwolle **1956**, 4. — Rümens, W.: Melliand Textilber. **37**, 441 (1956).

mit Wasser bei der Wäsche zerstört jedoch durch die Quellung der Zellulose das im amorphen Bereich durch die Ausrüstung gebildete *Harzgerüst*, und der Effekt geht verloren, *ohne* daß der Harzgehalt der Faser wesentlich verringert wird. Gelingt es jedoch, hydrophile Gruppen der Zellulose durch *höheren Aldehydeinsatz* auszuschalten und dadurch die Quellung der amorphen Bereiche herabzusetzen, so läßt sich auch eine höhere Waschfestigkeit der Ausrüstung erzielen.

Die vorstehend beschriebenen Untersuchungen führte W. Bandel mittels *Messungen in Kompensations*anordnung durch.

Unter Kompensationsanordnung wird dabei verstanden, daß bei Messung in den einen Strahlengang des Apparates der *leere*, in den anderen Strahlengang der *ausgerüstete Film* eingelegt wird, so daß im aufgenommenen Diagramm lediglich das *Differenz-IR-Spektrum* aufgezeigt wird. Es gelingt somit die Basis, d. h. den reinen Zellulosefilm, völlig auszuschalten.

Wie ausgeführt, können mittels Infrarotspektren die OH-Gruppen der Zellulose wie auch die des Kunstharzes festgestellt werden. Als Zellulosematerial wurden dünne, nur wenige $\mu$ dicke und hoch verstreckte Zellulosefolien verwendet, welche nach W. Bandel hinsichtlich ihrer inneren Struktur weitgehend der von normalen Regeneratzellulosefolien entsprechen.

Um die OH-Gruppen der Zellulose von denjenigen des eingebrachten Kunstharzes noch besser zu unterscheiden, hat W. Bandel[1] in einer weiteren Arbeit *Zellulosefolien mit schwerem Wasser deuteriert*, wobei als Trägergas Stickstoff verwendet wurde. Der Überschuß des schweren Wassers ($D_2O$) wurde abgetrieben und die Deuterierung bei einer Absorptionsbande von 4 $\mu$ gemessen. Weiters wurden auch Kunstharz-Vorprodukte mit dem entsprechenden Katalysator auf einer Silberchloridplatte kondensiert wie auch auf der Silberchloridscheibe deuteriert.

Zu der Methode bemerkt W. Bandel noch einschränkend, daß, wenn das Ausrüstungsmittel selbst freie OH-Gruppen mitbringt und diese beim Kondensieren des Harzes nicht oder nur teilweise abnehmen, nach dem angegebenen Verfahren eine Reaktion des Harzes mit der Zellulose durch ein IR-Spektrum *nicht immer eindeutig* nachgewiesen werden kann.

Die Kurvenbilder Abb. 3 zeigen, daß sowohl die *OH-Gruppen* als auch die *deuterierten Gruppen* (—OD) *nach* der Formalisierung sich verringerten. Die OD-Gruppen befinden sich bei Absorptionsbande 4 $\mu$. Dies deutet darauf hin, daß eine Anzahl von nicht-deuterierten und deuterierten OH-Gruppen mit Formaldehyd hauptvalenzmäßig reagiert haben.

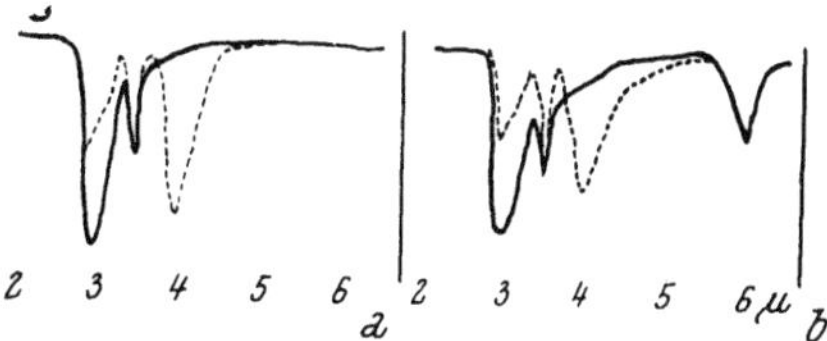


Abb. 3. IR-Spektrum a) einer reinen Zellulosefolie, b) einer mit Formaldehyd ausgerüsteten Folie; —— *vor* und ----- *nach* der Deuterierung.

W. Bandel hat ähnliche Ergebnisse bei mehreren Reactantharzausrüstungen gefunden. Bei z. B. Urethan-Formaldehyd- und Melamin-Formaldehydharz wurde aber *keine* Abnahme von deuterierten OH-Gruppen festgestellt.

---

[1] Bandel, W.: IR-Untersuchungen an hochveredelten Zellulosehydratfilmen. II.: Einsatz moderner Reactant-Typen an deuterierten Zellglasfolien. Melliand Textilber. **41,** 1391 (1960).

J. Rau[1] führt in einer *sehr eingehenden, instruktiven Studie über die Infrarotspektren der Textilfasern* aus, daß die Infrarotspektroskopie zum Studium der Formalisierung von Zellulose angewandt wurde (s. vorstehend) und um die Frage zu klären, ob Produkte, welche bei der Knitterfestausrüstung verwendet werden, mit der Zellulosefaser reagieren und echte Bindungen bilden oder ob sie eingelagert werden.

So zeigte R. Steele[2], daß Formaldehyd mit der Zellulose echte vernetzende Acetalbrücken bildet, und zwar mit jeweils nur einer $CH_2$-Gruppe in der Brücke. Dieses Ergebnis wird durch eine quantitative Auswertung der OH-Bandenintensität von formalisierten Zellulosefilmen gewonnen, wobei diese Intensität abnahm. Dies ist nur damit zu erklären, daß OH-Gruppen der Zellulose mit Formaldehyd reagiert haben.

Mit der Kompensationsmethode kann man solche Veränderungen an Filmen besonders deutlich feststellen. Wie früher erwähnt, bringt man in beide Strahlengänge des Spektrographen je eine Probe. Sind letztere gleich, so kompensieren sich die Absorptionsbanden und man erhält eine gerade Linie. Treten aber an einer Probe *neue* Absorptionsbanden auf, so enthält das Spektrum *nur diese*. Hat die Intensität einer Absorptionsbande *ab*genommen, so zeigt das Spektrum eine Bande in *entgegengesetzter Richtung* (Überkompensation). Bei formalisierten Zellulosefolien, bei denen auf diese Weise das Zellulosespektrum herauskompensiert wurde, zeigte sich eine Überkompensation der OH-Gruppe und zwei neue Banden bei 8,52 und 8,90 Mikron[3].

Die neu aufgetretenen Banden werden den C-O-C-Schwingungen der entstandenen *Acetalbrücken* zugeordnet. Mit der früher erwähnten Deuterierungsmethode konnte auch gezeigt werden, daß die Reaktion vorzugsweise in den *amorphen* Faserbereichen stattfindet denn das Spektrum der formalisierten Faser zeigte eine Abnahme der deuterierbaren, aber nur eine geringfügige Abnahme der *nicht* deuterierbaren OH-Gruppen[4].

J. Rau (loc. cit.) weist noch hin, daß es schwieriger ist, die Frage der Bindung an die Zellulosefaser bei den hauptsächlich angewendeten Ausrüstungsmitteln (Einlagerungs- und Reactantharze) zu klären. Es bringen nämlich die Methylolverbindungen der löslichen Kunstharzvorprodukte bereits schon OH-Gruppen mit, welche im Spektrum von den OH-Gruppen der Zellulose *nicht* zu unterscheiden sind. Die veröffentlichten Arbeiten geben für einige Ausrüstungsmittel ein positives Ergebnis an, während bei anderen wiederum die Frage einer kovalenten Bindung ungeklärt bleibt[5].

V. W. Tripp et al.[6] nahmen die IR-Spektren von Baumwollen auf, welche mit Kunstharzen, insbesondere Reactantharzen und Reactants, ausgerüstet waren. Untersucht wurden die Ausrüstungen der Dimethylol-Verbindungen von

---

[1] Rau, J.: Die Infrarot-Spektren der Textilfasern/Zellulosefasern. I: Melliand Textilber. **44** (10), 1102; II: ibid. 1197 (1963).

[2] Steele, R.: Text. Res. J. **25** (6), 545 (1955).

[3] Lineken, E. E., S. M. Davis u. C. M. Jorgensen: Text. Res. J. **26** (12), 940 (1956). — Bandel, W.: Melliand Textilber. **39** (2), 204 (1958).

[4] Bandel, W.: Melliand Textilber. **41** (11), 1391 (1960).

[5] Cooke, T. F., J. H. Dusenbury, R. H. Kienle u. E. E. Lineken: Text. Res. J. **24** (12), 1015 (1954). — Lineken, E. E. et al.: s. vorstehend. — Bandel, W.: s. vorstehend. — Ziifle, H. M., R. J. Berni u. R. R. Benerito: Text. Res. J. **31** (4), 349 (1961).

[6] Tripp, V. W., E. R. McCall u. R. T. O'Connor: Die Infrarotspektren von ausgewählten harzbehandelten Baumwollen. Amer. Dyestuff Rep. **52,** P 598—602 (1963).

Harnstoff, zyklischen Äthylenharnstoff, Äthyltriazinon, Äthylcarbamat, Hexahydropyrimidinon, Trimethylol-Melamin, Tris-(Aziridin)-phosphinoxid (APO), Divinylsulfon und Formaldehyd.

Nach den Autoren würden sich die beiden letzten Spektren nicht von dem der unbehandelten Baumwolle unterscheiden, so daß in diesen Fällen keine Zellulosevernetzung angenommen werden könne. Bei der Ausrüstung mit APO war eine Zellulosevernetzung nur bei Anwendung hoher Mengen nachweisbar.

Japanische Autoren[1] studierten die *Aktivierungsenergie bei der Kondensation zum Endharz unter verschiedenen Bedingungen* und ziehen hieraus Schlüsse über die Reaktion Kunstharz/Zellulose.

Die Aktivierungsenergie betrug bei der *Kondensation auf der Glasplatte* nur 8,82 kcal pro Mol und bei der *Kondensation auf Baumwolle* 18,85 kcal pro Mol. Diesen deutlich erhöhten Wert im letzteren Falle führen die Autoren auf eine *Reaktion mit der Zellulosefaser* bei der Kondensation zurück, während bei der Kondensation auf der Glasplatte nur eine Reaktion des Kunstharzes „mit sich selbst" möglich wäre.

R. Steele[2] suchte die *Abhängigkeit zwischen der lateralen* (seitlichen) *Ordnungsverteilung in der Faser und ihrer Zugänglichkeit für Wasser* bei der Quervernetzung von Zellulosefasern (Viskosereyon, modifizierte Reyon und Baumwolle) zu zeigen.

Schon früher sah J. A. Howsmon[3] die Feuchtigkeitsaufnahme von Zellulosefasern als ein Maß des durchschnittlichen Grades der lateralen Ordnung an.

R. Steele (loc. cit.) beobachtete, daß im *gequollenen* Faserzustand bei der Vernetzung, selbst wenn das Verhältnis von intra- zu intermolekularer Querbindung hoch ist, der hierbei resultierende *ausgedehnte* Faserzustand bei der Vernetzung die wasseraufnahmefähigen Anteile in Zellulose vergrößert. Diese zunehmende Zugänglichkeit ist nach dem Autor für die *höhere Naßknittererholung* verantwortlich.

Über das Knitterverhalten *nicht-behandelter* Textilien und die Beziehung zur *Vernetzungshypothese* bringt J. T. Marsh[4] eine Studie. Er schließt aus der Diskussion bekannter Tatsachen (wie Messung des Knitterwinkels, mechanische Fasereigenschaften, chemische Konstitution der Faser, Einfluß der Orientierung der Micellen und Einfluß der Feuchtigkeit auf das Knittern), daß *bei allen Fasern* die Knitterfestigkeit am größten ist, wenn die Kettenmoleküle in willkürlicher Ordnung *miteinander verwickelt* sind und wenn der *Feuchtigkeitsgehalt* am geringsten ist.

Beides läßt sich durch die „*Vernetzungshypothese*" miteinander in Einklang bringen. Die *Feuchtigkeit lockert die Wasserstoff- oder Nebenvalenzbindungen in den amorphen Faserbereichen*, so daß die Elastizität der Faser sinkt. Unterschiede hinsichtlich der Knitterfestigkeit verschiedener Faserstoffe lassen sich dann mit der verschieden hohen Elastizität der Kettenmoleküle bzw. ihrer höheren Elemente erklären, welche bei Baumwolle gering ist.

---

[1] Iwasaki, Sh., H. Furusawa u. J. Fuzita: Über das Kondensieren von Harzausrüstungen. J. Soc. Text. Cell. Ind., Japan **15**, 754 (1959).

[2] Steele, R.: Text. Res. J. **30**, 37—45 (1960).

[3] Howsmon, J. A.: Text. Res. J. **19**, 152—161 (1949).

[4] Marsh, J. T.: Theorie der Knitterfestigkeit (unbehandelter Textilien). Text. Manufacturer **85**, 373 (1959).

J. G. Evans[1] beschreibt die *Vernetzung der Baumwolle im gequollenen Zustand mit Formaldehyd,* wobei letzteres als *Modellsubstanz* für alle anderen Vernetzungsverfahren im gequollenen Faserzustand dienen kann.

*In dem Zustand,* in welchem die Baumwolle vernetzt wurde, wird auch die Faser *später wiederum entknittert.* Wird sie *im gequollenen Zustand vernetzt,* so *entknittert* das Gewebe auch *nur im nassen bzw. feuchten Zustand.*

Die *ältere Formalisierung der Viskosereyon* in der Hitze in Gegenwart eines Säurespenders nach Eschalier ergab hohe Knitterfestigkeit bei gleichzeitig großen Festigkeits- und Abrieb*verlust.* Für die Hervorbringung der Dimensionsstabilität *bei Reyon* war das Verfahren nützlich, jedoch untragbar *bei Baumwolle* wegen der Herabsetzung der physikalischen Eigenschaften.

Bei dem neuen *Naßverweilverfahren* wird Formaldehyd in verschiedenen Konzentrationen in Normal-Schwefelsäure bei 60° C gelöst, das Gewebe mit dieser Lösung foulardiert, eingerollt unter Abdeckung mit einer Polyäthylenfolie und für die vorgesehene Zeit und Temperatur (Zimmertemperatur bis 80° C) belassen. Nach dem Neutralisieren und Waschen war die Baumwolle *in Kuoxamlösung unlöslich.* Es resultierte eine hohe *Naß*knitterfestigkeit, jedoch *fast keine Trocken*knitterfestigkeitserhöhung. J. G. Evans zeigt noch die unterschiedlich resultierenden Effekte bei Änderung der Konzentration von Formaldehyd und Säure auf. Weiters erwähnt der Autor noch *andere bekannte Naßvernetzungsverfahren* sowie deren Vor- und Nachteile. Eine *kombinierte Ausrüstung im Zweistufenverfahren* (Naßvernetzung, folgende Kunstharzausrüstung unter Hitzekondensation) hat nach J. G. Evans wegen dem mit der Trockenknitterfestigkeit einhergehenden Festigkeitsabfall keine großen Vorteile.

W. Rüttiger[2] zeigte, daß man durch Vernetzung von Faserzellulose, unabhängig vom verwendeten Vernetzungsmittel, Zellulosefasergewebe mit einer guten *Naß-* und gleichzeitig *Trocken*knitterfestigkeit stets dann erhält, wenn die Zellulose im *entquollenen* Zustand vernetzt wird. Die Entquellung kann ganz unterschiedlich erreicht werden, wie z. B. daß das Gewebe *vor* der eigentlichen Vernetzung vorgetrocknet wird oder daß in nicht-wässerigen Lösungsmitteln gearbeitet wird oder daß durch Zusatz großer Mengen stark hygroskopischer Salze (wie $CaCl_2$) auch in wässerigen Lösungen der Zellulose das Wasser entzogen wird.

Bei einer Vernetzung im *gequollenen* Faserzustand resultieren Gewebe mit sehr guter *Naß*knittererholung, aber *ohne* eine verbesserte *Trocken*knittererholung. Das *quellende Mittel* kann hierbei ganz unterschiedlich sein; wesentlich ist, daß die Vernetzung in einer genügend gequollenen Zellulosefaser stattfindet. Beim Bel-O-Fast-Verfahren (Fa. Deering Milliken Corp.) wird ein mit starker Natronlauge vorbehandeltes Gewebe mit Epichlorhydrin behandelt. Weiters kann Zellulose in relativ starker Schwefelsäure (über 10%) bei Zimmertemperatur formalisiert werden.

Anhand des *Kraft-Dehnungsverhaltens* zeigte W. Rüttiger (loc. cit.), daß bei der Vernetzung der Zellulose im *entquollenen* Zustand mit der Verbesserung des *Trocken-* und *Naß*knittererholungswinkels gleichzeitig auch die *Elastizität der Fasern* erhöht wird.

Bei der Vernetzung im *gequollenen* Zustand der Fasern zeigen *nur nasse* Fasern eine Verbesserung der *elastischen* Eigenschaften.

---

[1] Evans, J. G.: Einige Entwicklungen über neue Ausrüstungen. Textil-Rundschau (St. Gallen) **16,** 634 (1961).

[2] Unterlagen in freundlicher Weise von Herrn Dr. W. Rüttiger erhalten. Nach einem Vortrag im Hauptlaboratorium der Badischen Anilin- und Sodafabrik Ludwigshafen/Rhein im September 1960.

Gewebe, die im *gequollenen* Zustand vernetzt wurden, fühlen sich im *nassen* Zustand „brettig" an und sind *viel steifer* als *un*behandelte und „entquollenvernetzte" Gewebe. Durch die *starke Quellung* werden die Fasern *in ihrer gegenseitigen Lage weitgehend fixiert*, so daß sie bei Beanspruchung der auf sie wirkenden Kräfte kaum ausweichen können und stark beansprucht werden. Wird die Belastung aufgehoben, dann sind genügend Kräfte vorhanden, um das Gewebe glatt zu richten, was die gute *Naß*knittererholung bewirkt.

Läßt man *monofunktionelle N-Methylol-Verbindungen* (wie Monomethylol-Formamid, Monomethylol-Acetamid, N-Methyl-N'-hydroxymethyl-Imidazolidinon-2) mit Zellulose reagieren, so erfolgt *keine* Verbesserung des Knittererholungswinkels[1].

Werden *nicht-faserreaktive Harze* in Zellulose eingelagert, so tritt nach Nuessle, Fineman und Heiges[2] im allgemeinen *keine* Verbesserung des Knittererholungswinkels ein.

Nach neueren Untersuchungen[3] bewirkt auch das *stark polare Polyacrylamid keine* Verbesserung der Knittereigenschaften; erst eine nachfolgende Behandlung mit Formaldehyd erhöht den Knittererholungswinkel beträchtlich.

Elektronenmikroskopische Untersuchungen an mit Monomethylol- als auch mit Dimethylol-Harnstoff ausgerüsteten Zellulosefasern zeigten nach H. Tovey[4], daß im ersteren Falle die Faser bei geeigneter Behandlung in Mikrofibrillen aufspaltbar ist, *nicht* aber bei der mit Dimethylol-Harnstoff behandelten Faser.

G. C. Tesoro[5] ließ *mono- wie auch bifunktionelle Vinylsulfon-Verbindungen* auf alkalisierte (gequollene) Baumwolle bei Zimmertemperatur einwirken.

*Vinylsulfon-Verbindungen*, wie z. B.:

Monofunktionell: $CH_3-CH_2-S(O_2)-CH_2-CH_2-N^{+}C_5H_5\ Cl^{-}$ [Mono-Pyridinium-Verbindung]

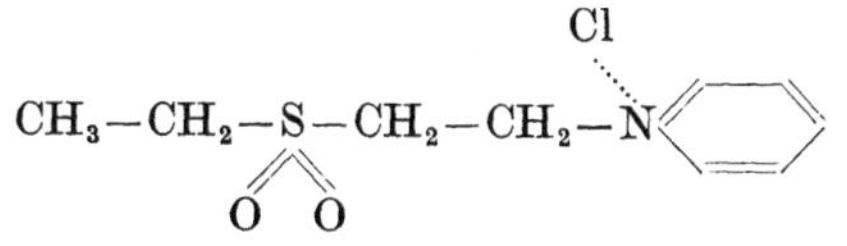

Bifunktionell: $C_5H_5N^{+}-CH_2-CH_2-S(O_2)-S-CH_2-CH_2-N^{+}C_5H_5$ (mit $Cl^{-}$, $Cl^{-}$) [Di-Pyridinium-Verbindung]

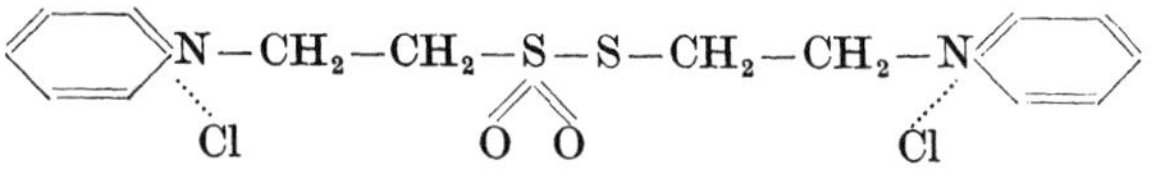

Die *monofunktionellen* Verbindungen ergaben *keine*, die *bifunktionellen* Substanzen eine gute Verbesserung der *Naß*knittererholung. Der Autor weist darauf hin, daß durch eine *alleinige Substitution* eines Zellulosemoleküls keinerlei Knittererholung eintritt, jedoch nur durch *Vernetzung der Zellulose* im alkali-gequollenen Zustand die *Naß*knittererholung bewirkt wird.

Weiters vernetzte G. C. Tesoro[6] Baumwollgewebe mit genau definierten *bifunktionellen Verbindungen unterschiedlicher Länge.*

---

[1] Buxbaum, W.: Text. Res. J. **27**, 146 (1957). — Frick, J. G. jr., B. A. Kottes u. J. D. Reid: Text. Res. J. **29**, 314 (1959). — Gagliardi, D. D., F. B. Shippee u. E. O. Heiges: Text. Res. J. **25**, 24 (1955).

[2] Nuessle, A. C., M. N. Fineman u. E. O. J. Heiges: Text. Res. J. **25**, 24 (1955).

[3] Kuhn, M., E. Hennige u. M. Sodnik; s. bei Bredereck, K.: Über die Knitterfestausrüstung von Cellulose. Melliand Textilber. **45** (12), 1381 (1964).

[4] Tovey, H.: Text. Res. J. **31**, 193 (1961).

[5] Tesoro, G. C.: Die Rolle der Vernetzung bei der Erhöhung der Naßknittererholung von Zellulosegeweben. J. appl. Polymer Sci. **5**, 721 (1961).

[6] Tesoro, G. C.: Die Vernetzung von Baumwollzellulose mit quaternären Ammoniumderivaten des Bis-Chlormethyläthers. Text. Res. J. **30**, 192 (1960).

Die Vernetzung der Zellulose wurde mit bis-quaternären Ammoniumverbindungen, und zwar mit *Derivaten des Bis-Chlormethyläthers von aliphatischen Glykolen* von folgender Struktur durchgeführt:

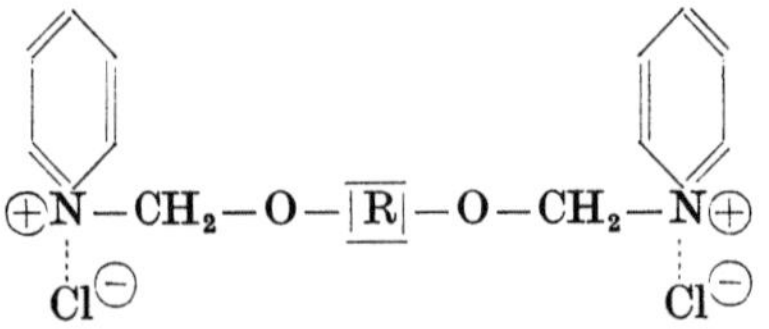

$$\oplus N-CH_2-O-\boxed{R}-O-CH_2-N\oplus \quad (Cl^\ominus \text{ an beiden Pyridinium-N})$$

$\boxed{R}$ (eingesetzt in die Formel):

$-CH_2-CH_2-$ (Äthylenglykol)
$-(CH_2)_2-O-(CH_2)_2-$ (Diäthylenglykol)
$-CH_2-(CH_2)_3-CH_2-$ (1,5-Pentan-diol)
$-CH_2-(CH_2)_8-CH_2-$ (1,10-Dekan-diol)

Die Baumwolle wurde mit diesen vier Reactants unter Abpufferung mit Natriumazetat umgesetzt, wobei als Nebenprodukt Pyridiniumhydrochlorid auftrat, welches als Säurespender (Katalysator) wirkte.

Der Autor stellte folgendes fest: Die resultierenden Knittererholungswinkel fielen befriedigend aus. Mit Hilfe dieser bifunktionellen Verbindungen war es möglich, die *Länge der zellulosevernetzenden Querbrücken* genau festzulegen, wobei das Molekulargewicht der vier reaktiven Substanzen von 0 bis 200 variierte. Daher war bei *Applikation gleicher Mengen an Vernetzungsmittel* auf das Gewebe die Gewichtszunahme bei der längerkettigen Dekan-diol-Verbindungen 2,3 mal größer im Vergleich zum Diäthylen-Derivat.

Wurden *äquimolekulare Mengen* der vier Mittel angewandt, so resultierten *gleich große* Knittererholungswinkel.

Nach dem Autor scheint jedoch ein Zusammenhang zwischen Reißfestigkeit und der *Kettenlänge des aliphatischen Glykols* (also mit der Länge der entstehenden Querbrücke) vorzuliegen, denn die bifunktionelle Verbindung, welche Dekan-diol eingebaut enthielt, wies *geringere* Festigkeitsverluste auf. G. C. Tesoro weist darauf hin, daß hiermit auch die Schlußfolgerungen früherer Autoren bestätigt würden. Letztere[1] führten auf Grund von Versuchsergebnissen bei Vernetzung der Zellulose mit Dimethylol-Diamiden aus, daß mit *Zunahme der in das Diamid eingebauten Methylenbrücken* die resultierenden Ausrüstungseffekte hinsichtlich der Festigkeitsverluste günstiger ausfallen würden.

Später bestätigte J. G. Roberts[2] die Beobachtung von G. C. Tesoro wiederum. Er rüstete Baumwollgewebe mit 1,3-Bis-(hydroxymethyl-Imidazolidinon-2) [I] und mit einer ähnlich aufgebauten Verbindung von etwa der doppelten Größe aus, nämlich mit

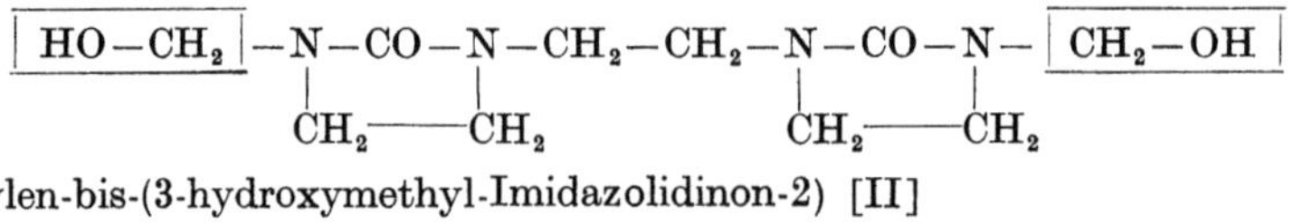

$$\boxed{HO-CH_2}-N-CO-N-CH_2-CH_2-N-CO-N-\boxed{CH_2-OH}$$
(jeweils beide N eines Ringes über $CH_2-CH_2$ verbunden)

1,1-Äthylen-bis-(3-hydroxymethyl-Imidazolidinon-2) [II]

Auf chemischem Wege wies der Autor nach, daß beide Verbindungen in gleicher Weise und im gleichen Umfang mit Zellulose reagierten. Gewebe, welche mit äquivalenten Mengen behandelt wurden, zeigten aber hinsichtlich der physikalischen Eigenschaften Unterschiede. So bewirkte Verbindung [II] einen geringeren Festigkeitsabfall als Verbindung [I].

Andere Arbeiten kommen aber zu einer gegenteiligen Anschauung.

---

[1] Van Bochove u. Schuringa: Textil-Rundschau (St. Gallen) **9**, 451 (1954).

[2] Roberts, J. G.: Vernetzte Baumwolle: Vergleich zwischen zwei Querbindungen mit verschiedener Länge. Shirley Inst. Mem. **37**, 12—33 (1964).

So rüsteten M. D. Hurwitz und L. E. Conlon[1] Baumwollgewebe mit Dialdehyden verschiedener Kettenlänge, wie Formaldehyd(-hydrat), Glyoxal, Glutardialdehyd und $\alpha$-Hydroxyadipindialdehyd unter Verwendung von Pyridinhydrochlorid als Säurespender knitterfest aus. In einer eingehenden Diskussion zeigten die Autoren, daß das Verhältnis von Knitterwinkelerholung zu Reiß- und Weiterreißfestigkeit mit *zunehmender Länge* der Acetal-Brücke *nur wenig* verbessert wird.

Ob *bifunktionelle reaktive Verbindungen* mit Zellulose eine *Vernetzung* bewirken und weiters, ob *diese Zellulosevernetzung* für die resultierenden Ausrüstungs*effekte entscheidend* wären, suchten D. D. Gagliardi und F. B. Shippee[2] zu klären.

Hierzu brachten sie Zellulosefasergewebe einerseits mit einer *reaktiven, bifunktionellen Verbindung*, andererseits mit einer *konstitutionell völlig ähnlichen, aber monofunktionellen Verbindung* zur Reaktion. Trotz *gleicher* Umsatzhöhe trat im letzteren Falle *keine* Verbesserung der Knitterfähigkeit ein.

Weiters wurden Zellulosefasergewebe mit einer bifunktionellen, reaktiven Verbindung in Gegenwart einer *Substanz mit alkoholischen Gruppen*, welch letztere mit den alkoholischen Gruppen der Zellulose *in konkurrierende Reaktion* treten konnten, ausgerüstet. Mit *zunehmender* Konzentration dieser Begleitsubstanz *verminderte* sich die Ausrüstungs*wirkung* und wurde in Gegenwart von nur 5% an Begleitsubstanz *völlig* aufgehoben.

Weiters schätzten die Autoren noch unter Berücksichtigung der Faserkristallinität (Reyon, Baumwolle, Leinen) die *Zahl* der für die Vernetzungsreaktion *zugänglichen OH-Gruppen der Zellulose* ab. Dieselbe ist wesentlich kleiner als die Gesamtzahl der vorhandenen Hydroxylgruppen. Die Zahl der zugänglichen OH-Gruppen nimmt in der Reihenfolge Reyon, Baumwolle, Leinen ab.

Nach Anschauung der Autoren ist die *Zahl der für die Vernetzungsreaktion zugänglichen OH-Gruppen* auch von der *Art des Vernetzungsmittels* abhängig. D. D. Gagliardi und F. B. Shippee versuchten diese Angaben noch experimentell zu bestätigen, indem sie die *Menge an Glyzerin* (und somit die Anzahl alkoholischer Gruppen) ermittelten, welche anwesend sein muß, um die Reaktion des Reactantharzes Dimethylol-Äthylenharnstoff mit Zellulose (Reyon-, Baumwolle- und Leinengewebe) aufzuheben, d. h. jeglichen Ausrüstungs*effekt* der betreffenden Zellulosefaser zu verhindern.

Die Zusammenhänge zwischen *Vernetzung der Zellulose* und den hieraus *resultierenden Effekten* wurde gleichfalls von K. Matschat[3] untersucht.

Muster von ein und demselben Baumwollgewebe wurden mit folgenden *bifunktionellen Verbindungen* jeweils zur Reaktion gebracht:

Bernsteinsäurechlorid $Cl \cdot CO-(CH_2)_2-CO \cdot Cl$
Adipinsäurechlorid $Cl \cdot CO-(CH_2)_4-CO \cdot Cl$
Sebacinsäurechlorid $Cl \cdot CO-(CH_2)_8-CO \cdot Cl$

Der *Umsetzungsgrad mit der Baumwollzellulose* wurde mit Hilfe der Verseifungszahl errechnet.

[1] Hurwitz, M. D. u. L. E. Conlon: Dialdehyde zur Quervernetzung von Baumwolle. Text. Res. J. **28,** 257–262 (1958).

[2] Gagliardi, D. D. u. F. B. Shippee: Vernetzungsreaktionen in Zellulosefasern. 1. Mitt.: Organische Chemie, Heterogenität und Phänomene der Zugänglichkeit. Text. Res. J. **31,** 316 (1961).

[3] Matschat, K.: Untersuchungen über Zusammenhänge zwischen chemischer Verknüpfung und Hochveredlung. Textil-Rundschau (St. Gallen), **16,** 580 (1961).

K. Matschat führt als *Ergebnis* dieser sehr instruktiven Untersuchung an:

1. Die Baumwollgewebemuster zeigen nach der Umsetzung mit den angegebenen bifunktionellen Verbindungen:
Eine verbesserte *Naß*knittererholung,
einen verminderten Quellwert (Wasserrückhaltevermögen) sowie
eine geringere Reißfestigkeit.

2. Bei *gleichem molarem Umsetzungsgrad* werden die anwendungstechnischen Gewebedaten durch Sebacinsäurechlorid *stärker verändert* als durch Bernsteinsäure- und Adipinsäurechlorid.

3. Jedem *Trocken*knittererholungswinkel entspricht eine *bestimmte* Reißfestigkeits*abnahme*. Letztere ist von der *Kettenlänge* des Dicarbonsäurechlorids *unabhängig*.

Mit den erzielten Reaktionen werden die *Endwerte* der *Trocken*knittererholungswinkel aber *nicht* erreicht.

In früheren Jahren versuchten Gagliardi und Nuessle[1] *flexible Querbrücken* zur Verminderung von Dehnungs- und Scheuerverlusten einzubauen und berichteten auch über einen diesbezüglichen Erfolg. Die Resultate von K. Matschat bestätigen dies *nicht*.

4. Ganz anders sind die Verhältnisse bei der *Naß*knitterwinkelerholung. Diese eilen anfänglich der *Trocken*knitterwinkelerholung voraus und erreichen bereits bei *mittleren* Vernetzungsgraden den *Endwert*.

K. Matschat hat zum Vergleich das gleiche Baumwollgewebe noch mit *monofunktionellen*, nicht vernetzend wirkenden Verbindungen zur Umsetzung gebracht. Angewandt wurden

| | |
|---|---|
| Azetylchlorid | $CH_3-CO-Cl$ |
| Caprylsäurechlorid | $CH_3(CH_2)_6-CO-Cl$ und |
| Stearinsäurechlorid | $CH_3(CH_2)_{16}-CO-Cl$ |

Der Autor fand überraschenderweise eine Verbesserung der *Trocken*knittererholung beim Baumwollgewebe, das mit *Stearinsäurechlorid* umgesetzt wurde.

R. Steele[2] weist auf die Tatsache hin, daß durch die Behandlung eines Baumwollgewebes mit Stearylchlorid nach K. Matschat eine Steigerung des *Trocken*knittererholungswinkels um 50° eintritt, wobei eine Vernetzung der Zellulose mit dieser monofunktionellen Verbindung unmöglich ist. Dieses Ergebnis würde der Vernetzungstheorie widersprechen. Daher sollte man nach Ansicht von R. Steele sich nicht ausschließlich auf die Vernetzungstheorie beschränken, sondern auch andere Ansichten und Hypothesen prüfen.

Auch J. B. McKelvey et al.[3] stellten fest, daß durch die Veresterung der Baumwolle mit langkettigen, *mono*funktionellen Säurechloriden (gelöst im Dimethylformamid) die *Trocken*knittererholung verbessert wird, und zwar nimmt letztere mit der Kettenlänge der Säurechloride ($C_8$ bis $C_{18}$) zu.

Die *ungesättigten* $C_{18}$-Säurechloride (Oleoyl- und Elaidoylchlorid) sind bei gleichem Substitutionsgrad im Vergleich zum gesättigten $C_{18}$-Säurechlorid wirksamer.

Aus den Untersuchungen (Infrarotspektren, elektronenmikroskopische Aufnahmen und Verseifungswerte) schließen die Autoren, daß bei den gewählten

---

[1] Gagliardi, D. D. u. A. C. Nuessle: Amer. Dyestuff Rep. **40**, 409 (1951).

[2] Steele, R.: Die Vernetzung der Cellulose. Amer. Dyestuff Rep. **54** (1), 19—25 (1965).

[3] McKelvey, J. B., R. R. Benerito u. R. J. Berni: Veresterung von Baumwolle mit gewissen monofunktionellen Säurechloriden und der Einfluß auf die Knittererholung. Text. Res. J. **35** (4), 365 (1965).

Versuchsbedingungen die Umsetzung mit den OH-Gruppen der Zellulose in der Faser an den Stellen geringer Ordnung erfolgt, die vorher dicht mit adsorbierten Wasser benetzt waren. Die gebundene Acylgruppe könnte man sich als einen Weichmacher vorstellen, welcher die Ausbildung von Wasserstoffbrücken zwischen den Zellulosemolekülen verhindert.

Die „*beste Knittererholung im trockenen Zustand*" wird nach R. Allscher[1] mit *kurzkettigen, niedermolekularen, bifunktionellen* Verbindungen als Quervernetzer erhalten. Diese Annahme wird durch eine Reihe von Autoren bestätigt. So resultieren nach Sommer und Linke[2] die besten Veredlungseffekte nur mit kurzkettigen Verbindungen (Äthylenimin-, vinylsulfon- und acrylamidgruppenhaltigen Verbindungen).

Das Gleiche zeigt die Untersuchung der Reaktion von Divinylsulfonamid mit Zellulose[3]. Ferner das Studium der Umsetzung der Zellulose mit gesättigten aliphatischen Dicarbonsäurechloriden[4], und auch die Vernetzung der Zellulose mit quaternären Ammoniumderivaten der Chlormethyläther zeigt ähnliche Ergebnisse[5].

Die gleichen Resultate ergaben sich nach R. Allscher (loc. cit.) bei Anwendung von *Polyformalen* und der *Molekülvergrößerung von N-haltigen Grundsubstanzen der Formaldehydkondensationsprodukte*. Diese verlieren mit zunehmender Molekülgröße die Eigenschaft, Knittererholung zu bewirken, und zeigen nur noch als *Schrumpffestmittel* befriedigende Effekte.

Durch das Studium der kommerziellen Methoden der Zellulosevernetzung kann der Beweis, daß tatsächlich eine Quervernetzung der Zellulose für die Knitterfestigkeitserhöhung nötig ist, nicht erbracht werden, da die chemischen Vorgänge der einzelnen Reaktionen nicht bekannt sind. Die Untersuchung der Reaktion von Ausrüstungsmitteln mit Modellverbindungen, wie Methyl-$\beta$-D-Glukose und $\beta$-Cellubiose hat nur begrenzten Wert, da nicht zu erwarten ist, daß diese Substanzen genau wie die Glukoseeinheiten in Zellulose reagieren, da diese ja durch das Vorhandensein von amorphen und kristallinen Regionen in ihrem Verhalten kompliziert werden. Weiters ist zu erwarten, daß schon sehr geringe Vernetzungsgrade der Zellulose (von der Größe einer von Glukoseeinheit auf 100 oder sogar 1000 Einheiten, gemäß der Molekülgröße) ganz bemerkenswerte Änderungen in den physikalischen Eigenschaften hervorrufen. Die Feststellung solch geringer Reaktionsbeträge mit Modellsubstanzen ist unmöglich.

Corbett und McCay[6] beschreiben zwei Methoden für die Einführung einer bekannten Zahl von Querbindungen in Zellulose.

Als erstes Verfahren wurde das von Engelmann und Exner[7] beschriebene verwendet, wonach *Zelluloseazetat-crotonat-Mischester durch Addition von Diaminen an den Doppelbindungen* querverbunden werden.

---

[1] Allscher, R.: Aktuelle Wege der Baumwollveredlung. Melliand Textilber. **43** (3), 274 (1962).

[2] Sommer u. Linke: Textil-Rundschau (St. Gallen) **16** (9/10), 622 (1961).

[3] Text. Res. J. **1961,** 84.

[4] Matschat, K.: Textil-Rundschau (St. Gallen) **16** (9/10), 580 (1961).

[5] Tesoro, C. G.: Text. Res. J. **30,** 192 (1960).

[6] Corbett, W. M. u. J. E. McCay: Eine neue Annäherung zur eindeutigen Bildung von Querbindungen in Zellulose und ihre Wirkung auf physikalische und mechanische Eigenschaften. Textil-Rundschau (St. Gallen) **16,** 513 (1961).

[7] Engelmann u. Exner: Makromol. Chem. **23,** 233 (1952).

$$-\left[\begin{array}{l} -O\cdot CO-CH=CH-CH_3 \\ \quad CH_3-CH=CH-CO\cdot O- \end{array}\right]- \;\longrightarrow\; -\left[\begin{array}{l} -O\cdot CO-CH_2-\underset{|}{CH}-CH_3 \\ \qquad\qquad\quad NH \\ \qquad\qquad\quad\; | \\ \qquad\qquad\quad\; R \\ \qquad\qquad\quad\; | \\ \qquad\qquad\quad NH \\ \qquad\qquad\quad\; | \\ \qquad CH_3-CH-CH_2-CO\cdot O- \end{array}\right]-$$

Quervernetzung von Zellulosecrotonat-Ester durch Diamine.

Der Grad der Vernetzung kann analytisch unter Verwendung von durch C-14-markierten Aminen bestimmt werden. Doch ergibt das beschriebene Verfahren, wie bei den meisten ähnlichen Methoden, sowohl zwischen- wie innermolekulare Bindungen, welche nicht analytisch differenziert werden können. Die zweite beschriebene Methode läßt nur zwischenmolekulare Bindungen resultieren. Der Grad der Ausbildung von Querbindungen kann durch Verwendung von markierten Verbindungen abgeschätzt werden. Hierzu wurde das Verfahren von Engelmann und Exner (loc. cit.) modifiziert, indem ein Zellulosederivat, welches primäre Aminogruppen enthielt, verwendet wurde. Die Zellulosecrotonat-Ketten können nun nicht mit sich selbst reagieren (unter Bildung von intramolekularen Brücken), sondern nur mit den Aminozelluloseketten unter Ausbildung von intermolekularen Brücken.

$$-\left[\begin{array}{l} -O\cdot CO-CH=CH-CH_3 \\ \qquad\qquad NH_2-\!-O- \end{array}\right]- \;\longrightarrow\; -\left[\begin{array}{l} -O\cdot CO-CH_2-CH-CH_3 \\ \qquad\qquad\qquad\quad | \\ \qquad\qquad\qquad NH-\!-O- \end{array}\right]-$$

Intermolekulare Vernetzung von Zellulosecrotonat mit Aminozellulose.

Der Grad der Quervernetzung in diesem System wurde durch Kohlenstoff-14-markierte Crotonat-Gruppen geschätzt.

Steiger, Wang und Hurwitz[1] untersuchten die *Relation zwischen Knittererholungswinkel und Festigkeitsabnahme* bei Baumwollgeweben nach Vernetzung mit Formaldehyd bzw. Glyoxal (als Reactants) und mit Dimethylol-Äthylenharnstoff (als Reactantharz).

Die Vernetzung der Baumwolle mit *Formaldehyd* wurde bei verschiedenen pH-Werten ($> 7$) mit Magnesiumnitrat katalysiert, wobei nachgewiesen wurde, daß ein Faserabbau durch Katalysatorsäure während der Formalisierung *nicht* eintreten konnte, daher also für die *Abnahme der Gewebereißfestigkeit nicht* in Frage kam.

Bei Verwendung von Zinknitrat wurde festgestellt, daß bei einem bloßen Tauchen des trockenen Gewebes die Katalysator*wirkung stark*, bei genügender Quellung des Gewebes aber *nur wenig* von der Katalysator*konzentration* abhängt.

Vergleichende Untersuchungen der Vernetzung von Baumwollgeweben mit *Glyoxal* einerseits und mit *Dimethylol-Äthylenharnstoff* andererseits ergaben, daß bei *gleicher* Höhe des resultierenden Knittererholungswinkels auch die *Abnahme* der Reißfestigkeit vergleichbar war, mithin von der *Kettenlänge des Vernetzungsmittels unabhängig* war und eine *unvermeidliche Begleiterscheinung der Vernetzungswirkung* darstellt.

---

[1] Steiger, Fr. H., St. Y. Wang u. M. D. Hurwitz: Änderungen in den physikalischen Eigenschaften von Baumwolle durch Vernetzung. Text. Res. J. **31**, 327 (1961).

Aus Untersuchungen betreff des *Verhältnisses* Knitterwinkel *trocken* zu *naß* wurde der Schluß gezogen, daß in beiden Fällen (*Naß*knittererholung und *Trocken*knittererholung) *verschiedene Faserbezirke* (bzw. verschiedene Hydroxylgruppen) der Baumwollzellulose für die Vernetzungsreaktion in Frage kommen würden.

S. J. O'Brien und W. J. van Loo[1] studierten die *Art und Weise der inner- und zwischenmolekularen* (inter- und intramolekularen) *Bindungen* bei knitterfest ausgerüsteten Baumwollgeweben.

Die Autoren stellten die *Theorie* auf, daß nur ein *kleiner Anteil* des angewandten Vernetzungsmittels *zwischenmolekulare Brücken* ausbildet, während der *größere Teil* desselben eine *innermolekulare Vernetzung* bewirken würde. Diese bei der Knitterfestausrüstung mit *Formaldehyd* gefundene Beziehung wurde nun auch bei einer Anzahl anderer Ausrüstungsmittel als gültig befunden, somit würde die von den Autoren postulierte Theorie allgemein auf Zellulose anwendbar sein.

Für die Untersuchung wurden folgende „zellulosevernetzende Mittel" eingesetzt:
N,N'-Dimethylol-Harnstoff;
1,3-Dimethylol-$\beta$-Hydroxyäthyl-hexahydro-triazinon-(2);
N,N'-Di-methoxymethyl-N''-methylol-Melamin;
Diglycidäther;
Glyoxal;
Glutardialdehyd;
1,3-Dichlorpropanol-(2);
N,N'-Dimethylol-N,N'-Äthylenharnstoff und
Tri-aziridino-phosphinoxyd.

Die *Struktur des Gewebes* soll nach den Autoren *wenig* Einfluß auf das Ergebnis haben.

Weiters würde eine *Cyanoäthylierung der Zellulose* (Behandlung mit Acrylnitril), welche einen Anteil von OH-Gruppen der Zellulose der Vernetzungsreaktion entzieht, *nichts* an den Tatsachen, auf welche die Theorie der Autoren fußt, ändern.

Eine ganz ähnliche Beziehung, wie diese für die *Trocken*knitterfestausrüstung gefunden wurde, würde auch für die *Naß*knitterfestausrüstung bestehen.

Beim *Vergleich von Regenerat- und Nativzellulose* zeigte sich, daß *Reyon* in Gegenüberstellung zu *Baumwolle* eine *geringere* Neigung zur Ausbildung von zwischenmolekularen Brücken hat.

Obgleich die *Zugänglichkeit* zu den Hydroxylgruppen der Zellulose für die vorstehend angeführten Vernetzungsmittel aus sterischen Gründen *verschieden* ist, ist der *resultierende Effekt* bei *gleichem molarem Umsatz* dennoch von der Art des Vernetzungsmittels *unabhängig*.

J. B. McKelvey et al.[2] behandelten Baumwollzellulose mit dem bifunktionellen Reactant Butandien-di-epoxid

$$\underbrace{CH_2{-}CH}_{O}{-}\underbrace{CH{-}CH_2}_{O}$$

bei *Raumtemperatur* unter Anwendung verschiedener Katalysatoren. Die Ergebnisse, kurz zusammengefaßt, waren:

---

[1] O'Brien, S. J. u. W. J. van Loo, jun.: Inner- und zwischenmolekulare Bindung bei der Reaktion von Knitterfestausrüstungen mit Zellulosegeweben. Text. Res. J. **31,** 340 (1961). — O'Brien, S. J. u. W. J. van Loo, jun.: Chemische Bindungen und Reaktionsgeschwindigkeiten bei der Knitterechtausrüstung von Baumwollgeweben. Text. Res. J. **32,** 292 (1962).

[2] MacKelvey, J. B., R. R. Benerito, B. G. Webre u. R. J. Berni: Die Zellulose-Butandien-di-epoxid-Reaktion und ihr Einfluß auf die Knitterfestigkeit von Baumwolle. J. Polymer Sci. **51,** 209 (1961).

1. Eine *langsame Reaktion* von Butadien-di-epoxid aus *unpolaren* Lösungsmitteln mit *alkali-vorbehandelten* Baumwoll*garnen* lieferte *Gewichtszunahmen*, welche a) der Aktivität der $OH^-$-Ionen (bei der Vorbehandlung) sowie b) der Reaktionszeit proportional waren.

2. Eine *langsame Reaktion* von Butandien-di-epoxid aus $CCl_4$-Lösungen mit Baumwoll*geweben*, vorimprägniert mit verdünnten Alkali-, Neutralsalz- oder alkalischen Salzlösungen, ergab sowohl gute *Trocken-* als auch *Naß*knittererholungswinkel.

3. Eine *schnelle Reaktion* von Butandien-di-epoxid mit Baumwollgeweben, herbeigeführt durch *konzentriertes Alkali* oder durch *erhöhte Temperatur*, führte zu einer ausgezeichneten *Naß-*, aber zu *keiner Trocken*knittererholung.

4. *Katalyse:* Die Reaktion von Butandien-di-epoxid wurde durch normale, $H^+$-Ionen-liefernde Substanzen *nur wenig* katalysiert. *Essigsäure* wirkte überhaupt *nicht* und *Schwefelsäure* ergab nur *mittelmäßige Naß*knittererholungswinkel.

Mit *Zinkfluoroborat* als Katalysator entstanden aus *methanolischen* Butadien-di-epoxid-Lösungen bei *höheren Temperaturen* (75 bis 125° C) unter Gewichtszunahmen von < 2% sowohl sehr gute *Naß-* als auch *Trocken*knittererholungswinkel.

5. Festgestellt wurde, daß bei Erhöhung des *Naß*knittererholungswinkel die *Reißfestigkeits*werte sich *nur wenig* änderten, während die Erhöhung des *Trocken*knittererholungswinkels zu einer *Abnahme* der Reißfestigkeit führte.

Aus den Versuchsergebnissen schließen die Autoren auf *physikalische Änderungen der Faserfeinstruktur*, welche den chemischen Vernetzungsreaktionen parallel verlaufen. Die *Erhöhung des Knittererholungswinkels* wird einer intermolekularen kovalenten Vernetzung der Zellulose-OH-Gruppen durch Butandien-di-epoxid zugeschrieben, insbesondere am $C_2$- und $C_6$-Kohlenstoff der Glukoseeinheiten. Die *Erhöhung der Naßknittererholung allein* führen die Autoren auf ein *Minimum an kovalenten Vernetzungsbrücken* sowie auf Hydroxyzelluloseäther von Butandien-di-epoxid oder dessen „Pfropfung" zurück.

E. Plötz[1] behandelte Baumwollgewebe, *ausgerüstet* 1. mit einem vornehmlich „in sich" vernetzenden Kunstharz (Dimethylol-Harnstoff), 2. mit einem Reactantharz (Dimethylol-Äthylenharnstoff) und 3. mit einem Zellulosevernetzer Formaldehyd, 40%ig) mit **20%***iger Natronlauge* bis zu 24 Stunden.

Schon früher wurden ähnliche Versuche von M. Reinhardt et al.[2], allerdings bei kurzer Einwirkungszeit (20 Minuten) durchgeführt, wobei nur eine geringe Abnahme der *Trocken*knittererholung festgestellt wurde.

Durch die hydrolysierende Wirkung der lang einwirkenden starken Natronlauge resultierte eine *starke Zunahme der Faserquellung* sowie ein *völliger Verlust* des *Trocken*knittererholungswinkels, während der *Naß*knittererholungswinkel praktisch *unverändert* blieb. Der Gehalt an Fasereinlagerung bzw. Vernetzungsmittel wurde hierbei nicht verändert.

Auf Grund dieser Ergebnisse weist E. Plötz darauf hin, daß die Effekte der *Trocken-* und *Naß*knittererholung auf *unterschiedlichen* Reaktionsmechanismen beruhen müssen, obwohl *beide Eigenschaften* durch die *gleiche* Behandlung der Baumwollzellulose resultieren können.

---

[1] Plötz, E.: Das Verhalten von harz-ausgerüsteter Baumwolle gegenüber Natronlaugelösungen. J. Text. Inst. Proc. **53,** P 51 (1962).

[2] Reinhardt, M., M. H. Kullmann, H. B. Moore u. J. D. Reid: Amer. Dyestuff Rep. **1958,** 758.

W. A. Reeves[1] versuchte bei der Kunstharz-Behandlung von Baumwolle den *Einfluß der Bindungsart* (Wasserstoff-Brücken, kovalente Bindung) *zwischen den Zelluloseketten* (in den Lamellen und Mikrofibrillen) auf die resultierende Knitterfreiheit (*Trocken*knittererholung) und den Wash-and-Wear-Eigenschaften (*Naß*knittererholung) zu erfassen.

Nur dann werden wirkliche Wash-and-Wear-Eigenschaften sowie eine gute Knitterfreiheit bei ausgerüsteten Baumwollgeweben erhalten, wenn sich *kovalente Bindungen* ausbilden können, wobei es noch weiters auf ihre Hydrolysenbeständigkeit in der Praxis ankommt. *Wasserstoff-Brücken* tragen lediglich im *trockenen* Zustand des Gewebes zu einem verbesserten Knittererholungsvermögen bei. Die allgemein üblichen Knitterfestmittel beruhen größtenteils auf *kovalentgebundenen* Querbindungen, jedoch können *Wasserstoff-Bindungen* beträchtliche Knittererholung bewirken, was für zukünftige Knitterfestprodukte nach Ansicht des Autors höchst wichtig werden kann.

*Hydrolyse kovalenter Bindungen:* Knitterfestausrüstungen, welche mit N-Methylolverbindungen hergestellt wurden, können entweder durch eine *saure* oder eine *basische* Hydrolyse von der Faser entfernt werden. Die *Art der substituierenden Gruppen*, welche am Carboxyl-C und am Amino-N hängen, beeinflußt die Leichtigkeit der Hydrolyse. Wenn die Gruppen *elektronenfreisetzende Gruppen* sind, vollzieht sich die *Säurehydrolyse* leichter. Wenn sie aber *elektronenanziehende Gruppen* sind, geht die Säurehydrolyse schwieriger vor sich. Die Produkte, welche gegen *Säurehydrolyse* resistenter sind, können durch *basische Hydrolyse* leichter entfernt werden.

Eine jeweilige *Bewegung oder Gleitung* der Strukturelemente der Baumwollfaser bewirkt Knitter*bildung*. Eine *Stabilisierung der Elemente durch Vernetzung* verleiht Knitter*erholung*. Querbindungen, die im *gequollenen Zustand der Faser* ausgebildet werden, ergeben *Naß*knittererholung, während *Naß*- und *Trocken*knittererholung erlangt wird, wenn die Faser in einem *verhältnismäßig eingeschrumpften Zustand* quervernetzt wird. *Lamellen* sind im Vergleich zu *Mikrofibrillen* verhältnismäßig leicht aufzutrennen (z. B. durch starkes Schlagen in Wasser). Da beide Arten der Strukturen sich auftrennen können, wird vernunftgemäß ein Gleiten in deren Bereichen erwartet. — *Dimethylol-Harnstoff* und ähnliche quervernetzende Mittel, appliziert durch das Klotz-Trocknungs- und Kondensations-Verfahren unter Mitverwendung eines latenten Säurekatalysators (Säurespenders), stabilisiert nach dem Autor *Lamellen und Mikrofibrillen*. Die Bildung von Querbrücken *zwischen* Lamellen ist in einer *hochgequollenen* Faser *weniger* wahrscheinlich als in einer *nicht-gequollenen* Faser, und zwar auf Grund des *sehr vergrößerten Abstandes zwischen den Lamellen* in der gequollenen Faser. In Ergänzung zu Obigem führt W. A. Reeves (loc. cit.) aus, daß *innerhalb* einer Mikrofibrille in den *Bereichen geringer lateraler Ordnung* ein Gleiten zwischen Zelluloseketten eintreten kann. Die *Notwendigkeit* von Querbindungen *innerhalb der Mikrofibrillen* wurde *nicht* nachgewiesen und mag nach W. A. Reeves nicht nötig sein, wenn *zwischen Lamellen und Mikrofibrillen* eine *genügende* Querbindung zustande kam.

E. J. Valkó und K. M. Limdi[2] konnten durch Imbibieren den Baumwollfaser mit quellenden, nicht in der Hitze flüchtigen Substanzen den „erweiterten"

[1] Reeves, W. A.: Einige Einflüsse der Natur der Brückenbildung auf die Eigenschaften von Baumwollware. J. Text. Inst. Proc. **53**, P 22 (1962).

[2] Valkó, E. J. u. K. M. Limdi: Quellungsvorgänge an Baumwolle, Behandlung mit Kunstharz und Aushärten bei hoher Temperatur. Text. Res. J. **32**, 331 (1962).

Zustand der Faser (ähnlich wie im wassergequollenen Zustand) auch in der Hitze aufrechterhalten, wodurch bei einer Reactantharzausrüstung eine *Naß*knitterfesterhöhung, jedoch *keine Trocken*knitterfestigkeit resultierte.

Das Baumwollgewebe wurde mit einer wässerigen Lösung des Dimethylol-Äthylenharnstoffs zusammen mit hohen Anteilen einer wasserlöslichen, hitze- und hydrolysierbeständigen und nicht-reagierenden Substanz (Monomethyläther des Tri- oder Polyäthylenglykols) und dem latenten Säurespender imprägniert und nach dem Trocknen der üblichen Hitzekondensation unterworfen.

Nach der Entfernung des imbibierten Wasseranteils und der Vernetzung der Zellulose lag die Faser durch das Einbringen der hitzebeständigen Äthylenglykoläther in einem „gequollenen" Zustand vor. In diesem Zustand mußte auch die Vernetzung erfolgen, so daß die bei hoher Temperatur vernetzte Baumwollfaser eine *hohe Naß-* bei gleichzeitig *niederer Trocken*knittererholung aufwies. Weiters trat auch keine Quellwertverminderung ein; das ursprüngliche Aufnahmevermögen für Feuchtigkeit und Wasser blieb erhalten.

Eine *Vormercerisierung* ohne Zwischentrocknung vergrößerte die Effekte.

Diese sehr wesentliche Arbeit von E. J. Valkó bringt den Beweis, daß, wenn die Baumwollfaser auch *bei hohen Temperaturen* in einem „geöffneten" Zustand (ähnlich einer Wasserquellung) verblieb, nur eine *Naß*knittererholung bei Erhalt des ursprünglichen Quellungsvermögens resultiert. — E. J. Valkó ist nicht der Ansicht von W. A. Reeves (s. vorstehend), daß die Erhöhung der *Naß-* und *Trocken*knittererholung auf der Ausbildung von Vernetzungsbrücken in verschiedenen Bereichen der Faser beruht. Die Effekte könnten nach ihm befriedigend erklärt werden durch die Annahme, daß in *quervernetzten gequollenen* Fasern der durchschnittliche Abstand zwischen quervernetzten Molekülen *weiter* wäre als in *quervernetzten trockenen* (entquollenen) Fasern. Theoretische Betrachtungen und experimentelle Beobachtungen der Polymerchemie würden dies erklären. Z. B. könnten *Gummi-Gels mit verschiedenen Eigenschaften* erhalten werden, wenn Kautschuk in *Lösungen von verschiedener Konzentration* vulkanisiert wurde[1].

Über den *Einfluß der strukturellen Änderung von vernetzter Baumwolle auf die Dehnungserholung* berichtet die AATCC[2].

Baumwoll*garne* wurden unter verschiedenen Bedingungen mit Formaldehyd und Dimethylol-Äthylenharnstoff behandelt. Die hierbei eintretende Zellulosevernetzung ändert das Verhalten der Garne bei *Zugbeanspruchung* und *Dehnung*. Weiters findet eine Strukturveränderung statt, die mit dem Licht- und mit dem Elektronenmikroskop erkennbar gemacht werden kann.

| | Dehnungsmodul beim Benetzen: |
|---|---|
| Unbehandelte Baumwolle: | Verminderung derselben. |
| Quervernetzte Baumwolle: | Diese Verminderung wird geringer. |

Je stärker die Vernetzung, um so geringer ist die Quellung und um so geringer ist auch die Veränderung des Dehnungsmoduls.

Die *Dehnungserholung von Baumwollgarnen* steht eng in Beziehung zur *Knittererholung des Gewebes*. Behandlungen, welche die Dehnungserholung verbessern, bedingen auch eine Erhöhung der *Trocken*knittererholung.

---

[1] Diskussion bei Vortrag von W. A. Reeves: J. Text. Inst. Proc. **53,** P 22—36 (1962).

[2] *American Association of Textile Chemists and Colorists (Gulf Section):* Dehnungserholung und Strukturmodifikation von quervernetzten Baumwollen. Amer. Dyestuff Rep. **1963,** H. 24, 952—963.

Wird die *Naß*dehnungserholung verbessert, so erhöht sich auch die *Naß*knittererholung.

Quervernetzungsbehandlungen, welche die *Trocken*knittererholung erhöhen, verbessern auch die Dehnungserholung bei 65% relativer Feuchtigkeit.

Quervernetzungen der Baumwolle führen *nicht* zu einer Verbesserung der *Trocken*knittererholung, wenn sie *nicht* die Lamellen, d. h. die Wachstumsschichten der Faser verbinden. Bei *Viskosereyon* fehlt die Laminarstruktur, so daß diese Art der Quervernetzung wie bei Baumwolle *nicht* eintreten kann.

Die Dehnungserholung bei „genetzter" Faser nimmt mit der *Quellung* der quervernetzten Faser zu.

Die *unmittelbare* Erholung wird oft auf Kosten der *verzögerten* Erholung verbessert.

Bei *hohen Feuchtigkeiten* tritt eine *Verminderung in der Erholung* quervernetzter Baumwolle ein.

Eine *zunehmende Bindung zwischen den Lamellen der Baumwollfaser* ist *nicht* für *hohe Naß*erholungen erforderlich.

Bei relativen Luftfeuchtigkeiten *unter* 65% wird die *unmittelbare* Dehnungserholung durch die Quervernetzung der Baumwollfaser vermindert. Dies dürfte auf die *erhöhten Reibungskräfte in der trockenen Faser* zurückzuführen sein.

V. B. Chipalkatti u. a.[1] untersuchten die Effekte bei der Reaktion von 1,3-Dichlor-Propanol-(2) (DCP) sowie *seiner verschiedenen Ester* (DCP-Ester) mit Baumwollzellulose. Es handelt sich um Zellulosevernetzer, die in Gegenwart von $OH^-$-Ionen mit Baumwolle reagieren (s. S. 160).

Es war zu vermuten, daß die „sperrigen", unterschiedlich langen Seitenketten der DCP-Ester im Vergleich mit DCP hinsichtlich der Art der Zellulosevernetzung Unterschiede ergeben könnten.

*1,3-Dichlorpropanal-(2)* reagiert in Gegenwart von $OH^-$-Ionen mit gequollener Zellulose in Form seiner Epoxyd-Verbindung, wobei intermediär HCl abgespalten wird:

$$\underset{\displaystyle\overset{|}{OH}}{Cl-CH_2-CH-CH_2-Cl} \xrightarrow{OH^-} \underset{\displaystyle\diagdown_{O}\diagup}{Cl-CH_2-CH-CH_2} + HCl$$

Bei der Umsetzung mit den OH-Gruppen der Zellulose wird alsdann der Oxiranring aufgespalten.

Die *Ester* $\underset{\displaystyle\overset{|}{R}}{Cl-CH_2-CH-CH_2-Cl}$ können nur mit ihren *endständigen* Chloratomen mit Zellulose reagieren.

$$R = \begin{cases} \text{Azetyl-} & (CH_3-CO-) \\ \text{Propionyl-} & (CH_3-CH_2-CO-) \\ \text{Butyryl-} & (CH_3-CH_2-CH_2-CO-) \end{cases}$$

Die *zunehmende Länge der seitlichen Estergruppierung* hat Einfluß auf die Reaktivität von DCP.

Die *Quervernetzung der Zellulose* mit DCP und DCP-Ester wurde durch die *Unlöslichkeit der behandelten Baumwolle in Kuoxam* und weiters durch die *Bestimmung der Anzahl der Estergruppen in der vernetzten Baumwolle* ermittelt.

Es wurde gefunden, daß mit *zunehmender Länge der Esterseitenkette*

1. die *Nicht*-Löslichkeit der vernetzten Baumwolle in Kuoxam *zunimmt*;
2. die *Verbesserung* der *Naß*knittererholung *abnimmt*;

---

[1] Chipalkatti, V. B., R. M. Desai, N. B. Sattur, I. Varghese u. I. C. Patel: Studien über die Quervernetzungsreaktionen der Zellulose. 1. Teil: 1,3-Dichlor-2-propanol und seine Acetyl-, Propionyl- und Butyrylester. Text. Res. J. **33** (4), 282 (1963).

3. der *Feuchtigkeitsgehalt* der Baumwolle *vermindert* wird;
4. die *Steifheit* des ausgerüsteten Gewebes gleichfalls vermindert wird;
5. im Vergleich zur DCP-Ausrüstung auch eine weitere Abnahme der Reißfestigkeit und Weiterreißfestigkeit des Gewebes eintritt.

Die Autoren schließen aus diesen Befunden, daß die Vernetzung der Baumwolle sowohl mit DCP als auch mit den DCP-Estern unterschiedlich erfolgen müsse. Die „*sperrigen*" *Esterseitenketten* erlauben nur eine *Vernetzung von solchen OH-Gruppen*, welche sich in den *leichter zugänglichen amorphen Faserbereichen* befinden, während Dichlorpropanol (bzw. sein Epoxid) *an den Zellulosekristalliten selbst* eine Vernetzung bewirken würde.

Über eine sehr wesentliche Arbeit hinsichtlich der Vernetzung der Baumwollzellulose berichteten R. F. Schwenker, L. Lifland und E. Pascu[1], und zwar durch *Einführung von Disulfid-Brücken* (ähnlich wie beim Wollkeratin).

Nach den Autoren können Disulfid-Brücken (Thio-Gruppen) in Zellulose folgendermaßen eingeführt werden:

*1.* Behandlung der Baumwolle mit p-Toluolsulfochlorid (Tosylchlorid, gelöst in Pyridin), wobei sich ein *Sulfo-ester* bildet:

$$\text{Cell}-\text{OH} + \text{CH}_3-\text{C}_6\text{H}_4-\text{SO}_2\text{Cl} + \text{C}_5\text{H}_5\text{N} \rightarrow \underset{\text{Tosylzellulose}}{\text{Cell}-\text{O}-\text{SO}_2-\text{C}_6\text{H}_4-\text{CH}_3} + \text{C}_5\text{H}_5\text{N}\cdot\text{HCl}$$

*2.* Reaktion des Sulfo-esters mit thioessigsaurem Kalium unter Bildung von *Azetyl-thiozellulose:*

$$\text{Cell}-\text{O}-\text{SO}_2-\text{C}_6\text{H}_4-\text{CH}_3 + \text{CH}_3-\text{C}(=\text{O})-\text{SK} \rightarrow \underset{\text{6-Azetyl-thiozellulose}}{\text{Cell}-\text{S}-\text{C}(=\text{O})-\text{CH}_3} + \text{KO}-\text{SO}_2-\text{C}_6\text{H}_4-\text{CH}_3$$

*3.* Hydrolyse der Azetyl-thiozellulose zur *6-Thiozellulose:*

$$\text{Cell}-\text{S}-\text{C}(=\text{O})-\text{CH}_3 + \text{NaOH} \rightarrow \underset{\text{6-Thiozellulose}}{\text{Cell}-\text{SH}} + \text{CH}_3\cdot\text{COONa}$$

*4.* Oxidation der Thiozellulose unter *Vernetzung der Zellulose* durch Disulfid-Brücken (*6,6'Disulfidzellulose*):

$$2\,\text{Cell-SH} + \text{J}_2 + 2\,\text{NaOH} \rightarrow \underset{\text{6,6'-Disulfidzellulose}}{\text{Cell}-\text{S}-\text{S}-\text{Cell}} + 2\,\text{NaJ} + 2\,\text{H}_2\text{O}$$

Zwischen den Glukoseringen werden 6,6'-Disulfid-Brücken gebildet.

Der durch Umsetzung der Zellulose mit p-Toluolsulfochlorid (Tosylchlorid; Ts—Cl) erhaltene Sulfo-ester kann auch mit *Natriumthiosulfat* in die Disulfidverbindung übergeführt werden, wobei folgende Reaktion wahrscheinlich ist:

$\text{Cell}-\text{O}-\text{Ts} + \text{Na}_2\text{S}_2\text{O}_3 \rightarrow \text{Cell}-\text{S}-\text{SO}_2-\text{ONa} + \text{NaO}-\text{Ts};$
$\text{Cell}-\text{S}-\text{SO}_2-\text{ONa} + \text{H}^+\text{OH}^- \rightarrow \text{Cell}-\text{SH} + \text{NaHSO}_4;$
$2\,\text{Cell}-\text{SH} \rightarrow \text{Cell}-\text{S}-\text{S}-\text{Cell}.$

[1] Schwenker, R. F. jr., L. Lifland u. E. Pascu: 6,6'-Disulfid-Brücken in Baumwollzellulose; Wirkungen auf die Knittererholung des Gewebes. Text. Res. J. **32,** 797 (1962). — S. auch Ref. von Dr. H. A. Wannow (Cassella): Reise nach USA und Stand der Textilveredlung in den Staaten; 11th Chemical Finishing Conference in Washington (National Cotton Council of America): Melliand Textilber. **44** (3), 316 (1963).

*Naß-* und *Trocken*knittererholungswinkel hängen vom *Zustand der Baumwollfaser* bei der Vernetzung (Ausbildung der Disulfid-Brücken) ab:

Vernetzung im *gequollenen* Zustand der Faser; es resultiert ein *hoher Naß*knitterwinkel und gleichzeitig ein *relativ niedriger Trocken*knitterwinkel;

Vernetzung im *entquollenen* Zustand der Faser: es resultiert gleichzeitig eine *Steigerung der Naß- und Trockenknitterwinkel.*

Dieses Ergebnis stimmt mit den bisherigen Erfahrungen mit Zellulosevernetzern (Reactants) überein[1].

Durch eine *reduktive Behandlung mit Natriumhydrosulfit* werden die Disulfid-Brücken unter *Ausbildung von Thiozellulose* gesprengt, wodurch gleichzeitig eine *Verminderung der Knittererholungswinkel* resultiert. Durch eine *folgende oxydative Behandlung* werden die Disulfidbrücken wieder ausgebildet und auch die *frühere Knitterfestigkeit* wiederum hergestellt.

Das beschriebene Verfahren der Zellulosevernetzung unter Ausbildung von Thio-Brücken hat keine praktische Bedeutung. Wesentlich ist aber, daß hiermit *erstmalig auf chemischem Wege der eindeutige experimentelle Beweis* erbracht wurde, daß *durch kovalente intermolekulare Vernetzung der Zellulose* die Knitterfestigkeit am wirksamsten gesteigert wird und durch Aufspaltung dieser kovalenten Bindungen wieder aufgehoben wird.

Ebenso wie W. Rüttiger et al. (s. S. 229) stellten R. F. Schwenker und Mitarbeiter weiters fest, daß Vernetzungsgrad (Zahl der intermolekularen Querbrücken) und Knittererholung *nicht* in einem linearen Verhältnis stehen. Maximale Knitterwinkel werden bei einem Verhältnis von *einer* Disulfid-Brücke zu *vier* Anhydroglukose-Einheiten erhalten.

Ähnliche Resultate fanden C. H. Mack et al.[2] bei der Umsetzung von Dialdehydzellulose mit Azet-hydrazid-disulfid:

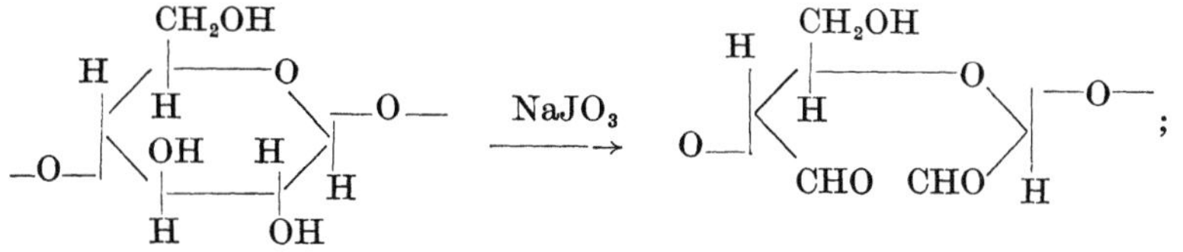

```
            CH2OH                                     CH2OH
       H  /|------O                              H   |
         / | H      \                             |/ |-----------O
      |/  H          \|--O--     NaJO3           |<  H            \|--O--
 -O--|\  OH     H  /|           ------>     O--|  \               /|        ;
      \|-------|/  H                                CHO    CHO /  H
       H       OH
```

$$2\ \text{Cell}-\text{C}\!\!\begin{array}{l}\diagup \text{H}\\ \diagdown\!\!\!\diagdown \text{O}\end{array} + [\text{H}_2\text{N}-\text{NH}-\text{CO}-\text{CH}_2-\text{S}-]_2 \longrightarrow$$

(vereinfachte Formel) Azet-hydrazid—disulfid

$$\longrightarrow [\text{Cell}-\text{CH}{=}\text{N}-\text{NH}-\text{CO}-\text{CH}_2-\text{S}-]_2$$

Auch H. Rath und Mitarbeiter[3] führten reversible spaltbare Disulfid-Brücken in Zellulose mit entsprechenden Methylol-Verbindungen und Methylolmethyl-Äthern ein.

---

[1] Schwenker, R. F. u. L. Lifland: 6,6′-Disulfid-Quervernetzung von Baumwollzellulose. 2. Teil: Die Einflüsse verschiedener Quervernetzungsbedingungen. Text. Res. J. **33** (2), 107—117 (1963).

[2] Mack, C. H., H. H. McGregor u. S. R. Hobart: Text. Res. J. **35**, 353—364 (1963).

[3] Rath, H., K. Bredereck, W. Möck u. M. Diamantoglou: Reversible Vernetzung von Baumwolle mit reaktiven Disulfidverbindungen. Melliand Textilchemie **1** (4), 97—101 (1965).

Bei den N,N'-Dioxymethyl-dithio-dicarbonamiden

$$X-NH-CO-(CH_2)_n-S-S-(CH_2)_n-CO-NH-X$$

$$\begin{cases} X = -CH_2-O-CH_3 \\ n = 2 \ldots \text{Dithiodipropionamid} \\ n = 1 \ldots \text{Dithiodiazetamid} \end{cases}$$

reagiert das Propionamid wesentlich leichter als das Azetamid-Derivat. Mit diesen und ebenso mit den Di-($\beta$-ureido-alkyl)-disulfid-methylolen

$$\begin{array}{l} HO-CH_2-\underset{\underset{Y}{|}}{N}-CO-NH-(CH_2)_n-S \\ \hspace{14em}| \\ HO-CH_2-\underset{\underset{Y}{|}}{N}-CO-NH-(CH_2)_n-S \end{array} \quad \begin{cases} n = 2 \\ Y = H;\ -CH_2-OH \end{cases}$$

resultierten gute *Naß*- und *Trocken*knittererholungswinkel.

Die reduktive Spaltung der Disulfidbrücken mit Sulfit oder Dithionit ergab eine beträchtliche Verminderung der *Naß*knittererholungswinkel. Eine nachfolgende Oxidation mit Jod-Jodkali oder Wasserstoffsuperoxid lieferte wiederum die guten Ausgangswerte.

Eine *irreversible* Vernetzung der durch Reduktion (mit Natriumdithionit) gebildeten Mercaptogruppe über *stabile Bisäther-Brücken* gelang durch Behandlung der Gewebe mit spaltbaren Oniumverbindungen:

$$2\,\text{Cell}-R-SH + (CH_3)_2 > \overset{\oplus}{S}-CH_2-CH{=}CH-CH_2-\overset{\oplus}{S} > (CH_3)_2 \rightarrow$$
$$Cl^{\ominus} \qquad\qquad Cl^{\ominus}$$

N, N'-1,4-Buten-2-bis-(dimethyl-
-sufoniumchlorid)

$$\rightarrow \text{Cell}-R-S-CH_2-CH{=}CH-CH_2-S-R-\text{Cell};$$

stabile Bisäther-Brücke

Es wurden praktisch die *gleichen* Knittererholungswinkel wie bei der ursprünglichen Ausrüstung (mit Disulfid-Brücke) erhalten, doch war die neugebildete Bisäther-Brücke gegen eine erneute reduktive Einwirkung *stabil.*

Die einfache *Umsetzung von Zellulose mit Polykarbonsäuren* nach D. D. Gagliardi und F. B. Shippee[1] kann als weiterer Beweis dafür dienen, daß nur eine Zellulosevernetzung Knitterfestigkeit bewirkt.

Nach den Autoren kann Zellulose mit Polykarbonsäuren folgendermaßen reagieren:

1. *Unter Vernetzung* der Zellulose wird *Knitterfestigkeit* und *Dimensionsstabilität* erzielt:

$$\text{Cell}-OH + HO-\underset{\underset{O}{\|}}{C}-R-\underset{\underset{O}{\|}}{C}-OH + HO-\text{Cell} \rightarrow \text{Cell}-O-\underset{\underset{O}{\|}}{C}-R-\underset{\underset{O}{\|}}{C}-O-\text{Cell} + 2H_2O$$

2. Unter *Substitution eines Zellulosemoleküls* wird nur eine Carboxylgruppe an die Zellulose gebunden, *die andere bleibt frei:*

$$\text{Cell}-OH + HO-\underset{\underset{O}{\|}}{C}-R-\underset{\underset{O}{\|}}{C}-OH \rightarrow \text{Cell}-O-\underset{\underset{O}{\|}}{C}-R-COOH + H_2O$$

[1] Gagliardi, D. D. u. F. B. Shippee: Die Vernetzung der Zellulose mit Polykarbonsäuren. Amer. Dyestuff Rep. 52 (8), 300 (1963).

3. Unter Anwendung einer dreibasischen Säure tritt *Zellulosevernetzung* ein und wird gleichzeitig *eine freie Carboxylgruppe zwischen zwei Zellulosemoleküle* eingeführt.

$$\text{Cell-OH} + \text{HO-}\underset{\underset{O}{\parallel}}{C}\text{-}\underset{\underset{COOH}{|}}{R}\text{-}\underset{\underset{O}{\parallel}}{C}\text{-OH} \rightarrow \text{Cell-O-}\underset{\underset{O}{\parallel}}{C}\text{-}\underset{\underset{COOH}{|}}{R}\text{-}\underset{\underset{O}{\parallel}}{C}\text{-O-Cell} + 2\,H_2O$$

Das Baumwollgewebe wird mit 10%igen wässerigen Lösungen entsprechender Di- und Polykarbonsäuren foulardiert, getrocknet und 30 *Minuten* bei 160° C kondensiert.

Von den organischen Säuren erwies sich nach den Autoren die dreibasische *Zitronensäure* $CH_2-COOH$ als am günstigsten.

$$\begin{array}{l} CH_2-COOH \\ |\;\;\diagup OH \\ C \\ |\;\;\diagdown COOH \\ CH_2-COOH \end{array}$$

Nach Gagliardi und Shippee wäre die Ausrüstung von Baumwollgeweben in dieser Art von Interesse, doch tritt durch die nötige, lang andauernde Hitzeeinwirkung *hydrolytische Faserschädigung* und somit übermäßig großer Reißfestigkeitsverlust ein.

Dieser Reißfestigkeitsabfall kann durch Mitverwendung von Katalysatoren, anderer Reactants und insbesondere von Ammoniak etwas gemildert werden.

Die Anwesenheit von *in Zellulose eingebauten Carboxylgruppen* (Fall 2 und 3; s. vorstehend) verleiht der Zellulose *Ionenaustauscher-Eigenschaften.*

Die durch Polykarbonsäuren modifizierte Baumwolle hat für basische Farbstoffe und kationaktive Mittel ein erhöhtes Aufziehvermögen. Schwermetall-Ionen (wie z. B. $Cu^{2+}$) werden fest gebunden, wodurch die Zellulose *verrottungsbeständig* wird.

Die Veresterung unter Vernetzung von Zellulose mit aliphatischen Dikarbonsäuren führten H. J. Campbell und Th. Francis[1] später gleichfalls durch.

Gebleichte Baumwollgewebe wurden mit aliphatischen Dikarbonsäuren der Kettenlänge $C_2$ bis $C_{22}$ in benzolischer Lösung unter Anwendung von Trifluoressigsäureanhydrid als Katalysator während 1 bis 24 Stunden bei Zimmertemperatur behandelt.

Die Veresterung der Zellulose verlief über den Mono-ester zum Di-ester:

$$\text{Cell-OH} + \text{HOOC-}(CH_2)_n\text{-COOH} \rightarrow \text{Cell-O-}\underset{\underset{O}{\parallel}}{C}\text{-}(CH_2)_n\text{-COOH}$$

$$+ \text{Cell-OH} \rightarrow \text{Cell-O-}\underset{\underset{O}{\parallel}}{C}\text{-}(CH_2)_n\text{-}\underset{\underset{O}{\parallel}}{C}\text{-O-Cell}$$

Von den niedermolekularen Dikarbonsäuren ($C_2$ bis $C_5$) reagierte nur die Malonsäure leicht mit Zellulose, während alle langkettigen Dikarbonsäuren (ab $C_6$) rasch unter Vernetzung der Zellulose reagierten.

Die so veresterten und vernetzten Baumwollgewebe zeigten erhöhte *Naß-* und *Trocken*knittererholungswinkel bei gleichzeitiger Verminderung der Quellung und der Feuchtigkeitsaufnahme (mit Ausnahme der Malonsäure).

Unter der Voraussetzung des *gleichen Veresterungsgrades* nahm mit *zunehmender Kettenlänge* der Dikarbonsäure die Quellung als auch die Feuchtigkeitsaufnahme des behandelten Baumwollgewebes *ab,* während nach den Autoren hierbei *Naß-* als auch *Trocken*knittererholungswinkel *zunahm.*

[1] Campbell, H. J. u. Th. Francis: Die Vernetzung der Baumwolle mit aliphatischen Dikarbonsäuren. Text. Res. J. **35**, 260—270 (1965).

K. Bredereck[1] untersuchte neuerdings wiederum den *Reaktionsmechanismus der Knitterfestausrüstung mit Dimethylol-Harnstoff*, welchen man insbesondere auf *Kunstharzeinlagerung* zurückführt.

Hinsichtlich der Reaktion des Dimethylol-Harnstoffs sind folgende Möglichkeiten gegeben:

1. Dimethylol-Harnstoff reagiert mit den OH-Gruppen der Zellulose *inter*- oder *intra*molekular:

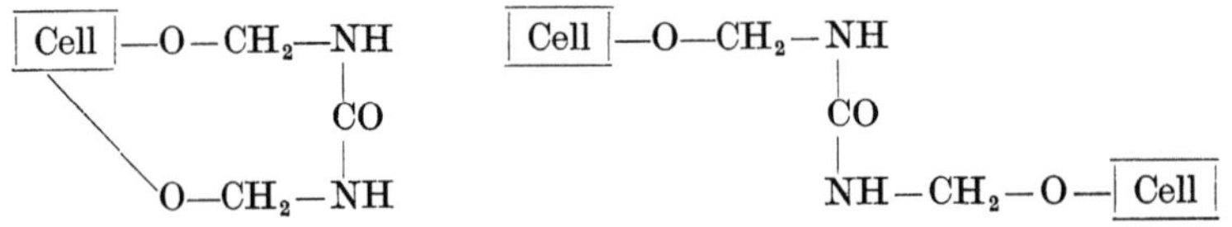

$$\boxed{\text{Cell}}\!-\!O\!-\!CH_2\!-\!NH\!-\!CO\!-\!NH\!-\!CH_2\!-\!O\!-\!\boxed{\text{Cell}}\ \text{(intramolekular, Ring zur selben Cell)} \qquad \boxed{\text{Cell}}\!-\!O\!-\!CH_2\!-\!NH\!-\!CO\!-\!NH\!-\!CH_2\!-\!O\!-\!\boxed{\text{Cell}}$$

2. Weiters können *polymere lineare oder verzweigte Brücken* entstehen:

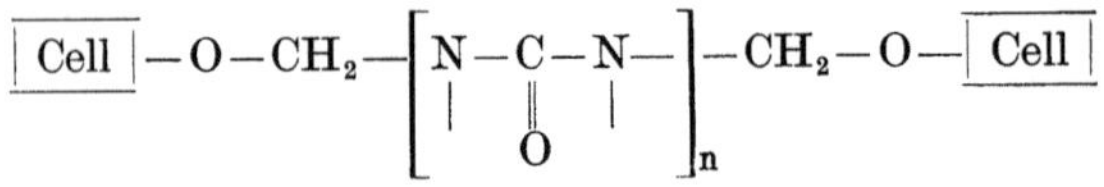

$$\boxed{\text{Cell}}-O-CH_2-\left[\begin{array}{c}N-\underset{\displaystyle O}{\overset{}{C}}-N-\\ | \quad \| \quad |\end{array}\right]_n-CH_2-O-\boxed{\text{Cell}}$$

3. Ferner ist auch eine *einseitige Substitution der Zellulose* möglich;
4. Es erfolgt *Kunstharz-Einlagerung* in den amorphen Faserbereichen unter Ausbildung von Wasserstoff-Brücken zu den Zellulosemolekülen.

Das „*in sich vernetzte Kunstharz*“ kann enthalten:

a) *Methylenäther-Brücken* ($>N-CH_2-O-CH_2-N<$) und

b) *Methylenbrücken* ($>N-CH_2-N<$). Die Bildung derselben werden durch *hohe* Kondensations*temperaturen* und *niederen pH-Wert* begünstigt.

c) Zusätzlich kann noch der aus den Methylol-Gruppen *abgespaltete Formaldehyd* mit der Zellulose reagieren.

*Infrarotspektrographische Untersuchungen*[2] ergaben *keine* klare Deutung hinsichtlich einer tatsächlichen Reaktion zwischen Dimethylol-Harnstoff und den OH-Gruppen der Zellulose.

Die Möglichkeit, die mit Dimethylol-Harnstoff umgesetzte Zellulose *chemisch oder mikrobiologisch abzubauen* und durch *Identifizierung der Abbauprodukte* eine eventuelle kovalente Bindung zwischen Zellulose und Ausrüstungsmittel festzustellen, ist wegen der Hydrolysenempfindlichkeit der Methyloläther-Bindungen schwer möglich.

K. Bredereck (loc. cit.) suchte durch *stufenweise Hydrolyse der Ausrüstung von Baumwolle mit Dimethylol-Harnstoff* zwischen den einzelnen, vorstehend als möglich aufgezeichneten Reaktionsarten zu unterscheiden und weiters ihren *Anteil am Knitterfesteffekt* festzustellen. *O, O-Azetale* ($\boxed{\text{Cell}}-O-CH_2-O-\boxed{\text{Cell}}$) sind *hydrolysenbeständiger* als *O,N-Azetale* ($>N-CH_2-O-\boxed{\text{Cell}}$) und *N, N-Acetale* ($>N-CH_2-N<$).

---

[1] Bredereck, K.: Über die Knitterfestausrüstung von Cellulose. Zum Mechanismus der Knitterwinkelverbesserung von Cellulosefasern durch Harnstoff-Formaldehyd-Ausrüstung. Melliand Textilber. **45**, 1380 (1964).

[2] Bandel, W.: Melliand Textilber. **39**, 204 (1958). — Cooke, T. F., J. H. Dusenbury, R. H. Kienle u. E. E. Lineken: Text. Res. J. **24**, 1015 (1954). — Lineken, E. E., S. M. Davis u. C. M. Jorgensen: Text. Res. J. **26**, 940 (1956). — Ziifle, H. M., R. J. Berni u. R. Benerito: Text. Res. J. **31**, 349 (1961). — Balbach, G.: Dissertation TH Stuttgart (1964).

Daher lassen sich *alle N-haltigen Kunstharze* von der Faser entfernen, ohne daß *O, O-Azetate* hydrolysiert werden.

Die Hydrolyse der *O,N-Azetale* und der *N,N-Azetale* wird durch die intermediäre Bildung von mesomerie-stabilisierten *Carbenium-Immonium-Ionen* $[>N{\cdots}CH_2]^{\oplus}$ begünstigt (s. S. 52).

Wird das ausgerüstete Gewebe mit einer auf den pH-Wert 4,5 gepufferten *Dimedon-Lösung* bei 100° C während 3 Stunden behandelt, wobei diese Lösung als sehr faserschonendes Abziehmittel wirkt, so werden die Formaldehydazetale ($\boxed{\text{Cell}}-O-CH_2-O-\boxed{\text{Cell}}$) *nicht* hydrolysiert, dagegen das *Kunstharz* praktisch vollkommen vom Gewebe entfernt (s. auch S. 16.)

Es verblieb ein äußerst geringer *Rest-Formaldehydgehalt* auf der Faser, der nur einen geringen Anteil an der Erhöhung des Knitterwinkels haben kann. Doch war die *Un*löslichkeit in Kuoxamlösung noch immer *hoch*.

Zur Feststellung, ob eine kovalente Vernetzung der Zellulose allein die Knitterwinkelerhöhung bewirkt, wurde die mit Dimethylol-Harnstoff ausgerüstete Baumwolle der *alkalischen* wie auch der *sauren milden Hydrolyse* unterworfen.

Zuerst wurde mit *n/2 NaOH bei 20° C* hydrolysiert und der dabei sich abspaltende Formaldehyd in Zeitabständen mit Cyankali und Hg (II)-nitrat maßanalytisch[1] bestimmt.

Unter diesen Hydrolysebedingungen werden bevorzugt die Methyloläther-Bindungen ($>N-CH_2-O-\boxed{\text{Cell}}$) gespalten, während das Kunstharz mit überwiegend Methylenbrücken ($>N-CH_2-N<$) kaum hydrolytisch angegriffen wird.

Der *„leicht" zu hydrolysierende Anteil* des gebundenen Formaldehyds kann überlegungsgemäß aus folgenden Bindungen im Kunstharz oder der Kunstharz-Zellulose-Bindung stammen:

$$>N-CH_2\cdot OH \qquad >N-CH_2-O-CH_2-N< \qquad >N-CH_2-O-\boxed{\text{Cell}}$$

Bei der Bestimmung des Knittererholungswinkels nach vielstündiger NaOH-Behandlung zeigte sich, daß der Knitterwinkel *nur wenig* zurückging.

*Magnesiumchlorid* als Katalysator ließ eine *erheblich hydrolysenempfindlichere* Ausrüstung resultieren im Vergleich zu der gleichen Ausrüstung mit *Ammoniumsulfat* als Säurespender. Im Falle der Ausrüstung mit Magnesiumchlorid als Katalysator ging der Knittererholungswinkel mit dem Kunstharzgehalt zurück.

Die *saure Hydrolyse* (mit auf 4,5 pH gepufferte Dimedon-Lösung) welche bevorzugt Methylenäther-Bindungen spaltet, zeigte, daß auch hier der Knittererholungswinkel mit dem Kunstharzgehalt abnimmt.

K. Bredereck (loc. cit.) folgert aus den Versuchen, daß wenn die *kovalente Bindung allein* die Knitterwinkelerholung verursachen würde, müßte sich die hydrolytische Behandlung mit n/2 NaOH oder die mit Dimedonlösung bei pH-Wert 4,5 wesentlich stärker auf die Knitterwinkelerholung auswirken. Bei geeigneter Kunstharzbildung („in sich" vernetztes Harnstoff-Formaldehyd-Harz) kann man aus den Versuchen schließen, daß schon eine *Kunstharzbildung* allein in den amorphen Faserbereichen — vermutlich unter Ausbildung von Wasserstoff-Brücken zwischen Kunstharz und Zellulose — die *Naß-* und *Trocken*knitterwinkelerholung verursachen würde.

Weiters prüfte K. Bredereck noch, ob der „leicht zu hydrolysierende Anteil" des gesamten gebundenen Formaldehyds überhaupt aus Methylol-Zellulose-Äther-Bindungen ($>N-CH_2-O-\boxed{\text{Cell}}$) stammt. Hierzu wurde unter gleichen

[1] De Jong, J. I.: Rec. trav. chim. **1953**, 653.

Bedingungen, mit Magnesiumchlorid und mit Ammoniumsulfat als Säurespender, ein *Triazetatgewebe* wie auch ein *Baumwollgewebe* mit Dimethylol-Harnstoff ausgerüstet und der Hydrolyse mit n/2 NaOH bei 20° C unterworfen. Im Falle des Triazetatgewebes ist nun eine Bildung von Ätherbrücken zur Faser nicht möglich. Da aber die Menge des abgespaltenen Formaldehyds bei *beiden* Geweben *gleich* war, konnte der Formaldehyd nur vom *Kunstharz selbst* stammen, und zwar aus freien Methylolgruppen ($>N-CH_2$ OH) und aus Methylenäther-Bindungen ($>N-CH_2-O-CH_2-N<$).

K. Bredereck schließt aus diesen Versuchen, daß möglicherweise bei der Ausrüstung von Zellulose mit Dimethylol-Harnstoff die Methylolgruppen nur *in geringem Maß* mit den OH-Gruppen der Zellulose reagieren.

Modellversuche über die Reaktion von Dimethylol-Harnstoff mit *aliphatischen Alkoholen* zeigten ähnliche Ergebnisse. Chromatographische Untersuchungen der Umsetzungsprodukte aus Dimethylol-Harnstoff und Methylalkohol (unter Ausrüstungsbedingungen!) ergaben zur Hauptsache eine *Kunstharzbildung;* niedermolekulare Verätherungsprodukte wurden kaum gefunden.

J. P. Dundon[1] untersuchte die Vernetzungsreaktion von Bis-(methoxymethyl)-Uron mit Zellulose durch die Bestimmung des hierbei freigesetzten Methanols mit Hilfe der Dampfphasenchromatographie.

Die Geschwindigkeit der $CH_3OH$-Freisetzung wurde bei Anwendung verschiedener Säurespender (Katalysatoren) ermittelt. Festgestellt wurde, daß die Geschwindigkeit der Knitterwinkelerholung und der Methanol-Entwicklung von der *Art des Katalysators* und weiters auch vom *Feuchtigkeitsgehalt der Faser* beeinflußt wurde. Aus den ähnlich verlaufenden Kurven wurde der Schluß gezogen, daß Knitterwinkelerholung und Methanol-Freisetzung zueinander proportional sind.

Die *Verteilung von Oxymethylengruppen,* erhalten durch Behandlung von Baumwollgeweben mit Formaldehyd in Gegenwart von Säure als auch mit Methylenchlorid ($CH_2Cl_2$) in Gegenwart von Alkali untersuchte D. M. Jones[2].

Hierzu verwendete er eine Reihe von Modellsubstanzen, an denen er die relative Geschwindigkeit der sauren Hydrolyse der erhaltenen Bindungen bestimmte.

Festgestellt wurde, daß die Formalisierung mit wässerigen Formaldehydlösungen als Heißfixier-Formaldehyd-Verfahren zwischen *sekundären OH-Gruppen* bei verschiedenen Anhydroglukose-Einheiten und bei einigen Polyoxymethylenverbindungen Oxymethylen-Vernetzungen ausbilden, während $CH_2Cl_2$ noch *zusätzliche* Bindungen zwischen *primären OH-Positionen* erzeugt.

D. M. Jones erörterte noch den Einfluß von Wasserstoffbrücken und den der Nachbarschaft von $CH_3 \cdot CO-$-Gruppen auf die Beständigkeit der Oxymethylen-Bindungen gegen Säureeinwirkung.

Weiters weist der Autor noch darauf hin, daß ein Vergleich der mechanischen Eigenschaften der, wie beschrieben, chemisch modifizierten Baumwollgewebe zeigt, daß die *Vernetzung selbst* die Hauptsache für den Festigkeitsverlust des Baumwollgewebes ist, wobei die *physikalische Stellung* der resultierenden Vernetzungen innerhalb der Zellulosestruktur wichtiger ist als etwa die chemische Art der Vernetzungsbrücken selbst.

Da vermutet wird, daß die physikalischen Eigenschaften, welche die Knittererholung bedingen, von der *inneren morphologischen Struktur der Baumwollfaser*

---

[1] Dundon, J. P.: Untersuchung der Vernetzung unter Verwendung der Dampfphasenchromatographie. Text. Res. J. **34,** 340–346 (1964).

[2] Jones, D. M.: Die Verteilung von Oxymethylengruppen in formaldehydbehandelten Baumwollgeweben. Text. Res. J. **34,** 257 (1964).

abhängen und die Freibeweglichkeit der Zelluloseketten beeinflussen, versuchten M. L. Rollins et al.[1] *mit Hilfe des Licht- und Elektronenmikroskops* solche Veränderungen an der Faser eventuell sichtbar zu machen.

H. M. Ziifle et al.[2] zeigten schon früher, daß Ansammlungen von N-Aldehydharz elektronenmikroskopisch zwischen den Lamellen der Baumwolle indirekt nachweisbar sind, indem Methylol-Verbindungen Osmiumsäurelösungen zum Metall reduzieren. Der Schatten der Metallablagerungen zeigt im Elektronenmikroskop die Lage des Kunstharzes an.

Die von H. Tovey[3] festgestellte Beobachtung, daß vernetzte Baumwollfasern bei mechanischer Einwirkung (Naßmahlung im Mixer) in gröbere, kurze Splitter zerteilt werden, die aus vielen seitlich verbundenen Fibrillen in Stärke mehrerer Lamellen bestehen, während nicht-vernetzte Fasern ausschließlich in lange Mikrofibrillen zerfallen, bestätigten Rollins, Moore und Tripp gleichfalls.

Durch mikroskopische Betrachtungen können die Zahl, Art und Verteilung der Querbindungen nicht klar unterschieden werden. Doch ist feststellbar, *in welcher Weise* die Reaktion in der Faser erfolgte, d. h. ob die Quervernetzung nur in den Randzonen der Faser oder über die gesamte Querschnittsoberfläche erfolgte.

Rollins, Moore und Tripp (loc. cit.) verwendeten hierzu *Quellungsreaktionen in wässerigem Medium.* Durch die *stärkere Volumvergrößerung* der zwischen den Strukturelementen liegenden *weniger geordneten Bereiche* werden diese Strukturelemente mechanisch voneinander weggedrängt.

Würden nur die *äußeren Zonen der Faser* vernetzt, so resultieren unerwünschte physikalische Eigenschaften. Dünne Querschnitte von Fasern mit *Randvernetzung* oder *ungleichmäßiger* Vernetzung lösen sich in *Kupriäthylendiaminhydrat* (CÄD) völlig auf.

Erfolgte die Quervernetzung *gleichmäßig über den Faserquerschnitt* und trat die Reaktion im *nassen oder gequollenen Faserzustand* ein, so tritt mit CÄD starke Quellung, jedoch *keine* Auflösung ein. (Die *Naß*knitterung ist in diesem Falle erheblich höher als die *Trocken*knittererholung.)

Fasern mit *guter Trockenknittererholung* quellen *nicht* in CÄD, und zwar weder als Faser selbst noch als Faserdünnschnitt.

Liegt eine *Propfpolymerisation* an den Zellulosemolekülen vor, so quillt die Faser in CÄD und die Zellwand nimmt an Dicke zu, jedoch tritt *keine* Auflösung ein.

Die Autoren verdeutlichen die beschriebenen Versuchsergebnisse noch durch eine Reihe von elektronenmikroskopischen Aufnahmen.

Die *mechanische Wirkung der Quellung* ist mit Hilfe des *Einbettungsverfahrens* nach S. Asunmaa *in polymerisierendes Methacrylat* besonders deutlich im Elektronenmikroskop erkennbar. S. Asunmaa[4] stellte fest, daß alkohol-inkludierte ligninfreie Holzfasern, eingebettet in Methacrylat, während der Polymerisation des letzteren bei starker Vergrößerung des Querschnitts in ihre Strukturelemente zerfallen.

Die wasser-gequollenen, ligninfreien Holzfasern wurden nach dem Durchlaufen einer Alkohol-Entwässerungsreihe in Methacrylat eingebettet.

---

[1] Rollins, M. L., A. T. Moore u. V. W. Tripp: Struktur und Eigenschaften chemisch modifizierter Baumwolle. Text. Res. J. **33** (2), 117 (1963).

[2] Ziifle, H. M., R. J. Berni u. R. R. Benerito: Text. Res. J. **31,** 349 (1961).

[3] Tovey, H.: Text. Res. J. **31,** 185—252 (1961).

[4] Asunmaa, S.: Svensk Paperstidning **1956,** 527—534.

P. Kassenbeck[1] untersuchte nach diesem Verfahren Viskosefasern und Kling, Langner-Irle und Nemetschek[2] Baumwollfasern.

Die elektronenmikroskopischen Untersuchungen von Ultradünnschnitten, hergestellt aus mit Osmiumtetroxid behandelten und dann mit Alkohol inkludierten Baumwollfasern, eingebettet in polymerisierendem Butylmethacrylat (mit Peroxidkatalysator) zeigten bei Baumwollfasern konzentrische, zwiebelschalen-ähnliche Lamellen. Die einzelnen Schichten bestehen aus Bändern, die aus Bündeln von Zellulosefibrillen aufgebaut sind, welche in unregelmäßigen Abständen verbunden bleiben, so daß ein netzartiges Gefüge resultiert.

Diese als „Lamellentrennung" bezeichnete mechanische Wirkung der Quellung in polymerisierendem Methacrylat wurde von J. T. Marsh[3], W. A. Reeves et al.[4] und auch von Frick[5] bei nicht-behandelter Baumwolle und auch bei Baumwolle, welche im wasserfeuchten oder gequollenen Zustand chemisch vernetzt wurde, festgestellt, während Baumwollfasern, die im entquollenen (wasserfreien) Zustand quervernetzt wurden, *keine* solche Lamellentrennung erkennen ließen.

Über die *Verteilung der Querbindungen in Baumwollzellulose bei einer* Reactantharz-Ausrüstung berichteten W. A. Reeves et al.[6].

Baumwollgewebe wurden in *nicht-modifizierter Form* als auch in *unterschiedlich hoch azetyliertem Zustand* (0 bis 27% Acetylgehalt) mit Dimethylol-Äthylenharnstoff (DMÄH) knitterfest ausgerüstet.

Durch das Azetylieren der Baumwolle werden OH-Gruppen der Zellulose verestert und somit *blockiert.* Letztere sind daher nicht mehr chemischen Vernetzungsreaktionen zugänglich. Durch *stufenweise Desazetylierung* (vermittels saurer oder alkalischer Hydrolyse) werden Azetylgruppen nach und nach abgespalten und stehen nun die zurückgebildeten OH-Gruppen wiederum für die Vernetzungsreaktionen mit DMÄH zur Verfügung.

Es zeigte sich, daß *diejenigen OH-Gruppen der Zellulose,* welche gegenüber DMÄH am *reaktionsfähigsten* sind, zunächst azetyliert werden. Andererseits führte die *Desazetylierung* gleichfalls zur Freisetzung der *reaktivsten* OH-Gruppen. Es wird angenommen, daß diese *besonders reaktionsfähigen Hydroxylgruppen* sich in den *leicht zugänglichen amorphen Faserbereichen* befinden.

Mit *zunehmender Azetylierung der Baumwolle* (also mit zunehmender Blockierung von OH-Gruppen) verminderte sich durch die Reaktion mit DMÄH sowohl die *Trocken-* als auch die *Naß*knittererholung.

Bei *teilweise desazetylierter Baumwolle* verminderte sich nach der Reaktion mit DMÄH die *Trocken*knittererholung *noch mehr,* während die *Naß*knittererholung zunimmt.

Die Verminderung der *Trocken*knittererholung führten die Autoren auf die

---

[1] Kassenbeck, P.: Bull. Inst. Text. France **59,** 8 (1956) u. **61,** 8 (1956).

[2] Kling, W., Chr. Langner-Irle u. Th. Nemetschek: Zur Morphologie der Baumwollfaser. V. Elektronenmikroskopische Untersuchungen von Faserdünnschnitten. Melliand Textilber. **39,** 879 (1958).

[3] Marsh, J. T.: Textil-Rundschau (St. Gallen) **17,** 473 (1962) u. Text. Manufacturer **91,** 29 (1965).

[4] Reeves, W. A. et al.: s. nachfolgend.

[5] Frick, J. G. jr.: Amer. Dyestuff Rep. **52,** 37—49 (1963).

[6] Reeves, W. A., M. H. Russell, R. M. H. Kullman, J. G. Frick u. R. M. Reinhardt: Studien über die Verteilung der Querverbindungen in knitterfest ausgerüsteter Baumwolle. Text. Res. J. **33,** 169 (1963). — Reeves, W. A.: Untersuchungen über die Verteilung der Vernetzungen bei knitterfesten Baumwollen. 11th Chemical Finishing Conference Washington. Ref.: Dr. H. A. Wannow; Melliand Textilber. **44** (3), 316 (1963).

*offene Faserstruktur* und auf die *verminderte Wasserstoffbrückenbindung der Zellulose-OH-Gruppen* (mit sich selbst) zurück, und zwar infolge der Azetylierung (bzw. Desazetylierung) der Baumwolle.

Die *erhöhte Naßknittererholung durch Desazetylierung der Baumwolle* dürfte auf der *erhöhten Quellfähigkeit der Faser* (beruhend auf freigesetzten OH-Gruppen der Zellulose) bei der Ausrüstung mit DMÄH beruhen.

Für weitere Studien verwendeten die Autoren noch das *Elektronenmikroskop*, und zwar wurden die behandelten Fasern hierzu im *nassen* Zustand kräftig aufgeschlagen (Mixer).

*Nicht-modifizierte Baumwolle* zerfiel hierbei in *lange Bündel von Mikrofibrillen*.

*Mit DMÄH ausgerüstete Baumwolle* lieferte *dickere, oftmals gebrochene Bündel von Mikrofibrillen*.

*Azetylierte, mit DMÄH ausgerüstete Baumwolle* ließ eine Abnahme der Größe der Fibrillierung erkennen und führte zu *brüchigen Fragmenten*. Die Ursache hierfür konnte nur eine *Ausbildung von mäßigen Querbindungen zwischen den Mikrofibrillen* sein.

Aus den Elektronenmikrophotographien der Bruchstücke *naßzerschlagener* Baumwolle, vorher behandelt wie angegeben, zogen die Autoren den Schluß, daß *Vernetzungen zwischen den Lamellen* (Wachstumsschichten), also Quervernetzungen zwischen den Fibrillen bzw. Fibrillenbündeln, für die *Trocken*knitterfestigkeit von Bedeutung sei, dagegen die *intermicellare Vernetzung* (Vernetzung der Mikrofibrillen) zur *Naß*knitterfestigkeit führen würde.

Die Gulf Coast Section (AATCC)[1] schließt sich der Anschauung von W. A. Reeves an.

Baumwollgarne wurden sowohl mit Dimethylol-Äthylenharnstoff als auch unter verschiedenen Bedingungen mit Formaldehyd behandelt.

An den unterschiedlich vernetzten Zellulosefasergarnen wurde die Dehnung nach Belastung und Entlastung sowie die Strukturänderungen mit Hilfe des Licht- und Elektronenmikroskops geprüft.

Festgestellt wurde, daß die *Dehnungserholung* der Garne mit der *Knittererholung* in gegenseitiger Abhängigkeit steht, und zwar trifft dies sowohl für die Trocken- als auch für die Naßknittererholung zu.

Die Vernetzung der Zellulose, die nur eine Erhöhung des *Naß*knitterwinkels bewirkt, erfolgt *nicht* zwischen den Lamellen (Wachstumsschichten). Hingegen ist die Vernetzung der Wachstumsschichten die Voraussetzung für die Erhöhung der *Trocken*knittererholung. Die Wasserquellung hat einen deutlichen Einfluß auf die Naßknittererholung, und zwar durch die *Verhinderung* einer permanenten Verschiebung von *nicht* vernetzten Faserelementen.

W. Rüttiger et al.[2] stellten 1963 hinsichtlich *gesetzmäßiger Zusammenhänge* zwischen *Knittererholung* und *Festigkeitsverlust* bei der sogenannten „*klassischen*" *Ausrüstung* von Baumwollgeweben (Hitzekondensation in Gegenwart von $H^+$-Ionen und vernetzenden Mitteln, wie N-Methylolverbindungen) ein „*Vernetzungsgesetz*" auf, wobei bei *gleicher* Gewebeart und bei *gleich hohem* resultierenden Naß- und Trockenknittererholungswinkel mittels *unterschiedlicher* Vernetzungsmittel und *verschiedenen* Ausrüstungsverfahren der Reißfestigkeitsverlust immer der *gleiche* wäre. Durch die „*Vernetzung*" würden also primär

[1] Gulf Coast Section (AATCC): Dehnungserholung und Strukturänderungen von vernetzten Baumwollen. Amer. Dyestuff Rep. **52** (24), 952 (1963).

[2] Rüttiger, W., W. Rümens u. A. Feinauer: Gesetzmäßige Zusammenhänge zwischen Knittererholung und Festigkeitsverlusten bei ausgerüsteter Baumwolle. 1. Mitt.: Melliand Textilber. **44,** 296 (1963).

Knitterwinkel und Reißfestigkeit gesteuert werden. Das würde nach W. Rüttiger und Mitarbeitern bedeuten, daß Knitterwinkel und Reißfestigkeit von der *Größe der Vernetzung* (= Vernetzungsgrad) *nicht* abhängen würde. W. Rüttiger[1] zeigte, daß Knitterwinkel und Reißfestigkeit jedoch *mindestens von zwei Parametern* abhängen würden, nämlich

1. vom Zustand der Zellulose*quellung* während der Vernetzung und
2. vom Ausmaß der „Fixierung" dieses Quellungs*zustandes.*

Demnach wäre von wesentlicher Bedeutung der *Zustand der Zellulose,* welcher *fixiert* wird. Die *Größe der Vernetzung* (= Vernetzungsgrad) hätte erst in zweiter Linie ein Interesse.

W. Rüttiger (loc. cit.) weist noch darauf hin, daß *Naß-* und *Trocken*knittererholungswinkel, *zusammen betrachtet,* letzten Endes gleichfalls ein Maß für die *Art* (Quellungszustandes) und *Ausmaß* der Vernetzung, also des *Ausrüstungsgrades* sind. Letzterer äußert sich in den hierzu *parallel einherlaufenden Änderungen,* wie Elastizität, Dehnung, Sorptionsvermögen, Wasserrückhaltevermögen, Anfärbbarkeit usw.

In einer neueren Arbeit versuchten E. R. Cousin et al.[2] sogenannte *Dialdehydbaumwolle* (s. S. 221) als *Mittel zur Bestimmung der zugänglichen* Bereiche der Vernetzung bei der Formaldehydbehandlung zu verwenden.

Je nachdem Baumwollgewebe mit wässeriger Formaldehydlösung oder mit Formaldehyd in Dampfform behandelt wird, resultieren unterschiedliche Effekte hinsichtlich der *Trocken-* und *Naß*knittererholung. Dies wird mit dem Feuchtigkeitsgehalt der Faser im Moment der chemischen Reaktion in Verbindung gebracht.

Nach den Autoren war das Bestimmungsverfahren mit Hilfe der Perjodatoxidierten Baumwolle gut anwendbar. Hinsichtlich der *Reaktionsgeschwindigkeit* wurden zwischen *Naß-* und *Trocken-*Formalisierung bedeutende Unterschiede festgestellt. Die *Verminderung der Zugänglichkeit* war *am stärksten* bei der *Trocken-* und *Dampf*behandlung und *am geringsten* bei der *Naß*behandlung. Die *Unterschiede in der Zugänglichkeit* und der *Reaktionsgeschwindigkeit* sind direkte Folgerungen der *Reaktionsbedingungen* sowie der *Art und Lage der chemischen Bindungen.*

Hinsichtlich der Annahme amerikanischer Autoren, daß eine *stattfindende* oder *nicht-eintretende* sogenannte „*Lamellenvernetzung*" die Vernetzungsstellen in der Baumwolle bei Vernetzung im „gequollenen" oder im „entquollenen" Zustand festlegen würde, liegt nun eine etwas andere Deutung betreffs der Ursache der *Naß*knittererholung (ohne gleichzeitige *Trocken*knittererholung) sowie der Ursache der *gleichzeitigen Trocken-* und *Naß*knittererholung vor. Diesbezüglich wird auf die sehr instruktive Arbeit von K. Bredereck und H. Dolmetsch auf S. 246 verwiesen.

## Zusammenfassung

Im Vorstehenden wurden die *Beobachtungen und Erkenntnisse,* die hinsichtlich der Veredlung von Zellulosefasertextilien *im Laufe der Zeit* gemacht wurden, ungefähr chronologisch wiedergegeben.

---

[1] Rüttiger, W.: Die Bedeutung des Quellungszustandes der Zellulose bei der Knitterfreiausrüstung. Vortrag vor dem VTCC in Baden-Baden (1960).

[2] Cousin, E. R., A. L. Bullock, C. H. Mack u. S. P. Rowland: Perjodatoxidation von Baumwollen, die mit Formaldehyd behandelt wurden. Text. Res. J. **34** (11), 953—959 (1964).

Nachfolgend werden die *wesentlichsten Arbeiten in einer Übersicht* nochmals zusammengestellt.

1. Heute werden die *Quervernetzung der Zellulose und/oder Kunstharzbildung in der Faser* als die Reaktionen angenommen, welche die Charakteristika der modifizierten, „hochveredelten" Zellulose lenken:

Elöd, E. u. Mitarbeiter: Angew. Chem. **51,** 45 (1938) u. Melliand Textilber. **21,** 461 (1940).
Quehl, K.: Melliand Textilber. **20,** 1 (1939).
Lineken u. Mitarbeiter: Text. Res. J. **24,** 1015 (1954) u. **26,** 940 (1956).
Steele, R.: Text. Res. J. **25,** 545 (1955).
Nuessle, A. C. u. Mitarbeiter: Text. Res. J. **25,** 24 (1955).
Steele, R. u. L. E. Giddings: Ind. Engng. Chem. **48,** 110 (1956) u. Text. Res. J. **26,** 116 (1956).
Bandel, W.: Melliand Textilber. **39,** 204 (1958).
Iwasaki, Sh. et al.: J. Soc. Text. Cell. Ind., Japan **15,** 754 (1959).
Gagliardi, D. D. u. F. B. Shipee: Text. Res. J. **31,** 316 (1961).
Corbett, W. M. u. J. E. McCay: Textil-Rundschau (St. Gallen) **16** (9/10), 513 (1961).
Schwenker, R. F., L. Lifland u. E. Pascu: Text. Res. J. **32,** 797 (1962).
Steele, R: Amer. Dyestuff Rep. **1965,** H. 1, 6—12.

2. In *theoretischer Hinsicht* wurden viele Anstrengungen gemacht, um ein besseres Verständnis des *Querbindungsmechanismus* oder der *Art und Weise der Reaktion der Verbindungen mit Zellulose* zu erlangen sowie auch die *genaue Lage und Verteilung der Querbindungen* zu ermitteln:

Marsh, J. T.: Text. Manufacturer **85,** 373 (1959).
Frick, J. G. et al.: Text. Res. J. **30,** 494 (1960).
Gardon, J. L. u. R. Steele: Text. Res. J. **31,** 160 (1961).
Reeves, W. A.: J. Text. Inst. **53,** P 22 (1962).
Rollins, M. L. et al.: Text. Res. J. **33,** 117 (1963).

3. Ferner wurde das Vorhandensein von *inter- und intramolekularen Gliedern* postuliert:

O'Brien, S. J. u. W. J. van Loo: Text. Res. J. **31,** 340 (1961) u. **32,** 292 (1962).

4. Weiters wurden *Natur, Länge, Größe und Diffusion der quervernetzenden Moleküle* sowie der *Umfang der Quervernetzung* studiert:

Gagliardi, D. D. u. A. G. Nuessle: Amer. Dyestuff Rep. **40,** 409 (1951).
Elöd, E. u. Mitarbeiter: Textil-Praxis **6,** 52 (1951) u. **7,** 623 (1952).
Van Bochove, C. u. G. J. Schuringa: Textil-Rundschau (St. Gallen) **9,** 451 (1954).
Lawrence, E. W. u. R. H. Philips: Amer. Dyestuff Rep. **45,** 548 (1956).
Foster, S. H.: Text. Res. J. **27,** 129 (1957).
Hurwitz, M. D. u. L. E. Conlon: Text. Res. J. **28,** 257 (1958).
Mehta u. Mody: Text. Res. J. **30,** 532 (1960).
Frick, J. G. et al.: Text. Res. J. **30,** 494 (1960).
Tesoro, G. C.: Text. Res. J. **30,** 192 (1960).
Matschat, K.: Textil-Rundschau (St. Gallen) **16,** 622 (1961).
Sommer, H. u. Fr. Linke: Textil-Rundschau (St. Gallen) **16,** 622 (1961).
Steiger, Wang u. Hurwitz: Text. Res. J. **31,** 327 (1961).
Park, G. S.: J. Soc. Dyers Col. **78,** 451 (1962).
Chipalkatti, V. B. et al.: Text. Res. J. **33,** 282 (1963).
Reeves, W. A. et al.: Text. Res. J. **33,** 169 (1963).
Roberts, J. G.: Shirley Inst. Mem. **37,** 21—33 (1964).

5. Auch wurde der *Zustand der Zellulosefaser* (gequollen, entquollen) *während der Vernetzungsreaktion* mit in die Betrachtungen eingezogen:

Reeves, W. A., R. M. Perkins u. L. H. Chance: Text. Res. J. **30,** 179 (1960).
Steele, R.: Text. Res. J. **30,** 37—45 (1960).
Evans, J. G.: Textil-Rundschau (St. Gallen) **16,** 634 (1961).
Marsh, J. T.: Text. Manufacturer **88,** 117 (1962) u. Textil-Rundschau (St. Gallen) **17,** 473 (1962).
Valkó, E. J. u. K. M. Limidi: Text. Res. J. **32,** 331 (1962).

6. Hinsichtlich der *Anwendungstechnik* wurden *neue Verbindungen mit größerer Reaktivität* und *Leichtigkeit der Anwendung* entwickelt:

Schroeder, W. W. u. F. E. Condo: Text. Res. J. **27**, 135 (1957).
Wayland, R. C.: Text. Res. J. **29**, 170 (1959).
Tesoro, G. C., P. Linden u. S. B. Sello: Text. Res. J. **31**, 283 (1961).

7. In Hinblick der *Überwindung der Reißfestigkeits- und Scheuerverluste* wurden *Additive* und *andere Weichmachungsmittel* studiert (s. auch S. 306):

*Additive, wie Butadien- und Acrylnitrillatices:*

Sherwood, N. H.: Amer. Dyestuff Rep. **44**, 262 (1955).

*Additive, wie z. B. Silikone und Polyäthylenemulsionen:*

Simpson, B. G.: Amer. Dyestuff Rep. **46**, 991 (1957).
Porter, M. R.: Textil-Rundschau (St. Gallen) **16**, 657 (1961).

8. Zur Erlangung günstigerer Resultate wurden Versuche durch *Verbesserung der Beschaffenheit der Zellulose während der Reaktion* ausgeführt, wie durch a) *Spannen* oder b) durch *Halten im gequollenen Zustand:*

*Zu a:*

Hersh, S. P., J. H. Margeson u. A. M. Sookne: Text. Res. J. **32**, 271–284 (1962).
Murphy, A. L., M. T. Margavio u. C. M. Welch: Amer. Dyestuff Rep. **1964**, 42–43.

*Zu b:*

Steele, R.: Text. Res. J. **30**, 37 (1960).
Evans, J. G.: Textil-Rundschau (St. Gallen) **16**, 634 (1961).
Valkó, E. J. u. K. M. Limdi: Text. Res. J. **32**, 331 (1962).

9. *Vermehrung der glatt-trocknenden Eigenschaften* von Baumwollgeweben durch erhöhte Plastizität der chemisch modifizierten Faser (s. nachfolgend):

Reeves, W. A.: J. Text. Inst. **53**, 22 (1962).

## Die Theorie der Knittererholung in Beziehung zur Feinstruktur der Zellulosefaser

Der Vorgang der verbesserten Knittererholung läßt sich nur verstehen, wenn man die Feinstruktur der Zellulosefaser hiermit in Beziehung bringt[1].

Eine sehr instruktive, eingehende Darstellung der im Laufe der Zeit erlangten Ergebnisse hinsichtlich des Feinbaues der Zellulose bzw. ihrer übermolekularen Struktur bis zu den neuesten Erkenntnissen bringt H. Dolmetsch[2].

1864 stellte C. v. Nägeli die *Micellartheorie* auf, wobei er die Annahme machte, daß die Zellulosemoleküle zu kleinen *Kristalliten* geordnet wären, wobei die letzteren im amorphen Material eingebettet liegen würden.

Nach H. Staudinger[3] sind die Zellulosemoleküle als *sehr lange fadenförmige Gebilde* zu betrachten.

A. Frey-Wyssling[4] nahm auf Grund von polarisationsoptischen und röntgenoptischen Untersuchungen, wie auch auf Grund von Quellungsvorgängen

---

[1] Cumberbirch, R. J. E. (Shirley Institute, Manchester): Die übermolekulare Struktur von Cellulose und ihre Beziehungen zu den mechanischen Eigenschaften von Cellulosefasern. Rep. Progr. appl. Chem. **46**, 233–244 (1961).

[2] Dolmetsch, H.: Die übermolekulare Struktur der Zellulose. Melliand Textilber. **45** (1), 12–21 (1964).

[3] Staudinger, H.: Dtsch. Chem. Ber. **53**, 1073 (1920); **59**, 3019 (1926).

[4] Frey-Wyssling, A.: Science **119**, 80 (1954) u. Die pflanzliche Zellwand. Berlin-Göttingen-Heidelberg: Springer. 1959.

an, *daß diese Fadenmoleküle mehrere Kristallite* (s. Abb. 4) *durchlaufen* und des weiteren auch seitlich von einem Kristallit in einen anderen übertreten können. Somit würde ein zusammenhängendes Gerüst mit geordneten und ungeordneten Bereichen der Molekülverbände vorliegen. Nun müßte aber bei einer *Lösung der Zellulose* dieses Gerüst molekular dispergiert werden. Deshalb erklärt die Annahme von Frey-Wyssling nicht die Tatsache, daß beim Verspinnen einer Zelluloselösung Regeneratzellulosefäden resultieren, welche die Kristallite in amorpher Substanz enthalten.

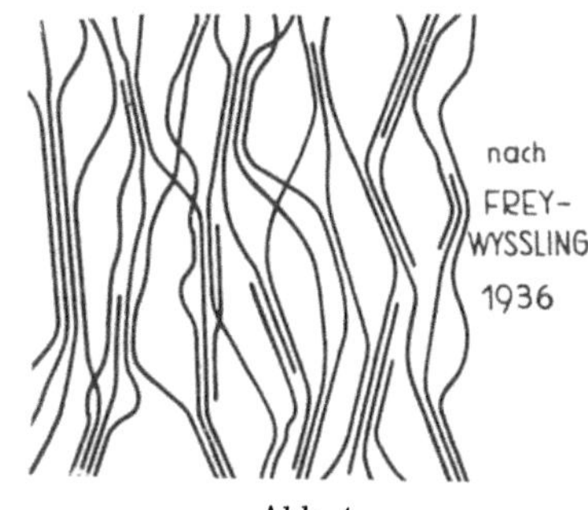


Abb. 4

Daher machten O. Kratky und H. Mark[1] die Annahme, daß die native Zellulosestruktur aus *einzelnen Mizellen* besteht, wobei die langgestreckten Zellulosemoleküle ungeordnet aus den Kristalliten heraustreten (sogenannte *Fransenmizelle*). Die einzelnen Fasermizellen würden von durchlaufenden Molekülketten zusammengehalten werden (Abb. 5).

Neuere elektronenmikroskopische Untersuchungen zeigten nun, daß Zellwände beim hydrolytischen Abbau in *gleichmäßig große* kristalline Teilchen zerfallen.

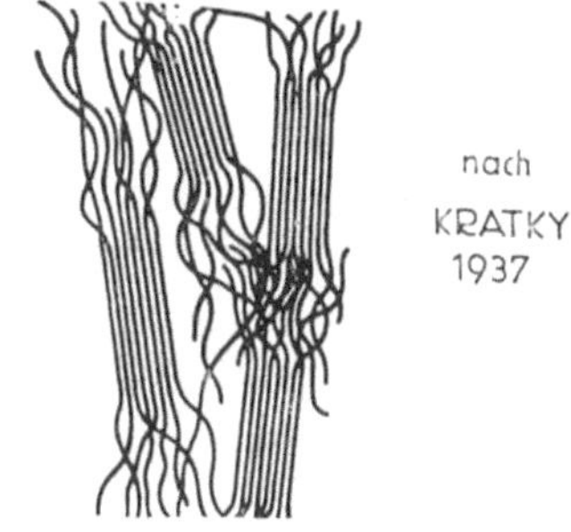


Abb. 5

Daher würden nach B. G. Rånby[2] *kristalline Mizellarstränge* die Struktureinheit sein, und zwar getrennt durch amorphes Material. Dieser Auffassung schloß sich auch A. Frey-Wyssling an (Abb. 6).

K. Hess und Mitarbeiter[3] erklären dies durch eine periodische Unterteilung der Mizellarstränge durch *Fehlordnungsbereiche* (sogenannte Lockerstellen). Letztere teilen die kristalline Struktur röntgenographisch auf. An solchen Stellen könnte auch eine Trennung durch chemische Einwirkung erfolgen (Abb. 7).

Abb. 6

Abb. 7

Die einander aufbauenden Faserelemente, nämlich Zellulosemoleküle, Kristallite, Mizellen und Mizellarstränge liegen *gleichgerichtet*, wobei die Orientierung in den verschieden aufeinanderfolgenden Faserschichten sich ändert.

[1] Kratky, O. u. H. Mark: Z. phys. Chem. **36,** 129 (1937).

[2] Rånby, B. G.: The Fine Structure of Cellulose Fibrils; in Fr. Bolam: Fundamentals of Papermaking Fibres, Symposium Cambridge (England) 1957.

[3] Hess, K. u. H. Kiessig: Naturwissenschaften **31,** 17 (1943). — Hess, K., E. Gütter u. K. Mahl: Kolloid-Z. **152,** 115 (1958).

Nach A. Frey-Wyssling[1] bewirkt die submikroskopische Textur aus Micellarsträngen ein Hohlraumsystem, bestehend aus Spalten in Richtung längs und quer der Faser.

Die *Kristallinität*, also die Gesamtheit der kristallinen Bereiche der Faser, welche, wie ausgeführt, eine regelmäßig hohe Ordnung der Zellulosemolekülketten aufweisen und Anlaß zu einer Streuung von auftreffenden Röntgenstrahlen geben, beeinflussen erheblich das Verhalten der Baumwollfaser gegen chemische Einwirkungen wie auch ihre mechanisch-technologischen Eigenschaften.

Die Einordnung der kristallinen Bereiche in die komplizierte Struktur der Zellulose läßt sich am besten durch das *Zustandekommen der Faser* bzw. ihres Aufbaues schildern.

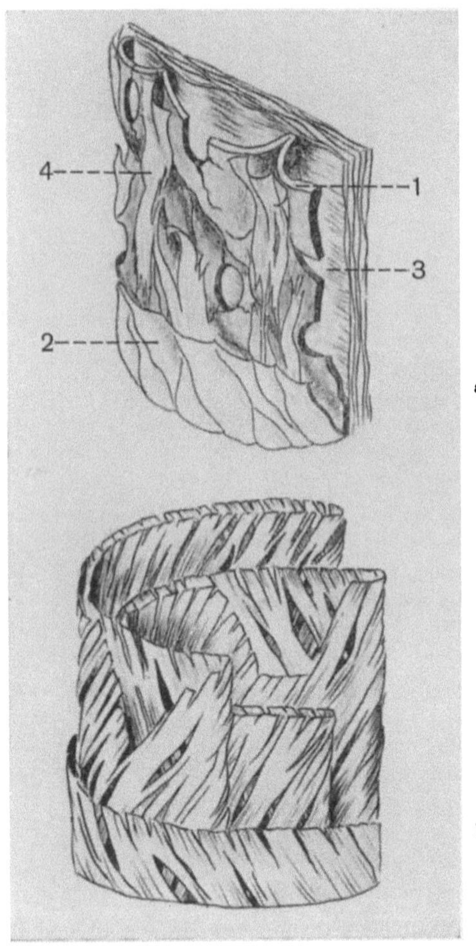


Abb. 8. a) Schema eines Bruchstücks der Primärwand einer Baumwollfaser nach dem Aufspringen der Kapsel und Trocknen der Faser. *1* Amorphe alveolare Kutinschicht mit Aufblähungen und Spalten; *2* wachsartige Schicht, die die Oberfläche der Primärwand bedeckt; *3* Lamellenschichten, bestehend aus Zellulosefibrillen, die vorzugsweise senkrecht zur Faserachse ausgerichtet sind; *4* Bruchstücke und Fetzen von Zelluloselamellen, bestehend aus Fibrillen, die vorzugsweise in der Richtung der Faserachse liegen. Weggelassen wurden die Einlagerungen von Pektinen und Hemizellulosen zwischen den Zelluloseblättchen und -fibrillen wie auch in der Kutinschicht der Primärwand. b) Schema eines Details der Sekundärwand der Baumwollfaser. Die Zellulosemembranen sind stellenweise umgebogen, so daß sich die Fibrillen beim Trocknen von Schicht zu Schicht jeweils gegenläufig orientieren. Die Querbindungen zwischen den Lamellenblättern der Membranen wurden weggelassen. [Nach P. Kassenbeck (Institut Textile de France, Paris), aus Ciba-Rundschau (Ciba A. G., Basel) 1962/4, „Das Elektronenmikroskop", S. 18.]

Zunächst bildet sich aus einer Zellgruppe in der Epidermisschicht des Samenhaares ein dünnwandiger Schlauch, der mit Zytoplasma ausgefüllt ist. An diesen Schlauch lagert sich nun während des Wachstums des Haares Schicht um Schicht

[1] Frey-Wyssling, A.: Science **119**, 80 (1954) u. Die pflanzliche Zellwand. Berlin-Göttingen-Heidelberg: Springer. 1959.

von Zellulose (von außen nach innen beginnend) ab. Diese Wachstumsschichten ähneln den Jahresringen der Bäume. In dieser Art bilden sich die *Lamellen der Sekundärwand* aus. Diese Lamellen lassen sich in *Elemente* unterteilen, wobei Kristallitstränge die Mikrofibrillen und diese dann die Fibrillen aufbauen.

Die sekundäre Zellwand enthält ungefähr 95% der gesamten Faserzellulose. Die Sekundärwand scheint eine durchlaufende gleichförmige Struktur zu haben. Nach der Quellung trennt sie sich leicht in die erwähnten radialen *Lamellen* auf, die ungefähr 0,1 $\mu$ dick sind und anscheinend ununterbrochen durch die Faserlänge hindurchlaufen[1].

Die Trennung der Sekundärwand in Lamellen wird durch viele polare Flüssigkeiten mit niederem Molekulargewicht bewirkt. Die *Lamellen* sind aus ungefähr fünf Lagen von *Mikrofibrillen* zusammengesetzt. Diese schmäleren Gebilde sind nahezu parallel und *spiralförmig* um die Faserachse angeordnet, wobei sich die *Richtung der Spirale* häufig ändert. Jede *Mikrofibrille* ist ungefähr 0,015 $\mu$ breit und vielleicht ein Drittel so dick. Die Mikrofibrillen können nach W. A. Reeves[2] durch kräftiges Schlagen der Baumwolle in Wasser, wenn auch nicht leicht, voneinander getrennt werden.

Die *einzelnen Mikrofibrillen*, welche in ihrem Querschnitt ungefähr 300 Glukosemoleküle (aus denen sich das einzelne Zellulosemolekül der Länge nach zusammensetzt) enthalten, sind aus *Kristallitsträngen* aufgebaut. Die Mikrofibrillen oder die Kristallit- (bzw. Mizellar-)stränge setzen sich, wie früher ausgeführt, aus Bereichen von relativ hoher molekularer Ordnung mit kristallinen Eigenschaften zusammen, welche durch Bereiche von niederer Ordnung unterbrochen werden. Ein *einzelnes, langgestrecktes Zellulosemolekül* kann bei einer solchen Verteilung verschiedene Bereiche mit kristallinen Eigenschaften durchlaufen.

Einschränkend muß dabei bemerkt werden, daß eine *scharfe Begrenzung* zwischen Bereichen hoher und niederer Ordnung nicht vorliegt. Der Übergang erfolgt oftmals stufenlos und undeutlich. Nicht-kristalline (amorphe) und kristalline Bereiche sind daher nicht genau gegeneinander abgegrenzte Gebiete.

Nach außen ist das Baumwollhaar von einer Haut umgeben, die man üblicherweise als *Cuticula* bezeichnete (s. Abb. 9, S. 236).

M. G. Rollins und V. W. Tripp[3] zeigten, daß nach einer Extraktion von mechanisch isolierten Fragmenten dieser scheinbar strukturlosen Primärwand mittels Äthanol und Äthanolamin eine Netzstruktur aus Zellulose im Elektronenmikroskop sichtbar wird. Das gleiche Untersuchungsergebnis erhielten W. Kling und H. Mahl[4], welche Abdrücke von Baumwollfasern, die verschiedenen Einwirkungen ausgesetzt waren, im Elektronenmikroskop beobachteten. Es wurde festgestellt, daß die Primärwand nach außen durch eine *Wachs-Pektin-Schicht* abgeschlossen ist, wobei die Fibrillenbündel in dieser strukturlosen Schicht eingebettet zu sein scheinen. Daher ist es nach W. Kling und H. Mahl[5] nicht richtig, von einer Cuticula zu sprechen. Beim Mercerisieren z. B. wird nicht die Cuticula, sondern die Primärwand gesprengt. Die nach außen abschließende Primärwand hat wasserabweisenden Charakter und erschwert die in wässerigen Medien sich abspielenden Veredlungsoperationen. Ein Abkochen der Roh-

[1] Tripp, V. W., A. T. Moore, I. V. de Gruy u. M. L. Rollins: Text. Res. J. **30**, 140 (1960).

[2] Reeves, W. A.: Einige Auswirkungen der Gestaltung von Querbindungen auf die Eigenschaften der Baumwollgewebe. J. Text. Inst. **53**, 22–36 (1962).

[3] Rollins, M. G. u. V. W. Tripp: Text. Res. J. **24**, 345 (1954).

[4] Kling, W. u. H. Mahl: Melliand Textilber. **32**, 131 (1951).

[5] Kling, W. u. H. Mahl: Melliand Textilber. **33**, 829 (1952).

baumwolle mit alkalischen Lösungen (Beuche) macht die Faser hydrophil. W. Kling und H. Mahl (loc. cit.) zeigten, daß mit der Entfernung der Nichtzelluloseanteile der Baumwollfaser gleichzeitig auch das Zellulosenetzwerk der Primärwand zerstört wird. Daher verbleiben nach der Beuche sozusagen „*primärwandfreie Faserrümpfe*".

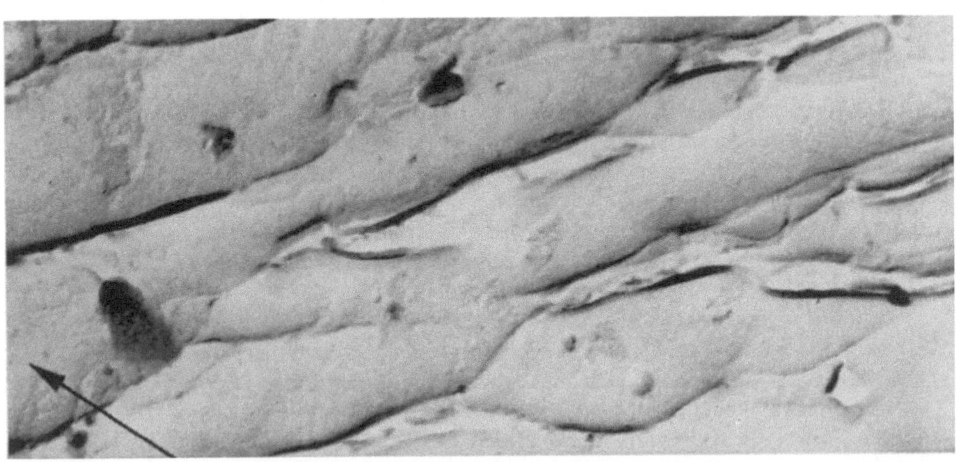

a

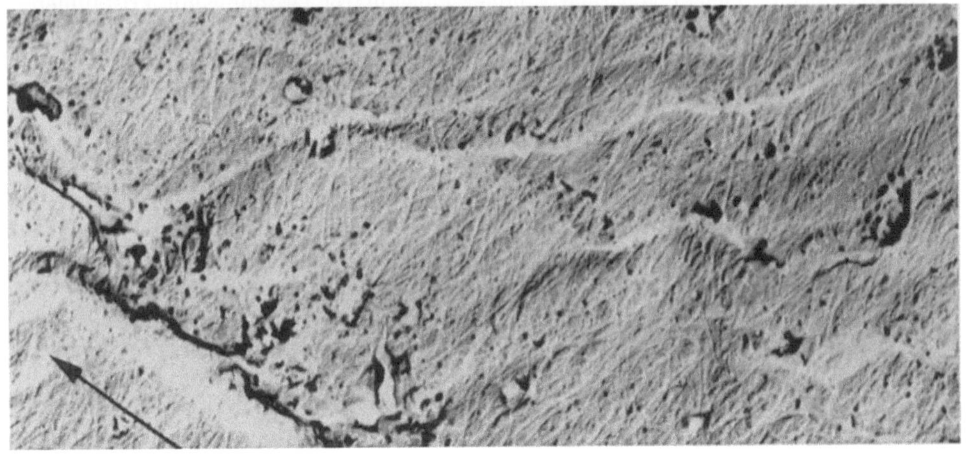

b

Abb. 9. a) Platin-Kohlenstoff-Abdruck der Oberfläche einer Rohbaumwollfaser, der die unebene Oberflächenstruktur der Primärwand im trockenen Zustand zeigt. b) Platin-Kohlenstoff-Abdruck der Oberfläche einer gebleichten Baumwollfaser. Von der Primärwand ist nur noch das Netz von Mikrofibrillen übriggeblieben. Letztere sind vorzugsweise senkrecht zur Faserachse ausgerichtet. [Elektronenmikroskopische Aufnahmen nach P. Kassenbeck (Institut Textile de France, Paris), aus Ciba-Rundschau (Ciba A. G., Basel) 1962/4, „Das Elektronenmikroskop", S. 20.]

Um wieder auf die Strukturelemente der Faser (Kristallitstränge, Mikrofibrillen, Fibrillen) zurückzukommen, so bestehen zwischen diesen *Zwischenräume verschiedener Größe*, welche für die Möglichkeit des Eindringens von Molekülen ausschlaggebend sind. Im Bereich der höchsten Ordnung, also bei den Kristalliten, sind diese Zwischenräume am kleinsten. P. Kassenbeck[1] gibt hierfür 1 bis 3 Å an.

[1] Kassenbeck, P.: Die Elektronenmikroskopie in der Textilforschung; Textilfasern unter dem Elektronenmikroskop. Ciba-Rundschau (Ciba A.G., Basel) **1962**, H. 4.

Während des Wachstums laufen die Fibrillen mit der naturfeuchten Faser axial in gleicher Richtung. Trocknet nun das Baumwollhaar in der Samenkapsel bei der Reife, so bildet sich die für Baumwolle vorstehend erwähnte typische *spiralige Struktur* aus. Nach P. Kassenbeck muß diese zwangsläufig während des Trocknens entstehen und stellt daher eigentlich eine *Pseudostruktur* dar.

Die jetzt ziemlich allgemein angenommene *Theorie der Knittererholung*[1] bezieht sich auf die *Feinstruktur der Zellulosefaser*. Wie früher ausgeführt, befinden sich zwischen den Kristalliten (= Bereiche hoher Ordnung) „Lockerstellen" (= Bereiche mit niederer Ordnung).

Die Elemente der Faserstruktur (Kettenmoleküle, Elementar- und Mikrofibrillen) durchlaufen die Faser als langgestreckte Stränge. Diese sind in den *Lockerzonen* mehr oder weniger verwirrt. Dadurch haben sie infolge ihres verringerten Kontaktes in diesen Bereichen niederer Ordnung eine *erhebliche Beweglichkeit* und auch die Fähigkeit, sich zu verschieben.

Nicht möglich ist dies aber in den *dicht gepackten Kristalliten*, da sich die *gleichlaufend gebündelten Faserelemente* allseitig mit ihrer ganzen Oberfläche gegenseitig berühren. Sie werden durch *Wasserstoffbrücken* und *Van der Waalssche Kräfte* zusammengehalten und sind daher einzeln unbeweglich.

Wird ein *ungeordneter Faserbereich* einer äußeren Zugspannung unterworfen, so tritt darin eine Verschiebung der durchlaufenden Faserelemente ein. Diese Verschiebung unter *Orientierung in Zugrichtung* und *unter Dehnung des Bereiches* findet so lange statt, bis sich die äußere Kraftwirkung gleichmäßig auf die einzelnen Faserelemente verteilt; diese können dann gemeinsam einer hohen Belastung standhalten.

Der gleiche Vorgang tritt bei *Knickung der Faser* ein. Die Faser wird auf der Innenseite des Knickbogens gestaucht. Die am äußeren Umfang des Bogens auftretenden Zugkräfte bewirken, wie vorstehend beim Zugversuch beschrieben, eine *plastische Deformation in den ungeordneten Bereichen*. Nach der Entlastung verbleibt dieser Zustand; die Elemente in den ungeordneten Bereichen sind nun *„orientiert"* und *in die Länge verzogen*. Dies ist die Ursache, daß die Faser bzw. das Gewebe nicht mehr in die ursprüngliche Lage zurückkehren kann; die Knickung bleibt dauernd bestehen. Ein Gewebe ist zerknittert, wenn es viele solche unregelmäßige Knicke aufweist.

Es ist nun möglich, diese plastische Deformation zu verhindern und eine *elastische Deformation der sich biegenden Faser* zu erzwingen, indem man die zugbedingte gegenseitige Verschiebung der wirren Bauelemente in den Faserlockerstellen verhindert.

In der *Praxis der Knitterfreiausrüstung von Zellulosefasergeweben* erreicht man dies auf zweifache Weise: 1. *Man füllt die amorphen Faserzwischenräume mit einem festen Körper aus* (Ausrüstung mit „in sich" vernetzenden Kunstharzen) oder 2. *man verklammert die Berührungsstellen der sich kreuzenden Faserelemente mit zellulosevernetzenden Mitteln* (Ausrüstung mit Reactantharzen oder Reactants).

H. Dolmetsch (loc. cit.) bezeichnet diese *bei Knickung sich zeigende „Versteifung"* als *„Immobilisierung der Lockerstellen"*, wodurch ein zerknittertes Gewebe sich wiederum „selbstglättet" („selfsmoothing" nach J. T. Marsh).

Unter *Immobilisierung* wird in der Medizin das *Ruhigstellen von Gliedern oder Gelenken* verstanden.

Die *Immobilisierung der Lockerstellen* der Baumwollfaser läßt sich, wie er-

---

[1] S. bei Dolmetsch, H.: Über die Ursache des Festigkeitsverlustes der Baumwolle während der Knitterfestausrüstung. Melliand Textilber. **45** (5), 542 (1964).

wähnt, auf zwei Wegen erreichen und liegen hier viele langjährigen Erfahrungen und zahlreiche Untersuchungen und Überlegungen vor. Dieselben wurden sehr eingehend schon früher gebracht (s. S. 190 bis 230). Nachfolgend sollen die markantesten Beweise hierfür kurz angeführt werden:

### 1. Immobilisierung durch Ausfüllen der amorphen Faserräume (Zwischenräume der Lockerstellen) durch Festkörper

Bekannt ist, daß in den Anfängen der Knitterfestausrüstung von Zelluloseregeneratfasern durch *Einlagerung amorpher anorganischer oder organischer fester Partikeln* ein nicht waschfester Knitterfesteffekt resultierte (Preska- und Queraxverfahren; s. Bd. IV/2).

K. Messik[1] erzielte eine nicht waschfeste Knitterfestigkeit bei Baumwolle durch Imprägnierung derselben mit den löslichen Vorprodukten der Kunstharze und nachfolgendem Trocknen (unter Ausschluß der Kondensation). Der gleiche Autor kondensierte bifunktionelle Methylolverbindungen von Kunstharzen im alkalischen Bereich unter Ausbildung von Harzkörpern und weiters die gleichen Substanzen unter saurer Katalyse; im letzteren Falle unter Ausbildung von Querbindungen zwischen den Zelluloseketten. In beiden Fällen resultierte eine Knitterfestigkeit, allerdings im ersteren Falle *nicht* waschfest. Daher erfüllt eine entsprechende Fasereinlagerung ihren Zweck und eine Quervernetzung zur Erreichung von Knitterfestigkeit (*nicht* waschfest!) ist nicht unbedingt notwendig.

### 2. Immobilisierung der flexiblen Faserbereiche durch Quervernetzung

#### *a) Die Rolle der Wasserstoffbindungen*

Vorstehend wurde schon ausgeführt, daß Wasserstoffbindungen die dichtgebündelten Faserelemente in den Kristalliten, also in den Faserbereichen mit *hoher seitlicher Ordnung* (lateral order) zusammenhalten und Wasserstoffbindungen in den Bereichen von *niederer seitlicher Ordnung* weniger umfassend auftreten. Die Querbindungen verleihen *nicht-modifizierter* Baumwolle mit dem natürlichen Feuchtigkeitsgehalt ihre natürliche Knittererholung, die nicht groß, jedoch nach W. A. Reeves[2] sehr wichtig ist.

Wird der natürliche Feuchtigkeitsgehalt der Baumwolle (etwa 6%) durch intensives Trocknen über Phosphorpentoxid möglichst entfernt, so können sich durch das *Entfernen des Hydratationswassers,* welches die OH-Gruppen der Zellulose schwarmförmig umgibt, die Zellulosemoleküle in den amorphen Faserbereichen unter *Ausbildung von Wasserstoffbrücken* vernetzen. Dadurch verlieren die *Faserbereiche niederer Ordnung* ihre innerliche Beweglichkeit[3].

Auch *absolut trockene* Viskosereyon mit 60% amorphen Faseranteil ist nach A. Geiger[4] hervorragend knitterfest.

---

[1] Messik, K.: Textil-Praxis **18,** 764 (1963).

[2] Reeves, W. A.: Einige Auswirkungen der Gestaltung von Querbindungen auf die Eigenschaften der Baumwollgewebe. J. Text. Inst. **53,** 22 (1962). — S. auch bei March, J. T.: Text. Manufacturer **85,** 373 (1959).

[3] S. bei McKelvey, J. B., R. R. Benerito, G. B. Webre u. R. J. Berni: J. Polymer Sci. **1961,** 209—230.

[4] Geiger, A.: Textil-Rundschau (St. Gallen) **1957,** 494—502.

Den Einfluß der Wasserstoffbrücken-Bildung auf den Knittererholungswinkel zeigten C. H. Mack und C. P. Wade[1] durch sehr instruktive Versuche.

Die Prüflinge (Baumwollgewebestreifen) wurden in einem Exsikkator verschiedenen Bedingungen ausgesetzt, wobei der Knittererholungswinkel mit einem von außen zu bedienenden Mosanto-Gerät gemessen wurde.

*Tabelle 15*

| Bedingungen im Prüfraum (Exsikkator) | Knittererholungswinkel (Kette) | |
|---|---|---|
| Normalklima (65% RF). | 75° | |
| Getrocknet über $P_2O_5$, 4 Tage. | 85° | |
| Getrocknet im Vakuum über $P_2O_5$, 72 Stunden. | 95° | Erhöhung durch Ausbildung von Wasserstoff-Brücken. |
| *Flachliegender* Prüfling belastet mit einem Gewicht (500 g), getrocknet unter gleichen Bedingungen. | 130° | Wahrscheinlich begünstigt der Druck die weitere Ausbildung von Wasserstoff-Brücken. |
| *Gefalteter* Prüfling, belastet mit einem Gewicht (500 g), getrocknet im Vakuum über $P_2O_5$, 48 Stunden. | 35° | (nach Entlastung). Dieser Versuch bestätigt die ausgesprochene Vermutung hinsichtlich der vermehrten Wasserstoff-Brückenbildung durch Druck. |
| Der gleiche Prüfling wurde *entlastet* der Raumfeuchtigkeit (etwa 50% RF) ausgesetzt. | 78° | (innerhalb weniger Minuten). Die Erhöhung der Knitterwinkelerholung erfolgte unter dem Einfluß der Luftfeuchtigkeit (Verminderung der Wasserstoff-Brücken). |

Die durch das Trocknen der Faser vermehrte Ausbildung von Wasserstoffbindungen tritt beträchtlich in deren amorphen Bereichen auf, welche für Wasser zugänglich sind. Wasserstoffbindungen sind schwach und werden die durch Trocknen entstandenen Wasserstoffbindungen als auch die Wasserstoffbindungen, die schon zum Teil in luftkonditionierter Baumwolle zugegen sind, leicht aufgespalten. Daher hat *nasse*, nichtausgerüstete Baumwolle nun weniger Querbindungen, um das Gleiten der Faseranteile zu verhindern und Knittererholung zu verleihen.

Sogenannte *Dialdehyd-Baumwolle*, welche durch Oxidation mit Perjodat resultiert, zeigt gleichfalls eine Zunahme des *Trocken*knittererholungswinkels, was vermutlich auf die Ausbildung von *Wasserstoff-Brücken zwischen den Carbonyl- und Hydroxylgruppen* der modifizierten Zellulose beruht. Letztere Bindungen sind gegenüber Luftfeuchtigkeit beständiger, doch werden sie in Wasser gleichfalls gespalten[2].

C. H. Mack und W. H. Reeves[3] untersuchten den Einfluß der Perjodat-Oxidation von Baumwolle auf deren Knittereigenschaften.

[1] Mack, C. H. u. C. P. Wade: Knittererholung und Feuchtigkeit. Text. Res. J. **33** (11), 958 (1963).

[2] Marsh, J. T.: Self-Smoothing Fabrics, S. 348. London: Chapman & Hall Ltd. 1962.

[3] Mack, C. H. u. W. H. Reeves: Die Knittereigenschaften von Dialdehydbaumwolle. Text. Res. J. **31**, 800 (1961).

Baumwolle wurde mit 1 bis 116 Mol $HJO_4$ pro Mol Glukose-Einheiten bis zu 24 Stunden behandelt.

Schon vor Jahren erhielten G. Jayme und Mitarbeiter[1] durch Oxidation von Zellulose mit 10%iger Perjodsäure, mit Natriumazetat auf den pH-Wert 4 abgepuffert, einen *polymeren Dialdehyd* mit 97,8% Ausbeute:

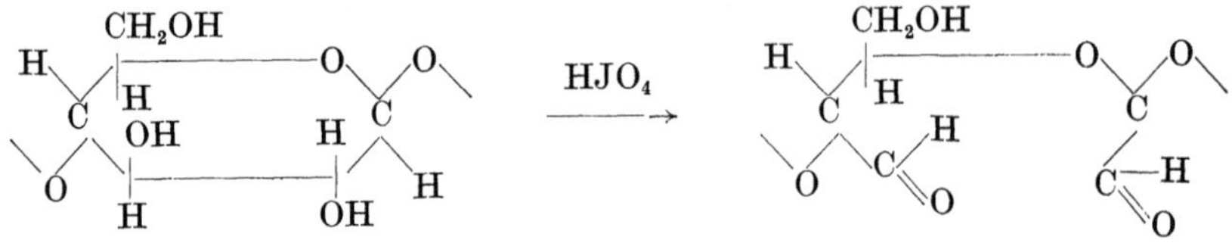

$CH_2OH$ H H C OH H C O O O H H OH H $\xrightarrow{HJO_4}$ $CH_2OH$ H H C O O O H C O C H C O O

C. H. Mack und W. H. Reeves (loc. cit.) stellten folgendes Verhalten der behandelten Baumwollgewebe fest:

| | |
|---|---|
| Mit steigendem Oxidationsgrad (= zunehmende Bildung von Dialdehydgruppen): | 1. Zunehmende Feuchtigkeitsaufnahme der behandelten Baumwolle. 2. Zunahme der *Trocken*knittererholung; die *Naß*knittererholung verändert sich nicht merklich. |
| Ab Oxidationsgrad von 20%: | Die *Naß*knittererholung steigt nun gleichfalls *deutlich* an, während die *Trocken*knittererholung wieder *abfällt.* |

Durch die Überführung der Glukoseglieder der Baumwolle durch Perjodat-Oxidation in *Dialdehydbaumwolle* verliert Baumwolle an Festigkeit und wird gegen Alkali empfindlich.

St. R. Hobart et al.[2] wandelten *Dialdehyd*zellulose (-baumwolle) weiterhin durch Reduktion mit Natriumborhydrid in *Dialkohol*baumwolle um:

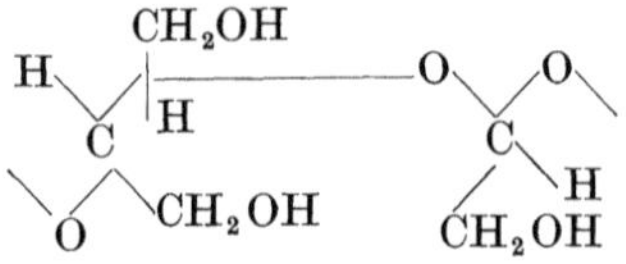

$CH_2OH$ H H C O O O C $CH_2OH$ H $CH_2OH$

Es liegt nun eine Kohlenstoff-Sauerstoff-Kette mit drei anhängenden, frei-beweglichen, *primären Alkoholgruppen* vor.

Bekannt ist, daß Baumwollgarne *durch Mercerisation,* besonders unter Spannung, im Vergleich zu unbehandelten Garnen höhere Reißfestigkeitswerte aufweisen.

St. R. Hobart et al. (loc. cit.) stellten fest, daß *Dialkohol*baumwolle nicht mehr alkali-empfindlich war und *durch Alkalibehandlung* weiterhin die Festigkeit der *ursprünglichen Baumwolle* zurückerhielt.

Durch die Reduktion der *Dialdehyd*baumwolle zu *Dialkohol*baumwolle wird der Effekt der Zellulosevernetzung durch Wasserstoff-Brücken aufgehoben, wodurch eine *Abnahme der Knittererholung* eintritt. Wird nun *Dialkohol*baumwolle mit Alkali behandelt, so tritt eine erhebliche Faserquellung ein. Hierdurch werden die Zellulose- und die *Dialkohol*zellulose-Ketten in der Baumwolle frei beweglich — zumindest in den zugänglichen Faserbereichen. Da nun die Hydroxylgruppen in der *Dialkohol*zellulose (-baumwolle) im Vergleich zur *unbehandelten Baumwolle* eine größere räumliche Freiheit haben, können sich nun vermehrt Wasserstoff-Brücken ausbilden, wodurch der Festigkeitsverlust wieder ausgeglichen wird.

[1] Jayme, G. u. Mitarbeiter: Ber. Dtsch. Chem. Ges. **77,** 383 (1944).

[2] Hobart, St. R., Ch. H. Mack u. C. P. Wade: Der Einfluß einer Alkalibehandlung auf die Eigenschaften von Dialkoholbaumwolle. Text. Res. J. **35** (4), 304—311 (1965).

Baumwollgarne, welche nur *im geringen Maße Dialkohol*zellulose enthielten und mit *Alkali* behandelt wurden, zeigten eine *wesentlich höhere Bruchdehnung* im Vergleich zu alkali-behandelten ursprünglichen Baumwollgarnen. Diese Eigenschaft ist nach den Autoren für die Entwicklung der *Verstreckbarkeit* und für die *Verbesserung des Scheuerwiderstandes* von Wichtigkeit.

### *b) Die Rolle der kovalenten Querbindungen*

Wie ausgeführt, tragen *Wasserstoff-Brücken* ihren gewissen Anteil zur Knittererholung von Zellulosefasertextilien bei.

Der *Einfluß der Ionenbindung (elektrovalente Bindung) zwischen den Zellulosemolekülen* auf die Knittererholung wurde gleichfalls studiert.

W. A. Mueller und R. Swidler[1] neutralisierten carboxymethylierte oder sulfoäthylierte Baumwollgewebe[2], vorliegend in der „Säureform", mit einem Epoxyamin.

$\mathrm{Cell-O-CH_2-CH_2-SO_3H}$ Sulfoäthylzellulose;
$\mathrm{Cell-O-CH_2-COOH}$ Carboxymethylzellulose

$$+\ \mathrm{H_2N-R-\underset{\diagdown\ O\ \diagup}{CH-CH_2}}$$

$$\downarrow$$

$$\mathrm{Cell-O-CH_2-COO^{\ominus}\ldots{}^{\oplus}\underset{H\ \ H}{\overset{H}{N}}-R-\underset{\diagdown\ O\ \diagup}{CH-CH_2}}$$

I. Einseitige Zellulosesubstitution durch ein „Salzbindeglied".

Das neutral reagierende Gewebe wurde nun mit 1%iger Zinkfluorborat-Lösung (als Katalysator) gepflatscht, getrocknet, bei höherer Temperatur kondensiert und mit destilliertem Wasser nachgewaschen.

Hierbei trat die reaktive Epoxygruppe unter Vernetzung mit einem weiteren Zellulosemolekül in Reaktion, wobei die *maximale Knittererholung* ungefähr 113° und das Feuchtigkeitsaufnahmevermögen 9 bis 10% betrug.

$$\mathrm{Cell-O-CH_2-COO^{\ominus}\ldots{}^{\oplus}\underset{H\ \ H}{\overset{H}{N}}-R-\underset{OH}{CH}-CH_2-O-Cell}$$

II. „Salzbrücken"-Bindung zwischen zwei Zelluloseketten.

Eine Probe des so behandelten Gewebes wurde in 10%ige wässerige Ammoniaklösung kurz getaucht und dann trocken gebügelt, wobei es neutrale Reaktion zeigte. Nach dem Auslegen im Normalklimaraum (65% RF und 20° C) wurde eine *Erniedrigung der Knittererholung um* **30%** festgestellt:

$$[\mathrm{II.}] + \mathrm{NH_3} \rightarrow \mathrm{Cell-O-CH_2-COO-NH_4}\ \text{und}$$
$$\mathrm{Cell-O-CH_2-\underset{OH}{CH}-R-NH_2}$$

III. Spaltung der „Salzbrücken"-Bindung.

Wurde nun die gleiche Gewebeprobe mit destillierten Wasser gewaschen, trocken gebügelt und im Normalklimaraum konditioniert, so trat die *ursprüngliche Knittererholung* wieder auf, indem die elektrovalente Brückenbindung wieder hergestellt wurde: (III) → (II).

Dieses Verhalten, das bei unbehandelter Baumwolle nicht festzustellen ist, interpretieren W. A. Mueller und R. Swidler (loc. cit.) als Beweis für die Ausbildung von elektrovalenten Vernetzungsbrücken (ähnlich denen *in Schafwolle*).

Solche Vernetzungsbrücken, welche durch *gegenseitige ionische Anziehung* entstehen, weisen *keine ausreichende Festigkeit und Beständigkeit* auf, die zur Ausbildung hoher Knittererholungswinkel nötig sind.

[1] Mueller, W. A. u. R. Swidler: Einige Beobachtungen bei Versuchen, reversible Vernetzungsbrücken in Baumwolle zu bilden. Text. Res. J. **34** (6), 656 (1964).

[2] Guthrie, J. D.: Ind. Eng. Chem. **44,** 2187 (1952).

Die Erzeugung von kovalenten Querbindungen wird heute für die Hervorbringung eines waschbeständigen Knittererholungseffektes allgemein akzeptiert. Es liegen gute Beweise vor, daß kovalente Querbindungen zwischen Zellulosemolekülen für den Knitterfesteffekt hauptanteilig verantwortlich sind.

Die kommerziell verwendeten Vernetzungsmittel sind alle zwei- oder polyfunktionelle Verbindungen.

Wird z. B. monofunktioneller N-Methyl-, N'Methylol-Äthylenharnstoff und bifunktioneller N, N'-Dimethylol-Äthylenharnstoff unter gleichen Bedingungen auf Baumwolle appliziert, so liefert die monofunktionelle Verbindungen nach J. G. Frick et al.[1] eine sehr geringe Knittererholung im Vergleich zu bifunktionellen, die einen sehr hohen Knitterfesteffekt ergibt.

Den eindeutigen Beweis, daß eine Vernetzung der Zellulose Knitterfestigkeit bewirkt, wurde von R. F. Schwenker und L. Lifland[2] durch Einbau der Disulfidbrücke zwischen zwei Zelluloseketten erbracht. Weiteres s. S. 220.

Auch G. C. Tesoro und A. Oroszlan[3] haben Vernetzungsbrücken zunächst einseitig hauptvalenzmäßig an ein Zellulosemolekül gebunden und dann in zweiter Stufe die Bindung zum anderen Zellulosemolekül durchgeführt.

Zuerst wurden *unsymmetrische Sulfone* in der Kälte unter Aufspaltung der Doppelbindung einseitig an Zellulose angehängt und dann durch Hitzeeinwirkung unter Mitwirkung von Natriumhydrogenkarbonat als Katalysator die Quervernetzung erzielt. Weiteres s. Bd. IV/2.

In allen erwähnten Fällen der Zellulosevernetzung war die einseitige kovalente Bindung des betreffenden Mittels ohne Einfluß auf die Knitterverbesserung; erst der Brückenschluß, also die Quervernetzung, ergab die Knitterfestigkeit.

Die nach R. F. Schwenker und L. Lifland (loc. cit.) durch Luftoxydation geschlossenen Disulfid-Vernetzungsbrücken können ohne Faserschädigung durch Reduktion wieder gespalten werden. Die *durch Vernetzung erzielte Knitterfestigkeit* geht hierbei verloren, kehrt aber nach erneuter Luftoxydation wieder zurück:

$$\text{Cell}-\text{SH} + \text{HS}-\text{Cell} + {}^{1}/_{2}\,\text{O} \rightarrow \text{Cell}-\text{S}-\text{S}-\text{Cell} + \text{H}_2\text{O}$$

Die meisten Wash-and-Wear-Ausrüstungsmittel können auch durch Reaktion *„mit sich selbst" Dimere und Trimere* bilden. Diese Dimeren, Trimeren und sogar Polymeren können nun bei Quer- oder Brückenbildung zwischen den Zelluloseketten anteilig werden. Bei *vor-azetylierter* Baumwolle konnten Perkerson et al.[4] aber zeigen, daß eine solche Polymerenbildung *ohne* kovalent-gebundenen Querbindungen wenig oder keinen Beitrag für die Knittererholung leistet.

In einer späteren Arbeit bestätigen Kuhn, Hennige und Sodnik[5] diese Angaben, nämlich, daß die Einlagerung verschiedener, *nicht* mit der Faser reagierender Polymerisate die physikalischen Eigenschaften nicht ändern; auch sind die Polymerisate wiederum leicht auswaschbar.

Weiters erzeugten die Autoren aus N-Methylol-acrylamid bzw. N-methylolmethacrylamid in der Faser ein vernetztes Polymer. Wird die Polymerisation so

---

[1] Frick, J. G., B. A. Kottes u. J. D. Reid: Text. Res. J. **29**, 314 (1959).

[2] Schwenker, R. F. u. L. Lifland: Text. Res. J. **33**, 93 (1963).

[3] Tesoro, G. C.: J. appl. Polymer Sci. **5**, 721 (1961). — Tesoro, G. C. u. A. Oroszlan: Text. Res. J. **33**, 93 (1963). S. auch Bd. IV/2.

[4] Perkerson, F. S., W. A. Reeves u. V. W. Tripp: Text. Res. J. **30**, 944 (1960).

[5] Kuhn, M., E. Hennige u. M. Sodnik: Die Modifizierung von Zellulosefasern mit polymerisierbaren Substanzen. Teil I: Die Einlagerung nicht-reaktiver Polymerer in Baumwolle. Teil II: Die Einlagerung reaktiver Polymerer in Baumwolle. Melliand Textilber. **46** (1), 63—72 (1965).

durchgeführt, daß die Methylolgruppen noch nicht reagieren, so treten keinerlei Veränderungen der Fasereigenschaften ein. Erst nach Reaktion der Methylolgruppen mit sich selbst und mit der Zellulose wird die Knittererholung verbessert, bei gleichzeitigem Reißfestigkeitsabfall. Da mit den angeführten reaktiven Verbindungen wegen der thermischen Spaltung der Methylolverbindungen, Verdampfung und Sublimation der Spaltprodukte aus dem Gewebe, die Hervorbringung der Effekte schlecht reproduzierbar ist, haben die Versuche nur akademisches Interesse.

Ein guter Indikator für die *Art der kovalent-gebundenen Querbindungen* ist, insbesondere wenn der Grad der Substitution (degree of substituation; DS) äußerst gering ist (0,05), das Verhalten der behandelten Faser gegen Kuoxamlösung[1].

Die *meisten Ätherverbindungen* sind gegen alkalische Hydrolyse beständig. N-Methylol-Verbindungen reagieren mit Zellulose unter Ausbildung von Gruppen, die *langsam* in alkalischer Lösung hydrolysieren, doch ist der Betrag so gering, da in dieser Weise quervernetzte Baumwolle wenigstens mehrere Stunden unlöslich bleibt.

Die meisten *Ester- und insbesondere halbazetalischen Gruppen* hydrolysieren schnell in Kuoxam und anderen stark alkalischen Lösungen.

Weiteres s. S. 335.

Die Beziehung zwischen dem immer einhergehenden *Festigkeitsverlust* des Baumwollgewebes und dem *Trocken*knitterwinkel soll an anderer Stelle besprochen werden (s. S. 355).

### *Die Knittererholung im nassen und im trockenen Zustand*

Eine *Trocken*knitterfestausrüstung ist immer mit einer Verbesserung der *Naß*knittererholung verbunden. Dieser Zusammenhang besteht im Falle einer *Naß*knitterfestausrüstung nicht. Die Erholungsfähigkeit vom Knittern verläuft im *nassen* und im *trockenen* Zustand des Baumwollgewebes unterschiedlich.

Bei Erhöhung des *Naß*knittererholungswinkels allein nimmt die Reißfestigkeit nur verhältnismäßig wenig ab, während mit der Verbesserung der *Trocken*knitterfestigkeit immer ein beträchtlicher *Abfall der Reißwerte* eintritt.

Wie nachfolgend im Abschnitt „Katalysatoren und Stabilisatoren bei der Knitterfestausrüstung (s. S. 260) ausgeführt wird, kennt man zwei hauptsächliche Verfahren der Knitterfestausrüstung von Baumwollgeweben, nämlich

1. das Klotz-Trocken-Kondensationsverfahren und 2. das Klotz-Naßverweilverfahren.

Es kann also unter *verschiedenen Quellungszuständen der Faser* gearbeitet werden.

### Vernetzen der Baumwolle mit vernetzenden Mitteln beim Vorliegen verschiedener Faserquellungszustände (wassergequollen; entquollen im trockenen Zustand)

Beim Klotz-*Naßverweilverfahren* läßt man auf die wassergequollene Faser (z. B. mit Natronlauge) das Reactant (z. B. Divinylsulfon) längere Zeit bei Zimmertemperatur einwirken. Es tritt eine Quervernetzung der Zellulosemoleküle in den „aufgeweiteten" Faserbereichen ein, wobei eine *Naß*knittererholung, jedoch *keine* oder geringe *Trocken*knittererholung resultiert und dabei der Faserquellwert *unverändert* bleibt.

[1] Perkerson et al.: s. vorstehend.

Man muß sich dies so vorstellen, daß die Vernetzungsbrücken sich unter anderen Verhältnissen ausbilden, als wenn die Faser *entquollen* und somit die Faserelemente enger geschlossen sind. Beim Vorliegen der Faser im *gequollenen* Zustand wird die Zugänglichkeit des vernetzenden Mittels erleichtert.

So kommen W. A. Reeves et al.[1] in einer eingehenden Untersuchung zu dem Schluß, daß die für die *Naß*knittererholung maßgebliche Vernetzung in den *weniger zugänglichen Bereichen der Faser* „näher" an den Kristalliten erfolgen würde, und zwar durch *Vernetzung der Mikrofibrillen.* Bei der Vernetzung der *nicht*-gequollenen Faser würden nur die *am leichtesten zugänglichen* Bereiche erfaßt; die Vernetzung würde also *zwischen den Lamellen* erfolgen. Die Autoren stellen sich vor, daß Zellulosemoleküle bzw. Kristallite, die außen an den Lamellen sich befinden, die vernetzenden Brücken tragen würden (s. auch S. 228).

Wird das Baumwollgewebe mittels des *Klotz-Trocken-Kondensationsverfahrens* z. B. mit einem Reactantharz und Säurespender (z. B. Magnesiumchlorid) imprägniert, getrocknet und dann kurze Zeit hitzebehandelt, so wurde wohl das vernetzende Mittel in die wassergequollene Faser eingebracht. Die Faser durchläuft nun während des Trocknens und Kondensierens alle möglichen Quellungszustände. Da der Säurespender erst bei höherer Temperatur voll zur Wirkung kommt, tritt die hauptsächlichste Vernetzung im *ent*quollenen Zustand der Faser ein, wobei aber auch im noch gequollenen Zustand der Faser bereits Vernetzungsbrücken ausgebildet werden. Dies erklärt die resultierenden Effekte, nämlich *Trocken*knitterwinkelerhöhung und gleichzeitige Erhöhung der *Naß*knittererholung.

### Erhöhung der Erholung vom Knittern im nassen Zustand durch eine vorausgegangene Dekristallisation (Strukturauflockerung) der Baumwollfaser

Die *Naß*knittererholung der Baumwolle kann außer durch Vernetzung im wassergequollenen Zustand auch durch die *Erhöhung der Quellungsfähigkeit der Faser* in Wasser gesteigert werden.

Die Wirkung des dekristallisierenden Mittels hinsichtlich der Verbesserung der Naßknittererholung variiert entsprechend der vorliegenden Gewebestruktur, Konzentration des angewandten Mittels (z. B. Natronlauge) und der Durchführung (z. B. Mercerisation).

So erhöhten McKelvey et al.[2] den *Naß*knittererholungswinkel durch eine vorausgehende Quellung mit 13%iger Natronlauge von 83° auf 103° (Mittel von Kette und Schuß). Der *Trocken*knitterwinkel erfuhr hierbei kaum eine Änderung.

Gute Naßknitterbeständigkeit und Dimensionsstabilität des Gewebes erzielte N. Gralén[3] durch eine Abbremsung der übermäßigen Quellwirkung der Alkalilauge mittels Alkoholzugabe.

Nach B. Marek und E. Lerch[4] resultiert bei *Regenerat*zellulose durch Strukturausgleich bei Behandlung mit 60%iger Äthylendiaminlösung eine sehr gute waschbeständige *Naß*knitterfestigkeit.

Die *Dekristallisation von Baumwolle* mit hochkonzentrierten wässerigen

[1] Reeves, W. A.: Einige Auswirkungen der Gestaltung von Querbindungen auf die Eigenschaften der Baumwollgewebe. J. Text. Inst. **53,** 22 (1962). — Reeves, W. A., R. M. H. Kullman, I. G. Frick, jr., u. R. M. Reinhardt: Text. Res. J. **1963,** 169—181.

[2] McKelvey, J. B., R. R. Benerito, B. G. Webre u. R. J. Berni: J. Polymer Sci. **1961,** 209—230.

[3] Gralén, N.: Textil-Rundschau (St. Gallen) **1964,** 59—68.

[4] Marek, B. u. E. Lerch: Textil-Rundschau (St. Gallen) **1962,** 465.

Lösungen von Äthylendiaminen (ÄDA) studierte E. Hennige[1]. Die *ÄDA-Behandlung* bewirkt eine stärkere Auflockerung der Bereiche hoher und mittlerer Ordnung, während bei der *Natronlaugebehandlung* mehr die Bereiche niedriger bis mittlerer Ordnung aufgelockert werden. Im ersteren Falle resultiert relativ geringe Quellung und stärkeres Wasserrückhaltevermögen; im letzteren Falle eine starke Quellung und etwas geringeres Wasserrückhaltevermögen. Über eine eventuelle Verbesserung der Naßknittererholung wurde in dieser Arbeit nicht berichtet.

*Baumwolle* und *Regeneratzellulosefasern* verhalten sich nach B. Marek und E. Lerch[2] gegenüber hochkonzentrierten ADA-Lösungen aber *sehr verschieden.* Während bei Baumwolle, wie ausgeführt eine *deutliche Verminderung des Ordnungsgrades* (Dekristallisation) festgestellt wurde, bewirkt die Behandlung von Regeneratzellulosefasern eine Strukturänderung, die im Vergleich zu Baumwolle eine *gegenläufige Tendenz* aufweist. Bei den Regeneratzellulosefasern tritt eine *Zunahme im Ordnungsgrad unter gleichzeitiger Desorientierung der Struktur durch Quellung* auf. Die Erhöhung der Reaktivität trotz Zunahme im Ordnungsgrad der mit Äthylendiamin behandelten Viskosemantelfaser ist durch einen *weitgehenden Ausgleich der strukturellen Unterschiede zwischen Mantel und Kern* und die dadurch bedingte bessere Zugänglichkeit des Faserinnern für das Reaktionsmittel erklärbar.

E. M. Kärrholm und H. Asnes[3] führen aus, daß *ungleichmäßige Spannungen* im Baumwollgewebe eine unruhige (boldrige) Oberfläche bewirken; ein *durch quellende Mittel entspanntes Gewebe* (= fixiert) bleibt glatt.

Eine solche „Fixierung" wird hier durch Mittel erreicht, die *keine* „Zellulosevernetzung" verursachen.

Bereits mit 25%iger Natronlauge resultiert eine solche „Fixierung". Hohe „Fixierungseffekte" bewirkt eine Lösung von Kalilauge in Alkoholen (wie Äthanol, Butanol, Octanol und deren Mischungen).

Auch hydrotrop wirkende Salzlösungen ergeben ähnliche Effekte. Die Wirksamkeit scheint mit der Stellung der Ionen in der lyotropen Reihe abhängig zu sein: $Zn(CNS)_2 > Ca(CNS)_2 > CaCl_2$.

Gute Effekte werden auch durch Mischungen von Rhodaniden mit Natronlauge erzielt, wie z. B. eine Lösung, die 30% NaOH und 5% $NH_4CNS$ enthält.

Durch eine solche „Fixierung" ist das behandelte Baumwollgewebe bedeutend weicher geworden; ferner wird die Oberflächenglätte und das Wash-and-Wear-Verhalten *deutlich verbessert* und das Krumpfverhalten verringert.

Die Autoren berichten noch über einen *Praxisversuch:* Geklotzt wurde das Baumwollgewebe mit einer Lösung von 63% $ZnCl_2$ + 0,2% $Na_2CO_3$ + 0,5% Netzmittel bei einem Abquetscheffekt von ungefähr 180%. Das imprägnierte Gewebe wurde auf der Kaule, in eine Plastikfolie eingepackt, langsam rotierend über Nacht gelagert. Dann wurde mit einer 1%igen Essigsäurelösung behandelt und zum Schluß gut ausgewaschen. Getrocknet wurde auf dem Kurzschleifentrockner.

Das Baumwollgewebe erhält ein deutliches Selbstglättungsvermögen und eine verbesserte Knitterfestigkeit.

---

[1] Hennige, E.: Die strukturelle Veränderung der Baumwolle bei der Behandlung mit Diaminen und Natronlauge. Melliand Textilber. **43,** 1228, 1350 (1963).

[2] Marek, B. u. E. Lerch: Über die Einwirkung von konzentrierten Äthylendiaminlösungen auf Regeneratcellulosefasern. J. appl. Polymer Sci. **7,** 257–272 (1963).

[3] Kärrholm, E. M. u. H. Asnes: Fixierung von Baumwollgeweben *ohne* kovalente Vernetzung. Text. Res. J. **1964,** 220–235.

### *Die nachfolgende Dekristallisation von knitterfest ausgerüsteten Baumwollfasertextilien*

E. Plötz[1] stellte fest, daß bei langdauernder Einwirkung von 20%iger Natronlauge auf ein Baumwollgewebe, knitterfest nach dem Klotz-Trocken-Hitze-Verfahren ausgerüstet, der *Trocken*knittererholungswinkel zurückgeht, während die *Naß*knittererholung kaum verändert wird.

K. Bredereck und H. Dolmetsch[2] fanden, daß auch andere Reagenzien dieselbe Wirkung haben. Besonders wirksam war die organische Base Äthylendiamin; ebenso wirkte eine konzentrierte heiße Calciumrhodanidlösung und 83%ige Phosphorsäure. Deutlich wirksam war auch eine Lösung der Komplexverbindung Kupferäthylendiamin (Cu-en).

Die so behandelten Fasern zeigen dieselben technologischen Eigenschaften wie eine im gequollenen Zustand (z. B. mit Epichlorhydrin und NaOH) vernetzte Baumwolle, nämlich *hohe Naß*knittererholung bei *sehr schwacher Trocken*knittererholung und *hoher* Reißfestigkeit.

Schon früher (s. S. 227) wurde ausgeführt, daß eine Einbettung der Baumwollfaser in polymerisierendem Butylmethacrylat und Querschnitte davon im Elektronenmikroskop die sogenannte „Lamellentrennung" zeigen. Diese Lamellentrennung ist auch bei Baumwolle festzustellen, welche im *gequollenen* Zustand vernetzt wurde, während Fasern, die im *entquollenen* Zustand vernetzt wurden, diese Erscheinung *nicht* aufweisen.

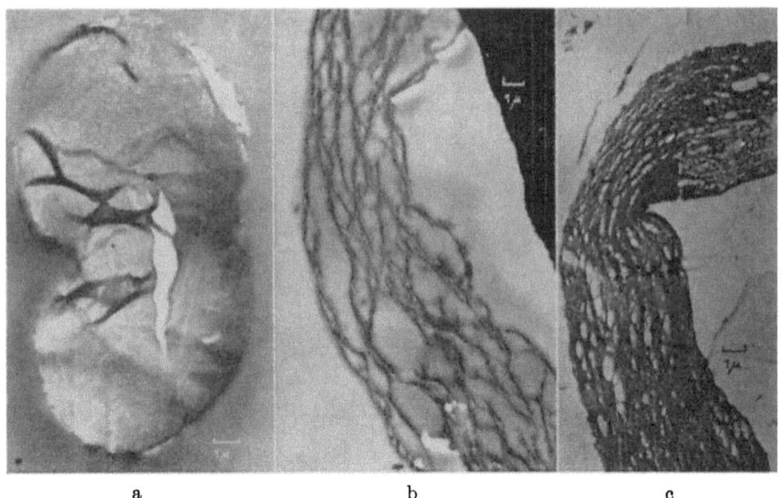

a b c

Abb. 10. Elektronenmikroskopische Abbildungen von Baumwollfaserquerschnitten (nach K. Bredereck und H. Dolmetsch). a) Bei trockener Einbettung in Methacrylat; b) „Lamellentrennung" bei „nasser" Einbettung einer unvernetzten Faser; c) „Lamellentrennung" bei „nasser" Einbettung einer im gequollenen Zustand mit Epichlorhydrin vernetzten Faser.

Während die mit Epichlorhydrin und NaOH im gequollenen Zustand vernetzte Faser, wie bekannt, eine Trennung der Wachstumslamellen im Elektronenmikroskop feststellen ließen (Abb. 10), zeigte die, wie vorstehend ausgeführt, trocken-vernetzte und dann mit den Quellmitteln nachbehandelte Faser nach

[1] Plötz, E.: J. Text. Inst. **53**, 51 (1962).

[2] Bredereck, K. u. H. Dolmetsch: Zum Mechanismus der Knittererholung von knitterfest ausgerüsteter Baumwolle. Textilchemie (Melliand) **1** (1), 3—11 (1965).

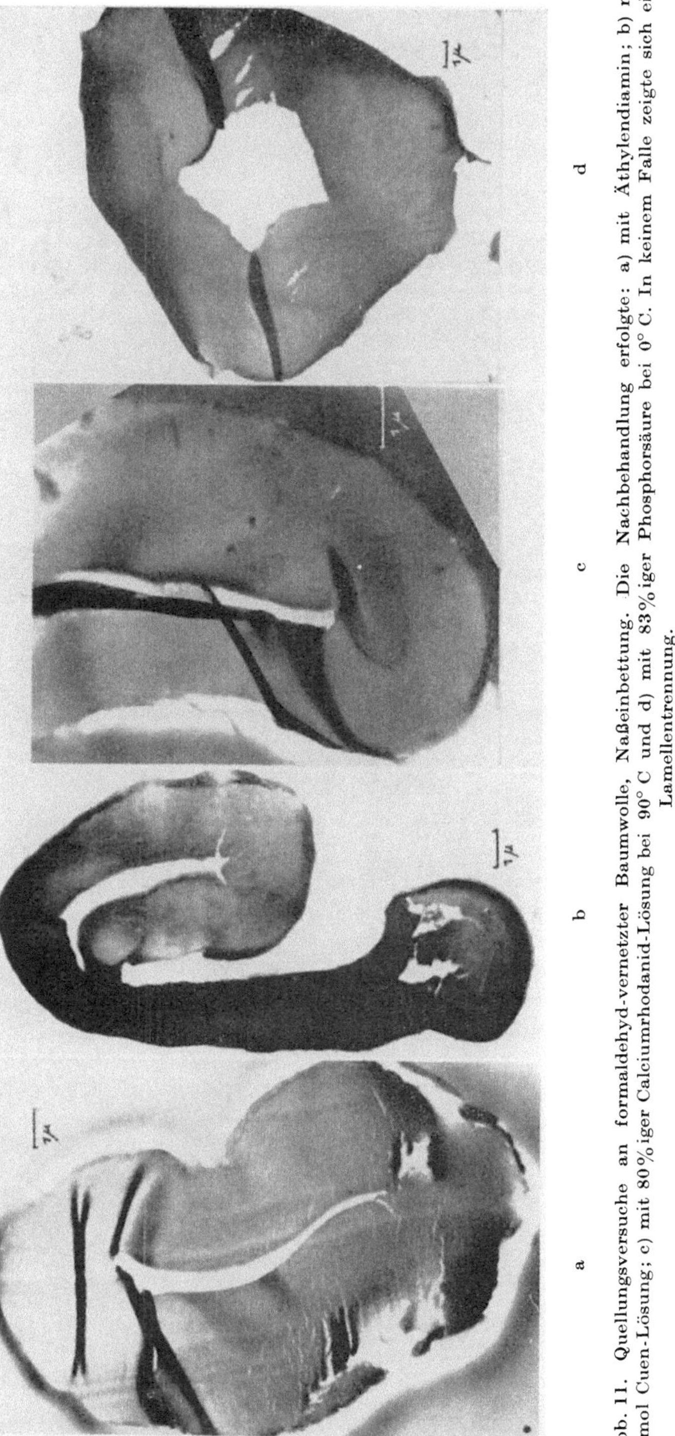


Abb. 11. Quellungsversuche an formaldehyd-vernetzter Baumwolle, Naßeinbettung. Die Nachbehandlung erfolgte: a) mit Äthylendiamin; b) mit 1 mol Cuen-Lösung; c) mit 80%iger Calciumrhodanid-Lösung bei 90° C und d) mit 83%iger Phosphorsäure bei 0° C. In keinem Falle zeigte sich eine Lamellentrennung.

K. Bredereck und H. Dolmetsch (loc. cit.) überraschenderweise *keine* solche Lamellentrennung, obwohl *in beiden Fällen* die Gewebe *gleiche technologische Eigenschaften* hatten (Abb. 11).

Die Autoren folgern hieraus, entgegen der bis jetzt üblichen Annahme, daß eine *Vernetzung der Lamellen nicht* zwangsläufig eine *hohe Trocken*knittererholung zur Folge haben muß; weiters ist eine *hohe Trocken*knittererholung auch bei verschlossenen (= vernetzten) Lamellenspalten möglich.

Der Effekt ist vom pH-Wert unabhängig; daher scheiden Hydrolyseeinflüsse aus. Auch eine mechanische Sprengung der Vernetzungsbrücken (welche den *Trocken*knitterwinkel erzeugen) durch den Quelldruck kommt nicht in Betracht, da einerseits das *wenig* zellulose-quellende Äthylendiamin *sehr wirksam* ist und andererseits elektronenmikroskopisch *keine* Spaltung der kovalenten Brücken in Form einer Lamellentrennung beobachtet wurde.

Daher nehmen K. Bredereck und H. Dolmetsch an, daß die *Nachbehandlung mit quellenden Mitteln* eine *Änderung der Faserstruktur bewirkt* und hieraus sich der Rückgang der *Trocken*knittererholung ergibt.

*Interkristalline und intrakristalline Quellung:*

*Interkristalline Quellung:* Es erfolgt Aufweitung der amorphen Faserbereiche; das Röntgendiagramm der Faser wird *nicht* verändert. Interkristalline Quellmittel sind z. B. Wasser, verschiedene wässerige Lösungen von Säuren, Basen, Salzen oder organischen Verbindungen, wie Harnstoff, Thioharnstoff, Chloralhydrat u. a.

Da die amorphen Faserbereiche bei knitterfest ausgerüsteter Baumwolle durch kovalente Brücken stabilisiert sind, haben interkristalline Quellmittel, wie z. B. 9%ige Natronlauge oder konzentrierte Harnstofflösung, welche Zellulose besonders stark intermicellar quellen, *keinen* Einfluß auf die Knittererholung der Faser.

*Intrakristalline Quellung:* In diesem Falle dringt das Quellungsreagenz in *sämtliche Faserbereiche* ein, also auch in die Kristallite. Das Röntgendiagramm wird verändert. Die *Art und das Ausmaß der Quellung* hängt bei vorliegenden Bedingungen von Quellungsreagenz selbst ab, wobei Übergänge zwischen inter- und intrakristalliner Quellung stattfinden.

*Intra*kristallin-quellende Reagenzien sind starke Säuren, Basen und einige konzentrierte Salzlösungen. So können stärker konzentrierte Natronlauge (z. B. 20%ig) und hochkonzentrierte Äthylendiaminlösungen in die kristallinen Bereiche eindringen.

Bei der Knitterfest-Ausrüstung im *ent*quollenen Faserzustand kann das Vernetzungsmittel *nicht* in die Kristallite eindringen. In diesen sind also die Zellulosemoleküle nur durch Wasserstoff-Brücken und Van der Waalssche Kräfte verbunden.

Dringt das intrakristallin-quellende Reagenz nun in diese Bereiche ein, so wird ein Teil dieser leichtspaltbaren Brücken gesprengt. Nach E. Hennige[1] kann eine solche *Dekristallisation der Zellulose* je nach Zahl der polaren Gruppen des Reagenzes nach verschiedenen Mechanismen erfolgen.

NaOH mit *einer* polaren Gruppe dreht bei höherer Konzentration die Ebene des Glukoserings und resultiert dann die *Zellulose-II*-Modifikation.

Äthylendiamin verhindert auf Grund seiner *beiden* polaren Gruppen eine Drehung des Glukoserings und es bleibt die *Zellulose-I*-Modifikation erhalten.

Sowohl starke Natronlauge als hochkonzentrierte Äthylendiaminlösung *dekristallisieren* die knitterfest ausgerüstete Baumwolle und erniedrigen stark die *Trocken*knittererholung. K. Bredereck und H. Dolmetsch (loc. cit.) zeigen dies durch Messungen der Kristallinität (nach der röntgenographischen Methode

[1] Hennige, E.: Melliand Textilber. **42**, 1228 u. 1350 (1963).

von Segal et al.[1]) von knitterfest im entquollenen Zustand ausgerüsteten Baumwollfasern nach Behandlung von quellenden, Dekristallisation bewirkenden Mitteln.

Die nachfolgenden von D. Mayer durchgeführten röntgenographischen Messungen nach dem Verfahren von Segal et al. ergeben Werte für die Faserkristallinität, die nur in ihrer Relation zu betrachten sind, da ihre Absoluthöhe umstritten ist.

Tabelle 16. *Gegenüberstellung von Faserkristallinität und Trockenknittererholungswinkel* (auszugsweise)

Nicht-behandelte Baumwolle: Kristallinität 81,0%
*Trocken*knittererholungswinkel 60°

| Nach Vernetzung mit | Dimethylol-Äthylenharnstoff | | Formaldehyd | |
|---|---|---|---|---|
| | Kristallinität | Trocken-knitterwinkel | Kristallinität | Trocken-knitterwinkel |
| | 79,0 | 119° | 80,5 | 100° |
| *Dekristallisation* | | | | |
| Nachbehandelt mit: | | | | |
| 20%ige NaOH | 56,0 | 68° | 55,0 | 61,0° |
| Äthylendiamin | 63,5 | 75° | 66,6 | 71,0° |
| Cu-en 1 mol | 66,0 | 87° | — | — |
| $Ca(SCN)_2$ 80% bei 90° C | 78,0 | 78° | 75,0 | 85,5° |
| $H_3PO_4$ bei 0° C 73%, 15 Min. und 83%, 60 Min. | — | — | 68,6 | 64,5° |

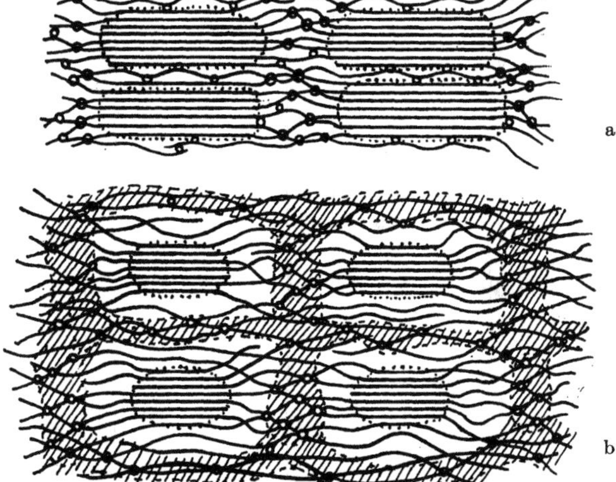


Abb. 12. Gegenüberstellung von Faserkristallinität (röntgenographisch nach Segal) und Trockenknittererholungswinkel nach K. Bredereck und H. Dolmetsch, Textilchemie **1**, 11 (1965).

a) Schematische Darstellung der Faserstruktur nach Trockenvernetzung: Der gesamte ursprünglich flexible Bereich außerhalb der Kristallite ist nun durch Vernetzung ebenfalls festgelegt.

b) Dekristallisierende Behandlung nach Trockenvernetzung: Die vernetzten Bereiche bleiben zwar im fixierten Zustand erhalten (gestrichelt), doch geben die nun verkleinerten Kristallite (punktiert) neue Zonen mit verminderter Ordnung frei, die durch ihre plastische Verformung die Trockenknittererholung beeinträchtigt. Ihre Quellfähigkeit in Wasser wird durch die vernetzten Bereiche eingeengt und ergibt so den *Naß*knittererholung verleihenden Effekt.

Die von den Autoren nachgewiesene *Verkleinerung der kristallinen Bereiche* erzeugt *neue flexible* und *nicht* durch Vernetzung fixierte Zonen. S. die schematische Abb. 12).

Bei einer mechanischen Beanspruchung im *trockenen* Zustand verformen sich diese neuen Bereiche *plastisch* (= *minimale Trocken*knittererholung); bei Wasserbefeuchtung *quellen* dieselben.

[1] Segal, L., J. Creely, A. E. Martin, jr., u. C. M. Conrad: Text. Res. J. **29**, 786 (1959).

Nur die *nicht*kristallinen Bereiche, insbesondere die interlaminaren Zonen sind bei der Knitterfest-Aursüstung für das Vernetzungsmittel zugänglich. Bei der Einwirkung von *quellenden, Dekristallisationbewirkenden* Mitteln, bleiben diese Bereiche weiterhin vernetzt. Die gequollenen neugebildeten lockeren (dekristallisierten) Bezirke werden nun von *diesen vernetzten und daher kaum quellbaren* Gebieten waben- oder zwiebelschalenartig *eingeengt*. Dies bedingt den *Effekt eines prall aufgeblähten Schlauches*, durch den die Faser die *hohe Naßknittererholungsfähigkeit* erhält.

K. Bredereck und H. Dolmetsch (loc. cit.) fassen das Ergebnis ihrer Untersuchungen nachfolgend zusammen:

Die *Trockenknittererholung* erfordert eine *umfassende, dichte Vernetzung aller flexiblen Faserbereiche.*

Die *Naßknittererholung* wird durch eine *erleichterte, aber scharf begrenzte Quellbarkeit* erreicht.

Zur Erzielung dieses Effektes ist es gleichgültig, ob diese *Lockerung zwischen den Lamellen* oder *zwischen den Fibrillen* stattfindet.

Die *Lockerung zwischen den Lamellen* tritt in Fasern ein, welche im *stark gequollenen Zustand vernetzt* wurden.

Eine auch nur vorübergehende *Kristallaufweitung nach der Trockenvernetzung* lockert die interfibrillären Zonen, läßt aber die interlaminaren Bereiche weiterhin vernetzt.

H. Zollinger und Mitarbeiter[1] stellten mittels einer neueren, elektronenmikroskopischen Untersuchung mit Hilfe von Blei-Markierungen fest, *daß die Reaktionszentren der Zellulosevernetzung* (im fasergequollenen Zustand der Baumwolle) *in den intermikrofibrillären Kapillaren der Baumwolle erfolgt, und zwar über den ganzen Faserabschnitt gleichmäßig*. Je nachdem diese Kapillaren größer oder kleiner sind, erfolgen in diesen mehr oder weniger viele Vernetzungen.

H. Zollinger und Mitarbeiter (loc. cit.) machten hierzu die Stellen der Reaktion bei der *Vernetzung mit einem bifunktionellen Divinylsulfon-disulfid* nach reduktiver Spaltung der Disulfidbrücke zu den entsprechenden *Mercaptanen* und deren Überführung in die *Bleimercaptide* im Elektronenmikroskop sichtbar.

Baumwolle wurde mit einer wässerigen 6 Gew.-%igen Lösung von 4,4′-Bis-($\beta$-sulfato-äthylsulfonyl)-diphenyl-disulfid imprägniert, getrocknet und mit einer 1-molaren Trinatriumphosphatlösung bei 60° C nachbehandelt, mit Wasser gespült, mit verdünnter Essigsäure neutralisiert und gewaschen. Das nicht mit Zellulose umgesetzte Vinylsulfon wurde durch Soxhlet-Extraktion mit Azeton entfernt.

$$2\,\text{Cell-OH} + \text{NaO}_3\text{SO-CH}_2\text{-CH}_2\text{-SO}_2\text{-C}_6\text{H}_4\text{-S-S-C}_6\text{H}_4\text{-SO}_2\text{-CH}_2\text{-CH}_2\text{-OSO}_3\text{Na}$$

$$\downarrow\ \text{OH}^{\ominus}\ (\text{Trinatriumphosphat})$$

$$\text{Cell-O-CH}_2\text{-CH}_2\text{-SO}_2\text{-C}_6\text{H}_4\text{-S-S-C}_6\text{H}_4\text{-SO}_2\text{-CH}_2\text{-CH}_2\text{-O-Cell}$$

Das ausgerüstete Baumwollgewebe wurde warm und kalt mit einer wässerigen Natriumborhydridlösung behandelt, wobei unter Spaltung der Disulfidbrücke das entsprechende *Mercaptan* gebildet wurde.

Mit wässeriger Blei(II)azetatlösung wurde alsdann das entsprechende *Bleimercaptid* hergestellt (Gelbfärbung der Faser):

---

[1] Saur, W., O. A. Stamm u. H. Zollinger: Nachweis und Lokalisierung der Reaktionsorte im submikroskopischen Bau von vernetzter Baumwolle. Textilveredlung (Basel) 1 (1), 4–8 (1966).

$$\downarrow \text{NaBH}_4$$

$$2\ \text{Cell}-\text{O}-\text{CH}_2-\text{CH}_2-\underset{\text{O}\ \ \text{O}}{\text{S}}-\langle\bigcirc\rangle-\text{SH} \quad \text{(Mercaptidzellulose)}$$

$$\downarrow \text{Pb (OAc)}_2$$

$$\text{Cell}-\text{O}-\text{CH}_2-\text{CH}_2-\underset{\text{O}\ \ \text{O}}{\text{S}}-\langle\bigcirc\rangle-\text{S}^{\ominus}\ \ \text{Pb}^{2+}\ \ {}^{\ominus}\text{S}-\langle\bigcirc\rangle-\underset{\text{O}\ \ \text{O}}{\text{S}}-\text{CH}_2-\text{CH}_2-\text{O}-\text{Cell}$$

Bleimercaptid-zellulose

*Faserquerschnitte* der in die Bleimercaptide übergeführten Gewebeproben wurden auf dem Objektträger mit wässeriger Natriumborhydrid-Lösung behandelt:

$$\downarrow \text{NaBH}_4$$

$$2\ \text{Cell}-\text{O}-\text{CH}_2-\text{CH}_2-\underset{\text{O}\ \ \text{O}}{\text{S}}-\langle\bigcirc\rangle-\text{SH} + \text{Pb}$$

Die durch das *elementare Blei* entstehende *Schwärzung* wurde direkt unter dem Lichtmikroskop verfolgt.

Weiters wurden *kurze Stücke von Einzelfäden* wie vorstehend angegeben behandelt, in Wasser einer *Ultraschall-Behandlung* unterworfen. Etwa 1 mm lange Stücke der „beschallten" Proben wurden in einem Wassertropfen etwas zerfasert und auf einem Objektträger mit Formvar-Folie eingetrocknet. Die elektronenmikroskopischen Aufnahmen wurden mit dem Gerät der Fa. *Siemens* (Typ Elmiskop I) durchgeführt.

Für die Markierung der Reaktionsstellen mit einem schweren Metall verwendeten die Autoren die faserschonende Bildung von Bleimercaptiden als eine sehr spezifische Reaktion, wobei keine Strukturveränderungen der Faser zu befürchten war. Durch die Markierung mit Blei war das Verfahren sehr empfindlich.

Nachteilig war hierbei die Verwendung von Disulfiden als Vernetzungsmittel. Letztere sind unter gewissen Bedingungen unbeständig, was die Wahl der Applikationsbedingungen einschränkte. *Nicht möglich* war daher eine *Trocken*vernetzung der Baumwolle infolge der auftretenden Nebenreaktionen.

Nach den von H. Zollinger und Mitarbeitern (loc. cit.) gewählten Applikationsbedingungen *liegen die Reaktionsbereiche zwischen den Mikrofibrillen.*

Die Mikrofibrillen der Sekundärwand der Baumwollfaser laufen *mit geringer Streuung* unter dem gegebenen Steigungswinkel der Faserachse entlang. Dadurch treten *unregelmäßige Zwischenräume* zwischen den einzelnen Mikrofibrillenbändern auf, in welche die für die Ausrüstung verwendeten Reagenzien hineindiffundieren und in denen sie reagieren können.

Die Kapillaren werden durch die Bleimarkierung kenntlich gemacht.

Die Ausdehnung dieser Zwischenräume ist sehr verschieden (ungefähr 200 bis 1000 Å).

Wie die Reduktion des substratgebundenen Bleimercaptids zeigt, *erfolgt die Reaktion über den ganzen Faserabschnitt gleichmäßig.*

Die Autoren weisen noch darauf hin, daß die beschriebene elektronenmikroskopische Untersuchung der Bleimercaptidzellulose direkt die *Abbildung der intermikrofibrillären Kapillarsysteme* wiedergibt.

### *Erhalt einer erhöhten Naßknittererholung durch Strukturaufweitung der Baumwolle mit Hilfe monofunktioneller Substituenten*

Durch *Spreizung* mittels monofunktioneller Substituenten wird gleichfalls eine Strukturaufweitung erzielt und somit die Neuausbildung von Wasserstoffbrücken beim *Übergang in den trockenen Zustand* verhindert. Über diesbezügliche Beobachtungen berichteten J. T. Marsh[1] durch Einführung monofunktioneller Agenzien, H. Tovey[2] durch teilweise Phosphonomethylierung der Baumwolle, und K. B. McKelvey et al.[3] durch einseitige Anlagerung von Butadien-diepoxid.

Die Knittererholung der *luftkonditionierten* Baumwolle (ermittelt mit dem Monsanto-Tester) wird durch Substituenten, die keine kovalenten Querbindungen bewirken, *vermindert.* Solche einseitig substituierende Gruppen wirken gegenüber der Faserstruktur „aufspreizend" und vermindern die Faserdichte. Indessen wird beim Einbringen des Gewebes in Wasser durch solche Behandlungen, welche die Baumwollfaser zum Quellen bringen, die *Naß*knittererholung erhöht.

Tabelle 17. *Verhalten eines Baumwollgewebes, das mit hydrophilen Substituenten substituiert wurde* (nach W. A. Reeves)

| Baumwollgewebe: | Naßknitter-erholungswinkel (K+Sch): | Wasser-aufnahme |
|---|---|---|
| Ursprünglich | 164° | 36% |
| Mercerisiert | 221° | 41% |
| *Phosphonomethyliert*; mit 0,7% P-Gehalt (Gewebe mit Chlormethylphosphonosäure $R-PO_3H_2$ in 15%iger Natronlauge behandelt) | | |
| in *freier* Säureform | 215° | 63% |
| als Na-Salz vorliegend | 191° | 96% |
| *Carboxymethyliert* [Cell$-O-CH_2-$COOH] (mit einem Substitutionsgrad DS von 0,1) | | |
| in *freier* Säureform | 250° | |
| als Na-Salz vorliegend | 220° | |

Die *Naß*knittererholungswerte der chemisch modifizierten Gewebe *in freier Säureform* (z. B. Cell$-O-CH_2-$COOH) liegen höher als in Form des *entsprechenden Salzes* (z. B. Cell$-O-CH_2-$COONa). W. A. Reeves[4] führt dies auf eine *eingetretene Wasserstoff-Bindung* zurück. Beim Vorliegen der Substituenten *in Säureform* ist zu erwarten, daß diese leichter Wasserstoff-Querbrücken ausbilden als die *entsprechenden Natriumsalze.* Die Wasserstoff-Bindung kann entweder zwischen zwei Säuregruppen oder zwischen einer Säuregruppe und einer OH-Gruppe der Zellulose eintreten.

Die Einführung derartiger *hydrophiler Substituenten* in Zellulose vermehrt den Betrag an Wasser, welcher durch das Gewebe imbibiert werden kann. Das *Natriumsalz* nimmt dabei *mehr an Wasser* auf, als wenn die Substituenten *in freier Säureform* vorliegen. Dies kann dadurch erklärt werden, daß keine zusätzlichen Wasserstoff-Brücken ausgebildet werden, welche OH-Gruppen gegenüber einer Hydratation mit Wasser abblockieren.

Nach W. A. Reeves (loc. cit.) ist diese zunehmende Wasseraufnahme (Imbibition) durch hydrophile Substituenten teilweise für die *Erhöhung der Knittererholung im nassen Zustand* verantwortlich. Bei diesem Vorgang nimmt

[1] Marsh, J. T.: J. Soc. Dyers Col. **1960,** 23.

[2] Tovey, H.: Text. Res. J. **1961,** 185–252.

[3] McKelvey, K. B., R. R. Benerito, G. B. Webre u. R. J. Berni: J. Polymer Sci. **1961,** 209–230.

[4] Reeves, W. A.: J. Text. Inst. **53,** 22 (1962).

das Gewebe mehr an Wasser auf, wobei es quillt. Dabei werden Falten „ausgepreßt", ähnlich in der Art wie Luft, die in einen luftleeren faltigen Gummizylinder eingeblasen wird, die Falten wieder glättet. Doch erklärt dies *nicht völlig* den Vorgang für die Erhöhung des *Naß*knitterwinkels. Die zusätzliche Ausbildung von Wasserstoff-Querbrücken stellt daher nach W. A. Reeves eine sinnvolle ergänzende Erklärung des theoretischen Mechanismus des Phänomens dar.

Etwas später untersuchten A. L. Bullock et al.[1] das Verhalten carboxymethylierter Baumwollgewebe im Vergleich zum ursprünglichen Gewebe bei Vernetzung.

Carboxymethylierte Baumwollgewebe zeigen schon bei geringen Substitutionsgraden im Vergleich zum normalen Gewebe einen höheren Feuchtigkeitsgehalt, erhöhte Wasserabsorption und ein größeres Quellvermögen in Wasser.

Nach M. Kamel u. a.[2] kann die partielle Carboxymethylierung von Baumwollgeweben in kurzer Zeit mit ausreichendem Substitutionsgrad auch nach dem Klotzverfahren erzielt werden.

Wird ein solches modifiziertes Baumwollgewebe in geeigneter Weise vernetzt, so resultiert eine niedrigere *Trocken*knittererholung im Vergleich zum normalen Gewebe.

A. L. Bullock et al. (loc. cit.) vernetzten nicht-modifizierte und teilweise carboxymethylierte Baumwollgewebe mit sauren Formaldehyd-Dämpfen. Sie erhielten folgende Ergebnisse:

*Tabelle 18*

| | Knittererholnng | | Wasseraufnahme |
|---|---|---|---|
| | naß | trocken | |
| *Nicht* vernetzte Baumwolle mit zunehmenden Carboxylgehalt ....... | erhöht | vermindert | erhöht |
| *Vernetzte* Baumwollgewebe, die Carboxylgruppen enthalten ........... | höher | | höher |
| im Vergleich zu *vernetzten* Carboxylgruppen-*freien* Geweben ............ | niedriger | | niedriger |
| Bei *Zunahme der Querbindungen* | | | |
| in Baumwolle *mit* Carboxylgruppen.. | erhöht | etwas erhöht | vermindert |
| in Baumwolle *ohne* Carboxylgruppen. | stärkere Erhöhung | stärkere Erniedrigung | stärkere Verminderung |
| Vorausgehende Carboxylierung und dann *folgende Vernetzung* ........ | | | stärker |
| *Vorausgehende Vernetzung* und folgende Carboxylierung ............ | | | schwächer |

Aus den Versuchsergebnissen schließen die Autoren, *daß die Vernetzung die Wassereindringung in die Faserregionen, welche hydrophile Carboxylgruppen enthalten* (welche *vor* der Vernetzung eingeführt wurden) *vermindert.*

[1] Bullock, A. L., J. D. Guthrie u. C. H. Mack: Einige Einflüsse der Quervernetzung und der Carboxymethylierung auf Baumwollgewebe. Text. Res. J. **1964**, H. 9, S. 741—746.

[2] Kamel, M., A. E. Kantouch u. A. Hebeish: Eine neuartige Anwendung des Klotzverfahrens zur partiellen Carboxymethylierung von Baumwollgeweben. Textil-Praxis **1964**, H. 11, S. 1114.

H. Dolmetsch[1] führt aus, daß *nur straff gespannte Vernetzungsbrücken* wirksam sind!

Vorgehend wurde bei der Strukturaufweitung durch monofunktionelle Substanzen erwähnt, daß die Faserstruktur durch die Substituenten zusätzlich *gespreizt* wird, was die Ausbildung von Wasserstoffbrücken im *trockenen Zustand der Faser* verhindert. Wird die Faser nun wieder befeuchtet, so werden nach H. Dolmetsch (loc. cit.) die restlichen mechanisch-strukturellen Bindungen der Faser durch die intensive Wasserquellung so *straff gespannt*, daß sie das Textilgebilde nach Knickung immer wieder in die ursprüngliche Form ziehen. H. Dolmetsch gibt hierzu als anschaulichen Modellversuch die Formbeständigkeit eines prall mit Wasser gefüllten Schlauches, der nach der Entleerung schlaff und faltbar wird.

Der *Einbau „zusätzlicher kovalenter Vernetzungsbrücken" im wasserfeuchten Zustand der Faser* zeigt die gleichen Verhältnisse. Diese Brücken *straffen* die Struktur gleichfalls *nur dann*, wenn die *während der Vernetzung herrschenden Quellungszustände* wieder hergestellt werden. In dieser Art ausgerüstete Baumwollgewebe glätten sich nach H. Tovey[2] nur dann, wenn sie *triefend naß und hängend* trocknen können. Eine *neuerliche Knickung* im *halbfeuchten Zustand* (Tumbler, Wäscheschleuder) kann nicht mehr behoben werden. Daher wird die *Knittererholung im „trockenen" Zustand* durch eine Vernetzung im *wassergequollenen* Faserzustand nicht beeinflußt, und zwar unter der Voraussetzung, daß eine *zusätzliche Vernetzung während des Trocknens* nicht stattfinden konnte. Hierüber berichten viele Autoren[3].

R. Steele[4] deutet hinsichtlich der Vernetzung der Zellulose im gequollenen Zustand, die nur zu einer Steigerung des *Naß*knittererholungswinkels führt, auf die Möglichkeit hin, daß durch *intramolekulare* Reaktion des vernetzenden Mittels mit den Zellulosemolekülen *die Hydrophilität erhöht wird*. Dies steigert die Adsorption von Wasser und somit den Druck in der Faser, wodurch die *Naß*knitterfestigkeit (im Vergleich zu einem Feuerwehrschlauch als Modell!) verbessert wird. *Periphere Vernetzungen* und die *nicht-gequollenen, geordneten Bereiche* der Zellulose beschränken hierbei die Faserquellung.

R. Steele (loc. cit.) stellt folgende theoretische Überlegungen auf: Eine wirksame Methode, um Baumwollgeweben *Naß*knitterfestigkeit zu verleihen, besteht darin, sie im wassergequollenen Zustand mit einem Produkt zur Reaktion zu bringen, *welches die Hydrophilität der Faser erhöht* und (oder) *Vernetzungen in begrenzte Faserbereiche* einführt.

Diese Theorie stellt eine Erweiterung dar und würde die Deutung von bisher nicht erklärbaren Beobachtungen ermöglichen, wie z. B. die Erhöhung der

---

[1] Dolmetsch, H.: Über die Ursache des Festigkeitsverlustes der Baumwolle während der Knitterfestausrüstung. Melliand Textilber. **45** (5), 542 (1964).

[2] Tovey, H.: Text. Res. J. **1961**, 185–252.

[3] Cronin, J. T.: Amer. Dyestuff Rep. **1960**, 27. — Reeves, A., R. M. Perkins u. L. H. Chance: Textile World **1959**, 87–89 u. Amer. Dyestuff Rep. **1960**, 27. — Chance, L. H., R. M. Perkins u. W. A. Reeves: Amer. Dyestuff Rep. **1962**, 28–32. — Nestelberger, F.: Melliand Textilber. **43**, 504 (1962). — Borghetty, H. C. u. D. Fornelly: Amer. Dyestuff Rep. **1963**, 34–37. — McKelvey, J. B., R. R. Benerito, R. J. Berni u. B. G. Burgis: Text. Res. J. **1963**, 273–281. — Rollins, M. L., A. T. Moore u. V. W. Tripp: Text. Res. J. **1963**, 117–128. — Rüttiger, W.: Melliand Textilber. **44**, 296 (1963). — Dolmetsch, H.: Melliand Textilber **45** (5), 542 (1964).

[4] Steele, R.: Die Vernetzung der Zellulose. Amer. Dyestuff. Rep. **54** (1), 19–25 (1965).

*Naß*knitterfestigkeit von Baumwolle durch *Methylierung* und *Carboxymethylierung.*

Die Beobachtung, daß bei Vernetzung des Baumwollgewebes im gequollenen Zustand unter Erhalt der *Naß*knitterwinkelerhöhung ohne gleichzeitige *Trocken*knitterwinkelzunahme der *Reißfestigkeitsverlust* nur *gering* ist, führt H. Dolmetsch (loc. cit.) darauf zurück, daß nur „*gespannte*" Vernetzungsbrücken Knittererholung und zugleich Festigkeitsabfall bewirken. Im *naß*gequollenen Faserzustand gespannte Brücken wirken im *entquollenen* Zustand der Faser nicht mehr spannend, daher bleiben *Trocken*knittererholung und *Trocken*reißfestigkeit nahezu unverändert. Weiteres s. S. 354.

Da die unterschiedliche Vernetzung der Faserbereiche im gequollenen oder entquollenen Zustand der Faser, wie früher ausgeführt, mehr zur *Naß*knitter- oder mehr zur *Trocken*knittererholung führt, kann man durch *Variation des Faserquellungszustandes in der Zeit des Vernetzungsvorganges* den gewünschten Effekt hervorbringen, der sich dann *beim späteren Gebrauch* des ausgerüsteten Gewebes einstellt. Nach H. Dolmetsch (loc. cit.) liegt beim Gebrauch und Wirkung des Effektes dann wiederum der Faserquellzustand vor, welcher zur Zeit der Brückenbildung vorlag.

### *Die „Immobilisierung" der flexiblen Faserbereiche mit „unterschiedlicher" Zugänglichkeit*

Werden die flexiblen Faserbereiche im *trockenen* (entquollenen) oder im *wassergequollenen* Zustand durch Zellulosevernetzung „versteift", so resultieren, wie ausgeführt, unterschiedliche Effekte.

Liegt eine *entquollene, geschrumpfte* Faserstruktur vor, so soll die Vernetzung in Bezirken erfolgen, die von den Kristalliten *entfernt* liegen. Im entgegengesetzten Falle, also bei einer *wassergequollenen, gespreizten* Faserstruktur, soll die Vernetzung in Bezirken *nahe an den Kristalliten,* also in den semikristallinen Bereichen, erfolgen.

Nach der heutigen Forderung an Wash-and-Wear-Baumwollartikel sollen diese gleichzeitig sowohl gute *Naß-* als auch gute *Trocken*knitterwinkel aufweisen. Knitterfalten sollten sich nach einer Wäsche von selbst wieder glätten, auch sollen sich Knitterfalten, die in das trockene Gewebe beim Gebrauch eingebracht werden, durch Aushängen wiederum beheben.

Durch ein Zwei-Stufen-Verfahren kann man die *Naß*knittererholung und dann die *Trocken*knittererholung, oder auch umgekehrt, verbessern. In neuerer Zeit sucht man Einstufenverfahren zur Anwendung zu bringen, und zwar durch *gezielte Lenkung der Faserquellung* die gleichzeitige *Naß-* und *Trocken*knittererholung zu erreichen. Hierzu wurden mehrere Vorschläge gemacht.

### *Steuerung des Vernetzungseffektes durch Veränderung des Faserquellungszustandes*

#### 1. Beim Verweilverfahren

a) Vernetzung einer *normalgequollenen Baumwolle* (lufttrocken) bei gleichzeitigem *Veränderlichmachen der Reaktionsfähigkeit* des reaktiven Mittels[1].

b) Baumwolle wird mit den Vernetzer (ohne Katalysator) vorimprägniert und auf einen gewissen, immer gleichbleibenden Feuchtigkeitsgehalt getrocknet. Dann läßt man im Kaltverweilverfahren ein inertes, Chlorwasserstoffgas enthaltendes Lösungsmittel als Katalysator einwirken[2].

---

[1] Borghetty, H. C. u. D. Fornelly: Amer. Dyestuff Rep. **1963**, **34**—37.

[2] *Quikoton*-Verfahren der Fa. F. M. Hämmerle, Dornbirn/Österreich: Österr. Pat. 231.950 (Juli 1963).

Das reaktive Mittel dringt im wassergequollenen Zustand in die Faser ein und es tritt beim Trocknen der Faser noch keine Reaktion mit der Zellulose ein. Sowohl durch das eingelagerte Vernetzungsmittel als auch durch die festgelegte Restfeuchtigkeit liegt die Faser in einem entsprechend gespreizten Zustand vor. Wird nun der Chlorwasserstoff mit der inerten Flüssigkeit aufgebracht, so werden so viele H-Ionen gebildet, als die Restfeuchtigkeit in der Faser zuläßt; auch wirkt das inerte Mittel entquellend. Die Faser durchläuft also verschiedene Quellungszustände, wodurch sich das Verhältnis *Naß-* zu *Trocken*knitterwinkel einstellt.

K. Prett[1] führt hinsichtlich der „Feuchtvernetzung" aus, daß es nach Einlagerung des Reactantharzes in die Baumwollfaser (ohne Säurespender) bei Einhaltung eines *bestimmten Feuchtigkeitsgehaltes* (zwischen 2 und 10%) während der Einwirkung von Säure (0,6 bis 1% Chlorwasserstoff, z. B. in Gasform[2]) nach dem Kaltverweilverfahren möglich ist, das Verhältnis von *Naß-* zu *Trocken*knittererholungswinkel festzulegen.

Die *Trocken*knittererholung erreicht zwischen 6 und 8% Feuchtigkeitsgehalt ihr Maximum (bis 170°) und fällt dann steil ab. Bei 9 bis 10% Feuchtigkeitsgehalt resultiert praktisch *fast keine Trocken*knittererholung. Umgekehrt erreicht der *Naß*knittererholungswinkel bei 9 bis 10% Feuchtigkeitsgehalt das Maximum und bleibt dann bei weiterer Feuchtigkeitsaufnahme fast konstant, um dann, wenn im wässerigen Milieu vernetzt wird, auf 140 bis 150° abzusinken.

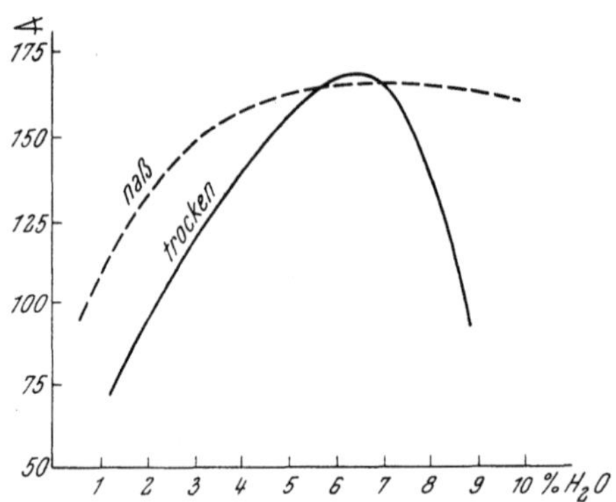


Abb. 13. Abhängigkeit des Knittererholungswinkels vom Feuchtigkeitsgehalt der Baumwolle während der Vernetzung. Nach K. Prett.

Daher ist der *Feuchtigkeitsgehalt zum Zeitpunkt der Zellulosevernetzung* von fundamentaler Bedeutung und man kann durch diesen eine *gezielte Steuerung der zu erwartenden Effekte* bewirken.

Bei *hoher Naß*knittererholung resultieren außerordentlich gute Wash-and-Wear-Effekte. Nach K. Prett (loc. cit.) scheint es, daß dabei der *Trocken*erholungswinkel *niedriger* gehalten werden kann, da sich bereits durch die Luftfeuchtigkeit und die Abgabe von Körperfeuchtigkeit beim Gebrauch, z. B. eines Hemdes, „*Glättung*" ergibt. Weiters resultiert bei niedriger gehaltenem *Trocken*knittererholungswinkel auch ein geringerer Reißfestigkeitsverlust (Vernetzung bei Zimmertemperatur und allerdings niederem pH-Wert).

Die so behandelten Gewebe können praktisch nach *allen* Waschmethoden gewaschen, geschleudert und ausgewrungen werden. Das Ziel des neuen Ausrüstungsverfahrens ist, die Einstellung des Feuchtigkeitsgehaltes der Baumwollfaser so zu steuern, daß maximale Effekte bei geringster Einbuße an Reißfestigkeit resultieren.

c) Beim Naßverweilverfahren mit wässeriger Formaldehydlösung (als Vernetzer) und Salzsäure (als Katalysator) wird durch *Abschwächen der Wasserquellung*, indem man Essigsäure oder Azeton oder Dioxan zugibt, gleichzeitig ein guter *Naß-* und *Trocken*knitterwinkel erhalten[3].

[1] Prett, K.: Über den Einfluß des Wassers bei der Vernetzung von nativer Zellulose. Melliand Textilber. **46** (1), 73 (1965).

[2] Oder iso-Propanol/HCl; Belg. Pat. 624.466 (1961).

[3] Reeves, W. A., R.M. Perkins u. L. H. Chance: Amer. Dyestuff Rep. **1960**, 27.

### 2. Beim Klotz-Trocken-Kondensations-Verfahren

In umgekehrter Weise wird nach E. J. Valkó und K. M. Limdi[1] das vollständige Schrumpfen der Baumwollfaser während der Hitzekondensation durch Einbringung von *nicht-flüchtigen, aber quellenden Mitteln* unterbunden. So z. B. durch den Monomethyläther des Tri- oder Polyäthylenglykols.

### 3. Immobilisierung räumlich verschieden gelagerter Faserquerbereiche

Nach Frick, Pierce und Tripp[2] soll eine Vernetzung der *peripheren Faserquerbereiche* viel niedere Knittererholungswinkel resultieren lassen als wenn die Baumwollfaser *gleichmäßig über den gesamten Faserquerschnitt* vernetzt wurde.

Nach H. Krässig[3] ist aber eine *topochemische Vernetzung* der Baumwolle im Hinblick auf die *günstigste Relation* von *Trocken*knittererholung zum gleichzeitig einhergehenden Festigkeits*verlust* vorteilhafter (s. auch S. 359).

### 4. Die Vermehrung der glatt-trocknenden Eigenschaften von Baumwollgeweben durch erhöhte Plastizität der chemisch modifizierten Faser

Einen ganz neuen Weg zum eventuellen Erhalt glatt trocknender Baumwollgewebe zeigt W. A. Reeves[4] auf.

Eine *Azetylierung* der Baumwolle vermindert bekanntlich gleichzeitig die *Naß*- und *Trocken*knittererholung. Hierbei wird die Faserstruktur, ähnlich wie bei der Einführung von *hydrophilen* Substituenten, gelockert. Die Differenz in bezug zur Knittererholung liegt in der *hydrophoben Natur der Azetylgruppen*, welche Imbibitionswasser nicht deutlich vermehrt, es aber gewöhnlich vermindert.

*Hydrophobe Substituenten* versagen im allgemeinen für die Zunahme der Knittererholung. Indessen werden die *glatt-trocknenden Eigenschaften* des Gewebes wegen der *durch die chemische Modifikation resultierenden Plastizität* wahrnehmbar vermehrt. Dies wird durch Einwirkung von feuchter Hitze unter Spannung erzielt, wobei durch *bessere Ausrichtung der modifizierten Zellulosemoleküle* eine *Zunahme der Wasserstoff-Bindungen* erfolgt. Nach der Ausrichtung hilft die hydrophobe Natur der Substituenten diese gebildeten Wasserstoff-Querbrücken festzuhalten, selbst dann, wenn das Gewebe einer Wassereinwirkung ausgesetzt wurde.

Wenn es auch noch nicht möglich war, den Betrag der Knittererholung an den Effekt, der aus den Ausrüstungen mit kovalenter Brückenbildung resultiert, anzupassen, so würde nach W. A. Reeves (loc. cit.) hier doch ein aussichtsreiches Gebiet vorliegen.

Die Fähigkeit der *glatten Trocknung unter Ausbleiben von Knitterfalten* wurde bei einem azetylierten Baumwollgewebe (etwa 20% Azetylgruppen) und bei einem benzylierten Gewebe (etwa 9% Benzylgruppen) durch eine *kurzdauernde Behandlung im Autoklaven* deutlich verbessert.

Den Einfluß von *Zellulosevernetzung* und *gleichzeitiger Blockierung der Zel-*

[1] Valkó, E. J. (Lovell Technological Institute, USA); s. bei W. A. Reeves: J. Text. Inst. **53**, 22 (1962). — Valkó, E. J. u. K. M. Limdi: Quellungsvorgänge an Baumwolle, Behandlung mit Kunstharz und Aushärten bei hoher Temperatur. Text. Res. J. **32**, 331 (1962).

[2] Frick, J. G., A. G. Pierce u. V. W. Tripp: Text. Res. J. **1962**, 425.

[3] Krässig, H.: Über die Hochveredlung von Zellulosetextilien. Lenzinger Berichte (Chemiefaser Lenzing A. G., Lenzing, Österreich) **1962**, H. 12, 106.

[4] Reeves, W. A.: Einige Auswirkungen der Gestaltung von Querbindungen auf die Eigenschaften der Baumwollgewebe. J. Text. Inst. **53**, 22 (1962).

*lulose-OH-Gruppen durch Azetylierung* auf den Knittererholungswinkel zeigte T. C. Allen[1].

Für die Klärung der Beziehung zwischen Knittererholungsfähigkeit und der Größe der Zellulosevernetzung geht T. C. Allen von *Esterquerbindungen* aus. Die Vorteile dieses Verfahrens sind 1., daß bei der Vernetzung keine Polymerbildung eintritt und daß sich monomolekulare Querbindungen bilden; 2. daß freie Säureendgruppen leicht bestimmbar sind und 3. daß sich die Querbindungen leicht aufspalten und bestimmen lassen.

Der Autor führte Quervernetzungen mit *Bernsteinsäureanhydrid* an Baumwollgeweben durch:

$$\begin{matrix} CH_2-CO \\ \quad\rangle O \\ CH_2-CO \end{matrix} + 2\ \text{Cell}-OH \rightarrow \text{Cell}-O-\underset{\underset{O}{\|}}{C}-CH_2-CH_2-\underset{\underset{O}{\|}}{C}-O-\text{Cell} + H_2O,$$

und zwar *in Kombination* mit Essigsäure und Essigsäureanhydrid, wobei Pyridin als Lösungsmittel diente.

Als Reaktionsbeschleuniger dienten Alkali- oder Erdalkaliazetate sowie organische tertiäre Amine.

*Tabelle 19*

| | Reaktion mit Zellulose: |
|---|---|
| Bernstein*säure* allein oder in Anwesenheit von Essig*säure* | keine |
| Bernstein*säure* + Essigsäure*anhydrid* | Quervernetzung mit *hohem* Knittererholungswinkel |
| Bernsteinsäure*anhydrid* allein | *Gleicher* Vernetzungsgrad wie vorstehend, aber mit *geringer Zunahme* des Knittererholungswinkels |
| Bernsteinsäure*anhydrid* + Essig*säure* | Nur *geringe Veränderung* des Vernetzungsgrades und des Knittererholungswinkels |
| Bernsteinsäure*anhydrid* + Essigsäure-*anhydrid* (Vernetzung und Azetylierung der Zellulose-OH-Gruppen) | Auftreten eines erheblichen Kontrastes zu Vorstehendem! Erhebliche *Verkleinerung* des Vernetzungs*grades* und eine *merkliche Vergrößerung* des Knittererholungswinkels Es resultiert der *geringste Vernetzungsgrad* bei *höchstem Knittererholungswinkel* |

T. C. Allen (loc. cit.) schließt aus diesen Ergebnissen, daß *keine direkte Beziehung* zwischen dem *Grad der Quervernetzung* und dem *Knittererholungswinkel* unter allen Umständen besteht. Die Blockierung der Zellulose-OH-Gruppen durch Azetylierung beeinflußt in jedem Fall die Knittererholung *unabhängig* vom Vernetzungsgrad.

Die gewonnenen Erkenntnisse bzw. Theorien hinsichtlich der *Lage der vernetzenden Brücken* und ihr *Einfluß auf die physikalischen Eigenschaften des ausgerüsteten Baumwollgewebes* werden nochmals übersichtlich in Tab. 20 zusammengefaßt.

[1] Allen, T. C.: Eine nicht-wässerige Ester-Quervernetzung der Baumwollzellulose. Text. Res. J. **1964,** H. 4, S. 231–336.

Tabelle 20. *Vergleich der Lage der vernetzenden Brücken in der Baumwollfaser und ihre Auswirkung auf die physikalischen Fasereigenschaften*

| *Vernetzung im nichtgequollenen Zustand der Baumwolle:* | *Vernetzung im wassergequollenen Zustand der Baumwolle:* |
|---|---|
| 1. Gleichzeitige Verbesserung sowohl der *Trocken-* als auch der *Naß*knitterwinkelerholung. | 1. Nur eine Verbesserung der *Naß*knitterwinkelerholung (unabhängig vom Grad der Vernetzung). |
| 2. Vernetzung erfolgt:<br>a) insbesondere in den *leicht zugänglichen amorphen Bereichen* der Faser. *Voraussetzung* für die Vernetzung in den zugänglichen Bereichen ist ein *nicht zu großer Abstand* der OH-Gruppen der *an den Oberflächen benachbarten Fibrillen gelegenen* Zellulosemoleküle (= entquollener Faserzustand), so daß der Zwischenraum von den vernetzenden Brücken *überspannt* werden kann.<br>b) *im geringeren Maße* auch in den *benachbarten „semikristallinen"* Gebieten. Letztere sind der *Übergang* zu den kristallinen Bereichen hohen Ordnungsgrades (welche infolge der *dichten Packung nicht* zugänglich sind). | 2. Die so abgewandelte Baumwolle ist der *ursprünglichen* (nicht vernetzten) *ähnlicher*, insbesondere hinsichtlich Quellfähigkeit und Reaktionsfähigkeit. |
| 3. Die in den *amorphen* Bereichen gebildeten kovalenten Brücken *erschweren das gegenseitige Gleiten der Strukturelemente* und tragen daher auch zu einer *Erhöhung des Trocken*knittererholungswinkels bei. | 3. Da sich die Faser *während der Vernetzung* im *gequollenen Zustand* befindet, sind die Zellulosemoleküle *im amorphen* Bereich durch das *Quellwasser* größtenteils *zu weit* auseinandergedrängt. Daher ist der *Abstand der OH-Gruppen* benachbarter Zellulosemoleküle für eine kovalente Vernetzung *zu groß*. Eine Vernetzung kann deshalb nur in den *quellbaren semikristallinen Bereichen* erfolgen. Es tritt also *keine* Vernetzung in den *amorphen* Faserbereichen ein. |
| 4. Da die gebildeten kovalenten Brücken durch Wasser *nicht* gesprengt werden können, wird auch die *Naß*knittererholung *verbessert.* | 4. Der Austausch der H-Brücken durch *kovalente* Brücken in den *semikristallinen* Bereichen verändert *nicht wesentlich* das Verhalten der Faser im *trockenen* Zustand. Daher erfolgt keine nennenswerte Verbesserung der *Trocken*knittererholung. Es ist *nur eine Verbesserung* der *Naß*knittererholung durch die *gegen Wassereinwirkung* beständigen kovalenten Brücken in den *semikristallinen* Bereichen möglich. |
| 5. Die in den amorphen Bereichen gebildeten kovalenten Brücken binden die Moleküle bzw. Strukturelemente aneinander. Hierdurch werden die *Quellung* und die *Reaktionsfähigkeit verringert* und insbesondere das Gleitvermögen der Strukturelemente behindert, wodurch auch die *Gewebereißfestigkeit vermindert* wird. | 5. Die in den semikristallinen Faserbereichen gebildeten Brücken *spreizen* die Strukturelemente auch *nach* dem Trocknen *weiter auseinander*. Hierdurch wird die Wiederausbildung von H-Brücken in der *trockenen* Faser *behindert*. Die Faser wird dadurch *zugänglicher*, was eine *Erhöhung* der *Quellfähigkeit* und der *Reaktionsfähigkeit* bedingt. |
| 6. Durch eine *nachträgliche* Behandlung der ausgerüsteten Ware mit *Alkalilauge* (ohne oder mit Spannung) (s. S. 246) wird mit zunehmender Einwirkungsdauer und Konzentration (bis 12 Minuten Dauer und einer Konzentration von 300 g/l NaOH) der *Trocken*knittererholungswinkel bis zum *Ausgangswinkel* (des ursprünglichen *nicht*behandelten Gewebes) *erniedrigt,* wobei gleichzeitig die *Reißfestigkeit* im umgekehrten Verhältnis wieder dem Ausgangswert (des nicht ausgerüsteten Gewebes) entgegen *zunimmt.* Im gleichen Verhältnis nimmt auch der *Quellwert* (Wasserrückhaltevermögen) wieder zu, und zwar sogar etwas über den seines Ausgangswertes (der nichtbehandelten Faser). | 6. Durch die *nachträgliche* Einwirkung von Alkalilauge wird der *Naß*knittererholungswinkel kaum beeinflußt. |

## F. Die „Katalysatoren" und Stabilisatoren für die Ausrüstung von Zellulosefasertextilien mit „in sich vernetzenden" Kunstharzen und mit „zellulosevernetzenden" Mitteln

### I. Begriff der Katalyse bei der Hochveredlung von Zellulosefasertextilien[1]

Die Bildung „in sich" vernetzender Kunstharze in der Faser oder die Vernetzung der Zellulosemakromoleküle mit bi- oder mehrfunktionellen Verbindungen hängt außer vom verwendeten Ausrüstungsmittel und vom Faserzustand (gequollen, entquollen) auch von äußeren Faktoren ab, wie Zeit der Einwirkung und Energiezufuhr (Wärme). Doch gelingt es sowohl beim *Naßverweilverfahren* als auch beim *Trockenhitzeverfahren* nicht, die Reaktion ohne „Katalyse" innerhalb betrieblich tragbarer Zeiten zum gewünschten Endeffekt zu führen oder die Reaktion mit Zellulose überhaupt in Gang zu bringen.

So werden gewisse bifunktionelle Zellulosevernetzer erst durch die Anwesenheit von Alkali (also von $OH^-$-Ionen) in eine reaktive Form unter Abspaltung von Wasser, HCl usw. gebracht und sind somit nun in der Lage, mit Zellulose zu reagieren. Andererseits hat das Alkali die Zellulose(faser) in einen besonderen, für Umsetzungsreaktionen günstigen Zustand gebracht.

Bei den *thermohärtbaren Kunstharzen* reicht Wärme allein nicht aus, um in einer Zeitspanne, die für die Kondensation betrieblich wirtschaftlich ist, das *Endharz* in eine *völlig vernetzte, unlösliche, waschfeste Form* zu bringen. Hierzu ist die Mitverwendung von $H^+$-Ionen liefernden Substanzen unerläßlich. Die $H^+$-Ionen haben also die Aufgabe, die Umwandlung des wasserlöslichen Vorproduktes (sogenanntes „Vorkondensat") innerhalb der Faser zum *wasserunlöslichen Endharz* zu *beschleunigen.*

Die N-Methylol-Verbindungen verdanken ihre Reaktionsfähigkeit dem α-ständigen Stickstoffatom, wodurch Kondensationsreaktionen mit H-aziden Verbindungen (wie mit Hydroxylgruppen der Zellulose) leichter vor sich gehen.

Die Kondensationsreaktionen der N-Methylol-Verbindungen verlaufen nach H. Petersen[2] ähnlich einer α-Aminoalkylierungsreaktion (Mannich-Reaktion).

Hierbei wird der *Rest X* der H-aziden Verbindung in der α-Aminoalkyl-Verbindung *um so fester* gebunden, *je basischer er als Anion* ist.

Die *Richtung des Reaktionsverlaufes* hängt ab vom Basizitätsunterschied zwischen den angreifenden Reagenzien HX und der austretenden Gruppe $[OH^{\ominus}]$. Daher lassen sich die Kondensationsreaktionen sowohl durch *Säuren* als auch durch *Basen* katalytisch beschleunigen.

Bei der *Katalyse durch Säuren* wird die Methylol-Gruppe protoniert. Da nun nicht mehr das energiereichere Hydroxyl-Ion, sondern nur mehr das energiearme Wasser eliminiert werden muß, geht die Kondensationsreaktion leichter vonstatten:

$$\underset{\substack{\| \\ O}}{-C}-NH_2 + CH_2O \rightarrow \underset{\substack{\| \\ O}}{-C}-NH-CH_2\cdot OH + H^{\oplus} \rightarrow$$

---

[1] Dolgow, B. N.: Die Katalyse in der organischen Chemie. Übersetzt und bearbeitet von Heitmann und Urban. (Organisch-präparative Methoden; Herausgeber Dr. M. Kiesten; Band 1.) Berlin: VEB Deutscher Verlag der Wissenschaften. 1963. — Schwab, G. M.: Katalyse vom Standpunkt der chemischen Kinetik. Berlin 1931.

[2] Petersen, H.: Textil-Rundschau (St. Gallen) **16**, 646 (1961); s. auch die früheren Ausführungen S. 51 bis 54

$$-\underset{\displaystyle \overset{\|}{O}}{C}-NH-CH_2-\overset{\oplus}{O}\overset{\displaystyle -H}{\underset{\displaystyle \setminus H}{}} \xrightleftharpoons{-H_2O} \left[-\underset{\displaystyle \overset{\|}{O}}{C}-NH\text{.....}CH_2\right]^{\oplus}$$

$$\xrightleftharpoons{+HX} -\underset{\displaystyle \overset{\|}{O}}{C}-NH-CH_2-X + H^{\oplus};$$

Intermediär bildet sich nach H. Petersen (loc. cit.) wahrscheinlich das mesomerie-stabilisierte *Carbenium-Immonium-Ion.*

Es wurden für thermohärtbare Kunstharze auch alkalische Katalysatoren, (also $OH^-$-Ionen liefernde Substanzen) in Betracht gezogen, doch haften letzteren verschiedene Mängel an[1].

So ist bei gewissen Melaminharz-Vorprodukten auch eine Kondensation auf der basischen Seite (also mit $OH^-$-Ionen) möglich.

Hinsichtlich der *Wirkungsweise basischer Katalysatoren* führt K. Bredereck[2] aus, daß diese darauf beruht, daß aus den H-aziden Verbindungen (wie Hydroxylgruppen der Zellulose) ihre *stärker nukleophilen Anionen* entstehen. Im Vergleich zur Säurekatalyse werden aber im allgemeinen *etwas höhere* Reaktions*temperaturen* benötigt.

Die entscheidende Verknüpfung der beiden Reaktionspartner kann überlegungsgemäß *je nach Partner und Bedingungen* nach zwei Reaktionsmechanismen erfolgen:

1. Es kann die Hydroxylgruppe der Methylol-Gruppe direkt nukleophil substituiert werden oder

2. es kann der nukleophile Reaktionspartner an eine *intermediär entstehende* Schiff*sche Base* addiert werden. Eine solche Schiffsche Base kann aber nur entstehen, wenn in der N-Methylol-Gruppe eine *sekundäre* Aminogruppe vorliegt.

N-Methylol-Verbindungen können — basisch katalysiert — ebenso mit Alkoholen zu *Methyloläther* reagieren wie bei einer Säurekatalyse. Prinzipiell wäre also bei einer Knitterfestausrüstung mit Methylol-Harnstoffen in Gegenwart basischer Katalysatoren eine Reaktion mit den Hydroxylgruppen der Zellulose möglich. R. Steele[3] wie auch K. Messik[4] nehmen an, daß eine solche Reaktion im Falle von Dimethylol-Harnstoff *nicht* erfolgt.

Die Kondensation der Dimethylol-Harnstoffe *im alkalischen Bereich* hat *keine* praktische Bedeutung erlangt, da sie zu starken Faservergilbungen führt. Des weiteren sind bei den hier notwendigen *hohen* Kondensationstemperaturen immer Faserschädigungen zu erwarten.

Im übrigen lassen sich nur wenige reaktive Produkte im alkalischen Medium kondensieren. Das *β, β'-Dihydroxyäthylsulfon* ($HO \cdot CH_2 \cdot CH_2 \cdot S \cdot CH_2 \cdot CH_2 \cdot \cdot OH$) spaltet unter den Bedingungen der Kondensation Wasser ab und geht in das reaktionsfähige, zellulosevernetzende Divinylsulfon über.

Weiters kommen noch für eine alkalische Kondensation *epoxidgruppenhaltige Verbindungen* einschließlich 1,3-Dichlorpropanol in Betracht.

Die Reaktion zum unlöslichen Kunstharz oder die Vernetzung der Zellulosemoleküle muß also beschleunigt werden, wobei man eine chemische Verbindung

---

[1] Gagliardi, D. D.: Amer. Dyestuff Rep. **40,** 769 (1951).

[2] Bredereck, K.: Über die Knitterfestausrüstung von Zellulose. Melliand Textilber. **45,** 1380 (1964).

[3] Steele, R.: J. appl. Polymer Sci. **1960,** 45.

[4] Messik, K.: Textil-Praxis **18,** 764 (1963).

im Imprägnierbad mitverwenden kann, welche $H^+$-Ionen liefert (wie Säuren) oder welche $H^+$-Ionen erst in der Wärme freimacht. Nur diese $H^+$-Ionen (= freigesetzte Säure) fungierten als „*Katalysator*" und nicht die ursprüngliche Substanz (wie z. B. Ammoniumsulfat). Nach der Kondensation kann wohl die freie Säure (Schwefelsäure), aber nicht mehr das ursprünglich eingesetzte Salz nachgewiesen werden. Daher ist eigentlich der in der Hochveredlung übliche Ausdruck „Katalysator" für solche in der Hitze $H^+$-Ionen liefernde Substanzen nicht richtig. Besser würden letztere als „*Säurespender*" zu bezeichnen sein.

Bei den verschiedenen Kondensationsverfahren sind die verwendeten Katalysatoren, also $H^+$-Ionen oder $OH^-$-Ionen liefernden Substanzen, unterschiedlich.

Beim *Naßverweilverfahren* müssen freie $H^+$-oder $OH^-$-Ionen schon *von Anfang an* die Reaktion in Gang setzen, während bei der *Trockenkondensation* (Imprägnier-Trocken-Hitze-Verfahren) die „Säurespender" erst in der Hitze wirken sollen (also möglichst „potentiellen" Charakter haben sollen).

Für die *Ausrüstung mit Kunstharzen* („in sich" vernetzend, Reactantharze) kommen wohl ausschließlich nur $H^+$-Ionen liefernde Substanzen als Reaktionsbeschleuniger in Betracht.

Der katalytische Einfluß der $H^+$- oder $OH^-$-Ionen kann bei der Zelluloseveredlung in zweierlei Weise in Erscheinung treten!

1. Bereits im Imprägnierbad, wobei dieser meistens nicht erwünscht ist, und
2. bei der Bildung des Kunstharzes in der Faser bzw. Vernetzung der Zellulose.

So erfordert die Kondensation des Gewebes, das mit „in sich" vernetzenden Kunstharzen imprägniert wurde, zum Erhalt eines brauchbaren Knitterfest- oder Quellfest-(Krumpffest-)-Effektes im allgemeinen einen pH-Wert *unterhalb* 4. Der pH-Wert der Imprägnierflotte soll nach Zugabe des Katalysators erfahrungsgemäß *nicht unter* 6,5 liegen, um die Stabilität der Flotte nicht zu gefährden[1].

Für die Reaktion bi- und mehrfunktioneller N-freier Verbindungen (sogenannte Reactants) mit Baumwollzellulose geben H. Enders und G. Pusch[2] an:

*Tabelle 21*

| Verfahren | Katalysator (Reaktionsbeschleuniger) | Effekte auf Baumwolle |
|---|---|---|
| *Naßverweilverfahren*<br>Längere Reaktionszeit (Stunden)<br>und<br>Niedere Temperatur (Zimmertemperatur) | Freie starke Säuren<br>und<br>Freie starke Basen | *Naß*knitterwinkel: hoch<br>*Trocken*knitterwinkel: wenig verbessert<br>Fast unveränderter Faserquellwert (Wasserrückhaltevermögen)<br>Geringer Reißfestigkeitsverlust |
| *Hitzekondensation*<br>(Imprägnier-Trocken-Kondensations-Verfahren)<br>Kürzere Reaktionszeit (Minuten)<br>und<br>Höhere Temperatur (z. B. 140° C) | „Potentielle" saure oder alkalische Katalysatoren: Zink- oder Magnesiumsalze starker Säuren<br>oder<br>Alkalisalze schwacher Säuren | *Trocken*-knitterwinkel } gleichzeitig wesentlich erhöht<br>*Naß*knitterwinkel } gleichzeitig wesentlich erhöht<br>Verminderter Faserquellwert<br>Starker Reißfestigkeitsverlust |

[1] Elöd, E.: Textil-Praxis **9**, 68 (1954).

[2] Enders, H. u. G. Pusch: Bügelfrei-Effekte durch sogenannte harzfreie Ausrüstungsverfahren. Melliand Textilber. **43**, 746, 857, 979 u. 1083 (1962).

Die Zuführung und Ausbildung der auf das Kunstharz-Vorprodukt (Methylolderivat) oder auf das zellulose-vernetzende Mittel katalytisch wirkenden $H^+$- oder $OH^-$-Ionen kann unterschiedlich erfolgen, wobei der Verlauf der Reaktion insbesondere von den Variablen *$H^+$-Ionenkonzentration*, *Temperatur* und *Reaktionszeit* abhängt.

### *a) Klotz-Trocken-Kondensations-Verfahren (Trockenkondensation) (Spannrahmen, Hänge, Kondensierapparat)*

Die wasserlöslichen, monomeren Kunstharz-Vorprodukte (sowohl Methylolderivate der „in sich" vernetzenden Produkte als auch der Reactantharze) werden mit dem sogenannten „Katalysator" (Säurespender) und anderen Begleitsubstanzen (Additive; s. später) in wässeriger Flotte durch eine Foulardabquetschung „dosiert" auf das trockene Gewebe appliziert.

Ein *nicht* oder schwer wasserlösliches Reactant kann in emulgierter Form mit dem Säurespender zusammen auf die Faser aufgebracht werden.

Das nun „wassergequollene" feuchte Gewebe wird vorgetrocknet und dann einer Hitzekondensation (120 bis 160° C während mehrerer Minuten) unterworfen.

$H^+$-Ionen, welche in Abhängigkeit von der Kondensationszeit und -temperatur katalytisch wirken, sollen im Imprägnierbad möglichst noch nicht auftreten. Erst in der Wärme bzw. Hitze soll sie der „Säurespender" auf dem Gewebe freisetzen.

Es gibt aber Kunstharz-Vorprodukte, die unter dem Einfluß spezieller „Katalysatoren" bereits bei der niedrigeren Trocknungstemperatur (unter Wegfall des Kondensationsvorganges) zu einem Endharz in der Faser auskondensiert werden können.

Da die Faser unter den Trocknungs- und Kondensationsbedingungen alle Quellungszustände durchmacht, auch die $H^+$-Ionen sukzessive dabei fortschreitend auftreten, resultiert bei diesem Verfahren normalerweise eine hohe *Trocken*knitterfestigkeit bei gleichzeitig erhöhter Naßknittererholung. Über den gleichzeitig mit der *Trocken*knitterfestigkeitserhöhung einherlaufenden Festigkeitsverlust wird später berichtet (s. S. 368).

### *b) Naßverweilverfahren*

Der Vernetzungsvorgang der Baumwolle erfolgt im *wassergequollenen Zustand*, wodurch eine hohe *Naß*knittererholung, jedoch nur geringe oder keine *Trocken*knittererholung resultiert. Eine gleichzeitige Erhöhung des *Trocken*knitterwinkels kann durch eine nachfolgende „Abtrocknung" des *sauren* geklotzten Gewebes erfolgen. S. auch S. 284.

*Katalysierung durch $OH^-$-Ionen.* Durch eine Alkalisierung des Baumwollgewebes finden sich die $OH^-$-Ionen bereits in der Faser vor.

Das alkaliaffine Reactant wird in blanker Form, gelöst in einem nicht-polaren Lösungsmittel oder emulgiert in Wasser auf die wassergequollene Baumwollfaser appliziert und das Gewebe zur Docke aufgerollt. Die Reaktion läuft unter dem Einfluß der $OH^-$-Ionen bei Zimmertemperatur während einer gewissen Zeit ab (Kalt-Verweilverfahren).

Im vorliegenden Falle wurde der Reaktionsbeschleuniger ($OH^-$-Ionen) *vor* dem Reactant aufgebracht. Z. B. wird beim *Belfast-Verfahren* zuerst das Baumwollgewebe mit der Ätznatronlösung geklotzt, dann erfolgt die Klotzung mit Dichlorpropanollösung.

Es kann der Vorgang auch umgekehrt erfolgen, wobei das Reactant *vor* dem Reaktionsbeschleuniger aufgebracht wird. Z. B. wird das Baumwollgewebe zuerst mit der Reactantlösung Sulfix A geklotzt, dann erfolgt die Klotzung des Alkalibades (*Tel-X-Cel-Verfahren*; s. S. 181).

*Katalysierung durch $H^+$-Ionen.* Das Reactant wird mit der $H^+$-Ionen liefernden Substanz gleichzeitig auf das Gewebe aufgebracht.

Z. B. kann Formaldehyd, gelöst in verschiedenen Konzentrationen, in wässeriger Schwefelsäure von Normal-Konzentration bei Zimmertemperatur oder auch bei erhöhter Temperatur (z. B. 60° C) auf das Baumwollgewebe aufgebracht werden. Die Formalisierung des Zellulosegewebes (aufgerollt zur Docke) läuft bei der gewählten Temperatur innerhalb einer festgelegten Zeit ab (Kalt- oder Warm-Verweilverfahren).

Das Klotzen der Formaldehydlösung zusammen mit der Säure (= Formalisierung) ist einer der wenigen Fälle, wobei Reactant und Beschleuniger (in diesem Falle $H^+$-Ionen) *gleichzeitig* auf das Baumwollgewebe gebracht werden.

*c) Trockenverweilverfahren (Teil-Naßverweilverfahren, Feuchtvernetzung, Docke)*

Das mit dem wasserlöslichen Vorprodukt (Methylolderivat) des Reactantharzes und den entsprechenden Additiven (aber *ohne* „Katalysator") imprägnierte Gewebe wird getrocknet, wobei *noch keine* Reaktion einsetzt. Der Trockenprozeß wird hierbei so abgestimmt, daß die Faser immer die einmal festgelegte Restfeuchtigkeit (4 bis 12%) behält.

Dann wird die Säure in *nicht dissoziierter* Form in Gasform oder gelöst in einem inerten Lösungsmittel (z. B. Chlorwasserstoff in iso-Propanol) aufgebracht und das Gewebe zur Docke gerollt. Die in der Faser enthaltene Feuchtigkeitsmenge bestimmt die auftretende $H^+$-Ionenaktivität, welche bei Zimmertemperatur (oder etwas erhöhter Temperatur) die Zellulosevernetzung bewirkt (Quikoton-Verfahren der Fa. Hämmerle, Dornbirn, Österreich).

Die festgelegte Restfeuchtigkeit (nach dem Abtrocknen) hält die Faser in einem *gering gequollenen* Zustand. Unter dem Einfluß des inerten wasserfreien Lösungsmittels ändert sich dieses etwas. Es resultiert gleichzeitig eine Erhöhung der *Trocken*knitterfestigkeit und der *Naß*knittererholung.

## II. Die Katalyse der Zellulosevernetzung durch $OH^-$-Ionen

Die alkalische Katalyse wird beim Hitzekondensationsverfahren *nicht* angewandt. Das einzige unter alkalischen Bedingungen kondensierbare Produkt ist nach W. G. Cameron und T. H. Morton[1] Azetonformaldehyd ($CH_3 \cdot CO \cdot CH_2 \cdot \boxed{CH_2 \cdot OH}$), welches nach den Untersuchungen der Autoren unter Wasserabspaltung dabei in die entsprechende Vinylverbindung übergeht. Azetonformaldehyd, das in früheren Jahren einige Zeit im Handel war, hat wegen seiner ungünstigen Ausrüstungseffekte (starke Faservergilbung, geringe Waschbeständigkeit) keine praktische Bedeutung erlangt (s. S. 94).

Die Zellulosevernetzung unter alkalischen Bedingungen hat aber für die Umsetzung neuerer N-freier Reactants mit Baumwollzellulose Bedeutung erlangt. Ein mit wässeriger Natronlaugelösung vorbehandeltes und abgepreßtes Baumwollgewebe wird anschließend bei Zimmertemperatur mit dem zellulose-vernetzenden Mittel (oder auch in umgekehrter Reihenfolge) behandelt.

Die erste praktische Anwendung einer solchen Ausrüstung im „gequollenen" Zustand der Faser erfolgte beim *Bel-O-Fast-Verfahren* der *Fa. Deering Milliken*

[1] Cameron, W. G. u. T. H. Morton: Amer. Dyestuff Rep. **38**, 575 (1949).

*Research Corp.* (US-Pat. 2.985.501) mit dem reaktiven Agens 1,3-Dichlor-2-propanol. Die Umsetzung des Reactants hängt von der gebildeten Alkalizellulose (also von der NaOH-Aufnahme) und weiters vom Grad der Faserquellung ab.

Das Alkali wirkt in zweifacher Hinsicht:

1. Es bringt das betreffende Reactant in die besondere reaktive Form:

$$\underset{\text{Cl}}{\underset{|}{CH_2}}-\underset{\text{OH}}{\underset{|}{CH}}-\underset{\text{Cl}}{\underset{|}{CH_2}} \xrightarrow{\text{NaOH}} \underset{\text{Cl}}{\underset{|}{CH_2}}-\underbrace{CH-CH_2}_{\text{O}} + NaCl + H_2O;$$

Dichlorpropanol Epichlorhydrin (mit dem reaktiven Oxiranring)

oder

$$HO-CH_2-CH_2-\underset{O\;\;O}{\underset{/\!/\;\backslash\!\backslash}{S}}-CH_2-CH_2-OH \xrightarrow{\text{NaOH}} CH_2{=}CH-\underset{O\;\;O}{\underset{/\!/\;\backslash\!\backslash}{S}}-CH{=}CH_2$$

Bis(hydroxyäthyl)-sulfon Divinylsulfon (mit den reaktiven Vinylgruppen)

An die unter dem Einfluß des Alkalis entstehenden Verbindungen erfolgt eine nukleophile Addition mit der Zellulose. Das Alkali fördert auch die Nukleophilie der Zellulose-OH-Gruppen.

$$\text{Cell}-OH + \overset{\ominus}{OH} \rightleftharpoons \text{Cell}-\overset{\ominus}{O} + H_2O;$$

2. Es wird die Struktur der Baumwollfaser durch *Quellung* aufgelockert.

Bei einer Faserquellung unterscheidet man eine *inter*kristalline und eine *intra*kristalline Quellung.

Bei der *interkristallinen Quellung* bewirkt das Quellmittel nur eine Aufweitung der *weniger geordneten* Faserbereiche.

Bei der *intrakristallinen Quellung* durchdringt das Quellmittel *sämtliche* Faserbereiche. Daher werden in diesem Falle auch die *Kristallite* aufgeweitet, wobei sich meist eine *definierte Komplexverbindung* bildet.

Oftmals kann ein Reagenz *beide Arten der Quellung* bewirken.

Für das Überwiegen des einen oder des anderen Quellvorganges sind mehrere Faktoren von Einfluß, wie Konzentration, Temperatur sowie auch die Art der Versuchsdurchführung (lockeres oder gespanntes Gewebe).

Tabelle 22. *Einfluß der einzelnen Faktoren auf die Quellung der Baumwolle unter dem Einfluß von wässeriger Natronlauge*

| | Natronlauge | | Art der Quellung: |
|---|---|---|---|
| | Konzentration | Temperatur | |
| Ohne Spannung in der Lauge | 6%ige NaOH<br>ab 14% NaOH<br>20 bis 30% NaOH | 0° C<br>20° C<br>20 bis 80° C | In*tra*kristallin<br>In*tra*kristallin<br>Überwiegend in*ter*kristallin (nur zum Teil intrakristallin) |
| Gespannt in der Lauge. (Schrumpfung *nicht* möglich) | 30 bis 35% NaOH | | Diese *hohe* Laugenkonzentration ist erforderlich, um die *gleiche Quellung* zu erhalten, welche mit *lockerer Faser* schon mit 13%iger Natronlauge resultiert |

Das System „*Zellulose — Natronlauge — Reactant*" haben D. Fiebig und M. Kuhn[1] im Falle bei 1,3-Dichlor 2-propanol (Belfast-Verfahren) untersucht.

[1] Fiebig, D. u. M. Kuhn: Analytische Untersuchungen am System Zellulose-NaOH-Dichlorpropanol-(2). Melliand Textilber. **44,** 851 (1963). und Fiebig, D.: Ausrüstung von Baumwollzellulose mit 1,3-Dichlorpropanol-(2) Natronlauge bei verschiedenen Quellungsgraden. Ibid. **46,** 983 (1965.).

Proben von Baumwollpopelingewebe wurden mit Natronlaugelösungen steigender Konzentration vorbehandelt und dann die DCP-Aufnahme titrimetrisch ermittelt. Die DCP-Aufnahme wurde dann als Funktion der NaOH-Konzentration kurvenmäßig aufgetragen, wobei die erhaltene Kurve mehrere Minima der DCP-Aufnahme aufwies.

Diese Versuchsergebnisse deuteten die Autoren unter Heranziehung der *Expansionstheorie der Natronlaugequellung von Baumwollzellulose* (nach R. Bartunek). Hiernach treten Minima der DCP-Aufnahme bei solchen NaOH-Konzentrationen auf, bei denen eine maximale Häufigkeit der Hydrate (NaOH · $12 H_2O$) bzw. (NaOH · $10 H_2O$) zu erwarten ist. Die native Zellulose befindet sich hierbei im Zustand *maximaler* Quellung.

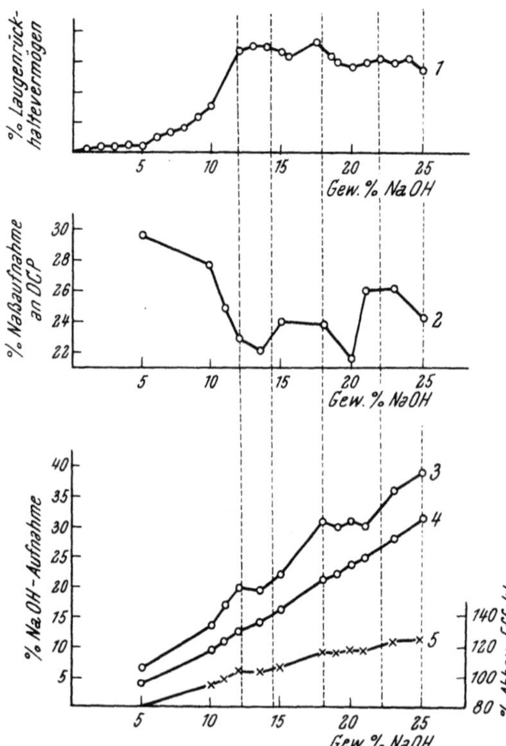


Abb. 14. Laugenrückhaltevermögen, Naßaufnahme an DCP, %NaOH-Aufnahme (nach D. Fiebig und M. Kuhn).

*Der Einfluß der Ordnungszustände in Natronlaugelösungen verschiedener Konzentration auf die Quellung von Baumwolle* nach R. Bartunek[1]:

In *verdünnter* Natronlauge liegen nach R. Bartunek *großvolumige Ionenhydrate* vor. Diese können *nicht* in die dichter gepackten *nativen* Zellulosefasern eindringen. Sie quellen aber die lockere Struktur der *Regenerat*zellulosefasern.

In *mehr konzentrierten* Lösungen bilden sich *Zwischenhydrate*. Diese sind hydratische Ionen, welche *zusätzlich* von einer *gemeinsamen Hydrathülle* umgeben sind. Sie enthalten also *ionisch* und *dipolig* gebundenes Wasser.

So kann das im Volumen kleinere Zwischenhydrat (NaOH · $12 H_2O$) die *weniger geordneten* Bereiche der Baumwolle aufweiten. Dieses Hydrat ist die Ursache des ersten Maximums in 12- bis 14%iger Natronlauge (s. Kurve in Abb. 14).

*Noch mehr konzentriertere* NaOH-Lösungen enthalten *Dipolhydrate*. Diese enthalten (im Gegensatz zu einem Zwischenhydrat) nur dipolig gebundenes Wasser. Es liegen also *Ionenpaare mit gemeinsamer Hydrathülle* vor.

Das Dipolhydrat (NaOH · $10 H_2O$) führt zu einer erneuten maximalen NaOH-Aufnahme bzw. Quellung in 18 bis 22%iger- Natronlauge (s. Abb. 14).

Das Dipolhydrat (NaOH · $10 H_2O$) bewirkt nach R. Bartunek auch die *Umwandlung von Zellulose I in Na-Zellulose I.*

Der Anstieg der NaOH-Aufnahme in den Konzentrationsbereichen 14 bis 18% kann darauf zurückgeführt werden, daß das Dipolhydrat (NaOH · $10 H_2O$) dem Elektrolyten (NaOH) neue geordnete Faserbereiche zugänglich macht.

Nimmt bei *weiterer Konzentrierung* der Lauge das räumlich noch kleinere Dipolhydrat (NaOH · $2 H_2O$) zu, so nimmt die NaOH-Aufnahme der Baumwolle ebenfalls zu, da wiederum neue geordnete Faserbereiche der Baumwolle zugänglich werden.

## Die Natronlauge-Quellung der Baumwolle und ihr Einfluß auf die Aufnahme des Reactants

Die *Aufnahme* des Reactants Dichlorpropanol-2 (DCP) verläuft nach

[1] Bartunek, R.: Papier **16**, 568 (1962).

D. Fiebig und M. Kuhn, wie erwähnt, im *entgegengesetzten* Sinne der Faserquellung mit Natronlauge.

Das DCP muß in das mit wässeriger Natronlauge gequollene Baumwollgewebe durch Diffusion eindringen. Hierzu wird Wasser als lösendes Medium benötigt. Die Wasserlöslichkeit des DCP beträgt nur ungefähr 10%. In Natronlauge dürfte die Löslichkeit auf Grund der geringen Polarität des DCP noch geringer sein. Daher dürfte nach den Autoren die Aufnahmefähigkeit der Baumwolle für DCP vom *Wassergehalt der Faser* abhängen.

D. Fiebig und M. Kuhn (loc. cit.) deuten die *verminderte* DCP-Aufnahme bei *zunehmender* Faserquellung durch Natronlauge, wie erwähnt, mit Hilfe der *Expansionstheorie* von R. Bartunek[1].

Nach dieser Theorie ist das *hydratisierte Wasser* durch elektrostatische Kräfte der Ionen bzw. Dipole je nach Konzentration des Elektrolyten (NaOH) mehr oder weniger kontrahiert (= *Elektrostriktion*). Beim Eindringen in die Faser und bei der Reaktion der Hydrate mit der Zellulose zur Additionsverbindung „*Zellulose-NaOH-Wasser*" wird hydratisiertes Wasser unter Expansion frei bzw. umgebaut. Hierbei übt es Expansions*stöße* auf die Zelluloseketten aus, wodurch diese auseinandergedrängt werden. In die aufgeweiteten Bereiche kann nun weiterer Elektrolyt (NaOH) eindringen.

Nach D. Fiebig und M. Kuhn (loc. cit.) muß man hierbei die *Bereiche maximaler* und *minimaler* Quellung gegeneinander abgrenzen:

| | |
|---|---|
| *5- bis 12%ige NaOH:* | In *verdünnter* Natronlaugelösung liegen *großmolekulare Ionenhydrate* vor. Diese dringen *nicht* in Baumwolle ein, bewirken aber eine *verstärkte Wasserquellung* (=*hohe* DCP-Aufnahme). |
| Wenn die Hydratisierung der Ionen bei *steigender NaOH-Konzentration abnimmt* und das in die weniger geordneten Faserbereiche eindringbare *Zwischenhydrat* ($NaOH \cdot 12\,H_2O$) *zunimmt, vermindert* sich die DCP-Aufnahme. | |
| *12- bis 14%ige NaOH:*<br>Maximale Häufigkeit von ($NaOH \cdot 12\,H_2O$). *Minimale* DCP-Aufnahme. | |
| | *14- bis 18%ige NaOH:*<br>($NaOH \cdot 12\,H_2O$) und ($NaOH \cdot 10\,H_2O$) kommen nebeneinander vor.<br>DCP-Aufnahme *steigt an,* bis beide Hydrate in *vergleichbarer Häufigkeit* vorliegen. |
| Bei einem prozentual höheren Anteil der Lösung an ($NaOH \cdot 10\,H_2O$) *vermindert* sich die DCP-Aufnahme. | |
| *18- bis 22%ige NaOH:*<br>Maximale Häufigkeit von ($NaOH \cdot 10\,H_2O$). *Minimale* DCP-Aufnahme. | |
| | *22- bis 25-%ige NaOH:*<br>($NaOH \cdot 10\,H_2O$) und ($NaOH \cdot 7\,H_2O$) liegen nebeneinander vor. |
| *Etwa 25%ige NaOH:*<br>Maximale Häufigkeit von ($NaOH \cdot 7\,H_2O$). | |

[1] Bartunek, R.: Papier **7**, 153 (1953) und Verhandlungsber. d. Koll.-Ges. **18**, 24 (1958).

Es tritt also *bei Quellungsmaxima der Baumwolle* (12 bis 14% und 18 bis 21% Gew.-% NaOH) jeweils eine maximale Häufigkeit eines NaOH-Hydrates auf. Bei diesen Konzentrationsbereichen erreicht die „Naßaufnahme" an DCP (= Gewichtsaufnahme an DCP auf der Faser, die nach der Imprägnierung auf der Faser zur Reaktion zur Verfügung steht) *ein Minimum* und gleichzeitig der resultierende *Naß*knittererholungswinkel einen Höchstwert[1]. Umgekehrt tritt in den Zwischenbereichen der NaOH-Konzentrationen, in denen zwei oder mehrere Hydrate der NaOH nebeneinander vorliegen, ein Quellungsabfall bzw. *Quellungsminimum* ein, bei gleichzeitiger *höherer* DCP-Aufnahme und *kleinerer Naß*knittererholungswinkel.

McKelvey et al.[2] führen aus, daß das zu den Zellulose-OH-Gruppen reaktive *Butadiendiepoxid* (s. S. 164) unterschiedliche Ausrüstungseffekte ergeben kann. Läßt man das in einem nicht-polaren Lösungsmittel ($CCl_4$) gelöste Butadiendiepoxid einwirken:

*1.* Auf ein Baumwollgewebe, welches mit einer *verdünnten Alkali-*, *Salz-* oder *alkalischen Salzlösung* imprägniert wurde, so erfolgt eine *langsame* Umsetzung mit der Zellulose. Die dabei auftretenden Gewichtszunahmen sind der Aktivität der $OH^-$-Ionen und der Reaktionszeit proportional. Es resultiert *gleichzeitig* gute *Trocken-* und *Naß*knitterfestigkeit.

*2.* Auf ein Baumwollgewebe, welches mit *konzentrierter Alkalilauge* imprägniert wurde, erfolgt *rasche* Umsetzung mit der Zellulose. Die Geschwindigkeitserhöhung der Vernetzungsreaktion erfolgt in gleicher Weise bei Anwendung *niedriger* Laugenkonzentrationen durch *Temperaturerhöhung*.

Es resultiert in den beiden letzteren Fällen eine ausgezeichnete *Naß*knitterfestigkeit, jedoch *keine* Trockenknitterfestigkeit.

Die Zellulosevernetzung mit Diepoxiden wird von *$H^+$-Ionen schwierig* katalysiert. Schwach dissoziierende Säuren wie Essigsäure haben keine Wirkung. Mit Schwefelsäure wird bei Zimmertemperatur nur eine mittelmäßige *Naß*knitterfestigkeit erzielt.

Erst mit dem stark wirkenden „Katalysator" Zinkfluoborat resultieren bei Applizierung aus methanolischer Lösung auf die Faser bei erhöhten Temperaturen (75 bis 125° C) Gewichtszunahmen von $< 2\%$ unter Erhalt einer *gleichzeitig* ausgezeichneten *Trocken-* und *Naß*knitterfestigkeit.

## III. Die Katalyse zur Bildung des Kunstharzes oder der Zellulosevernetzung unter dem Einfluß von $H^+$-Ionen

Die saure Katalyse kann unter entsprechender Berücksichtigung des vorliegenden Zellulosevernetzungsmittels beim *Naßverweilverfahren* und beim *Trockenverweilverfahren* Anwendung finden (s. S. 263). Die dabei auftretenden Probleme sind die Bildung des Kunstharzes bzw. der Zellulosevernetzung und die dabei resultierenden Auswirkungen auf die physikalischen und chemischen Faseränderungen im positiven oder negativen Sinne.

Beim *Klotz-Trocken-Kondensationsverfahren* (s. S. 263) muß man hinsichtlich der Wirkung des Katalysators (Säurespenders) zwei getrennte Vorgänge unterscheiden, nämlich:

1. *Die Einwirkung des „Katalysators" auf die Veredlungsflotte*; hier kommt insbesondere die $H^+$-Ionenkonzentration in Betracht.

---

[1] Fiebig, D.: Ausrüstung von Baumwollzellulose mit 1,3-Dichlorpropanol-(2)/NaOH bei verschiedenen Quellungsgraden. Melliand Textilber. **46**, 983—988 (1965).

[2] McKelvey, J. B., R. R. Benerito, B. G. Webre u. R. J. Berni: Die Zellulose-Butadiendiepoxid-Reaktion und ihr Einfluß auf die Knitterfestigkeit von Baumwolle. J. Polymer Sci. **51**, 209 (1961).

2. Die *Beeinflussung des Kondensationsvorganges* und somit des *Ausrüstungseffektes*. Auch hier spielt die $H^+$-Ionen-Aktivität während der Kondensation eine Rolle.

## Die Stabilität des Imprägnierbades

Es handelt sich im vorliegenden Falle um kolloidchemische Probleme der Kunstharzausrüstung in Verbindung mit der Katalysatorwirkung, d. h. der katalytischen Wirkung der auftretenden freien $H^+$-Ionen.

Bei Anwendung der monomeren oder gering anpolymerisierten *wasserlöslichen Vorprodukte* der Kunstharzbildner wird in der einschlägigen Literatur immer von „*Vorkondensaten*" bzw. „*Vorkondensatlösungen*" gesprochen.

Die entsprechenden *Methylolverbindungen der Kunstharz-Grundkörper* (wie Harnstoff, Melamin usw.) stellen „*keinen*" vorkondensierten Körper des später in die Faser eingelagerten dreidimensionalen Endharzes oder von zellulosevernetzenden Querbrücken (in mono-, di- oder auch höher polymerisierter Form) dar.

Der in der gesamten Fachliteratur eingebürgerte Ausdruck „*Vorkondensat*", worunter wie gesagt die wasserlöslichen Monomeren der zur Polymerisation oder Zellulosevernetzung fähigen Produkte verstanden werden, ist daher wissenschaftlich unrichtig.

Der *vereinfachten Ausdrucksweise zuliebe* sollen nachfolgend die sehr reaktionsfähigen, in *möglichst monomer-wasserlöslicher Form* vorliegenden N-Methylolderivate weiterhin als „*Vorkondensate*" bezeichnet werden.

Solche Produkte kommen in fester Form, als Pasten oder entsprechend konzentrierte Lösungen, eventuell unter Beimischung von Stabilisatoren und anderer Additive, unter der Bezeichnung „*Vorkondensate*" in den Handel.

Eventuell könnte man postulieren, daß darunter der *monomere Zustand solcher chemischer Substanzen* verstanden wird, der *vor* einer eintretenden *Kondensation* (also Polymerisation) vorliegt.

Gibt man *freie Mineralsäuren*, welche in wässeriger Flotte stark dissoziieren, z. B. zu einer Dimethylol-Harnstofflösung, so setzt die Reaktion unter dem Einfluß der starken $H^+$-Ionenkonzentration schon im Bade unter Bildung von Methylenharnstoff ein. Letzteres trübt sich bereits nach sehr kurzer Zeit und ist auf Grund der größer gewordenen Moleküle nun nicht mehr in der Lage, das Kunstharz *in* die Faser einzulagern. Daher ist eine Knitterfestausrüstung in dieser Weise nicht durchführbar.

Ferner ist es auch nicht möglich, mit einem *Gemisch* von Harnstoff und Formaldehyd im Imprägnierbad einen brauchbaren Knitterfesteffekt zu erzielen, da durch den „Katalysator" (Säure oder Säurespender) *sofort* Methylenharnstoff gebildet wird und weiters auch das frei vorliegende Formaldehyd in der Hitze sich zum größten Teil verflüchtigt und nicht zur Wirkung kommt.

Geeigneter sind *schwache anorganische wie auch organische Säuren* (wie z. B. Borsäure, Weinsäure, Glykolsäure usw.). Wird dem Imprägnierbad ein solcher schwach saurer „Katalysator" zugesetzt, so hebt sich gleichfalls der mehr oder weniger stabile Zustand des Bades auf, die Kondensation der Methylolverbindung setzt ein, wodurch eine Molekülvergrößerung erfolgt und das Bad sich *nach einiger Zeit* trübt. Solche Imprägnierbäder sind innerhalb einiger Stunden noch verwendbar.

Für die Ausrüstung mit Dimethylol-Harnstoff wurde in England viele Jahre Weinsäure als Katalysator verwendet, wobei das Imprägnierbad nach J. T. Marsh[1] 2 Stunden und mehr stabil blieb und eine gute Waschfestigkeit der Ausrüstungseffekte resultierte. Die Kondensationsbedingungen waren hierbei 2 bis 3 Minuten bei 160° C.

Trübung und Ausflockung im Imprägnierbad deutet auf eine fortschreitende Kondensationsreaktion hin. Die Anwesenheit von $H^+$-Ionen bewirkt ein ununter-

[1] Marsh, J. T.: Self-Smoothing Fabrics, S. 117. London: Chapman & Hall Ltd 1962.

brochenes beschleunigtes Wachstum der Kunstharzteilchen. Daher ist eine gleichmäßigere Einlagerung solcher Kunstharzteilchen in den tieferen Schichten des Fasersubstrates nicht mehr möglich, sobald das Teilchenwachstum eine solche Molekülgröße erreicht hat, die dem Abstand der intermizellaren Zwischenräume in der Faser entspricht oder diese überschritten hat.

Damit der *Griff der Ware* und ihre *Scheuerfestigkeit* nicht leidet, ist es wichtig, daß ein „in sich" vernetzendes Kunstharz bei der Knitterfest- und Krumpfechtausrüstung in den Oberflächen- und Kernschichten der Zellulosefaser *gleichmäßig verteilt* ist.

Wachsen die Teilchen weiter, so ist auch eine Ablagerung in den größeren Faserkanälen nicht mehr möglich. Es findet nunmehr eine *Appretierung* (= bevorzugte Faser*auf*lagerung) und keine *Imprägnierung* (= bevorzugte Faser*ein*lagerung) statt.

Das Teilchenwachstum von „Vorkondensaten" (Harnstoff- und Melamin-Formaldehyd) geht aber auch — wenn nur langsam — ohne die Gegenwart von „Katalysatoren" vor sich, z. B. schneller bei unsachgemäßer Lagerung (warme Räume) und langsam durch Alterung. Die „Katalysatoren" ($H^+$-Ionen bzw. $H^+$-Ionen liefernde Substanzen) beschleunigen, namentlich in Verbindung mit Wärme, diese Neigung zur Kondensation.

Beim Imprägnieren stehen noch zwei Vorgänge in Wechselwirkung, nämlich die *Quellung der Faser* und die *Diffusion des „Vorkondensates"*, die noch von der *Zeit* abhängig ist.

Die *Quellfreudigkeit der Faser* ist außer von der Faser selbst (Zellwolle, Baumwolle) auch von der *Vorgeschichte der Faser* abhängig, so von vorausgegangenen Trockenvorgängen[1] oder auch Quellungsvorgängen (z. B. Mercerisierung von Baumwolle).

W. Rümens[2] weist gleichfalls auf die Teilchengröße von „Vorkondensaten" als gravierender Faktor für den Imprägnierungsvorgang hin. Er bestimmte den *osmotischen Druck* von handelsüblichen Vorkondensatprodukten in Abhängigkeit von der Zeit. Die „Vorkondensate" lagen als Lösungen mit der in der Praxis üblichen Flottenkonzentration (nämlich 15% wirksamer Substanz) vor. Festgestellt wurde, daß, *je höher der osmotische Druck* in der Vorkondensatlösung war, letztere *um so schneller* in die Hohlräume der Faser eindiffundierte.

Das Teilchenwachstum, wie im Falle von methyloliertem Harnstoff in wässeriger Lösung, steht in unmittelbarem Zusammenhang mit der Geschwindigkeit der pH-Wert-Änderung und mit der Stärke der $H^+$-Ionenkonzentration im Imprägnierbad.

Maßgebend ist daher 1. die *Größenordnung der $H^+$-Ionenkonzentration*, und zwar in erster Linie der *Anfangswert nach Zugabe des Säurespenders* zum Imprägnierbad, und 2. der *Zuwachs an $H^+$-Ionen pro Zeiteinheit.*

Für die *älteren „in sich" vernetzenden Kunstharztypen* (nicht modifizierte Methylolverbindungen von Harnstoff und Melamin) werden nachfolgend einige Versuchsergebnisse einiger Autoren angegeben.

P. Graf[3] hat für *methylolierten Harnstoff* (Mol-Verhältnis Harnstoff zu

[1] Weltzien, W.: Quellungs- und Entquellungsvorgänge bei Faserstoffen. Forschungsberichte Nr. 34 des Wirtschafts- und Verkehrsministeriums Nordrhein-Westfalen. Köln und Opladen: Westdeutscher Verlag. 1953.

[2] Rümens, W.: Zum Problem der Hochveredlung von Geweben aus nativer Zellulose. Melliand Textilber. **37,** 441 (1956).

[3] Graf, P.: Betrachtungen zur sauren Katalyse von Carbamidharzen. Prakt. Chemie (Wien) **7,** 269 u. 308 (1956).

Formaldehyd 1 : 1,63) den *Einfluß einer Reihe von „Katalysatoren" auf Badstabilität bzw. Bad-Alterung* überprüft. Hierzu wurden eine mehrbasische organische Säure, ferner sauer hydrolysierende Salze, Säurespender und Säurebildner herangezogen.

Als *Maß der Stabilität* für die vorliegende Methylol-Harnstofflösung (200 g pro l), die eine Beurteilung der möglichen Haltbarkeit des vorliegenden Imprägnierbades erlaubt, wurde 1. der Anfangs-pH-Wert nach Zugabe des „Katalysators" und die Veränderung des pH-Wertes der jeweiligen Lösung nach einer und nach 16 Stunden ermittelt, 2. die Zeit bis zum Eintritt der Badtrübung.

Tabelle 23. *Verhalten verschiedener „Katalysatoren" gegenüber einer 20%igen wässerigen Methylol-Harnstofflösung* (nach P. Graf)

Die resultierenden Werte wurden auf ein *definiertes „Vorkondensat"* bezogen, welches den Anfangs-pH-Wert des Bades festlegte.

Verwendet wurde Methylol-Harnstoff als 50%ige Paste, 4 Wochen alt; Mol-Verhältnis Harnstoff : Formaldehyd = 1 : 1,63.

| „Katalysator"-type und zugegebene Menge zum Imprägnierbad | | | | Resultierende pH-Werte | | | | Trübung des Bades (= Ende) |
|---|---|---|---|---|---|---|---|---|
| | | | | Anfang | nach 1 Std | nach 16 Std | Ende | |
| Säuren und sauer hydrolysierende Salze: | 1 | Weinsäure (50%ige Lösungen) | 2 g/l | 2,80 | — | — | 2,80 | 25 Min. |
| | 2 | Al-Chlorid (50%ige Lösungen) | 14 ccm/l | 3,55 | — | — | 3,30 | 45 Min. |
| | 3 | Al-Formiat (50%ige Lösungen) | 18 ccm/l | 4,30 | 4,00 | — | 3,80 | 5¼ Std. |
| | 4 | Zn-Chlorid (50%ige Lösungen) | 20 ccm/l | 5,50 | 4,95 | 4,45 | 4,40 | 26½ Std. |
| Potentiell saure Salze (Ammonsalze) | 5 | Ammonrhodanid | 4 g/l | 6,50 | 4,90 | — | 3,55 | 7¼ Std. |
| | 6 | Ammonsulfat | 4 g/l | 6,50 | 5,05 | — | 3,80 | 8¼ Std. |
| | 7 | Ammonnitrat | 4 g/l | 6,60 | 5,05 | — | 3,95 | 9 Std. |
| | 8 | Ammontartrat | 5 g/l | 6,80 | 5,45 | — | 4,05 | 14½ Std. |
| | 9 | Ammonphosphatgemisch (primär : sekundär = = 1 : 1) | 5 g/l | 6,80 | 5,90 | 4,25 | 4,10 | 17 Std. |
| | 10 | Diammonphosphat | 5 g/l | 7,80 | 7,00 | 4,90 | 4,20 | 21 Std. |
| Oxidierende Verbindungen | 11 | Wasserstoffperoxid[1] (40 Vol.-%ige Lösung) | 5 ccm/l | 7,10 | 6,70 | — | 4,00 | 10¼ Std. |

*Freie Säuren* (wie Weinsäure) erniedrigen den pH-Wert des Imprägnierbades von Anfang an in das stark saure Gebiet. Schon nach 25 Minuten tritt eine Badtrübung ein.

*Aluminiumsalze* verhalten sich unterschiedlich. Das stark hydrolysierende Aluminiumchlorid gibt schnell eine Badtrübung, während Aluminiumformiat sich etwas günstiger verhält.

Die schon anfängliche pH-Wert-Erniedrigung des Bades durch *Zinkchlorid* wird auf die Anwendung eines technischen Produktes oder durch Verwendung einer vorhydrolysierten Lösung zurückgeführt. Wesentlich ist, daß der pH-Wert sich hier nach über etwa 26 Stunden nur um 1,1 pH-Wert-Einheiten erniedrigt hat. Zinkchlorid und namentlich Magnesiumchlorid sind hinsichtlich der *Badbeständigkeit* günstige Katalysatoren. Für *„in sich" vernetzende Kunstharze* haben

[1] Wasserstoffperoxid bildet mit dem immer in wässeriger Lösung der Methylolverbindung anwesenden Formaldehyd *Ameisensäure.*

sie weniger Bedeutung, jedoch aber für die *„zellulosevernetzenden“ Reactantharze*. Anders verhalten sich *Ammoniumsalz-Katalysatoren*. Diese sind „scharfe“ Katalysatoren; die Bad*beständigkeit* ist geringer. Schon nach einer Stunde erniedrigt sich der pH-Wert um etwa 1,5 Einheiten. Etwas günstiger verhalten sich nach P. Graf die Ammoniumsalze der Phosphate. Ammoniumsalze (wie Ammonchlorid, Mono- und Diammonphosphat sowie Ammonsulfat) werden in der Praxis durchwegs für Harnstoff-Formaldehyd-Verbindungen als „scharfe“ Katalysatoren angewandt und ist ihre Anwendung für eine derartige Ausrüstung von Zellulosefasertextilien kaum zu vermeiden.

Fluck et al.[1] führen etwas andere Ergebnisse an. Nach ihnen bewirken Ammoniumchlorid oder Diammonphosphat gegenüber Methylol-Harnstofflösungen bereits nach 6 Stunden beträchtliche Weiterkondensation und Ausfällung im Bade.

Da Harnstoff-Formaldehyd-Verbindungen bekannterweise eine relativ hohe Empfindlichkeit gegenüber erhöhten Konzentrationen an $H^+$-Ionen haben, wird noch auf die Ergebnisse von Loss (1957) verwiesen, die von obigen Angaben abweichen. Nach Loss beginnt in der Methylol-Harnstofflösung die Ausfällung bei Zugabe von 5 g pro Liter „Katalysator“ im Falle von

Ammoniumnitrat ....... nach etwa 30 Minuten,
Ammoniumsulfat ....... nach etwa 50 Minuten und
Ammoniumglykolat ..... erst nach 130 Minuten.

Die Zeitspannen der Beständigkeit einer Harnstoff-Formaldehyd-Lösung bei *verschiedenen pH-Werten* und bei Zimmertemperatur, bis sich unlöslicher Methylenharnstoff bildet, gibt J. T. Marsh in einer Tabelle an[2]:

Tabelle 24. *Ausfällung von Methylenharnstoff*

| pH-Wert der Lösung | Auftreten von Opaleszenz |
|---|---|
| 0,5 | 5 Min. |
| 1,0 | 10 Min. |
| 1,5 | 15 Min. |
| 2,0 | 30 Min. |
| 2,5 | 75 Min. |
| 3,0 | 120 Min. |
| 4,0 | 240 Min. |
| 5,0 | 600 Min. |

Genaue kinetische Messungen wurden von De Jong und De Jonge[3] durchgeführt.

Das Verhalten von „Katalysatoren“ gegenüber nicht-modifizierten Methylol-Melaminlösungen untersuchten F. Kočevar und B. Pregrad[4]. Als Melamin-Formaldehyd-Type wurde *Hexamethylol-Melamin*, welches sich einwandfrei in chemisch reiner Form herstellen läßt, genommen.

[1] Fluck, Keppler, Cooke u. Zimmermann: Amer. Dyestuff Rep. **40,** 154 (1950).

[2] Marsh, J. T.: Katalysatoren für die Knitterfestausrüstung. Text. Manufacturer **86,** 70 u. 113 (1960).

[3] De Jong, J. I. u. J. De Jonge: Rec. Trav. Chim. Pays-Bas **72,** 139—156 (1953).

[4] Kočevar, F. u. B. Pregrad: Über die Anwendung von Tri- und Hexamethylolmelamin für die Knitterechtausrüstung von Zellwollgeweben und deren Vorzüge gegenüber dem Dimethylolharnstoff. Reyon, Zellwolle **1956,** H. 2, 88.

Tabelle 25. *Übersicht über das Verhalten von verschiedenen Katalysatorsubstanzen gegenüber einer 8%igen wässerigen Lösung von Hexamethylolmelamin bei 20° C* (F. Kočevar und B. Pregrad)

| Art des Katalysators: | | pH-Wert der Lösung | Zeit bis zur Trübung: | Lösung mit $NH_3$ neutralisiert (pH-Wert 7); Zeit bis zur Trübung: |
|---|---|---|---|---|
| Säuren und sauer hydrolysierende Salze | Borsäure | 5,3 | 3 Std. | 3¼ Std. |
| | Weinsäure | 4,0 | 2 Std. | 3¼ Std. |
| | Essigsäure | 4,6 | 3½ Std. | 4¾ Std. |
| | Ameisensäure | 4,5 | 1½ Std. | 1¾ Std. |
| | Maleinsäure | 5,2 | 2¾ Std. | 3½ Std. |
| | Oxalsäure | 5,0 | 3¼ Std. | 4 Std. |
| | Aluminiumsulfat | 5,0 | 1 Min.! | — |
| | Zinkchlorid | 5,4 | 1 Min.! (Ausfällung) | — |
| Potentiell saure Salze | Ammonchlorid | 5,4 | 3½ Std. | 4¼ Std. |
| | Ammonsulfat | 5,6 | 3¼ Std. | 6¼ Std. |
| | Diammonphosphat | 5,6 | 2¾ Std. | 3¾ Std. |
| | Ammonrhodanid | 5,0 | 1 Min.! | — |
| Ohne Katalysator: | | 7,2 | 7 Std. | — |

Bei Lösungen von Dimethylol-Harnstoff-*dimethyläther* (Kaurit W Paste/BASF) sowie bei Lösungen von Reactantharztypen wie Dimethylol-Äthylenharnstoff (Fixapret AH flüssig/BASF) und 1,3-Dimethylol-4,5-Dihydroxyäthylenharnstoff (Fixapret CP flüssig/BASF) rufen nach N. Götz u. a.[1] *Metallsalze* (wie Zink- und Magnesiumchlorid, Zinknitrat) *keine* Änderung der pH-Werte nach ihrer Zugabe hervor, während *Ammonsalze* (wie Ammonnitrat, Mono- und Diammonphosphat, Ammonchlorid, Ammonsulfat und Mono-äthanolammonium-chlorid ($[HO \cdot CH_2 \cdot CH_2 \cdot NH_3]Cl$) eine *mehr oder weniger starke Abnahme* des pH-Wertes beim Stehenlassen der Lösung hervorrufen.

Der Einfluß der „Katalysatoren" auf die Beständigkeit des Imprägnierbades kann auf Grund der obigen Befunde nicht immer in dieser einfachen Weise dargelegt werden.

So gibt F. Liewald[2] für *nicht*-modifiziertes Methylolmelamin (Cassurit MKF) folgende „Katalysatoren" an: Ammonsalze, Zinkchlorid, Magnesiumchlorid und organische Säurespender.

Es haben hier *viele Faktoren* noch einen mehr oder weniger großen Einfluß, wie z. B.:

1. *Säureabbindungsvermögen* der N-Methylolverbindungen (s. nachfolgend).
2. *Blockierung der reaktionsfähigen N-Methylol-Gruppen* durch Verätherung.

Dimethylol-Harnstoff-dimethyläther (Handelsprodukt Kaurit W Paste der BASF) bleibt bei pH-Erniedrigung der Imprägnierflotte weitgehend monomolekular gelöst. So können nach F. Liewald (loc. cit.) für das beständigere *partiell verätherte Methylolmelamin* (Cassurit MLF) Zinkchlorid zusammen mit Glykolsäure (welches die Ausflockung basischer Zinksalze verhindert) als „Katalysator" verwendet werden, wobei der pH-Wert des Bades 5,5 beträgt. Weiters ist im vorliegenden Fall auch die Anwendung von Essigsäure möglich (0,3 bis 0,4 ml Essigsäure [95%ig] pro Liter).

[1] Götz, N., W. Rüttiger, W. Rümens u. R. Zeidler: Über die Wirkung von Katalysatoren bei der Hochveredlung. Textil-Rundschau (St. Gallen) **16,** 761 (1961).

[2] Liewald, F.: Melaminharze in der Textilhochveredlung. Textil-Praxis **10,** 79 (1955).

3. Die *Zugabe von Stabilisatoren* zum Imprägnierbad wirkt der Teilchenbildung *vor* Auftragung des Imprägnierbades auf das Gewebe entgegen.

4. Die *Zugabe von Puffersubstanzen zum Säurespender* setzt seine $H^+$-Ionenaktivität im Bad herab.

Weiters haben „Katalysatoren“ auch auf den *Kondensationsvorgang* und auf die *resultierenden Effekte* (Knitterfestigkeit, Reiß- und Scheuerfestigkeit) großen Einfluß. Dieses wichtige Thema soll später behandelt werden.

### Die Basizität der „Harzvorkondensate“

Auf die *Stabilität des Imprägnierbades während einer gewissen Zeit* haben, wie schon bemerkt, die verwendeten Ausrüstungsprodukte durch ihr *Säurebindungsvermögen* (nicht richtig als „Abpufferung“ bezeichnet) einen gewissen Einfluß.

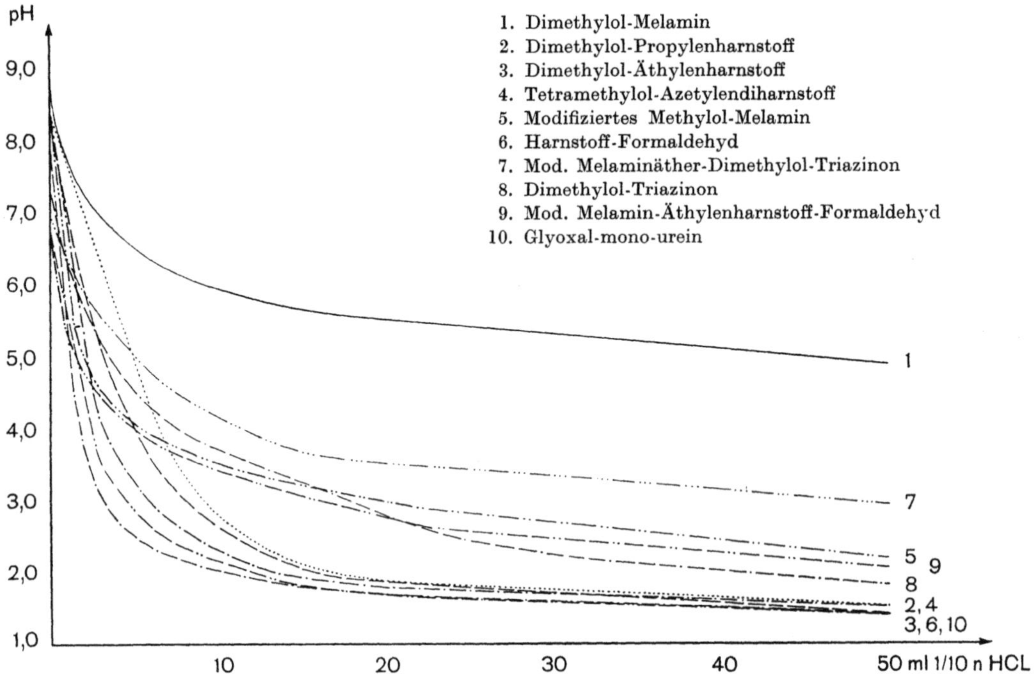


Abb. 15. Basizität verschiedener Harz-„Vorkondensate“ (nach A. Schürch). Pufferkapazität von 50 ml 10%iger Lösung gegenüber n/10 HCl.

A. Schürch[1] suchte nach einer Beziehung zwischen Hydrolysenbeständigkeit und Basizität des verwendeten „Vorkondensates“. Zu diesem Zweck prüfte er die Basizität der verschiedenen, in der Praxis verwendeten N-Methylolverbindungen.

Bei 50 ml der betreffenden 10%igen „Vorkondensat“-Lösung wurden nach jeder Zugabe von 1 ml n/10-Salzsäure der pH-Wert ermittelt.

Die *N-reichen* Verbindungen weisen ein bedeutend größeres Säurebindungsvermögen auf als die *N-armen* Produkte.

Die Reihenfolge der Basizität ist nach A. Schürch:

[1] Schürch, A.: Über die Wasch- und Hydrolysenbeständigkeit verschiedener stickstoffhaltiger Wash-and-Wear-Ausrüstungen. Textil-Rundschau (St. Gallen) 16, 686 (1961).

Hoch:

Dimethylol-Melamin (nicht veräthert);
*Gemisch* von veräthertem Methylolmelamin + Dimethylol-Triazinon;
Methylol-Melaminäther;
*Gemisch* von Methylol-Melaminäther + Dimethylol-Äthylenharnstoff;
Dimethylol-Triazinon.

Mäßig bis schlecht:

Dimethylol-Propylenharnstoff;
Dimethylol-Äthylenharnstoff;
Tetramethylol-Azetylendiharnstoff;
Dimethylol-Glyoxal-mono-urein (Dimethylol-Dihydroxy-äthylenharnstoff);
Dimethylol-Harnstoff.

H. A. Wannow[1] bestimmte gleichfalls das Säurebindungsvermögen einer Anzahl von N-Methylolverbindungen.

Die Lösungen enthielten 80 g/l des 100%igen Harzbildners bzw. Methylolverbindung des Reactantharzes. Zu einem Liter der Lösung wurden aus der Bürette abgestufte Mengen n-Schwefelsäure zugegeben und der pH-Wert wurde elektrometrisch mit der Glaselektrode bestimmt. Zum besseren Vergleich der Kurven wurde vom pH-Wert 7 ausgegangen. S. Abb. 16.

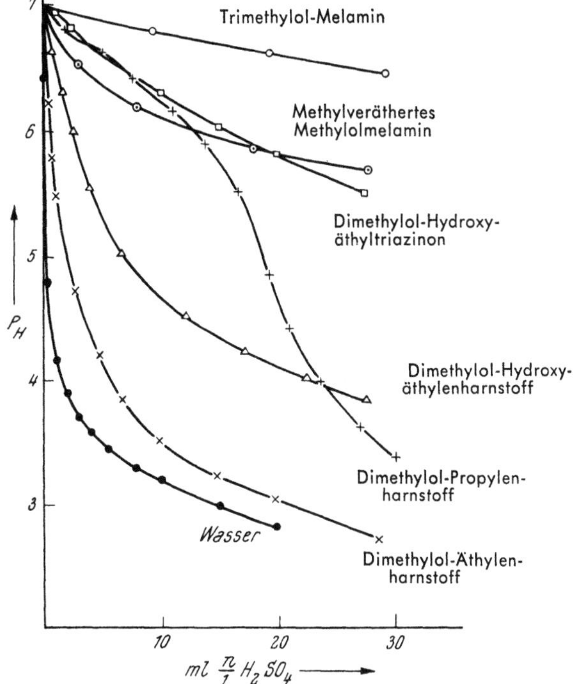


Abb. 16. Säurepufferungsvermögen von N-Methylol-Verbindungen (nach H. A. Wannow[1]).

Es wurden folgende Säureabbindungsvermögen gefunden:

Hoch:

Melamin (partiell methylveräthertes Trimethylol-Melamin);
Triazinon (Dimethylol-Hydroxyäthyl-Triazinon);
Dimethylol-Dihydroxy-äthylenharnstoff;
Dimethylol-Propylenharnstoff.

Nieder:

Dimethylol-Äthylenharnstoff.

Die erhaltenen Ergebnisse weichen in einigen Punkten von den von A. Schürch erhaltenen Resultaten ab.

Dies kann die Bemerkung von H. A. Wannow aufklären, nämlich, daß die Untersuchungen mit *handelsüblichen Produkten* durchgeführt wurden, die eventuell bereits *puffernd wirkende Begleitsubstanzen* enthielten (wie z. B. Formiate).

Das Säurebindungsvermögen bzw. Pufferungsvermögen der Kunstharze gegen Säuren hat noch eine weitere besondere Bedeutung bei der *Faserschädigung durch gebundenes Chlor* (s. S. 392).

[1] Wannow, H. A.: Über die Absäuerungsbeständigkeit von Ausrüstungen mit stickstoffhaltigen Harzen und Reactants. Melliand Textilber. **45** (6), 681 (1964).

## Die Stabilisatoren

Eine stabilisierende, d. h. *hemmende Wirkung auf das Teilchenwachstum des Kunstharzes* (besonders durch den Einfluß der „Katalysatoren") im Imprägnierbad sowie auch auf *eine Abscheidung in demselben* kann auf unterschiedliche Weise erfolgen, und zwar:

*1.* Durch Substanzen, welche die *Verschiebung der Reaktion des Imprägnierbades zum sauren pH-Bereich verzögern* und so die „Vorkondensate" im Bad einige Zeit „stabil" erhalten.

Ein solcher Stabilisator ist z. B. *Ammoniak.*

Gibt man aber einen *Überschuß* von Ammoniak dem Bad zu, so wird die Bildung von freier Säure wohl verhindert, doch tritt gleichzeitig ein übermäßig großer Entzug an Formaldehyd aus dem Kunstharz-Bildner ein, wodurch eine unerwünschte Beeinträchtigung der Wirksamkeit des Imprägnierbades resultieren kann.

Daher setzt man in der Praxis dem Bad nur verhältnismäßig *sehr geringe* Mengen an Ammoniak zu. Hierdurch wird wohl die Weiterkondensation des „Vorkondensates" im Imprägnierbad verzögert, doch *nicht* aufgehalten. Sobald nämlich die zugesetzte Menge an freiem Ammoniak durch Formaldehyd vollständig verbraucht ist, setzt die Entziehung von Ammoniak aus dem Ammonsalz„katalysator" ein und der pH-Wert des Bades verschiebt sich wiederum zum sauren Bereich. Daher kann man ein so angesetztes Imprägnierbad normalerweise nur *einige Stunden* für den Erhalt eines einwandfreien Ausrüstungseffektes verwenden.

Auch die Abpufferung des katalysierenden Säurespenders ist hier anzuführen. Ammonrhodanid gibt nach P. Graf (s. Tab. 23) in einer Methylol-Harnstofflösung (20%ig) einen pH-Wert von 5. Durch Abpufferung mit Natriumazetat liegt nun ein guter „Katalysator" vor, der das Bad längere Zeit beständig hält.

So besteht der *Katalysator A* (Pfersee) aus 26% Ammonrhodanid, 8% Natriumazetat; der Rest ist Wasser.

*2.* Durch Substanzen, *welche die Methylolgruppen des „Vorkondensates" blockieren,* wodurch deren Aktivität zur Weiterkondensation eine zeitlang unterbunden wird.

Derartige viel verwendete Stabilisatoren sind *Polyvinylalkohol* und *Polyglykolverbindungen.*

Polyvinylalkohol und einige Polyglykolverbindungen binden auch *freien* Formaldehyd ab und wirken als *Formaldehydakzeptoren.*

$$\cdots\left[\begin{matrix}CH_2-CH-CH_2-CH-\\ \quad\ | \qquad\qquad\quad |\\ \quad OH \qquad\quad\ OH\end{matrix}\right]_n\cdots + H-C\begin{matrix}\nearrow O\\ \searrow H\end{matrix} \longrightarrow \cdots\left[\begin{matrix}-CH_2-CH-CH_2-CH-\\ | \qquad\qquad |\\ O \qquad\qquad O\\ \searrow CH_2 \swarrow\end{matrix}\right]_n\cdots$$

Polyvinylalkohol (wasserlöslich) — Polyvinylformal (wasser*un*löslich)

Nach W. Rümens[1] wirkt aber auch *Formaldehyd* selbst stabilisierend durch vermutliche Anlagerung an die noch freien aktiven H-Atome der Methylolverbindungen.

*3.* Ein anderer Vorschlag zum Erhalt stabiler „Vorkondensat"-Lösungen beruht auf der Anwendung von löslichen *quaternären Ammoniumverbindungen.*

Nach Angaben der Fa. *Amer. Cyanamid Comp.*[2] wird Dimethylol-Harnstoff veräthert und das erhaltene Gemisch von niederen und höheren Äthern mit Pyridiniumverbindungen in lösliche quaternäre Ammonverbindungen umgewandelt. Man imprägniert mit einer ungefähr 5%igen Lösung und kondensiert später bei 130° C.

---

[1] Freundliche persönliche Mitteilung des Herrn Dr. W. Rümens, Ludwigshafen am Rhein.

[2] *Amer. Cyanamid Comp.:* U.S.-Pat. 2,397.451 und SVF (Fachorgan f. Textilveredlung) **11,** 254 (1946).

Weiters werden noch zu den „Stabilisatoren" des Imprägnierbades gerechnet:

*4.* Substanzen, welche *dispergierend wirken* und hierdurch eine Ausfällung in der Imprägnierflotte und weiterhin eine Ablagerung auf der Faseroberfläche verhindern[1]. Gleichzeitig ist hiermit ein gewisser *Weichmachungseffekt* verbunden.

Solche Substanzen sind z. B. Fettalkoholsulfate, Fettsäurekondensationsprodukte (Typ Igepon T)[2], nichtionogene, oberflächenaktive Substanzen (Typ Peregal O).

Unterschieden müssen hiervon aber *ausgesprochene Weichmacher* (wie Soromin, Sapamin usw.) werden, die oftmals dem Imprägnierbad zwecks Verbesserung des Warengriffs zugesetzt werden.

Auch *Calgon®*[3] (ein Gemisch von Tri-, Tetra- und Hexapolyphosphat) steigert die Beständigkeit der Imprägnierflotte. Die Art und Anwendungsweise des zugesetzten Calgons® hängt von der Beschaffenheit des vorliegenden Vorkondensates ab. Die *ausgetesteten* Zusatzmengen sind genau einzuhalten. In den meisten Fällen muß man 4 bis 5 g/l Calgon® der Appreturflotte zusetzen[4].

Weiteres über Stabilisatoren und andere Zusätze zum Imprägnierbad und deren Auswirkungen s. S. 308.

## Bestimmung der Molekülgröße eventuell polymerisierter „Vorkondensate" in der betrieblichen Ausrüstungsflotte bzw. betriebliche Kontrolle des Imprägnierbades auf seine Stabilität

Es fehlt eine schnelle, betriebliche Methode, die den Forderungen der Praxis entspricht. Es liegen aber in dieser Richtung einige Arbeiten vor:

Vale, K. G. u. G. M. Gantz: Das Verhalten der Harnstoff-Formaldehyd-Monomeren, eine Funktion des Alters. Rayon synth. Text. **33**, 42, 44 (1952). Ref. Chem. Zbl. **123**, 6954 (1952).

Atherton, E. u. R. H. Peters: Bestimmung der Teilchengröße von Harzdispersionen nach zwei optischen Methoden. J. Text. Inst. Trans. **43**, T 179 (1952).

Shapiro, L.: Kontrolle und Lagerungsdauer von Harnstoff-Formaldehydharzen und Lösungen. Rayon synth. Text. **33**, 65 (1952). Ref. Chem. Zbl. **123**, 6459 (1952).

Pieper, E.: Studien über das Problem „Knitterfreiausrüstung von Zellwolle" (im Rahmen des Comité International). Reyon, Zellwolle **1953**, H. 4, 176.

### *a) Feststellung, ob eine Trübung der Imprägnierflotte vorliegt*

E. Elöd[5] gibt eine *einfache betriebliche Methode* zur Überprüfung des jeweiligen Zustandes der Imprägnierflotte mit Hilfe des *Tyndall-Effektes* an.

Eine Probe der Imprägnierflotte wird in ein sauberes, großes Reagenzglas eingebracht. Beim senkrechten Beobachten des Reagenzglases bei durchfallendem Licht (Sonnenlicht oder starkes Glühbirnenlicht, durch einen Spalt durchtretend) darf *keine Opalisierung oder Trübung* vorliegen. Zum Vergleich hält man ein ebensolches, mit destilliertem Wasser gefülltes Reagenzglas daneben.

Zu dieser Prüfung ist zu bemerken, daß *nur beim Vorliegen einer reinen*

---

[1] Außer in *monomerer* Form (Methylolverbindungen des Harnstoffs oder Melamins) kann (nach verschiedenen Angaben) das Imprägnierbad auch im *niedrig vorkondensierten* Zustand vorliegen.

[2] Auerbach, J.: Melliand Textilber. **19**, 512 (1938).

[3] Calgon ®, registrierter Handelsname, der Fa. J. A. Benckiser GmbH., Ludwigshafen am Rhein, geschützt.

[4] Freundliches Schreiben der Fa. *J. A. Benckiser GmbH.*, Ludwigshafen am Rhein.

[5] Elöd, E.: Über die Verbesserung der Knittereigenschaften von Geweben. Experimentelle Kontrolle der Verfahrensstufen. Textil-Praxis **9**, 68 (1954).

*„Vorkondensat“-Lösung* deren Güte und Brauchbarkeit durch Trübungsmessungen usw. ermittelt werden kann. Die „Vorkondensate“ werden aber meistens mit anderen Substanzen, die zusätzliche Effekte oder Verbesserungen ergeben sollen (wie Weichmacher oder wasserabstoßende Mittel) kombiniert. Diese Mittel lösen sich aber *meist nicht klar* und ergeben oftmals milchige oder opaleszierende Lösungen. Hiedurch verliert der Ausrüster eines seiner wichtigsten Kontrollmittel, nämlich die Prüfung der Flotte auf Klarheit[1].

*b) Ermittlung einer eventuellen Teilchenvergrößerung durch Polymerisation der Kunstharz-„Vorkondensate“ in der Imprägnierflotte mit Hilfe von Viskositätsmessungen*

Man ermittelt die relative Viskosität im Ostwald-Viskosimeter relativ zu Wasser von 20° C. Die in Zeitabständen ermittelten Werte werden mit dem Anfangswert verglichen.

*c) Ermittlung der Saughöhe der Kunstharz-„Vorkondensat“-Flotte, eventuell in Verbindung mit der Viskositätsmessung*

R. Loss[2] versuchte eine Beziehung zwischen Saughöhe und Viskosität von Kunstharz-„Vorkondensat“-Lösungen herzustellen.

Die Saugfähigkeit der Zellulose beruht auf dem Eindringen von Flüssigkeiten in ihre Kapillarräume. Daher kann die *Saughöhe auf Zellulose als praktisches Maß für die Eindringfähigkeit von Lösungen in Fasermicellen* benützt werden.

Das Eindringvermögen ist auch von der *Viskosität der fraglichen Flüssigkeit* abhängig.

*Ermittlung der Saughöhe:* Je ein 50 mm breiter Streifen Chromatogrammpapier wird 10 mm tief in je eine 10%ige, 20%ige und 30%ige „Vorkondensat“-Lösung (bezogen auf das Trockengewicht) getaucht. Während 20 Minuten wird dann die Saughöhe in Abhängigkeit von der Zeit verfolgt. Aus dem „Höhe-Zeit-Diagramm“ bestimmt man die *maximale Saughöhe* $H_{\max}$ durch Extrapolation.

Der maximale Wasserwert (Lösungsmittel) betrug bei den Versuchen von R. Loss 23,5 cm.

*Bestimmung der relativen Viskosität:* s. vorstehend.

Beim Vergleich der Saughöhe mit den Viskositätsmessungen ergab sich nach R. Loss (loc. cit.) die Relation: *bessere* Saugfähigkeit ... *geringere* Viskosität. Da bekanntlich die Viskosität von der Molekül- oder Teilchengröße abhängt, besteht ein eindeutiger Zusammenhang zwischen *Saughöhe* und *Teilchengröße*.

Mit Hilfe der Saughöhe läßt sich das Eindringvermögen genügend charakterisieren. Liegen *gleiche Gleichgewichts-Saughöhen* vor, so muß auch die *Saughöhe-Zeit-Kurve* (= Steiggeschwindigkeit der Kurve) zur Charakterisierung herangezogen werden.

Abschließend weist R. Loss darauf hin, daß für eine *sichere und reproduzierbare Knitterfreiausrüstung* eine Kontrolle der Viskositäts- oder Saugcharateristik der „Vorkondensate“ unerläßlich sei, wobei selbstverständlich auch immer *gleichbleibende* Abquetsch-, Trocknungs- und Kondensationsbedingungen auf immer *gleichbleibende* Abquetsch-, Trocknungs- und Kondensationsbedingungen geachtet werden müßte.

---

[1] Ellner, H.: Die Mechanik der knitterfesten bzw. knitterarmen Ausrüstung. Textil-Praxis **5**, 432 (1950).

[2] Loss, R.: Zum Problem des Eindringvermögens von Kunstharz-Vorkondensaten in Zellulosegeweben. SVF (Fachorgan f. Textilveredlung) **13** (7), 429 (1958).

### d) Kontrolle der „Vorkondensat"-Lösung mit Hilfe der Polarographie[1]

Der Ausfall der Knitterfestausrüstung, z. B. mit Dimethylol-Harnstoff, hängt stark vom Zustand des verwendeten „Vorkondensates" ab.

Die Ermittlung des Verlaufes einer im Imprägnierbad vor sich gehenden Kondensation des „Vorkondensates" durch *viskosimetrische Messungen* erlaubt *nicht* die Reaktionskinetik zu verfolgen. Hierzu ist die Messung einer Reaktionskomponente erforderlich. Dies kann mit der *polarographischen Methode* erfolgen, was nach J. Domansky und A. Berger[2] auf der Bestimmung des Formaldehyds beruht.

*Formaldehyd*, welches als Lösung *in Form eines Hydrates zu* Harnstoff zugegeben wird, wird an der Elektrodenoberfläche dehydriert und kann in der Oxo-Form an der Quecksilbertropfelektrode in einer 0,1-molaren LiOH-Lösung reduziert werden:

$$CH_2\begin{matrix}\diagup OH\\ \diagdown OH\end{matrix} \xrightarrow{H_2O} CH_2O \xrightarrow{+\,2\,H_2O\,+\,2\,e^-} CH_3\cdot OH + 2\,OH^-$$

Nach J. Rusznák et al.[3] zeigt die Anwendung der *Methode der Maximumsunterdrückung* auch bei der *Untersuchung von Carbamid-Formaldehyd-Polykondensaten* große Vorteile.

Der Gehalt an *gebundenem* Formaldehyd und *Gesamt*formaldehyd gibt über den Vorgang der Kondensation nur wenig Aufschlüsse.

Mit Hilfe der *polarographischen Unterdrückung des Sauerstoffmaximums* kann aber das *Wachstum der Makromoleküle* sehr genau verfolgt werden. Die Ausgangsstoffe (Harnstoff und Formaldehyd) sind *keine* Maximumsunterdrücker und daher *inaktiv*. Die im Verlauf der Kondensation entstehenden, aber noch eine zeitlang *wasserlöslichen Makromoleküle* unterdrücken aber das Maximum immer stärker.

Auf diese Weise konnten J. Rusznák und Mitarbeiter vollständige Serien der Temperatur-, Katalysator-, Zeit- und pH-Wert-Funktionen der „Vorkondensate" sowie der sauren Polykondensation aufstellen und ihre für die Textilindustrie wichtigen Optima hinsichtlich Stabilität, Knitterung und Reißfestigkeit angeben. Es wird auf die *Originalliteratur* verwiesen.

## IV. Die verschiedenen „Katalysator"-Typen in der Hochveredlung von Zellulosefasertextilien. Versuch einer Systematik bei gleichzeitiger Beschreibung ihres Verhaltens und ihrer Wirkungsweise

Im nachfolgenden wird versucht, die unterschiedlichen „Katalysatoren" insbesondere für die saure Katalyse der mehr „in sich" vernetzenden Kunstharz-Bildner und für die mehr „zellulosevernetzenden" Reactantharze systematisch geordnet und hinsichtlich ihres Verhaltens, ihrer Wirkungsweise und eventuellen Anwendung zu beschreiben.

Doch muß betont werden, daß für den Einsatz der „Katalysatoren" in der Veredlung von Zellulosefasern vielerlei zu berücksichtigen ist, so daß es unmöglich ist, die Vielzahl der möglichen Verhältnisse wiederzugeben. Es können daher

---

[1] Rusznák, J., F. Péter u. B. Mihalik: Die Polarographie und ihre Anwendungsmöglichkeiten in der Textilindustrie. I.: Grundlagen; II.: Anwendungsmöglichkeiten in der Textilindustrie. Textil-Praxis **14,** 594 u. 824 (1959).

[2] Domansky, J. u. A. Berger: Chem. Zwesty **1951,** 441.

[3] Rusznák, J., J. Králik u. K. Fukker: Collection of Czechoslov. Chem. Comm. **1951** (1952).

nur die besonders gravierenden Tatsachen, welche die einzelnen „Katalysator“-Typen hervorheben, angeschnitten werden.

Weiters sind die chemischen Vorgänge bei der sauren Katalyse von N-Methylol-Verbindungen in manchen Punkten noch unklar, wenn auch schon Ansätze zu Aufklärung vorliegen (s. nachfolgend S. 302).

J. T. Marsh[1] weist darauf hin, daß *bei der Wahl eines „Katalysators“* ungefähr 20 Faktoren eine Rolle spielen. Daher ist es kaum möglich, dem Ausrüster, welcher nach dem *besten* „Katalysator“ sucht, einen einzigen gültigen Rat zu geben.

Die einzelnen „Katalysator“-Typen haben unter dem Einfluß ihrer Umgebung (Faserart, Kunstharz, Additive usw.), ferner von Temperatur und Zeit sowohl auf die *Imprägnierflotte selbst*, weiters auf den *Kondensationsvorgang* und die *resultierenden Effekte* im positiven oder negativen Sinne und auf eventuell *einhergehende Faserschädigungen* großen Einfluß, wie z. B.:

1. Auf den Zustand der Ausrüstungsflotte.

Dieser soll während des Foulardieren bzw. Klotzens gleichbleiben. Der pH-Wert der Flotte soll möglichst am Neutralpunkt verbleiben und sich möglichst lange nicht zum sauren Bereich hin verschieben.

Es sollen durch den „Katalysator“ keine Ausfällungen im Bad durch Reaktion mit den anwesenden Substanzen erfolgen.

2. Nach der Applikation auf das Gewebe soll die Diffusion der Kunstharzbildner usw. unter Konzentrationsausgleich während des Trockenprozesses möglichst schnell erfolgen.

Eine ungleichmäßige Kunstharz-„Vorkondensat“-Ablagerung, bedingt durch Katalysatoreinflüsse im Imprägnierbad, läßt eine Neigung zur Harzmigration (Kunstharzwanderung) resultieren.

3. Kondensationszeit und -temperatur werden durch den anwesenden Katalysator mitbestimmt.

Kunstharz- und Katalysator-Type und die mitverwendeten Begleitkörper müssen richtig aufeinander abgestimmt sein und die günstigste Kondensationszeit und -temperatur zum Erhalt der bestmöglichen hohen Effekte unter Vermeidung negativer Einflüsse richtig eingestellt werden.

4. Die Katalysator-Type hat neben anderen Faktoren einen Einfluß auf den *Widerstand gegen Scheuerung des ausgerüsteten Gewebes.*

5. ferner auf das *Absinken der Reißfestigkeitswerte* der ausgerüsteten Ware. Eine *hohe Restazidität in der Ware* kann einen azidolytischen Abbau der Zellulose und auch von Kunstharz bewirken.

6. Gewisse Katalysator-Typen haben auf die *Lichtechtheit der Färbung* einen negativen Einfluß.

7. Gewisse Katalysator-Typen verschlechtern den *Effekt von optischen Aufhellern.*

8. Der Katalysator kann auch einen Einfluß auf *Geruchsbildung der ausgerüsteten Ware* haben.

Nach J. T. Marsh[2] soll ein guter Katalysator 1. das Imprägnierbad drei und mehr Stunden stabil halten, 2. kurze Kondensationszeiten und nicht zu hohe Kondensationstemperaturen ermöglichen und 3. das Endharz nach der Kondensation in eine gegen Wäsche möglichst hochresistente Form bringen.

---

[1] Marsh, J. T.: Katalysatoren für die Knitterfestausrüstung. Text. Manufacturer **86**, No. 1012, S. 70; No. 1023, S. 113 (1960).

[2] Marsh, J. T.: Self-Smoothing Fabrics, S. 115. London: Chapman & Hall Ltd. 1962.

So resultiert mit Dimetylol-Harnstoff *ohne* Anwesenheit eines Säurespenders durch das Klotz-Trocken-Kondensations-Verfahren wohl ein Gewebe mit guter Knittererholung, doch ist der Effekt wenig waschbeständig.

Ein *idealer Katalysator* würde dem Imprägnierbad einen immer konstant am Neutralpunkt verbleibenden pH-Wert verleihen und erst in der Faser und bei höherer Temperatur eine katalysierende (säureabgebende) Wirkung zeigen.

Er würde keine negativen Einflüsse in irgendeiner Form zeigen, jedoch die gewünschten Effekte möglichst hoch resultieren lassen. Unter Berücksichtigung des unterschiedlichen chemischen Verhaltens der Ausrüstungsmittel und seiner Begleitkörper und der sehr komplizierten vielseitigen Vorgänge während des Ausrüstungsvorganges kann es *keinen* Katalysator-Typ geben, der *allen* Anforderungen entspricht.

Ausrüstungsmittel, Katalysator, Faser und die Durchführung des Ausrüstungsverfahrens müssen daher sorgfältig durch praktische Vorversuche aufeinander abgestimmt werden.

## Einteilung der Katalysatoren in Gruppen

Die *Zahl der empfohlenen und verwendeten Reaktionsbeschleuniger*, fälschlich Katalysatoren genannt, ist sehr groß. Diesbezüglich werden immer wieder neue Vorschläge gemacht und Schutzansprüche gestellt[1].

Die *Wirkung der Katalysatoren* kann hinsichtlich des Teilchenwachstums im Imprägnierbad und später beim Kondensieren *sehr verschieden* sein.

Die Zunahme der Dissoziierbarkeit der Katalysatorsäure bedingt: 1. eine Verringerung der Stabilität des Imprägnierbades und 2. eine Zunahme der „Schärfe" des Katalysators bei der Kondensation.

Die *Menge des zuzusetzenden Katalysators* muß genau dosiert werden, da ein Zuviel der freiwerdenden Säure sowohl das *Kunstharz* als auch die *Zellulosefaser* hydrolysiert und ein Zuwenig zu *unvollständiger* Kunstharz-Bildung führt.

Hier sind *große Unterschiede zwischen nativer und regenerierter Zellulose* festzustellen. *Native* Zellulose erleidet bei zu hohen Katalysatormengen infolge Säureeinwirkung eine weitgehende Schwächung, während diese bei der gegen Säure weniger empfindlichen *Regeneratzellulose* größtenteils ausbleibt[2].

Auch die *Kunstharztype* spielt, wie ausgeführt, hier eine Rolle. Melaminharze sind z. B. stärker basisch und können daher nach R. Aenishänslin[3] überschüssige Katalysatorsäure abpuffern.

Eine Unterteilung der „Katalysatoren" wurde schon mehrmals angegeben. H. C. Borghetty[4] unterteilt die Katalysatoren in folgende Gruppen:

1. Organische Säuren (Essig-, Wein-, Oxal-, Milch- und Zitronensäure);
2. Metallsalze von Aluminium, Magnesium, Kupfer, Zink und Kalzium;
3. Ammoniumsalze (Chloride, Sulfate, Phosphate);
4. Organische Amine (meist Chlorhydrate).

Die Japaner H. Sobue und Mitarbeiter[5] (Universität Tokio) haben in zahlreichen Arbeiten den Vorgang der Kunstharzausrüstung von Zellulosefasertextilien eingehend studiert. Die Autoren teilen die Katalysatoren in acht Gruppen ein:

1. Anorganische und organische Säuren.
2. Anorganische und organische Hydroxide.

---

[1] Egli, P.: (Übersicht und Literaturhinweise). Textil-Rundschau (St. Gallen) **10**, 64 (1955).

[2] Nuessle, A. C.: Aspekte der Permanentausrüstung. Textile World **1954**, 104.

[3] Aenishänslin, R.: Amer. Dyestuff Rep. **40**, 432 (1951).

[4] Borghetty, H. C.: Textile World **1955**, 109.

[5] Sobue, H. u. Mitarbeiter: Chem. High Polymers (Tokyo) **10**, 418, 420 u. 425 (1953); **12**, 178, 240, 247, 252 (1955). Ref.: Chem. Zbl. **47**, 13.212—13.213 (1957).

3. Karbonate.
4. Anorganische und organische Metallsalze.
5. Oxidantien.
6. Aminsalze.
7. Anorganische und organische Ammoniumsalze.
8. Andere spezielle Verbindungen.

J. T. Marsh[1] macht folgende Einteilung:

1. Freie Säuren und saure Salze.
2. Latente Katalysatoren; hier werden verschiedene organische und anorganische Ammoniumsalze sowie andere N-haltige organische Verbindungen angegeben.
3. Metallsalze.

N. Götz u. a.[2] teilen auf Grund ihres Verhaltens in der Ausrüstungsflotte (Reactantharze, verätherter Dimethylol-Harnstoff) die Katalysatoren in zwei Gruppen:

1. In Katalysatoren, die *keine Änderung der pH-Werte der Lösungen* nach ihrer Zugabe hervorrufen. Hierher gehören Metallsalze wie Zinkchlorid, Magnesiumchlorid und Zinknitrat.

2. In Katalysatoren, die beim Stehenlassen der Lösungen *eine mehr oder weniger stark ausgeprägte Abnahme des pH-Wertes* ergeben. Zu dieser Gruppe gehören die Ammoniumsalze, wie Ammoniumnitrat, ein und- zweibasisches Ammoniumphosphat, Ammoniumchlorid und -sulfat.

Die Autoren geben hier zusammenfassend gleichfalls an, daß es *keinen eindeutig besten Katalysator* (Säurespender) gibt, da in manchen Fällen zwar ein „sicherer" Katalysator (s. S. 302) sehr erwünscht ist, während in anderen Fällen das Vorliegen eines *„kritischen"* Temperatureffektes erwünscht ist, beispielsweise für mechanische Ausrüstungen (Prägeeffekte). Manchmal mag schließlich auch zusätzlich zur *„kritischen"* Temperatur eine *Grenztemperatur* erwünscht sein, oberhalb deren mit *„sicherer" Wirkung* gearbeitet werden kann. Es würde am Praktiker liegen, daß er *seine Forderungen präzisiert,* worauf letztere von den Herstellern von Ausrüstungsmitteln zu verwirklichen sein werden.

Nachfolgend wurden die Katalysatoren (Säurespender) unterteilt in:

1. *Freie Säuren und saure Salze*; diese werden nur in speziellen Fällen angewandt.
2. *Ammoniumsalz-Katalysatoren,* besonders für Zellwolle verwendet.
3. *Metallsalz-Katalysatoren,* besonders für die Ausrüstung von Baumwolltextilien angewandt.
4. Alkanolaminsalz-Katalysatoren, insbesondere für die Ausrüstung von Baumwolltextilien angewandt.
5. Oxidantien als „Katalysatorbildner".
6. Andere spezielle Katalysatoren.

### *1. Freie Säuren und saure Salze*

Hierzu kann man zählen:

1. Alle anorganischen und organischen Säuren und deren saure Salze.

---

[1] Marsh, J. T.: Katalysatoren zur Knitterfestausrüstung. Text. Manufacturer **86,** 70–74 (Febr. 1960) und 113–115 (März 1960).

[2] Götz, N., W. Rüttiger, W. Rümens u. R. Zeidler: Über die Wirkung von Katalysatoren bei der Hochveredlung. Textil-Rundschau (St. Gallen) **16,** 761 (1961).

2. Salze aromatischer und heterozyklischer Amine.
3. Sauer eingestellte (meist kationaktive) Hilfsmittel.

Diese Verbindungen geben durchwegs unstabile Gebrauchsbäder und sind in den meisten Fällen die ungünstigsten „Katalysatoren" für „in sich" kondensierende Kunstharz-„Vorkondensate".

Doch wurden *schwache organische Säuren* vorteilhaft als Säurespender eingesetzt.

So führt J. T. Marsh[1] an, daß für die Knitterfest-Ausrüstung mit Dimethylol-Harnstoff viele Jahre *Weinsäure* in England als Katalysator verwendet wurde, wobei das Klotzbad zwei Stunden und mehr stabil blieb. Der resultierende Ausrüstungseffekt zeigte gute Waschfestigkeit. Die Kondensationsbedingungen waren hierbei 2 bis 3 Minuten bei 160° C.

Nicht-flüchtige Säuren (z. B. Schwefelsäure) lassen 1. schlechte Festigkeitswerte der Ware resultieren, und 2. sind sie die Ursache der Formaldehydabspaltung (Geruch!). Bei ihrer Anwendung muß die ausgerüstete Ware unbedingt nachgewaschen werden.

Methylol-Harnstofflösung, versetzt mit Mineralsäure (Salzsäure), dient bei Anwendung im Vollbad (Wanne, Haspelkufe, Jigger) bei pH-Werten 2 bis 3 zur Fasermattierung, wobei Methylenharnstoff gebildet wird (Patente der Fa. Ciba/Basel und Farbenfabriken Bayer).

Ein Gemisch von $AlCl_3$ (bzw. $ZnCl_2$) und Salzsäure wurde zur Knitterfestausrüstung „ohne" Kondensation vorgeschlagen[2].

*Gemisch Borsäure und Weinsäure* (1 : 4)[3]: Borsäure ist eine sehr schwache Säure; ihre Dissoziationskonstanten betragen bei Zimmertemperatur:

$$K_1 = 6 \times 10^{-10}$$
$$K_2 = 2 \times 10^{-13}$$
$$K_3 = 2 \times 10^{-14}$$

Daher sind die *primären* Salze der Borsäure stark hydrolytisch gespalten. Über die Anwendung der Borsäure als „Katalysator" s. bei Wagner und Pascu und bei Nickerson[4].

*Gemisch Borsäure und Chlorkalzium*[5]: Dieses Gemisch stellt einen sehr günstigen Katalysator dar, welcher an Stelle von Ammoniumsalzkatalysatoren für „in sich" vernetzende Kunstharze empfohlen wird (Katalysator A/Ciba).

*Saure Salze* geben sofort die gesamte verfügbare Säure ab. Der Säurewert wird bei Temperaturerhöhung (Kondensation) *nicht* geändert.

*Natriumdihydrogenphosphat* [$NaH_2PO_4$] bewirkt einen ungefähren pH-Wert 5 und verlangt Kondensationsbedingungen von 160° C während 3 bis 5 Minuten.

Eine *gepufferte Lösung*[6] *von Zitronensäure und Dinatriumhydrogenphosphat* [$Na_2HPO_4$] im Verhältnis 1 : 2 ergibt einen pH-Wert 4 während des Trocknens und Kondensierens.

[1] Marsh, J. T.: Self-Smoothing Fabrics, S. 117. London: Chapman & Hall Ltd. 1962.

[2] Frotscher, H.: Chemie und physikalische Chemie der Textilhilfsmittel, II, S. 100. Berlin: VEB Verlag Technik. 1955.

[3] *Courtoulds:* Brit. P. 562.790.

[4] Wagner, R. F. u. E. Pascu: Text. Res. J. **22** (1), 12—20 (1952). — Nickerson, R. F.: ibid. **22** (8), 555 (1952).

[5] *Ciba A.G.*, Basel: Österr. Pat. 171.430.

[6] *Linen Industries Research Association:* Brit. Pat. 618.184.

Als *„interner“ Katalysator* (ohne zusätzlichen Säurespender) sollen die *Carboxylgruppen* von *carboxymethylierten Zellulosefasergeweben* wirken[1].

*Sauer eingestellte Textilhilfsmittel* sind innerhalb gewisser Grenzen brauchbar, doch haben sie nur ungenügende „Katalysator“-Wirkung.

*Freie Säuren* (Mineralsäuren oder ein Gemisch von Mineral- und organischer Säure) kommen aber als Katalysatoren bei der sogenannten *„Naßvernetzung“* (Naßverweilverfahren) *von Baumwollzellulose mit zyklischen N-Methylolverbindungen* (Reactantharze) zur Anwendung, wobei die *reinen Säuren selbst* je nach angewandter Konzentration bereits *im wässerigen Medium* die Zellulosevernetzung bewirken. Hierdurch resultiert nur eine Erhöhung der *Naß*knittererholung. Bei *anschließenden entsprechend niederen Trocknungstemperaturen* (25 bis 30° C) oder *sofortiger* ähnlicher Trocknung während kurzer Zeit *nach dem Klotzen* wird gleichzeitig auch eine Erhöhung des *Trocken*knitterwinkels bewirkt.

Bei Anwendung von *zyklischen Reactantharzen* bei der *Katalysierung durch freie Säuren* muß deren Säurepufferungsvermögen mit in Betracht gezogen werden; weiters der günstigste pH-Wert der Ausrüstungsflotte, die Art und entsprechende Anwendungsmenge der reaktiven zyklischen N-Methylolverbindung, die Einwirkungszeit der sauren Flotte wie auch der Einfluß der Trocknung bei entsprechend niederer Temperatur aufeinander abgestimmt sein. Die *Verfahrensdurchführung des „Naßverweilverfahrens“ und „Teilnaßverfahrens“* (mit anschließendem Trocknungsvorgang) läßt viele Variationsmöglichkeiten zu. Eine ausführliche Studie über die *Katalyse mit freien Säuren von zyklischen N-Methylolverbindungen in der Baumwollausrüstung* bringen R. Allscher und H. Leins[2].

Die Autoren schlagen als Zellulosevernetzer entsprechende Mischungen zyklischer monomerer N-Methylolverbindungen mit N-freien Formaldehydkondensationsprodukten vor, wobei die Art und Menge der jeweils eingesetzten *freien Katalysatorsäure* einen gleichmäßigen Ausrüstungseffekt (glatttrocknende Baumwollgewebe) sichern und eine den Umständen entsprechende Schonung der Baumwollfaser gewähren sollen. Als Katalysatorsäure zur Einstellung des Imprägnierbades auf einen bestimmten niederen pH-Wert (ungefähr 1) empfehlen die Autoren eine *organisch-anorganische Säurekombination*, in der die organische Säure (wie Salzsäure) zur maximalen Einstellung des pH-Wertes dient.

Je nach eingesetzten Zellulosevernetzern unterscheiden R. Allscher und H. Leins (loc. cit.) *drei Verfahren:*

1. Zellulosevernetzer + Säure (freie Wahl derselben nach Art und Menge). *Naßverweilverfahren.* Die Vernetzung erfolgt im gequollenen Faserzustand, wobei nur die *Naß*knittererholung optimal verbessert wird.

2. Zellulosevernetzer + *engbegrenzte* Säuremenge. Die freie Katalysatorsäure liegt nach Art und Menge so vor, daß die foulardierten Gewebe einem *folgenden maschinellen Trocknungsprozeß* bei niederer Temperatur unterworfen werden können, wodurch noch eine Vernetzung im weitgehend entwässerten Faserzustand erfolgt. Neben der *Naß*knittererholung wird auch die *Trocken*knittererholung stark verbessert.

Es sind *mehrere Verfahrensabläufe* möglich, nämlich a) Naßverweilen, dann anschließend abtrocknen oder b) Klotzen und *sofort* trocknen auf eine Restfeuchtigkeit *über* oder *unter* Normalfeuchtigkeitsgehalt der Baumwolle.

3. Zellulosevernetzer + *bestimmte Menge* Katalysatorsäure. Die Durchführung

[1] Daul, Reinhardt u. Reid: Text. Res. J. **22,** 792 (1952).

[2] Allscher, R. u. H. Leins: SVF (Fachorgan f. Textilveredlung) **20** (6), 400—407 (1965).

kann wie vorstehend erfolgen. Dieses Verfahren ist nach den Autoren für hochwertige Popelinegewebe geeignet und setzt hierbei eine *stabile Ausgangsqualität* der auszurüstenden Ware voraus.

*Salze aromatischer Amine* kondensieren mit der betreffenden N-Methylol-Verbindung unter Bildung gefärbter Kunstharze zusammen. Daher finden sie keine Anwendung in der Hochveredlung von Zellulosefasertextilien.

*Organische Säuren*, wie z. B. Glykolsäure oder Essigsäure/Weinsäure werden für einige Anwendungsgebiete empfohlen. Die Bäder müssen rasch verbraucht werden. Vorteilhaft ist, daß keine Gefahr der Geruchsbildung in der fertigen Ware besteht; auch ist die Lichtechtheit von Direktfärbungen weniger gefährdet.

### 2. *Ammoniumsalz-Katalysatoren*

Die Ammoniumsalze werden in der Praxis der Hochveredlung als sogenannte „*scharfe*" Katalysatoren bezeichnet. Nach Zugabe zur Flotte bewirken sie beim Stehenlassen eine mehr oder weniger starke Abnahme des pH-Wertes.

Sie sind die *Standardkatalysatoren (Säurespender) für Regeneratzellulosefaserartikel* (Zellwolle). Weiters werden sie auch für viele *Spezialaufgaben bei Baumwollgeweben* verwendet.

Die Fa. *Tootal Broadhurst*[1] prägte seinerzeit den Ausdruck „potentiell saure" Katalysatoren. Zu diesen wurden die Ammoniumsalze anorganischer und organischer Säuren sowie Salze einiger aliphatischer Amine (wie z. B. Ammonsalze hochmolekularer Sulfate, wie etwa Ammonium-oleylsulfat), weiters auch Alkylolamine, gezählt.

Unter „potentiell saure" Katalysatoren wurden danach Verbindungen verstanden, welche in wässeriger Lösung (Imprägnierbad) bei Zimmertemperatur neutral reagieren würden und erst während des Trocknens und Erhitzens (Kondensation) des imprägnierten Zellwollgewebes Säure frei setzen.

Nach dem Gedankengang der Fa. *Tootal Broadhurst* würde somit gewissermaßen *neutral*, also *ohne freie Säure* imprägniert. Nach dem Abquetschen des Zellwollgewebes und Eindiffundierenlassen dieser „neutralen" Lösung gelangt die „potentielle" Azidität in das Faserinnere. Erst durch ein nachfolgendes Erhitzen würde diese „potentielle" Azidität in eine „aktuelle" (= freie) umgewandelt.

Bemerkt soll hier werden, daß das für die Knitterfestausrüstung von Zellulose grundlegende Patent der Fa. *Tootal Broadhurst* auch erstmalig die Verwendung wohldefinierter wasserlöslicher Kunstharz-„Vorkondensate" angegeben hat.

Dieser seinerzeit von der Fa. *Tootal Broadhurst* geprägte *Begriff des „potentiell sauren" Katalysators* ist nur bedingt richtig, denn die Bildung von $H^+$-Ionen erfolgt bei Zugabe von Ammoniumsalzen zu einer Dimethylol-Harnstoff-Lösung bereits bei Zimmertemperatur, wobei der Abfall des pH-Wertes je nach Art des Ammoniumsalzes mehr oder weniger rasch verläuft.

Die *Ursache der vorzeitigen Freisetzung der Säure bei Ammoniumsalzen* beruht darauf, daß die Ammoniumsalze durch Hydrolyse in wässeriger Lösung $NH_3$ frei machen und dieser nun vom gleichfalls frei vorliegenden Formaldehyd abgebunden wird, wodurch das Gleichgewicht gestört wird:

$$\overset{\oplus}{NH_4} \rightleftharpoons NH_3 + \overset{\oplus}{H}$$

Methylolierter Harnstoff spaltet in wässeriger Lösung auf Grund der Dissoziationsgleichgewichte der Methylolverbindungen *Formaldehyd* ab. Dieser Anteil an Formaldehyd liegt in freier Form, also nicht an Stickstoff gebunden, vor, und setzt sich mit Ammoniak über eine Reihe Zwischenverbindungen zu *Urotropin* um:

[1] *Tootal Broadhurst Lee Comp.* (Manchester): Österr. Pat. 153.793.

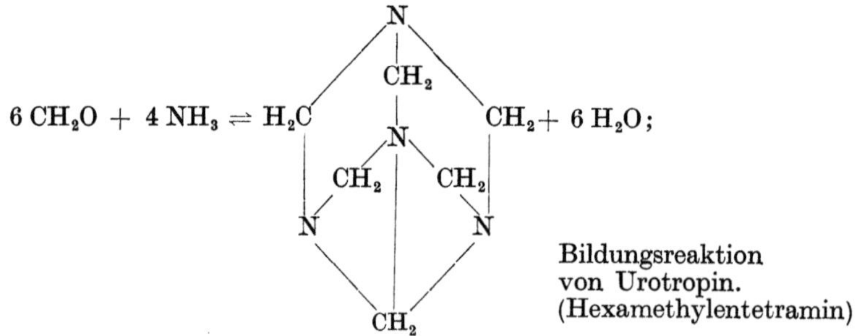


Bildungsreaktion von Urotropin. (Hexamethylentetramin)

Urotropin verhält sich gegen Säure nur als *einwertige* Base; es kann bei pH-Werten *über* 2 nur *ein* $H^+$-Ion binden. Es bleibt daher in der Ausrüstungsflotte ein Überschuß an $H^+$-Ionen bestehen.

Durch die Bestimmung des Gehaltes an *freiem* Formaldehyd in der Flotte stellte R. Bernegger[1] die Wirkung der Ammoniumsalze als Formaldehyd-„Akzeptoren“ fest (s. Abb. 17). Sobald der „Säurespender“ (Ammoniumsalz) zum „Vorkondensat“-Bad zugegeben wurde (= Zeitpunkt 0), trat *sofort* ein Absinken des freien Formaldehydgehaltes im Bad ein, auch wenn äußerlich das Imprägnierbad erst nach einer gewissen Zeitspanne eine Veränderung erkennen ließ.

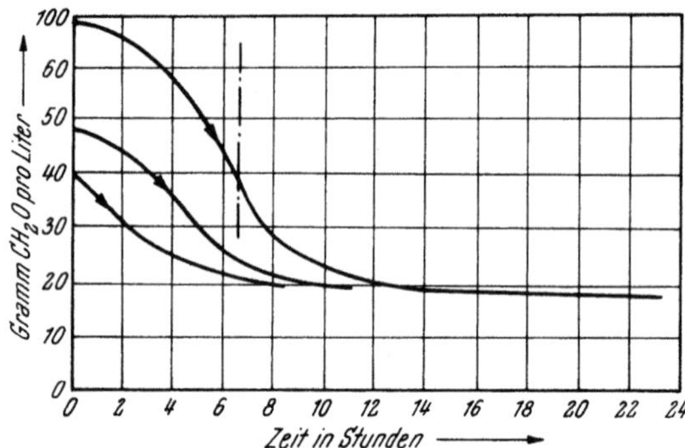


Abb. 17. Absinken des freien Formaldehydgehaltes in der „Vorkondensat“-Lösung nach Zugabe des Ammonsalzkatalysators (nach R. Bernegger).

Die chemischen Ursachen der pH-Wert-Änderungen von Lösungen der N-Methylol-Verbindungen unter dem Einflußvon Ammoniumsalzen als Katalysatoren wurde von N. Götz u. a.[2] eingehend diskutiert, wobei auch auf reaktionskinetische Probleme eingegangen wurde.

Die Autoren kommen zu dem Schluß, daß der *geschwindigkeitsbestimmende Schritt bei der Katalysatorwirkung* bzw. *dem säurespendenden Vorgang* in den Folgereaktionen zwischen „angeregten“ Anlagerungsprodukten von Formaldehyd an Ammoniak und weiteren Ammoniakderivaten gesehen werden müsse.

Mit *größter Wahrscheinlichkeit* findet dabei die Primärreaktion *nicht* zwischen dem Ammonium-Ion des Katalysators und der Methylol-Gruppe des Ausrüstungsmittels statt, sondern zunächst nur zwischen *freiem Formaldehyd und freiem Ammoniak.*

Die analoge Umsetzung mit *Harnstoff* bewirkt *keine* Basizitätsänderung, welche den pH-Wert der Ausrüstungsflotte merklich beeinflussen könnte. Weiteres s. Originalliteratur (Textil-Rundschau, St. Gallen, *1961*, 765—775).

Die Ammoniumsalze sind, wie schon früher erwähnt, für die Knitterfestausrüstung von Regeneratzellulosefasertextilien die gebräuchlichsten Säure-

---

[1] Bernegger, R.: Textil-Rundschau (St. Gallen) **3**, 191, 222 u. 272 (1948); **9**, 455 (1954).

[2] Götz, N., W. Rüttiger, W. Rümens u. R. Zeidler: Über die Wirkung von Katalysatoren bei der Hochveredlung. Textil-Rundschau (St. Gallen) **16**, 761 (1961).

spender. Die wichtigsten davon sind: Ammoniumchlorid, -nitrat (am meisten verwendet), -phosphate, -glykolat, -azetat und -sulfat wie auch Catalyst AC (Monsanto), Äthanolaminchlorhydrat $(HO \cdot CH_2 \cdot CH_2 \cdot NH_3)Cl$.

Diese einzelnen Katalysatortypen beeinflussen merklich die Eigenschaften eines „in sich“ vernetzenden Kunstharzes. So liefern die Ammoniumsalze der organischen Säuren weichere Kunstharze, während die Ammoniumsalze der anorganischen Säuren härtere Kunstharze bilden. Den härtesten Gewebeausfall liefert vor allem Ammoniumrhodanid.

Tabelle 26. *Wirkung der Ammoniumsalz-Katalysatoren bei Carbamidharzen* (nach P. Graf)[1]

| | Ammonsalz, vorliegend als: | | Zum Vergleich: |
|---|---|---|---|
| *Verminderung* der Katalysatorwirkung. Bildung *weicherer* Kunstharze. ↑ | Glykolat, Laktat;<br>Oxalat, Zitrat;<br>Tartrat;<br>Primäre und sekundäre Phosphate;<br>Sulfat, Chlorid;<br>Nitrat;<br>Rhodanid. | ↓ *Erhöhung* der Katalysatorwirkung. Bildung *härterer* Kunstharze. | Die *Metallsalze* [wie $Zn(NO_3)_2$ oder $ZnCl_2$] nehmen hinsichtlich ihrer Wirkung eine *Mittelstellung* ein. |

*Vorteile der Ammoniumsalz-Katalysatoren:*

1. Billig im Gebrauch.

2. In vielen Fällen zeigen sie in der Praxis als sogenannte „potentielle“ Katalysatoren ausreichende Wirkung, namentlich unter Mitverwendung von Stabilisatoren und Puffersubstanzen im Imprägnierbad.

Die Einführung der sogenannten „*potentiellen*“ oder „*latenten*“ Katalysatoren erlaubte seinerzeit erstmalig die Zugabe *größerer Beträge an Säure* in *Form des Ammonsalzes*, als dies bei Anwendung der *freien Säure selbst* möglich war. Weiters konnten erstmalig *stärkere Säuren*, bei denen sonst das Imprägnierbad nur kurze Zeit beständig war, angewandt und somit die Kondensationsbedingungen entsprechend erniedrigt werden (130 bis 140° C anstatt 160 bis 170° C und auch kürzere Zeit).

Außer den Ammoniumsalzen der starken anorganischen Säuren haben weiters noch die *Ammoniumphosphate* Interesse erlangt, da sie als mono-, di- und tri-basische Salze vorliegen können und sich in wässeriger Lösung verschieden verhalten.

*Ammoniumdihydrogenphosphat* $[NH_4H_2PO_4]$: Die wässerige Lösung ist gering sauer. Da die Stabilität des Imprägnierbades (bei „in sich“ vernetzenden Kunstharzen) für den Gebrauch ausreichend war und das Salz sich während der Hitzeeinwirkung (Kondensation) leicht zur freien Säure zersetzt, wurde dieser Säurespender für die Praxis besonders brauchbar befunden.

*Diammoniumhydrogenphosphat* $[(NH_4)_2HPO_4]$ wird viel in den USA verwendet (3% auf feste N-Dimethylol-Verbindung bezogen).

*Triammoniumphosphat* $[(NH_4)_3PO_4]$ macht das Imprägnierbad alkalisch.

Nach dem DRP 902.003 (1939) sollen *Ammoniumsalze von anorganischen Säuren, welche oxidierend wirken* (wie Nitrat, Persulfat, Chlorat oder Perchlorat), die Anwendung einer niederen Kondensationstemperatur von 100° C erlauben (Kondensation während des Trocknens *ohne* Verwendung einer Kondensationsapparatur!).

*Ammoniumrhodanid* $(NH_4CNS)$ hat als Säurespender gute katalytische Wirkung, doch ist damit der Nachteil verbunden, daß durch Spuren Eisenverbindungen in Gewebe Rotfärbung (Ferrirhodanid) auftreten kann.

*Nachteilig* für die Anwendung der Ammonsalzkatalysatoren ist die Möglichkeit der Bildung von Fischgeruch im ausgerüsteten Gewebe. Weiters wird die

[1] Graf, P.: Betrachtungen zur sauren Katalyse von Carbamidharzen. Prakt. Chemie (Wien) **7**, 279 und 308 (1956).

Lichtechtheit vieler an sich lichtechter Direktfärbungen zum Teil erheblich verschlechtert. Die Ammoniumsalze anorganischer Säuren können nach W. Gutmann[1] relativ stark faserschädigend wirken.

## Vorausberechnung der pH-Wert-Änderung von Ausrüstungsflotten beim Einsatz von Ammoniumsalz-Katalysatoren[2]

Die heute verwendeten handelsüblichen Ausrüstungsmittel, wie z. B. die von der BASF standardisierten 50%igen wässerigen Lösungen der Reactantharze Dimethylol-Äthylenharnstoff (Fixapret AH flüssig) und -Dihydroxyäthylenharnstoff (Fixapret CP flüssig) oder die Kunstharz-Bildnertype Dimethylol-Harnstoff-dimethyläther (Kaurit W Paste) halten in *katatysator-freier* Form im allgemeinen über lange Zeiträume den pH-Wert konstant; auch in gebrauchsfertigen Konzentrationen. Dies zeigten N. Götz u. a. (loc. cit.) durch eine verschärfte Prüfung, wo solche Lösungen 25 Stunden bei 40° C gelagert wurden.

Während *Metallsalze* für derartige Ausrüstungsflotten bei Raumtemperatur und bei betrieblichen Konzentrationen *noch nicht* als Säurespender wirken, werden mit *Ammonsalzen* versetzte Flotten beim Stehen ständig saurer. Die in Kurvenform wiedergegebenen Untersuchungsergebnisse von N. Götz u. a. zeigen, daß mit Ammonsalzkatalysatoren in erster Näherung eine *lineare Abhängigkeit des pH-Wertes vom Logarithmus der Standzeit* erhalten wird. Ausgehend von diesen Ergebnissen leiten die Autoren eine Funktion zur ungefähren Vorausberechnung der pH-Wert-Änderung der Ausrüstungsflotten beim Einsatz von Ammonsalzkatalysatoren ab und erläutern dies an einem praktischen Beispiel.

Rein theoretisch ist allerdings eine solche Zeitabhängigkeit des pH-Wertes *nicht* zu erwarten, stellt aber nach den Autoren für den Praktiker eine gewisse Erleichterung dar.

$$[ZF] = \frac{t_2}{t_1}$$

Der Zeitfaktor (ZF) stellt den Quotienten aus der Standzeit der Flotte bei der ersten pH-Messung ($t_1$) und aus der Standzeit bei der folgenden Messung ($t_2$) dar, bei der der pH-Wert sich um 0,5 Einheiten erniedrigt hat.

Zur *Bestimmung des Zeitfaktors* wird der pH-Wert der Flotte einige Minuten nach dem Ansetzen und guten Durchmischen der Ausrüstungsflotte gemessen. Dann wird durch Stichproben festgestellt, was auch ohne Meßgeräte, z. B. mit Indikatorpapier noch gut durchführbar ist, *wie lange es dauert*, bis sich der pH-Wert um 0,5 Einheiten erniedrigt hat.

Dividiert man die Standzeit bis zur zweiten Messung durch diejenige bis zur ersten, so erhält man direkt den Zeitfaktor.

*Beispiel:* Beobachtungen kurz nach Ansatz der Flotte:

| | | |
|---|---|---|
| Fertige Flotte *ohne* Katalysator | 7,1 | — |
| Katalysatorzugabe unter Rühren | — | 0 |
| 1. pH-Messung (nach 2 Minuten) | 5,2 | 5 Min. |
| 2. pH-Messung | 4,7 | 20 Min. |
| 3. pH-Messung | 4,2 | 80 Min. |

Alsdann beträgt der Zeitfaktor [ZF] für eine halbe pH-Wert-Einheit:

$$[ZF] = \frac{20}{5} = \frac{80}{20} = 4$$

[1] Gutmann, W.: Melliand Textilber. **31**, 639 (1950).

[2] Götz, N., W. Rüttinger, W. Rümens u. R. Zeidler: Über die Wirkung von Katalysatoren bei der Hochveredlung. Textil-Rundschau (St. Gallen) **16**, 761 (1961).

Die *zu erwartenden pH-Werte* erhält man nun unter Verwendung des ermittelten Zeitfaktors 4: 1. Durch Multiplikation der jeweiligen vorausgegangenen Standzeit mit 4 und 2. durch gleichzeitige Erniedrigung der pH-Werte um 0,5 Einheiten.

*Beispiel:*

| | | | |
|---|---|---|---|
| 5 Minuten | | | |
| 20 Minuten | $\frac{20}{5} = 4$ | 10 Minuten | |
| 80 Minuten | $\frac{80}{20} = 4$ | 40 Minuten (10 × 4) | (4,95 − 0,5) = 4,45 |
| 320 Minuten | $\frac{320}{80} = 4$ | 160 Minuten (40 × 4) | (4,45 − 0,5) = 3,95 |
| 1280 Minuten | $\frac{1280}{320} = 4$ | 640 Minuten (160 × 4) | (3,95 − 0,5) = 3,45 |
| | | Diese Reihe kann weiter fortgesetzt werden. | |

Faktoren, welche Unterschiede zwischen den vorausberechneten pH-Werten und den tatsächlichen der Praxis verursachen, sind: 1. Temperaturänderung der Flotte; eine Temperaturänderung um 10° C kann den Zeitfaktor [ZF] um etwa 50% erniedrigen. 2. Veränderungen der pH-Werte durch eingeschleppte, auf dem Gewebe sich etwa noch befindende Salze und Alkalien; usw.

Die Autoren empfehlen, zur Feststellung *solcher Effekte* eine kleine, separate Probe neben dem Foulard aufzubewahren und mit in die Kontrolle einzubeziehen.

Die Tatsache, daß bei Ammonsalz-Katalysatoren eine lineare Abhängigkeit des pH-Wertes vom Logarithmus der Standzeit der Flotten innerhalb einer gewissen Zeitspanne besteht, geben die Autoren durch die Beziehung wieder (unter der Voraussetzung, daß $t$ größer als 2 Minuten ist):

$$-\log a_{H^+} = K \cdot \log t + n$$

$a_{H^+}$ ... Aktivität der $H^+$-Ionen;
$-\log a_{H^+}$ ... pH-Wert der Lösung;
$t$ ... Standzeit der Flotte (ab Katalysatorzugabe);
$K, n$ ... spezielle Konstanten, die sowohl von den Temperaturen als auch von der „Katalysator"-Type und Ausrüstungsmittel abhängen.

Für den Zweck, daß man in der Praxis durch *zwei pH-Wert-Messungen* rasch Aufschluß über das zeitliche Verhalten der Flotte zu erreichen sucht, wird die vorstehende Gleichung umgestellt:

$$-\Delta \log a_{H^+} = K \cdot \log \frac{t_1}{t_2}$$

Durch Umformung dieser Gleichung und durch Übergang vom Logarithmus zum Numerus erhält man nachfolgenden Ausdruck, der nach den Autoren ein einfaches Arbeiten in der Praxis erlaubt:

$$\text{num} \frac{-\Delta \log a_{H^+}}{K} = \frac{t_1}{t_2}$$

Die linke Seite der Gleichung enthält nur noch die pH-Wert-Änderung; die rechte Seite den Quotienten aus zwei Beobachtungen.

Man kann nun die auf der linken Seite der Gleichung stehende Größe als Zeitfaktor (ZF) zusammenfassen, wenn man die Änderung der $H^+$-Ionen-Konzentration auf einen Sprung im pH-Wert von 0,5 Einheiten normiert.

Es resultiert die einfache Beziehung:

$$[ZF] = \frac{t_2}{t_1}$$

### 3. *Metallsalz-Katalysatoren*

Metallsalze, wie:

$ZnCl_2$ (Condensol Z/BASF) .... 15 g/l
$MgCl_2 \cdot 6\,H_2O$ ................ 25 g/l
$Zn(NO_3)_2 \cdot 6\,H_2O$ ............. 10 g/l

wirken bei Zimmertemperatur in den gegebenen Konzentrationen noch *nicht* als Säurespender.

Daher werden sie als Katalysatoren vorwiegend dort eingesetzt, wo mit einer Empfindlichkeit des Ausrüstungsmittels gegenüber einer erhöhten $H^+$-Ionenkonzentration zu rechnen ist. Die hauptsächlichste Bedeutung haben sie für die *Ausrüstung von Baumwolltextilien* erlangt, für welche sie meistens angewandt werden. Hier ist wiederum *Magnesiumchloridhexahydrat* der derzeit bevorzugte Katalysator.

Metallsalzkatalysatoren ergeben auf Baumwolle nach N. Götz u. a.[1] eine höhere Verbesserung der Knittererholung im Vergleich zu den „sicheren“ Ammonsalzkatalysatoren (s. S. 302).

*Aluminiumchlorid* wurde früher als Katalysator bei der Formalisierung von Zellwolle nach dem Klotz-Trocken-Kondensationsverfahren eingesetzt. Dieser Katalysator zeigt eine dauerhafte und hohe Azidität, welche bei Baumwolle zu Faserschädigungen führt, außerdem ergeben sich im Imprägnierbad Ausfällungen. Nach J. B. Irvine et al.[2] sollen durch kombinierte Anwendung von Aluminium- und Magnesiumchlorid bessere Ergebnisse resultieren. Durch dieses Katalysatorengemisch sollen die Kondensationstemperaturen (150 bis 170° C) um 10 bis 40° C erniedrigt werden können (0,2 $AlCl_3$ + 7 bis 10% $MgCl_2$).

Hinsichtlich des Verhaltens der Metallsalze gegenüber *optischen Aufhellern* führen M. Keller wie auch W. Grunwald[3] aus, daß *Zinknitrat* (wie alle nitrathaltigen Katalysatoren) beim Belichten eine Warenvergilbung bewirken. Weiters tritt in der Regel eine Verschlechterung der Lichtechtheit von optischen Aufhellern ein. Die Vergilbung wie auch Lichtechtheitsverschlechterung kann durch Nachwäsche vermieden werden.

*Zinknitrat* als Säurespender wurde auch für Ausrüstungen vorgeschlagen, bei denen eine Nachwäsche entfallen könnte. Hierbei soll die bei der Kondensation auftretende $HNO_3$ durch ihre oxidative Wirkung völlig zerstört werden und das verbleibende basische Zinksalz das kondensierte Gewebe in einen nichtsauren Zustand überführen, wodurch die Notwendigkeit der Nachwäsche entfallen würde.

Zinknitrat wird für die Katalyse der Dimethylol-Triazinone in Hinblick auf deren basischen Charakter und starkes Pufferungsvermögen empfohlen.

Weiters nimmt man die Anwendung von Zinknitrat auch als Vorteil an bei Kombinationsausrüstungen von Melaminstearamid oder ähnlichen Hydrophobierungsmitteln in Verbindung mit Aminoaldehydkondensationsprodukten.

In manchen Fällen kann Zinknitrat bei Weißwaren eine geringe Verfärbung

[1] Götz, N., W. Rüttiger, W. Rümens u. R. Zeidler: Über die Wirkung von Katalysatoren bei der Hochveredlung. Textil-Rundschau (St. Gallen) **16**, 761 (1961).

[2] Irvine, J. B., J. K. Simons u. J. H. Davids: Bei niedrigen Kondensationstemperaturen wirkender Katalysator. Amer. Dyestuff Rep. **1959** (12), 37–42.

[3] Grunwald, W.: Anwendung und Verhalten der optischen Aufheller in der Hochveredlung von Baumwollstückware. SVF (Fachorgan f. Textilveredlung) **19**, 459 (1964). — Keller, M.: Optische Aufheller in der Kunstharzappretur. Textil-Rundschau (St. Gallen) **16**, 571 (1961).

hervorrufen, so daß man besser Zinkchlorid verwendet, welches bei einigen Direktfärbungen auch die Lichtechtheit noch verbessert. Manchmal werden auch Mischungen von Zinknitrat und -chlorid vorgeschlagen.

Zinksalze können das Auftreten von Fischgeruch verhindern. Dies beruht wahrscheinlich darauf, daß sie mit Trimethylamin in Reaktion treten und letzteres so fixieren.

*Magnesiumchlorid* gibt mit optischen Aufhellern sehr stabile Lösungen; es ist auch mit den meisten Additiven (Appreturmitteln) gut verträglich. Für die Flottenstabilität ist die *Reihenfolge der Zusätze* wichtig:

1. N-Methylol-Verbindung.
2. Katalysator (Magnesiumchlorid).
3. Unter Umständen leichtes Ansäuern (*nicht* bei „in sich“ vernetzenden Kunstharzen) zwecks Vermeidung der Bildung von $Mg(OH)_2$ im Bad.
4. Optischer Aufheller (gut mit Wasser gelöst).
5. Additive (Appreturmittel).

Für Methylol-Melamin-Ausrüstungen wird die Anwendung von 10 bis 12% Magnesiumchloridhexahydrat als Säurespender vorgeschlagen, um die Verfärbung und weiters auch die Gefahr der Chlorretention zu vermindern. Diese günstigen Wirkungen können auf Chelatbildung des Metall-Ions mit dem Polymeren oder auch auf basischen Rückständen, die säurebindend wirken, beruhen.

*Magnesiumsulfat* wurde in Verbindung mit primärem Natriumphosphat (Na-dihydrogenphosphat $NaH_2PO_4 \cdot 2\,H_2O$) als „Gleichgewichtskatalysator-System“[1] vorgeschlagen.

Pro Liter Flotte werden gleiche Teile (127 ml) von 24%igem $MgSO_4 \cdot 7\,H_2O$ + + (127 ml) von 15%igem $NaH_2PO_4 \cdot 2\,H_2O$ eingesetzt.

*Zinkchlorid* zeigt gegenüber bestimmten optischen Aufhellern im Vergleich zu Magnesiumchlorid eine schlechtere Stabilität; daher muß sein Einsatz vorher überprüft werden.

*Aluminiumsulfat* ist im *Einbad*verfahren mit *keinem* optischen Aufheller verträglich. Im *Zweibad*verfahren verhält es sich wie Zinkchlorid. Aluminiumsulfat kann nur in wenigen Fällen als Katalysator eingesetzt werden, da mit vielen Appreturmitteln Ausfällungen eintreten.

P. Graf[2] führt die durch den Zusatz von Metallsalzen zum Imprägnierbad (Methylol-Harnstoff) hervorgerufene pH-Wert-Änderung darauf zurück, daß Metallsalze, welche zur Komplexbildung neigen (wie auch die Zinksalze) durch allmähliche Verolung (bzw. Verkomplexierung) *langsam* Säure freisetzen würden. Doch liefert dieser Vorgang *nur begrenzt* Säure, daher treten *nur geringe pH-Wert-Differenzen* auf. Es flocken hierbei die im Laufe der Zeit gebildeten basischen Körper bzw. Hydroxide aus, wodurch das Imprägnierbad getrübt würde.

Werden *Zinksalze* als Säurespender dem Imprägnierbad zugesetzt, so wird letzteres im allgemeinen durch Zugabe geringer Mengen einer schwachen organischen Säure auf den pH-Wert 5,5 bis 6,0 eingestellt, um so die Ausfällung von Metallsalzen in Bad zu verhindern.

Zwecks Behebung ihrer Nachteile hat man Metallsalze auch in *Komplexsalze* im Sinne der Wernerschen Theorie umgewandelt. Doch zeigen die meisten dieser Komplexsalze *Eigenfarbe*. Wegen ihres hohen Preises sind sie auch in der Anwendung unwirtschaftlich.

---

[1] Ryan u. Taylor (Tootal Broadhurst Lee Comp.): Brit. Pat. 827.645.

[2] Graf, P.: Betrachtungen zur sauren Katalyse von Carbamidharzen. Prakt. Chemie (Wien) **7**, 269 u. 308 (1956).

Diese Komplexsalze setzen im Vergleich zum entsprechenden komplexfreien Grundsalz je nach ihrer Konstitution die Säure *etwas langsamer* frei. Die Komplexsalze haben hierbei wohl einen höheren pH-Wert, welcher aber noch bei pH 5,5 liegt, weshalb sie gleichfalls die Nachteile ihrer entsprechenden Grundsalze zeigen.

Hier muß aber auf *Zinkfluoroborat*[1] hingewiesen werden, welches für *schwer kondensierbare Produkte* (wie Epoxyverbindungen) Bedeutung erlangt hat.

Epoxide wie auch Acetale benötigen stärker wirkende Katalysatoren, wahrscheinlich hinsichtlich des größeren Reaktionsvermögens der N-Methylol-Gruppe im Vergleich zur Methylol-Gruppe.

Nach H. Enders[2] ist die Wirkung des $Zn(BF_4)_2$ folgendermaßen zu erklären:

$$B\!:\ \cdot\overline{F}| \cdot\overline{F}| \cdot\overline{F}| \longrightarrow B\,\overline{F}|\,\overline{F}|\,\overline{F}|\ \ |\overline{F}|^{\ominus} \longrightarrow \left[ |\overline{F} - B \begin{smallmatrix} \overline{F}| \\ \overline{F}| \\ \overline{F}| \end{smallmatrix} \right]^{\ominus}$$ Bildung des $BF_4$-Komplexes

$$Zn(BF_4)_2 + 6\,H_2O \rightarrow ZnF_2 + 2\,H_3BO_3 + 6\,HF$$ Zerfallsformel für $Zn(BF_4)_2$

$$H^+ + F^- + H_2O \rightleftharpoons HF + OH^- + H^+$$ Schwächung des Säuregrades durch Schaffung von Hydroxyl-Ionen

$F^-$-Ion ist *klein*, beeinflußt *stark* das Wasser

$$H^+ + BF_4^- + H_2O \rightleftharpoons H^+ + BF_4^- + H_2O$$

bleibt stärkere Säure

$HBF_4$ existiert jedoch nur in wässeriger Lösung.

Durch Einbau eines vierten Fluor-Atoms wird das Molekülgitter des $BF_3$ vergrößert. *Größere Säurereste* können aus sterischen Gründen weniger $H_2O$-Moleküle anlagern, welche im Falle des an und für sich stark elektronegativen Fluor-Atoms positivierend und säurevermindernd wirken. Der $BF_4^-$-Durchdringungskomplex wird hier weniger beeinflußt, weshalb er eine *stärkere* Säure als HF darstellt.

Bei Anwendung von *Metallsalzkatalysatoren* müssen Weichmacher und Hydrophobierungsmittel auf ihre Verträglichkeit mit ersteren überprüft werden.

Nach J. T. Marsh[3] liegt einer der Hauptvorteile der Metallsalzkatalysatoren darin, daß diese nach der Kondensation auf der Faser basische Rückstände (Oxide und Karbonate) zurücklassen. Letztere wirken als Puffersubstanzen gegen Säure, die beim Bügeln des vorher mit Chlorbleichlaugen behandelten Gewebes freigesetzt wird. Diese „Puffer“ werden nach jeder Wäsche erneuert oder regeneriert. Obgleich nach wiederholter Wäsche sich ihre Menge verringert, werden sie doch sehr beharrlich festgehalten.

Bei Anwendung der Metallsalzkatalysatoren für *Zellwolle* und „in sich“ vernetzende Produkte (Kunstharzbildner wie Dimethylol-Harnstoff) können die Kondensationstemperaturen im Vergleich zu anorganischen Ammonsalzen relativ niedrig gehalten werden. Es resultiert ein etwas weicherer Warengriff. Die optimale Aushärtung der Kunstharze ist wohl möglich, wird aber nicht

---

[1] Topviev, A. H., S. V. Zavgorodnij u. J. M. Pauskin: Borfluorid und seine Verbindungen als Katalysatoren in der organischen Chemie. Berlin: VEB Deutscher Verlag der Wissenschaften. 1962. Neuere Methoden der präparativen organischen Chemie. Herausgeber W. Foerst. Bd. I, u. a. D. Kästner: Das Borfluorid als Katalysator bei chemischen Reaktionen. Weinheim/Bergstr.: Verlag Chemie G. m. b. H.

[2] Enders, H.: Melliand Textilber. **40** (12), 1459ff. (1959).

[3] Marsh, J. T.: Self-Smoothing Fabrics, S. 126. London: Chapman & Hall Ltd. 1962.

immer erreicht. Daher fällt der Knitterfestigkeitseffekt im Vergleich zu mit Ammonsalzen katalysierten Zellwollgeweben vielfach etwas niedriger aus.

Die Wirkung der Metallsalzkatalysatoren *auf die Reaktion bei der Kondensation* beruht höchstwahrscheinlich auf einer Erhöhung der $H^+$-Ionenaktivität, wobei nebenher aber auch die *Zellulose selbst* beeinflußt wird. Man kann dies nach N. Götz u. a.[1] als *eine Art der Ausbildung von Reaktionszentren* an den Stellen der Wechselwirkung in der Baumwollzellulose auffassen.

Im wesentlichen treten folgende Einzelvorgänge auf:

1. Die hydrolytische Spaltung der Metallsalze.

2. Die Bildung von Aquosäuren bei niedriger Wasser-(Feuchtigkeits)-konzentration in der Faser.

3. Die Komplexbildung mit Zellulose (bzw. deren OH-Gruppen) und/oder den Ausrüstungsmitteln.

H. M. Ziifle et al.[2] untersuchten die Wirkung von Metallsalzkatalysatoren bei der Reaktion von Zellulose mit dem Reactantharz Dimethylol-Äthylenharnstoff.

Magnesiumchlorid und -nitrat, Zinkchlorid und -nitrat wurden in Konzentrationen von 0,006, 0,03 und 0,1 molar zusammen mit 8% Dimethylol-Äthylenharnstoff auf Muster von Baumwollgeweben gebracht und die Muster wie üblich ausgerüstet. Neben anderen Daten wurden auch die im Gewebe zurückgehaltenen Katalysatormengen ermittelt.

Die Ergebnisse ließen eine *komplexe Bindung zwischen dem Reactantharz* und dem jeweiligen Metallsalz annehmen, die auch durch vieles Waschen aus dem Gewebe nicht entfernbar war. Bei der Gewebebeschädigung durch später folgende Chlorbehandlungen scheinen diese Metallkomplexe eine wesentliche Rolle zu spielen.

Die Knitterfestigkeit wie auch das Rückhaltevermögen für Chlor im Gewebe hängt von der Art und Menge des angewandten Katalysators ab, wobei die Knitterfestigkeit ein *Maximum* und die zurückgehaltene *Chlormenge* ein *Minimum* durchläuft.

Der Wirkungsgrad der Katalysatoren nimmt in der Reihenfolge zu:

$$ZnCl_2 \rightarrow Mg(NO_3)_2 \rightarrow MgCl_2 \rightarrow Zn(NO_3)_2$$

R. Allscher[3] untersuchte die Wirkung von Magnesiumchlorid allein (also ohne Begleitkörper) auf Baumwollzellulose.

*Nicht*-imprägnierte Baumwollgewebe zeigen bei Hitzebehandlungen, so wie diese nach Zeit und Temperatur in Kondensationsapparaturen in Betracht kommen, keine bemerkenswerten Verluste der Reißfestigkeit. Wurden aber Baumwollgewebe mit reinen Magnesiumchloridlösungen verschiedener Konzentration geklotzt, bei 100° C getrocknet und 4 Minuten bei 150° C (entsprechend einer Kunstharzkondensation) erhitzt, so resultieren Festigkeitsverluste, deren Werte stark streuen und keinen eigentlichen Zusammenhang mit den angewandten Salzkonzentrationen zeigen.

---

[1] Götz, N., W. Rüttiger, W. Rümens u. R. Zeidler: Über die Wirkung von Katalysatoren bei der Hochveredlung. Textil-Rundschau (St. Gallen) **16,** 761 (1961).

[2] Ziifle, H. M., R. J. Berni u. R. R. Benerito: Untersuchung des Katalysators bei der Zellulose-DMEU-Reaktion. 1. Mitt.: Die Wirkung des Katalysators auf die physikalischen und chemischen Eigenschaften von ausgerüsteter Baumwolle. Text. Res. J. **31,** 349 (1961).

[3] Allscher, R.: Aktuelle Wege der Baumwollveredlung. Melliand Textilber. **43** (3), 274 (1962).

*Tabelle 27*

Es wurden zwei verschiedene Baumwollgewebe, imprägniert mit Magnesiumchlorid, auf ihr Verhalten gegen Hitzebehandlung geprüft.

| $MgCl_2 . 6\,H_2O$ Konzentration | Reißfestigkeit in Schuß: | |
|---|---|---|
| | 1. Gewebe: 43,9 kp/cm² | 2. Gewebe: 35 kp/cm² |
| | Verlust in %: | Verlust in %: |
| 20 g/l | 9 | 17 |
| 40 g/l | 9 | 37 |
| 60 g/l | 39 | 11,5 |
| 80 g/l | — | 17,0 |
| 100 g/l | 7 | 20,0 |
| 150 g/l | 14 | 28,5 |

Feststellbar, bei gleichzeitig stark streuenden Faserschädigungen

Nach R. Allscher (loc. cit.) scheint der Hinweis, daß Magnesiumchloridhexahydrat als Katalysator bei den relativ sehr hohen Anwendungsmengen zu Unsicherheiten führt, berechtigt zu sein.

Natürlich ist hier einzuwenden, daß die Metallsalze nicht allein auf Zellulose zur Wirkung kommen. Die „puffernden“ Kunstharze und der Einfluß mitanwesender Additive muß hier noch ins Kalkül gezogen werden. Weiters untersuchte R. Allscher noch das Verhalten von Magnesiumchlorid gegen Hitzeeinwirkung.

Wurde Magnesiumchlorid für sich in dünner Schicht erhitzt, so sind Temperaturen *über* 150° C erforderlich, um eine Säureabspaltung analytisch nachzuweisen. Die verbleibenden Rückstände zeigen bei Aufschlemmung in Wasser eine deutliche *alkalische* Reaktion.

R. Allscher (loc. cit.) beobachtete bei der laufenden Bearbeitung der Katalysatorfrage immer wieder je nach Gewebetyp, Anwendungsmenge, Kondensationstemperatur und -zeit stark abweichende und streuende Veränderungen in der Gewebereißfestigkeit. Er weist noch darauf hin, daß es nicht sicher ist, ob Magnesiumchlorid nur als Säurespender innerhalb des Ausrüstungsvorganges wirkt. Auch schwankt die Reinheit der im Handel befindlichen technischen Magnesiumchlorid-Produkte stark.

R. Zeidler u. a.[1] konnten bei der Untersuchung der *Lagerstabilität von* Wash-and-Wear-Ausrüstungen von Baumwolle hinsichtlich des unterschiedlichen Einflusses an sich ähnlicher Katalysatoren, wie z. B. Magnesium- und Zinkchlorid, keine eindeutige Erklärung finden. Aus den Ergebnissen ihrer Untersuchungen ziehen die Autoren den Schluß, daß durch die einzelnen Katalysatortypen die $H^+$-Ionenaktivität unterschiedlich beeinflußt wird. So können nach Meerwein[2] und Reiff[3] die erwähnten Metallsalze *Aquosäuren* bilden.

Unter Aquosäuren versteht man Aquokomplexe der Metallsalze, welche befähigt sind, Protonen abzuspalten. Bei den Komplexen mit Zink als Zentralatom ist diese Tendenz besonders ausgeprägt.

[1] Zeidler, R., W. Rüttiger, W. Rümens u. N. Götz: Verhalten von gelagerten Wash-and-Wear-Ausrüstungen bei der Chlorwäsche. Textil-Rundschau (St. Gallen) **16**, 734 (1961).

[2] Meerwein: Liebigs Ann. **476**, 113ff. (1929).

[3] Reiff: Z. anorg. Chem. **208**, 321 (1932).

*Bildung der Aquosäure:*

$$ZnCl_2 + 2\,H_2O \longrightarrow [Cl_2Zn(OH_2)_2]$$

Anhydrosäure (Säureanhydrid) — Aquosäure (Aquokomplex)

*Wirkung der Aquosäure:*

$$Cl_2Zn(OH_2)_2 \rightleftarrows [Cl_2Zn(OH)_2]^{2-} + 2\,H^+$$

Die Komplexbildung bei Magnesiumchlorid verläuft ungefähr nach dem gleichen Schema.

Die Bildung der *starken Aquosäure* setzt erst bei *relativ hohen* Konzentrationen in Wasser ein. Wird die gesamte im lufttrockenen Baumwollgewebe enthaltene Feuchtigkeit als Lösungswasser für die Katalysatoren angenommen, so liegt ein Bereich (7- bis 4-molar) vor, in welchem die $H^+$-Ionenaktivität, verursacht durch die Aquosäure des Zinks, etwa siebenhundertmal so hoch ist im Vergleich zu derjenigen, welche durch den *entsprechenden Magnesiumkomplex* verursacht wird. Die *stark saure Wirkung* der genannten Metallsalze in hohen Konzentrationen ist also *nicht* auf eine normale Hydrolyse zurückzuführen.

Die Autoren ziehen weiters noch in Betracht, daß auch mit Harnstoffderivaten, Triazinen und allenfalls mit den freien Methylolgruppen (als Konkurrenzreaktion zur Aquosäurebildung) Komplexbildung erfolgen kann.

S. auch die Ausführungen von H. M. Ziifle et al., S. 293.

Bekannt ist z. B.:

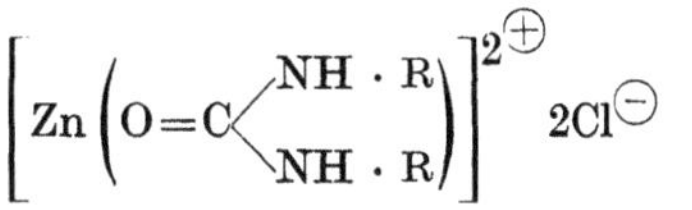

$$\left[Zn\left(O{=}C\begin{matrix}\diagup NH\cdot R\\ \diagdown NH\cdot R\end{matrix}\right)\right]^{2\oplus}\quad 2Cl^{\ominus}$$

Weiters können nach den Autoren bei den Dimethylol-Verbindungen des Harnstoffs oder der zyklischen Harnstoffderivate noch weitere Komplexbildungen möglich sein.

Ferner sind bei Dimethylol-Dihydroxyäthylenharnstoff (Dimethylol-Glyoxal-mono-urein) noch weitere Möglichkeiten zur Komplexbildung gegeben. So sind z. B. quantitativ erfaßbare *Bor-* und *Kupfer*komplexe bekannt, wie z. B.:

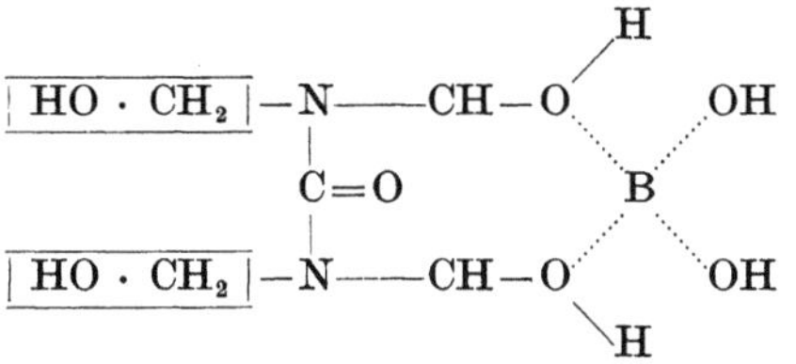

```
                          H
                         /
|HO · CH₂|—N——CH—O      OH
           |          ⋱  ⋰
          C=O          B            und
           |          ⋰  ⋱
|HO · CH₂|—N——CH—O      OH
                         \
                          H

                          H H
                         /   \
|HO · CH₂|—N——CH—O          O—CH——N—|CH₂ · OH|
           |     |   ⋱    ⋰    |     |
          C=O    |     B       |    C=O
           |     |   ⋰    ⋱    |     |
|HO · CH₂|—N——CH—O          O—CH——N—|CH₂ · OH|
                         \   /
                          H H
```

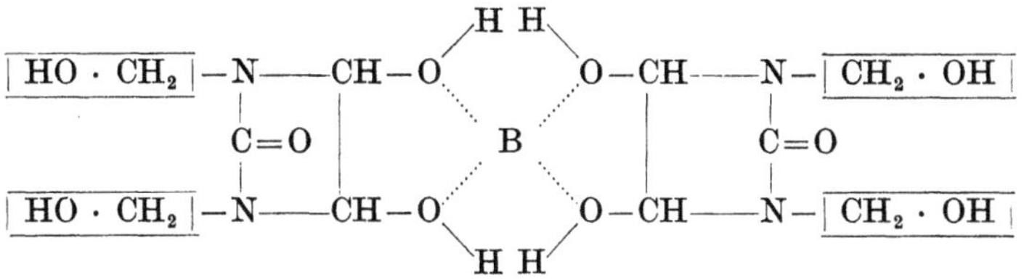

J. T. Marsh[1] führt hierzu aus, daß die bevorzugte Verwendung von Zink- oder Magnesiumsalzen für die Knitterfestausrüstung von Baumwollgeweben im Hinblick auf ihre Vorteile auf praktischen Erfahrungen beruht, doch ist die Ursache hierfür nicht sicher bekannt. Vermutet wird (wie ausgeführt!), daß

[1] Marsh, J. T.: Self-Smoothing Fabrics. London: Chapman & Hall Ltd. 1962.

hier Chelatbildung mit den Ringstrukturen eintreten könne. Eine einfachere Erklärung wäre die Bildung von Metallhydroxiden, welche dann die freigesetzte Säure abbinden. Diese zweite Vermutung würde in Übereinstimmung mit der günstigen Wirkung von Methylol-Melaminen, wie Dimethyl-tetramethylol-Melamin, sein, die manchmal in Kombination mit Dimethylol-zykl.-Äthylenharnstoff verwendet werden, noch stärker basisch sind und wegen ihrer ternärenN-Gruppen eine starke Pufferung gegen Säuren aufweisen.

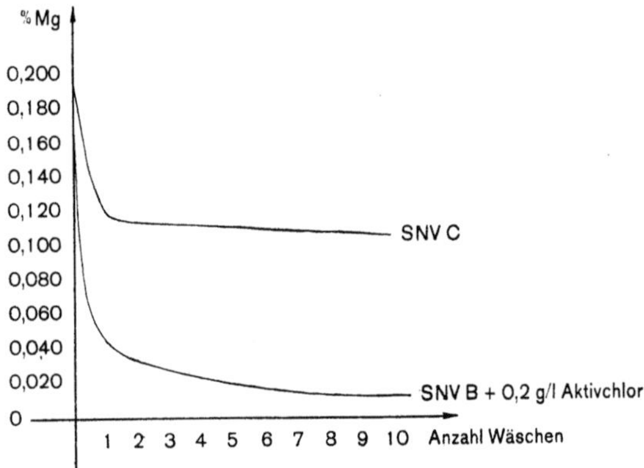


Abb. 18. Magnesiumgehalt auf der Faser nach verschiedenen Mehrfachwäschen (nach A. Schürch). Ausrüstung mit Melamin-Äthylenharnstoff-Formaldehyd (75 g/l, bezogen auf Trockenharz) und 20 g/l Magnesiumchlorid-Hexahydrat; Kondensation: 150° C während 5 Minuten. *SNV B* = Wäsche mit 5 g Seife + 2 g Soda pro Liter, Waschdauer 30 Minuten bei 60° C; *SNV C* = Wäsche wie vorstehend, aber bei 95° C.

Verschiedene Autoren[1] stellten schon vor einiger Zeit fest, daß Metallsalze (als Säurespender) nach der Hitzekondensation und folgender alkalischer Wäsche auf der Faser in Form von *Oxiden* und *Karbonaten* hartnäckig zurückgehalten werden und gegen saure Medien „puffernd“ wirken. Dies hat auch Bedeutung für saure Nachbehandlungen und für die Chlorretention.

A. Schürch[2] prüfte dies nach, indem er von Baumwollgeweben, ausgerüstet mit Melamin-Formaldehyd und Dimethylol-Äthylenharnstoff, katalysiert mit Magnesiumchlorid, nach jeder Wäsche komplexometrisch den Metallgehalt bestimmte.

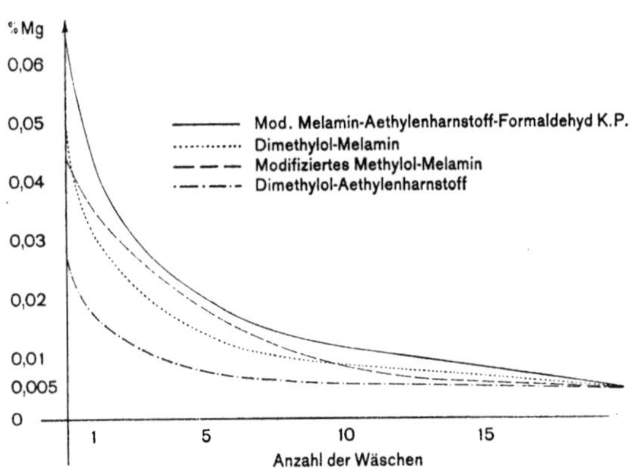


Abb. 19. Magnesiumgehalt verschiedener Kunstharztypen auf der Faser (nach A. Schürch). Ausrüstung mit verschiedenen N-Methylol-Verbindungen (jeweils bezogen auf 75 g/l Festharz) und 20 g/l Magnesiumchlorid-Hexahydrat. *Wäsche SNV B*; 0,2 g/l Aktivchlor.

Nach Entfernung des oberflächlich haftenden, leicht aus waschbaren Anteils, nahm der Magnesiumgehalt nur sehr langsam ab (s. Abb. 18.)

Wird hingegen mit *chlorhaltigen Waschmitteln* in Anlehnung an eine amerikanische Arbeit[3] gewaschen oder abgesäuert[4], so nimmt der Metallionengehalt viel rascher ab.

Nach A. Schürch (loc. cit.) ist das Rückhaltevermögen für Metallsalz-Katalysatoren-Rückstände von der Type des Kunstharzes bzw. Zellulosevernetzers abhängig; s. Abb. 19. Das reaktive Äthylenharnstoffharz hält *weniger* Metallsalz-Ionen fest als Melamin-Formaldehyd-Harze.

[1] Marsh, J. T.: Text. Manufacturer **86**, 70 u. 113 (1960). — Mosher, H. H.: Text. Res. J. **29**, 88 (1959).
[2] Schürch, A.: Textil-Rundschau (St. Gallen) **16** (10), 686 (1961).
[3] Cooke, T. F. et al.: Text. Res. J. **27**, 153 (1957).
[4] Smith, R. B.: Washroom Methods and Practice in the Power Laundry (1948).

Dieses Verhalten konnte A. Schürch auch bei der Bestimmung des Zinkgehaltes von drei weiteren mit Zinknitrat [$Zn(NO_3)_2 \cdot 6\,H_2O$] katalysierten Ausrüstungen auf Baumwolle mit den Methylol-Verbindungen des Glyoxal-mono-ureins, Propylenharnstoffs und Methyl-triazinons bestätigen.

### *4. Alkanolaminsalz-Katalysatoren*

J. T. Marsh[1] zählt diese Verbindungen gleichfalls zu den sogenannten „potentiell sauren“ bzw. „latenten“ Katalysatoren und bemerkt, daß die Technik der verzögerten Katalyse (durch $H^+$-Ionen) großen Wert hat, da der Ausrüster in der Lage ist, stärkere Säuren unter Bedingungen anzuwenden, unter denen die *freie Säure selbst* nicht geeignet ist. Die Freisetzung der Säure, also der $H^+$-Ionen, im günstigen Zeitpunkt hat große Bedeutung; es besteht ein gewisser Zusammenhang zwischen Hydrolyse und Kondensation.

Die organischen Aminsalze (als Onium-Verbindungen) haben namentlich für die Katalysierung der Kondensation von zykl. Reactantharzen Bedeutung erlangt. In den USA werden einige Alkanolaminsalze[2] viel verwendet, wie z. B.

*Catalyst AC/Monsanto:*

2-Amino-2-Methyl-propanol-hydrochlorid $\left[HO-CH_2-\underset{NH_3}{\overset{CH_3}{C}}-CH_3\right]^{\oplus} Cl^{\ominus}$

oder (nach anderen Angaben):

Äthanolamin-hydrochlorid $\left[HO-CH_2-CH_2-NH_3\right]^{\oplus} Cl^{\ominus}$

*Katalysator B/Ciba:*

Triäthanolamin-hydrochlorid $\left[(HO-CH_2-CH_2)_3N\right]^{\oplus} Cl^{\ominus}$

Weiters wird auch das *Phosphat von 2-Amino-butanol* genannt.

Diese Verbindungen hydrolysieren in wässeriger Flotte *bei Raumtemperatur* erst nach langer Zeit und *bei höherer Temperatur* gleichfalls erst nach Stunden.

| | Stabilität der „Vorkondensat“-Lösung |
|---|---|
| Bei Zimmertemperatur: | |
| Alkanolaminsalz | 18 Stunden |
| Zinkchlorid | 2 Stunden |
| Bei Temperaturen von 40 bis 45° C: | |
| Alkanolaminsalz | 8 Stunden |
| Ammoniumphosphat | 5 Stunden |

Ein weiterer Vorteil *spezieller Alkanolaminsalze* im Vergleich zu Ammoniumsalzen ist, daß sie weniger leicht „Fischgeruch“ (Trimethylamin) am ausgerüsteten Gewebe hervorrufen.

Der Katalysator Catalyst AC/Monsanto wird allgemein in 5%iger Konzentration (bezogen auf 100%ige N-Dimethylol-Verbindung) angewandt.

---

[1] Marsh, J. T.: Self-Smoothing Fabrics. London: Chapman & Hall Ltd. 1962.

[2] *Monsanto/USA*: Brit. Pat. 660.366, 697.479, 672.130 u. 705.608.

*Trialkylaminsalze* werden nach J. T. March (loc. cit.) für *Kombinationsausrüstungen* empfohlen, wie z. B. knitterfest und wasserabweisend, wobei sehr sorgfältig gearbeitet werden muß.

### 5. *Oxidantien als „Katalysator-Bildner“ (Bildung von Ameisensäure)*

Jedes Aminoplast-Formaldehyd-„Vorkondensat“ unterliegt in wässeriger Lösung zu einem gewissen Betrage einer hydrolytischen Spaltung, wobei *freier* Formaldehyd entsteht. Dieser wird durch oxidierend wirkende Verbindungen in Ameisensäure umgewandelt, die nun als „Katalysator“ wirkt.

Hierher gehören alle Perverbindungen anorganischen und organischen Charakters (wie Persalze, Persäuren und Ester derselben), z. B. Peroxide[1]; Harnstoff-Wasserstoffperoxid-Komplexverbindungen[2], Perverbindungen, z. B. als Komplexverbindungen unterschiedlicher Zusammensetzung, sind als käufliche Produkte im Handel. Ihre Vorzüge sollen sein: Hohe Flottenstabilität, Wirkung als Formaldehydakzeptor, Indifferenz gegen elektrolyt-empfindliche Begleitkörper im Imprägnierbad.

$H_2O_2$ als sehr schwache Säure bildet mit Harnstoff *stabile feste* Verbindungen. Dies ist auf die Ausbildung von Mesomerie zurückzuführen.

### 6. *Andere spezielle „Katalysatoren“*

Es wurde eine große Zahl von Verbindungen unterschiedlichster chemischer Zusammensetzung vorgeschlagen, welche die für die Kunstharzkondensation nötige Säure freisetzen.

*Säurebildner bei höheren Temperaturen:* Diese vermögen erst bei *relativ hoher* Temperatur durch Hydrolyse oder hydrolytische Spaltung Säure zu bilden. Hierher gehören z. B. *Halogenderivate*, die in der Hitze *Chlorwasserstoff* abspalten. wie z. B. Äthylenchlorhydrin, Chloralhydrat, Brombernsteinsäureamid, Chlorazetamid, Chloressigsaure Salze u. a. m. Weiters auch durch *Erhitzen verseifbare Ester*, wie Dimethyloxalat, Trimethylphosphat, Hydracrylsäureester usw. Ein Nachteil all dieser Verbindungen ist, daß sie *zu hohe* Kondensationstemperaturen für ihre Wirkung als „Säurespender“ benötigen; daher ist ihr Einsatz nicht wirtschaftlich.

*Sulfit- und Sulfoxylatverbindungen* wurden gleichfalls als „Katalysatoren“ vorgeschlagen. Doch ist ihre Wirkung als „Säurespender“ nur ungenügend. *Quaternäre Pyridinium-Katalysatoren*, welche an die hydrophob wirkenden Produkte Velan PF oder Zelan erinnern. Die Fa. *Dan River Mills* gibt Stearyl-amido-methyl-pyridinium-chlorid oder -nitrat folgender Zusammensetzung an:

```
              R2
            //  \
          H      R3
           |     ||
          H\\    /H
              N
R1-A-CH3/       \X
```

$R_1$ ... Fettsäure-rest ($C_{14}$ bis $C_{22}$)
$R_2$, $R_3$ ... H oder niedermolekulare Alkylgruppen
A ... Amid-, Ester- oder Ätherbindung
X ... Rest einer starken Säure.

Diese Verbindung soll auf dem imprägnierten und getrockneten Gewebe bei 130° C als Säurespender wirksam sein. Weiters tritt sie auch mit der Zellulose selbst (mit dem Stearylamido-methyl-Rest) in Reaktion. Es ist aber zu sagen, daß die Wirkung als „Säurespender“ nicht ausreichend ist.

[1] U.S.-Pat. 2,056.458 (1956).

[2] Schwed. Pat. 108.740.

## V. Einfluß der Katalysatoren auf den Kondensationsvorgang zum dreidimensional vernetzten, unlöslichen Endharz oder auf die Vernetzung der Zellulosemoleküle

Betrachtet man die Wirkungsweise der Katalysatorsubstanzen bei der Kunstharz-Ausrüstung, so muß man zwei Vorgänge unterscheiden, nämlich:

1. Unerwünschtes Teilchenwachstum in der Imprägnierflotte.

2. Beschleunigung und Ermöglichung der Kondensation zum unlöslichen Endharz oder zur Vernetzung der Zellulosemoleküle.

Im Falle der „*in sich*" vernetzenden Kunstharz-Typen handelt es sich in beiden Fällen um eine Molekülvergrößerung, wobei aber *unterschiedliche* Vorgänge vorliegen.

Im Imprägnierbad erfolgt das Teilchenwachstum im *wässerigen* Medium, wobei die kristalline Lösung in eine für die Knitterechtausrüstung *nicht* erwünschte kolloide Dispersion übergehen kann.

Die Kondensation der in der Faser befindlichen Kunstharz-Bildner zum unlöslichen Endharz bzw. die Abbindung des „Kunstharzes" an die OH-Gruppen der Zellulose erfordert nach Nickerson[1] aber eine weitgehende Wasserfreiheit des auszurüstenden Gewebes. Nach E. Elöd[2] soll der Wassergehalt des Gewebes nicht mehr als 38% betragen.

Nach den Ausführungen von R. Loss[3] kann der Verlauf der Kondensation nur dann reproduzierbar gleich bleiben, wenn die Faktoren *Temperatur*, *Feuchtigkeit*, *Appret* wie auch Art und Menge des *Katalysators* im Gewebe gleich bleiben.

R. Loss (loc. cit.) führt rechnerische Vergleiche bei zwei Geweben mit *verschiedenen Feuchtigkeitsgehalten* (2% und 7%) an, wobei das feuchtere Gewebe (7%) 3,5mal höher erwärmt werden müßte, um in der gleichen Zeit zum Endwassergehalt zu gelangen. Dies sind beachtliche Unterschiede, die beim Kondensieren berücksichtigt werden müssen!

W. Rümens[4] weist aber darauf hin, daß, im Gegensatz zum Vorgebrachten, nach neueren Anschauungen die *Kondensation im nassen Zustand* (sogenannte Naßdampfkondensation), wie diese auf dem *Monfortschen Reaktor* durchgeführt wird, eine gewisse Rolle spielt. Das Prinzip ist hiebei, das Kunstharz im *duktilen Zustand* zu kondensieren. Hierdurch soll bei *Zellwollgeweben* eine gute Scheuerfestigkeit und bei *Baumwollgeweben* eine weniger starke Festigkeitseinbuße erreicht werden.

Nach Untersuchungen von J. Rau und K. Eckstein[5] hat die *Restfeuchtigkeit*, also der Feuchtigkeitsgehalt, mit dem das imprägnierte Baumwollgewebe zur Hitzekondensation gelangt, *keinen* Einfluß auf die mechanisch-technologischen Effekte. Weiteres s. später (s. Bd. IV/2.)

Für die Kondensation zu einem guten Endharz sind (außer der Kunstharztype) *drei Faktoren* wesentlich, nämlich 1. Art des Katalysators, 2. Kondensationstemperatur und 3. Kondensationszeit. Wichtig ist, daß diese drei Faktoren richtig aufeinander abgestimmt werden.

---

[1] Nickerson: Amer. Dyestuff Rep. **39**, 46 (1950).

[2] Elöd, E.: Textil-Praxis **10**, 74 (1955).

[3] Loss, R.: Die Kondensation von Harnstoff-Formaldehyd-Kunstharz auf Zellulosegeweben. Textil-Rundschau (St. Gallen) **12**, 502 (1957).

[4] Freundliche Mitteilung des Herrn Dr. W. Rümens, Ludwigshafen am Rhein.

[5] Rau, J. u. K. Eckstein: Hat die Restfeuchtigkeit beim Hochveredeln vom Baumwollgeweben einen Einfluß auf Knitterwinkel und Festigkeit ? Textil-Praxis **19** (3), 284 (1964).

Diese Ausführung gilt bei Vorliegen einer *einheitlichen* Kunstharz-Type. Beim Vergleich von verschiedenen Kunstharz-Typen weichen die Ergebnisse voneinander ab. Daher hat auch die Kunstharz-Type einen großen Einfluß auf den Endeffekt der Ausrüstung (s. nachfolgend).

Die verschiedenen Arten der *Katalysatorsubstanzen* und ihre Wirkungsweise wurde bereits vorstehend beschrieben.

Erwähnt soll aber noch werden, daß der große Einfluß der Katalysatoren auf den Zustand des Endharzes sich auch auf physikalische Daten, wie Reiß- und Scheuerwert des ausgerüsteten Gewebes auswirkt.

Tabelle 28. *Beeinflussung der Gewebescheuerfestigkeit (Zellwolle) durch Variierung der Katalysatortype bei Ausrüstung mit einem vernetzenden Kunstharz* (nach E. Elöd und Graeser)[1]

| Katalysator: | pH-Wert der Flotte | Scheuer*verlust* nach 2000 Scheuertouren |
|---|---|---|
| Nicht ausgerüstet | — | 0,8% |
| Aluminiumchlorid 4,0 g/l | 3,0 | — |
| Ammonnitrat 4,0 g/l | 4,5 | 7,7% (hartes Kunstharz) |
| Zinknitrat 4,7 g/l | 5,0 | 2,3% (weiches Kunstharz) |
| *Katalysator A*/Ciba: ($CaCl_2$ + Borsäure) 8,0 g/l | 5,0 | 3,1% |

Der Ausrüstungseffekt im positiven und negativen Sinne ist bei der Kondensation von „in sich“ vernetzenden und „mehr zellulosevernetzenden“ Reactantharzen von vielen Faktoren abhängig. Hinsichtlich des Einflusses des Katalysators hierbei liegen verschiedene Arbeiten vor.

Der Einfluß von Ammoniumsalz-Katalysatoren bei der Kondensation mittels Infrarotstrahlung wurde von W. Vauck[2] untersucht, wenn auch solche Verfahren sich in der Praxis weniger durchgesetzt haben[3].

W. Vauck (loc. cit.) kondensierte Dimethylol-Harnstoff im IR-Dunkelfeldstrahler, wobei das Maximum der Strahlungsenergie bei $\lambda = 3,1\ \mu$ lag.

Die Kochwaschbeständigkeit diente als Maß für die „Auskondensation des Harzes“.

Bei *konstanter* Kondensations*zeit* war die Auskondensation von der Katalysator*konzentration* abhängig. *Optimale* Werte wurden in einem *engbegrenzten* Konzentrationsbereich erhalten. Weiters war die *günstigste* Katalysator*konzentration* von der Kondensations*zeit* abhängig.

Messungen der Knitterwinkel führten zu dem gleichen Ergebnis.

S. H. Foster[4] prüfte unter Verwendung von peinlich vorgereinigten Baumwollgewebeproben den Einfluß von Kondensationsdauer, -temperatur und Katalysatormenge bei Ausrüstung von Dimethylol-Äthylenharnstoff und Trimethylol-Melamin-methyläther bei Konzentrationen von 2 bis 16%.

---

[1] Elöd, E. u. Graeser: Reyon, Zellwolle **1952,** H. 10.

[2] Vauck, W.: Zur Infrarotkondensation der Harze bei der Knitterarmausrüstung. Dtsch. Textiltechn. **7,** 518 (1957). — Vauck, W.: Zu Kondensation mit Ammoniumsalzkatalysatoren versetzter Harnstoff-Formaldehydharze im Infrarot-Dunkelstrahlerfeld. Dtsch. Textiltechn. **9,** 374 (1959). — Vauck, W.: Infrarotkondensation der Dimethylolharnstoff-Katalysatorgemische. Melliand Textilber. **42,** 690 (1961).

[3] McCartney, J.: Bemerkungen über das Kondensieren von Harzausrüstungen. Text. Manufacturer **1962** (8), 344.

[4] Foster, S. H.: Wirkung der Härtungsbedingungen auf die Harzausrüstungen. Textile World **1957,** 123.

Die Imprägnierbäder enthielten nur das Ausrüstungsmittel und den Ammoniumsalz-Katalysator. Nach dem Klotzen auf dem Foulard wurde bei 93° C getrocknet, kondensiert, nachgewaschen und die ausgerüsteten Gewebeproben im Normalklima konditioniert.

*Tabelle 29*

| Einfluß von: | Dimethylol-Äthylenharnstoff (DMÄH): | Trimethylol-Melamin-methyläther (TMM): |
|---|---|---|
| Kondensations-*temperatur* | Hinsichtlich günstigem Knittererholungswinkel und Einreißfestigkeit lag die *optimale* Kondensationstemperatur bei 132 bis 144° C. Wurde diese erniedrigt, so verbesserte sich die Einreißfestigkeit. | Der *gleiche* Knittererholungswinkel wurde hier erst bei 166° C Kondensationstemperatur erhalten. |
| Kondensations-*dauer* | Bei *beiden* Kunstharztypen resultierten bei einer Kondensationsdauer von 1½ Minuten und 144° C Temperatur bereits *Endwerte* hinsichtlich Knittererholungswinkel, Dehnung und Reißfestigkeit. Eine Kondensationszeit von 6 Minuten bewirkte *keine* Änderung mehr. | |
| Kunstharztype (Waschbeständigkeit der Ausrüstung) | Nach der Kondensation (bei 144° C) ist der Knittererholungswinkel bei DMÄH höher, fällt aber nach 5 Wäschen (Seife/Soda) auf den Wert von gewaschenem TMM. Umgekehrt ist die Einreißfestigkeit bei DMÄH schlechter als bei TMM, steigt aber nach 5 Wäschen auf den Wert von TMM. Daher sind die Ausrüstungen von Baumwollgeweben mit TMM waschfester. | |
| Menge des Katalysators (Ammoniumsalz) | Eine Erhöhung der Menge des Ammoniumsalz-Katalysators *über* 10% (bezogen auf die Kunstharzmenge) ist meist ohne Einfluß auf den Knittererholungswinkel. Bei TMM und 166° C Kondensationstemperatur nimmt der Knittererholungswinkel jedoch mit *steigender* Kunstharzmenge noch zu. *Steigende* Katalysator*mengen* erniedrigen Reiß- und Einreißfestigkeit des ausgerüsteten Baumwollgewebes. | |

Nach S. H. Foster (loc. cit.) hat jedes Kunstharz eine optimale Kondensationstemperatur. Die Menge des Katalysators wäre weniger wichtig. Längere Kondensationszeiten würden keine Vorteile erbringen.

Nach T. F. Cooke et al.[1] sind Baumwollgewebe weit schwieriger auszurüsten als solche aus Regeneratzellulosefasern; hier hat neben dem angewandten Kunstharz auch die Katalysatortype eine große Bedeutung.

Die Autoren studierten bei Baumwollgeweben den Einfluß verschiedener Katalysatoren auf verschiedene Kunstharze bei verschiedenen Kondensationszeiten und -temperaturen.

*Kunstharze:* Dimethylol-Harnstoff,
Methylol-Melamin (auch modifiziert),
Dimethylol-Äthylenharnstoff.

*Katalysator* (bezogen auf das Fasergewicht):
3,5% Ammoniumsulfat,
12% Magnesiumchlorid,
7% 2-Amino- 2-Methyl-propanol-hydrochlorid,

*Kondensation:* Temperaturen von 135 bis 185° C,
Zeiten von ¾ bis 8¼ Minuten.

[1] Cooke, T. F., P. B. Roth, J. M. Salsbury, G. Switlyk u. W. J. van Loo: Vergleich der Knitterfestausrüstung von Baumwollwaren. Text. Res. J. **27**, 150 (1957).

Tabelle 30. *Ergebnisse bei konstanten Kondensationsbedingungen* (1 ½ Min. und 175° C)

| | |
|---|---|
| Einfluß des Katalysators | *Ammoniumsulfat:* Niedrigster Knitterwinkel bei allen drei Kunstharztypen. *Magnesiumchlorid:* Für Melaminharze am wirksamsten (Knitterwinkel). *Organisches Ammoniumsalz:* Für modifiziertes Melaminharz am wirksamsten (Knitterwinkel). Alle drei genannten Katalysatoren geben bei Dimethylol-Äthylenharnstoff (Reactantharz) nur geringe Unterschiede. |
| Einfluß des Kunstharzes | *Dimethylol-Äthylenharnstoff:* Höchster Knitterwinkel. *Dimethylol-Harnstoff:* Niedrigster Knitterwinkel, der vom Kunstharz-Gehalt abhängig ist. Der Knittererholungswinkel steigt bis zu einem Maximalwert bei 12 bis 15% Festsubstanz (Kunstharz) an und nimmt dann wiederum deutlich ab. *Methylol-Melamin:* Mittlerer Knitterwinkel. Wird aber *modifiziertes Methylol*-Melamin mit dem organischen Hydrochlorid kondensiert, so nähern sich die Resultate den höheren Werten von Dimethylol-Äthylenharnstoff. Würde man nach den Autoren die Knittererholungswinkel der Kunstharztypen in Abhängigkeit von ihrem Molekulargewicht aufzeichnen, so würden diese Unterschiede fast gänzlich verschwinden. Daher würde nach ihnen die Ursache der unterschiedlichen Knitterfestigkeit in der Differenz der Molekulargewichte liegen. |
| Einfluß der Kondensationsbedingungen | *Metallsalz- oder organischer Hydrochlorid-Katalysator:* Dauer und Temperatur der Kondensation haben *wenig* Einfluß. Mit den genannten Katalysatoren werden bei Dimethylol-Äthylenharnstoff schon bei 120 bis 130° C günstige Resultate erhalten. *Ammoniumsalz-Katalysator:* Hier ist die *Temperatur* von größter Wichtigkeit. |

Zusammenfassend beurteilen T. F. Cooke und Mitarbeiter die Wirkung der verschiedenen Katalysatoren unter Berücksichtigung des Einflusses der Kunstharztypen und der Kondensationsbedingungen bei Baumwolle folgendermaßen:

Die *anorganischen Metallsalze* liefern den höchsten Knittererholungswinkel, die geringste Vergilbungsgefahr während des Kondensierens und *nach* wiederholten Chlorwäschen die beste Beständigkeit der Knitterfestigkeit und die geringste Festigkeitseinbuße. Doch benötigen sie *hohe* Kondensationstemperaturen.

Die *organischen Katalysatoren* liefern hinsichtlich der erwähnten Eigenschaften *weniger günstige* Ergebnisse, doch kann man bei *weniger hohen* Temperaturen kondensieren.

Mit *Ammoniumsalzen* werden *noch weniger befriedigende* Resultate erhalten.

## Darstellung der Ausrüstungseffekte (in Abhängigkeit von der Art der Katalysatortype) als Funktion der Kondensationstemperatur

In einer beachtlichen Arbeit von N. Götz u. a.[1] wurde das Verhalten von in der Praxis für die Baumwollausrüstung gängigen Reactantharztypen (Dimethylol-Verbindungen von Äthylenharnstoff und Hydroxyäthylenharnstoff) sowie von veräthertem Dimethylolharnstoff in Abhängigkeit von der Katalysatortype studiert.

Die Ausrüstungseffekte (s. nachfolgend) werden dabei *in Abhängigkeit von der Art des eingesetzten Katalysators* (Metallsalze, Ammoniumsalze) als *Funktion der Kondensationstemperatur* dargestellt.

Für die Praxis ergibt sich *aus dem Verlauf der Kurven* eine zweckmäßige Einteilung in eine *„sichere“* und *„gefährliche“* (kritische) Katalysatorwirkung.

[1] Götz, N., W. Rüttiger, W. Rümens u. R. Zeidler: Über die Wirkung von Katalysatoren bei der Hochveredlung. Textil-Rundschau (St. Gallen) **16**, 761 (1961).

Der Begriff „Ausrüstungsgrad" kennzeichnet allgemein das Niveau der *Trocken-* und *Naß*knittererholung einer *bestimmten* Gewebeart. Er wird durch den Knittererholungswinkel bestimmt.

Der bei der Ausrüstung auftretende *Festigkeitsverlust* ist *kein* Maß für den „Ausrüstungsgrad", obwohl der Festigkeitsverlust bei guten Ausrüstungen vom Ausrüstungsgrad abhängig ist.

Die *üblichen Additive*, welche neben der Beeinflussung des Warengriffs auch den Ausrüstungseffekt verbessern, wurden *weggelassen*.

Für die *Art der Beeinflussung des Ausrüstungsgrades durch den Katalysator* bei Wärmeeinwirkung lassen sich nach den Autoren *vier charakteristische Verhaltensweisen* feststellen. Letztere treten in der Praxis jedoch häufig nicht klar getrennt, sondern meist überlagert in Erscheinung (s. Abb. 20):

1. Temperatur*un*abhängige (sichere) Katalysatorwirkung.

2. Die kritische Temperatur.

3. Stark temperaturabhängige (kritische) Katalysatorwirkung.

4. Grenztemperaturen für die temperatur*un*abhängige Katalysatorwirkung.

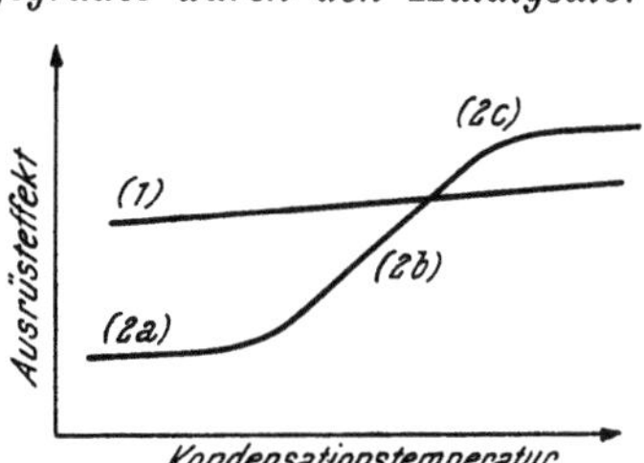


Abb. 20. Temperaturabhängigkeit der Katalysatorwirkung. (1) Sichere Katalyse; (2) unsichere Katalyse; (2a) geringer Effekt; (2b) kritischer Bereich; (2c) Grenztemperatur: sichere Katalyse.

### *1. Die temperaturunabhängige (sichere) Katalysatorwirkung*

Ein brauchbarer Ausrüstungsgrad resultiert schon bei der *Vortrocknung* ($t = 80°$ C). — Durch die anschließende Kondensation selbst bei hohen Temperaturen (bis 160° C) tritt nur *geringfügige* Verbesserung ein.

Daher wird durch das Kondensieren der anfänglich eingetretene Festigkeitsverlust *nicht merklich* vergrößert.

Es liegt eine „*sichere Katalysatorwirkung*" vor. Bei *Temperaturschwankungen* in der Kondensationsapparatur tritt weder eine Beeinträchtigung in der Knittererholung noch eine Zunahme des Reißfestigkeitsverlustes beim Gewebe ein (s. Abb. 20).

### *2. Die kritische Temperatur*

Erhitzen (Trocknen bzw. Kondensieren) *unterhalb einer bestimmten Temperatur* (= kritische Temperatur) des mit dem Ausrüstungsmittel + Katalysator imprägnierten Gewebes: *Keine Verbesserung* des Ausrüstungsgrades, nur die *Krumpfwerte* nehmen merklich ab.

Die *Höhe der kritischen Temperatur* (= Temperatur, bei der *noch keine merkliche* Verbesserung im Ausrüstungsgrad erfolgt) hängt ab:

1. Vom Ausrüstungsmittel (Kunstharz) und
2. von der *Art* und *Menge* des Katalysators.

Die *kritische Temperatur* kann innerhalb eines bestimmten Bereiches verschoben werden.

Diese *Hemmung des Kondensationsvorganges* hat praktische Bedeutung für die waschbeständige mechanische Ausrüstung (Chintz-, Präge- und Seidenfinish). Durch die *beheizten Walzen* erfolgt noch keine Kondensation.

### 3. *Die stark temperaturabhängige (kritische) Katalysatorwirkung*

Kondensieren *oberhalb* der kritischen Temperatur: Der Ausfall der Ausrüstung hängt *sehr stark* von der *Temperatur* ab.

Temperaturschwankungen von ± 10° C bei der Kondensation ergeben:

1. Differenzen von 20 bis 30° beim Knittererholungswinkel und
2. Festigkeitsunterschiede von etwa ± 15% (bezogen auf das nichtausgerüstete Gewebe).

Man kann diese Katalysatorwirkung als *„gefährlich“* bezeichnen. Wird in diesem Temperaturbereich gearbeitet, so ergeben schon *geringfügige* Temperaturdifferenzen eine erhebliche Beeinflussung des Ausrüstungsgrades.

Es ist aber hier möglich, durch entsprechende Temperatureinstellung den Ausrüstungsgrad *sehr genau* den Erfordernissen anzupassen.

### 4. *Die Grenztemperatur für die temperaturunabhängige Wirkung*

Häufig zeigt sich bei der Kondensation neben der *kritischen Temperatur* und einem *Bereich starker Temperaturabhängigkeit* eine *„Grenztemperatur“*; *oberhalb* derselben wird die Katalysatorwirkung wieder annähernd temperatur*un*abhängig.

Daher ist es möglich, in einem *„sicheren“ Bereich zu kondensieren* und den durch die *kritische Temperatur* gegebenen Vorteil ebenfalls auszunutzen.

Die Zusammenstellung eines Systems „Ausrüstungsmittel + Katalysator“, welches einen genügend großen „sicheren“ Bereich aufweist, läßt sich nur erreichen

1. für *ähnliche Gewebetypen* mit *völlig gleichartiger* Vorbehandlung und
2. für einen *bestimmten Kondensierapparat.*

---

Die Autoren fassen die *untersuchten Katalysatoren* bei der Baumwollausrüstung für die erhaltenen Resultate bei den angeführten Konzentrationen (s. nachfolgend) und der Kondensationszeit (4 Minuten) in mehrere Gruppen zusammen:

| | |
|---|---|
| 1. Mono- und Diammonphosphat und Ammonsulfat | *Sichere* Katalysatoren (geringe Neigung der Kurven) |
| 2. Condensol A/BASF (Ammonnitrat und Ammonchlorid) | *Gefährliche* (kritische) Katalysatoren (starke Neigung der Kurven) |
| 3. Catalyst AC/Monsanto $[HO \cdot CH_2 \cdot CH_2 \cdot NH_3]Cl$ | Geeignet für verätherten Dimethylol-Harnstoff (Kaurit W-Paste/BASF) |
| 4. Magnesiumchlorid | Geeignet für Dimethylol-Äthylenharnstoff (Fixapret AH fl/BASF) |
| 5. Zinknitrat | Geeignet für 1,3-Dimethylol-4,5-Dihydroxyäthylenharnstoff (Fixapret CP/BASF) und veräthertem Dimethylol-Harnstoff (Kaurit W-Paste/BASF) |
| 6. Condensol Z/BASF ($ZnCl_2$) | Geeignet für alle drei Produkte |

Tabelle 31. *Beeinflussung des Ausrüstungsgrades durch den Katalysator* (nach N. Götz u. a.)

Nicht mercerisierte, gebleichte Baumwollgewebe (Leinenbindung) wurden mit je 50 g pro Liter wirksame Substanz der drei Kunstharze unter Zusatz des entsprechenden Katalysators *sofort* und *nach 24 Stunden* (nach Ansatz der Flotte) imprägniert (Abquetscheffekt auf dem Foulard 80%), dann auf dem Spannrahmen während 10 Minuten bei 80° C getrocknet und nach dem Klimatisieren auf 8% Restfeuchte kondensiert, und zwar jeweils 4 Minuten bei den Temperaturen 110° C, 125° C, 140° C und 155° C.

Die ausgerüsteten Gewebe wurden gewaschen (5 g Seife + 2 g Soda kalz., Flotte 1 : 50, 30 Minuten, 60° C).

Bestimmt wurde *Trocken*knittererholungswinkel und Reißfestigkeit (jeweils in Schußrichtung).

Die erhaltenen Werte wurden in Diagrammen aufgezeichnet:

Ordinate: Knitterwinkelwerte für die sofort nach Flottenansatz vorgenommene Ausrüstung.
Knitterwinkelwerte für die Imprägnierung mit 24 Stunden alter Flotte.
Dazu wurden die entsprechenden Reißfestigkeitswerte mit eingetragen.

Abszisse: Kondensationstemperaturen.

Hinsichtlich der entsprechenden Diagramme wird auf die Originalarbeit verwiesen.

| Katalysator: | Fixapret AH fl/ /BASF (Dimethylol-Äthylenharnstoff) | Fixapret CP fl/BASF (Dimethylol-Glyoxal-mono-urein oder 1,3-Dimethylol-4,5-Dihydroxyäthylenharnstoff) | Kaurit W Paste/ /BASF (Dimethylol-Harnstoff dimethyläther) |
|---|---|---|---|
| Condensol A/BASF (5 g/l). Wirksames Prinzip: $NH_4NO_3$ | Kondensiert schon beim Trocknen (80° C). Bei 80 bis 140° C Kondensationstemperatur: Knittererholungswinkel 135 bis 150° und 25 bis 35% Festigkeitsverlust. „*Sicherer Katalysator*“ (geringe Neigung der Kurven). Flotte mit Katalysator *nicht* länger stehen lassen, da 1. etwas geringere Knittererholung nnd 2. erheblich stärkerer Festigkeitsverlust. | Nur mit erheblicher Einschränkung (sowohl *sofort* als auch 24 Stunden *nach* Flottenansatz) geeignet. „*Unsicherer Katalysator*“ (starke Neigung der Kurven). Sehr gut geeignet zum *Steuern* von Ausrüstungseffekten. | Sichere Kondensation *sofort* nach Flottenansatz bei 110 bis 125° C. Flotte und Katalysator *nicht länger* stehen lassen. Da die Kurvenneigung schon bei 80° beginnt, ist dann sicheres Arbeiten *nur noch* bis 110° möglich. |
| Mono- und Diammoniumphosphat (5 g/l) | *Sicherer Katalysator sofort* nach Flottenansatz bei 80 bis 155° C und bei 24 Stunden *nach* Flottenansatz: 110 bis 155° C. | *Sicherer Katalysator sofort* nach Flottenansatz bei 140 bis 155° C und bei 24 Stunden *nach* Flottenansatz: 125 bis 155° C. | *Sicherer Katalysator* sofort nach Flottenansatz bei 125 bis 155° C und bei 24 Stunden *nach* Flottenansatz: 110 bis 155° C. |
| Ammoniumchlorid (5 g/l) | Praktisch nur *sofort* nach Flottenansatz geeignet: Bereich 80 bis 125° C. | „*Gefährlicher Katalysator:* Bereich nur 125 bis 140° C. | *Gefährlicher Katalysator:* Bereich nur bis 110° C. |

*Fortsetzung der Tabelle 31*

| Katalysator: | Fixapret AH fl//BASF (Dimethylol-Äthylenharnstoff) | Fixapret CP fl/BASF (Dimethylol-Glyoxal-mono-urein oder 1,3-Dimethylol-4,5-Dihydroxyäthylenharnstoff) | Kaurit W Paste//BASF (Dimethylol-Harnstoff-dimethyläther) |
|---|---|---|---|
| Ammoniumsulfat (5 g/l) | *Sicherer Katalysator sofort* und 24 Stunden *nach* Flottenansatz: Bereich 80 bis 155° C. | *Sicherer Katalysator sofort* und 24 Stunden *nach* Flottenansatz. Bereich 140 bis 155° C. Gut zum *Steuern* der Effekte geeignet. | *Sicherer Katalysator sofort* nach Ansatz. Bereich 110 bis 140° C. 24 Stunden *nach* Flottenansatz. Bereich 110 bis 125° C. |
| Condensol Z/BASF (10 g/l). Wirksames Prinzip: $ZnCl_2$ | Sehr gut zum *Steuern* der Effekte (*sofort* und 24 Stunden *nach* Ansatz): Bereich 80 bis 125° C. | Steuerbereich: 125 bis 140° C. | *Sofort* nach Ansatz. Bereich 125 bis 155° C. 24 Stunden *nach* Ansatz. Bereich 110 bis 140° C. |
| Magnesiumchlorid (15 g/l) $MgCl_2 \cdot 6\,H_2O$ | Eine der wenigen Katalysatoren, welche diese Verbindung bei 80° C *nicht* zum Kondensieren bringen. Bereiche 110 bis 125° C. | Weniger gut geeignet. | Weniger gut geeignet. |
| Zinknitrat (10 g/l) $Zn(NO_3)_2 \cdot 6\,H_2O$ | *Sofort* nach Ansatz Flotte verarbeiten. Günstigster Temperaturbereich: 110 bis 125° C. | *Sofort* nach Ansatz verarbeiten. Ebenso. Hier besser geeignet als für DMÄH. | *Sofort* nach Ansatz verarbeiten. Ebenso. Hier besser geeignet als für DMÄH. |
| Catalyst AC//Monsanto (20 g/l). Wirksames Prinzip $(HO \cdot CH_2 \cdot CH_2 \cdot \cdot NH_3)\,Cl$ (Hydroxyäthylammoniumchlorid) | *Sofort* und 24 Stunden *nach* Ansatz: Bereich 110 bis 125° C. | Kondensation: 140° C. | *Sofort* nach Ansatz bei 125 bis 155° C. 24 Stunden *nach* Ansatz: 110 bis 125° C. |

## G. Additive (Zusätze zur Imprägnierflotte). Textilhilfsmittel und Appreturkörper in der Hochveredlung von Zellulosefasertextilien

### I. Allgemeines

Zur Kunstharz-Imprägnierflotte werden noch unterschiedliche Textilhilfsmittel zugesetzt. Diese *Additive* haben die Aufgabe, den Imprägniervorgang zu unterstützen, den Warengriff in gewünschter Richtung zu beeinflussen, ferner die Effekte der Hochveredlung zu verbessern oder ungünstige Nebenwirkungen (wie z. B. den Reißfestigkeitsabfall des Gewebes) zu mildern. Weiters werden solche Additive für Mehrzweckausrüstungen eingesetzt, wie z. B. knitterfest und wasserabweisend, knitterfest und flammfest usw.

Appretur- und Textilhilfsmittel als *Bestandteil der Imprägnierflotte* können den Verlauf der Katalyse zum Endharz sowie die Eigenschaften des fertig ausgerüsteten Gewebes sehr unterschiedlich beeinflussen.

Auch die *Nachbehandlung eines bereits knitterfest ausgerüsteten Gewebes* mit Textilhilfsmitteln kann unterschiedliche Auswirkungen ergeben.

Um den Ausrüstungsvorgang zu vereinfachen und zu verbilligen, werden die verschiedenen Arbeitsprozesse bei den *Mehrzweckausrüstungen* möglichst im Einbadverfahren durchgeführt.

Beispiele von Mehrzweckausrüstungen im Einbadverfahren sind: Gleichzeitige Knitterfest- und wasserabweisende Ausrüstung durch Mitverwendung von Hydrophobierungsmitteln für Oberbekleidung und Krawattenstoffe; gleichzeitige Mitverwendung von Füllmitteln zur Verbesserung des Griffs, Aussehens und Falles der Ware.

Zwischen Kunstharz-Bildner, Katalysator (Säurespender), Appreturkörper und Textilhilfsmittel bestehen bestimmte Wechselwirkungen. Vereinzelte Kombinationen sind für den Einsatz im Einbadverfahren nicht anwendbar[1].

Die genaue Kenntnis der Wirkung der einzelnen dem Imprägnierbad zugesetzten Komponenten ist die Voraussetzung zur Vermeidung von Fehlresultaten. Bei jeder beabsichtigten *neuen Kombination* muß daher ein größerer Vorversuch mit anschließender Auswertung der resultierenden technischen Daten des ausgerüsteten Gewebes durchgeführt werden.

Die Badzusammensetzung und die Kondensationsbedingungen richten sich nach dem Ziel der Ausrüstung, nämlich ob diese z. B. eine Hochveredlung mit Knitterfrei-Effekt und Verminderung der Faserquellung oder eine Füll- und Steifausrüstung sein soll.

Als Additive (Zusätze) zum Imprägnierbad kommen in Betracht:

1. Stabilisatoren (s. vorstehend S. 276).
2. Netzmittel.
3. Appreturkörper (füllend oder versteifend).
4. Weichmacher und weichmachende Substanzen.
5. Hydrophobierungsmittel.
6. Eventuell unlösliche Pigmente (Farbkörper, Weißpigmente usw.).
7. Optische Aufhellungsmittel (s. S. 330).
8. Reaktive Farbstoffe (s. Bd. IV/2)
9. Zusätzliche Hilfsmittel für spezielle Mehrzweckausrüstungen (wie z. B. knitterfrei und flammfest).

## II. Benetzungsmittel (Einbadverfahren) und Wiederbenetzungsmittel (Zweibadverfahren)

Die Kunstharz-„Vorkondensate" haben an sich keine Substantivität zur Zellulosefaser. Die wässerige Imprägnierflotte wird mit Hilfe des Foulards möglichst gleichmäßig über die Gewebefläche verteilt und „dosiert" (d. h. als immer gleichmäßige Badmenge) auf das reine, trockene Gewebe aufgebracht. Die anfänglich nur in den Kapillaren zwischen den Fasern befindliche Imprägnierlösung tritt dann durch Diffusionsvorgänge in das Faserinnere, wobei ein Konzentrationsgefälle zwischen Vorkondensatlösung und Quellwasser der Faser entsteht[1]. Während des späteren Trockenvorganges erhöht sich die Konzentration der Imprägnierlösung durch Wasserverdampfung, wodurch die Lösung in das Innere der Faser vermehrt diffundiert. Der Abquetscheffekt am Foulard hat auf den Diffusionsvorgang selbst keinen Einfluß, so wie dies oft angenommen wird[2].

---

[1] Gagliardi, D. D.: Amer. Dyestuff Rep. **1956**, 99.

[2] Rath, Herbolsheimer u. Stapf: Der Mechanismus der Harzablagerung in Baumwolle. Text. Res. J. **30**, 201 (1960).

Zur Unterstützung des Diffusionsvorganges, namentlich anfänglich in die durch die Baumwollfasern gebildeten Kapillarräume, werden *Benetzungs- und Wiederbenetzungsmittel* empfohlen, namentlich bei Geweben aus schärfer gedrehten Baumwollfasern. So können nach H. C. Borghetty und D. Fornelli[1] Unterschiede bei der Baumwollausrüstung insofern auftreten, als die losen Schußfäden oft mehr an Kunstharz aufnehmen als die stärker gedrehten und manchmal noch Reste von Schlichte enthaltenden Kettfäden.

*Netzmittel* werden dem Imprägnierbad direkt zugegeben; es werden *nicht*-ionogene Typen verwendet.

Beim Ansetzen der Imprägnierlösung wird zuerst der vorgelöste Weichmacher zugegeben, dann das Kunstharz-,,Vorkondensat" (als handwarme Lösung) und hierauf erst das Netzmittel und der Katalysator (Säurespender). Wenn ein voller Griff erwünscht wird, so werden noch Appreturkörper (wie z. B. eine Kunststoffdispersion oder wasserlöslicher Polyvinylalkohol) zugesetzt.

Bei Anwendung von *Wiederbenetzungsmitteln* wird das ,,reine" Gewebe *vor* der Kunstharzausrüstung mit diesem behandelt und getrocknet. Der Nachteil bei Anwendung von Wiederbenetzungsmitteln ist die Durchführung im Zweibadverfahren. Weiters sind Wiederbenetzungsmittel nicht mit kationischen Weichmachern verträglich. H. C. Borghetty und D. Fornelli (loc. cit.) schlagen hierfür *kationaktive Weichmacher* vor, welche gleichzeitig auch Benetzungs- und Wiederbenetzungseigenschaften aufweisen.

Die *Verwendung von Benetzungs- und Wiederbenetzungsmitteln* kann aber in der Praxis der Hochveredlung *sehr problematisch* werden, denn oft ist mit einer Kunstharzausrüstung eine *Hydrophobierung* verbunden, wobei natürlich Benetzungs- und Wiederbenetzungsmittel dem erwünschten wasserabweisenden Effekt entgegenwirken.

## III. Appreturkörper als Additive

Zum Imprägnierbad (eine N-Methylolverbindung verschiedener Konstitution und den beigegebenen Säurespender enthaltend) werden noch bestimmte Additive zugesetzt, welche die Aufgabe haben, den Warengriff zu korrigieren und die Scheuer-, Reiß- und Einreißfestigkeit sowie die Vernähbarkeit zu verbessern. Die Appreturmittel können ganz unterschiedlichen chemischen Aufbau aufweisen. Sie können nativer Herkunft (wie Stärke- und Zellulosederivate), ferner wasserlösliche synthetische Hochpolymere sein (wie Polyvinylalkohol) oder als wasser*un*lösliche Polymerisationskunststoffe in Form von wässerigen Dispersionen bzw. Emulsionen vorliegen.

Die meisten Appreturkörper, in *geringer Menge* dem Imprägnierbad zugegeben, erweisen sich als *Schutzkolloide*, was für die Erhöhung der Stabilität der Imprägnierbäder wesentlich ist.

Appreturkörper, in *hoher Konzentration* im Imprägnierbad vorliegend, wirken ,,faserauflagernd" (= Appretwirkung) und treten oftmals mit dem Kunstharz in chemische Verbindung, wodurch sie waschfest an die Faser fixiert werden (waschfeste Apprets).

Für *Weißware* können nur Appreturmittel verwendet werden, die keine Eigenfarbe haben und des weiteren auch keine Verfärbung des Weißeffektes bewirken. Ferner spielt auch die *Ionogenität der Mittel* eine Rolle. So sind z. B. mit den allgemein anionaktiven optischen Aufhellern nur anionaktive oder nichtionogene Appreturmittel verträglich.

---

[1] Borghetty, H. C. u. D. Fornelli: Knitterfreimachen von Baumwolle. Textile World **1955**, 102.

## 1. Wasserlösliche (bzw. kolloidlösliche) native und synthetische Hochpolymere

### *a) Leim oder andere aminogruppenhaltige Substanzen*

Diese werden wegen der Möglichkeit des späteren Auftretens von Fischgeruch am fertig ausgerüsteten Gewebe nicht mehr verwendet.

### *b) Produkte auf Basis Stärke*

Kaltwasserlöslicher Stärkeäther hat eine sehr hohe Reaktionsfähigkeit mit thermohärtbaren Kunstharzen und ergibt einen vollen, geschmeidigen und waschbeständigen Griff der ausgerüsteten Textilien.

*Handelsprodukte:* Z. B. *Stärkeäther* der Fa. Sichelwerke A. G., Hannover-Limmer. *Solvitose HDF* der Fa. W. A. Scholten's Chemische Fabrieken, N. V. Foxhol, Holland. Noredux-Marken dei Fa. Böhme Fettchemie u. a.

Die Methylolverbindungen von Harnstoff und noch mehr die des Melamins, reagieren mit Stärke und mit Stärkeäther (Oxyalkylstärke wie Methylstärke und Stärkeglykolate), wobei diese Substanzen bei der Kondensation mit in das Kunstharz einkondensiert werden.

Werden die „kolloid-wasserlöslichen" Anfangspolymerisate von Harnstoff- oder Melaminformaldehyd verwendet (wie z. B. Texapret K/BASF), so resultiert eine *vermehrt steifende* Ausrüstung.

### *c) Produkte auf Basis Zellulose*

Wasserlösliche Zelluloseäther (wie Carboxymethylzellulose) werden gleichfalls als Additive empfohlen.

*Handelsprodukte:* Z. B. Tylose-Marken/Kalle & Co; Phrikolat NV Gries/Phrix u. a.

### *d) Polyvinylalkohole*

Diese werden durch Umesterung von Polyvinylazetat in methanolischer Lösung in Gegenwart von Alkalien erhalten. Man unterscheidet:

*Vollverseifte Typen* mit einem Rest-Azetylgehalt von 2% und darunter, und *Teilverseifte Typen* mit einem Rest-Azetylgehalt von durchschnittlich 12%. Letztere sind in kaltem Wasser unlöslich, lösen sich aber in heißem Wasser bei 65 bis 70° C.

*Handelsprodukte:* Vinarol-Marken/Hoechst u. a.

Polyvinylalkohol wird bevorzugt als Appreturkörper (füllend oder versteifend) in der Kunstharzausrüstung verwendet. Ferner wirkt Polyvinylalkohol als gutes *Stabilisierungsmittel* für das Imprägnierbad. Polyvinylalkohol hat ferner noch ein *Rückhaltevermögen auf die Harzmigration* im Gewebe beim Trocken- und Kondensierprozeß und ist auch ein *guter Formaldehydakzeptor*. Polyvinylalkohol kann wie Stärke (und Leim) durch Kunstharz-„Vorkondensate" und auch durch Formaldehydeinwirkung in den wasser*un*löslichen Zustand übergehen (waschfestes Appret).

Zum „Füllen" der knitterfest ausgerüsteten Gewebe hat sich Polyvinylalkohol gut bewährt, da hierbei der Knittererholungswinkel *nicht* ungünstig beeinflußt wird. Bei der Kunstharzausrüstung von Baumwollgeweben mit *permanenten Prägeeffekten* hat Polyvinylalkohol gleichfalls Bedeutung erlangt, da hierdurch die Prägung einen besonderen Stand erlangt.

F. Linke und H. Seidel[1] führen aus, daß die Polyvinylalkohol-Typen (voll-

---

[1] Linke, F. u. H. Seidel: Polyvinylacetat und Polyvinylalkohol, ein Beispiel für die Anwendung von Polymeren in der Textilindustrie. Melliand Textilber. **44** (10), 1134 (1963).

und teilverseift), allein verwendet, wegen ihrer leichten Auswaschbarkeit und des Preises wenig Bedeutung für die Textilausrüstung haben. Sehr großes Interesse haben die Polyvinylalkohole dagegen in der *Hochveredlung von Zellulosefasertextilien* erlangt, da sie mit Hilfe der verwendeten Kunstharz-„Vorkondensate“ wasch- und lösungsmittelfest auf der Faser bzw. dem Gewebe fixiert werden. Insbesondere durch die *Reactantharze* auf Basis Dimethylol-Äthylenharnstoff, -Propylenharnstoff oder -Dihydroxyäthylenharnstoff tritt die Vernetzung der Polyvinylalkoholmoleküle nicht nur untereinander, sondern auch mit der Zellulosefaser ein. Dies erklärt auch die Tatsache, daß die *füllenden Eigenschaften* der Polyvinylalkohole durch eine Kombination mit härtbaren Kunstharzen *noch verstärkt* werden.

Bei der Kombination mit härtbaren Kunstharzen wird außer der Beständigkeit gegen Chemischreinigung weiters noch die Scheuer-, Reiß- und Einreißfestigkeit des Baumwollgewebes verbessert.

Durch unterschiedliche Mengen an Polyvinylalkohol wird das Knittererholungsvermögen der mit „in sich“ vernetzenden Kunstharzen oder mit Reactantharzen ausgerüsteten Zellulosegewebe unterschiedlich beeinflußt:

*Beeinflussung des Trockenknittererholungswinkels: Geringe* Mengen an Polyvinylalkohol (1 bis 10 g pro l Flotte) bewirken eine *wesentliche* Verbesserung, während *höhere* Mengen an Polyvinylalkohol (10 bis 100 g pro l Flotte) eine *Verschlechterung* (= Abfall) bewirken.

*Beeinflussung des Naßknittererholungswinkels:* Dieser nimmt nach den Autoren mit steigender Polyvinylalkoholmenge allmählich zu. Bei über 10% Polyvinylalkohol (= 100 g pro l Flotte) entstehen aber bei Zugabe des Katalysators (Magnesiumchlorid) *übermäßig hochviskose* Lösungen!

Bei der Zunahme des *Naß*knittererholungswinkels konnten die Autoren in den geprüften Konzentrationen von 0,1, 0,5, 1,0, 2,5, 7,5 und 10,0% Polyvinylalkohol *kein* Optimum feststellen, d. h. der *Naß*knitterwinkel nimmt mit steigender Menge weiter zu. Dieser Befund hat anwendungstechnisch für den Einsatz von Polyvinylalkohol in Kombination mit härtbaren Reactantharzen für *Baumwollkragen-Einlagestoffe* große Bedeutung.

Ein Baumwollgewebe als *Krageneinlage* wird z. B. mit folgendem Ansatz ausgerüstet: 60 bis 70 g/l Reactantharz-Vorkondensat (100%ig); 13 g/l Magnesiumchlorid und 50 bis 70 g/l Polyvinylalkohol (K-Wert von 50).

Der *K-Wert* stellt ein relatives Maß für das Molekulargewicht, beruhend auf Viskositätsmessungen der wässerigen Polyvinylalkohol-Lösungen nach H. Fikentscher [Cellulosechem. **13**, 18 (1932)] dar. Die K-Werte der handelsüblichen Polyvinylalkohollösungen (azetylgruppenfrei und -haltig) liegen im Bereich zwischen 30 und 90 K-Werten.

Bei zunehmender Viskosität (bzw. K-Werten) nimmt die *steifende Wirkung* der Polyvinylalkohole zu und wird durch die härtbaren Kunstharze noch verstärkt. *Azetylgruppenhaltige* Produkte geben dabei *etwas steifere* Effekte im Vergleich mit azetylgruppenfreien.

*Azetylgruppenhaltige* Polyvinylalkohole heben sowohl den *Trocken-* als auch den *Naß*knittererholungswinkel (im Vergleich mit den azetylgruppenfreien) etwas mehr an. Dagegen sind nach den Autoren hinsichtlich der *Waschbeständigkeit keine* Unterschiede feststellbar.

### 2. Mitverwendung eines bereits polymerisierten Methylolharnstoffs

Wird eine N-Methylolverbindung mit einem schon säurekondensierten Harnstoff-Formaldehydharz (wie Uromat/Ciba) im Imprägnierbad kombiniert angewandt, so resultiert gleichzeitig ein *Knitterfest-* und *Mattierungseffekt.*

### 3. Einsatz von Kunststoffdispersionen bzw. -emulsionen

Die von den chemischen Fabriken hergestellten Kunststoff-Grundkörper (als fertig polymerisierte Produkte) werden von den Textilhilfsmittelherstellern zu Dispersionen bzw. Emulsionen verarbeitet. Diese können anion-, kationaktiv oder nichtionogen sein, ferner als saure bis neutrale und auch als neutrale bis alkalisch eingestellte Produkte vorliegen.

*Säureverträgliche oder sauer eingestellte Dispersionen* (z. B. Polyvinylazetat) eignen sich zur Mitverwendung in Imprägnierbädern für die Knitterfestausrüstung.

*Alkalisch eingestellte Dispersionen* (z. B. Buna) sind nur beschränkt verwendbar, und zwar unter gleichzeitiger Mitverwendung entsprechender Stabilisatoren und durch vorheriges Neutralisieren.

*Nichtionogene Dispersionen* werden wegen ihres indifferenten Verhaltens gegen die anderen Begleitkörper und die Methylol-Verbindungen im Imprägnierbad am meisten angewandt.

*Anionaktive Dispersionen* sind elektrolytempfindlich, was bei Mitverwendung von Metallsalz-Katalysatoren zu beachten ist[1].

Weiters ist auch die Grundsubstanz, nämlich der fertig polymerisierte Kunststoff selbst, von Einfluß. Je nach dem Polymerisationsgrad und der Art der Herstellung (z. B. Niederdruck- oder Hochdruckpolyäthylen) können unterschiedliche Effekte am fertig ausgerüsteten Gewebe resultieren. Weiters ist auch der „additive Einfluß" des Polymers (z. B. bei Polyacrylaten) unterschiedlich, wenn dieses reaktive Gruppen enthält, die mit dem Kunstharz oder auch mit der Zellulose reagieren können.

So gibt es Polyäthylenemulsionen, die den Warengriff etwas weicher machen, und solche, die einen kräftigen, vollen Griff resultieren lassen.

Die Auswahl der geeigneten Grundform einer polymerisierten Kunststofftype, ihre Überführung in eine brauchbare Emulsion erfordert entsprechende Erfahrungen. Daher ist es sicher von Vorteil, wenn der Textilausrüster sich diese speziellen Kenntnisse der Textilhilfsmittelhersteller, auch hinsichtlich der späteren Verwendung solcher Additive, zunutze macht.

Nachfolgend werden einzelne Kunststofftypen im Hinblick auf ihren Einsatz als Additive für die Zellulosehochveredlung angeführt. Es ist festzustellen, daß in der Literatur und auch aus praktischen Erfahrungen heraus immer wieder Widersprüche hinsichtlich des Effektes am fertig ausgerüsteten Gewebe auftreten. Doch steht einwandfrei fest, daß die verschiedenen Additive bei entsprechender Erfahrung und geschickter Anwendung für die Verbesserung verschiedener physikalischer Eigenschaften des ausgerüsteten Gewebes wertvoll sind. Kunststoffdispersionen haben als Additive für bügelfreie Hemdenpopelinestoffe besondere Bedeutung erlangt.

#### *a) Polyäthylenemulsionen*

*Handelsprodukte:* Z. B. Perapret PE/BASF; Migafar L/Ciba; Turpex AC/Pfersee u. a.

Polyäthylenemulsionen allein (also ohne Kunstharz) auf ein Baumwollgewebe appliziert ergeben nach Brunson und Eells[2] eine bedeutende Erhöhung der Weiter-(Ein-)reißfestigkeit wie auch des Biegewiderstandes, er-

---

[1] Graf, P.: Prakt. Chem. (Wien) **7,** 269 u. 308 (1956).

[2] Brunson, M. O. u. R. Eells: Modern Textiles **1962** (6), 42.

mittelt mit dem Stoll-Prüfgerät (400 Zyklen → 3500 Zyklen). Weiters ist das Appret sehr waschfest. Wird die imprägnierte Ware auf 165° C erhitzt, so verschmelzen die aufgebrachten Partikeln und bilden auf der Faser einen kontinuierlichen Film.

Die Autoren prüften auch die Effekte von Polyäthylen als Additiv zu „in sich" vernetzenden Kunstharzen und Reactantharzen. Festgestellt wurde, daß die *Ein*reißfestigkeit verbessert wurde, jedoch *nicht* die *Zug*festigkeit.

Die früheren Angaben von R. Rosenbaum[1] decken sich größtenteils mit dem Vorstehenden. Er gibt die Zusammensetzung einer typischen Polyäthylenemulsion an. Diese besteht aus

20% Polyäthylen,
5% Alkylarylpolyäthylenglykol,
1,5% Kalilauge (20%ig) und
73,5% Wasser.

Der Schmelzpunkt des Polyäthylens beträgt 100 bis 105° C.

Von der Textilindustrie werden die *nichtionogenen* Emulsionen bevorzugt, da diese weitgehend mit anderen Substanzen im Imprägnierbad verträglich sind. Sie können mit anion- und kationaktiven Appreturmitteln zusammen verwendet werden. Sie sind indifferent gegen Säuren (Katalysatorsäure), mehrvalente Metallsalze und Hydrochloridamine (Katalysatoren) und auch Kunstharz-„Vorkondensate". Es werden die Farbtöne nicht verändert und die Ware vergilbt nicht. Weiters zeigt sich auch keine Chloraufnahme bei späterer Behandlung des ausgerüsteten Gewebes mit einem Chlorbad.

Hinsichtlich der Effekte des ausgerüsteten Gewebes gibt R. Rosenbaum an, daß es wesentlich ist, daß die Einreißfestigkeit schon bei geringen Mengen von auf die Ware aufgebrachtem Polyäthylen stark erhöht wird. Weiters wird die Biegungs-Scheuerfestigkeit verbessert. Es genügen im allgemeinen hierzu Konzentrationen von 0,5% an Polyäthylen.

In *Verbindung mit thermohärtbaren Kunstharzen* wird der Warengriff verbessert und die Reibung der Ware am Kalander vermindert. Weiters wird auch die Knitterfestigkeit und die Scheuerfestigkeit verbessert. Insbesondere wird die Einreißfestigkeit erhöht. Doch hat Polyäthylen *keinen* Einfluß auf eine etwaige Verringerung des Reißfestigkeitsabfalls der Ware. Polyäthylen befindet sich noch nach 20 Wäschen auf der Faser; es ist also sehr waschfest.

R. Rosenbaum gibt noch an, daß Polyäthylen auch durch Nachbehandlung von bereits kunstharzausgerüsteten Geweben appliziert werden kann.

Nach W. Rümens u. a.[2] lagert sich eine Dispersion von Polyäthylen mehr an der Oberfläche des Fasergefüges ab, füllt zum Teil die Poren, wodurch eine glatte Faseroberfläche resultiert.

J. Berch und D. C. Borton[3] untersuchten die Wirkung einer Behandlung von emulgiertem Polyäthylen auf verschiedene Textilien und weisen bei hochveredelten Baumwollgeweben darauf hin, daß *geringe Auflagerungen* von Poly-

---

[1] Rosenbaum, R.: Verwendung von Polyäthylenemulsionen in der Appretur. Amer. Dyestuff Rep. **48,** 46 (1959).

[2] Rümens, W., W. Rüttiger, N. Götz u. R. Zeidler: Chemische Konstitution und Chlorresistenz sowie die Berücksichtigung optimaler Wash-and-Wear-Effekte. Textil-Rundschau (St. Gallen) **16,** 663 (1963).

[3] Berch, J. u. D. C. Borton: Der Einfluß einer Polyäthylenbehandlung auf die textilen Eigenschaften. Amer. Dyestuff Rep. **1962,** H. 12, S. **434—441.**

äthylen (bis zu 1%, bezogen auf das Warengewicht) sowohl die Weiterreißfestigkeit als auch die Weichheit der Ware verbessern; doch führen Gewichtszunahmen *über 1%* zu einer Versteifung.

Nach W. Scharroba[1] werden textile Polyäthylen-Emulsionen vorzugsweise aus „Normaldruck"-Polyäthylen (Hersteller BASF/Ludwigshafen und Farbwerke Hoechst A. G.) hergestellt, die Molekulargewichte von 4000 bis 6000 und einen Schmelzpunkt von 101 bis 105° C aufweisen. Hauptsächlich werden feindisperse „Wachs-in-Wasser-Emulsionen" verwendet, die einen nicht-ionogenen Emulgator enthalten und durch spezielle Hochdruck-Homogenisierung hergestellt werden. Die sehr beständigen und beliebig verdünnbaren Emulsionen enthalten die dispergierten Teilchen in der Größenordnung von etwa 1 $\mu$.

Nach W. Scharroba (loc. cit.) bewirken Polyäthylen-Emulsionen bei ihrem Einsatz in der Hochveredlung von Hemdenpopeline-Stoffen Verbesserungen hinsichtlich des Knittererholungsvermögens, des Widerstandes gegen Scheuerung und der Einreißfestigkeit. Gleichzeitig erhalten die Gewebe einen angenehm weichen, vollen und glatten Griff. Weiters wird die Näh- (Stich-) Festigkeit der ausgerüsteten Gewebe — insbesondere bei Verwendung von hochtourigen Nähmaschinen in der Konfektion — verbessert. Die durch die Polyäthylen-Ausrüstung erzielte Waschfestigkeit wird, wie früher erwähnt, während der Hitzeeinwirkung bei der Kunstharz-Kondensation durch Zusammenschmelzen der einzelnen Polyäthylen-Partikeln erzielt.

An Stelle von Polyäthylen bietet die *Fa. Valchem/New York* neuerdings eine *wässerige Polypropylenemulsion* (Valspex P 167) für die Kunstharzausrüstungen an.

### *b) Emulsionen auf Basis von Polyacrylsäureestern*

*Handelsprodukte:* Z. B. Primal-Marken/Röhm & Haas; Acronal-Marken/BASF; Texapret-Marken/BASF; einzelne Perapret-Marken/BASF u. a.

Die wasser*un*löslichen Monomeren können in Form von Emulsionen polymerisiert werden. Diese stabilen wässerigen Emulsionen sind mit Wasser weiter verdünnbar. Die wässerigen Emulsionen stellen niedrig-viskose milchige Flüssigkeiten dar, obwohl ihr Festgehalt etwa 50% beträgt. Die Teilchendurchmesser liegen in der Größenordnung von 0,1 bis 1 $\mu$. Das Molekulargewicht der Polymeren liegt zwischen 100.000 und 5,000.000 vor. Die *Weichheit oder Härte der Polymeren* ist eine wichtige Eigenschaft für ihre textile Anwendung.

Die *Filmeigenschaften der Polyacrylatester* können *in einen großen Bereich variiert werden*, und zwar in *Abhängigkeit vom Alkoholanteil des Esters* und der *Wahl der Derivate* der Polyacrylate und Polymethacrylate. Die *Filme* der Polyacrylate und Polymethacrylate werden weicher, schwächer und dehnbarer, wenn die *Kettenlänge des Alkoholrestes* bis zu 8 bis 12 Kohlenstoffatomen anwächst. Die niederen Ester ergeben Polymere, die in aliphatischen Kohlenwasserstoffen und chlorhaltigen Trockenreinigungsmitteln *un*löslich sind, während die höheren Ester löslich sind.

Reihenfolge der wichtigsten Polyacryl- bzw. Polymethacrylsäureester hinsichtlich ihrer Härte bzw. Weichheit:

---

[1] Scharroba, W.: Zur „easy-care"-Ausrüstung von Hemdenpopeline. SVF (Fachorgan f. Textilveredlung) **20** (8), 391—394 (1965).

Zunehmende Weichheit ↓

Polymethacrylsäure-methylester
Polymethacrylsäure-äthylester
Polymethacrylsäure-n-butylester
Polyacrylsäure-methylester
Polyacrylsäure-äthylester
Polyacrylsäure-n-butylester
Polyacrylsäure-2-äthylhexylester

Zwischenstufen hinsichtlich der Härte lassen sich durch Mischpolymerisation der Ester erzielen. Je härter das Produkt ist, desto steifer wird das ausgerüstete Gewebe. Ist das Polymer aber zu hart, so bildet sich auf den Fasern des Gewebes *kein* geschlossener Film mehr aus, wodurch das Gewebe wiederum einen weichen Griff bei gleichzeitig *mattem* Aussehen erhält.

Durch Einbau von funktionellen Gruppen in das Acrylpolymere resultieren *reaktive Acrylpolymere*[1]. Diese können mit sich, mit dem eingesetzten Kunstharz oder auch mit den OH-Gruppen der Zellulosefaser reagieren. Durch eine eingetretene Vernetzung wird der Widerstand gegen Wäsche und Chemischreinigung wie auch die Elastizität des ausgerüsteten Baumwollgewebes erhöht.

Als reaktive Monomere, die durch Copolymerisation in die Polyacryl- bzw. Polymethacrylsäureester eingebaut werden, kommen z. B. in Betracht: freie Methacrylsäure, Acrylamid, Glycidylmethacrylat, 5-Hydroxy-pentyl-vinyl-äther.

Die Acrylpolymeren und in neuerer Zeit die reaktiven Typen sind auf dem textilen Sektor für viele Zwecke einsetzbar, so als permanentes Füll- und Steifappret, als permanente Weichmacher, ferner für die Krumpffreiausrüstung von Wolle und Zellulosefasern, für permanente Prägeeffekte und für die Knitterfest- und Wash-and-Wear-Ausrüstung von Baumwolle[2].

Da thermoplastische. Kunststoffe (besonders Acrylderivate) Farbpigmente gut zu binden vermögen, hat die Kombination derselben mit Aminoplast-„Vorkondensaten" auch für das gleichzeitige Färben und Ausrüsten (Pigmentfärbeverfahren) und für den Textildruck (Pigmentdruck) Bedeutung.

Die *Amer. Cyanamid Co.*[3] gibt eine Arbeitsweise an, wobei härtbare Kunstharz-„Vorkondensate" (Methylol-Melamine oder deren Methyläther) zusammen mit thermoplastischen Mischpolymerisaten (aus Acrylaten oder Acrylnitril + + Styrol) im Verhältnis 1 : 1,5 (bis 2) verwendet werden. Es soll eine Verbesserung der Knitterfestigkeit bei gleichzeitig geringerem Festigkeitsverlust des Baumwollgewebes resultieren.

R. Steele und C. Browne[1] stellten fest, daß durch Zusatz einer Acrylatkunststoffdispersion (ungefähr 1% Festsubstanz) zu den gebräuchlichen Kunstharz-Imprägnierbädern eine Erhöhung des Knittererholungswinkels (bis zu 20%) eintreten kann. Die Wirkung der Acrylatdispersion ist hierbei eine additive und hängt von der „Weichheit" der Kunststofftype ab. Diese „weichen" Acrylate bewirken aber nach den Autoren auffallenderweise, wenn sie *ohne* gleichzeitige Mitverwendung von härtbaren Kunstharzen angewandt werden, einen *geringen* Festigkeitsabfall des Baumwollgewebes.

---

[1] Steele, R. u. C. Browne: Die Verwendung von Acrylatharzen für die Knitterfestausrüstung. Amer. Dyestuff Rep. **45**, 525 (1956).

[2] Nuessle, A. C. u. B. B. Kine: Reaktionsfähige Acrylpolymere. Ein neuer Typ von Textilausrüstungsmitteln. Amer. Dyestuff Rep. **50**, No. 28, 1007 (1961). — Tailor, J. T. u. M. D. Hurwitz: Die Anwendung von Acrylharzen in Beziehung zu ihren physikalisch-chemischen Eigenschaften. Amer. Dyestuff Rep. **51**, H. 17, 636 (1962). — Linke, F., M. Seidel u. W. Linke: Reaktive Weichmacher. SVF Fachorgan f. Textilveredlung) **19** (9), 630—635 (1964).

[3] *Amer. Cyanamid Co.;* Österr. Pat. 165.080 (1950).

Allgemein wird angenommen, daß fertig polymerisierte Kunststoffe (wie z. B. Polyacrylatdispersionen), welche sich auf der Oberfläche der Fasern ablagern, die *Knitterfestigkeit* nicht verbessern. Die Autoren stellten aber das Gegenteil fest, wobei die Voraussetzung ist, daß „*weichere*" Kunststofftypen angewandt werden. Nach ihnen soll hierbei eine Verbesserung des Knittererholungswinkels von 10 bis 20% resultieren, wobei der Einfluß der „*weichen*" Polyacrylatkunststoffe einen zusätzlichen zu den Effekten der thermohärtbaren Kunstharze darstellt. Bei der Ausrüstung der sogenannten „Wash-and-Wear"-Baumwollgewebe unter Mitverwendung von *weichen* Polyacrylaten soll eine Verbesserung der *Naß*knitterfestigkeit eintreten, wobei die Reißfestigkeitswerte nicht verschlechtert werden.

Die Autoren weisen darauf hin, daß die Kraft-Dehnungskurve erkennen läßt, daß durch die nur in verhältnismäßig geringer Menge vorliegenden weichen Polyacrylate das *Gleiten* der Fasern im Garn und weiters der Garne im Gewebe selbst vermindert wird, so daß ein Gleiten erst in der Nähe der Reißfestigkeit der Garne erfolgt.

Die Autoren schließen hieraus, daß dieser überraschende Effekt, nämlich die Verbesserung des Knittererholungswinkels bei Gegenwart von *weichen* Polyacrylaten *nicht* auf chemischem Wege, sondern auf mechanische Weise erzielt wird. Es sollen gewissermaßen „Bindungen" (Brücken mechanischer Art) von Garn zu Garn eintreten, welche jedoch so dehnbar wären, daß sie bei der geringfügigen Deformation (wie diese beim Knittervorgang auftritt) *nicht* aufgehoben werden.

Für das Handelsprodukt Perapret HV/BASF, eine Kunststoffdispersion mit reaktiven Gruppen, welche für die Hochveredlung von Zellulosefasergeweben Anwendung findet, werden als resultierende Effekte angegeben: 1. Verbesserung der Knitterwinkel; 2. Verbesserung der Reiß-, Einreiß- und Scheuerfestigkeit; 3. in Verbindung mit thermohärtbaren Kunstharzen eine kochwaschbeständige Fixierung an die Faser und 4. die Verbesserung der Reibechtheit von Färbungen.

J. T. Tailor und M. D. Hurwitz (loc. cit.) erwähnen, daß durch die Anwendung von Acrylpolymeren die Weiterreißfestigkeit, Knittererholung, Scheuerfestigkeit, Wash-and-Wear-Eigenschaften und die Schrumpffestigkeit des Baumwollgewebes verbessert werden können.

Nach W. Rümens u. a.[1] würden reaktive Polyacrylsäureester bei der Baumwollausrüstung mit einem Reactantharz (Dimethylol-Propylenharnstoff) die Knittererholung günstig beeinflussen; sie lagern sich mehr in den äußeren Faserregionen ab, reagieren dort mit den OH-Gruppen der Zellulose und verbessern besonders die elastischen Fasereigenschaften, ohne diese zu verspröden.

### *c) Polyvinylazetatdispersionen*

*Handelsprodukte:* Vibatex-Marken/Ciba; Appretan-Marken/Hoechst u. a.

Das flüssige Vinylazetat-Monomere liefert im wässerigen Medium (unter Mitverwendung von Aktivatoren) *wässerige Dispersionen*, und zwar resultieren: *Feindisperse Dispersionen* (0,05 bis 0,2 $\mu$) in Gegenwart von oberflächenaktiven Verbindungen und *gröbere Dispersionen* (0,05 bis 0,2 $\mu$) bei Mitverwendung von Schutzkolloiden.

[1] Rümens, W., W. Rüttiger, N. Götz u. R. Zeidler: Chemische Konstitution und Chlorresistenz sowie die Berücksichtigung optimaler Wash-and-Wear-Effekte. Textil-Rundschau (St. Gallen) **16**, 663 (1963).

Nach den Ausführungen von F. Linke und H. Seidel[1] bewirken
1. Polyvinylazetatdispersionen, gemischt bis grob dispers oder fein dispers;
2. Polyvinylazetat in Verbindung mit Weichmacher „extern" (= Zusatz von Phthalsäure- und Phosphorsäureester) wie auch
3. Mischpolymerisatdispersionen, wie Vinylazetat/Maleinsäureester („intern" weichgemacht)

bei Zusätzen von 2 bis 10 g/l zur Imprägnierflotte bei der Knitterfestausrüstung von Baumwolle einen *vollen Griff*, wobei *keine* oder nur eine *geringe* Versteifung resultiert. Weiters werden bei den angegebenen Konzentrationsbereichen die Knittererholungswinkel *nicht* nachteilig beeinflußt. Ausrüstungen mit dem Mischpolymerisat Vinylazetat/Maleinsäureester zeigen nach den Autoren sogar eine deutliche Verbesserung. Wird aber die Konzentration an Polymerisat erhöht, so ist bei den Werten der *Trocken*knitterfestigkeit eine Verflachung und eventuell ein leichter Abfall der Kurve zu beobachten.

J. T. Marsh[2] führt aus, daß es sich bei den in der textilen Ausrüstung verwendeten Emulsionen thermoplastischer Polymerer hauptsächlich um Polyvinylchlorid und Polyvinylazetat handelt. Diese Produkte sind *nicht* als Weichmacher anzusprechen, doch erhöhen sie die *Scheuerfestigkeit* des Gewebes.

#### *d) Elastomere; Latex (Kautschukemulsionen)*

E. Abrams und N. H. Sherwood[3] beschreiben die Verbesserung der Effekte bei Wash-and-Wear-Baumwollgewebe durch Zugabe von polymeren Acrylnitril-Butadien-Latices zur Kunstharz-Imprägnierflotte. Beim Mischverhältnis 70 : 30 von Latex (Butadienacrylnitril-Polymerisat in Emulsionsform) zur Methylolverbindung des Harnstoffs oder Melamins resultieren die besten Ergebnisse. Erzielt wird eine merkliche Zunahme der Bruch-, Einreiß- und Berstdruckfestigkeit beim Baumwollgewebe im Vergleich zu den Werten ohne Latex-Zugabe. Insbesondere wird durch das Rückhaltevermögen der Harzmigration die Scheuerfestigkeit verbessert. Weiters geht auch die Chlorretention bei Chlorbehandlungen des ausgerüsteten Gewebes merklich zurück.

Nach A. R. Smith[4] ist es möglich, durch Mitverwendung bestimmter Additive Reißfestigkeit und Dehnung gleichzeitig zu verbessern. Bei Anwendung von *Kautschuk-Latex* resultiert bei zu hohem Zusatz ein unerwünschter gummiartiger Gewebegriff. Weiters kann bei Farbware unter dem Einfluß der Kondensationstemperatur ein Farbtonumschlag eintreten.

## IV. Weichmacher als Additive

(Im *Einbadverfahren* zusammen mit dem Kunstharz oder im *Zweibadverfahren* nachträglich auf das kunstharzbehandelte Baumwollgewebe appliziert)

### Literaturverzeichnis

Weichmacher in der Textilveredlung: Sondernummer des SVF (Fachorgan f. Textilveredlung) **19** (6), September 1964:

[1] Linke, F. u. H. Seidel: Polyvinylazetat und Polyvinylalkohol, ein Beispiel für die Anwendung von Polymeren in der Textilindustrie. Melliand Textilber. **44** (10), 1134 (1963).

[2] Marsh, J. T.: Die Bedeutung der Hilfsmittel bei der Knitterfestausrüstung. Text. Manufacturer **86**, 449 (1960).

[3] Abrams, E. u. N. H. Sherwood: Amer. Dyestuff Rep. **43**, 780 (1954). — Sherwood, N. H.: Amer. Dyestuff Rep. **44**, 262 (1955). — Abrams, E.: Text. Ind. **1956**, 99.

[4] Smith, A. R.: Die Wirkungsweise von Weichmachern und anderer Additive als Zusätze bei der Kunstharz-Ausrüstung von Baumwolle. J. Soc. Dyers Col. **1961**, 420.

Müller, R.: Wirkungsweise und allgemeine Einsatzgebiete von Weichmachern für Textilfasern. Ibid. S. 623–629.
Linke, F., M. Seidel u. W. Linke: Reaktive Weichmacher. Ibid. S. 630–634.
Brasseler, W. u. M. Rösch: Zur Wirkungsweise von Textilweichmachern. Ibid. S. 635–648.
Rüegger, H. R.: Kationaktive Weichmacher als Avivage- und Präparationsmittel. Ibid. S. 649–652.
Rösch, M. u. S. Pfabe: Beiträge zur erweiterten Anwendung von Avivagemitteln in der modernen Textilindustrie. Ibid. S. 652–670.
Mayer, F.: Beeinflussung der textilmechanischen Eigenschaften durch Weichmacher in der Kunstharzausrüstung. Ibid. S. 671–676.
Ruile, H.: Weichmacher unter besonderer Berücksichtigung der wasserabweisenden Imprägnierung. Ibid. S. 676–680.
*Prüf- und Meßmethodik:*
Mayer, F.: Gleiteigenschaften von Garnen, ihre Messung und Verbesserung. Ibid. S. 681–689.
Fischer, W.: Methode zur schnellen Bestimmung der Substantivität nichtionogener, emulgierter, kationaktiver Weichmacher unbekannter Zusammensetzung. Ibid. S. 589–691.

Sowohl durch die Einlagerung von Kunstharz als auch durch Vernetzung der Zellulosemoleküle wird die Faser „versprödet". Hierdurch wird die Verarbeitbarkeit (Vernähbarkeit) erschwert sowie der Widerstand der konfektionierten Ware im Gebrauch beim Tragen (Zerreißen und Scheuern) vermindert. Die Ausrüstung mit den üblichen thermohärtbaren Kunstharzen läßt im allgemeinen auch einen harten Warengriff resultieren.

Zur Verminderung dieser nachteiligen Effekte und als „Griff-gebende" Komponenten haben sich in mehr oder weniger großem Umfang „Weichmacher" bewährt.

Diese werden insbesondere mit dem Imprägnierbad, also zusammen mit der kunstharzbildenden Komponente und dem Säurespender, auf das Gewebe aufgebracht. In einzelnen Fällen erfolgt die Weichmacheraufbringung auch nachträglich auf das schon ausgerüstete Gewebe.

Die hier in Frage kommenden weichmachenden Substanzen haben im Vergleich mit den *Weichmachern für Kunststoffe* eine ganz unterschiedliche Wirkung.

Gewisse Kunststoffprodukte, wie z. B. Emulsion von Polyäthylenwachs (Fa. Hoechst) haben aber selbst eine weichmachende Wirkung in Verbindung mit der Kunstharzausrüstung.

Die ausgesprochenen *„internen" Kunststoffweichmacher* bewirken, daß der betreffende Polymerisationskunststoff weicher, dehnbarer und auch wasserfester wird. Ihre Wirkung beruht auf der Herabsetzung der zwischenmolekularen Kräfte in der plastischen Masse.

Für die *thermohärtbaren Kondensations-Kunstharze* sind *keine* derartigen internen Weichmacher bekannt. Die für die Kunstharzausrüstung der Zellulosefasern in Frage kommenden Weichmacher bestehen aus großen hydrophoben Molekülen. Daher können nach H. C. Borghetty und D. Fornelli[1] solche Mittel auch *nicht* in die Faser eindringen und das darin eingelagerte Kunstharz erweichen. Der weichmachende Effekt beruht hier auf einer *Erhöhung der Gleitfähigkeit der Faser* und stellt *keine* wahre Plastifizierung (wie bei den Weichmachern der Polymerisatkunststoffe) dar.

Daher sucht die Textilindustrie nach wahren Plastifizierungsmitteln oder nach innerlich plastifizierenden Kunstharzen (besonders für die Ausrüstung von Baumwolle).

In anderer Weise suchte man das Problem durch Anwendung von Mischungen von thermohärtbaren Kunstharzen und synthetischen Latices zu lösen

[1] Borghetty, H. C. u. D. Fornelli: Textile World **1955**, 102.

Bei der *Auswahl eines Weichmachers* für die Hochveredlung von Zellulosefasern bei Anwendung im Einbadverfahren müssen viele Punkte berücksichtigt werden:

1. Es soll *keine Verringerung des Knitterfest-Effektes* eintreten. Eine Anzahl von Weichmachern setzen den Knittererholungswinkel beträchtlich herab.

Nach verschiedenen Literaturangaben können nicht-ionogene Weichmacher sowie solche des Betain- und Soromin-Typs oder auch Phosphorsäureester diesen Forderungen entsprechen, wobei einzelne Produkte der benannten Typen sogar eine geringfügige Steigerung des Knitterfest-Effekts bewirken[1].

2. Es muß der Weichmacher mit dem *im Imprägnierbad vorliegenden Säurespender* (besonders mit Metallsalzen) *verträglich* sein.

3. Wesentlich ist ferner die *Ionogenität* des Weichmachers.

Zu beachten ist bei kationaktiven Verbindungen oder Produkten, die einen kationaktiven Emulgator enthalten, daß diese mit den anionaktiven Bad-Begleitkörpern (z. B. mit optischen Aufhellungsmitteln) Ausfällungen ergeben.

Nach H. C. Borghetty und D. D. Fornelli (loc. cit.) ist die Auswahl eines *kationischen* Weichmachers, mit welchem der weichmachende Effekt auf Baumwolle möglichst während der Lebensdauer des Gewebes permanent waschbeständig fixiert wird, schwierig.

Nach F. Liewald[2] werden 5 g/l Weichmacher dem Imprägnierbad für die Baumwollausrüstung zugesetzt. *Hohe Zusätze an Weichmachern* beeinträchtigen die Waschechtheit der Ausrüstung.

4. Es darf keine *Herabsetzung der Lichtechtheit* der Färbung durch den Weichmacher erfolgen.

5. Der *Verlauf der katalytisch beschleunigten Kondensation* zum Endharz darf *nicht* durch den anwesenden Weichmacher *verzögert* werden oder das Imprägnierbad am Anfang auch die Weichmacher-Type auf einen niederen pH-Wert bringen.

Entgegen verschiedener Literaturangaben haben kationaktive Weichmacher (wie z. B. Velan PF/ICI), auch bei Berücksichtigung ihrer sauren Natur, *keine* ausreichende Wirkung als „Säurespender".

R. Loss[3] weist darauf hin, daß bei kationaktiven Weichmachern, wie beispielsweise der Struktur

$$(R_1 R_2 R_3) \equiv N^{\oplus}(R_4)\ ac^{\ominus}$$

$R_1 R_2 R_3$ = Methyl-, Äthyl- oder H;
$R_4$ = langer aliphatischer Rest, vielfach Fettsäurerest;
$ac^{\ominus}$ = saure Gruppe.

wenn der *Säurerest* ($ac^{\ominus}$) ein *solcher von einer schwachen Säure* (wie Azetat, Formiat) ist, eine *Pufferzone* mit der stärkeren Katalysatorsäure (wie z. B. Salzsäure) bewirkt.

Im Falle eines *Säurerestes einer starken Säure* resultiert natürlich *keine* derartige Pufferzone mit der Katalysatorsäure.

Analog der *kationaktiven* Weichmacher puffern auch *anionaktive* Weichmacher.

Daher soll bei Anwendung *neuer Weichmachertypen* in Kunstharzappreturflotten deren *Säurepufferungsvermögen* überprüft werden.

---

[1] Graf, P.: Prakt. Chem. (Wien) **7**, 269 u. 308 (1956).

[2] Liewald, F.: Melaminharze in der Textilveredlung. Textil-Praxis **10**, 79 (1955).

[3] Loss, R.: Die Pufferwirkung kationaktiver Weichmacher gegen saure Katalysatoren in thermohärtbaren Kunstharzappreturen. SVF (Fachorgan f. Textilveredlung) **19** (12), 855 (1964).

Ein Gramm des Weichmachers wird in 50 ml destillierten Wasser gelöst bzw. dispergiert. Dann wird mit n/10 Salzsäure potentiometrisch (Glas-Kalomel-Elektrode) titriert, wobei der pH-Wert jeweils nach Zugabe von 0,5 ml n/10 Salzsäure abgelesen wird.

Die Pufferzone befindet sich zwischen den beiden Knickpunkten der Kurve (Ordinate: pH-Werte; Abszisse: ml n/10 Salzsäure). Es wird hiervon der Mittelwert genommen. R. Loss (loc. cit.) führt einige praktische Beispiele mit den entsprechenden Titrationskurven an.

6. Da knitterfest oder chemisch krumpffest ausgerüstete Zellwoll- und auch Baumwollgewebe oftmals zur weiteren Verbesserung des Krumpffrei-Effektes noch physikalisch ausgerüstet werden, darf *keine Vergilbung beim folgenden Sanforprozeß* eintreten.

7. Neben der Griffverbesserung ist das Ziel des Weichmachers, auch die Reiß-, Einreiß- und Scheuerfestigkeit des Gewebes zu verbessern; diese physikalischen Eigenschaften des ausgerüsteten Gewebes sollen durch den Weichmacher nicht im negativen Sinne beeinflußt werden.

Durch die Kunstharzbehandlung erhält die Zellulosefaser eine gewisse Steifheit. Aufgabe der Hilfsmittel ist, diese Fasersteifheit herabzusetzen. J. T. Marsh[1] unterscheidet *folgende Typen:* 1. Weichmacher; 2. Emulsionspolymere und 3. Silikone.

Diese Produkte durchdringen, wie bemerkt, die Faser *nicht* und nehmen auch nicht wirklich an einer Plastifizierung der Kunstharze teil.

Die *Weichmacher* werden klassifiziert in:

*Anionische Produkte* (sulfonierte und sulfatierte Öle und Fette);
*Kationische Produkte* (Fettaminsalze, quaternäre Ammoniumsalze usw.) und
*Nicht-ionogene Produkte* (Polyoxyäthylenderivate).

Nach J. T. Marsh (loc. cit.) tragen *alle* Weichmacher zur Verbesserung der *Reißfestigkeit* bei. Die *kationaktiven* Weichmacher werden sowohl in den USA als auch in Europa am meisten in der Hochveredlung der Zellulosefasern angewandt. *Nicht-ionogene* Weichmacher finden in Europa stärkere Verwendung als in den USA. Der Einsatz *quaternärer Ammoniumverbindungen* bewirkt eine chemische Bindung mit der Faser.

Bestimmte Handelsmarken von *Emulsionen von Polyäthylenoxidwachs* werden von der *Fa. Hoechst* als Weichmacher für die Kunstharzausrüstung von Zellulosefasern empfohlen.

*Silikone* verleihen der Ware einen weichen Griff und tragen nach J. T. Marsh zu einer erhöhten Knitterfestigkeit bei. Auch wird der Reißfestigkeits*verlust* gemindert. Weiters verbessern sie die Einreiß- und Scheuerfestigkeit des Gewebes.

A. J. Hall[2] untersuchte verschiedene Weichmacher hinsichtlich ihrer Wirkung auf Kunstharzausrüstungen, wobei der Autor bemerkt, daß diese Substanzen nicht nur als Weichmacher, sondern auch als Mittel wirken, die bei Zellulosefasern die nachteiligen Auswirkungen der Kunstharzausrüstung verringern.

Bei Weichmachern des *Polyglykol-Typs* wirken einige derselben — ähnlich wie Polyvinylalkohol — als *Formaldehydakzeptoren*, was für ihre Verwendung von Interesse ist.

---

[1] Marsh, J. T.: Die Bedeutung der Hilfsmittel bei der Knitterfestausrüstung. Text. Manufacturer **86**, 449 (1960).

[2] Hall, A. J.: Neue Rolle der Weichmacher in der textilen Ausrüstung. 2. Mitt.: Text. Recorder **77**, No. 922, 63 (1960).

Ein besonders vorteilhaft weichmachendes Mittel ist der *Oktadecyl-äthyleniminharnstoff* (Primenit VS/Hoechst)

$$\begin{matrix} H_2C \\ | \\ H_2C \end{matrix} \!\!>\! N-CO-NH-(CH_2)_{17}-CH_3.$$

Dieser hat neben der weichmachenden Wirkung noch gleichzeitig wasser- und auch schmutzabweisende Eigenschaften. Bei solchen Ausrüstungen (auch das kationische Produkt Velan PF/ICI gehört hierher) ist der hiermit gleichzeitig mitverbundene, sonst erwünschte *wasserabweisende* Effekt für eine etwa nachfolgende mechanische Ausrüstung im Sanforstandard ungünstig, da die kompressive Gewebeschrumpfung die Möglichkeit einer Faserquellung voraussetzt.

Eine Kunstharzausrüstung ergibt nicht immer eine Geweberestkrumpfung innerhalb 1%. Wenn eine solche erhöhte Krumpffestigkeit erforderlich ist, wird das fertig ausgerüstete Gewebe (Baumwolle und insbesondere Zellwolle) noch auf die Sanformaschine gegeben und im *Sanfor-Standard* (± 1% Restkrumpfung) ausgerüstet (Sanfor-Plus-Ausrüstung).

H. A. Wannow[1] erwähnt zur Wash-and-Wear-Ausrüstung von Baumwolle hinsichtlich des Einsatzes von Weichmachern (mit wasserabweisendem Effekt, wie Primenit VS/Hoechst oder Velan PF/ICI, oder nur mit ausschließlich weichmachenden kationischen Produkten), daß die *Reißfestigkeit* etwas herabgesetzt würde, während andererseits die *Weiterreißfestigkeit* zunimmt. Ferner sollen keine zu hohen Mengen an Weichmachern verwendet werden, da hierdurch der *Naß*knittererholungswinkel ungünstig beeinflußt würde.

*Silikone* als Weichmacher weisen nach B. G. Simpson[2] im Vergleich zu den anderen üblichen Weichmachern hinsichtlich der mechanischen und textiltechnischen Eigenschaften harzimprägnierter Baumwollgewebe günstigere Effekte auf, so daß die Menge an Kunstharzbildnern im Imprägnierbad herabgesetzt werden kann.

Nach C. Smith[3] wirken Silikone (Neuentwicklung!) für Knitterfestharze in Wash-and-Wear-Artikeln nicht nur als Weichmacher, sondern *erhöhen* auch die Einreiß- und Scheuerfestigkeit sowie die Knittererholungswinkel des Gewebes.

M. R. Porter[4] untersuchte die Wirkung von Silikonen auf mit „in sich" vernetzenden Kunstharzen und mit Reactantharz ausgerüstete Baumwollgewebe. Zugegeben wurden jeweils in verschiedenen Konzentrationen (0,2, 0,4, 0,7 und 1,0%)

eine Emulsion von Dimethyl-polysiloxan sowie
eine Emulsion des Gemisches Dimethyl-polysiloxan + Methylhydrogenpolysiloxan.

Zu der Imprägnierflotte auf Basis:

Methylol-Melamin;
modifizierte Methylol-Harnstoff-Verbindung und
Dimethylol-Äthylenharnstoff.

[1] Wannow, H. A.: Über die Naßknitterfestausrüstung von Geweben aus Baumwolle. SVF (Fachorgan f. Textilveredlung) **12,** 157 (1957).

[2] Simpson, B. G.: Die Wirkung von Silikonweichmachern auf harzbehandelten Baumwollwaren. Text. Res. J. **28,** 170.

[3] Smith, C.: Verwendung von Silikonen bei synthetischen Fasern. Vortrag zur Tagung „Industrielle Chemie" am 17. September 1960 in Linz/Donau. Melliand Textilber. **42** (7), 805 (1961).

[4] Porter, M. R.: Einige Betrachtungen über die Wirkung von Siliconweichmachern auf harzbehandelte Baumwolle. Textil-Rundschau (St. Gallen) **16,** 657 (1961).

Die Wirkung der Zusätze wurde in Tabellen und graphischer Darstellung wiedergegeben. Festgestellt wurde:

1. Die Knittererholungswinkel werden *nicht* oder *nur mäßig* erhöht.

2. Doch haben Silikone einen *merklichen Einfluß* auf die *Festigkeits*eigenschaften des Gewebes.

Die optimale Zusatzmenge der beiden Silikon-Typen betrug bei den kunstharz-ausgerüsteten Baumwollgeweben 0,2 bis 0,4% und beim *nicht* ausgerüsteten Baumwollgewebe 0,5 bis 1,0%.

J. B. Bullock und C. M. Welch[1] differenzierten aber die *Silikon-Typen* hinsichtlich ihrer Wirkung auf Baumwollgewebe. Mit Methylhydrogen-polysiloxan sollen gute Hydrophobierungseffekte resultieren, Dimethyl-polysiloxan aber soll eine Verbesserung der Knittererholung und der Wash-and-Wear-Eigenschaften hervorrufen. Dies soll darauf beruhen, daß der sich *um die Faser bildende Film* einerseits *elastische Eigenschaften* aufweist sowie andererseits *die Faser gegenüber Feuchtigkeit abschirmt*, so daß die Wasserstoff-Brücken in ihrer Wirkung erhalten bleiben.

*Nachträgliche Weichmachung bereits kunstharzausgerüsteter Baumwollgewebe*

Üblicherweise setzt man den Weichmacher dem Imprägnierbad zu. Doch werden oft auch kunstharzausgerüstete Baumwollgewebe noch *nachträglich* zur Verbesserung des Warengriffs mit einer Weichmacherflotte behandelt. Die *AATCC-Piedmont-Section*[2] berichtete über Versuchsergebnisse hinsichtlich der Wirkung von nachträglich aufgebrachten Weichmachern auf die physikalischen Eigenschaften kunstharzausgerüsteter Zellwollgewebe.

Hierzu wurden Gabardine-Hemdenstoffe aus *Zellwolle* mit Methylol-Harnstoff in üblicher Weise ausgerüstet, geseift und gespült. Entsprechende Muster davon wurden mit nicht-ionogenen, anionaktiven und kationaktiven Weichmachern und solchen vom Pyridinium-Typ (wie Zelan AP) behandelt. Die Bewertung der Wirkung dieser Mittel erfolgte *vor* und *nach* einer milden Wäsche des Gewebes.

Der *Warengriff* wurde nur durch die kationaktiven und Pyridiniumweichmacher im stärkeren Maße *günstig* verändert.

Die *Nähfestigkeit* wurde mit steigendem Weichmacherzusatz *erhöht*, wobei die anionischen Weichmacher den geringsten Effekt zeigten. Festzustellen war, daß die günstigsten Resultate bei Anwendung von 4% Weichmacherzusatz (nach dem Waschen) vorlagen.

Die *Einreißfestigkeit* (gemessen am Elmendorf-Gerät) nahm mit steigenden Mengen an anionaktiven Produkten zu. Bei nicht-ionogenen und kationaktiven Produkten und denen vom Pyridinium-Typ ging die Einreißfestigkeit ab 3% Zugabe wiederum merklich zurück.

Die *Weiterreißfestigkeit* des Gewebes wurde mit *allen* Weichmacher-Typen verbessert; des weiteren auch durch die Wäsche.

Die *Zugfestigkeit* des Gewebes wurde (im Gegensatz zur Einreißfestigkeit) durch *keinen* der angeführten Weichmacher beeinflußt.

Die *Gewebescheuerfestigkeit* wurde durch die Weichmacher (je nach der angewandten Prüfmethode) eher verbessert.

---

[1] Bullock, J. B. u. C. M. Welch: Vernetzte Silikon-Filme als Wash-and-Wear, wasserabweisende Ausrüstungen für Baumwolle. Text. Res. J. **35,** 459—471 (1965).

[2] *AATCC-Piedmont-Section:* Amer. Dyestuff Rep. **44,** 141 (1955).

Die *Knitterfestigkeit* des Gewebes wurde *in allen Fällen* erhöht und dieser Effekt durch die Wäsche noch verstärkt.

Die *Krumpfung* der Ware wurde durch die Weichmacher nicht beeinflußt.

Der *Reibungskoeffizient* des Gewebes (gegen Metall) wurde durch alle Weichmacher verringert.

*Voravivage von Baumwollgeweben minderer Warenqualität*

Neben dem möglichst geringen Verlust an Reißfestigkeit und der Erhöhung der Knitterfestigkeit ist bei knitterfestausgerüsteten Baumwoll- und Leinengeweben eine weitere Forderung der heute verlangte *weiche fließende Griff.*

Bei Verwendung von hochwertiger Baumwolle bereitet die Griffverbesserung keine Schwierigkeiten; doch bei *Baumwolle minderer Qualität* ist dies fast unmöglich. W. Rümens[1] empfiehlt, in solchen Fällen das auszurüstende Gewebe mit einem *kationaktiven Weichmacher vorzubehandeln,* und zwar am besten im letzten Spülbad (z. B. nach dem Färben). Um eine Griffverbesserung zu erhalten, muß außer dieser Voravivage dem Kunstharz-Imprägnierbad gleichfalls noch ein Weichmacher zugesetzt werden.

## V. Hydrophobierend wirkende Mittel als Additive

Gewisse hydrophobierende Mittel wirken, in geringer Menge angewandt, als Weichmacher. Normalerweise werden hydrophobierende Mittel für *Mehrzweckausrüstungen* eingesetzt (knitterfrei und wasserabweisend).

Die Verwendung des *Harnstoffabkömmlings Primenit VS,* Hoechst, im Einbadverfahren zusammen mit dem Kunstharzbildner und Säurespender wurde schon vorstehend erwähnt.

*Fettsäure-modifizierte Methylol-Melamine* (z. B. Phobotex-Marken, Ciba) sind ohne Schwierigkeiten mit Aminoplast-„Vorkondensaten“ im Einbadverfahren anzuwenden.

P. Graf[2] weist auf das Sonderverhalten von *kationaktiven Hydrophobierungsmitteln,* wie Velan PF (und auch vielen kationaktiven Weichmachern) hin, welche auf aromatischer Aminbasis aufgebaut sind und sauer eingestellte Salze darstellen. In vielen Literaturstellen wird solchen Produkten eine einwandfreie Katalysewirkung zugeschrieben. Die Kombination solcher Verbindungen mit einer Kunstharzausrüstung unter Weglassung eines zusätzlichen Säurespenders ergibt aber nur unzureichend waschbeständige Ausrüstungseffekte.

Bei Mitverwendung von wasserabweisend-machenden Mitteln im Imprägnierbad muß deren Verträglichkeit mit dem Kunstharz-„Vorkondensat“ und dem Säurespender überprüft werden, da wasserabweisende Einbadmittel, die ein Gemisch von Paraffin- oder Wachsemulsionen, zusammen mit feinst dispergierten Aluminiumseifen und einem Stabilisator (wie Leim), darstellen, manchmal schwach sauer eingestellt sind. Die kombinierte Ausrüstung und auch die Ausrüstung in getrennten Flotten nach dem Zweibadverfahren mit solchen Paraffin- usw. -Emulsionen hat nach W. Vauck und H. Müller[3] den Nachteil, daß unter Umständen eine *Verminderung des Knittereffektes* eintreten kann.

---

[1] Rümens, W.: Zum Problem der Hochveredlung von Geweben aus nativer Zellulose. Melliand Textilber. **37,** 441 (1956).

[2] Graf, P.: Prakt. Chem. (Wien) **7,** 269 u. 313 (1956).

[3] Vauck, W. u. H. Müller: Zur Knitterfestausrüstung mit Kunstharzvorkondensatoren. Textil- und Faserstofftechn. (Halle/Saale) **4,** 449 (1954).

Nach F. Liewald[1] dürfen Hydrophobierungsmittel, welche zusammen mit dem Kunstharz (Methylol-Melamin) im Einbadverfahren appliziert werden, in der Flotte höchstenfalls einen pH-Wert 6 ergeben und müssen weiterhin hier noch beständig sein.

Als geeignete Handelsprodukte werden angeführt: Primenit VS/Hoechst; Hydrophobol BWF/Pfersee; Imprägnol CS/Pfersee; Ramasit KGT/BASF und Silikon W 60/Wacker.

Bedeutung haben die *Silikone* für die Mehrzweckausrüstung in Verbindung mit den Kunstharzbildnern und Reactantharzen erlangt. Weiteres s. dieses Handbuch, Bd. III, S. 714 bis 716.

Die Silikone haben insbesondere für *synthetische Fasertextilien* große Bedeutung erlangt, da außer der hervorragenden wasserabweisenden Eigenschaft auch ein glatter, seidenartiger Griff und ein erhöhter Widerstand gegen Scheuerung verbunden ist. *Zellulosefasertextilien* erhalten bei Anwendung von Silikonen gleichfalls einen hervorragenden Hydrophobierungseffekt. Doch kann dieser hinsichtlich des Effektes und seiner Beständigkeit in diesem Falle auch mit anderen Mitteln erhalten werden, wie z. B. durch Einlagerung hydrophober fettsäuresubstituierter Melaminharze, so daß die Silikone für die wasserabweisende Ausrüstung von Zellulosefasertextilien *nicht* die gleiche Bedeutung erlangten. Sie werden jedoch für *Mischfasergeweben* aus Synthesefasern (vorwiegend Polyester) und Zellulosefasern allgemein angewandt. In letzterem Falle wird auf die Arbeit von Fr. Weiss[2] hingewiesen, wonach eine Silikonausrüstung die *Reibechtheit* von Färbungen mit Dispersionsfarbstoffen auf synthetischen Fasern beeinträchtigt.

Dies gilt für Färbungen sowohl mit Azofarbstoffen als auch mit anthrachinoiden Farbstoffen.

Mit der *verringerten Reibechtheit* ist eine *Verschlechterung der Lichtechtheit* und der *Waschechtheit der Färbungen* verbunden. Je stärker die Temperatureinwirkung während oder nach der Silikonausrüstung ist, desto stärker werden die Eigenschaften der Färbungen vom *synthetischen Faseranteil* des Mischgewebes beeinträchtigt.

Auf die nachteilige Auswirkung eines hydrophobierenden Effektes bei kunstharzausgerüsteten Geweben, welche nachträglich noch im *Sanforstandard* ausgerüstet werden sollen, wurde schon oben (S. 320) hingewiesen.

## VI. Ergänzende Bemerkungen zu den Ausrüstungseffekten in der Hochveredlung von Baumwolle bei Mitverwendung von Additiven

Zu den vorstehenden Ausführungen über die Additive muß erwähnt werden, daß hinsichtlich ihrer Wirkung auf die resultierenden Ausrüstungseffekte eine Reihe von Arbeiten vorliegt, die sich zum Teil widersprechen.

Je nach dem Endzweck bei der Hochveredlung von Baumwollgeweben ist auf Warengewicht und Warengriff zu achten. Daher sind oft mehr oder weniger Zusätze von Appreturkörpern (= Versteifungs- oder Füllungsmitteln) notwendig. Bei *ausgesprochenen Steifausrüstungen* werden diese Mittel in höheren Prozentsätzen zugegeben, und es dient dann die „Vorkondensat"-Lösung (d. h. das fertig auf der Faser kondensierte Kunstharz) als waschbeständig-machendes Fixiermittel für diese auf der Faser abgelagerten Appreturmittel.

---

[1] Liewald, F.: Melaminharze in der Textilhochveredlung. Textil-Praxis **10**, 79 (1955).

[2] Weiss, Fr.: Über die Veränderungen der Eigenschaften von Färbungen auf synthetischen Fasern durch Silikonausrüstung. Melliand Textilber. **46** (5), 515 (1965).

P. Graf[1] gibt auf Grund von Orientierungsversuchen an, daß Appreturkörper auf jeden Fall mehr oder weniger stark den Knittereffekt herabsetzen würden, in *geringer* Konzentration angewandt jedoch günstige Stabilisierungswirkungen und eine Rückhaltung der Harzmigration während der Kondensation zeigen.

Th. F. Garvey[2] führt aus, daß Versuche, welche das Ziel haben, die durch die Knitterfestausrüstung hervorgerufene *Festigkeitseinbuße* durch Zugabe von Chemikalien verschiedenster Art zum Imprägnierbad zu vermindern, zum Ergebnis führen, daß die gewünschte Wirkung eine Funktion der Natur und der Filmbildung und vor allem auch der spezifischen, schmierenden Eigenschaften der Hilfsmittel sei.

Nach A. C. Nuessle[3] wäre es zur Erzielung einer guten Knitterfestigkeit bei *Permanentpräge-Effekten* wesentlich, nicht allein die Knittererholung durch in der Faser kondensierende Kunstharze zu verbessern, sondern die Neigung zum Knittern auch gleichzeitig durch *äußerlich versteifend wirkende Kunststoffe* zu vermindern. Als solche günstige, sich äußerlich auf der Faser ablagernde Körper nennt der Autor Oxyäthylzellulose, Polyvinylalkohol und gewisse thermoplastische Kunststoffe.

St. Jost[4] bemerkt, daß zur *Verbesserung der Festigkeitseigenschaften von Baumwollgeweben* die verschiedensten Zusätze zum Imprägnierbad vorgeschlagen wurden, und zwar vom einfachen Weichmacher, wasserabstoßenden Mitteln und Polyvinylalkohol bis zum komplizierten Kautschuklatex und Butadienpolyacrylsäureester.

Die resultierenden Effekte sind *nicht einheitlich* und bewirken mehr eine *Verbesserung der Gewebescheuerfestigkeit.* Bei einem Zusatz von Mischpolymerisaten ist die Beeinflussung der Festigkeit verschieden. Styrol- oder Butadienderivate verbessern wohl die Zugfestigkeit, doch *nicht* die Einreißfestigkeit; auch leidet oftmals der Knitterwinkel. Die besten Ergebnisse würden mit Butadien-Acrylnitrilverbindungen erhalten werden, doch ist der Warengriff „gummiartig"; auch tritt nach dem Kondensieren eine Gelbfärbung auf. *Polyvinylalkohol* verbessert gleichfalls die Zugfestigkeit. Weichmacher und wasserabstoßende Mittel bewirken nur eine unwesentliche Erhöhung der Einreißfestigkeit, jedoch eine *Verschlechterung* der Zugfestigkeit, welche aber durch eine *Nachwäsche* wieder ausgeglichen wird.

Nach R. Allscher[5] soll der Abfall der Gewebereißfestigkeit bei der Hochveredlung durch gleichzeitige Mitverwendung von Kunststoff- oder Silikonemulsionen verbessert werden.

H. Enders und G. Pusch[6] können sich dieser Ansicht nicht anschließen. Die Autoren prüften nachfolgende Zusätze zur Reactantharz- sowie auch zur sogenannten „harzfreien" Rezeptur: Emulsionen von Polyäthylen, Polyacrylsäure, Silikone sowie Weichmacher auf Basis eines emulgierten Fettsäureamids und auf Basis eines Isocyanat-Abkömmlings.

---

[1] Graf, P.: Betrachtungen zur sauren Katalyse von Carbamidharzen. Prakt. Chem. (Wien) **7,** 269 u. 308 (1956).

[2] Garvey, Th. F.: The Effects of Additives to Thermosetting Resin Baths on the Physical Properties of the Treated Fabric. Amer. Dyestuff Rep. **44,** 791 (1955).

[3] Nuessle, A. C.: Aspekte der Permanentausrüstung. Textile World **1954,** 104.

[4] Jost, St.: Neuere Arbeiten über die Knitterfestausrüstung von Baumwollgeweben in den USA. Textil-Rundschau (St. Gallen) **12,** 521 (1957).

[5] Allscher, R.: Melliand Textilber. **1962,** 276.

[6] Enders, H. u. G. Pusch: Bügelfrei-Effekte durch sogenannte harzfreie Ausrüstungs-Verfahren. Melliand Textilber. **43,** 1086ff. (1962).

Die Autoren stellten fest, daß die angeführten Mittel sich auf die *Zug*reißfestigkeit des Gewebes *nicht* im günstigen Sinne auswirkten. Es konnte keine Verbesserung mit einem der erwähnten Mittel erzielt werden. *Alle* geprüften Zusätze lassen aber einen *günstigen Einfluß* auf die *Ein*reißfestigkeit des Gewebes resultieren. Es wird vermutet, daß die Zusätze als ,,Schmiermittel" wirken und so dem Gewebe die Starrheit nehmen. Durch die Polyäthylenemulsion kann die Einreißfestigkeit wiederum annähernd in die Höhe des nicht behandelten Gewebes gebracht werden.

Die Produkte auf Basis Polyäthylen, Polyacrylsäureester und Isocyanatderivat weisen eine recht gute Waschbeständigkeit auf. Nach 5 Kochwäschen ist etwa noch die Hälfte der anfänglichen Verbesserung erhalten geblieben. Im Gegensatz hierzu werden die Fettsäureamid- und Silikonprodukte (letztere *ohne* speziellen Katalysator!) leicht ausgewaschen, so daß der Gewinn an Einreißfestigkeit wiederum verlorengeht.

W. Rümens[1] u. a. stellten fest, daß sich die Scheuerfestigkeit (nach Repenning) durch geeignete Zusätze (wie o-Kieselsäureester höherer Alkohole, spezielle Polyäthylen- und Polyacrylsäuredispersionen) bei konstantem Wash-and-Wear-Niveau verbessern läßt.

Durch Prüfung mit Hilfe der Manschetten-Waschversuche wird nach H. Enders und G. Pusch (loc. cit.) zumindest die *Naß*scheuerfestigkeit der überprüften Produkte nicht (auch nicht durch o-Kieselsäureester) verbessert. Der *Trocken*knitterwinkel wird von *allen* geprüften Emulsionsprodukten mehr oder weniger etwas erhöht, jedoch wurde *kein* Einfluß auf den *Naß*knitterwinkel festgestellt. Weiters war auch *kein* Einfluß im positiven oder negativen Sinne auf den *Bügelfrei-Effekt* zu beobachten.

H. Enders und G. Pusch empfehlen auf Grund ihrer Untersuchungen den Zusatz einer Polyäthylen- oder auch Polyacrylsäureemulsion im Hinblick auf die wesentliche Erhöhung der Einreißfestigkeit und nebenbei der Verbesserung des *Trocken*knitterwinkels. Doch soll die verwendete Menge dieser Mittel auf 20 bis 30 g pro l Flotte beschränkt werden, da mit steigender Konzentration auch die *Vergrauung der Ware bei schmutziger Waschflotte* ansteigt (s. nachfolgend).

Hinsichtlich des *Warengriffs* stellten die Autoren fest, daß dieser bei Anwendung der Emulsion der Produkte auf Fettsäureamid- und Isocyanatabkömmlinge *weicher* ausfällt. Die anderen vorstehend angeführten Produkte hatten nur einen *geringen* weichmachenden Effekt. Hingewiesen wird noch darauf, daß man bei *chemisch gleichartigen* Emulsionen *deutliche Unterschiede* finden kann. Z. B. gibt es Polyäthylenemulsionen, welche einen kräftigen, vollen Griff resultieren lassen.

R. Allscher[2] erwähnt später, daß sich die Zugabe solcher effekt-unterstützender Produkte zu Kunstharzappreturen bewährt hat, die gleichzeitig eine *günsige Griffbeeinflussung* ausüben. Die *Gewebereißfestigkeit* wird durch die Mitverwendung solcher Kunststoff-Emulsionen selbst *nicht* verbessert. Eine Beeinflussung der Gewebereißfestigkeit erfolgt *nur indirekt*, da dann *geringere Mengen* an Zellulosevernetzungsmitteln verwendet werden können. Auch ist der Einfluß der Kunststoffe selbst bei den in Betracht kommenden Anwendungsmengen ohne Einfluß auf die Gewebereißfestigkeit. Ihr Einsatz rechtfertigt sich aber in Hinblick des unbestreibaren Einflusses auf *Einreißfestigkeit* und *Vernähbarkeit.*

[1] Rümens, W. u. a.: Textil-Rundschau (St. Gallen) **1961**, 663.

[2] Allscher, R.: Aktuelle Wege der Baumwollveredlung. II. Melliand Textilber. **44** (1), 80 (1963).

Die *Anschmutzungsneigung* dieser Kunststoffe ist seit langem bekannt (s. nachfolgend). Sie wird in erster Linie durch den Gehalt an Monomeren bestimmt. Weiters weist R. Allscher gleichfalls darauf hin, daß die Angabe der chemischen Zusammensetzung der betreffenden Kunststoff-Emulsion durch die jeweilige Herstellerfirma keinesfalls zur Charakterisierung eines Kunststoff-Additives ausreichen würde.

## H. Die Anschmutzung knitterfest ausgerüsteter Baumwolltextilien und ihre Reinigung

### Literaturverzeichnis

Frieser, E.: SVF (Fachorgan f. Textilveredlung) **16** (6), 382 (1961).
May, K., O. Rothe u. L. May: Melliand Textilber. **40**, 1206 (1959).
Stingl, G.: Wäschereitechn. u. -chem. **1957**, 314.
Wagner, E. F.: Beeinflussung der Anschmutzbarkeit und Waschbarkeit von Textilien aus Naturfasern, Synthesefasern sowie Mischungen durch Spezialausrüstungen (Antisoiling-Problem). Forschungsberichte des Landes Nordrhein-Westfalen No. 1411 (1964).

Schon bald nach dem Aufkommen der Wash-and-Wear-Ausrüstung von Baumwolle wurde die Feststellung gemacht, daß solche Textilien in der Wäsche, besonders in Waschanstalten, verschmutzen, und zwar so, daß der Schmutz nicht mehr entfernbar war.

L. W. Mazzeno et al.[1] untersuchten die *Ursache dieser Wäschevergrauung bei Weißware* und stellten fest, daß Baumwollgewebe, welche mit Kunstharzen *allein* („in sich" vernetzend, Reactantharze), also *ohne* Mitverwendung von Additiven, ausgerüstet waren, in der Waschmaschine durch Behandlung mit einer mit Ruß versetzten Waschflotte *nicht* angeschmutzt wurden. Doch wurde die Anschmutzung von Baumwollweißware stark erhöht, wenn dem Kunstharz Begleitkörper, wie Polyacrylatdispersionen oder Silikone zugesetzt wurden. Das gleiche Grauwerden der Weißware durch Naßverschmutzung trat im letzteren Falle ein, wenn die Proben zusammen mit beschmutzter Wäsche gewaschen wurden.

Die Neigung zum Grauwerden durch Naßverschmutzung wurde durch Waschen der kunstharzbehandelten Proben zusammen mit beschmutzter Wäsche untersucht. Dabei ergab sich nach 12maligem Waschen bei den mit Dimethylol-Äthylenharnstoff zusammen mit thermoplastischen Kunststoffen ausgerüsteten Proben ein Reflexionsabfall um 20%, während die mit Dimethylol-Äthylenharnstoff *allein* ausgerüstete Probe nach dieser Behandlung den gleichen Weißgehalt aufwies wie die *nicht* knitterfest ausgerüstete Kontrollprobe (Reflexionsabfall um 5%).

Eine *nachträgliche Reinigung* der besagten Artikel blieb ohne Erfolg; die Verschmutzung war irreversibel. Ein Zusatz von CMC (Carboxymethylzellulose) zur Waschflotte hatte nur geringe Wirkung wie auch eine spätere Trockenreinigung.

Nach L. W. Mazzeno et al. (loc. cit.) führt eine Kunstharzausrüstung *allein* praktisch *nicht* zur Naßverschmutzung. Bei Mitverwendung von Polyacrylaten und Silikonen lagern sich letztere fast vollständig auf der Oberfläche der Fasern ab. Sie erweichen und werden bei der Temperatur der Waschflotte klebrig. Sie nehmen dabei die Rußpartikeln auf, die sich dann fest an die Faser heften.

[1] Mazzeno, L. W., R. M. H. Kullman, R. M. Reinhardt, H. B. Moore u. J. D. Reid: Studien über die Naßbeschmutzung von kunstharzbehandeltem Baum-Baumwollgewebe. Amer. Dyestuff Rep. **47**, 299 u. 609 (1958).

Die Autoren beschreiben einen einfachen Laboratoriumstest durch Behandlung mit rußhaltiger Waschflotte, wobei die quantitative Bestimmung der Beschmutzung durch ein Reflektometer durchgeführt wird.

Ähnliche Schlüsse zieht F. Nestelberger[1], welcher die Vergrauung von mehr als 50 Baumwollappreturen in rußiger Kochflotte bestimmte. Die stärksten Anschmutzungen zeigten hierbei einige Hydrophobierungsmittel und *weiche* Polymerisate.

Nach Ansicht des Autors dürfte die Erklärung, daß die *Klebrigkeit* des betreffenden Produktes das Festhalten der Ruß- bzw. Schmutzteilchen bewirkt, *nicht* in allen Fällen zutreffen. Vermutlich sind hier auch *elektrische Anziehungskräfte* mehr oder weniger an der Anziehung der Schmutzteilchen beim Waschen beteiligt. Hierfür würde die außerordentlich starke Haftung sprechen, denn die Anschmutzung ließ sich weder durch eine Nachwäsche noch durch chemische Reinigung beseitigen. Da die Rußteilchen negativ geladen waren, würden sie von den stark kationaktiven Produkten angezogen und entsprechend fixiert. Waren die Produkte schwach kationaktiv und nicht fest an die Faser fixiert, so haftete auch der Schmutz nicht. Die *stärker kationaktiven Produkte* (wie z. B. Zelan AP und ähnliche), welche gleichzeitig noch auf der Faser fixiert waren, zogen den negativ geladenen Schmutz an und hielten ihn fest.

Weiters wurde versucht, die Gewebeproben, welche mit den Produkten imprägniert waren, die starke Waschanschmutzung zeigten, *vor* der Rußwäsche mit einer Lösung des stark anionaktiven Nekal BX elektrisch zu neutralisieren bzw. umzuladen. Bei einer folgenden Rußwäsche wurde die Waschanschmutzung deutlich verringert, jedoch *nicht* bei Zugabe von Nekal BX zur Ruß-Seifenlösung.

Wenn auch die Versuche nicht eindeutig den Beweis erbrachten, daß die Polarität des betreffenden Produktes für die Waschanschmutzung verantwortlich zu machen wäre, so zeigt sich nach Fr. Nestelberger doch, daß die Klebrigkeit des Films nicht allein hierfür maßgebend ist.

Nachdem als Ursache der starken Schmutzretention bei mit Dimethylol-Äthylenharnstoff ausgerüsteten Baumwollgeweben der hierbei allgemein übliche Zusatz von *Acrylpolymeren* erkannt wurde, versuchte Tetsuya Matsukawa[2] dieses Polymer durch verschiedene Vinylpolymere zu ersetzen. Nach ihm werden optimale Erfolge sowohl hinsichtlich der erzielten Knitterfestigkeit als auch der Schmutzablösung durch Zusatz des *Mischpolymeren* von Maleinsäureanhydrid + Vinylmethyläther erreicht, wobei das Mischpolymere in Mengen von $^1/_5$ des Gewichtes von Dimethylol-Äthylenharnstoff verwendet wurde.

M. Sorkin[3] stellte für anorganische und organische Staubpartikeln gleichfalls eine maximale Anschmutzung bei Ausrüstungen mit Silikonen, fettmodifizierten Melaminderivaten, gewissen Polyacrylsäureestern sowie bei den Fluorcarbonprodukten fest. Unabhängig von der Staubart werden dabei Silikonausrüstungen am stärksten und Ausrüstungen auf Grundlage von Pyridin (Pyridinumfettsäureprodukte) am wenigsten angeschmutzt[4].

---

[1] Nestelberger, F.: SVF (Fachorgan f. Textilveredlung) **14**, 287 (1959).

[2] Matsukawa, T.: Die Verbesserung der Schmutzfestigkeit harzausgerüsteter Gewebe. 1. Mitt.: Wirkungen der Kombination von Vinylpolymeren und Dimethylol-Äthylenharnstoff. J. Soc. Text. Cell. Ind., Japan **15**, 570 (1959).

[3] Sorkin, M.: Das Verhalten von harzbehandelten Geweben gegen Beschmutzung. Teinex **27**, 434 (1962).

[4] Sorkin, M.: Über das Verhalten harzbehandelter Gewebe gegen Verunreinigungen. Textil-Rundschau (St. Gallen) **16**, 612 (1961).

Auch bei Trageversuchen mit Hemden (unter dem Kragen) zeigen die gleichen Ausrüstungen die stärksten Vergilbungen. Es handelt sich nach K. Lindner[1] stets um *weiche Ausrüstungen*, welche die Schmutzpartikeln aufnehmen, einbetten und festhalten, so daß das Auswaschen des Schmutzes in solchen Fällen häufig sehr schwierig ist.

K. Lindner (loc. cit.) weist diesbezüglich auf *härtende und glättende Mittel* hin, welche den Anschmutzeffekt *vermindern*. Solche Ausrüstungen, wie härtende und glättende Hydrophobierungsmittel, gewisse Polyacrylat-Lösungen und Kunstharze mit Carboxylgruppen, liefern *harte* und *widerstandsfähige Filme*[2].

H. Enders und G. Pusch[3] prüften verschiedene Zusätze sowohl zur Reactantharz- als auch zur sogenannten „harzfreien" Baumwollausrüstung.

Emulsionsprodukte vom Typ *Polyäthylen* und *Polyacrylsäureester* zeigen den Nachteil, daß sie die Gewebe *naßschmutz-anziehend* machen. Schmutz aus der Waschflotte wird hartnäckig festgehalten (= Vergrauung der Ware). Die Autoren machen für diese Naßschmutz-Absorption sowohl *klebende als auch statische* Kräfte verantwortlich.

Wesentlich geringere Wirkung zeigen *Silikon*- und *Isocyanatprodukte* (Weichmacher auf Basis eines Isocyanat-Abkömmlings). Praktisch indifferent verhalten sich die Weichmacher auf Basis eines emulgierten *Fettsäureamids* (wahrscheinlich durch mangelnde Waschbeständigkeit!).

Da der *Grad der Naßschmutz-Anziehung* stark von der *Menge* des Zusatzproduktes abhängt, kann eine Kompromißlösung diesen Nachteil mindern, indem *gerade soviel Zusatzstoffe* zugegeben werden, als zur Verbesserung der Einreißfestigkeit ausreicht, während die beschriebenen Nachteile dabei *gering* sind, so daß sie bei *normalen* Waschbedingungen *nicht* in Erscheinung treten.

Weiters weisen H. Enders und G. Pusch (loc. cit.) noch darauf hin, daß die geprüften Emulsionsprodukte, insbesondere Polyäthylen und Polyacrylsäureester, auch hinsichtlich der *Trockenanschmutzung* ein nachteiliges Verhalten zeigen.

Die *Verschmutzung von mit Reactants ausgerüsteten Baumwollgeweben* bzw. die *Entfernung des Schmutzes unter dem Einfluß von Appreturmitteln* untersuchten J. V. Beninate et al.[4].

*Unbehandelte* Baumwolle, Baumwolle *im teilweise gequollenen Zustand quervernetzt* (Form D; s. S. 81) und Baumwolle *im hochgequollenen Zustand quervernetzt* (Form W; s. S. 81) wurden mit wässerigen und nicht-wässerigen Schmutzmischungen behandelt.

*Vernetzte Baumwollgewebe* (Form D und W) werden durch *wässerigen* Lampenruß im Vergleich zum ursprünglichen Gewebe *weniger* angeschmutzt.

Durch Einführung anionischer Phosphomethyl-Gruppen auf die Faseroberfläche wird der Widerstand gegen Verschmutzung noch erhöht.

Behandlung mit einem *anionischen Hilfsmittel* erhöht den Widerstand gegen Verschmutzung mit einer wässerigen Pigmentdispersion (Eisenoxid).

---

[1] Lindner, K.: Die Ursachen und Verhütung des Anschmutzens von Textilien. Fette, Seifen, Anstrichmittel **65** (2), 96 (1963).

[2] Utermohlen, C. E. et al: Text. Res. J. **21,** 510 (1951). — Hall, A. J.: Text. Mercury Argus **1951,** 13, VII, 67, 31, VIII, 367. — Rees, W. H.: The British Cotton Ind. Assoc. Shirley Institute Disbury **27,** 141 (1954).

[3] Enders, H. u. G. Pusch: Bügelfreie Effekte durch sogenannte harzfreie Ausüıstungs-Verfahren. Melliand Textilber. **43,** 1086ff. (1962).

[4] Beninate, J. V., E. L. Kelly u. G. L. Drake: Der Einfluß der Faserquellung auf die Naßverschmutzung und die Entfernbarkeit des Schmutzes. Amer. Dyestuff Rep. **1963** (20), 752—756.

*Vernetzte Baumwolle* (s. oben) nimmt im Vergleich zur nicht vernetzten Baumwolle *nicht*-wässerigen *öligen* Lampenruß *wenig* auf. Dabei haben auf die *Größe* dieser Verschmutzung der *Quellungsgrad und die chemische Modifikation des Gewebes keinen wesentlichen* Einfluß. Doch beeinflußt der *Quellungsgrad* die *Leichtigkeit der Entfernung* von Lampenruß- und Eisenoxidverschmutzung aus wässerigem Medium. Die Entfernung erfolgt bei der *stärker gequollenen* Faser *leichter*.

Die Gegenwart von *ionogenen oder nicht-ionogenen funktionellen Gruppen* auf der Gewebeoberfläche verbessert im allgemeinen die *Entfernbarkeit* des Schmutzes *nicht*.

Auch J. Berch et al.[1] untersuchten die Zurückhaltung verschiedener Schmutzarten durch Baumwolle beim Waschen in Verbindung mit dem jeweils aufgebrachten Ausrüstungsmittel. Sie stellten fest, daß im allgemeinen die Mittel, welche leicht Schmutz aus dem wässerigen Medium aufnehmen, diesen auch beim Waschprozeß hartnäckig zurückhalten. Eine Ausnahme würden chemisch modifizierte, stark in Wasser quellende Baumwollen machen, bei denen wohl der Schmutz gleichfalls schwer entfernbar ist, doch andererseits sich aber nicht leicht anlagert. Die Autoren geben gleichfalls an, daß Silikon-, Fluorkohlenstoff- und Polyacrylat-Ausrüstungen Schmutz stark zurückhalten, entsprechend ihrer großen Neigung zum Anschmutzen in wässerigen Flotten.

A. C. Nuessle et al.[2] sind der Meinung, daß der Schmutzaufnahme durch *weiche thermoplastische* Ausrüstungsmittel, welche häufig in Ausrüstungen als Additive festzustellen sind, vielfach zu große Bedeutung zugemessen wird.

Unter Naßverschmutzung wird die Verschmutzung während des Waschprozesses verstanden. A. C. Nuessle et al. prüften hochveredelte Baumwollgewebe, die zusätzlich mit einer Anzahl polymerer Veredlungsmittel ausgerüstet waren, auf die Verschmutzung durch Pigmente (Lampenruß, kolloider Graphit), wobei die Waschbedingungen und die ,,Verschmutzung" bei den Versuchen genau eingehalten wurden.

Aus den Versuchen ergab sich, daß die Naßverschmutzung durch Pigmente nicht allein vom Ausrüstungsmittel abhängt, sondern auch vom Verschmutzungsagens und den verwendeten Waschmitteln.

Die verschiedenen Ausrüstungsmittel (Additive) sind sehr unterschiedlich hinsichtlich ihrer chemischen Zusammensetzung, Härte, Grad der Vernetzung (wenn eine solche erfolgt), der ionischen Natur und der Hydroplastizität (wenn die Polymeren OH-Gruppen enthalten).

Festgestellt wurde, daß *Polyvinylalkohol*, welcher durch Formaldehyd oder einem thermohärtbaren Kunstharz waschfest fixiert wurde, fast ebenso viel kolloiden Graphit und etwas mehr Lampenruß aufnahm im Vergleich zu den weichen Acrylharzen.

Durch *Quervernetzung eines weichen Thermoplastkunststoffes* wird im Gegensatz hierzu die Schmutzaufnahme vermindert, wobei diese Wirkung von der Art der Quervernetzung abhängt.

Im allgemeinen nehmen *weiche Thermoplastkunststoffe* mehr an Schmutz auf als harte. Doch wird dies von anderen Faktoren überlagert.

---

[1] Berch, J., H. Peper u. G. L. Drake: Naßbeschmutzen von Baumwolle. 2. Mitt.: Einfluß der Ausrüstungen auf die Entfernung des Schmutzes von Baumwollgeweben. Text. Res. J. **34**, 29 (1964).

[2] Nuessle, A. C., L. M. Nageley u. E. O. J. Heiges: Einige Beobachtungen über die Naßverschmutzung von mit Harz behandelter Baumwolle. Text. Res. J. **33** (2), 146—160 (1963).

*Anionische Polymere*, welche Karboxylgruppen an der Polymerenkette aufweisen, neigen zur *Abstoßung* von Lampenruß, während *kationische Polymere*, welche Aminogruppen enthalten, im Gegensatz hierzu Lampenruß anziehen. *Nichtionogene Polymere*, welche infolge des großen Gehaltes an Hydroxylgruppen hydrophil sind, nehmen große Mengen an Lampenrußverschmutzung auf.

Auch J. Berch et al.[1] stellten bei Baumwollgeweben, behandelt mit Polyacrylaten verschiedener Härte bzw. Weichheit, fest, daß eine vermehrte Naßanschmutzung (mit suspendierten Eisenoxidpartikeln) des Baumwollgewebes mit zunehmender Weichheit des Polymers eintrat, und zwar vermehrt bei höherer Temperatur. Die Pigment-Verschmutzung der mit *weichen* Latices behandelten Gewebe erfolgte durch Einbettung der Schmutzpartikel in das plastische Mittel.

Auch die mit *Silikonen* behandelten Gewebe verschmutzen im Vergleich zu nicht-behandelten Geweben mehr an.

Unbehandelte Baumwollgewebe werden bei höheren Temperaturen *nicht* stärker beschmutzt. Baumwollgewebe, behandelt mit nicht-thermoplastischen Mitteln, zeigen gleiche Anschmutzbarkeit bei höheren und niederen Flottentemperaturen.

## I. Optische Aufhellung kunstharzausgerüsteter Zellulosefasertextilien

Für Baumwollweißware oder für Druckware mit vielen weißen Feldern ist entsprechend den heute gesteigerten Kundenwünschen eine optische Aufhellung unerläßlich. Dies trifft auch für knitterfest und Wash-and-Wear-ausgerüstete Baumwollwaren zu.

In der Fachliteratur finden sich über das Verhalten der optischen Aufheller bei der Hochveredlung von Zellulosefasertextilien nur wenig Unterlagen vor[2]. M. Keller[3] führt hierzu aus, daß dies wahrscheinlich damit zusammenhängt, daß auf diesem Gebiete außerordentlich komplexe Verhältnisse anzutreffen sind, so daß es fast unmöglich ist, allgemein gültige Regeln hierfür aufzustellen.

Das *Endresultat einer optischen Aufhellung mit Kunstharzappret* wird von vielen Faktoren beeinflußt, wie z. B.:

1. Konstitution, färberisches Verhalten und Echtheiten des Aufhellers.
2. Die vielen Knitterfest-Ausrüstungsmittel.
3. Die verschiedenen dabei mitverwendeten Katalysatoren (Säurespender).
4. Die Applikationsbedingungen von Aufhellern und Ausrüstungsmitteln.

Eine *zusammenfassende Darstellung über optische Aufheller* bringt die Sondernummer des SVF *(Fachorgan für Textilveredlung) 1964*, Juniheft.

---

[1] Berch, J., H. Peper u. G. L. Drake: Die Naßanschmutzung der Baumwolle, 3. Teil: Der Einfluß eines thermoplastischen Ausrüstungsmittels. Text. Res. J. **34** (10), 844 (1964).

[2] Z. B.: Reinhardt, R. M., T. W. Fenner, J. D. Reid, H. S. Fussy u. M. Walsh: Fluorescent Whitening Agents in Wash-and-Wear-Finishing of Cotton. Amer. Dyestuff Rep. **1961,** 34. — Schölermann, W.: Grundsätzliche Betrachtungen zum Einsatz der Blankophor-Weißtöner in der Textilindustrie. Bayer Colorist (Farbenfabriken Bayer A.G.) No. 11, 11—24 (1961). — Villaume, F. G.: Optische Aufheller für „Wash-and-Wear"-Baumwollen. J. Amer. Oil Chemist's Soc. **37,** 188 (1960). — Höcklin, D.: Hinweise für das Weißausrüsten von Baumwollgeweben. SVF (Fachorgan f. Textilveredlung) **20** (6), 395 (1965).

[3] Keller, M.: Optische Aufheller in der Kunstharzappretur. Textil-Rundschau (St. Gallen) **16,** 571 (1961).

## I. Anwendungsverfahren für optische Aufheller

Die optischen Aufheller für Zellulosefasern können wie normale Farbstoffe nach folgenden Methoden auf die Faser appliziert werden:

1. Diskontinuierlich im *Ausziehverfahren* (Flottenverhältnis 1 : 10 bis 1 : 40) mit oder ohne Salzzusatz.

2. Kontinuierlich im *Foulardverfahren.* Meistens erfolgt anschließend die Trocknung.

3. Ein Spezialfall ist die *Anwendung im Wasserstoffsuperoxid-Bleichbad.* Dies ist möglich, da alle wichtigen Aufheller $H_2O_2$-beständig sind. Es kann hierbei diskontinuierlich oder kontinuierlich (Continue-Bleichverfahren) gearbeitet werden.

*Lohnausrüster,* welche relativ kleine Partien ausrüsten, führen zuerst die optische Aufhellung durch (nach Verfahren 1 bis 3) und dann als letzte Operation die Kunstharzausrüstung *(Zweibad-Verfahren). Großausrüster* kombinieren meistens die Foulardaufhellung mit der Kunstharzapplikation *(Einbad-Verfahren).*

Da im letzteren Falle der Aufheller direkt zum Appreturbad gegeben wird, muß dieser in den schwach sauren Imprägnierbädern gut löslich sein, bei saurem pH-Wert gute Affinität zur Baumwolle haben und in höheren Konzentrationen maximale Weißeffekte liefern. Weiters muß der optische Aufheller mit allen im Bad befindlichen Mitteln (wie Kunstharz, Katalysator, Additive usw.) verträglich sein.

## II. Einfluß der chemischen Konstitution der Aufheller

*Voraussetzung* für einen optischen Aufheller ist, daß er *Affinität zur Faser* hat und *linear molekularen Bau* aufweist, wobei *alle aktiven Molekülgruppen* in *einer Ebene* liegen sollen. Die *chemischen Grundsubstanzen,* wie Derivate der Stilbene, Kumarine, Benzidine u.a., weisen *fluoreszierende Eigenschaften* auf.

M. Keller (loc. cit.) hat etwa 30 verschiedene handelsgängige optische Aufheller für ihre Anwendung in der Hochveredlung von Zellulosefasern durchgeprüft und sich eingehend auf N, N′- bis -1, 3, 5-Triazinyl*derivate* der 4, 4-Diaminostilben 2, 2-disulfosäure der allgemeinen Formel:

```
x                                                                        x'
 \C=N\                                                          /N=C/
N<    >C—NH—<benzol>—CH=CH—<benzol>—NH—C<    >N
 /C—N/          |                  |            \N—C\
y             SO3Na              SO3Na                      y'
```

x, x′ = Aminreste;
y, y′ = Amin- oder Alkoxyrest:

beschränkt (s. Originalliteratur).

## III. Einfluß der N-Methylolverbindungen

Nach M. Keller (loc. cit.) lassen zyklische Äthylenharnstoffharze deutlich höhere Weißeffekte als Harnstoffharze unter den *gleichen* Bedingungen resultieren. Die Effekte der Melaminharze liegen dazwischen.

Nach W. Grunwald[1] haben N-Methylolverbindungen den geringsten Einfluß auf Weißtöner. Wird nach dem *Zweibad-Verfahren* gearbeitet, so kann man (insbesondere bei Reactantharztypen, katalysiert mit Magnesiumchlorid) den Weißeffekt merklich steigern und die Waschbeständigkeit der optischen Aufheller verbessern.

---

[1] Grunwald, W.: Anwendung und Verhalten der optischen Aufheller in der Hochveredlung von Baumwollstückware. SVF (Fachorgan f. Textilveredlung) **19** (6), 459 (1964).

## IV. Einfluß der Katalysatoren (Säurespender)

Nach M. Keller (loc. cit.) ist sowohl beim nachfolgenden Ausrüsten von optisch aufgehellten Geweben mit Kunstharzen als auch bei der Applikation der Aufheller zusammen mit dem „Vorkondensat" der Einfluß der Katalysatoren größer als derjenige der verschiedenen Kunstharztypen.

Die Katalysatoren verhalten sich je nach ihrer chemischen Konstitution gegenüber optischen Aufhellern unterschiedlich. *Magnesiumchlorid* verhält sich in Gegenwart von optischen Aufhellern am günstigsten. *Zinkchlorid* ist mehr für das Zweibad-Verfahren geeignet. *Ammonsalze* und *nitrathaltige Katalysatoren* sollen in Gegenwart von Weißtönern möglichst vermieden werden. *Aluminiumsulfat* ist nach W. Grunwald (loc. cit.) mit keinem optischen Aufheller *im Einbad-Verfahren* verträglich.

### 1. Ammoniumsalzkatalysatoren

Diese geben mit optischen Aufhellern meist gute stabile Lösungen. Bei der späteren *Kondensation* (auch bei Anwendung im *Zweibad-Verfahren!*) tritt *Vergilbung bzw. Vergrauung der Ware* ein, und zwar verstärkt bei steigender Kondensationstemperatur und auch -zeit.

Nach M. Keller (loc. cit.) zeigen alle Ammoniumsalze bei Harnstoff-Formaldehyd- und zykl. Äthylenharnstoff-Formaldehydprodukten nach der Kondensation *starke* Vergilbungen bei *hoher* optischer Aufhellung, die nur durch eine *leichte alkalische Nachwäsche* wieder behoben werden können. *Melamin-Formaldehydharze* verhalten sich mit Ammoniumsalzen günstiger. Bei *organischen Aminkatalysatoren* (meistens Alkanolaminsalze) tritt *keine* Vergilbung des Aufhellers ein.

Besonders unangenehm ist nach M. Keller die vergilbende Wirkung der Ammoniumsalzkatalysatoren bei Knitterfestausrüstungen mit normalen Harnstoff-Formaldehydharzen, da diese billigen Appreturen erfahrungsgemäß nicht nachgewaschen würden. Könnten solche Carbamid-Formaldehydharze mit Magnesiumchlorid katalysiert werden, so wäre diese Schwierigkeit behoben.

W. Grunwald (loc. cit.) weist darauf hin, daß *örtliche Vergilbungen* (wie Wolken, Flecken und Streifen im Gewebe) bei Anwendung von Ammoniumsalzkatalysatoren resultieren, und zwar bei *unterschiedlichen* Temperaturen in der Kondensationsanlage oder bei zeitlichem Stillstand der Ware in der Kondensationsapparatur. Meist ist diese Vergilbung nicht stark; deutlich ist sie feststellbar beim Vergleich eines *nicht vergilbten* mit einem *vergilbten* optisch aufgehellten Gewebe.

Bei der Prüfung der *Lichtechtheit* der Aufheller *vor* und *nach* der Kunstharzbehandlung wurde nach M. Keller festgestellt, daß Ammonium*nitrat* die Lichtechtheit der kunstharzbehandelten, *nicht nachgewaschenen* Aufhellung stark beeinträchtigt. Es tritt nach kurzer Zeit starke Vergilbung des optischen Aufhellers ein. Nach der üblichen *Nachwäsche* resultiert auch bei Nitraten die *normale* Lichtechtheit.

### 2. Metallsalzkatalysatoren

Diese haben für die Ausrüstung von Baumwollgeweben große Bedeutung, wie schon früher ausgeführt wurde.

*a) Zinknitrat* bewirkt — wie alle nitrathaltigen Katalysatoren — durch Belichtung eine Faservergilbung und verschlechtert auch die Lichtechtheit der optischen Aufheller. Beides kann, wie schon bei Ammoniumnitrat erwähnt, durch eine Nachwäsche behoben werden. Daher sind, worauf schon M. Keller hinwies, alle Nitratkatalysatoren ohne Nachwäsche nicht anwendbar.

Da Zinknitrat die optischen Aufheller im Imprägnierbad ausfällt, wird es nach W. Grunwald besser im *Zweibad-Verfahren* (mit Nachwäsche!) angewandt.

Nach W. Grunwald ergeben *nitratfreie* Metallsalz-Katalysatoren (wie Zink-, Magnesiumchlorid und Aluminiumsulfat) die besten Weißeffekte.

*b) Aluminiumsulfat* ist, wie früher erwähnt, im *Einbad-Verfahren* mit *keinem* optischen Aufheller verträglich. Auch treten mit vielen Additiven im Imprägnierbad Ausfällungen ein.

*c) Zinkchlorid* ist nach W. Grunwald *weniger* für das *Einbad-Verfahren* geeignet, da meistens eine *schlechtere Flottenstabilität* (im Vergleich zu Magnesiumchlorid) vorliegt. Auch M. Keller weist darauf hin, daß bei Anwendung von Zinksalzen nur verhältnismäßig wenige *Aufheller mit bester Säurelöslichkeit* gut brauchbar sind. Die Stabilität der Imprägnierflotte muß daher von Fall zu Fall vorgeprüft werden. Nach W. Grunwald ist Zinkchlorid dagegen *gut* für das *Zweibad-Verfahren* geeignet. Es wird hierbei die Fluoreszenz der Weißtöner nicht beeinträchtigt; auch ist der *Weißeffekt* weitgehend temperaturbeständig.

*d) Magnesiumchlorid* ist nach beiden Autoren für die optische Aufhellung am besten geeignet. Für das *Einbad-Verfahren* ist Magnesiumchlorid der beste Katalysator; mit optischen Aufhellern resultieren sehr stabile Lösungen. Hierbei ist die *Reihenfolge der Zusätze* für die Beständigkeit der Flotte mitbestimmend (s. auch bei „Katalysatoren"; S. 291). Die erhaltenen Weißeffekte sind bei Anwendung von Magnesiumchlorid als Katalysator gegen *höhere* Kondensations*temperaturen* sehr beständig.

Hierbei ist eine richtig durchgeführte Vorreinigung und Bleiche des auszurüstenden Baumwollgewebes die Voraussetzung (s. nachfolgend bei „Einfluß der Kondensationstemperaturen").

## V. Einfluß der Appreturmittel

Die der „Vorkondensat"-Flotte zugegebenen Appreturmittel (Additive) sind nach W. Grunwald *bei sachgemäßer Auswahl* mit den optischen Aufhellern gut verträglich. Wichtig ist die Ionogenität, da optische Aufheller im allgemeinen *anionaktiv* sind. Um Ausfällungen zu vermeiden, kommen nur anionaktive oder nichtionogene Additive in Betracht.

Werden die Additive im *Einbad-Verfahren* mit angewandt, so können sie den *Grad des Weißeffektes* beeinflussen, und zwar unterscheidet man:

*1. Produkte, die den Weißeffekt verstärken.* Stärke oder Appreturmittel auf Stärkebasis (Stärkeäther) und Produkte auf Zellulosebasis (Zelluloseäther).

W. Grunwald führt die Verstärkung des Weißeffektes bei den genannten Verbindungen vermutlich darauf zurück, daß die für Zellulosefasern verwendeten Weißtöner auch zu den stärke- und zellulosehaltigen Produkten Affinität haben und somit diesen Appreturmitteln selbst eine Fluoreszenz verleihen.

*2. Produkte, die den Weißeffekt weder negativ noch positiv beeinflussen.* Im wesentlichen handelt es sich hier um Kunststoffdispersionen und wässerige Kunststofflösungen, soweit dieselben *keine* Eigenfarbe aufweisen und auch *nicht* kationaktiv reagieren. Die optischen Aufheller haben zu diesen Additiven *keine* oder *nur geringe* Affinität.

*3. Produkte, die Eigenfarbe aufweisen oder kationaktiv reagieren.* Außer der störenden Farbgebung sind sie für Weißwarenartikel nicht brauchbar, da sie mit den meisten anionaktiven optischen Aufhellern im Bade nicht verträglich sind.

## VI. Einfluß der Weichmacher

Es sollen nur anionaktive Weichmacher im Imprägnierbad verwendet werden, da, wie bemerkt, die optischen Aufheller für Zellulosefasern im allgemeinen anionaktiv sind. Kationaktive Verbindungen oder Produkte, die einen kationaktiven Emulgator enthalten, ergeben Ausfällungen im Präparierbad und eine Verschlechterung des Weißeffektes.

## VII. Einfluß der Kondensationstemperatur

Die Kondensationstemperatur hat nach M. Keller einen relativ großen Einfluß auf den Aufhellungseffekt. Bei *zu hoher* Temperatur kann ein deutlicher Abfall des Weißgrades eintreten. Wurde die Ware nicht *sorgfältig vorgebleicht*, so vergilbt beim Kondensieren das „*Grundweiß*" der Faser und *nicht* der optische Aufheller selbst.

Zur Gewährleistung einer genügenden Hitzestabilität soll für eine Kunstharzausrüstung nur eine *sehr gut vorgebleichte* Baumwollware verwendet werden ($H_2O_2$-Bleiche oder eine Kombinationsbleiche wie $H_2O_2$/Hypochlorit bzw. $H_2O_2$/Natriumchlorit).

Nach M. Keller soll für *Harnstoff-Formaldehyd-* und *Melamin-Formaldehyd-*Harze bei Mitverwendung von Ammonsalz-Katalysatoren die Kondensationstemperatur von 130 bis 140° C und für *Reactantharze* bei Mitverwendung von Metallsalz- bzw. organischen Aminsalz-Katalysatoren die Kondensationstemperatur von 140 bis 150° C nicht überschritten werden.

Der *Weißgrad* kann *innerhalb der gleichen Partie* mehr oder weniger Unterschiede aufweisen. Dies ist meist auf zu große Temperaturschwankungen oder zu ungleiche Temperatur innerhalb des Kondensationsapparates zurückzuführen (s. auch vorstehend).

Ergänzend wird noch darauf hingewiesen, daß bei Mischfasergeweben etwa mitanwesende Polyamidfasern (wie Nylon oder Perlon) besonders stark vergilben. Die Ursache hiefür ist nicht eine Zerstörung des optischen Aufhellers, sondern ist auf die Einwirkung der Hitze während der Kunstharzkondensation auf den Polyamidfaseranteil zurückzuführen. Nach F. H. Steiger[1] wird durch eine vorausgehende Behandlung mit einer Harnstofflösung der Polyamidfaseranteil auch unter strengeren Bedingungen der Hitzeeinwirkung wesentlich weniger vergilbt (patentrechtlich geschütztes Verfahren).

## VIII. Die Möglichkeiten für eine nachträgliche Verstärkung von Aufhellungseffekten (Entwicklung von Foulardaufhellungen)

Optische Aufheller, die aus wässeriger Flotte mittels des Foulards auf das Baumwollgewebe aufgebracht wurden, können durch eine nachfolgende Kunstharzausrüstung in ihrem Effekt verstärkt werden. So erfahren die meisten Aufheller auf dem Gewebe durch eine Nachbehandlung mit *zyklischem Äthylenharnstoff-Formaldehyd-Harzen* eine deutliche Verstärkung. Bei *Harnstoff-Formaldehyd-Harzen* in Verbindung mit Ammoniumsalz-Katalysatoren tritt Vergilbung ein; beim Auswaschen resultiert dann eine ähnliche Verstärkung des Effektes.

Nach M. Keller können foulardierte Aufhellungen außer mit Kunstharzen noch anderweitig im Effekt erhöht werden. Dies gelingt durch Nachwäsche mit verschiedenen Mitteln oder durch andersartige Nachbehandlung:

---

[1] Steiger, F. H.: Das Vergilben von Nylon. Text. Res. J. **27**, 459 (1957).

1. Nachwaschen mit anionaktiven oder nichtionogenen Waschmitteln, und zwar mit konzentrierteren Bädern und bei höherer Temperatur. Besonders wirksam sind nach M. Keller pyro- oder polyphosphathaltige Waschbäder. Auch Polyphosphatlösungen allein ohne waschaktive Substanzen sind wirksam.

2. In vielen Fällen führt schon ein *Dämpfen* oder eine längere Behandlung in wasserdampfgesättigter Atmosphäre bei Temperaturen unter 100° C zu einer Verstärkung des Effektes (Patente der *Ciba A. G., Basel*).

Nach M. Keller entsteht beim Foulardieren eine typische „*Ringfärbung*" *der Faser*, welche bei *hohen* Dosierungen noch *unfixierten* Aufheller enthält. Die entsprechenden Faserquerschnitte zeigen im Mikroskop bei Fluoreszenzbeleuchtung *stark leuchtende Randzonen*. Nach dem Dämpfen leuchten die *ganzen Querschnittflächen* viel gleichmäßiger. Durch den Dämpfprozeß trat also ein tieferes Eindiffundieren der Aufhellerpartikeln in die Faser ein.

3. Als Foulardzusätze bewirken *Dispergatoren* gleichfalls eine Verstärkung des Weißeffektes. Nach M. Keller sind die wirksamsten Körper wasserlösliche, hochpolymere, sowohl grenzflächenaktive als auch grenzflächen*in*aktive Dispergatoren, hauptsächlich aus der Reihe der Polyvinyle und Polyalkylenoxide.

### IX. Verhalten von optisch aufgehellter und kunstharzausgerüsteter Baumwollware gegenüber Hypochloritlösung

Nach W. Grunwald[1] sind optische Aufheller gegen Chlorbehandlungen *nicht* beständig, da sie den *Chlortest* (s. Bd. IV/2) nicht aushalten. W. Grunwald führt noch aus, daß schon bei der *alternierenden Kochwäsche* eine Entfernung des Weißtöners von der Faser eintritt, wobei die Fluoreszenz allmählich verlöscht und das gelbere „*Grundweiß*" der Faser hervortritt. Dies beruht auf der zur Zeit noch *mäßigen Waschechtheit* der optischen Aufheller für Zellulosefasern. Selbstverständlich stehen die geschilderten Vergilbungserscheinungen in keinem Zusammenhang mit den Knitterfest-Ausrüstungsmitteln.

## K. Hydrolysebeständigkeit der Wash-and-Wear-Ausrüstungen. Entfernen (Abziehen) einer Kunstharzausrüstung

Bei den „in sich" vernetzenden Kunstharzen und auch bei den zellulosevernetzenden Reactantharzen erfolgt die Überführung der wasserlöslichen N-Methylol-Vorprodukte in wasserunlösliche Polykondensate bzw. die Quervernetzung der Zellulosemoleküle im sauren pH-Bereich mit Hilfe von „Katalysatoren" (Säurespendern).

Umgekehrt können in die Faser eingelagerte polymerisierte Kunstharzteilchen oder mit Reactantharzen vernetzte Zellulosefasern im alkalischen oder im sauren Medium hydrolysiert werden. Unter stark sauren Bedingungen werden Quervernetzungen aufgespalten und hochmolekulare Kunstharzpolymerisate bis zu den wasserlöslichen Bestandteilen abgebaut.

Bei den Reaktionen der Kunstharze untereinander und auch bei der Reaktion mit Zellulose handelt es sich also um *reversible Vorgänge*[2], die schematisch fol-

---

[1] Grunwald, W.: SVF (Fachorgan f. Textilveredlung) **19** (6), 459 (1964).

[2] Lineken, E. E., S. M. Davis u. C. M. Jorgensen: Text. Res. J. **26** (2), 940 (1956); Perkerson, F. S. et al.: ibid. **30** (12), 944 (1960) und Tovey, H.: ibid. **31** (3), 185 (1961).

gendermaßen charakterisiert werden können:

$$\rangle N-CH_2 \cdot OH + HO \cdot CH_2-N\langle \rightleftharpoons \rangle N-CH_2 \cdot O \cdot CH_2-N\langle + H_2O$$

und

$$\text{Cell}-OH + HO \cdot CH_2-N\langle \rightleftharpoons \text{Cell}-O-CH_2-N\langle + H_2O$$

Für die *permanente Kunstharzausrüstung* soll das Gleichgewicht der Reaktionen möglichst nach der Seite der Ätherbildung verschoben werden unter möglichster Ausschaltung von rückläufigen Reaktionen oder Spaltungen. Die reversiblen Vorgänge bei der Harzausrüstung werden von verschiedenen Faktoren beeinflußt. Zum Erhalt einer hohen Beständigkeit der Ausrüstungseffekte gegen hydrolytische Einflüsse und ihren weiteren Auswirkungen sind die wichtigsten Maßnahmen[1]:

1. Die Wahl des Kunstharzbildners bzw. des Zellulosevernetzungsmittels.

Die Hydrolyseanfälligkeit des ausgerüsteten Gewebes hängt ab von der chemischen Konstitution des Kunstharzes bzw. seiner Bindung an die Zellulose.

2. Die Wahl des für das Hochveredlungsmittels am besten geeigneten *Katalysator-Typs* in der richtigen Konzentration.

3. Die *Kondensation unter optimalen Bedingungen*, d. h. die Anwendung der entsprechenden Temperatur und Zeit unter Berücksichtigung der angewandten Kunstharz- und Katalysator-Typen und ihren eingesetzten Mengen.

Bei Beurteilung der Wasch- und Hydrolysebeständigkeit von Wash-and-Wear-*Ausrüstungen*, wie diese in der einschlägigen Literatur angegeben werden oder bei der *Erstellung einer Rezeptur für solche Ausrüstungen*, sind die vorstehend erwähnten hauptsächlichsten Faktoren zu berücksichtigen. Denn innerhalb einer Kunstharz-Gruppe können die Wash-and-Wear-Eigenschaften durch richtige Wahl des Katalysators (Säurespenders) und der Arbeitsbedingungen weitgehend variiert werden.

Der *Widerstand gegen alkalische und saure Hydrolyse* ist der Hauptfaktor bei der Ermittlung der *Wasch-Dauerhaftigkeit einer Wash-and-Wear-Ausrüstung von Baumwolle.*

Unter *Waschbeständigkeit* einer Kunstharzausrüstung wird normalerweise das Verhalten gegenüber der üblichen Wäsche im Haushalt und Gewerbe verstanden (alkalisch eingestellte Flotten: Soda + Seife oder waschaktive Mittel).

Als *Hydrolysenbeständigkeit (bzw. -anfälligkeit)* wird insbesondere das Verhalten gegenüber sauren Medien verstanden.

Die *Hydrolysenanfälligkeit einer Wash-and-Wear-Ausrüstung* hat Bedeutung:

1. Bei Nichtentfernung (durch alkalische Nachwäsche) der beim Kondensieren gebildeten Katalysatorsäure aus dem ausgerüsteten Gewebe.

Bei einer späteren Einwirkung von Feuchtigkeit und Wärme (z. B. beim Lagern oder beim Tragen im Gebrauch) können diese Säurereste eine mehr oder weniger starke Hydrolyse des Kunstharzes verursachen. Dies äußert sich in einem gesteigerten Chlorrückhaltevermögen, in einer Verschlechterung der Beständigkeit der Ausrüstung und der Knitterfesteffekte.

2. Beim Gebrauch durch die Wirkung von saurem Schweiß.

Saurer Schweiß kann bei leicht hydrolysierbaren Ausrüstungen (auch nach einer früher durchgeführten Nachwäsche) die gleichen Erscheinungen (wie bei Katalysatorsäure-Rückständen) bedingen[2].

---

[1] Schürch, A.: Textil-Rundschau (St. Gallen) **16** (10), 686 (1961).

[2] Schürch, A.: Über die Hydrolyse härtbarer Kunstharze. Ciba-Rundschau (Ciba A. G.) **13**, No. 150, 38 (Juni 1960).

3. Ferner hat die Hydrolysenbeständigkeit Einfluß auf die Lagerbeständigkeit von Wash-and-Wear-Textilien, und zwar hinsichtlich des Verhaltens gegen Chlorbehandlungen. Weiteres s. S. 409.

Eine Abspaltung von Formaldehyd oder eine Aufspaltung von Quervernetzungen durch hydrolytische Einflüsse äußert sich bei der Ausrüstung von Geweben mit N-haltigen Methylol-Verbindungen in der Regel in einer *zunehmenden Chlorretention bei Chlorbehandlungen*, was nach einer Hitzebehandlung zu einer erhöhten Reißfestigkeits*abnahme* führt.

4. Große Bedeutung hat neben der Waschbeständigkeit insbesondere die Hydrolysenbeständigkeit bei Wash-and-Wear-Baumwollartikeln, die nach den USA oder Kanada exportiert werden sollen.

In der europäischen Waschtechnik werden Textilien nur in Ausnahmefällen mit Säure behandelt. In den USA und besonders in Kanada ist die Säurespülung der gewaschenen Textilien, insbesondere in gewerblichen Waschanstalten, eine übliche Prozedur. Der Zweck ist, Spuren von Na-, K- oder Mg-Bikarbinaten, welche durch Spülen nicht von der Faser entfernbar sind, abzulösen, da solche Rückstände bei Hitzebehandlungen (Bügeln, Kalandern) das Gewebe angilben können. Ferner werden hierdurch auch Flecken, welche durch eine alkalische Seifenlösung nicht oder nur teilweise löslich sind, entfernt.

A. Schürch[1] führt aus, daß die gewünschte neutralisierende Wirkung in den benannten Ländern nicht nur mit freien Säuren, sondern auch mit billigen sauren Salzen durchgeführt wird. Verwendet werden heute neben freien Säuren (wie Essig-, Ameisen-, Oxal- und Fluorwasserstoffsäure) insbesondere das Na-, Ammonium- und Zinksalz der Silikofluorwasserstoffsäure ($H_2SiF_6$), weiters Ammonium- und Nahydrogenfluorid ($NH_4HF_2$; $NaHF_2$).

Das Absäuern der kunstharz*freien* Textilien erfolgt bei Temperaturen bis zu 60° C. Kunstharzbehandelte Textilien werden bei Raumtemperatur mit den sauren Mitteln behandelt, wobei der pH-Wert der Flotte bis auf etwa 3,5 absinken kann. Solche Manipulationen stellen hohe Anforderungen an die N-haltigen Ausrüstungen im Wash-and-Wear-Effekt hinsichtlich der Hydrolysenbeständigkeit.

Eine sehr hohe Beständigkeit hinsichtlich der Hydrolysen*un*empfindlichkeit verlangt auch die ®-Sanfor-Plus-Ausrüstung der Fa. *Cluett-Peabody & Co., Inc.* (s. Bd. IV/2).

Die *Leichtigkeit der Kunstharzhydrolyse* hat Bedeutung:

1. Für das Verhalten des ausgerüsteten Gewebes beim Tragen und Waschen, und zwar im negativen Sinne (s. vorstehend).

2. Für *analytische Zwecke*; qualitativer Nachweis der Spaltprodukte im sauren Hydrolysat; quantitative Bestimmung des Kunstharzgehaltes des ausgerüsteten Gewebes.

3. Für die *Entfernung des Kunstharzes*; Abziehen von Fehlausrüstungen; Entfernung des Kunstharzes (und der Färbung) bei Neuausfärbungen in Chemischreinigungsanstalten.

Die *Prüfung der Waschbeständigkeit bzw. der Hydrolysenbeständigkeit N-haltiger Knitterfest-, Krumpffest- bzw. Wash-and-Wear-Ausrüstungen von Zellulosefasertextilien* erfolgt durch 1. Bestimmung der Knitterwinkel, 2. der Reißfestigkeit und 3. des Stickstoffgehaltes; 4. durch Ermittlung der Krumpfwerte (bei che-

[1] Schürch, A.: Über die Wasch- und Hydrolysenbeständigkeit verschiedener N-haltiger Wash-and-Wear-Ausrüstungen. Textil-Rundschau (St. Gallen) **16,** 686 (1961).

misch krumpffest ausgerüsteten Geweben); 5. durch Ausführung des Scorchtests (bei Wash-and-Wear-Artikeln), und zwar *vor* und *nach* den Behandlungen mit Waschflotten bzw. sauren Lösungen (mit eventuell folgenden Chlorbehandlungen).

### *Einfluß der Kunstharztype bei alkalischer und saurer Hydrolyse*

S. Kündig[1] zählt eine Reihe von *theoretischen Möglichkeiten für die hydrolytische Spaltung* von „in sich" vernetzenden Kunstharzen (Harnstoff- und Melamin-Formaldehyd-Harz) auf und erwähnt noch, daß die hydrolytische Spaltung des in der Faser befindlichen kondensierten Endharzes saure und auch alkalische Mittel bewirken. Für die *beabsichtigte Hydrolyse des Kunstharzes* (z. B. für analytische Zwecke) werden allgemein verdünnte Säuren oder auch sauer reagierende Salze angewandt, da die Hydrolyse im saurem Medium vollständiger verläuft.

Tabelle 32. *Theoretische Möglichkeiten der hydrolytischen Spaltung eines kondensierten Endharzes* (polymerisierte N-Methylol-Verbindung von Harnstoff und Melamin)

Es kann eintreten

1. Hydrolyse der Ätherbrücken:

$$\boxed{R}-NH-CH_2-O-CH_2-NH-\boxed{R} + HOH \rightarrow 2\,\boxed{R}-NH-CH_2 \cdot OH$$

2. Hydrolyse der Methylenbrücken:

$$\boxed{R}-NH-CH_2-NH-\boxed{R} + HOH \rightarrow \boxed{R}-NH-CH_2 \cdot OH + \boxed{R}-NH_2$$

3. Hydrolyse der Azomethingruppen:

$$\boxed{R}-N{=}CH_2 + HOH \rightarrow \boxed{R}-NH-CH_2 \cdot OH$$

4. Hydrolyse einer vorliegenden möglichen Bindung mit der Zellulose (Cell · OH):

$$\boxed{R}-NH-CH_2-O \cdot \text{Cell} + HOH \rightarrow \boxed{R}-NH-CH_2 \cdot OH + \text{Cell} \cdot OH$$

5. Weiters können noch Methylolgruppen abgespalten werden:

$$\boxed{R}-NH-CH_2 \cdot OH \rightarrow \boxed{R}-NH_2 + H-C\begin{matrix}\diagup H \\ \diagdown\!\!\diagdown O\end{matrix}$$

$\boxed{R}$ = Carbamidrest ($NH_2-CO-$) oder Melaminrest ($C_3N_3\equiv$)

Da der bei *nicht übermäßig sauren* Bedingungen zurückgebildete Grundkörper (Harnstoff oder Melamin) genügend beständig vorliegt, ist eine *partielle Hydrolyse*, so wie diese für qualitative und auch quantitative Untersuchungs- und Bestimmungsmethoden erwünscht ist, möglich.

Die Bindungen *außerhalb* des Carbamid-Restes und besonders außerhalb des Melamin-Restes sind leichter zu hydrolysieren als diejenigen im Carbamid- und im Melamin-Grundkörper.

[1] Kündig, S.: Textil-Rundschau (St. Gallen) 4, 455 (1952).

Tabelle 33. *Schema für die Hydrolyse eines Melamin-Formaldehyd-Harzes*

```
H  O  H     H  O  H         ┌                  ┐     ┌      ┐
   CH2   N     CH2          │        N         │     │      │
   / \  / \\   / \          │       / \\       │     │      │
…– N  N —C  C— N  H –…  x   │  H2N–C   C–NH2   │ + y │ HCHO │
   \ /   ||  |  \ /         │      ||   |      │     │      │
   CH2   N  N   CH2         │      N    N      │     │      │
H  O   H  \//  H  O  H      │       \  //      │     │      │
           C                │         C        │     │      │
   H       |       H        │         |        │     │      │
           N                │        NH2       │     │      │
  .........................
          / \
 O    H2C   CH2    O  ———→
          \ /
  .........................
 H         N       H
           |
           :                └                  ┘     └      ┘
```

Basiskörper *Melamin*

*Formaldehyd* [immer bei der Hydrolyse von Aminoplast-Kunstharzen nachweisbar]

Für die Wasch- und Hydrolysenbeständigkeit der sich auf der Zellulosefaser abspielenden Reaktionen ist vor allem die *chemische Konstitution des applizierten Kunstharzes* verantwortlich. Sie wird nach H. Tovey[1] auf die basischen $\beta$-Stickstoff-Atome, welche der Ätherbrücke mit Zellulose benachbart sind, zurückgeführt

$$(\text{Cell}-\underset{\alpha}{\text{O}}-\text{CH}_2-\underset{\beta}{\text{N}}<).$$

Eine Studie von W. A. Reeves et al.[2] befaßt sich mit der Anfälligkeit gegen *saure* Hydrolyse von Reaktionsprodukten der N-Methylol-Verbindungen mit Baumwollzellulose.

Die Autoren fanden zwischen der Elektronenverschiebung und der Leichtigkeit der Hydrolyse eine Korrelation. Substitutionsgruppen in den Amino-Methylol-Verbindungen ($>\text{N}-\text{CH}_2 \cdot \text{OH}$) spielen dabei für die Elektronenverschiebung eine wichtige Rolle.

Elektronen*abgebende* Gruppen, entweder am Amidostickstoff oder am Carbonylkohlenstoff $\left(\begin{matrix}-\text{C}- \\ \| \\ \text{O}\end{matrix}\right)$, erleichtern die saure Hydrolyse; elektronen*anziehende* Gruppen hemmen dieselbe.

Es werden verschiedene Vorgänge bei der sauren Hydrolyse zur Erklärung der induktiven und der Resonanzvorgänge in Betracht gezogen.

Nach den Autoren scheint ein Mechanismus, bei dem ein elektrophiler Angriff am Äthersauerstoff stattfindet und eine durch Bildung von $\text{Cell}-\text{O}^{\ominus}$-Ionen verursachte Spaltung der Zellulosebindung mit dem Kunstharz eintritt, den beobachteten Tatsachen vollständig zu genügen.

[1] Tovey, H.: Text. Res. J. **31** (3), 185–252 (1961).

[2] Reeves, W. A., S. L. Vail u. J. G. Frick (Southern Regional Research Laboratory, New Orleans, Louisiana): Elektronische Wirkungen von Substitutionsprodukten auf die saure Hydrolyse der Amino-Methylol-Ausrüstungen von Baumwolle. Text. Res. J. **32**, 305 (1962).

Die geschilderten Vorgänge bei der sauren Hydrolyse der Zellulose-Kunstharz-Bindung werden durch chemische Gleichungen mit Angabe der wirksamen Ionen dargestellt.

Die *Reaktionsgeschwindigkeitskonstanten* und *Aktivierungsenergien* verschiedener Bindungen bei der Säurehydrolyse von Harnstoff-Formaldehyd-Harz auf Baumwollzellulose ermittelten K. C. Eapen et al.[1].

Mit Dimethylol-Harnstoff-Harz ausgerüstete Baumwollgewebeproben wurden in einer Lösung von 0,1 molarer Essigsäure + 0,1 molarem Natriumazetat beim pH-Wert 4,7 bei verschiedenen Temperaturen (94° C, 84° C, 74° C und 64° C) und bei verschiedenen Zeiten hydrolysiert.

Die *Reaktionsgeschwindigkeits-Konstanten*

für die $—N—CH_2 \cdot O \cdot$ Zellulose-Bindung betrugen:

| 16,22 | 5,18 | 2,46 | und $1{,}26 \times 10^{-4}\ \mathrm{sec}^{-1}$

und für die $—N—CH_2—N$-Bindung:

| 4,81 | 1,42 | 0,58 | und $0{,}22 \times 10^{-4}\ \mathrm{sec}^{-1}$

Die *Aktivierungsenergie* für die *erste Bindung* ist $20{,}3\ \mathrm{kcal} \times \mathrm{Mol}^{-1}$ und für die zweite Bindung $23{,}6\ \mathrm{kcal} \times \mathrm{Mol}^{-1}$.

Die Ausführungen von W. A. Reeves et al. (loc. cit.) erweiterten B. A. Kottes Andrews et al.[2] auf die *alkalische und saure* Hydrolyse von vernetzenden Baumwollausrüstungen.

Die Autoren verglichen die resultierenden relativen Beständigkeiten der Ausrüstungen von Baumwollgeweben mit N-haltigen Kunstharzbildern und Reactantharzen gegenüber alkalischer und saurer Hydrolyse.

Tabelle 34. *Reihenfolge der ermittelten Hydrolysenbeständigkeit der Ausrüstungen*

| | gegen *saure* Lösungen | gegen *alkalische* Lösungen |
|---|---|---|
| Höchste Beständigkeit | Bis-(-N-Methylol-carbamoyl-äthyl)-methylamin | Dimethylol-zykl.-Äthylen-harnstoff |
| ↑ | Dimethylol-Äthylen-dicarbamat | Dimethylol-äthyl-triazinon |
| | Dimethylol-Succinamid | Bis-(Methoxy-methyl)-uron |
| | Trimethylol-Melamin | Dimethylol-Äthylen-bis-(Methyl-carbamat) |
| | Dimethylol-Äthylen-bis-(Methyl-carbamat) | Trimethylol-Melamin |
| | Bis-(Methoxy-methyl)-uron | Bis-(N-Methylol-carbamoyl-äthyl)-methylamin |
| ↓ | Dimethylol-Harnstoff | Dimethylol-Succinamid |
| | Dimethylol-zykl.-Äthylen-harnstoff | Dimethylol-Harnstoff |
| Niedrigste Beständigkeit | | Dimethylol-Äthylen-dicarbamat |

[1] Eapen, K. C., I. R. Modi u. P. C. Mehta: Säurehydrolyse von Dimethylol-Harnstoff-Harz auf Baumwolle. Text. Res. J. **31**, 181 (1961).

[2] Kottes Andrews, B. A., R. L. Arceneaux, J. G. Frick u. J. D. Reid: Hydrolysebeständigkeit vernetzender Baumwollausrüstungen. Text. Res. J. **32** (6), 489—496 (1962).

Es wurde der Einfluß der am Carbonylkohlenstoff und am Amidstickstoff gebundenen Gruppen auf die Hydrolysenstabilität gegenüber alkalischen und sauren Flotten untersucht.

Die ausgerüsteten Baumwollproben wurden 20 Minuten lang bei 80° C im Flottenverhältnis 1 : 50 mit Pufferlösungen (pH-Werte 2, 4, 7 und 10) behandelt. *Vor* und *nach* jeder Behandlung wurde der N-Gehalt oder der Formaldehyd-Gehalt sowie die Knittererholungswinkel der Gewebeproben ermittelt.

Die geprüften Ausrüstungen umfassen Harnstoffe, zyklische Harnstoffe, Carbamat- und Carboxylamid-Gruppen.

Die Hydrolysenbeständigkeit der getesteten Produkte gegen *alkalische* wie auch *saure* Lösungen weicht stark voneinander ab. Im Vergleich zur Beständigkeit gegen saure Lösungen ist die Reihenfolge der Beständigkeit gegen alkalische Lösungen ganz anders.

Die resultierenden Ausrüstungen auf Baumwolle mit den Methylol-Verbindungen der *Carbamate* sowie Dimethylol-*Harnstoff* haben eine *sehr geringe Alkali*beständigkeit, während die *Säure*beständigkeit der *Carbamate* recht hoch ist.

Umgekehrt ist die Ausrüstung mit Dimethylol-zyklischem *Äthylenharnstoff* ausgezeichnet *alkali*beständig, dagegen nur gering *säure*widerstandsfähig.

*Alkyl-Substituenten am Amidstickstoff* vermindern in den meisten Fällen die *Säure*beständigkeit und erhöhen umgekehrt die *Alkali*beständigkeit.

*Carboxylamid-Ausrüstungen* weisen sowohl in *sauren als auch in alkalischen* Lösungen eine *recht gute* Beständigkeit auf, jedoch resultieren nur *niedere* Knittererholungswinkel.

Die Autoren weisen gleichfalls darauf hin, daß die Beständigkeit der Baumwollausrüstungen mit N-haltigen Methylol-Verbindungen gegenüber *saurer* und *alkalischer* Hydrolyse von der *Elektronendichte am Amido-N* abhängig ist.

Diese Elektronendichte am Amido-Stickstoff wird beeinflußt 1. durch die am Carbonylkohlenstoff $\left(\begin{array}{c} -\mathrm{C}- \\ \| \\ \mathrm{O} \end{array}\right)$ befindlichen Gruppen und weiters 2. durch die Substituenten am Stickstoff.

Am Carbonylkohlenstoff befindliche Gruppen, welche stärkere Elektronen*donatoren* sind, also im starken Maße Elektronen abgeben, bewirken in der Regel *alkalibeständige*, jedoch säure*un*beständige Ausrüstungen. Sind aber diese Gruppen stärkere Elektronen*akzeptoren*, also Gruppen, die eine starke elektronenanziehende Kraft auf die Amidogruppen ausüben, so resultieren im umgekehrten Sinne säurebeständige, aber gleichzeitig *nicht* alkalibeständige Ausrüstungen.

Die *elektronenbindenden Kräfte von Gruppen*, welche sich am Carbonylkohlenstoff $\left(\begin{array}{c} -\mathrm{C}- \\ \| \\ \mathrm{O} \end{array}\right)$ befinden, werden in folgender Reihe *kleiner*:

Abnahme der elektronenbindenden Kräfte ↓

$$\begin{array}{l} \mathrm{H} \\ | \\ -\mathrm{N}-\mathrm{CH_2}-\mathrm{CH_2}- \\ -\mathrm{CH_2}-\mathrm{CH_2}-\mathrm{O}- \\ -\mathrm{CH_2}-\mathrm{CH_2}- \\ -\mathrm{N}-\mathrm{CH_2}-\mathrm{CH_3} \\ | \\ \mathrm{CH_3} \\ -\mathrm{NH_2} \end{array}$$

A. Schürch[1] untersuchte den Einfluß der *Metallsalz-Katalysator-Rückstände* bei verschiedenen Kunstharzausrüstungen auf Baumwolle und nach durchgeführten Wäschen hinsichtlich ihres Einflusses auf Hydrolysierung. Näheres s. S. 296.

Zur eventuellen Klärung der Beziehungen zwischen Basizität und Hydrolysenbeständigkeit bei den zur Kunstharzausrüstung verwendeten *Methylol-Verbindungen* prüfte A. Schürch (loc. cit.) bei 10 typischen Vertretern solcher Vorkondensate das Säurebindungsvermögen (s. S. 274) und weiters auch die *Hydrolysenbeständigkeit ihrer Grundsubstanzen* (methylolgruppenfrei!) bei *niederem* pH-Wert.

Nach F. Christen und R. Vögeli (unveröffentlichte Arbeiten der *Ciba A. G.*) zeigen die Grundkörper (also die nicht methylolierten Substanzen) in äquimolekularen Mengen gegenüber gleichen Mengen *kochender* n-Salzsäure bzw. n-Schwefelsäure (unter Rückfluß) ein unterschiedliches Verhalten. Gewisse Grundsubstanzen hydrolysieren unter den angegebenen Bedingungen leicht und schnell, andere praktisch nicht.

*Äthylenharnstoff* hydrolysiert leichter als *Harnstoff*.

*Glyoxal-mono-urein* zeigt ein abweichendes Verhalten, indem *keine* Säure verbraucht wird.

*Melamin* verbraucht Säure unter Abspaltung einzelner Aminogruppen. Es entstehen die Zwischenprodukte Ammelin, Ammelid und schließlich die ringförmige Cyanursäure, die nicht weiter aufgespalten wird.

*Triazinon* wird rasch hydrolysiert; vermutlich unter Bildung von Methylamin und Harnstoff. Dann verläuft die Hydrolysekurve analog der von Harnstoff.

Die Spaltbarkeit der Grundsubstanzen bei relativ niederem pH-Werten erlaubt noch keine Schlüsse hinsichtlich des Verhaltens dieser Substanzen zu ziehen, wenn sie in Form einer Methylolverbindung mit der Zellulosefaser in Reaktion gebracht wurden. Anzunehmen ist, daß bei Säurebehandlungen, wie diese in der Praxis durchgeführt werden, zuerst *Quervernetzungen* mit den Zellulosemolekülen aufgespalten werden. Bei weiterer Säureeinwirkung wird das Kunstharz zur *Grundsubstanz* hydrolysiert, und nur in *extremen Fällen* und bei *leicht zersetzlichen Produkten* kann eine weitere Aufspaltung in Ammoniak bzw. Amine erwartet werden.

A. Schürch (loc. cit.) prüfte noch *Ausrüstungen von Baumwollgeweben* mit diesen Methylolverbindungen hinsichtlich des Verhaltens gegen Hydrolyse bei Anwendung von alkalischer Kochwäsche (SNV-C-Maschinenwäsche), alkalischer Wäsche unter Chlorzusatz (SNV-B-Heißwäsche + 0,2 g/l Aktivchlor), Commercial Laundry (Seifen/Soda-Koch-Maschinenwäsche mit folgender saurer Spülung) und nach dem ®-Sanfor-Plus-Waschverfahren (Seife/Soda-Koch-Maschinenwäsche mit Absäuerung ohne Spülung)[2].

Am stärksten wird die Kunstharzausrüstung durch die *chlorhaltige Wäsche bei höherer Temperatur* (60° C) beeinflußt. *Alkalische Kochwäschen* beeinflussen das Verhalten beim Scorch-Test[3] bedeutend weniger negativ als *alkalische Wäschen mit sauren Nachbehandlungen.* A. Schürch legte die Ergebnisse in Tabellen und Kurven nieder.

Auf Baumwollpopeline und -calicot wurden die Produkte unter gleichen Bedingungen appliziert.

---

[1] Schürch, A.: Über die Wasch- und Hydrolysenbeständikeit verschiedener N-haltiger Wash-and-Wear-Ausrüstungen. Textil-Rundschau (St. Gallen) **16**, 686 (1961).

[2] Hinsichtlich der Waschverfahren zur Prüfung der Hydrolyseanfälligkeit s. Bd. IV/2.

[3] Scorch-Test: s. S. 395; Prüfmethode hierzu s. Bd. IV/2.

75 g Methylolverbindung (berechnet als Trockengewicht) und 20 g $MgCl_2$ (als Katalysator) pro Flotte; 75% Abquetscheffekt; Kondensation bei 150° C während 5 Minuten.

*Nachwäsche:* 2 g Soda + 2 g nicht-ionogenes Waschmittel pro l Flotte während 15 Minuten bei 60° C Spülen und Trocknen.

Geprüft wurden *vor* und *nach* den Wasch- bzw. Absäuerungsbehandlungen: Knitterwinkel, N-Gehalt; Scorch-Test.

*Tabelle 35*

| Ausrüstung | Permanenz | Chlorretention (Scorch-Test) |
|---|---|---|
| Dimethylol-Harnstoff | gering | stark |
| Dimethylol-Äthylenharnstoff | *gut* gegen Seife/Soda | *Nach der ersten Wäsche* bereits Chlorretention; stärkster Angriff erfolgt bei Chlorwäsche. |
| Tetramethylol-azetylendiharnstoff | *hervorragend beständig* gegen *alle* Waschbehandlungen | Sehr hohes und permanentes Chlorrückhaltevermögen, verbunden mit *starker* Festigkeits*abnahme* beim Scorch-Test. |
| Dimethylol-glyoxal-mono-urein: | [gute Knittereffekte] | *Unterschiedliche Chlorretention* je nach Waschart; entspricht *nicht* dem normalen Verhalten obiger Ausrüstungen. |
| Dimethylol-Propylenharnstoff: | *nicht* in allen Fällen befriedigend | *Uneingeschränkt beständig* in der Scorch-Test-Prüfung *nach allen* Waschversuchen. |
| Unveräthertes, nur teilweise methyloliertes Melamin: | [mittelmäßige Knitterfest-Effekte] | Trotz hohem Pufferungsvermögen befriedigt Scorch-Test *nicht.* |
| Modifiziertes hochmethyloliertes Melamin: | permanente Effekte | Mit *zunehmender Wäschezahl* Chloranfälliger. |
| Kombinationen aus modifiziertem *Triazin/Triazinon*-Harz sowie *Äthylenharnstoff/Triazin*-Harz | gute Permanenz der Ausrüstungen | Neigen nach *wiederholter saurer* Behandlung zu erhöhter Chloraufnahme, *nicht* dagegen nach einfacher Kochwäsche *ohne* Absäuerung. |

Nach A. Schürch (loc. cit.) zeigen die Gebrauchswertprüfungen, daß *im Hinblick der Chlorretention* nur die *Propylenharnstoff*-Ausrüstungen *eindeutig* befriedigen.

H. A. Wannow[1] prüfte eine Reihe N-haltiger, handelsgängiger Kunstharzausrüstungen auf Baumwolle auf die Beständigkeit gegen saure Hydrolyse.

Es wurden jeweils 120 g/l der betreffenden Methylolverbindung mit etwa 10% Metallsalz-Katalysator auf das Gewebe appliziert (72% Flottenaufnahme), spannungslos bei 70° C in Umluft getrocknet und 3 Minuten bei 150° C kondensiert. Nicht gebundenes Kunstharz und Nebenprodukte wurden durch eine *milde Wäsche* entfernt.

Die ausgerüsteten Baumwollgewebe wurden in *sauren Pufferlösungen* (pH-Wert 5, 4, 3, 2, 1,7) 30 Minuten bei 40° C (Flottenverhältnis 1 : 100) behandelt.

[1] Wannow, H. A.: Über die Absäuerungsbeständigkeit von Ausrüstungen mit N-haltigen Harzen und Reactants. Melliand Textilber. **45** (6), 681 (1964).

Bestimmt wurde der N-Gehalt, Naß- und Trockenknittererholungswinkel und ferner die Chlor-Aufnahme des ausgerüsteten Gewebes *vor* und *nach* der Säurebehandlung.

H. A. Wannow stellte fest, daß sich die verschiedenen Ausrüstungen *erheblich* gegen hydrolytischen Abbau in *sauren* Lösungen unterscheiden.

Reihenfolge der Beständigkeit der Ausrüstungen gegen Säurehydrolyse (nach den angegebenen Bedingungen:

| Zunahme der Anfälligkeit gegen saure Hydrolyse ↓ | | |
|---|---|---|
| | Partiell veräthertes Methylol-Melamin | Relativ *hohe* Beständigkeit |
| | Triazinon (Dimethylol-Hydroxyäthyl-triazinon) Dimethylol-Dihydroxy-äthylenharnstoff | und |
| | Dimethylol-Äthylenharnstoff und Dimethylol-Propylenharnstoff | *Geringe* Beständigkeit. |

### *Einfluß der Verfahrensdurchführung der Vernetzung von Baumwolle mit Reactantharzen auf die Hydrolysenbeständigkeit*

R. Allscher und H. Leins[1] untersuchten die (saure) Hydrolysenbeständigkeit von Wash-and-Wear-Baumwollgeweben, ausgerüstet mit den hierzu vornehmlich verwendeten Reactantharztypen, nämlich mit den Methylolverbindungen des Propylenharnstoffs, Äthylenharnstoffs und Dihydroxyäthylenharnstoffs.

Mit gleichen Mengen der Reactantharze und Katalysator ($MgCl_2 \cdot 6\,H_2O$) wurde die *Trockenvernetzung* (nach dem Klotz-Trocken-Kondensationsverfahren) durchgeführt.

Weiters wurde mit gleichen Mengen der Reactantharze bei einem pH-Wert der Flotte sowohl von 1,2 als auch von 0,9 (5 g bzw. 10 g pro Liter reine HCl; d = 1,19) die *Feuchtvernetzung* durchgeführt (also mit jeweils gleichen Säuremengen).

Nach der Foulradabquetschung wurden die Gewebe 1. während 4 Minuten bei 80° C auf *Restfeuchtigkeit* getrocknet und dann 2. nach 5 *Stunden Verweilzeit* im aufgerollten Zustand nachgewaschen.

Muster der ausgerüsteten Baumwollgewebe (trocken- wie auch feuchtvernetzt) wurden mit *sauren wässerigen Lösungen* (pH-Wert 1,0 wie auch 3,0) und einer *alkalischen wässerigen Lösung* (pH-Wert 10) während 30 Minuten bei 60° C und bei einem Flottenverhältnis von 1 : 50 behandelt und dann gründlich gespült.

Ermittelt wurden nach den Hydrolysenbehandlungen jeweils der *Gewichtsverlust* des Gewebes sowie die *Veränderung der Werte* der *Trocken-* und Naßknittererholungswinkel.

Festgestellt wurde, daß die *Hydrolysenbeständigkeit bzw. -empfindlichkeit* von der *Verfahrungsdurchführung* abhängig ist.

Bei der *Hitzekondensation* (Klotz-Trocken-Kondensations-Verfahren) sind im Verhalten der drei Reactantharze gegen Hydrolyse nur *relativ geringe Unterschiede* festzustellen.

[1] Allscher, R. u. H. Leins: Unterschiede in der Reaktionsweise verschiedener zyklischer N-Methylol-Verbindungen bei der Vernetzung nativer Zellulosefasern. Melliand Textilber. 47 (2), 197 (1966).

Die von H. A. Wannow (s. vorstehend) und von anderen Autoren aufgestellten Reihen über die Hydrolysenanfälligkeit verschiedener Methylol-Verbindungen im sauren bzw. alkalischen Medium scheinen vor allem für konventionell durchgeführte Ausrüstungen mittels Salzkatalysatoren (Säurespender) nach dem Klotz-Trocken-Kondensations-Verfahren zu gelten.

Augenfällig ist aber das *unterschiedliche Verhalten*, wenn eine *intensivere Fixierung der Vernetzungsmittel mit Hilfe freier Katalysatorsäure* (mittels „Feuchtvernetzung") durchgeführt wurde:

*Beständigkeit gegen saure Hydrolyse* (pH-Wert 1,0 sowie 3,0): Die Ausrüstung mit Dimethylol-Dihydroxyäthylenharnstoff ist wesentlich stabiler als die mit den Methylolen von Propylen- bzw. Äthylenharnstoff. Bei einem pH-Wert von 3,0 war beim Dimethylol-Dihydroxyäthylenharnstoff *keine* Verminderung der Knittererholungswinkel mehr feststellbar.

*Beständigkeit gegen alkalische Hydrolyse* (pH-Wert 10): Die Ausrüstung mit Dimethylol-Dihydroxyäthylenharnstoff war gleichfalls am beständigsten. Bei derjenigen mit Dimethylol-Propylenharnstoff und -Äthylenharnstoff zeigten nur die *Trocken*knittererholungswinkel eine Abnahme, während die *Naß*knittererholungswinkel *nicht* beeinflußt wurden.

Die *neueren Verfahren* (Naßverweilverfahren und insbesondere die Feuchtvernetzung), welche in Gegenwart freier Säuren arbeiten, die als Protonendonatoren wirken, *aktivieren die Reaktion:*

$$\text{Cell-OH} + \text{HO}-\text{CH}_2-\underset{\diagdown\;\;\text{R}\;\;\diagup}{\text{N}-\text{CO}-\text{N}}-\text{CH}_2-\text{OH} + \text{Cell-OH} \rightarrow$$

$$\rightarrow \text{Cell}-\text{O}-\text{CH}_2-\underset{\diagdown\;\;\text{R}\;\;\diagup}{\text{N}-\text{CO}-\text{N}}-\text{CH}_2-\text{O}-\text{Cell};$$

$$\text{R} = \begin{array}{c} -\text{CH}_2 \\ | \\ -\text{CH}_2 \end{array}, \quad \begin{array}{c} -\text{CH}-\text{CH}-\text{OH} \\ | \\ -\text{CH}-\text{CH}-\text{OH} \end{array} \quad \text{und} \quad \begin{array}{c} -\text{CH}_2 \\ | \\ \text{CH}_2 \\ | \\ -\text{CH}_2 \end{array}$$

*so stark*, daß die *Fixierung an Zellulose* gegenüber den hydrolytischen Einflüssen von Säuren und Alkalien *beständiger* ist.

Neuere Ausführungen in Verbindung mit Versuchsergebnissen von H. Enders und G. Pusch[1] machen die Ursachen der Anfälligkeit der Baumwollausrüstungen mit N-Methylol-Verbindungen gegenüber saurer Hydrolyse verständlicher.

Hinsichtlich des Verhaltens der ausgerüsteten Baumwolltextilien mit zykl. N-Methylol-Verbindungen gegenüber saurer Hydrolyse kann man zwei Arten der Hydrolyse unterscheiden, nämlich

1. Hydrolysenempfindlichkeit der Baumwollvernetzung und
2. Hydrolytische Ringspaltung in der Zellulosebrücke.

Zwischen diesen beiden Vorgängen der Hydrolyse besteht keinerlei Parallele:

---

[1] Enders, H. u. G. Pusch: Baumwollvernetzung in Abhängigkeit der chemischen Struktur zyklischer Methylolverbindungen. Textil-Praxis **21** (7), 508 (1966).

$$Cell-O-CH_2-N-CO-N-CH_2-O-Cell + H_2O$$

| I | II |
|---|---|
| $(N-CH_2-O-Cell)$ / CO / $N-CH_2-OH$ + Cell−OH | $N-CH_2-O-Cell$ / CO / $NH-CH_2-O-Cell$ |
| *Hydrolytische Spaltung der Vernetzungsbrücke:* Diese bewirkt (ohne Ringspaltung!): Verminderung oder Verlust der Ausrüstungseffekte. | *Hydrolytische Ringaufspaltung in der Vernetzungsbrücke:* Diese bewirkt: Die erzielte *Trocken-* und *Naß*knitterwinkel-Erhöhung kann erhalten bleiben, doch wird die Chlor-Retention durch die Ausbildung chlorempfindlicher NH-Gruppen erhöht. |

Durch Messung der *Trocken-* und *Naß*knittererholungswinkel nach durchgeführter saurer Hydrolyse stellten die Autoren fest, daß die mit den N-Methylol-Verbindungen von zykl. Äthylenharnstoff und Propylenharnstoff hervorgerufenen Zellulosevernetzungen bereits durch milde Säurebehandlungen (Essigsäure oder $ZnSiF_6$; 5 Minuten bei 50° C) teilweise gespalten werden, während Ameisensäure (1 und 5 g/l) praktisch restlose Ablösung von der Faser bewirkt.

Dimethylol-Propylenharnstoff mit dem hydrolysenbeständigeren 6-Ring verhält sich demnach nicht besser als Dimethylol-zykl.-Äthylenharnstoff, welcher den weniger beständigen 5-Ring enthält. Weiters wurde festgestellt, daß die *säurebeständigste Vernetzung* mit Dimethylol-Dihydroxyäthylenharnstoff resultiert. Letzterer weist aber den gegen hydrolytische Einflüsse empfindlichsten Ring auf!

Für die bessere Hydrolysenfestigkeit gegen saure Flotten muß man die *Hydroxylgruppen am Ring* solcher zyklischer N-Methylol-Verbindungen verantwortlich machen, denn neben den *N-Methylol-Gruppen* können auch die *Ring-OH-Gruppen* nach E. J. Gonzales und R. R. Benerito[1] mit den Zellulose-OH-Gruppen reagieren, allerdings erst bei höherer Durchschnittstemperatur der Kondensation:

$$\begin{array}{c} N-CO-N \\ Cell-OH \quad HO-HC\text{———}CH-OH \quad HO-Cell \end{array}$$

Solche Vernetzungsbrücken (—CH—O Cell), welche keinen Stickstoff einschließen (wie $-CH_2-N-O$ Cell), sind nach J. P. Dundon[2] gegen Hydrolyse besser beständig (s. auch S. 349).

H. Enders und G. Pusch (loc. cit.) nehmen weiters an, daß in diesem polyfunktionellen Verhalten des Dimethylol-Dihydroxyäthylenharnstoffs, nämlich in der Möglichkeit der Zellulosevernetzung mit den N-Methylol-Gruppen als auch mit den CHOH-Gruppen, die Ursache der hervorragenden Eignung dieser Verbindung für *Permanent-Press-Ausrüstungen* (s. Bd. IV/2) ist.

Die Autoren weisen weiters noch darauf hin, daß die Hydrolysenbeständigkeit der Zellulosevernetzung auch in einem gewissen Maße vom verwendeten *Säure-*

[1] Gonzales, E. J. u. R. R. Benerito: Text. Res. J. **35**, 168 (1965).
[2] Dundon, J. P.: Text. Res. J. **34**, 340 (1964).

*spender* (Katalysator) abhängig ist, und zwar bewirkt Zinknitrat im Vergleich zu Magnesiumchlorid einen höheren Vernetzungsgrad in Verbindung mit etwas größerer Säurebeständigkeit.

*Lagerbeständigkeit von Baumwoll-Wash-and-Wear-Ausrüstungen*

Die Hydrolyseanfälligkeit der Kunstharzausrüstungen auf Baumwolle hat auch für deren *Lagerbeständigkeit* Bedeutung. Eine Unstabilität des ausgerüsteten Baumwollgewebes bei längerer Lagerung äußert sich in einer vermehrten Chlorretention und ihren Auswirkungen bei Chlorbehandlungen. Dies kann für Exporteure nach Übersee von Bedeutung sein.

Die unterschiedliche Lagerstabilität ist auf eine hydrolytische Spaltung der Bindung zwischen Ausrüstungsmittel und Zellulose zurückzuführen. Offen bleibt dabei die Frage, ob das Ausrüstungsmittel nicht selbst einer Hydrolyse unterliegt. Die unterschiedliche Hydrolysengeschwindigkeit ist dabei im wesentlichen abhängig 1. von der Konzentration des Wassers im Gewebe, welche durch die Wechselwirkung des gelagerten Gewebes mit der relativen Luftfeuchtigkeit gegeben ist; 2. von der Temperatur und 3. vom Einfluß katalytisch wirkender Verbindungen (z. B. Katalysatorsäure-Reste). Weiteres s. bei „Chlorretention", S. 392.

*Entfernen (Abziehen) der Kunstharzausrüstung in der Kleiderfärberei*

R. Albrecht[1] führt aus, daß in der Kleiderfärberei beim Umfärben kunstharzbehandelter Textilien das Kunstharz vorher grundsätzlich entfernt werden muß.

Nun ist es in der Praxis allgemein üblich, derartige Stücke zu sammeln und gemeinsam in das saure Abziehbad zu geben. Somit unterliegen *ganz unterschiedliche* Kunstharzausrüstungen auf Baumwolle, Reyon und Zellwolle einer *gleichartigen* Behandlung. Den Erfolg dieses Verfahrens kann der Chemischreiniger erst nach dem neuerlichen Ausfärben feststellen; eventuell muß der Abziehprozeß nochmals durchgeführt werden.

Diesbezügliche Schwierigkeiten treten nach R. Albrecht (loc. cit.) bei kunstharzbehandelten Baumwollartikeln auf und nur selten bei Reyon- und Zellwolltextilien, die kaum eine permanente Wash-and-Wear-Ausrüstung erhalten.

Auf jeden Fall ist zu überlegen, ob sich der Aufwand und das Risiko für die Bearbeitung solcher Artikel lohnen. Weiters ist zu bedenken, daß das in die Faser eingelagerte Kunstharz mit sauren, hydrolysierend wirkenden Mitteln unter gleichzeitiger Wärmeeinwirkung in seine Komponenten gespalten wird und so erst entfernbar ist. Bei einer schwierig zu hydrolisierenden Kunstharzausrüstung kann eine gleichzeitig einhergehende Schädigung der Zellulosefaser eintreten.

Durch die Entfernung des Kunstharzes verlieren die Textilien viel an Aussehen und Griff, was nach R. Albrecht durch eine nach dem Färben folgende Appretgebung *nicht mehr* ausgeglichen wird.

*Abziehmethode für Kunstharzausrüstungen mit Hilfe von Polyphosphaten*[2]

Die Methode ist für Chemisch-Putzer usw. geeignet. Mit Hilfe von ® Calgon[3]

---

[1] Albrecht, R.: Erfahrungen über das Verhalten kunstharzausgerüsteter Textilien beim Chemischreinigen und Umfärben. Textil-Praxis **18**, **668** (1963).

[2] Freundliches Schreiben der Fa. *Joh. A. Benckiser G. m. b. H.*, Chemische Fabrik, Ludwigshafen/Rhein, vom 7. November 1957.

[3] Geschützter Handelsname der Fa. *Joh. A. Benckiser G. m. b. H.*, Ludwigshafen/Rhein.

(Polyphosphat) kann nach Angaben der Fa. *Joh. A. Benckiser* die hydrolytische Entfernung von Kunstharzausrüstungen sehr faserschonend und mit gesteigertem Abzieheffekt durchgeführt werden.

Die faserschonende Wirkung beruht auf dem Puffervermögen von ®Calgon und auf der Tatsache, daß in Gegenwart von ® Calgon nur etwa die Hälfte der sonst üblichen Säuremenge angewandt werden muß.

Der gesteigerte Abzieheffekt wird durch das starke Abdispergieren und Abdrängen der Hydrolyse- und sonstiger Zwischenprodukte von der Faser bewirkt.

Die Ware wird in der Haspelkufe, am Jigger usw. 20 Minuten bei 70° C mit folgendem Bad behandelt:

pro Liter Flotte { 2 g ®Calgon,
2 ccm Ameisensäure (83%ig) und
1 ml eines nicht-ionogenen Waschmittels.

Dann wird mit verdünnter Soda- oder Ammoniaklösung nachbehandelt und gut nachgewaschen.

*Saure Hydrolyse einer Kunstharzausrüstung für analytische Zwecke*

Kunstharzausrüstungen auf Basis N-Methylol-Verbindungen liefern bei der sauren Hydrolyse Formaldehyd und die Basiskörper und unter extrem sauren Bedingungen weitere Spaltprodukte von Grundkörpern.

Das Hydrolysat wird papierchromatographisch auf seine Bestandteile geprüft. Weiteres s. Bd. IV/2.

Tabelle 36. *Methoden der Entfernung von Carbamidharz und ihr Einfluß auf den DP-Wert der Baumwollzellulose* (nach W. Rotta und R. Allscher)

| KH-Entfernungsmethode | DP-Wert | Bemerkung |
|---|---|---|
| Unbehandeltes Baumwollgewebe | 1536 | |
| 1,5% *Phosphorsäure* + 5% *Harnstoff:* 20 Minuten bei 82° C[1] | 1238 | Intensiver hydrolytischer Faserabbau (Feststellbar durch DP-Bestimmung) |
| *n/50-Salzsäure:* Flottenverhältnis 1 : 50; 30 Minuten bei 90 bis 95° C[2] | 813 | |
| *n/10-Salzsäure:* Flottenverhältnis 1 : 50; 10 Minuten bei 90° C[3] | 670 | |
| *Äthylenglykol:* Flottenverhältnis 1 : 20; Mehrmalige, je 10 Minuten lange, Behandlung bei 110° C | 1542 | Kein Faserabbau! |

Die quantitative Bestimmung des Kunstharzes auf der Faser kann durch Ermittlung der Gewichtsdifferenz der Probe vor und nach der sauren Hydrolyse erfolgen. Weiteres s. Bd. IV/2.

[1] Nickerson: Amer. Dyestuff Rep. **39**, 46 (1950). — S. auch Z. ges. Textilind. **1952**, 17.

[2] Aenishänslin, R.: Amer. Dyestuff Rep. **40**, 432 (1951).

[3] Weber, F. u. A. Martina: Die neuzeitlichen Textilveredlungsverfahren der Kunstfasern, S. 401. Wien: Springer. 1949.

Es wurden auch Methoden vorgeschlagen, bei denen die Basiskomponenten im sauren Hydrolysat durch spezielle Reaktionen quantitativ erfaßt werden.

Die Entfernung des Kunstharzes von der Faser ohne gleichzeitigen Zelluloseabbau ist schwer möglich.

W. Rotta und R. Allscher[1] schlagen als *völlig faserschonendes hydrotrop wirkendes Abziehmittel Äthylenglykol* vor. Dieses ist für einfache Aminoplastharze geeignet, versagt aber bei den fester an die Faser gebundenen Reactantharzen.

*Ausführung* (nach W. Rotta und R. Allscher): Ein Gewebeabschnitt wird in Äthylenglykol bei einem Flottenverhältnis 1 : 20 eingelegt. Es wird auf 110° C erhitzt und diese Temperatur unter ständigem Umrühren 10 Minuten aufrecht gehalten. Anschließend wird diese Behandlung mit *frischem* Äthylenglykol nochmals wiederholt.

Wenn eine entnommene Faserprobe (aus dem Gewebeabschnitt) *nicht vollständig* in Kuoxam löslich ist, wird die Äthylenglykolbehandlung, wie angegeben, zum dritten Mal wiederholt.

Die Autoren stellten bei *vielfacher* Überprüfung eine *restlose* Entfernung des Kunstharzes fest (negativer N-Gehalt!), ferner eine einwandfreie Löslichkeit der behandelten Probe in Kuoxam (welche, kunstharzhaltig, darin unlöslich ist) und weiters praktisch keine Beeinflussung des DP-Wertes (im Vergleich zum ursprünglich *nicht* kunstharz-behandelten Baumwollgewebes).

*Stufenweise Hydrolyse einer Dimethylol-Harnstoff-Ausrüstung nach K. Bredereck*[2]

O, O-Acetale (Cell—O—$CH_2$—O—Cell) sind hydrolysen*beständiger* als O, N-Acetale (>N—$CH_2$—O—Cell) und N, N-Acetale (>N—$CH_2$—N<).

Die Hydrolyse der O, N- und N, N-Acetale wird durch die intermediäre Bildung von mesomerie-stabilisierten Carbenium-Ammonium-Ionen [(>N⩵$CH_2$)$^{\oplus}$] begünstigt.

K. Bredereck (loc. cit.) fand als besonders faserschonendes Abziehmittel für N-haltige Reaktionsprodukte die Behandlung des ausgerüsteten Gewebes mit wässeriger Dimedonlösung.

5 g/l Dimedon (5,5-Dimethyl-cyclohexandion-1,3),
Flottenverhältnis 1 : 20,
pH-Wert 4,5,
Temperatur 100° C,
Behandlungszeit 3 Stunden.

Durch Hydrolyse wird der *abgespaltene Formaldehyd* dauernd aus dem Gleichgewicht entfernt. Nach 3 Stunden ist das N-haltige Kondensationsprodukt fast restlos aus dem Gewebe entfernt worden.

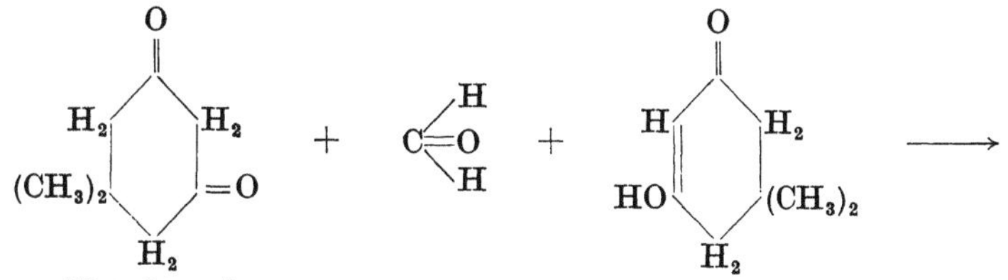

Ketoformel Dimedon + $CH_2O$ + Enolformel Dimedon ⟶

Ketoformel Dimedon

Enolformel Dimedon

[1] Allscher, R. u. W. Rotta: Beitrag zur Hochveredlung nativer Zellulose. Textil-Praxis **9**, 1183 (1954).

[2] Bredereck, K.: Über die Knitterfestausrüstung von Zellulose. Zum Mechanismus der Knitterwinkelverbesserung von Zellulosefaser durch Harnstoff-Formaldehyd-Ausrüstung. Melliand Textilber. **45**, 1380 (1964).

$$\longrightarrow \quad \text{Methylendimedon} \quad + \quad H_2O$$

O O H $H_2$ $CH_2$ $H_2$ $(CH_3)_2$ =O HO– $(CH_3)_2$ $H_2$ $H_2$

Methylendimedon
schwer löslich

Unter den gegebenen Bedingungen werden die Formaldehydazetale mit ihren sehr beständigen Methylenbrücken nicht hydrolysiert. Sie werden auch in der sehr stark basischen Kuoxamlösung nicht hydrolysiert.

Tabelle 37. *Beispiel*

| | % $CH_2O$ | % N | % unlöslich in Kuoxam | DP Nitratmethode |
|---|---|---|---|---|
| Rohgewebe ................ | — | — | 0,69 | 1582 |
| Kunstharz ausgerüstet ....... | 2,47 (100%) | 1,23 (100%) | 96 | — |
| Mit Dimedon abgezogen ..... | 0,06 (2,4%) | 0,025 (2%) | 85 | 1521 |

Der Restformaldehydgehalt ist nach der Dimedonbehandlung gering. Die *Kuoxam-Unlöslichkeit* beträgt aber noch 85%. Dies ist nur auf die verbleibenden geringen Methylenbrücken zurückzuführen.

Weiteres s. im „Allgemeinen Teil", Bd. IV/2.

## L. Fehler und Schäden, die bei Zellulosefasertextilien durch Ausrüstung mit Kunstharzbildnern oder mit zellulosevernetzenden Mitteln auftreten können

Im Jahre 1952 führte H. Driesch[1] aus: „*Sämtliche derzeit üblichen chemischen Verfahren und Produkte* zur Verminderung der Knitterneigung von Zellulosefasern bewirken eine *mehr oder weniger große ‚Schädigung'* des Gewebes. Zurückzuführen ist dies auf die Einwirkung der sauren Katalysatoren beim Formalisieren oder bei der Kunstharzkondensation oder auch auf eine gewisse Versprödung der Faser, welche die Kunstharzausrüstung mit sich bringt."

H. Driesch machte seinerzeit ferner noch folgende betriebliche Erfahrungen:

1. *Gleichartige Gewebe* werden von den *verschiedenen Ausrüstern* mit *unterschiedlichem Erfolg* ausgerüstet und

2. die Ausrüstung *gleichartiger Gewebe,* zum Teil zu *verschiedenen Zeiten* vom *gleichen Betrieb* durchgeführt, zeigt *erhebliche Unterschiede.*

Die *Hochveredlung von Reyon- und Zellwollgeweben* mit guten Ausrüstungseffekten bei bestmöglicher Vermeidung von Fehlern und Schäden ist heute durch

[1] Driesch, H.: Über Erfahrungen mit knitterfest ausgerüsteten Zellwollgeweben im Hinblick auf die Knitterfestigkeit und deren Beständigkeit. Reyon, Zellwolle **1952,** 459.

die Verbesserung der Verfahrenstechnik und der zur Verfügung stehenden Ausrüstungsmittel, der inzwischen gewonnenen Betriebserfahrungen und durch verbesserte Prüfmethoden kein ernsthaftes Problem mehr.

Auch eine *gleichbleibende, befriedigende Ausrüstung von Baumwollgeweben für Kleiderstoffe*, welche *nicht* zu den Waschartikeln zählen, ist heute unter Vermeidung von Reklamationen durchaus möglich.

Die früher immer als gravierend für den Gebrauch empfundene *unvermeidliche Abnahme der Gewebereißfestigkeit bei Baumwolle* wird derzeit nicht mehr als wertmindernd betrachtet, wenn sie *in tragbaren Grenzen* bleibt. Wesentlicher sind die Erhaltung anderer physikalischer Eigenschaften bei Baumwolle und das Nichtauftreten unangenehmer Begleiterscheinungen (Geruch).

Die Erkenntnis, daß die Verminderung der Reißfestigkeit bei Baumwolle bis zu gewissen Grenzen für den Gebrauchswert des hieraus konfektionierten Kleidungsstückes gar nicht so ausschlaggebend ist und die Tatsache, daß der modische Wechsel keine allzu lange Gebrauchsdauer beansprucht, haben die Anschauungen über die früher oft diskutierte *Faserschädigung durch die Kunstharzausrüstung* gemildert.

Natürlich treten immer wieder einmal Fehlpartien in den Ausrüstungsbetrieben auf. Um so mehr, als die Hochveredlung der Zellulosefasertextilien zu den schwierigsten Ausrüstungsverfahren zählt, welche große Erfahrungen voraussetzt, von vielen Faktoren abhängt und eine gewissenhafte Betriebskontrolle verlangt.

Nach F. Nestelberger[1] war, solange es sich *nur um eine Knitterfestausrüstung* handelte, die Abnahme der Festigkeit zwar zu berücksichtigen, aber *nicht* von ausschlaggebender Bedeutung.

Weder in der Propaganda noch im handelsüblichen Gebrauch ist ein bestimmter Maßstab für den Grad der Knitterfestigkeit festgelegt worden.

Resultierte bei einer bestimmten Ausrüstung eine zu große Abnahme der Reißfestigkeit, so wurde einfach die Kunstharzmenge bis auf das zulässige Maß verringert und das damit verbundene Knitterverhalten akzeptiert. Daraus ergab sich, daß Gewebebindungen (wie Gabardine, Strukturgewebe, Satin), die an sich weniger zum Knittern neigen, *hervorragend knitterfest* ausfielen, und andere Gewebebindungen (wie Popeline, Renforcé) einen geringeren Grad der Knitterfestigkeit aufwiesen.

Ganz anders sind die Verhältnisse bei den sogenannten „*Wash-and-Wear*"-*Artikeln*. Die heute vom Verbraucher gestellten hohen Anforderungen an diese Waschartikeln (Hemden, Damenblusen), die *lange im Gebrauch* möglichst gleichbleibende Ausrüstungseffekte aufweisen sollen und bei denen Fehler und Schäden während einer *längeren Gebrauchsdauer* nicht auftreten dürfen, stellen höchste Anforderungen an den Textilhilfsmittelhersteller, Ausrüster und auch an den Konfektionär. Voraussetzung ist ferner auch ein geeignetes Baumwollgewebe.

Die Wasch- und Trageartikel lassen hinsichtlich der Vermeidung von Fehlern und Schäden, sei es durch die Ausrüstung selbst, sei es durch die im Gebrauch auftretenden Fehler und Schäden, noch manche Fragen offen.

Die *Abnahme der Gewebereißfestigkeit bei Baumwolle* ist bis jetzt bei der Hochveredlung, wie erwähnt, noch unvermeidlich, wird aber durch Ausrüstungsmaßnahmen *gemildert*. Ferner können auch andere physikalische Fasereigenschaften (wie z. B. Einreiß- und Scheuerfestigkeit) gleichfalls durch verschiedene Maßnahmen verbessert werden.

Man muß daher bei der *Beurteilung von kunstharzausgerüsteten Textilien* die hiermit eintretenden physikalischen und chemischen Faseränderungen und Begleiterscheinungen, welche *negativ für den Gebrauch* sind, unterteilen in:

[1] Nestelberger, F.: Die Grenzen der No-iron Ausrüstung von Baumwoll-Imitatpopeline. Textil-Rundschau (St. Gallen) **16**, 790 (1961).

1. Solche *Faserveränderungen, welche im Zusammenhang mit der Zellulosevernetzung stehen* und immer erwartungsgemäß auftreten (Festigkeitsabnahme, Faserversprödung). Das Ziel einer guten Ausrüstung ist, solche Veränderungen der physikalischen Fasereigenschaften *in möglichst niederen Grenzen* zu halten.

2. Solche Faserveränderungen, die einen chemischen Abbau der Zellulose darstellen und daher als *tatsächliche Faserschädigung* zu bewerten sind. Solche Schäden fallen aus dem Rahmen einer normalen, guten Ausrüstung.

3. *Fehler und Schäden der Ausrüstung selbst.* Hierzu sind zu zählen:

a) mangelnde Ausrüstungseffekte;

b) geringe Permanenz derselben im Gebrauch (Wäsche);

c) auftretende Fehler und Schäden im Gebrauch (Schmutzanziehung; Chlorretention und ihre Auswirkung usw.).

Hinsichtlich der Beurteilung der *Güte und Beständigkeit* der einzelnen Ausrüstungseffekte gibt die später folgende zusammengefaßte Prüftechnik die entsprechenden Hinweise (s. „*Untersuchungsmethoden*" Bd. IV/2).

Nachfolgend werden besprochen:

1. Einige Ausrüstungsfehler und auftretende Fehler im Gebrauch (Flecken).

2. Chemische Faserschädigung (Zelluloseangriff) sowie die physikalische Faserveränderung durch die Ausrüstung selbst.

3. Geruchsbildung (Formaldehyd, Trimethylamin).

4. Auswirkung der Kunstharzausrüstung auf die Färbung.

Die Prüftechnik zu den angegebenen Fehlern und Schäden findet sich wiederum später (s. „*Untersuchungsmethoden*" Bd. IV/2).

## I. Fehler, die auf einer unsachgemäß durchgeführten Kunstharzausrüstung beruhen oder während des Gebrauchs auftreten können

### 1. Fehler, die auf einer Auflagerung statt auf einer Einlagerung des („in sich" vernetzenden) Kunstharzes beruhen

#### *a) Harter und rauher Warengriff (verbunden mit geringerem Knitterfesteffekt)*

Bei unrichtiger Arbeitsweise (bereits ankondensiertes „Vorkondensat"; fehlerhafte Trocknung) kann eine *Auflagerung* des Kunstharzes auf der Faser erfolgen, wodurch ein *rauher und harter Warengriff* resultiert. Das gleiche kann eintreten, wenn *zuviel an Kunstharz* angewandt wurde.

Ein Verkleben der Fäden, verbunden mit einem rauhen Warengriff, kann auch eintreten, wenn das Gewebe während des Imprägnierens am Foulard *stark gespannt wurde.*

#### *b) „Schreiben" bzw. „Stauben" von knitterfest ausgerüsteten Geweben*

Beim Imprägnieren mit einer *zu stark sauren* Flotte (Katalysator!) erfolgt die Kondensation des Kunstharzes zu früh. Die gebildeten *großen* Kunstharzmoleküle können nicht mehr *in* die Faser eindringen, wodurch eine Ablagerung *auf* der Faser erfolgt. Neben einem rauhen Warengriff und schlechten Knitterfesteffekt kann unter Umständen auch das sogenannte „*Schreiben*" und „*Stauben*" der ausgerüsteten Ware eintreten.

## 2. Flecken in kunstharzausgerüsteter Ware

Nach H. A. Thomas[1] ist es *nicht* zu empfehlen, *Tischtücher* einer Knitterfestausrüstung zu unterziehen, da Formaldehyd (frei werdend aus dem Kunstharz) *Milchflecken* und solche aus anderen Eiweißstoffen unlöslich fixiert.

In einem Falle wurden *halbmondförmige, helle Flecken* im kunstharzausgerüsteten Gewebe festgestellt[2]. Als Ursache wurde eine ungleichmäßige Entquellungsreaktion, herrührend von *Detachurstellen*, festgestellt.

Ebenso wie Milch ist auch *Blut*, da letzteres gleichfalls eiweißhaltig ist, auf kunstharzausgerüsteten Textilien nach dem Eintrocknen schwer ohne Schädigung des Gewebes oder ohne Randbildung *beim Detachieren* (enzymatische Behandlung mit Proteasen) entfernbar. In den meisten Fällen muß das ganze Stück insgesamt in das 40° C warme Enzymbad gegeben werden.

R. Albrecht[3] erwähnt noch weitere Schwierigkeiten beim Chemisch-Reinigen oder Umfärben von kunstharzausgerüsteten Textilien (s. S. 347).

*Armschweiß* erzeugt auf kunstharzausgerüsteten Stoffen Ränder mit scharfen Konturen, die je nach dem Träger schon durch einmalige Benützung des Kleidungsstückes auftreten können. Diese Ränder sind auf weißen kunstharzausgerüsteten Stoffen gelbbraun gefärbt. Der Schweiß wandert vom Entstehungsort weg und trocknet rasch unter Ränderbildung. Bei der Konzentrierung durch Verdunsten an den Ränderstellen kann die meist anfangs sauer (pH-Wert 4,5 bis 6) und später alkalisch reagierende Schweißflüssigkeit eine *örtliche Hydrolyse des Kunstharzes* bewirken.

Bei einem auf ein *feuchtes*, kunstharzausgerüstetes Reyongewebe *aufgesetzten heißen Bügeleisen* (mit Temperaturregelung!) zeigte R. Albrecht, daß das Kunstharz an den *Kanten der Bügeleisensohle* zerstört wurde. Beim Überfärben mit einem blauen Direktfarbstoff wurden die *Konturen des Bügeleisens* deutlich dunkelblau sichtbar.

## 3. Unegale Ausfärbung bei knitterfest (und quellfest) ausgerüsteten Geweben

Knitterfest ausgerüstete Gewebe sind *nachträglich* nicht mehr gleichmäßig anfärbbar. Bei Nichtbeachtung dieser Tatsache resultieren Fehlfärbungen. Daher werden nur vorher gefärbte Gewebe hochveredelt. Ein gleichzeitiges Färben und Ausrüsten mit Kunstharzen ist mit den neueren Reaktivfarbstoffen möglich. Weiteres s. Bd. IV/2.

## 4. Das Auftreten unterschiedlicher örtlicher Knitterfesteffekte in einem Gewebe

W. Rümens[4] gibt als Ursache hierfür an:

a) Ungleichmäßige Verteilung des Kunstharz-Vorkondensates über das Gewebe bei der Foulardbehandlung.

Die Pression des Quetschfoulards kann ungleichmäßig sein, wenn die Walzen einseitig abgenutzt sind. Dies kann geschehen, wenn längere Zeit *breitere*, dann wieder *schmälere* Waren durch den Foulard hindurchgehen.

---

[1] Thomas, H. A.: Die Rolle der Zellulose bei der Ausrüstung von Textilien. Reyon, Zellwolle **1955**, H. 7, 474.

[2] Th. M.: SVF (Fachorgan f. Textilveredlung) **1949**, 209.

[3] Albrecht, R.: Erfahrungen über das Verhalten kunstharzausgerüsteter Textilien beim Chemischreinigen oder Umfärben. Textil-Praxis **18**, 668 (1963).

[4] Rümens, W.: Ein Beitrag zur knitterfesten Ausrüstung von Zellulosegeweben mit Carbamidharzen. Textil-Praxis **6**, 743 (1951).

b) Einseitige Trocknung des mit den Kunstharzvorprodukten imprägnierten Gewebes auf dem Spannrahmen mit Voreilung, und zwar durch *ungleichmäßige Wärmezufuhr* (wenn die Heißluftventilatoren einseitig in bestimmter Richtung wirken). Durch die einseitige Trocknung kann eine Wanderung des Kunstharzes (wie nachfolgend beschrieben) eintreten.

c) Wanderung der Kunstharzvorprodukte oder Zwischenkondensate *während der Kondensation* in die Außenschichten der Faser oder gar nach einer *Gewebeseite*. Letzteres tritt ein, wenn eine Gewebeseite früher erwärmt wird und dadurch schneller trocknet. Hierdurch wandert die Kunstharzlösung aus den feuchteren Gewebepartien zu diesen schon trockeneren Stellen.

Ähnlich wie beim Wandern von *Naphtholgrundierungen* bei ungleichmäßiger Gewebebahntrocknung!

Dies bedingt eine quantitative (wenn oftmals auch nur geringe) Differenz hinsichtlich der Kunstharz-Einlagerung, wodurch *ungleiche Knitterfesteffekte der rechten und der linken Warenseite* resultieren.

## II. Chemische, permanente Faserschädigung (Zelluloseabbau) und temporärer Reiß-, Einreiß- und Scheuerfestigkeitsverlust der Baumwolle durch Kunstharzausrüstung

### 1. Chemische (permanente) Faserschädigung (Zelluloseabbau)

Eine eindeutig chemische Schädigung der Zellulosefaser kann auf den Einsatz ungeeigneter Chemikalien oder auf einen unrichtig geführten Ausrüstungsprozeß beruhen.

Eine hydrolytische Faserschädigung kann eintreten:

a) Während der Ausrüstung bei *Einsatz zu großer Mengen an Säurespender* (Katalysatoren).

Insbesondere ist ein Abbau der Zellulose bei Ausrüstung mit *N-freien* Reactants während der Säurekatalyse zu befürchten. *N-haltige* Kunstharze haben ein mehr oder weniger großes Pufferungsvermögen für die auftretende Katalysatorsäure!

*Native* Zellulose erfährt bei Anwendung *zu großer* Katalysatormengen infolge Säureeinwirkung in der Hitze (Kondensation) eine weitgehende Schädigung, während *Regeneratzellulose*fasern gegen Säureeinwirkung weniger empfindlich sind. Nuessle, Fineman und Heiges[1] erklären die größere Empfindlichkeit der *Baumwolle* im Vergleich zu *Reyon* (beide mit Kunstharz ausgerüstet) gegenüber saurer Hydrolyse dadurch, daß die Festigkeit der *Baumwolle* stark vom Polymerisationsgrad abhängt. Durch Spaltung der Kettenmoleküle (azidolytischer Abbau der Faser) resultiert ein Festigkeitsabfall. Bei *Reyon* spielt die Kettenlänge der Moleküle keine entscheidende Rolle mehr. Hier beruht die Festigkeit auf der erfolgten Orientierung und Verschlingung der Zelluloseketten beim Streckvorgang während der Herstellung. Daher ist die Wirkung einer sauren Hydrolyse bei *Regeneratzellulose*fasern viel harmloser.

R. F. Nickerson[2] wie auch R. Aenishänslin[3] und H. A. Wannow[4] stellten fest, daß zunehmende Mengen Harnstoff-Formaldehyd-Harz im Vergleich zu zunehmendem Melamin-Formaldehyd-Harz unter gleichen Ausrüstungsbedingungen

---

[1] Nuessle, A. C., M. N. Fineman u. E. O. J. Heiges: Widersprechende Anschauungen über die Knitterechtheit von Geweben aus Zellulosefasern. Text. Res. J. **25**, 24 (1955).

[2] Nickerson, R. F.: Amer. Dyestuff Rep. **39**, 46 (1950).

[3] Aenishänslin, R.: Amer. Dyestuff Rep. **40**, 432 (1951).

[4] Wannow, H. A.: Z. ges. Textilind. **54**, 779 (1952).

*größere zunehmende Beträge* an Reißfestigkeitsverlusten bei Baumwollgeweben bewirkten. Dies wird auf eine zunehmende *permanente* Faserschädigung (= Zelluloseabbau) neben der immer resultierenden *temporären* Schädigung (s. nachfolgend) zurückgeführt.

H. A. Wannow (loc. cit.) ermittelte nach schonender Entfernung des Kunstharzes noch den DP-Abfall (bzw. Schädigungsfaktor) der Baumwollfaser, wobei die vorher mit Melamin-Formaldehyd-Harz ausgerüsteten Fasern geringere *permanente* Schädigungen (= Zelluloseabbau) zeigten. Die Ursache des günstigeren Verhaltens der mit Melamin-Formaldehyd-Harz ausgerüsteten Fasern liegt im größeren Säurebindungsvermögen der stärker basischen Melamin-Formaldehyd-Harze gegenüber der Katalysatorsäure.

b) Beim fertig ausgerüsteten und konfektionierten Baumwollkleidungsstück durch *Neigung der Kunstharzausrüstung zur Chlorretention* bei späteren Chlorbehandlungen mit anschließender Trocknung (Waschanstalten). Weiteres s. bei „Chlorretention", s. S. 392.

Der Grad einer Faserschädigung eines kunstharzausgerüsteten Gewebes kann ermittelt werden:

1. Durch die *Quellungsreaktion nach Willows und Alexander*[1]. Weiteres s. bei „*Untersuchungsmethoden*", Bd. IV/2.

2. Durch die *Ermittlung der Abnahme des Durchschnittspolymerisationsgrades (DP):*

Bestimmt wird der DP vom *ursprünglichen* (nicht ausgerüsteten) Gewebe und vom *ausgerüsteten* (vom Kunstharz befreiten) Gewebe. Weiteres s. bei „*Untersuchungsmethoden*", Bd. IV/2.

### 2. Der Abfall der Reißfestigkeit bei Baumwolle durch die Kunstharzausrüstung (temporäre Schädigung)

(Beziehung zwischen dem immer eintretenden Festigkeits*verlust* des Baumwollgewebes bei *Erhöhung* des *Trocken*knittererholungswinkels)

Der zur Zeit als unvermeidlich angesehene Verlust der Reißfestigkeit des Baumwollgewebes durch eine Kunstharzausrüstung ist auf die Feinstruktur der Faser und deren Veränderung durch die Behandlung mit Kunstharzbildnern oder Vernetzungsmitteln zurückzuführen. An anderer Stelle, besonders bei: „Die Theorie der Knittererholung in Beziehung zur Feinstruktur der Zellulosefaser" (s. S. 232), wurden die bis heute gewonnenen Erkenntnisse zusammenfassend behandelt.

Schon vor längerer Zeit führte R. F. Nickerson[2] an, daß nach *faserschonender* Entfernung der Kunstharzeinlagerung die ursprünglichen Gewebefestigkeitswerte wieder zurück erhalten werden. Daß eine Entfernung der Kunstharzeinlagerung oder Aufspaltung der Zellulosevernetzung immer wieder diese „*temporäre Schädigung*" des Baumwollgewebes *aufhebt*, wurde von vielen Autoren bei den unterschiedlichsten Ausrüstungen gezeigt (s. auch die Ausführungen S. 368).

Daß der *große Abfall* der Reißfestigkeit bei Baumwolle *nicht* auf den sauren Katalysator (Säurespender) zurückzuführen ist, zeigten neuerdings wiederum Th. Francis und M. L. Staples[3] durch die Vernetzung des *alkalisierten* Baum-

---

[1] Willows, R. S. u. Miss A. C. Alexander: Change in Section of Cotton Hairs on Mercerising. J. Text. Inst. **13**, 237 (1922). — S. auch bei Koch, P. A. u. H. Hefti: Die Quellung von Baumwollfasern in 15 Gew.%iger Natronlauge als mikroskopische Schlüsselreaktion zum Nachweis chemischer Schädigungen. Textil.-Rundschau (St. Gallen) **11**, 512 u. 645 (1956).

[2] Nickerson, R. F.: Amer. Dyestuff Rep. **39**, 46 (1950).

[3] Francis, Th. u. M. L. Staples: Die basenkatalysierte Kondensation von Zelluloseware mit dampfförmigen Epoxiden. Text. Res. J. **1963**, H. 8, 583—599.

wollgewebes mit dampfförmigem Butadien-diepoxid wie auch mit Epichlorhydrin. Es wurde hier auch im *alkalischen Bereich* ein beträchtlicher Festigkeitsverlust des behandelten Baumwollgewebes festgestellt.

Es soll zuerst noch die Frage aufgeworfen werden, warum *Regenerat*zellulosefasertextilien (Zellwolle, Reyon) durch die Kunstharzausrüstung *keinen Festigkeitsabfall* erfahren, im Gegenteil hierbei oftmals eine Festigkeitszunahme feststellbar ist.

Gagliardi, Gruntfest und Nuessle[1] führen aus, daß sich die Gesamtdehnung einer Faser aus einem elastischen und plastischen Anteil zusammensetzt. Durch eine Kunstharzeinlagerung in *native* Zellulosefaser wird der elastische Dehnungsanteil erhöht (und somit das Knittern vermindert), aber die plastische, irreversible Dehnung beträchtlich verringert. Hierdurch wird auch die Gesamtdehnung verringert, wodurch die Reißfestigkeit der Baumwolle absinkt.

*Regenerat*zellulosefasern haben eine größere Dehnung als *native* Zellulosefasern. Daher macht sich bei der ersteren die Abnahme der Gesamtdehnung durch die Kunstharzausrüstung weniger bemerkbar. Im Gegensatz zu den nativen Zellulosefasern kann bei Zellwolle und Reyon durch eine Kunstharzveredlung manchmal die Reißfestigkeit sogar erhöht werden.

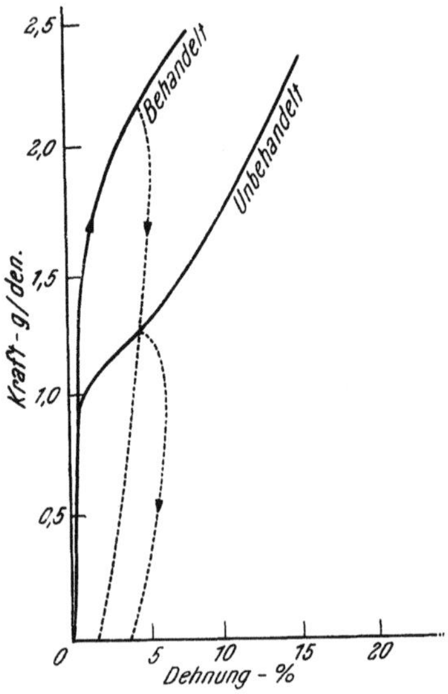

Abb. 21. Änderung des Kraft-Dehnungs-Diagramms des Garnes durch die Imprägnierung mit Harnstoff-Formaldehyd. (Nach C. v. Bochove und G. I. Schuringa.) Es änderte sich die *Form des Diagramms: Vergrößerte Steifheit* der Faser und *verbesserte Erholung nach der Dehnung.*

Durch eine Kunstharz-Veredlung werden praktisch alle mechanischen Eigenschaften des Gewebes geändert, und zwar teils günstig, teils ungünstig. Diese Änderungen sind nach Gagliardi und Nuessle (loc. cit.) zu einem beträchtlichen Teil auf eine *Änderung des Kraft-Dehnungs-Diagramms* der Garne zurückzuführen (s. Abb. 21).

Mehrere Autoren führen die Verbesserung der Knitterfestigkeit mehr auf die vergrößerte Steifheit der Fasern als auf die verbesserte Erholung nach der Dehnung zurück.

Nach Smith[2] dringt das Kunstharz-„Vorkondensat" nur in die amorphen Bereiche der Zellulosefasern ein. Diese Bereiche erfahren hierdurch eine Festigkeitserhöhung, hingegen erleiden die kristallinen Bereiche eine Festigkeitsverminderung. Überwiegen nun die kristallinen Bereiche in der Faser (wie bei Baumwolle), so kann dies zu einer Abnahme der Gesamtfestigkeit des Fasergefüges führen.

Dieser Festigkeitsverlust bei nativen Zellulosefasern durch die Kunstharz-Einlagerung kann durch eine vorhergehende Mercerisierung bzw. Laugierung des Gewebes gemildert werden, da hierbei die amorphen Faserbereiche vergrößert und die kristallinen Bereiche vermindert werden.

Da *Regenerat*zellulosefasern an sich einen sehr hohen Betrag an amorphen Faserbereichen aufweisen, kann eine Knitterfestausrüstung unter Umständen sogar eine Festigkeitserhöhung ergeben.

---

[1] Gagliardi, D. D. u. A. C. Nuessle: Modification of Fiber and Fabric Properties by Wrinkling-Proofing and Stabilizing Agents. Amer. Dyestuff Rep. **39**, **13** (1950). — Gruntfest, J. J. u. D. D. Gagliardi: Ind. Engng. Chem. **41**, 760 (1949).

[2] Smith: J. Soc. Dyers Col. **70**, 381 (1954).

Nuessle, Fineman und Heiges[1] studierten gleichfalls die Ursachen der Reißfestigkeitsänderung (Erhöhung bei Reyon; Erniedrigung bei Baumwolle) durch die Kunstharz-Veredlung.

Durch vergleichende Untersuchungen stellten sie fest, daß durch eine saure Hydrolyse Baumwolle im Vergleich zu Reyon immer mehr an Festigkeit verliert.

Die Autoren führen aus, daß man angenommen hat, daß die hohe Kristallinität der Baumwolle die Ursache für die Verminderung der Reißfestigkeit bei der Kunstharz-Veredlung wäre. Nun erfahren *Fortisan-Fäden*[2], die eine sehr hohe Kristallinität aufweisen, durch eine Kunstharz-Ausrüstung *nur geringen* oder überhaupt *keinen* Reißfestigkeitsverlust.

Tabelle 38. *Reißfestigkeit der nichtausgerüsteten und der kunstharzausgerüsteten Zellulosefasergewebe im trockenen und nassen Zustand*

| | | Reißfestigkeit | |
|---|---|---|---|
| | | trocken | naß |
| Nicht ausgerüstet | Baumwolle | — | Zunahme |
| | Zellwolle | — | starke Abnahme |
| Bei zunehmendem Kunstharzgehalt | Baumwolle (knitterfest) | Abnahme | Abnahme |
| | Zellwolle (knitterfest) | Keine Abnahme (manchmal Zunahme) | Zunahme |

Nuessle, Fineman und Heiges (loc. cit.) erklären diese Widersprüche folgendermaßen: *Baumwolle* hat einen höheren Polymerisationsgrad als Regeneratzellulose. Ein einzelnes Zellulosemolekül erstreckt sich über mehrere kristalline und mehrere amorphe Bereiche. Im gestreckten Zustand finden die Molekülketten fast keine Gelegenheit, sich dem Zug durch Gleiten zu entziehen. Statt dessen wird die Zugbelastung auf die großen und zahlreichen Kristallite übertragen. Diese suchen einen Ausgleich durch Umorientierung (d. h. sich in Zugrichtung zu drehen). Die Neigung der Kristallite, sich in Richtung des Zuges einzustellen, wird durch Nebenvalenzkräfte wie auch durch die Kunstharzeinlagerung beeinträchtigt. Hierdurch wird die Spannung auf weniger Molekülketten verteilt, so daß ein Bruch der kunstharzbeladenen Faser bereits bei niedrigerer Belastung erfolgt.

Bei *Regeneratzellulosefasern* werden durch die viel kürzeren Ketten auch nur wenige von den zahlreichen nebeneinanderliegenden amorphen und kristallinen Bereiche besetzt. Außerdem scheinen die vielen kleinen Kristallite nur halborientiert zu sein und variieren von ganz amorpher bis zu semi-kristalliner Struktur. Hinzu kommen noch die bei Regeneratzellulose vorhandenen günstigen Bedingungen zum Gleiten. Daher besteht fast keine Tendenz zur Neuorientierung der Kristallite, welche sonst einen Ausgleich der beim Knittern herrschenden Spannung herbeiführen.

H. Enders und Pusch[3] trugen die Werte für die Reißfestigkeit von *Zell-*

---

[1] Nuessle, A. C., M. N. Fineman u. E. O. J. Heiges: Widersprechende Anschauungen über die Knitterechtheit von Geweben aus Zellulosefasern. Text. Res. J. **25** 24 (1955).

[2] *Fortisan;* Regeneratzellulosefäden hoher Festigkeit, hergestellt aus verstreckter Zelluloseazetatkunstseide durch Verseifung. Weiters s. dieses Handbuch Bd. II, S. 389.

[3] Enders, H.: Melliand Textilber. **40**, 1454 (1959).

*wolle* und Baumwolle in Abhängigkeit von der Gewebefeuchtigkeit graphisch auf (s. Abb. 22), wobei die Reißfestigkeitswerte bei der *Feuchtigkeit unter 10%* erhebliche Veränderungen erkennen ließen, nämlich im Falle der *Baumwolle* nach unten und im Falle der *Zellwolle* nach oben. Nun wird nach jeder Kunstharz- Ausrüstung sowohl Baumwolle als auch Zellwolle für dauernd auf fast die Hälfte ihrer normalen Konditionierfeuchtigkeit herabgesetzt, was somit für *Zellwolle* eine Zunahme und für *Baumwolle* eine Abnahme der Reißfestigkeit bedeutet.

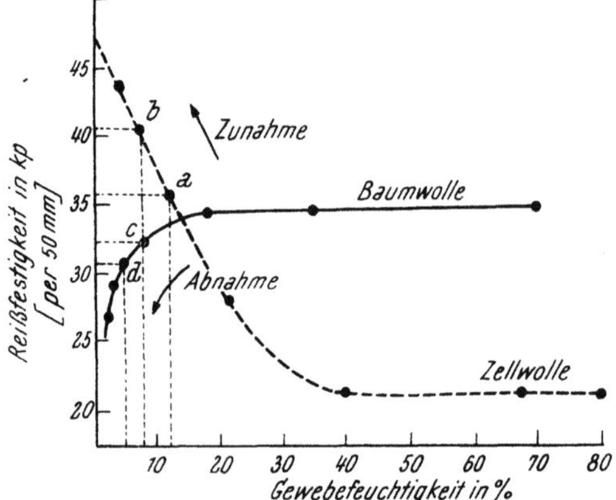


Abb. 22. Reißfestigkeit in Abhängigkeit von der Gewebefeuchtigkeit bei knitterfest ausgerüsteten Geweben (nach Enders und Pusch). Gewebefeuchtigkeit bei 65% relativer Feuchtigkeit: *a* vor, *b* nach der Ausrüstung (Zellwolle): Zunahme der Reißfestigkeit; *c* vor, *d* nach der Ausrüstung (Baumwolle): Abnahme der Reißfestigkeit.

Nach H. Enders (loc.cit.) sind hierbei aber noch eine ganze Reihe anderer Faktoren zu berücksichtigen, welche durch Addition und Subtraktion zum Schluß die tatsächliche Reißfestigkeit der ausgerüsteten Gewebe resultieren läßt. H. Enders hat eine Reihe solcher Faktoren graphisch dargestellt (s. Abb. 23). Die Abbildung links zeigt die verschiedenen Ansatzwinkel beim nichtausgerüsteten und beim ausgerüsteten Gewebe. Im letzteren Falle liegt ein größerer Ansatzwinkel bei größerer Versprödung vor, was zu einem schnellen Bruch führt. Durch die Kunstharz-Einlagerung ist die Faserverdrehung gleichfalls versprödet und kann einem Zug nicht durch Aufwickeln ausweichen.

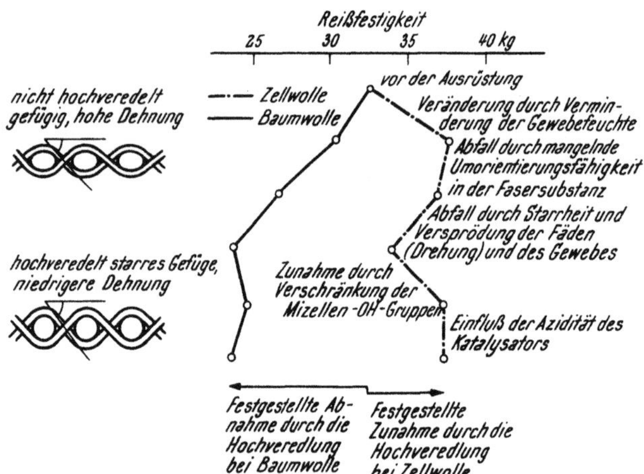


Abb. 23. Qualitative Aufgliederung des Reißfestigkeitsverhaltens bei der Hochveredlung (nach H. Enders). Die angegebenen Werte stellen Durchschnittswerte dar, die nach H. Enders durch langjährige Erfahrung gewonnen wurden. (Die tatsächlichen Verhältnisse werden nur annähernd wiedergegeben.)

Nach H. Enders (loc. cit.) beruht neben den Feuchtigkeitseinflüssen der beschriebene *Reißfestigkeitsabfall* auf 1. mangelnder Umorientierungsfähigkeit der Kristallite; 2. Versprödung des Gewebegefüges und 3. unter Umständen auf die Azidität des Katalysators (Säurespenders) durch Hauptvalenzkettenabbau. Die *Zunahme der Reißfestigkeit* beruht u. a. in der Verschränkung der Mizellen-OH-Gruppen, wobei dieser Zuwachs bei *Zellwolle* vermehrt eintritt.

Das Problem des Festigkeitsverlustes im Falle von Baumwollausrüstungen mit *N-freien Reactants* schneidet H. Krässig[1] an. Bekanntlich geben Ausrüstungen mit *N-haltigen* Mitteln geringere Festigkeitsverluste als mit *N-freien* Reactants *allein*. Dies wird auf die puffernde (besser gesagt „neutralisierende“) Wirkung der *N-haltigen* Produkte gegenüber der freiwerdenden Katalysatorsäure zurückgeführt.

*N-freie* polyfunktionelle Zellulosereactants *allein* führen in vielen Fällen zu einer ausgezeichneten *Naß*knittererholung. Sie müssen jedoch, um genügend hohe *Trocken*knittererholung zu erhalten, mit einer „Kunstharz-Kondensation üblichen Sinnes“ *kombiniert* werden, wobei auch hier die üblichen Festigkeitsverluste beim Baumwollgewebe auftreten.

Als Ursachen für den Abfall der Reißfestigkeit von Baumwolle gibt H. Krässig an:

*1.* Den *Einfluß von sauren Katalysatoren*. Die Gegenwart von $H^+$-Ionen, namentlich bei Hitzeeinwirkung, bedingt immer einen Zelluloseabbau.

Die Durchführung von *Vernetzungsreaktionen* an Baumwollgeweben zeigt jedoch im Vergleich mit einer *Katalysatorbehandlung allein* (Säurespender *ohne* Anwesenheit eines Vernetzungsmittels) immer einen wesentlich größeren Festigkeitsabfall.

*2.* Die *Vernetzung der Zellulose* (im vorliegenden Falle mit Reactants) als wesentliche Ursache des Faserfestigkeitsverlustes wird durch eine ungünstige Lageverteilung der Moleküle verursacht, die weniger imstande ist, eine mechanische Beanspruchung auszuhalten (s. hierzu auch die vorstehenden Ausführungen).

In der *nicht vernetzten* Faser sind die Molekülketten flexibel (biegsam) und lassen noch die parallele Einlagerung weiterer Moleküle zu, welche mithelfen, eine mechanische Belastung bis zum Bruch mitzutragen. *Nach einer Vernetzung,* welche immer einen *Dehnungsabfall* bewirkt, ist dies nicht mehr möglich. *Flexiblere längere Vernetzungen* führen zu einem *geringeren* Festigkeitsabfall. (Diesbezüglich liegen aber andere Anschauungen vor, s. S. 210.)

*3.* Die Brückenbildung (Vernetzung und Kunstharz-Einlagerung) bedingt auch eine *Verminderung des Orientierungsgrades.*

Eine *Vernetzung unter gleichzeitiger Spannung des Gewebes* ergibt einen *geringeren* Festigkeitsabfall, da hier der Orientierungsgrad mehr erhalten bleibt.

*4.* Weiters kann die Festigkeit durch eine *Einlagerung von „spröden“ Kunstharzteilchen* herabgesetzt werden, da diese durch ihre Scherwirkung innerhalb der Faser zum Bruch einzelner Fasermoleküle führen. Daher können auch die durch Selbstkondensation entstandenen Kunstharzpartikel zum Abfall der Festigkeit mit beitragen.

*5.* H. Krässig ist gegen die übliche Anschauung, daß eine *gleichmäßige*, die ganze Faser umfassende *Durchreaktion* ein Vorteil für die Erhaltung der Faserfestigkeit wäre. Bei *topochemischen Reaktionsbedingungen* und bei *weitgehend entquollener* Zellulose würde das *günstigste Verhältnis* zwischen Knittererholung und Reißfestigkeitsverlust auftreten.

Die *Beziehung zwischen dem immer einhergehenden Festigkeitsverlust des Baumwollgewebes und dem Trockenknittererholungswinkel* hat H. Dolmetsch[2] in einer eingehenden Studie unter Bezugnahme auf die wesentlichsten Arbeiten verschiedener Autoren behandelt.

---

[1] Krässig, H.: Über die Hochveredlung von Zellulosetextilien. Lenzinger Berichte (Chemiefaser Lenzing A. G., Lenzing, Österreich) **1962,** H. 12, 106.

[2] Dolmetsch, H.: Über die Ursache des Festigkeitsverlustes der Baumwolle während der Knitterfestausrüstung. Melliand Textilber. **45** (5), 542 (1964).

Schon oben wurde angeführt (s. bei „Theorie der Knittererholung in Beziehung zur Feinstruktur der Zellulosefaser", S. 232), daß bei Baumwolle eine Verbesserung der *Naß*knittererholung (auf 130 bis 150°) prinzipiell *ohne* wesentliche Verschlechterung der *Trockenreißfestigkeit* möglich ist, und zwar dann, wenn die *Trocken*knittererholung dabei *nahezu unverändert* bleibt.

H. Dolmetsch erwähnt hierzu, daß der unter diesen Voraussetzungen festgestellte Verlust an Gewebereißfestigkeit (1,7% pro 10° Erhöhung des *Naß*knittererholungswinkels) unwesentlich wäre, namentlich, wenn das unbehandelte Gewebe schon relativ hohe *Ausgangs*knitterwinkel aufweist. Die üblichen Verfahren der Praxis ergeben diese hohen *Naß*knitterwinkel normalerweise nicht. Auch ist dies nicht das Ziel einer Wash-and-Wear-Ausrüstung. Vielmehr wird *gleichzeitig* eine möglichst optimale *Naß*- und *Trocken*knittererholung angestrebt.

Als Argumente für die *Theorie des Zusammenhanges von Erhöhung der Knittererholung bei gleichzeitigem Festigkeitsabfall der Baumwolle* führt H. Dolmetsch an:

1. *Reißfestigkeit* und *Trockenknittererholung* treten bei der Knitterfestausrüstung stets im *umgekehrten* Verhältnis *proportional* auf.

2. *Einseitig kovalent* an die Zellulose gebundene Vernetzungsmittel ändern Reißfestigkeit und Trockenknittererholung *nicht*.

3. Wird das *einseitig gebundene* Brückenglied alsdann an die andere Zellulosekette gleichfalls kovalent gebunden, so ändert sich Reißfestigkeit und Trockenknittererholung im *gleichen* Verhältnis.

4. Wird diese Vernetzungsbrücke gespalten, so wird das ursprüngliche Ausmaß von Knittererholung und Reißfestigkeit wiederum hergestellt.

5. Die *Immobilisierung* (= Ruhigstellung) der weniger geordneten Bereiche.

a) Durch *gänzliches Entfernen der Faserfeuchtigkeit* (welche als Gleit- und Spreizmittel wirkt) oder

b) die *Ausfüllung der amorphen Faserräume* (in denen die Strukturelemente wirr verlaufen)
führt zur *gleichen* Veränderung der Knittererholung und der Reißfestigkeit wie durch Zellulosevernetzung.

6. Vernetzungsbrücken beeinflussen *nur dann* Knittererholung und Reißfestigkeit, wenn sie *„straff" gespannt* sind. Straffgespannte Brücken in der *gequollenen* Faser ergeben *Naß*knitterfestigkeit und solche in der *entquollenen*, feuchtigkeitsarmen Faser *Trocken*knitterfestigkeit, verbunden im letzteren Falle mit dem entsprechenden Abfall der Trockenreißfestigkeit.

### *Vorschläge und Versuche, den mit der Kunstharzausrüstung unvermeidlich verbundenen temporären Reißfestigkeitsabfall zu mildern*

H. Dolmetsch (loc. cit.) führt hierzu folgende Punkte unter Bezugnahme auf die entsprechende Literatur an:

1. Eine *Auswahl der vernetzungsfähigen Faserbereiche* nach ihrer *räumlichen Lage* und ihrer *Zugänglichkeit für chemische Reaktionen* ergab eine *Ortsbestimmung* der optimalen *Naß*- und *Trocken*knittereffekte sowie eine *Differenzierung* hinsichtlich ihrer *Wirksamkeit*. Der *Gesamteffekt* bei einer Beschränkung auf die wirksamsten Vernetzungsstellen bleibt jedoch *zu gering*.

2. Die *Länge der Brückenglieder* hat *keinen* Einfluß auf das Verhältnis von *Trocken*knittererholung und Festigkeit.

3. Der *Einbau von Gleitmitteln* (s. auch S. 316) vermindert wohl die *Gewebesprödigkeit*, ohne die Relation Trockenknitterwinkel zu Reißfestigkeit *wesentlich* zu ändern.

4. Erfolgt eine *Ausrichtung der wenig geordneten Faserbereiche vor* ihrer Immobilisierung, und zwar in der Art, daß man die *gestreckt-gehaltene* Faser knitterfest ausrüstet, so kann der Festigkeitsabfall *weitgehend* bei gleichzeitig guter Knittererholung unterbunden werden. Die gleichzeitig *verringerte Dehnung* könnte möglicherweise durch einen nachfolgenden Stauch-Dämpfprozeß des Gewebes ausgeglichen werden.

5. Die Einführung *elastischer Brückenglieder* scheint *im Prinzip* eine Verminderung des Festigkeitsabfalles zu bewirken.

Nach W. Rüttiger[1] würde dann die bisher angestrebte Veränderung der Faserstruktur im Sinne der *mit Sprödigkeit verbundenen Stahlelastizität* in *Richtung auf eine Gummielastizität* modifiziert werden.

Die Einführung solcher gummielastischen Brückenglieder ist infolge ihrer unvermeidlichen Größe sehr schwierig. Nur vereinzelt konnte ein Erfolg hiermit erzielt werden.

6. Verschiedene *indirekte Methoden* verbessern wohl die *Scheuerfestigkeit* und *Dehnbarkeit*, jedoch *nicht* den Reißfestigkeitsabfall.

H. Dolmetsch weist hier auf einen eventuellen hoffnungsvollen Aspekt auf Grund eines Berichtes von Murphi et al.[2] hin (s. Bd. IV/2).

Gewebe, hergestellt aus *zuerst „lose" und dann „gespannt" mercerisierten Baumwollgarnen* sollen nach den Autoren nach einer Knitterfestausrüstung unter Trocken-Heißkondensation *keinen* nennenswerten Reißfestigkeitsabfall ergeben. Die Autoren stellten sogar eine Erhöhung der Einreißfestigkeit fest!

Die Faserquellung im *Gewebeverband* durch starke Laugelösungen verläuft *nicht gleichmäßig*, insbesondere wenn das Baumwollgewebe hierbei *spannungslos* behandelt wird. Aus diesem Grunde schlagen A. L. Murphi et al. (loc. cit.) die *Laugebehandlung von Baumwollrohgarnsträngen* vor, welche bekanntlich eine intensivere Mercerisation der *einzelnen Fasern* im Garn gewährleistet.

Baumwollrohgarn (Ne 40/2) wird 4 Minuten bei 25° C mit 22%iger Natronlauge im *spannungslosen* Zustand behandelt und dann (ohne auszuwaschen) *in* der Lauge auf 91% der Ausgangslänge wieder *verstreckt* und so 2 Minuten belassen. Hierauf wird im *gespannten Zustand* mit kaltem und heißem Wasser die Lauge ausgewaschen, wie üblich abgesäuert, mit 3%iger Natriumbikarbonatlösung nachbehandelt und wiederum mit Wasser kalt gespült. Zum Schluß wird das *„entspannt-gespannt-mercerisierte"* Garn im spannungslosen Zustand bei 90° C getrocknet.

Aus dem so erhaltenen Garn wird ein Gewebe gefertigt.

Je ein Gewebe aus Rohbaumwollgarn und aus „entspannt-gespannt-mercerisiertem" Garn wird nach dem Abkochen in üblicher Weise mit 11% Tris-(1-aziridinyl)-phosphinoxid (APO) und beigegebenen Säurespender nach dem Klotz-Trocken-Hitze-Verfahren ausgerüstet.

Die resultierenden *Trocken-* und *Naß*knittererholungswinkel waren bei beiden Geweben gleich hoch. Doch zeigte sich ein *unterschiedlicher* Reißfestigkeits*abfall*. Dieser betrug überraschenderweise, trotz gleichzeitig hoher *Trocken*knittererholung, beim Gewebe, hergestellt aus „entspannt-gespannt-merceri-

[1] Rüttiger, W., W. Rümens u. A. Feinauer: Gesetzmäßige Zusammenhänge zwischen Knittererholung und Festigkeitsverlusten bei ausgerüsteter Baumwolle. Melliand Textilber. **44** (3), 296–301 (1963).

[2] Murphi, A. L., M. T. Margavio u. C. M. Welch: Amer. Dyestuff Rep. **1964**, 42–43.

siertem" Garn, nur 9%, während das Rohbaumwollgewebe mit dem gleich hohen *Trocken*knittererholungswinkel einen Festigkeits*verlust* von 45% aufwies.

Weitere Versuche, wobei die beiden Gewebe mit Dimethylol-Äthylenharnstoff, Divinylsulfon-Verbindungen und mit Formaldehyd ausgerüstet wurden, zeigten ähnliche Ergebnisse, insbesondere bei der Formalisierung, die erfahrungsgemäß die größten Festigkeitsverluste verursacht.

Aus diesen sehr eindeutigen Versuchsergebnissen ziehen Murphy, Margavio und Welch (loc. cit.) den Schluß, daß *nicht* der chemische Aufbau der zellulose-vernetzenden Verbindungen, sondern der *physikalische Zustand der Baumwollfaser vor der Zellulosevernetzung* für die *Höhe des Reißfestigkeitsabfalls durch die Molekülvernetzung* ausschlaggebend sei.

J. Hepp und H. A. Wannow[1] haben an einem in bestimmter Weise mercerisierten Baumwollgarn (spannungslos mit Lauge behandelt und anschließend verstreckt) ein Shirting-Gewebe hergestellt und dann mit Dimethylol-Äthylenharnstoff und $MgCl_2$ knitterfest ausgerüstet.

Dieselbe Ausrüstung wurde am gleichen, jedoch aus *nicht*-mercerisiertem Garn hergestellten Gewebe *ohne* und *mit* Stückmercerisation (Kettenmercerisiermaschine) durchgeführt.

Die Autoren stellten gleichfalls fest, daß die *Mercerisation*, insbesondere die des *Garns vor dem Verweben* den *Verlust an Reiß- und Weiterreißfestigkeit wesentlich vermindert*, doch wird der *Widerstand gegen Scheuerung* hierdurch *nicht wesentlich* beeinflußt.

Ein mitgeprüftes Imitatpopelingewebe, welches einer modifizierten Stückmercerisation unterworfen wurde, zeigte die gleichen Effekte, jedoch in geringerem Ausmaße.

In Zusammenhang mit vorstehenden Ausführungen soll eine früher durchgeführte Untersuchung von H. A. Rutherford et al.[2] hinsichtlich der Mercerisation *ohne* Spannung von Baumwoll*garnen* und Baumwoll*fasern* erwähnt werden.

Beim Mercerisieren von losen Baumwollfasern *ohne* Spannung stellten die Autoren fest, daß die maximalen Änderungen der physikalischen und chemischen Eigenschaften bei einer Laugenkonzentration von 16% NaOH eintraten. Oberhalb dieser Konzentration erfolgte *keine* weitere Veränderung von Länge, Festigkeit und Dehnung der Faser.

Die Bruchlast und Dehnung der Baumwollfaser nahmen zu, die Schrumpfung betrug 15%.

Am besten ließen sich *lose* Baumwollfasern in Form eines *Kardenbandes* mercerisieren. Das hieraus hergestellte Garn hatte im Vergleich zu einem normalen Baumwollgarn eine höhere Festigkeit und Dehnung, doch ein vermindertes Erholungsvermögen.

Weiters wurden Gewebe und gewirkte Textilien hergestellt, 1. aus Garnen, gefertigt aus spannungslos mercerisierten Fasern; 2. aus Garnen, unter Spannung mercerisiert und 3. aus Rohbaumwollgarnen.

Beim Vergleich der mechanischen Eigenschaften dieser Gewebe konnte kein Unterschied hinsichtlich der Festigkeit zwischen den beiden Mercerisierverfahren festgestellt werden.

Die Verschlechterung der physikalischen Eigenschaften der Baumwolle durch die Hochveredlung (mit Kunstharzen oder durch Vernetzung), wie Reißfestigkeit und insbesondere Widerstand gegen Scheuerung, und die Möglichkeit, diese negativen Begleiterscheinungen zu verbessern, hat bei konfektionierten Tex-

---

[1] Hepp, J. u. H. A. Wannow: Der Einfluß abgeänderter Mercerisationsbedingungen auf die Effekte der Hochveredlung von Baumwollgeweben. Melliand Textilchemie **1** (2), 54 (1965).

[2] Rutherford, H. A., I. F. Bogdan, H. K. C. Woo u. H. S. Ghose: Mercerisieren von Baumwollfasern *ohne* Spannung. Amer. Dyestuff Rep. **50** (23), 910, 942 (1961).

tilien mit Dauerfalten (Verfahren der „verzögerten Kondensation") erhöhte Bedeutung erlangt. Es wird auf verschiedenen Wegen versucht, der Verschlechterung der physikalischen Eigenschaften der Baumwolle entgegenzuwirken.

Das *Stanford Research Institute* studiert die Möglichkeit, gleichzeitig (also simultan) mit der Vernetzung der Zellulosemoleküle die Zahl der Wasserstoffbrücken-Bindungen in den zugänglichen Faserbereichen zu verringern, also Zellulose-OH-Gruppen zu blockieren. Hierbei ist der Gedankengang, die Zellulose durch langmolekulare, sperrig wirkende Gruppen zu substituieren, wobei die eingeführten Gruppen zusätzlich als „innere Weichmacher" wirken.

Dadurch werden überlegungsgemäß 1. die bei der Vernetzung der Zellulose auftretenden *Dehnungsverluste* vermindert und 2. die *interfibrilläre Adhäsion* verringert und das *Energieabsorptionsvermögen der Faser* erhöht. Dies soll zu einer Verminderung des Festigkeitsverlustes bzw. zu einer Verbesserung des Verhaltens gegen Scheuerung führen.

Eine andere Forschergruppe (Arthur D. Little Inc. Laboratories, Cambridge, Massachusetts) versucht das Ausrüstungsverfahren so zu leiten, daß nur das Faserinnere (Faserkern) der Baumwolle vernetzt wird, wobei die äußeren Faserteile unvernetzt bleiben. Hierdurch sollen bei einem genügend hohen Knittererholungsvermögen die äußeren Faserbezirke ihre ursprünglichen Eigenschaften beibehalten, wodurch sich die Verluste an Reiß- und Einreißfestigkeit und durch Scheuerung vermindern würden.

*Ausrüstungstechnische Maßnahmen der Praxis* zur Verringerung des Gewebereißfestigkeitsabfalles sind:

1. Auswahl der *Qualität der Baumwolle* (langfaserig fein) und der *Gewebebindung.*

Nach W. Rotta und R. Allscher[1] ist der Zusammenhang zwischen Reißfestigkeitsverminderung und Baumwollprovenienz *nicht* durch eine DP-Bestimmung allein erklärbar. Die Autoren nehmen an, daß im Begriff Provenienz die ***Faserstruktur*** vorherrschend sei (wie Unterschiede in der Faserfestigkeit, Feinheit, Zellwanddicke, Schraubenwinkel der Zellulosekristallite und Faserlänge).

2. Richtige Auswahl des *Veredlungsmittels* und des *Säurespenders.*

3. Richtige *Durchführung der Kondensation.*

Die Kondensations*dauer* und *-zeit* muß auf die Art des Kunstharzes und des Säurespenders abgestimmt sein.

Um Festigkeitsverluste bei nativen Zellulosefasergeweben zu vermindern, sollen *keine* längeren Kondensationszeiten angewandt werden. Man kondensiert am besten bei *höherer* Temperatur und *kürzerer* Zeit (und nicht umgekehrt!).

4. *Nachwäsche* der fertig ausgerüsteten Ware.

Eine soda-alkalische Nachwäsche sollte unbedingt durchgeführt werden, zwecks Entfernung der Katalysatorsäure, des nicht auskondensierten und auch überschüssigen Kunstharzes und zur Vermeidung der Geruchsbildung.

### *Einfluß der Vorverstreckung des Baumwollgewebes auf den späteren, mit einer Kunstharzausrüstung verbundenen temporären Reißfestigkeitsabfall*

Hierüber berichten verschiedene Autoren.

R. S. Orr et al.[2] beziehen sich zunächst auf die Faserfeinstruktur der Baumwolle.

---

[1] Rotta, W. u. R. Allscher: Beitrag zur Hochveredlung nativer Zellulose. Textil-Praxis **9,** 1183 (1954).

[2] Orr, R. S., A. W. Burgis, L. B. Luka u. J. N. Grant: Die Rolle der Spiralstruktur in unbehandelten und behandelten Baumwollen. Text. Res. J. **31,** 302 (1961).

Die *spiralige Anordnung der Makromoleküle innerhalb der Faserfibrillen* zeigt in Abständen eine *Umkehrung der Windungsrichtung.* Dadurch entsteht eine Art von Lockerstellen, wobei ihre Häufigkeit je nach Baumwollsorte unterschiedlich ist. Diese *Umkehrstellen* sind mitbedingend dafür, daß die Baumwollfasern ein Optimum an Reißfestigkeit, Dehnung und elastischer Erholung zeigen. Bei *hoch*orientierten Fasern, welche weniger Umkehrstellen pro mm zeigen, ist die Reißfestigkeit höher, die Dehnung geringer.

Die Umkehrstellen erlauben der Faser, sich *bei Belastung* aufzudrehen. Die Reibung zwischen den Wachstumsschichten und den Fibrillen wird als Ursache für die Beständigkeit der Struktur und der Reversibilität des Aufdrehens angesehen.

Diese Spiralstruktur ist *gegen Mercerisation* (auch im belasteten Zustand) beständig.

Werden *unter Spannung stehende Fasern* einer *Vernetzung mit Kunstharzen* unterworfen, so kann die *bei der Belastung erzwungene Höherorientierung* fixiert werden. Solche Fasern zeigen eine *höhere Reißfestigkeit bei niedrigerer Dehnung* im Vergleich zu solchen Fasern, die dem gleichen Prozeß, aber *ohne* angelegte Spannung unterworfen wurden. Die durch Kunstharz-Behandlung fixierte Struktur ist gegen einen Waschprozeß mit Waschmittel-haltiger Flotte beständig.

In einer späteren Arbeit von R. S. Orr et al.[1], in welcher der Einfluß der *Spannung des Gewebes während der Vernetzung* mit Methylol-Melamin-methyläther, Tris-aziridinylphosphinoxid und Formaldehyd auf die mechanischen Eigenschaften des Gewebes untersucht wurden, werden die vorstehenden Angaben wiederum bestätigt, nämlich, daß die Zugfestigkeit und Einreißfestigkeit durch die Anwendung von Spannung erhöht wird, dagegen tritt eine Verminderung der Dehnung und des Elastizitätsmoduls ein. Die Knittererholung wird hierbei praktisch *nicht* beeinflußt.

S. P. Hersh et al.[2] untersuchten den *Einfluß der Gewebespannung* auf die physikalischen Eigenschaften von mercerisiertem und nicht mercerisiertem, mit Kunstharzen behandeltem Baumwollgewebe.

Das betreffende Gewebe wurde *in Schußrichtung* durch Strecken auf einen Spannrahmen gespannt, und zwar während der Trocknung nach der Bleiche und später wiederum während der Kunstharz-Behandlung. Die Autoren stellten fest, daß der Betrag des Abfalls von Bruch- und Weiterreißfestigkeit des Baumwollgewebes durch die Kunstharzausrüstung mittels einer *Trocknung unter Spannung* gemildert werden könnte.

R. Loss und E. Egger[3] führen aus, daß bekanntlich die Baumwolle durch die Knitterfrei-Ausrüstung einen beachtlichen Reißfestigkeitsverlust erleidet, welcher *in Schußrichtung* fast durchwegs größer als in Kettrichtung ist.

Die Autoren zeigen an Modellbildern, daß die *Fadenlage im Gewebe* für die Beeinflussung der Reißfestigkeit, hervorgerufen durch die Knitterfestausrüstung, maßgebend verantwortlich ist. Nach ihrer Ansicht sollte *unter Schußspannung* imprägniert und getrocknet werden, und zwar *möglichst ohne Kettspannung* (Schußvorspannung bis zum Fixieren des Kunstharzes). Eine Möglichkeit, technisch eine partielle Steuerung des Reißverlustes zu bewirken, würde durch eine *geeignete Foulardkonstruktion* bestehen, wobei *ohne* freie Wegstrecke in den

---

[1] Orr, R. S., J. Hebert, L. C. Weiss u. J. N. Grant: Einflüsse von Spannung während vernetzender Behandlungen von Baumwollgeweben. Text. Res. J. **1964**, 192–198.

[2] Hersh, S. P., J. H. Margeson u. A. M. Sookne: Die Wirkung der Spannung auf die Eigenschaften der mit Kunstharz behandelten Baumwollgewebe. Text. Res. J. **32**, 271 (1962).

[3] Loss, R. u. E. Egger: Zum Problem des Reißfestigkeitsverlustes von knitterfrei ausgerüsteter Baumwolle. SVF (Fachorgan f. Textilveredlung) **18** (1), 56 (1963).

Spannrahmen gefahren werden könnte. Die Autoren weisen noch auf die Arbeit von Hersch, Margeson und Sookne (s. vorstehend) hin, welche das auszurüstende Baumwollgewebe auf einem Rahmen *vor*spannten, so daß beim folgenden Foulardieren noch eine *Rest*spannung erhalten blieb.

Kl. Messik[1] untersuchte den Einfluß der *Verstreckung* von Baumwollgeweben *vor* der Knitterfestausrüstung auf Gewebefestigkeit, Knitterwinkelerholung und auf andere physikalische Eigenschaften.

Der immer auftretende Abfall der Reißfestigkeit von 25 bis 30% bei der Ausrüstung von Baumwollgeweben mit Kunstharzbildner oder Reactantharztypen kann *wesentlich vermindert* werden, wenn das Gewebe *vor* der Ausrüstung, also während des Trocknungsprozesses, um 10 bis 15% verstreckt wird. Doch *vermindert* sich hierbei die *Dehnung* des Gewebes.

Die Verminderung des Festigkeitsabfalles durch das Strecken ist nach Kl. Messik von der aufgenommenen Kunstharz-*Menge* nahezu *unabhängig*.

Hingewiesen wird, daß das Verstrecken des Baumwollgewebes auch *ohne* Kunstharzausrüstung eine, allerdings geringere, Zunahme der Festigkeit bewirkt.

Die *Naßreißfestigkeit* des *vor*verstreckten und ausgerüsteten Baumwollgewebes fällt immer geringer an als die *Trockenfestigkeit*.

*Leinengewebe* verhalten sich hinsichtlich Reißfestigkeit und Dehnung wie Baumwollgewebe.

*Gewebe aus Viskosefasern* zeigen jedoch selbst bei 15%iger Vorverstreckung nur eine Festigkeitszunahme von 5%, während die *Dehnung* gleichfalls stark absinkt.

Im Vergleich zu normal ausgerüsteten Geweben resultiert bei *vor*verstreckten und ausgerüsteten Geweben ein bedeutend besserer *Nahtwiderstand* und *Widerstand gegen Kantenscheuerung*.

Die *Schrumpfwerte* des ausgerüsteten Gewebes liegen bei Anwendung von „in sich" vernetzenden Kunstharzen (wie Dimethylol-Harnstoff) bei ungefähr 4% und bei Anwendung von Reactantharzen jedoch nur bei etwa 0,5%.

Die *ursprüngliche Dehnung des Ausgangsgewebes*, die durch das *Vor*verstrecken und Ausrüsten vermindert wurde, kann nach Kl. Messik durch eine Behandlung mit alkalischer Seifenlösung nur teilweise, jedoch *durch Laugieren* fast völlig wieder zurückerhalten werden.

Die *Vor*verstreckung der Gewebe bewirkt in Verbindung mit der Knitterfestausrüstung eine *erhöhte Gewebesteifheit*. Diese kann durch *Appreturbrechen* (Behandlung auf einer Appreturbrechmaschine) der imprägnierten und getrockneten, aber *noch nicht* kondensierten Ware wieder behoben werden.

Die *Knitterwinkel* fallen bei *Baumwollgeweben* mit dem Verstreckungsgrad ungefähr linear *ab* (bei 10 bis 15% *Vor*verstreckung um 20 bis 25%). Bei *Geweben aus Zelluloseregeneratfasern* (Viskosezellwolle) werden dagegen die Knitterwinkel geringfügig *erhöht*.

Kl. Messik gibt noch an, daß der *Abfall der Knitterwinkel bei Baumwollgeweben* durch *Blockierung der OH-Gruppen der Zellulose* mit dem Hydrophobierungsmittel Stearylamido-methylpyridiniumchlorid vermieden werden könnte.

Diese sehr instruktive Arbeit von Kl. Messik bedarf einer Nachprüfung. Der Verfasser des vorliegenden Werkes kam bei Nacharbeitung *nicht in allen Punkten* zu gleichen Ergebnissen.

---

[1] Messik, Kl.: Über die Verminderung des Reißfestigkeitsverlustes bei kunstharzausgerüsteten nativen Zellulosegeweben. Textil-Praxis 18 (8), 764 und (9), 857 (1963).

### *Die technisch tragbaren Ausrüstungsgrenzen für die Knitterfestausrüstung von Baumwollwaschartikeln (insbesondere Popelinestoffen)*

Über dieses Thema hat Fr. Nestelberger[1] beim Symposium des SVCC über Hochveredlung von Textilien in Zürich (12. bis 14. Oktober 1961) wesentliche Ausführungen gebracht, die sich insbesondere mit den *Ausrüstungseffekten von Popelinestoffen in Verbindung mit dem immer einhergehenden Reißfestigkeitsverlust* beschäftigen.

Bekannt ist, daß gewisse Gewebebindungen, wie Gabardine, Strukturgewebe, Satin, an sich wenig knittern und andere Gewebearten, wie Popeline, Renforcé, schwieriger knitterfest auszurüsten sind.

Gemäß der Propaganda sollten knitterfeste Baumwollwaschartikel *mehrfache* Hand- und weiters auch Maschinenwäschen bei *völligem Glattbleiben* überstehen. Daher wurde an die Knitterfestausrüstung von Baumwolle vermehrte Anforderungen gestellt, denen man durch eine *intensive Kunstharzausrüstung* nachkommen wollte, was mit einer *großen Festigkeitseinbuße* (35 bis 45%) verbunden war.

Weiters wird die Wash-and-Wear-Ausrüstung vorwiegend auf *Popeline* oder ähnlich eingestellten Artikeln für Hemden, Blusen und Kleiderschürzen durchgeführt.

Infolge des *üblichen Bindungsverhältnisses* von Kette zu Schuß = 2 : 1 ist ein Popelinegewebe insbesondere für eine Faserschwächung in *Schußrichtung* anfällig.

Diesbezügliche *Vorschläge zur Verbesserung des Festigkeitsabfalls in Schußrichtung* waren:

*1. Änderung der Gewebebindung,* und zwar a) durch Erhöhung der Schußfäden und b) Verwendung einer gröberen Garnnummer mit größerer Festigkeit im Schuß.

Solche Änderungen sind aber nur beschränkt durchführbar, da sonst der Popelinecharakter nicht mehr erhalten bleibt. Die Verwendung von gröberen Baumwollgarnen zur Verbesserung der Gewebefestigkeit von über Ne 30 ist für Hemden- und Blusenstoffe kaum möglich, da man das übliche qm-Gewicht 130 bis 140 g nicht wesentlich überschreiten kann.

*2. Verwendung von hochwertiger Baumwolle.* Die Garnfestigkeit hängt von der Qualität und Stapellänge der Baumwolle ab. Ideal wäre die Verwendung einer langstapeligen Type hoher Festigkeit (wie Karnak, Ghiza) für gekämmte Garne für die Festigkeit, den Glanz und die Gleichmäßigkeit. Doch sind nach Fr. Nestelberger (loc. cit.) solche Baumwollgarne im Einsatz für Artikel mittlerer Preislage zu teuer.

Nach diesen Ausführungen ist es verständlich, daß für eine *normale Popelinequalität für Hemden und Blusen* hinsichtlich der zur Verfügung stehenden Rohstoffe enge Grenzen vorliegen.

*3. Maßnahmen von ausrüstungstechnischer Seite her.* Dies ist die *Herabsetzung der Bügelfreiheit* der Wash-and-Wear-Artikel zum Erhalt einer tragbaren Gewebereißfestigkeit.

Fr. Nestelberger ist der Ansicht, daß eine *völlige Bügelfreiheit* bei dem hiermit immer verbundenen hohen Festigkeitsabfall für die Ausrüstung von Wasch-und-Trageartikeln gar nicht so wesentlich ist.

---

[1] Nestelberger, Fr.: Die Grenzen der No-iron-Ausrüstung von Baumwoll-Imitatpopeline. Textil-Rundschau (St. Gallen) **16,** 790 (1961).

Eingehende Prüfungen zahlreicher Wash-and-Wear-Hemdenpopeline in- und ausländischer Provenienz ergab:

1. Kaum eine Qualität war wirklich ideal bügelfrei (entsprechend Stufe 5 der *Monsanto*-Skala nach einer oder mehreren Wäschen).
2. Die meisten guten Popelinequalitäten lagen zwischen Stufe 3 und 4 (nach 5 Kochwäschen).
3. Nicht berücksichtigt wurden hier die „*auch noch*"-No-iron-Ausrüstungen *unterhalb* Stufe 3 (bzw. *noch weiter darunter* nach 5 Kochwäschen).

Eine *durchschnittlich gute* Wash-and-Wear-Ausrüstung weist auf Grund der vielen eingehenden Prüfungen *keine vollständige Bügelfreiheit* auf; sie stellt einen *Kompromiß* zwischen *möglichst geringer Waschknitterung* und *noch annehmbarem Festigkeitsabfall dar* (Schuß-Reißfestigkeit 22 bis 30 kp; s. nachfolgend).

Dies entspricht 1. dem derzeitigen Stand der Technik und 2. den Gegebenheiten der zur Verfügung stehenden Baumwollpopelinegewebe. Weiters gelingt es vielen *Konfektionären* nicht, *völlig kräuselfreie Nähte* im Kleidungsstück herzustellen.

Fr. Nestelberger weist darauf hin, daß der Verbraucher keinen Unterschied macht, ob das Hemd wegen *schwacher Waschknitter* oder *wegen Kräuselnähten leicht gebügelt* werden muß.

Die *reelle Propaganda* hat sich nach Fr. Nestelberger diesen Tatsachen angepaßt und spricht daher von „Wash-and-Wear" (und anderen die Effekte „mindernden" Ausdrücken). Der Ausdruck „no-iron" (= nicht zu bügeln) ist nach Fr. Nestelberger heute nicht mehr wörtlich zu nehmen; er ist zu einem *Gattungsbegriff* geworden.

Fr. Nestelberger bringt folgende Gründe zu dieser Kompromißlösung: Ein Baumwollpopelinegewebe muß zum Erhalt der besten No-iron-Eigenschaften (= Stufe 5 der *Monsanto*-Skala) folgende Daten aufweisen:

| | | Nach 10 Maschinenwäschen: | |
|---|---|---|---|
| *Trocken*knittererholungswinkel | 130 bis 135° | Bis 120° | Entspricht Stufe 4 der *Monsanto*-Skala |
| *Naß*knittererholungswinkel | 145 bis 150° | Bis 140° | |

*Festigkeitsabnahme* (bei sorgfältiger Arbeitsweise):

Kette ......35%
Schuß ...... 40 bis 45%

Fr. Nestelberger gibt als *Minimal-Festigkeitswerte von Baumwollpopeline* (auf Grund vieler Prüfresultate) an:

*Tabelle 39*

| Wash-and-Wear-Gewebe für | Minimal-Reißfestigkeit für Schuß (50 × 200 mm) | Minimal-*Ein*reiß-festigkeit |
|---|---|---|
| Blusen | 18 kp | 400 p |
| Hemden | 23 kp | 600 p |
| Kleiderschürzen | 34 kp | 1200 p |

Die Minimal-*Ein*reißfestigkeit ist betrieblich viel leichter als die *Minimal-Reißfestigkeit* einzuhalten.

In *Kettrichtung* werden die angegebenen Werte weit überschritten; daher gelten oben angeführte Werte nur für die *Schußrichtung.*

Fr. Nestelberger weist hier darauf hin, daß Reklamationen hinsichtlich der Festigkeit sich im Kleidungsstück meist nicht auf die Gewebebahn selbst, sondern insbesondere auf das Ausreißen von Knöpfen, Knopflöchern und Taschenkanten beziehen. Solche Stellen der vermehrten Beanspruchung im Gebrauch werden vorwiegend in Schußrichtung angegriffen.

*Daten der Rohwaren-Festigkeit von Popelinegeweben in Schußrichtung:*
Für übliches Popelinegewebe (130 bis 140 g/qm): 34 bis 45 kp.

Letzterer Wert entspricht einem erstklassigen Garn oder einer vermehrten Schußdichte.

Für Popeline-Kleiderschürzenstoffe (180 bis 200 g/qm): etwa 54 bis 60 kp. Daher können auf Grund dieser praktisch erzielbaren Rohwarenfestigkeiten nach Fr. Nestelberger bei einer *idealen No-iron-Ausrüstung* (mit 40 bis 45% Reißfestigkeitsabfall in Schußrichtung) die vorstehend angegebenen notwendigen *Minimal-Festigkeitswerte* nur noch knapp erreicht werden. Liegt jedoch die *Rohwaren*festigkeit *unter* den angegebenen Spitzenwerten, so ist (wenigstens für Hemden- und Blusenstoffe) die Minimal-Reißfestigkeit *nicht* zu erwarten.

Fr. Nestelberger macht hier auf Grund vieler Prüfungsunterlagen über einen längeren Zeitraum noch auf die Tatsache aufmerksam, daß bei der *Rohwaren*festigkeit *im Schuß* Schwankungen bis über 15% auftreten können.

Mit anderen Worten: Unter einer Rohware mit 42 kp „*Soll*"-*Reißfestigkeit im Schuß* können sich einzelne Stücke mit 36 kp und weniger Reißfestigkeit vorfinden. Letztere zeigen nach der Hochveredlung nur mehr eine Reißfestigkeit in Schußrichtung von 22 kp.

Aus den betrieblichen Erfahrungen von Fr. Nestelberger ist zu schließen, daß es derzeit in der Praxis kaum möglich ist, eine Popelinequalität von 130 bis 140 g/qm mit einer *idealen No-iron-Ausrüstung* zu versehen, *ohne daß die Reißfestigkeit in Schußrichtung* bei einem mehr oder weniger großen Prozentsatz der Produktion *unterhalb der zulässigen Minimalfestigkeit* zu liegen kommt.

### *Die Bestimmung des Reißfestigkeitsabfalles bei Baumwollgeweben in Abhängigkeit von der Knitterwinkelerholung*

S. H. Foster[1] versucht zwischen Kunstharzgehalt des Gewebes und Knittereigenschaften einen mathematischen Zusammenhang zu finden.

Bei Anwendung eines organischen Säurespenders (Katalysators) wurde festgestellt, daß die Knittererholung bei *konstantem* Kunstharzgehalt mit der Katalysatorkonzentration zwischen 0,1 und 1% in einem logarithmischen Zusammenhang steht.

*Knitterwinkel, Reiß- und Einreißfestigkeit* verändern sich *linear mit einer logarithmischen Veränderung des Harzgehaltes.* Diese Zusammenhänge sind von Vorteil in der *Vorhersage der Eigenschaften* von kunstharzbehandelten Baumwollgeweben; ferner beim Studium der Einflüsse von Gewebekonstruktion auf den Knitterfesteffekt und weiters auch bei der Entwicklung von Wash-and-Wear-Baumwollartikeln.

Den Zusammenhang zwischen Knitterwinkelzunahme und Reißfestigkeitsabnahme versuchten schon früher Irvine, Cronin und Davids[2] zu erfassen und hiemit die optimalen Bedingungen für eine Wash-and-Wear-Ausrüstung zu finden. Sie führten einen Koeffizienten ein, nämlich das Verhältnis von Knitterwinkelzunahme zum Festigkeitsrückgang. Z. B. errechnete sich der Koeffizient 2, wenn der Knitterwinkel (Kette und Schuß) um 75° zunimmt und die Festigkeit um 37,5% zurückgeht.

---

[1] Foster, S. H.: Eine einfache Beziehung zwischen dem Harzgehalt von Kunstharz-behandelter Baumwolle und deren mechanischen Eigenschaften. Text. Res. J. **27**, 129—135 (1957).

[2] Irvine, Cronin u. Davids: Recent Development in Cotton Finishing with Acetal Reactants. Text. Res. J. **29**, 74 (1959).

Den Wert 2,0 geben die Autoren für eine Reactantausrüstung als *genügend*, 2,5 als *gut* an.

Die Ermittlung des „*Gütewertes*" aus den Werten der Trockenknitterfestigkeit und der Reißfestigkeit nach R. Aenishänslin ist bei „Prüfmethoden", Bd. IV/2 beschrieben.

### *Die Vorausbestimmung des Festigkeitsverlustes bei Baumwollgeweben in Abhängigkeit von der Knitterwinkelerhöhung. Aufstellung von „Vernetzungsgesetzen" nach Rüttiger, Rümens und Feinauer*[1]

W. Rüttiger und Mitarbeiter fanden gleichfalls bei der Auswertung von zahlreichen Ausrüstungsversuchen zur Verbesserung der Knittererholung von Baumwollgeweben einen einfachen, gesetzmäßigen Zusammenhang zwischen Knittererholung und Reißfestigkeit des Gewebes. Bei der *klassischen Ausrüstung*[2] besteht zwischen diesen beiden Größen eine lineare Abhängigkeit in dem für Wash-and-Wear-Artikel interessierenden Bereich. Dieser gesetzmäßige Zusammenhang ist vom Vernetzungs-(Ausrüstungs-)mittel und vom Katalysator weitgehend unabhängig.

W. Rüttiger und Mitarbeiter (loc. cit.) stellten folgendes „*Vernetzungsgesetz" für Baumwolle* auf: Jede Verbesserung der *Trocken*- oder *Naß*knittererholung eines Gewebes durch „Vernetzung" der Baumwolle ist mit einem definierten „*temporären*" Festigkeitsverlust verbunden.

Unter „*Vernetzung der Baumwolle*" verstehen die Autoren die annähernd gleichmäßig über den Faserquerschnitt verteilte *Umsetzung* mit niedermolekularen (Molgewicht $< 500$), *weitgehend wasserlöslichen* reaktionsfähigen Verbindungen. Hierbei werden die Zelluloseketten entweder *mechanisch* verknüpft (Kunstharzbildung) oder durch überwiegend *kovalente Brücken* verbunden (Reactantharze).

Der *temporäre Festigkeitsverlust* beruht ausschließlich auf der *Fixierung der Zellulose in einem bestimmten Zustand* (= „Vernetzung" der Zellulose). Wird dieser aufgehoben (Aufspaltung durch Hydrolyse), so wird die *ursprüngliche Festigkeit* wieder annähernd erreicht.

Zu unterscheiden ist die „*permanente" Festigkeit*, welche eine *irreversible Faserschädigung* darstellt (Katalysator- oder Säureschädigung). Bei der sogenannten klassischen Ausrüstung kann bei *richtig geleitetem* Ausrüstungsgang der „permanente" Festigkeitsverlust vernachlässigt werden.

---

[1] Rüttiger, W., W. Rümens u. A. Feinauer: Gesetzmäßige Zusammenhänge zwischen Knittererholung und Festigkeitsverlusten bei ausgerüsteter Baumwolle. 1. Mitt.: Abhängigkeit der Reißfestigkeitsverluste von der Knittererholung bei der klassischen Ausrüstung. Melliand Textilber. **44** (3), 296 (1963).

[2] Die *klassische Ausrüstung der Zellulose* ist dadurch gekennzeichnet, daß man das Gewebe mit einem Kunstharz-„Vorkondensat" (in sich vernetzendes Kunstharz, Reactantharz) und einem Säurespender imprägniert, *trocknet* und kondensiert. Die „Vernetzung" erfolgt also am *trockenen, entquollenen Gewebe*. Mit steigender Auftragsmenge und steigendem Kondensationsgrad werden zunehmende Verbesserungen der *Trocken*knittererholungswinkel erzielt.

Die *klassische Ausrüstung* ist ein typisches *Einstufenverfahren*. In einer Verarbeitungsstufe wird ein „Vernetzer" mit Zellulose zur Reaktion gebracht. Weitgehend parallel mit der *Trocken*knittererholung nimmt auch die *Naß*knittererholung zu.

Die *klassische Ausrüstung* ist auf die Patente von Eschalier (1906) zurückzuführen. Die heute übliche Arbeitsweise ist:

1. Klotzen mit 100 bis 200 g einer 50%igen N-Methylol-Verbindung und Ammonium- oder Metallsalzkatalysator.
2. Trocknen auf 2 bis 12% Restfeuchtigkeit (eventuell mechanische Zwischenbehandlung; Riffelkalander).
3. Kondensation bei Temperaturen von 100 bis 200° C während 5 bis 0,5 Minuten.

Die Autoren verbinden das postulierte „Vernetzungsgesetz“ noch mit einem weiteren, nämlich, daß der durch die erfolgte Vernetzung resultierende Festigkeitsverlust bei einem *gegebenen* Trocken- und Naßknittererholungswinkel vom verwendeten „Vernetzer“ und angewandten Verfahren unabhängig wäre.

Mit anderen Worten ausgedrückt, zeigt ein und dasselbe Gewebe, welches mit Hilfe verschiedener Vernetzungsmittel und verschiedener Verfahren auf einen *gleich hohen* Naß- und Trockenknitterwinkel gebracht wird, unter Voraussetzung der Vermeidung einer permanenten Schädigung, die *gleiche* Reißfestigkeit.

Die Autoren beziehen sich hier auch auf frühere Literaturangaben, die ähnliche Ergebnisse andeuten oder durch entsprechende Auswertung erkennen lassen[1].

Schon früher wurden von verschiedenen Autoren Formeln vorgeschlagen, um die bei der klassischen Ausrüstung auftretenden Festigkeitsverluste zu kontrollieren oder vorauszuberechnen[2].

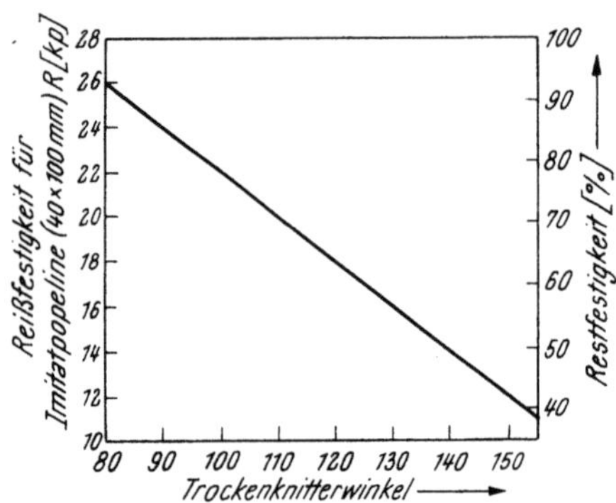


Abb. 24. Produkt-invariante Knittererholungs-Festigkeitslinie für die klassische Ausrüstung von Baumwoll-Imitatpopeline (nach W. Rüttiger, W. Rümens und A. Feinauer).

Nach W. Rüttiger und Mitarbeitern (loc. cit.) erwiesen sich diese Formeln in einem *engen Bereich* für *bestimmte Gewebe* recht brauchbar. Doch ließ sich hiermit eine Korrektur oder Anpassung an *gegebene örtliche Verhältnisse* nur schwer realisieren.

W. Rüttiger und Mitarbeiter wählten zur Veranschaulichung des *Knittererholungs-Festigkeits-Diagramms* (KF) eine graphische Methode, welche sich für praktische Belange bewährte.

In diesem Diagramm sind die *Trocken*knittererholungswinkel gegen die Reißfestigkeit aufgetragen. Die *linke* Ordinate ergibt die Reißfestigkeit in kp für ein Standard-Imitatpopelinegewebe an (Prüfling 4 × 10 cm), die *rechte* Ordinate enthält die Reißfestigkeit in % [100% = Festigkeit des nicht ausgerüsteten Gewebes; 0% = Festigkeit von 0%].

Zur näheren Erläuterung gibt W. Rüttiger *drei Beispiele* für ausgerüstete Gewebe an:

Tabelle 40. *Baumwoll-Imitat-Popeline (Schuß)*

| Ausrüstung | Knitterwinkel | | Reißfestigkeit | |
|---|---|---|---|---|
| | trocken | naß | gefunden | % vom Ausgangswert |
| I | 103° | 108° | 37,1 kp | 83 |
| II | 126° | 130° | 26,7 kp | 66 |
| III | 145° | 138° | 21,6 kp | 48 |

[1] Ziifle, H. M., R. J. Berni u. R. R. Benerito (Southern Regional Research Inst.): Text. Res. J. **31**, 349 (1961). — Schroeder, C. V. u. F. Condo (lineare Abhängigkeit für Dimethylol-Äthylenharnstoff und eine damit fast übereinstimmende Abhängigkeit auch für Epoxide). Text. Res. J. **27**, 135 (1957). — Cooke, T. F., P. B. Roth, J. M. Salsbury, G. Switlyk u. W. J. van Loo: Text. Res. J. **27**, 150 (1957). — O'Brien, S. J. u. W. J. van Loo: Text. Res. J. **32**, 303 (1962).

[2] Nickerson (1950). — Aenishänslin (1960). — Nestelberger (1961).

Trägt man diese Werte in das Diagramm ein, so liegen sie *nicht genau* auf der vorgesehenen Geraden. Die Ursachen sind Streuung der Fehler in der Messung und Streuung der zu prüfenden Eigenschaften innerhalb des Gewebeabschnittes[1].

Wenn dem Praktiker die graphische Auswertung des *Knittererholungs-Festigkeits-Diagramms (KF-Diagramm)* zu umständlich wäre, so kann nach Empfehlungen der Autoren eine *Faustregel* angewandt werden (abgeleitet aus der Steigung der Kurve):

Eine Änderung des Knitterwinkels von 10° entspricht einer Änderung der Festigkeit von 7% (s. vorstehende Kurve!).

Bei einer *billigeren Baumwollgewebequalität* (etwa 30 kp Ausgangsfestigkeit; Prüfling 5 × 20 cm) würde 10° Knitterwinkelverbesserung ungefähr 2 kp Reißfestigkeitsabfall entsprechen und bei einer *hochwertigen Baumwollgewebequalität* (etwa 55 kp Ausgangsfestigkeit) entsprechen 10° Knitterwinkelverbesserung ungefähr 4 kp Reißfestigkeitsabfall.

Die prozentuale Änderung der Festigkeit ist von der *Art des Gewebes* abhängig und kann in günstigen Fällen Werte von 4 bis 5% erreichen.

Beim Vergleich der Ausrüstungsergebnisse unter Anwendung *verschiedener Ausrüstungsmittel* müssen immer *Knitterwinkel und Reißfestigkeitsverluste* gleichzeitig betrachtet werden. Dieser Vergleich erfolgt am besten durch Eintragen der Werte in ein entsprechendes Koordinatennetz (s. S. 370).

W. Rüttiger et al. geben für einen solchen Vergleich ein instruktives Beispiel mit zwei Ausrüstungsmitteln (A) und (B) an:

Es wurde unter *gleichen Bedingungen* gearbeitet:

Produkt (A) } 120 g/l und 4 g/l Katalysator
Produkt (B) } Kondensation: 4 Minuten bei 145° C

*Tabelle 41*

| Produkt | Knitterwinkel | | Gewebereißfestigkeit | |
|---|---|---|---|---|
| | trocken | naß | gefunden | % vom Ausgangswert |
| (A) | 125° | 123° | 20 kp | 60 |
| (B) | 105° | 108° | 25 kp | 75 |

Wird das Hauptaugenmerk auf *Reißfestigkeit* gelegt, so erhält Produkt (B) den Vorzug.

Produkt (A) hat den *höheren Knitterwinkel* und wird daher als „ausgiebiger" angesprochen.

Doch sollen verschiedene Ausrüstungsmittel nur dann *bewertend verglichen* werden, wenn für *jedes* Produkt die *optimalen Bedingungen* angewandt werden.

Im vorliegenden Falle bestehen hierzu *zwei Möglichkeiten,* nämlich

1. Verringerung der Konzentration von (A) und
2. Verschärfung der Kondensationsbedingungen für (B).

*1. Möglichkeit.* Anwendungsbedingungen wie vorstehend angegeben, jedoch für Produkt (A) nur 100 g/l und 3,5 g/l Katalysator.

*Tabelle 42*

| Produkt | Knitterwinkel | | Gewebereißfestigkeit | |
|---|---|---|---|---|
| | trocken | naß | gefunden | % vom Ausgangswert |
| (A) | 108° | 105° | 24,7 kp | 73 |
| (B) | 104° | 107° | 25,3 kp | 75 |

[1] Z. B. haben für praktische Belange 5 bis 10% Abweichungen bei Knitterwinkelmessungen keine Bedeutung.

*2. Möglichkeit.* Anwendungsbedingungen wie früher angegeben, jedoch für Produkt (B) 5 g/l Katalysator und 150° C Kondensationstemperatur.

*Tabelle 43*

| Produkt | Knitterwinkel | | Gewebereißfestigkeit | |
|---|---|---|---|---|
| | trocken | naß | gefunden | % vom Ausgangswert |
| (A) | 124° | 127° | 20,4 kp | 60 |
| (B) | 127° | 123° | 20,1 kp | 54 |

Beide Produkte, jeweils unter *optimalen Bedingungen* ausgerüstet, zeigen nun beim Vergleich, daß beide *gleiche technologische Werte* resultieren lassen. Der tatsächliche Unterschied zwischen den beiden Produkten besteht darin, daß das Produkt (A) sich im Vergleich zum Produkt (B) *leichter kondensieren* läßt.

Ob dies nun ein Vor- oder ein Nachteil ist, kann nicht generell festgelegt werden, denn dies hängt vom auszurüstenden Artikel und von den örtlichen maschinellen Einrichtungen ab.

*Gültigkeit der Knittererholungs-Festigkeitslinie (KF).* Hierzu geben W. Rüttiger et al. unter Hinweis auf die Ergebnisse anderer Autoren bzw. auf die Auswertung derer Resultate an:

1. Die *unterste Grenze* ist das *nicht ausgerüstete Gewebe.* Reißfestigkeitsverlust = 0 (bei niederem Knitterwinkel!).

2. Den *mittleren Bereich* stellt ein *mittelmäßig ausgerüstetes* Baumwollgewebe dar. Dieses ist „*leicht zu pflegen*" (läßt sich leicht glatt bügeln *ohne* vorheriges Einfeuchten); $\frac{1}{4}$ bis $\frac{1}{3}$ Verlust der ursprünglichen Gewebereißfestigkeit.

3. Als *oberer Bereich* wird ein *gut ausgerüstetes Baumwollgewebe* angesehen, welches *vollkommen bügelfrei* ist; die Reißfestigkeit beträgt ungefähr die *Hälfte* des ursprünglichen Betrages.

4. Die *Gewebereißfestigkeit* nimmt mit *zunehmendem Knitterwinkel stetig ab,* d. h. bei einem bestimmten Gewebe hat die Reißfestigkeit für jeden Wert des Knitterwinkels gleichfalls einen ganz bestimmten Wert.

Die *Abweichungen in der Praxis* werden auf *Ungleichmäßigkeiten des Gewebes* und *Streuungen der Meßwerte* infolge Meßungenauigkeiten zurückgeführt. Auch müssen *eventuelle Schädigungen des Baumwollgewebes* durch unsachgemäßes Arbeiten ausgeschlossen werden. Wird das Gebrachte mit ins Kalkül gezogen, so behält nach den Autoren die vorhergehende Aussage ihre Gültigkeit.

5. Die Kurve fällt „stetig" und auch „gleichmäßig", d. h. monoton.

6. *Unterschiede in der Steigung* konnten bisher nicht festgestellt werden.

7. Die Autoren haben etwa 1000 verschieden ausgerüstete Baumwollgewebe gemessen, woraus die in Abb. 25 dargestellte Gerade als Mittellinie des Punktefeldes resultierte. Dieses Ergebnis wurde schon früher publiziert[1].

*Aufstellung und Auswertung der Knittererholung-Festigkeits-(KF-)Linie.* Am *gleichen* Baumwollgewebe werden *mindestens* zwei Ausrüstungsversuche durchgeführt, die sich im Ausrüstungs*niveau* unterscheiden.

Variiert werden: Ausrüstungsmittel oder Katalysatormenge,
Ausrüstungsmittel *und* Katalysatormenge.

[1] Rümens, W., W. Rüttiger et al.: Textil-Rundschau (St. Gallen) **16**, 663 (1961).

Von den beiden Gewebeproben werden die technologischen Daten sehr sorgfältig (durch 3- bis 5malige Wiederholung) ermittelt, nämlich: Knitterwinkel und Gewebereißfestigkeit.

Neben den beiden Wertpaaren werden noch die Erfahrungen mitverwendet, die schon an den ersten Geweben gewonnen wurden (gestrichelte Linie in Abb. 25).

Die Meßwerte werden in einem *Vordruck* (s. Abb. 24) eingetragen. Dieser Vordruck muß *für jeden Betrieb gesondert gezeichnet* werden, denn trotz Normung der textilen Messungen ergeben sich an verschiedenen Prüfstellen unterschiedliche Werte.

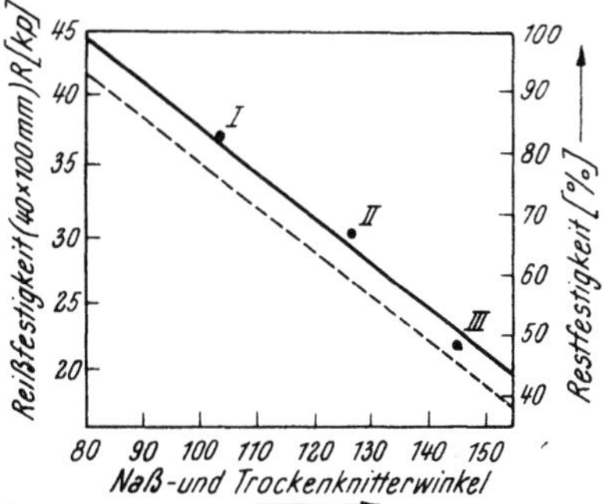


Abb. 25. Muster für die Auswertung eines Betriebsversuches mit einem neuen Gewebe.

Daher ist es nach W. Rüttiger et al. sinnvoll, zunächst *parallel zur vorgezeichneten gestrichelten Linie* eine *neue Gerade* zu legen. Letztere ist dabei von den beiden Meßpunkten *gleich weit* entfernt. Das Ergebnis ist eine *parallelverschobene Gerade*. Diese liegt etwas günstiger als der bisherige Betriebsdurchschnitt (s. gestrichelte Linie in Abb. 25).

Diese Gerade berücksichtigt gut die in jedem Betrieb etwas anders liegenden Meßabweichungen; mit ihr können die ersten Voraussagen über die zu erwartenden Knitterwinkel und Festigkeitsverluste gemacht werden.

Hierzu wurden *3 Versuche* durchgeführt:

*Tabelle 44*

| Versuch (Schußrichtung) | Knitterwinkel | | Gewebe-reißfestigkeit |
|---|---|---|---|
| | trocken | naß | |
| I | 103° | 108° | 37,1 kp |
| II | 126° | 130° | 26,7 kp |
| III | 145° | 138° | 21,6 kp |

----------- Mittlere KF-Kennlinie für eine ähnliche Gewebequalität

———— Vorläufige KF-Kennlinie für das *neue Gewebe;*

Bedingungen für das Einzeichnen:

1. annähernd parallel zur gestrichelten Linie;
2. möglichst kleiner Abstand von den Meßpunkten (I, II, III).

Im vorliegenden Beispiel wurde das *Vergleichsgewebe* (= gestrichelte Linie) gut gewählt, da die Meßpunkte fast auf einer Parallelen liegen.

Es muß aber *noch eine Anzahl von Versuchen* durchgeführt werden, wobei die *Menge* des Ausrüstungsmittels und Katalysators sowie die *Kondensationsbedingungen* variiert werden. Mit Hilfe dieser anfallenden weiteren Meßwerte wird die zuerst gezeichnete Gerade hinsichtlich *Lage* und *Richtung* korrigiert.

Hierzu wird zweckmäßigerweise ein für den Gewebeartikel geeignet erscheinendes Rezept gewählt; variiert wird nur die *Kondensations*temperatur (bei einer Zeit von etwa 4 Minuten). Die *resultierende KF-Linie* läßt dann feststellen:

1. Zu jedem beliebigen Knittererholungswinkel den parallel einhergehenden Festigkeitswert.

2. Die *eventuell kritische Lage der Ausrüstung.* Wenn z. B. das ausgerüstete Gewebe hinsichtlich des Knittererholungswinkels *nicht unter* 110° liegen darf, muß die Ausrüstung so durchgeführt werden, daß im Mittel etwa 120° Knittererholungswinkel resultiert. Wenn nun hier die *gerade noch tragbare* Gewebereißfestigkeit erreicht wird, resultiert Ware, die in der Festigkeit *zu niedrig* liegt.

3. Weiters ist die KF-Kennlinie für die *laufende Betriebsüberwachung* wertvoll. Ist die *Lage der Kennlinie* durch etwa 200 sorgfältige Messungen am *gleichen* Baumwollgewebe gesichert, so können alle Werte, die *erheblich* von ihr abweichen, als *Meßfehler* gewertet werden. Punkte, welche *unterhalb* dieser Linie liegen, weisen auf eine *„permanente“ Faserschädigung* hin.

## 3. Scheuerfestigkeit (und Biegefestigkeit)

Der *Verlust an Scheuerwiderstand* ist bei *Reyon* und *Baumwolle* gleich groß und wird durch die bekannten Scheuerprüfmethoden verschieden angezeigt. Daher müssen hier immer vergleichende Prüfungen mit Hilfe der gleichen Scheuermethode durchgeführt werden.

Nach Nuessle, Fineman und Heiges[1] sollen bei gleicher Krumpffestigkeit allgemein langkettige Brückenbildner eine höhere Scheuerfestigkeit bei gleichzeitig geringerer Knitterfestigkeit im Vergleich zu Brückenbildner mit kürzeren Ketten zeigen.

Das große Problem bei der Knitterfestausrüstung von Zellwollgeweben ist nach wie vor die *Erhaltung einer genügenden Scheuerfestigkeit.* Daher wird z. B. bei Zellwolle-Herrenkleiderstoffen das Knitterfestverfahren *nicht* zum Erhalt eines maximalen Knitterwinkels, der nur auf Kosten der mechanischen Festigkeiten erreicht wird, durchgeführt.

Im Gegensatz hiezu ist bei *Steifappreturen für Einlagestoffe* die „sprungelastische“ Eigenschaft, also der *höchst erreichbare Knitterwinkel,* oftmals erwünscht[2].

Da durch viele Autoren nachgewiesen wurde, daß nach vorsichtiger hydrolytischer Entfernung des Kunstharzes das Gewebe die ursprünglichen mechanischen Eigenschaften praktisch unverändert wieder erlangen kann, beruht die *Änderung von Scheuerfestigkeit und von Biegefestigkeit* daher nur auf der *Zunahme des Elastizitätsmoduls*[3] und der *Abnahme der Dehnung der Faser.* Nach E. Pieper[4] ist die *Energieaufnahmekapazität* der Fasern dabei herabgesetzt, so daß Garne und Gewebe *auftretende Spannungen* weniger gut verteilen können als *„nicht* ausgerüstete“ Gewebe.

$$E = \frac{\sigma \times 100}{\delta_{el}} \ (\text{kp/mm}^2).$$

Definition der Energieaufnahmefähigkeit einer Faser (oder Garnes) durch die Arbeit, welche aufzuwenden ist, *bevor* Bruch eintritt:

$$W = \int \text{KdD} \qquad \text{K} = \text{Kraft}; \quad \text{D} = \text{gesamte Dehnung}.$$

[1] Nuessle, A. C., M. N. Fineman u. E. O. J. Heiges: Widersprechende Anschauungen über die Knitterechtheit von Gewebe naus Zellulosefasern. Text. Res. J. **25,** 24 (1955).

[2] Aenishänslin, R.: Ciba-Rundschau (Ciba A. G.) No. 134, September 1957.

[3] Der Elastizitätsmodul (E) wird definiert als das Verhältnis der aufgewendeten Zugspannung ($\sigma$) zu der dadurch bewirkten Dehnung ($\delta$) innerhalb der Elastizitätsgrenze.

[4] Pieper, E.: Reyon, Zellwolle **1923,** H. 4, 176.

Die Zugfestigkeit wird bei der Knitterfestausrüstung von *Zellwolle* nun im allgemeinen nur wenig beeinflußt. Daher ist die *Änderung der Energieaufnahmefähigkeit* ungefähr der *Verringerung der Bruchdehnung* proportional.

Da eine große Verminderung der Bruchdehnung stets eine verringerte Scheuerfestigkeit resultieren läßt, ist es wichtig, den Ausrüstungsvorgang so durchzuführen, daß die *Bruch*dehnung so wenig wie möglich herabgesetzt wird.

C. van Bochove und G. J. Schuringa[1] schlugen deshalb den Einbau von längeren und flexiblen Querverbindungen vor (z. B. mit Hilfe der Methylolverbindung des Adipinsäurediamids).

Man kann auch eine gewisse *Schmirgelwirkung des eingelagerten Kunstharzes* annehmen. D. D. Gagliardi und A. C. Nuessle[2] zeigten, daß bei Scheuerprüfungen mit *geringer* Belastung (unterhalb 3 lbs/in.) mit *zunehmendem* Kunstharzgehalt, sich die Scheuer*beständigkeit* erniedrigt. Die Autoren behaupten ferner, daß diese Prüfmethode mehr dem *praktischen* Gebrauchs*verschleiß* entsprechen würde.

Große Bedeutung hat die *Kantenscheuerung* bei hochveredelten Zellulosefasertextilien, insbesondere bei Baumwollwaschartikeln (Kragen und Manschetten an Hemden). Daher wurden auch *Testmethoden an konfektionierten Manschetten* vorgeschlagen.

Nicht immer ist die Ausrüstung des Baumwollgewebes für eine vermehrte Kantenscheuerung allein verantwortlich; auch die *Art der Konfektion* der Manschetten (wie z. B. Verwendung scharfkantiger Einlagestoffe) hat einen entsprechenden Einfluß.

### 4. Einreiß- bzw. Weiterreißfestigkeit[3]

Beim Einreißen eines Gewebes wird beim Garn *ein Faden nach dem anderen* geknickt, wobei der Dehnung eine gewisse Rolle zukommt.

Die *Prüfung der Einreißfestigkeit* erfolgt auf einem normalen Festigkeitsprüfer mit Hilfe besonderer Einspannklemmen. Ein fadengerader Gewebeabschnitt (25 × 30 mm) wird innerhalb von 20 Sekunden auf 20 mm in der Längsrichtung eingerissen. An der Skala des Reißapparates wird die hierzu benötigte Einreißkraft abgelesen.

Die *Ermittlung der Weiterreißfestigkeit* kann nach verschiedenen Methoden erfolgen. (Schlitz-, Streifen- und Zungenprobe).

Die Einreißfestigkeit hängt außer von den *Faser- und Garneigenschaften* auch noch von der *Gewebestruktur* ab.

Die Einreißfestigkeit wird durch *Steifappreturen* erniedrigt. Bei *Reyon* wirken *Weichmacherzusätze* günstig, während die Verbesserung bei *Baumwolle* nur bei der Elmendorfprüfung ersichtlich wird und graduell je nach *Baumwollqualität verschieden groß ausfällt*[4].

Der *geringere* Verlust an Einreißfestigkeit bei *Zellwollgewebe* beruht darauf, daß hier die *Zug*festigkeit (im Vergleich zu Baumwolle) durch die Kunstharzausrüstung *nicht* abnimmt.

Es muß streng zwischen *Zugfestigkeit* und *Einreiß- oder Weiterreißfestigkeit* unterschieden werden, weil die Wirkung der Kunstharzausrüstung auf diese beiden physikalischen Eigenschaften *unterschiedlich* ist[5].

---

[1] Van Bochove, C. u. G. J. Schuringa: Einige grundlegende Betrachtungen über die Knitterfestausrüstung von Zellulosegeweben. Textil-Rundschau (St. Gallen) **9**, 451 (1954).

[2] Gagliardi, D. D. u. A. C. Nuessle: Amer. Dyestuff Rep. **40**, 409 (1951).

[3] Die Weiterreißfestigkeit von mit Harzen ausgerüsteten Textilien. Amer. Dyestuff Rep. **43**, 41—45 (1954). Ref.: Chem. Zbl. **125**, 9423 (1954); Melliand Textilber. **35**, 1068 (1954); Textil-Praxis **9**, 897 (1954); Textil-Rundschau (St. Gallen) **9**, 674 (1954).

[4] Nuessle, A. C., M. N. Fineman u. E. O. J. Heiges: Text. Res. J. **25**, 24 (1955).

[5] Jost, St.: Neuere Arbeiten über die Knitterfestausrüstung von Baumwolle in den USA. Textil-Rundschau (St. Gallen, **22**, 521 (1957).

Die *Zugfestigkeit* ist ein Maß für die Garnfestigkeit, welche wiederum vom Garnzwirn und der Festigkeit der Einzelfaser abhängt. Ist die *Faser* stark und der *Zwirn* nur lose, so wird der Bruch beim *Gleiten der Fasern* eintreten. Ist aber die *Faser* durch eine Kunstharz-Behandlung *geschwächt* und liegt ein *sehr stark gedrehtes Garn* vor, so kann der Bruch *vor* dem Gleiten erfolgen.

Die Gegenwart *geringer* Kunstharzmengen auf der Faseroberfläche verstärkt die Zugfestigkeit durch adhäsive Faserbindung und erhöht auch den Reibungskoeffizienten. Durch das *Auswaschen* werden diese Wirkungen teilweise aufgehoben und die Zugfestigkeit eher erniedrigt. Im Gegensatz hiezu ist die *Einreißfestigkeit* viel mehr von der Gewebebeschaffenheit, Art der Verdrehung des Gewebes beim Bruch und von der Garnqualität abhängig. Die Einreißfestigkeit wird durch ein Stärkeappret herabgesetzt und andererseits durch *Auswaschen* von oberflächlich anhaftendem Kunstharz *verbessert.*

Die Amerikaner sehen für die Beurteilung von knitterfest ausgerüsteten Geweben die Messung der Einreißfestigkeit (z. B. mit dem Elmendorf-Apparat) als wesentlich an.

## III. Die Geruchsbildung bei kunstharzausgerüsteten, gelagerten Zellulosefasertextilien

Bei fertig ausgerüsteten, kunstharzausgerüsteten Zellulosefasertextilien kann unter Umständen nach einiger Zeit der Geruch von Formaldehyd und auch von Trimethylamin (Fischgeruch) festgestellt werden.

*Alle* N-haltigen Kunstharze in der Faser spalten *unter gewissen Bedingungen* Formaldehyd ab; weiters neigt *ein Teil* dieser kunstharzausgerüsteten Textilien zur Fischgeruchsbildung. Der Effekt wird durch *erhöhte Temperatur* und *hohe Luftfeuchtigkeit* vermehrt.

Das Waschen der ausgerüsteten Gewebe (mit Seife/Soda-Lösung, evtl. mit Perboratzusätzen) gibt, entgegen vieler Literaturangaben *keine absolute* Sicherheit gegen das spätere Auftreten von Geruch in fertig ausgerüsteten Geweben. Manchmal tritt Geruchsbildung sogar *nach wiederholten Wäschen während des Gebrauchs* auf[1].

Das Auftreten solcher unangenehmer Begleiterscheinungen bei kunstharzausgerüsteten Textilien stellt eine Wertminderung derselben dar. Deshalb ist die Kenntnis der Ursachen solcher Fehlererscheinungen und ihre Vermeidung von großer Wichtigkeit.

### a) Das Auftreten von Formaldehydgeruch beim Lagern von kunstharzausgerüsteten Zellulosefasertextilien

Der an gelagerten Waren manchmal auftretende und am Geruch erkennbare freie Formaldehyd übt, schon in kleinen Mengen vorliegend, auf menschliche Organe eine *starke Reizwirkung* aus. Mit der Bildung von freiem Formaldehyd ist auch das Auftreten des unangenehmen, penetranten Fischgeruchs durch *Trimethylamin-Bildung* gegeben (s. nachfolgend, S. 383). Durch die Abspaltung von Formaldehyd treten weiters am eingelagerten Kunstharz *freie Aminogruppen* auf, die durch Chloraminbildung bei Chlorbehandlungen und später nachfolgender Hitzeeinwirkung (Bügeln) durch Chlorwasserstoff-Abspaltung einen acidolytischen Zelluloseabbau (= Faserschädigung) bewirken können (s. nachfolgend bei „Chlorretention", S. 392). Frei auftretender Formaldehyd kann auch *Veränderungen im Farbton* des Gewebes bewirken.

Über die *Ursachen und Bedingungen* für das Auftreten von freiem Formaldehyd bei gelagerten, kunstharzbehandelten Textilien liegen verschiedene Anschauungen und auch Versuchsergebnisse vor.

W. Pässler und H. A. Wannow[2] machen hierzu folgende Ausführungen:

---

[1] M. E. Heard: s. nachfolgend bei „Maßnahmen gegen Geruchsbildung".

[2] Pässler, W. u. H. A. Wannow: Einfluß der Ausrüstungsbedingungen Melamin-ausgerüsteter Gewebe auf die Formaldehydabspaltung beim Lagern. Melliand Textilber. **32**, 1134 (1954).

Bei der Kondensation der Methylolverbindungen von Harnstoff oder Melamin in Gegenwart von Säurespendern tritt die Kunstharzbildung unter Wasseraustritt ein:

Kunstharzbildung unter *„Ätherbrücken"-Bindung*:

$$\begin{array}{c} R-\underset{\displaystyle H}{\underset{|}{N}}-CH_2-O-CH_2-\underset{\displaystyle H}{\underset{|}{N}}-R \end{array}$$

oder auch unter Bildung einer „Methylen-Brücke":

$$R-\underset{\displaystyle H}{\underset{|}{N}}-CH_2-\underset{\displaystyle H}{\underset{|}{N}}-R$$

R = z. B. substituierter Triazin-Rest.

Diese „Ätherbrücken" im Kunstharz können unter gewissen Voraussetzungen bei Gegenwart von Wasser (Faser- bzw. Luftfeuchtigkeit) hydrolytisch unter Formaldehyd-Bildung aufgespalten werden:

$$R-\underset{\displaystyle H}{\underset{|}{N}}-CH_2 \,\vdots\, O-CH_2 \,\vdots\, \underset{\displaystyle H}{\underset{|}{N}}-R \rightarrow R-NH-CH_2-OH + R-NH_2 + HCHO$$
$$\qquad OH \,\vdots\qquad \vdots\, H$$

Ohne Mitwirkung von Wasser könnte auch folgende Abspaltung von Formaldehyd im Kunstharz in Betracht gezogen werden:

$$R-\underset{\displaystyle H}{\underset{|}{N}}-CH_2-O-CH_2-\underset{\displaystyle H}{\underset{|}{N}}-R \rightarrow R-NH-CH_2-NH-R + HCHO$$

Nach den Autoren würde wahrscheinlich erstere Reaktion für die Formaldehydabspaltung aus dem Kunstharz in Frage kommen.

E. Elöd[1] deutet die Ursache des Auftretens von Formaldehydgeruch anders und bemerkt hierzu: Im Laufe der Kondensationsreaktion spaltet sich Formaldehyd ab, der in einer Simultanreaktion in Gegenwart des Säurespenders zu einer „Formalisierung" der Zellulosefaser unter Ausbildung von Oxymethylenbrücken zwischen benachbarten Zellulosemolekülen (neben der Kunstharzeinlagerung) führt, wobei das Ausmaß dieser Formalisierung weitgehend von den vorherrschenden Bedingungen abhängt.

Der bei der Kunstharzkondensation in Freiheit gesetzte Formaldehyd wird — wenn die Frischluftzufuhr im Kondensationsapparat ausreichend ist — weitgehend abgeführt. Ein Teil des Formaldehyds bleibt jedoch im Gewebe und bindet sich wahrscheinlich *labil* an das Kunstharz. Durch spätere hydrolytische Zersetzung in Gegenwart von Luftfeuchtigkeit und bei Gegenwart von Katalysatorsäure-Resten kann dieser labil-gebundene Formaldehyd allmählich abgespalten werden.

W. Pässler und H. A. Wannow (loc. cit.) studierten die Bedingungen für das Auftreten von Formaldehydgeruch bei mit *Melaminharz* ausgerüsteten Geweben. Sie stellten fest:

*1.* Einfluß der *Konstitution des Kunstharzes:* Die Formaldehydabspaltung hängt stark vom *Methylolierungsgrad* des Melamins ab (festgestellt bei Anwendung äquimolarer Mengen). Sie nimmt erwartungsgemäß mit steigendem Methylolierungsgrad stetig zu (Dimethylol-Melamin → Hexamethylol-Melamin).

[1] Elöd, E.: Über die Verbesserung der Knittereigenschaften von Geweben. Experimentelle Kontrolle der Verfahrensstufen. Textil-Praxis **9**, 68 (1954).

Aber die mit Methanol *völlig verätherten Methylol-Melamine* zeigen nur eine *sehr geringe* Formaldehydabspaltung.

*2.* Einfluß der *Ausrüstungsbedingungen:* Die Formaldehydabspaltung steigt erwartungsgemäß proportional mit *der in die* Faser eingelagerten *Kunstharzmenge.* Auch die *Art des Säurespenders* (Katalysators) und der *pH-Wert der Imprägnierflotte* kann einen Einfluß auf die spätere Formaldehydabspaltung haben.

Katalysatoren auf Basis *starker Säuren* bilden bei der Kondensation Endharze mit etwas geringerer Neigung zur Formaldehydabspaltung im Vergleich zu Katalysatoren auf Basis *schwacher Säuren.* Die Autoren führen dies auf eine *intensivere Polykondensation* des Kunstharzes durch *starke Säuren* zurück. Im ähnlichen Sinne würde sich hier auch ein *niedrigerer pH-Wert der Imprägnierflotte* günstig auswirken.

W. Pässler und H. A. Wannow (loc. cit.) stellten fest, daß die Formaldehydabspaltung zwischen 120 bis 140° C praktisch unabhängig von der Kondensationstemperatur ist. *Höhere Kondensationstemperaturen* vermindern die spätere Formaldehydabspaltung. Die erhebliche Erniedrigung der Formaldehydabspaltung bei Durchführung der Kondensation bei Temperaturen *über* 140° C beruht nach den Autoren wahrscheinlich darauf, daß hierbei die *Dimethylenätherbrücken* im Kunstharz in *Methylenbrücken* umgewandelt würden.

*3.* Einfluß der *Lagerungsbedingungen:* Wesentlich für die Formaldehydabspaltung bei der Lagerung ist der *absolute Feuchtigkeitsgehalt der Luft.* Die abgespaltene Formaldehydmenge nimmt mit steigendem Wassergehalt der Luft zu.

Insbesondere wirken Katalysatorsäure-Reste in Gegenwart des Sorptionswassers (aus der Luftfeuchtigkeit) hydrolytisch spaltend auf die in den Fasern vorliegenden Aminoplaste.

J. D. Reid et al.[1] prüften die spätere Formaldehydabspaltung bei Baumwollgeweben, ausgerüstet mit

| | | |
|---|---|---|
| Dimethylol-Harnstoff;<br>Dimethylol-Äthylenharnstoff;<br>Dimethylol-Äthyltriazinon;<br>Dimethylol-Hexahydropyrimidinon (-Propylenharnstoff) und<br>Trimethylol-Melamin-methyläther | unter Anwendung von | Zinknitrat, Magnesiumchlorid und Alkanolaminhydrochlorid als Säurespender (Katalysatoren). |

Bei den *nicht* nachgewaschenen Geweben entwickelten die Ausrüstungen mit Dimethylol-Äthylenharnstoff und Dimethylol-Hexahydropyrimidinon (Propylenharnstoff) am stärksten Formaldehyd, während die Ausrüstungen mit Dimethylol-Harnstoff, Dimethylol-Äthyltriazinon und Trimethylol-Melaminmethyläther sich etwa gleich verhielten. (S. die nachfolgenden widersprechenden Ergebnisse der AATCC!)

Der aus den *nachgewaschenen* Proben entwickelte Formaldehyd stand in Beziehung mit dem *Methylol-Gehalt der Ausrüstungsprodukte.*

Zwischen verschiedenen *Säurespendern* (Katalysatoren) bestand *kein größerer* Unterschied in Hinsicht der Formaldehydabspaltung. Erhöht wird die Formaldehydabspaltung durch *Katalysatorrückstände.*

Der *Einfluß der Nachwäsche* zur Entfernung der Katalysatorsäure zeigte sich am deutlichsten bei der Ausrüstung mit Dimethylol-Äthylenharnstoff und allen 3 ange-

[1] Reid, J. D., R. L. Arceneaux, R. M. Reinhardt u. J. A. Harris: Untersuchungen über knitterfeste Ausrüstung auf Baumwolltextilien. 1. Mitt.: Abspaltung von Formaldehyddämpfen beim Lagern von knitterfest ausgerüsteten Baumwollgeweben. Amer. Dyestuff Rep. **49**, 29, 490 (1960).

wandten Säurespender-Typen. Z. B. entwickelte die Dimethylol-Äthylenharnstoff-Ausrüstung mit Magnesiumchlorid als Katalysator auf der *nicht* nachgewaschenen Gewebeprobe $5^1/_2$mal mehr an Formaldehyd im Vergleich zur entsprechend ausgerüsteten, aber nachgewaschenen Probe.

Durch Nachbehandlung einer *gewaschenen* Probe mit der *Lösung eines Katalysators* wurde die Formaldehydentwicklung später wiederum verstärkt.

Mit steigender Kondensations*temperatur* verminderte sich die spätere Formaldehydabspaltung.

Die Autoren prüften die Ergebnisse der *natürlichen Lagerung* während längerer Zeit noch mit Hilfe eines *Schnelltestes* (16 Stunden Lagerung bei 80° C) und führen an, daß in beiden Fällen der Versuchsdurchführung hinsichtlich der Formaldehydbildung Übereinstimmung sich zeigte.

Nach den Autoren ist das *Auswaschen* der ausgerüsteten Gewebe nach der Kondensation das beste Mittel zur Einschränkung der Formaldehydentwicklung. Auch würden die geringen Kosten der Nachwäsche sich durch eine bessere Lagerbeständigkeit bezahlt machen. (S. hinsichtlich der Wirkung der Nachwäsche auf die Chlorretention S. 415).

P. Moruzzi[1] führt das Auftreten von Formaldehyd beim Lagern der ausgerüsteten Baumwollgewebe auf die *Spaltung der Kunstharz-Appretur durch zurückgebliebene Katalysatorreste* zurück. Durch sorgfältiges Auswaschen der ausgerüsteten Gewebe blieben nach dem Autor die Waren praktisch lagerbeständig.

J. D. Reid et al.[2] untersuchten die Auswirkungen von Maßnahmen zur Unterdrückung der Formaldehyd-Entwicklung auf die Knitter- und Chlorbeständigkeit (s. nachfolgend) an einem Baumwollgewebe, ausgerüstet mit Dimethylol-Äthylenharnstoff und Zinknitrat als Säurespender (Katalysator).

Die Formaldehyd-Entwicklung wurde *nach* einem „beschleunigten" Lagertest gemessen.

Die Autoren geben an, daß *oxidative und alkalische Wäschen* die Formaldehyd-Entwicklung *ohne* nachteiligen Einfluß vermindern würde.

Die Nachbehandlung mit Lösungen von Dicyandiamid, Äthylenharnstoff oder Harnstoff (in Form der Grundstoffe, also nicht methyloliert!), welche Formaldehyd-Akzeptoren sind, sowie mit einer Natriummetabisulfitlösung vermindern die Formaldehyd-Entwicklung in den *ausgerüsteten* Baumwollgeweben.

Nach J. McCartney[3] ist das Auftreten von Formaldehydgeruch bei kunstharz-ausgerüsteten Baumwollgeweben auf *Polyoxymethylen* zurückzuführen.

Freier Formaldehyd, der sich bei der Trocknung des ausgerüsteten Gewebes bildet, neigt dazu, in den Fasern in Form von *Polyoxymethylen* abgelagert zu werden, insbesondere bei *geringer Ventilation und niederen Temperaturen in der Trocknungsapparatur.* Während des *Kondensationsvorganges* kann dieses Polyoxymethylen wieder zu Formaldehyd depolymerisiert werden und alsdann mit der Faser oder mit dem Kunstharz reagieren. Dies ist auch die Ursache der lästigen Formaldehydabspaltung des ausgerüsteten Gewebes. Des weiteren kann Fischgeruch (Trimethylamin) eintreten, wenn Ammoniumverbindungen noch zugegen sind.

---

[1] Moruzzi, P.: Mitteilungen über Lagerungsfragen knitterfest-ausgerüsteter Baumwolle. Tinctoria (Milano) **28,** 185 (1961).

[2] Reid, J. D., R. M. Reinhardt, T. W. Fenner u. J. A. Harris: Verhinderung der Formaldehyd-Entwicklung bei mit Dimethylol-Äthylenharnstoff ausgerüsteten Geweben. Amer. Dyestuff Rep. **51,** 19 (1962).

[3] McCartney, J.: Nebenreaktionen des Formaldehyds bei der Harnausrüstung. The Dyer **129,** 23 (1963).

Eine *ungewöhnlich niedere Faserquellung* des ausgerüsteten Gewebes deutet auf eine *starke Formalisierung* durch frei gesetztenFormaldehyd hin, insbesondere bei Ausrüstungen mit „in sich“ vernetzenden N-Dimethylol-Vorprodukten.

Nach McCartney läßt sich eine zusätzliche Formalisierung bei der Kunstharz-Ausrüstung vermeiden, wenn 1. möglichst hohe Kondensationstemperaturen bei 2. guter Ventilation angewandt werden und 3. bei Ausschluß *stark saurer* „Katalysatoren“.

Nach umfangreichen Untersuchungen der *AATCC*[1] über Geruchsbildung und -beurteilung (von Formaldehyd und Trimethylamin) bei Baumwollgeweben, ausgerüstet mit verschiedenen Kunstharzbildnern oder zellulosevernetzenden N-Methylol-Verbindungen hinsichtlich des Verhaltens beim Lagern, wurde festgestellt, daß erst nach 2 Wochen, besser nach 4 Wochen, eine Geruchsbildung von nachgewaschenen und *nicht* nachgewaschenen Geweben bewertet werden konnte.

Geprüft wurde das Auftreten von Geruch (Formaldehyd und Trimethylamin) bei 6 *handelsüblichen* Kunstharzausrüstungen:

Harnstoff-Formaldehyd (Molverhältnis 1 : 1,31).
Dimethylol-Triazinon (mit weniger als 1% Methylolharnstoff).
Dimethylol-Äthylenharnstoff.
Melamin-Formaldehyd.
Dimethylol-Dihydroxy-glyoxal-mono-urein (-Dihydroxyäthylenharnstoff).
Dimethylol-Uron.

Als *Säurespender* (Katalysatoren) wurden Magnesiumchlorid, Ammonsulfat und -chlorid und die von den Herstellerfirmen empfohlenen Katalysatoren angewandt.

Die gewählten *Kondensationstemperaturen* betrugen bei jeweils 2 Minuten etwa 132° C, 160° C bzw. 182° C.

Die ausgerüsteten Baumwollgewebe wurden geteilt, wobei die eine Hälfte jeweils 5 Minuten bei etwa 71° C mit einer Flotte von pro Liter 0,1% Soda calc. + 0,1% nichtionogenes Waschmittel + 0,1% Natriumperborat ausgewaschen wurde.

Nach dem Trocknen und 24stündigen Konditionieren im Normalklima (65% RF) wurden die Proben (etwa 16 qcm) bei Raumtemperatur in Glasgefäßen nach 14 Tagen erstmalig *subjektiv* auf eventuelles Vorhandensein von Geruch geprüft.

Die vorgenommene Nachwäsche verminderte die Geruchsbildung.

Die *geringste Neigung* zur Bildung von Formaldehyd- und Amingeruch zeigten die Ausrüstungen der Methylol-Verbindungen von Dihydroxy-glyoxal-mono-urein und Dimethylol-Äthylenharnstoff. Dann folgen Melamin-Formaldehyd und Dimethylol-Uron, während Dimethylol-Harnstoff und Dimethylol-triazinon *stark* zur Geruchsbildung neigen.

Die Ergebnisse widersprechen den Resultaten, gefunden von Reid et al.!

*Ammoniumsalze* fördern das Auftreten von Geruch (Trimethylamin), während sich Magnesiumchlorid besser verhält.

Zu *hohe* Kondensations*temperaturen* begünstigen die Geruchsbildung. Von großer Bedeutung ist die *Art der Lagerung* der ausgerüsteten Gewebe. *Kohlen-*

[1] *Palmetto-Section der American Association of Textile Chemists and Colorists (AATCC):* Einige Faktoren, welche die Geruchsbildung in Baumwollwaren beeinflussen, die mit Harz ausgerüstet wurden. Amer. Dyestuff Rep. **52,** 123 (1963).

*säure und Feuchtigkeit der Luft* begünstigen die Geruchsbildung. Die Oxidation von Formaldehyd durch den Luftsauerstoff ergibt Ameisensäure, welche durch Kunstharz-Abbau weiteren Formaldehyd freisetzt. Die Ameisensäure fördert auch die Bildung von Fischgeruch.

Bei der *Verpackung der ausgerüsteten Gewebe* ist die Durchlässigkeit für Gase, insbesondere für Formaldehyd und Kohlensäure, von Bedeutung.

Allgemein wird festgestellt, daß *ein gewisser Zusammenhang zwischen dem Kohlensäuregehalt der Luft bei der Lagerung und dem pH-Wert des Gewebes für* die Möglichkeit der Geruchsbildung besteht. Ein *saurer* pH-Wert (5) erzeugt einen *stärkeren* Formaldehyd- und Trimethylamin-Geruch im Vergleich mit einem *alkalischen* (pH 8).

W. R. A. Vauck und B. H. Junghans[1] führten gleichfalls eingehende Versuche hinsichtlich der Formaldehydabspaltung verschiedener Kunstharzausrüstungen während des Trocknens und Kondensierens durch und überprüften die Einflüsse der Ausrüstungs-, Nachbehandlungs- und Lagerbedingungen hierauf.

1. Während des *Trocknens des geklotzten Gewebes* bei unter 100° C gibt das „Vorkondensat" unabhängig vom mitverwendeten Katalysator den nichtgebundenen Formaldehyd ab.

2. Die Formaldehydabspaltung bei der *Kondensation über der Mindesttemperatur* (letztere liegt bei Reactantharzen höher als bei „in sich" vernetzenden Harzen) hängt vom Säurespender und der Temperatur ab. Bei Anwendung von Metallsalzkatalysatoren wird im Vergleich zu Ammonsalzkatalysatoren mehr an Formaldehyd abgegeben.

3. Die Formaldehydabspaltung nimmt linear mit der „Vorkondensat"*menge* zu, gleichgültig ob das ausgerüstete Gewebe nachgewaschen wird oder nicht.

4. Durch *Nachwaschen* des ausgerüsteten Gewebes verringert sich der abspaltbare Formaldehyd um 40 bis 50%. Weiters tritt eine Verminderung auch durch Zugabe von optimalen Harnstoffmengen ein, sowie auch durch Erhöhung der Luftgeschwindigkeit während der Kondensation.

5. Durch *Lagern* nicht-nachgewaschener und nachgewaschener Ware nimmt der abspaltbare Formaldehyd ab, und zwar um so stärker, je mehr „Vorkondensat" zur Anwendung kam.

Bei *gleicher Lagerzeit* ist die Abnahme für nicht-gewaschene Ware größer. Weiters hängt die Formaldehydabspaltung auch von der *Art des Lagerns* der ausgerüsteten Ware ab. Bei *verschlossenem Lagern* tritt eine Umlagerung des Harzgefüges ein, während es bei *offenem Lagern* ferner noch zu einem Austausch mit der Luft kommt. Hierbei verringert sich die Menge an abspaltbarem Formaldehyd um 40%.

### *Empfohlene Maßnahmen gegen die spätere Bildung von Formaldehydgeruch beim Lagern kunstharzausgerüsteter Zellulosefasertextilien*

Die nachfolgend erwähnten Maßnahmen haben auch für die Vermeidung von Fischgeruch (Methylamine) in den ausgerüsteten Textilien Bedeutung, da ja das Auftreten von freiem Formaldehyd eine der Voraussetzungen zur Bildung von Methylaminen ist.

---

[1] Vauck, W. R. A. u. B. H. Junghans: Harzhochveredlung und Formaldehydabspaltung. Dtsch. Textiltechnik **1965,** H. 1, S. 30–35.

1. *Peinliche Reinheit* der zur Kunstharz-Ausrüstung kommenden Gewebe. Es dürfen keine Rückstände auf dem Gewebe vorliegen, die mit Formaldehyd in Reaktion treten können (wie z. B. Eiweißkörper).

2. *Zusatz von Formaldehydakzeptoren zur Imprägnierflotte.* Harnstoff ist hier wirksamer als Dicyandiamid. So vermindern 12% Harnstoff, bezogen auf die Kunstharzmenge, die Formaldehydabspaltung auf die Hälfte.

Sehr wirksam erweisen sich ferner *Oxidationsmittel*, wie $H_2O_2$, welche den freiwerdenden Formaldehyd zu Ameisensäure oxydieren.

Nach W. Pässler und H. A. Wannow[1] wird bei der Ausrüstung mit Pentamethylol-Melamin durch Zusatz der Molekülverbindung Harnstoff-$H_2O_2$ (10 g/l) die Formaldehydabspaltung um ca. 60% vermindert.

Die wirksamsten Formaldehydakzeptoren sind Polyvinylalkohol und einige Polyglykolverbindungen (s. S. 309).

Die Formaldehydabspaltung kann auch durch Formaldehydakzeptoren vermindert werden, die *nachträglich* auf das *fertig ausgerüstete* Gewebe aufgebracht werden.

So gibt J. McCartney[2] an, daß die Formaldehydabspaltung bei ausgerüsteten Geweben durch eine Nachwäsche oder durch eine Foulardbehandlung mit einer *äthylenharnstoff-haltigen* (also Methylol-Gruppen-freien) *Flotte* wirkungsvoll vermindert werden kann.

In den USA werden fertig ausgerüstete Gewebe zur Vermeidung des Auftretens von Formaldehydgeruch auch mit *Ozon-haltiger Luft* nachbehandelt.

3. *Gute Abführung* der sich beim Trocknungs- und Kondensationsprozeß bildenden Formaldehyddämpfe.

4. *Richtige Leitung des Kondensationsprozesses.* Temperatur und Zeitdauer der Kondensation muß im richtigen Verhältnis zur verwendeten Kunstharztype und dem Katalysator (Säurespender) stehen.

5. *Nachwäsche des ausgerüsteten Gewebes.* Eine kurze sodaalkalische Nachwäsche entfernt Säurereste, herrührend vom Katalysator und *nicht-fertig-kondensierten* Kunstharzanteilen.

6. *X-O-Verfahren zur Verhütung von Gerüchen*[3].

Wie früher bemerkt, soll das Nachwaschen der fertig ausgerüsteten Gewebe *keine absolute* Garantie gegen eventuell später auftretende Geruchsbildung geben. Die Fa. West Point Manufacturing Comp. untersuchte die Umstände, welche die Entwicklung von Geruch begünstigen, wobei eine *apparative Einrichtung zur Beschleunigung der Geruchsbildung* entwickelt wurde, so daß in wenigen Minuten ein ausgerüstetes Gewebe auf die eventuelle Intensität einer Geruchsbildung beurteilt werden konnte.

Auf Grund der erlangten Kenntnisse wurde das *X-O-Verfahren* entwickelt, welches im Prinzip eine *Behandlung des Gewebes mit $NaHSO_3$* darstellt. Natriumhydrogensulfit reagiert mit den „unverharzt“ intakt gebliebenen Methylolgruppen im Kunstharz unter Ausbildung von Sulfonatgruppen, welche eine spätere hydrolytische Spaltung dieser Gruppen unterbinden und somit eine Bildung von Formaldehyd unmöglich machen.

---

[1] Pässler, W. u. H. A. Wannow: Melliand Textilber. **35**, 1134 (1954).

[2] McCartney, J.: The Dyer **129**, 23 (1963).

[3] Heard, M. E. (West Point Manufacturing Comp.): X-O-Verfahren. Jahresversammlung des Textile Research Institute, Princeton, New Jersey, in New York am 22. und 23. März 1959.

Nach M. E. Heard (loc. cit.) zeigten eingehende Versuche, daß Gewebe, behandelt nach dem beschriebenen Verfahren, keinerlei Geruch mehr entwickeln, was für die Wash-and-Wear-Ausrüstung von Baumwollgeweben von Vorteil ist.

Die X-O-Behandlung ist mit den üblichen Waschmaschinen durchführbar. $NaHSO_3$ ist mit vielen Weichmachern verträglich und kann daher zusammen mit letzteren angewandt werden.

Hingewiesen wird noch, daß Natriumhydrogensulfit bei einigen Schwefelfärbungen einen Nuancenumschlag bewirken kann.

### b) Das Auftreten von Fischgeruch beim Lagern von kunstharz- ausgerüsteten Zellulosefasertextilien

Vorstehend wurde schon ausgeführt, daß alle N-haltigen Kunstharzausrüstungen (erhalten mit Kunstharzbildnern oder mit Zellulosevernetzern) eine Neigung zur Geruchsbildung aufweisen können. Außer einem eventuellen Auftreten von Formaldehydgeruch ist bei gelagerten, ausgerüsteten Geweben und sogar auch bei konfektionierten Fertigtextilien ein weiterer, sehr unangenehmer fischartiger Geruch (ähnlich dem von Heringslake) manchmal feststellbar.

Dieser Fischgeruch tritt besonders an warmen, feuchten Tagen und somit bevorzugt im subtropischen Klima auf und ist besonders im Innern von Stoffballen festzustellen.

Im *Winter*, wo niedrigere Temperatur und geringere relative Luftfeuchtigkeit vorherrscht, treten solche Geruchsbeanstandungen *seltener* auf.

Derartige, mit Fischgeruch behaftete Gewebe werden, wenn sie längere Zeit offen ausliegen oder aushängen, wiederum geruchlos. Im Ballen verpackt, können sie unter Umständen wiederum die Fähigkeit aufweisen, Fischgeruch zu entwickeln.

### *Theoretische Überlegungen und Versuchsergebnisse zur Klärung der Ursachen der Fischgeruchsbildung beim Lagern kunstharzausgerüsteter Textilien wie auch bei ihrem Gebrauch*

Nach H. Rath[1] beruht das Auftreten des unangenehmen Fischgeruchs hauptsächlich auf der Bildung von sehr geringen Mengen an Trimethylamin.

Tabelle 45. *Methylamine und ihre geruchsbildenden Eigenschaften*

| *Monomethylamin* $CH_3{-}NH_2$ | *Dimethylamin* $(CH_3)_2{=}NH$ | *Trimethylamin* $(CH_3)_3{\equiv}N$ |
|---|---|---|
| Farbloses *Gas*; l.l. in Wasser. — *Geruch* ähnlich dem von Ammoniak. | Farblose *Flüssigkeit,* schon bei 7,3° C siedend; l.l. in Wasser. — *Geruch* ähnlich dem von Ammoniak und gleichzeitig schwach nach Heringslake. | Farblose *Flüssigkeit*; schon bei 3,5° C siedend; l.l. in Wasser. — Zeigt bereits *in minimalsten Mengen starken Geruch* nach Heringslake. |

Voraussetzung für die Entstehung von Methylaminen ist die Anwesenheit von *freiem* Formaldehyd und von Ammoniumverbindungen oder Verbindungen, die Ammoniak abspalten können.

[1] Rath, H.: Über die Möglichkeit der Bildung von Methylaminen bei der Kunstharzausrüstung. Melliand Textilber. **55,** 477 (1941) und Klepzigs Textil-Z. **44,** 18 (1941). — Rath, H.: Zur Methylaminbildung bei der Kunstharz-Ausrüstung. Textil-Praxis **7,** 896 (1952).

*Mögliche Reaktionen von Formaldehyd mit Ammoniak*

$$2\,NH_3 + 3\,CH_2O \rightarrow 2\,CH_3{-}NH_2 + CO_2 + H_2O$$

$$3\,NH_3 + 6\,CH_2O \rightarrow 2\,(CH_3)_2{=}NH + 2\,CO_2 + 2\,H_2O$$

$$2\,NH_3 + 9\,CH_2O \rightarrow 2\,(CH_3)_3{\equiv}N + 3\,CO_2 + 3\,H_2O$$

Hinsichtlich des Auftretens des zur Reaktion nötigen freien Formaldehyds siehe die vorstehenden Ausführungen (S. 376). Ammoniak kann, außer von vorliegenden Ammoniumsalzen, auch durch hydrolytische Spaltung der Kondensationsprodukte frei werden oder auch aus anderen N-haltigen, eventuell vorliegenden Begleitkörpern unter Umständen gebildet werden.

Nach Plöchl[1] können *Methylaminsalze* direkt bei der Umsetzung von Ammoniumsalzen mit Formaldehyd in der Hitze entstehen:

$$NH_4Cl + 2\,CH_2O \xrightarrow[45-51\%]{104^\circ C} \overset{\oplus}{CH_3{-}NH_3}\;Cl^{\ominus} + HCOOH$$

Vermutlich entsteht durch Dissoziation des Ammoniumsalzes Ammoniak, der an ein Molekül Formaldehyd addiert wird. Das Additionsprodukt $H_2N{-}CH_2 \cdot OH$ wird alsdann durch eine zweite Molekül Formaldehyd zum Methylamin reduziert.

Wird das Ammoniumsalz mit einem großen Überschuß an wasserfreiem Formaldehyd erhitzt, so bildet sich vornehmlich *Trimethylaminsalz*:

$$2\,NH_4Cl + 6\,CH_2O \xrightarrow[89\%]{160^\circ C} 2\,(CH_3)_3\overset{\oplus}{N}H\;Cl^{\ominus} + 3\,CO_2 + H_2O$$

Die Reaktion verläuft möglicherweise über das Additionsprodukt Trimethylolamin $(HOCH_2)_3N$, welches durch Formaldehyd zum Trimethylamin unter $CO_2$-Bildung reduziert wird.

Bei der Umsetzung des Ammoniumsalzes mit 2 Molekülen Formaldehyd (s. vorstehend) entsteht neben Trimethylaminsalz *Ameisensäure*, welche mit Ammoniak Ammoniumformiat bildet, aus welchem wiederum mit freiem Formaldehyd Methylamin entsteht:

$$H \cdot COONH_4 + CH_2O \rightarrow CH_3{-}NH_2 + CO_2 + H_2O$$

Der Fischgeruch soll auch bei Anwesenheit geringere Mengen von *langkettigen Karbonsäuren* (Fettsäure aus Seifenrückständen in der Faser) auftreten[2].

*Mono*methylamin kann bei entsprechenden Bedingungen (Temperatur, Druck) in Gegenwart von Formaldehyd weiters zu *Di*- und *Tri*methylamin methyliert werden.

Bei Verwendung von *Ammoniumsalzen* als Säurespender (Katalysator) kann der bei Anwesenheit von N-Methylol-Verbindungen immer in geringer Menge frei auftretende *Formaldehyd* den Ammoniumsalzen *Ammoniak* unter Bildung von *Hexamethylentetramin* entziehen:

$$6\,CH_2O + 4\,NH_3 \rightarrow (CH_2)_6N_4 + 6\,H_2O$$

---

[1] Plöchl: Chem. Ber. **21**, 2117 (1888).

[2] Th. M.: SVF (Fachorgan f. Textilveredlung) **1949**, 209.

Nach F. Walker[1] ist das faßbare Endprodukt bei der Reaktion von Ammoniumsalz-Katalysatoren mit N-Methylol-Verbindungen immer Urotropin (Hexamethylentetramin).

Hexamethylentetramin kann im sauren Bereich und bei Hitzeeinwirkung (Kunstharzkondensation) Methylamine bilden (z. B. Methylaminchlorhydrat):

$$(CH_2)_6N_4 + 4\,HCl \rightarrow 4\,CH_3-\overset{\oplus}{N}H_3\,Cl^{\ominus} + 2\,CO_2$$

Nach Eschweiler[2] wird Hexamethylentetramin bei Anwesenheit von viel Formaldehyd in *Trimethylamin* übergeführt.

Es liegt eine umfangreiche Literatur über Beobachtungen hinsichtlich des Auftretens von Fischgeruch in der Praxis sowie über die eventuellen Ursachen und Möglichkeiten für die Bildung dieses Geruches vor.

Des öfteren wird darauf hingewiesen, daß solche kunstharzausgerüsteten Textilien am meisten später zur Fischgeruchsbildung neigen[3], die 1. mit einem Überschuß an Formaldehyd hergestellt und die 2. mit größeren Mengen an Ammoniumsalzen (als Katalysator) kondensiert wurden. Weiters wird 3. immer wieder auf eine weitere Ursache für das Auftreten von Methylaminen aufmerksam gemacht, nämlich die *nicht sachgemäß durchgeführte* Kondensation zum Endharz oder zur Zellulosevernetzung.

Methylamine bilden sich beim Trocknen in feuchter Luft wie auch bei unrichtiger Ausführung der Kondensation (zu lange Dauer und zu hohe Temperatur der Kondensation) als auch durch unrichtige Komponentenzusammensetzung der Ausrüstung.

Sowohl bei nicht vollständig zu Ende geführter Kondensation (zu *schwache* Kondensationsbedingungen) als auch durch zu *radikale* Kondensationsbedingungen (= Zersetzung des N-haltigen Endharzes) ist ein späteres Auftreten von Fischgeruch zu befürchten.

Nach *Gutmann*[4] ist die Geruchsbildung insbesondere von der *Durchführung der Kondensation* abhängig. Ammoniak, welcher durch Einwirkung von Formaldehyd Trimethylamin bildet, entsteht hierbei aus den Grundstoffen der Aminoplast-Kunstharze, wie z. B. aus Harnstoff:

$$\begin{array}{l} NH_2 \\ | \\ CO \\ | \\ NH \\ | \\ H \end{array} \quad + \quad \begin{array}{l} NH_2 \\ | \\ CO \\ | \\ NH_2 \end{array} \quad \longrightarrow \quad \begin{array}{l} NH_2 \\ | \\ CO \quad NH_2 \\ | \qquad | \\ NH-CO \\ \text{Biuret} \end{array} \quad + NH_3\,;$$

Daß Fischgeruch sich aus Formaldehyd und Ammoniak bzw. Ammoniumsalzen bilden kann, wurde von einigen Autoren[5] bewiesen, indem sie in Labor-

---

[1] Walker, F.: Formaldehyd, 3. Aufl., S. 363. New York: Reinhold Publishing Corp. 1964.

[2] Eschweiler: Chem. Ber. **38,** 880 (1905); s. auch Koeppen: Chem. Ber. **38,** 882 (1905).

[3] Rath, H.: s. vorstehend. — Fluck, Keppler, Cooke u. Zimmermann: Amer. Dyestuff Rep. **40,** P 154 (1951).

[4] Gutmann: Melliand Textilber. **31,** 639 (1950).

[5] Rath, H.: loc. cit. — Fluck et al.: loc. cit.

versuchen das Auftreten von Trimethylamin an kunstharz*freien* Zellulosefasern und auch -geweben feststellten, welche mit Ammoniak bzw. Ammoniumsalzen (Ammoniumkarbonat, -glykolat, -sulfat) und Formaldehyd oder Hexamethylentetramin imprägniert und dann 5 Minuten auf 150° C erhitzt wurden.

Nach verschiedenen Autoren soll beim Lagern kunstharz-behandelter Zellulosefasergewebe das Auftreten von Fischgeruch durch die Anwesenheit von Ammoniak, Formaldehyd, des weiteren von Spuren von Cupri-Ionen oder auch durch Gegenwart von Natriumformiat bedingt sein. A. C. Nuessle et al.[1] untersuchten in einer sehr eingehenden Arbeit 1. den Einfluß der zur Trimethylamin-Bildung notwendigen Komponenten, 2. den Einfluß des Katalysators (Säurespenders) und 3. auch den Einfluß der Kunstharztype.

Die Autoren stellten durch Versuche einwandfrei fest, daß Ammoniak, Formaldehyd oder Formiat vorhanden sein muß, wenn sich Trimethylamin bilden soll. Da sich Fischgeruch bei Gegenwart von Natriumformiat allein bilden kann, ist die Anwesenheit von freiem Ammoniak oder Formaldehyd nicht immer nötig. Die Wirkung des Formiats läßt sich durch andere Reduktionsmittel nicht imitieren, sowie auch durch Zugabe von Oxidationsmitteln nicht verhindern. Cupriazetat übt bei Kondensationsbedingungen von 150° C (und 10 Minuten Dauer) keine katalytische Wirkung — entgegen anderer Literaturangaben — aus. Eine Oxidation von Formaldehyd zu Ameisensäure würde erst bei 185° C erfolgen.

Das *Verhalten der Säurespender* hinsichtlich der Fischgeruchsbildung kann nicht eindeutig beschrieben werden. Hingewiesen wird auf die Bedeutung der Ammoniumsalze als Ursache der Fischgeruchsbildung. Bekannt ist, daß trotz *Ab*wesenheit von Ammoniumsalzen das Auftreten von Trimethylamin zu befürchten ist, wenn genügend Ammoniak durch *thermischen Abbau des Kunstharzes* freigesetzt wird. Doch wird auch schon bei *mäßigen* Kondensationstemperaturen Trimethylamin gebildet (bei Anwendung von Dimethylol-Harnstoff), wenn einer der drei Komponenten (Formaldehyd, Ammoniak und Natriumformiat) in *großen Mengen* vorhanden ist.

*Zinknitrat oder -chlorid* als Katalysator (Säurespender) soll nach A. C. Nuessle et al. (loc. cit.) gleichfalls vorübergehend Trimethylamin bilden, welches aber durch die Zinksalze festgehalten wird. Trimethylamin ist im vorliegenden Falle nur durch einen *abgeänderten Kraus-Test* (s. Bd. IV/2) nachweisbar, und zwar durch vorheriges Abkochen der Gewebeprobe mit einer sodaalkalischen Lösung.

Hinsichtlich des *Einflusses der Kunstharze selbst* auf die Fischgeruchsbildung führen die Autoren aus, daß bei *Dimethylol-Harnstoff* die Anwendung von Ammoniumsalzkatalysatoren vermieden werden sollte, was aber in der Praxis nicht immer möglich ist. Auch wenn Harnstoff als Formaldehyd-Akzeptor zugesetzt wird, kann sich später aus dem Harzkondensat Formaldehyd bilden. Um ein tatsächlich formiat-freies „Vorkondensat" zu erhalten, ist eine „Entionisierung" desselben notwendig, und zwar kurz vor dem Gebrauch, da beim Lagern durch Oxidation des Formaldehyds Formiat entstehen kann. Dies erklärt nach A. C. Nuessle et al. auch die Tatsache, daß *gealterte „Vorkondensate"* mehr zur Geruchsbildung neigen als frisch hergestellte.

Beim *Dimethylol-Äthylenharnstoff* läßt sich — im Gegensatz zu Dimethylol-Harnstoff — bei Gegenwart von *Ammoniak allein* kein Auftreten von Trimethylamin feststellen. Als Ursache dafür wird angegeben, daß das zyklische

[1] Nuessle, A. C., E. O. Heiges u. R. A. Olney: Amingeruch in mit Harz behandelten Waren. Text. Res. J. **29**, H. 1, 41 (1959).

Äthylenharnstoff-Harz viel hitzebeständiger ist und erst ab der Kondensationstemperatur von 180° C abgebaut wird. Nach den Autoren ist der *Einfluß des Formiats* nicht einheitlich zu beurteilen. Es kann auch bei *Ab*wesenheit von Natriumformiat Fischgeruch auftreten, und zwar dann, wenn eine *große Menge* an freiem Formaldehyd zugegen ist. Letzterer wird bei der Hitzekondensation zu Formiat oxidiert; doch kann hier auch eine direkte Reaktion zwischen Formaldehyd und Ammoniak angenommen werden.

In *Ab*wesenheit von Ammoniak tritt bei Dimethylol-Äthylenharnstoff keine Geruchsbildung auf; auch wenn die Kondensationstemperatur auf 160° C gesteigert wird. *Zinknitrat* als Säurespender bewirkt im vollkommen $NH_3$-freien Imprägnierbad keine Reaktion. Die Entstehung von *freiem* Trimethylamin durch Spuren Ammoniak, die sich bei der Kondensation bilden könnten, wird verhindert. Die größte Sicherheit ist auch hier eine gründliche Nachwäsche, während ein Klotzen mit einer alkalischen Lösung *ohne* folgendes Spülen die entgegengesetzte Wirkung, nämlich die Freimachung von Trimethylamin, hervorruft.

Im Gegensatz zu anderen Autoren betonen A. C. Nuessle et al., daß die meisten *Dimethylol-Triazinon*-Handelsprodukte die Tendenz zur Fischgeruchsbildung aufweisen, auch wenn die Abwesenheit von Ammoniak und Formaldehyd sowie von Natriumformiat kontrolliert wird. Es muß sich hier *nicht* um Trimethylamin selbst handeln. Je nach Zusammensetzung des betreffenden Triazinonproduktes können *andere geruchsbildende Amine* entstehen. Doch dürfte es sich wahrscheinlich gleichfalls um ein tertiäres Amin handeln. Durch Abbau des Dimethylol-Triazinons bei der Kondensation wird ein primäres Amin gebildet, welches mit Natriumformiat oder Formaldehyd weiters zum entsprechenden tertiären Amin umgewandelt wird.

Der „*Kraus-Test*" (s. Bd. IV/2) spricht auf Amine, wie diese beim vorliegenden Triazinonharz entstehen, *weniger deutlich* an. Daher muß nach den Autoren immer gleichzeitig eine Geruchsprüfung am ersten Tropfen des Destillates durchgeführt werden.

Aus all den vorgebrachten Gründen empfehlen H. C. Nuessle et al. eine *intensivere* Nachwäsche bei 70° C, wenn man die Fischgeruchsbildung für später ausschalten will.

Auf *Melaminharze* wurde die Untersuchung nicht ausgedehnt. Hingegen kann angenommen werden, daß die *hitzebeständigeren Melaminderivate* bei *Ab*wesenheit von Ammoniak keine Tendenz zur Geruchsbildung haben.

Die Möglichkeit der Fischgeruchsbildung wird auch auf andere Ursachen zurückgeführt. A. Agster[1] erwähnt die Möglichkeit, daß Zellulosefasern geringe Eiweißeinschlüsse (etwa 0,4 bis 0,6%) enthalten können und E. Elöd auch die Möglichkeit der Spaltung von Farbstoffen (bzw. Färbungen), deren Stickstoffgehalt bei der Formalisierung an der Geruchsbildung beteiligt sein kann. Tatsächlich beobachtete H. Enders[2], daß durch eine reine Formalisierung (also ohne Anwendung von N-haltigen Vernetzungsmitteln) Fischgeruch auf Baumwolle auftrat.

Bei der *kombinierten* knitterfesten und wasserabweisenden Ausrüstung von Zellulosefasertextilien sollen nach H. G. Conrad *leimhaltige*[3] oder mit *Ameisen-*

---

[1] Agster, A.: Moderne Prüfverfahren im textilchemischen Labor: Tagung VÖTCC Dornbirn/Österreich am 31. Juli und 1. August 1959.

[2] Enders, H.: Melliand Textilber. **44,** 1457 (1959).

[3] Conrad, H. G.: Die kombinierte wasserabweisende, knitterarme und quellfeste Ausrüstung von Textilien. Z. ges. Textilind. **60,** 284 (1958).

*säure* sauer eingestellte Hydrophobierungsmittel wegen der Neigung zur Bildung von Trimethylamin *nicht* mit der N-Methylolverbindung zusammen verwendet werden.

Eine spätere Arbeit von J. McCartney[1] zeigt, daß die Bildung von Fischgeruch *weitgehend durch Ausschluß von Ammoniumverbindungen* bei der Kunstharzausrüstung vermieden werden kann. Doch können *intensive Kondensationsbedingungen* wiederum zu einer Zersetzung des N-haltigen Endharzes in der Faser führen. Wie schon früher erwähnt (s. vorstehend bei „Auftreten von Formaldehydgeruch", S. 376) können bei Gegenwart von Ammoniumsalzen beigegebene *Formaldehydakzeptoren* wirksam die auf freien Formaldehyd beruhende Bildung von Fischgeruch unterbinden, doch wird hierbei unter Umständen das Kunstharz nachteilig beeinflußt.

Die *Palmetta Section, AATCC* hat, wie vorstehend ausgeführt (s. bei „Auftreten von Formaldehydgeruch", S. 380) das Auftreten der Geruchsbildung (Formaldehyd und Trimethylamin) eingehend studiert[2].

Angewandt wurden sechs handelsgängige Kunstharz-Typen auf gebleichten Baumwollgeweben, wobei der Säurespendertyp (Katalysator) und die Kondensationsbedingungen variiert wurden. Festgestellt wurde, daß *Triazinon*-Derivate den stärksten Geruch zeigten. Weiters wurde darauf hingewiesen, daß der *Lagerung* und der *Verpackung* (Durchlässigkeit) der ausgerüsteten Textilien mehr Bedeutung beigemessen werden muß. Eine Atmosphäre mit hohem Kohlensäure- und Feuchtigkeitsgehalt kann die Geruchsbildung merklich fördern. Die gleiche Wirkung kann von Heiz- und Kondensationsapparaturen, welche mit Gas beheizt werden und viel Kohlensäure bilden, ausgehen.

Abschließend ist noch zu erwähnen, daß die gebildeten Methylamine im allgemeinen *nicht als freie Basen* vorliegen, sondern mit anwesender Säure (Katalysator) die *entsprechenden geruchlosen Salze* bilden.

Durch *Hydrolyse*, z. B. durch feuchte Lagerung der ausgerüsteten Gewebe und einwirkende höhere Temperatur oder bei warmer feuchter Witterung werden dann die *unangenehm riechenden Methylaminbasen* wiederum freigesetzt.

Auch durch stärkere alkalische Reagenzien (z. B. durch einen sodaalkalischen Waschprozeß) können die Aminbasen aus den Salzen in Freiheit gesetzt werden.

Verdunsten die hydrolytisch abgespaltenen flüchtigen Methylamine, so wird das kunstharzausgerüstete Gewebe wiederum *geruchlos*. Durch *neuerliche Hydrolyse* von *restlichen* Methylaminsalzen auf der Faser kann das Gewebe wiederum Geruch annehmen.

Daher ist der Nachweis (Vorausbestimmung) des eventuell möglichen Auftretens von Fischgeruch in kunstharzausgerüsteten Zellulosefasertextilien für einen vorgesehenen Versand nach den Tropen besonders wichtig. (Hinsichtlich der *Nachweismethoden* s. Bd. IV/2.)

### *Maßnahmen gegen den beim Lagern kunstharzausgerüsteter Zellulosefasertextilien auftretenden Fischgeruch*

In der Praxis der Kunstharzausrüstung von Zellulosefasertextilien kann auf Grund von Beobachtungen und Erfahrungen die Ursache für das spätere Auftreten von Methylaminen auf vielen Einzelheiten beruhen.

Aus den Erkenntnissen der Praxis heraus wurden viele Vorschläge für Gegen-

---

[1] McCartney, J.: The Dyer **129**, 23 (1963).

[2] *Palmetta Section*, AATCC: Amer. Dyestuff Rep. **52**, 123 (1963).

maßnahmen zur Verminderung einer späteren Geruchsbildung der ausgerüsteten Ware, auch bei ungünstigem Klima und Lagerbedingungen, gemacht. Hierzu ist auf folgende Punkte zu achten:

### 1. Auszurüstende Ware

Nach W. Vauck und H. Müller[1] setzt bei kunstharzausgerüsteten *Mischgeweben* (Zellwoll/Schafwollmischgarne) eine Geruchsbildung wesentlich früher ein als bei reinen Zellwollgeweben. Die Autoren führen dies auf die Aminogruppen der Schafwolle zurück. Allerdings werden solche Artikel seltener der Kunstharzveredlung zugeführt.

Fluck et al.[2] geben aber an, daß hierbei Schafwolle als Formaldehydakzeptor im günstigen Sinne wirken soll.

Präparations- und Schlichtereste (namentlich von Produkten, die Aminogruppen enthalten) können unter Umständen mit frei werdendem Formaldehyd *labile Bindungen* eingehen. Letztere können nach einer gewissen Lagerzeit des fertig ausgerüsteten Gewebes, namentlich bei ungünstigen Bedingungen, Formaldehyd wieder freisetzen und so die Ursache für Fischgeruch sein.

*Gegenmaßnahmen:* Gründliche Vorreinigung der auszurüstenden Ware. Letztere muß unbedingt vollkommen frei von Spinnpräparationen und Schlichterückständen sein.

### 2. Sachgemäße Rezeptur für das Ansetzen der Imprägnierungsflotte

Um auch bei eventuell ungünstigen Lagerverhältnissen, wie z. B. im subtropischen Klima, Geruchsfreiheit der ausgerüsteten Ware garantieren zu können, muß unbedingt auf eine richtige Zusammenstellung der Rezeptur für die Ausrüstungsflotte geachtet werden.

Zusatz von eiweiß-haltigen Produkten ist bedenklich, da diese Formaldehyd labil binden können.

Bei *Kombinationsausrüstungen* (knitterfest und wasserabweisend) muß beachtet werden, daß Handelsprodukte für die hydrophobierende Ausrüstung Eiweißkörper, wie Leim, als Stabilisator enthalten können.

Weiters muß auch die *Wahl des notwendigen Säurespenders* (Katalysators) richtig erfolgen. Ganz allgemein fördern Ammoniak, Ammoniumsalze wie auch Ameisensäure und deren Salze die Bildung von Formaldehyd und geben somit die Voraussetzung für Fischgeruch.

Ein zu großer Zusatz von Ammoniak zum Imprägnierbad kann bei der späteren Kondensation eine zu geringe Azidität bedingen (= ungenügende Kondensation).

*Gegenmaßnahmen:* Keine Mitverwendung von eiweiß-haltigen Produkten in der wässerigen Flotte des „Vorkondensates". Vermeidung von Ammoniumsalzen sowie Ameisensäure oder deren Salze. Vorzuziehen sind ammoniumfreie Substanzen als Katalysatoren. Doch ist die Anwendung von Ammoniumsalzen als Katalysatoren für die Methylolverbindungen des Harnstoffs oder Melamins schwer zu umgehen!

---

[1] Vauck, W. u. H. Müller: Zur Knitterechtausrüstung mit Kunstharzvorkondensaten. Textil- u. Faserstofftechn. **4**, 499 (1954).

[2] Fluck, Keppler, Cooke u. Zimmermann: Verhinderung von Geruchsentwicklung bei mit Kunstharzen imprägnierten Geweben. Amer. Dyestuff Rep. **40**, 154 (1951).

Für die Stabilisierung des „Vorkondensates" wird an Stelle von Ammoniak nach Fluck et al. (loc. cit.) die Verwendung von Triäthanolamin empfohlen. Auch ®-Calgon wirkt über Stunden hinweg „puffernd" (s. S. 277).

*Formaldehydakzeptoren*, welche rascher und besser den frei-werdenden Formaldehyd binden als Ammoniumsalze, wie z. B. Harnstoff oder Dicyandiamid in äquimolekularen Mengen (ungefähr 4—10 g/l der Behandlungsflotte) müssen rein sein (möglichst frei von Ammoniumkarbonat, -bikarbonat und -carbamat). Vermieden muß hierbei eine Überdosierung werden, da sonst eine Verminderung des Ausrüstungseffektes (durch Herabsetzung des Kondensationsgrades) wie auch der *Scheuerwerte* des ausgerüsteten Gewebes eintreten kann. Weiters ist hier auch wiederum die Möglichkeit des Auftretens einer späteren Geruchsbildung gegeben.

Es sind auch „Aminoplast-Vorkondensate" im Handel, welche direkt den beim Ausrüstungsgang frei-werdenden Formaldehyd abbinden können, d. h. letzteren als Reaktionskomponente aufnehmen.

### 3. Vortrocknen (der imprägnierten Ware)

Mangelhaftes Trocknen kann später zur Geruchsbildung führen. *Zu langes Liegenlassen der vorgetrockneten Ware* vor dem Kondensieren (insbesondere bei mangelhafter Vortrocknung!) ist ebenfalls ungünstig.

*Gegenmaßnahmen:* Vortrocknung bei guter Luftumwälzung. Die aus der Ware entweichende Feuchtigkeit soll *schnell* abgeführt werden. Genaue Einhaltung einer bestimmten Trocknungs*temperatur* (nicht über 70° C) und *-dauer*. Andererseits wird auch eine *Schocktrocknung* (mittels Düsentrockner) als günstig empfohlen.

### 4. Richtige Durchführung des Kondensationsprozesses

Eingehen der feuchten Ware (mit etwa 100% Restfeuchtigkeit) *ohne* Vortrocknung in die Kondensationsapparatur, bedingt, außer einer ungleichmäßigen Kunstharzverteilung (im Falle von Kunstharzbildnern), unbedingt die Gefahr der Geruchsbildung.

Beim Trocknen der mit Dimethylol-Harnstoff imprägnierten Ware entweicht mit dem Wasserdampf etwas Formaldehyd. Gleichzeitig setzt bei höherer Temperatur eine Hydrolyse des Harnstoffs (als Säureamid) ein, wobei Ammoniak und Kohlensäure entstehen. Unterhalb 100° C tritt diese Zersetzung nicht ein. Die Anwesenheit von freiem Formaldehyd und Ammoniak sind die Voraussetzung zur Bildung von Methylaminen, und zwar entstehen diese im vermehrten Maße wie die Temperatur höher liegt. Ähnliche Vorgänge wurden auch bei Melamin-Formaldehyd-Harzen beobachtet.

Fehlerhaft ist eine *unvollständige Kondensation* des Kunstharzes durch *zu niedrigen pH-Wert* (Katalysator) oder durch eine *zu kurze* Kondensations*zeit* oder auch durch eine *zu niedrige* Kondensations*temperatur*.

Der durch eine unvollständige Kondensation beim späteren Lagern frei werdende Formaldehyd kann nicht mehr mit der Zellulose in Reaktion treten, da nun nicht mehr die nötige Reaktionstemperatur vorherrscht.

Ebenso fehlerhaft ist eine *zu lange* Kondensations*zeit* oder *zu hohe* Kondensations*temperatur*. Durch die „Überkondensation" kann eine Spaltung des Kunstharzes (durch die Säure aus dem Säurespender) wiederum erfolgen.

*Gegenmaßnahmen:* Die während der Kondensation auftretenden Formaldehyddämpfe müssen durch eine ausreichende Luftzirkulation und Frischluftzufuhr von der Ware weggeführt werden. Die Kondensation soll in *möglichst kurzer Zeit* ablaufen, wobei die Kondensations*temperatur* so zu halten ist, daß ein ausreichender Ausrüstungs*effekt* erzielt wird. Kondensations*dauer* und *-temperatur* müssen im optimalen Verhältnis zueinander unter Berücksichtigung des Vernetzungsmittels und des eingesetzten Säurespenders (Katalysators) stehen. Kondensations*temperatur* und *Kondensationsgrad der Ware* muß ständig überprüft werden, um einen einwandfreien und geruchlosen Ausrüstungseffekt zu erhalten.

5. Nachwäsche (der ausgerüsteten Ware nach dem Kondensieren)

Mangelhaft oder überhaupt nicht nachgewaschene Gewebe enthalten die Reste des Katalysators bzw. die hieraus freigewordene Säure und eventuell nicht fertig auskondensierte Kunstharzbestandteile.

*Gegenmaßnahmen:* Das Nachwaschen des fertig kondensierten Gewebes mittels einer sodaalkalischen Flotte wird als eine der Möglichkeiten angesehen, Fehler des Ausrüstungsganges, die zu Fischgeruch führen können, zu mildern oder aufzuheben. Als Nachteil der Nachwäsche wird der Mehrpreis für die Veredlung (Waschprozeß mit folgendem neuerlichen Trocknungsgang) ins Kalkül gezogen; auch kann hierbei die *Sprungelastizität* der Ware etwas zurückgehen.

Eine selbstverständliche Voraussetzung für eine Nachwäsche ist eine weitgehend waschfeste Ausrüstung.

Wesentlich ist die richtige Führung des Nachwaschprozesses. Gewaschen wird auf der Breitwaschmaschine. Weiters muß die Ware vor der Wäsche gut abgekühlt sein, da im Falle einer Ausrüstung mit Kunstharzbildnern das in der Faser abgelagerte Kunstharz im heißen Zustand noch spröde und hart ist und in diesem Zustand durch den Waschprozeß leichter entfernbar sein soll.

Z. B. wird folgende *Rezeptur für eine Nachwäsche* angegeben:

1—3 g/l Soda kalz. (oder Bikarbonat).

2—3 g/l Seife (mit niedriger Jodzahl der Fettbasis) oder auch anionisches Textilhilfsmittel.

pH-Wert der Flotte 9—10.
Waschdauer 10—20 Minuten bei 40° C.
Empfohlen wird die Zugabe von etwas Harnstoff zur Waschflotte.

Durch die Behandlung mit sodaalkalischer Waschflotte wird freier Formaldehyd neben etwa oberflächlich haftendem Kunstharz entfernt und vorhandene Säure (Katalysator) neutralisiert.

*Spülen:* Gespült wird mit härtefreiem Wasser. Die Spülbäder sollen oft und rasch gewechselt werden. Bei modernen Breitwaschmaschinen begünstigt die Flottenzirkulation den Spülprozeß.

Die gewaschene Ware soll neutral oder schwach alkalisch reagieren, was man als Hinweis werten kann, daß eventuelle geruchserzeugende Verbindungen entfernt wurden.

*Trocknen* (der gewaschenen Ware):

Zur Vermeidung einer neuerlichen Kunstharzspaltung soll der abschließende Trocknungsprozeß bei *nicht zu hohen* Temperaturen durchgeführt werden (unterhalb 100° C).

6. Lagern der ausgerüsteten Ware

Der Lagerraum für kunstharzausgerüstete Waren soll trocken sein; es soll die Möglichkeit bestehen, daß viel Frischluft zutreten kann (Ventilatoren!).

### *Das Auftreten von Fischgeruch bei kunstharzausgerüsteten konfektionierten Textilien im Gebrauch*

Bei der *Chemischreinigung* von kunstharzausgerüsteten Gebrauchstextilien lassen Chlorkohlenwasserstoffe selbst bei nicht allzu waschfester Ausrüstung noch genügende Mengen an Kunstharz zurück, um dem Textilstück noch einen gewissen *Stand* und *Knitterarmut* zu geben. In der Praxis zeigte sich nun *vereinzelt* bei chemisch gereinigten Textilstücken (Zellwoll- und Halbwollartikeln) nach dem Trocknen, Abdämpfen und Bügeln, daß diese mit Fischgeruch behaftet und somit nicht mehr tragfähig waren. Weiters wurde festgestellt, daß Fischgeruch insbesondere nach einer 2. und 3. Chemischreinigung unter Verwendung von *öfters gebrauchten Lösungsmitteln* auftrat. Parallel durchgeführte Versuche[1] ergaben die gleichen Ergebnisse.

Die Voraussetzung für dieses überraschende Auftreten von Fischgeruch an *vorher einwandfreien* Textilien scheint eine gewisse Zeitspanne (Lagerung oder Gebrauchsdauer) zwischen den einzelnen Reinigungsoperationen zu sein.

An konfektionierten Textilien anhaftender Fischgeruch ist schwierig zu entfernen. Empfohlen wird:

Entsprechend langes Aushängen des Textilstückes in gut durchlüfteten Räumen;

Behandlung des Stückes in der Chemischreinigung mit frischem (reinem) Trichloräthylen- usw. -bad;

Dämpfen des Stückes;

Die beste Maßnahme ist, wenn möglich, das Textilstück nochmals einem schwach alkalischen Waschprozeß mit nachfolgendem gelinden Trocknen zu unterziehen.

## IV. Die Chlorretention (das Chlorrückhaltevermögen) von kunstharzausgerüsteten Zellulosefasertextilien und die damit verbundenen Fehler und Schäden im Gebrauch

Seit über 20 Jahren beschäftigt man sich mit dem *Problem der Chlorschädigung* von mit Kunstharzen ausgerüsteten Zellulosefasertextilien. Über dieses Thema berichten viele Autoren.

Es ist bekannt, daß die meisten Ausrüstungen mit N-Methylolverbindungen, besonders nach einer oder mehreren Wäschen, Chlor zurückhalten, wenn sie mit einer Hypochloritlösung (und nachfolgender Spülung) behandelt wurden. Eine solche Ware kann bei späterer Hitzeeinwirkung durch Bügeln oder Kalandern oder Dämpfen (z. B. bei einer nachfolgenden Behandlung auf der Sanformaschine) wie auch nach einer längeren Lagerzeit Schädigungen durch Zelluloseabbau aufweisen.

Das Problem des Chlorrückhaltevermögens von kunstharzausgerüsteten Zellulosefasertextilien hat für europäische Verhältnisse weniger Bedeutung, mehr hingegen für Übersee (wie USA und Kanada), wo im Haushalt[2] und insbesondere in den gewerblichen Waschanstalten chlorhaltige Wasch- und Bleichmittel durchwegs verwendet werden (s. auch die Ausführungen S. 337). Die Möglichkeit einer Chlorschädigung spielt daher auch für Exportartikel eine Rolle.

---

[1] Melliand Textilber. (Fragekasten) **36**, 1317 (1954).

[2] Finc, R. H.: Bleaching of Cottons in Home Laundering. Text. Res. J. **29**, 165—169 (1959).

## 1. Definition des Begriffs Chlorretention

Unter „Chlorrückhaltevermögen" (Chlorine retention) eines Kunstharzapprets (erhalten mit Kunstharzbildnern oder „zellulosevernetzenden" N-Methylolverbindungen) wird die Eigenschaft verstanden, aus Chlorbleichlösungen aktives Chlor aufzunehmen und festzuhalten.

Der Begriff „Aktivchlor" gibt den Oxidationswert von Hypochlorit an. Daher entspricht je 1 Gewichtsteil Aktivchlor nur je 0,5 Gewichtsteilen elementarem Chlor.

Nach W. Schefer[1] wird unter „Aktivchlor" der Hypochloritlösung ($ClO^-$) diejenige Chlormenge (Masse) verstanden, welche bei der Verschiebung des Gleichgewichts

$$Cl_2 + H_2O \rightleftharpoons HOCl + Cl^- + H^+$$

nach links als *gasförmiges Chlor* erhalten werden kann,

1 Mol Aktivchlor = 70,1 g Aktivchlor.

Dieses „gasförmige Chlor" in der Hypochloritlösung ist maßgebend für die Fähigkeit der Hypochloritlösung, Chlor abzugeben und oxidierend zu wirken.

Unter *Gesamtchlor* ($Cl_{ges}$) wird nach W. Schefer die in der Lösung, gemäß obigem Gleichgewicht vorkommende *gesamte Chlormenge ohne Rücksicht auf die Bindungsart* verstanden.

Die Verminderung der *gesamten Chlormenge* ($Cl_{ges}$) bei der Chlorbehandlung des Gewebes ist gleich der *Chloraufnahme.*

Nicht zum Gesamtchlor gerechnet wird das durch Disproportionierung von Hypochlorit sich allmählich bildende Chlorat:

$$3\,ClO^- \rightarrow 2\,Cl^- + ClO_3^-,$$

da es die Chlorierung und die Chlorbestimmung nicht beeinflußt.

W. Rümens u. a.[2] verwenden bei ihren Untersuchungen über „Chemische Konstitution und Chlorresistenz" zur Vermeidung von Zahlenwerten, die erst nach Umrechnung vergleichbar sind, für die Mengenangaben das *Mol* als Einheit. 1 Mol Aktivchlor ist dann diejenige Menge an $OCl^-$, HOCl, $Cl_2$ oder $>N-Cl$, welche im wässerigen Medium 1 Mol Arsenit zu Arsenat oxidiert (bzw. 2 Mol Na-thiosulfat).

## 2. Die chemischen Vorgänge zur Erklärung der Chloraufnahme durch kunstharzausgerüstete Zellulosefasertextilien und der daraus resultierenden Faserschädigung beim Lagern oder durch Hitzeeinwirkung

Die Voraussetzung zur Aufnahme von Chlor aus einer Natriumhypochloritlösung durch kunstharzausgerüstete Zellulosefasertextilien ist das *Vorhandensein von sekundären, eventuell auch primären Aminogruppen* mit *beweglichen, nichtbesetzten Wasserstoffatomen.*

Unter Chloramine versteht man Chlorstickstoff-Verbindungen der Formel:

$$\begin{matrix} R_1 \\ R_2 \end{matrix}\!\!>N-Cl$$

$R_1$ $R_2$ kann sein:
ein H-Atom,
eine C=O-Gruppe oder
ein aliphatischer bzw. aromatischer Rest.

Manchmal liegen aber auch *primäre Amine* $R-N\!<\!\begin{matrix} Cl \\ Cl \end{matrix}$ vor.

Bei der Kondensation von reaktiven N-Methylol-Verbindungen nach Applizierung auf das Baumwollgewebe erfolgt je nach der angewandten Type eine

[1] Schefer, W.: Chloraufnahme durch mit Kunstharzen appretierte Baumwollgewebe. Textil-Rundschau (St. Gallen) **15**, 512 (1957).

[2] Rümens, W., W. Rüttiger, N. Götz u. R. Zeidler: Chemische Konstitution und Chlorresistenz sowie Berücksichtigung optimaler Wash-and-Wear-Effekte. Textil-Rundschau (St. Gallen) **12**, 663 (1961).

Kunstharz-Einlagerung und/oder Zellulosevernetzung (s. S. 5). Für die „ausgehärteten“ Kondensate sind die *molekular und chemisch nichteinheitlichen Endzustände* charakteristisch. Es können viele Voraussetzungen dafür vorliegen, daß im fertig ausgerüsteten Gewebe, also im Kunstharzappret, mehr oder weniger sekundäre (eventuell auch primäre) Aminogruppen mit freien, durch Chlor ersetzbaren H-Atomen vorhanden sind. Je nach den Bedingungen des Ausrüstungsvorganges, Art der N-Methylol-Verbindung und ihrem Reinheitsgrad, Art des Säurespenders und den Kondensationsbedingungen (Zeit und Temperatur) liegt ein unterschiedlich chemisch aufgebautes Endharz oder eine Zellulosebrückenbindung oder auch beides vor.

Das *Chloraufnahmevermögen*, also die „Chloramin“-Bildung bei Behandlung mit Chlorbleichflotten ist also vom Zustand des „Endharzes“ abhängig, d. h. vom Vorliegen von besetzbaren H-Atomen in vorhandenen Imino-(Amino-)-Gruppen. Weiters ist die Chlorretention auch davon abhängig, wie weit der durch die Ausrüstung resultierende Endzustand des Kunstharz-Apprets gegen *hydrolysierende Einflüsse* alkalischer oder saurer Natur wie auch *oxidativen Einflüssen* beständig ist, denn durch Spaltreaktionen können erneut Imino-(Amino-) Gruppen mit freien, ersetzbaren H-Atomen auftreten, wodurch neue Angriffsstellen für die Chloraufnahme geschaffen werden.

Die Voraussetzung der *späteren Schädigung der Zellulosefaser durch Chloramin-Spaltung*, langsam beim Lagern oder spontan durch Hitzeeinwirkung (Bügeln), ist die *Beständigkeit bzw. Unbeständigkeit der Chloramine* gegenüber hydrolysierenden Einflüssen (hydrolysierende Begleitkörper, Faserfeuchtigkeit), wobei als zusätzliche Reaktionen auch oxidative und pyrolytische Vorgänge neben der azidolytischen Faserschädigung den Zelluloseabbau bewirken können.

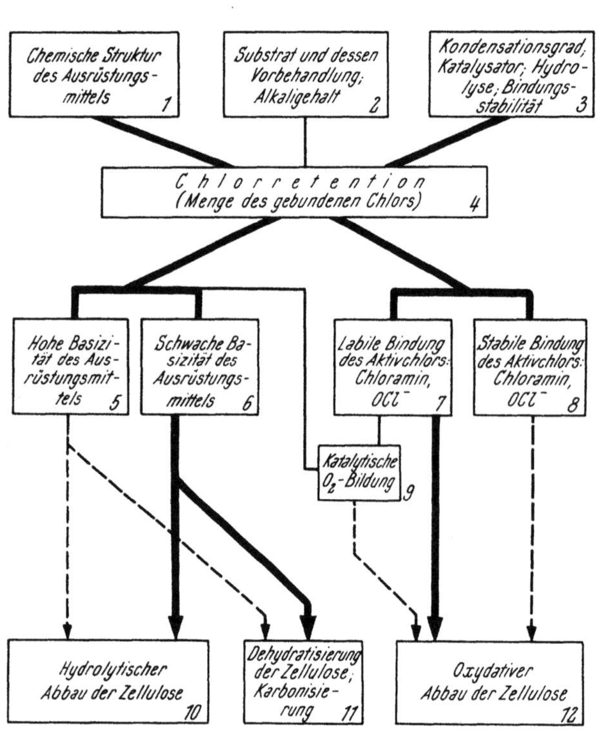


Abb. 26. Schema der Chlorschädigung für Zellulosefasertextilien, ausgerüstet mit reaktiven N-Methylolverbindungen (nach W. Rümens, W. Rüttiger, N. Götz und R. Zeidler[1]).

Das Zustandekommen der Chlorschädigung, insgesamt gesehen, ist äußerst verwickelt; die Einzelheiten der hierbei auftretenden Reaktionen sind in vielen Punkten noch unklar.

Die *Chlorteste* (AATCC, EMPA, s. Bd. IV/2), mit welchen die Möglichkeit einer eventuellen Schädigung des ausgerüsteten Gewebes bei späteren Chlorbehandlungen geprüft wird, fassen alle Reaktionsschritte der Aufnahme und Abgabe des Chlors und den hieraus resultierenden Zelluloseabbau insgesamt zusammen. Der Endeffekt (Vergilbung, Reißfestigkeitsabnahme) bei Chlorbehandlungen mit dazwischengeschalteten Wasch- und eventuell auch Absäuerungsprozessen erlaubt eine Aussage *hinsichtlich des Verhaltens der Ausrüstung im Gebrauch* zu machen.

Eine Reihe von Autoren hat einzelne kommerzielle Handelsprodukte (reaktive N-Methylolverbindungen) allein oder in Mischung mit N-freien Reactants, ferner den Einfluß von Säurespendern (Katalysatoren) und der Kondensationsbedingungen, sowie von Begleitkörpern bei der Ausrüstung von Baumwollgeweben hinsichtlich der resultierenden Faserschädigung durch Chlorbehandlungen geprüft. Weiters liegt auch eine Zahl von Untersuchungen über einzelne Vorgänge der Chlorretention und der späteren Schädigung des Gewebes vor.

W. Rümens, W. Rüttiger, N. Götz und R. Zeidler[1] faßten die bei der Chlorschädigung maßgebenden Einflüsse nach dem Stand der Kenntnisse in eine übersichtliche Darstellung (s. Abb. 26) zusammen.

Die Autoren versuchen die *einzelnen Reaktionsschritte für die Chloraufnahme und -abgabe und die damit verbundenen Einwirkungen auf Ausrüstung und Zellulosefaser* an Hand der vorliegenden Literatur und eigener, sehr instruktiver Versuchsergebnisse wiederzugeben, wobei bemerkt wird, daß viele Faktoren hier noch einer weiteren Aufklärung bedürfen.

Sie geben für die einzelnen Reaktionsstufen, die zur Schädigung führen, *drei quantitativ einigermaßen reproduzierbare Größen* an, nämlich:

*1. Konzentrationsabnahme an Aktivchlor der alkalischen Chlorlauge*, in der sich das zu prüfende Gewebe befindet.

Quantitative Bestimmung durch Titration: 1 Mol Natriumarsenit = 1 Mol Aktivchlor (s. Bd. IV/2).

*2. Gehalt an Aktivchlor im unbehandelten und im behandelten Gewebe.*

Quantitative Bestimmung durch Titration mit $KJ\text{-}Na_2S_2O_8$ nach genügend langer Einwirkungszeit, nach Nuessle (s. Bd. IV/2).

*3. Schädigung des Gewebes bei erhöhter Temperatur* (Bügeln).

*Scorch-Test:* Bestimmung des Reißfestigkeitsverlustes und Ermittlung des Grades der Vergilbung (s. Bd. IV/2).

Die Chlorteste (AATCC und EMPA) enthalten die vorstehend aufgezählten Größen und stellen (wie vorstehend bemerkt) das Endergebnis einer Reihe von Reaktionsschritten dar.

*Zu 1:* Die *Konzentrationsabnahme an Aktivchlor in der Flotte* kann nach den Autoren in *drei Anteile* aufgeteilt werden:

*1. Anteil:* Chemische Bindung des Chlors durch das Kunstharz zu *Chloraminen*, wenn freie NH-Gruppen vorhanden sind.
Weiters scheint eine *starke adsorptive Bindung von undissoziierter HOCl* vorzuliegen (bei pH-Wert 11,5 bis 9,5 der Chlorlauge).

---

[1] Rümens, W., W. Rüttiger, N. Götz u. R. Zeidler: Textil-Rundschau (St. Gallen): Symposium „Hochveredlung", SVCC Zürich (1961), **16** (9/10), 663 (1961).

Die beiden Reaktionen bewirken eine äquivalente Abnahme der Konzentration an Hypochlorit und an Gesamtchlor in der Flotte.

*2. Anteil:* *Oxidativer Abbau der Zellulose* und *oxidativer Abbau des Ausrüstungsmittels und der Verunreinigungen.* Der oxidative Abbau des Kunstharzes hängt von der Stabilität der Grundsubstanz des Kunstharzes ab. Besonders leicht werden *mehr oder weniger hydrolysierte* Produkte oxidiert.

Das Veredlungsmittel kann die Oxidationsgeschwindigkeit der Zellulose im alkalischen Medium beeinflussen. Hierbei hängt das *Ausmaß und die Art der Faserschädigung* davon ab, ob eine Aktivierung oder Passivierung des Aktivchlors erfolgt.

Die *oxidative Wirkung der Hypochlorit-Ionen* bewirkt nur eine Abnahme der Oxidationsäquivalente der Chlorlauge; die Konzentration an Gesamtchlor in der Lösung bleibt konstant.

*3. Anteil:* $OCl^-$-Ionen der Chlorlauge können gasförmigen und alsdann nicht oxidierend wirkenden *molekularen Sauerstoff* bilden. Weiters findet ein Übergang in Chlorat statt.

Diese normalerweise langsam ablaufenden Reaktionen können durch Lichteinwirkung oder durch bestimmte Katalysatoren beschleunigt werden.
Unter den üblichen Bedingungen ist die Chloramin-Bildung weit fortgeschritten, während eine Oxidation der Zellulose erst anfängt zu beginnen.

*Zu 2: Bindung des Aktivchlors an das Gewebe.* Das Aktivchlor kann in Wechselwirkung mit der Zellulose (in Form von Chloramin, unterchloriger Säure und Hypochlorit) treten, wobei verschiedene Anteile in Betracht kommen:

*1. Anteil:* Freie HOCl (bei pH-Werten 9 bis 10) wird überwiegend durch Dipolkräfte an die OH-Gruppen der Zellulose *schwach* gebunden und ist *durch Spülen entfernbar.*

*2. Anteil:* *Geringe* Mengen dissoziierter unterchloriger Säure wird *relativ stark* adsorptiv oder durch Ionenaustausch an die Harnstoffderivate gebunden.

*3. Anteil:* Nicht dissoziierte HOCl wird adsorptiv, durch Ionenaustausch oder durch Dipolkräfte an die Harnstoffderivate gebunden und ist *durch Spülen nicht entfernbar.*
Dieser Anteil dürfte eine *größere Rolle für die Schädigung* spielen.

*4. Anteil:* Dieser könnte überlegungsgemäß OH-Gruppen der Zellulose zu *Hydroperoxiden* oxidieren, was aber im vorliegenden alkalischen Medium und durch die stabilisierende Wirkung von Harnstoff(derivaten) *nicht* wahrscheinlich ist.

*5. Anteil:* Dieser bewirkt die *chemische Bindung des Chlors* (als Chloramine) an das Ausrüstungsmittel.

*Zu 3: Schädigung des Gewebes durch Hitzeeinwirkung.* Durch die Einwirkung von Chlorlauge findet stets eine gewisse Schädigung der Zellulose infolge eines oxidativen Abbaues statt, also auch bei einem *nicht* mit Kunstharz ausgerüsteten Gewebe. Die schädigende Wirkung auf das behandelte Gewebe erfolgt hauptsächlich unter dem Einfluß des trockenen Erhitzens, wobei die Zellulose durch das gebundene Aktivchlor mehr oder weniger *stark abgebaut* wird. Als *Primärreaktionen* kommen hier im Prinzip zwei Reaktionen in Betracht, nämlich die *homolytische* oder die *heterolytische Spaltung der* $>N-Cl$-Bindung.

*Homolyse der Chlorverbindungen unter Bildung von Radikalen*[1]

$>\underline{\overline{N}}-\underline{\overline{Cl}}| \rightarrow >\underline{\overline{N}}\cdot + \cdot\,\underline{\overline{Cl}}|$ (Radikaldissoziation der Chloraminbindung)

$\ominus\,|\underline{\overline{O}}-\underline{\overline{Cl}}| \rightarrow \ominus\,|\underline{\overline{O}}\cdot + \cdot\,\underline{\overline{Cl}}|$ (Radikaldissoziation des Hypochlorit-Ions)

Diese Radikale reagieren weiter unter Abfangen von Sauerstoff oder von Wasserstoff.

Dabei wird das *N-Radikal*, das über das methylolierte Harnstoffmolekül (zyklische Harnstoffderivate) fest an Zellulose gebunden ist, durch Abfangen eines H-Atoms aus $H_2O$ oder aus der OH-Gruppe der Zellulose abgesättigt, so daß im Harnstoffderivat *eine NH-Gruppe neu ausgebildet* wird. Das H-Atom derselben kann nun *wiederum mit Chlor substituiert* werden.

Das *O-Radikal* bildet in Gegenwart von Luftsauerstoff und der Restfeuchtigkeit ($H_2O$) sowie der vielen OH-Gruppen der Zellulose vornehmlich *Peroxide.* Diese wirken oxidierend auf die Zelluloseketten und sind die Ursache für die *oxidative Zelluloseschädigung.*

Das *Chlor-Radikal* fängt gleichfalls H-Atome unter Bildung von *Chlorwasserstoff* ab. Bei genügend hoher Restfeuchtigkeit in der Faser werden die Zelluloseketten hydrolytisch gespalten, was die *Ursache für die hydrolytische Zelluloseschädigung* ist.

Weiters kann als Schädigungsursache auch eine *Pyrolyse der Zellulose* angenommen werden. Die vorstehend angeführten, bei den Folgereaktionen auftretenden Ionen und deren Verbindungen können zum Teil katalytisch die *Dehydratation* ($H_2O$-Abspaltung) der Zellulose fördern.

*Heterolyse der Chlorverbindungen*

Diese erfolgt unter Dissoziation in *Ionen.* Diese Dissoziation wird durch Zellulose als „ein Lösungsmittel relativ hoher örtlicher Dielektrizitätskonstante" gefördert.

$\ominus\,|\underline{\overline{O}}-\underline{\overline{Cl}}| \rightarrow |\underline{\overline{O}} + |\underline{\overline{Cl}}|^{\ominus};$

$>\overline{N}-\underline{\overline{Cl}}| \rightarrow >\ddot{N}^{\oplus} + |\underline{\overline{Cl}}|^{\ominus};$ Je nach Elektronegativität des Stickstoffs im Molekül

$>\overline{N}-\underline{\overline{Cl}}| \rightarrow >\overline{N}|^{\ominus} + \underline{\overline{Cl}}|^{\oplus};$

Wenn genügend Restfeuchtigkeit in der Faser vorhanden ist, tritt bei hohen Temperaturen auch die *Hydrolyse der Chloraminverbindung* ein:

$$>\underline{\overline{N}}-\underline{\overline{Cl}}| \xrightarrow{H_2O} >NH + HOCl.$$

Durch Sekundärreaktionen bilden sich alsdann *atomarer Sauerstoff, unterchlorige Säure* sowie *Salzsäure,* welche, wie schon ausgeführt, *oxidativ* oder *hydrolytisch* Zellulose abbauen.

*Die Stabilität der Chloramine gegen Hitzeeinwirkung*

Das Ausmaß der Zelluloseschädigung beruht weiters auch auf der *thermischen Stabilität bzw. Unstabilität der gebildeten Chloramine* sowie von der *Basizität des Ausrüstungsmittels.*

---

[1] Wayland, R. L. (und *AATCC*): Der Chemismus der Chlorretention bei Kunstharz-ausgerüsteten Baumwollgeweben. Amer. Dyestuff Rep. **49**, 843 (1960).

W. Rümens u. a.[1] legten zahlenmäßig in Tabellenform dar, daß bei *verschiedenen* Ausrüstungen mit zyklischen Harnstoffderivaten (N-Methylol-Reactantharzen) durch die *thermische Behandlung* nur ein *geringer Anteil an Aktivchlor* abgespalten wurde.

Bei einer solchen *stabilen Bindung des aktiven Chlors* dürfte deshalb der oxidative Abbau der Zellulose entfallen.

Der *hydrolytische Abbau* wird weitgehend von der *Basizität des Ausrüstungsmittels* bestimmt.

Bei *hoher* Basizität wird die gebildete Salzsäure vom Ausrüstungsmittel neutralisiert (unrichtig in der Literatur als „Abpufferung" bezeichnet). Bei *geringer* Basizität ist dies nicht der Fall; es tritt deshalb ein hydrolytischer Abbau der Zellulose ein (s. auch die Ausführungen S. 338).

Die Chlorrückhaltung bei N-haltigen Wash-and-Wear-Ausrüstungen von Baumwollgeweben kann bewirken: 1. eine Verfärbung des Gewebes und 2. bei Hitzeeinwirkung eine Vergilbung oder Bräunung oder auch einen Verlust der Gewebereißfestigkeit.

Die bestbekannten, kommerziell verwendeten Ausrüstungsmittel, welche *verfärben*, basieren auf *Triazin-Struktur*, wie z. B. die Methylol- und methylierten Methylol-Derivate des Melamins. Auch wenn in den Anfangsverbindungen des Triazins die Amino-N-Atome *völlig blockiert* (substituiert) sind, werden bei der Hitzekondensation einige der *tertiären* Amino-Gruppen durch Formaldehyd *sekundär*. Durch eine nachfolgende Wäsche kann wiederum Formaldehyd herausgespalten werden, und es entstehen nun *primäre* Aminogruppen. Die Ausrüstung wird bei der Behandlung mit einer Hypochlorit-Flotte alsdann *gelb*.

Wird aber jedes H-Atom des Aminostickstoffs durch eine Alkylgruppe besetzt, welche *nicht* durch alkalische oder saure Hydrolyse abgespalten werden kann, so tritt *keine* Vergilbung, auch nicht nach wiederholten Wäschen, auf. Z. B. wird eine Ausrüstung, hergestellt mit N, N′, N″-Trimethyl-, N, N′, N″-Trimethylolmelamin *nicht* gelb bei Chlorbehandlungen. Dies zeigt an, *daß das Chloramid, welches die Gelbfärbung bewirkt*, in Triazin-Ausrüstungen am *gleichen* Amino-Stickstoff *zwei Chloratome* enthalten muß[2].

H. Enders[3] gibt *verschiedene Möglichkeiten der Vergilbung* bei mit Kunstharzen ausgerüsteten Zellulosefasertextilien an.

1. Die Möglichkeit des Vergilbens durch *Trocknen und Kondensieren* des mit dem Kunstharz-Vorprodukt applizierten Gewebes (z. B. mit Dimethylol-Triazinon-Derivaten). Diese Vergilbung kann durch eine peroxidhaltige Wäsche beseitigt werden.

2. Die Möglichkeit des Vergilbens *durch Bügeln* (*ohne* Wäsche oder *nach* Normalwäsche).

3. Die Möglichkeit des Vergilbens bei *optisch aufgehellten Geweben* durch Herabsetzung der Lichtechtheit oder durch chemische Veränderung des auf der Faser befindlichen optischen Aufhellers (durch Katalysierung bei Belichtung; z. B. mit $NO_3^-$-Ionen).

---

[1] Rümens, W., W. Rüttiger, N. Götz u. R. Zeidler: Textil-Rundschau (St. Gallen) **16**, 663 (1961).

[2] Reeves, W. A.: J. Text. Inst. **53**, 22 (1962).

[3] Enders, H.: Neue Entwicklungen auf dem Gebiet der Hochveredlung, II. Melliand Textilber. **40** (12), 1454 (1959).

4. Die Möglichkeit des Vergilbens, *beruhend auf einer Behandlung mit NaOCl-Bleichlösung:*

a) Vergilbung bei *Chlorung ohne Bügeln* durch Bildung *gefärbter Chloramin-Derivate* (wie bei Melaminharz-Ausrüstungen). Diese Vergilbung ist *nicht* durch eine peroxid-haltige Wäsche entfernbar, jedoch durch Reduktionsmittel (= Entchlorung) aufhebbar.

b) Vergilbung bzw. Verbräunung *nach Chloren und folgender Hitzeeinwirkung* (Scorch-Test), *ohne* daß ein merklicher Festigkeitsabfall eintritt (z. B. bei Triazinonharz-Ausrüstung). Nicht mehr restlos durch eine peroxidhaltige Wäsche zu entfernen.

c) Verbräunung *nach Chloren und folgender Hitzeeinwirkung* (Scorch-Test), verbunden mit einer *bleibenden Faserschädigung* (= Karbonisierung der Zellulose).

Bevor auf das Verhalten der einzelnen Ausrüstungen von Baumwollgeweben mit N-Methylol-Verbindungen gegen Chlorbleichlösungen eingegangen wird, sollen noch einige Arbeiten angeführt werden, die sich mit der *Deutung der Ursachen der Chlorretention und ihrer Auswirkungen* beschäftigen.

Die Ausrüstungen mit *Reactantharzen* zeigen im Vergleich zu denen mit *Dimethylol-Harnstoff* eine bessere Permanenz gegen Kochwäsche und gegen Behandlungen mit Chlorbleichlaugen.

Reactantharze können nicht analog zu den üblichen Dimethylol-Harnstoff-Verbindungen reagieren, da die freien H-Atome am Stickstoff fehlen. So kann z. B. mit Dimethylol-Äthylenharnstoff (DMÄH) in wässeriger, saurer Lösung auch durch längeres Kochen *keine* Kondensation zu einem unlöslichen Endharz erzwungen werden. Da aber die mit einem Reactantharz applizierte Baumwolle analoge Ausrüstungseffekte ergibt wie mit Harnstoff-Formaldehyd-Harz, muß hier eine Reaktion mit Zellulose eintreten. Der Theorie nach wäre eine Ätherbrückenbildung möglich:

$$\begin{array}{c}\mathrm{Cell\cdot O\cdot CH_2{-}N{-}CO{-}N{-}CH_2\cdot O\cdot Cell}\\ \mathrm{|\qquad\quad |}\\ \mathrm{CH_2{-\!\!-\!\!-}CH_2}\end{array}$$

Nach Versuchen von R. Loss[1] sind aber *maximal nur 10% solcher Ätherbrücken* nachweisbar. Somit kann dies *nicht* die Hauptreaktion sein.

R. Loss nimmt als 1. Teilreaktion eine *Abspaltung von Formaldehyd* aus Dimethylol-Gruppen an. Weiters soll die Grundsubstanz (zyklische Äthylenharnstoff) mit zum Teil noch methyloliertem Äthylenharnstoff unter Ausbildung von $-N-CH_2-N$-Gruppen *unter Wasseraustritt* reagieren und weiters die *Ätherbrücke mit Zellulose* gebildet werden. In dem postulierten Reaktionsverlauf (s. S. 110) tritt eine Imidogruppe [$>N-H$] auf, die durch Chlor substituiert werden kann. Die formulierte Kondensationskette kann beliebig verlängert gedacht werden, zum Teil fixiert durch Ätherbrücken, zum Teil sind freie H-Atome oder Methylolgruppen noch vorhanden.

Geringe Abweichungen der Kondensationsbedingungen bei zellulose-reaktiven, zyklischen Harnstoffharzen beeinflussen daher die Chlorbeständigkeit der Ausrüstung auf Baumwolle. Der Reaktionsverlauf wird bestimmt durch das angewandte Ausrüstungsmittel, durch die Katalysator-Type und seine Menge, ferner von der Kondensationstemperatur und -zeit. Daher ist ein genaues Arbeiten eine unerläßliche Voraussetzung für eine möglichst wasch- und chlorbeständige

[1] Loss, R.: Reaktivharze zur Knitterfreiausrüstung von Baumwolle. Chem. Rundschau (Solothurn/Schweiz) **1958**, No. 23, 1. Dezember, S. 608.

Ausrüstung. Die bessere Resistenz der Reaktantharze gegen alkalische Wäschen im Vergleich zu Harnstoff-Formaldehyd-Ausrüstungen muß in der höheren Bildungsenergie gesucht werden, d. h. zur Aufspaltung der Harze sind somit auch stärkere Bedingungen nötig.

R. Loss bestätigt die *teilweise Hydrolyse* beim *Kochen* des mit DMÄH ausgerüsteten Baumwollgewebes, sowie die hierauf beruhende Abnahme der Chlorresistenz. Dies besagt, daß die *Zahl der freien H-Atome am Stickstoff* angestiegen ist, und dies ist wiederum nur möglich durch eine *Kunstharzhydrolyse.*

R. Loss erwähnt noch, daß die hauptsächlich vertretene Ansicht hinsichtlich einer Bildung von HCl beim thermischen Zerfall der (durch Chlorbehandlungen gebildeten) Chloramine möglich wäre, doch konnte HCl keinesfalls nachgewiesen werden.

In den USA wird nach Angaben von H. C. Borghetty[1] in kommerziellen Wäschereien neben der üblichen Seifen- oder Waschpulverwäsche auch mit verdünnter Natriumhypochloritlösung gewaschen bzw. gebleicht. Z. B. wird nach H. C. Borghetty (loc. cit.) in der Waschmaschine nach folgendem *Waschzyklus* gewaschen:

*Tabelle 46*

| Minuten | Ungefähr °C | Waschflotte |
|---|---|---|
| 6 | 50 | Seife/Soda |
| 12 | 70 | Seife |
| 8 | 65 | Javellewasser (NaOCl) 0,1 g/l Aktivchlor |
| 6 | 70 | Wasser (heiß) |
| 2 | 40 | Wasser (warm) |
| 3 | 40 | Optisches Aufhellen |
| 3 | auf pH- Wert 5 die Flotte stellen | |

R. Loss führte in Anlehnung an diese Angaben vergleichende Versuche an Ausrüstungen auf Baumwolle mit Dimethylol-Harnstoff und einem Reactantharz (Tetramethylol-Azetylendiharnstoff) durch, und zwar mit der zehnfachen Aktivchlormenge.

Behandlung der ausgerüsteten Baumwollproben:
30 Minuten ..... Kochwäsche Seife/Soda;
30 Minuten ..... Chloren mit 1 g/l Aktivchlor; Flotte 1 : 20 bei 20° C.

Spülen und Trocknen:
60 Minuten bei 150° C im Trockenschrank erhitzen.

Als *Maß für die Chlorpermanenz* wurde der prozentuelle Reißfestigkeitsverlust, bezogen auf das *nicht* gechlorte Gewebe, genommen.

Diese Prüfung ist härter als die kommerziellen Bedingungen, besonders hinsichtlich der Hitzebehandlung. In der Praxis beträgt die Bügelzeit normalerweise weniger als 5 Sekunden bei etwa 200° C.

R. Loss gibt als Resultat (s. Abb. 27) an, daß *bis zu etwa 0,3% Chloraufnahme,* bezogen auf das Gewebe, die Kunstharzausrüstung als *beständig gegen die NaOCl-Einwirkung* zu betrachten wäre.

---

[1] Borghetty, H. C.: Wash-wear Resins for White Cotton Fabrics. Amer. Dyestuff Rep. 47, 509 (1958).

R. Allscher[1] weist darauf hin, daß das bei der Hitzekondensation unter dem Einfluß des Säurespenders auf dem Baumwollgewebe *resultierende Endharz* hinsichtlich der molekularen und chemischen Zusammensetzung *niemals einheitlich* anfällt. Für die *Beurteilung des Endzustandes der Polykondensation* wurde das Auftreten von mehr oder weniger Chloramin nach Chlorbehandlungen herangezogen.

Bei *Harnstoff-Formaldehyd-Harzen* bilden sich in saurer Lösung vorwiegend *Methylenverknüpfungen* und erst nach längerer Kondensationszeit *Methylenäther*-Brücken aus. Die H-Atome am Stickstoff sind durch Chlor unter Bildung von Chloraminen ersetzbar.

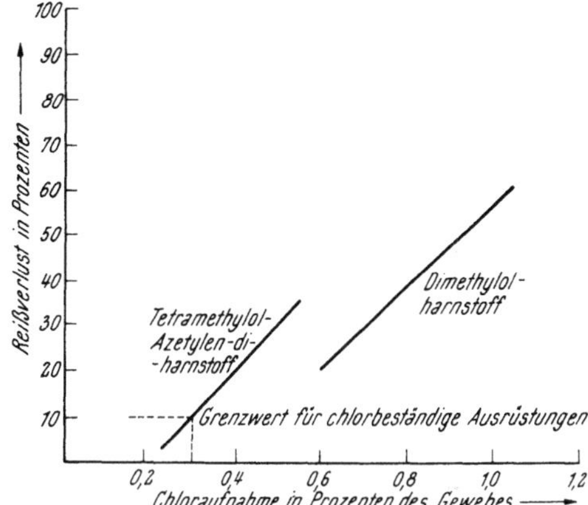


Abb. 27. Hitzebeständigkeit des ausgerüsteten Baumwollgewebes in Abhängigkeit von der Chloraufnahme nach (R. Loss.[1])

Für den *Verlauf der Polykondensation von Melamin-Formaldehyd-Harzen* werden mögliche Teilreaktionen erörtert (s. S. 48).

Das Verhalten des fertig kondensierten Melamin-Formaldehyd-Harzes hängt vom Grad der Methylolierung des Melamins ab.

Im Molekül des *Dimethylol-Äthylenharnstoff* (DMÄH) sind keine >NH-Gruppen vorhanden, so daß der Theorie nach auch *keine* Chloraminbildung zu erwarten wäre. Bei der thermischen Endbehandlung von mit DMÄH ausgerüsteten Geweben sind aber *optimale Reaktionsbedingungen* erforderlich, da sonst nicht zur Reaktion gelangende $>N-CH_2 \cdot OH$-Guppen später die Bildung von Chloramin ermöglichen.

*Formaldehyd-reichere*, über das Mol-Verhältnis 1 : 2 hinausgehende „Äthylenharnstoff-Vorkondensate" verhalten sich im kondensierten Zustand auf dem Baumwollgewebe *günstiger*, da nach alternierenden Wäschen und Chlorbehandlungen eine Herabsetzung der Chloramin-Bildung festzustellen ist.

W. Schefer[2] beschäftigte sich sehr eingehend mit der *Chloraufnahme und -abgabe von mit Kunstharzen ausgerüsteten Baumwollgeweben*.

Im ersten Teil der Arbeit untersuchte W. Schefer die Chloraufnahme kunstharz-behandelter Gewebe. Weiters gab er Prüfmethoden für die Ermittlung des Chloraufnahmevermögens an (s. Bd. IV/2). Im zweiten Teil der Arbeit bespricht W. Schefer Einzelheiten der Chlorauf- und -abgabe.

*Chemische Gesichtspunkte zum Chloraufnahmevermögen kunstharzausgerüsteter Baumwollgewebe.* Auf Grund der stark alkalischen Reaktion liegt in technischen Chlorlaugen praktisch alles Aktivchlor als *Hypochlorit-Ion* vor:

$$2\,OH^- + Cl_2 \rightleftharpoons OCl^- + Cl^- + H_2O.$$

Die *Hypochlorit-Ionen* (und in neutralen oder sauren Lösungen auch *unter-*

[1] Allscher, R.: Die Bedeutung der Chloralkylamine für die Chemie der Aminoplasten und anderer stickstoffhaltiger Formaldehyd-Kondensationsprodukte. 1. Mitt. Textil-Praxis **13**, 505 (1958): 2. Mitt. ibid. **14**, 73 u. 944 (1959).

[2] Schefer, W.: Chloraufnahme durch mit Kunstharzen appretierte Baumwollgewebe. Textil-Rundschau (St. Gallen) **12**, 512 (1957) u. **14**, 17 (1959).

*chlorige Säure*) sind für die *Bildung von Chloraminen* an primären und sekundären Aminogruppen des Aminoplastkunstharzes verantwortlich, z. B.

$$\begin{matrix} R_1 \\ R_2 \end{matrix}\!\!>N{-}H + OCl^- \rightleftharpoons \begin{matrix} R_1 \\ R_2 \end{matrix}\!\!>N{-}Cl + OH^-,$$

während *elementares Chlor* (bei völliger Wasserabwesenheit) *keine* Bindung mit dem Kunstharz eingeht.

Wenn man die vorstehende Reaktion als einen *Gleichgewichtsvorgang* ansieht, so bedeutet dies praktisch:

1. Mit *steigender Konzentration an Hypochlorit* (d. h. an „Aktivchlor") *vergrößert* sich das Chloraufnahmevermögen.

2. Bei *niedrigeren pH-Werten* wird gleichfalls *mehr* an Chlor aufgenommen (Neutralisierung der $OH^-$-Ionen auf der rechten Seite der Gleichung!).

3. Chloramine können durch *Reduktionsmittel* wieder zersetzt werden (Reduktion der $OCl^-$-Ionen, wodurch sich das Gleichgewicht nach der linken Seite verschiebt).

Auf Grund der oben gegebenen Beziehung wird bei der *jodometrischen Titration der Chloramine* auf der Faser (s. Bd. IV/2) durch *ein* gebundenes Chlor-Atom *ein* $OCl^-$-Ion freigesetzt, welches *zwei* Atome Jod aus der vorgelegten Lösung ausscheidet.

So berechnet, stimmen nach W. Schefer fast alle Werte für den *Gesamtchlor-Verbrauch der Lösung* und für das *jodometrisch auf dem Gewebe bestimmte Chlor* sehr gut überein.

Da bei *wiederholten Chlorierungen* der gleichen Gewebeprobe (mit jeweiliger jodometrischer Titration) das Chloraufnahmevermögen *geringer* wird, muß ein Kunstharz*abbau* angenommen werden. Dies ist auch daran zu erkennen, daß bei der Chlorierung *mehr* an Aktivchlor verbraucht wird, als der Chloraufnahme entspricht.

Der für diese Oxidation des Kunstharzes (und teilweise auch der Zellulosefaser) *verbrauchte Anteil des Aktivchlors* ist durch die Differenz ($Cl_{akt}$ minus 2 $Cl_{ges}$) gegeben (Wert $Cl_{ox}$).

Der Wert ($Cl_{ox}$) ist ein *Maß für die Oxidierbarkeit des Kunstharzes* durch Hypochloritlösungen und dessen Zerfall in $CO_2$ und $N_2$.

Das an das Kunstharz gebundene Chlor kann durch *Spülen*, wenn auch *unvollständig*, wieder entfernt werden.

Werden die ausgerüsteten und gechlorten und gespülten Gewebeproben *an die Luft ausgelegt*, so zersetzen sich die gebildeten Chloramine unter *Entwicklung von Chlorgas.*

*Waschbehandlungen von kunstharzausgerüsteten Geweben.* Beim Waschen in sodaalkalischen Seifenlösungen werden durch *teilweise Hydrolyse des Harzes* neue Imino- und Amino-Gruppen frei, somit wird das *Chlorbindungsvermögen* des Kunstharzes *erhöht.* Letzteres nimmt bei wiederholten Waschbehandlungen *anfänglich* zu, doch wird die Chloraufnahmefähigkeit durch eine fortschreitende Ablösung von Kunstharz aus der Faser nach *mehrfachen* Wäschen *wieder kleiner.*

*Vorgänge beim Erhitzen der kunstharzausgerüsteten und gechlorten Gewebe.* Durch Versuche stellte W. Schefer fest, daß weder *HCl* noch *Chlor* beim Erhitzen der gechlorten Gewebe in nennenswerten Mengen abgegeben wird. Erhitzt man das gechlorte und gespülte Gewebe *eine Stunde lang* auf 150° C, so geht die Gewebereißfestigkeit stark zurück. In den meisten Fällen war das Gewebe hierdurch unbrauchbar geworden. Schon ein *Chlorgehalt über 0,2%* läßt eine ungenügende Reißfestigkeit resultieren. Gechlorte Gewebe, die mit *Melamin-Formaldehyd-Harzen* ausgerüstet waren, verlieren durchschnittlich nach einer Chlorbehandlung und folgender Hitzeeinwirkung *etwas weniger* an Reißfestigkeit. Durchgeführte Chlorwäschen von kunstharzbehandelten Geweben unter Praxisbedingungen zeigen, daß schon nach einer einmaligen Wäsche bei Zugabe von 0,25 g/l Aktivchlor das Gewebe beim Erhitzen vergilbte und ein beträchtlicher Reißfestigkeitsverlust auftrat. Durch Zugabe von 1 g/l Aktivchlor wurde das Gewebe beim Erhitzen braun und war völlig brüchig.

Durch *Reduktion des Chlors auf dem Gewebe* mit Jod-Ionen kann die Schädigung des Gewebes durch Hitzeeinwirkung behoben werden oder stark vermindert werden.

Eine Faserschädigung tritt beim Erhitzen der kunstharzausgerüsteten, gechlorten und gespülten Gewebe wahrscheinlich nur in Gegenwart von Feuchtigkeit auf, welche die Faser im lufttrockenen Zustand immer enthält.

W. Schefer nimmt an, da durch Hitzeeinwirkung weder *Salzsäure* noch *Chlor* in nennenswerten Mengen freigesetzt wird, daß hierbei *Hydrochloride an den primären und sekundären Aminogruppen* gebildet werden. Dies ist denkbar durch *Hydrolyse der Chloramine* unter der Einwirkung von Hitze und durch einen *sofortigen Zerfall* der dabei entstehenden unterchlorigen Säure:

$$\begin{matrix}R_1\\R_2\end{matrix}\!\!>\!N{-}Cl + HOH \rightarrow \begin{matrix}R_1\\R_2\end{matrix}\!\!>\!N{-}H + \underset{\displaystyle HCl + O}{\underset{\downarrow\quad\downarrow}{HOCl.}}$$

Wird die freigesetzte Salzsäure unmittelbar nach ihrer Bildung wiederum am *gleichen Amin* gebunden, so kann man auch von einer *Umlagerung des Chloramins in ein Hydrochlorid* unter *Abspaltung von atomarem Sauerstoff* sprechen:

$$\begin{matrix}R_1\\R_2\end{matrix}\!\!>\!N{-}Cl + HOH \rightarrow \begin{matrix}R_1\\R_2\end{matrix}\!\!>\!\underset{\displaystyle \vdots \atop Cl^{\ominus}}{\overset{\oplus}{N}H_2} + O_{akt}$$

Nicht geprüft wurde in den Arbeiten von W. Schefer, welcher Anteil der *aktive Sauerstoff* an der Faserschädigung hat und in welchem Ausmaß auch eine *Karbonisierwirkung durch Hydrochloride* möglich ist.

W. Schefer nimmt an, daß dem in der Hitze entstehenden *atomaren Sauerstoff* die Hauptrolle bei der Faserschädigung durch Chloren und nachfolgender Hitzeeinwirkung zufällt, da eine solche Wirkung durch Salzsäure nicht leicht einzusehen wäre, solange die Salzsäure als „*Hydrochlorid gebunden*" und *nicht* freigesetzt wird.

W. Schefer zieht aus seinen Versuchsergebnissen folgende *praktische Schlußfolgerungen:*

1. Waschbehandlungen verändern die Kunstharzappreturen meist in dem Sinne, daß letztere *anfänglich mehr, später* mit fortschreitender Ablösung an Kunstharz *weniger* Chlor aufnehmen können als im ungewaschenen Zustand.

Diesem je nach Kunstharz-Type unterschiedlichem Verhalten kann dadurch Rechnung getragen werden, daß auch eine Prüfung des *mehrmals gewaschenen Gewebes* (z. B. dreimal) vorgenommen wird.

2. Die Faserschädigung, hervorgerufen durch Erhitzen von chlorhaltiger, kunstharzausgerüsteter Ware, ist durchschnittlich *um so größer, je mehr Chlor* aufgenommen wurde, doch sind neuerdings in der Literatur auch *gewisse Ausnahmen* von dieser Regel bekanntgeworden.

Chlorgehalte über etwa 0,3% (bezogen auf das klimatisierte Gewebe) bilden stets eine latente Gefahr für eine Faserschädigung. Erst *unter 0,03% Chlorgehalt* sind auch bei ungünstigen Erhitzungsbedingungen nach W. Schefer keinerlei Schädigungen zu erwarten.

W. Schefer empfiehlt bereits bei einem Chloraufnahmevermögen von *mehr als 0,03%* die Erhitzungsprüfung (Scorch-Test) vorzunehmen, während diese für niedrigere Chlorgehalte, als angegeben, nicht notwendig ist.

Die *AATCC Piedmont Section*[1] untersuchte den *Verlauf der chemischen Reaktionen bei der Chlorierung von Kunstharzen auf Geweben als auch in Substanz* sowie *beim Abbau der gebildeten Chloramine durch Hitzeeinwirkung.*

Ausführlich untersucht wurde die Chloraminbildung bei N-haltigen Kunstharzen, hergestellt mit Methylol-Verbindungen von Harnstoff, Melamin, Äthylenharnstoff, Triazinon und Tetramethylol-azetylendiharnstoff. Es zeigte sich, daß die Chloraminbildung $[> \mathrm{NH} + \mathrm{HOCl} \rightarrow\ > \mathrm{N{-}Cl} + \mathrm{H_2O}]$ einfachen Gleichgewichts-Gesetzen folgt und wahrscheinlich nur von der Anzahl der freien >N—H-Gruppen im Kunstharz und der Gleichgewichtskonstante der Chloramin-Bildungsreaktion des betreffenden Kunstharzes abhängt. Weiters wird die Bildung von Chloramin durch Erhöhung der Temperatur des Chlorierungsbades erleichtert.

Gleichzeitig mit der Chloramin-Bildung wird der Molekülverband gewisser Kunstharze durch freies aktives Chlor aufgespalten. Dieser oxidative Angriff des Natriumhypochlorits, der sich auf die freien >N—H-Gruppen richtet, findet hauptsächlich im Chlorbad statt.

Bewiesen wurde, daß das durch *Erhitzen* freigesetzte Chlor mit Kunstharz, welches auf Glasfasern oder anderen nicht reaktionsfähigen Substraten appliziert wurde, *nicht* reagiert und als *Gas* entweicht, aber im Falle von Zellulose als Substrat mit letzterer in Reaktion tritt.

Die Zersetzung der gebildeten Kunstharz-Chloramine variiert sehr stark mit dem verwendeten Kunstharz. Man nimmt an, daß das Chloramid dissoziiert: $> \mathrm{N{-}Cl} \rightarrow\ > \mathrm{N{-}} + \mathrm{Cl}$, wobei *Chlor-Radikale* gebildet werden, welche den OH-Gruppen der Zellulose alsdann jeweils ein H-Atom entreißen, wobei HCl auftritt. Daneben ist auch die Bildung von $Cl_2$ durch Reaktion zweier Chlorradikale möglich.

Die *Verhinderung einer Zelluloseschädigung* durch sich bildende Salzsäure ist nur dann möglich, wenn das bei der Dissoziation des Chloramins auftretende Chlor-Radikal abgefangen wird, oder auch dadurch, daß bei der Kunstharz-Ausrüstung „Puffersubstanzen" mitverwendet werden, welche die gebildete Salzsäure neutralisiert.

Das freie Chlor kann durch *Inhibitoren,* nämlich Verbindungen mit ungesättigten Bindungen, abgefangen werden.

Z. B. bewirken Polyvinylalkohol und Diallyl-Melamin-Formaldehyd einen Schutz gegen das durch *Lichteinwirkung* entstandene Chlor-Gas, während Dimethylol-Acrylamid oder Cobaltnitrat das Freiwerden von Chlor durch *Hitzeeinwirkung* verhindern.

---

[1] *AATCC Piedmont Section:* Der chemische Reaktionsmechanismus bei der Chlorretention von harzbehandelten Baumwollgeweben. Amer. Dyestuff Rep. **49,** 55 (1960).

Hinsichtlich der „Pufferwirkung" findet man große Unterschiede bei den Kunstharzen. Triazinon-Harze üben die stärkste, Melamin-Harze eine mittlere und Harnstoff- und zyklische Äthylenharnstoff-Harze fast keine neutralisierende Wirkung gegen die auftretende Salzsäure aus.

W. Vauck und B. Junghans[1] ermittelten *theoretisch* den Stickstoffgehalt von Dimethylol-Harnstoff, Trimethylol-Melamin, Dimethylol-Äthylenharnstoff, -Dihydroxyäthylenharnstoff und -Triazinon.

Auf Grund empirischer Erkenntnisse schließen die Autoren, daß die Chloraufnahme durch mit diesen Verbindungen behandelte Fasern nicht nur durch den Gehalt an „aktivem H" im „Vorkondensat" (z. B. durch Abspaltung von Formaldehyd aus einer $N-CH_2 \cdot OH$-Gruppe), sondern weiters durch den bei der Kondensation durch Formaldehyd-Abspaltung gebildeten „aktiven H" verursacht wird.

Die Autoren stellen folgende mathematische Beziehung für die Chloraufnahme der behandelten Gewebe auf:

$$\boxed{C_{Cl} = K\,(C_{Harz} + C_{Kond}) + C_0}$$

$C_{Cl}$ ..... Chloraufnahme des Gewebes;
$C_{Harz}$ ..... die im „Vorkondensat" enthaltene Menge an „aktivem" Harz;
$C_{Kond}$ ..... die durch Formaldehyd-Abspaltung während der Kondensation entstandene Menge an „aktivem" H ($>N-H$);
$C_0$ ..... Chloraufnahme des *nicht* behandelten Gewebes (in erster Annäherung $= 0$);
K ..... ein von den Chlorierungsbedingungen abhängiger Faktor.

*Experimentelle Untersuchungen* hinsichtlich der Chloraufnahme von Baumwollpopelinegeweben, die mit den vorstehend angegebenen Kunstharzen ausgerüstet waren, führten zu Ergebnissen, deren graphische Darstellung *linearen Kurvenverlauf* zeigen. Hieraus könnte man für die Praxis wertvolle Folgerungen ziehen.

P. C. Mehta et al. haben[2] eingehend an Zellulosefasergeweben, welche mit Dimethylol-Äthylenharnstoff (DMÄH) und Magnesiumchlorid bzw. Ammoniumsulfat (als Säurespender) ausgerüstet wurden, die chemischen Reaktionen bei der *Kondensation*, *Lagerung* und den *Waschbehandlungen* analytisch untersucht und mit der *Chlorretention* in Beziehung gesetzt.

Die Zunahme der Chlorretention nach Waschbehandlungen wird auf die Bildung von Imino-Gruppen zurückgeführt. Unwahrscheinlich ist die Aufspaltung des sehr stabilen Imidazolidinon-Ringes. Dagegen kann die Bindung am Stickstoff des Ringes während der Chlorbehandlung gespalten werden unter Bildung eines *N-Chlor-Imidazolidinons*, welches wahrscheinlich *nicht* stabil ist.

Verantwortlich für die *Zunahme der Chlorretention* nach *Waschbehandlungen*, bei der *Lagerung* und bei *ungenügender Kondensation* sind N-Methylol-Gruppen ($>N-CH_2 \cdot OH$), weiters die erwähnte Imino-Gruppe ($>N-H$), deren H-Atom durch Chlor ersetzbar ist, und schließlich die zwischen zwei Stickstoffatomen befindliche Dimethylenäther-Brücke ($>N-CH_2 \cdot O \cdot CH_2-N<$).

Die N-Methylol-Gruppe und die Dimethylenäther-Brücke können durch Abspaltung von Formaldehyd bzw. durch Hydrolyse in *chlorbindende Imino-Gruppen* übergehen. Dieser Vorgang tritt bei der *alkalischen Hydrolyse* ein.

[1] Vauck, W. u. B. Junghans: Chlorretention und reaktionsfähige Wasserstoffatome am Stickstoffharz. Dtsch. Textiltechnik **11**, 369 (1961).

[2] Mehta, P. C. u. J. R. Mody: Reaktion vom Dimethylol-Äthylenharnstoff mit Baumwolle. Text. Res. J. **30**, 532 (1960). — Gokhale, M. K. u. P. C. Mehta: Die Wirkung von Hypochlorit auf harzbehandelte Baumwolle. Text. Res. J. **31**, 915 (1961).

Milde Kondensationsbedingungen scheinen die Bildung von Dimethylenäther-Brücken zu begünstigen. Bei *Steigerung* der Kondensationstemperatur geht die Dimethylenäther-Brücke unter Abspaltung von Formaldehyd in die *stabilere Methylenbrücke* über. Weiterhin vemindert eine *intensive* Kondensation die Anzahl der *nicht* gebundenen N-Methylol-Gruppen, indem diese weiterhin mit den OH-Gruppen der Zellulose in Reaktion treten. Sowohl die Ausbildung der stabileren Methylenbrücke als auch die Abnahme noch freier N-Methylol-Gruppen durch optimale Kondensationsbedingungen vermindert die spätere Chlorretention.

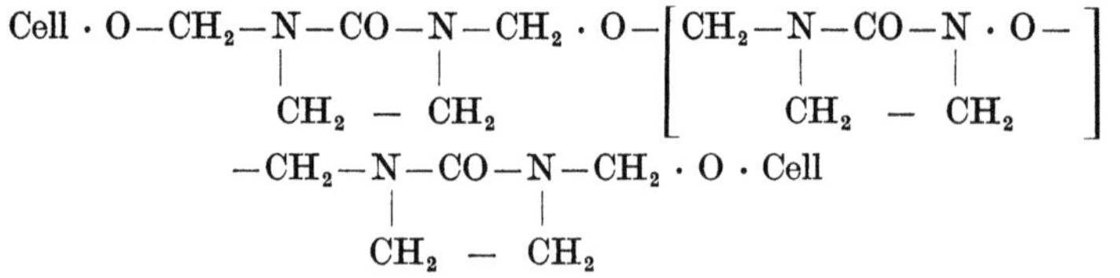

$$\begin{array}{l}
\mathrm{Cell\cdot O{-}CH_2{-}\underset{\substack{|\\ CH_2}}{N}{-}CO{-}\underset{\substack{|\\ CH_2}}{N}{-}CH_2\cdot O{-}\left[CH_2{-}\underset{\substack{|\\ CH_2}}{N}{-}CO{-}\underset{\substack{|\\ CH_2}}{N}\cdot O{-}\right]} \\
\qquad \mathrm{{-}CH_2{-}\underset{\substack{|\\ CH_2}}{N}{-}CO{-}\underset{\substack{|\\ CH_2}}{N}{-}CH_2\cdot O\cdot Cell}
\end{array}$$

(jeweils $\mathrm{CH_2 - CH_2}$ als Brücke zwischen den beiden N)

Kovalente Bindung des linear kondensierten Produktes an Zellulose

$$\mathrm{Cell{-}O\overset{H}{\underset{H}{\langle\rangle}}O{-}CH_2{-}N{-}\ldots\qquad \ldots\ldots{-}\underset{|}{N}{-}CH_2{-}O\overset{H}{\underset{H}{\langle\rangle}}O{-}Cell}$$

Protonenbrücken-Bildung an Zellulose.

Bei *unzureichender* Kondensation ist anzunehmen, daß noch freie N-Methylol-Gruppen mit der Zellulose *Protonenbrücken-Bildung* eingehen, welche durch Waschprozesse aufspaltbar sind.

Bei Reaktion mit der Zellulose soll ein Polymeres mit DP 2 bis 5 entstehen, wobei der höhere DP dem stärker sauren Katalysator (Säurespender) entspricht.

Bei *milden* Kondensationsbedingungen wird ein Molekül Wasser unter Bildung von *Methylenäther-Brücken* abgespalten; bei *schärferen* Bedingungen wird gleichfalls ein Molekül Wasser und gleichzeitig ein Molekül Formaldehyd unter Bildung von *Methylenbrücken* abgespalten.

P. C. Mehta und J. R. Mody bestimmten die *freien* N-Methylol-Gruppen, an denen der Angriff des Chlors anfänglich oder nach wiederholten Wäschen erfolgen kann, durch alkalische Hydrolyse mit n/2-Natronlauge. Im Gegensatz hierzu sind die Methylenäther-Brücken gegen diese alkalische Hydrolyse beständig. Die Autoren geben an, daß die in dieser Art bestimmten N-Methylol-Gruppen anteilmäßig dem Festigkeitsverlust durch Chlorwäsche proportional sind.

Die Verringerung der *nicht* gebundenen N-Methylol-Gruppen mit *steigender* Kondensationstemperatur ist bei Verwendung von *Magnesiumchlorid* als Säurespender größer als bei Verwendung von Ammoniumsulfat. Deshalb ist Magnesiumchlorid als Katalysator für Reactantharze besser geeignet als Ammoniumsulfat und bewirkt die für eine geringe Chlorretention nötige intensivere Kondensation des Dimethylol-Äthylenharnstoffs.

Mit DMÄH ausgerüstete Baumwollgewebe reagieren schwach sauer. Beim *Lagern* kann daher *Hydrolyse* eintreten, wodurch die Anzahl der N-Methylol-Gruppen ansteigt und im Zusammenhang damit die Chlorretention zunimmt. Weiterhin kann durch die hydrolytische Spaltung der Brücken auch eine *Verminderung des Knitterfest-Effektes* eintreten.

Eine *alkalische Wäsche* neutralisiert wohl die sauren Katalysatorrückstände und wirkt sich deshalb günstig aus, doch kann durch diese Maßnahme eine Zunahme der Chlorretention beim *Lagern der Ware nicht* ausgeschlossen werden.

A. Schürch[1] setzt die mehr oder weniger starke Anfälligkeit einer Kunst-

[1] Schürch, A.: Über die Hydrolyse härtbarer Kunstharze. Ciba-Rundschau (Ciba A. G., Basel) No. 150, Juni, S. 38 (1960).

harzausrüstung gegen Hydrolyse in Beziehung zur Chlorretention. Sowohl eine *alkalische wie saure Spaltung des Kunstharzes* bewirkt eine *Zunahme des Chlorrückhaltevermögens.* Dies ist auf eine Vermehrung der mit Chlor reaktionsfähigen >N—H-Gruppen zurückzuführen. Gleichzeitig kann durch einen hydrolytischen Abbau des Kunstharzes auch die Knitterfestigkeit und die Beständigkeit der Ausrüstung in Mitleidenschaft gezogen werden.

Die Anfälligkeit einer Kunstharzausrüstung hängt ab 1. insbesondere von der chemischen Konstitution des betreffenden Kunstharzes und 2. auch von den angewandten Kondensationsbedingungen und dem Säurespender (Katalysator).

Große Bedeutung hat die Anfälligkeit der Ausrüstung gegen Hydrolyse, wie schon früher bemerkt (s. S. 335), für den Gebrauch. Wenn die bei der Kondensation gebildete Säure (herrührend von Säurespender) nicht durch eine sodaalkalische Nachwäsche entfernt wurde, kann später beim Lagern und Tragen (durch Einwirkung von Feuchtigkeit und Wärme) eine hydrolytische Spaltung der Kunstharzausrüstung eintreten. Dies kann alsdann ein erhöhtes Chlorrückhaltevermögen bei Chlorbehandlungen bewirken. *Saurer Schweiß* kann bei „leicht hydrolysierbaren" Ausrüstungen, selbst wenn eine sodaalkalische Nachwäsche vorgenommen wurde, in ähnlicher Weise wirken.

W. Rümens u. a.[1] untersuchten die Chlorbeständigkeit von Wash-and-Wear-Baumwollgeweben, ausgerüstet mit folgenden zyklischen N-Methylol-Verbindungen:

N, N′-Dimethylol-, N, N′-Äthylenharnstoff;
N, N′-Dimethylol-, N, N′-Trimethylenharnstoff (bzw. -Propylenharnstoff);
1,3-Dimethylol-Triazinon-(2) und
N, N′-Dimethylol, N, N′-(2-oxatrimethylen)-harnstoff-dimethyläther (bzw. -Uron).

Alle vier Ausrüstungen verhalten sich unter den vorgenommenen Ausrüstungsbedingungen bezüglich der übrigen technologischen Eigenschaften etwa gleich; doch hinsichtlich der *Chlorbeständigkeit* ist Dimethylol-Propylenharnstoff den anderen Ausrüstungen wesentlich überlegen. Die Ausrüstung mit Dimethylol-Propylenharnstoff ist, nach den Autoren, selbst wenn zwischen den Chlorierungen noch *saure* Nachbehandlungen (Hygiene-Nachbehandlung) eingeschaltet wurden, nach 20maligerWiederholung noch völlig chlorbeständig (Prüfung nach *US-Tentative Test Method AATCC 92, 1958*).

Die Erörterung der Beziehungen zwischen den die Chlorschädigung verursachenden Faktoren und der chemischen Konstitution der Verbindungen führt zu der Folgerung, daß die *hohe Chlorbeständigkeit* der Dimethylol-Propylenharnstoff-Ausrüstung in Besonderheiten des *sterischen Aufbaues von Propylenharnstoff und seiner Elektronenverteilung* begründet ist.

Betrachtet man die Konstitution der am häufigsten kommerziell eingesetzten Dimethylol-Verbindungen der N-haltigen Reactantharze:

```
              O                                  O
              ‖                                  ‖
             C                                  C
HO · CH2—N/    \N—CH2 · OH      HO · CH2—N/    \N—CH2 · OH
         |      |                           |      |
        CH2————CH2                         CH2    CH2
                                              \ X /

     5-Ring-Reactantharz                6-Ring-Ring-Reactantharz
```

5-Ring-Reactantharz

6-Ring-Ring-Reactantharz

[1] Rümens, W., W. Rüttiger, N. Götz u. R. Zeidler: Chemische Konstitution und Chlorresistenz sowie Berücksichtigung optimaler Wash-and-Wear-Effekte. Textil-Rundschau (St. Gallen) **16,** 663 (1961).

so handelt es sich bei der Dimethylol-Verbindung des *Äthylenharnstoffs* um einen 5-Ring und bei den Dimethylol-Verbindungen des *Propylenharnstoffs* ($X = >CH_2$), des *Triazinons* ($X = >N-R$) und des *Uron-Dimethyläthers* ($X = >O$) um einen 6-Ring.

*Urone* und *Triazinone* mit dem zusätzlichen Heteroatom ($>O$, $>N-CH_3$) in azetal-artiger Bindung sind gegen *Hydrolyse* nicht so widerstandsfähig wie die anderen zyklischen Harnstoff-Derivate. Weiters sind die *Triazinone*, welche einen Aminostickstoff enthalten, im Vergleich mit den *Uronen stärker basisch*, so daß die Pufferung (Neutralisierung) gegen freiwerdende Salzsäure (herrührend vom Säurespender) wesentlich größer ist. Daher sind Ausrüstungen auf Basis *Triazinon* gegen Chlorbehandlungen wesentlich resistenter als solche mit *Uron-Derivaten.*

Die Dimethylol-Verbindungen des *Äthylenharnstoffs* und des *Propylenharnstoffs* unterscheiden sich nur durch eine $>CH_2$-Gruppe.

Eine *Dimethylol-Äthylenharnstoff*-Ausrüstung auf Baumwolle zeigt, wie eine Reihe von Autoren feststellten, gegenüber sodaalkalischen Wäschen eine befriedigende Resistenz. Werden aber *alternierende Wäschen und Chlorbehandlungen* durchgeführt, so treten starke Festigkeitsverluste ein. Ebenso ungünstig verhält sich die Ausrüstung mit dem *Dimethyläther des Dimethylol-Urons.* Die *Dimethylol-Triazinon-Ausrüstung* erleidet gleichfalls einen Festigkeitsverlust.

Im Gegensatz hierzu führen Ausrüstungen mit *Dimethylol-Propylenharnstoff* bei gleichen Behandlungen, selbst bei *sauren* Zwischenspülungen nach den Autoren *nicht* zu einem Abfall der Reißfestigkeit. Ähnlich günstig gegen *saure* Zwischenspülungen verhalten sich auch Gewebe, ausgerüstet mit *Dimethylol-Triazinon.*

Das unterschiedliche Verhalten der Ausrüstungen mit den Dimethylol-Verbindungen des *Äthylenharnstoffs* und des *Propylenharnstoffs*, die sich, wie bemerkt, nur durch eine $>CH_2$-Gruppe unterscheiden, erklären W. Rümens u. a. (loc. cit.) durch den *sterischen Aufbau des 5- und 6-Ringsystems bei beiden Ausrüstungsmitteln.* Untersucht man die Kalottenmodelle dieser Substanzen, so erkennt man, daß der *Äthylenharnstoff* gegenüber dem *Propylenharnstoff* eine beträchtliche Ringspannung aufweist. Der *Propylenharnstoff* ist deshalb *wesentlich stabiler* und seine beiden N-Atome sind weniger stark verdreht als diejenigen des Äthylenharnstoffs. Es ist weiters wahrscheinlich, daß die *Basizität* der besprochenen Substanzen in der Reihenfolge: Äthylenharnstoff → Harnstoff → Propylenharnstoff zunimmt.

H. A. Wannow[1] erklärt aber die „Hydrolysenbeständigkeit" des Propylenharnstoff-Formaldehyd-Harzes, welches nach anderen Autoren gegen *saure Lösungen* hydrolyseempfindlich ist (s. S. 343) als *„scheinbare" Hydrolysenbeständigkeit.*

H. A. Wannow[1] untersuchte die *Hydrolysenbeständigkeit* verschiedener Ausrüstungen mit N-haltigen Kunstharzen auf Baumwolle (s. S. 343), sowie deren *Einfluß auf eine spätere Chlorbehandlung.*

Er stellte fest, *daß zwischen der Faserschädigung durch gebundenes Chlor und der Hydrolysenbeständigkeit keine Beziehung vorliegt.* So können *relativ säurebeständige Ausrüstungen* (veräthertes Methylol-Melamin, Dimethylol-Dihydroxyäthylenharnstoff) durch Chlorbehandlungen einen *starken* Abfall der Reißfestigkeit erleiden und wiederum *Produkte, die verhältnismäßig säurebeständig sind* (Dimethylol-Hydroxyäthyltriazinon), sich dann relativ günstig verhalten. Auch *säureempfindliche Ausrüstungen* (Dimethylol-Äthylenharnstoff bzw. -Propylenharnstoff) liefern nur *geringe* Chlorschädigungen. *Im letzteren Fall* muß

[1] Wannow, H. A.: Über die Alterungsbeständigkeit von Ausrüstungen mit stickstoffhaltigen Harzen und Reactants. Melliand Textilber. **45** (6), 681 (1964).

berücksichtigt werden, daß *bei pH-Werten unter 4* eine *starke hydrolytische Spaltung* und somit eine *erhebliche N-Abnahme resultiert*, welche das Chlorrückhaltevermögen vermindert (scheinbare Hydrolysenbeständigkeit!).

Andererseits können *Ausrüstungen mit hoher Hydrolysenbeständigkeit* (wie z. B. die Trimethylol-Verbindung des methyl-verätherten Melamins) ein *schlechtes Verhalten gegen Chlor nach der Säurebehandlung* aufweisen.

H. A. Wannow weist noch darauf hin, daß für die Faserschädigung durch Chloraufnahme und Hitzeeinwirkung die *Menge des am Stickstoff gebundenen Chlors* und dessen Freisetzung maßgebend ist. Nun zeigt Trimethylol-Melamin von allen geprüften Produkten das beste Säureabpufferungsvermögen. Nach den Versuchen scheint die *Pufferungskapazität* wohl einen gewissen, wenn auch *beschränkten* Einfluß auf die Faserschädigung auszuüben.

S. J. O'Brien[1] führt aus, daß bekanntermaßen der chemische Aufbau des N-haltigen Ausrüstungsmittels ein besonders wichtiger Faktor für das Zustandekommen der Chlorschädigung ist. Der Autor vertiefte mit vorliegender Arbeit die Kenntnis über die *Stabilität der N-Chloramide*, welche sich auf der Baumwolle bilden. Hierzu wurde die Hydrolyse dieser Verbindungen unter dynamischen Bedingungen in Abhängigkeit von Temperatur und Feuchtigkeit näher studiert.

Gefunden wurde, daß die *Stabilität* der $>$ N—Cl-Gruppen im *gleichen* Molekül *verschieden* sein kann; sie hängt vom *Vorhandensein* und der *Wirksamkeit der Resonanz stabilisierender Gruppen oder Strukturen* ab.

Weiters wurde bestätigt, daß sich unter der *Einwirkung von Licht* die N-Chloramide zersetzen können und Chlor-Radikale bilden. Letztere können Wasserstoff absondern und $\equiv$C—Cl-Bindungen mit dem Ausrüstungsmittel oder mit der Zellulose bilden oder sie reagieren mit den Wasserstoff-Radikalen unter Ausbildung von HCl.

### 3. Der Einfluß der Lagerung kunstharzausgerüsteter Baumwollgewebe auf das Chloraufnahmevermögen bei Behandlung mit chlorhaltigen Waschflotten

Nach Untersuchungen amerikanischer Autoren zeigen Baumwollgewebe, ausgerüstet mit Dimethylol-Äthylenharnstoff, anfänglich keine oder nur geringe Chlorretention und *nach einer längeren Lagerzeit* eine erhebliche Chlorretention, die durch Hitzeeinwirkung (Bügeln) alsdann zu Faserschädigungen führen kann.

Sowohl H. H. Mosher[2] (loc. cit.) als auch A. R. Smith (loc. cit.) untersuchten den *Einfluß der Kondensationsbedingungen und der Säurespender* (Katalysatoren) auf die Lagerbeständigkeit von mit Dimethylol-Äthylenharnstoff ausgerüsteten Baumwollgeweben. Am günstigsten verhielten sich *Metallsalzkatalysatoren* [$MgCl_2$ und $Zn(NO_3)_2$] bei Anwendung einer entsprechend *hohen*

---

[1] O'Brien, S. J.: Sorption und Desorption von Chlor durch Aminoplastharze. Amer. Dyestuff Rep. **1965**, H. 13, S. 477—483.

[2] Mosher, H. H.: Das Chlorrückhaltevermögen harzausgerüsteter Baumwollwaren. Text. Res. J. **29**, 88 (1959). — Smith, A. R.: Einige Beobachtungen über die Chloraufnahme von mit Dimethylol-Äthylenharnstoff behandelten Geweben. Amer. Dyestuff Rep. **48**, **49** (1959). — Frick, J. G., B. A. Kottes u. J. D. Reid: Chemische und physikalische Eigenschaften von Baumwollwaren, die mit Methylol-Derivaten des Äthylenharnstoffs ausgerüstet wurden. Text. Res. J. **29**, 314 (1959).

*Kondensationstemperatur* (160° C). Wird aber in Anschluß an das Kondensieren und Abkühlen der Ware *nicht nachgewaschen*, so zeigt sich beim Lagern der Ware bereits nach 10 bis 20 Tagen ein starker Rückgang in der Reißfestigkeit bei Durchführung des Scorch-Testes *AATCC-92, 1958*.

J. D. Reid et al.[1] wie auch R. Zeidler u. a.[2] haben den Einfluß des Lagerns auf die Zunahme der Chlorretention auch auf Ausrüstungen mit anderen N-Methylol-Verbindungen ausgedehnt.

J. D. Reid et al. prüften den *Einfluß der Lagerung* auf die ausgerüsteten Baumwollgewebe durch Ermittlung des N-Gehaltes, der Bruch- und Weiterreißfestigkeit, der Knittererholungswinkel und besonders auf eine eventuelle Schädigung durch gebundenes Chlor mittels des Scorch-Testes *vor* und *nach* der Lagerung.

Werden die Gewebe nach durchgeführter Ausrüstung *nicht gewaschen*, so tritt, wie dies schon die genannten Autoren feststellten, eine durch Säurespuren (herrührend vom Katalysator) begünstigte hydrolytische Spaltung der Ätherbrücken ein. Darüber hinaus kann eine Abspaltung von Formaldehyd aus noch freien oder freigewordenen Methylol-Gruppen eintreten. Dies führt zur Bildung von beweglichen H-Atomen, welche durch Chlor substituierbar sind, wobei sich *Chloramine* bilden.

Die Ausrüstungen mit *Dimethylol-Äthyltriazinon* und *Dimethylol-Propylenharnstoff* verhalten sich am günstigsten; sie zeigen nach längerer Lagerung nur eine *geringe* Chlorschädigung, auch wenn sie *nicht nachgewaschen* wurden. Jedoch ist für die Ausrüstung mit *Dimethylol-Äthyltriazinon* ein sorgfältiges Nachwaschen zur Beseitigung des Fischgeruches erforderlich.

Die Ausrüstung mit *Dimethylol-Äthylenharnstoff* hat anfänglich nach Fertigstellung nur eine geringe Chlorretention, doch steigt letztere beim Lagern der Ware *stark* an.

Werden die Gewebe nach der Ausrüstung *ausgewaschen*, so tritt nach den Autoren auch *nach längerer Lagerung* (1½ Jahre) *keine* Schädigung durch Chlorretention ein. Dies gilt mit Ausnahme der Ausrüstung mit Dimethylol-Harnstoff für *alle* erwähnten Ausrüstungen (auch für methyl-veräthertes Methylol-Melamin).

Bei der Ausrüstung mit Dimethylol-Propylenharnstoff tritt beim Lagern der *nicht nachgewaschenen* Gewebe eine Abnahme des Knitterwinkels ein.

Dies deutet auf eine Abnahme der Vernetzungsbrücken und somit auf eine Abnahme von mit Chlor besetztbaren Imino-Gruppen, was ein scheinbar günstiges Verhalten gegenüber Chlorretention vortäuscht (s. vorstehend bei H. A. Wannow, S. 408).

P. Moruzzi[3] gibt gleichfalls an, daß die Ausrüstung mit Dimethylol-Propylenharnstoff und weiters auch mit methyl-veräthertem Methylol-Melamin praktisch frei von „Lagerschäden" bleiben würde, wobei der *Scorch-Tester* zur Prüfung verwendet wurde.

---

[1] Reid, J. D., R. M. Reinhardt, R. M. H. Kullmann u. R. L. Arceneaux: Untersuchungen über knitterfeste Ausrüstungen auf Baumwolltextilien, II: Der Effekt der Lagerung auf die Eigenschaften von Wash-and-Wear-ausgerüsteten Baumwollgeweben. Amer. Dyestuff Rep. **49**, 21 (1960).

[2] Zeidler, R., W. Rüttiger, W. Rümens u. N. Götz: Verhalten von gelagerten Wash-and-Wear-Ausrüstungen bei der Chlorwäsche. Melliand Textilber. **43** (6), 608 (1962).

[3] Moruzzi, P.: Mitteilungen über Lagerungsfragen knitterfest ausgerüsteter Baumwolle. Tinctoria (Milano) **58**, 185 (1961).

R. Zeidler u. a. (loc. cit.) führten eine sehr eingehende Untersuchung hinsichtlich der Chlorbeständigkeit von Wash-and-Wear-Baumwollgeweben durch, ausgerüstet mit einer Anzahl zyklischer Methylol-Verbindungen *in Abhängigkeit von der Lagerdauer* im *nicht nachgewaschenen* und im *nachgewaschenen Zustand*, und zwar durch Ermittlung der Reißfestigkeit (Scorch-Test) nach *einmaliger* und nach *wiederholten* Chlorierungen unter Zwischenschaltung von sodaalkalischen Wäschen.

Untersucht wurden die Ausrüstungen auf Baumwolle mit
Dimethylol-Äthylenharnstoff;
„ -Dihydroxy-äthylenharnstoff;
„ -Alkyltriazinon;
„ -Propylenharnstoff;
Tetramethylol- und Pentamethylol-Melamin;
dem Gemisch aus Dimethylol-Äthylenharnstoff bzw. Dimethylol-Propylenharnstoff mit Melamin-Derivaten (1 : 1).

Die Ergebnisse werden in Kurven (Reißfestigkeit gegen Lagerdauer) wiedergegeben.

Ausrüstungen mit *Dimethylol-Äthylenharnstoff* zeigten bereits nach kurzer Lagerzeit einen starken Rückgang in der Reißfestigkeit nach dem Chlortest (*AATCC 92, 1958*).

Nach mehrfacher Wiederholung der Chlorteste bzw. nach vorangegangener Kochwäsche fallen auch Produkte auf *Melamin-Basis*, *Dimethylol-Dihydroxyäthylenharnstoff* und *Mischung* Dimethylol-Äthylenharnstoff + Trimethylol-Melamin *nach der Lagerung* stärker ab.

Die Autoren führen den *Einfluß der Katalysatorrückstände beim Lagern* hinsichtlich des späteren ungünstigen Verhaltens beim Chlortest auf die *Bildung von Aquosäuren* zurück (s. S. 294).

Durch *Auswaschen der Katalysatorrückstände* nach der Kondensation konnte eine deutliche Verbesserung der Lagerbeständigkeit erreicht werden.

Dimethylol-Triazinon zeigte eine gute Lagerstabilität, wurde jedoch hinsichtlich der Chlorbeständigkeit von Dimethylol-Propylenharnstoff und der Mischung Dimethylol-Propylenharnstoff + Trimethylol-Melamin übertroffen. Letztere Ausrüstungen sind nach den Autoren auch unter verschärften Bedingungen als völlig chlorbeständig bei der Lagerung anzusprechen.

Ferner wurde der Einfluß einer Reihe von Katalysatoren auf die Chlorbeständigkeit von Dimethylol-Äthylenharnstoff-Ausrüstungen untersucht: Mg- und Zn-Chlorid, Zinknitrat, $Zn(BF_4)_2$, $AlCl_3$, Ammoniumnitrat und Diammoniumphosphat sowie $(HO \cdot CH_2 \cdot CH_2 \cdot NH_3)Cl$.

Die an Hand der Kurven erörterten Ergebnisse lassen erkennen, daß die Lagerbeständigkeit der ausgerüsteten Gewebe nach den verschiedenen Chlorierungen durch Variation des Säurespenders (Katalysators) zwar *graduell*, nicht aber prinzipiell beeinflußt werden kann.

Durch die Mischung Dimethylol-Äthylenharnstoff mit Pentamethylol-Melamin wird eine etwas bessere, durch die Mischung mit Dimethylol-Alkyltriazinon eine deutlich bessere Lagerbeständigkeit erzielt.

Mischungen von Dimethylol-Äthylenharnstoff mit Acrylatdispersionen brachten praktisch keine Vorteile.

## 4. Das Verhalten einzelner Kunstharzausrüstungen gegenüber chlorhaltigen Waschflotten

Die vorstehenden Ausführungen brachten hierüber bereits das Wesentlichste, doch sollen noch einige Ergänzungen folgen.

Ausrüstungen mit *Dimethylol-Harnstoff und dessen Methyläther* ergeben bei Chlorbehandlungen Chloramine, die nur eine *geringe Hitzebeständigkeit* aufweisen. Daher tritt beim Bügeln sehr leicht Faserschädigung auf. Auch zeigen in dieser Art ausgerüstete Textilien *ohne* oder auch *mit durchgeführter Nachwäsche* beim Lagern eine starke Zunahme der Chloranfälligkeit. Ausrüstungen mit Dimethylol-Harnstoff sind außer der ungenügenden Waschfestigkeit daher für Wash-and-Wear-Artikel nicht brauchbar.

Die Chloramine der Ausrüstungen mit *Methylol-Melaminen* sind *wärmebeständiger*, doch verursachen sie bereits bei der Einwirkung von Chlorlösungen ein *Gelbwerden der Ware.* Diese Vergilbung ist nach J. H. Howard[1] durch eine Behandlung mit einer Natriumbisulfitlösung wieder entfernbar, wodurch die durch die Chloraminbildung gelbliche Ware wieder weiß wird. Jedoch wird durch diese Behandlung der Knittererholungswinkel infolge einer teilweisen Hydrolyse des Kunstharzes erniedrigt.

Nach H. C. Borghetty[2] zeigen Baumwollgewebe, mit Methylol-Melamin-Produkten ausgerüstet, bei Anwendung von *Magnesiumchlorid* als Säurespender zum Teil weniger die Erscheinung der Vergilbung in chlorhaltigen Bädern. Auch T. F. Cooke et al.[3] erwähnt, daß *modifizierte* Melamin-Formaldehyd-Harze in Verbindung mit einem *Metallsalz*katalysator keine Vergilbung durch Chloreinwirkung zeigen sollen, während bei Anwendung eines *organischen Aminhydrochlorids* als Katalysator nur geringes Vergilben auftritt und bei Anwendung von *Ammoniumsalzkatalysatoren* sich eine deutlich erkennbare Vergilbung feststellen läßt.

Nach H. A. Wannow[4] vergilbt ein mit Methylol-Melamin ausgerüstetes Gewebe beim Eintauchen in Chlorbleichlauge, während *partielle alkylveräthertes Methylol-Melamin* bei einer Chlorbehandlung *kurz nach der Ausrüstung keine* Vergilbung aufweist. Läßt man dagegen die ausgerüstete Ware *einige Zeit lagern* und führt dann erst die Chlorbehandlung durch, so tritt *wiederum Vergilbung* ein. Die Ursache hierfür ist eine hydrolytische Spaltung des Harzes. Werden die Katalysatorreste nach der Kondensation durch eine *alkalische Nachwäsche* entfernt, so zeigt die Ware auch nach 4 bis 8 Wochen Lagerung *keine* Vergilbung bei der Chlorbehandlung, doch ließ sich bei *noch längerer Lagerung* eine solche Vergilbung durch Chlor nicht völlig ausschließen. Diese Vergilbung ist, wie erwähnt, durch eine Behandlung mit Natriumbisulfitlösung wiederum rückgängig zu machen.

A. C. Nuessle[5] stellte fest, daß *durch Bügeln* gechlorter *Harnstoff-Form-*

---

[1] Howard, J. H.: Der Einfluß von Chlor und nachfolgende Behandlung mit Natriumbisulfit auf die physikalischen Eigenschaften von mit verschiedenen Harzen behandelten Baumwollgeweben. Text. Res. J. **26**, H. 2, 124 (1956).

[2] Borghetty, H. C.: Wash-and-Wear-Harze für weiße Baumwollgewebe. Amer. Dyestuff Rep. **1958**, 509 u. 523.

[3] Cooke, T. F., P. B. Roth, J. M. Salsbury, G. Switlyk u. W. J. van Loo: Vergleich der Knitterfestausrüstung von Baumwollwaren. Text. Res. J. **27**, 150 (1957).

[4] Wannow, H. A.: Ein Beitrag von mit härtbaren Harzen ausgerüsteten Geweben gegen chlorabspaltende Bleichmittel. Textil-Praxis **10**, 124 (1955) und freundliche persönliche Mitteilung des Herrn Dr. H. A. Wannow.

[5] Nuessle, A. C.: Einige Bemerkungen zur Chlorretention und Chlorschädigung. Amer. Dyestuff Rep. **47**, 465 (1958).

*aldehyd-Harzausrüstungen unterhalb 150° C* bereits eine Faserschädigung eintrat, während diese bei gechlorten *Melamin-Formaldehyd-Harzen* erst bei 200° C resultierte.

Als Ursache hierfür wird die gegen Salzsäure puffernde Wirkung des im Vergleich zu Harnstoff *stärker basischen Melamins* angesehen. Hierfür spricht, daß durch Zugabe von Melaminharz zu einem Harnstoffharzappret die Schädigung durch Chlorretention verringert wurde, obwohl der Chlorgehalt eher größer war.

Mit *Dimethylol-Äthylenharnstoff* (1,3-Dimethylol-Imidazolidinon-2) ausgerüstete Baumwollgewebe weisen im Vergleich zu Harnstoff- oder Melamin-Formaldehyd-Harz-Ausrüstungen eine wesentlich geringere Chlorretention auf. Doch kann die Chlorretention zunehmen 1. nach wiederholten Wäschen, besonders wenn die Ware unzureichend kondensiert wurde, und 2. bei nicht ausgewaschener Ware beim Lagern. Hierüber wurde schon vorstehend berichtet.

A. C. Nuessle[1] gibt an, daß bei nicht vollständiger Kondensation des Dimethylol-Äthylenharnstoffs die Möglichkeit besteht, daß bis zu 0,3% Chlor aufgenommen wird. Bei optimal kondensierten Ausrüstungen können heiße alkalische Wäschen oder Säurebehandlungen diese zum Teil hydrolysieren, so daß die Chlorretention wieder zunimmt.

Bei den Ausrüstungen mit *Dimethylol-Triazinon-Produkten* müssen, trotzdem die beiden N-Atome im Triazinon-Ring gleichfalls blockiert sind, noch freie Imino-Gruppen vorhanden sein oder sich während der Hitzekondensation bilden, da Triazinon mehr Chlor zurückhält als Dimethylol-Äthylenharnstoff-Harz. Hierbei weist A. C. Nuessle (loc. cit.) auf einen wesentlichen Unterschied hin, nämlich bei einem Chlorgehalt von nur 0,10% zeigt die Ausrüstung mit Dimethylol-Äthylenharnstoff, vorher alkalisch nachgewaschen, nach 30 Sekunden Bügeln bei 165° C eine starke Faserschädigung, während die Ausrüstung mit Dimethylol-Triazinon nur eine geringfügige Schädigung verursacht. Dies wird auf das größere Puffer- bzw. Neutralisationsvermögen der Triazinon-Harz-Ausrüstung zurückgeführt. Doch sind Triazinon-Harz-Ausrüstungen gegen wiederholte Wäschen weniger beständig, daher geht die Knitterfestigkeit zurück.

Das Problem der vollkommenen Beständigkeit von Wash-and-Wear-Ausrüstungen gegen Chloreinwirkungen wurde durch Anwendung der N-freien „Reactants" gelöst.

### 5. Der Einfluß der Zellulosefaser und ihrer Vorbehandlung sowie der Einfluß von N-haltigen Faserauflagerungen und Additiven auf das Chlorrückhaltevermögen

L. L. Walmsley[2] zeigte, daß bei einem Chlorgehalt von über 0,1 g pro Liter Hypochloritbleichbad eine Schädigung der Zellulosefaser *schon während der Behandlung* (also nicht erst durch späteres Erhitzen des gechlorten Gewebes) eintreten kann. So resultierten bei Viskosereyongeweben, schrumpffest nach dem *Avcoset*-Verfahren (also nicht mit N-Methylolverbindungen) ausgerüstet (s. S. 74) und weiters auch bei küpengefärbten Baumwollgarnen nach 20 bis 30 Chlorwäschen starke Festigkeitsverluste, wobei diese „kunstharzfreien" Textilien *keinerlei Chlorretention* aufwiesen.

[1] Nuessle, A. C.: Amer. Dyestuff Rep. **47**, 465 (1958).

[2] Walmsley, L. L.: Bericht der ATT-Kommission über durch Chlorretention verursachte Schäden. Amer. Dyestuff Rep. **46**, 237 (1957).

W. Schefer[1] diskutierte über die Faktoren, welche die Chloraufnahme von mit N-haltigen reaktiven Verbindungen ausgerüsteten Baumwollgeweben beeinflussen, wie Temperatur, pH-Wert und Konzentration der NaOCl-Flotte. Festgestellt wurde, daß bei Chloraufnahmen *bis* 0,03% *niemals* eine spätere Faserschädigung bei Hitzeeinwirkung auftrat, während bei 0,3% Chloraufnahme unter allen Umständen *unabhängig von der Beschaffenheit der Kunstharzausrüstung* eine Schädigung beobachtet wurde.

Nach S. Pierret und R. Bellaton[2] hat die Konzentration des Chlorbades einen eindeutigen Einfluß auf die Chlorzurückhaltung, wenig aber das Flottenverhältnis.

Die Autoren führen noch aus, daß das Vergilben beim Bügeln mit dem Chlorgehalt des ausgerüsteten Gewebes zunimmt. Die Gefahr der Vergilbung kann durch eine Antichlorbehandlung, besonders mit $NaHSO_3$, beseitigt werden.

Bei Untersuchungen an Textilien, die mit N-Methylolverbindungen von „in sich" vernetzenden und „zellulosevernetzenden" Kunstharzen ausgerüstet wurden und welche Chlorbehandlungen ausgesetzt wurden, wies H. A. Wannow[3] experimentell nach, daß die beim Erhitzen auftretende Vergilbung bzw. Verbräunung (Scorch-Test) sowie die Faserschädigung nicht nur von der Art des Ausrüstungsmittels und den Anwendungsbedingungen abhängt, sondern auch vom *Gewebe selbst*, wenn letzteres *geringe Alkalimengen vor* der Kunstharzausrüstung enthielt (herrührend von einer Mercerisierung oder Laugierung des Baumwollgewebes). Festgestellt wurde, daß je höher dieser Alkaligehalt des Gewebes war, desto größer die Faserschädigung durch Chlorretention beim Erhitzen ausfiel. Das im Gewebe befindliche Alkali hemmte vermutlich die Kondensation durch eine teilweise Neutralisierung der gebildeten Katalysatorsäure (herrührend vom Säurespender), wodurch ein Endharz gebildet wurde, das vermehrt Chlor aufzunehmen vermag.

Durch ein Absäuern der Ware mit verdünnter Mineralsäure *vor* der Kunstharzausrüstung wurde die spätere Faserschädigung, beruhend auf gebundenem Chlor, erheblich herabgesetzt.

Das Problem der Chlorretention und der Faserschädigung bei kunstharzausgerüsteten Zellulosefasertextilien wurde bisher vielseitig studiert, doch hat man nach F. B. Shippee und D. D. Gagliardi[4] den *Einfluß von N-haltigen Begleitkörpern*, die vielmals mitverwendet werden oder sich schon vor der Ausrüstung auf der Faser befinden, fast unbeachtet gelassen. Es handelt sich hierbei um Weichmacher, Färbereihilfsmittel, reaktive thermoplastische Latices, hydrophobierende Mittel, ja selbst um Pigmente und Farbstoffe. Das angeschnittene Problem ist nach den Autoren breiter, als allgemein angenommen wird. Ohne Bedeutung wäre es, wenn Appreturmittel und Additive verwendet würden, welche sich *nicht* auf N-haltiger Grundlage aufbauen. Aus technischen und wirtschaftlichen Gründen ist dies nicht immer möglich.

---

[1] Schefer, W.: Die Prüfung des Chloraufnahmevermögens von kunstharzbehandelten Textilien. Schweiz. Arch. angew. wiss. Techn. **25**, No. 4, 117 (1959).

[2] Pierret, S. u. R. Bellaton: Verhalten von mit Harnstoff-Formaldehyd-Harzen ausgerüsteten Geweben bei der Chlorbleiche und beim Bügeln. Bull. Inst. Text. France **86**, 137 (1960).

[3] Wannow, H. A.: Ein Beitrag zum Verhalten von hochveredelten Geweben bei der Chlorbehandlung. SVF (Fachorgan f. Textilveredlung) **16**, 392 (1961).

[4] Shippee, F. B. u. D. D. Gagliardi: Molekularstruktur und Chlorstabilität von Baumwoll-Appreturmitteln. Text. Res. J. **1963**, H. 3, 182—190, und Referat von H. A. Wannow: 11th Chemical Finishing Conference Washington. Melliand Textilber. **44**, 539 (1963).

Die Autoren gehen näher auf den Einfluß der Molekularstruktur und der Chlorstabilität von Appreturmitteln ein. Wird ein Gewebe, das N-haltige Appreturen enthält (also nicht mit N-Methylol-Kunstharzen ausgerüstet ist), mit chlorhaltigen Waschmitteln gewaschen, so sind folgende Möglichkeiten gegeben:

1. Das Appreturmittel reagiert *nicht* mit Chlor; es bilden sich *keine* gechlorten Derivate, auch wird es *nicht* oxidativ angegriffen.

2. Das Appreturmittel reagiert mit Chlor und wird oxydativ zerstört. Dadurch werden funktionelle Effekte, die ursprünglich im Gewebe verbunden waren, eliminiert.

3. Das Appreturmittel wird *nicht* durch Chlor oxidativ angegriffen, doch bilden sich Chlorderivate.

4. Das Appreturmittel wird durch Chlor oxidiert. Letzteres verbindet sich mit dem Appreturmittel oder mit seinen Abbauprodukten.

Ein Chlorrückhaltevermögen liegt also in den geschilderten Fällen 3 und 4 vor.

Das Ausmaß der Schädigung bei Chlorbehandlungen bei *Anwesenheit von N-haltigen Additiven* wird bestimmt 1. durch die Anzahl ihrer Aminogruppen; 2. durch die Zugänglichkeit der letzteren für das Chlorbleichmittel und 3. durch die Geschwindigkeit und Art der Zersetzung der gebildeten Chloraminverbindungen.

Durch Versuche mit den verschiedensten Appreturmitteln wird der Einfluß ihrer Molekularstrukturen gezeigt; weiters auch, daß ein Appreturmittel, welches Chlor zurückhält, *keine* Faserschädigung resultieren läßt, wenn das Chlor *in beständiger Form* zurückgehalten wird. Hierdurch ist die Möglichkeit gegeben, *N-haltige Appreturmittel* auszuwählen, welche *keine* Faserschädigung bewirken.

## 6. Vorgeschlagene Maßnahmen bei der Ausrüstung mit N-haltigen Reactantharzen zur Verringerung oder Aufhebung einer späteren Chlorretention

Hierüber wurde vorstehend schon an verschiedenen Stellen berichtet, z. B. wurde von L. Wayland[1] vorgeschlagen, den Kunstharzen *Inhibitoren* zum Abfangen der Chlorradikale zuzusetzen.

### *a) Nachwäsche*

Bei der Ausrüstung mit Dimethylol-Äthylenharnstoff soll die *Anwendung von Komplexbildnern vom Trilon-Typ beim Nachwaschen* nicht nur die Chlorbeständigkeit der Ausrüstung verbessern, sondern sich auch auf die Reiß- und Einreißfestigkeit des Gewebes vorteilhaft auswirken.

### *b) Anwendung von Antichlormittel*

Zur Vermeidung von Chlorschäden wird eine Behandlung der Ware nach Chlorwäschen mit Lösungen von 5 g pro Liter Natriumsulfit oder Natriumthiosulfat empfohlen (Waschanstalten; Heimwäsche).

### *c) Ausschaltung von Chlorbleichmitteln*

Auch in den USA wurde schon von verschiedenen Seiten vorgeschlagen, andersartige Bleichwaschmittel unter Ausschaltung von Chlor anzuwenden.

### *d) Anwendung optimaler Ausrüstungsbedingungen*

So zeigten z. B. W. Rümens, H. Goetz und R. Zeidler[2], daß es durchaus

---

[1] Wayland, L.: Der Chemismus der Chlorretention bei kunstharzausgerüsteten Baumwollgeweben. Amer. Dyestuff Rep. **49**, 843 (1960).

[2] Rümens, W., H. Goetz u. R. Zeidler: Ein Beitrag zum Problem der Chlorretention in der „minimum-iron"-Ausrüstung von Baumwollgeweben. Amer. Dyestuff Rep. **49**, 48 (1960).

möglich ist, mit preiswerten N-haltigen Reactantharzen chlor- und kochwaschbeständige „minimum-iron“-Ausrüstungen auf Baumwollgewebe bei tragbaren Festigkeitsverlusten zu erhalten, sofern *bestimmte Ausrüstungsbedingungen* eingehalten werden, wie genügend hohe Kondensationstemperatur (150 bis 160° C), richtige Auswahl des Säurespenders (Magnesium- bzw. Zinkchlorid) und deren Menge.

*e) Einbau potentiell basischer Gruppen in das Kunstharz*

Nach H. Enders und G. Pusch[1] wird durch Einbau potentiell basischer Gruppen in ein Äthylenharnstoff-Triazin-Harz die Chlorschädigung vermindert. Dieses Produkt (®-Knittex everfit CR der Fa. Chem. Fabrik Pfersee, Augsburg) hat weiters den Vorteil, daß die Kondensationstemperatur auf 140 bis 150° C herabgesetzt bzw. bei höherer Temperatur infolge kürzerer Kondensationsdauer eine bessere Produktions*leistung* erzielt werden kann.

*f) Verringerung der Chlorretention durch Abmischung verschiedener Kunstharztypen*

Da sich die Methylol-Verbindungen des Harnstoffs, Melamins und der verschiedenen zyklischen Harnstoffharze wesentlich voneinander hinsichtlich der Chlorretention unterscheiden, können *bestimmte Abmischungen derselben* die Folgeerscheinungen der Chlorzurückhaltung einschränken[2].

So werden z. B. Kunstharze mit starker Puffer- bzw. Neutralisierwirkung, wie Melamin-Formaldehyd oder Triazinon-Produkte, mit anderen Reactantharzen zusammen angewandt.

W. Rümens, H. Goetz und R. Zeidler[3] führen die Kombination von Dimethylol-Äthylenharnstoff bzw. -dihydroxy-äthylenharnstoff mit dem säurebindenden Dimethylol-Triazinon unter Anwendung von Magnesiumchlorid als Säurespender an.

Auch die Ausrüstung von *N-haltigen Reactantharzen* in Verbindung mit *N-freien Reactants* (z. B. Diepoxyde) lassen neben besseren Knitterfrei-Effekten eine Verringerung der Chlorschädigung resultieren.

*g) Anwendung N-freier Zellulosevernetzungsmittel*

Eine völlige Sicherheit gegen Chloraufnahme und der hieraus resultierenden Schädigung durch Hitzeeinwirkung gewährleisten, wie erwähnt, die Wash-and-Wear-Ausrüstungen mit N-freien Reactants.

## V. Auswirkungen der Kunstharzausrüstung auf die Färbung der Zellulosefasertextilien

Außer Weißwaren werden vielfach auch gefärbte Zellulosefasertextilien mit Kunstharzen ausgerüstet. Weiters werden auch kunstharzausgerüstete Textilien (wie Einlagenstoffe) mit gefärbten andersartigen Textilien in der Konfektion zusammen verarbeitet.

Die Ausrüstungen mit „in sich vernetzenden“ Kunstharzen oder auch mit „zellulosevernetzenden“, reaktiven Agentien können, wie dies in der Praxis

[1] Enders, H. u. G. Pusch: Kunstharze zur chlor-beständigen „Wash-and-Wear-Ausrüstung“. Melliand Textilber. **40,** 314 (1959) u. Amer. Dyestuff Rep. **49,** 25 (1960).

[2] Allscher, R.: Die Bedeutung der Chloralkylamine für die Chemie der Aminoplasten und anderer stickstoffhaltiger Formaldehydkondensationsprodukte. Textil-Praxis **14,** 944 (1959).

[3] Rümens, W., H. Goetz u. R. Zeidler: Amer. Dyestuff Rep. **49,** 48 (1960).

manchmal festzustellen ist, eine *Veränderung der Färbung* bewirken. Diese Beobachtungen wurden nicht nur bei der Knitterfestausrüstung, sondern auch bei Präge- und Kalandereffekten wie auch bei der Formalisierung (z. B. Waschfest-Apprets auf Basis Methylolstärke) gemacht.

Eine Veränderung der Färbung, also des in die Faser eingelagerten oder mit ihr verbundenen Farbstoffmoleküls bzw. Farbstoffagglomerats kann verschiedene Ursachen haben:

1. *Farbtonveränderung (Nuancenverschiebung)* tritt ein, wenn ein Formaldehyd- und säureempfindlicher Farbstoff als Färbung vorliegt.

2. Die *Beeinflussung der Lichtechtheit* hat größere Bedeutung und kann im vorliegenden Falle im positiven oder negativen Sinne erfolgen. Die Lichtechtheit ist außer vom Farbstoff und seiner Umgebung (Fasersubstrat, Auf- und Einlagerungen) auch von der Lichtquelle, Luftfeuchtigkeit, Sauerstoff und Temperatur abhängig.

3. *Phototropie (reversible Farbtonänderung bei Belichtung)*. Hierunter wird eine *vorübergehende Nuancenverschiebung* verstanden, welche bei unmittelbarer Lichteinwirkung eintritt. Hört diese auf, so kehrt der ursprüngliche Farbton nach und nach wieder zurück.

Für die angegebenen Veränderungen der Zellulosefaserfärbungen spielen viele Faktoren eine Rolle.

Schon *während des Applizierens des Kunstharzes auf das Gewebe* kann die Färbung unter Umständen beeinflußt werden, und zwar:

1. Durch die *Art des verwendeten Kunstharzbildners oder des reaktiven Zellulosevernetzungsmittels*. Hier spielt auch die Lagerinstabilität des Kunstharz-„Vorkondensates" (z. B. durch Formaldehydabspaltung) eine Rolle.

2. Durch die *Art und Menge des mitverwendeten Säurespenders* (Katalysators).

3. Durch die *mitverwendeten Additive* (wie Weichmacher oder Hydrophobierungsmittel usw.).

4. Durch die *angewandten Kondensationsbedingungen* (wie Temperatur und Zeit, Luftbewegung in der Apparatur).

Weiters kommt auch die *Art der Färbung* in Betracht, also die Konstitution des Farbstoffs, die Art seiner Einlagerung oder Bindung an die Zellulosefaser.

Auch die *Faser selbst* hat einen Einfluß (wie z. B. im Falle einer mit Titanoxid mattierten Regeneratzellulosefaser).

Ferner kann die *mit Kunstharz ausgerüstete Ware im Laufe der Zeit unter dem Einfluß des Lichtes* eine Veränderung der Färbung bewirken.

Von der gesamten Einstrahlung der Sonne auf den Erdraum gelangen in Meereshöhe bei senkrechtem Einfall pro Minute 14 kCal pro m$^2$ noch zur Wirkung.

Nach dem Gesetz von Grotthus vermögen nur solche Strahlen photochemisch zu wirken, welche vom System (Faser, Farbstoff, Appret) absorbiert werden. Es ist hierbei nicht erforderlich, daß die Absorption ausschließlich nur durch die reagierenden Komponenten erfolgt. Die Lichtaufnahme kann auch ein an der Reaktion *nicht* beteiligter Sensibilisator bewirken.

Weiters wirkt nicht jede Lichtart, welche absorbiert wird, photochemisch. *Energiereiches kurzwelliges* Licht wirkt häufig in dieser Richtung. *Langwelliges* Licht wird meistens nur absorbiert, *ohne* einen chemischen Einfluß auszuüben; die Faser wird nur erwärmt. Doch kann in manchen Fällen durch Anwesenheit eines Sensibilisators auch durch langwelliges Licht eine Reaktion erfolgen.

Man unterteilt also die Abbaureaktion durch Licht nach G. S. Egerton[1] in 1. Photolyse durch kurzwelliges Licht und 2. photosensibilisierte Reaktionen. Die Abbaugeschwindigkeit bei letzteren wird durch verschiedene Faktoren beeinflußt, wie Art des Fasermaterials, Natur und Konzentration des Farbstoffs und Pigments, atmosphärische Bedingungen, Temperatur und Natur des Lichtes.

Wie vorstehend dargelegt wurde, muß man also hinsichtlich der Wirkung der Kunstharzausrüstung auf die Färbung des Textils mehrere gleichzeitig vor sich gehende Vorgänge annehmen.

Es liegt eine Anzahl Arbeiten vor, die sich mit dem Einfluß der Hochveredlung von Zellulosefasertextilien auf die Färbung der letzteren befassen.

H. Waibel[2] studierte auf Grund von Kundenreklamationen das Auftreten von *Phototropie bei Färbungen mit Küpenfarbstoffen bzw. Leukoküpenfaserstoffestern.*

Das Auftreten der Phototropie, also die Veränderung des Farbtons beim Belichten und das langsame Zurückkehren des ursprünglichen Farbtons beim Lagern im Dunkeln, ist von sehr komplexer Natur. Die Hauptrolle scheint die *Konstitution des betreffenden Farbstoffs* zu spielen. So wurde die Ursache gewisser phototroper Erscheinungen bei gelben und orangefarbenen Azofarbstoffen in einer trans-cis-Isomerie gesucht[3]; auch die mesomeren Möglichkeiten des Farbstoffs, wie $\pi$-Elektronenverschiebung und Resonanz geeigneter Systeme infolge Lichtanregung, wurden in Betracht gezogen. Weiters wurde auch die Anregung einer Phototropie durch Sauerstoff erwähnt[4].

Die von H. Waibel (loc. cit.) dem direkten Sonnenlicht ausgesetzten Färbungen auf Zellulosefasern änderten sich in den phototropen Fällen in Richtung der Küpensäurefarbe des verwendeten Farbstoffs.

*Einfluß der Farbstärke:* Der Autor zeigte, daß nicht nur gelbe Färbungen (Farbstoffe), sondern auch andersfarbige bei *Erhöhung der Konzentration* Phototropie aufweisen können.

*Einfluß der Faser:* Färbungen mit gelben Farbstoffen, die zur Phototropie neigen, zeigen auf nativen und Regeneratzellulosefasern verschiedenes Verhalten. Es kann eine Veränderung, ja sogar ein Verschwinden der Phototropie eintreten. Die Ursache dieses überraschend starken Einflusses des Fasersubstrates kann nach H. Waibel auf die unterschiedliche Affinität des Farbstoffs zur Faser, wie Eindringtiefe des Farbstoffs, Unterschiedlichkeit der Intermicellarräume, Oberflächenausbildung der Faser u. a. oder auch auf der Wechselwirkung Farbstoff-Faser (Mesomerieeffekt) beruhen. Indessen spielt auch die *reduktive Wirkung der Faser selbst* eine Rolle, wie H. Waibel durch Versuche zeigte.

*Einfluß der Kunstharzausrüstung:* Im allgemeinen wird nach dem Autor durch diese eher eine Verstärkung der Farbtonänderung bzw. ein Auftreten der Phototropie bewirkt. In einzelnen Fällen, wie bei dem zur Phototropie neigenden Indanthrengoldgelb GK tritt das Gegenteil ein. Hinsichtlich der verwendeten Säurespender erweist sich das Gemisch Glykolsäure + $H_2O_2$ im Vergleich zu Diammonphosphat aktivierender in bezug auf Phototropie. *Melamin-Formaldehyd-Kunstharze* sind stark phototropisch, während *Dimethylol-Glyoxal-*

---

[1] Egerton, G. S.: Die Eigenschaften der Textilmaterialien, 5. Mitt.: Die Wirkung von Licht auf Textilien. J. Text. Inst. **47**, 476 (1956).

[2] Waibel, H.: Untersuchungen über die Phototropie von Indanthrenfarbstoffen. Melliand Textilber. **36**, 737 (1955).

[3] Bei Azofarbstoffen und optischen Aufhellern vom Stilben-Typ entsteht durch Belichtung die cis-Form.

[4] Stearns: J. Optical Soc. Amer. **35**, 282 (1942). — Venkatareman: Synthetics Dyes, S. 1218. New York: Academic Press. 1952.

*mono-urein* (Fixapret CP/BASF) und *Dimethylol-Harnstoff-dimethyläther* (Kaurit W/BASF) sich günstig verhalten. H. Waibel weist darauf hin, daß an sich *nicht-phototrope* Färbungen durch eine entsprechende Kunstharz-Ausrüstung beachtlich phototrop werden können. Dies dürfte im Zusammenhang mit den immer wieder auftretenden Problem „Veränderung der Lichtechtheit durch Chintzeffekt" (Kunstharz-Ausrüstung) von Bedeutung sein.

Die Untersuchungen von H. Waibel zeigen, daß nicht allein eine mesomere Umlagerung des Farbstoffmoleküls an sich infolge Lichtanregung Phototropie hervorruft, sondern daß *Wechselwirkungen zwischen Farbstoff und entsprechend anderen Körpern* eine entscheidende Rolle spielen können. Weiters beweisen diese Untersuchungen auch die Mannigfaltigkeit der Einflüsse, so daß eine exakte Festlegung der phototropen Ursachen hinsichtlich des Farbstoffmoleküls *nur durch breit angelegte Reihenversuche* zu erzielen ist.

Nach H. Waibel kann die Rückbildung des ursprünglichen Farbtons durch eine *Nachbehandlung des phototropen Textilmaterials mittels Oxidationsmittel* (wie Natriumperborat enthaltenden Behandlungsflotten) bewirkt werden.

Die *Farbenfabriken Bayer A. G.*[1] weisen darauf hin, daß *Färbungen mit ®-Siriuslichttürkisblau GL und FBL* bei der Knitterfestausrüstung je nach Arbeitsweise mehr oder weniger Phototropie aufweisen und schon durch kurze Sonnenbelichtung vorübergehend trüber und röter werden. Es wurde festgestellt daß die Färbungen besonders dann Phototropie zeigen, wenn sich noch *Säurereste* (herrührend vom Katalysator) auf der Ware vorfinden. Diese sind durch eine alkalische Nachwäsche zu entfernen. Weiters läßt sich durch *Auswahl der Knitterfest-Ausrüstungsmittel und des Säurespenders* die Phototropie weitgehend vermeiden. Z. B. verhält sich Dimethylol-Glyoxal-mono-urein (Fixapret CP/BASF) mit Magnesiumchlorid als Säurespender verhältnismäßig günstig.

H. B. Goldstein und D. N. Koenig[2] führten umfangreiche Untersuchungen über die Veränderung der Lichtechtheit von verschiedenartigen Färbungen bei unterschiedlichen Knitterfestausrüstungen durch.

Die Färbungen wurden mit Farbstoffen der verschiedenen Farbstoffgruppen hergestellt, wie mit Reaktivfarbstoffen, diazotierten und Entwicklungsfarbstoffen, weiters mit Küpen- und lichtechten Direktfarbstoffen.

Die auf diese gefärbten Baumwollgewebe applizierten Knitterfestausrüstungen wurden mit Harnstoff-Formaldehyd-Harzen, Methylol-Melamin-Verbindungen, Dimethylol-Verbindungen zyklischer Äthylenharnstoffe, verschiedenen N-freien-Formaldehyd-entwickelnden Körpern, N-freien Keton-Formaldehyd-Produkten und reaktiven Epoxyverbindungen hergestellt.

Die Autoren stellten fest, daß bei Ausrüstungen auf *Basis Harnstoff-Formaldehyd-Harz* das Verhältnis Harnstoff : Formaldehyd wenig oder keinen Einfluß auf eine Herabsetzung der Lichtechtheit der Färbungen hatte. Dieses Resultat steht im Widerspruch zu den Ergebnissen der *Piedmont Section der AATCC* S. 424 und 425).

Letztere folgerte aus ihren Versuchen, daß die Ausrüstung mit der *Dimethylol*-Verbindung im Vergleich zur *Monomethylol*-Verbindung des Harnstoffs die Lichtechtheit von Küpenfarbstoffen stärker herabsetzen würde.

---

[1] *Farbenfabriken Bayer A. G., Leverkusen:* Kundenmerkblatt $\frac{\text{Le 784}}{\text{Fa.}}$ Okt. 1959.

[2] Goldstein, H. B. u. D. N. Koenig: Einfluß der Knitterechtmittel auf die Lichtechtheit empfindlicher Farbstoffe. Text. Res. J. **29**, H. 1, 66—73 (1959).

H. B. Goldstein und D. N. Koenig (loc. cit.) führen ihre abweichenden Versuchsergebnisse darauf zurück, daß die *Rhode Island Section* als unterste Grenze das Verhältnis von Harnstoff zu Formaldehyd als 1 : 1 wählte, während bei ihren Versuchen sich das Harnstoff-Formaldehyd-Produkt sich aus dem Verhältnis 1 : 1,3 zusammensetzte, was die unterste Grenze für den Formaldehyd-Gehalt des Harnstoff-Formaldehyd-Harzes darstellt, denn beim Verhältnis 1 : 1 tritt *keine* Kunstharz-Bildung ein.

Weiters wurde bei den Harnstoff-Formaldehyd-Harzen gefunden, daß Methoxymethyl-Derivate den gleichen Einfluß auf die Lichtechtheit zeigen wie die Dimethylol-Derivate. Das *hexa-substituierte Melaminderivat* hat einen etwas nachteiligeren Einfluß auf die Lichtechtheit der Färbung als das *Trimethylol-Derivat. Nicht* bestätigt wurde die vielfach vertretene Ansicht, daß die Anwesenheit von *Kupfer-Ionen* im vorliegenden Falle sich günstig auswirken würde. Bei den Ausrüstungen auf Basis zyklischer Äthylenharnstoff-Harze trat im Gegenteil hierdurch eine Verschlechterung der Lichtechtheit der Färbung ein.

J. T. Marsh[1] bespricht unter Heranziehung einer großen Anzahl früherer Arbeiten das Verhalten von Direkt-, Diazotierungs-, Reaktiv-, Küpen- und Dispersionsfarbstoffen bzw. -färbungen auf Zellulosefasern deren Verhalten gegenüber Knitterfest-Ausrüstungsmitteln. Hierbei wird auch auf die Faserschädigung gewisser Küpenfarbstoffe unter dem Einfluß des Lichtes hingewiesen und dabei festgestellt, daß durch Zugabe von gewissen Verbindungen zur Knitterfest-Ausrüstung derartige Faserschädigungen vermindert werden können.

Nach W. Ingamells[2] kann der Einfluß des verwendeten Kunstharzes auf die Lichtechtheit der Färbung *nicht* vorausgesagt werden, da verschiedene Farbstoffe derselben Farbstoffklasse sich verschieden verhalten. Schon kleine Unterschiede in der molekularen Struktur der Farbstoffe beeinflussen die Lichtechtheit der Färbung bei knitterfest ausgerüsteten Waren. Weiters ist der Einfluß des verwendeten Kunstharzes auf die Lichtechtheit der Färbung nicht auf Direktfarbstoffe begrenzt.

Der Verfasser geht bei seinen Untersuchungen von den chemischen Eigenschaften der Kunstharz-*Grundkörper* aus (also der *nicht* methylolierten Produkte). Geprüft wurden die chemischen Veränderungen dieser Körper durch das Licht und ihre möglichen Beziehungen zum Verschießen der Färbung.

Bestrahlt wurden die Verbindungen Äthylenharnstoff und Dihydroxy-Äthylenharnstoff. Als wesentlicher Befund wurde hierbei vermerkt, daß in der bestrahlten methylalkoholischen Lösung des Äthylenharnstoff *Peroxid* festgestellt werden konnte. Nur durch die Bestrahlung selbst trat diese Peroxidbildung ein, denn im Dunkeln wurde keinerlei Peroxid gefunden.

Das gleiche Ergebnis wurde erhalten, wenn Äthylenharnstoff (nicht methyloliert) auf Zellulose gebracht wurde und die Bestrahlung mit UV-Licht, Licht von der Xenonlampe oder mit Tageslicht erfolgte. Ferner wurde festgestellt, daß das beschleunigte Ausbleichen der Färbung durch Kunstharz *nicht* durch eine photosensitive Reaktion bewirkt wird, sondern daß es sich hier um eine *Nebenwirkung der photochemischen Oxidation des Kunstharzes* (in seinem ursprünglichen Zustand), also um die Bildung organischer Peroxide, handeln würde.

---

[1] Marsh, J. T.: Self-Smoothing Fabrics.

[2] Ingamells, W.: Das verstärkte Verschießen von Farbstoffen durch die Harzausrüstung zur Verbesserung der Knittererholung. J. Soc. Dyers Col. **79** (12), 651 (1963).

Nach Ingamells ist daher das *gebildete Peroxid* eines bestrahlten Harzes die Ursache für die beschleunigte Ausbleichung der Färbung bzw. des Farbstoffs im photochemisch erregten Zustand.

*Änderung des Farbtons der Färbung durch Formaldehyd*

Eine andere Ursache der Beeinflussung der Färbung bei der Kunstharz-Ausrüstung kann der immer beim Trocknen und Kondensieren freiwerdende Formaldehyd von aus dem auf das Gewebe applizierten N-Methylol-Vorprodukt sein.

H. Braun[1] untersuchte die *Wirkung von Formaldehyd auf Azofarbstoffe und die hiermit auftretenden Begleiterscheinungen.* Es zeigte sich, daß die Absorptionsspektren bei Farbstoffen, welche *keine* Aminogruppen und nur Hydroxyl- oder Äthoxylgruppen als Auxochrome enthalten, praktisch keine Veränderung erleiden, da die Spektren der *un*behandelten und der mit Formaldehyd behandelten Farbstoffe identisch sind. Die stärksten Veränderungen traten bei Farbstoffen auf, die nur Aminogruppen als Auxochrome enthielten. Hierbei konnte der Farbstoff als solcher sogar zerstört werden. Weiters wurde bei der Formaldehyd-Behandlung solcher Farbstoffe ein *intensiver Geruch* (Methylamine) festgestellt. Da hier Ammoniumsalze oder Harnstoff als N-liefernde Substanz nicht zugegen waren, muß der Farbstoff selbst den für die Methylamin-Bildung notwendigen Stickstoff beigestellt haben.

Es wurden zuerst einfach gebaute aromatische Amine, wie z. B. p-Nitranilin, als Modellsubstanzen verwendet. In wässeriger, formaldehydhaltiger Lösung wurde beim pH-Wert 1 des 4,4'-Dinitro-dianilino-methan

$$\left[O_2N-\langle\bigcirc\rangle-NH-CH_2-NH-\langle\bigcirc\rangle-NO_2\right]$$ festgestellt.

H. Braun untersuchte noch weitere aminogruppenhaltige Verbindungen und Farbstoffe, die ähnliche Reaktionen ergaben. Weiters wurde immer wieder das Auftreten von Fischgeruch (Methylamine) beobachtet.

Zusammenfassend konnte H. Braun feststellen, daß *alle* Azofarbstoffe, welche Aminogruppen enthalten, mit Formaldehyd bei der Knitterfestausrüstung reagieren. Hierbei können primär Methylol- bzw. Dimethylol-Verbindungen entstehen, die eventuell zu den sehr beständigen Methylenverbindungen weiterreagieren. Die Bildung dieser Verbindungen hat *wenig* Einfluß auf die Farbe des Farbstoffs.

*Starke Farbänderungen* treten aber auf, wenn die Methylol-Verbindungen des Farbstoffs unter Weiterreaktion mit Formaldehyd *Methylamine abspalten.* Hierdurch verliert der Farbstoff eine auxochrome Gruppe. Dies bedingt einen starken Farbrückgang (der bei verdünnten Lösungen bis zur vollständigen Entfärbung führen kann). Diese Abspaltung von Aminogruppen in Form von Methylaminen ist insbesondere beim Trocknen und Kondensieren des auf die Faser applizierten Kunstharzes festzustellen. Sie ist nach H. Braun eine allgemeine Reaktion, die bei allen aminogruppenhaltigen Azofarbstoffen mehr oder weniger auftritt.

H. Braun (loc. cit.) weist noch darauf hin, daß der gefürchtete *Fischgeruch* bei der Ausrüstung mit Harnstoff-Formaldehyd-Harzen in manchen Fällen von der vorliegenden Färbung herrühren kann. Es muß also nicht immer die Kunstharz-Ausrüstung selbst die Ursache hierfür sein.

---

[1] Braun, H.: Die Einwirkung von Formaldehyd auf aminogruppen-haltige Azofarbstoffe bei der Knitterechtausrüstung mit Harnstoff-Formaldehyd-Harzen. Melliand Textilber. **16,** 728, 792 u. 938 (1961).

Nachfolgend werden noch *Angaben aus der Praxis oder aus Veröffentlichungen, die sich auf einzelne Farbstoffklassen beziehen*, im Hinblick auf das Verhalten der Färbungen bei der Kunstharz-Ausrüstung angeführt.

*Direktfarbstoffe auf kunstharzausgerüsteten Zellulosefasertextilien*

Substantive Färbungen können durch eine nachträglich durchgeführte Kunstharz-Ausrüstung in ihren Echtheiten erheblich verändert werden. So wird die *Lichtechtheit* bei einer Reihe solcher Farbstoffe *herabgesetzt*, während die *Wasser-*, *Wasch-*, *Schweiß-* und *Naßbügelechtheit* im allgemeinen *verbessert* wird.

Die *Verbesserung der Naßechtheit* ist je nach Farbstofftype verschieden und hängt auch von der Art der Durchführung der Veredlung ab.

Hingewiesen muß hier noch auf die manchmal auftretende *Wassertropfen-Empfindlichkeit bei Direktfärbungen* werden. Nach F. Gund[1] sind knitterfest ausgerüstete Textilien, welche *nicht* den Feuchtigkeitsgehalt aufgenommen haben, der zum *normalen Farbton der Färbung* gehört (nach dem Ausrüsten bzw. Konfektionieren), manchmal empfindlich gegen Wassertropfen-Einwirkung. Es tritt eine *örtliche Farbtonänderung* auf, die aber durch heißes Bügeln wieder verschwindet.

Da, wie erwähnt, bei einer Kunstharz-Ausrüstung mit einer fast immer eintretenden mehr oder weniger großen Verbesserung der *Naßechtheit* von Direktfärbungen eine *Verschlechterung der Lichtechtheit* parallel gehen kann, hat die *Auswahl der Farbstoffe* große Bedeutung. Diesbezüglich müssen die *Angaben in den Farbkarten der einschlägigen Farbenfabriken* berücksichtigt werden, welche sich auf „nachgewaschene" ausgerüstete Ware beziehen.

Als *allgemeine Richtlinien für die Auswahl der Farbstoffe* kann man angeben, daß durch eine Kunstharz-Ausrüstung am meisten lichtgeschädigt werden die *Grün- und Blaureihe* der sonst lichtechtesten Direktfarbstoffe; weniger die *Gelb- und Rotreihe*. *Braun-* und *Graufarbstoffe* verhalten sich unterschiedlich.

In allen Fällen gibt es Ausnahmen (kaum oder nicht anfällig gegen Lichtschädigung) und in wenigen Einzelfällen tritt sogar eine Zunahme der Lichtechtheit ein.

Zu erwähnen ist, daß die Lichtechtheiten der *billigeren Typen der Direktfarbstoffe* durch die Kunstharz-Ausrüstung anteilmäßig weniger im negativen Sinne verändert werden. D. h. mit anderen Worten, daß die Anzahl der Farbstoffe, die durch eine Kunstharz-Ausrüstung in ihren Lichtechtheiten unverändert oder sogar verbessert erscheinen, eine größere im Sortiment der billigeren Direktfarbstoffe ist.

Auch die *Art der Faser* hat einen Einfluß. So ist die Verminderung der Lichtechtheit bei der Knitterfest-Ausrüstung von *spinnmattierten* Viskosefasertextilien stärker als bei aus Glanzfasern hergestellten.

Ferner hat die *Art des Säurespenders* (Katalysators) bei der Kunstharzausrüstung Bedeutung. Bei Carbamidharzen wird die Lichtechtheit bei Anwendung von *Ammoniumnitrat als Katalysator* am stärksten vermindert. Andere Katalysatoren, wie Zinknitrat oder -chlorid oder Glykolsäure, verhalten sich günstiger.

Auch die zusätzliche Mitverwendung von *Netzmitteln und Weichmachern* zum Ausrüstungsbad kann einen unterschiedlichen Einfluß auf die Färbung des Gewebes haben.

Auch die *Art der Durchführung der Kunstharz-Ausrüstung* kann eine unterschiedliche Wirkung auf die Färbung haben.

---

[1] Gund, F.: Erfahrungen hinsichtlich des Einflusses von Knitterfest-Appreturen auf Färbungen. Z. ges. Textilind. **55**, 327 (1953).

Im Handel werden *„modifizierte" Harnstoff-Formaldehyd-Vorprodukte* für die Knitterfestausrüstung von Regeneratzellulosefasertextilien angeboten, bei denen schon *während des Trockenvorganges* die Kondensation zum Endharz intensiv einsetzt und weiterhin bei Zimmertemperatur noch vor sich geht (unter Ausschaltung der sonst üblichen Hitzekondensation). Die endgültige Bildung des Endharzes tritt in etwa 14 bis 30 Tagen ein. Hierzu werden die von der Trockenmaschine kommenden Stücke aufgerollt und im warmen Zustand abgelegt.

Eine solche Ausrüstung hat gewisse Vorteile, wie Erhalt eines günstigen Warengriffs und geringeren Energieverbrauch. Zu beachten ist, daß die Temperaturempfindlichkeit (Bügelechtheit) von Direktfarbstoffen hier eine wesentliche Rolle spielt.

G. Wagner[1] wie auch H. Hansen[2] weisen in diesem Zusammenhang darauf hin, daß bei solchen Ausrüstungen ein eventuell noch nicht vollständig auskondensiertes Carbamidharz bei hohen Temperaturen, wie diese in Konfektionsbetrieben üblicherweise beim Bügeln angewandt werden, erst dann das Endharz bilden. Durch die hierbei auftretenden Nebenprodukte (Formaldehyd, Säure vom Säurespender) kann die Färbung verändert werden. Der eintretende Farbtonumschlag ist *nicht mehr* rückgängig zu machen. Weiters kommt hier noch eine mehr oder weniger große Temperaturempfindlichkeit der Färbung hinzu.

Nach H. Hansen (loc. cit.) beträgt die in den Konfektionsbetrieben durchwegs angewandte Bügeltemperatur 180 bis 200° C. Nach der Vorschrift der Internationalen Echtheitskommission wurde aber die *Bügelechtheit für Zellwoll- und Reyonfärbung* auf eine Temperatur von 150° C festgesetzt.

Bekannt ist, daß viele Färbungen bei höherer Temperatur (Bügeln) den Farbton ändern. Es wird sowohl dem Fasermaterial als auch dem Farbstoff Feuchtigkeit entzogen. Beim „Abkühlen" stellt sich wieder ein Feuchtigkeitsgleichgewicht ein und der Farbstoff absorbiert wiederum seine ursprüngliche Wassermenge.

Es gibt Farbstoffe, die bei höherer Temperatur nicht umschlagen, weiters solche, die sich im Farbton verändern, und auch solche, die sich nicht mehr erholen.

Bei der Kunstharz-Ausrüstung kommt noch hinzu, daß durch das gebildete Endharz der Feuchtigkeitsausgleich der Ware erschwert wird.

Nach den Autoren ist bei „modifizierten" Harnstoff-Formaldehyd-Vorprodukten, bei denen nach der Applikation auf das Gewebe für die Endharzbildung der Trockenvorgang und Lagerung als genügend angesehen wird, nur eine *beschränkte Anzahl von Direktfarbstoffen*, die später beim Bügeln (Konfektionieren) nicht im Farbton umschlagen, brauchbar.

### *Entwicklungsfarbstoffe (Azofarbstoffe)*

[Hergestellt aus der Kupplungskomponente (z. B. Naphthol AS/Hoechst) und einer Diazokomponente]

H. Herzog und J. Koszticza[3] prüften Baumwollfärbungen, hergestellt mit einer großen Zahl Entwicklungsfarbstoffen hinsichtlich einer eventuellen Änderung des Farbtons und der Lichtechtheit durch nachträgliche durchgeführte Kunstharzausrüstungen.

---

[1] Wagner, G.: Temperaturbeständigkeit (Bügelechtheit) substantiver Färbungen in der Perspektive der Hochveredlung (Knitterfreiausrüstung). Melliand Textilber. **53,** 1369 (1954).

[2] Hansen, H.: Z. ges. Textilind. **55,** 1037 (1953).

[3] Herzog, H. u. J. Koszticza: Der Einfluß von Kunstharz-Appreturen auf Nuance und Lichtechtheit naphthanilid-gefärbter Ware. Textil-Rundschau (St. Gallen) **16,** 782 (1961) und Amer. Dyestuff Rep. **54,** 29 (1965).

Nach den Autoren bewirkt die Ausrüstung bei allen geprüften Kunstharzen eine *Farbtonänderung* von durchwegs 4 bis 5 (ausgedrückt in Noten des Graumaßstabes).

Die *Lichtechtheit* wird bei Anwendung von *Harnstoff-Formaldehyd-* und *Melamin-Formaldehyd-Harz* bei einem Großteil der Färbungen *erhöht*; eine Verminderung der Lichtechtheit war nur in einigen Ausnahmefällen feststellbar. *Zyklisches Äthylenharnstoff-Formaldehyd-Harz* und *Phobotex FT* (mit Fettsäure modifiziertes Melaminharz) ließen *keine* nennenswerten Einflüsse auf die *Lichtechtheit* erkennen.

Hinsichtlich der angewandten *Säurespender* (Ammoniumchlorid und Metallsalze) stellten die Autoren bezüglich der Farbtonänderung und Beeinflussung der Lichtechtheit keine merklichen Unterschiede fest.

### *Schwefelfarbstoff-Färbungen auf Zellulosefasertextilien*

Durch die Ausrüstung mit *waschfesten Appreturen* auf Basis Harnstoff- bzw. Melamin-Formaldehyd-Harz oder löslicher Stärke in Verbindung mit Formaldehydspendern können Schwefelfarbstoff-Färbungen den Farbton ändern. *Kationaktive Weichmacher*, die vielfach in Verbindung mit diesen Appreturen verwendet werden, haben gleichfalls einen Einfluß auf Farbton und Lichtechtheit. Auch *Knitterfest-Ausrüstungen* führen bei Schwefelfarbstoff-Färbungen häufig zu Farbtonumschlägen, die mitunter ganz beträchtlich sein können.

So verändern waschbeständige Apprets auf Basis thermohärtbarer Kunstharze verschiedene *Gelbmarken* nach Rot; *Orangemarken* teilweise nach Rot oder auch nach Gelb; *Oliv- und Khakimarken* nach Gelb und Grün.

Diese farbtonumschlagende Wirkung der waschfesten Apprets auf Basis thermohärtbarer Kunstharze (*nicht* aber auf Basis plastischer Kunststoffe) wird auf die Abspaltung von Formaldehyd wie auch auf die Bildung von Säure (herrührend vom Säurespender) beim Trocknen und Kondensieren zurückgeführt.

### *Färbungen von Küpenfarbstoffen auf Baumwollgeweben*

Von mehreren Seiten wird in der Literatur darauf hingewiesen, daß Küpenfarbstoff-Färbungen durch die Knitterfest- bzw. Wash-and-Wear-Ausrüstung *nicht* beeinflußt werden. Die chemische Natur des Kunstharzes und des Säurespenders (Katalysators) würde hier keine so ausgeprägte Rolle wie bei den Direktfarbstoff-Färbungen spielen. Nur in wenigen Fällen sollen gewisse Farbtonverschiebungen auftreten, und zwar dann, wenn die Färbung säure- und formaldehyd-empfindlich ist.

Diese Angaben stimmen mit praktischen Erfahrungen und auf Grund von Untersuchungen nicht immer mit den tatsächlichen Gegebenheiten überein.

Nach Prüfungen der *Piedmont Section der AATCC*[1] hinsichtlich des Einflusses der Kunstharzausrüstung auf Küpenfarbstoff-Färbungen auf Baumwolle wird durch die Ausrüstung mit N-Methylol-Vorprodukten („in sich" vernetzendes Melamin-Formaldehyd-Harz sowie Reactantharz Dimethylol-Äthylenharnstoff) bei 30 ausgewählten Farbstoffen bei der Hälfte der Färbungen (also 15) die *Lichtechtheit* vermindert. Diese Erscheinung tritt bei höherer Kunstharzkonzentration und bei helleren Färbungen stärker auf.

Es wird aus den Versuchsergebnissen der Schluß gezogen, daß die Ursache der Verminderung der Lichtechtheit auf die Anwesenheit der N-Methylol-Gruppen zurückzuführen sei. Die Wirkung ist nur gering bei Monomethylol-Harnstoff,

---

[1] *AATCC-Piedmont Section:* Wirkung der Kunstharzappretur auf die Lichtechtheit von Küpenfärbungen. Amer. Dyestuff Rep. **45,** 821 (1956).

etwas stärker bei Dimethylol-Harnstoff und am ausgeprägtesten bei Dimethylol-Äthylenharnstoff und nicht methyl-veräthertem Methylol-Melamin.

H. G. Goldstein und D. N. Koenig kommen aber zu einem anderen Ergebnis; s. S. 419.

Die Verringerung der Lichtechtheit der Küpenfarbstoff-Färbungen tritt auch auf, wenn *keine* Kondensation durchgeführt wird und wenn *kein* Katalysator zugegen ist. Sie ist weiters unabhängig von der Kondensationstemperatur und von der Anwesenheit von freiem Formaldehyd.

Das Auswaschen der ausgerüsteten Baumwollgewebe mit sodaalkalischer Waschflotte verringert etwas den Rückgang der Lichtechtheit der Färbungen.

Eine direkte Abhängigkeit von der Konstitution und der Struktur der angewandten Küpenfarbstoffe und der resultierenden Lichtschädigung ließ sich nach den vorliegenden Untersuchungen der *AATCC-Piedmont Section* nicht nachweisen.

In einer später folgenden Veröffentlichung der *AATCC-Piedmont Section*[1] wurde das Verhalten von gewissen Küpenfarbstoff-Färbungen bei der Ausrüstung mit *N-freien Zellulosevernetzern* (Reactants) untersucht und festgestellt, daß bei *lichtempfindlichen* Küpenfarbstoffen, die sich insbesondere bei den gelben, orangefarbenen, roten und einigen braunen Typen vorfinden, eine *vermehrte Ausbleichung* (= verminderte Lichtechtheit) unter dem Einfluß von Tageslicht stattfindet.

Weiters wurde festgestellt, daß *freier Formaldehyd* in Gegenwart von Zelluloseäther (Hydroxyäthylzellulose) bei Anwendung eines Säurespenders (Katalysators) *keinen* Einfluß auf die Lichtechtheit der Küpenfarbstoff-Färbung hat. Der Formaldehyd trat mit der Zellulose in Reaktion, da die behandelte Baumwolle in Kuoxam nicht mehr löslich war.

Nach früheren Untersuchungen von G. S. Egerton ist die Schädigung der Zellulosefaser bei solchen Küpenfarbstoff-Färbungen unter dem Einfluß von Sonnenlicht auf hierbei auftretendes Wasserstoffperoxid zurückzuführen. Die *AATCC-Piedmont Section* konnte eine Beziehung zwischen solchen Küpenfarbstoffen nachweisen, deren Lichtechtheit bei der Kunstharz-Behandlung vermindert wird, und den Farbstoffen, die photochemisch durch Peroxid-Bildung die Baumwollfaser abbauen. Hierbei wird angenommen, daß das durch den Farbstoff entstandene Peroxid eine Bildung von freien Radikalen am Kunstharz bewirkt und dadurch andererseits die irreversible Reduktion der chinoiden Struktur des Farbstoffs auslöst. Die Bildung von Wasserstoffperoxid wird durch die Gegenwart von Kunstharz selbst in der Faser *nicht* beeinflußt. Die wirksame Konzentration des Kunstharzes ist vom Farbstoff unabhängig; oberhalb 5% trat keine weitere Steigerung ein. Weiters ist eine Kondensation des Kunstharzes, wie schon früher festgestellt, nicht unbedingt notwendig; sie kann höchstens den Effekt verstärken.

Von den angewandten Säurespendern (Katalysatoren) wirkt Zinknitrat am schwächsten, und zwar wahrscheinlich dadurch, daß die Bildung freier Radikale erschwert wird.

---

[1] *AATCC-Piedmont Section:* Beziehung zwischen der Wirkung von Kunstharzen auf das Verschießen am Licht und auf die Faserschädigung durch lichtempfindliche Küpenfarbstoffe. Amer. Dyestuff Rep. **47**, 39 (1958).

Wenn auch die Beeinflussung der Lichtechtheit der Küpenfarbstoff-Färbungen eine Funktion der Zeit ist, konnte die *AATCC-Piedmont Section* bei einer längeren Exposition am Sonnenlicht nur bei wenigen Küpenfarbstoffen eine erhebliche Abnahme der Lichtechtheit beobachten.

### *Dispersionsfarbstoffe auf Azetatfasern (in Mischung mit Zellulosefasern)*

Reine Azetatfasergewebe werden normalerweise wohl kaum mit thermohärtbaren Kunstharzen ausgerüstet. Für *Azetatfasermischgewebe*, bei denen der Azetatfaseranteil mit Dispersionsfarbstoffen gefärbt wurde, kann aber eine nachträgliche Kunstharzausrüstung des Zellwollanteils wertvoll sein.

Da in englischen und amerikanischen Patenten behauptet wird, daß durch eine Nachbehandlung von Azetatfaserfärbungen mit thermohärtbaren Kunstharzen eine Verbesserung sowohl der Licht- als auch Abgasechtheit neben der Wasserechtheit eintreten würde, haben J. M. Polito et al.[1] dies eingehend nachgeprüft. Nach den Autoren wird durch eine Kunstharznachbehandlung des Zellwollanteils der *gefärbte Azetatfaseranteil* folgendermaßen beeinflußt:

1. *Lichtechtheit* (geprüft mit dem Fade-ometer):
   *Harnstoff-Formaldehyd-Harz:* Vermindert diese etwas.
   *Melamin-Formaldehyd-Harz:* Vermindert diese nur ganz leicht, mit Ausnahme von Gelbtönen, bei denen die Lichtechtheit verbessert wurde.
   *Permel-Harz* (kunstharz-haltiges Hydrophobierungsmittel): Verbessert die Lichtechtheit in allen Fällen.
2. *Abgasechtheit* (geprüft mit der „US-Testing Co. Rotary Type gas chamber"):
   *Harnstoff-Formaldehyd-Harz:* Teilweise Verschlechterung; besonders in den Blau- und Violettmarken.
   *Melamin-Formaldehyd-Harz:* Leichte Verbesserung.
   *Permel-Harz:* Deutliche Verbesserung.

### *Farbtonumschlag bei farbiger Wolle, verursacht durch Anwesenheit von kunstharzausgerüsteten Zellulosefasertextilien*

Die Wirkung von freiem Formaldehyd auf gefärbte Wollstoffe hat bei der *Mitverwendung von kunstharzausgerüsteten Steifleinen und Wattierstoffen in Konfektions- und Maßanzügen* Bedeutung. Es wurde beobachtet, daß beim Bügeln solcher Kleidungsstücke durch Abspaltung von Formaldehyd aus den erwähnten Einlagematerialien Farbtonumschläge am Wollstoff eintreten können.

Weiters wurden solche Farbtonänderungen an Wollstoffen auch beim *Plissieren* festgestellt. In diesem Falle handelte es sich aber um *mit Formaldehyd gehärtete Leimschichten der Plissierkartons*, die bei hoher Wärme und Gegenwart von Feuchtigkeit Formaldehyd abspalten.

Nach E. Schempp[2] sind die gegen Formaldehyd empfindlichen Wollfärbungen um so anfälliger gegen Farbtonumschlag, je mehr Säurereste die Wolle nach dem Färben und Spülen noch zurückhält. Gutes Spülen der Wolle nach dem Färben ist demnach eine wichtige Maßnahme gegen eventuelle Farbtonänderungen, wie diese vorstehend aufgezeigt wurden. Weiters scheint nach E. Schempp nur eine beschränkte Anzahl der Wollfarbstoffe, selbst unter den besten, wirklich beständig gegen Formaldehyd zu sein.

---

[1] Polito, J. M., Zecker u. Cox: Fastness Properties of Acetate Dyeing After Treated with Curable Resins. Amer. Dyestuff Rep. **43**, P 50 (1954).

[2] Schempp, E.: Einwirkung von Formaldehyd auf gefärbte Wollwaren. Melliand Textilber. **34**, 338 (1953).

Außer der *Auswahl geeigneter Wollfarbstoffe* wäre es zur Vermeidung von Farbtonumschlägen im beschriebenen Falle noch möglich, daß die Hersteller von Steif- und Wattierleinen die Kunstharzausrüstung in der Art durchführen, daß beim Bügeln und Trocknen in der Konfektion kein Formaldehyd abgespalten wird. Hier liegt ein Problem vor, das sowohl von der färberischen Seite (Farbstoffauswahl) als auch von der ausrüstungstechnischen Seite aus beachtet werden muß.

MIX
Papier aus verantwortungsvollen Quellen
Paper from responsible sources
FSC® C105338

If you have any concerns about our products,
you can contact us on
**ProductSafety@springernature.com**

In case Publisher is established outside the EU,
the EU authorized representative is:
**Springer Nature Customer Service Center GmbH**
**Europaplatz 3, 69115 Heidelberg, Germany**

Printed by Libri Plureos GmbH
in Hamburg, Germany